Gesamtverzeichnis des deutschsprachigen Schrifttums (GV) 1700 – 1910

Bearbeitet unter der Leitung von
Hilmar Schmuck und Willi Gorzny

Bibliographische und redaktionelle Beratung:
Hans Popst und Rainer Schöller

36

F - Feh

K · G · Saur München · New York · London · Paris 1981

CIP-Kurztitelaufnahme der Deutschen Bibliothek

Gesamtverzeichnis des deutschsprachigen Schrifttums :
(GV). – München, New York, London, Paris : Saur.
Bd. 1 – 6 bearb. unter d. Leitung von Peter Geils
u. Willi Gorzny.
ISBN 3-598-30000-X

1700 – 1910 / bearb. unter d. Leitung von Hilmar
Schmuck u. Willi Gorzny. Bibliograph. u. red.
Beratung: Hans Popst u. Rainer Schöller

NE: Schmuck, Hilmar [Bearb.]

36. F - Feh. - 1981.

Techn. Realisierung und Druck: Norbert Gärtner, Mainz-Kastel
Binden: Karl Schaumann, Darmstadt
Printed in the Federal Republic of Germany
ISBN 3-598-30000-X (Gesamtwerk)

F. B. H., oder was vermag Freundschaft nicht! Schauspiel. Frankfurt 1780. V: *Horstmann, Philipp Bernhard.* (Streisand kat. 24.)

F...., d. Frau von, geborne von D..., Geschichte; e. Original. 8. Chemnitz, Stößel. (Mauke.) 774.

F, Die vier, oder Wege zur Vollkommenheit. Nach dem Opusc. III des ehrwürdigen P. Nicolaus Lancicius deutsch herausgegeben ... Regensburg 1861. V: *Lierheimer, Bernhard Marie.* (Jes)

Faà di Bruno, F., s.a. Bruno, F. Faà di.

Faà de Bruno, F., théorie des formes binaires. Résumé des leçons faites à l'université de Turin. gr. 8. (XVI, 320 u. 31 S. m. 3 Tab. in qu. gr. Fol.) Turin 876. Leipzig, Brockhaus' Sort. in Comm. n.n. 15. —

Faaker - See [Schlagwort]

Faaker-See, s.: Ossiacher See.

Faas, A., Materialien zur Geologie der Tertiär-Ablagerungen im Rayon v. Kriwoi Rog. (Deutsch u. russisch.) (Mémoires du comité géologique.) (XX, 140 S. m. Abb., 3 [1 farb.] Karte, 2 Taf. u. 3 Bl. Erklärgn.) 4. St. Petersburg 904. (Leipzig, M. Weg.) n.n. 6.48

Faas, August. Zur Lehre von der sogenannten Culpa-Compensation. Diss. Jur. Bern. 43 S. 8. Bern, Unionsdr., 1904.

Faaß, H., systemat. Darstellg. d. schweizer. Aktienrechts. Handb. f. Juristen, Kaufleute, Aktionäre, Verwaltungsräte u. s. w. M. e. Anh.: Inhaltsverz, ausführl. Sachreg., Gesetzestexte. 8. (IV, 241 S.) Zürich 895. A. Müller's Verl. Geb. in Leinw. n. 4. —

Faass, B., Studien zur Ueberlieferungsgeschichte der römischen Kaiserurkunde. (I. u. II. Abschnitt). Diss. 1907. 39 S. 1.

Fabarll, Joh. Dav., Erlauter. des alt. u. n. Rügens. 4. Greifsw. Löffler. 738.

Fabarius, viel Häuser u. kein Heim. Zur Naturgeschichte des städt. Wohnhauses. (30 S. m. 3 Abbildgn.) 8. Cassel 905. M. Sierina. n. — 60

Fabarius, d. Schlacht bei Riade. E. Rückblick auf d. erste Gründg. d. Deutschen Reiches unt. Heinrich d. „Städteerbauer". Auch e. kl. Beitrag zu d. 25jähr. Jubelfeier d. neuen Deutschen Reiches. [Aus: „Neue Mittheilgn. d. thür.-sächs. Geschichts- u. Altertumsvereins".] gr. 8. (47 S. m. 1 Karte.) Halle 896. (E. Anton.) n. 1. —

[F.] Die allgemeine weibliche Dienstpflicht. E. Vorschlag u. Beitr. z. Lösg d. Frauenfrage v. E. A[lbert] **Fabarius**. *Essen: G. D. Baedeker 1895.* (3 Bl., 46 S.) 1 Bd 8. [96. 1613]

Nachrichten über die deutsche Kolonialschule Wilhelmshof zu Witzenhausen an der Werra. Ausgegeben von E. A. **Fabarius**, Dir. *Witzenhausen (1899): Ch. Trautretter.* (31 S., 30 Taf.) 8° [Umschlagt. F.] [99. 8933 4

Fabarius, Ed., die Lehre Plato's von der Zukunft der menschl. Seele, s. Capadose, A., Gedanken über die Zukunft der Seele.

Fabarius, Carl August, De landsassiatus jure in Thuringia speciatim vero de controversia illustri inter sereniss. domum Saxo-Vinariensem et principalem domum Schwarzburgicam de hoc jure, ex fontibus juris publ. et historia Germaniae inprimis Thuringiae demonstratum. Tract. jur. publ. Jena (Ernst Claud. Bailliar) 1725. 98 S. (7.—) 8437
Gew.: Friedr. Gotthilf Frh. v. Marschall gen. Greiff (Osmanstaedt ..).

— — (Jena), De potestate et jurisdictione principum, speciatimque S. R. Imperii, in liberos. Diss. jur. Präs. Caspar Achatius Beck. Jena (Fickelscherr) 26. X. 1729. 24 S. (4.80) 8438

Fabarius, *Waldemar* (Stadtbauinsp.), Quiehl, Karl, Völker, Karl, Merkelbuch, Wilhelm, Müller, *Johann* Heinrich und Laus, Wilhelm: Der Neubau der Oberrealschule zu Cassel und die Feier der Einweihung. 4 (26 S., 4 Taf.). **Progr.** Oberrsch. *Cassel* 1899

Fabbricho, le, e i Disegni di Andrea Palladio e le terme. Nuova edizione italiana foggiata sulla vicentinese di Bertotti Scamozzi ampliata e fornita di note del Cavaliere Celestino Foppiani. Fasc. no. I. gr. Fol. (Mit 4 Kupfertaf.) Genova 842. (Triest, Favarger.) n. 1 ₰ 6 ngl

Fabbroni, Adam: Kunst nach vernünftigen Grundsäzzen Wein zu verfertigen, eine gekrönte Preisschrift aus d. Ital. übers. mit Zusäzzen von Samuel Hahnemann. Leipzig: Barth 1790. IV, 278 S., mit 12 Abb. -- 12.21*.37.43. Frei 100*
Bibliotheca oeconomica: Fabroni, Adm. -- Gatterer: Fabroni, Adam. -- Heinsius: Fabroni, A. -- Kayser: Fabroni, Adm. -- Weber: Fabroni, A.

Fabbrucci, Fab., Anleitung zur Erlernung d. Italien. Sprache, nebst e. kurzen Abhandlung über die italien. Poesie, aus den besten Grammatiken gezogen u. zusammengesetzt. 8. Berlin 835. Gropius. 1 ₰

Fabbrucci, Fabio, Anleitung zur Erlernung der Italienischen Sprache. Zum Schulgebrauch und zum Selbstunterricht. 2., verb. u. sorgfältig verm. Aufl. Mit einer Auswahl Italienischer Lesestücke von Ganganelli, Metastasio, Algarotti, Soave rc. Berlin 859. J. Springer. gr. 8. (XII, 339 S.) 1 ₰ 6 ngr

— e **Bellenger,** nuova guida di conversazioni moderne accresciuta di dialoghi etc. in italiano e francese per uso de' viaggiatori e degli studiosi delle due lingue. A. u. d. T.: Nouveau guide de conversations modernes en italien et français ou dialogues usuels et familiers etc. Berlin 857. Behr. 12. (2 Bl., V, 236 S.) 15 ngl

Fabbrucci, F., e **Witcomb,** nuova guida di conversazioni moderne accresciuta di dialoghi sulle strade ferrate, sui bastimenti a vapore, in italiano e inglese per uso de' viaggiatori e degli studiosi delle lingue. gr. 16. (V, 249 S.) Berlin 887. Behr's Verl. cart. 1.50

— e **Fischer,** nuova guida di conversazioni moderne accresciuta di dialoghi etc. in italiano e tedesco per uso de' viaggiatori e degli studiosi delle due lingue. A. u. d. T.: Leitfaden der italeinischen u. deutschen Conversations-Sprache, enthltd.: Gespräche über Reisen, Eisenbahnen rc. Ebend. 857. 12. (2 Bl., V, 236 S.) 15 ngl

— e **Fischer,** nuova guida di conversazioni moderne, accresciuta di dialoghi sulle strade ferrate, sui bastimenti a vapore in italiano e tedesco per uso de' viaggiatori e degli studiosi delle lingue. Nuova ed. rivoduta. 16. (V, 249 S.) Berlin 877. Behr. cart. 1.50

—— s. Guide, nouveau, de conversations modernes.

Fabbrucci, F., nouveau guide de conversations modernes en français et italien, ⎫
—— nouveau guide de conversations modernes en français, anglais, allemand et italien, ⎭ s. Bellenger.

— **Introduzione alla Gerusalemma liberata di Torq. Tasso,** utilissima per quelli che vogliono leggere questo celebre Poema, ed istruttiva anche per coloro che l'hanno già letto. gr. 12. Berlin 836. Gropius. ⅓ ₰

Fabrucci, F., lettura piacevolissima ed istruttiva di componimenti teatrali di genere diverso, scelta e ordinata per comodo degli studiosi della bella lingua ital. III Voll. 8. Berl. 827. Dümmler. 4 ℛ

— Manuale contenente pezzi scelti da' migliori Prosatori Italiani antichi e moderni, con brevi notizie intorno alla vita ed alle opere di ciascheduno compilato per uso degli studiosi ed amatori della letteratura Italiana. A. u. d. T.: Handbuch der italienisch-prosaischen Literatur. gr. 8. Berl. 831. Rücker. 1 ℛ 6 gℛ

Fabbrucci, Fabio, perle del parnaso lirico italiano. Berlin 858. Th. Enslin. 16. (XII, 356 S.) 1 ℛ 7½ ngℛ

— Perle del parnaso lirico italiano. 2. ediz. accresciuta. Berlin 862. Th. Enslin. 16. (IV, 411 S.) n. 1 ℛ 10 ngℛ; geb. n. 1 ℛ 20 ngℛ

— perle del parnaso lirico italiano. 3. ed. accresciuta. 16. (III, 372 S.) Berlin 880. Enslin. n. 4. —; geb. n. 5. —

Fabbrucci, Fab., Saggi del Teatro italiano dati in luce. A. u. d. T.: Ausgewählte Italienische Theaterstücke für Anfänger. 8. Berlin 833. Enslinsche Buchh. ¾ ℛ

— neuer Sprachenführer, s.: Bellenger.

— Teatro Scelto Italiano, con breve notizie biografiche intorno agli Autori delle Opere contenute in questo Volume, ed il Saggio storico critico della Commedia Italiana del F. Salfi. 8. Berlino 838. Gropius. n. 1 ℛ

—— Tesoretto contenente pezzi scelti in prosa, sentenze e descrizioni in poesia, d'autori classici italiani, antichi e moderni. — Kleiner Schatz italienischer Lesestücke in Poesie und Prosa. gr. 8. (X und 266 S.) Berlin 863, Hickethier.

— Tesoretto contenente pezzi scelti in prosa, sentenze e descrizioni in poesia d'autori classici italiani, antichi e moderni. 863. — 2. ediz. Berlin 865. Mylius. gr. 8. (XI, 266 S.) n. 1 ℛ

Fabeck, Friedr. v., Herrn W. Kindermann's in den Zeitungen angekündigte Denkschrift. 8. (1 B.) Berlin 845, Schröder's Verl. *

— s. Kinderraub, ausgeübter.

— Ausgeübter Kinderraub gegen einen Preußischen Unterthan unterm Schutze der Gerichte der freien Stadt Frankfurt. Actenmäßig dargestellt (von *Friedrich v. Fabeck*), nebst einem Anhang. 2te wohlf. Ausg. Charlottenburg, 1845. (Ed. I. 1844.) Verlag von Egbert Bauer. Gr. 8°. (In Frankf. a. M., Stadtbibl.) (Mk. 3—.) (1 Mk. 50 Pfg. Jos. Baer & Co., c. 1886.) (Die 1. Ausg. in Hamburg, Bibl. der „Harmonie".)
V—207 S., unterz.: Berlin, im Monat Januar 1844. —

Fabel, die, vom Schnabel, v. Germanus Jovialis, s.: Dilettanten-Theater.

Fabel, F., s. Manuel, nouv., du Voyageur.

Fabel, F., Taschenbuch der Conversation, — Manuel du voyageur, s.: Taschenbuch.

Fabelanthologie für Jünglinge u. Mädchen, in Prosa u. Versen. Aus d. Französ. 8. Karlsr. 777. Macklott. 12 gℛ

Fabelbuch. Eine Auswahl für die Jugend aus Deutschlands classischen Dichtern mit untermischten Erzählungen, Parabeln u. Allegorieen. Mit 1 Stahlstich u. 4 Illustrat. von Grandville. 8. Coesfeld 845, Riese'sche B. geb. ⅞ ℛ

Fabelbuch. 2 Sorten. 8. (à 8 farb. Taf. m. 8 S. Text.) Leipzig 889. Fr. Pfau. cart. à n. — 20

Fabelbuch mit Bildern in alphabet. Reihenfolge, zum Selbstilluminiren für Kinder, von Friedrich Jugendhold. In 10 Lfrgn., deren jede 24 Fabeln enthält. 1e Lfrg. 24 Blätter in Steindr. 4. Gotha 837. (Wenige.) n. ⅓ ℛ

Fabelbuch, Der Kinder schönstes. Mit Text in Versen nach Lafontaine von Gleim, Hagedorn, Michaelis, Ramler u. A. 2. Aufl. Leipzig 1889. H: *Müldener, Rudolph.* (Russell XVI, II, 2, 2657)

Fabel- und Erzählungsbuch, das kleine, für kleine folgsame Knaben und Mädchen rc. 12. Sonst Bruder und H. jetzt Buschler in Elberfeld.

Fabel- u. Erzählungsbuch, das kleine, für folgsame Knaben u. Mädchen, mit 48 ill. Kpf. 12. Leipz., (Schönian in Elberf.) 18 gℛ Dass. auch französisch. 18 gℛ

— — dasselbe. 2 Bdch. compl. m. illum. u. schw. K. 12. Ebend.

Fabel-Buch, kleines. Eine Sammlg. kindl. Fabeln f. die liebe Jugend. 4. (7 Chromolith. m. 12 S. Text.) Eßlingen 885. Schreiber. geb. n. — 70

Fabelbuch, kl. moral., f. Kinder rc. m. K. 8. Lpz. Fr. Bruder. 802. illum.

Fabeln- und Mährchen-Buch, m. 500 Abbild. v. J. P. Lyser. 1—3. Hft. gr. 4. (15 B. u. lith. Ttl.) Berlin 838—41, Rubach. à ⅓ Thlr.

— u. Mährchen-Buch, mit 500 Abbild. von J. P. Lyser. 1.—4. Hft. gr. 4. Berlin 841, 42, Rubach. (à ¼ ℛ) 1 ℛ

Fabelbuch, naturhistor., mit ill. Bildern. 8. Halle 803. Dreyßig. 12 gℛ

Fabel-, Sitten- u. Bilderbuch, das neue, ein angenehmes Geschenk f. die Jugend, mit 20 ill. Kpf. 8. München, Fleischmann. 1 ℛ ill. 1 ℛ 18 gℛ

Fabelbuch, neues, mit schönen Bildern für die liebe Kinderwelt. gr. 4. (12 S. m. 5 color. Steintaf.) Mülheim 880. Bagel. geb. 2. —

Fabelbuch, das schönste, für brave Kinder. Eine Auswahl aus Deutschlands Fabelschatz. 8. (112 S.) Reutlingen 878, Enßlin und Laiblin.

—— dass. — 8. (112 S. mit 6 color. Stnt.) Ebendas. 873. cart.

Fabelbuch, das schönste, f. brave Kinder. Eine Auswahl aus Deutschlands Fabelschatz. 2. Aufl. gr. 16. (112 S.) Reutlingen 876. Enßlin & Laiblin. — 40

— dasselbe. 2. Aufl. gr. 16. (112 S. m. 6 color. Steintaf.) Stuttgart 876. Neugebauer. — 90

— das schönste, f. brave Kinder. Eine Auswahl aus Deutschlands Fabelschatz. 4. Aufl. 8. (112 S. m. 6 Chromolith.) Nürnberg 886. Neugebauer. geb. — 90

— das schönste, f. brave Kinder. Eine Auswahl aus Deutschlands Fabelschatz. 5. Aufl. 8. (96 S. m. 4 Farbendr.) Reutlingen 889. Bardtenschlager. geb. n.n. — 60

Fabelbuch, das schönste, f. brave Kinder. Eine Auswahl aus Deutschlands Fabelschatz. 5. Aufl. 12. (72 S. m. 4 Farbdr.) Reutlingen (899). R. Bardtenschlager. Geb. — 60

Fabelbuch, das schönste, für brave Kinder. Eine Auswahl aus Deutschlands Fabelschatz. (80 S. m. 4 Farbdr.) 8. Reutlingen (905). R. Bardtenschlager. Geb. — 75

— dasselbe. (80 S. m. farb. Titelbild.) kl. 8. Ebd. (906). Kart. — 50

Fabelbücher, die beiden ältesten lateinischen, des Mittelalters, des Bischofs Cyrillus Speculum sapientiae und des Nicolaus Pergamenus Dialogus creaturarum. Hrsg. von J. G. Th. Grässe, s. Bibliothek des litterarischen Vereins in Stuttgart, Bd. 148.

Fabeldichter, römische, übers. v. H. J. Kerler, s. Dichter, römische, 21—26. Bdchn.

Fabeldichter, römische, metrisch übers. u. mit Anmerkk. begleitet von H. J. Kerler. Vollständig in 3 Bdchn. (I. Einleitung. Aesopische Fabeln d. Phädrus. 1s u. 2s Buch. II. Aesop. Fabeln d. Phädrus. 3s—5s Buch. III. Des Flav. Avianus Aesopische Fabeln. 32 neu entdeckte Fabeln. 16s Buch d. Phädrus.) Fabeln des Romulus.) 16. Stuttgart 838. Metzler. (à $1/_6$ ℛ) $1/_2$ ℛ

Fabelgärtchen, Das, mit schönen Bildern und sinnreichen Sprichwörtern geziert; eine lehrreiche Geschichte für 6 bis 10jährige Kinder ... Hirschberg 1837. 2. A. 1841. V: *Wander, Carl Frdr. Wilhelm.* (Nowack, Schriftst.-Lex. Bresl. 1836—43. VI, 159.)

FABEL-HANNS, Der Semper-Lustige. Oder: Neu-erdichter altverpflichter und lächerlich Poetisirender Knospus, Welcher allerhand alte Saturnische Fausen mit gemeinen Mercurialischen Grausen ausfantasiret. Dutzendweiss allerley alte Sprüche und Reimen mit ausgelegten Fabeln und Geschichten zu Tapet bringet, denen seltzamen Humoristen ihre geschöpffte Fantaseyen zubenehmen; wie auch die Sauerdöpffe aufzumuntern; in allerley Begebenheiten und Vorhaben mit Nutzen zugebrauchen. Also componirt. Quod quis facit per alium, hoc ipse fecisse videtur. „Wer mich lesen wird, der wird finden was in mir verborgen. Gedruckt im Jahr da alles lustig war. Anno 1703. 12⁰. (In Frankfurt a. M., Stadtbibl.; Auct. Germ. F. 427.) (6 Mk. Scheible, vor 1885; 10 Mk. Jacques Rosenthal, c. 1903.) Sehr rar!
Goedeke, 2. A., III. p. 267, 33.

Fabellese; e. Bilderbuch mit 32 ill. Bildern. 2e Aufl. Eichst.... Beyer. 16 gℓ Mit schwarz. Kpf. 8 gℓ

— in Bildern f. d. Jugend, (mit 32 ill. Steindr.) 8. Düsseld. 824. Arnz u. C. 16 gℓ

— für die Jugend, mit 12 ill. Kpf. 8. Zürich 810. 4e Aufl. 820. Trachsler. 1 ℛ 6 gℓ

— kleine, für die Jugend, mit 6 ill. Kpf. 12. Zürich 805. 4e Aufl. 818. Trachsler. 15 gℓ

— kleine, für die Jugend, von Pfeffel, Tiedge, Weiße u. a. 4te Aufl. Mit illum. Kupf. 12. Zürich, Trachsler. 818.

— kleine, z. Schul- u. Selbstunterh. f. d. Jug. 8. Quedl. Basse. 810.

— kleine, für d. Jugend. Oder Samml. auserlesener Fabeln von Gellert, Gleim, Tiedge u. A. 8. Quedlinb. 810. 3e verm. Aufl. 821. Basse. 16 gℓ

Fabellese, kleine, für die Jugend. Oder Sammlung auserlesener Fabeln von Gellert, Gleim, Tiedge u. a. 3te verm. Auflage. 8. Quedlinburg, Basse. 821.
Auch unter dem Titel:
Erstes Buch der Declamation für die untern Classen der Gymnasien.

— lateinische, aus alten u. neuen Fabeldichtern gesammlet, u. herausgegeben v. Wittkugel. Neue wohlfeile Ausg. 8. Hann. Gebr. Hahn. 813.

Fabel- u. Parabellese, moralische, für die Jugend. Mit 72 color. Abbild. Mit 7 Taf. 16. Berlin 839. Gropius. $3/_4$ ℛ

Fabel- u. Parabellese, moralische, für die Jugend. Mit 72 color. Abbild. (auf 6 Taf.) gr. 16. Berlin 843, Winckelmann u. Söhne. geb. $5/_{12}$ ℛ

— mythologische, 8. Hildburgh. 796. Hanisch. (Leipz., Ec. Fleischer). 4 gℓ

Fabellese, neueste, aus den besten Dichtern u. Prosaikern, ein Lesebuch für d. Jugend. 8. Hamb. 800. Kratzsch. 1 ℛ 4 gℓ

— f. die Schule u. das Haus. 2 Thle. 8. Hamb. 822. Herold jun. 2 ℛ

Fabelmann, der kleine, ein A B C u. Lesebüchlein für das kindl. Alter. Mit 22 ill. Kpfr. gr. 12. Nürnb. 834. Bauer u. R. $1/_3$ ℛ

Fabeln. Berlin 1756. V: *Gleim, Johann Wilh. Ludwig.* (Gleim-Uz, Briefwechsel. Tübing. 1899. S. 489.) »1756-57« (JL)

Fabeln, L. M. v. K. Dritte ... Aufl. Zürich 1757. V: *Meyer von Knonau, Joh. Ludwig.* (JL)

Fabeln. Dresden 1769. V: *Burmann, Glob Wilh.* (JL)

— von Hagedorn, Gleim u. Lichtwer, mit Kpf. gr. 8. Winterthur 777. Steiner; (a. Zürich, Ziegler). 2 ℛ

— nach dem Französ. des Lafontaine, von d. berühmt. Dichtern ins Deutsche übersetzt, mit 50 Kpf. gr. 8. Dresden 770. Walther. 2 ℛ 16 gℓ

Fabeln. Mannheim 1786. V: *Moser, Friedrich Carl von.* (Stri)

— v. F. K— r. 8. Wien, Hörling. 790.

Fabeln. Nach dem Französischen [des La Fontaine] frey bearbeitet für die Jugend. Leipzig 1803. Ü: *Clodius, Christian August Heinrich.* (Ky) (MGT) (GGr)

Fabeln. Ein politisch-moral. Panorama der Thierwelt. gr. 12. Weimar, Landes-Ind.-Cptr. 819.
Bess. Pap.

— Mit (80) Illustrationen von Grandville. br. 8. Stuttgart 841, Erhard. $1^3/_4$ ℛ

— Mit (80) Illustrationen v. Grandville. br. 8. ($10^1/_2$ B.) Stuttgart 842, Erhard.

— vom Verfasser des Glockenbuben. 12. Nürnberg 845, Bauer u. R. $1/_4$ ℛ

— mit lithogr. Abbildd. (22 Bilder). Ein Geschenk f. die Jugend. (Wohlf. Ausg.) 8. Düsseld. 827. Arnz u. C. 9 gℓ

Fabeln mit lithogr. Abbildungen (32 Bilder). Ein Geschenk für d. Jugend. (N. Ausg.) 8. Berl. 829. Winckelmann u. Söhne. 6 gℓ

— 98, in deutscher, französ. u. engl. Sprache. Nach Aesop neu bearbeitet. 2. mit deutsch-französ.-engl. Inhaltsverzeichnisse bereicherte Ausgabe. 4. Leipzig 846, H. Fritzsche. geb. n. $5/_6$ ℛ — Mit 98 Bildern (auf 7 Taf.) u. illum. Tit. n. $1^1/_3$ ℛ

Fabeln aus dem Alterthume in vier Büchern ... Bresslau 1760. V: *Reupsch, Johann Friedrich.* (GGr)

— aus d. Alterthum, in 4 Büchern. 8. Bresl. 760. (Gosohorsky). 8 gℓ

— aus d. Aesop u. Phädrus. 8. (Leipz.) 780. (Wienbrack). 2 gℓ

— etliche, aus Aesopo, von Dr. M. Luther verdeutscht, sammt e. schönen Vorrede zum rechten Nutz u. Brauch desselben. Jedermann, weß Standes er auch ist, lustig u. dienlich zu lesen, Anno 1530. Zum Geschenk f. Kinder am 3n Reformationsfeste herausg. 8. Tübing. 817. Laupp. 4 gℓ

Fabeln, Aesopische, die, s. Sammlung griech. u. röm. Classiker.

Fabeln, Aesopische, in vier Büchern. Leipzig 1748. V: *Lichtwer, Magnus Gottfried.* (Ky) (ML)

— esopische, a. d. Griech. v. J. C. Brimer. 8. Quedlb. Ernst. 788.

Fabeln, Esopische u. andere auserlesene, z. Gedächtniß- u. Deklamirüb. d. Jugend. 3 Bdchn. 4e Aufl. Mit illum. Kpfrn. qu. 16. Nürnb. 824—825, Schneider u. W. à 16 gr.

— vergl. Aesop.

— auserlesene, von Gellert u. A. m. 8. Prag 790. Barth. 6 gr

— auserles., aus d. Aesop, Phädrus. 8. Frankf. a. M. 780. Hermann. 1¼ gr

— auserles. Aesopische, u. andere prosaische u. poet. ber. Dichter. Mit Kpf. gr. 8. Nürnb. 797. Schneider u. W. 16 gr ill. 1 Thlr 4 gr N. Aufl. Ebd. 16 gr ill. 1 Thlr 8 gr N. Aufl. 3 Bdchn., mit 36 ill. Kpf. gr. 16. Ebd. 824, 25. 1 Thlr 12 gr

Fabeln, Auserlesene, aus den besten französischen Dichtern ... [Leipzig] 1800. Ü: *Tewaag, Johann Daniel.* (GGr)

Fabeln und Erzählungen, Auserlesene, von Gellert, Gleim und Hagedorn für die Jugend. Berlin 1788. H: *Jördens, Carl Heinrich.* (OL) (Ky) (MGT) (NN)

Fabeln u. Erzähll., auserles., von Gellert, Gleim u. Hagedorn, f. die Jugend, (v. K. H. Jordens). 8. Berl. 788, 90. Mylius. 6 gr

— u. Erzählungen, auserlesene, zum Declamiren für die mittlere Jugend. 8. Quedlinb. ... 2e verb. Aufl. 8. Ebd. 835. Ernst. 1/3 Thlr mit 16 ill. Kpfr. 3/4 Thlr

— auserlesene, für die Jugend. Mit illum. Kupf. 8. Wien, Müller. (Leipzig, Knobloch in Comm.) 817.

— auserles., für d. Jugend, u. Erzählungen. 2e Aufl. 12. Wien 823. Müller. 1 Thlr 4 gr

— auserles., für d. gebildete Jugend zur Erweit. d. Welt- u. Menschenkenntniß. Mit 6 ill. Kpf. 12. Nürnb. (822). Zeh. 21 gr

— auserles., für d. Jugend, durch moral. Erläuterungen nützlich gemacht. Mit 50 ill. Kpf. 16. Leipz. 820. (B. Rauck). 2 Thlr

— auserlesene für die Jugend, durch moralische Erläuterungen nützlich gemacht. Mit 50 illum. Kupf. 16. Leipzig, Sommer. 820.

— auserlesene prosaische, in drei Sprachen, Deutsch, Italien. u. Franz., mit beigef. Moral. 8. Wien ... Sammer. 1⅓ Thlr

— auserles., prosaische, in 3 Sprachen, deutsch, italienisch u. französisch. Mit angehängter Moral. 8. Wien 799. v. Mösle. 1 Thlr

— ausgewählte, u. Erzähll. für die mittlere Jugend zur Unterhaltung u. zum Declamiren. Mit 12 Kpf. N. Ausg. 8. Quedlinb. 823. Ernst. 8 gr Mit ill. Kpf. 18 gr

— ausgewählte, für die Jugend. Zur Veredlung ihres Herzens u. zur Uebung des Gedächtnisses. 2 Bdchn., mit 40 ill. Kpf. 12. Wien 815. Geistinger. (Gerold). 1 Thlr Hbg. Pr. 16 gr (vergl. *Fables*).

— Auswahl d. besten, e. Leseb. f. d. Jugend. 8. Hamb. Vollmer.

— in Bildern mit Originalzeichnungen. Nürnberg (855.) (Leipzig, Rocca.) 4. (14 lith. u. color. Taf. m. Text.) 21 Ngr

— in Bildern mit Text für gute Kinder. qu. 4. (12 ill. Steint.) Nürnberg 857, Geißler.

Fabeln, 3 Bücher. s. J. H. F. Meinecke.

Fabeln, Drey Bücher, für allerley Leser. Berlin 1779. V: *Meinecke, Johann Heinrich Friedrich.* (Ky) (MGT)

— drei Bücher, f. allerlei Leser, (v. J. H. F. Meinecke). 12. Berl. 779. 2e u. mit 91 Kpf. verm. Aufl. 12. Ebd. 785. Pauli. 2 Thlr ohne Kpf. 12 gr Mit neuem T. 12. Ebd. 819. Schöne.

Fabeln, deutsche, italienische u. französische, zur Erlernung d. Sprachen f. d. Jugend. 8. Wien, Mösle. 799. Rthlr.

— dialogische, von d. Verf. d. Dithyramben. 8. Berl. 765. Birnstiel. 8 gr

Fabeln, Dialogische, in 2 Büchern ... Neue ... Aufl. [von J. K. Jördens]. Berlin 1791. V: *Willamow, Joh. Gottlieb.* (EE) »1765« (JL)

Fabeln, 80, ausgewählte, wovon 18 in deutscher u. 12 in franz. Sprache. M. 30 Abbild. Lith. 12. Düsseldorf 833, Arnz u. Comp. Thlr.

— englische, nach d. latein. d. Gebr. Faerno, z. Erleicht. d. Anfangs-Studien in d. engl. Sprache, mit grammat. u. erläut. Anmerkk., v. J. C. J. Bethe. gr. 8. Hannover 824, Helwing.

— u. Erzähll., epigrammatische, u. Gedichte. 2 Thle. 8. Hamb. u. Leipz. 764. Holle. 12 gr

Fabeln, Erzählungen, epigrammatische und andere kleine Gedichte. Hamb. 1765. V: *Leyding, Johann Dieterich.* (Schr) (Ky) (ML)

— die erneuerten Esopischen, nebst d. hiezu geeigneten Lehren u. Sitten-Sprüchen, zusammengetr. z. wahren Nutzen u. unterhalt. Vergnügen. 2. Aufl. (8 B.) 831. 3 Gr., 3. A., verm. mit Esop's Lebensbeschr. (8½ B.) Jede m. 100 Holzschn. 12. München 835, Jaquet.

— u. Erzählungen. 8. Nordhausen, Nitzsche.

Fabeln und Erzehlungen. Coburg 1754. V: *Petermann, Carl Maximilian Wilhelm.* (BGE) (GGr)

— und Erzählung. v. P. 2 Thle. 8. Cobg. Ahl. 754 — 756.

— u. Erzähl., m. Trillers Vorr. 8. Brem. Jäger. 755.

— u. Erzähll., mit Abbildd. 8. Berl. 764. Winter. 6 gr

Fabeln und Erzählungen. O. O. 1776. V: *Steiger, Johann Christian.* (Bresl 31, S. 174)

Fabeln und Erzählungen nebst e. Anhange von Idyllen. Leipzig 1776. V: *Schmidt, E. C.* (Antiqu. Kat. Friedrich Meyer-Leipzig. Nr. 86.)

— u. Erzählungen in 3 B. v. J. H. C. M. 8. Berl. Pauli. 779.

Fabeln und Erzählungen von Gellert, Gleim, Hagedorn, Lichtwer, Pfeffel, Tiedge, Kleist, Meiszner, Nikolai, Ramler, Weisze, Lafontaine, Michaelis, Göz, Willamow, Zachariä, Schmitt etc. Altona. 1798.

— u. Erzähl. e. Anh. z. d. Lied. f. Volksschul. s. Hoppenstedt.

Fabeln und Erzählungen; ein Anhang zu den Liedern für Volksschulen. Hannover 1803. V: *Hoppenstedt, August Friedrich Ludwig.* (MGT) (GGr)

— u. Erzähll., zum Gebrauch f. Kinder. 8. Riga 780. Hartknoch in Leipz. 10 gr

— u. Erzähll., auch Gedichte. 8. Quedlinb. 760. Schwen. 5 gr

Fabeln und Erzehlungen, wie auch einige andere Gedichte von M. J. W. E. Quedlinburg 1761. V: *Eissfeld, Joh. Wilhelm.* (BGE I², 222)

Fabeln, Erzählungen und andere Gedichte . . . Frankfurt u. Leipzig 1792. V: *Castell-Remlingen, Charlotte Henriette Gräfin von.* (Ky) (MGT) »Würzburg 1792« (GGr) (Schl)

— Erzähll. u. andere Gedichte, von einer Frau v. Stande (Gräfin Charl. H. v. Castell); herausg. von J. F. Schlez. 8. (Würzb.) 792. Stabel. 8 gr Schrbp. 10 gr

— —, Erzählungen und Idyllen. Berlin. o. J. (c. 1780?). 8°.
Bibl. Adelungii p. 104.

— Erzähll. u. Idyllen f. gute Kinder. 8. Lpz., (W. Rauck). 10 gr

Fabeln, Erzählungen u. Idyllen f. gute Kinder. 12. Leipz. Sommer.

— u. Erzähll. für die Jugend. 8. Frankf. 803. Jäger. 20 gr

— u. Erzählungen für die Jugend. Mit 8 ausgemalten Bild. 8. Hamburg 846. Heubel. geb. n. 1 Thlr

— u. Erzähll. f. Kinder, mit 8 Kpf. 8. Hannov. 806. Hahn. 12 gr ill. 16 gr

Fabeln und Erzählungen für gute Kinder . . . Stuttgart 1798. H: *Oesterlin, Friedrich Caspar.* (MGT) (Ky)

— u. Erzähll. f. gute Kinder, v. Pfeffel, Tiedge, Meißner rc., (herausg. von F. K. Oesterlin). 8. Stuttg. 798. 2e Aufl. 803. 3e Aufl., mit 4 Kpf. 820. Löflund. 16 gr ill. 1 Thlr 4 gr

— und Erzählungen für gute Kinder, von Pfeffel, Tiedge, Meißner, Gellert, Weiße und andern, mit 4 illum. Kupfern. 3te Ausg. 8. Stuttgart, Löflund. 820.

— und Erzählungen für kleine folgsame Kinder. N. A. m. 48 Kpfrn. 12. sonst Brüder u. H. jetzt Elberfeld, Büschler. 817.

Fabeln und Erzählungen für Kinder und junge Leute . . . Leipzig 1798. V: *Ebert, Johann Jacob.* (JL)

— kleine Erzählungen u. Bilder, f. wißbegier. Knaben u. Mädchen, m. illum. u. schw. K. 12. Hefte Bruder u. Hoffmann.

Holl. Pap.
Velin. Pap.

— kl. Erzähll. u. Bilder, f. wißbegierige Knaben u. Mädchen, mit 48 ill. u. schw. Kpf. 12. Leipz. . . . N. Aufl. 12. Elberf. 817. Schöniau. 21 gr

Fabeln und Erzählungen in Burc. Waldis Manier. O. O. 1771. V: *Zachariae, Justus Friedrich Wilhelm.* (Stri) (GGr)

— u. Burk. Waldis Manier. s. Zachariä.

— Erzählungen und Schertze zur Ergetzung des Verstandes und des Hertzens. Th. (1). Mit Titelkpf. O. O. 1748. 8°. — Th. 2. O. O. 1763. — Th. 3. sub tit: Fabeln Erzählungen und Scherze, zum Ergötzen des Verstandes und des Hertzens. O. O. 1763. 8°. (In Berlin 2 Expll.: Yl 6981, 1 vol.; Bibl. Diez 8475.)
64, 62, und 72 Seiten. Selten cplt. (Th. 1 apart 5 Mk. Jacques Rosenthal, c. 1903.)

— Erzähl. u. Scherze z. Ergötzung d. Verstand. u. Herzens. 3 Thle. 8. Zittau, Schöps. 763.

Fabeln und Erzählungen von Thieren und sehr alten längst verrosteten Zeiten. Cöln [Altona] 1759. V: *Justi, Johann Heinrich Gottlob von.* (Wr)

— u. Erzähll., zum Unterricht u. Vergnügen, (v. Er. H. Simon). 8. Heilbronn 796 u. 99. Class. 12 gr

— u. Erzähl. z. Weihnachtsgesch. rc. 12. Berl. Himburg. 793.

— üb. Fabeln u. Lügen wie gedruckt. 2 Bde. 12. Bresl. 803. Buchheister. 18 gr (Auch u. d. T.: Romant. Gemälde der Vorzeit.)

Fabeln und Fabuletten, nebst einer Betrachtung über die Versification. Breslau 1771. V: *Schenk, Chn Ernst.* (Ky) 1770 (MGT)

— u. Fabuletten, nebst e. Betracht. über die Versification, (v. . . Schenk). 8. Bresl. 771. (Gosohorsky). 10 gr

— u. Fabuletten. 8. Bresl. Meyer. 771.

— 25 auserles. Gellertische, z. Bild. d. Jug., m. K. 8. Berl. Wever. 786.

— noch funfzig, in Bildern, gezeichnet von Otto Speckter. Nebst e. ernsthaften Anhange. Mit 3/4 B. Musikbeil. gr. 8. Hamburg 837. Fr. Perthes. n. 1 1/6 Thlr

— 50, mit 50 Bildern. Original-Holzschnitte von J. J. Grandville. Berlin (858). Klemann. br. 8. (VIII, 200 S.) 1 Thlr

— noch 50, mit 50 Bildern. Original-Holzschnitte von J. J. Grandville. Ebend. (858.) br. 8. (VIII, 200 S.) 1 Thlr

— funfzig, für Kinder. (Gedichte.) In Bildern, gezeichnet v. Otto Speckter. Mit e. ernsthaften Anhange. gr. 8. Hamburg 833. Fr. Perthes. 1 1/2 Thlr — 2e wohlf. Ausg. gr. 8. Ebd. 834. 1 1/6 Thlr — N. Ausg. gr. 8. Ebd. 836. 1 1/6 Thlr

— funfzig, für Kinder. In Bildern, gezeichnet von Otto Speckter. Nebst einem ernsthaften Anhange. (Wohlf. Ausg.) 8. Hamburg 841, Fr. Perthes. n. 1/2 Thlr (Wird nur in Partieen von 12 Exempl. verkauft.)

— u. Lieder, 50, für das zarte Kindesalter. Mit 8 in Tondruck ausgeführten Kunstbl. nach Zeichnungen vom Verf. der Kindesheimath rc. br. 8. (64 S.) Hamburg 847, Bödeker. n. 2/3 Thlr; col. n. 5/6 Thlr; Prachtausg. n. 1 1/3 Thlr

— u. Lieder, funfzig, für das zartere Kindesalter. Mit 8 Kupf. 8. Hamburg 846, G. Bödecker. geb. 2/3 Thlr — col. geb. 5/6 Thlr Prachtausg. 1 1/3 Thlr

Fabeln, Fünfzig moralische, ... Flensburg 1754. V: *Petersen, Philipp Ernst.* (GGr)

-Fabeln, Gedichte, Erzählungen und Lieder. Th. 1. (einz.?). Pr. (Prag?) 1741. 8°.
So in der Bibl. Adelungii p. 104.

— u. Geschichten für Sexta. gr. 8. Lüneburg 846, Engel. 2 ngl

Fabeln u. Geschichten zum Uebersetzen u. Memoriren f. die untersten Gymnasialclassen. Anh.: Die Zumpt'schen Geschlechtsregeln in vereinfachter Form. gr. 8. (31 S.) Lüneburg 849, Engel. n. 1/12 Thlr

Fabeln der helvetischen Gesellschaft gewidmet. Basel 1783. V: *Pfeffel, Gottlieb Conrad.* (Mn) (MGT) (Adel)

— für Groß u. Klein. Gedichtet u. hrsg. v. E. H. gr. 8. (IV, 24 S. m. eingedr. Holzschn.) Berlin 876. Neuenhahn. cart. n. 1. 50

— hundert, nach Esop u. den größten Fabeldichtern aller Zeiten. 2 Thle. Mit 100 ill. Kpfrn. 8. Berlin 827, Englin. 3 Rthlr. 16 gr. schwarz.

— 100, nach Aesop u. den größten Fabeldichtern aller Zeiten. Mit 100 color. Kpf., zur Beförderung d. sittl. Ausbildung d. Jugend, als Leitfaden zur frühern Erweckung ächter Lebensweisheit. In deutscher, engl., französ. u. italien. Sprache. 2 Thle. 8. Berl. 830. Kuhn. (Th. Enslin). 3 Thlr Mit schwarz. Kpf. 1 Thlr 12 gGr

Fabeln, hundert, nach Aesop u. Lafontaine. Frei übertr., mit 100 Bild. nach Grandville. Lex.-8. (Mit eingedr. Bild.) Berlin 843, Weidlé. 1¼ Thlr

Fabeln, 100 Äsop'sche, f. die Jugend. Neu bearb. u. m. moral. Anmerkgn. versehen. Mit 4 Bildern in Farbendr. nach Aquarellen v. Walt. Zweigle. 8. (66 S.) Stuttgart 894. W. Nitzschke. Kart. 1. 20

Fabeln und Parabeln, 100 auserlesene, für Kindheit und Jugend. Neues Erzählungsbuch zur Belehrung und Unterhaltung. Mit 32 color. Bildern. Nürnberg 864. Lotzbeck. qu. 4. (61 S. u. 8 lith. Taf.) 18 ngr

Fabeln, Hundert auserlesene prosaische, in dreierlei Sprachen, nämlich Deutsch, Italienisch und Französisch mit angehängter Moral, zum Besten der Jugend beiderlei Geschlechts, die sich mit der Erlernung dieser Sprachen widmen. Prag 1783. H: *Hoff, Hch. Georg.* (Niederrhein. Kreis-Cal. 1790, S. 29.) (Ky 2/14) (BiblPort)

— hundert auserles. prosaische, deutsch, italien. u. französ., v. H. G. Hoff. 1r Thl. 8. Prag 783. (André in Leipz.) 14 gGr

— hundert, nach Lafontaine, mit hundert Bildern. 1e—10e Lfrg. Lex.-8. Leipz. 837, 38. G. Wigand. (à n. 1/3 Thlr) 3⅓ Thlr

— dies. in 3 Sprachen, (Deutsch, Engl. u. Franz.) Roy.-8. Ebd. 838. n. 3⅓ Thlr

— dies. Nach J. Grandville. In 8 Lfrgg. gr. 8. Ebd. 839, 40. cart. n. 3⅓ Thlr

— dies. mit Original-Holzschnitten (blos deutscher Text). Roy.-8. Ebd. 840. In 8 Lfrg. (à ⅓ Thlr) n. 2⅔ Thlr cart. n. 2 11/12 Thlr

— hundert, mit hundert Bildern. 8 Hefte. breit 8. Berlin 844, Klemann. à 1/6 Thlr

— hundert, in Wort u. Bild, in 3 Sprachen, s. Fables.

Fabeln, 108 Aesop'sche, für die Jugend neu bearb. und mit moralischen Anmerkungen begleitet. Mit 3 (lith. u. color.) Bildern. 2. Aufl. Stuttgart 862. Sonnewald. 16. (VI, 88 S.) n. 10 ngr

— 108 Aesop'sche, für die Jugend. Neu bearb. u. mit moralischen Anmerkungen begleitet. Mit 3 (lith. u. color.) Bildern. 3. Aufl. Stuttgart 865. Nitzschke. 16. (VIII, 88 S.) n. 10 ngr

Fabeln, 108 Aesop'sche, für die Jugend. Neu bearb. und mit moral. Anmerkungen versehen. 4. Aufl. 1872; 5. durchges. Aufl. gr. 16. (94 S. mit 3 lithogr. und color. Bildern.) Stuttgart 878, Nitzschke. cart.

Fabeln, 108 Aesop'sche, f. die Jugend. Neu bearb. u. m. moral. Anmerkgn. versehen. 6., durchgeseh. Aufl. 8. (72 S. m. 4 farbigen Bildern nach Walter Zweigle.) Stuttgart 889. Nitzschke. geb. 1. 50

Fabeln, 108 Äsop'sche, f. d. Jugend. Neu bearb. u. m. moral. Anmerkgn. vers. M. 4 Farbdr.-Bild. v. Walt. Zweigle. 6., durchgeseh. Aufl. 8. (72 S.) Stuttgart 896. F. Loewe. Geb. in Leinw. 1. 20

Fabeln für das Jahr 1795 ... O. O. 1795. V: *Gleim, Johann Wilhelm Ludwig.* (GGr) (MGT) (Ky) (Gleim-Uz, Briefwechsel. Tübingen 1899. S. 522.)

— fürs Jahr 1795. (von Gleim.) 8. Halberstadt, Vogler.

— Idyllen u. Erzählungen f. Kinder. 12. Berl. Himburg. 792.

— Idyllen u. Erzähll. f. Kinder. 12. Berl. 792. (Reimer). 9 gGr

— für die Jugend in Rebusform von Gellert, Gleim etc. Berlin 868. (Academische Buchhdlg.) 8. (2 Bll. u. 16 lith. S.) 6 ngr; color. 7½ ngr

— für Kinder, aus d. besten Dichtern, (von Jh. Cor. Benzler). 8. Lemgo 770. 2e Aufl. 773. 3e Aufl. 800. Meyer. 16 gGr

— kleine, mit Bildern. gr. 4. (6 Chromolith. m. 6 Bl. Text.) Wien 877. 1. Wiener Depôt evang. Druckschriften. n. 1. —

Fabeln u. Lehren der Thiere. Unterhaltendes Bilderbuch f. artige Kinder, enth. 6 bewegl. (chromolith.) Tableaux. qu. 4. (6 Bl. Text.) Fürth 885. Schaller & Kirn. geb. 2. —; m. Goldpressg. 2. 50

Fabeln, lehrreiche, ein nützliches Lesebuch f. Kinder jeden Alters, mit 16 illum. K. gr. 16. Ulm, Jakob Ebner. Rthlr.

Fabeln, Lessingische unaesopische. Enthaltend die sinnreichen Einfälle u. weisen Sprüche der Thiere. Nebst damit einschlagender Untersuchung der Abhandlung Herrn Lessings von der Kunst Fabeln zu verfertigen. Zürich 1760. Zweyte Auflage 1767. V (Fabeln): *Bodmer, Johann Jacob.* (Untersuchung): *Breitinger, Johann Jacob.* (System. Verz. der Lessing-Litt. Wolfenb. 1889) (GGr) (JL) (ML) (Ky)

Fabeln Lieder und Satiren. Leipz. u. Aurich 1766. V: *Michaelis, Joh. Benj.* (Mn) (Ky) (EE) (JL)

— Lieder u. Satyren, (v. Jh. B. Michaelis). 8. Leipz. u. Aurich 766. Luischn. 6 gGr

— lustige. gr. 4. (16 S. m. Abb. u. 14 farb. Bildertaf.) Nürnberg 898. Th. Stroefer. Kart. 2.—

— f. kleine Mädchen, von Gellert, Gleim, Lafontaine, Pfeffel u. mehr. mit illum. K. 16. Altona, Comt. f. Lit. 811.

— moralische, des Heiligen Cyrill, (wahrscheinlich des Bekehrers Mährens). Nach einer alten latein. Handschrift durch den Doktor u. Prof. der Theol. zu Wien aus der Gesellschaft Jesu, Balthasar Corderius, im Jahre 1640 herausgeg., nun zum ersten Mal verdeutscht u. zum Besten der erwachsenen Jugend veröffentlicht von Simon Perzich. 8. Breslau 844, G. P. Aderholz. 7/12 ℔

— Erzähll. u. Gedichte, moralische, mit Vign. 8. Stuttg. 805. Magazin f. Litt. 1 ℔ 4 gl

— u. verm. Nachricht. 12. Stck. 8. Zittau.

— und vermischte Nachrichten. 10 Stücke. Zittau 1752—53. 8°.
Koch, Compendium I. 260. — 8 Stücke, ebd. 1752, 16 Bogen stark, verzeichnet Cat. Meissner III.

Fabeln, Neue. Zürich 1744. V: *Meyer von Knonau, Joh. Ludw.* (AarK)

Fabeln, Neue. Berlin [Stuttgart] 1775. V: *Kazner, Johann Friedrich August.* (Wr) (Ky) (MGT) (Mn) (ML)

— neue, (von J. F. A. Kazner). 8. Berl. (Stuttg.) 775. Metzler. 10 gl

Fabeln und Erzaehlungen, Neue, nebst einer Vorrede Herrn Dan. Wilh. Trillers. Leipzig u. Bremen 1752. V: *Pohlmann.* (BGE I², 221) (Cat. bibl. Fischeri, p. 303.)

Fabeln und Erzählungen, Neue, von P. Coburg 1756. V: *Petermann, Carl Maximilian Wilhelm.* (BGE) (GGr)

—, Neue, und Erzählungen, oder altes und neues in Modetracht, in teutschen Versen. Leipzig 1762. 8°.
12 Bog. — Cat. Meissner III.

—, Neue, und Erzehlungen in gebundener Schreibart. Hamburg, verlegts Conr. König. 1749. Gr. 8°. (In Berlin: Yl 511, mit 1 Beibd.)
Tit. m. Vign., 4 Bl. Vorr., 1 Bl. Inh. u. 176 S. Darin 103 Nrn., deren einige derb, z. B.: die Schnürbrust S. 94; das Frauenzimmer u. der Arzt S. 102; die Hemder S. 128; die raren Vögel S. 172. — Goedeke IV, 93, 6.
In Gross' in Lpz. cat. univers. (Suppl. XIII. 1749. 4°. p. 119) wird ein gewisser „Witteking" als Verf. genannt.

Fabeln und Erzählungen, Neue, zum Unterricht und Vergnügen. Heilbronn 1796—99. V: *Simon, Ernst Heinrich.* (MGT) (Ky)

— neue, z. Gebrauch d. Jugend, mit latein. Uebersetzung, v. M. 8. Bresl. 794. J. F. Korn. 8 gl

— u. Kindergeschichten, neue, Kindern von 3 bis 7 Jahren v. der lieben Mutter zu erzählen. Dargeboten v. einem Kinderfreunde. Mit 9 (lith. u.) illum. Bildern. gr. 16. (VI u. 148 S.) Berlin 849, Winckelmann & Söhne. 1/2 ℔

— — Ein Päkchen(!) neue prosaische. Nach Lessings Manier. Hrsg. von zwey redlichen Schweizern im Rheinthale. Mit Titelvignette. Lindau 1787. 8°. (10 Mk. E. Frensdorff, 1908.)

Fabeln, Persische, für Jung und Alt. Aus dem Englischen des H. G. Keene übertragen von Johann Sporschil. Mit 16 Holzschnitten von M. D. Sears. Leipzig 1834.

Fabel, Politische. [Nürnb. 1797.] V: *Siebenkees, Johann Christian.* (MGT) (Will)

Fabeln und Erzählungen, Politische, mit Fragmenten ... O. O. 1790. V: *Kessel, Johann Gottfried.* (ML) »Coburg 1791« (Ky)

— politische mit Fragmenten. 8. Cobg. Ahl. 791.

— polit., u. Erzähll. mit Fragmenten. 8. Cob. 791. (Riemann). 10 gl

Fabeln und Gleichnisse, Politische. Berlin [Frankfurt] 1786. V: *Cotta, Christoph Friedrich.* (Ky) (MGT) (Wr)

— politische, und Gleichnisse. 8. Frankfurt a. M., Streng. 786.

— und Romanzen, Berlin 1756. 8°. (1 Mk. Riemann, Coburg, Cat. 12.)

Fabeln, Romanzen und Sinngedichte. Frankf. u. Leipz. 1781. V: *Bretschneider, Hnr. Gottfried von.* (Ky) (MGT) (BrMm) (Mn) (SzMJ)

-- Romanzen u. Sinngedichte, (v. Hnr. Gttfr. v. Bretschneider). 8. Pesth 781. Weingand. 12 gl

[F.] Die schönsten Fabeln. F. d. Jugend ausgew. M. farb. Titelbild. *Düsseldorf: A. Bagel [1896].* (72 S., 1 Taf.) 1 Bd 8.
(Der Jugend Bücherschatz.) [97. 1684

— sechs, zur schnellen u. gründl. Erlernung des Geschlechts der franz. Hauptwörter, zum Privat- u. Schulgebrauch bearb. v. H. A. P(etasch). gr. 8. Dresden 834. Wagner. 1/4 ℔

Fabeln und Sinngedichte. Marktbreit 1787. V: *Schlez, Joh. Ferdinand.* (Ky)

— u. Sinngedichte, (von J. F. Schlez). Marktbreit 787. (Sind nicht in den Buchhandel gekommen.)

— u. Sprichwörter zu gegenseitiger Erklärung. Eine unterhaltende u. belehrende Gabe für die Jugend. 8. Elberfeld 839. Büschler. 1/2 ℔

— z. bequem. Uebersetzen ins Ital. s. Bibiena.

— z. Uebung im Lesen u. Denken, m. K. Wien, Geisting. illum.

Fabeln, Christian Wahrmunds Poetische zur Tugend und Vorsicht leitende. O. O. 1748. V: *Funk, Johann Nicolaus.* (GGr)

— aller Zeiten und aller Völker. Hrsg. von J. G. Walter. 8. (IV und 284 S. mit 18 Illustr. in Holzschn. von G. Bartsch.) Berlin 853, Behrend.

Fabeln aus den Zeiten der Minnesinger. Zürich 1757. V: *Boner, Ulrich.* (EE) (BrMm) (Ky) (ML) H: *Bodmer, Johann Jacob* (GGr) (JL) & *Joh. Jac. Breitinger.* (Bächtold, Litt. d. Schweiz. Frauenf. 1892. S. 188.)

[Bodmer & Breitinger: Herausgeber.] Fabeln aus den Zeiten der Minnesinger. Zurich auf Kosten der Gesellschaft gedrukt bey Orell und Compagnie. 1757. Kl.8°. *Gestoch. Titel, R. Fueßli fecit,* 7 Bl. 350 S. Leicht bestoß. und berieb. Pbd. d. Z.

Goed. I, 269 und IV[1], 17, 113. Erster Versuch einer kritischen Ausgabe der frühesten großen Fabelsammlung aus dem Mittelalter, des um 1350 entstandenen „Edelsteins" des Berner Dominikaners *Ulrich Boner*. Die Herausgeber verglichen mehrere Manuskripte und zogen die Ausgabe von J. G. Scherz bei. Am Schluß einige Erzählungen aus den Gesta Romanorum. S. 272—338 ein Glossarium.

—für unsere Zeiten u. Sitten, (von Jos. Kraus). 2 Bdchn. 8. Straßb. 801. Krüll in Landsh. 16 gl. Weber in Münch. 6 gl.

Fabeln, Zwölf, in den nordschleswigschen Mundarten ... Husum 1844. H: *Lehmann, Martin Chn Glieb.* (schles) (Collin, Anonymer. Kiobenh. 1869.)

Fabelschatz, oder Kern der sinnvollsten, lehrreichsten u. ansprechendsten Fabeln aller Zeiten, Völker u. Sprachen. Ein nützl. Lesebuch für jegliche Bildungsstufe rc. Mit 1 Kpf. gr. 12. Wien 829. Sollinger. 8 gl.

Fabelschatz aller Zeiten, Völker nud Sprachen. Wien 1829. H: *Gräffer, Franz.* (WBL)

—f. artige Kinder, (mit 12 Abbildd.) 12. Berl. 832. Gropius. 12 gl.

Fabelschatz für artige Kinder. Mit 12 color. Bildern (in Holzschn.) Berlin (863.) Riese. 8. (22 S.) 5 ngr.

Fabelschatz, kleiner, zur Bildung u. Veredlung d. Jugend. Mit 12 ill. Bildern. 16. Wesel 838. Bagel. 3/8 Thl.

Fabelschatz, neuer, oder 101 Fabeln mit Bildern. Mit 31 (eingedr.) Abbild. 12. Chur 843, Grubenmann. 1/3 Thl.

Fabelschatz, russischer, Chemnitzer, Dmitriew, Ismailow, Fürst Wäsemsky, Krylow. Deutsch v. Mor. Michelsson. gr. 8. (XVI, 111 S.) St. Petersburg 890. (Leipzig, F. A. Brockhaus.) n. 2. —

Fabelspiel, das, für die Jugend, oder die bewegl. Lafontaine'schen Fabeln (französ. u. deutsch) mit e. gemalten Landschaft u. vielen ausgeschnittenen ill. Figuren rc. 16 Hft. gr. 8. Wien 818. Müller. 1 Thl. 8 gl.

—das, für die Jugend, oder 20 bewegl. Fabeln aus Gellert. Mit 1 ill. Landschaft u. vielen ill. u. ausgeschn. Figuren, deutsch u. französ. 26 Hft. Wien 819. Müller. 2 Thl.

Fabelwelt, kleine, f. kleine Leute, oder Sammlung der schönsten u. lehrreichsten Fabeln. Mit ill. Kpf. N. Aufl. 16. Nürnb. 819. Campe. 2 Thl.

Faber A W, Bleistiftfabrik in Stein. Histor. Skizze. (99 S) Nürnberg 1873

Faber's, Fred. Will., Biographie, s.: Klein, J. W.

Faber, v. Dokumentierte Beleuchtung der äußern Verhältnisse der Festung Ehrenbreitstein. Mit Anl. o. O. 1798. 120 S.

v. Faber. Documentirte Beleuchtung der äusseren Verhältnisse Ehrenbreitensteins. 8. Ulm 1799.

Faber's Kursbuch f. Mittel- u. Norddeutschland. Mit 1 Eisenbahn-Karte v. Mittel- u. Norddeutschland. Hrsg. v. Verkehrs-Bureau d. „Magdeburg. Zeitg." Winterausg. 1. X. 1910—30. IV. 1911. (127 S.) kl. 8. Magdeburg, Faber'sche Buchdr. —25

Faber, Tertullian, der neue Faust. 16. (92 S.) Rastatt 851, (Hanemann.)

Faber, A., Compendium statisticae specialis regni Hungariae. Tom. I et II. gr. 8. Wien 823. (Wallishausser.) 2 Thl.

Faber, A.: Principia juris metallici Hungarici. Olim a se edita, additamentis locuplet. et nova forma donavit etc. (Mit 1 Charte.) *Posonii,* (Andrä in *Leipzig.*) 824. 8maj. (2 Thl.)

Faber, A., Principia juris metallici Hungarici. Olim a se edita. Additamentis locupl. et nova forma donavit. Mit 1 Kärtchen. 8 maj. Pressb. 824. (Andrä in Leipz.) 2 Thl.

Faber, A., die zur Ausführung der Strafprozeßordnung ergangenen württembergischen Verordnungen u. Verfügungen, nebst e. Anh., betr. die Auslieferung flücht. Verbrecher nach Württemberg. gr. 8. (X, 364 S.) Stuttgart 892. W. Kohlhammer. n. 4. 60

— **Abraham Gottfried** (Mecklenburg), Familia Augusta Lucemburgensis ex monumentis fide dignis demonstrata in disputatione circulari. Präs. Jo. David Koeler, Juni 1722. Altdorf (J. W. Kohles). 84 S., Siegelabb. u. 6 genealog. Tfln. (10.—) 8441

Gew.: Gottfr. u. Joh. Jac. Faber, Dan. Stockfleth (Hamburg).

Faber, Adolf

Faber, Adf., Darstellung der gerichtl. Organisation u. Kompetenz in Rhein-Preußen nebst den Grundzügen des öffentl. u. mündl. Strafverfahrens daselbst. Mit den (in Holz geschn.) Grundrissen v. den 3 Sitzungssälen in Köln. gr. 8. (IV u. 89 S.) Wien 848, Gerold in Comm. n. 1/2 Thl.

Faber, Adf., Gedichte. Braunschweig 861. Neuhoff & Co. 16. (4 Bl., 135 S.) 27 ngr.

Faber, Alb., de M. Minucio Felice commentatio. gr. 4. (III. 43 S.) Nordhausen 872. Haacke. n. — 80

Faber, Alb. Quaestionum Propontiacarum Part. 1. 15 S.
Herford, Progr. 1858

Faber, (F. W.) A., Quaestionum Propontiacarum part. I. 1. Apamea Myrleanorum colonia iuris Italici. 2. Prusa ad Olympum sita. 2. Prusias (Cius) ad mare sita. Pr. 1858. 15 S. 4°. 1.20

Faber, Alexander, Assistenzarzt: Aus d. Univ.-Frauenklinik in Jena: Dir. Franz u. der Med. Poliklinik in Jena: Dir. Lommel, früher Krause, jetzt in Bonn. Beitrag zur Röntgentherapie von gynäkologischen Leiden. Leipzig: J. A. Barth 1910. 66 S. 8° ¶ (Aus: Zeitschrift f. Röntgenkunde u. Radiumforsch. Bd 12, H. 2—4.)

Jena, Med. Diss. v. 20. April 1910, Ref. Franz

Geb. 4. Mai 80 Magdeburg; Wohnort: Jena; Staatsangeh.: Preußen; Vorbildung: Gymn. Helmstedt; Studium: Phil. Heidelberg, München zus. 4 S., Med. München, Rostock, Halle zus. 10 S.; Coll. 20. Dez. 09; Approb. 15 Aug. 09.] [U 10. 2286

Die Fabersche Buchdruckerei. E. Skizze v. Alexander Faber. *Magdeburg: Faber 1897.* (VIII, 220 S., 9 Taf., 7 Portr., 1 Porträttaf., 3 Facs.) 1 Bd 4. [97. 9743

Faber, Alfred [aus Aschaffenburg]: Über Subdiaphragmatische Abscesse ... Erlangen, k. b. Hofbuchdr. v. A. Vollrath, 1896; 22 S. 8.
Erlangen, Med. Fak., Inaug.-Diss. v. 1896

Faber, Alfred: Zur Weinveredlungsfrage. Was muß geschehen, um auch in ungünstigen Jahren höchst edle Ausleseweine als reines Naturgewächs, und selbst aus unreifen Trauben noch sehr gute Mittelweine zu erzeugen und dadurch den Ertrag unseres Weinbau's zu verdreifachen? Trier: Braun 1853. 101 S. Aus: Das Neueste und Nützlichste, nebst zahlreichen Mittheilungen über thatsächliche Erfolge. --

Faber, Alfr., Winzer thut die Augen auf! Prüfet die Gall'sche Weinbereitungs-Lehre u. associirt Euch, d. h. vereinigt Euch, helft Euch einander, um durch dasselbe zuerst unabhängig und allmälig wohlhabend zu werden. Trier 851. Gall. 8. (2 Bl., 35 S.) 3 ngr.

Faber, Anton (d.i. Christian Leonhard Leucht)

Faber, Ant. (Cph. Leonh. Leucht): Europ. Staats-Canzlei. Th. 1—115. *Ulm.* 697—759. Hauptreg. Th. 1—4. *Nürnb.* 1729. Th. 5 u. 6. *Frankf. u. Lpz.* 741.

Faber, Ant., (Chr. Leonh. Leucht,) europäische Staatskanzlei. 115 Thle. (Vom 62n Thle. an fortgef. von J. K. König u. P. Lor. Widmann.) 8. Nürnb. 1697—760. 57 ₰ 12 gl. Hauptregister dazu, 8 Thle. 8. Ebd. 729—58. 5 ₰ Neue europ. Staatskanzlei, 55 Thle., (fortgef. 1r—30r Thl., vom Senator Gritsch, 31r—55r, von J. Fr. v. Tröltsch). 8. Ulm 761—82. Stettin. 27 ₰ 12 gl. Drei Hauptregister dazu, 8. Ebd. 765—76. 20 gl. Supplemente oder Samml. der neuesten Staatsangelegenheiten, 2 Bde. oder 4 Stücke. 8. Ebd. 767—69. 1 ₰ 8 gl. (Fortgesetzte europ. ist 31r—55r Thl. der europ. Staatskanzlei.) Die weitere Fortsetzung, s. Kunst.

Faber, Anton (= Christian Leonhard Leucht). Europäische Staatskanzley [fortgesetzt]. Nürnberg 1741—53. V (Th. 79—104): *König, Joh. Carl.* (ML) »1697—1760« (Th. 62—115) V: *König, J. C. & P. Lorenz Widmann.* (Ky)

Ders.: Neue (u. vom 1n Th. an Fortges. Neue) Europ. Staats-Kanzley. *Ulm*, Stettin. 761—83. 35 Thle. 8. (26 Thl. 12 Gr.) Hauptreg. v. 1.—40. Th. 765—76. 8. (20 Gr.)

Faber, A. Neue europäische Staatskanzlei. Ulm 1761—82. V (Th. 1—30): *Gritsch, Joh. Chph.* V (Th. 31—55): *Tröltsch, Joh. Friedrich Reichsfreiherr von.* (Ky)

Faber, Ant. Mor., († d. 16. März 1807.) Essai de l'éloquence sacrée, ou recueil des discours sur divers sujets de la morale chretienne composes et preches. 8. (Nürnb.) 777.

Faber, Anton Moritz. Versuch geistlicher Beredsamkeit ... A. d. Franz. übers. Bamberg u. Würzburg 1783. Ü: *Behr, Chn Aug.* (MGT)

— Dass. deutsch v. ihm selbst: Vers. geistl. Beredtsamk., od. Samml. von heil. Reden über verschied. Gegenstände der Sittenlehre. 8. Bamb. 783. (Wesché in Frankf.) 12 gl.
Vgl. Fabri, A.F.

Faber, Basilius. Thesaurus eruditionis scholasticae ... locupletatus. Lips. 1749. H: *Leich, Joh. Heinr.* (ML) (Ebert)

Faber, Basil., Thesaurus eruditionis scholasticae post Buchner Cellar. Stubel et I. M. Gesneri curas iter. emendat etc. fol. Leipz. Gleditsch. 749.

— **Benjamin Gottlieb** (Breslau), De oblectamentorum incommodis. Disp. med. Präs. Anton Wilh. Plaz. Lpz. (Langenheim) 17. X. 1749. 36 S. (4.80) 8444

Faber, Bernh., Apologie d. Reformatoren. Auch e. Enzyklika nebst e. offenen Brief an Herrn Justizrat Prof. Dr. D. Kahl. (20 S.) 8. Leipzig 910. F. Eckardt. —30

Faber C & E, die Bleistiftfabrik von Johann Faber in Nurnberg. Festschrift. (31 S 5 T) Nurnberg 1859

Faber, C. W., s. Faber, Karl Wilhelm

Faber, Carl, s. Faber, Karl

— **Christian Beatus** (Wittenberg), De necessitate extremo vitae conservandae praesido. Disp. jur. natur. Präs. Martin Hasse. Wittbg. (E. G. Eichsfeld) 13. X. 1742. 16 S. (4.—) 8445

— **Christoph Friedrich u. Georg Friedrich Hermann** (Stuttgart), De usu moralitatis objectivae per universam philosophiam practicam, ipsamque theologiam revelatam latissime patente juvante deo triuno. Disp. philos. Präs. Daniel Maichel. Tübingen (Jos. Sigmund) Sept. 1740. 60 S. (5.50) 8446

Faber, C[laude-] E[mmanuel]. C. E. Fabers Vierzig Politische Tabellen über Die XIII. Cantonen Löbl. Eidsgenossenschafft, deroselben Zugewandten Orthe und Unterthanen. Aus dem Französischen in das Teutsche übersetzt, und mit einer Tabelle von dem Kriegswesen der Eidsgenossen vermehret. fol. Basel 1756.

Faber, C[laude-] E[mmanuel]. C. E. Fabers Viezig Politische Tabellen ... mit einer Tabelle von dem Kriegswesen der Eidsgenossen vermehret. fol. Basel 1757.

Faber, C[laude-] E[mmanuel]. Quarante tables politiques de la Suisse, dont Sept sont générales.... Trente trois sont Particulières... fol. Basle 1746.

Faber, Conrad, s. Faber, Konrad

— **Daniel** (Hamburg), De legatorum et mortis causa donationum differentiis earumque usu hodierno. Diss. jur. Göttingen (Schultz/F. A. Rosenbusch) 29. I. 1763. 56 S. (5.—) 8447
Gew.: Joh. Jacob Faber. — Widm. v.: C. H. Mackeprang (Holstein).

Faber, Daniel Friedrich Gottlieb

— **Dan. Fried. Gottl.**, Commentatio de praesentationibus assessorum cameralium circularibus per turnum. Tübingen 1782. 58 S. (5.—) 8448

— **Dan. Fried. Theophil** Dasselbe. Disp. jur. Präs. Johann Daniel Hoffmann. Tübing. (Fues) Febr. 1782. 58 S. (5.—) 8449

— de praesentationibus assessor. cameral. circularibus per turnum. 4. Tübing. 782. Heerbrandt. 4 gl.

Faber, Dn. Gli.: Von d. Urspr. u. d. allmähl. Entstehen der Kurfürstenwürde in d. kais. Wahlcapitulation; e. hist. publicist. Skizze bei Gelegenheit d. neuerricht. Kurfürstenwürden. *Tübing.*, (Heerbrandt.) Osiander. 803. 8. (12 Gr.)

Faber, Dn. Fr. Gli., von d. Ursprunge u. der Entstehung der Kurfürstl. Würde in der Kaiserl. Wahlkapitulation. 8. Tüb. 803. Osiander. 12 gl.

Faber, Ed., und A. Schloßberger, die Vorarbeiten zum Württembergischen Land Rechte vom 1. Juni 1610 im Auftrage des Königl. Württemb. Justiz Ministeriums aus Archival-Urkunden herausg. Mit einer Vorrede von C. G. v. Wächter. Stuttgart 859. J. Weise. Lex. 8. (LXIV, 751 S.) n. 3 ₰

Faber, Eduard

Faber E, Denkschrift zu dem technischen Entwurf einer neuen Donau-Main-Wasserstrasse. (144 S 7 K) 4° Munchen 1903

Denkschrift über die Verbesserung der Schiffbarkeit der bayerischen Donau und über die Durchführung der Groß-Schiffahrt bis nach Ulm. Bearb. von Eduard Faber, Bauamtmann. Mit 8 Kartenbeilagen. Hrsg. von d. Ver. f. Hebung d. Fluß- u. Kanalschiffahrt in Bayern. (Vorr.: Dr. [Georg] v. Schuh.) München: R. Oldenbourg 1905. (IV, 129 S.) 2° [05. 8864

Zur Frage der Regulierung geschiebeführender Flüsse. Kgl. Bauamtsassessor Ed. Faber-Rosenheim. Berlin: Siemenroth & Troschel 1898. (S. 23–35.) 8°
= Deutsch-Oesterreichisch-Ungarischer Verband f. Binnenschiffahrt. Verbands-Schriften. No 29. [2.] [95. 7969 11

Faber, Ed., zur Hydrographie d. Maingebietes. N. Veröffentlichgn. d. meterolog. Centralstation München, sow. d. Wasserstandsbeobachtgn. d. Mains b. Würzburg bearb. gr. 8. (V, IV, 187 S. m. Fig. u. 1 graph. Taf.) München 895. Th. Ackermann. n. 7. —

— üb. d. einheitl. Pflege d. Hydrographie d. Verbandsländer, s.: Lauda, Ernst.

— u. Günther, dasselbe, s.: Verbands-Schriften d. deutsch-österr.-ungar. Verbandes f. Binnenschiffahrt.

Ueber den Stand der Arbeiten für die Herstellung eines generellen Entwurfs zu einem Grossschiffahrtswege zwischen Donau und Main. Von [Eduard] Faber-Nürnberg, Bauamtm. *Berlin: A. Troschel 1902.* (9 S.) 8°
— Deutsch-Oesterr.-Ung. Verband f. Binnenschiffahrt. Verbands-Schriften. N. F. No 13.

Studien über die Verbesserung der Schiffbarkeit der Donau von Kelheim bis nach Ulm. Von Eduard Faber, Bauamtmann. Mit 3 Taf. *Berlin-Grunewald: A. Troschel 1903.* (51 S.) 8°
— Deutsch-Oesterr.-Ung. Verband f. Binnenschiffahrt. Verbands-Schriften. N. F. No 19.

— die Verbesserung der Schiffbarkeit der bayerischen Donau u. die Durchführung der Großschiffahrt bis nach Ulm, s. Verkehrsfragen, süddeutsche 1.

— die Verbesserung der Schiffbarkeit der bayer. Donau u die Durchfuhrung der Grossschiffahrt bis nach Ulm. (44 S 1 T) (Sudd. Verkehrsfragen 1) Stuttgart 1904

Faber, Ernst, Bilder aus China, s. a. Missions-Traktate, rheinische.

Faber, Ernst, Bilder aus China. 1. u. 2. Hft. gr. 8. (à 48 S. m. eingedr. Holzschn.) Barmen 877. (Klein.) n. — 50

[F.] China in historischer Beleuchtung. E. Denkschrift zu s. 30j. Dienstjubil. als Missionar in China v. Missionar Dr. theol. Ernst Faber in Shanghai. M. 2 Abb. u. 1 Kt. *Berlin: A. Hauck 1895.* (64 S., 1 Portr., 1 Taf., 1 Kt.) 1 Bd 8.
— Flugschrift d. Allgemeinen evang.-prot. Missionsvereins. [No] 6.

China in historischer Beleuchtung. Eine Denkschr. zu s. 30 jähr. Dienstjub. als Missionar in China von Dr. theol. Ernst Faber. Mit 1 Abb. 2. Aufl. (Vorr.: Prediger D. [Theodor] Arndt.) *Berlin: A. Hauck 1900.* (66 S.) 8° [F.]
— Flugschrift d. Allgem. evang.-prot. Missionsvereins. 6.

Faber, Ernst (Aug. Schmittdiel), die Externsteine. Ein Märchen aus alten Zeiten. gr. 16. (140 S. m. Titelbild.) Paderborn 900. Bonifacius-Druckerei. n. — 30

— die Grundgedanken des alten chinesischen Socialismus oder die Lehre des Philosophen Micius, zum ersten Male vollständig aus den Quellen dargelegt. gr. 8. (102 S.) Elberfeld 877. Friederichs. n. 2. —

— der Naturalismus bei den alten Chinesen sowohl nach der Seite des Pantheismus als des Sensualismus oder die sämmtlichen Werke des Philosophen Licius, zum ersten Male vollständig übers. u. erklärt. gr. 8. (XXVII, 228 S.) Ebend. 877. n. 5. —

Faber, Ernst, nicht wahr u. doch wahr. Neue Fabeln f. Kinder u. Leute. 16. (131 S.) Paderborn 893. Bonifacius-Druckerei. — 60

— eine Staatslehre auf eth. Grundlage oder Lehrbegriff des chines. Philosophen Mencius. Aus dem Urtexte übers., in systemat. Ordnung gebracht u. mit Anmerkungen u. Einleitungen versehen. gr. 8. (VII, 273 S.) Ebend. 877. n. 5. —

Faber, Ernst, Theorie u. Praxis e. protestantischen Missionars in China, s.: Flugschriften-Reihe, 2., des allgemeinen evang.-protest. Missionsvereins.

Faber, Ernst, 8 neue Weihnachtslieder f. d. kindl. Alter, zwei- od. dreistimm. gesetzt. 12. (16 S.) Paderborn 896. J. Esser. n. — 30

— Ernst Heinrich (Stuttgart), De eo quod circa glandes justum est. Diss. jur. German., spec. Wurtembergici forestalis. Präs. Sixt Jacob Kapff. Tübing. (J. A. Sigmund) April 1775. 36 S., tlws. dtsch. mit Widm. v. Präs. (5.—) 8450

Faber, Eugen

FABER, E.: Experimental-Untersuchungen über die Entstehung des Harzflusses bei Abietineen. - Bern 1901. 46 S., 2 Taf. - Diss.

Faber, E[ugen]. Experimental-Untersuchungen über die Entstehung des Harzflusses bei Abietineen. Diss. Phil. Bern. [Mit 2 Tafeln.] II + 46 S. 8. Bern, Stalder & Sieber, [1902].

Faber, F., darstellende Geometrie m. Einschluss der Perspektive, insbesondere zum Gebrauche an Fortbildungs- u. Baugewerkschulen, sowie zum Selbstunterricht. Nach dem Tode des Verf. hrsg. v. Otto Schmidt. 2 Tle. gr. 8. (XII, 129 S. m. 41 lith. Taf.) Dresden 894. G. Kühtmann. n. 8. —

Ⓑ **Faber, F.**, darstellende Geometrie. 894. Jetzt: Leipzig, H. A. L. Degener.

Faber, F. W., Hygiene d. Schwangerschaft. Für Aerzte u. Laien. gr. 8. (IV, 80 S.) Berlin 890. Cassirer & Danziger. n. 2. —

Faber, F. W., Hygiene d. Schwangerschaft. Für Ärzte u. Laien. 3. u. 4. Taus. gr. 8. (95 S.) Berlin 897. H. Steinitz. n. 2. —

Faber, F. W., wie sollen wir baden? Eine Anwendg. der Bäder in ihrer Bedeutg. f. das Wohlbefinden d. menschl. Körpers. gr. 8. (III, 52 S.) Berlin 891. Cassirer & Danziger. n. 1. 50

Faber, F. W. Alb., s. Faber, Alb.

Faber, Felix: Bruder Felix Fabris Abhandlung von der Stadt Ulm (Tractatus de civitate ulmensi) nach d. Ausg. d. litterar. Vereins in Stuttgart verdeutscht von Prof.Konrad Dietrich Haßler. Ulm 1909:Frey. XIV, 141 S. 4° (8°) (Mitteilungen d. Vereins f. Kunst u. Altertum in Ulm u. Oberschwaben. H.13-15,[1.])

Fabri, F., descriptio Sueviae, s. a. Quellen zur Schweizer Geschichte.

—— Descriptio Sveviæ. (Hrg. von H[ermann] Escher) s. Türst, Conrad. Conradi T' De situ Confœderatorum Descriptio. Basel 1884.

Fabri, Fel., evagatorium in Terrae sanctae, Arabiae et Egypti peregrinat., siehe: Bibliothek des literar. Vereins in Stuttgart, II u. III. Thl.

— peregrinatio, s.: Bibliothek d. litterar. Vereins in Stuttgart. 2—4.

Faber's, Bruder Felix, gereimtes Pilgerbüchlein von Ant. Birlinger. München 864. Fleischmann. gr. 8. (31 S.) 9 ngr.

Faber's, Bruder Felix, gereimtes Pilgerbüchlein von Ant. Birlinger. gr. 8. (31 S.) München 864, [Merhoff's Verlag.]

— tractatus de civitate ulmensi, s. Bibliothek des litterarischen Vereins in Stuttgart CLXXXVI.

Faber, [Ferdinand], Dir. Dr.: Zur Geschichte des Realprogymnasiums. *Swinemünde (1902): W. Fritzsche.* (S. 1—15.) 4° [F.]
Swinemünde, st. RPG, P 1902 (170)

Faber, Ferdinandus *[geb. Zorba bei Weißenfels a. S. 14. 11. 1836]*: De universa cognitionis lege, qualem Plato statuit, cum Aristotelea comparata. P. 1. Vratislaviae 1865. (IV, 57 S.) 8° *[Forts. ist d. Gymn.-Progr. v. Neustadt-Eberswalde v. 1869.]*
Breslau, Phil. Diss. v. 25. [vielmehr 27.] März 1865

Faber, [Ferdinand]: [Worte bei der Feier des 100jährigen Todestages Schillers.] S. 12—13. 4.
Städt. Realprogymn. (Reformschule nach Frankfurter Plan)
Progr. *Swinemünde* 1906 (193).

Faber, Ferd. Friedr., die Württembergischen Familien-Stiftungen nebst genealogischen Nachrichten über die zu denselben berechtigten Familien. 1—4. Heft. 2. völlig umgearb. verm. u. verb Aufl. Stuttgart 853. Fr. Köhler. (Aue.) gr. 8. (VIII, 136 S. u. 1 lith. Stammtaf. in Fol.; VII, S. 1—136; 2 Bl., S. 137—292; 1 Bl., 130 S.) Jedes Heft n. 10 ngr

— — 5—21. Heft. Stuttgart 854—57. F. Köhler. (Aue.) gr. 8. (1 Bl., 142; 1 Bl., 132; 1 Bl., 182; 1 Bl., 181; 1 Bl., 114; 1 Bl., 128; 1 Bl., 145; 1 Bl., 122; 1 Bl., 125; 1 Bl., 122; 1 Bl., 121; 1 Bl., 191; 1 Bl., 118; 1 Bl., 151; 1 Bl., 132; 1 Bl., 142; 1 Bl., 130 S.) Jedes Heft n. 10 ngr

Faber, Ferd. Frdr., die Württembergischen Familien-Stiftungen nebst genealogischen Nachrichten über die zu denselben berechtigten Familien. 22—24. Heft. Stuttgart 858. Aue. gr. 8. (126; 162; 138 S.) Jedes Heft n. 10 ngr

Faber's Familienstiftungen. Ergänzungen zu Hft. I—XXIV. (Von Staib.) 8. (S. 97—175.) Böblingen 864. (Schw.-Hall, Staib.) — 75

Faber's Familienstiftungen. Ergänzungen zu Heft 1—24. (Von Staib.) 8. (S. 97—175.) Böblingen 880. (Schw.-Hall, Staib.) **

Faber, Fr.

Faber, neuste Anweis. z. Tarokspiel. 8. Berl. Oehmigke d. j. 803.

Faber, F., (Chr. G. Flittner,) Anweis. des Taroks, Taroks l'Hombre Reversy-, Patience-, Kabale-, Homme-, Imperial- u. Tirumspiels. 8. Berl. 806. (Sander). 4 gl

Faber, Fr., Anweis. d. Tarok- u. Tarok-L'Hombrespiels. 8. Berl. neue Societätsbuchh. 807.

Faber, Fr., Aussegnung u. Trauerrede bei der Beerdigungsfeier Ihrer Majestät der höchstseligen Königin Wittwe Karolina von Bayern. 2. Aufl. gr. 8. München 841, Fleischmann. 1¾ ngl

Faber, Fr., der hohe Ernst des Christen in des scheidenden Jahres letzten Stunden. Eine Predigt am letzten Abende des Jahres 1835, in der evangel. Stadtkirche zu München gehalten. gr. 8. München 836. Fleischmann. 1/12 Rthlr

Faber, Fr., über das Leben d. hochnord. Vögel. 2 Hefte. gr. 8. Leipz. 825, 26. Barth. 2 Rthlr 3 gl

— Ueber das Leben d. hochnordischen Vögel. Leipz. 1826. 321 S.

—— die Liebe d. Christen zu seiner Kirche. Eine Pred. zur Feier d. Kirchweihfestes gehalten. gr. 8. (1¼ B.) München 841, Fleischmann.

Faber F.: Naturgeschichte d. Fische Islands. M. e. Anh. v. den isländischen Medusen u. Strahlthieren. Frankf. a. M. 1829. 206 S. 4°.

— Naturgeschichte d. Fische Islands. Mit e. Anh. von den isländ. Medusen u. Strahlthieren. gr. 4. Frankf. 829. Brönner. 1 Rthlr 14 gl Schrbp. 2 Rthlr 8 gl

— Predigten zu München gehalten, s. Böckh.

— Predigten über freie Texte, s. Predigten, zwölf.

Faber F.: Prodromus d. isländischen Ornithologie od. Geschichte d. Vögel Islands. Kopenh. 1822. 110 S.

— Prodromus d. isländ. Ornithologie oder Geschichte d. Vögel Islands. 8. Kopenh. 822. Schubothe. 1 Rthlr

Faber, Fr. Ant., Compend. theol. de Casib. reservatis. 8. Ingolst. Krüll, 702.

Faber, Francis A., aus dem Jugendleben d. verstorbenen Dr. Freder. Will. Faber, entworfen v. seinem überlebenden Bruder. Mit e. Anh. üb. das fernere Leben u. Wirken dieses außerordentl. Mannes nach dem größeren Werke d. Oratorianers J. E. Bowden. Aus dem Engl. übers. u. bearb. v. Fr. Milden. Mit dem Bildnisse F. W. Faber's (in Stahlst.) 8. (323 S.) Regensburg 871. Manz. 2. 70

FABER, Franz (Dillingen): Über eine durch amniotische Verwachsung entstandene Encephalocele. Mit 1 Lithogr.- München: Knorr & Hirth 1907. 11 S., 1 Taf.
19.11.1907 - Chr 1907/08,17; Jv 1907/08,519
Diss. Ingolst.-Landsh.-Mchn.

Faber, Frederick William

Faber, Fred. Will., Alles f. Jesus, s. a. Leitsterne, neue, auf der Bahn d. Heils.

Faber, Fred. Will., Alles für Jesus! Oder Leichte Wege zur göttlichen Liebe. Unter besonderer Genehmigung des Verfassers nach der 4. Aufl. übers. Nebst 1 Titelkpfr. Münster 859. Aschendorff. 8. (XVI, 366 S.) 25 ngr

Faber, Frederick Will., Alles für Jesus, oder die leichten Wege zur Liebe Gottes. Ein Betrachtungsbuch für fromme Christen u. die es werden wollen. Mit Genehmigung des Verf. nach der 7. Aufl. in's Deutsche übertragen von Carl B. Reiching. 6., verb. u. mit den gewöhnl. Gebeten der Kirche verm. Aufl. Mit einem Stahlst. 8. (IV, 465 S.) Regensburg 875. Manz. 3. —

Faber, Frederick William, alles f. Jesus, od. d. leichten Wege z. Liebe Gottes. E. Betrachtungsbuch f. fromme Christen u. d. es werden wollen. M. Genehmigg. d. Verf. ins Deutsche übertr. v. Carl B. Reiching. 10., verb. u. m. d. gewöhnl. Gebeten d. Kirche verm. Aufl. gr. 8. (VIII, 465 S. m. 1 Stahlst.) Regensburg 898. Nationale Verlagsanstalt. n. 2. —; geb. in Leinw. n. 3. —

Faber, Freder. William, alles f. Jesus, od. die leichten Wege zur Liebe Gottes. Ein Betrachtungsbuch f. fromme Christen u. die es werden wollen. Mit Genehmigg. des Verf. nach der 7. Aufl. ins Deutsche übertr. v. Carl B. Reiching. 8. (VIII, 361 S.) Osnabrück 900. B. Wehberg. n. 1. —; geb. in Leinw. n. 1. 50

Faber, Frederick William, Alles f. Jesus, od. die leichten Wege zur Liebe Gottes. Ein Betrachtungsbuch f. fromme Christen u. die es werden wollen. Mit Genehmigg. des Verf. ins Deutsche übertr. v. Karl B. Reiching. 12. u. 13. unveränd. Aufl. (VIII, 465 S. m. 1 Stahlst.) 8. Regensburg 905. Verlagsanstalt vorm. G. J. Manz. n. 2. —; geb. in Leinw. n. 3. —

— dasselbe, s.: Liebenau, A. v.

Faber, Frederick William: Das heiligste Altarssakrament, s. a. Leitsterne, Neue, auf der Bahn des Heils.

— das heiligste Altarssakrament oder die Werke und Wege Gottes. Mit Genehmigung des Verf. in's Deutsche übertragen von Carl B. Reiching. Kleinere Volks-Ausg. mit Beigabe der gewöhnlichen Kirchengebete. 2., neu durchgesehene u. verb. Aufl. Regensburg 861. Manz. 8. (402 S.) 1 Rthlr

Faber, Frederick William.
Das heiligste Altarssakrament oder die Werke und Wege Gottes. Wien 1893. H u. B: ***Chorinsky, Josephine Gräfin von.*** **(EB)**

— das heiligste Altarssakrament od. die Werke u. Wege Gottes. 4. Aufl., besorgt v. Bernh. Schmid, O. S. B. (VIII, 443 S.) 8. Regensburg 906. Verlagsanstalt vorm. G. J. Manz. n. 2. 80; geb. in Leinw. n. n. 3. 80

Faber, Frederick William: Bethlehem, s. Leitsterne.

Faber, F. W., marianischer Blumenstrauß. Gedanken über die allerseligste Jungfrau u. Gottesmutter Maria. Gesammelt u. hrsg. v. Bernhard v. heiligsten Sakramente. Mit Stahlst. u. einem Anh. 8. (XII, 288 S.) Regensburg 890. Verlags-Anstalt. 2.40

Faber, Frederick William: Das kostbare Blut, s. Leitsterne.

— s.: Blüthenlese aus dessen Schriften.

— Ethels Buch oder Engel-Geschichten. Aus dem Engl. Regensburg 858. Pustet. 16. (128 S.) 10 ngr

Faber, Frederik William, Ethels Buch od. Engelgeschichten. Aus d. Engl. (128 S.) kl. 8. Regensburg 911. F. Pustet. —50; geb. in Leinw. 1.—

— Ehrfurcht vor der Kirche und treue Anhänglichkeit an dieselbe. Mit Genehmigung des Verf. nach dem englischen Original deutsch bearb. von C. B. Reiching. Regensburg 861. Manz. 8. (36 S.) 1 ngr

— Erzählungen von den Engeln, s. Lesekranz.

— Die hl. Eucharistie, s.: Wiseman.

[F.] Ueber das Fegfeuer nach F(riedrich) W(ilhelm) Faber, Priester d. Oratoriums v. hl. Philippus Neri. *Paderborn: Bonifacius-Dr. 1897.* (1 Bl., 91 S.) 8.
— Hausschatz, Geistl., f. katholische Christen. Jg. 19. H. 1.

Faber, Fred. Will., — der Fortschritt der Seele im geistlichen Leben, } s. a. Leitsterne, neue, auf der Bahn des Heils.

— der Fortschritt der Seele im geistlichen Leben. Ein Handbuch f. Welt- u. Klosterleute. Ins Deutsche übertr. v. Carl B. Reiching. 3. verb. Aufl. (VIII, 616 S.) 8. Ebd. 904. n. 3.—; geb. in Leinw. n. 4.—

— der Fuß des Kreuzes, s. a. Leitsterne, neue, auf der Bahn des Heils.

Faber, F. W., der Fuß des Kreuzes oder die Schmerzen Mariens. Mit Genehmigung d. Verf. nach dem engl. Orig. deutsch bearb. v. K. B. Reiching. 4., verb. Aufl. 8. (XII, 529 S. m. e. Stahlst.) Regensburg 890. Verlags-Anstalt. 4.5; geb. n. 6.—

— der Fuß des Kreuzes oder die Schmerzen Mariens. Nach dem engl. Originale deutsch bearb. von Karl B. Reiching. 6. verb. Aufl. (XII, 531 S.) 8. Ebd. 904. n. 3.—; geb. in Leinw. n. 4.—

— Gedichte. [Auswahl.] Deutsch von Michael Dorr und Willib. Zottmann. Autorisirte Uebersetzung. Mit dem Bildnisse des Verf. (in Stahlst.) Regensburg 860. Manz. 8. (XX, 324 S.) 1 ₰ 3 ngr

Faber, Freder. Will., Gedichte. Aus d. Engl. v. C. Schlüter u. A. Jüngst. br. 8. (280 S.) Münster 870. Russell. n. 3.—

— ausgewählte englische Gedichte. Mit Genehmigung des Verf. hrsg., mit einem Wörter-Verzeichnisse und Anmerkungen begleitet von Willibald Zottmann. 8. (VIII und 272 S.) Regensburg 859, Manz.

Faber, Fred. Will., Opferwillige Hingebung für den Papst. Mit Genehmigung des Verf. ins Deutsche übertragen von K. B. Reiching. Regensburg. Manz. 1860, 8°, 29 S., 40 Pf.

— über das Interesse und die unterscheidenden Merkmale der Leben der Heiligen mit Beispielen aus der mystischen Theologie. Mit Genehmigung des Verf. nach dem engl. Orig. deutsch bearb. von Carl B. Reiching. 8. (132 S.) Regensburg 863, Manz.

— Sir Lancelot. Eine Legende aus dem Mittelalter. Aus dem Engl. nach der 2. Originalausg. mit Genehmigung des Verf. übers. von Mich. Dorr und Willibald Zottmann. 8. (XVI und 400 S.) Regensburg 859, Manz.

— über die katholischen Missionen. Mit Genehmigung des Verf. nach dem engl. Orig. deutsch bearb. von Carl B. Reiching. 8. (79 S.) Regensburg 863, Manz.

— geistliche Reden, — das allerheiligste Sakrament, } s. Leitsterne auf der Bahn des Heils.

— das allerheiligste Sakrament oder die Werke und Wege Gottes. Aus dem Engl. übers. Innsbruck 856. Aufschlager. gr. 8. (558 S.) 1 ₰ 15 ngr

— der Schöpfer und das Geschöpf, — die Schule des heil. Philipp Neri, } s. Leitsterne, neue, auf der Bahn des Heils.

— über die Selig- und Heiligsprechung und die Processe der Congregation der Ritus. Mit Genehmigung des Verf. nach dem englischen Original deutsch bearb. von C. B. Reiching. Regensburg 862. Manz. 8. (135 S.) 12 ngr

— Unterricht im geistlichen Leben, } s. Leitsterne.

Faber, Friedrich, s. a. Faber, Johann Friedrich Wilhelm Ferdinand

Faber, *Friedrich* Planimetrische Erörterungen. 4 (26 S., 1 Taf.). Progr. G. *Lauban* 1888 (181).

Faber: Der Ort des Punktes, der bestimmt ist durch das Produkt seiner Entfernungen von den Winkelpunkten eines regulären Polygons. 8 S. – Figurt. – Lauban, Progr. 1855.

Faber: Einige Sätze und Aufgaben von Orthogonal-Kreisen. 13 S. – Lauban, Progr. 1869.

Faber: Einige planimetrische Sätze. 10 S. u. 2 Fgt. – Lauban, Progr. 1861

Faber, Friedr. Das System der Künste. gr. 8. (V, 80 S.) Guhrau 892, Lemke. * 1—

Faber, Friedrich Gottlieb, s. Faber, Daniel Friedrich Gottlieb

Faber, Friedrich Karl

Friedrich Karl Faber]: Duorum monstrorum humanorum Descriptio anatomica. Berolini (1827:) Petsch. 22 S. 8

Berlin, Med. Diss. v. 12. Juni 1827

Faber, F. C. v., die Krankheiten u. Parasiten d. Kakaobaumes, s. a. Arbeiten aus d. kaiserl. biologischen Anstalt f. Land- u. Forstwirtschaft. VII, 2.

Die Krankheiten und Parasiten des Kakaobaumes. Eine Monographie mit besond. Berücks. d. Verhältnisse in d. deutschen Kolonien. Von Dr. F[riedrich] C[arl] v. Faber, wiss. Hilfsarb. Mit 51 Textabb. u. 1 Doppeltaf. Berlin: Parey 1909. IV S., S. 193–351. 4°(8°)
(Arbeiten aus d. Kais. Biolog. Anstalt f. Land- u. Forstwirtschaft. Bd 7, H. 2.)

— Pilzgallen an Wurzeln v. Kickxia elastica Preuss. (S. 449—451 m. 1 Abb.) gr. 8. Berlin 910. F. Friedlaender & Sohn. — 80
Sonderabdruck aus „Annales mycol."

Faber, G.

Faber, Dr. Hr. v. Hormayr und die Lebensbilder aus dem Befreiungskriege. Pièce aus den „politischen Predigten des Dr. Faber". 8. Leipzig 1844.

Faber, G., politische Predigten, s. Predigten.

Faber, G. B., resp. A. Th. Brotbeck, Ulterior novae methodi Kaempfianae curandi morbos chronicos inveteratos, praes. malum hypochondriacum. 34 pp. Tüb. 4°. 1755

Kritische Beiträge zu Quintilian lib. I. und II. — Von Georg Faber, Stdl. — 1875. Aschaffenburg, ibid. — S. 3--25.
Progr. Aschaffenburg, K. Gymn.

Faber, Geo., bürgerliches Gesetzbuch. Textausg. m. systemat. Randbemerkgn. 4. Buch. 1. Abschn. Bürgerliche Ehe. gr. 4. (V, 53 S.) Stuttgart 901. Greiner & Pfeiffer. n. 2.—

Faber, Georg, Dr. phil.: Über die zusammengehörigen Konvergenzradien von Potenzreihen mehrerer Veränderlicher. 1905. S. 289—324. 8° ¶ Aus: Math. Annalen. Bd 61. Karlsruhe Te. H., Hab.-Schr. v. 13. 12. 1905

Faber, Geo., über die Nicht-Fortsetzbarkeit gewisser Potenzreihen. (S. 63—74.) gr. 8. München 904. (G. Franz' Verl.) n. —40
Sonderabdruck aus: „Sitzungsber. d. bayer. Akad. d. Wiss."

Faber, G., über Potenzreihen m. unendlich vielen verschwindenden Koeffizienten. (S. 581—583.) gr. 8. München 906. (G. Franz' Verl.) —20
Sonderabdr. aus „Sitzungsber. d. bayer. Akad. d. Wiss."

Faber, Georg Nicolas: Zur Operation intraligamentärer Ovarialtumoren. Luxemburg, Buchhandlung von Nicolas Breisdorff, 1883. 8. 31 S.

Gottfried Faber's neu angelegtes Luft- und Sommerhaufs. (Bresl.) gedruckt zu Schweidnitz. 216 S. 8.

— **Gotthard Friedrich** (Kirnbach), De contingentia mundi constitutiva et consecutiva. Diss. cosmologica. Präs. Israel Gottlieb Canz. Tübing. (J. H. Ph. Schram) Juni 1740. 32 S. (5.—) 8451

Faber, Gotthard Th. v.
— s. 1) Reiter, z. Charakteristik d. französ. Staatsverf. 2) Bemerkk. üb. d. französische Armee. 3) Spaziergänge in Petersburg.

Faber, Th. Ueber Carnot's Denkschrift an den König. (Mémoire adressé au roi en juillet 1814) und über die Beurtheilung derselben in der Jenaischen allgemeinen Literatur-Zeitung. 8. Dorpat 1815.

v. Faber, Gtth. Th., über Carnots Denkschriften an den König. gr. 8. Riga 815. Meinshausen. 6 gr

Faber, Gregor: Die Epidemie in dem Kreise zu Cilli des Jahrs 1787. 44 S., gbd.

Gratz: Miller 1788
in: Faber, G.: Nachricht an das Publikum zum Besten der leidenden Menschheit... 1788

JB 5.085

Faber, Gregor: Nachricht an das Publikum zum Besten der leidenden Menschheit; oder Beschreibung einer im Winter des Jahrs 1787 zu Marburg in Untersteyer ausgebrochenen epidemischen Krankheit; nebst der genauen Untersuchung über die Entstehungsursachen; der angewendeten Kurart, und Arzneymitteln; samt dem Anhange eines Vorbeugungsvorschlages für die künftigen Zeiten; und der grassirenden Ruhrkrankheit des Kreises zu Cilli. 84 S., 44 S., gbd.

Gratz: Miller 1788

JB 5.085

Faber, Gregor: Die grassirende Ruhrkrankheit des Kreises zu Cilli. Gratz: 1788

s.: Faber, G.: Die Epidemie in dem Kreise zu Cilli des Jahrs 1787.

JB 5.085

— **Gustav Friedrich** (Nicro-Beyhingensis), Partem generalem doctrinae de mercatura procuratoria. Diss. jur. Präs. Adolph Michaelis. Tübing. (L. F. Fues) März 1829. 101 S. mit Widm. v. Präs. (5.—) 8452

Faber, G. Fr., Diss. inaug. juridica, exhibens partem generalem doctrinae de mercatura procuratoria. 8 maj. Tüb. 829. (Stuttg., Metzler). 6 gr

Faber, H., unter den Karthäusern. Eine Beschreibg. der Karthause Hain bei Düsseldorf u. d. Lebens ihrer Bewohner. 8. (84 S. m. Plan u. Abbildgn.) M.-Gladbach 892. A. Riffarth. n. 1.—

Faber, H., unter den Karthäusern. 2. Aufl., s.: Schmitz, Hub., Karthäuser in Deutschland.

Faber, H. P., die preußischen Dampfkessel-Ueberwachungs-vereine u. die staatlichen Kessel-Revisionen. gr. 8. (34 S.) Berlin 885. Luckhardt. n. 1.—

Faber, Hans [Pseudon.] s. Zimmermann, Alfred [Pfr. in Pfungen].

Faber, Hans, das Christentum der Zukunft. Ein Ausblick in das XX. Jahrh. (VIII, 220 S.) 8. Zürich 904. Schulthess & Co. n. 3.20

Faber, Heinrich (Hrsg.), s. Almanach für Buchdrucker und Reiseführer für buchgewerbliche Arbeiter.

Faber, Heinrich. Almanach für Buchdrucker. 1889—1893. kl. 8. (à Jahrg. ca. 200 S.) Feldbach. (Lpz., Härtel.)
Jahrg. 1889—92 à * 1 20; Jahrg. 1893 * 2 —

— s.: Buchdrucker-Taschenkalender.

Faber, Heinrich, An die Hilfsarbeiter und Hilfsarbeiterinnen der Buchdruckereien Wiens. 8°. Wien, H. Faber, Genossenschafts-Buchdr., s. a.

Faber, Helene, Pensionsbriefe u. anderes f. d. Mädchenwelt. Mit Titelbild. (190 S.) 8. Berlin (909). Verlag Jugendhort. Geb. 4.—

Faber, Helene, zwei Weihnachten. Das Osterlämmchen, s.: Kindergarten. Nr. 64.

Faber, Herm. (Herm. Goldschmidt), zwischen Abend u. Morgen. Roman. 1. u. 2. Aufl. (Je 297 S.) 8. Dresden (909). H. Minden. 4.—; geb. n 5.—

— **Alt-Japan.** Skizzen u. Geschichten. (Titel u. Einbd. zeichnete Paul Brandt. Die Illustr. sind Wiedergaben echt japan. Orig.-Holzschn.) (167 S.) 8. Leipzig (910). Xenien-Verlag.
3.—; in Pappbd. n 4.—; Vorzugsausg. n 30—

Der dramatische Dichter und unsere Zeit. Von Hermann **Faber.** Leipzig: G. Wigand 1910. 03 S. 8° (10. 7979

Faber, Herm., Hans d. Träumer. Lustsp. in 3 Aufzgn. gr. 8. (V, 120 S.) Dresden 895. H. Minden. n. 1.50

Faber, Herm., Humoresken. Mit 3 Lithogr. gr. 8. Mainz 842. (Faber'sche Buchh.) n. 1 fl

Faber, Herm. (Herm. Goldschmidt), ein Junggeselle, s.: Deva-Roman-Sammlung. 72. Bd.

Faber, Herm. (Herm. Goldschmidt), ewige Liebe. Schauspiel in 3 Aufzgn. 8. (133 S.) Berlin 897. S. Fischer, Verl. n 2.—

— Frau Lili. Schauspiel in 4 Aufzügen. (131 S.) 8. Berlin 902. S. Fischer, Verl. n. 2.—; geb. n. 3.—

Faber, Herm., goldene Lüge, } s.: Universal-Bibliothek.

Faber, Herm. (Herm. Goldschmidt), ein glückliches Paar. Lustspiel in 3 Aufzügen. 8. (132 S.) Berlin 899. S. Fischer, Verl. n. 2.—

Faber, Herm. Ein Weg zum Frieden. Roman. 8. (477 S.) Dresd. 890. Minden. * 5 —; geb. ** 6 —

Faber, Herm., wie klage ich vor d. Gewerbe-Gericht? E. Rathgeber f. Arbeiter in gewerbl. Streitigkeiten. 12. (56 u. VII S.) Berlin 896. H. Baake. n. —20

[F.] Wie klage ich vor dem Gewerbe-Gericht? E. Rathgeber f. Arbeiter in gewerbl. Streitigkeiten. Von Hermann Faber. 2. verb. Aufl. *Berlin: H. Baake [1895].* (54, VI S., 1 Bl.) 1 Bd 8. 98. 765

—— Der freie Wille, s. Universal-Bibliothek Nr. 2987.

Faber, J. C., kurze Geschichte d. Uebergabe des Glaubensbekenntnisses d. Protestanten auf d. Reichstage zu Augsburg am 25. Juli 1530. Zum Andenken bei d. 300jähr. Gedächtnißfeier dieser Begebenheit, für alle Stände. gr. 8. Tüb. 829. Osiander. 3 gl.

— Geschichte Würtembergs, in belehrenden Erzählungen auf jeden Tag im Jahre. gr. 8. Tübing. 831. (Osiander). 1 rß 6 gl.

Faber, J. F. N. De Thee helvetico. Basileae 1715. 4.

Faber, J. Fr., Joseph II. und Franz Joseph I. Eine historische Parallele. (Aus der deutschen Vierteljahrs-Schrift abgedr.) Stuttgart 863. Cotta. gr. 8. (72 S.) 10 ngr

Faber, J. Fr., allgemeine Weltgeschichte in zusammenhängender Darstellung für gebildete Leser aller Stände. 3 Thle. Stuttgart 858. Metzler. gr. 8. (1. Thl.: 464; 2. Thl.: 406; 3. Thl.: 580 S.) 3 rß 18 ngr

Faber, J. N. Böhl de, floresta de Rimas Antiguas Castellanas, ordenada. gr. 8. Hamburg, Perthes et B. 821.

— s. auch Böhl.

Faber, J. P., (Edw. Jul. Fr. Höpfner,) s. Samml. der röm. Gesetze etc.

Faber, Ignaz von

v. Faber, Ign., histor.-jurist. Abhandl. von den Freigütern u. Freizinsen im Erfurtischen, aus ungedruckten Urkunden entwikkelt. 4. Erfurt 793. Görling. 15 gl.

Faber, Ign.: „Historisch-juristische Abhandlung von den Frey-gütern und Freyzinsen in Erfurt, als ein Beytrag zum deutschen Recht, aus Urkunden entwickelt", Erfurt 1793 (Greling).

v. Faber, Jg. Staatswissenschaftliche Abhandlung über die Vergütung der Kriegsschäden durch Brandvers.-Anstalten. Erfurt 1808.

— über Vergütung der Kriegs-Brandschäden etc. gr. 8. Erfurt, Beyer u. Mar. 808.

— Abhandl. v. Vergütung der Kriegs-Brandschäden durch Brandversicherungs-Anstalten. gr. 8. Erfurt 808. (Otto). 12 gl.

— Rede von d. erlaubten u. nöthigen Maaße d. freyen Religionsduldung. 4. Wien, Gerold. 782.

Jo. Casp. Faber (resp. Sam. Axt) de locustis biblicis et sigillatim de avibus quadrupedibus ex Levit. c. 11, v. 20 — 22. Viteb. 1710. 1711. 4.

Faber, Johannes Adnotationes ad Thuc. l. III, cap. 82 et 83 spectantes. 4 (S. 3—12). Progr. G. *Warburg* 1890 (357).

Faber, Johann [aus Fochheim]: Beitrag zur Lehre über grössere Operationen bei Diabetes mellitus. . . . Berlin, Buchdr. v. G. Schade, *1891*; 30 S., 1 Bl. 8°
Berlin, Med. Fak., Inaug.-Diss. v. 12. Aug. 1891

Faber, J. Quaestiones Thucydideae. Diss. 1885. 48 S.

Faber, Johann Balthasar

— — De conscensione thori ad obtinendam successionem conjugum j. Sax. el. necessaria. Disp. jur. Präs. Joh. Florens Rivinus. Lpz. (I. Titius) 5. XII. 1726. 44 S. (5.—) 8455
Gew.: Joh. Philipp Kusner.

— — De eo quod justum est circa fabros inprimis ferrarios. Diss. jur. Lpz. (I. Titius) 20. XI. 1727. 40 S., tlws. dtsch. (5.—) 8456
Gew.: Balthas. Faber (Vater).

— **Johann Balthasar** (Leipzig), De interpretatione philosophica ejusque in materia societatis utilitate. Diss. philos. Präs. August Florens Rivinus. Lpz. (I. Titius) 19. IX. 1725. 40 S. (5.—) 8454
Gew. v. Präs.: Joh. Flor. Rivinus (Vater).

FABER, JOAN(NES) BAPT(ISTA): Viri-tres: Sidrach, Misach, & Abdenago, & species quarti similis filio Dei. Drey Männer: Sidrach, Misach, und Abdenago, und die Gestalt des vierten gleich dem Sohn Gottes. Danielis cap. 3. v. 23. Das ist jährlich verpflichte Lob- und Ehren-Rede von dem in sich unerforschlichen, doch glaub- und anbettens würdigsten Geheimnus drey-einiger Gottheit. Welche an dem hochfeyerlichen Titular-Fest des von Gott selbsten gestiften heil. Ordens, und hochlöbl. englischer Ertz-Bruderschaft der allerheiligsten Dreyfaltigkeit von Erlösung gefangener Christen in einen schriftmässigen Entwurff dreyer nicht ohne herfürstrallenden Wunder-Geheimnus der drey göttlichen Persohnen in den angeflammten Feuer-Ofen zu Babylon unversehrt sich befindenden Männer, nebst welchen die auserordentliche Gestalt des vierten, des h. Ordens nemlich, und der englischen Ertz-Versammlung dem Sohne Gottes ähnlich in der Erlösung in eigener Closter-Kirchen in . . . Commorn Joan. Bapt. Faber . . . vor einer zahlreichen Anwesenheit eyfriger Mitglieder zum trostreichen Vergnügen vorgetragen. Ofen 1748. Gedr. bey Veronica Nottensteinin, Wittib. 8 f. - 4°

Faber, Johann Christian

— — (Schorndorff), De conscensione tori conjugalis et ejus effectibus juridicis tam quoad personas illustres, quam privatas inprimis conjuges de jure prov. Wurt. parte IV. tit. II. Diss. jur. Präs. Christoph Friedrich Harpprecht. Tübing. (Schramm) Sept. 1735. 64 S., tlws. dtsch. (5.50) 8458

— — (Nürtingen), Problemata de natura hominis ante et post mortem. Präs. Gottfried Ploucquet. Tübing. (Schramm) 16. IX. 1766. 16 Seiten. (4.—) 8459

— **Johann Christoph** (Charleston in Carolina australi), De dysenteria nuper Tubingae grassata Diss. med. Präs. Herm. Fried. Autenrieth. Tübingen (Gust. Bähr) März 1835. 30 S. (4.—)
Gew.: Georg Edwards Holbrook. 8460

Faber, Johann Erhard

— kurze Betrachtt. über die Fest- u. Sonntags-Evangelien. Nach ihrem geschichtl. Handbuche etc. für Kinder bearbeitet. 8. Stuttg. 824. Steinkopf.

Faber, Jh. Erh., († 182..) kurze Betrachtt. über die Sonn-, Fest- u. Feiertags-Evangelien u. üb. die Leidensgeschichte Jesu, nebst Anleit. zum erbaul. Lesen u. richt. Verstehen d. h. Schrift. Mit Vorwort vom Prälat v. Klatt. 8. Stuttg. 826. Steinkopf. 18 gl.

— Gebete f. Schulkinder auf alle Tage in der Woche zur Vor- u. Nachmittagsschule; nebst e. Anh., enth. Gebete f. Confirmanden etc. 8. Stuttg. 180.., 2e A. ... 3e A. 821. Steinkopf. 2 gl.

Faber, Johann Ernst

Jo. Ern. Faber (resp. Ern. Lud. Friederici) de animalibus quorum fit mentio Zephan. c. 2. v. 14. Gotting. 1769. 4.

Faber, Johann Ernst, Anmerkungen zur Erlernung des Talmudischen und Rabbinischen. Göttingen 1770.

— Anmerkk. zur Erläuterung d. Talmudischen u. Rabbinischen. 8. Götting. 770. Vandenhöck u. R. 4 gl.

Faber, Johann Ernst. Archäologie der Hebräer. Erster [einz.] Theil. Halle 1773, Im Verlag Johann Jacob Curt.
Tit., 7 Bl., 458 S. 8°.
Behandelt die verschiedenen Wohnungsarten.

— Archäologie der Hebräer. 1r Thl. gr. 8. Halle 773. (Laue in Berl.) 21 gl.

— s. 1) Beobachtt. üb. d. Orient. 2) Bibliothek, philosophische.

— Chrestomathia Arabica. 8. Jena 773.

Faber, Jh. Er., († d. 15. Apr. 1774.) Einleit. in die arabische Sprache. 8. Jena 772. Gollner.

FABER, JOH. ERN., Historia Mannae inter Hebraeos. Sectio I. Kilonii. 1770. 4. P.

Jo. Ern. Fabri historia mannae inter Ebraeos sectio I. Gotting. 1770. 4.; sect. II. Jen. 1773. 4. — *Redit in* Reiske et Fabri opuscc. medd. ex monimentis Arabum, ed. Chr. Godofr. Gruner. Hal. 1776. 8. pag. 81. sq.

— Jesus ex natalium opportunitate Messias. Jen. 1772. 4.

— Jesus ex natal. opport. Messias. 8. Jena 772. Gollner. 6 gl.

— s. Nachrichten v. portug. Hof.

Faber, Joh. E. Nachrichten von dem portugiesischen Hofe und der Staatsverwaltung des Grafen Oeyras. 8. Frankfurt 1768

Faber, J. E., vindicatur natalium Christi, quamquam seriorum, opportunitas. Kil. 1770. 4.

Faber, Johann Ernst: O p u s c u l a medica ex monimentis Arabum et Ebraeorum, s. R e i s k e, Jo.Jakob

[—], Novum de Messia exactis CCCCXC annis post exilium Judaeorum Babylonicum nascituro ex Zacharia III, 8, 9, 10 repetitum vaticinium. Kiliae Hols. (1771). 4. P. (Progr.).

Faber, Jh. Er., Vereinigung des Civil- u. Militarstandes, nebst zwei Abhandll. vom Schlaf u. Opium. 8. Götting. 771. (W. Vogel in Lpz.) 4 gl.

— Die Vereinigung des civil und militar Standes. Nebst zwo andern Abhandlungen vom Schlafe und vom Opium. Kiel. 1771.

— Johann Friedrich (Stuttgart), Jurisdictio Wirtembergica civilis ordinaria. Präs. Gottfried Daniel Hoffmann. Tübingen (Fues) 7. IX. 1775. 34 S., tlws. dtsch. (5.—) 8461

Faber, Johann Friedrich Wilhelm Ferdinand

— Bemerkk. üb. das Volksschulwesen in Baiern. 8. Nürnb. 822. Riegel u. W. 6 gl

Faber, Jh. Fr. Wlh. Fd., über weibliche Bildung. Drei Reden an die Heranreifenden u. Gereiften dieses Geschlechtes, 8. Nürnb. 820. Riegel u. W. 12 gl

F. Faber üb. weibl. Bildung; 3 Reden an d. Heranreifenden u. d. Gereiften dieses Geschl. *Nürnb.*, Riegel u. Wiessner. 821. 8° 12gl

— histor. Katechismus, welcher eine kurze Einleitung des alt. u. neuen Testaments u. f. w. enthält. 8. Ebd. 819. 2e A. 824. 6 gl

Faber, (F.,) historischer Katechismus, für Schulen bearbeit. 3e Ausg. 8. Ansbach 824, Gassert.

— d. Katechismus für Katechumenen u. Confirmanden. 8. Ansb. 817. 2e Aufl. 820. 3e Aufl. 823. Gassert. 6 gl

— — d. Katechismus für Katechumenen und Confirmanden. 2te Aufl. 8. Ansbach, Gassert. 819.

— die Protestanten in Baiern u. deren Wünsche bei Eröffnung der General-Synode. 8. Nürnb. 824. Riegel u. W. 12 gl

— über Vereine zur Beförderung gemeinnütziger Thätigkeit. Eine Rede. 8. Ansbach 819.

— Winke zum Behuf d. Abfassung od. Einführung christl. Katechismen. 8. Nürnb. 827. Riegel u. W.

— das Wissenswürdigste vom Menschen, zum Gebrauch für Schulen u. f. Selbstunterricht. 1s Bdchen. 1s, 2s, 3s Heft. Mit Kupf. 4. Nürnberg 822, Tyroff.

Faber, Johann Georg

Faber, Jh. Geo., Predigten. 8. Pirmasens 782.

— die Religion e. ehrlichen Mannes. 8. Mannh. 787. Löffler. 4 gl

— die Religion eines ehrl. Mannes. 8. Mannh. Schwan, 787.

— Religionsunterr. f. die Jugend. 8. Pirmasens 789. 2e A. 790.

— Uebersetzung des Briefs an die Galater, mit Anmerkk.; e. Einladungsschrift. 4. Zweibr. 790.

Faber, Johann Gottlieb

— Abschiedsrede üb. Phil. 1, 9. 11. 4. Tüb. 767. (Osiander). 2 gl

— Compend. theologiae dogmaticae loci V. priores. Mit d. Verf. Portr. 8. Stuttg. 780. Steinkopf. 10 gl (Löffler in Manh.) 12 gl

— Compend. theologiae dogm. 8. maj. Mannh. Löffler. 781.

Faber, I. T., Compendii Theologiae dogmaticae Loci V priores. 8. maj. Mannh. Löffler. 785.

— s. Einleit. in d. heil. Geschichte rc.

Fabri, J. G., Einleitung in die heil. Geschichte. 8. Tüb. Heerbrand. 757.

Faber, J. G., quo jure sanctificatio diei dominicae ex oraculis V. T. adseratur. Tubing. 1757. 4.

Faber, Jh. Gli., († d. 18. März 1779.) akademische Reden über d. Moraltheologie. 2 Thle. 8. Tüb. 758, 59. v. Cotta. 16 gl

— Neue Samml. v. Predigten rc., s. Einleit. in d. heil. Geschichte.

— neueste Samml. von Predigten. 8. Ebend. 770.

— neueste Samml. von Predigten. 8. Ebend. 772.

— christl. Sittenlehre. 8. Tüb. Heerbrand. 757.

Faber, Johann Heinrich

Faber, J. H., s. 1) Anseaux, die Schule d. Jugend. — Dess. der verliebte Maler. 2) Anton und Antoinette. 3) Arsene, die schöne. 4) d'Azemar, die beiden Milizen. 5) Cadi, der betrogene. 6) Chaveau, der Hofmann. 7) Dancourt, Pilgrimme. 8) Falbaire, die beiden Geizigen. 9) Faßbinder, der. 10) Favart, das Rosenmädchen. 11) Favart, Freundschaft auf der Probe. 12) Favart, die Schnitter. 13) Favart, Urgelle. 14) Gartner, der verstellte rc. 15) Henriette. 16) Holzhauer, der. 17) Juckle u. Yariko. 18) Julie, oder d. gute Vater. 19) König, der, in der Einbildung. 20) Lemonnier, die Müllerin. 21) Lucilie. 22) Marmontel, Zemire und Azor. 23) Marmontel, Silvain. 24) Marmontel, Hausfreund, der. — Dess. d. prächtige Freigebige. 25) Mercier, Jenneval rc. 26) Oper, e. komische, ohne Titel. 27) Pleinchene, der Gärtner von Sidon. 28) Poinsinet, der Zauberer. 29) Quetant, Hanns der Schuhflicker. 30) Quetant, der Schlosser. 31) Sedaine, man sieht niemals alles voraus. 32) Sedaine, Röschen und Colas. 33) Waise, die englische.

— s. 1) Illuminat. 2) Sammler, 788. 6 Hefte. 3) Winterabende.

— Anfangsgründe d. schönen Wissenschaften rc. gr. 8. Mainz 767. Schäfer in Frankf. 2 Rthlr. Dass. im Auszuge, unter d. T.: erste Grundsätze der latein. Sprachkunst. 8. Frkf. 768. Schäfer. 3 gl

— Anfangsgründe der schönen Wissensch. gr. 8. Frankf. Eßlinger. 768.

Faber, Jh. Hnr., († ... 1791.) poet. u. prosaische Aufsätze über Aufklärung u. a. mit denselben in Verbindung stehende Materien. 8. Frankf. 789. Jäger. 3 Rthlr 8 gl

Faber, ..., Beitr. zu Bruchstücken f. Joseph II. Lebensgeschichte. 2 Bde. 8. Freiburg, Fr. Wagner. 22 gl

Faber, Dr. J. H. Beyträge zu Bruchstücken für Josephs II. Lebensgeschichte. kl. 8. Mainz 1790.

— topograph.-polit. u. histor. Beschreib. der Reichs-, Wahl- u. Handelsstadt Frankfurt am Main. 2 Bde. 8. Frankf. 788 u. 89. Jäger. 2 Rthlr

Beer, Salomon: **[Gedicht.] An dem Monumente des Br. Salomon Beer, am Gedächtnisstage seiner Trennung von den zur Einigkeit [in Frankfurt a. M.] versammelten Brüdern. Den 26 ten Nov. 1785. [Von Joh. Heinr. Faber.] [Frankfurt a. M. 1785.] 4 Bl. 4° [Umschlagtit.]**
Kl. 1370. „Grabmal ist der Gegenstand, . . .“ 193.

— erste Grundsätze der lat. Sprachkunst. 8. Ebend. 768.

Faber, J. H., s. Louise, od. der Sieg der weibl. Tugend.

LOUISE oder der Sieg weiblicher Tugend im Contraste zweyer Schwestern. Eine wahre Geschichte. (Zahmer Roman von Dr. *Joh. Heinr. Faber* in Mainz.) 2 Bde. Frankfurt und Leipzig 1792. 8°. (1½ Rthl.) (8 Sgr. Scheible, vor 1875; jetzt theurer!)
Anon.-Lex. III. p. 87 (nach Kayser u. Meusel).

Gogel, Joh. Peter: Trauerrede zum feyerlichen Andenken des weiland hochw. Provinzial-Grossmeisters der englischen Freymåurer-Logen im ober- und nieder-rheinischen, und frånkischen Kreise [Joh. Peter Gogel], gehalten in der Trauerversammlung den 21ten Mårz 1782 von dem Br. Redner in der Loge zur Einigkeit in Frankfurt am Mayn [d. i. Joh. Heinr. Faber]. [Frankfurt a. M. 1782.]: Brönner. 15 S. 4° [Umschlagtit.]
Kl. 1354. Sehr selten. Thema: „Er war, wir sind".

— — u. (Resp.) **Friedrich August Ermel** (Dresden), Vicissitudines juris Romani de incestis nuptiis. Lpz. (Breitkopf) 5. V. 1763. 30 S. (4.80) 8461
Gew.: Joh. Heinr. Faber (Strassburg).

Faber, Johann Karl Christoph

— Gebetbuch, worin nebst den wöchentl. Morgen- u. Abend-Andachten noch andere Gebete enthalten sind. 8. Biedenkopf 777.

Fabri, J. C. C., geistliche Lieder, der Religion gewidmet. 8. Magdeb. Zopf. 776.

Faber, Jh. Karl Cph., († d. 3. Dec. 1792.) vermischte Oden u. Lieder, s. Oden.

ODEN und Lieder, Vermischte (von *Joh. Carl Christoph Faber*). Magdeburg und Cöthen 1775.
Anon.-Lex. III. p. 231 (nach Kayser).

Faber, Jh. Karl Germ., († d. 3. Jan. 1799.) histor.-topograph.-statist. Nachrichten zur sächsischen Geschichte, mit 301 Diplomen u. and. Urkunden von Nr. 1—48. 4. Hildburgh. 793. Hanisch. (Cr. Fleischer in Leipz.) 1 ₰ 16 gl.

— histor.-topograph.-statist. Nachrr. vom Cisterzienser adel. Nonnenkloster im Amte Sonnenfeld. 4. Coburg 793. Meusel u. S. 1 ₰ 8 gl.

— s. Unterricht v. Ursprung d. röm. Rechts.

(FABER, J. K. G.): Kurzer periodisch-historischer Unterricht v. Ursprung, Fortgang u. Veränderung d. röm. Rechts. *Coburg*, Riemann. 777. 8. (3 Gr.)

Faber, Johann Melchior

— — Natalem sexagesimum primum seren. princ. dominae Fridericae Ludovicae marggraviae Brandenburgicae viduae regiae princ. Borussiae in ill. Carolino-Alexandrino duo ejusdem cives ing. eleg. et morum prob. commend. juv. Christian Friedrich Beckh, Friedr. Heinr. Loschge (bd. Ansbach). — Praem. ad Quinctil. L. II. C. XII. comment. Ansbach (Chph. Lor. Messerer) 28. IX. 1774. 12 S. (3.—) 8467

Faber, J. M., de templorum apud Christianos antiquitate dubia. Onold. 1774. 4.; rep. in Pott Sylloge commentatt. theol. 3. p. 325 ss.

— — Natalem seren. princ. dominae Fridericae Carolinae . . ill. Carolo-Alexandr. juvenes Jo. Georg Friedrich Stettner (Ansbach), Jul. Conr. Yelin (Wassertrüdingen). — Interpret. locorum quorundam in Xenophontis memorabilibus Socratis. Ansbach (J. D. Messerer) 24. VI. 1790. 28 S. mit zahlr. Namen. (3.50) 8471

Faber, J. M., de mythologia gentilium caute ad sacr. scriptt. interpretationem adhibenda. Onold. 1785. 4.

— **Jo. Melchior,** Orationem soll. in memoriam natalis CLXVI ill. gymnasii Casimiriani academici. — De animorum immortalitate ethnicis propria nonnulla praefatus. Coburg (Ahl) 3. VII. 1770. 12 S. (3.—) 8466

— — Natalem seren. princ. domini Christiani Friderici Caroli Alexandri marggravii Brandenburg. in ill. Carolo-Alexandrino. — Disp. nonnulla, quae in Homero legendo controversa sunt. Ansbach (J. D. Messerer) 24. II. 1784. 24 S. mit zahlr. Namen. (3.—) 8470

Fabri, J. M., Observationes in loca quaedam obscuriora Xenophontis Memorabilium Socratis. Coburg. 772. 8.

Faber, J. M., Eusebianae de Jacobo fratre Jesu narrationis partes quaedam explicantur. Ansbac. 1793. 4.

Fabri, J. M., Progr. Eusebianae de Jacobi vita et morte narrationis partes quaedam explicantur ac defenduntur. Ansbac. 793. 4.

Faber, J. M., Progr. Quomodo Graeca in scholis pronunciari placeat. Ansbac. 781. 4. (23 S.)

Faber, J. M., de simpliciori faciliorique discendi linguam latinam ratione. Progr. Onold. 785. 4.

— — Natalem seren. princ. domini Christiani Friderici Caroli Alexandri marggr. Brandenburg . . in gymnas. Carolo Alexandrino. — Unde origo doctrinae de immortalitate animorum repetenda videatur. Ansbach (Joh. Dav. Messerer) 25. II. 1778. 23 S. mit zahlr. Namen. (3.—) 8468

— — Natalem seren. princ. dominae Fridericae Carolinae sereniss. duc. Salfelda-Coburgensium prosapia oriundae . . ill. Carolo-Alexandrino . . juvenes Joh. Friedr. Carl Saur (Doeckingen), Joh. Casp. Bruegel (Ansbach). — Unde origo doctrinae de immortalitate animorum repetenda videatur contin. I. Ansbach (J. D. Messerer) 24./25. VI. 1778. 20 S. mit zahlr. Namen. (3—) 8469

— **Johann Wilhelm** (Homberg), Problema jurid. de naevis quibusdam circa materiam testamentariam, ut & caput IV. ex compendio juris universi nuper edito. Präs. Heinr. Ernst Kestner. Rinteln (H. A. Enax) 19. III. 1707. 10 S. (3.50) 8472

Faber, John

Faber, J., die Niflungen u. ihr Hort m. Berücksicht. d. Wölsungensage. Als Anh.: Die Wölundarkwida. Erkl. v. F. (239 S.) 8. Jersey City, N. J. (289 Central Ave) 901. Selbstverlag. Geb. in Leinw. 8.—

Faber, Josef, die Deficits im Staats- und Privathaushalte, deren Entstehen, Folgen und Abhilfe oder Gold und Silber ein falscher Werthmesser. 1868. 8. (VI u. 61 S.) Prag, Dominicus. 20 kr.

Faber, Julius [aus Zweibrücken. Assistenzarzt im k. 8. Chevaulegers-Reg. „Herzog Maximilian".]: Über den Nachweis von Typhusbacillen in den Dejektionen Typhuskranker. Arbeit ausgef. im bact. Laborat. des Operat.-Curses f. Militär-Ärzte unter Leitung des Privat-Docenten Herrn Stabsarzt Dr. Hans Buchner . . .: Würzburg, Becker's Univ.-Buchdr., 1888; 35 + 1 S. 8°
Würzburg, Med. Fak., Inaug.-Diss. v. 1888

(Faber, Jun.,) der Synglosse Rechtfertigung, s. a. Rechtfertigung.

— der Synglosse Rechtfertigung oder ea doce quae didicisti. 8. Ebd. 828. 8 gl.

Faber, Jun., Synglosse oder Grundsätze d. Sprachforschung. 8. Karlsr. 827. Braun. 1 ₰

Faber, Justus

Faber, Just., Cölestine oder die bleiche Frau auf Schloß Amstein. Roman. 2 Bde. Leipzig 857. Graefe. 8. (177; 203 S.) 1 ℛ 7½ ngr

Faber, Just., treue Liebe oder das Banditen-Schloß Albano. Ein Roman aus der Gegenwart. 3 Bde. Leipzig 857. Graefe. 8. (1 Bl., 250; 1 Bl., 209; 1 Bl., 193 S.) 2 ℛ

Faber, Karl, Preußisches Archiv oder Denkwürdigkeiten aus der Kunde d. Vorzeit. 3 Samml., mit 1 Plan. 8. Königsb. 809 u. 10. (Kummer in Leipz.) 2 ℛ 16 𝒢

Faber, K., preuß. Archiv; od. Denkwürdigkeiten aus d. Kunde d. Vorzeit. 1ste—3te Sammlung, mit 1 Plan. 8. Königsb. Nicolovius. 811.

Faber, Carl, der Bau der Iris d. Menschen u. der Wirbelthiere m. besond. Berücksicht. ihrer Musculatur. Gekrönte Preisschrift. Mit 1 (lith.) Taf. (in qu. 4.) gr. 8. (79 S.) Leipzig 876. F. C. W. Vogel. n. 3. —

FABER, Carl (Feldberg): Ein Beitrag zur vaginalen Totalexstirpation des carcinomatösen Uterus.- München: Wolf 1884. 28 S.
31.3.1884 - Urk (Titel: De totius uteri cancrosi per vaginam exstirpatione.); Chr 1883/84,14
Diss. Ingolst.-Landsh.-Mchn.

— Beiträge z. Characteristik d. franz. Staatsverfassung während d. Epoche Bonapartes. 1r Bd. gr. 8. Ebendas. 815.

Faber, K. Beiträge zur Charakteristik der französischen Staatsverfassung und Staatsverwaltung, während der Epoche Bonaparte's. Vom Verfasser der: „Notices sur l'intérieur de la France écrites en 1806". 8. Königsberg 1815.

Faber, Karl: Bismarck. Gedicht, . . 5.Aufl. . . . Bochum: W. Stumpf 1896.(4 Bl.) 8°.

Faber, Karl, aus Wiesbaden: John Wilsons Dramen. Eine Quellenstudie. *Wiesbaden 1904: C. Ritter.* (85 S.) 8°
Straßburg, Phil. Diss. v. 1903

Faber, Karl [pract. Arzt aus Vreden in Westfalen]: Ein Fall von schwerer allgemeiner Syphilis mit syphilitischer Knie-Gelenkentzündung .... Greifswald, Druck v. Julius Abel, 1887; 30 S. 8°.
Greifswald, Med. Fak., Inaug.-Diss. v. 20. Mai 1887.

Faber, Karl, ein Fall von schwerer allgemeiner Syphilis mit syphilitischer Knie-Gelenkentzündung. Diss. Greifswald 1887, Jul. Bindewald. 8°. 30 S.

Faber, Karl, vollständ. Gesangkursus für Volksschulen. Oder: Kurze Anweisung zum zweckmäßigen Gesang-Unterricht in Volksschulen, nebst einer reichhalt. Samml. von Kinder- u. Jugendliedern, einer Auswahl passender Volkslieder u. der am häufigsten vorkomm. Choräle. Abthl. I. Kurzgefaßte Anleitung zum Singen in der Volksschule, nebst 40 Kinderliedern u. Uebungsstücken. qu. 4. Leipzig 840. Breitk. u. Härtel. ⅙ ℛ — Abthl. II. Enthalt.: 73 zwei- u. dreistimmige Kinder- u. Jugendlieder. qu. 4. Ebd. 840. ⅜ ℛ — Abthl. III. Enthalt.: 100 zweistimmig gesetzte Volkslieder. qu. 4. Ebd. 840. ½ ℛ (1.—3.: 1 ℛ 1 𝒢)

Faber, Karl, vollständiger Gesangkursus für Volksschulen. Abthl. 4. Enthaltend: 64 zweistimmige Choräle, vom leichten zu schwerern fortschreitend, geordnet. qu. 4. Leipzig 840, Breitkopf u. Härtel. ⅙ ℛ (1—4: 1 ℛ 6½ ngr)

Faber, Karl, die Haupt- u. Residenzstadt Königsberg in Preußen. Das Merkwürdigste aus der Geschichte, Beschreibung u. Chronik d. Stadt. gr. 8. Königsb. 840. Gräfe u. Unzer. 1½ ℛ

Faber, Karl, s. Luther: Briefe an Albrecht.

Faber, Carl: Der deutsche Nord- und Ostseestrand. Bochum 1873: Stumpf. 13 S. 8° (4°)

Faber, Karl, Streifzüge durch Alt-Bochum u. Umgeg. 2. Aufl. 12. (78 S.) Bochum 895. W. Stumpf. Kart. n. — 60

Faber, Karl, s. Taschenbuch v. Königsberg.

Faber, Karl [Rechtspraktikant]: Das öffentliche Verehelichungsrecht in Bayern ... Erlangen, k. b. Hofbuchdr. v. A. Vollrath, 1892; 76 S. 8.
Erlangen, Jur. Fak., Inaug.-Diss. v. 1892

Faber, Carl, Vorlesungen über die Geschichte Preußens u. dessen Beziehungen zu Deutschland. Münster 865. Coppenrath. gr. 8. (174 S.) n. 20 ngr

Faber, Carl, landwirthschaftliche Vorlesungen. Diekirch 853. (Luxemburg, Heintze.) 12. (XI, 456 S. u. 10 lith. Taf.) n. 1 ℛ 2 ngr

Faber, Carl Ant., die Angelegenheit des Herrn Domscholasticus Prof. Dr. Baltzer und der Breslauer Diöcesankatechismus. Ein Wort zur Verständigung. Leipzig 863. Ackermann & Glaser. gr. 8. (15 S.) 2½ ngr

Die baupolizeilichen Bestimmungen der Stadt Kiel, nebst den damit in Verbindung stehenden Gesetzen u. Verordnungen. Zsgest. u. erl. von K[arl] G. Faber, Stadtsekr. Kiel: P. Toeche 1903. (203 S.) 8° [F.] [c3. 1,600

Faber, K. G., die baupolizeilichen Bestimmungen der Stadt Kiel nebst den damit in Verbindung stehenden Gesetzen u. Verordnungen. Zusammengestellt u. erläutert. (203 S.) 12. Kiel 903. Universitäts-Buchh. Kart. n. 2. 40

Das gewerbliche Fortbildungsschulwesen in Preußen. Handbuch f. Gewerbetreibende, Behörden ... von K[arl] G. Faber, Stadtsekr. a. D. Berlin: A. W. Hayn's Erben (1906). (VII, 115 S.) 8° [F.] [07. 978a

Faber, Carl Maria, Anleitung zur rationellen Pflege der Zähne und des Mundes. 8. (14 S.) Wien 863, Typographisch-literarisch-artistische Anstalt.

Faber, Carl Maria, die Odontoplastik, neue Methode Zähne dauerhaft mit Gold zu plombiren und theilweise oder ganz zerstörte Zahnkronen in ihrer ursprünglichen Form wieder herzustellen. Eine populäre Vorlesung für jene, welche um die Erhaltung ihrer schadhaften Zähne besorgt sind und gründliche Hilfe suchen. Mit 17 Illustr. in Farben u. Golddruck. 1. u. 2. Aufl. Wien 860. Gerold. gr. 8. (125 S. u. 1 lith. Taf.) n. 10 ngr

— das künstliche Vulkanit-Gebiß, die neueste Erfindung auf dem Gebiete der Zahnheilkunde. Gemeinfaßlich dargestellt als Leitfaden für Jene, die schon künstliche Zähne tragen oder solche bedürfen. gr. 8. (21 S.) Wien 868, (Typographisch-literarisch-artistische Anstalt.) *

Faber, Karl Wilhelm

Faber, K. W., Agnes von der Pfalz. Eine geschichtl. Erzählung in Versen. 8. (207 S.) Kaiserslautern 890. Kayser's Verlag. n. 2. 75

Faber, Karl Wilh., Agnes v. der Pfalz. Eine geschichtl. Erzählung in Versen. 8. (207 S.) Kaiserslautern 891. Kayser. n.n. 2. 75

Faber, C. W., am Belche. Lustspiel in 5 Aufzügen. Ins Mülhüserditsche iwers. vu Ch. Kolmann. 8. (92 S.) Straßburg 900. Schlesier & Schweikhardt. n. 2. —

— Belchen-Lieder. 2. Aufl. 12. (48 S.) Mülhausen i/E. 900. (C. Ehrmann.) n. — 60

Faber, C. W. Peter von Hagenbach, der burgundische Landvogt am Oberrhein. 47 S. Progr. Gew. *Mülhausen Els.* 1885

Faber, Carl Wilh., Eulogius Schneider, philosophiae et theologiae Doctor, der öffentliche Ankläger beim Revolutionsgericht zu Straßburg i. E. Vortrag, geh. im Volksbildungsverein zu Straßburg am 14. Febr. 1886. Beigelegt sind: Drei Gedichte, e. Brief u. e. fcsm. Namensunterschrift Schneiders. gr. 8. (52 S.) Mülhausen i/E. 886. Buffleb's Sort. n. 1. —

Faber, C. W. Symbol und Devise Ludwigs XIV. in ihrem Zusammenhange erklärt und mit einigen zeitgenössischen meist handschriftlichen Mitteilungen belegt. Mülhausen i/E., G. S., 1878. 31 S. 4.
Progr.

Faber, C. W. Die Reichsfeste Trifels in der Geschichte. 8. Speier 1871. (53) 8. Jena 1872.

Faber, C. W., Vermächtnis. Hinterlassene Gedichte. (50 S.) kl. 8. Straßburg (907). Buchh. d. ev. Gesellsch. Kart. — 80

Faber, C. W., d. oberelsäss. Weine in Liedern u. Schwänken. 8. (64 S. m. Abb., Titel in Lichtdr. u. farb. Umschlag.) Gebweiler 897. J. Boltze. n. 1.—

— Elsässer Weinlieder. 2. Aufl. (2.—3. Tausd.) 12. (87 S.) Straßburg 901. Schlesier & Schweikhardt. n. —60

Faber, Knud, s.: Beiträge zur Pathologie der Verdauungsorgane.

Fabor, Conr. Plan der Belagerung der Stadt Frankfurt von 1552, in Holz geschn. von Hans Grav. 10 Bl. Frankfurt 1775. Neue Ausgabe in Lithographie von C. Kruthoffer. 10 Bl. ib. 1861.

Faber, [Konst.], Organisation und Dienstbetrieb der Kaiserlich deutschen Marine. Auf Veranlass ... als Leitfaden f. d. Unterricht in Dienstkenntnis bearb. 5. Aufl. Berlin 1905. 8°.

— **Ludwig August** (Braunschweig), De perpetua amicitia Germanicum inter et Russicum imperium. Präs. Gottlieb Sam. Treuer. Helmstedt (P. D. Schnorr) 11. VII. 1733. 70 S., tlws. dtsch. (6.—) 8473

— **Ludwig Heinrich** (Lübeck), De foris in universum et praecipue de foro privilegiato quod personis, miserabilibus dictis recte concedi negans. Diss. jur. Heidelberg (Joh. Mich. Gutmann) 6. II. 1821. 52 S. (3.80) 8474

Faber, L. H.: De Foris in univ. et praec. de foro privileg. quod personis miserabilibus dictis recte concedi negant. *Heidelb.*, Groos. 821. gr. 4. (12 Gr.)

Faber, M., Ueb. die Lectüre von Uebersetzungen antiker Classiker. Pr. 1872. 16 S. 4°. 1.—

Faber: Materialien für metrische Uebungen und deutsche Arbeiten. 16 S.–Lauban, Progr. 1864

Faber, Mart., Deutschtum u. Turner. An alle Deutschen e. Ruf zu deutscher That. gr. 8. (III, 31 S.) Guhrau 892. M. Lemke. n. — 80

Faber, Mart., Kaiser, Volk u. Volksvertretung. gr. 8. (33 S.) Leipzig 895. R. Werther. n. — 60

— **Martin Jacob** (Hamburg), De eo quod justum est, si conscientiam probatione defensurus in probatione defecerit. Diss. jur. Göttingen (F. A. Rosenbusch) 30. XII. 1775. 32 S. (5.—) 8475

FABER, MATHIAS S. J.: Wunderseltsame / Abentheuer, / Welche / Durch richtige Consequenzen / Aus der Lutherisch- und Calvinischen Lehr ent / springen. / Allen verführten / Christen / zur / Treuhertzigen Erinnerung / daß sie doch einmal sehen und greif / fen, wie ihr neue Lehr so gar auch der / Vernunfft aller Menschen zuwider ist. / Vorgehalten / Von Mathias Faber, der Gesellschafft Jesu Priestern. Pressburg 1743: Royerische Erben. 64 S. - 130 mm

— ausgewählte Predigten auf die Sonntage und Hauptfeste eines Jahres. Aus dem Latein. frei bearb. und herausg. von Joh. Schmitt. Schaffhausen 861. Hurter. gr. 8. (X, 365 S.) 27 ngr.

Faber, Matth., Predigten auf die Sonn- und Festtage des Kirchenjahres. [Opus tripartitum.] Aus dem Latein. übers. von einem Vereine katholischer Priester. Herausg. von Mich. Schuler. 1. Jahrg. 3 Bde. Paderborn 861. Schöningh.

Inhalt: 1. Bd. Weihnachts- und Ostercyclus. (VIII, 259 S.) 21 ngr. — 2. Bd. Pfingstcyclus. (IV, 298 S.) 21 ngr. — 3. Bd. Festcyclus. (IV, 244 S.) 18 ngr.

— — 2. Jahrg. 3 Bde. Ebend. 862, 63. gr. 8. 2 ₰ 6 ngr.
1. Bd. (IV, 310 S.) 27 ngr. — 2. Bd. (IV, 271 S.) 21 ngr. — 3. Bd. (IV, 250 S.) 18 ngr.

— — Aus dem Latein. übers. u. herausg. von Heinr. Hoffmann und Mich. Schuler. Neue Folge. 1. Jahrg. 1. Bd. Weihnachts- und Ostercyklus. Würzburg 864. Stahel. gr. 8. (VI, 319 S.) 27 ngr.

Faber, Matth., Predigten auf die Sonn- u. Festtage des Kirchenjahres. [Opus tripartitum.] Aus d. Latein. übers. u. herausg. von Heinr. Hoffmann u. Mich. Schuler. Neue Folge. 1. Jahrg. 2. Bd. Pfingstcyklus. — 3. Bd. Festcyklus. Würzburg 864, 65. Stahel. gr. 8. (IV, 302 S.; IV, 250 S.) Jeder Bd. 27 ngr.

Faber, Mor., z. Entstehung v. Farlati's „Illyricum sacrum". [Aus: „Wissenschaftl. Mittheilgn. aus Bosnien u. d. Hercegovina", 3. Bd.] Lex.-8. (9 S.) Wien 895. (C. Gerold's Sohn.) n. — 40

Faber Moriz: Zur Dalmatinischen Quellenkritik.
1885 PN 407 Diss.Wien, Univ. 703

Faber, Oskar, approb. Arzt aus Walsrode: **Beitrag zur Statistik der Klappenfehler des rechten Herzens.** *Göttingen 1902: Dieterich.* (29 S.) 8°
Göttingen, Med. Diss. v. [21. Apr.] 1902

Faber, Osk., Beitrag zur Statistik der Klappenfehler des rechten Herzens. Diss. gr. 8. (29 S.) Göttingen 902. (Vandenhoeck & Ruprecht.) n. — 60

Faber, Oswald

Faber, O.: Das Bumerang. Leipzig um 1910. 16 S.

Faber, Osw., die freiwilligen Feuerwehren. Anleitung zur Errichtung und Einübung disciplinirter Corps. gr. 8. (30 S. mit 1 Holzschntaf. in 4. und 25 Abbild. in eingedr. Holzschn.) Leipzig 864, Keil.

Faber, Osw., die freiwilligen Feuerwehren. Anleitung zur Errichtung u. Einübung disciplinirter Corps. Mit 29 Abbildungen (Holzschn. im Text). 865. (30 S.) — 2. bedeutend verm. Aufl. Leipzig 868. Keil. gr. 8. (IV, 63 S. u. 2 Holzschntaff.) 7½ ngr.

Faber, Oswald, die freiwilligen Feuerwehren. Anleitung zur Errichtg. u. Einübg. disciplinirter Corps. Mit 41 Abbildgn. (in eingedr. Holzschn.) 3. bedeutend verm. Aufl. gr. 8. (90 S.) Leipzig 874. Keil. 1. 50

Faber, O.: Hilfsbuch für das Turnen mit dem Kugelstabe nach System L. Seeger. Leipzig. 6 Bl.

Faber, sen., Osw., d. Stoss-Fechten n. d. Reglement d. kgl. sächs. Armee. (Waffe: Floret m. Brille.) 8. (16 S.) Leipzig 896. (F. Fleischer.) n. — 40

Faber, Osw., das Turnen in seinen Beziehungen zu Staat und Volk. Eine Zeitfrage. Offenes Sendschreiben an Freunde und Gegner. 2. Aufl. Berlin 859. Vieler & Co. (Seehagen.) gr. 8. (36 S.) n. 4 ngr.

Faber II, Oswald, Die neue Turnhalle des Leipziger T. V. Westvorstadt, am Frankf. Tor, Bauber., m. Abb. u. Photogr. v. Alwin Schmidt, Leipzig 1894, 11 S., 4°.

Faber, Oswald von, aus Soerabaya (Java): **Untersuchungen über die Oxycellulosen, sowie über die Polarisation der l-Arabinose bei verschiedenen Temperaturen und Concentrationen.** *Göttingen 1899: Dieterich.* (VIII, 76 S.) 8°
Göttingen, Phil. Diss. v. [15. Juli] 1899

Faber, Otto [app. Arzt aus Ratibor in Schlesien]: **Ueber Lupus vulgaris.** . . . Ratibor, F. Schmeer & Söhne, Buch- u. Steindr., 1889; 19 S. 8°
Würzburg, Med. Fak., Inaug.-Diss. v. 1889

Faber, P., neues Taschenwörterbuch französisch-deutsch u. deutsch-französisch, s.: Lyragé, A.

Faber, Paul: Beiträge zur Kenntnis des sechswertigen Titan. 1906. 38 S. 8°
¶ Ausz. in: Zeitschrift f. analyt. Chemie. Jg. 46. 1907.
Berlin, Dr.-Ing.-Diss. v. 23. 3. 1906

Der Fussballsport von Paul **Faber.** Mit Beiträgen von W. Sanß [u. a.] u. vielen Abb. Leipzig, Berlin, Paris: Grethlein & Co. [1907]. (139 S.) 8°
— **Bibliothek** f. Sport u. Spiel. [10.] [08. 1938

Faber, Paul, Klinisches über den uterus unicornis und infantilis. Inaugural-Dissertation. gr. 8. (57 S.) Dorpat 881, (Karow.) *

Der chemische Herkules v. Peter Johannes Faber [Fabre], ... Stadtphys. in Montpellier. A. d. Lat. übs. v. Jacob Jebsen, kgl. dan. [!] vorm. Landrichter d. Gfsch. Oldenburg, 1713. Neu hrsg. u. m. e. Vorw. vers. v. Philalethes. *Dresden & Leipzig: E. Pierson 1898.* (2 Bl., 51 S.) 1 Bd 8. [98. 9034

FABER, PETRUS JOHANNES.
Alle in zwei Theile verfasste chymische Schriften. Hamburg, 1713.

Faber, Ph. Chr., Reduktionstabelle d. Reichsthaler Wechselzahlung oder in Carolins à 9 Fl. 12 Xr. in Gulden Waarenzahlung oder Carolins à 11 Fl. 8. Frankf. 802. Eichenberg. 6 ℛ

— — dieselbe. 8. Leipz. Feind. 803.

Faber, Ph. W. Heinr. „Einige Bemerkungen über den Unterricht in der Mathematik an Gymnasien und Gewerbsschulen". pg. 13—16. 4°. K. II. Boeninger. Kaiserslautern, Progr. 1839/40

Faber, Reinhold

Faber, Rhold., Schulhäuser f. Stadt u. Land. Eine Sammlg. ausgef. Entwürfe v. Dorf-, Bezirks- u. Bürgerschulen, Realschulen u. Gymnasien m. u. ohne Turnhallen-Anlagen, sow. Kinderbewahranst. od. Krippen unt. bes. Berücksicht. d. bewährt. Subsellien. Z. prakt. Gebrauch f. Schulbehörden, Architekten u. Direktoren hrsg. 27 Taf. m. erläut. Text. gr. 4. (16 S.) Leipzig 898. B. F. Voigt. In Mappe 12.—

Faber, Richard [aus Wien]: **Die Entstehung des Agrarschutzes in England** .... Strassburg, *Universitätsbuchdr. Heitz & Mündel,* 1888; 2 Bl. + 178 S. 8°
Strassburg, Rechts- u. Staatsw. Fak., Inaug.-Diss. v. 1888

Faber, R., die Entstehung des Agrarschutzes in England, s. a. Abhandlungen aus d. staatswissenschaftlichen Seminar zu Strassburg.

Faber, Rob., s.: Selbstverwaltung, die.

FABER, Rudolf (Ansbach): Ueber chemische Elemente des gesunden Blutes.- München 1852. 10.7.1852 - Urk (Titel: De elementis chemicis sanguinis sani.); F 67
Diss. Ingolst.-Landsh.-Mchn.

Faber, Sam. et Wulferus, Geo. Fr. De Carolo bellicoso ultimo Burgundiae duce. 4. Altorfii 1713. — (91) 4. ib. 1729.

— **Samuel (Vohenstrauß/Pfalz) u. Georg Friedrich Wulfer** (Nürnberg), De Carolo Bellicoso ultimo Burgundiae duce. Präs. Jo. David Koeler. Altdorf (J. W. Kohles) 1729. 91 S. u. 2 genealog. Tafeln. (8.50) 8477

(Faber, S.) Ausführliche Lebensbeschreibung Carls XII., Königs in Schweden; von S. F. 10 Th. 12. M. K. u. Plän. Nürnberg, Frankfurt u. Leipzig 1702—19.

Faber, St. L., die maurischen Brüder. Historisch-romant. Erzählung aus der Zeit d. arabischen Herrschaft in Spanien. 2 Bde. 8. Berlin 842, Rubach. 1½ ℛ

— der Höllenthurm. Ein Roman aus Spaniens neuester Geschichte. 2. Bde. 8. Nordhausen 845, Fürst. 1½ ℛ

— der fliegende König, oder: Des Seeräubers Familie. Roman nach d. Engl. des R. *** 2 Bde. 8. Ebd. 844. 1⅚ ℛ

Faber, Th. von, s. F a b e r, Gotthard Th. von

Faber, Th. F.: De A p o s p a s m a t e piae matris, s. C a m e r a r i u s, Al. [Praes.]

Faber, Victor, aus Friedenau: **Über die Einwirkung von Phenoxylessigsäureaethylester auf Acetophenon.** *Rostock 1900: C. Boldt.* (47 S.) 8
Rostock, Phil. Diss. v. [16. Juli] 1900

Faber, Wilhelm

Faber, W., Aufruf z. Mission unt. d. Muhammedanern, s.: Arnold, F. M.

Faber, W., s.: Aus der Vergangenheit f. die Gegenwart.

—— Aus der Vergangenheit für die Gegenwart. Vorträge. 1. Bernhard v. Clairvaux. gr. 8. (20 S.) Ebd. 891. * — 30

Faber, Wilh., d. Ausweisg. d. deutschen Missionare aus Persien u. d. gegenwärt. Stand d. Mission daselbst, s.: Gott will es.

— Bernhard v. Clairvaux, s.: Aus der Vergangenheit f. die Gegenwart.

Faber, W., s. den Evangel. Bund, s.: Fricke, G. A.

Faber, W., Festpredigt üb. Hebr. 10, 32—39, geh. zur Eröffng. der VI. Generalversammlung des Evangel. Bundes in Speier am Dienstag, den 22. Aug. 1893. 8. (16 S.) Leipzig 893. Buchh. des Evangel. Bundes v. C. Braun. n. — 25

— dasselbe, s.: Flugschriften des Evangel. Bundes.

— Festpredigt, zur Weihe des Lutherdenkmals am 10. Novbr. 1886 in der St. Johanniskirche zu Magdeburg geh. gr. 8. (14 S.) Magdeburg 886. Creutz' Verl. n. — 50

Faber, Wilh. Kaiser Friedrich. Gedächtnisrede, am Abend des 18. Octbr. 1888 geh. 1. u. 2. Aufl. gr. 8. (18 S.) Magdeb. 888, Creutz. * — 50

Zum Gedächtnis Schleiermachers. 3 Reden von Gen.Superint. D. [Wilhelm] **Faber,** Konsist.R. [Friedrich] Lahusen, Prof. D. (Reinhold) Seeberg. Mit e. Abb. des 1904 enthüllten Denkmals Schleiermachers in Berlin. Berlin: E. S. Mittler & Sohn 1904. (39 S.) 8° [F.] [05. 6446

Faber, Wilh., Gedächtnispredigt, geh. in d. Kaiser Wilhelm-Gedächtnis-Kirche, u. Weihegebet, gespr. b. d. Enthüllg. d. National-Denkmals Kaiser Wilhelms des Großen am 21. u. 22. III. 1897. 8. (19 S.) Berlin 897. M. Warneck. n. — 40

Faber, W., das Geheimniß des Glückes. 1. u. 2. ster Aufl. 1.–4. Taus. 8. (80 S.) Leipzig 891. Akadem. Buchh. (W. Faber). n. 1. —

— d. Geheimnis d. Glückes. 7. Aufl. 8. (80 S.) Leipzig. Berlin-Westend 896. Verlag d. Akadem. Buchh. Kart. n. 1. —

[F.] Das Geheimnis des Glückes. Von Wilhelm **Faber.** 8. Aufl. ... *Berlin-Westend: Akad. Buchh. 1898.* (80 S.) 1 Bd 8. [98. 4480

Das Geheimnis des Glückes. Von Wilhelm **Faber.** 9. Aufl. Berlin: Deutsche Evang. Buch- u. Traktatgesellsch. [1907]. (93 S.) 8° [F.] [07. 8870

s.: Gott will es

Gott will es! Bericht über d. Aussendung d. ersten deutschen ev.-luth. Missionare zu d. Muhammedanern. Von W[ilhelm] **Faber,** Pastor zu Tschirma bei Greiz. (2. Aufl.) Leipzig: Akad. Buchh. 1894. 100 S. 8° [11. 3886

— zwei Gustav Adolf-Jubiläums-Predigten, am 31. Mai 1894 z. Berlin u. a. 9. Dezbr. 1894 z. Lützen geh. gr. 8. (23 S.) Berlin 895. K. F. Müller. n. — 40

—— Gustav-Adolfs-Predigt, s. Streetz.

[F.] Himmlisch gesinnt sein. Von P. Wilhelm **Faber.** *Berlin-Westend: Akad. Buchh. 1898.* (80 S.) 1 Bd 8. [99. 3353

Faber, W., Jerusalem u. Vineta. Predigten, üb. den 2. Jahrg. der f. das Herzogt. Braunschweig verordneten epistol. Perikopen geh. 2 Tle. gr. 8. (VIII, 350 u. X, 335 S.) Braunschweig 884. 85. Wollermann. n. 3. 50; Einbd. in 1 Bd. n.n. 1. 50

[F.] Jerusalem und Vineta. Predigten üb. freie epistolische Schriftworte v. D. Wilhelm **Faber,** Kgl. Hof- u. Dompred. ... 2. Aufl. *Magdeburg: Creutz 1897.* (IX, 423 S.) 1 Bd 8. [97. 5759

Jerusalem und Vineta. Predigten über freie epistolische Schriftworte von D. Wilhelm **Faber,** Gen.Superint., Berlin. 2. Aufl. Berlin: Warneck [1908]. IX, 423 S. 8° [09. 15306 II

— der Kampf des Lichtes m. der Finsternis unter den Juden Osteuropa's, s.: Schriften d. Institutum judaicum in Leipzig.

— Kommunismus u. Christentum. Vortrag, geh. am 18. Dezbr. 1892 in St. Adelheid bei Greiz, nebst der nach dem Vortrage stattgefundenen Diskussion. 8. (40 S.) Leipzig 893. Akadem. Buchh. (W. Faber). n. — 40

— d. neue Leben. 8. (80 S.) Ebd. 898. n. 1. —

[S.] ... Licht und Heil. Predigten f. alle Sonn- u. Festtage d. Kirchenjahres zumeist üb. freie evang. Schriftworte v. W[ilh.] Faber, ... Generalsuperintend. v. Berlin. *Magdeburg: Creutz 1896.* (VII S., 2 Bl., 486 S.) 1 Bd 8.

Licht und Heil. Predigten f. alle Sonn- u. Festtage d. Kirchenjahres zumeist über freie evangel. Schriftworte von D. Wilhelm Faber, Gen.-Superint., Berlin. [Neue Ausg.] Berlin: Warneck [1908]. VII, 486 S. 8°

Faber, Wilh., die Macht d. Genies. Charakterbild in 1 Akt. m. theilweiser Benützg. d. Brehmer'schen Sujets. Den Bühnen gegenüber als Mscr. gedr. gr. 8. (27 S.) Hanau 874. Prior. n. 1. —

Faber, W., Mara oder Naemi? Festpredigten u. Festreden. gr. 8. (VIII, 234 S.) Mansfeld 882. (Hohenstein.) n. 3. —

— Mission e. Bußruf. Missionsfestpredigt üb. Luk. 24, 44 bis 49. gr. 8. (16 S.) Ebd. 891. n. — 30

Faber's Missionsbibliothek. Nr. 1. 8. Leipzig 890. Akadem. Buchhandlg. (W. Faber.) n. 1. —
Der Missionsweckruf des Baron Justinian v. Welz in treuer Wiedergabe des Orig.-Druckes vom J. 1664. (IV, 68 S.)

— Missionsbibliothek. Nr. 1—3. 8. Ebd. à Nr. * 1 —
1. Der Missionsweckruf d. Baron Justinian v. Welz in treuer Wiedergabe des Orig.-Druckes vom J. 1664. (IV, 68 S.) 889.
2. 3. Grössel, Wolfg. Justinianus von Welz, der Vorkämpfer der lutherischen Mission. (IV, 191 S.) 891.

— die letzte Predigt im alten Dom zu Berlin, am Erntedankfeste, dem 16. Sonntag p. Trin., dem 2. Oktbr. 1892 geh. gr. 8. (16 S. m. 1 Ansicht.) Berlin 892. K. J. Müller. n. — 60

Harte Reden. Predigten über schwierigere Bibelworte von D. W[ilhelm] Faber, Gen.-Superint. Berlin: M. Warneck 1905. (IV, 335 S.) 8° [S.]

— Harte Reden. Predigten üb. schwierigere Bibelworte. 1. Bd. 2. durchges. Aufl. u. 2. Bd. (VII, 330 u. VII, 342 S.) 8. Ebd. 907. à 4.—; geb. in Leinw. à 5 —

Faber, Wilh., die Reformationsthesen v. Luther u. Claus Harms, im Hinblick auf brenn. Zeitfragen, besonders die Bibelrevisionsfrage, neu hrsg. gr. 8. (29 S.) Leipzig 885. Dörffling & Franke. n. — 40

— s.: Religion, die christliche.

— s.: Religion, systematische christliche.

Faber, Wilhelm, s. Saat auf Hoffnung

— Siehe, welch e. Mensch! Eine Betrachtg. gr. 8. (16 S.) Ebd. 891 n. — 30

Faber, Wilh., Wartburg u. Kyffhäuser. Festreden aus besonderen kirchl. u. patriot. Anlässen. gr. 8. (VIII, 226 S.) Magdeburg 891. Creutz. n. 3. — ; geb. n. 4. —

Wartburg und Kyffhäuser. Festreden aus besonderen kirchl. u. patriot. Anlässen geh. von W[ilhelm] Faber, Superint., Magdeburg. [Neue Ausg.] Berlin: Warneck [1908]. VIII, 226 S. 8°

Faber, Wilhelm, und Kurth, Julius. Wie sah (Johannes) Huss aus? Eine ikonographische Studie auf Grund der Miniaturen des lateinischen Cantionale in Leitmeritz. Mit drei Tafeln in Photogravüre. Herrn D. Dr. Bernhard Weiss zum achtzigsten Geburtstage ... gewidmet von D. W' F' und Dr. J' K'. 22 S. 4. Berlin, Martin Warneck, 1907. [M. 4.50]

Faber, Wilhelm Eberhard von

Faber, W(ilh.) E(berh.) v., Anleitung zur gerichtsärztlichen Untersuchung neugeborner Kinder bei zweifelhaften Todesarten. Mit einem Vorwort von Elsässer. 8. (XIV und 170 S.) Stuttgart 855, Ed. Hallberger.

Faber, W. E., Briefe an e. Landgeistlichen über die epidem. Cholera. 8. Stuttg. 832. Mezler. 6 gr.

v. **Faber, Wlh. Ebhrd.**, (†....) Entwurf einer numismatischen Kenntniß d. europäischen Staaten, bestehend in e. Samml. der mehrsten Thaler rarsten Münzen u. Medaillen seit der Zeit, da harte Silbersorten zu prägen angefangen worden rc. 8. Frkf. u. Leipz. 750.

FABER, Wilhelm Eberhard: Die Wuthkrankheit der Thiere und des Menschen, mit Benützung der Akten des Königlich württembergischen Medizinal-Kollegiums dargestellt. - Karlsruhe 1846. 586 S. 2 Tl. i. 1 Bd.

Faber, Wilhelm Eberhard: Die Wutkrankheit der Thiere und des Menschen mit Benützung der Akten des Königlich württembergischen Medizinal-Kollegiums. Th.1: Die Wuthkrankheit der Thiere. Th.2: Die Wuthkrankheit des Menschen. gbd.

Karlsruhe: Macklot 1846

Faber, Wlh. Eberh., die Wuthkrankheit der Thiere. 1. Thl. — 2. Thl.: Die Wuthkrankheit des Menschen. gr. 8. Karlsruhe 846, 47, Macklot. (1. Thl. 1 ℛ 24 ngl 2. Thl. 21 ngl) 1. 2. $2^1/_2$ ℛ

Faber, Wilh. Eberh., die Wuthkrankheit der Thiere u. des Menschen, m. Benützung der Akten d. Königl. württemberg. Medizinal-Kollegiums dargestellt. 2 Thle. (Neue Titel-Ausg.) gr. 8. (XXIV u. 588 S.) Mannheim (846. 47) 850, Bensheimer. 2 ℛ

— **Wilh. Lorenz** (Nördlingen), De jure molendinorum. Disp. jur. Präs. Johann Heinrich Boeccler. Strassburg (D. Maag) 4. III. 1713. 48 S. (5.30) 8478

— — Dasselbe. Jena (Buch) 1742. (5.—) 8479

Faber, Willibrord, d. Leben. 2 Bde. 16. Berlin 897. F. L. Dames. Geb. in Chagrinldr. m. Goldschn. n. 9. — ; Einzelpr. n. 10. —
1. Zeitig m. Betrachtgn. f. d. Gebild. aller Stände. (VI, 310 S. m. 1 Farbdr.) n. 4. —
2. Zeitgem. Betrachtgn. u. angemess. Religionsübungen f. Gebild. aller Stände. (VI, 492 S. m. 1 Farbdr.) n. 6. —

Faber, Willy, aus Magdeburg: Über Kondensationen acidylierter Malonsäureester mit Benzylidenacetessigester. *Magdeburg 1900: Faber.* (42 S.) 8°
Heidelberg, Naturw.-math. Diss. v. 1900

Faber du Faur, Christian Wilhelm von

v. Faber du Faur, C. W., Blätter aus meinem Portefeuille, im Laufe des Feldzugs 1812 in Rußland an Ort u. Stelle gezeichnet; mit erläut. Andeutt. begleitet von F. v. Kausler. Feuilles extraites de mon portefeuille, esquissées sur les lieux dans le courant de la campagne de 1812 en Russie. (1s—3s Heft). Roy.-Fol. (15 lith. Bl., mit Text in kl. Fol.) Stuttg. 831, 32. Autenrieth. (Leipz., Kummer.) 10 ℛ 18 gl

v. Faber du Faur, C. W., Blätter aus meinem Portefeuille, im Laufe des Feldzuges 1812 in Rußland an Ort und Stelle gezeichnet. Mit erläut. Anmerkk. begleitet, 4s—7s Hft. — Feuilles extraites de mon portefeuille, esquissées sur les lieux dans le courant de la Campagne de 1812 en Russie; accomp. de notes explicatives. Cah IV.—VII. (15 lithogr. Blätter mit Text.) Roy.-Fol. Stuttgart 834. Autenrieth. (Leipzig, Kummer.) (à $3^7/_{12}$ ℛ) $10^3/_4$ ℛ

Faber du Faur, C. W. v. (Blätter aus meinem Portefeuille im Laufe des Feldzuges 1812 in Rußland an Ort und Stelle gezeichnet.) (Mit) erläuternden Andeutungen. Stuttgart 1843. 2° u. 4°.

Faber du Faur. Blätter aus meinem Portefeuille im Laufe des Feldzuges 1812 in Rußland an Ort u. Stelle gezeichnet. Stuttgart 1843. 100 Bl. 2°

Faber du Faur, C. W. v., k. württemb. Oberst i. d. Artillerie. Feldzug in Russland 1812. kl. Fol. Stuttgart 1860.

— — Zeichnungen. gr. Folio. Stuttgart 1850.

G. [d. i. Christian Wilhelm] de Faber du Faur, ehemal. württemb. Artilleriemaj. in d. III. Armee ... Napoleons Feldzug in Russland 1812. M. Text v. Maj. F[ranz] v. Kaussler u. Einl. v. Armand Dayot. M. 106 Vollbildertaf. u. 52 Textill. *Leipzig: Schmidt & Günther 1897.* (VIII, 318 S., 5 Bl., 2 Taf.) 1 Bd 4.

Faber du Faur, G. de, Napoleons Feldzug in Russland 1812. M. Text von F. v. Kaussler u. Einleitg. v Herm. Dayot. M. 106 Vollbildertaf. u. 52 Textillustr. 2 Bde. Lex.-8. Leipzig, H. Schmidt & C. Günther. n. 21. —; Einbde. à n.n. 4. —
1. (VIII, 327 S.) 897. n. 12. —. — 2. D. Marschälle Napoleons I. Von Paul Lacroix. (IV, 229 S.) 898. n. 9. —

Fabergé, A.: Die Postwertzeichen d. russ. Landschaftsämter, s. Schmidt, C.

Fabert, K. v. Praktisches Lehrbuch für Pioniere u. Sappeure. Mit 1 Atl. Karlsruhe 1824. 423 S.

v. Fabert, C., prakt. Lehrbuch für Pionniere u. Sappeure, enth. d. militair. Straßen- u. Brückenbau. Mit 24 Steintaf. gr. 8. Karlsr. 824. Müller. 3 ℛ 6 g℥

Fabia, Phpp., Onomasticon Taciteum. gr. 8. (772 S.) Paris 900. A. Fontemoing. n. 15. —

Fabian: Die Aufnahme der Schüler ins Gymnasium. Eine Abhandlung. 9 S. – Lyck, Progr. 1861.

Fabian, Sprüche d. Weisen. 8. Bresl., Buchheister. 4 g℥

Fabian De temporibus in serm. lat. collocandis. 25 S.
Progr. Königsberg D. 1834

Fabian, Alfred, Referendar am Kgl. Landgericht zu Königsberg i. Pr.: Die Gewährleistungspflicht des Schenkers. Nach römischem u. gemeinem Recht, sowie dem Recht d. Bürgerl. Gesetzbuches f. d. deutsche Reich. *Königsberg i. Pr. 1899: M. Liedtke.* (72 S.) 8°
Erlangen, Jur. Diss. v. 20. März 1899

FABIAN, Antonius: Missa est verum et proprium sacrificium. — (1891) 136 S. 4° (Handschr.) Diss. 467
Diss. Wien, Univ.

Fabian, Curt, s. Fabian, Kurt

Fabian, E., die Stadt Zwickau unter den Einwirkgn. d. schmalkaldischen Kriegs, s.: Mitteilungen des Altertumsvereins f. Zwickau u. Umgegend.

Fabian, Edmund: Aus der Königl. med. Universitäts-Poliklinik zu Königsberg i. Pr. Ueber das neue Tuberculin. (T. R.) *Königsberg i. Pr. 1897: M. Liedtke.* (46 S.) 8°
Königsberg, Med. Diss. v. 22. Dez. 1897

Fabian, Edm., üb. d. neue Tuberculin. (T. R.) Diss. gr. 8. (47 S.) Königsberg 897. (W. Koch.) n. 1. —

Fabian, Emanuel [aus Odersch in Schlesien jetzt Arzt in Plaue (Havel)]: Ueber Puerperalfieber .... Würzburg, k. Universitätsdr. v. H. Stürtz, 1888; 23 S. 8°
Würzburg, Med. Fak., Inaug.-Diss. v. 1888

Fabian, Erich, Assistenzarzt an d. Med. Universitätsklinik in Rostock: Aus d. pathol. Institut zu Rostock. Die Bindegewebshyperplasie im Fibrom und im Fibroadenom der Mamma. *Rostock 1901: Adler's Erben.* (85 S.) 8°
Rostock, Med. Diss. v. [25. Aug.] 1901

Die Niere des Kaninchens nach der Unterbindung ihres Harnleiters. Von Dr. Erich Fabian. Mit 4 Taf. u. 2 Textfig. *Stuttgart: E. Nägele 1904.* (67 S.) 4°
= Bibliotheca medica. Abt. C, H. 18. [04. 1867

Fabian, Erich, Ref.: Die rechtliche Stellung des Handlungsreisenden nach dem Handelsgesetzbuch vom 10. Mai 1897. Borna-Leipzig 1905: R. Noske. (X, 92 S.) 8°
Leipzig, Jur. Fak., Diss. v. 28. Nov. 1905
[Geb. 23. Aug. 83 Berlin; Wohnort: Berlin; Staatsangeh.: Preußen; Vorbildung: Luisengymn. Berlin Reife M. 01; Studium: Berlin 6 S.; Rig. 14. April 05.]

Fabian, Ernst Emil Mag. Petrus Plateanus, Rektor der Zwickauer Schule von 1535 bis 1546. 33 S. Progr. G. *Zwickau* 1878.

Fabian, Ernst Emil: De Seleucia Babylonia. (Dissertatio inauguralis Lipsiensis.) Lipsiae 1869. 72 S. 8°. [C 6853

Fabian, Ernest. Aemil., de Seleucia Babylonia. Leipzig 869. Engelmann. gr. 8. (2 Bll., 72 S. u. 1 lith. Taf.) n. 12 ngr

Fabian, F. De censura morum (ap. Romanos). 25 S. . . .
Progr. Rastenburg 1827

Fabian, F., Geschäfts-Formulare als Vorlagen zum Schreibunterricht, besonders f. Real- u. Gewerbeschulen. hoch 4. (37 autogr. Bl.) Leipzig 890. (Pfeiffer.) n. 1. 50

Fabian, F. Ueber d. geschichtl. u. geogr. Unterr. in d. Gymn. 20 S. .
Progr. Lyk 1833

Fabian, Fritz, Rechtsanwalt bei den Kgl. Landgerichten in Berlin: Die Notstandspflicht des Eigentümers (§ 904 B.G.B.). Heidelberg 1908: J. Hörning. (46 S.) 8°
Heidelberg, Jur. Fak., Ref. Schroeder, Diss. v. 1908
[Geb. 20. Dez. 74 Tuchel (Westpr.); Wohnort: Charlottenburg b. Berlin; Staatsangeh.: Preußen; Vorbildung: Gymn. Konitz (Westpr.) Reife O. 93; Studium: Berlin 5, Heidelberg 1 Rig. 14. Febr. 08.]

Fabian, Gott. Th. De constructione particulae quum. Pars prior. 18 S.
Pars altera. 18 S.
Königsberg, K. G., 1844
Tilsit, Progr. 1850

Fabian, G. Th.: Entlassungsrede. – Tilsit, Progr. 1871.

Fabian, H. (Vgl. Fabrian, H.)

— u. G. **Lau**, Stettiner Schreibschule in 8 Hftn. qu. 4. (160 lith. S.) Ebend. 880. à n. — 10; bessere Ausg. à n. — 15

Fabian, H., Stammbaum des Hauses Hohenzollern. Lith. u. color. Imp.-Fol. Stettin 879. Wittenhagen. n. 5. —

Fabian, H. W., üb. Gewölbetheorien, s.: Taschenbibliothek, deutsche bautechnische.

Fabian, Hans Übersicht über die Entdeckungsreisen zur Erforschung des Nilquellengebietes. 2 Teile. 21, 39 SS.
Progr. Rg. *Elbing* 1878. 1879.

Fabian, Heinrich Gottlieb Erich, Referendar in Zwickau i. Sa.: Die Amtsanmaßung nach geltendem Reichsstrafrecht. Borna-Leipzig 1907: R. Noske. (X, 77 S.) 8°
Leipzig, Jur. Fak., Diss. v. 30. März 1907
[Geb. 26. Febr. 82 Zwickau i. S.; Wohnort: Zwickau; Staatsangeh.: Sachsen; Vorbildung: Gymn. Zwickau Reife O. 01; Studium: Freiburg i. B. 1, Leipzig 1, Berlin 1, Leipzig 4 S.; Rig. 25. Jan. 05.]

Fabian, Heinr. Wilh., die mechanisch-monistische Weltanschauung. gr. 8. (V, 84 S.) Leipzig 877. Scholtze. n. 1. 20

Fabian, J. A., allgemeines kaufmännisches Fachwörterbuch. Mit besond. Berücksicht. der fremdsprachl. Ausdrücke, Angabe der Aussprache etc. gr. 8. (IV, 128 S.) Jena 889. Mauke. geb. n. 2. 80

Fabian, Jos., Jádro katolického náboženství pro dospělejší mládež a pěstouny její. Díl 1. i 2. gr. 8. (VI u. 293 S.) Prag 851, Kronberger. n. 2/3 ℛ

Fabian, Konrad: Über Symbiose und Kommensalismus. S. 3—10. 8.
Progr. K. k. Staats-Oberrealschule *Teschen* 1906.

Fabian, Curt, Kammergerichtsreferendar: Ueber den Begriff und das Wesen des Erbverzichts im Bürgerlichen Gesetzbuch. Berlin 1904: W. Pilz. (60 S.) 8°
Rostock, Jur. Fak., Ref. Matthiass, Diss. v. 5. Nov. 1904
[Geb. 7. Dez. 77 Friedrichsberg, Kreis Nieder-Barnim; Wohnort: Berlin; Staatsangeh.: Preußen; Vorbildung: Königstädt. Gymn. Berlin Reife M. 97; Studium: Berlin 6 S.; Rig. 25. Mai 03.]

Fabian, M. F. Bemerkungen über die Ruthardt'sche Methode. Lyck, G., 1845. 30 S. 4. Progr.

Fabian, M. F. Einige Bemerkungen über das tableau des révolutions du système politique de l'Europe, depuis la fin du 15. siècle, par F. Ancillon. Lyk, G., 1829. 18 S. 4.

Fabian, M. F. Quid Tacitus de numine divino judicaverit. 32 S.
Lyck, Progr. 1852

Fabian, M. F. Zwei Reden bei der Abiturienten-Entlassung. Michaelis 1854 und Ostern 1855. 7 S.
Lyck, Progr. 1859

Fabian, Max: (Aus der Poliklinik des Herrn Prof. Dr. Mendel, Berlin.) Über einen Fall von neuraler progressiver Muskelatrophie. *Berlin 1898: A. M. Brodacz.* (26 S.) 8°
Leipzig, Med. Diss. v. 15. März 1898

Fabian, Otto [aus Stuttgart]: Ueber die Reduktion des m-Azotoluols und m-Xylolazo-p-Kresetols ... Heidelberg, Univ.-Buchdr. v. J. Hörning, 1896; 56 S., 1 Bl. 8.
Heidelberg, Naturw.-math. Fak., Inaug.-Diss. v. [24. März] 1896

Fabian, Richard, a. Berlin: Beitrag zur Wirkung des Tetanus-Antitoxins beim Tetanus des Menschen. Berlin 1906: W. Axt. (32 S.) 8°
Freiburg i. B., Med. Fak., Ref. Kraske, Diss. v. 1906
[Geb. 14. Jan. 82 Neuwedell, Brandenburg; Wohnort: Freiburg i. B.; Staatsangeh.: Preußen; Vorbildung: Andreas-Realgymn. Berlin Reife O. 01; Studium: Berlin 8, Freiburg i. B. 1 S.; Coll. 12. Jan. 06.]

Fabian, Rudolf [pr. Arzt]: Aus d. psychiatr. Universitätsklinik zu Königsberg i. Pr. Ein Fall von Psychose nach Augenverletzung. '(Kasuist. Beitrag z. Frage d. pathogenet. Beziehgn zwischen Augenläsionen u. psych. Störgn.)' ... Königsberg i. Pr., Druck v. M. Liedtke, 1893; 2 Bl., 33 S., 2 Bl. 8.
Königsberg, Med. Fak., Inaug.-Diss. v. 29. Juli 1893

Fabian, Rud., e. Fall von Psychose nach Augenverletzung. (Kasuistischer Beitrag zur Frage der pathogenet. Beziehgn. zwischen Augenläsionen u. psychischen Störgn.) Diss. gr. 8. (33 S.) Königsberg 893. (W. Koch.) n. 1. —

Fabian, Sally: Haemoglobinuntersuchungen an chirurgischen Kranken und Operierten mittels des Gowers'schen Haemoglobinometers. *Würzburg 1897: Berlinger.* (34 S.) 8°
Würzburg, Med. Diss. v. 1897

Fabian, Samuel (geb. Tuchel 25. 3. 1850): Zur Casuistik der Bleilähmungen. Berlin (1879). (39 S.) 8°
Berlin, Med. Diss. v. 26. Juni 1879

Fabian, Theodor, Referendar: Abgrenzung von untauglichem Versuch und Putativdelikt, und Erörterung ihrer Strafbarkeit. Breslau: Schletter 1905. (49 S.) 8°
Greifswald, Jur. Fak., Ref. Weismann, Diss. v. 31. Aug. 1905
[Geb. 29. Jan. 84 Heiligenbeil, Ostpr.; Wohnort: Fischhausen, Ostpr.; Staatsangeh.: Preußen; Vorbildung: Wilh.-Gymn. Königsberg i. Pr. Reife O. 02; Studium: Genf 1, Berlin 1, Königsberg 4 S.; Rig. 10. Juli 05.]

Abgrenzung von untauglichem Versuch und Putativdelikt, u. Erörterung ihrer Strafbarkeit. Von Dr. jur. Theodor **Fabian.** Breslau: Schletter 1905. (49 S.) 8°
— **Abhandlungen,** Strafrechtliche. Ser. 1. H. 63.

Fabian, Wilh., s.: **Jahresberichte f. neuere deutsche Litteraturgeschichte.**

Fabian, X. Karol., kazania na Niedziele całego roku, na nowo wydane przez X. Jak. Czogalli i X. Eugen. Biernackiego. Na rok I. II. 8. (419 u. 355 S.) Raciborzu 847. (Gleiwitz, Landsberger.) (à n. 1 ʀℬ) n. 2 ʀℬ

Fabian-Sagal, Eugenie, aus Krementschug (Russland): Albert Schaeffle und seine theoretisch-nationalökonomischen Lehren. Gera-R. [1909]. 175 S. 8°.
[9. III. 10.]
Zürich. Univ. Staatswiss. Diss. 1909/10.

Fabian-Sagal, Eugenie. Albert Schaeffle und seine theoretisch-nationalökonomischen Lehren. Diss. Staatsw. Univ. Zürich. 176 S. 8. (Gera-R., A. E. Fischer, [1910].)

Fabian-Sagal, Eugenie, Albert Schaeffle u. seine theoretisch-nationalökonomischen Lehren. Eine nationalökonom. Studie. (175 S.) 8. Berlin 910. Puttkammer & Mühlbrecht. 3.30; geb. 4. 20

Fabiani, Fabia, la princesse Bulbulis. Conte. 2 vols. Naumburg 862. Pätz. 16. (301 S.) 20 ngr.

Fabiani, Guido, Fröschleins Abenteuer Aus d. Ital. f. d. deutsche Jugend übers. v. Josef Mager. 8. (IV, 82 S. m. 8 Farbdr.) München 897. M. Kellerer. Kart. n. 1. 80

v. Fabiani, Ign., Grundzüge d. christl. Sittenlehre. gr. 8. Wien 789. Schaumburg. 16 ℊℊ

Fabiani, Max, Erläutergs.-Bericht z. Entwurfe e. General-Regulirungs-Planes d. Stadt Laibach. 8. (12 S. m. 1 Plan.) Wien 895. (Laibach, M. Fischer.) Kart. n.n. — 85

Fabiani, Max, Erläuterungs-Bericht zum General-Regulirungs-Plane der Stadt Bielitz. gr. 8. (41 S. m. 2 Taf. u. 4 Plänen.) Wien 899. (Bielitz, W. Fröhlich.) n. 2. 70

— Vicenza, s.: **Schmidt,** Otto.

Die Arbeit der Frau in den Gemeinschaften. Von P[aul] **Fabianke,** Anstaltsgeistl. in Stettin. *Striegau: R. Urban 1903.* (31 S.) 8° [F.] [illegible]

Fabianke, Paul, s.: **Bibelerklärung,** praktische.

Fabianke, Paul, die **Geschichte** der Sünde. Gedanken üb. den „verlorenen Sohn". (VIII, 107 S.) 8. Konstanz (905). C. Hirsch. Geb. in Leinw. n. 2. —

— **heilig** dem Herrn! Ein Geleitbuch f. meine jungen Freunde. (105 S. m. 1 Titelbild.) 8. Ebd. (904). Geb. in Leinw. m. Goldschn. n. 2. —

— Der Wert der Seele. (121 S.) 16. Stettin 906. (Dresden, H. Schrader.) — 70

Fabian's Thurm. Ein Roman vom Verf. v. „Schmuggler u. Wilderer". Aus dem Engl. übers. von Ernst Susemihl. 3 Bde. 8. (221. 223 u. 224 S.) Leipzig 852, Kollmann. 2 ʀℬ

Fabianus, P. F., (Ant. Bucher,) ein freies Pferderennen, hernach Souper u. Ball ꝛc., eine satyr. Rede. 8. München 782. Fleischmann. 8 ℊℊ

Fabichler, Frz. Xav., vier **Frauen.** Liebes- u. Reiseabenteuer e. Lloydarztes. (V, 193 S.) 8. Dresden (906). E. Pierson. n. 2. 50; geb. n. 3. 50

— das nervöse **Kloster.** Erzählung. 2. Aufl. (IV, 220 S.) 8. Ebd. 905. n. 2. 50; geb. n. 3. 50
1. Aufl. (III, 208 S.) 905. n. 2. 50; geb. n. 3. 50.

— **Künstlerinnengunst.** Roman. (204 S.) 8. Linz (903.) (O.-ö. Buchdruckerei- u. Verlagsgesellschaft.) n. 3. —

Fabini, Friedr., das Heilverfahren in Krankheiten, wo schnelle Hilfe nöthig ist. gr. 8. (30 S.) Hermannstadt 840. (Pesth, Heckenast's Verlag.) **

Fabini, Fr., Pflege gesunder u. kranker Augen. Für Nichtärzte. 8. Pesth 830. Wigand. 9 ℊℊ

Fabini, Fr., Pflege gesunder u. kranker Augen. Für Nichtärzte. 2e Aufl. 8. Leipzig 835. (Pesth, Heckenast.) 3/8 ʀℬ

Fabini Hermann: Kaiser Heinrich IV. in der dramatischen Literatur.
H. 1909 PN 2711 **Diss.** Wien, Univ. 302

Fabini, Jo. Gottlieb

Fabini, J. Gli., doctrina de morbis oculorum. In usum auditorum. 8 maj. Pesth. 824. (Wien, Gerold) 2 ʀℬ 20 A. ibid. 831. Wigand. 2 ʀℬ 4 ℊℊ

Fabini, Jo. Theoph., Doctrina de morbis oculorum. In us. auditor., Edit. II., denuo elaborata. 8 maj. (23¼ B.) Pestini 831, [Lipsiae,] O. Wigand.

— de praecipuis corneae morbis. Prolusio academ. 8 maj. Budae 830. (Wien, Gerold). 8 ℊℊ

Fabini, Joh., Recht u. Brauch der evangel. Landeskirche A. B. in Siebenbürgen. Mit Rücksicht auf die prakt. Bedürfnisse d. Pfarrers zusammengestellt. gr. 8. (VI, 141 S.) Hermannstadt 882. Michaelis. geb. n. 4. —

Fabini: Der Weinbau in Siebenbürgen. I. 46 S. II. 40 S. —Mediasch, Progr. 1856, 1860

Fabini, Johann: Der Weinbau in Siebenbürgen. [Nebst] Schluß. Hermannstadt: Steinhaußen 1859-60. Mediasch, Ev. Gymnasium, Progr. 1858/59 u. 1859/60.

FABINI, Theofil (Großschenk/Siebenbürgen): Ueber die Aehnlichkeit zwischen Cholera & Wechselfieber.- München: Weiss 1866. 35 S.
1.8.1866 - Urk (Titel: De similitudine inter choleram asiaticam et febrem intermittentem.); F 71
Diss. Ingolst.-Landsh.-Mchn.

FABINYI, R.
Das neue chemische Institut der königlichen ungarischen Franz Joseph Universität zu Klausenburg. Budapest, 1882.

Fabiola, Religiöses Schausp. n. Wisemans gleichnam. Roman bearb. v. M. L. v. B. 8. (60 S.) Mainz 896. F. Kirchheim. n. — 60

Fabiola's Schwestern, die christlichen Heldinnen. Ein Seitenstück zu Wiseman's Fabiola, oder die Kirche der Katakomben. Nach d. Französ. deutsch bearb. Regensburg 865. Manz. 8. (VIII, 405 S.) 27 ngr.

Fabiola's Schwestern, die christlichen Heldinnen. Ein Seitenstück zu Wiseman's Fabiola, od. die Kirche der Katakomben. Nach den Franz. deutsch bearb. 2. sehr verb. Aufl. Mit e. Stahlst. 8. (VIII, 405 S.) Regensburg 874. Manz. 2. 70

Fabiolas Schwestern, d. christl. Heldinnen. Ein Seitenstück z. Wisemans Fabiola od. d. Kirche d. Katakomben. Nach d. Franz. deutsch bearb. 3., durchges., reich ill. Aufl. 8. (VIII, 358 S. m. 1 Stahlst.) Regensburg 897. Nationale Verlagsanstalt. n 2. 70; geb. n. 3. 70

Fabiolas Schwestern, die christlichen Heldinnen. Ein Seitenstück zu Wisemans Fabiola od. die Kirche der Katakomben. Nach dem Franz. deutsch bearb. 4. Aufl. Mit 1 Titelbild u. vielen Textbildern. 8. (VIII, 458 S.) Regensburg 901. Verlagsanstalt vorm. G. J. Manz. n. 2. 70; geb. in Leinw. n. 3. 70

Fabiolas Schwestern, die christl. Heldinnen. Ein Seitenstück zu Wisemans Fabiola od. Die Kirche der Katakomben. Nach dem Franz. deutsch bearb. 6. Aufl. (VIII, 358 S. m. Abbildgn. u. Titelbild.) 8. Regensburg 910. Verlagsanstalt vorm. G. J. Manz. 2.70; geb. in Leinw. 3. 70

Fabisch, Heinr., „Gesänge der Andacht". Deutsche Lieder f. Synagoge u. Schule. Lex.-8. (42 S.) Frankfurt a/M. 901. J. Kauffmann. n. 1. 50

Fabisch, Jos., Leitfaden für die Vorträge über Elementar-Mathematik in den Schulen der königl. Lomb. Ven. adeligen Leibgarde. Auf Befehl des hohen Garde-Commando. Unter der Leitung des Unter-Lieuten. Obersten Ritter v. Virago. 2 Thle. 1. Bd. Arithmetik und niedere Algebra. 2. Bd. Anwendende Geometrie. gr. 8. (Mit 12 lith. Taf.) Wien 842, 43. (Beck.) n. $2^1/_4$ ₰

Fabisz, P. U., Der Schneidemühler Glaubensheld. Einige kurze Erzählungen fürs Volk. Posen, Stefanski, 1845, gr. 8°, 40 Pf.

Fabisz, X. Pawł. Władysł., krótka wiadomość o kardynalskiéj Godności io kardynałach Gnieźnieńskich. Gnesen 868. Lange. 8. (87 S. u. 1 Tab. in Fol.) 15 ngr.

Fabius und Kato, ein Stück der römischen Geschichte. Bern u. Göttingen 1774. V: *Haller, Albrecht von.* (JL) (ML) (BrMm)

Fabius u. Cato, von A. v. Haller. 8. Götting. Vandenhök. (a. Haller in Bern.) 774.

— et Caton, par Alb. de Haller, trad. de l'allem. 8. Lausanne, Pott. 782.

Der deutsche Fabius Cunctator, oder Leben und Thaten des Herrn Leop. Jos. Maria, Reichsgrafen v. Daun, nebst allen Feldzügen, welchen dieser grosse Kriegsheld beygewohnt. 8. s. l. 1759.

Fabius u. Marcellus, od. Treue der Freundschaft bis zum Tode. 8. Lübben 806. Gotsch. 16 ₰

— u. Marcellus, d. Treue d. Freundschaft bis in den Tod. Eine Familiengesch. 8. Lübben, Gotsch, 806.

Fabius, Marcus, Sohn des R. Fabius Maximus. Schauspiel. Amberg 1768. V: *Bellosier, Raim.* (Jes)

Fabius, Dr. ..., s. Nachrichten u. Betrachtt. über d. ungar. General-Synode.

FABIUS (AURELIUS IGNATIUS FESSLER): Nachrichten und Betrachtungen über die ungarische Nationalsynode im Jahre 1822. Sulzbach 1822: J. E. v. Seidel's Buchhandlung. XVI, 198 S. - 240 mm

Fabius, Nachrichten u. Betrachtungen üb. d. ungarische General-Synode von 1822. gr. 8. Sulzbach 824, v. Seidel.

Fables amusantes, choisies dans différents auteurs et rédigées par F. Perrin. Mit einem vollständ. Register zur Erklärung der vorkommenden Wörter u. ihrer Bedeutung im Deutschen, nach der Reihenfolge der Fabeln geordnet. 8. Pesth 844, Verlags-Magazin. $^1/_2$ ₰

Fables amusantes, choisies dans différents auteurs et rédigées par F. Perrin. 8. Pesth 844, jetzt Leipzig, C. A. Haendel. $^1/_2$ ₰

Fables choisies, aux R. P. des Billons, mises en vers franç. 8. Francf. Esslinger. 768.

Fables choisies, ouvrage propre à former l'esprit et le coeur de la jeunesse, avec fig. II Part. in 12. Wien 815. Geistinger. (Gerold). 1 ₰ Hbg. Pr. 12 ₰ Schrbp. 16 ₰ Dies., mit deutscher Uebersetzung zur Seite. 2 Thle. 12. Ebd. 815. (Gerold). 2 ₰ Hbg. Pr. 1 ₰ Schrbp. 1 ₰ 4 ₰

— et contes destinés à l'amusement et à l'instruction de petits enfants etc., av. 48 fig. enlum. et noires. 12. Lpz. (Schönian in Elberf.) 21 ₰

Fables et contes destinés à l'amusement et à l'instruction de petits enfants dociles etc. Ist Verlag von Büschler in Elberfeld.

— p. les Dames. gr. 8. Amst. (Esslinger in Fr.) 764.

— d'Esope en belle humeur, par Mouton. 12. Berl., Voss. 1 ₰

— d'Esope, les, avec la traduction polonaise en regard du sens moral en quatrains et des figures. 8. Bresl. ... N. Aufl. 809. W. G. Korn. 2 ₰

— dédiées à Frédéric II. 8. Berl. 777. Rottmann. 6 ₰

Fables, one hundred, with illustrations. A new edition in three languages by J. H. Hedley. — Hundert Fabeln in Wort und Bild. Neue Ausgabe in drei Sprachen, von F. Franke. — Cent Fables illustrées. Nouvelle édition en trois langues, par Ad. Dupuy. gr. Lex.-8. (Mit 100 Bildern.) Leipzig 839. Georg Wigand. n. $3^1/_3$ ₰

— de la Joncheres. 8. Hamb. Perthes et Besser. 812.

— and poems selected from the best poets, for the use of the learners of the english. 8. Altona 807. Hammerich. 16 ₰

Fables et poésies diverses par Tumar. 8. Copenh. Bonnier.

— choisies, quarante. 8. Berl. Schöne. 788.

— Russes tirées du recueil de M. Krylof, et imitées en vers français par divers auteurs; précédées d'une introduction. Publiées par J. B. Einerling. Ornées de 4 gravures. 8. St. Petersbourg 845. (Leipzig, Volckmar.) n. 2 ₰

— selected from Aesop, Phaedrus and others, with instructive applications by S. Croxall. 12. Wien 802. Sammer. 22 ₰

— en vers et en prose p. les Allemands et les Français. 8. Bern. Soc. Typ.

— vingt, en prose et en vers, tirées de l'Allemand et Franç., av. fig. 8. Winterth. 781. Steiner. 1 ₰ 8 ₰

Fabliaux, zwei, aus einer Neuenburger Handschrift herausg. v. Adelb. Keller. gr. 8. Stuttg. 840. Ebner u. Seubert. $^3/_8$ ₰

Fablier du premier âge, av. fig. 12. Bern. Soc. Typ.

Fablier, le, classique de la jeunesse. Choix de fables de la Fontaine, de Florian et d'auteurs divers. 8. (IV, 180 S.) Bremen 884. Heinsius. n. 1. —; geb. n. 1. 25

— dasselbe. Supplément contenant des notes explicatives. 8. (VIII, 80 S.) Ebend. 884. n. — 75

le Fablier de l'enfance, de la jeunesse et de l'age mûr. Ou recueil choisi de fables des meilleurs auteurs, savoir: Esope, le Brun, Desbillons etc. et autres, avec le sens moral. Orné de 13 planches coloriées. 16. Leipz. 820. (W. Nauck). 21 gr.

Fablier, le, de l'enfance, de la jeunesse et de l'age mûr. Ou recueil choisi de fables des meilleurs auteurs, savoir. Esope, le Brun, Desbillons etc. et autres, avec le sens moral. Orné de 13 planches coloriées. 16, Leipzig, Sommer. 820.

Fabó, Andr., Skizzen aus der Geschichte des ungarischen Protestantismus. Pest 869. Osterlamm. gr. 8. (VIII, 247 S.) 1 Thlr.

Fabó, Bartholomäus: Haydn in Ungarn. Ein Festbeitr. zu s. Zentenarfeier. Budap. '09. 8 S. 4°

Fabre, Dr...., die Cholera in Paris, oder Leitfaden für prakt. Aerzte zur Erkenntniß u. Behandlung dieser Krankheit. Aus d. Französ. u. mit e. Vorrede begleitet von Jos. Schuler. gr. 12. Manh. 832. (Schwan u. Götz). 12 gr.

Antoine Fabre

Anton Fabre. Untersuchungen über verschiedene Gegenstände der theoretischen und praktischen Arzneywissenschaft. Aus d. Franz. Nebst e. Anh. von Ernst Platner [1744–1818]. Leipzig: Böhmische Buchh. 1788. XII,611 S. 8°

Fabre, Ant., Untersuchungen über Gegenstände der Arzneiwissenschaft; aus d. Französ. Mit e. Anh. von Er. Platner. gr. 8. Leipz. 788. (Cnobloch). 1 Thlr. 12 gr.

Fabre, Emile, das goldene Kalb. (Les ventres dorés.) Schauspiel in 5 Aufzügen. Aus dem Franz. v. Steph. Epstein. (120 S.) 8. Berlin (906). Harmonie. n. 2. —; geb. in Leinw. n. 3. —

Fabre, Ferd., Felice, Ländliches Drama in 5 Acten. Nach der „Hospitalière" übers. u. für die deutsche Bühne eingerichtet von A. v. Gilsa. 8. (152 S. m. 4 autogr. S. Musikbeilage u. 2 autogr. Bildern.) Kassel 881. Kay in Comm. n. 2. —

Fabre, Ferd., Abbé Tigrane. Ein clericaler Streber. Autoris. deutsche Ausg. Mit e. neuen Vorwort d. Verf. 8. (IX, 288 S.) Leipzig 876. Mayer. n. 4. 50

— Abbé Tigrane. Ein geistl. Streber. Autoris. deutsche Ausg. Mit einem Vorwort des Verf. 2. (Titel-)Aufl. 8. (XI, 288 S.) Köln (1876) 878. Mayer. n. 4. 50

Fabre, Frz., neue ganz ausführl. französische Sprachlehre, oder sichere und zuverlässige Lehrart, nach welcher der Deutsche die franz. Sprache nicht nur gründl., sondern auch prakt. erlernen u. sich zu gleicher Zeit in seiner Muttersprache ausbilden kann. gr. 8. Augsburg 835. v. Jenisch u. Stage'sche Buchh. 1 1/6 Thlr.

Fabre, J. Antoine. Versuch über die Bauart hydraulischer Maschinen, a. d. Franz. Leipzig 1786. Ü: *Lüdicke, August Friedrich.* (Ky)

Des Herrn *Fabre's* . . . . . . Versuch über die vortheilhafteste Bauart hydraulischer Maschinen und insbesondere der Getraidemühlen. Aus dem Französischen mit Anmerkungen übersetzt, von *A. F. Lüdicke*. . . . . mit einer Vorrede von *Joh. Jak. Ebert*. Leipz. bey Schwickert. gr. 8. 684. m. 6 Kupft. 1786

Fabre, J. H., Bilder aus der Insektenwelt. Autoris. Übersetzg. aus „Souvenirs entomologiques", I—X. série. 1. Reihe. (125 S. m. Abb. u. Bildnis.) Lex. 8. Stuttgart (908). Franckh. 1.75; kart. 2. 25

— Ein Blick ins Käferleben. Autoris. Übersetzg. v. Max Pannwitz. Mit 1 Bild des Verf. u. zahlr. Illustr. nach der Natur. 1. u. 2. Aufl. (1—10. Taus.) (80 S.) 8. Ebd. (910.) 1.—; geb. 1. 80

Fabre, Jos., Jeanne d'Arc libératrice de la France, hrsg. v. H. Bretschneider, s.: Prosateurs modernes.

Fabre, Paul, der Vatikan, s. a. Goyau, Geo.

Fabre, Paul s. Vatican. Der Vatikan. Einsiedeln ... 1898.

Fabre, Petrus Johannes, s. F a b e r, Petrus Johannes

Fabre, (Pierre): Vollständige Abhandlung von der Erkenntniß und Cur der Venerischen Krankheiten. (Traité des maladies vénériennes. Nouvelle édition corrigée. Dt.) Übers. von Karl Franz Schröder. Mit Vorrede und Anmerkungen von Johan Clemens Tode. 563 S., gbd.

Kopenhagen: Rothe 1777

JB 4.634

Fabre d'Eglantine, die Hofmeister; Schspl. in 5 A. für Eltern und Erzieher. Frei übers. v. Christ. v. Kotzebue, geb. von Krusenstern. 8. Leipz. 801. Kummer. 12 gr.

Fabre d'Olivet, der Engel der Versöhnung, s. Erzählungen und Novellen, neue.

Theophrastus Paracelsus, oder Der Arzt. Histor. Roman aus den Zeiten des Mittelalters, nach dem Franz. des Fabre d'Olivet von Ed. Libor. Bd 1—3. Magdeburg: Rubach 1840. 8°

Kl. 4009, TB. 284. Das Original führt den Titel: Un médicin d'autrefois Vol. 1. 2. Paris: Dupont 1839. 8°

Fabretti, Ariodantis, glossarium Italicum in quo omnia vocabula continentur ex Umbricis, Sabinis, Oscis, Volscis, Etruscis caeterisque monumentis quae supersunt collecta et cum interpretationibus variorum explicantur. (In 10 Heften.) Fasc. I. Augustae Taurinorum 858. (München, Franz.) gr. 4. (Sp. 1—160. mit Holzschn. im Text u. 3 lith. Taf.) nn. 1 Thlr. 22½ ngr.

Fabretti, Ariod., glossarium Italicum in quo omnia vocabula continentur ex Umbricis, Sabinis, Oscis, Volscis, Etruscis ceterisque monumentis quae supersunt collecta et cum interpretationibus variorum explicantur. Fasc. II—V. Aug. Taurinorum 860. (München, Franz.) gr. 4. (Sp. 161—768 u. 15 lith. Taf.) Jedes Heft nn. 1 Thlr. 22½ ngr.

Fabretti, A., Dei nomi personali presso i popoli dell'Italia antica. S.-A. 1861. 17 S. 4°. 1.—

Fabretti, Ariodante, palaeographische Studien. Aus dem Ital. übers. gr. 8. (165 S.) Leipzig 877. Teubner. n. 5. —

Fabretti, Sec. suppl. alla raccolta delle antichiss. iscriz. italiche. 8. A. 1878. 48 S. u. 1 Taf. 1.—

Fabri, d. Jüng., s. Gli. Lebr. Fabri.

Fabri, A. M., Vers. geistl. Beredsamkeit. a. d. Franz. gr. 8. Bamb. Göbhardt. 785.

Vgl. Faber, Ant. Mor.

Fabri, Barth., Gebetbuch. 8. Ulm. 731.

— Leben Christi aus den vier Evangelisten. 4. Const. 732.

Fabri, Basilius, s. F a b e r, Basilius

Fabri, C. F., de appellatione, quae vulgo dicitur, citatio in vallem Iosaphat. 4. Tüb. 730.

Fabri, Carl, s. Fabri, Karl

Fabri, Chr., sechs Predigten nach Schrift und Vernunft. 8. Ansb. Doll. 785.

Fabri, D. G. W., Abschiedspred., gehalt. in d. Salvatorkirche zu Schweinfurt. gr. 8. (1 B.) Baireuth 830, Grau.

—— Antrittspredigt, gehalt. in d. Hauptkirche zu Baireuth. gr. 8. (1 B.) Baireuth 830, Grau.

Fabri Dionysii, s. *Fabricius*, Dion.

Fabri, Ernest, so unser Leben... Rote Lieder. (63 S.) kl. 8. Wien 909. Brüder Suschitzky. 1.—

Fabri, Ernst

Fabri, E., Grundzüge der Civilbaukunst, mit 2 Kpf. gr. 8. Erl. 827. Palm. 1 ℛ 16 ℊ

Fabri, Ernst, die öffentliche Meinung u. die Politik in ihrer Wechselwirkung. gr. 8. (IV u. 116 S.) Erlangen 852, Bläsing. n. ½ ℛ

— der Nothstand unserer Zeit u. seine Hebung. gr. 8. (72 S.) Erlangen 850, Palm. ¼ ℛ *

Fabri, Ernst Friedrich Wilhelm

Fabri, Ernst Frdr. Wilh., Ich und mein Haus, wir wollen dem Herrn dienen. Predigt am Sonntag Septuagesimä den 27. Januar 1861 in der protestantischen Pfarrkirche zu Würzburg gehalten. Würzburg, Kellner. gr. 8. (15 S.) n. 2 ngr.

— Predigt bei der Trauerfeier für Se. Maj. Maximilian II. König von Bayern, gehalten am 19. März 1864 in der protestant. Pfarrkirche zu Würzburg. Ebend. gr. 8. (12 S.) n. 2 ngr.

Fabri, Ernst Friedr. Wilh., Predigt bei der Trauerfeier für J. Maj. die Königin Mutter Therese gehalten am 7. Novbr. rc. 1854 zu Würzburg. Würzburg, Kellner. gr. 8. (13 S.) n. 2 ngr.

Fabri, Er. Fr. Wlh., Rede am Tage kirchlicher Trauer um Ihre Majestät, die verwittw. Königin Karoline von Bayern. gr. 8. Würzburg 842, Voigt u. Mocker. 1/12 ℛ

Fabri, E. F. W., der Ruf des Evangeliums an uns in e. sturmbewegten Zeit: Haltet an am Gebet! Predigt am Reformationsfeste 1839 in der protest. Kirche zu Würzburg. 8. Würzburg 840. (Voigt u. Mocker.) n. 1/8 ℛ

Fabri, Ernst Wilhelm

Emendantur ex Livii libro vicesimo sexto loci circiter centum a Dr. Ern. Guil. Fabri, G. P. — 1842. Ibid. — S. 1—20.
Progr. Nürnberg.

Fabri, Ern. Wlh., Emendationes Livianae. 4 maj. Norimbergae 842, Fr. Campe. ⅓ ℛ

Fabri, Er. Wlh., s. Livius historiarum.

Die Einladungsschrift zu dieser Feier enthält: Memoria Ioannis Ernesti Fabri, in Academia Erlangensi P. p. o. Scrips. Dr. E. Guil. Fabri, G. P. — 1826. Norimbergae, typ. Fr. Campe. — S. 3—20.
Progr. Nürnberg.

Viro summe reverendo atque egregiis in literas studiosamque juventutem meritis conspicuo D. Joanni Ad. Schaefero etc. semisaecularia muneris scholastici sollemnia pie gratulantur gymnasii Norimbergensis collegae interprete D. Ernesto Guil. Fabri, G. P. — Insunt observationes in aliquot Sallustii locos. — 1828. Ibid. — S. 3—15.
Progr. Nürnberg.

Quaestionum Livianarum decas. Scrips. Dr. Ernest. Guil. Fabri, G. P. — 1831. Ibid. — S. 3—18.
Progr. Nürnberg.

s. Sallustii Opera.

Fabri, Felix, s. Faber, Felix

Fabri, Friedr., Angra Pequena und Südwestafrika, s. **Kolonialbestrebungen, deutsche.**

Fabri, Frdr., bedarf Deutschland der Colonien? Eine politisch-ökonom. Betrachtung. 1. u. 2. Aufl. gr. 8. (VIII, 112 S.) Gotha 879. F. A. Perthes. n. 2.—

—— **Bedarf Deutschland der Colonien? Eine politisch-ökonom. Betrachtung.** 3. Ausg. gr. 8. (VIII, 110 S.) Gotha 884, F. A. Perthes. *

Fabri, (G. K. E.) Friedrich Dr. (pr. Religionslehrer) „Einige Bemerkungen über Armuth und Armenpflege". pg. 3—20. 4°. Carl Anton Zürn.
Würzburg, Progr. 1850/51

Fabri, Dr. Friedrich, protestantischer Stadt-Vicar zu Würzburg, Die politische Bewegung in Deutschland und die Geistlichkeit. Ein Sendschreiben an Herrn Dr. Eisenmann. Würzburg, L. Stahel, 1848. 31 S. 8°.

Fabri, (G. K. E.) Friedr., Briefe gegen den Materialismus. Stuttgart 856. S. G. Liesching. 8. (XV, 215 S.) 1 ℛ

Fabri, Frdr., Briefe gegen den Materialismus. 2., mit zwei Abhandlungen über den Ursprung und das Alter des Menschengeschlechtes verm. Aufl. Stuttgart 864. S. G. Liesching. gr. 8. (XV, 316 S.) 1 ℛ 12 ngr.

Fabri, Frdr., kirchenpolitisches Credo. In e. Worte der Abwehr an den Verf. der Schrift: „Moderne Kirchenbaupläne." gr. 8. (III, 68 S.) Gotha 872. F. A. Perthes. n. 1.—

— die Entstehung des Heidenthums und die Aufgabe der Heidenmission. Nebst zwei Beilagen: Ueber den Ursprung der Sprache und Ueber den christlichen Staat. Barmen 859. Langewiesche. gr. 8. (X, 189 S.) n. 26 ngr.

Fabri, Frdr., die politischen Ereignisse des Sommers 1866. Ein Wort zur Verständigung u. zum Frieden zwischen Nord- u. Süddeutschland. Barmen 866. Langewiesche. gr. 16. (VII, 152 S.) 15 ngr.

—— **die Erweckungen auf deutschem Boden. Eine Darstellung und Beleuchtung der Erweckungen im elberfelder Waisenhause und der daran sich knüpfenden Vorkommnisse.** 8. (72 S.) Barmen 861, Langewiesche's Verlagsh.

—— **die neuesten Erweckungen in America, Irland und anderen Ländern.** gr. 12. (62 S.) Barmen 860, Langewiesche's Verlagsh.

— kirchenpolitische Fragen der Gegenwart. 3. Ausg. Gotha 867. F. A. Perthes. gr. 8. (V, 192 S.) n. 20 ngr.

—— **Gedanken zur bevorstehenden Generalsynode.** gr. 8. (24 S.) Gotha 874, F. A. Perthes. *
Aus: Deutsche Blätter, besonders abgedruckt.

— nach der General-Synode. Betrachtungen üb. die Lage der evangelischen Landeskirche in Preußen in Briefen an e. Freund in England. 2. unveränd. Aufl. gr. 8. (116 S.) Ebend. 876. n. 2.—

Fabri, (G. K. E.) Frdr., zum neuen Jahre. Eine Betrachtg. üb. Epheser 3, 14—19 nebst Bemerkgn. üb. die Orforder Beweg. [Aus: „Berichte der rhein. Missions-Gesellschaft."] 3. Abdr. gr. 8. (31 S.) Barmen 875. Wiemann. — 30

Fabri, Friedr. Fünf Jahre deutscher Kolonialpolitik. Rück- u. Ausblicke. gr. 8. (XV, 153 S.) Gotha 889, F. A. Perthes. * 2 60

— über Kirchenzucht im Sinne und Geiste des Evangeliums. Eine Synodalfrage im Zusammenhange kirchlicher Zeitfragen beantwortet. Stuttgart 854. J. F. Steinkopf. 8. (99 S.) 12 ngr.

Fabri, Frdr., im Lenze d. Liebe. Briefe a. d. Nachlasse. M. e. Geleitwort v. Emil Frommel. 8. (VIII, 204 S.) Berlin 895. Besser. n. 2.—; geb. n. 3.—

Fabri, Friedrich

Im Lenz der Liebe. Briefe aus dem Nachlasse. Mit einem Geleitwort von Emil Frommel.
Berlin: Hertz 1895. VIII.204 S. 8°

—— s. Mission, die rheinische.

— die materiellen Nothstände der protestant. Kirche Bayerns u. deren mögliche Abhülfe. Eine Denkschrift. gr. 8. (52 S.) Nürnberg 848, Raw. 6 ngr.

— ein dunkler Punkt. Beleuchtet in einem offenen Briefe. gr. 8. (44 S.) Ebend. 880. n. — 80

—— kirchenpolitische Schriften. Neue Ausg. in einem Sammelbande. gr. 8. (418 S.) Gotha 874, F. A. Perthes. *

—— der sensus communis, das Organ der Offenbarung Gottes in allen Menschen. Eine bibl.-psycholog. Betrachtung zur Beleuchtung der Stellung d. Christen zur Welt. 12. (VIII und 78 S.) Barmen 861, Langewiesche's Verlagsh.

—— Staat und Kirche. Betrachtungen zur Lage Deutschlands in der Gegenwart. 1.—3. Abdr. gr. 8. (VIII, 158 S.) Gotha 872, F. A. Perthes. *

—— die Stellung der Christen zur Politik. Eine religiös-polit. Betrachtung. 12. (102 S.) Barmen 863, Langewiesche's Verlag. *

— die Unions- u. Verfassungsfrage. Ein Wort zur Abwehr u. Verständigung. Zugleich zur Fortsetzung u. Ergänzung der Schrift: Die politische Lage u. die Zukunft der evangel. Kirche in Deutschland rc. Gotha 867. F. A. Perthes. gr. 8. (79 S.) n. 10 ngr.

— der deutsch-englische Vertrag. Rede, auf der am 1. Juli 1890 zu Köln veranstalteten Volksversammlung m. Wißmann-Feier geh. gr. 8. (29 S.) Köln 890. Du Mont-Schauberg. n. — 80

Fabri, Friedr., Wie weiter? Kirchenpolitische Betrachtungen zum Ende des Kulturkampfes. gr. 8. (VIII, 112 S.) Gotha 887, F. A. Perthes. *

- die Wohnungsnoth der Arbeiter in Fabrikstädten und deren Abhilfe. Mit besonderer Beziehung auf die Verhältnisse des Wupperthales. Elberfeld 862. Bädeker. 8. (71 S.) 7½ ngr.

— Zeit u. Ewigkeit. Eine Betrachtung aus dem Gebiete religiöser Spekulation. Barmen 865. Langewiesche. 12. (VI, 126 S.) 12 ngr.

Fabri, G., considerationes rei scholast. 8. maj. Viennae, Trattner. 773.

Fabri, Gottlieb Leberecht

— Eusemon; ein Gedicht in 3 Gesängen. 8. Halle 780.

— Gedichte (unter d. T.: Fabri d. Jüng., Gedichte). 8. Bresl. 780. Gosohorsky. 12 gr.

Fabri, d. Jüng., Gedichte. 8. Bresl. Meyer. 780.

— Palämon; ein Gedicht. 8. Halle 778.

Fabri, Gli. Lebr., Piramus u. Thisbe; e. Melodrama. 8. Bresl. 780.

Fabri, Gottlieb Leberecht (Übers.u.Comm.):

s.: Stoll, Maximilian: Heilungsmethode in dem praktischen Krankenhause zu Wien. (Ratio medendi in nosocomio practico Vindobonensi. Dt.) 2.verbess.Aufl. Th.1 - 3. Breßlau u.Hirschberg: 1787 - 1789

JB 6.562

Fabri, Gottl. Lebr., Tentamen pathol. de catalepsi. 96 pp. Hal. 4°. 1786

Fabri, Gttl. Lebr., Tractatus pathologicus de catalepsi. 96 pp. Hal. 8°.
Stoll, Max., Heilungsmethode. 7 V. 8°. Bresl. 1789—98. A. D. B. L. p. 175. Comm. Lps. XXV, 709.

1780

Fabri, Gtl. Lebr., († d. 9. Febr. 1814.) tractatus pathologicus de catalepsi. 8 maj. Halle 786. Gebauer. 9 gr.

Fabri, Heinz, Gedichte. 12. (IV, 59 S.) Berlin 886. Scheller. cart. m. Goldschn. n. 1. 80

Fabri, Honorati, Euphiander, seu vir ingeniosus. Opusculum omnibus ad eruditionem aspirantibus perutile. 8. Ofen 763. Universit.-B. 20 gr.

Fabri, Honorati, flamma amoris quotidiana 8. P. Augustini. 12. Augsb. Wolf. 726.

Fabri, L. A., Decas decadum plagiariorum et pseudonimorum etc. 4. Lips. Gleditsch. 789.

Fabri, J. D., Zions Buß- u. Wächterstimme. 4. Frankfurt, 753.

Fabri, Johannes: Epicedion ... [Trauergedicht auf Friederike Albertine von Clausenheim, † 10. Dez. 1730, beigesetzt am 21. Dez. 1730.] — Kilonii 1730: Lüder. 4 Bl. 4°

Fabri, Joannes: Epicedium ... [Trauergedicht auf Heinrich Christian Stryk, Hofkanzler, † 12. März 1732.] — Kilonii 1732: Bartsch. 2 Bl. 4°

Epicedium Zachariae Wolfio flet Joannes Fabri. Kilonii. [1726.] Fol.

Fabri, Johann Ehregott.
Historisches Tagebuch ... Halle 1784. H: *Fabri, Johann Ernst Ehregott.* (Ky) (MGT)

Fabri, Jh. Ehreg., († d. 4. Juny 1780.) histor. Tagebuch, nebst e. kurzen Erzähl. d. darin angeführten Begebenheiten, herausg. (v. Jh. Er. E. Fabri). 4. Halle 784. (Hahn in Hannov.) 15 gr.

Fabri, Johann Ernst (Ehregott)

— Abriß der natürlichen Erdkunde. 8. Leipzig, Fleischer.

Fabri, Joh. Ernst, Prof. der Philosophie etc. Abriss der natürlichen Erdkunde, insonderheit Geistik in ausführlicher Darstellung für Akademien und Gymnasien. 8. Nürnberg 1800.

— Abriß d. natürl. Erdkunde, insbesondere Geognostik. 8. Nürnb. 800. Bieling. 1 Rthl. 8 gr.

FABRI, Johann Ernst 1755 - 1825
Kurzer Abris der Geographie, entworfen von M. Johann Ernst Fabri ...
Halle: Waisenhaus. 1785. 10, 240 S. 8°.
Bibliothek des Vereins für Orts- und Heimatkunde in der Grafschaft Mark Witten
2. Aufl. Halle: Gebauer, 1786 [Frankfurt-Leipziger Meßkatalog, Michaelismesse 1786, S. 443], 5. Aufl. 1794, 6. Aufl. 1796 [beide Meusel, IX, 321] u. 7. Aufl. 1800 [Ostermesse 1800, S. 48] konnten nicht gefunden werden.

FABRI, Johann Ernst 1755 - 1825
Kurzer Abriß der Geographie, entworfen von Johann Ernst Fabri ...
Dritte durchgehends umgearbeitete Auflage.
Halle: Waisenhaus. 1789. XIV, 202 S. 8°.
Pädagogische Zentralbibliothek Berlin
1. Aufl. 1785, 4. Aufl. 1791,
2. Aufl. 1786 [Frankfurt-Leipziger Meßkatalog, Michaelismesse 1786, S. 443], 5. Aufl. 1794, 6. Aufl. 1796 [beide Meusel, IX, 321] u. 7. Aufl. 1800 [Ostermesse 1800, S. 48] konnten nicht gefunden werden.

FABRI, Johann Ernst 1755 - 1825
Kurzer Abriß der Geographie, entworfen von Johann Ernst Fabri ...
Vierte rechtmäßige, durchgehends verbesserte Auflage.
Halle: Waisenhaus. 1791. VIII, 222 S. 8°.
Universitäts- und Landesbibliothek Halle
1. Aufl. 1785, 3. Aufl. 1789,
2. Aufl. 1786 [Frankfurt-Leipziger Meßkatalog, Michaelismesse 1786, S. 443], 5. Aufl. 1794, 6. Aufl. 1796 [beide Meusel, IX, 321] u. 7. Aufl. 1800 [Ostermesse 1800, S. 48] konnten nicht gefunden werden.
Michaelismesse 1791, S. 230.

Fabri, Joh. Ernst, Prof. Kurzer Abriss der Geographie. 8. Auflage. 8. Halle 1801.

— kurz. Abriß der Geographie, 8. Halle, Waisenh. 809.

— — Anhang zur 12n Auflage des Abrisses. 8. Ebend. 809.

— — desselben 13e Auflage mit Registern. 8. Ebend. 811

Fabri, J. E., kurzer Abriß d. Geographie. 14te verb. Aufl. 8. Halle, Waisenhausbuchh. 812.

— kurzer Abriß d. Geographie für Schulen. 8. Halle 817. Waisenhaus B. 12 gr. 15e A.

— Dasselbe, ganz neu bearbeitet u. bis auf die neueste Zeit berichtigt von Theod. Link. 8. Wien 817. Ant. Doll. 12 gr.

Fabri, Jh. Er.(Ehreg.), († d. 30. Mai 1827.) Beitrr. zur Geographie, Geschichte u. Staatenkunde. 6 Stücke. Mit 1 Karte u. 1 Kpf. gr. 8. Nürnb. 793—96. Schneider u. W. 3 ₰

— Elementargeographie. 4 Thle. gr. 8. Halle 780—90. 2e Aufl. ... 3e Aufl. 794—803. Gebauer. 5 ₰ 12 gr (Bilden auch: Schütz, Elementarwerk, 2r u. 9r Thl., 1r—3r Bd.)

— Encyklopädie d. histor. Hauptwissenschaften u. deren Hülfsdoctrinen. gr. 8. Erlang. 808. Palm. 2 ₰

Fabri,Johann Ernst, s. F a b r i, Johann Ehregott: Tagebuch.

— Geographie f. alle Stände. 1r Thl., in 5 Bden. gr. 8. Leipz. 786—808. Schwickert. 16 ₰ 4 gr

— Handbuch d. neuesten Geographie. 1e, 2e Abtheil. gr. 8. Halle 784, 85. 2e Aufl. 787. 3e A. 790. 4e A. 793. 5e A. 795. 6e A. 797. 7e A. ... 8e A. ... 9e A. 806. 10e A. 819. Schwetschke u. S. 1 ₰ 12 gr Anhang. 8. Ebd. 808. 4 gr

FABRI, Johann Ernst 1755 - 1825
J. E. Fabri ... Handbuch der neuesten Geographie für Akademien und Gymnasien.
Erste [- Zweite und lezte] Abtheilung.
Halle: Hemmerde. 1784 [- 1785]. 8°.
Universitäts- und Landesbibliothek Halle
2. Aufl. 1787, 3. Aufl. 1790, 4. Aufl. 1793, 5. Aufl. 1795, 6. Aufl. 1797, 7. Aufl. 1800,

FABRI, Johann Ernst 1755 - 1825
Handbuch der neuesten Geographie von allen fünf Erdtheilen, für Akademien und Gymnasien. Nebst einer Einleitung in die mathematische und physikalische Erdbeschreibung und vollständigem Register.
Zweite umgearbeitete Auflage.
Halle: Hemmerde. 1787. XX, 532 S. 8°.
Landes- und Stadtbibliothek Düsseldorf
1. Aufl. 1784-1785, 3. Aufl. 1790, 4. Aufl. 1793, 5. Aufl. 1795, 6. Aufl. 1797, 7. Aufl. 1800.

FABRI, Johann Ernst 1755 - 1825
Handbuch der neuesten Geographie für Akademien und Gymnasien. Nebst einer Einleitung in die mathematische und physikalische Erdbeschreibung und einem vollständigen Register.
Dritte verbesserte Auflage.
Halle: Hemmerde und Schwetschke. 1790. XXVII, 520 S. 8°.
Universitätsbibliothek Heidelberg
1. Aufl. 1784-85, 2. Aufl. 1787, 4. Aufl. 1793, 5. Aufl. 1795, 6. Aufl. 1797, 7. Aufl. 1800.

FABRI, Johann Ernst 1755 - 1825
Handbuch der neuesten Geographie für Akademien und Gymnasien. Nebst einer Einleitung in die mathematische und physikalische Erdbeschreibung, und einem vollständigen Register.
Vierte verbesserte Auflage.
Halle: Hemmerde und Schwetschke. 1793. 14, 554 S. 8°.
Stadtbibliothek Trier
1. Aufl. 1784-85, 2. Aufl. 1787, 3. Aufl. 1790, 5. Aufl. 1795, 6. Aufl. 1797, 7. Aufl. 1800.

FABRI, Johann Ernst 1755 - 1825
Handbuch der neuesten Geographie für Akademien und Gymnasien. Nebst einer Einleitung in die mathematische und physikalische Erdbeschreibung, und einem vollständigen Register.
Fünfte verbesserte Auflage.
Halle: Hemmerde und Schwetschke. 1795. 14, 583 S. 8°.
Staats- und Stadtbibliothek Augsburg
1. Aufl. 1784-1785, 2. Aufl. 1787, 3. Aufl. 1790, 4. Aufl. 1793, 6. Aufl. 1797, 7. Aufl. 1800.

FABRI, Johann Ernst 1755 - 1825
M. J. E. Fabri ... Handbuch der neuesten Geographie für Akademien und Gymnasien. Nebst einer Einleitung in die mathematische und physikalische Erdbeschreibung, und einem vollständigen Register.
Sechste verbesserte Auflage.
Halle: Hemmerde und Schwetschke. 1797. 14, 583 S. 8°.
Universitätsbibliothek Leipzig
1. Aufl. 1784-85, 2. Aufl. 1787, 3. Aufl. 1790, 4. Aufl. 1793, 5. Aufl. 1795, 7. Aufl. 1800.

FABRI, Johann Ernst 1755 - 1825
M. J. E. Fabri ... Handbuch der neuesten Geographie für Akademien und Gymnasien. Nebst einer Einleitung in die mathematische und physikalische Erdbeschreibung, und einem vollständigen Register.
Siebente, verbesserte und vermehrte Auflage.
Halle: Hemmerde und Schwetschke. 1800. 16, 730 S. 8°.
Herzog-August-Bibliothek Wolfenbüttel
1. Aufl. 1784-1785, 2. Aufl. 1787, 3. Aufl. 1790, 4. Aufl. 1793, 5. Aufl. 1795, 6. Aufl. 1797
Frankfurt-Leipziger Messkatalog, Ostermesse 1800, S. 47.

Fabri, M. J. E., Professor in Erlang etc. Handbuch der neuesten Geographie, für Akademien, Gymnasien, und jeden Liebhaber dieser Wissenschaft. Nebst einer Einleitung in die mathematische und physikalische Erdbeschreibung und einem vollständigen Register. 8. verbesserte und vermehrte Auflage. 8. Halle und Wien 1801.

Fabri, J. E, Prof. Handbuch der neuesten Geographie für Akademien, Gymnasien und für einzelne Freunde dieser Wissenschaft. Nebst einer Einleitung in die mathematische und physikalische Erdbeschreibung und mit einem vollständigen Register. 9. Auflage. (2 Bde.) 8. Wien 1805.

— — Handbuch der neuesten Geographie. 2 Thle. 10te Aufl. gr. 8. Halle, Hemmerde und S. 819.

Fabri, Johann Ernst, s. H a r t s i n k, J.J.: Beschreib.

— histor.-geograph. Journal. s. Journal.

— histor. geogr. Journal. 2 Stück. 8. Jena, Acad. Buchh. 790.

— geograph. Lesebuch zum Nutzen u. Vergnügen. 7 Bdchn., mit ill. Kpf. 8. Halle 782—87. Gebauer. 5 ₰ 3 gr

FABRI, Johann Ernst 1755 - 1825
Neues geographisches Lesebuch zum Nutzen und Vergnügen, von J. E. Fabri ..
Erstes Bändchen.
Leipzig: Reinicke. 1791. X, 226 S. 8°.
Universitätsbibliothek Mainz
Mehr nicht erschienen.
In Fabris vorausgehendem Geographischen Lesebuch, 7 Bde., 1782-1787 [Universitätsbibliothek Marburg] findet sich kein Hinweis auf Amerika.
Frankfurt-Leipziger Meßkatalog, Michaelismesse 1791, S. 230.

— Magazin f. d. Geographie, Staatenkunde u. Geschichte. 3 Bde. gr. 8. Nürnb. 797. Bauer u. M. 3 ₰

Magazin, Geographisches. Theil 1—4. Dessau und Leipzig 1783—84. 8. — Neues geographisches Magazin. Herausgegeben von J. E. Fabri. Theil 1—3. Halle 1785—86. 8.

— geograph. Magazin. 14 Stücke od. 4 Bde. 8. Dessau 783—85. Gelehrten B. (Barth in Leipz.) 4 ₰ 16 gr

— neues geograph. Magazin. 12 Stcke, in 4 Bden. gr. 8. Halle 785—89. Waisenhaus B. 4 ₰ 12 gr.

Fabri, Jh. Er.(Ehreg.), Monatsschrift, s. K. Hammerdörfer.

— Monatsschrift. s. hist. Monatsschrift.

— histor.-polit.-statistische Nachrr. für alle Stände, auf 1787. Jena u. Leipz., Beer. 4 ₰

FABRI, Johann Ernst 1755 - 1825
Samlung von Stadt- Land- und Reisebeschreibungen, herausgegeben von J. E. Fabri.
Mit Kupfern und Karten.
[Erster - Zweiter Band]
Halle: Gebauer. 1783 [- 1786]. 8°.
Universitätsbibliothek Marburg
Darin u. a. enthalten:
BOSSU, Jean Bernard: Neue Reise nach Nordamerika [Übers. d. Ausg. Amsterdam 1777; in Bd. 2, S. 99-262].
Separate Ausg. 1771-1774 u. 1776-1774,
Jean Bernard Bossu, 1720-1792

Fabri, Johann Ernst, s. S t u c k, H.G.: Verzeichniß.

Fabri, Johann Ernst, s. Z o p f, J.H.: Universalhistorie, 19. Ausg.

Fabri, Johann Georg, s. F a b e r, Johann Georg

Fabri, Johann Gottlieb, s. F a b e r, Johann Gottlieb

Fabri, Johann Karl Christoph, s. F a b e r, Johann Karl Christoph

Fabri, Karl

Fabri, C., europäische Einwanderung in Brasilien. Colonialpolitische Betrachtgn. zur augenblickl. Lage Brasiliens. gr. 8. (108 S.) Hamburg 894. (J. W. Basedow.) n. 2. —

Fabri, C[arl]: Europäische Einwanderung in Brasilien. Colonialpolitische Betrachtungen zur augenblickl. Lage Brasiliens. — Hbg: Lütcke & Wulff in Comm. 1894. 108 S.

Fabri, C., deutsche Siedelungsarbeit im Staate Santa Catharina, Südbrasilien, in fünfjährigem Werdegange. Kritische Studie. gr. 8. (111 S.) Hamburg 902. Kittler. n. 2.—

Fabri, Paullus: De augusta Budensi bibliotheca commentatio. Lipsiae 1756.

Fabri, Pet., Conciopnum opus tripartitum. V Tomi. 4. Colon.

— de plantis et generat. animal. 4. Nürnb.

Fabri, Salvat., ital. Fechtkunst &c. m. K. Fol. Leipz. 712.

Fabri, Timotheus

Fabri, T., De Mithrae dei solis invicti apud Romanos cultu. Diss. 1883. 120 S. 2.80

— do Mithrae dei solis invicti apud Romanos cultu. gr. 8. (120 S.) Elberfeldae 883. (Göttingen, Vandenhoeck & Ruprecht.) n. 2. 40

Fabri, Timotheus, Kolonien als Bedürfnis unserer nationalen Entwickelung, s. a. Sammlung v. Vorträgen.

Fabri, Timotheus: Kolonieen als Bedürfnis unserer nationalen Entwickelung. (Sammlung von Vorträgen, herausgegeben von W. Frommel und Friedrich Pfaff. Jahrg. 11. Heft 1.) Heidelberg 1884. 26 S. 8°.

Fabri de Fabris, R. (Frau Maria Schmitz), s. a.: Harten, Angelika.

Fabri de Fabris, R. (Frau Maria Schmitz), aus dem Bilderbuch d. Lebens, s.: Aus Vergangenheit u. Gegenwart. 21. Bdchn.

— Die da wandern u. irren. Roman. (412 S.) kl. 8. Ravensburg (907). F. Alber. 3.60; geb. 4. 80

Fabri de Fabris, R. (Frau Marie Schmitz), schlichte Geschichten, s.: Aus Vergangenheit u. Gegenwart. 6r. Bdchn.

— Die Goldmaria, s.: Bücherhalle, die. 6. Bd.

— Von stillen Leuten. Erzählungen. (III, 163 S.) 8. Ravensburg 908. F. Alber. Geb. 3.—; in Leinw. 3. 40

— Lieb u. Leid. Geschichten u. Bilder. 12. (V, 211 S.) Ebd. 898. Geb. in Leinw. m. Goldschn. n. 3. 20

Im Wandel des Lebens. Erzählungen von R. Fabri de Fabris [d. i. Maria Schmitz]. 2. Aufl. Köln a. Rh.: J. P. Bachem [1907]. (236 S.) 8° [J.] [04. 11,07

— von der Wanderstraße. Geschichten u. Bilder. (286 S.) 8. Köln (905). J. P. Bachem. n. 2. 50; geb. n. 3. 50

Fabri de Fabris, R. (Maria Schmitz), was d. Blumen erzählen! Geschichten u. Bilder. 12. (III, 215 S. m. Vign., farb. Titel u. 14 farb. Zwischentiteln.) Köln 895. J. P. Bachem. Geb. in Leinw. m. Goldschn. n. 5. —

Fabrian, H., und G. Lau, Stettiner Schreibschule. 8 Hefte. qu. 4. (160 lithogr. S.) Stettin 880, Wittenhagen. à Heft * 10 Pf. *
Bessere Ausg. à Heft * 15 Pf. *

Vgl. Fabian, H.

Tiberio Fabrianese. 'La Canzon della Gallina'. 'Hat in dem Stall mein Hühnchen'. Vierstimmiges Lied aus 'Di Baldissera Donato il Primo Libro di Canzon' (Venetia, 1551). Deutscher Text von John Bernhoff. Hrsg. von W[illiam] Barclay Squire. (Leipzig: Breitkopf & Härtel [1905].) (13 S.) 4° [Kopf.]
— Madrigale, Ausgewählte, u. mehrstimmige Gesänge berühmter Meister d. 16. u. 17. Jhs. N. F. 28. [07. 13796

Fabricant, e, de Londres. Drame p. M. de Falbaire. 8. Lausanne. Po. 773.

Fabrice, Staatsminister General v. Sein Leben, s. Dittrich, Max.

Fabrice, Christian Erich von

Fabrice, C. E. von, medizinisch-chirurgische Bemerkungen und Erfahrungen. gr. 8. Nürnberg, Riegel und W. 816.

Fabrice, Christian Erich von (Wien), De empyemate mediastini anterioris ejusque curatione ope trepani cum historia ejus morbis feliciter curati. Diss. med. Altdorf (J. P. Meyer) 27. VI. 1796. 46 S. (4.80) 8482
Krankengeschichte d. Friedr. Ludw. Emil Ortstein (Schwerin).

— s. Nachr. von der Anstalt für arme Kranke zu Altdorf.

Fabrice, v. Nachr. v. d. Anstalt f. arme Kranke z. Altdorf 1800—01. Altdorf 1801.

— Nachricht von der Anstalt für arme Kranke zu Altdorf von 1800—1801 &c. gr. 8. Nürnb. Lechner. 802.

— — dies. vom May 1801 bis dah. 1803. gr. 8. Ebend. 803.

— — dies. vom May 1803 bis dah. 1804. gr. 8. Ebend. 805.

v. Fabrice, Chr. Erich, prolusio de cystocele vaginali. 4. Nürnb. 802. (v. Ebner). 3 gl.

Delphi Fabrice. Die rote Spinne. Beichte eines Äther- u. Morphiumsüchtigen. Berlin-Gr.-Lichterfelde-Ost: P. Langenscheidt [1905]. (203 S.) 8°
(Dr. P. Langenscheidt's Bibliothek d. Zeit. 2.) [07. 11917

Fabrice, F. v., das königl. bayerische 6. Infanterie-Regiment Kaiser Wilhelm, König v. Preußen. 1. Thl. 1725—1804, nebst e. Rückblick auf die pfälz. Heeresgeschichte. Im Auftrage d. Regiments auf Grund archival. Forschgn. verf. gr. 8. (XXII, 526 u. Anlagen 166 S.) München 886. (Oldenbourg.) n. 10. —

Fabrice, F. v., d. kgl. bayer. 6. Infant.-Reg. Kaiser Wilhelm, König v. Preußen. II. Tl. 1805—1835. I. Auftr. d. Reg. auf Gr. archival. Forschgn. verf. gr. 8. (XXII, 700 u. 158 S. m. 4 eingedr. Skizzen u. 2 Plänen.) München 896. (R. Oldenbourg.) n. 12. —;
(I. u. II.: n. 22. —)

Fabrice, F. E. Baron de. Anecdotes du séjour du roi de Suède à Bender. Hamburg 1761. 8°.

v. Fabrice. Aufenthalt des Königs Carl XII. in der Türkey. Hamburg 1761.

v. Fabrice, H., Gedichte. gr. 8. Altb. 831. (Leipz., Liebeskind). 16 gl.

v. Fabrice, Heinr., die Lehre von der Kindsabtreibung u. vom Kindsmord. Gerichtsaerztliche Studien. Erlangen 868. Enke. Lex.-8. (X, 431 S.) n. 2 Thl. 12 ngr.

Fabrice, Heinr. v., die Lehre v. der Kindsabtreibung u. vom Kindesmord. Gerichtsärztl. Studien. 2., neubearb. Aufl. v. A. Weber. (VIII, 320 S.) gr. 8. Berlin 905. H. Barsdorf. n. 7. 50; geb. in Leinw. n. 9. —

— Justus Ludwig von (Lauenburg), De officiis academiarum Germaniae in Caesarem et imperium. Präs. Gottlieb Sam. Treuer. Götting. (Hager) 5. IV. 1735. 76 S., z. Tl. dtsch. (6.50) 8483
Gew.: Gerlach Adolph v. Münchhausen. — Widm. v.: Jo. Carl von der Lith, D. Smidt, Casp. Heinr. Praetorius, Fr. Lud. v. Trampe (dtsch.), J. H. Deichmann (Bardowick/Lünebg.).

Fabrice, G. v., die hl. Passion u. die Frau. 8. (20 S.) Kassel (901). E. Röttger. n. —40

Fabrich, L. Dr. Michael Bach. Ein Gedächtnisblatt auf das Grab d. unvergeßl. Lehrers u. Naturforschers. 12. (63 S. m. 1 Bildnis.) Boppard 892, Richter. * — 60

Fabricio, Adan, les historiadores espanoles en pruebas escogidas. Leipsick 858. B. Tauchnitz. 8. (VIII, 227 S.) $22^{1}/_{2}$ ngr

Fabricio, A., los historiadores españoles, s. Historiadores.

Memoria Fabriciana reverend. ac venerab. viro Joanni Fabricio, seren. ducis Brunsvicensis ac Luneburg. consil. eccles., Regiae Luterae abbati et prof. theol. in incl. Julia primario cantata a I. W. P. S. T. D. 1706 excusa 1729. 39 S. (5.—) 8493

Venerando praesuli et meritorum non minus quam annorum gloria generisque antiquitate inclito Joanni Fabricio, doctori theologo cel. seren. Brunsvicens. et Luneburg. ducis a consiliis rerum sacrarum, abbati Regiae Luterae . . die 29. I. 1729 placide defuncto justa funebria sacro solemnique ritu maesti faciunt academiae Juliae prorector et senatus. Helmstedt (P. D. Schnorr) 6. II. 1729. 38 S. mit genealog. Biogr. u. Schriftenverzeichnis. (8.—) 8494

Fabricius, die Annexion Bosniens in der Herzegowina, s.a. Zeit- u. Lebensfragen.

Die Annexion Bosniens und der Herzegowina. In Einzeldarstellungen geboten von Fabricius. Bozen: Tyrolia 1908. 64 S. 8°
(Zeit- u. Lebensfragen. II. 2.) [II. 38] 7

Fabricius, ..., juristische Beobachtungen, 1s Hft. 8. Marb. 801. Krieger. 4 gr

Fabricius, Diss. de paralysi musculorum capitis extensorum. Lps. 4°. *Haller*, Coll. disp. pr. I n. 8.
1754

Fabricius. Erfahrungen aus dem Kriege von 1866 über die Organisation der freiwilligen Hülfsthätigkeit und die Genfer Übereinkunft von 1864. Darmstadt 1867. 8°.

Fabricius (Schmitz, Herm. Jos.), Gattin und Mutter im Heidentum, Judentum und Christentum. Bonn, Hauptmann, 1883, 8°, 61 S., 60 Pf.

Fabricius, Geschichte des 4. Thüringischen Infanterie-Regiments Nr. 72 in den J. 1860 bis 1878. Mit 5 Karten in Steindr. gr. 8. (X, 767 S.) Berlin 879. Mittler & Sohn. n. 13. —

Fabricius: Der Lutherische Katechismus. Eine didaktische Skizze. 15 S.—Rastenburg, Progr. 1854.

v. Fabricius, A., zur Geschichte des russischen Postwesens. Eine Skizze in Veranlassung des 200jähr. Bestehens desselben. [Abdr. aus der baltischen Monatsschrift.] Riga 865. (Kymmel.) gr. 8. (IV, 64 S.) n. 10 ngr

Fabricius, Aug., Lanisaponiadis quae supersunt cum veteris scholiastae suisque adnotationibus ed. F. gr. 8. (27 S.) Köln 894. P. Neubner. n. — 90

Fabricius, Aug., de M. Lepidi apud C. Sallustium oratione quaestio. gr. 8. (IV u. 77 S.) Mosquae 848. Lipsiae, Steinacker. 1/2 rf

Fabricius, B., das wahre und rare Christenthum auf dem Lande. 8. Magdeb. 738.

Fabricius, B., die Elegien des Albius Tibullus u. einiger Zeitgenossen erklärt. gr. 8. (XII, 149 S.) Berlin 881. Nicolai's Verl. n. 2. 50

— zur Feier der Vermählung des Hrn. Dr. Jul. Petzholdt, Bibliothekar Sr. Königl. Hoheit des Prinzen Johann von Sachsen, mit Fräulein Hermine Reichard, den 21. Septbr. 1844. (Beiträge zur Krtl. u. Kritik des Theokritos.) gr. 8. Ebend. 846. n. 6 ngr

— B. (d. i. Heinrich Dittrich), Ueber die Handschriften der kleinen griechischen Geographen. Eine Abhandlung, d. Professor Carl Justus Blochmann zur Gedächtnissfeier sein. Geburtstages gewidmet. Dresden (Teubner) 19. II. 1845. 36 S. (4.20) 8485

Fabricius, B., über die Handschriften d. kl. griechischen Geographen. Eine Abhandlung dem Hrn. Prof. u. Dr. Blochmann, Direct. d. Blochmannischen Instituts rc., zur Gedächtnißfeier seines Geburtstages als Zeichen seiner Dankbarkeit gewidmet. gr. 8. Dresden 846. (Gottschalck.) n. 8 ngr

Fabricius, B., Lectiones Marcianeae. Gel. 1848. 27 S.

Fabricius, B., Lectiones Scymnianae. Pr. 1844. 20 S.

lectiones Scymnianae. 8 maj. ibid. 846. n. 1/4 rf

—— s. Periplus, der, des Erythräischen Meeres.

-- s. Scymni Chii Periegesis.

Fabricius, C. A., Christi cum Nicodemo colloquium. Gotting. 1825. 4.

Fabricius, C. A., der Confirmanden-Unterr. um des Wohls der Gemeinde willen, eine Sache der Geistlichen. gr. 8. Lübeck 832. Rohden. 4 gr

— s. Revellière-Lepaux, Betrachtt.

Fabricius, C. A., Die Volkszählung im Norddeutschen Bund vom 3. Dec. 1867. Darmstadt 1867. 4. . . . . (D.)

— e. Vorschläge z. Verbess. des Kirchengesanges, mit besond. Beziehung auf die St. Jacobi-Gemeinde zu Lübeck. 8. Lübeck, v. Rohden. 4 gr

Einladung zur Subscription an deutsche Maurerbrüder. [Unterz.:] C. J. Fabricius. [Dat.:] Altona 1850. 2 Bl. 4°
[Kopftit.]
Tt. 205. Betr. Hrsg. e. „Norddtsch. Mrztg.“, die nicht zustande kam. 439.

Fabricius, Cajus, die Entwicklung in Albrecht Ritschls Theologie von 1874 bis 1889 nach den verschiedenen Auflagen seiner Hauptwerke dargestellt u. beurteilt. (VII, 140 S.) Lex. 8. Tübingen 909. J. C. B. Mohr. 4. —

Fabricius, Cajus, Cand. theol.: Theologische Thesen ... zur Erwerbung des Grades eines Lizentiaten der Theologie ... Berlin (1909): G. Schade. 2 Bl. 4°
Berlin, Theol. Thesen v. 14. Jan. 1909, Ref. Kaftan
[Geb. 16. Aug. 84 Graudenz; Wohnort: Graudenz; Staatsangeh.: Preußen; Vorbildung: Gymn. Memel Reife O. 03; Studium: Heidelberg 2, Göttingen 2, Berlin 4 S.] [U 09. 6

Fabricius, Carl, s. Fabricius, Karl

Fabricius, Cecilie, Heinrich der Vielgeliebte oder d. Würde der Protestanten. gr. 8. Helmst. 802. Fleckeisen. 8 gr

Fabricius, Ch. Ad., Ansprache an weltliche u. geistliche Vorgesetzte so wie an die ganze Christen- u. Menschheit in unserer so sehr aufgeregten u. bewegten Zeit, in der wir jetzt leben. Durch allerheiligsten Geistesantrieb getrieben, geschrieben. 8. (8 S.) Mannheim 851. (Worms, Rahke.) 1/12 rf

Fabricius, Ch. Gabriel

Fabricius, C. Gabr., entlarvtes Herrnhut. 4. Wittenb. Zimmermann. 745.

— entdeckte Herrnh. Sectirerey. 8. Ebend. 749.

Fabricius, Ch. G., Entdeckte Herrnhuthische Sectirerey oder gründl. Beweis, dass die Herrnhuthisch-böhmisch-mährischen Brüder keiner Abstammung von den alten redlichen böhmisch-mährischen Brüdern sich rühmen können, sondern eine zusammengelauffene Rotte von allerhand Volk, Nation u. Religion u. also eine besondere Secte sey. Wittenberg u. Zerbst 1749. 8°. (4 Mk. Scheible, 1905.)

Fabricius, Christian

Fabricius, Chrn, die St. Paulus-Innung zu Lübbecke in Westfalen. Ein prakt. Wink zur Lösg. der sozialen Frage, besonders den Geistlichen zur Beherzigg. gewidmet. 8. (59 S.) Paderborn 883. Bonifacius-Druckerei. — 30

— Christoph Carl (Nürnberg), De rostris fori Romani loco concionibus solenni. Diss. philos. Präs. Christian Gottlieb Schwarz. Altdorf (J. G. Meyer) 25. VI. 1745. 48 S. 1 Taf. Abb. (J. S. Leitner sc.) (5.—) 8488
Gew.: Gust. Phil. Moerl, Joh. Adam Tresenreuter, Mor. Hieron. Lochner, Andr. Schaubert, Joh. Conr. Spoerl, Joh. Gg. Maier, Joh. Friedr. Stoy, Joh. Sigism. Moerl, Conr. Schoenleben. — Widm. v.: C. G. Schwarz, Erh. Andr. Frommann (Cob.), Andr. Gottl. Ludwig (Nor.), S. V. Winckler (dtsch.), Christoph Paul Schuster (Nürnberg; deutsch), Leonhard Schenk (Nürnberg; deutsch).

Fabricius, Dav. Island u. Grönland zu Anfang des 17. Jahrh., kurz u. bündig nach wahrhaften Berichten beschrieben. In Orig. u. Uebersetzg. hrsg. u. m. geschichtl. Vorbemerkungen versehen v. Karl Tannen. gr. 8. (47 S.) Bremen 890, Silomon. * 1 50

Fabricius, Dav., warum Christus nach seiner Auferstehung nur seinen Aposteln erschienen. 4. Jena. 758.

Fabricius, Dion., de Pomerania oriundi historia Livonica sive Livoniae descriptio curante Gust. Bergmann. 8. Stanno Ruiensi 792. Edit. II. auct. et emend., u. d. T.: Livonicae historiae compendiosa series, in quatuor digesta partes ab anno 1158 usque ad annum 1610. Cur G. Bergmann. 8. ibid. 795. Meinshausen. 21 gl.

Fabricius, D., Livonicae hist. compend. series; c. Bergmann. 8. Riga, Müller, 795.

— s. G. Oelrichs, dat Rigische Recht.

Fabricius, Eberh.: Repetitiones Gaillii, hoc est Enucleatio controversiarum maxime nobilium, quae in duobus Andr. Gaillii practicorum principis, observationum libris continentur, et pro hodierno statu in imperio ponderantur. Opus denuo ed. cura et studio Jo. Wern. Gericken. Coloniae Agripp. 1712.

— Ed. 2. 1727.

Fabricius, Er. Chr., ex Mich. Jophi seu commentar. R. Sal. Ben Melech in V. T. libri prophet. Jonae. 8 maj. Gött. 792. Dieterich. 5 gl.

— Predigt an e. f. die Wiederherstellung des Herzogs (Ferdinand) gefeierten Dankfeste. 8. Götting. 793. Dieterich. 2 gl.

Fabricius, Ernst

— Bericht üb. die Arbeit der Reichslimeskommission i. J. 1898/99. 12. 18 S. 4°.

Die Besitznahme Badens durch die Römer. Von Ernst **Fabricius**. Mit 1 Karte. Heidelberg: C. Winter 1905. (88 S.) 8° [F.]
— Neujahrsblätter d. Badischen Hist. Kommission. N. F. 8. [05. 68]

Fabricius, Ernst, de architectura graeca commentationes epigraphicae. Adjecta est tabula (lith.). gr. 8. (III, 86 S.) Berlin 881. Weidmann. n. 2. 40

Fabricius, Ernst, die Entstehung d. römischen Limesanlagen in Deutschland. Vortrag, geh. vor der 46. Versammlg. deutscher Philologen u. Schulmänner in Strassburg am 3. X. 1901. gr. 8. (18 S. m. 1 Karte.) Trier 902. J. Lintz. n. — 80

Fabricius, Ernst, und Ludw. Pietsch, Führer durch das Pergamon- und Olympia-Panorama, sowie durch das Kaiser-Diorama der centralafrikan. Erforschungs-Expeditionen. 1. und 2. Aufl. 8. (41 S. mit 6 Illustr. und 1 Plan.) Berlin 886, Berliner Verlags-Comtoir. *

Fabricius, Ernst, u. Ludw. **Pietsch**, Führer durch das Pergamon- u. Olympia-Panorama, sowie durch das Kaiser-Diorama der centralafrikan. Erforschungs-Expeditionen. Mit 6 Illustr. u. 1 Plan. 3. Aufl. 8. (41 S.) Berlin 886. Berliner Verlags-Comtoir. n. — 60

Fabricius, Ernst, d. Inschriften v. Pergamon, s.: Fränkel, Max.

— s.: Limes, d. obergerman.-raetische, d. Römerreiches.

— ein Limesproblem. Lex.-8. (25 S. m. 1 Taf.) Freiburg i/B. 902. F. E. Fehsenfeld. n. 1. —
Sonderabdruck aus: „Festschrift der Universität Freiburg f. Grossh. Friedrich v. Baden".

Fabricius. Ernst: Zur Ortskunde von Karien.
in: Festschrift für Heinrich Kiepert. S. 127—134. Berlin 1898. 8 S. 4°.

Fabricius, E., Rudolf Schöll. (Nachruf.) S.-A. 1893. 15 S. —.60

Fabricius, E., Die Skenothek des Philon, das Zeughaus der attischen Marine in Zea. S.-A. 1882. 44 S. u. 1 Taf. 1.50

Fabricius, E., Theben. Eine Untersuchg. üb. die Topographie u. Geschichte der Hauptstadt Boeotiens. Akademisches Antrittsprogramm. gr. 4. (32 S. m. 1 Taf.) Freiburg i/Br. 890. J. C. B. Mohr. n. 1. 60

— das Kastell Urspring. Unter Mitwirkg. v. Th. Drück, J. Jacobs, F. Leonhard u. P. Wilski. (43 S. m. 5 Taf.) 4. Heidelberg 905. O. Petters. n. 6. 60

— das Kastell Weissenburg. Untersucht v. Wilh. Kohl u. Jul. Tröltsch. Unter Mitwirkg. v. Jul. Tröltsch, Johs. Jacobs u. Walth. Barthel bearb. (59 S. m. Abbildgn. u. 15 Taf.) 4. Ebd. 906. n. 12. —
Sonderabdrucke aus: „Der obergerm.-raet. Limes des Roemerreiches".

Haus Hagen in Köln a. Rh. Von Eugen **Fabricius**, Reg.-Baumeister a. D. 30 Taf. in Lichtdr. mit e. Vorw. d. Architekten u. e. Geleitw. von Prof. Hermann Stiller. Köln a. Rh.: Heiss 1910. 4 Bl., 30 Taf. 2° [11. 5731]

Fabricius, Eug., natürliches Wahlrecht. Wie kann die intellektuelle Macht d. deutschen Bürgertums im Wahlrecht gebührend zum Ausdruck kommen? Mit 3 graphostatist. Taf. (8 S.) Lex.-8. Köln 906. P. Neubner. n. — 80

Fabricius, Eug., natürliches Wahlrecht. Wie kann die intellektuelle Macht des deutschen Bürgertums im Wahlrecht gebührend zum Ausdruck kommen? II. Tl.: Die rechtmäss. Stärke des Centrums. (8 S.) 31×24 cm. Berlin 907. Herm. Walther. — 80

Fabricius, F., die aelteren Siegel der Stadt Stralsund. Aus Syndicus Brandenburg's hinterlassenen Papieren u. nach den Originalien der Archive hrsg. [Aus: „Deutscher Herold".] gr. 8. (20 S. m. 2 Steintaf. in 4.) Stralsund 874. Bremer. n. 1. 20

— das älteste stralsundische Stadtbuch [1270—1310.] Im Auftrag d. Raths u. d. bürgerschaftl. Collegiums der Stadt Stralsund hrsg. 4. (XIV, 294 S. m. 5 Steintaf. in Fol.) Berlin 872. Weber. n. 12. —

Fabricius, F., Urkunden u. Copiar d. Klosters Neuenkamp, s.: Quellen zur Pommerschen Geschichte.

Fabricius, (Carolus Guilelmus) Ferdinandus *(geb Breslau 29. 12. 1840)*: De impensis secundum jus Romanum. Vratislaviae 1861. (100 S.) 8°
Breslau, Jur. Diss. v. 16. Aug. 1861

Fabricius, Ferd., ad Huschkii jurisprudentiam antejustinianam indices. Leipzig 868. Teubner. 8. (VI, 212 S.) 18 ngr.

Fabricius, Franc., Christus unicum ac perpet. eccles. fundament. XIV Dissert. dem. 4. Leid. 717. Rthlr.

Fabricius, Friedrich

— —, Eines // scharff-sinnigen und ingenieusen // POETEN // Traur- und Freuden- // Gedichte /// bey // Vornehmen Begräbnissen /// Hochzeiten / und andern Gelegenheiten // abgefasset /// und // Auf vielfältiges Begehren guter Freunde // zum Druck befordert.// LEIPZIG. 1713. - 4 Blatt (nicht paginiert) Titelblatt und Vorrede. - 360 Seiten. 3 Blatt (nicht paginiert) Register.
In dieser Ausgabe wird der Verfasser weder auf dem Titelblatt noch in der Vorrede genannt.

Fabricius, Friedrich Daniel

— Anleit. zur Vorbereitung d. Confirmanden. 8. Leipz. 807. W. Vogel. 2 gr.

— erstes Lesebuch f. Landschulen. 8. Lübben 822. 2e Ausg. u. das Büchlein v. der Welt u. Gott. 2s Lesebuch für Landschulen, 2e Ausg. 8. Mittweida 830. Billig. 8 gr.

Fabricius, Friedr. Dan., Erstes Lesebuch f. Landschulen. 2. Ausg. — u.: Das Büchlein v. d. Welt u. v. Gott. Nebst e. Anleit. f. Kinder z. Beten. — Zweites Lesb. f. Landschulen. 2. Ausg. 8. (11¼ B.) Mittweyda 830, Billig.

— über den Religionsunterricht. 8. Leipz. 787. Schneider. 3 gr.

Fabricius, (auch Fabrizius) Fr. Dan., Religions-Unterricht für Kinder. 3 Thle. 8. Leipz. 792—806. (1r Thl., 2e Aufl. 795.) W. Vogel. 2 rthl 10 gr.

— Vorschläge, Kinder so früh als möglich zur Gottesfurcht anzuhalten. gr. 8. Leipz. 805. W. Vogel. 22 gr.

Fabricius, Friedrich Gottfried Andreas

Fabricius, F. G. A., de cerebro per orbitam sauciato. Acced. Tabula. 4 maj. Moguntiae 839. Faber. n. ½ rthl

Frid. Godofr. Andr. Fabricius diss. inaug. de rheumatismo medicorum veterum fragmenta. Erlang. 1802. 8.

Fabricius, (F. G. A.,) medicin. gerichtl. Fall d. Tödtlichkeit einer penetrirenden Bauchwunde mit Vorfall u. Verletzung, nebst Erinnerung aus der chirurg. Lehre von der Darm- u. Bauchnaht. Mainz 824, Kupferberg.

Fabricius, (Friedrich Gottfried Andreas): Das Ganze der Heilkunst mit kaltem Wasser oder deutliche Anweisung, die meisten und gefährlichsten Krankheiten der Menschen auf die sicherste Weise schnell und gründlich zu heilen... 366 S., gbd.

Leipzig: Geibel 1834

Fabricius, (Friedrich Gottfried Andreas): Das Ganze der Heilkunst mit kaltem Wasser oder deutliche Anweisung, die meisten und gefährlichsten Krankheiten der Menschen auf die sicherste Weise durch den Gebrauch des kalten Wassers schnell und gründlich zu heilen. 2.verbess.und verm.Aufl. 338 S., gbd.

Leipzig: Geibel 1834

Fabricius, Dr., das Ganze d. Heilkunst mit kaltem Wasser, oder deutl. Anweisung, die meisten u. gefährlichsten Krankheiten der Menschen auf die sicherste Weise schnell u. gründlich zu heilen; nebst einem Anhange, enthalt. eine Auswahl von Krankengeschichten rc., für Gebildete aller Stände dargestellt. gr. 12. Leipzig 834. Geibel. (Hartleben.) ¾ rthl — 2e verb. u. verm. Aufl. gr. 12. Ebd. 834. (Ebd.) ¾ rthl — 3e umgearb. Aufl. gr. 12. Ebd. 838. Frohberger. ¾ rthl

— et R. J. H. L. J. Chr. Thilenius, Mémoire médical abrégé sur les eaux sulfureuses de Weilbach duché de Nassau. 8 le même 839. (Paris, Brockhaus et Avenarius.) ¼ rthl

Fabricius, Frid. Car. (geb. Mörs 17. 9. 1834): De stricturis urethrae. Berolini (1857). (32 S.) 8°
Berlin, Med. Diss. v. 11. Aug. 1857

Fabricius, G.

— Phraseologia epistolica. Ed. auct. Brunsvig. 715. 8. Ibid. 733. 8.

Fabricius, G. P.: „Unterricht zur doppelten Buchhaltung". Regensburg 1787.

Fabricius, Georg

Fabricius, G. Freybergi descriptio atque annales. ed. B. Heiderich. Lipsiae 1573. — ed. G. Wagner. Wittebergae 1710. — ib. 1717.

Fabricii ad Meurerum epistulae adhuc ineditae. Ed. C. F. A. Nobbe. Pr. 1880. 20 S. 1.—

Fabricius, Georg., epistolae ad Wolfg. Meurerum et alios aequales. Maximam partem ex autographis nunc primum ed. Detl. Car. Guil. Baumgarten-Crusius. 8 maj. (12 B. u. 1 Tab.) Lipsiae 845, Fr. Fleischer.

Fabricius, Georg, Historiae sacrae. 8. Marb. 729.

— der geplünderte Jesuiterbethe rc. 8. Kehler. 751.

Fabricius, Geo., Iter Chemnitiense 1643; in gratiam discipulor. suorum nonnullis adspersis recudi curavit F. L. Becherus. 8 maj. Chemnitz 811. (Kretschmar). 4 gr.

— Saxonia illustrata. fol.

— Summa Evangeliorum Domini. 8. Ienae. 706.

Fabricius, Georg Adam

— s. 1) K. Drelincourt, Betrug. 2) Laelii Aelii epistolae. 3) la Placette. Abhandl.

Fabricius, Geo. Adm., († d. 19. April 1782.) Institutiones histor. eccles. methodo Moshem. redactae. 4. Giessen 770. Krieger. 20 gr.

FABRICIUS, Georg Alexander: Tabellen zur Bestimmung des Gehalts und Preises sowohl des runden als beschlagenen Holzes, hauptsächlich zum Gebrauch der Forstbedienten, Bau- und Zimmerleute. - Cassel 1787. 188 S. - 2. verb. Aufl. ebd. 1795. 188 S. - 3. Aufl. 1804. - 4. Aufl. 1813. - 5. u. 6. Aufl. durchges. v. W. Mehlburger. Kassel 1843 u. 1857. - 8. Aufl. ebd. 1871. 156 S.

— Tabellen zur Bestimmung des Gehaltes und Preises rc. des Holzes. gr. 8. Marb. Krieger. 804.

Fabricius, G. A., Tabellen zur Bestimmung des innern Gehalts u. Preises des geschlagenen u. runden Holzes f. Forstbediente, Bau- u. Zimmerleute. Neue Aufl. 8. Marb. Krieger. 814.

Fabricius, Geo. Alex., Tabellen zur Bestimmung des Gehaltes u. des Preises sowohl des runden als des beschlagenen Holzes, hauptsächlich zum Gebrauch für Forstmänner, Bau- u. Zimmerleute. Neueste Ausg., durchges., verm. u. verb. v. With. Mehlburger. 8. Cassel 843, Krieger'sche B. ⅚ rthl

Fabricius', Geo. Alex., Tabellen zur Bestimmung des Gehaltes und des Preises sowohl des runden als des beschlagenen Holzes, hauptsächlich zum Gebrauch für Forstmänner, Bau- u. Zimmerleute. Neueste Ausg., durchges., verm. u. verb. von Wilh. Mehlburger. Cassel 857. Krieger. 8 (VI, 200 S.) 25 ngr

Fabricius, Geo. Alex., Tabellen zur Bestimmung d. Gehaltes u. Preises sowohl runden als beschlagenen Holzes nach Cubikmetern u. Hunderttheilen d. Cubikmeters zusammengestellt v. W. Mehlburger. 8. Aufl. 8. (III, 156 S.) Cassel 871. Kay. geb. n. 2. –

Fabricius, Geo. Alex., s. Tabellen zur Bestimmung d. Gehalts d. Holzes.

Fabricius, Georg Arnold: De feudis Fuldensibus . . . disp. secunda, s. Kayser, Johann Friedrich (Präs.).

Fabricius, Gustav Die Aufgaben des deutschen Unterrichts an unserm Realgymnasium. (Umschlagtitel: . . . Vorschläge und Entwürfe.) 4 (S. 3—32). Progr. Rg. Bützow 1893 (652).

[F.] Fabricius, Gustav: Ein Beitrag zur Lesebuchfrage. '(Ergänzg z. Progr. d. J. 1893.)' Bützow, Druck d. Ratsbuchdr. v. C. Buhr, 1895; 3—8 S. 4.
Bützow, RG, OP 1895 (681)

Fabricius, Hans, Auxerre-Châtillon. Die Kriegsereignisse u. Operationen in der Lücke zwischen der II. deutschen Armee u. dem XIV. Armee-Korps bis zum 20. I. 1871. Nach archival. u. anderen Quellen dargestellt. 2 Thle. gr. 8. Berlin 900. R. Eisenschmidt. n. 7.—
1. Die Bedrohung d. Verbindungslinien d. II. deutschen Armee u. ihre Deckung. Mit 1 Uebersichtskarte u. 3 Skizzen im Text. (XII, 262 S.) n. 4.50
2. Versammlung u. Vormarsch der Süd-Armee bis an d. Saône. Mit 6 Skizzen im Text. (IV, 154 S.) n. 2.50

Fabricius, Hans, d. Parteigänger Friedrich v. Hellwig u. s. Streifzüge, im kriegsgeschichtl. Zusammenhange betrachtet. E. Beitrag z. Geschichte d. kleinen Krieges i. d. J. 1792—1815, unt. Benutzg. archival. Quellen bearb. M. 2 Übersichts-Skizzen. gr 8. (IV, 260 S.) Berlin 896. A. Bath. n. 6. -

Das 4. Thüringische Infanterie-Regiment Nr 72 in den Schlachten vor Metz am 16. und 18. August 1870. Zur Feier s. 50jähr. Bestehens nach d. Regimentsgeschichte neu bearb. von Hans Fabricius, Oberstlt. a. D. Mit 1 Schlachtpl. Berlin: Mittler 1910. VI, 168 S. 8°
[II. 4875]

Die Kämpfe um Dijon im Januar 1871 und die Vogesenarmee. Nach d. kriegsarchivalischen Akten d. Generalstabs u. and. Quellen bearb. v. Hans Fabricius, Oberst-Lt. a. D. M. 4 Kt. u. Pl. u. 1 Abb. *Bromberg: Mittler 1897.* (XXXII, 610 S., 1 Taf., 1 Pl., 1 Kt., 2 Sk.) 1 Bd 8.

— die Kämpfe um Dijon im Jan. 1871 u. die Vogesenarmee. Nach den kriegsgeschichtl. Akten des Generalstabs u. anderen Quellen bearb. Mit 4 Karten u. Plänen u. 1 Abbildg. 2. [Titel-]Aufl. gr. 8. (XXXII, 610 S.) Bromberg [897.] 900. Mittler. n. 7.—

Fabricius, Hans, die Kämpfe am Holawalde in der Schlacht bei Königgrätz. (a.Beiheft zum Militär-Wochenblatt. 1904. Hft. 8.

Die Kämpfe am Holawalde in der Schlacht bei Königgrätz. Von Hans Fabricius, Oberstlt. a. D. Mit 1 Situationsskizze. *Berlin: E. S. Mittler & Sohn 1904.* (S. 305–367.) 8° [F.]
= Militärwochenblatt 1904, Beih. 8.

Fabricius, Hans, Milizwesen u. Burenkrieg. gr. 8. (32 S.) Berlin 902. (W. Baensch.) n. 1.—
Sonderabdruck aus: „Deutsche Stimmen".

Fabricius, Hans, das französische Ostheer u. seine Führer im Winterfeldzug 1870/71. (XIV, 395 S.) gr. 8. Oldenburg 907. G. Stalling's Verl. 8.—; geb. 9.50

Fabricius, Hermann [aus Wilhelmssee]: Ueber das Diisobutylharnstoffchlorid und einige Derivate desselben. . . . Berlin, Buchdr. v. C. Berg, 1891; 44 S., 1 Bl. 8°
Berlin, Phil. Fak., Inaug.-Diss. v. 22. Jun. 1891

Fabricius, Herm. (geb. Mörs 4. 6. 1845): De tabe dorsuali. Berolini (1867). (32 S.) 8°
Berlin, Med. Diss. v. 16. Aug. 1867

Hieronymi Fabricii ab Aquapendente [Hieronymus Fabricius] Chirurgische Schriften. Samt e. Anh. von Schrepffen. In 2 Th. vorgetragen. Nun aber aus dem Lat. ins Teutsche übers. durch Johannes Scultetus [Schultes, 1595–1645]. (Th.1.2.) Nürnberg: Tauber 1716. 8°

Fabricii, I. Mauroc., Historia Marci T. Ciceronis etc. 8. Bud. 727.

Jan **Fabricius**. Mit dem Handschuh getraut. Kolonialdrama in 3 Akten. Hamburg & Berlin: R. Ruben 1907. (120 S.) 8° [F.]

Fabricius, Johann

Fabricius, Io., Consideratio controversiar. int. Evang. Rom. Catholic. et Reform. 4. Stend. 716.

Fabricius Montanus, Johannes. Joannis Fabricii Montani ad D. Conradum Pellicanum de Wilhelmo Thellio elegia. ([Edidit] Ludwig Sieber.) Festgruss der Universitäts-Bibliothek zur Jubelfeier der Historischen und Antiquarischen Gesellschaft von Basel am 16. September 1886. [Mit Vignetten.] 8. Basel 1886.

Fabricii, Joa. Montani ad D. Conradum Pellicanum de Wilhelmo Thellio Elegia. Festgruss der Universitäts-Bibliothek zur Jubelfeier der Historischen und Antiquarischen Gesellschaft v. Basel. Am 16. September 1886. Gr. in-8°, 16 S. Basel, Schweighauser'sche Buchdruckerei.

— Hist. bibliothecae Fabricianae. VI part. 4. Wolfenbüttel. 717—24.

— — Orationes duae quarum altera agit de templis veterum christianorum, altera de memorabilibus quibusdam anni 1704. Helmstedt 1704. Ed. II. Braunschweig (Joh. Gg. Zilliger) 1711. 19 S. u. 1 Abb. (3.50) 8492
Gew.: P. L. v. Wendhusen (Wendhus, Schoeninga . .).

Fabricius, J., de reverentia erga sacra. Helmst. 1706. 4.

Fabricius, Johann Albert

— — Athenas Saxonicas. Orat. solenni valedictoria a juvene Petro Stüven (Hamburg) in gymnasio patrio. Hamburg (Conr. König) 13. III. 1731. 8 S. (3.—) 8497

Fabricius, Jo. Albertus. Bibliographia antiquaria sive introductio in notitiam scriptorum qui antiquitates hebraicas, graecas, romanas et christianas scriptis illustraverunt. Accedit Mauricii Senonensis de S. Missae ritibus carmen. Hamburgi et Lipsiae 1713. 4°.

Fabricius, Jh. Alb., Bibliographia antiquaria ed. Schafshausen. II Tom. Ed. III. 4. Hamb. 760. (Campe). 6 ℳ id. lib. 4. Leipz. 760. (Brockhaus). 2 ℳ 12 ₰

— Bibliotheca ecclesiast. fol. ibid. 718.

Fabricii, J. A., Bibliotheca ecclesiastica. Hamb. 728. f. 4 rthl.

Fabricius, Jo(hann) Albert: Bibliotheca Graeca, sive notitia scriptorum veterum Graecorum, quorumcunque monumenta integra, aut fragmenta edita exstant: tum plerumque è MSS. ac deperditis. Editio secunda... aucta. Bd 1-14, gbd., Abb.

Hamburgi: Liebezeit & Felginer 1708-1728

— Bibliotheca graeca seu notitia Scriptorum vet. graecor. XIV Vol. c. Indice. 4. ibid. 718—38.

— Bibliotheca graeca, sive Notitia scriptorum vet. graecor. cur. G. C. Harles. XII Voll. 4 maj. Hamb. 790—809. Bohn. (Lpz., Cnobloch). 68 ℳ 16 ₰ Schrbp. 92 ℳ 16 ₰

Fabricii, Jo. Alb., Bibliotheca graeca edid. Gottl. Chrph. Harles. Index. 4maj. Lipsiae 838. Cnobloch. $1\frac{1}{2}$ ℳ (Das Werk selbst, 12 Bde. Ebd. 790—809, kostet jetzt nur 30 ℳ, Schreibp. 40 ℳ — Einzelne Bände $3\frac{1}{3}$ ℳ, Schreibp. $4\frac{1}{2}$ ℳ)

Fabricii, J. A., Bibliotheca Latina. Ed. V. Hamb. 721. 22. 3 Vol. 8. 1 rthl. 16 gr. Venet. 728. 3 Vol. 8. Denuo edidit et auxit J. A. Ernesti. Lips. 773. 74. 3 Tom. 8. 3 rth. 16 gr.

— Bibliotheca lat. med. et infimae aetatis libri 18. seu Tmi. VI. c. supplem. 8. ibid. 734—46.

— Bibliotheca latina med. et infimae aetatis libri etc., 4. Jh. Aug. Ernesti. III Voll. 8 maj. Lpz. 773—74. Weidmann. 3 ℳ 16 ₰ Schrbp. 4 ℳ 16 ₰

Fabricius, Jo. Alb., Vorrede zu B. H. Brockes, Xenophon griechisch und deutsch, Hamburg (1734) siehe Barthold Heinrich Brockes d. Jüng.

— Centifolium Lutheran., s. literar. notitia scriptor. omnis gener. de b. D. Luthero. 2 pts. 8. Hamb. Bohn. 728. 731.

— Centuria Fabriciorum scriptis clarorum. Hamb. 709. 8.

— Codex apocryph. N. Test. 5 Vol. 8. ibid. 1719.

Fabricii, J. A., Codex apocryphus N. T. Collectus, castigatus et illustratus. Ed. II. Hamb. 719–43. 3 Part. 2 Vol. 8. 1 rthl. 12 gr.

— Codex pseudepigraphus Vet. Testamenti. 2 Vol. 8. ibid. 713. 23.

Fabricii, J. A., Conspectus thesauri literarii Italiae. Acc. notitia diariorum Ital. litterarum thesaurorumque ac corpor. histor. ac acad. Subjuncto peplo Italiae J. M. Toscani. Hamb. 749. 8.; zu 18 gr.

— Conspectus thesauri literarii Italiae. 8. Hamb. Brand. 749.

— — id. 8. Hamb. Bohn. 730.

Fabricius, J. A., de cruce Const. M. Hamb. 1706. 4; rep. in ejsd. bibl. graec. 6. p. 703 ss.

— delectus argumentor. et syllab. scriptor. de veritate religionis christ. etc. 4. ibid. 725.

— s. Derham, Astrotheologie u. dess. Physiko-Theologie.

FABRICIUS, JOH. ALB., Exercitatio theol. inaug. de recordatione animae humanae post fata superstitis. Kiliae. 1699. 4. [Praes. Joh. Fr. Mayer]. — Cui accessit Praesidis Programma: De pacto adspirationis post mortem. Recusa. Sm. St. 1714. 4. (U. B. Programmet er det oprindelige Tryk fra 1699).

— Hydrotheologia. 8. Hamb. Kornig. 734.

— Isagoge in notitiam Scriptorum hist. Gallicae. 8. ibid. 710.

— Lux Evangelii, s. notitia hist. lit. sacror. christ. p. tot. orbem propagator. 4. Hamb. Bohn. 730.

Fabricii, J. A., Memoriae Hamburgenses. Hamb. 710. 7 Vol. 8. 2 rthl.

— Memoriae Hamburgens. 8 Vol. compl. 8. ibid. 710—746.

— Menologium s. de mensibus. 8. ibid. 712.

Fabricius, I. Alb., Imperat. Caes. Augusti tempor. notatio etc. Hamb. Bohn. 727.

— Observationes in varia loca N. Test. 8. ibid. 712.

Fabricius, Jh. Alb., s. Sexti Empirici Opera.

— Supplem. et observat. ad Vossium de hist. graec. et lat. 8. ibid. 709.

— Opusculor. Sylloge. 4. ibid. 738.

Fabricii, J. A., Opusculorum historico-critico-literarior. sylloge. Hamb. 738. 4. 20 gr.

— Vita et mors Mosis Gilberti Caulmini. 8. ibid. 714.

— —, scripsit vitam Vincentii Placcii.
mitgegeben in V. Placcii Theatrum anonymorum et pseudonymorum ed. M. Dreyeri, Hamburg (1708)
siehe Vincentius Placcius.

— Votum Davidicum: Cor novum crea in me Deus etc. 4. ibid. 729.

Fabricius, Johann Andreas

Fabricius, Jh. Andr., († d. 28. Febr. 1769.) Abriß e. allgem. Historie d. Gelehrsamkeit. 3 Thle. 8. Lpz. 752. Weidmann. 5 rß

— Anleit. zur theoret. Philosophie. 8. Ebend. 740.

Fabricius, J. Andr., Anweisung, wie man sein. Verstand recht gebrauchen soll. 8. Jena 737.

— pract. Auszug aus den Anfangsgründen der allgemeinen Gelehrsamkeit rc. 2 Thle. 8. Wolfenb. Meißner. 748.

— s. Bibliothek, kritische.

— von Erkenntniß d. Menschen Gemüther. 8. Jena. 735.

— — u. (Respond.) Rud. Ant. Brauns (Hertzb. Hannov.), De existentia dei. Diss. theol. natural. Jena (Marggraf) 8. IX. 1734. 32 S. (4.80) 8501

— — Summam hominis in hac vita felicitatem. Diss. philos. Lpz. (H. Chph. Takk) Juni 1722. 16 S. (4.20) 8499

— Grundregeln zu Parentiren rc. 8. Wolfenb. 739.

Jo. Andr. Fabricii de matheſi patribus primitiis eccleſiaſticis et aliis quibusdam non ſuſpecta. Lipſ. 4. 1717

Fabricius, Johann Andreas, Philosophische // Oratorie, // Das ist: // Vernünfftige anleitung // zur gelehrten und galanten // Beredsamkeit, // wie sich selbige so wohl in öffentlichen reden, // als auch im täglichen umgang, bey allerhand ma= //terien, auf mancherley art, durch eine glückliche er= //findung, nette expreßion und ordnung // zeigen müsse, // mit auserlesenen exempeln erläutert, // und mit einem register versehen. // Vormahls einigen privat=auditoribus commu= //niciret, anietzo auf derer und anderer ver= //langen vollends ausgearbeitet und // herausgegeben, // von // M. IO. ANDR. FABRICIO. // Leipzig 1724 // Bey denen Cörnerischen Erben, // in der Grimmischen Gasse. - 6 Blatt (nicht paginiert) Titelkupfer, Titelblatt, Widmung, Vorrede und Lobgedicht. - 538 S. und noch 19 Blatt (nicht paginiert) Register.
Auf dem Vorblatt steht die Widmung:
Societati Philo-Teutonicae Poeticae
ut sui
aliquando constet
memoria
D. D. D.
auctor.

B. S. T. 8°.195.

De philosophia polemica et iudice competente in controversiis philosophicis. Ad praelectiones philosophicas ... Caroli Brunsvic. et Luneb. ducis iussu ... incoandas auditores ... invitaturus quaedam commentatur Ioannes Andreas Fabricius, Philos. et A. L. Magister, prof. Conlegii Carolini, rector gymnasii Cathar. [1745 ?] 15 S. 8°

— — Prudentiam diacriticam. Lpz. (J. A. Zschau) Juni 1723. 24 S. (4.50) 8500

— philosoph. Redekunst. gr. 8. Leipz. (Walther, Dresd.). 739.

Fabricius, J. Andr., Regeln d. geistl. Beredsamkeit rc. 8. Wolfenb. Meißner. 768. Rthlr.

— Johann Andreas (Dodendorff/Magdeburg), De nimio in linguis studio. Präs. Scipion Carl Johann Caspar Rumpff. Lpz. (Chph. Friedr. Rumpff) Juli 1716. 16 Bl. (5.—) 8498
Gew.: Georg Andreas Fabricius (Vater).

Fabricius, Johann Christian

Fabricius, Jh. Chr., († d. 3. März 1808.) über Academien, insonderheit in Dänemark. 8. Kopenh. 796. (Brummer). 12 gr

Fabricius, Johann Christian: „Anfangsgründe der oeconomischen Wissenschaften zum Gebrauch academischer Vorlesungen", Flensburg 1773, 2. Auflage Kopenhagen 1783 (bey C. G. Proft). — Vorh.: 1. Auflage UB Münster (Signatur T 1. 133). 2. Auflage UB Heidelberg (Signatur K 71).

— Anfangsgründe d. ökonom. Wissenschaften. 8. Flensb. 773. 2e Aufl. 8. Kopenh. 783. Brummer; (a. Hesse in Kiel). 1 rß

— mineralog. u. technolog. Bemerkk. auf e. Reise durch England u. Schottland, s. Jh. Jak. Ferber, Nachrr. u. Beschreibb.

Johann Christ[ian] Fabricius. Betrachtungen über die allgemeinen Einrichtungen in der Natur. Hamburg: Bohn 1781. VIII, 360 S. 8°

— Betrachtt. über die allgem. Einrichtung d. Natur. 8. Hamb. 781. (Campe). 22 gr

Fabricius, Jh. Chr., Briefe aus London, vermischten Inhalts. 8. Dessau 784. Gelehrten B. 20 gr

Fabricius, Joahnn Christian, s. Coquebert: illustratio.

— Entomologia systemat. emend. et aucta, secund. classes, ordines, genera, species; adjectis synonymis, locis, observatt., descriptionibus. 4 Tom. 8 maj. Kopenh. 792—94. Brummer; a. Schubothe. 8 rß 12 gr Schrbp. 10 rß Index alphabet. 8 maj. ibid. 797. 14 gr Schrbp. 18 gr Supplement. 8 maj. ibid. 798. 1 rß 20 gr Schrbp. 2 rß 4 gr Index. 8 maj. ibid. 799. 6 gr

— Epitome entomolog. Fabr., s. *Epitome*.

— von der Erziehung, besonders in Dänemark. 8. Dessau 784. Gelehrten B. 5 ℳ

— Genera insectorum eorumque caracteres naturales. 8 maj. Kiel 776. (Campe in Hamb.) 1 ℛ

— Kultur d. Gewächse zum Gebrauch des Landmanns. gr. 8. Lpz. 784. (Aue in Altona). 12 ℳ (Auch als 4r Thl. von Sanders Naturgeschichte.)

— Cultur der Gewächse zum Gebrauch des Landmanns. gr. 8. Leipz. Jacobäer. 784.

— Mantissa insectorum, sistens eorum species nuper detectas, adjectis characteribus genericis, different. specif., emendat., observat. II Tom. 8 maj. Kopenh. 787. Brummer. 2 ℛ 10 ℳ Schubothe. 2 ℛ 16 ℳ

— Neurologia. 8. maj. Lips. Reichard.

— philosophia entomologica. 8 maj. Hamb. u. Kiel 778. Campe; a. Hesse. 12 ℳ

Fabricius, J. C.: „Polizey-Schriften", 1. Teil Kiel 1786, 2. Teil Kopenhagen 1790. — Vorh.: Com. Bibl. Hamburg

— Polizeischriften. 2 Thle. 8. Kiel 786 — 90. (Hesse; a. Brummer in Kopenh.) 2 ℛ 8 ℳ

Fabricius J. C.: Reise nach Norwegen, m. Bemerkungen aus der Naturhistorie u. Oekonomie. Hamb. 1779. (64) 388 S.

— Reise nach Norwegen, mit Bemerkk. aus d. Naturhistorie u. Oeconomie. gr. 8. Hamb. 779. (Campe). 1 ℛ 4 ℳ (Dies. im Ausz., s. Bibl. d. n. Reisebeschreibb., 2r Bd. Nürnb.)

— Resultate naturhistor. Vorlesungen. 8. Kiel 804. 2 ℛ N. A. 818. Hesse. 1 ℛ 8 ℳ

— — Resultate naturhistorischer Vorlesungen. Neue wohlfeile Ausgabe. 8. Kiel, Akad. Buchhdl. 817.

Fabricius, Johann Christian, s. Sander: Naturgeschichte.

— species insectorum, exhibentes eorum different. specificas, synonyma auctorum, loca natalia, metamorphosin, adjectis observatt., descriptionibus. II Tom. 8 maj. Hamb. 781. (Campe). 3 ℛ

— Systema Antliatarum. 8 maj. Braunschw. 805. Fr. Vieweg. 2 ℛ 12 ℳ Index alphabeticus ad h. lib. 4. Braunschw., Reichard. 8 ℳ

Joh[annis] Christ[iani] Fabricii [Fabricius] Systema eleutheratorum secundum ordines, genera, species adiectis synonymis, Locis, observationibus, descriptionibus. T. 1.2 [nebst] Ind. alph. Kiliae: Bibliopol. Academ. Nov. 1801 (Ind.: Helmstadii: Fleckeisen 1803). 3 Bde 8°

1.2. 1801.
Ind. 1803.

— Sytsema Eleutheratorum. II Tom. 8 maj. Kiel 801. Hesse 5 ℛ 12 ℳ Index. 8 maj. ibid. 802. 8 ℳ

FABRICIUS, Jo. Christ.: Systema Entomologiae sistens insectorum classes, ordines, genera, species, adjectis synonymis, locis, descriptionibus, observationibus. - Flensburg, Leipzig 1775. 832 S.

Fabricius, J. C., Entomologiae systema. 8maj. Flensburg. Korte. 775.

— Systema entomologiae. 8 maj. Flensb. 775. (Hammerich in Altona). 2 ℛ 8 ℳ

— systema piezatorum, secundum ordines, genera, species, adjectis synonymis locis, observationibus, descriptionibus. IV Tom. 8 maj. Braunschw. 804. Reichard. (Vieweg). 3 ℛ Index alphabet. 4. ibid. 8 ℳ

Joh[anni] Christ[iani] Fabricii [Fabricius] Systema rhyngotorum secundum ordines, genera, species adiectis synonymis, locis, observationibus, descriptionibus. [Nebst] Index alphabeticus. Brunsvigae: Reichard 1803. 1 Bd 8°

— systema rhyngotorum secundum ordines, genera et species. 8 maj. Braunschw. 803. Vieweg. 2 ℛ Index alphabet. 8. ibid. 800. 4 ℳ in 4. 6 ℳ

Johann Christian Fabricius: Von der Volks-Vermehrung insonderheit in Dänemark. — Hamburg u. Kiel: Bohn 1781. 88 S. 8°

— von d. Volksvermehrung insonderheit in Dänemark. 8. Hamb. 781. Campe. 5 ℳ

Fabricius, Johann Friedrich

— J. F. (Magdeburg), De debitis feudalibus eorumque solutorum refusione disquisitio, ad feuda immediata Borussiae terrarum applicata. Dessau u. Lpz. (in bibliopolio eruditorum) 1782. 30 S. (4.80) 8503

Hamburg, wie es rennt und reitet oder Wandsbeck's glorreiche Julitage während des ersten Pferderennens daselbst. In einem humorist. Briefe dargestellt von Paul Hippodromus [d. i. Johann Friedrich Fabricius]. Mit 1 lithogr. Abb. — Hamburg: Berendsohn 1835. 48 S. 8°

— Joh. Friedrich (Dortmund), De momento temporis. Disp. jur. Präs. Jo. Fried. Troppanneger. Lpz. (I. Titius) 23. VIII. 1708. 48 S. (5.—) 8504

— — Dasselbe. Lpz. (Gabr. Trog) 1741. (5.—) 8505

Fabricius, J. F., Notizen über die Einführung und erste Ausbreitung der Buchdruckerkunst in Amerika. Aus verschied. Quellen zusammengetragen. gr. 12. Hamburg 841. (Leipzig, Hinrichs'sche Buchh.) 1/6 ℛ

Fabricius, Johann Gf. Andreas

Fabricius, Jh. Gf. Andr., (†d. 10. Juni 1798.) s. Erbfolge, deutsche.

Die wahre deutsche Erbfolge nach d. Nähe des Grades, durch Verträge u. Herkommen d. hochgräfl. Limburg. Hauses bestätigt. (Von *J. G. A. Fabricius.*) Mit Beil. I — XIII. 767. Fol.

Fabricius, Johann Ludwig: De feudis Fuldensibus . . . disp. prima, s. Kayser, Joh. Friedr. (Präs.)

Fabricius, Jh. Ldw, s. Jon. Alex. *Ferrarius*.

Fabricius, Johann Philipp Jakob

— Jo. Phil. Jacob (Goddelavio Darmstadino), De aris et altaribus veterum. Diss. philol. Präs. Jo. Heinrich Mai. Giessen (E. H. Lammers) 27. III. 1732. 18 Bl. (5.—) 8506
Gew.: Jo. Jac. Rambach, Jo. Georg Liebknecht, Jo. Andr. Panzerbitter, Fried. Wilh. Berckelmann. — Widm. v.: F. I. Kortholt, J. T. Neidhardt.

Fabricius, Johann Philipp Jakob: Bina sanctarum Elisabetharum . . . memoria . . . , s. Liebknecht, Joh. Georg (Präs.)

Fabricius, Dr. Josef, Ueber Myome und Fibrome des Uterus und deren Einfluss auf die Umbebung. Mit specieller Berücksichtigung des Verhaltens der Tuben. Aus der Gynaekolog'schen Klinik des Herrn Prof. Dr. Chrobak in Wien. Mit acht lithographirten Tafeln. (Beiträge zur klinischen Medicin und Chirurgie. Heft 11.) Gr.-8 (68 S., 8 Tafeln. 8.) 2.—
Wien: Braumüller 1895.

Fabricius, Jos., üb. Myome u. Fibrome des Uterus, s. a. Beiträge z. klin. Medicin u. Chirurgie.

Fabricius, Just. Fr. Erdm., († . . . 178..) vermischte Gedichte. 2 Thle. gr. 8. Halle 754—64. Hechtel. 13 ℳ vermischte Gedichte, (1r Thl.) gr. 8. Halle 754. Schwetschke u. S. 5 ℳ

Fabricius, K. W., die Zeugen des Mißklangs. Christliche Rede zur Glockenweihe in Kelsterbach a. Main. Darmstadt 866. Würtz. gr. 8. (15 S.) n. 2 ngr

Fabricius, Karl

Fabricius, Carolus (Friedericus) *(geb. Liegnitz 15. 7. 1812)*: Doctrinarum de diebus decretoriis et de urinis, quales restituto semeiotices studio saeculo decimo sexto fuerunt, brevis expositio. Vratislaviae (1836). (59 S.) 8°
Breslau, Med. Diss. v. 12. Okt. 1836

Φαβριχιος, Κάρολος, γραμματική τῆς γερμανικῆς γλώσσης. gr. 8. (6⅞ B.) Athen 844, Nast. *

Fabricius, Carol., de Fideicommissorum familiae natura. Diss. inaug. 8 maj. Götting. 844, Dieterich. ⅓ ℛ

Fabricius, Karl Ferdinand

Fabricius, Karl Fd., die Acht u. Vierzig. Eine Erzählung aus Stralsunds Vorzeit. 1e Abthl. A. u. d. T.: Die Einführung d. Kirchenverbesserung in Stralsund. Nebst 2 Anhängen, die chronolog. Prüfung der erzählten Begebenheiten und die Stralsundische Kirchen- u. Schulordnung von 1525, in jetziger Schriftsprache, enthalt. 8. Stralsund 835 (Löffler.) n. 1½ ℛ

Fabricius, C. F.: Bemerkungen über die hereditatis petitio, die pro herede usucapio u. das interdictum Quorum bonorum. [Göttingen] 1832.
(S.-A. a.: Rhein. Museum f. Jurisprudenz. Bd 4.)

— histor. Forschungen im Gebiete des Röm. Privat-Rechts. 1s Hft. A. u. d. T.: Ursprung und Entwickelung der Bonorum Possessio bis zum Aufhören des ordo judiciorum privatorum. Nebst e. Anhange, enthalt.: Bemerkungen zu Fr. 1., §. 9. Si tabulae test. null. ex tab. und Fr 32. de liberis e postumis. gr. 8. Berlin 837. Reimer. 1⅙ ℛ

— **Carl Ferdinand** (Stralsund), De obligatione ejus, qui rem bona fide nec pro herede possessam ante susceptum petitorium judicium possidere haud dolo malo desiit. Diss. jur. Götting. (Dieterich) 1832. 74 S. (5.—) 8486

Fabricius, Car. Ferd., de Obligatione ejus, qui rem bona fide, nec pro herede possessam ante susceptum petitorium judicium possidere haud dolo malo desiit. Dissert. inaug. 8 maj. (4¼ B.) Gottingae 832. (Stralsundiae, Löffler.)

Fabricius, Carol. Ferdinand.: De duplici apud Romanos dominio selectas quaestiones sistens dissertatio. Vratislaviae (1840). (32 S.) 8°
Breslau, Jur. Fak., Antr.-Progr. als außerord. Prof. v. 14. Dez. 1840

—— der Stadt Stralsund Verfassung u. Verwaltung. Ein Versuch. gr. 8. (9 B.) Stralsund 831, Trinius.

Fabricius, Carl Gust., Stralsund in den Tagen des Rostocker Landfriedens (13. Juni 1283). Eine Monographie. gr. 8. (102 S.) Stettin 847, Effenbarts Erbinn. ½ ℛ

Fabricius, C. G., Studien zur Geschichte der wendischen Ostseeländer. 1. Heft. Der Congreß zu Helsingborg. Berlin 856. F. Schneider. gr. 8. (VIII, 99 S.) n. 20 ngr

Fabricius, Carl Gust., Studien zur Geschichte der wendischen Ostseeländer. 2. Heft: Die Herrschaft der Herzoge der Pommern zu Danzig und deren Ausgang. 1. Abthl. gr. 8. (VIII und 232 S.) Berlin 859, F. Schneider. *
1. Heft. Ebendas. 1856. * 30 Ngr.

Urkunden zur Geschichte des Fürstenthums Rügen, s. a. Urkunden.

Fabricius, Karl Gustav, Urkunden zur Geschichte des Fürstenthums Rügen unter den eingebornen Fürsten, mit erläut. Abhandlungen über die Entwickelung der rügenschen Zustände in den einzelnen Zeitabschnitten begleitet. 1. Bd. (Einleitung.) gr. 4. (Mit 1 Karte.) Stralsund 841, Löffler'sche Buchh. (C. Hingst.) n. 1⅔ ℛ — 2. Bd. (1. Hft. der Urkunden von 1193—1260.) Mit 2 Taf. Abbild. gr. 4. Ebend. 843. n. 2 ℛ

Fabricius, Karl Moritz Eduard, s. Fabritius, Karl Moritz Eduard

Skizze unserer Reise in das Bad von Aedypso. Den Lieben daheim zur freundlichen Erinnerung an Lolle [**Fabricius**, geb. Wilster]. Geschrieben in Bondschu bei Smyrna 1843. Kiel. 1844. 8°

FABRICIUS, Ludwig: Ueber den Einfluss der Sonnenstrahlen auf die Rindebildung einiger Waldbäume.- München: Kastner & Lossen 1899. 38 S.
20.1.1899 - Chr 1898/99,11; Jv 1898/99,210
Diss. Ingolst.-Landsh.-Mchn.

Fabricius, Ludw., Geschichte der Naturwissenschaften in der Forstwissenschaft bis zum J. 1830, s. a. Zeitschrift, naturwissenschaftliche, f. Land- u. Forstwirtschaft. 2. Beiheft.

FABRICIUS, Ludwig: Geschichte der Naturwissenschaften in der Forstwissenschaft bis zum Jahre 1830. - Stuttgart 1906. VII, 137 S. (Naturwiss. Z. Land-u. Forstwirtsch. Beih. 2)

Fabricius, M., merkwürd. Sagen, Charakterzüge u. Ereignisse aus der Geschichte der Deutschen, vornehmlich sächs. Stammes, in chronolog. Ordnung erzählt. Zum Uebersetzen in das Latein. 1e u. 2e Abthl. Vom Anfange der christl. Zeitrechnung bis zum Jahre 1500. 8. Leipzig 837. (Kummer.) ½ ℛ

Fabricius, Max, der Arzt als Hausfreund. Eine vollständige Sammlung der besten Volksarzneimittel alter und neuer Zeit, nebst prakt. Anleitung zu deren Gebrauche. Gesammelt und hrsg. und mit einer Beschreibung und Abbild. der Brust- und Unterleibsorgane vermehrt. Neue Ster.-Ausg. 8. (208 S.) Reutlingen 885, Enßlin und Laiblin.

Fabricius, Max. Beiträge zur Laubblatt-Anatomie einiger Pflanzen der Seychellen, mit Berücksichtigung des Klimas und des Standortes. Diss. Phil. Basel. Hierzu 3 Tafeln. IV + 40 S. 8. Jena, Gustav Fischer, 1902.

Fabricius, Mar. Arn., Abhandl. von d. Nutznießungsrecht des Wittwenstuhls zweiter od. folgender Ehe an den hinterlass. Vermögen d. verstorbenen Ehegatten. 8. Speier 791.

— s. Anleit. zur Kenntniß d. Rechts rc.

Fabricius, O. Zur religiösen Anschauungsweise des Livius. Pr. 1865. 35 S. 4°. 2.—

Fabricius, O. Zur religiösen Anschauungsweise des Plutarch. 30 S. Progr. Altst. G. *Königsberg* 1879.

Fabricius, O.: Zur religiösen Anschauungsweise des Xenophon. 28 S. – Königsberg Altst. G., Progr. 1870.

Fabricius, O., aus der Finsternis zum Licht (Labrador), s.: Traktate, kleine, aus der Brüdermission. Nr. 31.

Fabricius, **Otto, Fauna Groenlandica. 8 maj. Kopenh. 780. Rothe. 1 ℛ 6 gl**

Fabricius O.: Fauna Groenlandica, systematice sistens animalia Groenlandiae occidentalis hactenus indagata ... Hafn. et Lips. 1780. (10) 452 S. 1 Tvl.

Fabricius, Otto v., Seelenblüthen. Lyrische Gedichte. 8. (62 S.) Wien 878. Lang. n. 1. 60

Fabricius, Phil. Julius (geb. Frankfurt a. M. 10. 12. 1839): De resectione maxillae superioris osteoplastica. Berolini (1862). (32 S.) 8°
Berlin, Med. Diss. v. 13. Jan. 1862

Fabricius, Philipp Konrad

— animadversiones varii argumenti ex scriptis ejus minoribus coll. notitia adj. G. R. Lichtenstein, Fasc. 1. 4. Helmst. 793. Fleckeisen. 12 gl

Philippi Conradi Fabricii (Fabricius) Animadversiones varii argumenti medicas ex scriptis eiusdem minoribus coll. notisque adiectis ed. Georg[ius] Rudolph[us] Lichtenstein. Fasc. 1. Helmstadii [!]: Kühnlin 1763. 8°

Philipp Konrad Fabricius

De suppressae transpirationis Caussis morbisque praecipuis ex eadem oriundis. [Resp.:] Henricus Fridericus Kühn. Helmstadii (1756:) Schnorr. 54 S. 8°

Helmstedt, Med. Diss. v. 23. Juli 1756

Philipp Konrad Fabricius

Praecipuae Cautiones in sectionibus et perquisitionibus cadaverum humanorum pro usu fori observandas. [Resp.:] Urban[ius] Frieder[icus] Benedictus Brückmannus [Brückmann]. Helmstadii (1750:) Schnorr. 26 S. 8°

Helmstedt, Med. Disp. v. Mai 1750

Philipp Konrad Fabricius

De distinguendo Certo a probabili in medicina. [Resp.:] Christoph[orus] Carolus Diemann. Helmstadii (1756:) Schnorr. 36 S. 8°

Helmstedt, Med. Diss. v. 30. Dez. 1756

Philippi Conradi Fabricii [Fabricius] Commentatio historico-physico-medica de animalibus quadrupedibus, avibus, amphibiis, piscibus et insectis Wetteraviae indigenis. Helmstadii: Schnorr 1749. 56 S. 8°

Fabricius, Philipp Conrad (Butzbach)
Disputatio inauguralis medica sistens aegrum epilepsia saltatoria laborantem. Giessae Aug. 1737: E. H. Lammers. 31 S. 4°

Philippi Conradi Fabricii [Fabricius]De fonte Martiali medicato Helmstadiensi Disquisitio. ... Helmstadii 1756: Schnorr. 39 S. 8°

Fabricius, Ph. Konr., († d. 19. Juli 1774.) Disquisitio de fonte martiali medicato Helmstad. 4. Helmstädt 756. (Weygand in Leipz.) 3 gl.

Philipp Konrad Fabricius

Noxiis ex cibis oriundos Effectus. [Resp.:] Ernestus Ludovicus Bruckmannus [Brueckmann]. Helmstadii (1751:) Schnorr. 34 S. 8°

Helmstedt, Med. Diss. v. 28. Okt. 1751

Fabricius, Ph. Konr., enumeratio methodica plantarum horti medici Helmstad. 8. Helmst. 759. Ed. II. 763. Ed. III. 776. Fleckeisen. 20 gl.

Philippi Conradi Fabricii [Fabricius] Enumeratio methodica plantarum horti medici Helmstadiensis subiuncta stirpium rariorum vel nondum satis extricatarum descriptione. Ed.2.,auctior. Helmstadii 1763: Drimborn. 448 S. 8°

Philippi Conradi Fabricii [Fabricius] Enumeratio methodica plantarum horti medici Helmstadiensis, secundum Linnei et Heidteri systema digesta stirpium rariorum vel nondum satis extricatarum descriptione subiuncta. Ed.3.,auctior posthuma. Helmstadii 1776: Kühnlin. 448,24 S. 8°

Philipp Konrad Fabricius

De Febre lenta post febrem continuam acutam simplicem vel continuam remittentem sequente rite sananda. [Resp.:] Fridericus Christianus Reupsch. Helmstadii (1763:) Drimborn. 29 S. 8°

Helmstedt, Med. Diss. v. 23. Dez. 1763

Philipp Konrad Fabricius

Genuinae calculi renalis Genesis. [Resp.:] Ernestus Augustus Pini. Helmstadii (1756:) Schnorr. 34 S. 8°

Helmstedt, Med. Diss. v. 20. Mai 1756

Philipp Konrad Fabricius

De Ichthyocolla. [Resp.:] Friedericus Guilielmus Stolze. Helmstadii (1756:) Schnorr. 28 S. 8°

Helmstedt, Med. Diss. v. 17. Febr. 1756

Idea anatomiae practicae, exhibens modum cadavera humana rite secandi, cum philiatris communicata. A Philippo Conrado Fabricio [Fabricius].Wetzlariae 1741: Typis Wincklerianis. 144 S. 8°

Philipp Conrad Fabricius, [Idea anatomiae practicae. Deutsch:] Von der Kunst zu zergliedern. Nach der 2.verm.Aufl. aus d.Lat. übers. u. mit eingeschalteten Stellen aus Lysers cultro anatomico verm. von Carl Franz Schröder. Kopenhagen: Rothe 1776. 296 S. 8°

Philipp Konrad Fabricius

Lethalitas vulnerum ventriculi secundum principia anatomica et medica expensa. [Resp.:] Aegidius Lungen. Helmstadii (1751:)Schnorr. 34 S. 8°

Helmstedt, Med. Diss. v. Mai 1751

Philippi Conradi Fabricii [Fabricius: Idea anatomiae practicae] Methodus cadavera humana rite secandi. Ed. altera auctior. Halae & Helmstadii: Hemmerde 1754. 177 S. 8°

— methodus cadavera hum. rite secandi. Ed. II. 8. Halle 774. Schwetschke u. S. 6 gl.

Philipp Konrad Fabricius

De Motibus convulsivis. [Resp.:] Christophorus Henricus Schobelt [Schobelt]. Helmstadii (1763:) Schnorr. 32 S. 8°

Helmstedt, Med. Diss. v. Juni 1763

Philipp Konrad Fabricius

De miris quibusdam Motibus spasmodico- convulsivis vagis. [Resp.:] Ioannes Bartholdus Hoffmannus [Hoffmann]. Helmstadii (1751:) Schnorr. 46 S. 8°

Helmstedt, Med. Diss. v. 30. Dez. 1751

Philipp Konrad Fabricius

De Nephritide. [Resp.:] Ioannes Fridericus Salfeldt. Helmstadii (1760:) Schnorr. 24 S. 8°

Helmstedt, Med. Diss. v. 7. Jan. 1760

Philippus Conradus Fabricius: Nonnullae Observationes anatomicae. Helmstadii (1751:) Schnorr. XVI S. 8°

[Einladungsschrift zur Dr. med.- Promotion von Johann Bertold Hoffmann. Helmstedt, 30. Dez. 1751.]

Philipp Konrad Fabricius

Observationes quaedam circa constitutionem morborum epidemicam anni 1750 adnotatae. [Resp.:] Iohann[es] Daniel Warnholtz. Helmstadii (1750:) Schnorr. 36 S. 8°

Helmstedt, Med. Disp. v. Nov. 1750

Philipp Konrad Fabricius

De Oleis destillatis aethereis. [Resp.:] Fridericus Wilhelmus Kicker. Helmstadii (1759:) Schnorr. 32 S. 8°

Helmstedt, Med. Diss. v. 24. Aug. 1759

Oratio inauguralis de autopsiae in medicina utilitate et praestantia... die 13. Dec. ann. 1748... publice auspicaretur, dicta a Philippo Conrado Fabricio [Fabricius]. Helmstadii(1748:) Schnorr. 32 S. 8°

Oratio sollemnis de insignibus incrementis et cultura quae scientia medica fundationi academiarum accepta refert quum Academia Iulia Carolina suum natalem 173. idibus octobris 1749 celebraret...dicta a Philippo Conrado Fabricio [Fabricius]. Helmstadii (1749:) Schnorr. 32 S. 8°

— Philipp Conrad, Oratio sollemnis de vita bene morata optimo valetudinis tutamento et ad longaevitatem praestanti juvamine. Helmstedt (Schnorr) 2. I. 1755. 36 S. (4.80) 8507

Fabricius, Ph. Conr., resp. Go. Albr. **Kipping**, De paralysi bracchii unius et pedis alterius lateris, dysentericis familiari. 42 pp. Helmst. 4°. *Haller*, Disp. ad morbos. 4°. Laus. 1757, I, 97—114.
1750

—, resp. Jo. Ge. **Kipping**, De paralysi bracchii unius et pedis alterius etc. 24 pp. Helmst. 4°. 1759

Programma academicum quo ad dubia a doctissimo quodam viro sibi circa analysin fontis medicati martialis Helmstadiensis mota respondet... Philippus Conradus Fabricius. Helmstadii (1757:) Schnorr. XVI S. 8°

Programma academicum quo ad sectionem et demonstrationem cadaveris sexus feminei decollati die 26. Sept. ... invitat et simul de cognitionis anastomoseos vasorum praecipue arteriarum in exercitio medicinae et chirurgiae... usu nonnulla disserit Philippus Conradus Fabricius. Helmstadii (1750:) Schnorr. 12 S. 8°

Programma academicum, quo facilitatem insignem extractionis foetus vivi et incolumis in parturientibus procidentia uteri sine inversione laborantibus tempestive tentatae... declarat simulque... ad lectiones suas... invitat Philippus Conradus Fabricius. Helmstadii 1748: Schnorr. 16 S. 8°

Programma academicum quo observationes nonnullas anatomicas superis sectionibus collectas recensere pergit ac simul... ad lectiones suas... invitat Philippus Conradus Fabricius. Helmstadii (1754:) Schnorr. 28 S. 8°

Programma academicum quo sectionem et demonstrationem publicam cadaveris hominis...ad diem 19. Ianuarii anni 1750 indicit et simul Observationes nonnullas anatomicas... recenset Philippus Conradus Fabricius. Helmstadii (1750:) Schnorr. 16 S. 8°

Philippi Conradi Fabricii [Fabricius] **Programma** academicum quo sylloges observationum anatomicarum ab anno 1754 ad annum 1759 in Theatro academico Helmstadiensi factarum communicat et novas suas lectiones... indicit. Helmstadii 1759: Drimborn. 28 S. 8°

Programma anatomicum quo sectionem et demonstrationem publicam... die 10. Martii ann. 1760... indicit et simul observata quaedam in corpore puellae variolis defunctae communicat Philippus Conradus Fabricius. Helmstadii (1760:) Drimborn. 15 S. 8°

Programma quo ad anatomen cadaveris sexus feminei in theatro anatomico Academiae Iuliae Carolinae die 23. maii et sequentibus anni 1749...invitat... Philippus Conradus Fabricius. Helmstadii (1749:) Schnorr. 16 S. 8°

Programma quo morbum et curationem iuvenis praegrandi musculorum abdominis inflammatione et periculosa puris in cavum illius effusione laborantis paracentesi in integrum restituti anatomico et medico considerat philiatrosque ad sectionem...cadaveris virilis adulti decollati... invitat Philippus Conradus Fabricius. Helmstadii (1749:) Schnorr 16 S. 8°

Prolusio academica qua disquiritur utrum secundum opiniones vulgares assidua tractatio studii medici et anatomici cumprimis plus taedii...quam amoenitatis coniunctum habeat,...? Quum...ad lectiones suas...invitaret...Philippo Conrado Fabricio [Fabricius]. Helmstadii (1749:) Schnorr. 16 S. 8°

Prolusio academica qua dubia quaedam circa novum systema evolutionis vasorum cutaneorum naturalis in morbo variolarum contingentia sibi enata exponit ac simul ... ad praelectiones... invitat Philippus Conradus Fabricius. Helmstadii (1751:) Schnorr. XVII S. 8°

Philipp Konrad Fabricius

De **Sale** alcali minerali fixo. [Resp.:] Iohannes Rudolphus Schulze. Helmstedii (1756:) Schnorr. 26 S. 8°

Helmstedt, Med. Diss. v. 6. Apr. 1756

Fabricius, Philipp Konrad: **Sammlung** einiger medicinischer Responsorum und Sections-Berichte. 95 S., gbd.

Helmstedt: typ.Schnorr 1754

— Samml. verschied. medicin. Responsorum u. Sectionsberichte, 2 Sammll. 8. Halle 764, 60. N. A. 772. Schwetschke u. S. 8½

Philipp Conrad Fabricii [Fabricius] **Sammlung** verschiedener medicinischer Responsorum und Sections-Berichte (2: Samlung [Sammlung] einiger medicinischer Responsorum und Sections-Berichte). [1.] 2. Halle & Helmstedt: Hemmerde (2: Helmstedt: Drimborn) 1760-72. 1 Bd 8°

[1:] Neue u.verm.Aufl. 1772.
2: 1760.

Sermo academicus de praecipuis Germanorum in rem herbariam meritis... die 25. Iunii ann. 1751... dictus a Philippo Conrado Fabricio [Fabricius]. Helmstadii (1751:) Schnorr. 20 S. 8°

Philipp Konrad Fabricius

De sulphuris aurati antimonii eximio **Usu** in arthritide nonnullis casibus illustrato. [Resp.:] Carolus Fridericus Bellerstedt. Helmstadii 1759: Schnorr. 26 S. 8°

Helmstedt, Med.Diss.v.6.Apr. 1759

Fabricius, Pistorius, erbauliches Zwiegespräch zwischen Kirchengemeinderat Stöffel u. seinem Weibe Käther üb. das Festessen bei der Investitur e. Pfarrers. Mit e. Orig.-Zeichng. v. Pet. Schnorr. 8. (14 S.) Stuttgart (901). A. Auer. —30

Fabricius, R., die Organisation des Verbandes schlesischer Hausbesitzer u. Handwerker-Genossenschaften u. der ihm angeschlossenen Genossenschaften. Ein Hand- u. Nachschlagebuch f. Vorstands- u. Aufsichtsrathsmitglieder. (IV, 144 S.) 8. Breslau 902. (W. Kimmer.) n. 2.—

Fabricius, Rudolf, aus Weimar: Über Pankreascysten. *Halle a. S. 1899: C. A. Kaemmerer & Co.* (27 S.) 8°
Halle, Med. Diss. v. 4. Aug. 1899

Fabricius, Rudolf Anton

— — De argumento ab amore ducto. Diss. philos. Präs. Gottlieb Samuel Treuer. Helmstedt (Hamm) 11. II. 1723. 48 S. mit Widm. v. Präs. (5.—) 8512

— — De hodierna cultura linguarum in florentissimis quibusdam Europae regionibus. Oratio auspic. Helmstedt (P. D. Schnorr) 19. II. 1731. 20 S. (4.—) 8513
Invitatio: Prorector Brandanus Meibom.

— **Rudolph Anton**, Ex historia Bonifacii selectae. Observat. miscell. Präs. Heinrich Philipp Guden. Helmstedt (H. D. Hamm) 12. X. 1720. 18 Seiten. (4.80) 8510

— — (Helmstedt), Oratio de oratione simplici in quovis studiorum genere in primis vero in rerum sacrarum tractatione optime adhib. composita. Helmstedt (H. D. Hamm) 1721. 20 S. (4.—) 8511

— — Programma quo Ludovici Septalii de ratione instituendae et gubernandae familiae libri a se reperti historiam enarrat eumque Phoenicem librorum non esse probat. Helmst. (P. D. Schnorr) 27. X. 1748. 16 S. (3.50) 8515

— — Observationum litterariarum in itineribus suis factarum trigam recenset. Helmstedt (P. D. Schnorr) 15. IV. 1731. 20 S. (3.50) 8514

Fabricius, Thom. Balth., Anleit. zur chemischen Analyse unorgan. Natur-Körper. 8. Kiel 810. Hesse. 20 ℳ

— Diss. inaug. de phthisi pulmonali. 8. Kiel 802.

— Neurologia. 8. Braunschw. 806. (Vieweg). 6 ℳ

— s. Pinel, Nosographie.

Fabricius, V., de diis, fato Joveque in P. Ovidii Nasonis operibus quae supersunt. gr. 8. (58 S.) Leipzig 898. (G. Fock.) n. 1. 20

— de Jove et fato in P. Vergili Maronis Aeneide. gr. 8. (24 S.) Ebd. 896. n. 1. 20

Fabricius, W., Predigt über 1 Kor. 10, 12. (Auf vielfaches Verlangen als Manuscript für Freunde gedruckt.) gr. 8. Meurs 840, Dolle. 1/12 ℔

— Predigt über Ephes. 5, 15—19. (Auf mehrfaches Verlangen gedruckt.) gr. 8. Ebend. 841. 1/12 ℔

Ein Appell an die Leser der Historischen Zeitschrift von Dr. W[ilhelm] Fabricius, Bibl., Posen. [Starnberg b. München 1903.] (15 S.) 8° [Umschlagt. F.]
Aus: Acad. Monatshefte. No 225. [Jg. 19, H. 9.] [03. 930 4

Fabricius, Wilhelm, appr. Arzt a. Mörs a. Rh.: Aus d. psychiatrischen Universitätsklinik in Bonn. Ein Beitrag zur klinischen Beurteilung des krankhaften Wandertriebes. Bonn 1908: S. Foppen. (53 S.) 8°
Bonn, Med. Fak., Ref. Westphal, Diss. v. 4. Aug. 1908
[Geb. 3. Okt. 81 Delling; Wohnort: Moers; Staatsangeh.: Preußen; Vorbildung: Gymn. Moers Reife O. 02; Studium: Bonn 5, Leipzig 1, München 1, Bonn 3 S.; Coll. 4. Aug. 08; Approb. 15. Juli 08.]

Wilhelm Fabris [Fabricius: Observationum et curationum chirurgicarum centuriae. Deutsch:] Chirurgische Beobachtungen und Curen. Aus d. Lat. mit Anm. u. Zusätzen aus d. neuern Chirurgie u. eigner Erfahrung von Friedrich August Weiz. Hundert 1-6. Flensburg & Leipzig: Korten 1780 - 83. 2 Bde 8°
Hundert 1.2 = [Bd 1]: 1780.
Hundert 3.4 = (Bd 2): 1782.
Hundert 5.6 = (Bd 3): 1783.

Fabriz v. Hilden, Wlh., 600 chirurgische Beobachtt. u. Kuren; aus d. Latein. v. F. A. Waiz. 3 Thle.; mit Kpf. gr. 8. Flensb. 780—83. (Hammerich in Altona). 3 ℔ 8 ℳ

FABRICIUS, Wilhelm (Mörs): Die Calabarbohne und ihre therapeuthische Verwerthung in der Augenheilkunde.- München: Wolf 1877. 30 S.
24.7.1877 - Urk (Titel: De faba calabarica et therapiae ophthalmiatricae adhibita.); Chr 1877/1878,9
Diss. Ingolst.-Landsh.-Mchn.

Fabricius, Wilh., die deutschen Corps. E. histor. Darstellg. m. bes. Berücksicht. d. Mensurwesens. M. zahlr. authent. Ill. im Text u. Vollbild. 1.—3. Lfg. 4. (272. S.) Berlin 898. H. L. Thilo. à n. 1. 85

Fabricius, Wilh., die deutschen Corps. Eine histor. Darstellg. m. besond. Berücksicht. des Mensurwesens. Mit zahlr. authent. Illustr. im Text u. Vollbildern. 4. Lfg. 4. (VIII u. S. 273—481.) Berlin 898. Leipzig, H. L. Thilo. n. 1. 85; (kplt. geb. n. 10 —); ermäßz. Preis n. 5. —; geb. n. 6. —

(B) Fabricius, Wilh., d. deutschen Corps. 898. Jetzt: Berlin, R. Trenkel. Geb. 10.—; in Perg. 12. 50

[F.] Fabricius, Wilhelm [aus Gross-Umstadt in Hessen]: Die Akademische Deposition. Beiträge z. Deutschen Litteratur- u. Kulturgeschichte, spec. z. Sittengeschichte d. Universitäten ... Frankfurt a. M., Druck v. L. Lichtenberg, 1895; 79 S. 8.
Freiburg i. B., Phil. Fak., Inaug.-Diss. v. 1895

— die akademische Deposition. (Depositio Cornuum.) Beiträge z. deutschen Litteratur- u. Kulturgeschichte, spec. z. Sittengeschichte d. Universitäten. gr. 8. (76 S.) Frankfurt a/M. 895. K. Th. Völker. n. 2. —

Eine Deposition im 17. Jahrhundert. Nach gleichzeit. Quellen bearb. von Dr. [Wilhelm] Fabricius. [Marburg]. Zur Erinnerung an d. Giessener Univ.-Jubiläum 1907. München 1909: (Gerber). 19 S. 8°
[Aus: Akad. Monatshefte. 25. 12. 1909.] [09. 6735 4

Fabricius, Wilh., Erläutergn. z. geschichtl. Atlas d. Rheinprovinz, s.: Publikationen d. Gesellschaft f. rhein. Geschichtskunde.

Geschichte und Chronik des Kösener S.C.-Verbandes. Nach d. Akten. Von Dr. W[ilhelm] Fabricius. Marburg a. L.: N. G. Elwert 1907. (V, 113 S.) 8° [F.] [07. 4116 4

— dasselbe. Nach den vom h. K. S. C. V. zur Verfügg. gestellten Akten u. anderen Quellen. 2., wenig veränd. Aufl. (VIII, 113 S.) gr. 8. Berlin 910. Schweitzer & Mohr. 2. 50

Karte der politischen und administrativen Eintheilung der heutigen Preussischen Rheinprovinz für das Jahr 1789. Bearbeitet und entworfen von WILH. FABRICIUS. 1 : 160000. ib. 1894. — Blatt I. Kleve-Düsseldorf. — II. Elberfeld-Essen. — III. Aachen. — IV. Köln. — V. Wetzlar. — VI. Trier. — VII. Kreuznach-Saarbrücken.

Die Karte von 1789. Einteilung u. Entwickelung d. Territorien von 1600 bis 1794 von Dr. Wilhelm Fabricius. *Bonn: H. Behrendt 1898.* (XLIV, 788 S.) 8°
= Erläuterungen z. Geschichtl. Atlas d. Rheinprovinz. Bd 2
= Publikationen d. Gesellschaft f. rhein. Geschichtskunde. 12. Erläuterungen. Bd 2. [98. 38-9

Fabricius, Wilh., die beiden Karten der kirchlichen Organisation, 1450 u. 1610. — Kirchliche Organisation im Bereich der heutigen Rheinprovinz am Ende des Mittelalters, um d. J. 1450, s.: Publikationen der Gesellschaft f. rheinische Geschichtskunde. XII.

(Fabricius, Wilhelm:) Katalog der Bibliothek des Verbandes alter Korpsstudenten. Ostern 1909. Marburg 1909: (Brandstetter, Leipzig). 48 S. 8°

Fabricius, W. Hild., observat. et epistolae chirurg. medicae, II part. ed. Henninger. 4. Argent. 719.

Kirchliche Organisation und Verteilung der Confessionen im Bereich der heutigen Rheinprovinz um das Jahr 1610. (Bearb. u. entworfen von Dr. W[ilhelm] Fabricius.) Masst.: 1:250,000. Blatt 1—4. (Bonn: H. Behrendt 1902—03; Lith. F. Wirtz, Darmstadt.) (4 Kartenbl. je 42×64 cm.) [Kopft.] [kol.]
= [Publikationen d. Gesellschaft f. rhein. Geschichtskunde. 12,6.] [07. 1030

Das Hochgericht Rhaunen von Dr. Wilhelm Fabricius. Mit 6 Karten. *Bonn: H. Behrendt 1901.* (XVIII, 99 S.) 8°
= Erläuterungen z. geschichtl. Atlas d. Rheinprovinz. Bd 3
= Publikationen d. Gesellschaft f. Rhein. Geschichtskunde. 12, (6.) [01. 1183

Die Rheinprovinz im Jahre 1789. Übersicht d. Kreiseintheilg. Bearb. u. entw. v. Dr. W[ilhelm] Fabricius. Maassst.: 1:500,000. *Bonn: H. Behrendt 1897.* 1 Ktnbl. gr. 2. (☐).
= Atlas, Geschichtl., d. Rheinprovinz. Lfg. 4.
= Publicationen d. Gesellschaft f. rhein. Geschichtskunde. [Bd] XII. [Lfg] 4. [98. 4103

Die Rheinprovinz im Jahre 1789. Uebersicht d. Staatsgebiete. Bearb. u. entw. v. Dr. W[ilh.] Fabricius. Masst. 1:500000. *Bonn: In Comm. b. H. Behrendt 1898.* 1 Ktnbl. gr. 2. (☐)
= [Atlas, Geschichtl., d. Rheinprovinz. Lfg 5.]
= Publicationen d. Gesellschaft f. Rhein. Geschichtskunde. [Bd] XII. [Lfg 4.] [98. 9310

Fabricius, Wilhelm, Referendar in Darmstadt: Sind Verkehrshypothek und Sicherungshypothek des Bürgerlichen Gesetzbuchs „akzessorische Rechte"? Darmstadt 1908: G. Otto. (VII, 78 S.) 8°
Gießen, Jur. Fak., Ref. Biermann, Diss. v. 27. Mai 1908
[Geb. 20. Juni 82 Oppenheim; Wohnort: Darmstadt; Staatsangeh.: Hessen; Vorbildung: Herbst-Gymn. Mainz Reife M. 02; Studium: Freiburg i. B. 2, Berlin 1, Freiburg i. B. 1, Gießen 2 S.; Rig. 1. April 08.]

Die Studentenorden des 18. Jahrhunderts und ihr Verhältniss zu den gleichzeitigen Landsmannschaften. Ein kulturgeschichtl. Versuch von Wilh. Fabricius. Mit 4 Taf. Jena: Dobereiner 1891. 102 S. 8°
Recens: Bh. 36 (1892) S. 184 (R. Taute).
Die Taf. enthalten Ordens- u. Erkennungszeichen, Chiffren u. Stammbuch-Einträge.
23. 25.

Fabricius, Wilhelm: Theophanes von Mytilene und Quintus Dellius als Quellen der Geographie des Strabon. . . . Strassburg, J. H. Ed. Heitz (Heitz & Mündel), 1888; VIII + 235 S. u. 1 Kart. 8°
Strassburg, Phil. Fak., Inaug.-Diss. v. 1888

Fabricow, J. Fr., Gegendeclarationen wider Spangenberg, die Brüderunität betreffend. 8. Frankf. u. Leipz. 751.

Fabriczy, Cornel v., Filippo Brunelleschi. Sein Leben u. seine Werke. gr. 8. (XXXIX, 636 S.) Stuttgart 892. J. G. Cotta Nachf. n. 20. —

Fabriczy, Cornelius v., der Cicerone, s.: Burckhardt, Jac.

Fabriczy, Cornel v., die Handzeichnungen Giuliano's da Sangallo. Kritisches Verzeichnis. gr. 8. (III, 132 S.) Stuttgart 902. (O. Gerschel.) n.n. 10. —

Medaillen der italienischen Renaissance von Cornelius v. Fabriczy. Mit 181 Abb. *Leipzig: H. Seemann Nachf. [1902].* (108 S.) 4°(8°)
— Monographien d. Kunstgewerbes. 9. [illegible] 6

Fabrik, die, oder Bildung d. Auges u. die verschied. Dinge welche das Gesicht verletzen oder verderben, zum Dienst derer, so blöde oder geschwächte Augen haben; aus d. Engl. übersetzt v. Theod. Arnold. 8. Lemgo 760. Meyer. 2 ℳ

(U.-Titel:) In die Fabrik. | Wegweiser | für | Fabrikmädchen. | Dritte Auflage. | Donauwörth. 1889. | Druck und Verlag der Buchhandlung L. Auer. | Agentur in New York bei Jos. Schaefer, | 60 Barclay Street 60. (= *Schutzengelbrief*, 33).
14 S. + 2 S., Anzeigen, 116 × 80, Fig. S. 8: *Engel beten das Sakrament an*, 57 × 31.

Fabrik photographischer Apparate a. A. vorm. R. Hüttig & Sohn: Haupt-Katalog. Dresden (1907)

Fabrik für Beleuchtungs-Anlagen vormals G. Himmel, G. m. b. H.: Musterbuch. 2. Aufl. Tübingen 1902

Fabrik, Chemische, auf Actien (vorm. E. Schering): Medizinische Spezial-Präparate. 2. Aufl. Berlin 1907

Fabrik für Spezialnähmaschinen A.-G. (Patente Julius Gutmann), Zürich V.... Gebrauchs-Anweisung zur Automatischen Knopflochmaschine «Zürich» für Fuss- und Kraftbetrieb. [Mit 1 Tafel.] II + 12 S. 8. Zürich, Art. Institut Orell Füssli, [1901].

Fabrik elektrischer Zünder: Einiges über die praktische Verwendung der elektrischen Zündung im Bergbau. Köln a. Rh. (1904?)

Fabrik elektrischer Zünder: Elektrische Minenzündung. Köln a. Rh. (1904?)

Fabrik elektrischer Zünder: Elektrische Zündung. Köln a. Rh. (1904?)

Fabrikant, Der, oder das war ein fürstlicher Zeitvertreib. Ein Originallustspiel in drey Aufzügen. Wien 1789. V: *Weidmann, Paul.* (Jahrb. d. Grillp.-Ges. XIII.)

Fabrikant, der. Organ für die Interessen des Fabrikbetriebs. Hrsgbr.: Moritz Jaffé. 1.—3. Jahrg. 1882—1884. à Jahrg. 12 Nrn. (Bog.) 4. Wien, Administration. à Jahrg. **

Fabrikant, der geprüfte, d. Rauch- u. Schnupftabaks. 8. Wien 806. Rehm. 16 ℳ

Fabrikant, der, von London. Schausp. v. Falbaire. 8. Frkft. Andreä. 772.

— — dass. 8. Lpz. Jacobäer. 771.

Fabrikant, Der Toggenburger, aus der 1. Hälfte des 19. Jhdts. ... St. Gallen 1855. V: *Hungerbühler, Joh. Matthias.* (Ky)

Fabrikant, der Toggenburger, aus der 1. Hälfte des 19. Jahrhunderts. Dargestellt in dem Leben des Matthias Näf von Niederutzwyl. Ein Erbauungsbüchlein für Viele, besonders für Solche, welche ohne Arbeit und Sparsamkeit Herren werden wollen. Herausg. von einem Freunde der Arbeiter (J. M. Hungerbühler). Mit dem Bildniß des Matth. Näf (in Stahlst.). St. Gallen 855. Scheitlin u. Zollikofer. 8. (70 S.) n. 18 ngr

Fabrikant-Gokun, Tscharna. Ueber den Einfluss einiger Salze auf die zeitlichen Veränderungen der Viscosität von Colloiden. Aus dem gerichtlich-medizinischen Institut der Universität Zürich .... Diss. Med. Univ. Zürich. 16 S. 4. Zürich, Schereschewsky, 1910.

Fabrikanten-Adressbuch. Bezugsquellen-Nachweiser sämmtl. Fabrikate der Eisen-, Stahl- u. Messingwaaren-Branche u. der verwandten Geschäftszweige, alphabetisch nach Artikeln geordnet, zusammengestellt u. systematisch bearb. v. L. Post u. C. Sandfort. 12. (IV, 288 S.) Hagen 880. (Hammerschmidt.) n. 4.50

Fabrikanten-Adressbuch. Adressbuch der Dampfbetriebe im Königr. Sachsen u. den Thüringischen Staaten. Ein vollständ. Verzeichniss der Fabriken, Brauereien, Mühlen, Ziegeleien etc. m. Dampfbetrieb branchenweise, im Königr. Sachsen nach Orten, Kreishauptmannschaften bezw. Amtshauptmannschaften, in Thüringen nach Orten u. Einzelstaaten geordnet. 1902. 8. (XX, 144 u. 89 S.) Dresden (Holze & Pahl). n. 10.—

Fabrikanten-Adressbuch der Bijouterie-, Gold- u. Silberwaren-, Edel- u. Halb-Edelstein-, sowie Bernstein-, Elfenbein- u. Schildpatt-Industrie. Hrsg. v. Theophil. Weber. (44 u. 5 S.) gr. 8. Leipzig 907. Th. Weber. 8. —

— deutsches. Ein Verzeichnis v. üb. 20000 renommierten u. leistungsfäh. Fabrikanten u. Produzenten des Deutschen Reiches, m. genauer Angabe ihrer Spezialerzeugnisse, Arbeiterzahl, Betriebskräfte usw. Jahrg. 1910/11. (XIV, 836, 76, 14 u. 26 S.) Lex. 8. Leipzig, Schulze & Co. Geb. in Leinw. nn 15. —

Fabrikanten-Adressbuch d. Erzgebirges u. Vogtlandes (Königr. Sachsen) 1891. Bearb. nach behördlich rev. Orig.-Unterlagen. gr. 8. (XVI, 95 S.) Dresden, Markgrafenstr. 15, Verlagsexpedition d. Fabrikanten-Adressbuchs. (Leipzig, Th. Stauffer.) n.n. 5. —

— der gesamten Metall-Industrie Deutschlands. Königr. Preussen. Abteilg.: Prov. Westfalen. Hrsg. v. Theophil Weber. (71 u. 76 S.) gr. 8. Leipzig 908. Th. Weber. Geb. in Leinw. 4. —

— dasselbe. Abteilg.: Königr. Sachsen. Hrsg. v. Theophil Weber. (55 u. 88 S.) gr. 8. Ebd. 908. 4. —

Fabrikanten- u. Bezugsquellen-Adressbuch, neues, f. Herrenkleidermacher u. d. ges. Herrengarderoben-Branche in Verbindg. m. e. Lieferanten-Verzeichn. aller z. Wiederverkauf geeign. Bedarfsartikel f. Herren u. Knaben. gr. 8. (48 S.) Dresden 896. Exped. d. Europ. Modenzeitg. n. — 75

Fabrikanten-Adreßbuch d. Königr. Sachsen 1875/1876. gr. 8. (189 S.) Dresden 875. Badt. 10. —

— vom Königr. Sachsen u. der Thüringischen Staaten. Bearb. nach behördlich revidirten Orig.-Unterlagen v. O. Flohr. gr. 8. (XXXII, 208 S.) Dresden 893. (O. Damm.) n.n. 8. —; geb. n.n. 9. —

— des Königr. Sachsen u. der Thüringischen Staaten. Bearb. nach meist behördlich revidirten Orig.-Unterlagen v. O. Flohr. gr. 8. (XXXVIII, 234 S.) Dresden (900). (O. Damm.) Geb. n.n. 9. —

Fabrikanten-Adress-Buch der Schweiz. Herausgeg. v. *Th. Weber*. Gr. 8°. XXXXIII, 236 S. Basel, Th. Weber. 1900 Geb. 8

Fabrikanten-Adress-Buch der Schweiz. Hrg. von Theophil Weber. 8. [geb. *je fr.* 10. —]
[3. Aufl.] II + 258 S. Basel, Th. Weber, 1901.
4. Aufl. II + 311 S. Basel, Th. W', 1902.
6. Aufl. VIII + 331 S. Basel und Leipzig, Th. W', 1904.
8. Aufl. II + 321 S. Basel und L', Th. W', 1906 (**Umschlag:* 1905).
5. u. 7. Aufl. vergriffen.

Fabrikanten-Zeitung, allgemeine. Central-Organ f. die gesammten wirthschaftl. Interessen der deutschen Industrie. Red.: F. W. Kunis. 1. Jahrg. 1874. 52 Nrn. (B.) Fol. Leipzig 874. M. Schäfer. n. 10. —

Fabrikanten- u. Färberzeitung, oder die neuesten Fortschritte der Wollen-, Seiden-, Linnen- u. Baumwollenmanufacturen, sowie der Färberei aller Stoffe u. des Zeugdrucks, des Seidenbaues, des Posamentirgewerbes u. der Bandfabrication. 6 Hfte. gr. 4. (Mit Steindrucktaf.) Weimar 844, 45, Voigt. 2 ß 8$^{3}/_{4}$ ngl

— dies. 2. Bd. 6 Hfte. u. 3. Bd. 1.—3. Hft. Mit Steindr. gr. 4. Ebend. 845, 46. 1. Hft. $^{1}/_{2}$ ß 2. u. 3. Hft. 16$^{1}/_{4}$ ngl 4. u. 5. Hft. à $^{3}/_{8}$ ß 6. Hft. u. 3. Bd. 1. Hft. à $^{1}/_{4}$ ß 3. Bd. 2. Hft. 8$^{3}/_{4}$ ngl 3. Hft. $^{3}/_{8}$ ß

Fabricanten- u. Färberzeitung, od. die neusten Fortschritte der Wollen-, Seiden-, Linnen- u. Baumwollenmanufacturen, sowie der Färberei aller Stoffe u. des Zeugdrucks, des Seidenbaues, des Posamentirgewerbes u. der Bandfabrikation. Hrsg. v. Alex. Schultz. 3. Bd. 4—6. Hft. Mit 9 lith. Taf. gr. 4. (IV S. u. S. 97—188.) 4. Bd. 6 Hfte. Mit 9 lith. Taf. gr. 4. (IV u. 188 S.) 5. Bd. 1—4. Hft. Mit 18 lith. Quertaf. gr. 4. (S. 1—128.) Weimar 847—52, Voigt. 3. Bd. 4. Hft. 13$^{3}/_{4}$ ngl 5. Hft. $^{3}/_{8}$ ß 6. Hft. 8$^{3}/_{4}$ ngl 4. Bd. 1. Hft. $^{5}/_{12}$ ß 2—5. Hft. à 8$^{3}/_{4}$ ngl 6. Hft. $^{1}/_{4}$ ß 5. Bd. 1. Hft. 8$^{3}/_{4}$ ngl 2. Hft. $^{1}/_{2}$ ß 3. Hft. $^{3}/_{8}$ ß 4. Hft. $^{7}/_{12}$ ß

Fabricanten- und Färberzeitung, oder die neuesten Fortschritte der Wollen-, Seiden-, Leinen- u. Baumwollenmanufactur, sowie der Färberei aller Stoffe u. des Zeugdruckes, des Seidenbaues, des Posamentirgewerbes u. der Bandfabrication. 5. Bd. 5. u. 6. Heft. Mit 11 lith. Taf. (in 4.) — 6. Bd. 1—6. Heft. Mit 19 (lith.) Taf. Weimar 853—56. Voigt. gr. 4. (5. Bd.: IV, S. 129—186; 6. Bd: 188 S.) 3 ß 6$^{1}/_{4}$ ngl

Fabrikantoff, Nadine. L'Hématurie hystologique dans les néphrites épitheliales. Thèse Méd. Genève: No 154. *Kopftitel:* Clinique Médicale de l'Université de Genève. 41 p. 8. Wœrishofen, Buchdr. & Verlags-Anstalt W', 1907.

Fabrikarbeiter, die jugendlichen. Berlin 1879

Fabrikarbeiter (Die jugendlichen). 8°. Hamburg 1879.

Fabrikarbeiter-Verhältnisse (Ueber die) der Baseler Industrie. 8°. Basel 1843.

Fabricate des Torfwerkes Feilenbach bei Aibling in Oberbayern, ihre Herstellung und Verwendung. Aibling 1880

Fabrikation, die, des Bleizuckers u. der essigsauren Thonerde nach den neuesten Verbesserungen. 8. Nürnberg 841, Leuchs u. Comp. n. $^{5}/_{12}$ ß

Fabrikation, die einfachste u. schnellste, der künstlichen Hefen. Herbg. von e. bewährten Techniker. 2. Aufl. Breslau 869. Jacobsohn & Co. 8. (28 S.) n. 5 ngr

Fabrikation, die, des Eisens. Von E. Flachat, A. Barrault u. J. Petiet. Atlas mit erläut. Texte. 3 Lfgn. Imp. Fol. (92 lith. Taf. u. 115 S. Text in 4.) Leipzig 847—51, Brockhaus. (à n. 9 ß) n. 27 ß

— die enthüllte, der Pfund-Wärme. Berl. 820. L. Oehmigke. 5 ß 2e Aufl. Ebd. 820. 16 gl.

Fabrikation, die, d. Grundessenzen comp. äther. Oele, Farben u. sonst. Hilfsmittel. Recepttaschenbuch f. Destillateure, äther. Oele- u. Essenzen-Fabrikanten, Drogisten u. verw. Fächer. (Von E. Hennersdorf.) 2. (Titel-)Aufl. 12. (XXII, 118 S.) Groitzsch (888) 895. G. Reichardt. n. 2. 50

Fabrikation, die, des Holzessigs nach verbesserter Methode, u. die verschied. Arten seiner Anwendung. Nebst e. Anweis. zur Bereitung der Kohlensäure. Nach Kestner, Penot, Lampadius u. A. Mit Abbild. in Steindr. 8. Quedlinb. 832. Basse. 10 gl

Fabrikation, die, des Porzellans, Steinzeugs, d. Fayencen, Majoliken u. Ziegel, s.: Miniatur-Bibliothek.

— die, der Rauchtabak-Pfeifen aus Holzmasern, Meerschaum, Thon- u. Türkenerde, u. der chemischen Feuerzeuge. Nebst Unterr. beim Beschlagen, Einkauf, Anrauchen, Behandeln u. s. w. d. Pfeifenköpfe; So wie auch Diätetik u. Vorsichtsmaßregeln f. Raucher, Schnupfer u. Biertrinker. 8. Ulm 830. Ebner. 22 gl

— die, des Rums, aus gewöhnl. Korn- u. Kartoffelbranntwein nebst einer prakt. Anleitung zur Reinigung u. Entfuselung des Branntweins. Mit 2 Kupfertaf. 8. Erfurt 841, Hennings u. Hopf. $^{1}/_{3}$ ß

40 Jahre Fabrikationsgeschichte der Firma Seidel & Naumann, Dresden. 1868—1908. — (Berlin: Eckstein 1908.) 75 S. 4° [Umschlagt.]

Fabrikatur, ächte, des Dunkerker u. engl. St. Omer, auch aller gangbaren Sorten Rauch- u. Schnupftabake, mit Kpf. 8. Hamb. 787. (Campe). 1 ß

Fabrikbetriebe, die, und ihre Arbeiter im Bezirk der Handels- und Gewerbekammer Plauen 1893. 95 und 98. Plauen 1893-98

Fabrikbetriebe (Die) und ihre Arbeiter im Bezirk der Handels- und Gewerbekammer Plauen. gr. 8°. Plauen 1894.

Fabrikbetriebe, die, und ihre Arbeiter im Bezirke der Handelskammer Plauen. 1905. Plauen 1905

Fabriken, die deutschen chemischen, im Besitze von Aktien-Gesellschaften. Statistisches Jahrbuch üb. die Vermögensverhältnisse u. Geschäftsergebnisse im Betriebsj. 1898/99. 2. vollständig umgearb. u. verm. Aufl. gr 8. (XVI, 234 S.) Leipzig 900. Verlag f. Börsen- u. Finanzliteratur. Geb. in Leinw. n. 8. —

Fabriken, Vereinigte, für Laboratoriumsbedarf, G. m. b. H.: Preis-Verzeichnisse über Apparate und Geräthschaften für alle Laboratoriums-Arbeiten im Gebiet der allgemeinen Chemie. Liste Nr 60. (1908?) ff. Berlin

Fabriken, Vereinigte, für Laboratoriumsbedarf, G. m. b. H.: Preis-Verzeichnisse über Apparate und Geräthschaften für alle Laboratoriums-Arbeiten im Gesammtgebiet der Biochemie. Liste Nr 54. (1908?) ff. Berlin

Fabriken, Vereinigte, für Laboratoriumsbedarf, G. m. b. H.: Preisverzeichnisse über Krankenhauseinrichtungen. Liste Nr 94. 1909 ff. Berlin

Fabriken- und Manufakturen-Adress-Lexicon von Teutschland und einigen angränzenden Ländern . . . Weimar 1798—99. V: *Gädicke, Johann Chn.* (MGT)

Fabriken-Register der Provinz Westfalen, s. Handels- und Fabriken-Register.

Fabriken- u. Manufakturen-Zustand in Böhmen 1792. gr. 8. Dresd. 793. Walther. 4 gl

Fabrik- und Gewerbs-Freund, Sächs., mit vielen lithogr. Beilagen u. Titelvign. 1r Bd. 24 Numm. gr. 4. Dresden 836, 37. Rau's lithograph. Anstalt. n. 2 ß

Fabrikgesetz. Eidgenössisches F'. Protokoll über die Verhandlungen der eidgenössischen Expertenkommission betreffend Revision des eidg' Fabrikgesetzes. 1907/1908 = Loi fédérale sur les fabriques. Procès-Verbaux des Délibérations de la Commission fédérale d'experts concernant la revision de la loi féd' sur les fabr'. 383 S. 4. Bern, Neukomm & Zimmermann, 1909.

Fabrikgesetze, die, Englands seit 1833. In deutscher Uebersetzung hersg. auf Veranlassung des k. k. Handelsministeriums. Wien 869. k. k. Hof- u. Staatsdruckerei. Lex.-8. (VI, 132 S.) n. 16 ngr

Die englischen Fabrikgesetze. In deutscher Übers. hrsg. von Benno Karpeles. *Berlin: E. Felber 1900.* (XL, 481 S.) 8° [illegible] 7

Fabrik-Gesetzgebung d. deutschen Reiches u. der Einzelstaaten. Handbuch f. den prakt. Gebrauch v. Beamten, Arbeitgebern u. Arbeitnehmern bearb. v. e. Mitgliede d. Reichstags u. d. Hauses der Abgeordneten. 8. (XVI, 208 S.) Berlin 873. Kortkampf. n. 4. —

Fabrikgesetzgebung, die, des Russischen Reiches. Uebers. nach der Ausg. der Gewerbeordng. (Bd. XI, Thl. II des Codex der Reichsgesetze) v. 1887 u. nach den Fortsetzgn. v. 1890, 1891 u. 1893. gr. 8. (48 S.) Riga 894. N. Kymmel's Sort. n. 2. —

— dasselbe. Nachtrag u. Fortsetzg. gr. 8. Ebd. 894. n. 2. —
Gesetznovelle vom 15. März 1894 üb. die Reorganisation der Fabrikinspection u. die Dampfkesselsteuer; Instruction f. die Beamten der Fabrikinspection; Erläuterungen zu einzelnen Artikeln der Gewerbeordnung. (IV, 60 S.)

Fabrikgesetzgebung, die, d. Russischen Reiches. E. Handbuch f. Fabrikanten u. Gewerbetreibende. 2., verb. u. verm. Aufl. Uebers. u. erläut. n. d. Ausg. d. Gewerbeordng. (Bd. XI, Thl. II d. Codex d. Reichsgesetze) v. 1893, unter Berücksicht. d. b. z. Aug. 1895 erschien. Verordngn. gr. 8. (VI, 176 S.) Riga 895. N. Kymmel's Sort. n. 4. —

Über Fabrikgesetzgebung, Schiedsgerichte und Einigungsämter. (Schriften des Vereins für Sozialpolitik 3) Leipzig 1873

Die vorgeschrittene **Fabrikgesetzgebung**. Die Fabrikgesetze d. Colonie Neu-Seeland v. 18. Oct. 1894 u. 12. Oct. 1896. Hrsg. v. Dr. Eugen Schwiedland, Privatd. d. Wiener Univ. *Wien: Manz 1897.* (90 S., 1 Bl.) 1 Bd 8. [98. 39

Fabrikgesetzgebung (Zürcherische) vom Beginn des 14. Jahrhunders an bis zur Schweizerischen Staatsumwälzung. In chronologischer Ordnung mit Uebergehung von minder wichtigen Mandaten und Wiederholungen zusammengestellt von Ad. Bürckly-Meyer. 4°. Zürich, Druck von Ulrich u. Co., 1884.

Fabrikindustrie, Die, des Zollvereins. Leipz. 1848. V: *Junghans, Carl*. (EB)

Fabrikindustrie, die, d. Zollvereins. [Keine Schutzzölle, nur Finanzzölle!] (Auszug aus Junghanns' Schrift „der Fortschritt d. Zollvereins".) gr. 16. (84 S.) Leipzig 848, Weidmann. 3 ngl.

Fabrikleri. D' Fabr'. Aarau 1910 s. A[llenspach], J[oseph] U[rban].

Fabrikmädchen (Nur ein). Dessen Lebensgeschichte, Einzelheiten aus dem Fabrikleben, sowie Auszüge aus verschiedenen Briefen, nebst einem Vorwort von Isabel Mary M. Kenward. Aus dem Englischen von Carl Krause. 8°. Konstanz und Emmishofen, C. Hirsch, 1895.

Fabrikmädchen, d. schöne, od. d. Geheimnisse e. großen Stadt. Roman. 100 Hfte. gr. 8. (2424 S. m. je 1 Bild.) Berlin 895. Verlagshaus f. Volkslitteratur u. Kunst. à — 10; in Bdn. à — 50

[Umschlagt.:] [Ant. u. F.] Das schöne **Fabrikmädchen** oder die Geheimnisse einer grossen Stadt. (In 100 Hftn.) *Berlin: Verlagshaus f. Volkslitt. u. Kunst [1897].* (2424 S., 100 Taf.) 1 Bd 8. [97. 3678

Kammgarnspinnerei Schaffhausen in Schaffhausen. Fabrik-Ordnung. Genehmigt von der h. Regierung... 2. Juni 1880. 8 S. 8. Schaffhausen, H. Meier & Cie., 1902.

Fabriks-Advokat, der. Sammelwerk f. Fabriks- u. Handelskontors, f. Vereine, Korporationen, Gewerbe- u. Wirtschafts-Genossenschaften, f. Aktien- u. Handelsgesellschaften. (In 4 Bdn. [4 Büchern].) 1. Bd. 2 Tle. 2., erweit. Aufl. (XII, 523 u. IV, 559 S.) 8. Wien (XIII/1, Maxingstr. 2) 907. 08. Verlag der Zeitg. „Die Arbeit". Geb. in Leinw. 8. 50

Fabriks-Feuerwehr, die (Beiblatt zur Zeitschrift für Gewerbehygiene) 1895 bis 1907 4° Wien 1895-07

Fabriksgesetz, Das Eidgenössische. Von einem Glarner. Winterthur [1877]. V: *Schuler, Fridolin.* (Bibliogr. d. Schweiz. Landeskunde. Bern 1892 ff. V, 9 f.)

Fabriksherr, Der. Eine Geschichte der jüngern Zeit ... Aachen 1852. V: *Kloth, Frz Arnold Gregor.* (Ky)

Fabrikherr, der. Eine Geschichte der jüngern Zeit. Hrsg. von G. K(loth). gr. 12. (500 S.) Aachen 852, Cremer. 1 ℔

Die **Fabriksindustrie** des Königreichs Ungarn. Hrsg. vom Kgl. Ungar. Handelsminister. (Vorr.: Josef Szterényi *Budapest 1901: (Franklin-Verein).* (VIII, 211 S.) 8° [03. 7036

Fabrikstatistik, schweizer., nach d. Erheb. d. eidgen. Fabrikinspektorats. 1895. 4° Bern 1896

Fabrikstatistik. Schweizerische Fabrikstatistik nach den Erhebungen des eidg. Fabrikinspektorates vom 5. Juni 1901 hrg. vom Schweiz. Industriedepartement. — Statistique suisse des fabriques établie d'après les relevés faits le 5 juin 1901 par les inspecteurs fédéraux des fabriques. Publiée par le Département fédéral de l'industrie. XXXVI + 149 S. 4. Bern, A. Benteli, 1902. [fr. 3. —]

Fabrikstatut der Maschinenfabrik König & Bauer in Zell b. Würzburg. Würzburg 1873

Fabrikwesen Berlins (Das) in den Jahren 1805—61. (Besonderer Abdruck aus dem Königl. preuss. Staatsanzeiger.) 8°. Berlin 1868.

Fabrik- u. Maschinen-Wesen (Das) oder der Einfluss des Fabrik- und Maschinen-Wesens auf die physischen, sittlichen, politischen und wirthschaftlichen Zustände des Völkerlebens. gr. 8°. Schaffhausen, Brodtmann'sche B., 1844.

Fabrik- u. Manufakturwesen, das Preußische, von e. Patrioten beleuchtet. 8. Berl. 800. Maurers B. 10 ℳ

Fabrique de chaussures pour l'armée de Poeschl, Flesch et Pollak à Vienne, Autriche. Vienne [1868]. V: *Pollak, David Heinr.* (EB)

Fabrique, le, des crayons de A W Faber à Stein. 4° Nuremberg 1861

FABRIS, ANTON: Echo resonans, oder Cherubinisch-Seraphinisches auf Erden wiederhallendes Lob-Gesang. Das ist: Demütigst-verpflichte höchst-schuldigste Lob- und Ehren-Rede, An die Allerheiligste, unbegreifliche, unzertheilte Dreyfaltigkeit, in welcher Das irdischen Wissenschaften verhüllte, unermessentliche und unergründliche Geheimnuss der Allerheiligsten Drey-einigen Gottheit nach Kräften des menschlichen Verstandes auß dem im Himmel Cherubinisch-Seraphischen erschallenden und auf Erden von einer Preysswürdigsten Englischen Ertz-Bruderschaft als einen Echo wiederhallenden Lob-Gesang entworffen An dem hohen Titular-Fest des Barfüsser-Ordens Der Allerheiligsten Dreyfaltigkeit in eigener Closter-Kirchen zu Groß-Comoren, da sie ihre Würdens-Wahlen erneuerte. Pressburg 1734. Gedr. bey Joh. Paul Royer. 8 f. - kl. 4°

Fabris, C., d. Haus Savoyen. A. d. Ital. v. R. Marselli. gr. 8. (66 S.) Turin 895. (C. Clausen.) Kart. n. 2. —

Fabris, Christian. Predigt gehalten den Tag vor dem feyerlichen Bundesschwure zwischen der Krone Frankreich. und den Helvetischen Freystaaten In der... Stifts-Kirche zu Solothurn und... in Druck gegeben Von Ch' F'.... Auf den vierzehnten Sonntag nach Pfingsten. 8. *o. O.* 1777.

Fabris, Chr., sechs Predigten. 8. Constanz 785. (Doll in Augsb.) 8 gr.

Fabritius, Hans, das Büchlein gleichstimmend. Wörter, aber ungleichs Verstandes, s.a. Grammatiken, ält. deutsche, in Neudrucken.

—— Das Büchlein gleichstimmender Wörter, aber ungleichs verstandes herausg. von John Meier. Strassburg 1895. 16.
A. u. d. T.: Ältere deut. Grammatiken in Neudrucken herausg. von J. Meier. I. . . . . (D.)

Fabritius, J. D., Geschichte des Hauses Putbus. Greifswald 1732. 4.

Fabritius, Jos., die Mineralquellen zu Zaizon in Siebenbürgen. Naturhistorisch u. medicin. dargestellt. gr. 8. Wien 845. (Kronstadt, Nemeth.) n. 8 ngl

Fabritius, Karl, Gemälde, s.: Vermeer v. Delft. Jan.

FABRITIUS, KARL: Aus alten Meßbüchern und Brevieren. In: Arch. f. siebb. Landeskde. NF. Bd. 10 1872, S. 373-385.

FABRITIUS, KARL: Namen und Verwendung der Jesuiten, welche von 1730-1773 in den siebenbürischen Ordenshäusern wirkten. Nach den gedruckten Jahrescatalogen der Ordensprovinz Österreich zusammengestellt von K. Fabritius. In: Arch. f. siebb. Landeskde. Bd. 11. 1873, S. 167-252.

— Photogravüren nach bek. Gemälden, s.: Vermeer v. Delft.

Fabritius, Karl, der Prozess des Schässburger Bürgermeisters Johann Schuller von Rosenthal. (Aus dem Archiv für Kunde österreich. Geschichtsquellen.) (Wien 853. Gerold.) gr. 8. (80 S.) n. 15 ngl

Fabritius, K., s.: Urkundenbuch zur Geschichte d. Kisder Kapitels.

Fabritius, Karl Moritz Eduard

Fabritius, K. Mor. Ed., († ... 1822.) Apologie des dogmatischen Protestantismus nach seinen kirchl. u. christlich-religiösen Verhältnissen zum reinen Katholicismus. 8. Stuttg. 814. Steinkopf. 8 gr.

— Denkmal Paul Sarpi. 8. Lpz. 791. Fr. Fleischer. 10 gr. Holl. P. 16 gr.

— über Gebet, Gebetbücher u. die Nothwendigkeit einer geschärften Staats- u. Kirchen-Polizei. gr. 8. o. O. (Regensb.) 803. Montag u. W. 1 rth

Fabritius, K. M., Geschichte des Hochstifts Lüttich. gr. 8. Leipz. Weidmann. 792.

Fabritius, Karl Moritz Eduard, s. Geschichte d. Preuß. Separatfriedens.

— Jesus Christus, der gute Hirte u. treue Seelenfreund in Korrektions- u. Zuchthäusern. Eine Rede. 8. Heidelb. 821. Mohr. 4 gr.

— der Schaden Josephs u. seine Heilung, oder vertraute Worte an Priester u. Leviten, Staatsgelehrte u. Kultminister, Freunde u. Feinde des christl. Offenbarungsglaubens, vorzüglich Deutschlands künftig. Bischöfen gewidmet. 8. Heidelb. 822. Mohr. 9 gr.

Fabritius (Canonikus), Spiegel eines wahrhaft christlichen Kirchen-Aufsehers oder Bischofs und Christenlehrers aus den Zeiten der Apostel und den nächst daran stoßenden zum näheren Vergleich mit dem gegenwärtigen Zustande des Christenstaats unter Katholiken und Protestanten. gr. 8. Stuttgart, Steinkopf. 817.

— üb. den herrschenden Unfug auf deutschen Universitäten, Gymnasien u. Lyceen, oder Geschichte d. akadem. Verschwörung gegen Königthum, Christenthum u. Eigenthum. gr. 8. Mainz 822. Müller. 18 gr.

Fabritius, Karl Moritz Eduard, s. Untauglichkeit unsers Zeitalters. . .

— über d. Werth u. Vorzüge geistl. Staaten u. Regierungen in Deutschland. 2 Thle. 8. Frankf. u. Leipz. 797—99. Schwan u. G. in Manh. 1 rth. 4 gr.

Fabriz von Hilden, Wilhelm

s.: Fabricius(Hildanus), Wilhelm

Fabrizi, Paolo: Ueber die am Ohr vorkommenden Operationen. (Résumé des leçons de médecine opératoire acoustique professées à l'École pratique de Médecine de Paris. Dt.) Frei nach dem Französischen bearb. und mit Beiträgen versehen von K(arl) G(ustav) Lincke. 128 S., gbd., 3 Taf.

Leipzig: Meissner 1842

JB 4.316

Fabrizius, ..., s. Lützelberger, E. C. J., das Protevangelium Jacobi.

Fabrizius, Fr. Don., s. Fabricius.

Fabroni, Adam, s. Fabbroni, Adam

Fabroni, Angelo

Fabronius, Aug. Vie de Laurent de Médicis. Trad en franç. par N. Serionne. 8. Pise, Berlin 1791.

Fabronius, Angel., vitae Italor. doctrina excellent. 5 Vol. 8. Florent. et Lips. Weidmann. 778.

Fabroni, Jh. Bapt., Vers. v. Ackerbaue, übers. u. mit Anmerkk. vers. v. Jh. R. Forster. gr. 8. Berl. 782. Haude u. Sp. 14 gr.

Φάβρου, Ε., στοιχειώδης καὶ πρακτικὴ γραμματικὴ τῆς γερμανικῆς γλώσσης συνταχθεῖσα μὲν πρωτοτύπως. Μεταφρασθεῖσα δὲ ἐκ τοῦ γαλλικοῦ ὑπὸ διδάκτορος E. Reineck καὶ Δ. Ι. Λογιωτατίδου. 8. (213 S.) Halle 874, Buchh. des Waisenhauses. *

Fabrucci, s.: Guide, nouveau, de conversations modernes.

Fabry, s. Anleitung, Praktische, zur Erzeugung der . . . Schafwolle.

Fabry: Neueste Ansichten über Wolle u. Schafzucht, s. Jotemps, Vicomte Perrault de

Die **Himmelsfreuden** nach den Visionen der Geheimen Offenbarung in Fastenhomilien von **Franz Fabry**, Kaplan zu Münster. *Münster i. W.: Aschendorff 1903.* (VI, 128 S.) 8° [F.]

Fabry, Frz., die Himmelsfreuden nach den Visionen der geheimen Offenbarung in Fastenhomilien. 2. Aufl. (VII, 128 S.) 8. Münster 904. Aschendorff. 1.50

Lauda Sion! Der Abendmahlssaal auf Sion. Ein Oster-Zyklus von Homilien über d. allerheil. Altarssakrament. Homilet. Festgabe z. Einweihung d. Mariä-Heimgangs-Kirche auf Sion von Franz **Fabry**, Rektor d. St. Antonius-Basilika in Rheine. Münster i. W.: Aschendorff 1910. VII, 312 S. 8°

Fabry, Hermann, aus Jülich: **Aus d. med. Klinik zu Bonn.** Direktor: Herr Geheimr. Prof. Dr. Schultze. **Drei Fälle von Stirnhirntumoren.** *Bonn 1904: E. Eisele.* (32 S.) 8°
Bonn, Med. Diss. v. 17. Febr. 1904

FABRY, IGNAZ: Die Restauration des Elisabeth-Domes zu Kaschau. In: Mitt. d. Centr. Com. Jg. 4. 1859, S. 201-204.

Fabry, Johann (geb. am 1 Juni 1860 in Jülich): Ueber musculären Schiefhals ... Bonn, Hauptmann'sche Buchdr. 1885. 29 S., 1 Bl. 8.
Bonn, Med. Fak., Diss. v. 31 März 1885

Fabula breviter complectens historiam topographicam Graecij . . . Graecij 1721. V: *Prembel, Siegmund.* (EB)

Fabula de matrona ephesina, ex Petronio. 8. Halle 785. Schwetschke u. S. 1 gr.

Fabulae Aesopicae. Ad optimorum librorum fidem accurate editae. Nova edit. stereot. C. Tauchnitiana. Nova impressio. Leipzig 868. Holtze. 16. (190 S.) 5 ngr.

Fabulae Aesopicae collectae. Ex recognitione Car. Halmii. 8. (XIV u. 215 S.) Lipsiae 852, Teubner. 1/4 ₰

Fabulae Aesopicae collectae. Ex recognitione Car. Halmii. 8. (XIV, 215 S.) Leipzig 874, Teubner.

— Aesopicae graece rec. I. C. G. Ernesti. 8. Lips. Weidmann. 781.

— —. vide Esopus.

Fabulae centum, ex antiquis auctoribus delectae, et a Gabr. Faerno Cremonensi carminibus explicatae. In usum scholarum edid. Fr. A. Boysen. 8. Lips., Iunius. (Gleditsch). 798.

Fabulae Romanenses graece conscriptae. Ex recensione et cum adnotationibus Alfr. Eberhard. Vol. 1. quo. cont. de Syntipa et de Aesopo narrationes fabulosae partim ineditae. 8. (XII, 310 S.) Leipzig 872. Teubner. 3. 75

Fabulae ex P. Ovidii Metamorphoseon lib. XV. in us. adolescent. selectae et expurgatae, ceterum editae e recens. Pt. Burmanni, cur. Th. Ph. Chr. Kaisero. 8. Hof 807. Grau. 12 ℋ

Fabulae ex libris Metamorphoseon Ovidii selectae. 8. Düsseldorpii, Dänzer. 819.

— ex libris Metamorphoseon Ovidii select. 8. Düsseld. Ed. alt. 827. Dänzer. 6 ℋ

Fabularum Babrianarum paraphrasis Bodleiana. Ed. P. Knoell. (XII, 77 S.) Wien 877. Hölder. n. 2. 40

Faby, Bernh., Ueber das Aderlassen im Kindbette. 8. Grätz 799. Kienreich. 1 ℋ

Façaden u. Details moderner Wiener Bauten (Renaissance u. Barock). 30 Bl. Lichtdr. gr. Fol. Wien 894. A. Schroll & Co. In Mappe. n. 30. —

Façaden neu aufgeführter Gebäude in Wien. 1. u. 2. Liefg. Mit 20 Kupfertaf. qu. 4. Wien 844, Müller. 3½ ₰

Façaden neu aufgeführter Gebäude in Wien. 3. Lfg. qu. Imp. 4. (10 Kpfrtaf.) Wien 847, Müllers Wwe. 1⅔ ₰ (1—3: 5 ₰)

Façaden städtischer Wohngebäude. Entworfen u. ausgeführt v. Becker & Schlüter, Brost & Grosser, Ende & Böckmann etc. 25 Blatt (in Stahlst.) Auswahl aus dem Architekten. Skizzenbuch. Fol. (1 Bl. Text.) Berlin 886. Ernst & Korn. In Mappe. n. 20. —

Façadenbuch. Sammlung von Façaden neu ausgeführter Wohnhäuser und Orig.-Entwürfe, nebst Grundrissen und Details. I.—IV. Sammlung. à 30 Stnt. Aufgenommen und gez. von W. Schuffenhauer. 4. Berlin 865—67. [Leipzig, Scholtze.] à Sammlung * 2 Thlr. 10 Ngr. *

Façadenbuch. Sammlung von Façaden neu ausgeführter Wohnhäuser und Orig.-Entwürfe, nebst Grundrissen und Details. 1.—4. Sammlung. à 30 (lithogr.) Taf. Aufgenommen und gezeichnet von W. Schuffenhauer. 2. (Titel-) Aufl. 4. Leipzig (865—66)68,69, Scholtze. cart. à Sammlung *ℳ 7. *

Façadenbuch, Wiener, 1860—1890. 75 Façaden von Palais, Wohn-, Zins- u. Geschäftshäusern, ausgeführt in Wien in den J. 1860—1890 von Abel, Adam, Bäumer etc. 20 Foliotaf. in Lichtdr. nach den Orig.-Stichen d. Werkes: Wiener Neubauten. Serie A. Privatbauten. (4 S Text.) Wien 892. Ad. Lehmann. In Mappe. n. 16.—

— dasselbe. II. 1690—1740. 40 Façaden v. kaiserl. u. Privat-Palästen, ausgeführt in Wien in den J. 1690 – 1740 von J. B. Fischer v. Erlach, L. Hildebrand, Martinelli u. s. w. 40 Foliotaf. in Lichtdr. nach den Orig.-Aufnahmen v. S. Kleiner, E. Fischer v. Erlach u. s. w. (Sep.-Ausg. d. Werkes: „Wien vor 150 Jahren".) Fol. (1 Bl. Text.) Ebd. 892. In Mappe. n. 24. —

Façadengemälde, Die, am Hause zum »weissen Adler« in Stein a. Rh. O. O. [1883]. V: *Vögelin, Friedrich Salomon.* (Cat. d. Stadtbibl. Zürich. Zürich 1864—97.)

Facchini, Cesare, stehendes Heer od. Miliz? s.: Zeitfragen, hrsg. vom Vaterlands-Verein. 7. Hft.

Facciolati, Giacomo

Facciolati, Jac., Fasti Gymnasii Patavini. Lips. 758. 4. 2 rthlr. 16 gr.

— Lexicon totius latinitatis Opera et studio a Forcellini. 4 Tomi. fol. Patavii. (Gleditsch in Leipzig). 771.

Facciolati, J., Aeg. Forcellini, et J. Furnaletti, lexicon totius latinitatis. Nunc demum juxta opera R. Klotz, G. Freund, L. Döderlein aliorumque recentiorum auctius, emendatius, melioremque in formam redactum curante Franc. Corradini. Fasc. I—XIII. Patavii. (Venedig, Libreria alla Fenice. — Münster.) gr. 4. (Vol. I.: XX, 932 S.) Jedes Heft n. 25 ngr.

Facciolati, J., Aeg. Forcellini, et J. Furlanetti, lexicon totius latinitatis. Nunc demum juxta opera R. Klotz, G. Freund, L. Döderlein aliorumque recentiorum auctius, emendatius melioremque in formam redactum curante Franc. Corradini. Tom. II. Fasc. 12. et Tom. III. Fasc. 1—5. Imp.-4. (2. Bd. S. 881—975. u. 3. Bd. S. 1—384) Patavii 871—75. (Venedig, Münster.) à n.n. 2. 50 (I—III, 5. n.n. 75. —)

Facciolati, J., Aeg. Forcellini et J. Furlanetti, Lexicon totius latinitatis. Nunc demum juxta opera R. Klotz, G. Freund, L. Döderlein aliorumque recentiorum auctius, emendatius melioremque in formam reductum, curante Franc. Corradini. Tom. III, fasc. 6—10. Imp.-4. (3. Bd. S. 385—784.) Patavii 876—79, (Venedig, Münster.) à Fasc. * ℳ 2,50. * *
1. und 2. Bd. und 3. Bd. Fasc. 1—5. (Ebendas.) 1—75. **ℳ 75.
Vgl.: Forcellini, Aeg.

Facciolati, Jacob, Oratio latina lingua non est ex grammaticorum libris comparanda. Habita in seminario Patavino coram Georg Card. Cornelius. Accedit syntagma breviss. de linguae latinae ortu, interitu ac reparatione, deque ejus scriptoribus ad seculum usque XVII. recensuit Jo. Georg Walch. Patavii 1713. Lpz. (Joh. Ludw. Gleditsch & Mor. Gg. Weidmann) 1715. 4 Bl., 24 Seiten. (4.80) 8516

Facciolati, J., orationes et alia ad dicendi artem pertinentia. 8. (Nürnb.) 751. Monath u. K. 10 ℋ

— — Cum praef. J. C. a Neuenstein. Vienn. 751. 8. 16 gr.

Facciolati, Jac., Orationes de optimis studiis. Acc. laudatio funebris, commentariolus de lingua latina et exercitationes aliae. Patav. 723. 8. Curante Apino. Lips. 725. 8. 7 gr.

Faccius, Jh., († b.. 1775.) s. Jh. Bapt. Silvester.

Fáček, Frz., die Streitfrage über die Benützung der Prager Gassengründe durch die Karolinenthaler Gasanstalt. Prag 869. (Rziwnatz.) gr. 8. (39 S.) n. 10 ngr.

Faces Augustae ... nuptiis ... Friderici Augusti ... et ... Mariae Amaliae Augustae ... sacratae. [1769.] V: *Miegius, Johann Friedrich.* (Bem I, 1, S. 457)

Facetiae latinae. Sammlung humorist. Aufsätze aus der latein. Literatur des 16. u. 17. Jahrh. (1. Hft.) 8. (28 S.) Berlin 881. M. Schulze. n. — 50

Facetus, A., s.: Humor, der, im Reichstage.

Fach, Bruno: Chemische Untersuchungen über Roterden und Bohnerztone. Freiburg i. B.: Speyer & Kaerner 1908. 54 S. 8°

Freiburg i. B., Phil. Diss. v. 1908, Ref. Gattermann

[Geb. 25. Juli 83 Stuttgart; Wohnort: Stuttgart; Staatsangeh.: Württemberg; Vorbildung: Realgymn. Stuttgart Reife Juli 01; Studium: Tübingen 3, Stuttgart Techn. Hochsch. 3, Freiburg i. B. 5 S.; Rig. 28. Apr. 08.] [U 09. 998

[**Fach, Ernestus**]: * De acidi stibici, quae dicuntur, modificationibus. 60 S. 4° (2°)

Halle-Wittenberg, Phil. Diss. v. 24. Febr. 1868

Geb. [Herford (Westf.) 25. 9. 1841]

Das Rigorosum war am 13. Juni 1866.

Fach, J. H. E., Elementarbuch zum Gebrauch für Schüler in den Unterklassen der Volksschulen, während des Unterrichts in allen anfangs vorkomm. Lehrgegenständen u. zur Selbstbeschäftigung, so wie auch für den Lehrer als Leitfaden u. geordneter Stoff zum Unterricht. 8. (Mit 1 lith. Blatt.) Bielefeld 843, Velhagen u. Klasing. 3 *ng*

Fachadressbuch, zahnärztliches, 1907. Enth.: Deutschland, Oesterreich-Ungarn, Schweiz. (III, 181 S.) 8. München (907). (H. Kutzner.) Geb. 3. 50

Fachadressbücher, schweizerische. I.—IX. Abth. gr. 8. Zürich 889. 890. C. Schmidt. n. 23. 25

I. Das Baugewerbe u. zugehörige Geschäftszweige. (117 S.) n. 2. —
II. Aerzte, Apotheker, Chirurgen, Zahnärzte, Hebammen, chemische Industrie u. verwandte Geschäftszweige. (64 S.) n. 1. 20
III. Colonial-Waaren, Landesproducte u. verwandte Geschäftszweige. (216 S.) n. 5. —
IV. Handel, Finanz- u. Verkehrswesen, Advokaten u. Notariate etc. (60 S.) n. 1. 50
V. Holzindustrie u. dazugehörige Geschäftszweige. (111 S.) n. 2. —
VI. Hötelwesen, Wirthschafts-Industrie u. dazugehörige Geschäftszweige. (151 S.) n. 2. 80
VII. 1. Kurz-Waaren. 2. Manufactur-Waaren. (36 u. 194 S.) n. 5. —
VIII. Metallwaaren-Industrie. (99 S.) n. 2. 25
IX. Textil-Industrie. (60 S.) n. 1. 50

Fachadressbücher, schweizerische. 10. Bd. gr. 8. Zürich 890. C. Schmidt. n. 2. — (kplt. in 1 Bd.: n. 20. —)

Uhrmacherei, Gold- u. Silberwaaren; Optiker u. vervielfältigende Künste. (56 S. m. 1 Lichtdr.-Taf.)

Fachadressbücher, schweizerische. I. u. VI. Abth. gr. 8. Zürich 894. C. Schmidt. n. 6. 50

I. Bau- u. Maschinenwesen u. zugehörige Geschäftszweige. 2. Aufl. gr. 8. (229 S.) n. 3. 50
VI. Hötelwesen, Wirthschafts-Industrie u. zugehörige Geschäftszweige. 2. Aufl. (135 S.) n. 3. —

Fachbach E. v. Lahnbach, Jos., s.: Fercher v. Steinwand, Briefe.

Fachbericht über eine Studienreise in die Schweiz und nach Süddeutschland. Bozen 1891. V: *Mach, Edmund.* (EB)

Fachberichte aus dem Gebiete der schweizerischen Gewerbe im J. 1886. Hrsg. vom Zentralvorstand der Schweiz. Gewerbevereine. 4. (XIII, 156 S.) St. Gallen 887. (Zürich, Höhr.) n. 2. —

Fachberichte aus dem Gebiete der schweizerischen Gewerbe im Jahre 1887. Herausgegeben vom Centralvorstand des schweizer. Gewerbevereins. Gr. in-8°, XXIII u. 176 S. Zürich, in Commission bei S. Höhr. 1888 2 —

Fachberichte aus den Gebieten der schweizerischen Gewerbe in den Jahren 1886 und 1890-95. (264 S) 4° Bern 1887-96

Fachberichte. Fach-Berichte über die Pariser Weltausstellung im Jahre 1900. Hrg. vom Schweizer. Gewerbeverein. ([Redigiert von] Werner Krebs.) [Illustriert.] XII + 415 S. kl.-4. Bern, Büchler & Co., 1901. (fr. 3. 50, 5 Ex. fr. 15. —)

Fach-Bibliothek f. Bau-, Kunst- u. Maschinenschlosser, f. Mechaniker, Maschinenbauer u. Schmiede. 1.—3. Bd. gr. 8. Berlin 890. Polytechn. Buchhandlg. à n. 1. —

1. Die Anlage der Röhren- od. Abessinier-Brunnen. Die Grundwasser- u. Bodenverhältnisse, ihre Güte u. Nutzbarmachg. f. den Brunnenbau. Die rationelle Aufstellg. der Abessinier-Brunnen, ihre Bauart u. Leistungsfähigkeit, sowie die in Betracht komm. Bohrmethoden, Geräthschaften, Pumpen, techn. u. Preis-Berechngn. Ein prakt. Handbuch f. Alle, welche sich m. dem Brunnenbau befassen, f. Schlosser, Maschinenbauer, Brunnenbauer, Architekten, Ingenieure u. Behörden, sowie e. Leitfaden f. Fachschulen v. Alfr. Friedeberg. (VIII, 64 S. m. 80 Holzschn. u. 3 lith. Taf.)
2. Handbuch f. Kunstschlosser. Lehrt das stilgemäße Entwerfen v. Gitterwerken aller Art, das Kunstschmieden u. Kunsttreiben, sowie die Herstellg. aller der verschiedenartigen Theile, aus denen ein Gitterwerk zusammengesetzt wird. 2 Thle. m. mehr als 340 Zeichngn. Ein prakt. Führer f. Meister, Gesellen u. Lehrlinge, f. Architekten, Zeichner u. Ingenieure, sowie e. Leitfaden f. Fachschulen v. Alfr. Friedeberg. (X, 33 S. m. 20 lith. Taf.)
3. Der Nähmaschinenbau in seiner Entwickelung u. die entsprechende Verwendung der verschiedenen Systeme v. H. W. Lind. (53 S. m. Abbildgn.)

Fach-Bibliothek f. Bau-, Kunst- u. Maschinenschlosser, f. Mechaniker, Maschinenbauer u. Schmiede. 5., 7., 12., 26. u. 30. Bd. 8. Berlin, Polytechn. Buchhandlg., A. Seydel. n. 6. 50

5. Die neueren Sicherheitsschlösser. Bearb. v. Jul. Hoch. Mit 89 Textfig. u. 4 Taf. (V, 75 S.) 891. n. 1. —
7. Eisenkonstruktionen. I. Thl.: Die schmiede- u. gußeisernen Frei- u. Wendeltreppen, m. e. Anh., enth. Gewichtstabellen v. Façoneisen. Ein Handbuch f. den prakt. Handwerker v. Heinr. Greve. (VI, 42 S. m. 20 Textfig. u. 5 Taf.) 892. n. 1. —
12. Der praktische Gasinstallateur. Kurzgefaßtes Handbuch bei Gasbeleuchtungs-Einrichtgn. Mit vielen Abbildgn. im Text. Von F. H. Aschner. (IV, 48 S.) 891. n. 1. —
26. Die Fabrikation v. Nähmaschinen u. die Reparaturen derselben. Winke f. Nähmaschinenhändler u. Reparateure v. H. W. Lind. Mit 36 Textabbildgn. (VIII, 225 S.) 891. n. 2. — (Mit Bd. 3 zusammen in 1 Bd. u. d. T.: Das Buch v. der Nähmaschine. n. 3. —; geb. n. 3. 50)
30. Recepte f. die Werkstätten-Praxis. Eine Sammlg. rationeller Vorschriften f. alle in den Werkstätten der Metallindustrie vorkomm. Arbeiten. Hilfsbuch für Schlosser, Mechaniker, Gürtler, Klempner 2c., Broncearbeiter, Metallarbeiter, Metallwaarenfabriken u. a. v. Geo. Buchner. (V, 111 S.) 892. n. 1. 50

Fachbibliothek des Edelmetall-Gewerbes. 8. u. 9. Bd. 8. Leipzig, H. Schlag Nachf. Geb. in Leinw. 5. 50

8. Der Juwelier u. das Fassen. Hilfs- u. Lehrbuch beim Fassen v. Edel- u. Halbedelsteinen, m. e. Anh.: kurzgefaßte Steinkunde. Von Frdr. Joseph. 2. Aufl. (VII, 166 S.) 908. Geb. 2. 50
9. Der praktische Graveur. Ein Lehr- u. Handbuch f. den Graveur u. Goldschmied, sowie verwandte Gewerbe. Ausführliche Anleitg. zur Erlerng. der Gravierkunst, m. Zeichngn. u. Beispielen. Von Rob. Neubert. (IV, 152 S.) 907. Geb. 3. —

Bisher unter den Einzeltiteln aufgenommen.

Eine eisenhüttenmännische **Fachbibliothek**. Düsseldorf: Verein Deutscher Eisenhüttenleute 1909. 15 S. 8° [10. 16810

Fachbibliothek, gärtnerische. Nr. 1. Hrsg.: Allgem. deutscher Gärtnerverein. 8. Berlin, Verlagsbuchh. des allgem. deutschen Gärtner-Vereins. — 50

Die Kultur u. Treiberei der Rosen. Von Paul Charton. Gelegentlich des IV. Preisausschreibens des allgemeinen deutschen Gärtnervereins m. e. silbernen Medaille preisgekrönte Arbeit. Anh.: Liste v. 300 der besten Rosen aller Klassen. (32 S.) 901.

Fachbibliothek des Handwerkers u. Gewerbetreibenden. I. kl. 8. Dresden, Gewerbe-Buchh. n. — 50

Fachliteratur der Metallindustrie. Lehrbücher u. Vorlagenwerke f. Bau-, Kunst- u. Maschinenschlosser, Hufschmiede u. Wagenbauer, Klempner u. Blecharbeiter, f. Gold- u. Silberschmiede, Juweliere, Gürtler etc. Mit e. Aufsatz üb. Kunst u. Gewerbe v. H. Muthesius. (61 S.) (905.)

Fachbibliothek für Uhrmacher. Halle
1. Hillmann B, der Kronenaufzug. (37 S) 1910. — 2. Testorf F, die Elektrizität als Antriebskraft für Zeitmessinstrumente. (205 S) 1910. — 3. Eyermann E, chemisch-technisches Rezeptbuch für Uhrmacher. (113 S) 1912.

Fachblatt der Berufsorganisation kaufmännischer Gehilfinnen und Beamtinnen des Verbandes katholischer Vereine erwerbstätiger Frauen und Mädchen Deutschlands. (Schriftleitung: Amalie v. Schalscha-Ehrenfeld.) Jg. [1]-8, 1. — Berlin: Germania in Komm. 1910–17. 4° u. 8°

Fachblatt f. Frauenberufe. Mit der Beilage „Das Pensionat". Schriftleitung P. Daebne. 13. Jahrg. 1910. 24 Nrn. (Nr. 10. S S.) Leipzig, F. A. Körner. 4. — Bisher u. d. T.: Pensionat, das. — Von Nr. 10 an unter dem neuen Titel.

Fachblatt f. Gas-, Wasser-, sow. f. d. ges. Beleuchtungswesen u. Maschinen-Industrie. Hrsg. v. Leop. Chiba. 1. Jahrg. April 1898—März 1899. 24 Nrn. (à ca. 12 S. m. Fig.) gr. 4. Wien, Redaktion u. Administration. n. 5. —; einz. Nrn. n. — 40

Fachblatt f. Gas-, Wasser-, sowie f. das gesammte Beleuchtungswesen u. Maschinen-Industrie. Officielles Organ der Genossenschaft der Gas- u. Wasserleitungs-Installateure in Wien. Hrsg. u. Red.: Leop. Chiba. 2. u. 3. Jahrg. 1899 u. 1900. à 24 Nrn. gr. 4. (à ca. 8 S. m. Fig.) Wien (Spielhagen & Schurich). à Jahrg. n. 6. —

Fachblatt f. Heilgehilfen, Krankenpfleger u. Masseure. Liste angebotener u. gesuchter Stellen. Hrsg.: Rob. Hahn. 1. Jahrg. Novbr. u. Dezbr. 1904. 4 Nrn. (82 S.) Lex.-8. Berlin, P. Quack. n. — 80

— dasselbe. 2. Jahrg. 1905. 24 Nrn. (à ca. 8 S. m. Abbildgn.) Lex.-8. Ebd. n. 8. —

— f. Holzarbeiter. Hrsg. vom deutschen Holzarbeiter-Verband. Red.: Ernst Deinhardt. 1. Jahrg. Mai 1906 —April 1907. 12 Hfte. (à ca. 16 S. m. Abbildgn. u. Taf.) 4. Stuttgart (P. Singer). n. 4. 80

— f. Holzarbeiter. Hrsg. vom deutschen Holzarbeiter-Verband. Red.: Frz. Kißner. 2—5. Jahrg. 1907—1910. à 12 Hefte. (à ca. 24 S. m. Abb. u. Taf.) 31×22,5 cm. Berlin, Verlagsanstalt des deutschen Holzarbeiter-Verbandes. à Jhrg. 4.80; geb. nn 5. 50

— f. Holzbearbeitung. Zeitschrift f. die gesammte Holzindustrie, insbesondere f. Möbel- u. Bautischler, Holzdrechsler, Zimmermeister, Wagner, Binder u. Korbflechter. Mit Gratisbeilagen: Vorlagen f. moderne Holzarbeiten. Hrsg. unt. Mitwirkg. bewährter Fachmänner v. Jacques Sachs. Chefred.: Alfr. Springer. Red.: Carl Fritscher. 1. Jahrg. Octbr.—Decbr. 1900. 6 Nrn. gr. Fol. (à ca. 12 S.) Wien, Sachs' Verl. n. 3. —

— dasselbe. Officielles Organ des „Bund der Zimmermeister Niederösterreichs" u. des „Meisterverein der Holzdrechsler" in Wien. Mit Gratisbeilagen: Vorlagen f. moderne Holzarbeiten. Hrsg. unter Mitwirkg. bewährter Fachmänner v. Jacques Sachs. Red.: Carl Fritscher. 2. u. 3. Jahrg. 1901 u. 1902. à 24 Nrn. gr. Fol. (à ca. 8 S. m. Abb.) Wien, Sachs' Verl. à Jahrg. n. 12. —

Fachblatt f. Holzbearbeitung, Fortsetzg., s.: Tischler-, Drechsler- u. Zimmerer-Zeitung, österreichische.

Fachblatt, illustr., f. die gesamte Glas-, Porzellan- u. Steingut-Industrie. Red.: M. W. Wilrich. 1. u. 2. Jahrg. Apr. 1893—März 1895. à 52 Nrn. (à ca. 1 Bog.) gr. 4. Zittau, Pahl. à Jahrg. n. 12. — Nr. 1—16 des 1. Jahrg. erschienen u. d. T.: Keramik.

— illustr., f. d. gesamte Glas-, Porzellan- u. Steingut-Industrie. Red.: M. Wilrich. 3. Jahrg. Apr. 1895—März 1896. 52 Nrn. (à 1 Bog.) gr. 4. Zittau, Leipzig, Pahl. n. 12. —

— dasselbe u. f. alle Zweige d. Thonwaren-Industrie. Red.: F. C. Höna. 4.—6. Jahrg. April 1896—März 1899. à 52 Nrn. (à ca. 2 Bog.) gr. 4. Ebd. à Jahrg. n. 6. —
Kann auch vierteljährlich bezogen werden.

Fachblatt f. Innen-Dekoration, insbesondere der Möbel-, Teppich-, Tapeten-, Vorhänge- u. Möbelstoff-Industrie. 1. Jahrg. 1890. 24 Nrn. (1¼ B.) Fol. Darmstadt, Koch. n. 10. —

— f. Innen-Dekoration, s.: Zeitschrift f. Innen-Dekoration.

Fachblatt für Spielwaren, Kurzwaren und verwandte Branchen. (Jg. 1, No 1.) Berlin: (Fachblatt-Verl., G. Barschack) 1906. 4° [F.] (ez. 4p.)

(F) **Fachblatt** zum Verordnungsblatte für das Schulwesen im Herzogtume Kärnten. 4°. erscheint in 24 Nrn. kompl. K 2.—
Klagenfurt: Kleinmayr 1904.

Fachbücher, buchgewerbliche. 1. Hft. 4. Danzig 905. (Leipzig, G. Hedeler.) n. 1. —
Neuzeitliche Linien f. Akzidenzsetzer. Bearb. u. hrsg. Von Alfr. Wendler. Beispiele zeitgemässer Linienanwendgn. im modern. Akzidenzsatz. Mit 16 Taf. Satzbeispielen u. 4 Orig.-Zeichngn. (24 S.)

Fächer, alte u. neue, aus der Wettbewerbung u. Ausstellung zu Karlsruhe 1891. Hrsg. vom bad. Kunstgewerbe-Verein. Vorwort v. Herm. Götz. Text v. Marc Rosenberg. 12 Lfgn. Fol. (69 Taf. in Heliograv. u. Lichtdr. m. III, 14 u. XI S. illustr. Text.) Wien 892. Gerlach & Schenk. In Mappe. n. 75. —; geb. n. 80. —

Fächer, Die beiden. Ein Lustspiel in einem Akte. Zweyte Auflage. Prag u. Leipzig 1778. V: *Scholz, Maximilian.* (WBL 31/211) (Bespr. Theaterjournal für Deutschland 1778, 7. Heft, S. 196) (BIBLPORT) »Prag 1777«. »Dritte Ausgabe. Pilsen 1794« (GGR V, S. 399, sub 3)

Fächer-Kalender f. 1891. 8. (12 farb. Taf., in Fächerform ausgestanzt.) München, Stroefer. In Karton. 1. 50

Fächer-Kalender, Fromme's, pro 1886. Wien, Carl Fromme. 60 kr.

Fächer-Kalender, Fromme's, für das Jahr 1887. II. Jahrg. Wien, Fromme. fl. —.60.

Fächersprache für Damen. Aus d. Spanischen. Berlin, o. J. 24°. (50 Pfg., eleg. cart., A. Bielefeld, vor 1885.)

Fächer-Sprache der Königin Isabella. Nach span. Orig. bearb. von Fenella. Berlin 870. Janke. 16. (15 S.) n. 5 ngr.

Fächer-Sprache der Königin Isabella. Nach span. Original bearb. v. Fenella. 2. durch 24 Cotillon-Touren verm. Aufl. 16. (31 S.) Berlin 874. Janke. n. — 50

Fachgenosse, Der. Organ für die Interessen der Glas-, Porzellan- u. Thonwaren-Industrie. Amtliches Organ der Central-Kranken- u. Sterbekasse der Glasarbeiter (E. H.). Red.: J. G. Feder. Jhg. 1—5. 1885—1889. Dresden, Hamburg. Fol.

Fachgenosse, der. Organ f. die Interessen der Glas-, Porzellan- u. Thonwaaren-Industrie. Amtliches Organ der Central-Kranken- u. Sterbe-Kasse der Glasarbeiter (E. H.). Red.: J. G. Feder. 3.—5. Jahrg. 1887—1889. à 24 Nrn. (B.) Fol. Dresden. (Hamburg, Jensen & Co.) à Jahrg. n. 4. —

Fach-Jahrbuch der deutschen Musik-Instrumenten-Industrie 1899. gr. 4. (192 u. 4 S. m. Abbildgn. u. 1 Bildnis.) Berlin, M. Warschauer. Geb. n. 5. —

Fachinger, Karl: Allg. Rang- u. Quartierliste f. d. 8., 9. u. 10. Armeecorps . . . d. dt. Bundesheeres, s. Kreisler, H.

Fachinger, Karl, Wilhelm II., König der Niederlande, Großherzog von Luxemburg. Biographische Skizze nach den besten Quellen bearbeitet. Trier 855. Lintz in Comm. gr. 8. (3 Bl., 217 S.) n. 1 ℳ

Fachini, E. (Hrsg.), s. Assecuranz-Kalender, österreichisch-ungarischer.

Fachini, E. (Hrsg.), s. Assekuranz-Kalender, österreichisch-ungarischer.

Fachini, E. Das Ende der amerikanischen Tontine. Wien 1887.

Fachini, E., viribus unitis. Entstehung, Grundsätze u. Entwicklung d. Versicherungswesens in Oesterreich-Ungarn. hoch 4. (IV, 89 S.) Wien 888. (Steckler.) n. 2. —

Fachini, F. Feuerwehrsteuer, Landesassekuranzen und Zwangsversicherung. Wien 1888.

Fachini, Friedr., über die Organisirung von wechselseitigen Viehversicherungs-Gesellschaften in Oesterreich. gr. 8. (13 S.) Wien 865, Selbstverlag. (Seidel und Sohn.) *

—— das Versicherungswesen in seiner praktischen Anwendung. gr. 8. (86 S.) Wien 865, Selbstverlag. (Seidel und Sohn.) *

Fach-Kalender f. Blecharbeiter u. Installateure 1907. 28. Jahrg. (VII S., Schreibkalender, 170 u. 12 S. m. Fig., 1 Plan, 1 Karte u. 1 Musterbog.) kl. 8. Aue. (Schneeberg, B. F. Goedsche.) Geb. in Leinw. u. geh. n.n. 2. —
Erschien früher u. d. T.: Taschenkalender f. das deutsche Blecharbeiter-Gewerbe.

Fach-Kalender f. Blecharbeiter u. Installatenre. 1911. 32. Jahrg. (VIII S., Schreibkalender, 208 u. 15 S. m. Fig., 1 Tab., 1 Plan, 1 farb. Karte u. 6 Taf. m. Erklärgn. auf der Rückseite.) kl. 8. Aue. (Schneeberg, B. F. Goedsche.) Geb. in Leinw. u. geh. nn 2. - -

— der Fleischer, Viehhändler u. verwandte Gewerbe auf d. J. 1895. Hrsg. v. R. Jäger unter Mitwirkg. bewährter Fachmänner. 1. Jahrg. gr. 16. (V, 179 S.) Dresden, R. Jäger. Geb. in Leinw. n. — 80

— für den Kolportage-Buchhandel 1895. Bearb. v. Frdr. Streißler. 16. (128 S.) Leipzig, E. O. Jahn. n.n.n. — 30

— f. d. Kolportage-Buchhandel. Bearb. v. Frdr. Streißler. 5. Jahrg. 1898. 16. (128 S. m. 1 Bildn.) Leipzig, E. O. Jahn. n.n.n. — 30

Fachkalender f. den Kolportage- u. Reise-Buchhandel. Bearb v. Frdr. Streißler. 9. Jahrg. 1902. 16. (128 S. m. 1 Bildnis.) Leipzig, E. O. Jahn. n.n.n. — 30

— f. den Kolportage- u. Reise-Buchhandel. Hrsg. v. Frdr. Streißler. 13. Jahrg. 1906. (128 S. m. 1 Bildnis.) 16. Leipzig, E. O. Jahn. n.n.n. — 30

— f. den Kolportage- u. Reise-Buchhandel. Hrsg. v. Frdr. Streißler. 14. Jahrg. 1907. (95 S. m. 1 Bildnis.) 16. Leipzig, E. O. Jahn. nnn — 30
Erscheint nicht mehr.

Fach-Kalender f. den Nähmaschinen-Handel. Hrsg. v. Otto Fischer u. J. G. Talchau. 1885. 1. Jahrg. gr. 16. (245 S.) Berlin. (Dresden, Kaufmann's Sort.) geb. n.n. 1. 50

Fachkalender mit Vormerkblättern für Eisen- und Stahlwaaren-Erzeugung und Handel. Jahrg. 1895. Schmal-Folio. (200 S. mit einer Tabelle.) Geb. * 1.60
Wien: Volkswirtschaftl. Vlg. 1894.

— mit Vormerkblättern f. Glas- u. Thonwaren-Industrie u. -Handel. Jahrg. 1895. schmal Fol. (IV, 205 S. m. 1 Tab.) Wien, Volkswirtschaftl. Verl. A. Dorn. Kart. 2. 70

— — für Holzverarbeitung und Holzhandel. Jahrgang 1895. Redigirt von Ernst Pliwa. Schmal-Folio. (222 S. mit einer Tabelle.) Gebunden * 1.60

Fachkalender m. Vormerkblättern f. Holzverarbeitung u. Holzhandel. Jahrg. 1896. Red. v. Ernst Pliwa. schmal Fol. (IV, 226 S. m. 1 Tab.) Wien, Volkswirtschaftl. Vorlag A. Dorn. Kart. n. 2. 50

Fach-Kalender m. Vormerkblättern f. chemische Industrie u. verwandte Gewerbe. Jahrg. 1896. Red. v. Rich Godeffroy. schmal Fol. (IV, 222 S. m. 1 Tab.) Wien, Volkswirtschaftl. Verl. A. Dorn. Kart. 2. 70

— mit Vormerkblättern f. Lederindustrie, Lederhandel u. verwandte Gewerbe. Jahrg. 1895. Hrsg. v. der Administration des „Gerber-Courier". Red. v. Leop. Schotz. schmal Fol. (IV, 203 S. m. 1 Tab.) Wien, Volkswirtschaftl. Verl. A. Dorn. Kart. 2. 50

Fachkalender mit Vormerkblättern

— — für Metallwaaren-Erzeugung u. Handel. Jahrg. 1895. Schmal-Folio. (201 S. mit einer Tabelle.) Geb. * 1.60

— — für Nahrungsgewerbe. Jahrg. 1895. Redigirt von Fried. Leiter. Schmal-Folio. (218 S.) Gebunden * 1.—
Wien: Volkswirtsch. Vlg. 1894.

— — für Papierindustrie und Papierhandel. Jahrg. 1895. Redigirt von Ingenieur Sigmund Ferenczi. Schmal-Folio. (187 S. mit einer Tabelle.) Geb. * 1.60
Wien: Volkswirtschaftl. Vlg. 1894.

— — für Spiritusindustrie und Spiritushandel. Jahrgang 1895. Redigirt von Emil Bauer. Schmal-Folio. (205 S. mit einer Tabelle.) Gebunden * 1.60
Wien: Volkswirtschaftl. Vlg. 1894.

— — für Textil-Industrie und Textilwaarenhandel. Jahrg. 1895. Redigirt von Ingenieur Ludwig Utz. Schmal-Folio. (219 S. mit einer Tabelle.) Geb. * 1.60
Wien: Volkswirtschaftl. Vlg. 1894.

— m. Vormerkblättern f. d. Textil-Industrie u. Textilwarenhandel. Jahrg. 1896. Red. v. Ludw. Utz. schmal Fol. (IV, 210 S. m. 1 Tab) Wien, Volkswirtschaftl. Verlag A. Dorn. Kart. n. 2, 70

Fach-Catalog der Abtheilung für deutsches Drama u. Theater. (Intern. Ausstellung für Musik und Theaterwesen. Wien 1892.) Wien 1892. H: *Glossy, Carl.* (Berl)

Fach-Katalog der Abtheilung f. deutsches Drama u. Theater in der internationalen Ausstellung f. Musik u. Theaterwesen Wien 1892. gr. 8. (XVI, 550 S. m. 1 Lichtdr.) Wien 892. (C. Konegen.) n. 2.—

Fach-Catalog der musikhistorischen Abtheilung von Deutschland und Österreich-Ungarn ... Wien 1892. V: *Adler, Guido.* (BMarsch 1077)

— der musikhistorischen Abtheilung v. Deutschland u. Oesterreich-Ungarn, nebst Anh.: Musikvereine, Concertwesen u. Unterricht in der internationalen Ausstellung f. Musik u. Theaterwesen Wien 1892. gr. 8. (XVI, 594 S. m. 1 Lichtdr.) Ebd. 892. n. 2.—

— der internationalen Ausstellung für Musik u. Theaterwesen Wien 1892. Abtheilung d. Königr. Italien. Verf. u. red. v. Adolfo Borwin u. Rob. Hirschfeld. Hrsg. v. der Ausstellungs-Commission. gr. 8. (VIII, 294 S. m. 4 Taf. Wien 892. (Leipzig, Literar. Anstalt A. Schulze.) n. 3.—

Fachkatalog der Bibliothek der k. k. Kriegsschule. Abschluss mit Ende 1884. (Als Manuskript gedruckt.) 8. Wien 1858.

F'-K' der Bibliothek des aargauischen Lehrerseminars in Wettingen. 1904. ([Redigiert vom] Bibliothekar, [Seminarlehrer Carl] E[nholtz].) IV+160 S. 8. Aarau, H. R. Sauerländer & Co.

Fach-K' der Schaffhauser Stadtbibliothek. 3 Teile. 8. Schaffhausen, Joh. Bachmann, 1903—1905. [je fr. 2.50, geb. 3.—]

Teil 1 u. Teil 2: ([Unter Mitwirkung von] Prof. Dr. Robert Lang [bearb. durch den] Stadtbibliothekar Dr. C[arl] A[ugust] Bächtold, Pfarrer.) XIV + 742 u. X + 938 S. 1903 u. 1905.
([Teil] 3) u. d. T.: Verzeichnis der Inkunabeln und Handschriften der Sch' St' (bearb. von Dr. Heinrich Boos). Nebst einem Verzeichnis des handschriftlichen Nachlasses von Johannes von Müller (bearb. von Dr. Karl Henking). II + 157 S. 1903.

Fachlesebuch f. **Bäcker.** Hrsg. v. Leipz. Fortbildungsschul-Direktoren u. -Lehrern. 3., verb. u. verm. Aufl. (128 S. m. Abbildgn.) 8. Leipzig 910. A. Hahn. Geb. 1.60

— f. **Barbiere** u. **Friseure.** Hrsg. von Leipz. Fortbildungsschul-Direktoren u. -Lehrern. 2., verm. u. verb. Aufl. (IV, 192 S. m. Abbildgn.) 8. Ebd. 910. Geb. in Leinw. 2.—

— f. **Bauhandwerker.** Hrsg. v. Leipziger Fortbildungsschul-Direktoren u. -Lehrern. 2., verb. u. verm. Aufl. (VIII, 136 S. m. Abb.) 8. Ebd. 908. Geb. nn 1.60; erweiterte Ausg. 2., verb. u. verm. Aufl. (VIII, 168 u. 136 S. m. Abb.) 908. Geb. nn 2.20

— für **Metallarbeiter.** Hrsg. v. Leipz. Fortbildungsschul-Direktoren u. -Lehrern. 4. Aufl. (VIII, 160 S. m. Abbildgn.) 8. Ebd. 910. Geb. in Leinw. 1.60; erweit. Ausg. (VIII, 168 u. 160 S. m. Abb.) Geb. in Leinw. 2.30

— f. die **Schüler** d. **graphischen Berufsklassen.** Hrsg. v. Leipziger Fortbildungsschul-Direktoren u. -Lehrern. (VIII, 187 S. m. 86 Abb.) 8. Ebd. 909. Geb. 2.80; erweit. Ausg. (VIII, 168 u. 187 S. m. 86 Abb.) Geb. nn 3.—

— f. **Stoffarbeiter.** Für Angehörige der Bekleidungsgewerbe in Fortbildungs- u. Fachschulen, hrsg. v. Leipz. Fortbildungsschuldirektoren u. -Lehrern. (VIII, 175 S. m. Abbildgn.) 8. Ebd. 909. Geb. 1.85; erweit. Ausg. (VIII, 168 u. 175 S. m. Abb.) Geb. 2.65

Fachmann, f: Rife's, Chr. Ad., neuer, fehlerfreier Rechenknecht.

Fachmann und Jurist. Wien 1907. V: *Ney, Carl Eduard.* (EB)

Fach-Notizkalender f. Destillateure, Liqueurfabrikanten u. verwandte Branchen 1907. (VI, 160 S.) kl. 8. Leipzig, Webel. Geb. 2.—
Fortsetzg., s.: Kalender f. Destillateure usw.

Fachpresse der Typographie d. Schweiz, enthalten in *L. Mohr's* periodische Fachpresse d. Typographie und der verwandten Geschäftszweige. S. 15 u. 16. In-8°. Strassburg, Schultz & Comp. 1878

Akademische **Fachprüfungs - Ordnung** der Grossh. Badischen Technischen Hochschule Fridericiana zu Karlsruhe. Vom 12. 7. 1904. 1904.

Theologisches Fach- und Sachregister oder übersichtliche Zusammenstellungen des Inhalts des Thes. libr. rei cath. und seines praktischen Gebrauches für wissenschaftliche Theologen wie für Seelsorgsgeistliche. Mit vorausgehendem Nachtrag der neuesten theologischen und katholisch-socialen Litteratur bis zum Jahre 1850, nebst einigen ältern Einschaltungen. Ebendas., 1850, 4°, 98 S. (Nachtrag) und XCIV S. (Register), 2,40 Mk.

Fachschrift f. Salta u. Salta-Solo. Red.: Rob. Wiechmann. 3. Jahrg. 1902. 12 Nrn. gr. 8. (à ca. 16 S. m. Diagr.) Hamburg, F. Starck. (Nur direkt.) n. 3.40
Vergl.: Salta-Zeitung, deutsche.

Fachschrift f. Salta u. Salta-Solo. Red.: Rob. Wiechmann. 4. Jahrg. Jan.—März 1903. 3 Nrn. (à 12 S. m. Diagr. u. 1 Bildnis.) gr. 8. Hamburg (Gerhofstr. 16), F. Starck. à Nr. — 40
Erscheint nicht mehr.

Fachschule f. d. Buchdruckgewerbe i. Stuttg. Jahresber. 1904-13. Stuttgart 1905-13

Fachschule, deutsche, für Blecharbeiter zu Aue. Jahresbericht 16-18 und 23. 1892-95 und 1899/1900 Aue 1893-1900

Fachschule, deutsche, für Drechsler und Bildschnitzer zu Leipzig. Jahresbericht 1884-85 und 1891-92 Leipzig 1885. 92

Fachschule für Feinmechanik usw. in Schwenningen. Jahresbericht 1904/05 bis 1912/13. — Programm 1900. 02. 06. Schwenningen 1900-13

Fach- und Fortbildungsschule, Die, im Gastwirths-Gewerbe ... Berlin 1882. V: *Kühne, Jul.* (Berl)

Fachschule, Die kaiserlich königliche, für Glasindustrie in Steinschönau. Gedenkschrift ... Steinschönau 1896. V: *Chilla, Leo.* (EB)

Fachschule, Kgl., für Edelmetallindustrie Schw. Gmünd. Jahresbericht (und Programm) 1907/08-13. Gmünd 1908-13

Fachschulen

— Die deutschen technischen, Deutschlands, Österreichs u. der Schweiz, s.: Fachschulwesen, deutsches.

Fach- u. Fortbildungsschulen, die, Kärntens. Auszüge aus den Organisations-Statuten u. Lehrplänen. (Ergänzgn. zu Palla, Schulordng. 1. Hft.) gr. 8. (38 S.) Klagenfurt 891. J. Leon sen. n.n. —65

Fachschulen, gewerbliche, in Preussen. Ihre Einrichtg. u. örtl. Verteilg. Hrsg. vom königl. Landesgewerbeamt. (III, 71 S.) gr. 8. Berlin 909. C. Heymann. 1.—

Die **Fachschulen** für bildende Künste und Kunstgewerbe Deutschlands. Kunstakademien, Mal- u. Zeichenschulen, Kunstgewerbe u. Schnitzerei-Schulen. Zusammenstellung d. Lehrziele, Aufnahmebedingungen, Unterrichtskosten usw. Berlin: C. Malcomes 1906. (36 S.) 8°
— **Fachschulwesen**, Deutschlands. 3. [06. 847]

Fachschulen, d. technischen, Deutschlands, s. a. Deutschlands Fachschulwesen.

Die Technischen **Fachschulen** Deutschlands. Maschinenbauschulen, Ingenieurschulen, Technika, Seemaschinisten- u. Navigationsschulen etc. Zusammenstellung d. Lehrziele, Aufnahmebedingungen, Unterrichtskosten usw. 3. verm. Aufl. *Steglitz-Berlin: Buchh. d. Litt. Monatsberichte 1903.* (68 S.) 8°
— **Fachschulwesen**, Deutschlands. 3. [04. 1193

Die Technischen **Fachschulen** Deutschlands. Maschinenbauschulen, Ingenieurschulen, Technika... Zusammenstellung d. Lehrziele, Aufnahmebedingungen, Unterrichtskosten usw. 4. verm. Aufl. Steglitz-Berlin: Litt. Monatsberichte 1904. (92 S.) 8°
— **Fachschulwesen**, Deutschlands. 1. [06. 7958 II

Die Technischen **Fachschulen** Deutschlands. Maschinenbauschulen, Ingenieurschulen, Technika... Zusammenstellung d. Lehrziele, Aufnahmebedingungen, Unterrichtskosten usw. 5. verm. Aufl. Berlin: C. Malcomes 1905. (VIII, 75 S.) 8°
— **Fachschulwesen**, Deutschlands. 1. [06. 7958 II

— die, f. Textilindustrie Deutschlands, s. a. Deutschland's Fachschulwesen. II.

Die **Fachschulen** für Textilindustrie Deutschlands. (Web-, Spinnerei-, Wirkschulen u. a.) Zusammenstellung d. Lehrziele, Aufnahmebedingungen, Unterrichtskosten etc. 2., verm. Aufl. *Steglitz-Berlin: Buchh. d. Litt. Monatsberichte 1903.* (53 [vielm. 35] S.) 8°
— **Fachschulwesen**, Deutschlands. 2 [04. 1193

Die **Fachschulen** für Textilindustrie Deutschlands. (Web-, Spinnerei-, Wirkschulen u. a.) Zusammenstellung d. Lehrziele, Aufnahmebedingungen, Unterrichtskosten etc. 3., verm. Aufl. *Steglitz-Berlin: Buchh. d. Litt. Monatsberichte 1903.* (34 S.) 8°
— **Fachschulwesen**, Deutschlands. 2. [04. 1154

Die **Fachschulen** für Textilindustrie Deutschlands. Web-, Spinnerei-, Färberei-, Stickerei- u. Wirkschulen. Zusammenstellung d. Lehrziele, Aufnahmebedingungen, Unterrichtskosten usw. 5. verm. Aufl. Berlin: C. Malcomes 1906. (30 S.) 8°
— **Fachschulwesen**, Deutschlands. 2. [08. 8172

Fachschulen und Unterrichtsanstalten für Textilindustrie. (Sammlung wissenschaftlicher und kritischer Schriften 19) Berlin 1879

Fachschulwesen, deutsches. Hrsg. v. C. Malcomes I u. II. 8. Berlin, O. Dreyer. 3.80
I. Fachschulen, die deutschen technischen, Deutschlands, Oesterreichs u. d. Schweiz. Maschinenbauschulen. Ingenieurschulen, Technika, Berg- u. Hüttenschulen, Baugewerkschulen, Seemasch.- u. Navigationsschulen u. a. m. Zusammenstellung d. Lehrziele, Aufnahmebestimmgn., Unterrichtskosten usw. 7. verm. Aufl. Mit e. Verzeichnis der Fachliteratur.) (91 S. m. Abbildgn.) 909. 2. —
II. Die deutschen Fachschulen f. Textilindustrie in Oesterreich u. der Schweiz. Web-, Spinnerei-, Färberei-, Strickerei- u. Wirkerschulen usw. Zusammenstellung der Lehrziele, Aufnahmebestimmgn., Unterrichtskosten usw. usw. Von Carl Malcomes. Mit e. Beitrag: Der Musterwebstuhl u. das Dessinieren auf demselben v. Bittner. 7. verm. Aufl. (76 S.) 910. 1. 80

Deutschlands Fachschulwesen. 1. *Steglitz Berlin: Buchh. d. Litter. Monatsberichte 1902.* 8° [F.] [02. 14398

Fachschulwesen, Deutschlands. Hrsg. von C. Malcomes.
[II.] 1. Die deutschen technischen Fachschulen Deutschlands, Österreichs und der Schweiz. 7. Aufl. Berlin 1909
[II.] 2. Die Fachschulen für Textilindustrie Deutschlands. 6. Aufl. Berlin 1908
Die Fachschulen für Textilindustrie. [Umschlagt.] 8. Aufl. 1912
Die Fachschulen für Textil-Industrie. [Umschlagt.] 9. Aufl. 1913
Die Fachschulen für Textilindustrie. [Umschlagtit.] 10. verm. Aufl. 1917
[II.] 3. Die Fachschulen für bildende Künste und Kunstgewerbe Deutschlands. Berlin 1906
[II.] 4. Die landwirtschaftlichen Fachschulen Deutschlands. Berlin-Friedenau 1907

Fachschulwesen, d., gewerbliche, in Preußen. Verhandlg. d. Hauptversammlg. d. liberalen Schulvereins Rheinlands u. Westfalens, geh. z. Hagen i/W. a. Sonntag d. 28. Oktbr. 1894 u. d. Referaten v. W. Beumer u. Holzmüller, nebst e. Anh.: D. Entwicklg. d. Fortbildungsschulen u. d. gewerbl. Fachschulen in Preußen, sow. dies. z. Ressort d. Ministeriums f. Handel u. Gewerbe gehören. N. d. Denkschrift v. April 1891 u. d. Staatshaushalt f. 1894/95. Statist. zusammengest. v. W. Beumer. gr. 8. (57 S.) Bonn 895. E. Strauß. n. — 60

Fachtmann, Bausteine. Nachweis d. Übereinstimmg. zw. Natur- u. Gotteserkenntnis. 8. (110 S.) Hamburg 896. Agentur d. Rauhen Hauses. n. 1. —

Fachtmann, Gebundenheit oder freie Veräußerlichkeit des bäuerlichen Grundeigenthums im Königreich Hannover. Stade 864. Pockwitz. gr. 8. (VI, 86 S.) n. 15 ngr.

Fachtmann, die Sicherung der Hamme-Niederung gegen Sommer-Überschwemmungen durch Erbauung einer Schleuse bei Ritterhude gr. 8. (44 S. m. 1 lith. Karte in Fol.) Vegesack 874. (Bremen, Hampe.) n. 1. —

Fachtmann, Hannovers Verfassungs- u. Verwaltungs-Organisation vor dem Abgeordnetenhause zu Berlin. [Abdr. aus d. Preuß. Jahrb.] Berlin 868. G. Reimer. gr. 8. (31 S.) n. 5 ngr.

Fachtmann, Th., kirchenrechtliche Mittheilungen üb. das Fürstenth. Osnabrück m. besond. Berücksicht. der Parochiallasten. Anhang: Osnabrücksche Kirchenordnung v. 1670. gr. 8. (72 S.) Osnabrück 852, Meinders. 5/12 ₰

— das außergerichtl. Sühneverfahren in Norddeutschland durch Friedensrichter, Schieds- u. Vertrauensmänner. gr. 8. (82 S.) Osnabrück 849, Rackhorst. 1/4 ₰

Der **Fachunterricht** und die in ihm zu lösenden Aufgaben. Beweisschrift f. d. nutzlosen Fachunterricht d. Volksschullehrer. Hrsg. von d. Red. d. 'Metall-Technik'. Berlin: Pataky 1909. 24 S. 8° [11. 5788

Der mittlere und niedere **Fachunterricht** im Deutschen Reich. Unter Mitw. zahlr. Fachmänner hrsg. von W[ilhelm] Lexis. *Berlin: A. Asher & Co. 1904.* (VI, 334 S.) 8°
= **Unterrichtswesen**, Das, im Deutschen Reich. Bd 4, T. 3. [04. 8660

Fachverband für die wirtschaftlichen Interessen des Kunstgewerbes. Bericht über (die Versammlung) den Kongress 1906. 07. 09-12. Berlin 1906-12
— — Jahresbericht 1907-10. 12. Berlin 1907-12

Fachwissenschaft, die gesammte, des Kleidermachers. Meisterschaftswerk der Bekleidungskunst f. Herren zum leichtfassl. Selbstunterricht. System Fortschritt. 3. Aufl. 1.—21 Lfg. Lex.-8. Dresden (902). Expedition der europ. Modenzeitg. à — 60
1.—10. I. Bd. Vorwort u. Einleitung. Das Maassnehmen. Die Saccos f. alle Wuchs- u. Modeformen (ausschliesslich derjenigen f. verkrüppelte Personen) direkt nach Maass u. proportional aufgestellt. Die Proportionalverhältnisse des männl. Körpers. Die Proportionaltabellen aller normalen Maassverhältnisse. Die Aermelaufstellg. u. Fachstudien üb. Aermel- u. Armlochformen. Façonstudien, Kragenkonstruktionen u. Bearbeitg. (S. 1—244.) 6. —; geb. 6. 75
11.—20. II. Bd. Der Brustgürtel (zur sicheren Feststellg. f. Rückenhöhe, Schulterhöhe, Armlochtiefe u. Armlochvortritt). Die Joppen u. Blousen f. alle Wuchs- u. Modeformen direkt nach Maass u. proportional aufgestellt. Die Westen f. normale u. unnormale Bauarten in den verschiedensten Gebrauchs- u. Modeformen nach Maass u. proportional. Gehröcke, Rockjackets u. Fracks f. normalen u. unnormalen Wuchs. Paletots, Ulster, Mäntel u. andere Ueberkleider nach Maass u. Proportionalaufstellg. Bucklige u. verwachsene Figuren etc. (S. 245—496.) 6. —; geb. 6. 75
21. III. Bd. Abth. A. Leichte u. sichere Lehre des Zuschnitts f. Herrenbeinkleider zum Selbstunterricht. Direkt nach Maass u. proportional. Für jede Beinform, f. jede Modeform u. f. jede Gattg. des Beinkleides. Nebst e. Schnittaufstellg. f. die verschiedenen Gamaschen- u. Stulpenformen. (S. 1—24.)

Fachwissenschaft, die gesammte, des Kleidermachers. System Fortschritt. 3. Aufl. 22.—40. Lfg. Lex.-8. Dresden (902. 903). Expedition der europ. Modenzeitg. à n. — 60
22.—30. III. Bd. Abth. A.: Leichte u. sichere Lehre des Zuschnitts f. Herrenbeinkleider zum Selbstunterricht. Direkt nach Maass u. proportional. Für jede Beinform, f. jede Modeform u. f. jede Gattg. des Beinkleides. Nebst e. Schnittaufstellung f. die verschiedenen Gamaschen- u. Stulpenformen. (S. 25—152) u. Abth. B. Dasselbe f. alle Arten Knabenkleider. Direkt nach Maass u. proportional f. jede Gebrauchs- u. Modeform, sowie f. alle Altersgrenzen. (98 S.) (III. Bd. vollständig: 6. —; geb. in Leinw. Abth. A. 5. —; Abth. B. 3. —
31—40. IV. Bd. 1. Thl. Die gesammten Livréen in Bild, Schnitt u. Beschreibung. (99 S.) — 2. Thl. Die Uniformen des deutschen Heeres, der deutschen Marine u. der deutschen Schutztruppen, sowie der Staats-, Hof- u. Civilbeamten. (106 S.) — 3. Thl. Geistliche Gewänder, Talare u. Amtsroben. (89 S.) n. 6. —; geb. n. 6. 75; Einzelpr. 1. n. 3. 50; 2. n. 4. —; 3. n. 1. 25

Fachzeichnen f. Holzdrechsler. Lehrgang. Zugleich e. Sammlg. ausgeführter u. erprobter Vorlagen f. die Praxis. Entworfen u. hrsg. v. der deutschen Fachschule f. Drechsler u. Bildschnitzer zu Leipzig. gr. Fol. (50 Taf. m. IV S. Text.) Dresden 899. G. Kühtmann. In Mappe n. 36. —

Ⓢ **Fachzeichnen** f. Holzdrechsler. 899. Jetzt: Leipzig, H. A. L. Degener.

Fach-Zeitschrift, österreich.-ungarische, f. die Schirm-Industrie u. deren verwandte Branchen. Hrsg. v. P. J. Achtelstetter. [4.] Jahrg. 1887. 24 Nrn. (1½ B.) gr. 4. Leipzig, Kuhß & Achtelstetter. n. 8. —

— dasselbe. [5.] Jahrg. 1888. 24 Nrn. (2 B.) gr. 4. Leipzig, Verlag u. Expedition. (Klewitz.) n. 8. —

FACH-ZEITSCHRIFT FÜR DIE CHEMISCHE SEITE DER TEXTIL-INDUSTRIE. (Mittheilungen des technologischen Gewerbe-Museums.) 1 vol. Wien, 1883.

II. P. Fachzeitung für Automobilismus u. Flugtechnik. seit 1907. wochentl. 4°. Wien. 1907. jährl. M. 20.—

Fachzeitung f. Automobilismus. Technisches u. sportl. Wochenblatt, gewidmet den Interessen der motor. Fortbewegg. zu Lande, zu Wasser u. in d. Luft. Hrsg. und Chefred.: Jaques Singer. Red. für Oesterreich: Steph. Popper, Carl Lill v. Lilienbach, verantwortlich: Gust. Leigssnering. Red. u. verantwortl. f. Deutschland: Phil. Spandow. 4. Jahrg. 1910. 52 Nrn. (à ca. 24 S. m. Abbildgn.) 30,5×23,5 cm. Wien, Wallishausser. 20.—; einzelne Nrn. — 50

Fachzeitung für das schweizer. Bäcker- u. Conditorgewerbe. Mit einer Gratisbeilage: „Illustrirtes Unterhaltungsblatt". Herausgeg. von C. Beutel. 2. Jahrg. In-fol. Basel, C. Beutel. 1885

Fachzeitung f. Blechbearb. u Installat. 1901-07. 4° (Stuttgart) Mannheim 1901-07

Fachzeitung f. Blechbearbeitung u Installation. 1908-13. fol Mannheim 1908-13

— der Drechsler u. Gewerksgenossen. Zeitschrift f. die Interessen der Drechsler, Metall- u. Eisendreher etc., sowie der Central-Kranken- u. Sterbe-Casse d. Drechsler u. anderer gewerbl. Arbeiter [E. H.] u. der sämmtl. freien Vereine oben angeführter Branchen Deutschlands. Red.: F. W. Mehlhaff. 1. Jahrg. April—Decbr. 1887. 9 Nrn. (B. m. Beilagen.) Fol. Hamburg, (Jensen & Co.). n. 2. 40

— dasselbe. 2. Jahrg. 1888. 21. Nrn. (B. m. Beilagen.) Fol. Ebd. n. 3. 20

— dasselbe. 3. Jahrg. 1889. 12 Nrn. (B. m. Beilagen.) Fol. Ebd. n. 3. 20

— dasselbe. Red.: Th. Leiphart. 4. Jahrg. 1890. 24 Nrn. (2 B. m. Beilagen.) Fol. Ebd. n. 4. —

Fachzeitung der Drechsler und Gewerksgenossen. Zeitschrift für die Interessen der Drechsler, Metall- und Eisendreher etc. sowie der Central-Kranken- und Sterbe-Casse der Drechsler und anderer gewerblicher Arbeiter und der sämmtlichen freien Vereine oben angeführter Branchen Deutschlands. Red.: E. B. Mehlhaff. Jhg. 1—3. — Red.: Th. Leiphart. Jhg. 4—8. April 1887—90. Hamburg. Fol.

Fachzeitung

— illustrirte, f. Wind- u. Wassermüller. Allgemeines Vereinsblatt der Müllerei-Berufs-Genossenschaft u. der Müller-Vereine Deutschlands u. der Nachbarländer. 1. Jahrg. 1885. Novbr. u. Decbr. 8 Nrn. (B.) hoch 4. Leipzig, M. Schäfer. n. 1. —

— dasselbe. 2. Jahrg. 1886. 52 Nrn. (B.) Ebend. n. 3. —

— illustrirte, f. Wind- u. Wassermüller. Allgemeines Vereinsblatt der Müllerei-Berufs-Genossenschaft u. der Müller-Vereine Deutschlands u. der Nachbarländer. 3. Jahrg. 1887. 52 Nrn. (B.) hoch 4. Leipzig, M. Schäfer. n. 3. —
Erschien nicht weiter.

Fachzeitung f. den Colportage-Buchhandel u. verwandte Geschäftszweige: Buch- u. Kunsthandel, Buchbindereien. Organ d. Vereins deutscher Colportage-Buchhändler zu Berlin. Red.: E. Schultze. 1. u. 2. Jahrg. 1885 u. 1886. à 24 Nrn. (B.) gr. 4. Berlin, Baum. à Jahrg. n.n. 3. —

Fachzeitung f. den Colportage-Buchhandel u. verwandte Geschäftszweige: Buch- u. Kunsthandel, Buchbindereien u. Schreibmaterialien-Handlgn. etc. Organ d. Central-Vereins deutscher Colportage-Buchhändler etc. 3. 4. Jahrg. 1887. 1888. à 24 Nrn. (B.) gr. 4. Berlin, Baum. à Jahrg. n. 3. —

Fachzeitung für den Colportage-Buchhandel u. verwandte Geschäftszweige. 5.—8. Jahrg. 1889—92. à Jahrg. 24 Nrn. (Bog.) gr. 4. Berl., A. Devrient. à Jahrg. ** 3 —

Fachzeitung für Schneider. Zeitschrift f. die Interessen d. gesammten Schneider-Gewerbes, sowie d. Kranken-Unterstützgs.-Bundes der Schneider. [E. H.-K., Braunschweig], d. Reise-Unterstützungs-Verbandes der Schneider [Halle a. S.] u. der deutschen freien Vereine der Schneider. Red.: F. Seibel. 1. Jahrg. 1888. 24 Nrn. (1½ B.) gr. 4. Hamburg, Jensen & Co. n. 3. 40

— dasselbe. Red.: W. J. Stiehl. 2. Jahrg. 1889. 52 Nrn. (B.) Fol. Ebd. n. 4. —

— dasselbe. 3. Jahrg. 1890. 52 Nrn. (B.) Fol. Ebd. n. 6. —

Fachzeitung f. Schneider. Zeitschrift f. die Interessen d. gesammten Schneider-Gewerbes. Offizielles Organ d. Kranken-Unterstützungsbundes der Schneider [E. H.-K., Braunschweig] u. des Verbandes deutscher Schneider u. Schneiderinnen [Hannover], sowie aller freien Vereiniggn. der Schneider u. Schneiderinnen Deutschlands. Red.: W. Magnus. 4. Jahrg. 1891. 52 Nrn. (Bog.) Fol. Hamburg, Jensen & Co. n. 6. —

Fachzeitung der Schuhmachermeister. 1906. 07. 4° Ulm 1906. 07

Fachzeitung d. Schuhmachermeister. Süddeutsch. Schuhmacher 1908. 4° Ulm 1908

Facil, s.: Konstruktion, die, des Taillenschnittes etc.

Facilides, Alexander Friedrich, Referendar in Plauen i. V.: Das Aktien-Recht und der Kauf eines solchen. *Leipzig 1903: W. Wigand.* (60 S.) 8°
Leipzig, Jur. Diss. v. 1903

Facilides, Fritz, appr. Arzt a. Reichenbach i. Vogtl.: Beitrag zur Kenntnis der weiblichen Genitaltuberkulose. Leipzig 1906: B. Georgi. (57 S.) 8°
Leipzig, Med. Fak., Ref. Zweifel, Diss. v. 20. Jan. 1906
[Geb. 23. Febr. 80 Reichenbach; Wohnort: Zwickau; Staatsangeh.: Sachsen; Vorbildung: Gymn. Schneeberg Reife O. 98; Studium: Freiburg i. B. 1, Leipzig 3, Tübingen 1, München 1, Leipzig 4 S.; Coll. 20. Jan. 06; Approb. 1. April 03.]

Facilides, G. H. W., s. 1) v. Eisfeld, die Familie. 2) Faschingsnacht.

Familie

— — Die, von Eisfelden, oder Trennung u. Wiederfinden. Eine wahre, abentheuerliche (etwas liederliche) Geschichte aus den Zeiten der Neufranken in Italien (von *G. H. Facilides*). Leipzig (Elberfeld, Schönian) 1803. 8°.
Anon.-Lex. II. p. 87 hat „Eisfeld" (nach Kayser).

FASCHINGSNACHT, Die, oder die Rache im Grabe (zahmer Roman). Nach Lafontaine und Cramer von *G. H. V. F — s („Facilides“*, unter der Widmung, kein Pseud.). Ratibor, Juhr, 1804. 8°. 4 Bll. u. 302 S. Selten!

— Gottfried Victor Hieronymus (Grimma), **De documentis ad perpetuam rei memoriam producendis. Diss. juris judiciarii. Präs. Jacob Friedrich Kees. Lpz. (Klaubarth) 8. XI. 1792. 15 Seiten (4.20)** 8518
Gew.: Carl Heinrich Schwabe.

Facilides, Carl Heinrich (Bilzingsleben/Thür.), **De crimine repetundarum, Disputat. Präs. Ernst Friedr. Pfotenhauer. Wittbg. (Tzschiedrich) 7. VIII. 1801. 28 S. (4.50)** 8517
Gew.: Georg Wilhelm v. Hopffgarten (Muelverstedt . .).

Facilides, Curt, die Entstehung der verschiedenen Bindungen u. Webarten auf dem englischen Gardinenstuhle, nebst e. kurzen Anh. üb. die Technik des Tüllstuhles graphisch dargestellt. (VI, 41 S. m. 59 Taf.) gr. 8. Plauen 903. (Ch. Stoll.) Geb. in Leinw. n. 10. —

Facilides, S. J., der Preuß. Bürger u. Stadtverordnete. Ein

Handbuch, besonders für junge Männer, die in den Bürgerstand treten. 8. Glogau 833. (Berlin, Heymann.) 1/2 ℛ

Facilides, Sam. Gf., († d. 30. Aug. 1789.) Unterricht u. Trost in Predigten üb. d. Evangelien. 4. Leipz. 787. Aue in Alt. 2 ℛ

Facilides, M. G. G., Unterricht u. Trost in Predigten über die Evangel. 4. Leipz. Jacobäer. 787.

Facilides, Vict., Predigt am dritten Säcularfeste der 1539 erfolgten Einführung der kirchl. Reformation in Oschatz u. der damit verbund. Ephorie. 8. Oschatz 839, Oldecop's Erben. 2 ngl

Facilides, Victorin Gtfr., Abschieds-Predigt, in d. Kirche zu Mitweyda gehalt. gr. 8. (1½ B.) Dresden 827. (Leipzig, Barth.)

— de Ἐυχαιρίας homileticae observatione oratoribus sacris nostri temporis maximopere commendanda. Diss. theologica. 4. Penig 830. (Leipz., Barth). 10 gl

— Victor Gottfried (Rochlitz), **De *EYKAIPIAΣ* homileticae observatione oratoribus sacris nostri temporis maximopere commendanda. Dissertat. theol. Lpz. 1830. Penig (Friedr. Ernst Sieghart). 72 S. (5.—)** 8519

— zwei Predigten, bei der Uebernahme des Pfarr- u. Superintendenten-Amts zu Rochlitz gehalten. gr. 8. Rochlitz 827. (Leipz., Barth). 4 gl

Facitbuch zu den 4 ersten Hftn. der Rechenschule. Methodischgeordnete Aufgaben zum Tafelrechnen. Von A. Berthelt, J. Jäkel, K. Petermann, L. Thomas. 8. (47 S.) Leipzig 851, Klinkhardt. n. 4 ngl

Facitbuch zu den 4 ersten Heften der Rechenschule. Methodischgeordnete Aufgaben zum Tafelrechnen. Von A. Berthelt, J. Jäkel, C. Petermann, L. Thomas. 2., durchges. Aufl. 8. (48 S.) Leipzig 853, Klinkhardt.

Facius, ..., Beiträge für Geist u. Herz, s. Behr, ...

Facius, Christian Friedr. (Strehla/Misn.), **Actuarius peccans circa sententias et decisa. Präs. Gustav Heinrich Mylius. Lpz. (Breitkopf) 26. II. 1739. 20 S. (5.—)** 8520
Gew.: Dam Sigism. u. Otto Ferd. Pflug (Strehla . .). — Deutsche Widm. v.: Chn. Friedr. Pompelt, J. G. Richter (Altenburg), Joh. Friedr. Köber (Altenb.), J. C. Römer).

Facius, Fr. Wlh., deutl. Anweis. für die Zeichnenschüler. I. 1s — 4s u. II. 1s u. 2s Heft, mit Kpf. 4. Erfurt 797 — 99. Otto. 1 ℛ 10 gl

Facius, I. Chr., Epist. crit. in aliqv. Orphei et Apoll. Rhod. Argon. etc. 4. Erlangen, Breuning. 774.

Facius, Johann Friedrich

Facius, Jh. Fr., († d. 21. Juni 1826.) über die Aegis, eine antiquar. Abhandlung. 8. Erlang. 773. (Heyder). 4 gl

FACIUS, J(oh.). F(riedr.), (1750—1825), Aleßio. Ein Roman. Hildburghausen, bei Johann Gottfried Hanisch's Erben. 1810. 8°.
Zahm. VI u. 233 S.

Facius, J. F., Alessio; ein Roman. 8. Hildburgsh. 810. (Er. Fleischer in Leipz.) 22 gl

Facius, J.F.: De baptismo *ὑπὲρ τῶν νεκρῶν*. – Cob. 1792.

— — Einladungsschrift zur Feier des Stiftungstages des Casimirianischen Academischen Gymnasiums. — Ueber die Besoldungen der Staatsdiener bei den Griechen und Römern. Coburg (Ahl) 4. VII. 1803. 8 S. (3.—) 8522

— griechische Blumenlese. 8. Nürnb. 783. (Eichhorn). Mit n. Titel. Leipz. 819. Lauffer. 8 gl

Facius, J. F., Griechische Blumenlese. Nürnb. 783. 8. 8 gr. Leipz. 820. 8. 8 gr.

— compend. dialectorum graecorum, in us. schol. concinn. 8. Nürnb. 782. (Lauffer in Leipz.) 10 gl

— epistola critica ad Harles. in aliquot Orphei et Apollonii Rhodii Argonaut. loca. 4. Erlang. 772. (Heyder). 2 gl

Facius, Johann Friedrich, s. Euripides: Orestes.

Facius, J. F., De fabula quadam Homerica. Pr. 1784. 16 S. 4°.

Facius, Johann Friedrich, s. Grammatik, griech.

— Grundriß zu e. Anleitung zum Styl. 8. Coburg 782. (Riemann). 2 gl

Facius, J. F., s. Harlekin, der.

Facius, Johann Friedrich, s. Isocrates: Oratt.IV.

— Collectaneen zur Alterthumskunde, s. unten Miscellen.

— Collectaneen zur Alterthumskunde. 8. Coburg, Ahl 810.

Facius, J. F., Collectaneen zur griech. u. röm. Alterthumskunde. Coburg 811. 8. 20 gr.

Facius, J. F., Collectaneen z. griech. u. römischen Alterthumskunde. 8. Coburg, Ahl. 812.

— Johann Friedrich, Zur Feyer des Stiftungs-Tages des Casimirianischen Academischen Gymnasiums. — Ueber d. Symbolischen und Allegorischen Kunstvorstellungen der Griechen. Coburg (Rud. Wilh. Ahl) 3. VII. 1795. 12 S. mit handschr. Widmung. (4.—) 8521

Facius, Johann Friedrich, s. Mengs: Unterr.

— Miscellen zur Geschichte d. Kultur u. Kunst d. Alterthums. 8. Coburg 805. (Riemann). 12 gl Neue verm. Aufl. unt. d. T.: Collectaneen zur Griech. u. Röm. Alterthumskunde. 8. Ebd. 810. 20 gl

Facius, J. F., Ad Pausaniam emendandum et explanandum. Pr. 1793. 8 S. 4°.

Facius, Johann Friedrich, s. Pausanias: Graec. descript.

Facius, Johann Friedrich, s. Persian Tales.

Facius, Johann Friedrich, s. Plutarch: ex oper. excerpta.

— s. Portraits, die.

PORTRÄTE, Die zwei, oder Geschichte meines Landaufenthalts (von *Johann Friedr. Facius*). Coburg und Leipzig, 1799.
Anon.-Lex. III. p. 287 (nach Kayser u. Meusel).

— Pözlle, s. Pözlle.

Facii, J. F., Prolusio I. II. ad locos nonnullos in Aristotelis poetica illustrandos. Coburg 793. 97. 4.

— Schulstudienplan. 8. Nürnb. 782. (Mauffer in Leipz.) 3 gr

— Taschenbuch für junge Reisende, um Kunstgallerien, Museen u. Bibliotheken mit Nutzen zu besuchen. 12. Coburg 807. Sinner. 16 gr

Facius, M., Geschichte des Reichstags zu Augsburg im J. 1530, u. der dazu gehörenden Dokumente. gr. 8. Leipz. 830. Barth. 2 ℛ

Facius, M., wie die Hoffnung den Christen üb. die außerordentl. Bewegungen unserer Zeit erhebe. Ein Frühlingsruf an Sachsens Volk. Predigt, am Sonnt. Lätare 1848 (zu Mochau) gehalten. 8. (15 S.) Döbeln 848. (Leipzig, Klinkhardt.) 1 ½ ngr

Facius, ..., (M., Pfarrer), wozu uns Zeiten kirchlicher Anfechtung auffordern sollen. Eine Predigt am 3. Sonnt. n. Trinit. 1841 gehalten. gr. 8. Schneeberg 841, Gerdsche, Sohn. 3 ngr

Facius, Moritz, christl. Fest- u. Gelegenheits-Predigten, nebst einigen Casual-Reden, vor einer Landgemeinde gehalten. gr. 8. Sulzbach 840. v. Seidel'sche Buchh. 1 ℛ

Facius, S., Ballspiele. Burgball, Eckball, Faustball, Kreisfußball, Jägerball, Königsball, Hetzball, Kriegsball, Neckball, Raffball, Reiterball, Stehball, Tamburinball, Wanderball, Wanderball in Doppelkreise. (32 S. m. Fig.) kl. 8. Leipzig (909). S. Schnurpfeil. —25

Facius, S. Das Fussballspiel. Mit 9 Abbildungen. 32 S. 8. Rorschach, Verlag Paul J. Kober (Druck Siegbert Schnurpfeil, Leipzig-Reudnitz), [1905]. (fr. —.30)

Facius, S., das Kegelspiel, s.: Miniatur-Bibliothek.

— die Kunst des Bauchredens, s.: Miniatur-Bibliothek.

— das Kunstlaufen auf dem Eise. Eine durch viele Abbildgn. unterstützte zweckmäß. Anleitg. zur Erlerng. des Kunstschlittschuhfahrens m. e. kleinen Vorschule für Anfänger. (48 S.) 8. Leipzig (905). S. Schnurpfeil. n. —30

Facius, S.: Das Kunstlaufen auf dem Eise. Leipzig 1905. 48 S. m. Abb.

— — Oldenburg 1905. 48 S.

Facius, S. Das Kunstlaufen auf dem Eise. Eine durch viele Abbildungen unterstützte zweckmässige Anleitung zur Erlernung des Kunstschlittschuhlaufens, mit einer kleinen Vorschule für Anfänger. 48 S. 8. Rorschach, Paul J. Kober, [1909]. (fr. —.40)

— (Anleitg. z.) Lawn Tennis. (32 S.) 8. Ebd. (907.) —25

Fack, A., neue Liedchen f. die Unterstufe d. Volksschule. (24 S.) kl. 8. Hildburghausen (910). F. W. Gadow & Sohn. —40

Fack, Erich, die Insel Rügen. Neuester Führer mit 8 Spezialkarten u. e. Übersichtskarte f. die Reise nach u. durch Rügen, sowie Tabelle der zwischen Sassnitz u. Stubbenkammer angebrachten Farbentafeln. 9. Aufl. Neu bearb. (71 S.) kl. 8. Sassnitz 907. 908. E. Fack. Kart. 1. —

Die Insel Rügen. Neuester Führer mit 3 Spezialkt. u. e. Uebersichtskt. f. d. Reise nach u. durch Rügen... (Verf.: Erich **Fack.**) 10. neubearb. Aufl. 1910–11. Sassnitz: Fack (1910). 70 S. 8° (10. 13062 9

(E[rich]) **Fack's** Spezial-Wanderkarte von Göhren und Umgebung. Massst. 1:30,000. [Sassnitz]: E. Fack 1907. (1 Kartenbl. 15×18 cm.) 8° [Umschlagt. lith.] [kol.] (07. 11570 9

(E[rich]) **Fack's** Spezial-Wandkarte durch die Granitz (Sellin, Binz). [Maßst. 1:30,000. Sassnitz]: E. Fack 1907. (1 Kartenbl. 11×22 cm mit Legende.) 8° [Umschlagt. lith.] [kol.] (07. 11573 9

(E[rich]) **Fack's** Spezial-Wanderkarte durch die Stubnitz mit Tabelle der zwischen Sassnitz u. Stubbenkammer angebrachten Farbentafeln. Neubearb. 1907. [Maßst. 1:30,000. Sassnitz]: E. Fack 1907. (1 Kartenbl. 26×11 cm mit Legende.) 8° [Umschlagt. lith.] [kol.] (07. 11574 9

Fack, Johann Heinrich

Fack, Jh. Hnr., unterhaltende u. belehrende Beispiele zur Uebung im Kopfrechnen. 8. Nordh. 820. 2e Aufl. 822. (Dörffling in Leipz.) 9 gr

— Einquartierungstabellen. 8. Leipz. 814. Rein. 8 gr

Beschreibung und Führer der dänischen Insel Möen von L. **Fack.** Mit 1 Kt. u. 6 Abb. Saßnitz: Fack 1910. 37 S. 8° (09. 17837 9

Gedichte von L[ina] **Fack.** Greifswald 1898: J. Abel [aufgestemp.: Sassnitz a/R.: E. Gauge's Nachf.]. (127 S.) 8° [F.] (07. 10120 9

— Gedichte. (VII, 127 S.) kl. 8. Greifswald 898. (Saßnitz, E. Fack.) 2.—; kart. 2.25

— Rügens Sagen. Mit Titelbild v. B. Clauss. (48 S.) 8. Sassnitz 908. E. Fack. 1.—

Am Strande. Ostsee-Novellen von L[ina] **Fack.** Sassnitz & Leipzig: Fack 1910. 86 S. 8° (10. 2701 9

Die Schleswig-Holsteinische Armee in den Jahren 1848–51. Die Bildung, Schlachten, Gefechte, Verluste derselben ... zsgest. ... z. Feier d. 50jähr. Erhebung Schleswig-Holsteins. (Verf.: M[ax] W[ilhelm] **Fack.**) Kiel 1898: A. F. Jensen. (32 S.) 8° [F.] (05. 16189 8

Fack, M. W., s.: Armee, d. schleswig-holsteinische, i. d. J. 1848—1851.

Fack, M. W., Geographie von Schleswig-Holstein. Eine gedrängte, allgemein geographisch gehaltene Beschreibung dieses Landes für Haus u. Schule, insbes. als Handbuch für Schüler gehobener Schulen. Kiel 865. Akademische Buchhdlg. (v. Maack.) 8. (44 S.) n. 3 ngr

Fack, Max Wilhelm: Die Grenzlinien zw. d. Gebiete d. Hügellandes u.d. Sandebene, s. Schlichting, M.

— Kiel u. seine Umgebung. Ein Führer durch Stadt u. nächste Umgegend für Freunde der schönen Natur. Mit 1 (lith.) Karte (in Fol.). Kiel 867. v. Maack. 8. (51 S.) n. 15 ngr

Fack (M. W.), Die Zusammensetzung des Mitteldiluviums der Umgegend von Kiel aus den lose in demselben gefundenen Versteinerungen. (Ohne Druckort und Jahr.) 8.

Fack, Michael

Fack, M., die Behandlung stotternder Schüler, s.: Magazin, pädagogisches.

Fack, Mich., zur didaktischen Darstellung v. Stoffen aus der niedern u. höh. Mathematik, s.: Beiträge zur Lehrerbildung u. Lehrerfortbildung. 37. Hft.

— Materialien zu e. Lehre vom Stil. [Aus: „Lehrerzeitung f. Thüringen u. Mitteldeutschland".] gr. 8. (46 S.) Jena 894. F. Mauke. n. — 60

Die Fackel: Jahrgang [1]—21, 1843—1869.

Weekly, Jahrgang 1—5, 1843—51; quarterly, Jahrgang 6—21, 1852—69; some irregularity in appearance of issues. Sub-title: Literaturblatt für Ludvigh's Reden, Vorlesungen, Gedichte, und prosaische Aufsätze: Allen Freunden der freien Forschung gewidmet, Jahrgang 1—2, 1843—Nov. 15, 1845; Literaturblatt für Förderung geistiger Freiheit, Jahrgang 3—21? Nov. 22, 1845—1869. Cover-title [1863]: LUDVIGH'S TORCH, Quarterly Magazine. Edited & published by Samuel Ludvigh, the imprint: Verlag des Verfassers. Quarto (slight variation), each 12—16 pages. Place of publication varies: New York City, Jahrgang 1—3, 1843—April 4, 1846; Baltimore, Jahrgang 4—11, Feb. 2, 1850—1858; St. Paul, Jahrgang 12—17, 1859—65; Cincinnati, Jahrgang 18—21, 1866—69. The holdings of this periodical are broken and scattered. Hence, the volumes that present most difficulty are collated: [Jahrgang 1] [no. 1—24] p. 1—208 [no. 1—6 bear year of imprint, 1843, and no. 7—24, 1844; Jahrgang 2, [no. 1—10] 1844, p. 1—88, and no. 48—52, Oct. 18—Nov. 15, 1845, p. 377—416; Jahrgang 3, no. 1—16, Nov. 22, 1845—April 4, 1846, p. 1—240; Jahrgang 4, no. 1—52, Feb. 2, 1850—Jan. 25, 1851, p. 1—416 (no. 52, p. 409, states plan to issue in monthly "Hefte" of four "Quartbogen" the first to appear Mar. 1851); Jahrgang 5 [issues unnumbered], 1851, p. 1—384 (p. 384, Ludvigh states that the 5th Jahrgang would be issued in 4 "Quartalheften", at $ 1.50, to begin Aug. 1, 1852; Jahrgang 6—21, 1852—69, somewhat irregular.

Baltimore, MD

Fackel, die. Oppositionsblatt gegen Lüge u. Unverstand. Hrsg. v. Hugo Häpe. 1—3. Jahrg. 1849—1851. à 52 Nrn. gr. 4. (Bog.) Grimma, Verlags-Compt. in Comm. à Jahrg. n. 1⅓ ℛ

Die Fackel: Sept. 12, 1866—Dec. 1868.

Weekly. Place of publication varies: Wyandotte, Kans., Sept. 12, 1866—Dec. 1867. Merged with WESTLICHES VOLKSBLATT (St. Joseph, Mo.). Edited by H. W. Kastor, 1866—68; published by H. W. Kastor, Christian Fischer & John Kremer [Kastor, Fischer & Co.], 1866; by H. W. Kastor & Christian Fischer, Jan.—Sept. 18, 1867; by H. W. Kastor, Sept.—Dec. 1868.

Atchinson, KS

Die Fackel: Jahrgang 1—41, no. 24, May 11, 1879—Oct. 12, 1919.

Weekly. Sub-title: Sonntagsblatt der CHICAGOER ARBEITER-ZEITUNG. Unabhängiges Organ zur Belehrung, Unterhaltung und Erheiterung. Excluded from Germany by anti-socialist laws of 1880—90. Editor: W. L. Rosenberg.

Small folio, each issue 8—12 pages. Circulation: 1880, 5000; 1886, 12,200; 1890, 16,000; 1895, 25,000; 1900, 15,000; 1910, 24,000; 1915, 14,000; 1919, 24,000.

Chicago, IL

Fackel. Zeitschrift für das gesammte Feuerlöschwesen. Red. u. Hrsg.: Geo. Isaac. 1. Jahrg. 1880/81. 24 Nrn. (1½ B.) gr. 4. Berlin, (Klönne & Müller). n. 4. —

Fackel: Die Fackel

① Internationalet Verbindungsorgan aller Pllattdütschen un erer Vereene Jungs holt fast Up ewig ungedeelt ⑤ 1890—15. 6. 1891 ⑥ 4° ⑦ monatlich 2× ⑧ Zürich: Buchdruckerei des Schweiz. Grütlivereins ⑩ Heinrich und Friedrich Hooß ⑪ Heinrich und Friedrich Hooß ⑫ sozialistische und antiklerikale Tendenzen ⑭ Be: I. (1. 1. 1891—15. 6. 1891).

Fackel, die. Hrsg.: Karl Kraus. 1. Jahrg. April—Decbr. 1899. 27 Nrn. 8. (à 32 S.) Wien, Verlag Die Fackel. n. 5. 40

— dasselbe. 2. u. 3. Jahrg. 1900 u. 1901. à 36 Nrn. 8. (à 32 S.) Ebd. à Jahrg. n. 7.20; einzelne Hfte. n. —20

Fackel, die. Hrsg.: Karl Kraus. 4.—7. Jahrg. 1903—1906. à 36 Nrn. (à ca. 24 S.) 8. Wien, Verlag Die Fackel. à Jhrg. n. 7. 20

Fackel, die. Hrsg.: Karl Kraus. Für Deutschland verantwortlich: Loth. Homeyer. 10—12. Jahr. Juli 1908 bis Juni 1911. In zwangloser Folge. (à Nr. ca. 32 S.) 8. Wien, Verlag Die Fackel. — Für Deutschland: Berlin-Halensee, Verlag Die Fackel. à Nr. — 30; Doppelnr. — 50; f. 18 Nrn. 4.—; 36 Nrn. nn 7. 75

Die Fackel: 1. Jahrgang, no. 2, August 24, 1910—1912.

Weekly. News, stories, advertisement, reports. 4 pages. Hugo Quidde named for advertisement reception. Editor: Viktor Müller. Printed by Buch und Steindruckerei, M. Schrappe & Co.

Joinville

— die nordische. Hamburger Wochenschrift f. Unterhaltung, Tagesleben, Kunst u. Poesie. Red.: C. A. Schloenbach. 1. Jahrg. 1848. 52 Nrn. Fol. (B.) Hamburg, Hoffmann & Campe in Comm. n. 2⅔ ℛ

Fackel, die rothe. Schilderungen menschl. Ungeheuer aus alter u. neuer Zeit. 1—19. Hft. (Mit je 1 color. Steintaf.) gr. 8. Dresden 874—76. Verlag der Chronik. à — 30

Die Blut-Gräfin od. das Weib d. Verbrechens u. der Schande. Volksroman v. Otto Reinhold. (389 S.)

Die Meuchelmörder. Historischer Roman v. Sondermann. (528 S.)

Fackel der Wahrheit. Eine kritische Beleuchtung des Philippson'schen Bibelwerkes von einem orthodoxen Bibelfreunde. 1. Heft. Würzburg 860. (Kellner.) gr. 8. (15 S.) n. 2 ngr.

Fackel der Wahrheit: 1882(—?) **Lancaster, PA**

Fackel, e., auf den Wegewinkel des Pastors Keller in Düsseldorf. Von e. Lampenputzer. gr. 8. (68 S.) Halle 894. F. Starke. n. 1. —

Fackeldey, Karl: Ueber Kiefercysten. Halle (1869): Plötz. 29 S. 8°

Halle-Wittenberg, Med. Diss. v. 3. Aug. 1869

Geb. Emmerich 3. 7. 1845. V.

Fackeldey, Walther Johann (Emmerich/Rhld.), De dilatatione ventriculi. Diss. med. Bln. (Nietack) 19. XII. 1835. 32 S. mit Biogr. (M.: J. van den Broek.) (4.50) 8524

Oppon.: L. Huettner, H. Jacobi, B. Mueller. — Gew.: Anselm Muselagen, Eman. Kuehlenthal.

Fackelklar, Lehrer, Weihnachts- u. Neujahrslieder für Schule und Haus. Nebst einem Anhange von Gelegenheitsgedichten. kl. 8. Leipzig 838. Böhme. ⅓ ℛ

Fackelmann, Paul, aus Nordhausen: **Beitrag zur Kenntnis der Diketone.** *Greifswald 1901: H. Adler.* (61 S.) 8°

Greifswald, Phil. Diss. v. 16. Nov. 1901

Gicht. Rheumatismus. Von Dr. W[ilhelm] **Fackelmann**, Arzt in Berlin. Berlin: C. M. L. Seeger [1906]. (46 S.) 8° [07. 1103]

Fackelmann, Wilhelm: **Aus dem pharmakologischen Institut der Universität Greifswald. Mitteilungen über Versuche mit Natriumnitrat.** *Greifswald 1898: C. Sell.* (32 S.) 8°

Greifswald, Med. Diss. v. 26. März 1898

Fackeln. Ein Journal in zwanglosen Heften. Leipz. 1811. H: *Cölln, Georg Frdr. Wilib. Ferd. von.* (MGT) (BGE) (Ky) »1812« (ErschDL)

Fackeln. Ein Journal in zwanglosen Heften. (Hrsg. von Georg Frdr. Wilh. Ferd. v. Cöln.) Heft I. (einz.) Leipzig, W. Rein, 1811. 8°.

FACKELN. Ein Journal in zwanglosen Heften (hrsg. von G. F. W. F. v. Cölln). Heft 1 (einzig). W. Rein, 1811. 8°. VIII, 315 S. Mit 3 Kupfertafeln.

Anon.-Lex. II. p. 85 (nach Meusel, Hayn, Kayser). Ersch hat „1812".

— — von Aloysius Wohlgemuth zur Beleuchtung des Koch-Buches vom Freyherrn von Haüberg und den Brocken in die Suppe von Friemund. 8. Cölln, Splh. 819.

Fackeln zur Beleuchtung des Breslauischen Theaters, wie es jetzt ist . . . Breslau 1830. V: *Kapf, Carl Glieb Hnr.* (Kat. d. Druckschr. üb. Breslau 1903. S. 360.)

Fackeln, zur Beleuchtung des Breslauischen Theaters, wie es jetzt ist. Von e. Freiwilligen. 8. Bresl. 830. Leukart. 4 gl.

Fackeln, Neue. Ein Journal in zwanglosen Heften. 12 Hefte oder 6 Bde. Deutschland [Quedlinburg] 1813—1815. H: *Nicolai, Carl Ludwig & Andere.* (BGE V², 328/a)

Fackeln, neue, Journal in zwanglosen Heften. 6r Bd. 26 u. d letztes Heft. gr. 8. Quedlinburg, Basse. 816.

Fackeltanz, Der, bei hohen Vermählungen im Königlich Preussischen Kurbrandenburgischen Hause. [Berlin 1854.] V: *Raumer, von.* (Kat. d. Lipperheide'schen Kostümbibl. Berlin 1896 ff.)

Fackelzüge, zwei moralische, vor u. an dem Reformationsfeste 1830 zu Leipzig, gesehen u. beurtheilt von Apriori u. Aposteriori, nebst Sang eines wandernden Sternes, von J. E. Blumenfeld. gr. 8. Leipz. 830. Glück. 2 ℛ

Fackenheim, Julius [prakt. Arzt aus Mühlhausen i/Thür.]: Über einen Fall von hereditärer Polydaktylie mit gleichzeitig erblicher Zahnanomalie .... (Aus d. Jenaischen Zeitschr. f. Naturwiss. Bd. XXII) Jena, Gustav Fischer, 1888; 2 Bl. + 48 + 1 S. 8°
Freiburg i. B., Med. Fak., Inaug.-Diss. v. 1888

Fackenheim, Julius, Referendar: Zulässigkeit, rechtliche Natur und formale Voraussetzungen des rechtsgeschäftlichen Pfandrechts am Geschäftsanteil einer G. m. b. H. Halle a. S. 1910: Kaemmerer. XI, 46 S. 8° ¶ (Ersch. vollst. als Buch ebd. u. d. T.: Das rechtsgeschäftl. Pfandrecht am Geschäftsanteil e. G. m. H.)
Halle, Jur. Diss. v. 28. Jan. 1910, Ref. Stammler
[Geb. 20. April 84 Halle a. S.; Wohnort: Halle; Staatsangeh.: Preußen; Vorbildung: Stadtgymn. Halle Reife O. 02; Studium: Halle 2, Berlin 2, Halle 2 S.; Rig. 18. Dez. 09.] [U 10. 1666

Das vertragliche Pfandrecht am Geschäftsanteil einer G. m. b. H. Dr. iur. Julius **Fackenheim.** Halle a. S.: Kaemmerer 1910. IX, 215 S. 8°
[Ein T. erschien als Inaug.-Diss. Halle 1910 u. d. T.: Zulässigkeit, rechtl. Natur u. formale Voraussetzungen d. rechtsgeschäftl. Pfandrechts am Geschäftsanteil einer G. m. b. H.] [10. 17731 3

Fackenheim, Siegfried, aus Mühlhausen in Thüringen: ⟨Aus d. medizin. Klinik zu Jena.⟩ Zur Kasuistik des Tetanus traumaticus. *Jena 1899: Frommann.* (42 S.) 8°
Jena, Med. Diss. v. (25. März) 1899

Fackenheim, Siegfr., zur Kasuistik des Tetanus traumaticus. Diss. gr. 8. (42 S.) Jena 899. (H. Pohle.) 1.—

Fackenheim, Willy, a. Bebra ⟨Hessen-Nassau⟩: Neue Versuche über die Wirkung von Anilin-Dämpfen auf Tiere und Menschen mit chemischer Bestimmung des Anilingehalts der Luft. Hersfeld 1905: Hoehl. (26 S. 8°
Würzburg, Med. Fak., Ref. Lehmann, Diss. v. 6. Sept. 1905
[Geb. 24. Mai 82 Bebra; Wohnort: Würzburg; Staatsangeh.: Preußen; Vorbildung: Stadtgymn. Halle a. S. Reife M. 00; Studium: Halle 4, Berlin 2, Würzburg 4 S.; Coll. 21. Juni 05; Approb. 20. Juni 05]

Facklam, Ernst, Rechtsanwalt in Schwerin: Die Eigentümergesamthypothek nach dem Bürgerlichen Gesetzbuche. Schwerin i. M. 1907: Bärensprung. (73 S.) 8°
Rostock, Jur. Fak., Ref. Matthiaß, Diss. v. 5. Mai 1907
[Geb. 30. Sept. 76 Groß-Trebbow (Mecklenburg-Schwerin); Wohnort: Schwerin; Staatsangeh.: Mecklenburg-Schwerin; Vorbildung: Gymn. Schwerin Reife O. 96; Studium: München 3, Berlin 1, Rostock 10 S.; Rig. 12. Apr. 07.]

Facklam, Friedrich Carl [z. Z. Volontärarzt an d. Kgl. Psychiatrischen- u. Nerven-Klinik zu Halle a. S.]: Die Resultate der wegen Nierenphthise vorgenommenen Nephrotomien und Nephrectomien ... (Aus: v. Langenbeck's Arch. f. klin. Chir., Bd. XLV Heft 4.) Berlin, gedr. bei L. Schumacher, 1893; 1 Bl., 48 S. 8.
Rostock, Med. Fak., Inaug.-Diss. v. [12. Apr.] 1893

Facklam, Margar., Haushaltungskunde. Ein Leitfaden m. Rezepten f. Schule u. Haus. 2. Aufl. 2. u. 3. Tausd. (VIII, 151 S.) 8. Berlin 910. C. Habel. kart. 1. 60

Fackland, od. Schaden macht klug, von Albrecht. 2 Bde. 8. Wien, Hörling. 790. Rthlr. –

FACKLER, Heinrich (Ottenheim): Über Meningitis cerebrospinalis epidemica. (Titel nach der Urkunde) 14.3.1894 – Urk: Chr 1893/94,14
Diss. Ingolst.-Land...chn.

Fackler, Karl: Die Kunstgewerbliche Lust u. Jetzt. Vortrag. München: Hartel (1890).

Facompré, Gustav, appr. Arzt a. Nienburg a. d. Weser: Beiträge zur Behandlung der Tuberculösen Wirbelsäulenerkrankung mit Benutzung der in der Zeit vom 1. XII. 1895 bis zum 1. XII. 1902 in der Königl. chirurgischen Universitätsklinik in Göttingen behandelten 116 Kranken. Nienburg a. W. 1904: C. J. G. Glenewinkel. (79 S.) 8° [F.]
Göttingen, Med. Fak., Ref. Braun, Diss. v. 19. Apr. 1905
[Geb. 20. Jan. 78 Nienburg a. d. Weser; Wohnort: Nienburg; Staatsangeh.: Preußen; Vorbildung: Gymn. Lingen Reife O. 99; Studium: Marburg 3, Göttingen 1, Marburg 1, Göttingen 4 S.; Coll. 8. Aug. 04; Approb. 21. Apr. 04.]

Façon parisienne, s. a. Mode-Album, Wiener.

Façon parisienne. Publication de mode. Édition I. Modèles de Paris et de Vienne. Éd.: Gust. Fournes. 18. Jahrg. 1907. 12 Hefte. (à ca. 6 farb. Taf., 1 farb. Doppeltaf., 8 S. Abbildgn.. 2 Schnitte u. 4 S. deutscher u. französ. Text.) 42,5×31 cm. Perchtoldsdorf bei Wien, Wiener Modefachblätter H. Fournes & Co. 24.—
Erscheint nicht mehr. Firma erloschen.

Façon-Tailleur. Fachblatt d. ges. Damen-Schneiderkunst. Hrsg.: B. Finkelstein & Bruder. Red.: Karl Mohr. 1.—2. Jahrg. Aug. 1897—Juli 1899. Ausg. I. à 12 Nrn. (à ca. 12 z. Tl. farb. Taf. m. 4 S. deutschem u. engl. Text.) Fol. Wien, Administration d. „Wiener Chic". à Jahrg. n. 45. —; Ausg. II. n. 25. —
Kann auch halbjährlich, Ausg. I f. n. 25. —, Ausg. II f. n. 15. — bezogen werden.

Façon-Tailleur. Grand journal professionnel pour tailleurs pour dames, couturières etc. Publisher: R. Finkelstein & Bruder. 3.—6. Jahrg. 1899—1902. Ausg. I. 12 Nrn. Fol. (à Nr. 12 z. Thl. farb. Taf. m. 4 S. französ. u. engl. Text.) Wien, B. Finkelstein & Bruder. à Jahrg. n 45. —; halbjährlich n. 25. —; einzelne Nrn. n. 5. —; Ausg. II. (6 z. Thl. farb. Taf.) à Jahrg. n. 25. —; halbjährlich n. 15. —; einzelne Nrn. n. 3. —

Façon-Tailleur. Grand journal professionel pour tailleurs pour dames, couturières, maisons de confection et fabriques de jupes. Editeurs-propriétaires: B. Finkelstein & Bruder. Jahrg. 1906. 12 Nrn. (à ca. 12 z. Tl. farb. Taf. m. 8 S. französ., deutschem u. engl. Text u. 1 Schnittbog.) Fol. Wien, B. Finkelstein & Bruder. n. 56. —; halbjährlich n. 30. —; Ausg. II. n. 32. —; halbjährlich n. 18. —

Façon-Tailleur. Journal mensuel. Édition spéciale de modèles „Genre tailleur". Gérant: A. Gruenwald. Jahrg. 1910. 12 Nrn. (Nr. 152. 12 z. Tl. farb. Taf. m. 8 S. französ., deutschem u. engl. illustr. Text u. 1 Schnittbog.) 43×31,5 cm. Wien, Palais de la mode „Le Grand Chic". Ausg. IA 60.—; halbjährl. 32.50; viertelj. 16.50; einz. Nrn. 6.75; Ausg. IB 50.—; halbj. 27.50; viertelj. 14.—; einz. Nrn. 5.—; Ausg. II 30.—; halbj. 17.50; viertelj. 9.—; einz. Nrn. 3. —

Façon-Zeitung für Töpfer, Fayence-, Steingut-, Topfwaaren- u. Ofen-Fabrikanten. 1. Jahrg. 1845. Octbr.—Decbr. 3 Nmm. hoch 4. (12 col. Taf.) Leipzig, Böhme. n. 1 ℛ

— dies. 2. Jahrg. 1846. 12 Hefte. Jedes Heft mit 4 color. Median-Quartbl. hoch 4. Weimar, Jansen. n. 4 ℛ

Façon-Zeitung für Töpfer-, Fayence-, Steingut-, Töpferwaaren u. Ofen-Fabrikanten. III. Jahrg. 1847. 12 Hfte. gr. 4. (48 lith. Taf.) Weimar, Jansen. n. 4 ℛ

Facsimile eines Briefes von Luther in Steindruck nebst einigen Notizen ... Strasb. 1817. V: *Herrenschneider, Johann.* (MGT)

Facsimile eines Briefes des Herzogs von Wellington an den Fürsten Blücher vom 16. Juni 1815. (Berlin 1852.) 8°. (Bh. z. M. W. B.)

Fac simile de l'édit portant révocation de l'édit de Nantes Octobre 1685. D'après l'original des archives nationales. Imp.-4. (8 S.) Strassburg 887. Heitz. n.n. 3. 50

Facsimile. A Facs' of Christian Almer's Führerbuch. London 1896 *s.* Führerbuch.

Facsimile einer in der uralten Bauhütte bei St. Stephan in Wien befindl. Handzeichnung zu dem unvollendeten Thurme des Domes St. Stephan. 1527. Fol. (7 Blatt.) Wien 847, Förster. n. 2 ℳ

Facsimile der Capitulation Straßburgs i. J. 1681 nebst urkundl. Bericht üb. Wegnahme der Stadt durch Ludwig XIV. Fol. (5 S., wovon 4 lith.) Lahr 871. Schauenburg. n. — 60

— eines Schreibens des Ritters Götz von Berlichingen vom Junius 1519. kl. Fol. (2 Bl.) Heilbronn 843. (Claß'sche Buchh.) 1/2 ℳ

Facsimile der ersten (3ten) Seite des ältesten größeren Druckwerks der Welt, der sogenannten 42zeiligen Mazarinischen, von Johann Guttenberg im Jahre 1454—55 gedruckten lateinischen Bibel. Genau nach dem Exemplar der Königl. Bibliothek zu Berlin copirt u. zur vierten Säcularfeier der Erfindung der Buchdruckerkunst herausgeg. von G. Eichler. Lithogr. 1/2 Imp.-Fol. Berlin 840, Eichler. n. 1/3 ℳ — color. n. 1 ℳ — fein color. n. 1 1/2 ℳ

Zwickauer Facsimiledrucke. (Hrsg.: Otto Clemen.) No 1. Zwickau: Ullmann 1910. 8° (10. 1691)

Facsimiledrucke, Zwickauer. No. 1—4. Zwickau, F. Ullmann. 16. 80
Ars moriendi. Holztafeldruck v. c. 1470. (33 S.) Lex. 8. 910. (Nr. 3.) 4. 50
Beham's, Hans Sebald, Holzschnitte zum alten Testament nach der 1537 bei Christian Egenolph in Frankfurt erschienenen Ausg.: Biblicae historiae artificiosissime depictae. (83 S.) 8. 910. (Nr. 1.) 3. 60
Canticum canticorum. Holztafeldr. v. c. 1465. (25 S. m. Abbildgn.) 31×22 cm. 910. (Nr. 4.) 4. 50
Murner, Thom., die Mühle v. Schwindelsheim. Straßburg, Matthias Hupfuff 1515. (75 S. m. Abbildg.) gr. 8. 910. (Nr. 2.) 4. 20

Facsimile-Edition, ed. W. Junk. Nr. 1—3. Berlin W. Junk. n.n. 185. —
1. Linnaeus, Carol., Orbis eruditi judicium. Stockholm 1741. gr. 16. (16 S.) 901. n. 10. —
2. Bojanus, Ludov. Henr., Anatome testudinis europaeae. Indagavit, depinxit, commentatus est B. Accedunt tabulae XXXI. Quarum IX. duplici exemplo. gr. Fol. (VI, 178 S.) Vilnae 1819—1822. (902.) n.n. 125. —
3. Lembeye, J., aves de la isla de Cuba. Habanna 1850. gr. Fol. (140 S. m. 20 farb. Taf.) (902.) n. 50. —

Facsimile-Edition. Ed. W. Junk. Nr. 4—11. Berlin, W. Junk. n.n. 239. —
4. Praecipuarum stellarum inerrantium positiones mediae. Auctore G. Piazzi. Panormi 1814. (XI, 178 u. XI S.) Fol. 903. n. 60. —
5. De solido intra solidum naturaliter contento dissertationis prodromus. Auctore Nicolai Stenonis. Florentiae 1669. (79 S. m. 1 Taf. u. 1 Bl. Erklärgn.) 4. 904. n. 10. —
6. Positiones mediae stellarum fixarum in zonis Regiomontanis a Bessello inter —15° et +15° declinationis observatarum ad annum 1825 reductae et in catalogum ordinatae. Auctore Max Weisse. Jussu academiae imperialis Petropolitanae edi curavit et praefatus est F. G. W. Struve. Petropoli 1846. (L, 254 S. m. 3 Taf.) 4. 904. n. 80. —
7. A phylosophical essay, treating of the most probable cause of that grand mystery of nature, the flux and reflux: Or, flowing and ebbing of the sea. By Th. Philipot. London 1673. (IV, 14 S.) 4. 904. n. 5. —
8. Essai de classification des algues de la Guadeloupe. Par H. Mazé et A. Schramm. 2. éd. Basse-Terre (Guadeloupe) 1870—1877. (XIX, 283 u. III S.) 4. 905. n. 25. —
9. Geslachten der vogelen. Door Paul. Henr. Gerard Moehring. Uit het latyn vertaald en met aantekeningen vermeerderd, door Cornel. Nozeman, en naar de vertaaling uitg. en met eene voorreden, aantekeningen en naamlyst der voornaamste schryveren die over de vogelen geschreeven hebben vermeerderd, door Arnoud Vosmaer. Amsteldam MDCCLVIII. (XXX, 100 S. m. 2 farb. Taf.) 4. 906. n. 15. —
10. Hemisphaeria Magdeburgica. Von O. de Guericke. (1654.) (1 Bl. in Lichtdr.) 38.5×50 cm. (906.) n. 4. —
11. Species plantarum. Exhibentes plantas rite cognitas. Ad genera relatas. Cum differentiis specificis, nominibus trivialibus, synonymis selectis, locis natalibus secundum systema sexuale digestas. Auctore Caroli Linnaei. 2 tomi. Holmiae 1753. (XIV, 1200 u. 31 S.) 4. 907. n.n. 40. —
Nr. 1—3. Ebd. 901. 902. n.n. 185. —.

Facsimile-Edition. Ed.: W. Junk. Nr. 12. gr. 8. Berlin. [W. Junk.] Leipzig, Th. Osw. Weigel. 15. —
12. Die mittel-europäischen Eichen-Gallen in Wort und Bild. Von Gust. L. Mayr. 2. [durch e. Vorwort u. e. Index verm.] Fcsm.-Ausg. [Aus dem 9. u. 10. Jahres-Bericht der Wiener Kommunal-Oberrealschule in der Rossau. Wien 1870—71.] (VI, 70 S. m. 7 Taf. u. 7 Erklärgn.) 907.
1—11. 901—07. Jetzt Ebd. 424. —

— **dasselbe.** Ed. W. Junk. Nr. 13 u. 14. Berlin, W. Junk. 45. —
Burckhardt, J.-Ch., table des diviseurs pour tous les nombres des 1er, 2e et 3e million. Ou plus exactement, depuis 1 à 3,036,000, avec les nombres premiers qui s'y trouvent. Paris 1817. (VIII, 114, 112 u. 112 S.) (909.) (Nr. 13.) 40. —
Moritzi, A., réflexions sur l'espèce en histoire naturelle. Soleure 1842. Avec une préface de H. Potonié. (XI, 110 S.) 8. 910. (Nr. 14.) 5. —

Facsimile-Edition. Jetzt: Leipzig, Th. Osw. Weigel.

Factionsgeist, Jeder, wird aus Vernachlässigung der Kenntniss des Gemeingeistes erzeugt . . . O. O. 1792. V: *Eckartshausen, Carl von.* (MGT)

Factoren-Zeitung, österreichische. Organ der Geschäftsleiter u. Factore im graph. Gewerbe Red.: Rud. Gött. 1.—3. Jahrg. Oktbr. 1899—Septbr. 1902. à 12 Nrn. gr. 4. (à ca. 16 S.) Wien. (Leipzig, G. Hedeler.) à Jahrg. n. 4. —
Fortsetzung s.: Faktoren-Zeitung, österreichische.

Das auffallende Factum, erläutert v. e. Verehrer d. Erzbischofs v. Cöln, zur Entlarvung seiner Verläumder, Geschrieben in der Erzdiöcese Cöln Ende März 1838. *Frkf.*, Osterrieth. 838. 8. (3 Gr.)

Factum, ein auffallendes, zur gerechten Beurtheilung d. Verfahrungsweise d. Hrn. Erzb. Clem Aug. gegen d. Geistl. d. Cölner Diöcese. Nach d. vollständigen Acten mitgetheilt v. e. wahrheitliebenden Katholiken. *Bonn*, Weber. 838. gr. 8. (8 Gr.)

Factum und rechtliche Ausführung in Sachen der Holzschuherischen Familie c. die Reichenbachische Erben . . . das Rittergut Aspach betreffend [1760]. V: *König von Königsthal, Gustav Georg.* (ML) (will) (Holz)

Factum & deductio gravaminum abseiten Herrn Hans Iversen Loyt, Hospitals-Vorstehern und Kauffmanns in Flensburg, contra Frau Ide Scheel auf Areschau in Fühnen, in puncto praetensi debiti cambialis. o. O. 1741. 8°

Factum et Deductio abseiten derer mehrerersten Haupt-Participanten der Insel Nordstrand, Römisch-Catholischer Religion, entgegen dem Ehrwürdigen Pater Johannes Franciscus Düringk, für Sich, und im Namen derer übrigen Patrum Oratorii zu Löwen und Mecheln, gleichfalls Participanten daselbst, in puncto praetensae extensionis exercitii religionis privati etc. etc. (Nebst Abdruck von 46 Documenten. Hamburg.) 1742. Fol.

Factum et Deductio abseiten Hans Petersen, in Horstede, des Amts Husum, contra Truels Volquarts, daselbst, in puncto praetensi Juris reluendi etc. etc. (Hamburg.) Im Jahr 1744. 4°.

Factum cum deductione rationum pro sententia abseiten Hn. Nicolas Goos und Hn. Nicolas Ovens in Fridrichstadt, dann auch Peter Hans . . . Kläger und Appelaten wider des verstorbenen Rath- u. Lehns-Manns Broder Hans . . . nachgelassene Wittwe und Erben . . . Beklagte und Appellanten in puncto zu vergütender 3163 Rthr. 28 Schill. 7 Pf. . . . o. O. 1757. Fol.

Factum exceptionnale abseiten des Regierungs- u. Obergerichts-Advocati Christian Callisen hieselbst, in Vollmacht des Justitzraths . . . Jacob Kochen zu Kiel . . . wider . . . Johann Diederich Mellmann zu Kiel in pto. prätendirter Bezahlung eines Honorarii v. 200 M. für ein auf den gräfl. Reventlauischen Güthern prætense verschiedene Jahre hindurch dirigirtes Gericht. Glückstadt. 1790. Fol.

Factum exceptionis cum deductione fundamentorum excipiendi . . . in Sachen des Königl. Justitz-Raths . . . Johann Friderich Wilhelm Böckmann zu Glückstadt als Mandatarii des Herrn Licentiaten Schwartz zu Hamburg in Ehevoigtschaft seiner Frauen Margaretha Elisabeth geb. Trogillius wider die Herren Raths-verwandte Christian Schwenck u. Nicolaus Piening zu Crempe . . . in puncto streitiger Erbtheilung der von der verstorbenen Frau Bürgermeisterin Trogillius besessenen Güther. o. O u. J. 8°. geb. in Fol.

Factum abseiten des Regierungs- u. Obergerichtsadvokaten zu Glückstadt, Johann Friderich Gries, in Vollmacht der von dem zu Altona verstorbenen Weinhändler Selmer Kock hinterlassenen Wittwe Sigismunda Sebastiana Francisca, gebohrner de Marinon . . . wider die sämtlichen Erben des gleichfalls zu Altona verstorbenen Johann Christoph Leisners . . . o. O. (1765.) Fol.

Factum abseiten des Königl. Conferenz-Raths von Heespen wider auf Nienhoff Marx Staven et Consort. zu Grossen-Volstede. o. O. (1754.) Fol. [Kopft.]

Factum in Sachen des Fürstl. H. H. Homburg, contra das Fürstl. . . . Haus H. Darmstadt. [Homb. bei Frankf.] 1748. H: *Moser, Johann Jacob.* (ML)

Factum libelli appellatorii abseiten Andreas Meyer zu Altona, Klägers und Reconventen, wider den Hrn. Sachwalter Schmid zu Altona, mandatario nomine Octavius Thornton zu Hamburg, Beklagten und Reconvenienten, modo Appellaten, in puncto schuldiger Frachtgelder . . . o. O. (1770.) Fol.

Factum in caussa löbl. Reichsstadt Nürnberg . . . contra die löbliche Stadt Erfurt puncto debiti . . . O. O. 1750. V: *König von Königsthal, Gust. Georg.* (Holz) (ML) (will)

Factum und Rechtsgründe in Sachen Schulenburg wider Corvey. O. O. 1785. V: *Hofmann, Casp. Frdr.* (MGT)

Factum Ou tréshumble Représentation à L.L. E.E. de Berne, Du Magistrat & de la generale Bourgeoisie De la Neuveville s. Mémoire, au sujet des affaires de la Neuveville. L'année 1717.

Factum in entschiedener Sache zwischen Martin von Bärgen, eines Hamburgischen Bürgers Wittwe, und Jacob Menck, Hermann Jacobs, eines Hamburgischen Bürgers, Sohn, nebst einem Auszuge aus dem weitläufftigen Schrifft-Wechsel, welcher dieser Sachen halber, sowohl von den Pinnenbergischen Land-Drosten, als den Königl. Dänischen Residenten mit E. E. Rathe daselbst erhoben worden. Hamburg. 1734. Bei: Einige Nachrichten zur Erläuterung der zwischen Dännemarck und Hamburg obschwebenden Missheligkeiten. Hamburg. (1734.)

Factum au sujet de L'Affaire de la Comte de Ranzau. Ecrit en François pour intelligence des Ministres Etrangers. Avec la Reponse. Imprime l'an 1706. 4° k.

Factum tale Oder Kurtze und gründliche Bewandtnus Deß entzwischent Herren Hauptmann Udalrici von Salis zu Samaden. Und Der Ehrsamen Gemeindt Bivio oder Stalla und Marmels. Obschwebenden Streit-Handels. 4. Chur 1709. im Hornung.

Factum tale Der Sagenseren Religions-Geschäfften. Von Lobl. Obrigkeit zu Ilantz und in der Grub / den (Tit.) Herren Häupteren übergeben / solches an die Ehrsamen Gemeinden abgehen zu lassen. [Mit Wappenvignette.] 4. Chur 1710.

Factum tale, oder wohlbegründete Sinceration, und Nachrichte / Betreffend den A. 1716. zwischen Ruinell de' Ruinelli und Paul Castelmur / oder seinen Erben einer Seits / und Fr. Margarita Marini ander Seits... bis A. 1722 fortgesetzten Rechts-Handel / Welcher In selbigem Jahr vor dem höchsten Tribunal völlig... decidiert worden.... [Mit Wappenvignette.] 4. Chur 1729.

FACTUM Oder Vertheidigungs-Schrifft, Marien Catharinen Cadière Wider den Pater Joh. Bapt. Girard, einem (!) Jesuiten. Worinnen dieser Mönch angeklagt wird, daß er dieselbe vermittelst einer abscheulichen Quietisterey (sic!) zu den allerärgsten Lastern der Unzucht verführet, und unter den (!) Deck-Mantel der Höchsten Heiligkeit, noch sechs andere Andächtige, die sich gleichfalls unter seine geistliche Aufsicht begeben, in eben solche grobe Verbrechen gestürtzet hat. Aus d. Frantzös. (des *Chaudon*) übersetzet, und gleichsam als ein neuer Passe-par-tout oder Hauptschlüssel zu denen in den Jesuitischen Löchern vorgehenden Boßheiten und erfolgten Unterdrückung der Wahrheit . . . . der Welt öffentlich vor Augen gestellet. Cöln an (!) Rhein. 1731. (Frankfurt a. M., Varrentrapp.) 8°. 252 S. (incl. Titel). (5 Mk., mit d. folgenden Schrift, Völcker, 1906; 20 Mk., mit dem curiosen Bild zum Oeffnen u. mit d. folg. Schrift mit d. Jahrz. „1733", Heinr. Kerler, Ulm, 1892; 12 Mk. J. Halle, c. 1905.)

Fernerer Verlauff (dieser Sache), Nebst von dem Parlament zu Aix gesprochenem End-Urtheil. Aus d. Frantzös. übersetzt. Mit Kpf. Cölln am Rhein (ib.), 1731. 8°.

Tit., 6 Bl. Vorr. d. Übersetzers, 98 SS. — Daran: Anmerkungen über das Eigenhändige Memorial des Pater Girards . . . . 87 SS.

Orig.: Factum pour M. C. Cadière contre le P. Girard, jésuite, où ce religieux est accusé de l'avoir portée par un abominable quiétisme aux plux criminels excès de l'impudicité, et d'avoir, sous le voile de la plus haute spiritualité, jetté dans les mêmes excès six autres dévotes, qui s'étoient mises sous sa direction. A la Haye, ches Henri Scheurleer, sur la copie imprimée à Aix, chez Jos. David, 1731. 2 ff. et 164 pp. 8°. Non cité par Carayon qui resume la litérature sur l'affaire Girard. (8 Mk. 25 Pfg. L. Rosenthal, c. 1886; 5 Mk. J. Halle, c. 1905; 8 Mk. Adolf Weigel, 1906.) — Suite des procédures de Cathérine Cadière contre le R. P. Girard, contenant la réponse au mémoire instructif de ce jésuite. . . . La Haye, Scheurleer, 1731. 8°. (In Zürich.) (Zus. mit dem „Factum", 5 Rthlr. Scheible, vor 1875.)

— — — — Dasselbe. Mit Portrait Girard's. Ebd. 1732. 8°. 176 S. (3 Mk. 80 Pfg. Friedr. Klüber, 1900.)

Factum oder Vertheidigungsschrift M. C. Cadiere wider den Jesuiten Girard. 2 Thle. 8. 732.

— — — — Dasselbe. 3 Thle. Mit Portr. Ibid. 1732. 8°.

— — — — Dasselbe. Ibid. 1734. 8°. 216 S. Mit satyr. Titelbild. (10 Mk. Jos. Jolowicz, 1908; 12 Mk. Adolf Weigel, 1906.) (In Stralsund, Rathsbibl.)

Factum, Wahres und erläutertes, entgegen gesetzt denen offenbarsten Unwahrheiten und ehrenrührigen Verläumdungen . . . O. O. 1767. V: *König von Königsthal, Gustav Gg.* (ML) (will) (Holz)

Factum. Wahrhafftes F' tale und Grundliche Erzehlung der hernachfolgenden Sachen / So auch zu einicher Refutierung der so genannten Conventions-Schrifft dienet / welche vor kurtzer Zeit heraus kommen... und heraus gegeben von dem meisten Theil der Burgerschafft zu Chur. 4. Chur 1729.

Facultät, die katholisch-theologische, an der Universität zu Breslau. Prüfung der über die Verhältnisse ders. von Hrn. Prof. Dr. Movers veröffentl. Denkschrift. gr. 8. Leipzig 845, Brockhaus. 6 ngl

Facultät, Die, für katholische Theologie. — Die katholische Fakultät. — Die Eröffnung der katholischen theologischen Fakultät in Bern. Olten 1874. V: *Herzog, Eduard.* (Erman & Horn, Bibliogr. d. dtsch. Universitäten. 2. Leipz. u. Berl. 1904.)

Facultät, Die theologische, zu Bern und ihre Gegner . . . Zürich 1864. V: *Immer, Albert.* (Erman & Horn, Bibliogr. d. dtsch. Universitäten. 2. Leipz. u. Berl. 1904.)

Facultät, Die theologische, zu Leipzig seit der Reformation. Urkundliches Verzeichnis ihrer Mitglieder. Leipzig 1843. V: *Winer, Georg Benedict.* (Erman & Horn, Bibliogr. d. dtsch. Universitäten. 2. Leipzig u. Berlin 1904.)

Facultäten, Die theologischen, Oesterreichs in ihrer frühern und jetzigen Stellung zur Kirche. Wien 1851. V: *Häusle, Johann Michael.* (Erman & Horn, Bibliogr. d. dtsch. Universitäten. 2. Leipz. u. Berl. 1904.)

Facultates, Tres animi, argumentum trium meditationum . . . Monachii 1762. V: *Pemble, Joseph.* (SO) (Jes)

Facultätsurthel; Jenaisches, wider den Hofrichter v. Berlepsch im Churfürstenthum Hannover rc. 8. Jena, Gabler. 801.

Facultés, les, de médecine des universités royales hongroises de Budapest et de Kolozsvár. Ouvrage offert à MM. les membres du XVIe congrès international de médecine par le ministère royal hongrois des cultes de l'instruction publique. (VII, 396 S. m. Abbildgn. u. Taf.) Lex. 8. Budapest 909. (F. Kilián's Nachf.) Geb. in Leinw. 8. —

Facultisten, die drey, im Weinkeller; od. die guten Geister auf dem Weinfasse. Lustsp. v. Braun. 8. Frkft. u. Lpz. (Mott.) 777. Rthlr. -

Fadanelli, H: Das technische Messen. Wien 1897

Fadĕev, Rostilaw

-- -- Ansichten über die orientalische Frage etc. Aus dem Russischen ins Deutsche übersetzt durch Hauptmann Rummel im k. k. Kriegs-Archive. Manuscript. Fol. Wien 1870.

— über Russlands Kriegsmacht u. Kriegspolitik. Uebersetzung aus d. Russ. Mit e. Vorwort v. Jul. Eckardt. gr. 8. (XVI, 338 S.) Leipzig 870. Brockhaus. n. 6. —

Fadiejew, Rostilaw, der Kriegsschauplatz am schwarzen Meere. Mit Rücksicht auf die Führg. e. Schienenweges nach der Krym. Aus dem Russ. übers. v. Ludw. Sembratowicz. [Aus „Oesterreich. militär. Zeitschrift."] gr. 8. (48 S.) Wien 871. Seidel & Sohn. n. 1. 50

Fadejew, Rostislaw. Des russischen General . . . . . neueste Schriften. 1. Entwickelung der orientalischen Frage mit Berücksichtigung der Urtheile über das Werk „Die Streitkräfte Russlands". 2. Berichtigung einiger Missverständnisse, hervorgerufen durch das Werk: „Die Streitkräfte Russlands". 3. Bemerkungen zu dem Aufsatze von G. Ja . . . . . ff: „Reorganisation der russischen Militärmacht". 8. Leipzig, Wien, Teschen 1871.

— neuste Schriften. 1. Entwickelg. der oriental. Frage m. Berücksicht. der Urtheile üb. das Werk „die Streitkräfte Rußlands." 2. Berichtigg. einiger Mißverständnisse hervorgerufen durch das Werk. „Die Streitkräfte Rußlands." 3. Bemerkgn. zu dem Auffatze v. G. Ja . . . . . . ff: „Reorganisation der russ. Militärmacht." gr. 8. (96 S.) Teschen 871. Prochaska. n. 1. 25

Fadĕev, R. Vooružennyja sily Rossii. Moskau 1868. 8°. (Rußlands Kriegsmacht.)
Dass. deutsch u. d. T.: General Fadejew über Rußlands Kriegsmacht und Kriegspolitik, übers. von J. Eckardt. Leipzig 1870. 8°.

Fadejeff, A. A., die Unschädlichmachung der städtischen Kloakenauswürfe durch den Erdboden, s.: Menzel, P. O. J.

Fadejew, Rostilaw, s. Fadĕev, Rostilaw

Faden, Der, im Labyrinthe der Religionen. Braunschweig 1791. V: *Müller, Friedrich Gottlieb.* (Ky) (MGT)

Faden, der, im Labyrinthe der Religionen, (v. Fr. Gli. Müller). 8. Braunschw. 791. Schulbuchh. 6 gl.

Fäden in Gottes Hand. Berlin 1895. V: *Redern, Hedwig v.* (Berl)

Fäden in Gottes Hand. Von H. v. R. gr. 16. (55 S.) Berlin 895. Deutsche evang. Buch- u. Tractat-Gesellschaft. -- 25

Faden- und Ketten-Rechnungen für Tuchmacher. Oder gründliche und richtige Anweisung einfarbige oder gestreifte Ketten auszurechnen. Nebst einer kurzen und einfachen Wollenrechnung von (Johs. Bonnet). 16. (20 S.) Reutlingen 853, Palm's Buchh.

Fader, Adolfo: Über Condensationsversuche mit Anthranilsäureester. 1899. 57 S. 8°
Karlsruhe, Dipl.-Diss. v. 7. 7. 1899

Fadezcinli. s' Fadez'. Humoristisch-satirische, allgemeine und politische Eintags-Zeitung für Stadt und Kanton Zürich, das übrige Europa und Zentralafrika. ... Redigiert von unverantwortlichen Dunkelmännern ohne tschky, tschech und witsch. Jahrg. 1. Zürich, Fastnacht 1907. [Illustriert.] [4 S.] fol. (Zürich, Girardet, Walz & Co.) fr. --.20

Fadezcinli. s' Fadez'. Humoristisch-satyrische, allgemeine und politische Eintags-Zeitung für Stadt und Kanton Zürich, das übrige Europa u. Zentralafrika. ... Redigiert von unverantwortlichen Dunkelmännern ohne —tschzky, —tscheck und —witsch. Jahrg. 2. Zürich, Fastnacht 1908. [Illustriert.] [4 S.] fol. (Zürich, Girardet, Walz & Cie.) fr. —. 20

Fadiejew, Rostilaw, s. Fadĕev, Rostilaw

Fading Augustin: Quae de Sallustio indicia quaeque fragmenta Sallustiana exstent in S. Augustini scriptis. H. 1908 PN 2520 Diss. Wien, Univ. 1643

Fadinger. – Stefan Fadinger, s. Arming, Friedrich Wilhelm

Fadinger, F., die Flucht eines Wiener Studenten nach der Eroberung Wiens. gr. 16. (IV u. 36 S.) Leipzig 849, Kosska. baar 4 ngl

Fädinger, Stephan. 8. Wien 802. (K. Haas). 10 kr

Fädinger, Stephan', seine Gesch. a. d. Zeiten Kaiser Ferdinands II. m. K. 8. Lpz. Joachim: 803. -

– dass. s. a. Fähdinger

Anaritii (Abû'l'Abbas Al-Fadl ben Hâtim an-Nairizi) in decem libros priores Elementorum Euclidis commentarii. Ex interpret. Gherardi Cremonensis in codice Cracoviensi 569 servata ed. Maximilianus Curtze. *Lipsiae: B. G. Teubner 1899.* (XXIX, 389 S.) 8°
== Euclides: Opera omnia ed. I. L. Heiberg et H. Menge. Supplementum.

Fadlé Rudolf: Die deutsche Renaissancelyrik als Vorstufe der deutschen Anakreontik.
II. 1906 PN 2146 Diss. Wien, Univ. 199

Faedrusowe Basnicki z łatyńskjeje do serbskjeje rěcy dołojcnych Łužycow přełožone přez Chr. Fr. Stempla. — Die Fabeln des Phädrus aus der latein. in die niederlausitzisch-serbische Sprache übertragen von Ch. Fr. Stempel. 8. (VIII und 56 S.) Bautzen 854, Schmaler.

Schloß Fadus
v. Liechtensteiner Volksblatt.

Faereyingu Saga, herausg. von Rafe u. Mohinke, s. Saga.

Faërnus, Gabriel

— Fabeln, s. Fabeln, englische.

— Fabeln, englische, nach d. Latein. zur Erleichterung d. Anfangsstudien in d. engl. Sprache, mit grammat. u. erläut. Anmerkk. v. J. C. J. Bethe. gr. 8. Hannov. 824. Helwing. 10 gl.

Faërni, Gabr., Fabulae. — Des Gabriel Faërnus Fabeln. Metrisch verdeutscht, u. mit biograph. u. bibliograph. Einleitn. versehen v. J. G. Seidl. 8. (13 B.) Grätz 831, Damian u. Sorge.

Faerno, Gabr., centum fabulae. s.a. Fabulae.

Faerni, Gabr., Fabulae centum ex antiq. auctoribus delectae, carminibus explicatae et a Silv. Antoniano editae.
— — Ed. Fr. Boysen. Lips. 798. 8. 8 gr.

Faërni, Gabr., Fabulae centum, cum annotat. J. H. Kroon. Commentatio praemio ornata. 8 maj. Lugd. Bat. 826. Luchtmans. (Leipz., Weigel). 2 ₰

Fagae, D. F. la, Poëmata. Francof. 764. 8. 12 gr.

Fagan, die Uebereilung; Lstspl. 8. Wien 770. Ghelen. 4 gl.

de Fagaras, J. Bap., Discours sur la force primitive, qui a remporté le prix en 1779. 4. Berl. 780. Academ. B. 8 gl.

— Disputat. qua demonstr. non esse contra nat. Dei, perfectiss. effecis, mundum in quo mala insunt etc. Acced. de eodem argumento dissert. IV. 4 mai. Leyden 784. Luchtmans. 1 ₰ 12 gl.

Fage, D. F. la, poëmatum libri III. Epodon lib. unus. 8. Francf. et Lips. Gebhardt. 764.

Fagel, Hendrik: Auffsatz pro memoria. . ., s. Auffsatz

Fagerroth

— Olaus (Calmar/Schweden), De triplici cognitionis discrimine. Diss. philos. Präs. Levin Möller. Greifswald (Hieron. Joh. Struck) April 1743. 36 Seiten. (5.—) 8534
Gew.: Mich. Chn. Rusmeyer, Gg. Bernh. Bülffinger, Chn. Eberh. Weismann, Joh. Chn. Klemm, Isr. Theoph. Canz, Gg. Conr. Pregizer, Sam. Urlsperger, Wilh. Aug. Klepperbein.

Fagiewicz, F., alphabetisches Ortschafts-Verzeichniß f. den Oberlandesgerichtsbezirk Frankfurt a/M., nebst e. Zusammenstellg. der bei den Gerichten zugelassenen Rechtsanwälte u. der im Oberlandesgerichtsbezirke functionir. Gerichtsvollzieher. Nach amtl. Quellen zusammengestellt. 2. Aufl. 4. (64 S.) Frankfurt a/M. 879. (Wiesbaden, Bechtold & Co.) n. 1. —

—— die neue preußische Schiedsmannsordnung, als prakt. Handbuch für Schiedsmänner und Parteien mit Einfügung der erforderl. Formulare zu Anträgen, Protokollen und Bescheinigungen bearb. 1.—8. Aufl. 8. (81 S.) Ebendas. 879. *
cart. *.

Fagiewicz, F., die neue preußische Schiedsmannsordnung, als prakt. Handbuch für Schiedsmänner und Parteien mit Einfügung der erforderl. Formulare zu Anträgen, Protokollen und Bescheinigungen bearb. 4. verm. Aufl. 8. (31 S.) [Wiesbaden 879.] Frankfurt a. M., Gestewitz' Verlag. *
cart. *

Fagiewicz, F., die neue preußische Schiedsmannsordnung, als prakt. Handbuch für Schiedsmänner u. Parteien mit Einfügung der erforderl. Formulare zu Anträgen, Protokollen u. Bescheinigungen bearb. 4., verm. Aufl. 8. (31 S.) Wiesbaden 880. Gestewitz. n. — 35; cart. n. — 50

Fagiewicz, F., der Selbst-Anwalt bei den deutschen Amtsgerichten in Civil-Prozeßsachen, Strafsachen und im Konkursverfahren. Ein prakt. Handbuch für Jedermann, der vor den Amts- und Schöffen-Gerichten sich selbst vertreten und die erforderl. Klagen, Erklärungen und Anträge selbst anfertigen will oder muß. In leicht faßl. Weise bearb. 1.—37. Aufl. gr. 8. (187 S.) Wiesbaden 879, Gestewitz's Verlag. *M* 1.; cart. *

—— der Selbst-Anwalt bei den deutschen Amtsgerichten in Civil-Prozeßsachen, Strafsachen und im Konkursverfahren, nebst Tabellen und Erläuterungen über das Gerichtskostengesetz, die Gebührenordnung für Gerichtsvollzieher und die Gebührenordnung für Zeugen und Sachverständige. Ein prakt. Handbuch für Jedermann, der vor den Amts- und Schöffen-Gerichten sich selbst vertreten und die erforderl. Klagen, Erklärungen und Anträge selbst anfertigen will oder muß. In leicht faßl. Weise bearb. 38.—51. verm. Aufl. gr. 8. (203 S.) Ebendas. 880—82. **M* 1.; cart. *
—— dass. — 52. Aufl. gr. 8. (203 S.) Jena 883, Mauke's Verlag. **M* 1,20.; cart. *

—— der Selbst-Anwalt bei den deutschen Amtsgerichten in Civil-Prozeßsachen, Strafsachen und im Konkursverfahren, nebst Tabellen und Erläuterungen über das Gerichtskostengesetz, die Gebührenordnung für Gerichtsvollzieher und die Gebührenordnung für Zeugen und Sachverständige. Ein prakt. Handbuch für Jedermann, der vor den Amts- und Schöffen-Gerichten sich selbst vertreten und die erforderlichen Klagen, Erklärungen und Anträge selbst anfertigen will oder muß. In leicht faßl. Weise bearb. 53. und 54. Aufl. gr. 8. (203 S.) Leipzig 885,87, Roßberg'sche Buchh. **M* 1.20.; cart. *

Fagiewicz, F., Wie klagt man am Zweckmäßigsten seine Außenstände ein? Praktisches Handbuch für Jedermann, der im Sühneverfahren, im Mahnverfahren oder im Wege der Klage bei den Amtsgerichten sein Recht selbst suchen will oder muß. Unter Beifügungen der Bestimmungen über die Zwangsvollstreckung, der Gerichtskostentabelle und aller erforderl. Entwürfe zu Anträgen und Klagen bearb. 1. und 2. Aufl. (80 S.) 1880. 60 Pf.; cart. * 70 Pf.; 3. Aufl. 8. (80 S.) Wiesbaden 880, [Gestewitz' Verlag.] Bechthold und Comp. 60 Pf.; cart. *

Faginus, Ernst (Ed.):

s.: Dispensatorium regium et electorale Borussico-Brandenburgicum, iuxta quod in provinciis regiis et electoralibus, medicamenta officinis familiaria praeparanda et dispensanda. Editio quarta. Erfordiae: 1758

JB 1.697

Fagnani, Prosper, Ius canon. s. Commentar. in Decretal. V Tmi. fol. Col. 705.

Fagniez, G., études sur l'industrie et la classe industrielle à Paris au XIIIe et au XIVe siècle, s.: Bibliothèque de l'école des hautes études.

Fagottist, der; od. die Zauberzither. Singsp. in 4 Aufz. v. Perinet. 2 Thle. 8. Wien, Wallishäuser. 792. -

Fagottschule des Conservat. des Museums zu Paris, von Ozi. Leipz., Breitkopf u. H. 2 ℳ

Fagrskinna. Kortfattet norsk Konge-Saga. Fra Slutningen af det 12. eller Begyndelsen af det 13. Aarhundrede. Udgivet efter Foranstaltning af det akademiske Collegium ved det kongelige norske Frederiks-Universitet af P. A. Munch og C. R. Unger. Med 2 lith. Facsimile-Aftryk. [Ledsager Forelæsnings-Katalogen for 2. Halvaar 1847.] gr. 8. (XVI u. 210 S.) Christiania 847. (Leipzig, T. O. Weigel.) n. 1 1/2 ℳ

É[mile] **Faguet.** La Tragédie française au 16. siècle. 1883. [Neudr.] Leipzig, Paris: Welter 1897. 391 S. 8°
(Collection de reproductions en fac-s. et de réimpr. d'ouvrages rares du 19. siècle. Nr 1.) (II. 4137 II

Fäh, A[dolf]. Aus dem Atelier eines Schweizerkünstlers. (Die Handzeichnungen des Kunstmalers Severin Benz im Kollegium St. Anton in Appenzell.) [Mit 1 Porträt und 16 Tafeln.] 30 S. 8.
3. Jahresbericht über die Lehr- und Erziehungs-Anstalt der VV. Kapuziner am Kollegium St. Antonius in Appenzell. Schul-Jahr 1910/1911. (Beilage.) Appenzell, Genossenschafts-Buchdr., 1911.

Die Baugeschichte der Stiftsbibliothek zu St. Gallen von Dr. Ad. Fäh, Stiftsbibliothekar. *Zürich: M. Kreutzmann 1900.* (28 S.) 8°
— Fäh: Die Cathedrale in St. Gallen. T. 2, Beil. (… 7634

Fäh, Ad[olf]. Damian Forment, ein Bildhauer des XVI. Jahrhunderts. [Illustriert.] Sonderabdruck aus der Zeitschrift »Die christliche Kunst«. ([Jahrg.] 6, [Heft] 4, Januar 1910.) II S. + S. 97—132. 4. München, Verlag der Gesellschaft für chr' K'. [M. 1.20]

Fäh, Ad., s.a. **Frühdrucke, kolorierte, aus der Stiftsbibliothek in St. Gallen.**

Fäh, Ad[olf]. Kolorierte Frühdrucke aus der Stiftsbibliothek in St. Gallen. Mit einem Vorwort von Ad. Fäh, Stiftsbibliothekar. Mit 43 handkolorierten Tafeln in Hochätzung und Lichtdruck. 15 S. fol. Strassburg, J. H. Ed. Heitz, 1906. [in Pgt. geh. M. 80. —]
Einblattdrucke des fünfzehnten Jahrhunderts. Hrg. von Paul Heitz.

— Gelobt sei Jesus Christus! Bilder aus dem Leben unseres Heilandes u. seiner lieben Heiligen. Nach den Festen des Kirchenjahres zusammengestellt u. erläutert. Mit 52 teils farb. Abbildgn. nach Meisterwerken d. christl. Kunst. (IV, 120 S.) 35,5×27,5 cm. Basel (910). St. Gallus-Verlag. Geb. in Leinw. 16. —

Fäh, Adolf. Geschichte der Bildenden Künste von Dr. Adolf Fäh, Stiftsbibliothekar in St. Gallen. 2., verbesserte und erweiterte Aufl. Mit einem Titelbilde [Tafel], 36 Tafeln und 940 Abbildungen im Texte. XX + 785 S. gr.-8. Freiburg im Breisgau, Herder, 1903. [geb. M. 25. —]
(*auch* in 12 monatlichen Lieferungen, 1902–1903, zu je M. 1. 70)

Fäh, Adf., Geschichte der bildenden Künste. 2., verb. u. erweit. Aufl. Mit farb. Taf. u. Abbildgn. im Texte. (In 12 Lfgn.) 1.—3. Lfg. Lex.-8. (VIII u. S. 1—192.) Freiburg i/B. 902. Herder. à n. 1. 70

**— Geschichte der bildenden Künste. 2., verb. u. erweit. Aufl. Mit 1 Titelbilde, 36 Taf. u. 940 Abbildgn. im Texte. 4.—12. Lfg. (XX u. S. 193—785.) Lex.-8. Freiburg i/B. 903. Herder. à n. 1. 70
(Kplt. geb. in Halbfrz.: n. 25. —)**

Fäh, A., Grundriß der Geschichte der bildenden Künste. Mit vielen Illustr. (In 8—10 Lfgn.) 1.—4. Lfg. Lex.-8. (S. 1—284.) Freiburg i/Br. 887—890. Herder. à 1. 25

Fäh, Adf., Grundriß der Geschichte der bildenden Künste. 5.—7. Lfg. Lex.-8. (S. 285—492 m. vielen Abbildgn.) Freiburg i/B. 891. 892. Herder. à 1. 25
1.—7. Lfg. bilden den 1. u. 2. Thl.:
1. Thl. = 1.—3. Lfg.: Die vorchristl. Kunst. (VIII, 212 S. m. 114 Illustr.) n. 3. 75
2. Thl. = 4.—7. Lfg.: Die Kunst d. Mittelalters. (S. 213—492 m. 187 Illustr.) n. 5. -

Fäh, Adf., Grundriß d. Geschichte d. bild. Künste. M. 1 Titelbild, 27 Einschaltbild. u. 455 Ill. i. Texte. 8.—10. (Schluß-)Lfg. Lex.-8. (XV u. S. 493—709.) Freiburg i/B. 897. Herder. à 1. 25
(Kplt.: 12. 50; geb. in Halbfrz. n. 16. 50)

— die Kapelle in Tuferswil bei Lütisburg, Kt. St. Gallen. Ein Beitrag zur mittelalterl. Kunstgeschichte. 8. (45 S.) Goßau 886. (St. Gallen, F. B. Müller.) n. — 80

Fäh, Ad., Dr. Die Kapelle in Tuferswil bei Lütisburg, Kant. St. Gallen. Ein Beitrag zur mittelalterlichen Kunstgeschichte. In-8°, 44 S. Gossau, Buchdr. J. G. Cavelti-Hangartner. 1887. 1 —

Fäh, Adf., s.a. **Kathedrale, die, in St. Gallen.**

Die Cathedrale in St. Gallen (2: u. die Stifts-Bibliothek. Meisterwerke d. Rokoko-Stils (1756–1763)). Text u. Oberleitung von Dr. **Adolf Fäh**, Stiftsbibliothekar von St. Gallen. Hrsg. von Moritz Kreutzmann, Zürich. T. [1.] 2 [nebst] Beilage. *Zürich: M. Kreutzmann ([1896]–1900).* 2 Bde gr. 2°; 1 Bd 8°
[1.] (31 Taf. in Lichtdr.) [1896–98]. 2. 34 Taf. in Lichtdr. (1900).
[Beil. u. d. T.:] Die Baugesch. d. Stiftsbibliothek zu St. Gallen von Fäh. (… 7633

— Die Kunst des Mittelalters, s.a. Jugend- u. Volksbibliothek, geschichtliche, 28. Bd.

Fäh, Adolf. Die Kunst des Mittelalters. Mit 58 Illustrationen. VIII + 135 S. 8. Regensburg, Verlagsanstalt vorm. G. J. Manz, 1909 (*Umschlag:* 1910). (M. 1. 20, geb. 1. 70)
Geschichtliche Jugend- und Volksbibliothek. Band 26....

Fäh, Adf., das Madonnen-Ideal in den älteren deutschen Schulen. Mit 15 Holzschn. gr. 8. (VI, 86 S.) Leipzig 884. Seemann. n. 3. —

Fäh, Adolf. Der Jugendfreund und Volksschriftsteller Franz Xaver Wetzel, durch Freundeshand gezeichnet von Dr. A' Fäh, Stiftsbibliothekar in St. Gallen. [Mit Porträt-Tafel.] XVI + 336 S. 8. Ravensburg, Friedrich Alber, 1904. [M. 3. —, geb. 4. —]

Fäh, Franz. Basel und die Eidgenossen. Das Zeitalter des dreissigjährigen Krieges und des Absolutismus. [Mit 2 Ansichten und 3 Porträt-Tafeln.] Separatabdruck aus der Festschrift zum vierhundertsten Jahrestage des ewigen Bundes zwischen Basel und den Eidgenossen, 13. Juli 1901. III S. + S. 68—106. 4. Basel, Schweighauserische Buchdr., [1901].

Fäh, Frz., Heinrich Pestalozzis Beziehgn. zu Basel. Gedenkblatt z. Pestalozzifeier d. 11./12. Jan. 1896. Im Auftr. d. Erziehungsdepartements v. Basel-Stadt verf gr. 8. (46 S.) Basel 895. (C. F. Lendorff.) n. 1. —

Fäh, Franz. Die Exemption der Schweiz nach dem Westfälischen Friedens-Kongresse und die zweite eidgenössische Abordnung, 1649–1651. [Mit Vignetten. SA.] gr.-8. Basel 1891.

Fäh, Franz. Zur Freizügigkeit der Lehrer in der deutschen Schweiz: Die Geschichte des Konkordats-Projektes aus den Jahren 1881—1883. Separatabdruck aus der «Schweiz. Pädagog. Zeitschrift», Heft 2, Jahrg. 1903. 26 S. 8. [Zürich, Art. Institut Orell Füssli.]

Fäh, Franz. Aus der Geschichte der Gemeinde Walenstadt und des Sarganserlandes. [Mit 5 Tafeln.] 8. Wallenstadt 1900.

Fäh, Franz. Die Glaubensbewegung in der Landvogtei Sargans. (2 Teile.) 8. [Zürich 1894–1895.]
(Teil 1.) [SA.] — (Teil 2.) SA.

Fäh. Franz. Gustav Adolf und die Eidgenossen. 1629–1632. (Wissenschaftliche Beilage [zum] Bericht der Realschule zu Basel 1886–1887.) 4. (Basel 1887.)

Fäh, Franz, bacc. iur. a. Kaltbrunn: Die Haftung des Kommanditisten gegenüber den Gesellschaftsgläubigern nach dem deutschen Handelsgesetzbuch. Borna-Leipzig 1905: R. Noske. (53 S.) 8°
Leipzig, Jur. Fak., Diss. v. 21. Juli 1905
[Geb. 9. Sept. 79 Kaltbrunn, Schweiz; Wohnort: Rorschach; Staatsangeh.: Schweiz; Vorbildung: Kantonssch. Schwyz Reife Juli 00; Studium: Bern, Leipzig, Berlin, Bern, Leipzig; Rig. 26. Nov. 04.]

Fäh, Franz. Der Kluser Handel und seine Folgen. 1632–1633. ([Mit] Beilagen.) Diss. Phil. Zürich. 8. Zürich 1884.

Fäh, Frz., der Kluser Handel u. seine Folgen. 1632—1633. gr. 8. (VIII, 198 S.) Zürich 884. Höhr. n. 3. 30

Fäh, F., siehe: *Jahrbuch f. schw. Geschichte.*

Fäh, Fr., siehe: *Neujahrsblatt, Basler.*

Fäh, Fr., s. *Pestalozzi.*

Fäh, Franz, Hans Jacob von Staal der Jüngere 1589—1659. gr. 8. (24 S.) Aarau 887, Sauerländer. *
Aus: Vom Jura zum Schwarzwald, besonders abgedruckt.

Fäh, Franz. 1. Veranstaltung und Verlauf der Pestalozzifeier in Basel 1895 96. Auf Ansuchen des Vorstandes der freiwilligen Schulsynode von Basel-Stadt dargestellt von Dr. F. F. [Mit] Beilagen. — 2. [Johann] Heinrich Pestalozzi: Rede an der Pestalozzifeier vom 11. Januar 1896 von Dr. X[aver] Wetterwald. 8. Basel 1897.

Fäh, Frz., Johann Rudolf Wettstein, s.a. Neujahrsblatt, hrsg. v. der Gesellschaft zur Beförderung des Guten u. Gemeinnützigen.

[F.] Johann Rudolf Wettstein. E. Zeit- u. Lebensbild ... Von Franz Fäh. Z. Säkularerinnerg. Tl 1.2. *Basel: In Komm. b. R. Reich; (Buchdr. Baur) 1893. 94.* 2 Bde 4.
1. 1893. (52 S., 1 Bl., 1 Portr.) 2. 1894. (78 S., 1 Bl., 1 Taf.)
— Neujahrsblatt hrsg. v. d. Gesellschaft z. Beförderung des Guten u. Gemeinnützigen. [No] 72. 73. [97. 1450]

Fäh, Fr. Johann Rudolf Wettstein (Bürgermeister von Basel, 1594—1666). Gr. in-8°. 9 S. (Leipzig, Duncker & Humblot.) 1897.
** Sonder-Abdruck aus der „Allgem. Deutschen Biographie". Nicht im Handel.

Fäh, Jak., Georg Arbogast Frhr. v. u. zu Frankenstein. Ein Charakterbild. [Aus: „Stimmen aus Maria-Laach".] 8. (55 S. m. Portr.) Freiburg i/B. 891. Herder. n. — 80

[Fäh, Johann Joseph.] Erlebnisse eines St. Gallischen Freiwilligen der Loire-Armee im Winter 1870. Mit einer Karte. Njbl. Hist. Ver. St. Gallen. 4. St. Gallen 1872.

Fähdinger, Stephan; od. der Bauernkrieg. Drama von Weidmann. 8. Wien. Wallishäuser. -

— dass., vgl. a. Fädinger

Fahdt, Julius

— die Glasfabriken Frankreichs. Adressen-Sammlung m. Angabe der Fabrikate. 8. (31 S.) Ebend. 884. n. 3. —

Fahdt, Julius [Hrsg.], s. Glashütte, Die, und Keramik.

Fahdt, Jul., s.a. Deutschlands Glasindustrie.

Fahdt, Jul., Deutschlands Glasindustrie. Verzeichniss sämmtl. deutschen Glashütten mit statist. Angaben. 1. Aufl. (110 S.) 1875; 2. Aufl. 16. (119 S.) Dresden 878, (v. Zahn's Verlag.) *

Fahdt, Jul., Deutschlands Glasindustrie. Verzeichniss sämmtl. deutscher Glashütten mit Angabe ihrer Fabrikate, statist. Notizen u. e. Anh.: die Spiegelmanufactur, Lampenbläsereien, Raffinerie-Anstalten u. Malereien. 3. Aufl. 8. (131 S.) Dresden 882. v. Zahn's Verl. in Comm. n. 4. —

Fahdt, Jul. Deutschlands Glasindustrie. Verzeichniss sämmtl. deutschen Glashütten m. Angabe ihrer Fabrikate, statist. Notizen u. e. Anh.: die Spiegelmanufactur, Lampenbläsereien, Raffinerie-Anstalten u. Malereien. 6. Aufl. (164 S.); 7. Aufl. 12. (159 S.) Dresd. 889,91, (v. Zahn u. Jaensch). * 4 —

Fahdt, Jul., Deutschlands Glasindustrie. Verzeichniss sämmtl. deutschen Glashütten m. Angabe ihrer Fabrikate, statist. Notizen u. e. Anh.: Die Spiegelmanufaktur, Lampenbläsereien, Raffinerie-Anstalten u. Malereien. 8. Aufl. 12. (160 S.) Dresden 893. (v. Zahn & Jaensch.) n. 4. —

Fahdt, Jul., Deutschlands Glasindustrie. Verzeichn. sämmtl. deutschen Glashütten m. Angabe ihrer Fabrikate, statist. Notizen u. e. Anh.: d. Spiegelmanufactur, Lampenbläsereien, Raffinerie-Anst. u. Malereien. 9. Aufl. 12. (167 S.) Dresden 896. J. Fahdt. n. 4. —

Fahdt, Jul., Deutschlands Glasindustrie. Verzeichniss sämmtl. deutschen Glashütten m. Angabe ihrer Fabrikate, statist. Notizen u. e. Anh.: Die Spiegelmanufactur, Lampenbläsereien, Raffinerie-Anstalten u. Malereien, sowie dem neu hinzugekommenen Theil: Bezugsquellenliste f. alle Fabrikate der deutschen Glasindustrie, sowie Werkzeuge u. Materialien der Inserenten. 10. Aufl. 12. (303 S.) Dresden 899. J. Fahdt. n. 4. —

Fahdt, Jul., Englands Glasindustrie. Sammlung v. Adressen der englischen Glasindustrie. 8. (9 S.) Dresden 884. (v. Zahn & Jaensch.) n. 2. —

— Frankreichs Glasindustrie. Adressen-Sammlg. d. französ. Glashütten m. Angabe ihrer Fabrikate. gr. 16. (16 S.) Ebd. 896. n. 3. —

—— die Glasindustrie Oesterreich-Ungarns. Ein Verzeichniss aller Glashütten der österreich.-ungar. Monarchie mit näherer Bezeichnung ihrer geograph. Lage, Angabe der Erzeugnisse, Specialitäten und statist. Notizen, und einem Anhang: Die Glasraffinerie-Anstalten und Kurzwaaren-Fabriken. 8. (130 S.) Dresden 879, (v. Zahn's Verlag.) *

Fahdt, Jul., die Glasindustrie Oesterreich-Ungarns. Ein Verzeichniss aller Glashütten der österreichisch-ungar. Monarchie mit näherer Bezeichnung ihrer geograph. Lage, Angabe der Erzeugnisse, Specialitäten und statist. Notizen und einem Anhang: Die Glasraffinerie-Anstalten und Kurzwaaren-Fabriken. 3. Aufl. 12. (154 S.) Dresden 887, (v. Zahn und Jaensch.) *

—— Die Glasindustrie Oesterreich-Ungarns. Ein Verzeichniss aller Glashütten der österr.-ungar. Monarchie m. näherer Bezeichnung ihrer geograph. Lage, Angabe der Erzeugnisse, Specialitäten u. statist. Notizen u. e. Anh.: Die Glasraffinerie-Anstalten u. Kurzwaaren-Fabriken. 4. Aufl. 12. (134 S.) (Ebd.) 891. * 4 —

— die Glasindustrie Oesterreich-Ungarns. Ein Verzeichniss aller Glashütten der österr.-ungar. Monarchie m. näherer Bezeichng. ihrer geograph. Lage, Angabe der Erzeugnisse, Specialitäten u. statist. Notizen u. e. Anh.: Die Glasraffinerie-Anstalten u. Kurzwaaren-Fabriken. 5. Aufl. 12. (135 S.) Ebd. 894. n. 4. —

— die Glasindustrie Oesterreich-Ungarns. E. Verzeichn. aller Glashütten d. österr.-ung. Monarchie m. näh. Bezeichng. ihrer geograph. Lage, Angabe d. Erzeugn., Specialitäten u. statist. Notizen u. e. Anh.: D. Glasraffinerie-Anst. u. Kurzwaren-Fabriken, sow. d. neu hinzugekomm. Theil: Bezugsquellenliste f. alle Fabrikate d. österr.-ungar. Glasfabriken, sow. Werkzeuge u. Materialien d. Interessenten. 6. Aufl. 12. (202 S.) Ebd. 898. n. 4. —

— Die Glasindustrie Österreich-Ungarns, 10. Aufl., s.: Österreich-Ungarn's Glasindustrie.

Fahdt, Julius [Hrsg.], s. Monatsbericht der Glashütte.

Fähigkeiten, die, der Tauben, Stummen u. Blinden, siehe: Wochenbände.

Fahl, J.: Anleitung, kurzgef., z. Selbsterlerng. d. Massage.

Fahland, Bernhard, Prof. Dr.: Einige Abschnitte aus einer gereimten Übersetzung der Odyssee. *Greifenberg i. P. (1900): C. Lemcke.* (S. 3—16.) 4° [F.]
Greifenberg i. P., k. Friedrich-Wilhelms-G, OP 1900 (144)

Fahland, Bernh. Appianum in bello Punico tertio describendo auctore usum esse Polybio. (49) Gryphiswaldiae 1867.

Fahland, Bernhard, Prof. Dr.: Der **Froschmäusekrieg.** Frei nach d. griech. Originale. Festschrift 3. zur 50jähr. Jubelfeier d. Kgl. Friedrich-Wilhelms-Gymn. zu Greifenberg i. P. am 15. Oktober 1902. *Greifenberg i. P. (1902): C. Lemcke.* (12 S.) 8° [J.]
Greifenberg i. P., k. Friedrich-Wilhelms-G, OP 1903 (159)

[J.] **Fahland,** Bernhard [Prof. Dr.]: Neunter Gesang der Odyssee. (Umschlagt.: Gereimte Übersetzung des neunten Gesanges der Odyssee.) Greifenberg i. Pomm., gedr. bei C. Lemcke, *1894;* 1—15 S. 4.
Greifenberg i. P., k. Friedrich-Wilhelms-G, OP 1894 (135)

Fahland, Bernh. Quomodo Appianus in historia belli contra Antiochum Magnum gesti auctoritate Polybii usus sit. (18) 4. Greiffenberg 1872.

Fahland, Bernhard [Oberl. Dr.]: Gereimte Übersetzungen einiger Stellen römischer und griechischer Dichter. Greifenberg i. Pomm., gedr. bei C. Lemcke (1889); S. 1—20; 4°
Greifenberg, Friedrich-Wilhelms-G, OP 1889 (126)

Fahland, Bernhard Wie unterscheidet sich der platonische Tugendbegriff in den kleineren Dialogen von dem in der Republik? 18 S. **Progr.** *Greifenberg Po.* 1883.

Fahland, Bernhard: [Worte bei seinem Scheiden von der Anstalt.] S. 7–8. 4.
Progr. Kgl. Friedrich-Wilhelms-Gymn. *Greifenberg i. Po.* 1910 (200).

Fahland, Hermann

Fahland: Anfangsgründe der Stereometrie. 18 S. und Fgt.– Mühlhausen, Progr. 1863.

Fahland, Hermann Gedächtnisrede auf den am 25. März 1887 gestorbenen Direktor K. W. Osterwald, gehalten in der Aula des Gymnasiums am 28. März 1887. (Umschlagtitel: Gedächtnisrede auf Direktor Prof. K. W. O. am 28. März geh.) 4 (5 S.). **Progr.** G. u. Rprg. *Mühlhausen i. Th.* 1888 (227).

Fahland: Grundzüge der ebenen Trigonometrie. 24 S. und Figurent. – Luckau, Progr. 1856.

Fahland, H.: Die Combinationslehre und der binomische Lehrsatz. 19 S. – Mühlhausen, Progr. 1869.

Fahland, Herm., Lehrbuch der Arithmetik f. Gymnasien u. Realschulen. 8. (III, 42 S.) Mühlhausen 872. Danner. — 60

Fahland, Herm., Leitfaden für den planimetrischen Unterricht in Gymnasien u. Realschulen. Mit 1 lith. Taf. (in 4.) Luckau 857. Kutzscher. gr. 8. (VII, 72 S.) 12 ngr

Fahland, J. G., Dankpredigt über den Königl.-Preuss. Sieg bey Zorndorf. (Berlin 1758.) 8.

Fahlbeck, Pontus Erland

Fahlbeck, Pontus E., der Adel Schwedens (u. Finlands). Eine demograph. Studie. (VIII, 362 S. m. 6 Fig.) gr. 8. Jena 903. G. Fischer. n. 7.—

— Vide: Hasbach, W.: Die engl. Landarbeiter.

Fahlberg, Konstantin

25 Jahre im Dienste d. Saccharin-Industrie unter Berücks. d. heutigen Saccharin-Gesetzgebung. Vortrag, geh. von Dr. Constantin **Fahlberg** Berlin 1903. (Magdeburg 1903: A. Wohlfeld.) (37 S.) 8° [Kopft.] (4.11.)10

FAHLBERG, CONSTANTIN. Ueber Oxyessigsäure. Leipzig, 1873. G. S.

Fahlberg, Sam., Beschreibung eines elektrischen Aals aus Surinam. (In Kürze zusammengezogen aus den Vetensk. Acad. ny. Handlingar. 1801. Von Herrn Adjunkt Droysen in Greifswald.) (Aus: Ann. d. Phys., B. 14, St. 4, J. 1803, St. 8.)

Fahlborn, A. M. A., Samml. einiger Schriften auf Leopold von Braunschweig. 8. Quedlinb. Reußner. 786.

Fahlcranz, ..., vier Norwegische Landschaften (u. E. Tegnér's Bildniß). Für die Besitzer der 1n Aufl. der Frithjofs-Sage von E. Tegnér, übers. von G. Mohnike, abgedruckt. qu. gr. 8. (5 lith. Bl.) Stralf. 832. Trinius. 15 ℳ

— s. **Tegnér,** Esaias, die Frithiofs-Sage.

Fahlcrantz, Alfr., Carmina latina. Ex recentioribus linguis convertit F. (IV, 60 S.) 8. Upsaliae (907). (Leipzig, N. Pehrsson.) nn 1. 50

Fahlcrantz, Chrn. Alfr., Bacchae, fabula Stagneliana, latinis versibus expressit. [Aus: „Upsala Universitets Arsskrift."] gr. 8. (34 S.) Upsala 874. (akadem. Buchh.) n. — 80

Fahldieck, Aug., der Blumenfreund oder die Pflanzenkultur im Zimmer, enth.: 270 Abhandlungen zum Erziehen der Blumen und Zierpflanzen, nebst Treiben der beliebtesten Blumenzwiebeln, Abhandlungen über Aquarien, Blumentische und Ampelpflanzen, wie auch die Vermehrung der Pflanzen durch Stecklinge und Samen. Nach prakt. Erfahrungen bearb. 1. Aufl. (VIII, 104 S.) 1878; 2. verb. und verm. Aufl. 8. (VIII, 120 S.) Quedlinburg 879, Ernst'sche Buchh. *

Fahldieck, Aug., der **Blumenfreund** oder die Pflanzenkultur im Zimmer, enth.: 270 Abhandlungen zum Erziehen der Blumen und Zierpflanzen und die Durchwinterung derselben, nebst Anleitung zum Treiben der beliebtesten Blumenzwiebeln, Abhandlungen über Aquarien, Blumentische, wie auch die Vermehrung der Pflanzen durch Stecklinge und Samen. Nach prakt. Erfahrungen bearb. 3. verb. und verm. Aufl. 8. (VIII, 128 S.) Quedlinburg 880, Ernst'sche Buchh. *

Fahldieck, Aug., d. **Blumengarten.** E. prakt. Ratgeber f. Blumenfreunde, Gartenbesitzer u. Gärtner. E. sehr nützl. Buch b. Anlegg. v. Blumen- u. Hausgärten, Rasenplätzen, Teppichbeeten, Blattpflanzengruppen 2c., sowie d. Aussäen, Verpflanzen u. Vermehren. E. ausführl. Beschreibg. d. schönsten u. beliebt. Sommerblumen, Stauden, Schlingpflanzen u. s. w. in alphabet. Ordng., m. Angabe ihrer Höhe u. ihres Blumenflors, d. Aussaat- u. Verpflanzzeit, sow. e. Abhandlg. üb. Topf- u. Zimmerpflanzen. N. prakt. Erfahrgn bearb. 8. (VII, 100 S.) Halberstadt 895. Leipzig, Ernst. n. 1. —

Fahldieck, Aug., der Blumengarten. Ein prakt. Ratgeber f. Blumenfreunde, Gärtner u. Gartenbesitzer bei Anlegg. v. Blumen- u. Hausgärten, Rasenplätzen, Teppichbeeten, Blattpflanzengruppen 2c. nebst e. Anleitg. üb. das Aussäen, Verpflanzen u. Vermehren. Eine ausführl. Beschreibg. der schönsten u. beliebtesten Sommerblumen, Stauden, Schlingpflanzen u. s. w. in alphabet. Ordng. m. Angabe ihrer Höhe u. ihres Blumenflors, der Aussaat- u. Verpflanzzeit. Nach prakt. Erfahrgn. bearb. 2. verb. u. verm. Aufl. 8. (VII, 93 S.) Leipzig 901. Ernst. 1. —

Fahldieck, Aug., die Blumenpflege im Zimmer. Ein prakt. Ratgeber zur Erziehg. u. Durchwinterg. unserer Blumen u. Zierpflanzen. Mit e. Anleitg. zum Treiben der beliebtesten Blumenzwiebeln, eine Abhandlg. über Aquarien u. Blumentische, sowie die Vermehrg. der Pflanzen durch Stecklinge, Senker u. die Anzucht aus Samen. Mit e. Blüten-Kalender u. e. Anh. üb. Balkongärtnerei. 11. verb. u. verm. Aufl. (VIII, 144 S.) 8. Leipzig (910.). Ernst. 1. —

— die **Blumenzucht im Zimmer, enth.:** 270 Abhandlungen zum Erziehen der Blumen u. Zierpflanzen, e. Blüthen-Kalender u. die Durchwinterung der Pflanzen. Nebst Anleitung zum Treiben der beliebtesten Blumenzwiebeln, Abhandlungen über Aquarien, Blumentische, wie auch die Vermehrung der Pflanzen durch Stecklinge u. Samen. Nach prakt. Erfahrungen bearb. 4., verb. u. verm. Aufl. 8. (VIII, 132 S.) Quedlinburg 881. Ernst. n. 1. —

Fahldieck, Aug., die **Blumenzucht** im Zimmer. Enth. 270 Abhandlgn. zum Erziehen der Blumen u. Zierpflanzen, e. Blüthen-Kalender u. die Durchwinterg. der Pflanzen, nebst Anleitg. zum Treiben der beliebtesten Blumenzwiebeln, Abhandlgn. üb. Aquarien, Blumentische, wie auch Vermehrung der Pflanzen durch Stecklinge u. Samen. 5. Aufl. 8. (VIII, 131 S.) Quedlinburg 884. Ernst. n. 1. —

Fahldieck, Aug., die Blumenzucht im Zimmer. Enth.: 270 Abhandlungen zum Erziehen der Blumen und Zierpflanzen, einen Blüthen-Kalender und die Durchwinterung der Pflanzen, nebst Anleitung zum Treiben der beliebtesten Blumenzwiebeln, Abhandlungen über Aquarien, Blumentische, wie auch Vermehrung der Pflanzen durch Stecklinge und Samen. Nach prakt. Erfahrungen bearb. 6. sehr verb. und verm. Aufl. 8. (VIII, 132 S.) Quedlinburg 887, Ernst'sche Buchh. *

Fahldieck, Aug., die Blumenzucht im Zimmer. Nebst Abhandlgn. üb. Aquarien, Blumentische ꝛc. 7., umgearb. Aufl. 12. (VIII, 128 S.) Halberstadt 891. Ernst. n. 1.—

— d. Blumenzucht im Zimmer. E. prakt. Ratgeber z. Erziehen u. Durchwintern d. Blumen u. Zierpflanzen. M. e. Anleitg. z. Treiben d. beliebt. Blumenzwiebeln, e. Abhandlg. üb. Aquarien, Blumentische, sow. d. Vermehrg. d. Pflanzen durch Stecklinge, Senker u. Samen. M. e. Blüten-Kalender. 8., verb. u. verm. Aufl. 8. (VIII, 135 S.) Ebd. 895. n. 1.—

— die Blumenzucht im Zimmer. Ein prakt. Ratgeber zum Erziehen u. Durchwintern der Blumen u. Zierpflanzen. Mit e. Anleitg. zum Treiben der beliebtesten Blumenzwiebeln, e. Abhandlg. üb. Aquarien u. Blumentische, sowie die Vermehrg. der Pflanzen durch Stecklinge, Senker u. die Anzucht aus Samen. Mit e. Blüten-Kalender. 9. verb. u. verm. Aufl. 8. (VIII, 140 S.) Ebd. 900. 1.—

Fahldieck, Aug., die Blumenzucht im Zimmer. Ein prakt. Ratgeber zur Erziehg. u. Durchwinterg. unserer Blumen u. Zierpflanzen. Mit e. Anleitg. zum Treiben der beliebtesten Blumenzwiebeln, e. Abhandl. üb. Aquarien u. Blumentische, sowie die Vermehrg. der Pflanzen durch Stecklinge, Senker u. die Anzucht aus Samen. Mit e. Blüten-Kalender. 10. verb. u. verm. Aufl. (VIII, 140 S.) 8. Leipzig (903). Ernst. 1.—

Fahldieck, Aug., der praktische Gartenfreund oder gründl. Anleitung zur Erziehung sämmtl. Blumen u. Gemüse, Obstbaumzucht, Weinbau u. Fruchtsträucher; Cultur der Topfpflanzen in Gewächshäusern, Wohnzimmern u. Mistbeeten; Vermehrung [Fortpflanzung] durch Stecklinge, Senker, Ableger ꝛc., ferner vollständ. Anweisung zur Gemüse- u. Blumensamenzucht, nebst Abhandlung über künstl. Befruchtung, sowie über Gemüse-, Champignons-, Erdbeer- u. Ananas-Treiberei ꝛc., nebst einem Anh. über Zier-Gehölze u. die Verwendung des Salzes in der Obst- u. Gartenkultur. Ein nützl. Buch für Gärtner u. Nichtgärtner. 8. (VI, 278 S.) Quedlinburg 879. Ernst. 3.—

—— der praktische Gartenfreund oder gründliche Anleitung zur Erziehung sämmtlicher Blumen und Gemüse; Obstbaumzucht, Weinbau und Fruchtsträucher; Kultur der Topfpflanzen in Gewächshäusern, Wohnzimmern und Mistbeeten; Vermehrung [Fortpflanzung] durch Stecklinge, Senker, Ableger ꝛc., ferner vollständ. Anweisung zur Gemüse- und Blumensamenzucht, nebst Abhandlung über künstl. Befruchtung, sowie über Gemüse-, Champignons-, Erdbeer-, und Ananas-Treiberei ꝛc., nebst einem Anhang über die Zier-Gehölze und die Verwendung des Salzes in der Obst- und Gartenkultur. Ein nützliches Buch für Gärtner und Nichtgärtner. 2. sehr verb. und verm. Aufl. 8. (VI, 304 S) Ebendas. 881.

— der praktische Gartenfreund od. gründl. Anleitg. zur Erziehg. sämmtl. Blumen u. Gemüse; Obstbaumzucht, Weinbau u. Fruchtsträucher; Kultur der Topfpflanzen in Gewächshäusern, Wohnzimmern u. Mistbeeten: Vermehrung [Fortpflanzg.] durch Stecklinge, Senker, Ableger ꝛc., ferner vollständ. Anweisg. zur Gemüse- u. Blumensamenzucht, nebst Abhandlg. üb. künstl. Befruchtung, sowie üb. Gemüse, Champignon-, Erdbeer- u. Ananas-Treiberei ꝛc. 3. Aufl. 8. (VIII, 343 S.) Quedlinburg 886. Ernst. 3.—

— der praktische Gartenfreund od. gründl. Anleitg. zur Erziehg. sämtl. Blumen u. Gemüse; Obstbaumzucht, Weinbau u. Fruchtsträucher; nebst e. Anh. üb. Zier-Gehölze, Linnés Pflanzensystem, Landwirtschaftliches u. a. m. 4., verm. Aufl. 8. (VII, 361 S.) Ebd. 894. 3.—

— der praktische Gartenfreund. Eine gründl. Anleitg. zur Aufzucht sämtl. Blumen- u. Fruchtsträucher, zum Anbau aller Gemüse, nebst prakt. Regeln üb. Obstbaumzucht, Weinbau, üb. die Kultur der Topfpflanzen in Gewächshäusern, Wohnzimmern u. Mistbeeten, sowie üb. die Vermehrg. (Fortpflanzg.) durch Stecklinge, Senker, Ableger ꝛc., m. e. vollständ. Anweisg. zur Gemüse- u. Blumensamenzucht, nebst prakt. Abhandlgn. üb. künstl. Befruchtg., Gemüse-, Champignon-, Erdbeer- u. Ananas-Treiberei, sowie e. Anh. üb. Zier-Gehölze, Maße u. Gewichte, Linnés Pflanzensystem, die Verwendg. des Salzes in der Obst- u. Gartenkultur, üb. Landwirtschaftliches u. s. w. Ein nützl. Buch f. Gärtner u. Gartenbesitzer. 5. verb. u. verm. Aufl. 8. (VI, 373 S.) Ebd. 902. — 3

— Der praktische Gartenfreund. Eine gründl. Anleitg zur Aufzucht sämtl. Blumen u. Fruchtsträucher, zum Anbau aller Gemüse, nebst prakt. Regeln über Obstbaumzucht, Weinbau, üb. die Kultur der Topfpflanzen in Gewächshäusern, Wohnzimmern u. Mistbeeten, sowie über die Vermehrg. (Fortpflanzg.) durch Stecklinge, Senker, Ableger etc., m. e. vollständ. Anweisgg. zur Gemüse- u. Blumensamenzucht, nebst prakt. Abhandlg. üb. künstl. Befruchtg., Gemüse-, Champignon-, Erdbeer- u. Ananas-Treiberei, sowie e. Anh. üb. Zier-Gehölze, Maße u. Gewichte, Linnés Pflanzensystem, die Verwendung des Salzes in d. Obst- u. Gartenkultur, üb. Landwirtschaftliches u. s. w. 6. verb. u. verm. Aufl. (VI, 373 S.) 8. Ebd. (910). 3.—

— Der Gemüsegarten. Für Gärtner u. Gartenbesitzer, den Gemüsebau lohnend u. m. Erfolg zu betreiben. Nebst ausführl. Anweisg. üb. Düngg. der Gemüsekulturen. (80 S.) 8. Ebd. (910). 1.—

Fahldieck, Aug. Gotth., Salon-Flora, Balkon- u. Fenster-Gärtnerei. 64. (144 S.) Leipzig 883. Lenz. —75; geb. n. 1. 25

Fahle: Ueber Schillers 'Maria Stuart'. 11 S.–Neustadt i/W. Progr. 1866

Fahle, Clemens, s. Fahle, Klemens

Fahle, Heinr., mathematische Extemporalien. Ein Uebungsbuch für die drei ersten Klassen der Gymnasien und Realschulen. gr. 8. (XII, 201 S. mit 5 lithogr. Figurentaf. in qu. 4.) Paderborn 868, Schöningh. *

Fahle, Heinr., hydraulische Formeln für den Abfluss von Wasser aus Gefässen. Programm-Abhandlung. 4. (26 S. mit 1 Stnt.) Neustadt 865. (Danzig, Anhuth.) *

Fahle: Die atomistische Hypothese. 28 S. – Progr. Neustadt in Westpr. 1858.

Fahle, Heinr., Leitfaden des Rechenunterrichts, nebst einem Anhang: die vier ersten Capitel der Geometrie für die drei untern Gymnasialklassen. gr. 8. (X und 117 S.) Arnsberg 854, Ritter.

—— Leitfaden des mathemat. Unterrichts zunächst für die drei ersten Gymnasialklassen. 2., um die Stereometrie verm. und vielfach verb. Aufl. gr. 8. (VIII, 127 S. mit 1 Stnt. in gr. Fol.) Neustadt i. W. 870. (Danzig, Anhuth.) *

Fahle, Heinr., Leitfaden des mathematischen Unterrichtes, zunächst für die drei obern Gymnasialklassen. 1. Heft. Neustadt W.-P. 861. (Danzig, Anhuth.) gr. 8. (IV, 64 S. u. 5 lith. Taf.) n. 20 ngr.

— Leitfaden des mathematischen Unterrichts zunächst für die drei obern Gymnasialklassen. 2. Heft. Ebend. 863. gr. 8. (76 S. u. 1 lith. Taf. in Fol.) n. 24 ngr.

Fahle, H., u. H. Lampe, Physik d. täglichen Lebens. Rationelle Naturlehre f. Gebildete überhaupt u. f. vorgeschrittene Schüler an Gymnasien, Realschulen u. Schullehrerseminarien. gr. 8. (XXIII, 421 S.) Leipzig 874. Quandt & Händel. n. 7.—

Fahle, H., u. H. Lampe, Physik des täglichen Lebens. Rationelle Naturlehre für Gebildete überhaupt u. für vorgeschrittene Schüler an Gymnasien, Realschulen u. Schullehrerseminarien. 2., unveränd. wohlf. Ausg. gr. 8. (XXIII, 421 S.) Leipzig 880. Quandt & Händel. 4. —

Fahle, K., nützliche Fingerzeige beim Ankaufe oder Bestellen der Möbel u. Vertreibung des Wurms. 2. Aufl. Paderborn 858. Winkler. 32. (19 S.) n. 5 ngr.

Fahle, Klemens

Fahle, Clemens, Rechtsanwalt, a. Münster i. W.: Die ungebuchte Eigentümer-Hypothek. Eine Untersuchung auf dem Gebiete des geltenden deutschen Grundstücks-Belastung-Rechtes. Münster i. W. 1906: Westfäl. Vereinsdr. (33 S.) 8°,

Jena, Jur. Fak., Ref. Thon, Diss. v. 21 Dez. 1906

[Geb. 9. Jan. 71 Münster i. W.; Wohnort: Münster; Staatsangeh.: Preußen; Vorbildung: Gymn. Münster Reife O. 91; Studium: Berlin 1, Leipzig 1, Freiburg i. B. 2, Marburg 2 S.; Rig. 21. Dez. 05.]

Fahlenbock, Wilh. [aus Remscheid (Rheinprov.)]: Centrales Riesenzellensarkom des Calcaneus ... Würzburg, P. Scheiner's Buchdr., 1894; 18 S. 8.
Würzburg, Med. Fak., Inaug.-Diss. v. 1894

v. Fahlenborn, Florentin, s. Jh. H. Jung.

Fahlenborn, Florentins von, Gesch., v. H. Stilling. (Jung.) 3 Thle. 8. Mannh. Akadem. Bchhdl. (Löffler.) 781.

Fahlenborn, Florentins von, Geschichte, von Heinrich Stilling, 3 Theile, 8. Manheim, 781/83. Akademie. 20 sgl.

Fähler, J. G., auserl. bibl. Historien aus dem A. u. N. Test. 8. Läneb. (Robb, Schleswig.) 780.

Faehler, Karl: Studien zum Lebensbild eines deutschen Weltbürgers, des Grafen Gustav v. Schlabrendorff 1750—1824. (Abschn. 1, Kap. 1.) München 1909: Seitz. 40 S. 8°
Jena, Phil. Diss. v. 25. Mai 1909, Ref. Cartellieri

[Geb. 1. Okt. 84 Nürnberg; Wohnort: Nürnberg; Staatsangeh.: Bayern; Vorbildung: Realgymn. Nürnberg Reife Juli 05; Studium: München 4, Jena 3 S.; Rig. 27. Febr. 09.] [U 09. 2173

Fahlisch, J. F. P., Geschichte der Spreewaldstadt Lübbenau. Hrsg. unter Mithülfe von W. Hahn. gr. 8. (256 S. m. 8 Steintaf.) Lübbenau 877. (Berlin, Kühl.) 6. —

Fahlisch, P., der Spreewald, s.: Grieben's Reisebücher.

Fählmann, Friedr., über die Declination der estnischen Nomina. gr. 8. (3 B.) Dorpat 844. (Gläser's Verl.)
Aus: Verhandlungen der gelehrten estnischen Gesellsch. ɪc. besond. abgedruckt.

—— Versuch die estnischen Verba in Conjugationen zu ordnen. Progr. gr. 8. (2 B.) Dorpat 842. (Gläser's Verl.)

Fählmann, Friedr. Rob., die Ruhrepidemie in Dorpat im Herbst 1846. gr. 8. (XIV und 146 S.) Dorpat 848, Karow. (Glaeser's Verlag.)

Fahlnberg, Alexander

Fahlnberg, A., De Hercule tragico Graecorum. Diss. 1892. 51 S.

Fahlnberg, Alex., de Hercule tragico Graecorum. gr. 8. (51 S.) Leipzig 892. G. Fock. n. 1. —

Fahlweid, A., s. Fahlweid-Felber, Aline

Fahlweid-Felber, A. [Autorname] = Felber-Jeker, Aline.

Fahlweid, A. Das Horn von Uri. Alpensage. In-12°. 83 S. Glarus, J. Vogel. 1890 1 50

Fahlweid, A. Schwalben. Sagen, Märchen u. Gedichte. Mit dem Bildnis der Verfasserin. In-8°. 272 S. Glarus u. Leipzig, Schweiz. Verlagsanstalt (B. Vogel). 1898. 2 70; gebd. 3 60

Fahlweid-Felber, A Waldessegen. Dem Sanatorium Wehrawald und dessen Begründern in Verehrung gewidmet von [Frau] A. Fahlweid-Felber [aus Solothurn]. (Zum 15. Juli 1901.) [Illustriert.] II + 8 S. 8. (Emmendingen, Druck- und Verlags-Aktien-Gesellschaft vorm. Dölter, 1901.)

Fahm, J., s.: Jahresbericht des Kinderspitals in Basel.

Fahmüller, Michael [cand. med. aus Niederlindhart in Niederbayern]: Über einen Fall von Muskelatrophie bei Tabes dorsalis ... Würzburg, F. Scheiner's Buchdr., 1894; 22 S. 8.
Würzburg, Med. Fak., Inaug.-Diss. v. 1894

Fahnberg, Günther: De Xenophonte Platonis imitatore. *(Hamburg 1900): Lütcke & Wulff.* (14 S.) 4°
Bergedorf bei Hamburg, Hansa-S (R u. PG), OP 1900 (783)

Fähndrich, der,. Lustsp. v. Schröder. 8. Berl. Rottmann. (a. Fleischer in Lpz.) 786.

— d.r; od. der falsche Verdacht. Lustsp. v. Schröder. 8. Hamb. Matthiessen. 786.

— — dasselbe. 8. München. Fleischmann. 786.

Fähndrich, Carl, s. Fähndrich, Karl

Fähndrich, E. W., Hülfsbuch zur Katechismuserklärung. gr. 8. (254 S.) Leipzig 871. Fr. Fleischer. 2. 40

Fähndrich, E. W., die kirchliche Trauung e. Pflicht. Bemerkungen zu § 82 des Reichs-Civilehegesetzes oder zum Kaiserparagraphen. 8. (64 S.) Gütersloh 878. Bertelsmann. n. — 80

Fähndrich, Ed., Maria-Hilf. Ein vollständiges kathol. Gebetbuch. 1. Aufl. 1853. und 2., verm. und verb. Aufl. 8. (VIII und 528 S. mit 1 Stahlst.) Wiesensteig 855, Schmid'sche Buchh.

Fähndrich, Ed., Maria-Hilf. Ein vollständ. kathol. Gebetbuch. 3., verb. Aufl. 8. (536 S. mit lithogr. Titel und 1 Stahlst.) Wiesensteig 858, Schmid'sche Buchh. *

Fähndrich, Ed., Maria-Hilf. Ein vollständiges katholisches Gebetbuch. 4. verb. Aufl. Mit 1 Stahlst. Wiesensteig 862. Schmid. 8. (536 S.) 15 ngr.

Fähndrich, Ed., Maria-Hilf: Ein vollständiges katholisches Gebetbuch. 5. verb. Aufl. Mit 1 Stahlst. Wiesensteig 1866.
Schmid. 8. (528 S.)

Fähndrich, Emil [med. pract. aus Liesberg-Laufen (Kt. Bern)]: Klinische Studien über Astigmatismus. Zürich-Oberstrass 1900. 88 S. 8°.
Bern. Med. Diss. 1899/1900.

Fähndrich, Ernst [prakt. Arzt aus Brandenburg]: Beitrag zur operativen Behandlung des Carcinoma penis .... Greifswald, Druck v. Julius Abel, 1887; 31 S. 8°.
Greifswald, Med. Fak., Inaug.-Diss. v. 19. Jul. 1887.

Fähndrich, Felix, approb. Arzt aus Fürstenwalde: Aus d. kgl. chirurg. Kinderklinik zu München. Ueber einen Fall von Exarticulation des Oberschenkels wegen periostalen Sarkoms des Femur. (Nebst 1 Abb.) *München 1903: B. Heller.* (28 S.) 8°
München, Med. Diss. v. 1903

Fähndrich, H., s: Kaiser-Jubiläums-Schachturnier, internationales, Wien 1898.

Fähndrich, K. Der Bankerott der Goldwährung und der kommende Krach. Lahr (Baden) (1907?).

Fähndrich, Karl

Fähndrich, Carl [cand. med. aus Münsterthal]: Über Carcinom des Pancreas, namentlich in seiner Beziehung zum Magencarcinom.... Freiburg i. B., Univ.-Buchdr. v. Chr. Lehmann, 1891; 56 S. 8°
Freiburg i. B., Med. Fak., Inaug.-Diss. v. 1891

Fahne, die alte. Aus dem Amerikan. Von der Verf. v. „Wir Beide, Graham u. ich" etc. Deutsch v. Marie Morgenstern. 8. (V, 240 S. m. 1 color. Holzschntaf.) Hannover 883. Weichelt. n. 2. 40; geb. n. 3. —

Fahne, Die, der Liedertafel Chur. [Chur 1910.] V: *Jecklin, Fritz.* (BBullSchw 13, S. 92)

Die deutsche Fahne, nach Schillers Glocke v. K. v. T., zur Enthüllungsf. d. Schillerdenkmals in Hamburg, Hamburg, 16 S., 16°.

Fahne, die katholische. Wochenschrift für das deutsche Volk. Hrsg. von A. Rittler. 1. Jahrg. April 1877 — März 1878. 52 Nrn. (à 2 Bog.) gr. 4. München 877, (Stahl.) *
Nicht weiter erschienen.

(F) **Unter der Fahne Mariens!** Sodalenkorrespondenz für Marianische Kongregationen. XIII. Jahrg. 1907. Gr.-8°. Erscheint in 12 Nrn. kompl. K 2.60
Graz: Verlagsbuchhandlung „Styria

(F) **Unter der Fahne Mariens.** Sodalenkorrespondenz für Marianische Kongregationen. XIV. Jahrg. Gr.-8°. Erscheint in 12 Nrn. kompl. K 2.60
Graz: Verl.-Buchhandlung „Styria" 1908.

Fahne, die, Mariens! Sodalen-Korrespondenz f. marian. Kongregationen. Red.: Geo. Harasser, S. J. 15 u. 16. Jahrg. 1909 u. 1910. à 12 Nrn. (à ca. 24 S. m. Abb.) Lex. 8. Wien (IX/4, Lustkandlgasse 41), Administration. à Jahrg. 2. 60
Vergl.: Unter der Fahne Mariens.

Fahne: Rote Fahne
s. a. Czerwony Sztandar.

Fahne: Die rote Fahne (So)
① Bulletin Nr. 1 des Oltener Aktionskomitees ⑤ November 1918 ⑥ 4° ⑧ Olten (?) ⑩ Oltener Aktionskomitee ⑫ für den Landesstreik ⑭ Zh: SO (Nr. 1).

FAHNE, Die unbefleckte (um 1900). 8°.
Verb. d. Ldg. Chemnitz A. III, 286/02.

Unsere Fahne. Herausgegeben vom Commando des k. u. k. Infanterie-Regiments Graf Grünne Nr. 43. 8. Karansebes 1899.

Fahne, Anton, s. a. Fahne von Roland, Anton

Fahne, Ant., diplomatische Beiträge zur Geschichte der Baumeister des Kölner Domes und der bei diesem Werke thätig gewes. Künstler. Mit Urkunden, (3) architekton. Abbild. u. 1 Karte. gr. 8. Köln 843, Du Mont-Schauberg. 5/12 Thlr.

Fahne, A., neue Beiträge zum Limes imperii romani germanicae secundae u. Culturhistorisches. Mit (eingedr.) Holzschn. u. 5 lith. Karten. [Aus: „Zeitschr. d. Berg. Geschichtsvereins".] gr. 8. (88 S.) Düsseldorf 879. (Schaub.) n. 2. —

† Fahne, Ant., (Friedr. Frhr. v. Uechtritz,) Bilder aus Frankreich v. J. 1831. Beiträge zur Beurtheil. uns. Zeit. gr. 12. (14 B.) Berlin 835, Reimer.

— der Kölner Dom. Seine Beschreibung u. geschichtl. Entwickelung auf Grund authent. Quellen. Gedenkschrift zur Feier der Vollendung desselben am 15. Oct. 1880. 8. (60 S. mit 1 Holzschntaf.) Ebend. 880. n. 1.—

— Etwas über Ehrenkränkungen, mit besonderer Berücksichtigung der exceptio veri, der Beleidigung durch Denunciation u. im Amte, nach gemeinem franz. u. preuß. Rechte. gr. 8. Düsseldorf 838. Schreiner. 1/6 Thlr.

— das Fenster- u. Lichtrecht, nach römisch-, gemein-deutschem, preuß. u. franz. Rechte. gr. 8. Berlin 835. Brandenburg sen. 3/8 Thlr. — Neue verm. Ausg. gr. 8. Berlin 840. Crantz. 3/8 Thlr.

Fahne, A.: Geschichte und Statuten der Düsseldorfer Schützen. Fahne, Forschungen, 1, 2 (1864) 3/16. 904

— der politische Jesuitismus im neuen preußischen Jagdrecht. Ein Beitrag zur Charakteristik der Berliner Nationalversammlung u. ihrer Wortführer. gr. 8. (68 S.) Köln 849, Eisen. 1/4 Thlr.

— Hasenclever's Illustrationen zur Jobsiade. 2. Aufl. gr. 8. (31 S.) Ebd. 852. 1/6 Thlr.

Fahne, A(nt.), der Carneval mit Rücksicht auf verwandte Erscheinungen. Ein Beitrag zur Kirchen- und Sitten-Geschichte. 8. (VII und 306 S.) Köln 854, Heberle. *

Fahne, A., Der Carneval mit Rücksicht auf verwandte Erscheinungen. Ein Beitrag zur Kirchen- und Sitten-Geschichte. Köln u. Bonn, Heberle, 1854. 8°.

— Livland. Ein Beitrag zur Kirchen- u. Sitten-Geschichte. Mit vielen Holzschn. (auf 7 Taf.) gr. 8. (VIII, 240 S.) Düsseldorf 875. Schaub. n. 4. 50

— die düsseldorfer Maler-Schule in d. J. 1834, 1835 u. 1836. Eine Schrift voll flücht. Gedanken. 8. (11 1/8 B.) Düsseldorf 837, Schreiner.

— meine Schrift: „Die Düsseldorfer Maler-Schule" u. ihre Gegner. Betrachtet. gr. 12. Düsseldorf 837. Schreiner. 1/4 Thlr.

— über die Pflicht d. Staates, die rheinischen Jagdeigenthümer des rechten Rheinufers zu entschädigen. 2. Aufl. gr. 8. (16 S.) Berlin 852, Simion. 3 Ngr.

— über die Pflicht des Staates, die rheinischen Jagdeigenthümer des rechten Rheinufers zu entschädigen. 2. Aufl. gr. 8. (16 S.) Berlin 852. [Leipzig, Voigt und Günther.]

— Ueber die Pflicht des Staates, die Jagdeigenthümer des rechten Rheinufers zu entschädigen. Berlin 1851. 16 S. 8.

Fahne, A.: Die Düsseldorfer Schützen und die Cölner Gewandzunft. Forschungen auf dem Gebiete der Rheinischen und Westfälischen Geschichte Bd. I, Heft 2. 142 S. Köln, 1864. 905

— das Staats-Amt u. die Gesetze vom 29. März 1844. gr. 8. Düsseldorf 845, Buddeus. 1/3 Thlr.

Fahne, A., die Westphalen in Lübeck. Ebend. 855. 8. (160 S.) n. 20 Ngr.

Fahne von Roland, Anton, s. a. Fahne, Anton

— die Dynasten, Freiherrn und Grafen von Bocholtz, nebst Genealogie derjenigen Familien, aus denen sie ihre Frauen genommen. Mit urkundlichen Belegen. 3. Bd.: Chronik der Abtei Gladbach. Mit Wappen. A. u. d. T.: Chronica Abbatiae Gladbacensis edidit, notis documentisque illustr. etc. Pars III. Cöln 856. Heberle. Fol. (4 Bl., 88 S. m. Holzschn. im Text.) n. 3 Thlr. 15 Ngr.; Prachtausg. n. 7 Thlr.

— — 4. Bd. A. u. d. T.: Die Aufschwörungen, Grab- und Denkmale der Gräfl. Familie von Bocholtz, sammt den Aufschwörungen und Ritterzetteln des Oberquartiers von Gelderland, einer historischen Einleitung und einer Anweisung die Ahnentafeln der Vorzeit auf jetzige Formen zurückzuführen. Mit ca. 900 Wappen (Holzschn. im Text), der (lith.) Abbildg. des Bocholtzer Altars im Dome zu Münster, einer Ahnentafel von 256 Ahnen (in Imp.-Fol.) u. einem Orts- u. Personen-Register. Ebend. 857. Fol. (3 Bl., 129 S.) n. 6 Thlr.; Prachtausg. n. 12 Thlr.
Der 1. u. 2. Bd. sind noch nicht erschienen.

— die Dynasten, Freiherrn u. jetzigen Grafen v. Bocholtz. Beitrag zur alten Geographie, Rechts-, Sitten- u. Culturgeschichte des Niederrheins. 1. Bd. 2 Abtheilungen u. 2. Bd. Ebend. 859—63. Fol. n. 32 ℛ; Prachtausg. n. 64 ℛ

1. Bd. 1. Abth.: Geschichte der verschiedenen Geschlechter Bocholtz u. die alten Zustande am Niederrhein. (344 S. mit 10 S. Tab., Holzschn. im Text u. 2. lith. Taf.) — 2. Abth.: Geschichte von 106 rheinischen, niederländischen u. westphälischen hervorragenden Geschlechtern. Mit mehr als 500 Wappen (in Holzschn.) (VI, 255 S. u. 15 Tab.) Jede Abth. n. 12 ℛ; Prachtausg. n. 24 ℛ

2. Bd. Urkundenbuch. Mit Autographen, Siegeln, Notariats- u. Papierzeichen (in Holzschn.) u. 1 lith. Taf. (323 S.) n. 8 ℛ; Prachtausg. n. 16 ℛ

3. u. 4. Bd. erschienen 1856—57.

Fahne v. Roland, A., Chroniken u. Urkundenbücher hervorragender Geschlechter, Stifter u. Klöster. 1. Bd. A. u. d. T.: Urkundenbuch des Geschlechts Meschede. Mit 1 Ansicht, vielen Siegeln u. Wappen auf 27 Taf. (in Holzschn.), u. einem vollständigen Inhaltsverzeichnisse. Cöln 862. Heberle. 8. (XII, 432 S. mit Holzschn. im Text.) n. 2 ℛ

Fahne, A., Chroniken u. Urkundenbücher hervorragender Geschlechter, Stifter u. Klöster. Mit vielen Siegeln, Wappen u. andern Illustr. (in eingedr. Holzschn. u. auf Steintaf.) 2. u. 3. Bd. 8. Köln 874. 76. Heberle in Comm. n. 14. — (1—3.: n. 20. —)

2. Urkundenbuch d. Geschlechts Momm od. Mumm. I. Nebst Beilage: Denkmale u. Ahnentafeln. (494 u. Beilage 108 S.) n. 8. —

3. Urkundenbuch d. Geschlechts Spede, jetzt Spee. (V, 273 S.) n. 6. —

— Chroniken u. Urkundenbücher hervorragender Geschlechter, Stifter u. Klöster. Mit vielen Siegeln, Wappen u. anderen Illustrationen. 4. Bd. A. u. d. T.: Urkundenbuch d. Geschlechts Momm od. Mumm. II. Mit 62 Holzschn. [Siegeln u. Wappen] im Texte u. 1 Registern. 8. (386 S.) Köln. 878. Ebend. n. 8. —

Fahne, A., Chroniken und Urkundenbücher hervorragender Geschlechter, Stifter und Klöster. Mit vielen Siegeln, Wappen und anderen Illustr. 4. Bd. A. u. d. T.: Urkundenbuch des Geschlechts Momm oder Mumm. II. 8. (386 S. mit 62 Holzschn. [Siegeln und Wappen] im Texte und 11 Registern.) Köln 881. (Düsseldorf, Schaub'sche Buchh.) *

1.—3. Bd. Ebendas. 1862—76. * ℳ 20.

—— Denkmale und Ahnentafeln in Rheinland und Westphalen. 1.—3. Bd. 8. Düsseldorf, Schaub'sche Buchh. Subscr.-Pr. * ℳ 9.; Ladenpr. *

Inhalt:

Bd. 1. Denkmale und Ahnentafeln des Geschlechts Mumm oder Momm. (108 S. mit eingedr. Holzschn.) 876. Subscr.-Pr. * ℳ 3.

» 2. 1. Aufschwörungen der Bergischen Ritterschaft. 2. Das Geschlecht Tenckinck. (IV, 217 S. mit eingedr. Holzschn.) 878. Subscr.-Pr. * ℳ 3.; Ladenpr. * ℳ 5.

» 3. Aufschwörungen der Ritterschaft des Herzogthums Cleve. Mit mehr als 500 Wappen, Register und zahllosen Berichtigungen. (160 S.) 879. Subscr.-Pr. * ℳ 3; Ladenpr. * ℳ 6.

Fahne, A., Denkmale und Ahnentafeln in Rheinland und Westphalen mit Erläuterungen und Berichtigungen. 4.—6. Bd. 8. (Ebendas.) *

Inhalt:

Bd. 4. Aufschwörungen der jülichschen Ritterschaft. I. — Aufschwörungen des Damenstifts Oberndorf. — Necrologium desselben. — Wappenbeschreibung des Ersteren. (IV, 156 S. mit 251 Holzschn. im Text.) 880. * ℳ 6.

» 5. Aufschwörungen der jülichschen Ritterschaft. II. (Schluss.) (154 S. mit über 150 eingedr. Holzschn.) 882. * ℳ 5.

» 6. Ketten, Joan Gabr. v. der, der kleine Waldt der freyen Reichs statt Collen. (III, 190 S.) 883. * ℳ 5.

1.—3. Bd. (Ebendas.) 1876—79. * ℳ 14.

— die Grafschaft und freie Reichsstadt Dortmund. 3 Bde. Ebend. 854, 55. 8. n. 6 ℛ 10 ngr

1. Bd.: Die Dortmunder Chronik. Mit Urkunden und Wappenabbildungen. (1 Bl., 260 S. m. Holzschn. im Text.) n. 1 ℛ 7½ ngr

2. Bd.: Urkundenbuch der freien Reichsstadt Dortmund. 1. u. 2. Abthlg. (460 S.) n. 3 ℛ 22½ ngr

3. Bd.: Statutarrecht und Rechtsalterthümer der freien Reichsstadt Dortmund. Mit 1 Ansicht der Stadt aus der Vogelperspective vom Jahre 1600. (288 S. u. 1 lith. Abbildg. in Fol.) n. 1 ℛ 10 ngr

Fahne v. Roland, A., die Grafschaft und freie Reichsstadt Dortmund. 4. Bd. Cöln 859. Heberle. 8.

4. Bd.: Die verschiedenen Geschlechter Stecke, Benerhans Entwurf, Niederhofs Memorabilien, Nachträge zu Chronik u. Urkundenbuch, betreffend die Freie Reichsstadt Dortmund. Mit Wappen (in Holzschn.) (VII, 336 S.) n. 1 ℛ 10 ngr

Fahne, Ant., das fürstliche Stift Elten. Aus authent. Quellen. 8. (72 S.) Cöln 851, Heberle. 12 ngr

— die Fahnenburg u. ihre Bildergallerie unter Rückblick auf die Geschichte ihrer Umgebung. Mit xylogr. Abbildgn. (eingedr. u. 23 Taf. in gr. 8. u. qu. gr. 4.) v. Gemälden, Monogrammen, Gebäuden etc. gr. 8. (IV, 176 S.) Ebend. 873. n. 6. —

—— Forschungen auf dem Gebiete der rheinischen und westphälischen Geschichte. 1. und 2. Bd. gr. 8. (284 S., 306 S., mit Abbild. in eingedr. Holzschn.) Cöln 864,67, Heberle. à Bd. * 2 Thlr. *

— Forschungen auf dem Gebiete der rheinischen u. westphälischen Geschichte. 2. Bd., 3. Bd., in 2 Abbtheilgn. u. 4. u. 5. Bd. 8. Ebend. 875. n. 23. — (I—V.: n. 29. —)

2. Mit Holzschn. u. Steinzeichngn. (in 8. u. 4.) (154 S.) n. 6. —

3. Mit mehr als 150 Illustr., Schlössern, Siegeln u. Wappentafel. (V, 272 u. 288 S. m. eingedr. Holzschn. u. 12 Steintaf.) n. 9. —

4. 5. Livland u. seine Geschlechter. 1. u. 2. Bd. Mit vielen Illustr. (Holzschntaf. u. Lith.) (IV, 108 u. 120 S.) n. 8. —

Geschichte der adligen Familie von Stommel (von A. Fahne.) Mit Wappenabbildg. Düsseldorf 1845. fol. Als Manuscript gedruckt und nicht im Handel.

Fahne, A., Geschichte des Geschlechts der Herren und Freiherren von Hövel. 3 Bde. Mit vielen Portr., Stammtfln., Wappen, Siegeln. Köln 1856—60. fol.

— Geschichte der Kölnischen, Jülichschen u. Bergischen Geschlechter in Stammtafeln, Wappen, Siegeln u. Urkunden. 1. Thl.: Stammfolge u. Wappenbuch. [A—Z.] Mit nahe an 1000 in Holz geschnittenen (u. eingedr.) Wappen, 200 lith. Siegelabbildgn. (auf 4 Taf.), Häuseraufrissen, dem (lith.) Bildnisse des Verf. u. s. w. Fol. (IV u. 472 S. m. lith. Titel in Tondr.) Ebd. 848. n. 8 ℛ

— Geschichte der Kölnischen, Jülichschen und Bergischen Geschlechter einschließlich der neben ihnen ansässig gewesenen Clevischen, Geldrischen u. Moersischen in Stammtafeln, Wappen, Siegeln u. Urkunden. 2. Thl.: Ergänzungen u. Verbesserungen zum 1. Thl. u. Stammfolge u. Wappenbuch d. Clevischen, Geldrischen u. Moersschen Geschlechter, so weit sie in dem Herzogth Jülich-Cleve-Berg ansässig waren. (A—Z.) Mit 600 neuen Familien, mehr als 600 in Holz geschn. Wappen u. der (lith.) Abbildg. des, von Reinald v. Dassel erbauten erzbischöflichen Palastes zu Köln. Köln 853. Heberle. Fol. (XVI, 238 S.) n. 5 ℛ

— Geschichte der westphälischen Geschlechter unter besonderer Berücksichtigung ihrer Uebersiedlung nach Preußen, Curland u. Liefland. Mit fast 1200 Wappen (Holzschn. im Text) u. mehr als 1300 Familien. Ebend. 858. Fol. (432 S.) n. 14 ℛ; Pracht-Ausg. n. 16 ℛ

— Geschichte der Grafen jetzigen Fürsten zu Salm-Reifferscheid, nebst Genealogie derjenigen Familien, aus denen sie ihre Frauen genommen. Mit vielen Ansichten, Wappen, Siegeln u. Münztafeln. (In 2 Bdn.) 2. Bd. A. u. d. T.: Codex diplomaticus Salmo-Reifferscheidanus etc. Mit Siegeln (Holzschn. im Text), Ansichten von Schlössern, theils lithogr., theils Holzschn. Cöln 858. Heberle. Fol. (VIII, 345, VIII S.) n. 8 ℛ; Prachtausg. n. 12 ℛ

1. Bd. ist noch nicht erschienen.

— Geschichte der Grafen, jetzigen Fürsten zu Salm-Reifferscheid, sowie ihrer Länder u. Sitze nebst Genealogie derjenigen Familien, aus denen sie ihre Frauen genommen. Mit vielen Ansichten, Wappen, Siegeln etc. 1. Bd. Ebend. 866. gr. Fol. (252 S. m. Holzschn. im Text u. 7 lith. Taff.) n. 12 ℛ

Fahne, A., Geschichte der Herren Staël von Holstein. Mit 155 Illustr., Siegeln u. Wappentfln. Köln 1871. 8.

— die Herren und Freiherren von Hövel, nebst Genealogie der Familien, aus denen sie ihre Frauen genommen. 2. 3. Bd. Ebend. 856. Fol. n. 11 ℛ
2. Bd.: Urkundenbuch. Mit 1 (lith.) Autographentafel, Siegeln, Notariats- u. Wasserzeichen (Holzschn. im Text). (4 Bl., 147 S.) n. 6 ℛ; Prachtausg. n. 12 ℛ
3. Bd.: Gotthard V. von Hövel, Chronik und Hintertreibung eines Schandgedichts, sammt der Abdankungsschrift seines Vetters Gotthard VIII. von Hövel. (4 Bl., 140 S.) n. 5 ℛ
1. Bd. ist noch nicht erschienen.

— die Herren u. Freiherren v. Hövel, nebst Genealogie der Familien, aus denen sie ihre Frauen genommen. 1. Bd. (2 Abthlgn.) Ebend. 860. Fol.
1. Bd.: Geschichte der verschiedenen Herren v. Hövel u. von 100 Rheinischen, Westphälischen, Niederländischen u. andern hervorragenden Geschlechtern. (VIII, 320 S. m. 16 Stammtaf. Holzschn. im Text u. 3 lith. Taf.) n. 12 ℛ; Prachtausg. n. 24 ℛ
2. u. 3. Bd. erschienen 1856.

Fahne, A., Das Geschlecht Mumm oder Momm. 3 Bde. Nebst Beil.: Denkmale und Ahnentfln. Mit 10 Siegeln u. Wappentfln. u. sehr vielen Hschn. Cöln 1876—81. 8.

— Schloss Roland seine Bilder-Gallerie und Kunstschätze. Mit Kupferstichen, Lithographien u. Holzschnitten von E. Fröhlich, T. W. Th. Jansen, W. Krafft, Kretschmar u. Anderen, sowie mit den Monogrammen der Künstler. Cöln 853. Heberle. Imp.-4. (36 S. m. Holzschn. im Text, 1 Portr. in Kpfrst. u. 7 Lithogr.) 1 ℛ; Velinp. 1 ℛ 15 ngr

Fahne, A., Urkundenbuch des Geschlechts Meschede. Mit Siegel- u. Wappenabbildgn. auf 27 Tfln. Köln 1862. 8.

Fahnenberg, Aeg. Jos. K. von: „Briefe an seinen Sohn über die Kunst der Verfertigung der gerichtlichen und gesandtschaftlichen Relationen", Regensburg 1801 (Montag & Weiss); 2. Auflage ebenda 1804.

v. Fahnenberg, Aeg. Jos. K., *auf Burgheim*: Entwurf einer Geschichte d. K. u. R. K. G. unter d. hohen Reichsvicarien. *Lemgo*, Meyer. B. 790—91. 2 Bde. 8. Forts. *Wetzlar*, Winkler. 795. 8. (zus. 22 Gr.)

— über die völlige Exemtion des Erzh. Hauses Oestreich von der Gerichtsbank des Reichskammergerichts. gr. 4. Wien, Tendler. 796.

v. Fahnenberg, Aeg. Jos. Karl: Ueb. d. Kunst, gerichtl. Vorträge zu verfertigen. *Regensburg*, Manz. 801. 8. (3 Gr.)

— über die Kunst, gerichtl. Vorträge zu verfertigen. 8. Regensb. 801. Montag u. W. 3 gl

— Lebensgeschichte des Freiherrn v. Boriè. 8. Wetzlar 795.

— Litt. des kais. Reichskammergerichts u. Reichhofraths. 8. Wetzlar 792. Winkler. 18 gl

— Privatgedanken über das standhafte Benehmen d. Reichskammergerichts. 8. Regensb. 796.

— Schicksale d. kais. Reichskammergerichts, vorzüglich im Kriege. 8. Wetzlar 793. Winkler. 8 gl

— Vortrag an das kaiserl. Reichskammer-Gericht über Abkürzung der Relationen. 8. Wetzlar 792. Winkler. 10 gl

(v. Fahnenberg, Aeg. Jos.): Wie d. Nothstand d. R. K. G. Kanzley abzuhelfen. *Wetzlar*. 797. 8.

v. Fahnenberg, Frhr. K. H., Aufruf zur Bildung eines Vereins zum Schirme u. Schutze der Badischen freien Presse, den Manen Karl Friedrich geweihet. gr. 8. Karlsr. 832. Müller. 1½ gl

v. Fahnenberg, K. H. Frhr., die Heilquellen am Kniebis im untern Schwarzwalde: Rippoldsau, Griesbach, Petersthal, Antogast, Freiersbach, Nordwasser, Sulzbach. Nebst Andeutungen zu einem Ausfluge von Baden nach diesen Kurorten u., durch einen Theil des Kinzigthales, nach dem Wasserfalle bei Tryberg. Ein Wegweiser für Kurgäste u. Reisende. gr. 12. Carlsruhe u. Baden 838. Marx. ⅓ ℛ

Fahnenberg, K. H. Freiherr von: „Magazin für die Handlung und Handlungsgesetzgebung Frankreichs und der Bundesstaaten", 18 Hefte in 6 Bänden, Heidelberg, Karlsruhe und Nürnberg 1810—1814 (Mitherausgeber des 4.—6. Bandes: „Georgius" = Ch. G. Otto).

Fahneneid, d., im Conflictsfalle. Eine moralisch-jurist. Betrachtung. 1. u. 2. Aufl. gr. 8. (à 16 S.) München 898. O. Th. Scholl. n. — 40

Fahneneid, der, im Conflictsfalle. Eine moralisch-jurist. Betrachtg. Von e. ergleb. u. hieb. Vorworte begleitete 3. Aufl. gr. 8. (24 S.) München 899. O. Th. Scholl. n. — 40

Gesang-Verein-Eintracht

--40-jhr Fahnen-Jub und Fahnenweihe. 8. Aug 1897. Union Hill, NJ. 1897.

Fahnenweihe, die, in Berlin am 18. Januar 1861, als der Schlußstein der in einem kurzen Abriß der Geschichte der brandenburgisch-preußischen Militair-Verfassung gleichzeitig dargestellten neuen Heeres-Organisation. Von einem Verehrer der Armee. 1. u. 2. Aufl. Berlin, v. Trautmann. gr. 8. (55 S.) 5 ngr

Fahnenweihe, Die, der Akademischen Schützengilde an der k. k. Universität in Innsbruck am 1. und 2. Juli 1901. Innsbruck 1901. V: *Wörndle, Heinrich von.* (margr)

Fahnenweihe der Löblichen Zunft zur Meise . . . 1889. [Zürich 1889.] V: *Steiner, Leonhard.* (zuwzür 1913)

Fahnenweihefest der Turnerschaft Mühlhausen i. Th., 10.—12. 6. 1893, Festschr., Mühlhausen i. Th. 1893, 30 S., kl.-8°.

Fahner, Johann Christoph

— Beitr. zur prakt. u. gerichtlichen Arzneikunde. 1r Thl. gr. 8. Stendal 799. Franzen u. Gr. 1 ℛ

Fahner, Johann Christoph, s. Dikinson: Untersuchung.

— epistola de dissensione medicorum quoad malignitatis notionem. 8. Jena 779.

– s. Frank: System.

– s. Lancisius: Todesarten.

– s. a. Magazin f. die popul. Arzneikunde.

Fahner, J. Magazin für die gesamte popul. Arzneikunde. Bd. 1 u. 2. Erfurt 1785—86. 2 Bde.

— Magazin für die populäre Arzneikunde. 2 Bde in 12 Heften. 8. Frankf. Keyser. 785. 86.

— s. 1) Magazin f. die Handlung u. 3) Sax, Katechismus.

Fahner, Johann Christoph: Vollständiges System der gerichtlichen Arzneikunde. Ein Handbuch für Richter und gerichtliche Aerzte. Bd 1 - 3, gbd.

Stendal: Franzen & Grosse 1795 - 1800

JB 5.311

Fahner, Jo. Chr., Wirksamkeit des Camphor in starken Dosen. Beitr. zur prakt. u. ger. Arzneik. 1. Bd. n. 10. Stendal. 8°.

1799

Fahnert, Paul: Revid. Gesindeordng. f. d. Königr. Sachsen, s. a. Meinhold's jurist. Handbibliothek.

Fahnert, revidirte Gesindeordnung f. d. Königr. Sachsen vom 2. V. 1892. Textausg. 2. Aufl. Leipzig 900.

– d. deutsche Grundbuchordng., s. a. Meinhold's jurist. Handbibliothek.

Fahnert, Paul: Die Deutsche Grundbuchordnung vom 24. März 1897. Mit Erl. Leipzig 1897.
(Meinholds Jur. Handbibliothek. Red. von Max Hallbauer. Bd 86.)

– d. neue Handwerkergesetz, s. Meinhold's jurist. Handbibliothek.

– Herrschaft u. Gesinde (sächs. Gesinderecht), s. a. Meinhold's jurist. Handbibliothek.

Fahnert, Dr., **Paul,** Herrschaft und Gesinde (sächs. Gesinderecht). »Meinholds juristische Handbibliothek.« (117 S.) Leipzig 1896. Alb. Berger. Kart.

Fahnestock, William Baker, Statuvolence od. der gewollte Zustand u. sein Nutzen als Heilmittel in Krampfzuständen u. bei Krankheiten d. Geistes u. Körpers. Mit Autoris. d. Verf. ins Deutsche übers. v. Gregor Konstant. Wittig, hrsg. v. Alex. Aksákow. 2. Aufl. gr. 8. (X, 45 S.) Leipzig 892. O. Mutze. n. 1.—

Fahnestock, William Baker, Statuvolence od. der gewollte Zustand u. sein Nutzen als Heilmittel in Krampfzuständen u. bei Kranheiten des Geistes u. Körpers. Mit Autorisation des Verf. ins Deutsche übers. v. Greg. Konstantin Wittig, hrsg. v. Alex. Aksákow. 3. [Titel-]Aufl. gr. 8. (X, 45 S.) Leipzig (892.) 899. O. Mutze. n. 1.—

Fahnestock, William Baker, Statuvolence od. der gewollte Zustand u. s. Nutzen als Heilmittel in Krampfzuständen u. bei Krankheiten des Geistes u. Körpers. Mit Autorisation des Verf. in's Deutsche übers. von Greg. Konstantin Wittig, hrsg. v. Alex. Aksákow. 4. Aufl. (X, 44 S.) 8. Leipzig (907). O. Mutze. 1.—

Fahnestok, Will. Baker, Statuvolence od. der gewollte Zustand u. sein Nutzen als Heilmittel in Krampfzuständen u. bei Krankheiten d. Geistes u. Körpers. Mit Autoris. d. Verf. in's Deutsche übers. v. Greg. Konst. Wittig, hrsg. v. Alex. Aksakow. gr. 8. (X, 45 S.) Leipzig 884. Mutze. n. 1.—

Fähnrich, A.: Über Diätetik auf Gymnasien. – Jicin, Progr. 1851.

Fähnrich: Methode, die dreizifferige Wurzel eines jeden vollständigen Würfels ohne die übliche Griffelrechnung sogleich zu bestimmen. –Jiczin, Progr. 1852

Fähnrich: Die grosse Sonnenfinsternis am 28. Juli 1851 für den Horizont von Jiczin berechnet.–Jiczin, Progr. 1851

Fähnrich, Ant., Pallas Athene. Ein aphoristisches Taschenbuch für das Jahr 1840—1842. — A. u. d. T.: Ana aus dem Lehrgebiete der Kunst u. Wissenschaft. 16. (Mit 5 Lith.) Prag u. Gitschin. (Leipzig, Jackowitz.) à 1/2 ₰ — 4., 5., 6. Jahrg. A. u. d. T.: Kritisch-etymolog. Wörterbuch, oder vergleich. Anatomie d. deutschen Sprache. Nebst Materialien für slaw. u. lat. Sprachforschung. 1.—4. Heft. Ebend. 843, 44, 46. à n. 2/3 ₰

Faehnrich, Bruno, Volontärarzt an d. Kgl. Univ.-Frauenklinik Breslau: Aus d. Breslauer Kgl. Universitäts-Frauenklinik. **Beitrag zur Kenntnis der typischen Bauchdeckenfibrome.** *Breslau 1901: Bresl. Genoss.-Buchdr.* (46 S.) 8°
Breslau, Med. Diss. v. 3. Dez. 1901

Fähnrichsexamen, das. Vorbereitung zur Ablegg. des Fähnrichsexamens. Methode Rustin. Selbst-Unterrichts-Briefe, hrsg. vom Rustinschen Lehrinstitut. Red. v. C. Ilzig. Bearb. v. Gust. Behrendt, Max Baumann, Frz. Bußler u. v. a. 1.—123. Lfg. Lex.-8. (4195 S. m. Abbildgn., 1 Tab., 12 farb. Karten u. 38 Kartens. in gr. 4.) Potsdam (900—902). Bonneß & Hachfeld.
Subskr.-Pr. à n. — 90; Einzelpr. à n. 1.25

Fähnrichsexamen, das. Vorbereitung zur Ablegung des Fähnrichsexamens. Methode Rustin. Selbst-Unterrichts-Briefe in Verbindg. m. eingeh. Fernunterricht. Hrsg. vom Rustinschen Lehr-Institut f. briefl. Unterricht. Red. v. C. Ilzig. Bearb. v. Gust. Behrendt, Max Baumann, Frz. Bußler u. v. a. 124—247. Lfg. (8996 S. m. Abbildgn., 1 Tab. u. 8 farb. Karten.) Lex.-8. Potsdam 903—906. Bonneß & Hachfeld. Subskr.-Pr. à n. — 90; Einzelpr. à n. 1.25

Fähnrichsexamen, das. Vorbereitung zur Ablegg. des Fähnrichtsexamens. Methode Rustin. Selbst-Unterrichts-Briefe in Verbindg. m. eingeh. Fernunterricht. Hrsg. v. Rustinschen Lehrinstitut f. briefl. Unterricht. Red. v. C. Ilzig. Bearb. v. Gust. Behrendt, Max Baumann, Frz. Bußler u. v. a. 248—254. Lfg. (144 u. 96 S.) Lex. 8. Potsdam (907.08). Bonneß & Hachfeld. Subskr.-Pr. à — 90; Einzelpr. à 1.25

Fahr' wohl, Prinz Carneval! 16. (2 S.) Kaiserslautern 889. Gotthold. n. — 10

Fahr, Alban: Zur Casuistik der congenitalen Sprunggelenkluxationen. Halle a. S. 1884: Plötz. 18 S., 1 Taf. 8°
Halle-Wittenberg, Med. Diss. v. 12. Jan. 1884
Geb. [Nissma (Kr. Zeitz)] 16. 9. 1853. V.

Fahr, E., Leitfaden f. Remonte-Kommandoführer. Nach amtl. Quellen zusammengestellt. 2., umgearb. Ausg. d. im J. 1860 erschienenen Werkes „Nach Remonte, e. kavalleristisches Vademecum". 8. (62 S.) Berlin 889. v. Decker. n. 1.50

Fahr, George: Über die Beziehungen zwischen den elektromotorischen Erscheinungen und der Öffnungsdauerverkürzung an gelähmten Muskeln. Würzburg 1910: Scheiner. 32 S. 8°
Würzburg, Med. Diss. v. 24. Jan. 1910, Ref. Frey
[Geb. 25. Jan. 82 Meadville, Pa.; Wohnort: Krefeld; Staatsangeh.: Vereinigte Staaten; Vorbildung: Gymn. Meadville Reife Juni 99; Studium: Meadville Allegheny Coll. 4, Chicago 2, Cornell Univ. Ithaca 2, Würzburg 6 S.; Rig. 17. Juli 09.] [U 10. 4344

Fahr, Immanuel Constantin (Danzig), Utrum Sulzeri cum Platone de vera bonarum artium dignitate consensus vana consilia suadeat. Disp. philos. Präs. Franz Volkmar Reinhard. Wittbg. (A. Ch. Charisius) 25. IV. 1781. 32 S. (4.80) 8536
Gew.: Joh. Gabr. Schmidt, Joh. Sam. Ferber, Mich. Groddeck, Joh. Ludw. v. Dorne, Peter Bentzmann, Carl Friedr. Gralath, Adr. Theoph. Engelcke, Dan. Andr. Zernecke, Sam. Andr. Schroeder, Carl Renner, Carl Bened. Jantzen. — Widm. v. Präs.

Fahr, Theodor, approb. Arzt aus Pirmasens: Aus d. pathol. Institut zu Gießen. Ueber totale **Nekrose** beider Nieren nach Thrombose der Nierenvenen. *Gießen 1903: v. Münchow.* (33 S.) 8°
Gießen, Med. Diss. v. 1903

Faehr, Paul: Ueber die Reduktion der Metalloxyde der Chromgruppe mittelst Wasserstoffs in der Hochspannungsflamme. 1908. 54 S., 3 Taf. 8⁰
München, Dr.-Ing.-Diss. v. 28. 3. 1908

Fahraeus, F. J., De argumento atque consilio Daetalensium, fabulae Aristophaneae, commentatio academica. Diss. 1886. 79 S.

Fahrbach, J., theoret.-pract. Flöten-Triller-Schule. Zum Selbstunterr., alle nur möglich vorkomm. Triller mit ihren Nachschlägen in allen Tonarten richtig u. rein vorzutragen. Fol. (2 B. u. 5 Tab.) Wien 830, Diabelli u. Comp.

Fahrbach, Philipp, Ein Hoch der Feuerwehr, Musik: Wiener Feuerwehr-Polka, gesungen v. Leo Prasch. Eigenthum u. Verlag v. M. Moszbeck. Druck v. L. W. Seidel & Sohn in Wien.
Verboten v. L.-G. Triest, 1879. § 516.

Fahrbach, Philipp —, Sohn. Rekruten-Marsch für das Piano und den Wienern in Verehrung gewidmet von — —. Op. 1. Nr. 16087. Fol. (3 S.) Wien, C. A. Spina. 1857.

Fahrbahn, Die, der Elbe im Bereiche der Flussschiffahrt und der geeignete Weg zu ihrer Verbesserung . . . Hamburg 1864. V: *Hübbe, Hnr.* (CBH)

Fahrbahn, die, der Elbe im Bereiche der Flußschiffahrt, u. der geeignete Weg zu ihrer Verbesserung. Den Vorstehern des Handelsstandes u. Allen, welche bei der Elb-Schiffahrt betheiligt sind, gewidmet. Hamburg 864. Nolte. gr. 8. (56 S.) n. 10 ngr

Fahrbahn, die, der Elbe u. ihre Verbesserung. In einer Reihe von Abhandl. eines prakt. Hydrotechnikers. 1. Heft. Lex.-8. Hamburg 841, Hoffmann u. Campe. 1/4 ₰

Fahrbetriebsmittel. Unter Mitw. von ... hrsg. von Ludwig R. v. Stockert, Prof. Mit 650 Textabb. Berlin: J. Springer 1908. (XV, 819 S.) 4°(8°)
— **Handbuch** d. Eisenbahnmaschinenwesens. Bd 1. [08. 17137]

Preußisch-Hessische Staatseisenbahnen. **Fahrdienstvorschriften.** ⟨FV.⟩ Gültig v. 1. Aug. 1907 ab. Ausg. 1907. [Nebst] Erläuterungen. Hannover 1907: Gebr. Jänecke. (164, 8 S.) 8° [F.] [08. 3862 3]

Fähre, die fliegende, ein Verbindungsmittel f. die Bewohner der Oberelbe. (1—5. Jahrg.) 1848—1852. à 104 Nrn. hoch 4. (B.) Pirna. (Dresden, Grimm.) à Jahrg. 1 ₰

Fahrenbach, Erich [app. Arzt aus Unterrieden (Kr. Witzenhausen)]: Die Hasenscharten auf der Göttinger chirurgischen Klinik vom April 1885 bis October 1895 ... Leipzig, Druck v. J. B. Hirschfeld, 1896; 1 Bl., 20 S. 8.
Göttingen, Med. Fak., Inaug.-Diss. v. [20. Apr.] 1896

Fahrenbach, O. [prakt. Arzt]: Ueber modificierte Resection bei Tuberkulose des Handgelenks. (Aus d. chirurg. Klinik zu Göttingen.) ... Leipzig, Druck v. J. B. Hirschfeld, 1886; 27 S. 8°.
Göttingen, Med. Fak., Inaug.-Diss. v. 17. Dez. 1885.

Fahrenbach, Willy: Über den Einfluss der Grösse der Fettkügelchen auf den Butterungsvorgang ... Leipzig, Druck v. Sellmann & Henne, 1896; 65 S. 8.
Leipzig, Phil. Fak., Inaug.-Diss. v. [20. Sept.] 1896

Fahrenbacher, M. A.: „Entwurf einer National-Leih-Anstalt mit successiver Schuldentilgung für die Realitäten-Besitzer oder Bürger und Bauern in Baiern", Landshut 1825 (Thomann).

Fahrenberg, Karl [aus Lüneburg]: Entwickelungsgänge in der Sprache Corneilles. I. . . . (Aus: Herrigs Arch. Bd. LXXXIII. H. 1—3.) Braunschweig, Druck v. George Westermann, 1889; 1 Bl. + 85 S. + 1 Bl. 8°
Göttingen, Phil. Fak., Inaug.-Diss. v. 7. Dez. 1888

Fahrenberg, Karl [Hrsg.], s. Seeley, John Robert: The Growth of Great Britain

Fahrenbruch, F., die Burschenschaft am Scheidewege. Wiedergeburt od. Corps 2. Classe. „Auch e. Ehrenkranz f. das Denkmal unserer Gefallenen". gr. 8. (23 S.) Strassburg 884. (Schultz & Co. Verl.) n. — 80

Fahrenbruch, Friedrich [aus Rossla a. Harz]: Zur Geschichte König Manfreds. Rossla, Buchdruckerei von R. Kaemmerer, 1888. 8. 47 + 1 S.

Auf dem Holzwege! Aus d. latein. Sextapraxis e. reichsländ. Gymnasiums ... Ein krit. Beitrag z. Frage d. höh. Unterrichts von Prof. Dr. F[riedrich] **Fahrenbruch**. Strassburg i. E.: van Hauten 1896. V, 59 S. 8° A 12.4157

Fahrenbruch, Fritz, die katholische Frage, deutsche Politik u. das deutsche Volk, s.: Schriften, deutsche, für nationales Leben.

Fahrenheid-Beynuhnen's, Fritz v., Lebensbild, s.: Bujak-Kamberg, Ph. Fr. v.

Fahrenheit, Dan. Gabr., René Ant. Ferchault de Réaumur, Andr. **Celsius**, Abhandlungen üb. Thermometrie, s.: Ostwald's, W., Klassiker der exakten Wissenschaften.

Fahrenholtz, Gustav [pr. Arzt aus Reichenbach in Ostpr.]: Beiträge zur Kritik der Metschnikoffschen Phagocytenlehre auf Grund eigener Infectionsexperimente mit Milzbrandsporen am Frosch. . . . Königsberg in Pr., Druck v. M. Liedtke, 1889; 34 S. + 3 Bl. 8°
Königsberg, Med. Fak., Inaug.-Diss. v. 22. März 1889

Fahrenholtz, Wilhelm, aus Königs-Wusterhausen: **Über Tuberkulose der Tränendrüse.** *Schwedt a. O. 1903: Freyhoff.* (23 S.) 8°
Jena, Med. Diss. v. (20. Juni) 1903

Fahrenholz, s.: Geologische Karten, Preussen, 76.

Fahrenhorst, das Cottbuser Erbrecht. gr. 8. (V, 64 S.) Cottbus 871. Heine. n. 1. 20

Fahrenhorst, Johannes, aus Magdeburg: **Beitrag zur Kenntnis der Disulfone.** *Greifswald 1899: J. Abel.* (55 S.) 8°
Greifswald, Phil. Diss. v. 5. Aug. 1899

Fahrenhorst, W., Fürsorge für Lohnarbeiterinnen und Dienstmädchen. Referat, gehalten in der Specialconferenz der Synodalvertreter für Innere Mission in der Prov. Sachsen zu Haus Hagenthal bei Gernrode a. H. am 2. Juni 1887. 8. (39 S.) Magdeburg 887, (Klotz.) *

Fahrenhorst, die Grundstücksumlegung in Stadtfeldmarken u. in der Südostfeldmark Dortmund, s.: Weldige-Cremer, de.

Fahrenkamp, Alfred, Assist. b. d. Reichsbank: Das Lombardgeschäft. Halle a. S. 1910: Kaemmerer. VI, 51 S. 8°
Rostock, Jur. Diss. v. 25. April 1910, Ref. Lehmann
[Geb. 23. Mai 80 Aachen; Wohnort: Halle a. S.; Staatsangeh.: Preußen; Vorbildung: Gymn. Aachen Reife O. 98; Studium: Halle 6 S.; Rig. 2. Mai 10.] [U 10. 3837

Fahrenkamp, Paul, a. Aachen: Die Syntax der substantivischen Interrogativpronomina qui, que, quoi im Französischen. Göttingen 1907: F. A. Huth. (XI, 64 S.) 8°
Göttingen, Phil. Fak., Ref. Stimming, Diss. v. 24. Juli 1907
[Geb. 18. März 83 Aachen; Wohnort: Aachen; Staatsangeh.: Preußen; Vorbildung: Kaiser-Wilhelms-Gymn. Aachen Reife O. 02; Studium: Göttingen 3, Bonn 2, Göttingen 5 S.; Rig. 6. März 07.]

Fahrenkrieger, Jh. Ant., s. 1) N. Bailey, engl. Wörterbuch. 2) Rath an die Völker. 3) Buchenröder, engl. Dolmetscher.

Fahrenkrog, Geschichte meines Glaubens. Buchschmuck vom Verf. (XI, 180 S.) gr. 8. Halle 906. Gebauer-Schwetschke. n. 4. —

Fahrenkrog, Ludw., Baldur. Drama. Buchschmuck v. Verf. (104 u. Musikbeilage 12 S.) 8. Stuttgart 908. Greiner & Pfeiffer. Kart. 3. —

— Heiliger Frühling, s.: Galerie, die, im Hause.

Heiliger Frühling. 6 Gemälde mit Text von Ludw. **Fahrenkrog**. (Elberfeld: Schöpp & Vorsteher 1908.) 6 gez. Bl., 6 Taf. 2°
(Die Galerie im Hause.) [09. 11481 5

Fahrenkrug, H., das Dohlennest, s.: Vergißmeinnicht-Erzählungen.

— Gnadenwege, s.: Blüten u. Früchte. Nr. 14.

Prinzessin Goldhaar und andere Erzählungen. Geschichten f. Mädchen von H. **Fahrenkrug** u. A[ndreas] H[einrich] Fogowitz. (Vorr.: Hermann Heiberg.) Mit 4 Buntbild. von W. Schäfer. Wesel: W. Düms [1904]. (235 S.) 8° [F.] [06. 3108

— ein verwöhntes Kind, s.: Blüten u. Früchte. Nr. 18.

Fahrenkrug, H., die Liebe höret nimmer auf, s.: Blumen am Rain.

[F.] Sonnenschein und Regen. Erzählgn f. Mädchen v. H. **Fahrenkrug**. M. 6 feinen Farbendruckb. nach Aquarellen v. W. Schäfer. (Vorr.: Hermann Heiberg.) *(Wesel: W. Düms [1897?].)* (119 S., 6 Taf.) 1 Bd 8. [97. 4555

— Sonnenschein u. Regen. Erzählungen f. Mädchen. Mit (2) Farbendr.-Bildern v. W. Schäfer. 26—30. Tauf. Neue Ausg. (120 S.) gr. 8. Wesel (910). W. Düms. geb. — 80 u. 1. —

— Die kleine Sünderin, s.: Blumen am Rain. 6.

— In d. Welt hinaus, s.: Blüten u. Früchte.

Fahrenwaldt, C., s. a. Fahrenwaldt, Karl

Fahrenwaldt, C., farbige Alphabete in moderner Ausführung. (6 Bl.) 20,5×29 cm. Leipzig (908). (R. Bauer). 1. 55

Fahrenwaldt, C., moderne Künstler-Schriften zur Anwendung bei Plakaten, Illustrationen, Diplomen etc. qu. 4. (8 lith. Bl.) Leipzig (901). (R. Bauer.) n. n. 1. 40

— Neue Plakat-Schriften. (8 Bl.) 20,5×29,5 cm. Ebd. (908). 1. 45

Fahrenwaldt, C., Sammlung moderner Schriften f. das Kunstgewerbe. 1. u. 2. Heft. (Je 8 farb. Bl.) qu. 8. Leipzig (906). (R. Bauer.) à n. 1. 40

Fahrenwaldt, Karl

Neueste Karte vom Bodensee und Säntisgebiet. Gezeichnet von C. **Fahrenwaldt**. Massstab 1:150,000. *Stuttgart, Wildbad: Holland & Josenhans [1901].* (1 Kartenbl. 37×49 cm.) 8° [Umschlagt.] [farbig] [01. 886?

Fahrenwaldt, C[arl]. Neueste Karte vom Bodensee und Säntisgebiet. Gezeichnet von C. F'. 3. Aufl. Massstab 1 : 150000. 1 Bl. fol., *in Umschlag* 8. Stuttgart (u.) Wildbad, Holland & Josenhans, [1904]. [M. 1. 20] K
Titel auf dem Blatt: Neueste K' vom B' u. Säntisgebiet. Entworfen u. lithographiert von C. F', Stuttgart. [Mit Angaben über den] Flächeninhalt des Bodensees.... Massstab = 1 : 150,000. 383/504 mm. Stuttgart u. Wildbad....

Neueste Touristenkarte des mittleren Schwarzwaldes zwischen Freudenstadt-Schönmünzach-Hornisgrinde-Allerheiligen-Oppenau-Petersthal-Kniebis-Rippoldsau. Entw. von C. **Fahrenwaldt** nach Angaben von Baurat Raible. Masst. 1:40,000. *(Stuttgart & Wildbad: Holland & Josenhans [1902].)* (1 Kartenbl. 62 × 52 cm.) 8° [kol.] [02. 5??

Fahrer, J., u. M. Gemminger, Fauna Boica, s.: Gemminger, M.

FAHRER, Johann Nepomuk (München): De latero.- Bonschild: Wild 1843. 25 S.
24.1.1842 - Urk: F 65
Diss. Ingolst.-Landsh.-Mchn.

Fahr-Instruction f. die Feld-Artillerie der königl. preußischen Armee. 16. (99 S.) Berlin 873. Vossische Buchh. n. — 80

Fahr-Instruction für Herrschafts-Kutscher in 22 Fragen und Antworten. Von Franz Grafen von S. T. 8. (31 S.) Wien: Frick 1898. —,40

Fahr-Instruction, Kurze, für Herrschaftskutscher. Wien 1898. V: *Sylva-Tarouca, Franz Graf von.* (EB)

Fahr-Instruction, kurze, f. Herrschaftskutscher in 22 Fragen u. Antworten. Von Frz. Grafen v. S. T. 8. (31 S.) Wien 898. W. Frick. n. — 80

Fahrion, Karl, das Problem der Willensfreiheit. Ein neuer Versuch seiner Lösg. (III, 63 S.) gr. 8. Heidelberg 904. C. Winter. Verlag. n. 1. 60

Fahrion, W., Chemisch-technische Analyse der Fette und fetten Öle, des Glyzerins, der Kerzen und Seifen. Braunschweig, 1908. 88 S. mit 2 Abb.

Fahrion, Wilhelm [aus Feuerbach bei Stuttgart]: Beiträge zur Kenntniss des Carvacrols und Carvols .... Freiburg i. B., Univ.-Buchdr. v. H. M. Poppen & Sohn, 1887; 47 + 1 S. 8°.
Freiburg i. B., Phil. Fak., Inaug.-Diss. v. 1887.

Fahrkarten-Schwindel, der, auf norddeutschen Bahnen. 8. (40 S.) Leipzig 894. [G. Uhl.] H. Beyer. n. — 50

Fährkrug, s.: Mark.

Fahrländer, E., neue deutsche u. französ. Sprachlehre. gr. 8. Basel 810. (Neukirch). 10 gr

Fahrländer, Carl Emanuel, s. Fahrländer, Karl Emanuel

Fahrländer, Karl Emanuel

(Fahrländer. [Carl Emanuel].) Vertheidigung des Herrn Gottlieb Albrecht von Lenzburg, gew. Pfarrverweser in Gontenschwyl, an das Tit. Bezirksgericht Kulm. Manuskript für Freunde gedruckt. 8. Zürich (1850).

Fahrländer, Norbert

Fahrländer, N., Auslegung der feyertägl. Evangelien. 2 Bde. gr. 8. Augsburg, Wagner.

Fährländer, Norb., Feiertagspredigten auf d. Festtage d. Herrn, seiner Mutter u. einiger anderer Heiligen. 4 Thle. gr. 8. Augsb. 785—91. Wagner. 2 rf

— Homilien, oder Auslegung der sonntägl. Evangelien d. ganzen Jahres, besonders zur Belehrung des gemeinen Volks eingerichtet. 2 Bde. gr. 8. Augsb. 786. 2e A. 4 Bde. 790. 2 rß 18 gr

Fahrländer, Norbert, Leben, Lehren, Wunderwerke, Leiden und Tod Jesu ..., wie es die Evangelisten beschrieben, durchaus mit Noten und Anmerkungen erläutert. Augsburg, Wagner, 1788, gr. 8°, 2 Teile, 4,50 Mk.

— Sittenpredigten auf alle Sonntage des Jahres für das gemeine Volk. 2 Bde. gr. 8. Augsb. 782. 4e Aufl. 790. Wagner. 1 rß 12 gr

Fährlichkeiten, Gideon Herrmanns, auch angenehme Begegnisse ... Glogau 1801. V: *Heinse, Gottlob Heinrich.* (MGT) (GGr)

Fahrmann, Andreas Joseph, Doctor der Theologie, Bischof zu Almira ... [Gotha 1802.] V: *Förtsch, Nicolaus Alban.* (MGT)

Fährmann hol über! Bilder in festen Umrissen. (Motto:) Ich hab' gethan, was ich nicht lassen konnte. Berlin 1848. V: *Goethe, Walther von.* (Voss. Zeitung. 3. 6. 1906. Erich Schmidt.) (Katalog Nr. 19, Oskar Rauthe-Berlin. S. 14.)

Fahrmann, Andr. Jos., Theologisches Gutachten über die Bahrdtische Übersetzung des Neuen Testamentes. Würzburg, 1788.

Fahrmann, Sebastians von, Fahrten, ein karakter.-kom.-moral.-romant.-polit. Roman, und was sonst noch Jeder — will. Vom Verf. der 7 wunderbaren Lebensj. eines Kosmopoliten. 2 Bde. (h. a. d. Titel: Streiche, wunderliche, eines gebornen Barons, der zuerst studirte, dann Schulmeister, nachher gem. Soldat, u. zuletzt geheimer Finanzrath ward.) 2 Bde. 8. Altona, Kaven. (Sommer in Lpz.) 808.

Fährmann, C., die häusliche Erziehung u. die Erziehung durch die Schule. Festrede zur Feier des Geburtstages Sr. Maj. des Königs am 22. März 1862 auf dem großen Rathhaus Saale. Bunzlau. (Löwenberg, Holäufer.) 8. (14 S.) 2½ ngr.

Fährmann, Ernst, Realschuloberl.: J. J. Rousseaus **Naturanschauung.** *Plauen i. V. 1899: Neupert.* (60 S.) 4° ¶ [— Progr. Plauen i. V., Realsch. 1899.]
Leipzig, Phil. Diss. v. [26. Okt.] 1899

Fährmann, Hnr., s. **de Lorris**, das Gedicht von der Rose.

Führmann, Joh., nach **Nirwana** auf achtfachem Pfade od: Der Weg zur Vervollkommenheit. 8. (VI, 124 S.) Leipzig (902). Jaeger. n. 2.50; geb. n. 3.50

Ⓑ **Fährmann**, Joh., nach Nirwana. 902. (KBL 31.) Jetzt: Leipzig, Theosoph. Centralbuchh.

— der **Weg** zur Geistesfreiheit. 8. (30 S.) Leipzig 902. Theosoph. Central-Buchh. n. — 50

Fährmann, Johs.: Gesundbeten u. Geistesheilkunde, s. Zeit- u. Lebensfragen, wichtige.

– Ist der Hypnotismus e. Verbrechen?, s. Zeit- u. Lebensfragen, wichtige.

– Spiritismus, Spiritualismus u. die occulte Wissenschaft, s. Zeit- u. Lebensfragen, wichtige.

– Verbrechen u. Todesstrafe, s. Zeit- u. Lebensfragen, wichtige.

Faehrmann, K., die Idee in Goethe's Tasso und Iphigenie. Bunzlau.
Schul-/Univ.-Schrift 1867

Fährmann: Die Schicksalsidee in den Tragödien des Sophokles. 14 S. – Lauban, Progr. 1857.

Fährmann: Der Unterricht in der deutschen Sprache auf höheren Lehranstalten. – Bunzlau, Progr. 1859.

Fährmann, Karl Emil

Führmann, K. Emil, zur Ausgestaltg. d. psycholog. berecht. **Rechenmethode.** D. rhythm. Zählen, d. Konzentrationspunkt d. elementaren Rechnens. Eine psycholog. pädagog. Studie. gr. 8 (VII, 144 S.) Plauen 896. A. Kell. n. 1.60; geb. n. 2.—

Fährmann, Karl Emil, s.: **Rechenbuch** f. Volksschulen.

Führmann, K. Emil, die Veranschaulichung im Rechnen nach der rhythmischen Zählmethode. Auf psychophys. Grundlage dargelegt u. m. Skizzen f. die grundleg. Lektionen versehen. gr. 8. (41 S.) Plauen 902. A. Kell. n. — 90

Fahrmbacher, Hans, das k. b. **Armee-Museum.** (III, 110 S. m. Abbildgn. u. 8 Taf.) 8. München (909). G. D. W. Callwey. 1.50

Fahrmbacher, H. Festschrift zur 125jährigen Jubelfeier des 5. Chevaulegers-Reg. Mit Bld. u. 1 Taf. München 1901. 45 S. 4°

Fahrmbacher, Hans, s. a. **Führer** durch d. k. bayer. Armeemuseum.

Fahrmbacher, H. Führer durch das k. bayer. Armeemuseum. Mit Taf. u. e. Zusammenstellung der im Museum enthaltenen wichtigsten Waffenschmiede- u. Beschaumarken von H. Stöcklein. München 1905. 198 S.
— — 3. Aufl. (ohne Taf. u. Zusammenstellung). 1907.

— **Führer** durch das k. bayer. Armeemuseum. 4. Aufl. (IV, 208 S.) kl. 8. München 908. J. Lindauer. nn — 80

— — Das kurpfälzische Heerwesen im 15., 16. u. 17. Jhrh. Mannheim 1910. 67 S. 4°

Fahrmbacher, Hans, d. Kampf um d. Rheinschanze bei Mannheim am 25. I. 1798, s.: **Darstellungen** a. d. bayer. Kriegs- u. Heeresgeschichte.

— — Die Kämpfe auf pfälzischem Boden in den Revolutionskriegen i. d. J. 1794—1798. Saargemünd 1894. 67 S.

Fahrmbacher, Hans, das königl. bayerische 1. Schwere Reiter-Regiment „Prinz Karl v. Bayern." Auf Veranlassg. des königl. Regiments-Kommandos bearb. 2. Bd. Das Regiment in dem Zeitraum von 1848 bis 1898. gr. 8. (XVI, 672 S. m. eingedr. Skizzen u. 1 Bildnis.) München 900. R. Oldenbourg. n. 10. —
Bd. 1. (von Thdr. Frhr. v. Pfetten-Arnbach.) Ebd. 890. n. 10.—.

Fahrmbacher, H. Rückblicke auf die kriegerischen Ereignisse d. J. 1793 im Saar- u. Wasgau u. im Westrich. Saargemünd 1894. 50 S.

— — Vorgeschichte u. Anfänge der kurpfälzischen Armee in Jülich-Berg 1609—1685. Elberfeld 1909. 59 S.

Aus Münchens Zeiten der Franzosennot. Zur Erinnerung an d. schwere Jahr 1800/01. Auf Grund d. Kriegsdeputations- u. Generalhofkommissariatsakten erzählt von **Hans Fahrmbacher**. Mit Zeichnungen von Anton Hoffmann. *München: J. Lindauer 1900.* (120 S.) 8° [J.]

Fahrmbacher, H. Das Hochfürstlich-Zweibrückener Militär im 18. Jhrh. Kaiserslautern 1909. 18 S.

Fahrmbacher, Heinr., Erinnerungen an Italien, Sicilien und Griechenland aus den J. 1826—1844. gr. 8. (IV und 464 S.) München 851, Palm's Hofbuchh. Thlr.

Fahrmbacher, Jos., prakt. Handbuch der höhern Kochkunst. gr. 8. Nürnb. 822. Schrag. 2 ₰

Fahrmbacher, L., **Gebühren** u. Kosten in Straffällen nach dem Reichsgerichtskostengesetz u. dem bayer. Gebührengesetze. 8. (36 S.) Ansbach 880. Brügel & Sohn. cart. n. — 80

—— das **Gebührenwesen** bei den Notaren nach dem Gesetze vom 18. Aug. 1879. gr. 8. (16 S.) Nördlingen 880, Beck'sche Buchh. *
Aus: Blätter für administrative Praxis, besonders abgedruckt.

— die **Gerichts-Kosten** in Civilsachen nach dem Reichs-Gerichtskostengesetz u. dem bayer. Gebührengesetze. gr. 8. (III, 86 S.) Ansbach 880. Brügel & Sohn. cart. 1. 80

Fahrmbacher, L., das bayerische **Gesetz** vom 10. März 1879 über die Besteuerung des Gewerbebetriebes im Umherziehen, mit erläut. Anmerkungen. Als Anh. die Bestimmungen der deutschen Gewerbeordnung über den Gewerbebetrieb im Umherziehen u. den Marktverkehr. 1. u. 2., verm. Aufl. gr. 8. (56 S.) Ansbach 879. Brügel & Sohn. n. — 70

Fahrmbacher, L., das bayerische **Gesetz** vom 10. März 1879 üb. die Besteuerung d. Gewerbebetriebs im Umherziehen. Mit erläut. Anmerkgn. 3. Aufl. 8. (III, 94 S.) Ansbach 890. Brügel & Sohn. cart. n. 1. 20

Fahrmbacher, L., d. bayer. Gesetz üb. d. Fortsetzung d. Grundentlastung v. 2. II. 1898. Erläut. v. F. gr. 8. (VI, 24 S.) Ansbach 898. C. Brügel & Sohn. n. — 60

— d. bayerischen Gesetze v. 10. III. 1879 u. 20. XII. 1897 üb. d. Besteuerg. d. Gewerbebetriebes i. Umherziehen. M. erläut. Anmerkgn. 4. Aufl. M. Anh. d. gewerbl. Vorschriften. 8. (III, 85 S.) Ebd. 898. Kart. n. 1. 20

Fahrmbacher, L., die Kanalverbindung zwischen Rhein u. Donau. [Aus: „Bayer. Handelszeitg."] gr. 8. (57 S. m. 2 Tab.) München 892. (J. Lindauer.) n. — 60

— das Zahlungswesen der allgemeinen Finanzverwaltung in Bayern. gr. 8. (37 S.) Ebend. 879. n. 1. —

— das Zahlungswesen der allgemeinen Finanzverwaltung in Bayern. 2., verm. Aufl. 8. (IV, 83 S., Ebd. 889. cart. n. 1. 20

— d. Zahlungswesen d. allgem. Finanzverwaltung in Bayern. 3., ergänzte Aufl. 8. (IV, 77 S.) Ebd. 896. Kart. n. 1. 20

— die deutschen Zölle. I. Der deutsche Zolltarif nach dem Reichsgesetze vom 15. Juli 1879 in Vergleichung mit den früheren Zollsätzen. II. Die noch gelt. Bestimmungen d. Zollvereinigungs-Vertrags vom 8. Juli 1867, das Vereinszollgesetz vom J. 1869, die einschläg. Bestimmungen der deutschen Reichsverfassung, das Reichsgesetz vom 20. Juli 1879 über die statist. Gebühr vom Waarenverkehr mit dem Auslande. Mit erläut. Anmerkungen. gr. 8. (166 S.) Ebend. 879. 1. 50

Fahrmbacher, L. Die deutschen Zölle. 8°. Ansbach 1890.

Fahrmbacher, Ludwig von [Bearb.], s. T o u r n o n , B. Camille de: Die Provinz Bayreuth unter französischer Herrschaft (1806 – 1810)

Fahrmbacher, M. A., Entwurf einer National-Leih-Anstalt mit successiver Schuldentilgung für die (kleinern Gutsbesitzer) Realitäten besitzenden Bürger u. Bauern im Königr. Baiern. 8°. Landshut, Thomann, 1825.

Fahrmüller, Kasp., „mei Plag." Gedichte in altbayer. Mundart. 8. (IV, 107 S.) Landshut 885. Krüll. cart. n. 1. 20

Fahrner, das Kind u. der Schultisch. Die schlechte Haltung der Kinder beim Schreiben u. ihre Folgen, sowie die Mittel, derselben in Schule u. Haus abzuhelfen. 2. unveränderte Aufl. Zürich 865. Schultheß. gr. 8. (V, 64 S. u. 2 lith. Taff.) 12 ngr.

Fahrner, Felix, aus Gmunden: Untersuchung der landwirthschaftlichen Verhältnisse des Herzogtum Salzburg. Bamberg 1905: M. R. Schulz. (VIII, 125 S., 20 Beill.) 8°
Erlangen, Phil. Fak., Ref. v. Eheberg, Diss. v. 3. Febr. 1905
[Geb. 25. Aug. 72 Gmunden; Staatsangeh.: Österreich; Vorbildung: Staatsgymn. Salzburg u. Ried Reife 91; Studium: Landw. Hochschule Hohenheim b. Stuttgart 5, Tübingen 5, Erlangen 2 S., Rig. 3. Febr. 05.]

Fahrner, Fel., Untersuchung der landwirtschaftlichen Verhältnisse des Herzogt. Salzburg. (VIII, 125 S. m. 20 Beilagen) gr. 8. Bamberg 905. Handels-Druckerei u. Verlagsh. n. 2. 50

Fahrner, Ign., Geschichte der Ehescheidung im kanonischen Recht. 1. Tl.: Geschichte des Unauflöslichkeitsprinzips u. der vollkommenen Scheidung. (XII, 340 S.) gr. 8. Freiburg i/B. 903. Herder. n. 5. —

Fahrner, Ignaz, Dr., a. o. Prof. d. Kirchenrechts an d. Univ. Straßburg: Geschichte des Unauflöslichkeitsprinzips und der vollkommenen Scheidung der Ehe im kanonischen Recht. *Freiburg i. B.: Herder 1903.* (XII, 340 S.) 8° (= Geschichte d. Ehescheidung im Kanon. Recht, T. 1. — T. 2: 'Geschichte d. unvollkommenen Scheidung d. Ehe' ist in Vorbereitung.)
München, Theol. Diss. v. 1903
(Nur in beschränkter Zahl für den Austausch)

Fahrner, Jo[hann] Conr[ad]. Turicensis: De globulorum sanguinis in mammalium embryonibus atque adultis origine. Cum tabula lapide incisa. Tur. sumptib. Meyeri et Zell. 1845. 2 Bl., 35 S., 1 Taf. 8°.
Zürich, Med. Diss. v. [13.] Sept. 1845.

FAHRNER, Peter (Neuhausen b.München): Dissertatio inauguralis sistens adumbrationes peripneumoniae pecorum malignae exsudativae.- Monachii: Wolf 1830. 31 S.
20.5.1829 - Urk (Titel: De organismo infantili.); F 59
Diss. Ingolst.-Landsh.-Mchn.

Fahrngruber, Joh., nach Jerusalem, s.a. W o e r l ' s Reisehandbücher.

Fahrngruber, Joh., nach J e r u s a l e m. Ein Führer für Pilgerfahrten u. Reisen nach u. in dem Heiligen Lande. Mit vielen Illustr., Karten, Plänen u. Grundrissen. gr. 16. (XXXI, 474 S.) Würzburg 880. Woerl's Sep.-Cto. geb. n. 12. —

— aus dem Pharaonenlande. Eine Fahrt nach dem „hunderttorigen" Theben. Mit (Holzschn.-)Illustr. 12. (X, 339 S.) Ebend. 882. n. 4. —; geb. n. 4. 50

Fahrngruber, Joh., aus St. Pölten 1885. Bilder und Erinnerungen. 8. (VI, 479 S.) St. Pölten 886, (Gregora.) *

— Wanderungen durch Palästina, s.a. Woerl's Reisebibliothek.

Fahrngruber, J., Wanderungen durch Palästina. Ernstes und Heiteres zwanglos erzählt. Mit vielen Bildern. Würzburg und Wien, Woerl, 1883, 12°, 420 S., 5 Mk.

Fahrngruber, Johs. Ev., Hosanna in excelsis. Beiträge z. Glockenkunde a. d. Diöcese St. Pölten. gr. 8. (320 S.) St. Pölten 894. (J. Gregora.) n. 3. —

FAHRNHOLZ, Johann Baptist (Stadl): De descriptione novi apparatus chirurgici pro extremitate inferiori. (Titel nach der Urkunde)
21.6.1847 - Urk; F 66
Diss. Ingolst.-Landsh.-Mchn.

Eisenbahndirektionsbezirk Breslau. Allgemeine **Fahrordnung**. Gültig v. 1. Okt. 1907. (Breslau 1907: W. G. Korn.) (247 S.) 8° [J.]

Fahr-Ordnung u. Billetpreise im Local-Verkehre u. im directen Verkehre m. dem In- u. Auslande. 8. (21 S.) Prag 872. Reinitzer & Co. in Comm. n. — 20

Fahrordnung für Fiaker und Einspänner, für die Wiener Pferdebahn, dann Standplätze der Gesellschafts- und Stellwägen und Tarife der Wiener Dienstmanns-Institute. 32. 1868. (IV u. 56 S.) Wien, k. k. Hof- und Staatsdruckerei. 15 kr.

Fahrordnung auf d. Linien d. k. k. priv. S ü d b a h n . . . , s. a. F a h r o r d n u n g für den Personenverkehr auf den Linien d. k. k. priv. Südbahn . . .

— auf d. Linien d. k. k. pr. Südbahn, incl. d. k. k. pr. Graz-Köflach-Wieserbahn, d. ung. Westbahn u. d. österr. Alpenbahnen. incl. Arlbergb. 1885. Juni. 12. (126 S.) Graz, Paul Cieslar 30 kr. 1885.

Fahrordnung für den Personen-Verkehr auf den Eisenbahnen der österr. Alpenländer mit den Anschlüssen nach Italien. Mit einer Eisenbahnkarte. 33. Jahrg. Mai 1902. 8°. (52 S) . K —.30 .
Klagenfurt: Kleinmayr.

Fahrordnung f. den Personen-Verkehr auf den Eisenbahnen der österr. Alpenländer m. den Anschlüssen nach Italien. Fahrpreise ab Klagenfurt, Postbotenfahrten m. Personenaufnahme in Kärnten, Fiakertarif u. Fahrplan, nebst Fahrpreisen der Klagenfurter Tramway. Octbr. 1902. 12. (58 S. m. 1 Karte.) Klagenfurt, F. v. Kleinmayr. — 30

Fahrordnung für den Personenverkehr auf den Eisenbahnen der österr. Alpenländer mit den Anschlüssen nach Italien. 34. Jahrg. Oktober 1903. 8°. (65 S.) K —.30
Klagenfurt: Kleinmayr.

Fahrordnung für den Personenverkehr auf den Eisenbahnen der österr. Alpenländer mit den Anschlüssen nach Italien. 35. Jahrg. 1904. 8°. (100 S. mit 1 Karte) K .30
Klagenfurt: Kleinmayr.

Fahrordnung für den Personenverkehr auf den Eisenbahnen der österreichischen Alpenländer mit den Anschlüssen nach Italien. 36. Jahrg. Mai 1905. 16°. (97 S.) K —.30
Klagenfurt: Kleinmayr.

Fahrordnung für den Personenverkehr auf den Eisenbahnen der österreichischen Alpenländer mit den Anschlüssen nach Italien. Oktober 1905. 36. Jahrg. 8°. (99 S.) K —.30
Klagenfurt: Kleinmayr.

Fahrordnung für den Personenverkehr auf den Eisenbahnen der österreichischen Alpenländer mit den Anschlüssen nach Italien. 37. Jahrg. Mai 1906. 8°. (116 S. mit 1 Karte) K —.36
Klagenfurt: Kleinmayr.

Fahrordnung für den Personenverkehr auf den Eisenbahnen der österr. Alpenländer mit den Anschlüssen nach Italien. 37. Jahrg. Juni 1906. 8°. (129 S. mit 1 Karte) K —.36
Klagenfurt: Kleinmayr.

Fahrordnung f. den Personen-Verkehr auf den Eisenbahnen der österr. Alpenländer m. den Anschlüssen nach Italien. Postbotenfahrten m. Personenaufnahme in Kärnten, Fahrplan der Klagenfurter Tramway, Fahrpreise ab Klagenfurt. 37. Jahrg. Oktbr. 1906. (119 S. m. 1 Karte.) kl. 8. Klagenfurt, F. v. Kleinmayr. n.n. – 36

Fahrordnung für den Personenverkehr auf den Eisenbahnen der österr. Alpenländer mit Anschlüssen nach Italien. 38. Jahrg. Mai 1907 Klagenfurt: Kleinmayr. K —.36

Fahrordnung für den Personenverkehr auf den Eisenbahnen der österr. Alpenländer mit den Anschlüssen nach Italien. Mai 1910. 4. Jahrg. 8°. Klagenfurt: Kleinmayr. * K —.36

Fahrordnung f. den Personenverkehr auf den Eisenbahnen der österr. Alpenländer m. den Anschlüssen nach Italien. Postbotenfahrten m. Personenaufnahme in Kärnten, Fahrplan der Klagenfurter Trambahn, Fahrpreise ab Klagenfurt. 41. Jahrg. Oktbr. 1910. (Winter-Ausg.) (II, 157 S. m. 1 Karte.) kl. 8. Klagenfurt, F. v. Kleinmayr. nn — 36

Fahrordnung für d. Personen-Verkehr auf d. k. k. Kronprinz Rudolf-, Süd-, Kaiserin Elisabeth- u. der Staats-Bahn und der Alta-Italia nebst Wörthersee-Dampfschifffahrt. 8. Ausg. v. 1. Juni 1881. 15 kr. Klagenfurt: Kleinmayr.

Fahrordnung für den Personen-Verkehr auf der Kronprinz Rudolphbahn, Kaiserin Elisabethbahn, Staatsbahn, der k. k. priv. Südbahn-Gesellschaft und der Alta Italia. Mit einer Karte. 8. Ausgabe vom 10. Juni 1882. 15 kr. Klagenfurt: Kleinmayr.

Fahrordnung für den Personen-Verkehr auf der Kronprinz Rudolphbahn, Kaiserin Elisabethbahn, Staatsbahn (k. k. Direction für Staatseisenbahnbetrieb), der k. k. priv. Südbahn-Gesellschaft und der Alta Italia. Mit einer Karte. Ausgabe: Mitte October 1882. 15 kr. Klagenfurt: Kleinmayr.

Fahrordnung für d. Personen-Verkehr auf d, Kronprinz Rudolphbahn, Kaiserin Elisabethbahn, Staatsbahn, d. k. k. priv. Südbahn-Gesellschaft u. d. Alta Italia Mit e. Karte. Ausgabe v. 1. Juni 1883. Klagenfurt. Ferd. v. Kleinmaver. 15 kr. N. b.

Fahrordnung für den Personen-Verkehr auf der Kronpr. Rudolfbahn. Mit 1 Karte. Ausg. v. 1. Juli u. 15 October 1883. Klagenfurt Ferd. v. Kleinmayr. à 15 kr. N. b.

— für den Personen-Verkehr auf der Kronprinz Rudolfbahn, Kaiserin Elisabethbahn, Staatsbahn (k. k. Direction für Staats-Eisenbahn-Betrieb), der k. k. priv. Südbahngesellschaft und der Alta Italia. Mit einer Karte. Juni 1884. Klagenfurt, Ferd. v. Kleinmayr. 15 kr. N. b.

Fahrordnung f. d. Personenverk. auf d. Kronpr. Rudolfbahn, Kais. Elisabethbahn, Staatsbahn (k. k. Direct. f. Staatseisenbahnbetrieb), d. k. k. pr. Südbahn-Ges. u. d. Alta Italia. Mit e. Karte. Ausg. v. 15. Oct. 1884. Klagenfurt, Ferd. v. Kleinmayr. 15 kr.

Fahrordnung f. d. Personen-Verkehr a. d. Kronprinz Rudolphbahn, Kaiserin Elisabethbahn, Staatsbahn, d. k. k. pr. Südbahn-Gesellsch. u. d. Alta Italia. M. e. Karte. Ausg. v. 1. Juni 1885. Klagenfurt, Ferd. v. Kleinmayr. 15 kr. N. b.

Fahrordnung f. d. Personenverkehr auf d. Kronprinz Rudolfbahn, Kaiserin Elisabethbahn, Staatsbahn etc. Mit ein. Karten-Ausgabe v. 1. October 1885. Klagenfurt, Ferdinand v. Kleinmayr. 15 kr. N. b.

— — für den Personen-Verkehr auf der Kronpinz Rudolf-Bahn, Kaiserin Elisabeth-Bahn, Staatsbahn, der k. k. priv. Südbahn-Gesellschaft, und der Alta Italia. Mit einer Karte. Ausgabe vom 1. Juni 1886. Klagenfurt, Kleinmayr. fl. —.15.

Fahrordnung für den Personen-Verkehr auf der Kronprinz Rudolf-Bahn, Kaiserin Elisabeth-Bahn, Staatsbahn, der k. k. priv. Südbahn-Gesellschaft und der Alta Italia. Ausgabe vom 1. October 1886. Klagenfurt, Kleinmayr. Baar fl. —.15.

Fahrordnung für den Personenverkehr auf der Kronprinz Rudolfbahn, Kaiserin Elisabethbahn, Staatsbahn, d. k. k. priv. Südbahngesellschaft und der Alta Italia. Mit 1 Karte. Ausgabe vom 1 October bis November 1887. Klagenfurt, Ferd. v. Kleinmayr. à fl —.15.

Fahrordnung für den Personenverkehr auf der Kronprinz Rudolf-Bahn, Kaiserin Elisabeth-Bahn, Staatsbahn, der k. k. priv. Südbahn-Gesellschaft und der Alta Italia. Ausgabe vom 1. September 1890. 16. (30 S.)
Klagenfurt: Kleinmayr. —.15

Fahrordnung für den Personenverkehr auf der Kronprinz Rudolf-Bahn, Kaiserin Elisabeth-Bahn, Staatsbahn, der k. k. priv Südbahn-Gesellschaft und der Alta Italia. Mit einer Karte. Ausgabe vom 1. Juni 1892. 16. (28 S.) Klagenfurt: Kleinmayr. —.15

Fahrordnung für den Personenverkehr auf der Kronprinz Rudolf-Bahn, Kaiserin Elisabeth-Bahn, Staatsbahn, der k. k. priv. Südbahn-Gesellschaft und der Alta Italia. Mit einer Karte. Ausgabe vom 1. Mai 1893. 16 (37 S.)
Klagenfurt: Kleinmayr. .15

Fahrordnung für den Personenverkehr auf der Kronprinz Rudolf-Bahn, Kaiserin Elisabeth-Bahn, Staatsbahn, der k. k. priv. Südbahn-Gesellschaft und der Alta Italia. Mit einer Karte. Ausgabe vom 1. Juni 1893. 16. (38 S.) Klagenfurt: Kleinmayr. —.15

Fahrordnung für den Personenverkehr auf der Kronprinz Rudolf-Bahn, Kaiserin Elisabeth-Bahn, Staatsbahn, der k. k. priv. Südbahn-Gesellschaft und der Alta Italia. Mit einer Karte. Ausgabe vom 1. October 1893. 16. (35 S.) Klagenfurt: Kleinmayr. —.15

Fahrordnung f. den Personen-Verkehr auf sämmtlichen Linien der k. k. priv. Kaiserin Elisabeth-Bahn vom 15. Mai 1877. Fahrpreise u. Fahrpreisermässigungen, Bestimmungen über Rundreise- u. Coupon-Billets. Mit 5 (chromolith.) Karten. 8. (63 S.) Wien 877. (Zamarski.) n. — 60

Fahrordnung für den Personenverkehr auf den Linien der k. k. österr. Staatsbahnen, der k. k. priv. Südbahn-Gesellschaft und der Alta Italia. Mit Fahrpreisen (incl. Agiozuschlag) ab Klagenfurt, Fahrordnung der Dampfschiffe auf dem Wörthersee, Verzeichniß der Postfahrten mit Personen-Aufnahme in Kärnten und Fiaker-Tarif. Mit einer Karte. Ausgabe vom 1. Juni 1889.
Klagenfurt: Kleinmayr. —.15

Fahrordnung für den Personenverkehr auf den Linien der k. k. österreichischen Staatsbahnen, der k. k. priv. Südbahn-Gesellschaft und der Alta Italia. Mit einer Karte. Ausgabe vom 1. October 1889 Klagenfurt: Kleinmayr. —.15

Fahrordnung für den Personen-Verkehr auf den Linien der k. k. österr. Staats-Bahnen, der k. k. priv. Südbahn-Gesellschaft und der Alta Italia. Mit einer Karte. Ausgabe vom 1. Juni 1890. 16. (30 S.) Klagenfurt: Kleinmayr. —.15

Fahrordnung f. den Personen-Verkehr auf den Linien der k. k. österr. Staats-Bahnen, der k. k. priv. Südbahn-Gesellschaft u. der Alta Italia. Mit Fahrpreisen [incl. Agiozuschlag] ab Klagenfurt, Verzeichniss der Postfahrten m. Personen-Aufnahme in Kärnten. Fiakertarif u. Fahrplan nebst Fahrpreisen der Dampfer „Neptun" u. „Carinthia". Ausg. vom 15. Juni u. 1. Septbr. 1890. gr. 16. (à 30 S. m. 1 Karte.) Klagenfurt 890. v. Kleinmayr. à — 30

Fahrordnung für den Personen-Verkehr auf den Linien der k. k. österr. Staats-Bahnen, der k. k. priv. Südbahn-Gesellschaft u. der Alta Italia. Mit Fahrpreisen (incl. Agiozuschlag) ab Klagenfurt. Verzeichniss der Postfahrten mit Personen-Aufnahme in Kärnten und Fiakertarif. Ausgabe 1. October 1890. 16. (27 S.) Klagenfurt: Kleinmayr. * —.15

Fahrordnung für den Personenverkehr auf den Linien der k. k. österr. Staatsbahnen, der k. k. priv. Südbahn-Gesellschaft und der Alta Italia. Mit Fahrpreisen (incl. Agiozuschlag) ab Klagenfurt, Verzeichniß der Postfahrten mit Personen-Aufnahme in Kärnten, Fiaker-Tarif und Fahrplan nebst Fahrpreisen der Dampfer auf dem Wörthersee. Mit einer Karte. Ausgabe vom 1. Juni 1891 Klagenfurt: Kleinmayr. —.15

Fahrordnung für den Personenverkehr auf den Linien der k. k. österreichischen Staatsbahnen, der k. k. priv. Südbahn-Gesellschaft und der Alta Italia. Ausgabe vom 1. October 1891. 16. (27 S.) Klagenfurt: Kleinmayr. —.15

Fahrordnung für den Personenverkehr auf den Linien der k. k. österr. Staatsbahnen der k. k. priv. Südbahn-Gesellschaft und der Alta Italia. Ausgabe v. 1. October 1892 —.15 Klagenfurt: Kleinmayr.

Fahrordnung für den Personenverkehr auf den Linien der k. k. österr. Staatsbahnen, der k. k. priv. Südbahn-Gesellschaft und der Alta Italia. Mit einer Karte. Ausgabe vom 1. Mai 1894. 16. (37 S.) Klagenfurt: Kleinmayr. * —.15

Fahrordnung für den Personenverkehr auf den Linien der k. k. österr. Staatsbahnen, der k. k. priv. Südbahn-Gesellschaft und der Alta Italia. Mit einer Karte. Ausgabe vom 1. Juni 1894 16. (38 S.) Klagenfurt: Kleinmayr. * —.15

Fahrordnung f. den Personen-Verkehr auf den Linien der k. k. österr. Staats-Bahnen, der k. k. priv. Südbahn-Gesellschaft u. der Alta Italia. Mit Fahrpreisen ab Klagenfurt, Verzeichniss der Postfahrten m. Personen-Aufnahme in Kärnten u. Fiakertarif. Ausg. vom 1 Octbr. 1894. gr. 16. (34 S. m. 1 Karte.) Klagenfurt 894. F. v. Kleinmayr. — 30

Fahrordnung für den Personenverkehr auf den Linien der k. k. österr. Staatsbahnen, der k. k. priv. Südbahn-Gesellschaft und der Alta Italia. Mit einer Karte. Ausgabe vom 1. Mai 1895. 16. (36 S.) Klagenfurt: Kleinmayr. * —.15

Fahrordnung für den Personen-Verkehr auf den Linien der k. k. österr. Staatsbahnen, der k. k. priv. Südbahn-Gesellschaft und der Alta Italia. Mit Fahrpreisen ab Klagenfurt, Verzeichniss der Postfahrten mit Personen-Aufnahme in Kärnten, und Fiaker-Tarif, sowie Fahrplan nebst Fahrpreisen der Klagenfurter Tramway und der Dampfschifffahrt auf dem Wörthersee. Mit einer Karte. Ausgabe vom 1. Juni 1895. 16. (40 S.) —.15 Klagenfurt: Kleinmayr.

Fahrordnung für den Personen-Verkehr auf den Linien der k. k. österr. Staatsbahnen der k. k. priv. Südbahn-Gesellschaft und der Alta Italia. Ausgabe v. 1. October 1895 —.15 Klagenfurt: Kleinmayr.

Fahrordnung für den Personenverkehr auf den Linien der k. k. österr. Staatsbahnen, der k. k. priv. Südbahn-Gesellschaft und der Alta Italia. Mit einer Karte. Ausgabe vom 1. Juni 1896. 16. (41 S.) Klagenfurt: Kleinmayr. * —.15

Fahrordnung für den Personen-Verkehr auf den Linien der k. k. österr. Staatsbahnen, der k. k. priv. Südbahn-Gesellschaft und der Alta Italia. Mit Fahrpreisen ab Klagenfurt, Verzeichniss der Postfahrten mit Personen-Aufnahme in Kärnten, und Fiaker-Tarif, sowie Fahrplan nebst Fahrpreisen der Klagenfurter Tramway. Mit einer Karte. Ausgabe vom 1. October 1896. 16. (35 S.) —.15 Klagenfurt: Kleinmayr.

Fahrordnung für den Personenverkehr auf den Linien der k. k. österreichischen Staatsbahnen, der k. k. priv. Südbahn-Gesellschaft und der Alta Italia. Mit einer Karte. Ausgabe vom 1. Mai 1897. 16. (37 S.) —.15 Klagenfurt: Kleinmayr.

Fahrordnung für den Personenverkehr auf den Linien der k. k. österreichischen Staatsbahnen, der k. k. priv. Südbahn-Gesellschaft und der Alta Italia. Mit einer Karte. Ausgabe vom 1. Juni 1897. 16. (40 S.) —.15 Klagenfurt: Kleinmayr.

Fahrordnung f. d. Personen-Verkehr auf d. Linien d. k. k. österr. Staats-Bahnen, d. k. k. priv. Südbahn-Gesellschaft u. d. Alta italia. M. Fahrpreisen ab Klagenfurt, Verzeichn. d. Postfahrten m. Personen-Aufn. in Kärnten, Fiakertarif u. Fahrplan, nebst Fahrpreisen d. Klagenfurter Tramway u. d. Dampfschiffahrt auf d. Wörthersee. Ausg. v. 1. V. u. 1. VI. 1898. 12. (38 u. 41 S. m. je 1 Karte.) Klagenfurt 898. F. v. Kleinmayr. à — 30

Fahrordnung für den Personen-Verkehr auf den Linien der k. k. österr. Staats-Bahnen, der k. k. priv. Südbahn-Gesellschaft und der Alta Italia. Mit Fahrpreisen ab Klagenfurt, Verzeichnis der Postfahrten mit Personen-Aufnahme in Kärnten, Fiakertarif und Fahrplan nebst Fahrpreisen der Klagenfurter Tramway und der Dampfschiffahrt auf dem Wörthersee. Mit 1 Karte. Ausgabe vom 1. Mai 1899. Klagenfurt. 1899. Kleinmayr. 16°. 46 S. fl. —.15

Fahrordnung für den Personen-Verkehr auf den Linien der k. k. österr. Staats-Bahnen, der k. k. priv. Südbahn-Gesellschaft und der Alta Italia. Mit Fahrpreisen ab Klagenfurt, Verzeichnis der Postfahrten mit Personen-Aufnahme in Kärnten, Fiakertarif und Fahrplan nebst Fahrpreisen der Klagenfurter Tramway. Mit 1 Karte. Ausgabe vom 1. October 1899. Klagenfurt. [1899.] Kleinmayr. 16°. 43 S. fl. —.15

Fahrordnung für den Personen-Verkehr auf den Linien der k. k. österr. Staats-Bahnen, der k. k. priv. Südbahn-Gesellschaft und der Alta Italia. Mit Fahrpreisen ab Klagenfurt, Verzeichnis der Postfahrten mit Personen-Aufnahme in Kärnten, Fiakertarif und Fahrplan nebst Fahrpreisen der Klagenfurter Tramway und der Dampfschiffahrt auf dem Wörthersee. Mit 1 Karte. Ausgabe vom 1. Mai 1900. Klagenfurt. 1900. Kleinmayr. 16°. 47 S. K —.30

Fahrordnung für den Personen-Verkehr auf den Linien der k. k. österr. Staats-Bahnen, der k. k. priv. Südbahn-Gesellschaft und der Alta Italia. Mit Fahrpreisen ab Klagenfurt, Verzeichnis der Postfahrten mit Personen-Aufnahme in Kärnten, Fiakertarif und Fahrplan nebst Fahrpreisen der Klagenfurter Tramway und der Dampfschiffahrt auf dem Wörthersee. Mit 1 Karte. Ausgabe vom 1. Juni 1900. Klagenfurt. 1900. Kleinmayr. 16°. 48 S. K —.30

Fahrordnung für den Personen-Verkehr auf den Linien der k. k. österr. Staatsbahnen, der k. k. priv. Südbahn-Gesellschaft und der Alta Italia. Mit Fahrpreisen ab Klagenfurt, Verzeichnis der Postfahrten mit Personen-Aufnahme in Kärnten, Fiakertarif und Fahrplan nebst Fahrpreisen der Klagenfurter Tramway. Mit 1 Karte. Ausgabe vom 1. Mai 1901. Klagenfurt. 1901. Kleinmayr. 16°. 45 S. K —.30

Fahrordnung für den Personen-Verkehr auf den Linien der k. k. österr. Staatsbahnen, der k. k. priv. Südbahn-Gesellschaft und der Alta Italia. Mit Fahrpreisen ab Klagenfurt, Verzeichnis der Postfahrten mit Personen-Aufnahme in Kärnten, Fiakertarif und Fahrplan nebst Fahrpreisen der Klagenfurter Tramway und der Dampfschiffahrt auf dem Wörthersee und auf dem Millstättersee. Mit 1 Karte. Ausgabe vom 1. Juni 1901. Klagenfurt. 1901. Kleinmayr. 16°. 46 S. K —.30

Fahrordnung für den Personenverkehr auf den Linien d. k. k. priv. Südbahn, . . . , s. a. Fahrordnung auf d. Linien d. k. k. priv. Südbahn . . .

Fahr-Ordnung für den Personen-Verkehr auf den Linien der k. k. priv. Südbahn, der ungar. Westbahn und der Linien der österr. Alpenbahnen, der k. k. Direction für Staats-Eisenbahn-Betrieb. Zusammengestellt von Ed. Freiheim. 16. (103 S.) Graz, Paul Cieslar. 80 kr. N. b. 1884.

Fahr-Ordnung für den Personen-Verkehr auf den Linien der k. k. priv. Südbahn, inclusive der k. k. priv. Graz-Köflach-Wieserbahn, der ungar. Westbahn und der Linien der österr. Alpenbahnen, der k. k. Direction für Staats Eisenbahnbetrieb, incl. Arlbergbahn etc. 1886, Juni. Zusammengestellt von Eduard Freiheim. 16°. (164 S.) Graz, Cieslar. fl. —.30. 1886.

Fahrordnung für den Personen-Verkehr auf den Linien der k. k. priv. Südbahn rc. Giltig vom 1. Juni 1891 an. Herausgeber: Eduard Freiheim. 16. (160 S. mit 1 Karte) —.30
Klagenfurt: Kleinmayr.

Fahrordnung der mährisch-schlesischen Centralbahn. Giltig vom 1. Juni 1890. Gef. —.03
Freiwaldau: Blazek 1890.

Fahrordnungen der kgl. bayer. Staats-Eisenbahnen, nebst den Postanschlüssen sowie den direkten Anschlüssen vom 15. Mai 1876, ferner den Rundreisetouren b. süddeutschen Eisenbahnverbandes, schweizer Rundreise-Billete, Rundtouren im süd-norddeutschen Rundreiseverkehr, Rundtouren im österreichisch-ungarisch-deutschen Rundreiseverkehr, Rundreisebillete auf den oberitalien. u. röm. Bahnen u. den Dampfschiff-Fahrten. 8. (46 S.) München 876. (Franz.) n. — 20

Haidekraut. Gedichte u. Gedanken von E. Fahrow. Dresden: Dresdner Wochenblätter 1893. (68 S.) 8° [F.]

Fahrow, E. (Frau Elsb. Eintenis), ein goldenes Herz, s.: Weber's moderne Bibliothek 50. Bd.

Fahrow, E., Leuchtkugeln. Humoresken u. Skizzen. 8. (V, 287 S.) Leipzig 895. A. Dieckmann. n. 2. —

— Schwarz-Rot-Gold, s.: Engelhorn's allgemeine Roman-Bibliothek. XXI. 15.

— im Sturm, s.: Weber's moderne Bibliothek. 52. Bd.

Fahrplan, s. a. Fahrtenplan

Fahrplan. Eisenbahn und Personenpost für Baden, speziell bad. Oberland u. die Schweiz. Dampfschiffkurse auf dem Bodensee. Winterdienst 1899-1900. (Giltig vom 1. Oktober bis 1. Mai.) Beilage zum „Alb-Bote.“ 12°. 54 S. m. 1 Karte. Waldshut. H. Zimmermann. — 15

Fahrplan. Eisenbahn- u. Personenpost f. Baden, speciell bad. Oberland u. die Schweiz, Dampfschiffkurse auf dem Bodensee. Beilagen zum „Alb-Bote“. Sommerdienst 1900. (Giltig vom 1. V. bis 1. X.) 12. (54 S. m. 1 Karte.) Waldshut, H. Zimmermann. — 10
Fortsetzung s.: Taschen-Fahrplan.

Fahrplan 1904. Nordsee, Linie Hamburg. (Altona. 1904.) 8°

Fahrplan für Bern und Umgebung — Tourenvorschläge. Sommer-Saison 1903. [Mit 1 Karte und illustriertem Umschlag.] IV + 40 S. 8. (Bern, Neukomm & Zimmermann.)

Fahrplan f. das nordwestliche Deutschland m. den Post- u. Dampfschiff-Verbindungen. Sommer 1890. 16. (36, 200 u. 30 S. m. 2 Karten.) Osnabrück, (Meinders). n. — 50

Fahrplan der Eisenbahnen, Dampfschiffe, Posten Deutschlands und der Nachbarstaaten. 1865. Nr. 1 und 2. 16. (32 S.) Berlin 865, Jahncke. à Nr.

Fahr-Plan d. K. Hannoverschen Eisenbahnen v. 1. Mai 1847. Fol. (1 Bl.) Hannover 847, Bockwitz. 1/24 ß

Fahrplan der oldenburgischen Eisenbahnen vom 15. Mai 1877. 8. (4 S.) Oldenburg 877. Schulze. n.n. — 10

— der k. württemb. Eisenbahnen m. Anschlüssen. Winterdienst 1889/90. Amtl. Ausg. 12. (27 S.) Stuttgart 889. Union. n. — 20

Fahrplan der k. württemb. Eisenbahnen m. Anschlüssen. Winterdienst 1892/93. Gültig vom 1. Oktbr. an. Amtliche Ausg. 12. (82 S. m. 1 Karte.) Stuttg. 892, Union. * — 20

Fahrplan der k. württemb. Eisenbahnen m. Anschlüssen. Winterdienst 1894/95. Giltig vom 1. Oktbr. an. Amtliche Ausg. 12. (36 S. m. 1. Karte.) Stuttgart 894. Union. n. — 20

— d. k. württembergischen Eisenbahnen m. Anschlüssen. Sommerdienst 1898. Gültig v. 1. V. an. Hrsg. im Fahrdienstbureau d. Generaldirektion d. k. württemb. Staatseisenbahnen. 12. (38 S. m. 1 Karte.) Stuttgart, Union. n. — 20

— dasselbe. Winterdienst 1898/99. Gültig v. 1. X. an. 12. (40 S. m. 1 Karte.) Ebd. n. — 20

— der k. württembergischen Eisenbahnen m. Anschlüssen. Winterdienst 1902/03. Gültig vom 1. X. an. Bearb. im Fahrdienstbureau der Generaldirektion der k. württemberg. Staatseisenbahnen. 12. (48 S. m. 1 Karte.) Stuttgart, Union. n. — 20

— der württembergischen Eisenbahnen mit Anschlüssen. Winterdienst 1906/07. Gültig vom 1. X. an. Bearb. im Fahrdienstbureau der Generaldirektion der k. württemb. Staatseisenbahnen. (76 S. m. 1 Karte.) kl. 8. Stuttgart, Union. n. — 20

— der württembergischen Eisenbahnen m. Anschlüssen. Gültig vom 1. X. 1910—30. IV. 1911. Bearb. im Fahrdienstbureau der Generaldirektion der k. württemb. Staatseisenbahnen. (100 S. m. 1 Karte.) kl. 8. Stuttgart, Union. — 20

Fahrplan f. Italien. Zusammengestellt m. besond. Rücksicht auf den Fremdenverkehr zur Erleichterg. der Reisedispositionen zu Land u. zu Wasser, nebst prakt. Fingerzeigen üb. Gasthöfe, Restaurants, Caffes, Verkehrsverhältnisse in den Städten, Ausflüge usw. IX. ed. Novbr. 1910—Juni 1911. (In deutscher, italien. u. engl. Sprache.) (V, 250 S. m. 1 Karte.) kl. 8. Roma. (Freiburg i/B., F. B. Lorenz.) 1. —

— f. Kärnten nebst Anschlüssen, Eisenbahn u. Dampfschiffe. Sommer 1909. (2 S.) 32,5×45 cm. Klagenfurt, J. Heyn. Gebrochen in 16. — 20
Erscheint nicht mehr.

Fahrplan für Klagenfurt u. Umgebung (Eisenbahnen, Dampfschiffe, Omnibus, Post), nebst Angabe sämmtlicher Fahrgelegenheiten ab Saison 1889. Gefalzt Klagenfurt: Heyn . .10

Fahrplan f. Klagenfurt u. Umgebung. Pferdebahn, Stellwagen, Post, Kärntner Eisenbahnen, nebst Anschlüssen u. Angabe sämmtl. Fahrgelegenheiten ab Klagenfurt. 2. Aufl. Ausg. vom 1. XII. 1906. (2 S.) qu. Lex.-8. Klagenfurt, J. Heyn. Gebrochen in 16. — 20

Fahrplan für Klagenfurt und Umgebung. Winter 1907/08 Klagenfurt: Heyn . K --.20

— f. Klagenfurt, Wörthersee u. Umgebung, Eisenbahnen, Dampfschiffe, Tramway, Omnibus, Post, nebst Anschlüssen u. Angabe sämmtl. Fahrgelegenheiten ab Klagenfurt (nach den Abfahrtszeiten geordnet). qu. 4. (2 S.) Klagenfurt 892. J. Heyn. n. — 20

Fahrplan für Klagenfurt, Wörthersee und Umgebung, Eisenbahnen, Dampfschiffe, Tramway, Omnibus, Post nebst Anschlüssen und Angaben sämmtlicher Fahrgelegenheiten ab Klagenfurt Gefalzt —.10
Klagenfurt: Heyn 1892.

Fahrplan für Klagenfurt, Wörthersee und Umgebung. Eisenbahnen, Dampfschiffe, Tramway, Omnibus, Post, nebst Anschlüssen und Angabe sämmtlicher Fahrgelegenheiten ab Klagenfurt. Giltig am 1. Juni 1897. Gef. —.10
Klagenfurt: Heyn 1897.

— f. Klagenfurt- Wörthersee u. Umgebung. Dampfschiffe, Tramway, Omnibus, Post, Kärntner Eisenbahnen, nebst Anschlüssen u. Angabe sämmtl. Fahrgelegenheiten ab Klagenfurt. Saison 1902. Giltig ab 1. VI. 1902. qu. gr. 4. (2 S.) Klagenfurt, J. Heyn. Gebrochen in 16. — 20

Fahrplan für Klagenfurt—Wörthersee und Umgebung. (Sommer 1903.) Klagenfurt: Heyn . K —.20

Fahrplan für Klagenfurt, Wörther See und Umgebung. Sommer 1907. 8°. Klagenfurt: Heyn . K —.20

— f. Klagenfurt, Wörthersee u. Umgebg. Kärntner Eisenbahnen, nebst Anschlüssen u. Angabe sämtl. Fahrgelegenheiten ab Klagenfurt. Oktbr. 1908 bis Ende April 1909. (2 S.) 25,5×38 cm. Ebd. Gebrochen in 16. — 20
Fortsetzg., s.: Fahrplan f. Kärnten.

Fahrplan, Kleiner, und Führer von und durch Basel und Umgebung. Mit 35 Illustr. Sommerdienst 1890. In-16°. 71 S. Basel, Emil Birkhäuser. — 25

Fahrplan, Kleiner, und Führer von und durch Basel und Umgebung. Mit 35 Illustr. Winterdienst 1890/91. In-16°. 76 S. Basel, Emil Birkhäuser. — 25

Fahrplan, Kleiner, und Führer von und durch Basel und Umgebung. Mit 35 Illustr. Sommerdienst 1891. In-16°. 90 S. Basel, Emil Birkhäuser. — 25

Fahrplan f. Mähr.-Schönberg u. Umgeb. Sommer 1895. 16. (13 S.) Mähr.-Schönberg. H. Bodo. — 10

Fahrplan für Mährisch-Schönberg und Umgebung. Sommer 1896. II. Jahrgang. 16. (28 S.) Mähr.-Schönberg: Bode . — 05

Meyer's Fahrplan für Basel und die anschliessenden Linien. Sommerdienst 1887, vom 1. Juni an. In-12°, 80 S. Basel, Druck von Emil Birkhäuser. — 20

Meyers Fahrplan für Basel und die anschliessenden Linien. Sommer-Dienst 1888 vom 1. Juni an. In-12°, 112 S. Basel, Druck von Emil Birkhäuser. — 20

— f. Mittel-Deutschland m. besond. Berücksicht. der Zuganschlüsse von u. nach Leipzig. Nach officiellen Quellen bearb. 1. Juni 1891. 12. (128 S.) Leipzig, Bosworth & Co. — 25

— nassauischer, Winter-Ausg. 1894/95. (Gültig v. 1. Oktbr. 1894 ab.) 8. (16 S.) Wiesbaden, R. Bechtold & Co. — 10

— 1898 f. alle Nordlandreisen m. d. „skandinav. Express". Von Berlin n. Stockholm (26 Std.), Christiania, Drontheim, Bergen, Götoborg, Kopenhagen etc. m. Beschreibg. einz. interessanter Rundtouren durch Dänemark, Schweden, Norwegen. Hrsg. v. d. Stettiner Dampfschiffs-Gesellschaft J. F. Braeunlich, Stettin u. Rederiaktiebolaget, Sverige-Continenten, Stockholm. gr. 8. (61 S.) Berlin, J. F. Braeunlich. n. — 20

Fahrplan für Nordwest-Deutschland. V. Winter 1872/73. 128. (64 S.) Bremen 873, Valett und Comp.

—— dass. — 1873. 3. und 4. Aufl. 64. Ebendas. 873. * Mit (lithogr.) Karte (in 4.) *

— österreichisch-ungarischer. Eisenbahn- u. Dampfschiff-Routen der österr.-ungar. Monarchie, ausländ. Anschlüsse, Ozean-Dampfer-Linien. Oktbr.—Novbr. 1904. (XLVI, 376 S.) kl. 8. Karlsbad, A. Rosenfeld & Co. n. — 70

— u. Personentarif der Gera-Eichichter Eisenbahn m. Anschluß an die Bahnen Gera-Weißenfels-Leipzig, Gera-Gößnitz-Leipzig u. Gera-Chemnitz-Dresden gültig vom 20. Decbr. 1871 an. gr. 8. (4 S.) Gera 872. Kanitz. — 10

—— der k. württemb. Staatseisenbahnen. Winterdienst, gültig vom 1. Octbr. 1892. Plakat. 100×112 cm. Stuttg. 892, Metzler Verlag. * — 40
Erscheint jährlich im Mai u. Octbr.

Südtiroler Fahrplan ab 1. Mai 1901. Bozen. [1901.] Verlag der Buchhandlung „Tyrolia". 16°. Unpaginirt. K —.20

— südtiroler, ab 1. X. 1902. 12. (11 S.) Bozen, Buchh. „Tyrolia". n. — 20

— südtiroler, ab 1. V. 1903. (11 S.) 12. Bozen, Buchh. „Tyrolia". n. — 20
Erscheint nicht mehr.

—— und Tarif für die Personen- und Güter-Beförderung auf der Bahnstrecke von Deutz bis Berlin für die Winter-Periode von 1847 auf 1848. 1 Bl. in Imp.-Fol. Essen 848, Bädeker.

—— vollständiger, der Eisenbahnen Sachsens. Ausg. vom 1. Juni. 32. (48 S. mit 1 Eisenbahn-Karte in qu. 8.) Dresden 874, (Naumann.) *

Wimmer's Fahrplan der Bahnen der österreichischen Alpenländer u. der angrenzenden Verkehrsgebiete der südlichen und westlichen böhmischen Bahnen, der südlichen bairischen Bahnen, ferner der Dampfschiffe auf der oberen Donau und den Alpenseen, und der Fahrzeit von Post-Coursen. Giltig vom 1. bis 31. Mai 1898. Mit einer Karte. 16. (224 S.) Linz: Wimmer. —.25

Wimmer's Fahrplan der Bahnen der österreichischen Alpenländer u. der angrenzenden Verkehrsgebiete der südlichen und westlichen böhmischen Bahnen, der südlichen bairischen Bahnen, ferner der Dampfschiffe auf der oberen Donau und den Alpenseen, und der Fahrzeit von Post-Coursen. Giltig vom 1. Juni 1898. Mit einer Karte. 16. (224 S.) Linz: Wimmer. —.25

Wimmer's Fahrplan. Giltig vom 1. October 1898 an. 16. Linz: Wimmer. —.25

Wimmer's Fahrplan der Bahnen d. österr. Alpenländer und der angrenzenden Verkehrsgebiete. 16°. (228 S.) K —.50
Linz: Wimmer 1902.

Wimmers Fahrplan der Bahnen der österr. Alpenländer und der angrenzenden Verkehrsgebiete. 8°. K .50
Wien: Schworella & Heick 1907.

Wimmer's Fahrplan der Bahnen der österr. Alpenländer und der angrenzenden Verkehrsgebiete der südlichen und westlichen böhmischen Bahnen. 8°. erscheint viermal jährlich
Wien: Schworella & Heick 1904. à K —.50

Wimmers Fahrplan der Bahnen der österr. Alpenländer und der angrenzenden Verkehrsgebiete der südlichen und westlichen böhmischen Bahnen. Oktober 1906. 8°. K —.50
Linz: Wimmer.

Fahrplanbuch, nebst (lithogr.) Eisenbahnkarte und Personengeldtarif, als Anhang: Stationsfahrpläne der grösseren Stationen des Bezirks Elberfeld. Ausg. vom 1. Juli 1883. 12. (128 S.) Elberfeld 883, Bädeker'sche Buchh.

Fahrplanbuch, hrsg. v. der königl. Eisenbahn-Direction zu Elberfeld 1883. 24 Nrn. 12. (Nr. 1. 128 S. m. e. zinkogr. Karte.) Elberfeld, Bädeker. à Nr. — 25

—— nebst lithogr. Eisenbahnkarte und Personengeldtarif, als Anhang: Stationsfahrpläne der grösseren Stationen des Bezirks Elberfeld. Ausg. vom 1. Juli 1885. 12. (128 S.) Elberfeld 885, Bädeker'sche Buchh.
Nicht weiter erschienen. — s. Taschenfahrplan.

Fahrplanbuch. 1898. 4 Nrn. (à ca. 220 S. m. 1 Karte.) 16. Hannover, Schmorl & v. Seefeld Nachf. à n. — 50

Fahrplanbuch. 1902. 4 Nrn. 16. (à ca. 238 S. m. 1 Karte.) Hannover, Schmorl & v. Seefeld Nachf. à n. — 50
Fortsetzung s.: Moeller's Kursbuch.

Allgemeines mitteldeutsches Fahrplanbuch, nach amtl. Quellen zsgest. ... [1.] Halle: Paalzow 1909. 8°

Fahrplanbuch, allgem. mitteldeutsches. Winterausg. 1910/11. (XXXII, 272 S.) kl. 8. Halle, (O. Hendel). — 20

Fahrplanbuch für das Nordwestliche Deutschland. Elberfeld, Osnabrück 1880—1889. 12. (Mit 1 zinkogr. Karte.)

Fahrplanbuch für das nordwestliche Deutschland mit den Post- und Dampfschiff-Verbindungen. 1888. 2 Hefte. 16. (224; 252 S. mit Karten.) Osnabrück, (Meinders.) à Heft *

— f. das nordwestliche Deutschland. Altona, Hannover, Bremen, Münster, Oldenburg u. s. w. Gültig vom 1. V. 1901 ab. 16. (154 S. m. 1 Karte.) Osnabrück, Meinders & Elstermann. — 25
Fortsetzung s.: Elstermann's Kursbuch.

— neues, f. Stettin u. Umgebung. [Seebäder etc.] 1891. 2 Hfte. 12. (à 31 S. m. 1 Karte.) Stettin, (H. Dannenberg). à n. — 20

Quentin's Fahrplanbuch für Süddeutschland und die Schweiz. 1881. N° 1. Januar-März. In-8°. Frankfurt a. M., Mahlau & Wahlschmidt. 1881.

Fahrplanbuch, rheinisch-westfälisches, enth. die ausführl. Fahrpläne v. Rheinland u. Westfalen, nebst den bedeutenderen Anschlussfahrplänen der angrenz. Länder. Nach amtl. Fahrplänen zusammengestellt. Winterdienst 1894/95. Octbr.-Ausg. 16. (36 u. 146 S.) Köln 894. Kölner Verlags-Anstalt u. Druckerei. — 20

— rheinisch-westfäl., enth. d. ausführl. Fahrpläne v. Rheinland u. Westfalen, nebst d. bedeut. Anschlussfahrplänen d. angrenz. Länder. Nach amtl. Fahrplänen zusammengest. Winterdienst 1897/98. Gültig v. 1. X. ab. 16. (XXIV, 168 S.) Köln, Kölner Verlags-Anstalt u. Druckerei. — 25

— rheinisch-westfälisches, enth. die ausführl. Fahrpläne v. Rheinland u. Westfalen nebst den bedeutenderen Anschlussfahrplänen der angrenz. Länder. Sommerdienst 1899. Gültig vom 1. V. ab. Nach amtl. Fahrplänen zusammengest. 8. (199 S.) Köln, Kölner Verlagsanstalt u. Druckerei. — 25

— rheinischer Sommerdienst 1878. Ausg. v. 15. Mai 1878. 16. (54 S.) Kreuznach, Voigtländer. — 30

Fahrplanbuch der hannoverschen Staatsbahn, westfälischen Staatsbahn, bergisch-märk., Cöln-Mindener, Hannover-Altenbekener, Löhne-Vienenburger und der anschliessenden Bahnen, nebst Führer durchs Weserthal. 1875 und 1876. ca. 8—9 Hefte jährlich. (à Heft ca. 137 S.) Hameln. (Hannover, Schulbuchh. à Heft **
Nicht weiter erschienen.

— süddeutsches, enth. die Eisenbahnen v. Bayern, Württemberg, Baden, der Pfalz u. der Schweiz, sowie die Dampfschiff-Fahrten auf dem Bodensee u. den Schweizer-Seen. [Aus: „Quentin's Fahrplanbuch für Deutschl. etc."] Mit einem (lith.) Eisenbahnkärtchen. (Sommerdienst 1882.) 8. (III, 123 S.) Frankfurt a/M., Mahlau & Waldschmidt. n. — 40

—— Süddeutsches, enthaltend die Eisenbahnen von Bayern, Württemberg, Baden, der Pfalz u. der Schweiz sowie die Dampfschiff-Fahrten auf dem Bodensee und den Schweizerseen. Frankfurt a. M. 1880—84. 8. (Mit 1 lithogr. Eisenbahnkärtchen.)

— süddeutsches, enth. die Eisenbahnen v. Bayern, Württemberg, Baden, der Pfalz u. der Schweiz, sowie die Dampfschiff-Fahrten auf dem Bodensee u. den Schweizer-Seen. [Aus: „Quentin's Fahrplanbuch f. Deutschl. etc."] Mit e. (lith.) Eisenbahnkärtchen. (Winterdienst 1882/83.) 8. (XIII, 123 S.) Frankfurt a/M. 883. Mahlau & Waldschmidt. n. — 40

— u. Tarif für die Personen- u. Güter-Beförderung auf der Bahnstrecke von Deutz bis Berlin für die Winter-Periode von 1847 auf 1848. 1 Bl. in Imp.-Fol. Essen 848, Bädeker. 4 ngr

Fahrplanbuch, Trierer. Eisenbahnfahrpläne f. Mosel-, Saar- u. Nahegebiet, Eifel, Hochwald, Luxemburg, nebst vielen Nachbarbahnen u. Anschlüssen sowie Postverbindgn. im Oberpostdirektionsbez. Trier. Winterfahrpläne 1906/07. (80 S.) 16. Trier, H. Stephanus. n. — 25

Fahrplanbuch, Trierer. Eisenbahn-Fahrpläne f. Mosel-, Saar- u. Nahegebiet, Eifel. Hochwald, Luxemburg, nebst viel. Nachbarbahnen u. Anschlüssen sowie Postverbindgn. im Oberpostdirektionsbez. Trier, Winter-Fahrpläne 1910/11. (104 u. VII S. m. 1 Karte.) kl. 8. Trier, H. Stephanus. — 20

Fahrpläne

— u. Auskunft f. Pilger, enth. Fahrpläne der gewöhnl. u. der Extrazüge; Bekanntmachgn. d. Generalvikariates u. d. Eisenbahnbetriebsamtes; Karte v. Trier. 32. (64 S.) Trier 891. Paulinus-Druckerei. — 20

Fahrpläne der kärntnerischen Bahnen. Nebst Preisverzeichniss der in Kärnten zur Ausgabe gelangenden Tour- und Retour-Karten. 1883. Juni. Klagenfurt, Joh. Hein. In Umschlag 10 kr.

Fahrpläne der Bergisch-Märkischen Eisenbahn, nebst (lithogr.) Eisenbahn-Karte und Personengeld-Tarif. 1875—1879. à Jahrg. 14 Nrn. gr. 16. (à Nr. 128 S.) Elberfeld, (Bädeker'sche Buchh.) Einzelne Nrn. à 25 Pf.; à Jahrg.

Fahrpläne d. Bezirks der königl. Eisenbahn-Direktion Erfurt u. der angrenzenden Bahnen. Eisenbahn-Kursbuch f. den Sommer 1889. Mit 1 Eisenbahn-Karte. Nach amtl. Material bearb. 12. (80 S.) Erfurt 889. G. A. Koenig. n. — 25

— sämmtlicher Eisenbahnen u. Posten Mecklenburg-Schwerins. 8. (12 S.) Ludwigslust 880. Hinstorff's Verl. n. — 20

Fahrpläne nebst (lith.) Eisenbahnkarte u. Personengeldtarif. Hrsg. von der Berg.-Märk. Eisenbahn. Ausgabe v. 1. Jan. 1882. 12. (128 S.) Elberfeld, Bädeker. — 25

Fahrpläne der Halle-Nordhausen-Cassel-Eisenbahn vom 20. Oktbr. 1867, sowie der wichtigsten Postverbindungen der angränzenden Gegend mit sämmtl. Fahrpreisen, nebst Notizen über Omnibus, Droschken, Speditionsgeschäft rc. 8. (10 S.) Nordhausen 867, Eick.

Fahrpläne der Halle-Nordhausen-Cassel-Eisenbahn vom 1. Mai 1868, sowie der wichtigsten Postverbindungen der angränz. Gegend mit sämmtl. Fahrpreisen, nebst einem Fremdenführer. 8. (12 S.) Nordhausen 868, Eick.

Fahrpläne f. den Leipziger Nahverkehr u. f. Ausflüge in die sächsische, böhmische u. vogtländische Schweiz, das Erzgebirge, den Harz, nach Thüringen u. s. w., nebst Anh.: Leipziger Stadtverkehr. Sommer 1894. 128. (167 S.) Leipzig 894. C. Jacobsen. n. — 25

—— neueste, der Magdeburg-Leipziger, Hannoverschen, Magdeburg-Halberstädter, Thüringer, Braunschweigischen, Nordhausen-Erfurter Eisenbahnen. August 1869. 8. (14 S.) Nordhausen 869, Eick. *
Ausg. mit (lithogr.) Eisenbahnkarte in qu. Fol. *

—— dass. — der Magdeburg-Leipziger, Hannoverschen, Berlin-Potsdam-Magdeburger, Magdeburg-Halberstädter, Thüringer, Braunschweiger, Nordhausen-Erfurter, Berlin-Anhaltischen Eisenbahnen und anschliessenden Posten. 8. (18 S.) Ebendas. 872. 25 Pf.; mit Karte *

—— dass. — der Magdeburg-Leipziger, Leipzig-Chemnitzer, Halle-Casseler etc. Eisenbahnen und anschliessenden Posten. 8. (20 S.) Ebendas. 873. 25 Pf.; mit Karte *

—— der Rhein-Nahe, Saarbrücker, Saarbrücken-Trier-Luxemburger und der angrenzenden Eisenbahnen bis Berlin, Leipzig, Wien, Paris, London etc. ab 1. Juni 1869. gr. 16. (45 S.) Trier 869, Lintz' Verlag. *

— der Provinz Sachsen. Winter 1877/78. Mit den neuen Winter-Fahrplänen vom 15. Oct. 1877, einem vollständigen Kalender für 1878, Wechsel-Stempel-Tarif, (lithogr.) Stadttheater-Plan zu Halle a. S. etc. 128. (188 S.) Halle, Puppendick. * 30 Pf.; geb. *
— dass. — Sommer 1878. Mit den neuen Sommer-Fahrplänen und amtl. Post-Coursen vom 15. Mai 1878, einem Kalender für die Monate April — Decbr. 1878, Wechsel-Stempel-Tarif etc. 128. (192 S.) Ebendas. * 30 Pf.; geb. *
Nicht weiter erschienen.

Fahrpläne, sämmtl., für den Winterdienst 1846—1847 auf den Preuss. Eisenbahnen u. d. damit in Anschluss stehenden anderer Staaten. Zusammengestellt v. L. Reinecke. qu. 16. (32 S.) Magdeburg 847, Falckenberg & Co. — für den Sommerdienst 1847. qu. 16. (30 S.) Ebd. 847. à 3 ngl

—— süddeutsches, enthaltend die Eisenbahnen von Bayern, Württemberg, Baden, der Pfalz und der Schweiz, sowie die Dampfschiff-Fahrten auf dem Bodensee und den Schweizer-Seen. 1880—1884. à Jahrg. 4—6 Hefte. 8. (à Heft ca. XIII, 120 S. mit 1 lithogr. Eisenbahnkärtchen.) Frankfurt a. M., Mahlau und Waldschmidt. à Heft *
Aus: Quentin's Fahrplanbuch, besonders abgedruckt.

Fahrpläne, westdeutsche, m. Anschlüssen n. allen Richtungen. Hrsg. a. Grund amtl. Mittheilgn. d. kgl. Eisenbahn-Direction zu Essen. Gült. ab 1. V., resp. 1. VI. 1898. 12. (XVI, 288 u. XX, 295 S.) Essen, G. D. Baedeker. à — 40

— dasselbe. Sommer 1898. 12. (XXVIII, 371 u. 4 S.) Ebd. — 40

Fahrpläne, westdeutsche, m. Anschlüssen nach allen Richtungen, Dampfschiff-, Kleinbahn- u. Strassenbahnverbindungen. Hrsg. f. d. Eisenbahn-Directionsbezirke Essen, Köln, Elberfeld, Münster u. e. Theil d. Eisenbahn-Directionsbezirke Hannover, St. Johann-Saarbrücken, Cassel, Mainz u. Frankfurt a/M. Mit e. ausführl. Karte des rheinisch-westfäl. Industriebezirks u. e. Nebenkärtchen v. Deutschland. Winter 1902/3. 12. (XLIV, 320 S.) Essen, G. D. Baedeker — 40

Fahrplanentwurf (für die mecklenburgischen Eisenbahnen) zum Winter 1885. Rostock [1885]. V: *Jordan, E.* (Bachmann, Mecklenburg. Rostock 1889 S. 309.)

Fahrpost-Frankirung, die neue, mittels Briefmarken [vom 1. Septbr. 1890 an] m. den postämtl. Vorschriften, Taxirungs-Beispielen, Gewichts- u. Werthtaxen, Nachnahme-Provision u. e. Zonen-Tarif. Zusammengestellt im k. k. Post- u. Telegrafenamte in Mähr.-Ostrau nach amtl. Behelfen. 12. (11 S.) Mähr.-Ostrau 890. Kittl. n. — 20

Fahrpost-Porto-Tarif. gr. 4. (VI und 188 S.) Berlin 861, Decker'sche geheime Ober-Hofbuchdruckerei. *

Fahrpost-Tarif für das Ausland (1861). 2. Ausg. Berlin, Decker, 1863 4. (28 B.)

Fahrpost-Tarif für das Ausland. Zum Gebrauch der Post-Anstalt. 3. Ausg. 866. (IV, 232 S.) — 4. Ausg. Berlin 868. v. Decker. gr. 4. (2 Bll., 270 S.) n. 20 ngl

Fahrpost-Tarif für das Ausland. 4. Ausg. gr. 4. (III, 270 S.) Berlin 868, v. Decker'sche Geh. Ober-Hofbuchdr. *
—— dass. — Zum Gebrauch für Postanstalten. 5. Ausg. gr. 4. (268 S.) Berlin 871, (E. Pfeiffer.) *

Fahrpost-Tarif f. das Ausland. 7. Ausg. gr. 8. (246 S.) Berlin 878. (v. Decker.) n. 2. —

—— für das Ausland zur Erhebung des Portos in der Währung des Thaler- und des $52\frac{1}{2}$-Gulden-Fusses. Zum Gebrauch der Postanstalten. gr. 4. (VI und 237 S.) Berlin 867, v. Decker'sche geheime Ober-Hofbuchdruckerei. *

Fahrpost-Taxe nach allen Ländern der Erde mit eingeschalteten Meilenzeigern. Neuwiet 857. (Heuser.) gr. 8. (2 Bl., 111, 64 S.) n. 1 ß

Fahrpreisbuch. Verzeichnis der Eisenbahn-Stationen u. Preise f. alle in Schweidnitz erhältl. Fahrkarten, Rückfahrkarten u. Militär-Fahrkarten, m. Angabe der Entferngn. in Kilometern. Mit e. Fahrplan der von Schweidnitz abgeh. Eisenbahnzüge u. Posten. Nach amtl. Quellen bearb. (58 S.) 12. Schweidnitz (903). L. Heege. n. — 20

Fahrrad, das. Fachblatt zur Förderg. der nützl. Verwertg. d. Fahrrades. Central-Organ f. den gesammten Radmarkt in Europa. Red.: J. M. Dumstrey. 7. Jahrg. 1890. 24 Nrn. (B. m. Abbildgn.) Berlin SW., Markgrafenstr. 27. Exped. n. 2. 40

Fahrrad, das, u. seine Behandlung, e. Ratgeber f. jeden Radfahrer. Hrsg. v. der Red. der Zeitschrift „Der Radmarkt" 12. (68 S. m. Abbildgn.) Bielefeld (900). (Berlin, Berolina-Versand-Buchh.) 1. —

Das Fahrrad im Heereswesen. Mars-Werke A.-G., Nürnberg-Doos. — (Berlin: Eckstein [1908].) 24 S. 2° [Kopft.] (Dt. Industrie, dt. Kultur. 6, 10.) 1. 38 A.

Fahrrad u. Motorfahrzeug. seit 1905. zwei-wochentl. 4°. Wien. 1912 jährl. M. 8.—

— u. die **Volksmoral**, zugleich e. Vorschlag zur Einführg. e. staatl. Fahrradsteuer. Eine Abendunterhaltg., deutschen Radlern u. Radlerinnen zugeeignet v. Seume secundus 12. (45 S.) Gr.-Lichterfelde-West (899). v. Piper. n. — 60

Fahrrad- u. Automobil-Export. Lex.-8°. seit 1905. zwei-wochentl. Berlin. 1912. kostenlos.

Fahrrad-Ordnung, die, f. d. Herzogth. Braunschweig. Gesetz betr. Ordng. d. Radfahrverkehrs v. 22. X. 1898. 16. (15 S.) Braunschweig 898. J. H. Meyer. n.n. — 10

Fahrrad-Sport, der, in Gefahr! Ein kräft. Wort v. e. ernsten Interessenten. gr. 8. (16 S.) Berlin 894. M. Hochsprung. n. — 50

Fahrrad-Techniker. Technisches, illustr. Fachbl. f. die Interessen der Fahrrad-Industrie. Red.: Th. Weber. 1. Jahrg. 1890. 12 Nrn. (1¼ B. m. Abbildgn.) gr. 4. Leipzig, L. Weber (Sport-Verl.). n. 4. —

Fahrrad-Techniker. Technisches, illustr. Fachblatt f. die Interessen der Fahrrad-Industrie. Red.: Theoph. Weber. 2. u. 3. Jahrg. 1891. 1892. à 12 Nrn. (½ Bog.) gr. 4. Leipzig, Th. Weber. à Jahrg. n. 4. —
Vergriffen. Erschien nicht weiter.

Fahrradvorschrift. Berlin 1895. 1899.

Fahrradvorschrift. 12. (72 S.) Berlin 899. E. S. Mittler & Sohn. n. — 35; kart. n. — 50:
Anhang (27 S. m. Abb.) 900. — 15

Fahrradvorschr. 1899 mit Verkaufs-Preisverz. über Ersatzteile. Berlin 1902.

Fahrradvorschrift (Fa. V.) vom 16. VII. 1906. Entwurf. (D. V. E. No. 293.) (IV, 104 S. m. 5 Taf.) kl. 8. Berlin 906. E. S. Mittler & Sohn. n. — 70; kart. n. — 90

Fahr-Reglement f. den Train u. Anleitung zur Uebung v. Herstellungsarbeiten an den Fahrzeugen d. Trains. Beilage 4 u. 5 der „Dienstvorschriften f. den Train im Frieden." 16. (68 S. m. 1 Musikbeil. in gr. Fol. u. 3 Steintaf. in qu. gr. 8.) Berlin 874. E. Pfeiffer. n. — 75

Fahrscheinhefte, zusammenstellbare. Fahrscheinverzeichnis. Gültig vom 1. VI. 1906. Hrsg. vom Verein deutscher Eisenbahnverwaltungen. (XIV, 424 S. m. 1 Karte.) 8. Berlin (J. Springer). n.n. — 90

Fahrscheinhefte, zusammenstellbare. Fahrscheinverzeichnis. Gültig vom 1. V. 1907. Hrsg. vom Verein deutscher Eisenbahnverwaltgn. (490 u. 2 S. m. 1 Karte.) 8. Berlin, (J. Springer). nn 1. —

Fahrscheinverzeichnis. (Zusammenstellbare Fahrscheinhefte.) Gültig vom 1. VI. 1905. Hrsg. vom Verein deutscher Eisenbahnverwaltgn. (XIII, 429 S. m. 2 Karten.) 8. Ebd. n.n. — 90

Fahrschule (Die). Organ für Perdeschutz u. Pferdepflege. gr. 8°. seit 1910. Caternberg (Rhld.) 1912. jährl. M. 2.—

Fahrstrasse, Die neue, über den untern Hauenstein in den Kantonen Solothurn und Basel . . . Aarau 1830. V: *Lutz, Marcus.* (AarK)

Fahrstraße, die, unter d. Wasser, oder Beschreib. des von M. J. Brunel auszuführenden Baues e. doppelten Fahrweges unter d. Bette d. Themse zu London. Aus d. Engl. gr. 8. Wien 826. Gollinger. 4 gl

Fahrstuhl-(Aufzug-)Revisions-Buch (f. die Prov. Hessen-Nassau). Fol. (28 S.) Frankfurt a/M.-Bockenheim (901). A. Nußmann. Kart. n. 1. —

Fahrstuhlführer, Der. Bearb. von Genorlich u. a. Berlin 1909 Wetzel.

Fahrt nach Basel, am 13. Juni 1820. O. O. V: *Usteri, Martin.* (Cat. d. Stadtbibl. Zürich. Zürich 1864—97.)

Fahrt, Die, der Böcke nach Hohenkrähen 1862; ein Gedenkblatt. Zürich [1862]. V: *Wyss, Georg v.* (Cat. d. Stadtbibl. Zürich. Zürich 1864—97.)

Fahrt, glückliche. Wochenschrift aus allen Gebieten der Litteratur, Kunst u. Wissenschaft u. d. Gewerbes. Für die Reise u. das Haus. Chefred.: Francis Stahl. 1. Jahrg. 1893. 52 Nrn. (à ca. ½ Bog. m. Abbildgn.) hoch 4. Berlin, Verlagsanstalt „Glückliche Fahrt". n. 5. —

— dasselbe. 2. Jahrg. 1894. 52 Nrn. (à ca. 1½ Bog. m. Abbildgn.) hoch 4. Ebd. n. 6. —

Fahrt, Eine, längs der italienischen Küste. Vortrag zu einer Serie von 63 Laternenbildern. Düsseldorf [1898]. V: *Jost, H. E. Walter.* (Berl)

Fahrt, Eine, längs den Küsten des Mittelmeeres. Vortrag zu einer Serie von 74 Laternenbildern. Düsseldorf 1897. V: *Jost, H. E. Walter.* (Berl)

Fahrt. Eine F. auf den Piz Lischanna. Chur s. (Killias, Eduard).

Fahrt, e. lustige. Von Ibo. Ausgestanzt. schmal gr. 8. (14 S. m. z. Tl. farb. Bild.) Nürnberg 896. Th. Stroefer. — 40

Fahrt, Die, 1902 von Zürich-Walenstadt - Trübbach - Gottlieben - Schaffhausen des Pontonnier-Fahrvereins. Zürich 1902. V: *Hofmann.* (Zuwachsverz. d. Bibliotheken in Zürich 1898 ff., 6.)

Fahrt, eine, auf dem Ocean oder: Das Leben auf dem Schiff. Zur Unterhaltung und Belehrung für Kinder von 9 bis 12 Jahren. Nach dem Engl. bearb. Mit einem Vorw. von H. Kletke. Mit 6 (lith. u.) color. Zeichnungen. Berlin (856). Springer. gr. 16. (V, 154 S.) 25 ngl

Fahrt, die, auf dem Rhein von Mainz bis Köln. Zur Mitgabe u. Erinnerung f. Rheinreisende. Lex.-8. (4½ B. u. 30 Stahlst.) Leipzig 842. [Wiesbaden, Kreidel.] *

Fahrt, die, auf dem Rhein von Mainz bis Köln. Zur Mitgabe u. Erinnerung für Rheinreisende. Mit 30 Stahlst. Lex.-8. Leipzig 842, Georg Wigand. n. 2 ß

Fahrt, Die, nach dem Ugley über Hamburg, Plön . . . Hamburg 1820. V: *Stille, Siegm.* (= *Frdr. Ldw. Polstorf*). (Ky)

Fahrt, die, nach dem Ugley, über Hamburg, Plön u. s. w., (von Siegm. Stille). 8. Hamb. 820. Fr. Perthes. 20 gl Mit Kpf. 1 ß 12 gl

Auf weiter **Fahrt**. Selbsterlebnisse z. See u. zu Lande. Mit Originalbeiträgen deutscher Seeoffiziere, Kolonialtruppenführer u. Weltreisender. Hrsg. von Julius Lohmeyer. Mit 12 Vollbild. Titelzeichn. von Hans Bohrdt. *Leipzig: Dieterich 1901.* (VII, 303 S.) 8° [F.]

— de, nah Werl'tz u. zwanzig Jahre nich in Dessau, s.: Geschichten. drei. in Dessauer Mundart.

Fahrten

— und Abenteuer eines Preußischen Pioniers, s. Soldatenfreund, der.

Fahrten und Abenteuer, Die, des Kapitain John Ross auf seinen Entdeckungsreisen nach den Gegenden des Nordpols. Leipzig 1836. V: *Becker, Gottfried Wilhelm.* (EngG) (Ky)

Fahrten und Abenteuer, die, des Kapitain John Ross auf seinen Entdeckungsreisen nach den Gegenden des Nordpols. (Für die Jugend bearb. von Dr. *r.) Mit 6 Ansichten, 1 Karte u. d. Portrait des Kapitain Ross. 16. Leipzig 836. Weber. n. 1 ℛ

Fahrten, die, u. Abenteuer des Kapitain James Roß auf seinen Entdeckungsreisen nach den Gegenden des Südpols. Seitenstück zu d. Fahrten des Kapitain John Roß nach d. Nordpole. Für d. Jugend u. ihre Freunde. Von *r. Mit 5 (lith.) Ansichten u. 1 (lith.) Karte. 16. (VIII u. 264 S.) Leipzig 848, H. Fritzsche. 1 ℛ; mit col. Lith. 1 1/3 ℛ

Fahrten u. Abenteuer, die, des Kapitain John Roß auf seinen Entdeckungsreisen nach den Gegenden des Nordpols. 2. Aufl. Mit 6 Ansichten, e. Karte u. dem Portr. des Kap. Roß. 16. Leipzig 846, H. Fritzsche. geb. 1 ℛ Mit col. Abbild. n. 1 1/3 ℛ

Fahrten und Abenteuer eines deutschen Seeoffiziers. Berlin 1872. N. A. Berlin 1912. V: *Herrmann, Anton von.* H: *Hamm, Wilhelm Philipp Ritter von.* (Hessische Biographien, hgbn. von Herman Haupt. Darmstadt. II/4 [1926], S. 360/361, S. 368.)

— u. **Abenteuer** d. Herrn Steckelbein. Eine wunderbare u. ergötzl. Historie. Nach Zeichnungen v. Rud. Töpffer. In Reimen von Jul. Kell. 4. Aufl. qu. gr. 4. (IV, 76 S. mit eingedr. Holzschn.) Leipzig 879. Brockhaus. cart. n. 2. —

Fahrten und Abentheuer, Die, des Lieutenant Ferdinand von Wrangel auf der Reise von Petersburg nach der Nordostküste von Sibirien . . . Leipzig 1841. V: *Becker, Gottfried Wilhelm.* (EngG) (Ky)

Fahrten u. Taxen, Baden-Badener. Enth.: Tarife der v. B.-Baden aus verkehr. Gesellschaftswagen. Taxordnung f. die Stadtdroschken. Eisenbahn-Fahrplan f. Baden-Baden. Curtaxe, Bäder-Taxe etc. etc., nebst kleinem Stadtplan. Saison 1902. gr. 16. (XXIX S.) Baden-Baden, F. Spies. n. — 25

— dasselbe. Nebst kleinem Fremden-Führer u. Stadtplan. gr. 16. (XXVIII u. 44 S.) Ebd. n. — 50

Fahrten, Sebastians von Fahrmann. Ein karakteristisch, komisch, moralisch, romantisch, politischer Roman und was sonst noch Jeder will. Vom Verfasser der sieben wunderbaren Lebensjahre eines Kosmopoliten. Mailand [Altona] 1798. 2 Thle 1808. V: *Schrader, Carl Hch. von.* (BGE I[3], 225)

Fahrten, Sebastians v. Fahrmanns. Ein charakterist., kom., moral., romant. u. polit. Roman. Vom Verf. der „sieben Lebensjahre e. Kosmopoliten." 2 Bde. 8. Altona 803. N. A. 808. (W. Nauck in Leipz.) 2 ℛ 12 gℛ

Fahrten, lustige, d. Grafen v. u. zu Dattenberg. Für Freunde d. Humors erzählt v. Walther vom Berge. gr. 8. (VIII, 160 S. m. autotyp. Portr.) Berlin 885. Cronbach. 2. 50

Fahrten, lustige, d. Grafen v. u. zu Dattenberg. Für Freunde d. Humors erzählt v. Walther vom Berge. 2. (Titel-)Aufl. 8. (VIII, 160 S. m. 1 Bild.) Berlin 888. Cronbach. 2. 50

Fahrten, lustige, zu Lande u. zu Wasser, s.: Eisenschmidt's Büchersammlung.

Fahrten eines Musikanten. Hsg. v. L. Bechstein. Frankf. 1858. V: *Elster, Joh. Dan.* (AarK)

Fahrten, Abentheuer und Schicksale, Ritter Raimunds, oder der heilige Bund im Felsthale . . . Mannheim 1824. V: *Hoffmann, K. H. A.* (Ky) (MGT)

SAJJID Batthâl. — Die Fahrten des —. Ein alttürkischer Volks- und Sittenroman. Zum ersten Male vollständig übersetzt von H. Ethé. 2 Bde. Leipzig, o. J. (1871). 8°. (2 2/3 Rthl.) (3 Mk. 50 Pfg. Adolf Weigel, 1908; 6 Kr. Gilhofer & Ranschburg, 1909.)

Sajjid Batthâl, Fahrten des —. Ein alttürkischer Volks- und Sittenroman. Zum ersten Male vollständig übersetzt von H. Ethé. 2 Bde. Leipzig 1874. 8°. (Mk. 8—.) (2 Mk. 80 Pfg. Otto Harrassowitz, Lpz., 1910:)

Fahrten, Skandinavische. Tagebuchblätter. Leipzig 1863. V: *Demuth, Th.* (Pettersen, Anon. og Pseudonymer. Kristiania 1890.)

Fahrten und Abenteuer, höchst sonderbare, des Baron v. Schwindelburg aus Hinterpommern. Oder dessen Tagebuch während einer Harzreise, nebst Abdruck einiger auf merkwürdige Weise gefundener Manuscripte. gr. 16. (136 S. mit Portr. des Barons und noch anderen 7 Illustr. in Holzschn.) Leipzig 855(56,) Wengler. *

FAHRTEN, Höchst spasshafte und launige, auf dem Dresdener Jahrmarkt für lustige Mädchen. (Dresden) 1851. 8°.

— — Dasselbe, für lustige Burschen. (Ib.) eod. a. 8°.

Fahrten u. Taten des Raubmörders Hennig. (82 S. m. Abb.) 8. Kötzschenbroda (906). Gebr. Liegner. — 20

Fahrten in den Hohen Tauern. Reiseskizzen. Innsbruck 1875—77. V: *Rohracher, Jos. A.* (Bücherverz. d. Zentralbibl. d. D. u. Ö. A.-V. München 1906.) (Hr)

— in den Hohen Tauern. Reiseskizzen v. J. A. R. (I.) 8. (84 S.) Innsbruck 875. Wagner. n. — 60

Fahrten in den Hohen Tauern. Reiseskizzen v. J. A. R. 2. Serie. gr. 16. (116 S.) Innsbruck 877. Wagner. n. — 80 (1. u. 2.: n. 1. 40)

Fahrten, die, Thiodolfs des Isländers; Ritterroman. 2 Thle. 8. Hamb. Campe. 815.

— u. Wanderungen in Castilien, Asturien, Aragon, Navarra, Biscaya, Catalonien, Andalusien u. andern spanischen Provinzen. Mit steter Hinsicht auf geistige Bildung, Industrie, Bodenkultur, Verwaltung u. Justizwesen, so wie auf finanz. u. polit. Verhältnisse. Nach d. Engl., nebst e. Anhang altspan. Historien von B. F. Guttenstein. 8. Heilbronn 842, Drechsler'sche Buchh. (J. M. Flammer.) 1 ℛ

Fahrtenbuch, amtl., Schwarzwald-Vogesen. Deutscher Radfahrer-Bund, Gau VII, Schwarzwald. 12. (XII, 127 S. m. 1 Karte.) Mülhausen i/E. 901. (Freiburg i/B., F. P. Lorenz. — E. Stoll). Geb. n.n. 2.40

Fahrtenbuch (Einbd. Tourenbuch) d. allgem. Radfahrer-Union Deutscher Tourenclub. 6., verb. Aufl. 12. (390 u. 139 S.) Nürnberg 898. (Leipzig, Mittelbach.) Geb. n.n. 4.25

— durch d. Kronland Salzburg f. Radfahrer. M. bes. Berücksicht. d. Salzkammergutes u. d. angrenz. Seegebiete. Hrsg. vom Salzburger Radfahr-Vereine. 12. (VII, 112 S.) Salzburg 898. H. Kerber. Geb. in Leinw. n. 1.60

Fahrtenplan, s. a. Fahrplan

Meyer's Fahrtenplan für Basel und die anschliessenden Eisenbahn-Linien. Sommerdienst 1879. In-8⁰. Basel, Vereinsbuchdruckerei. 1879. — 20

Fahrtenplan. Mittelschweizerischer Fahrtenplan für Eisenbahnen & Dampfschiffe. Fahrplan der Postkurse des eidg. Postkreises Aarau. Gültigkeitsdauer: 1. Oktober 1900 bis 1. Juni 1901. Gratis-Beilage zum Aargauer Tagblatt und Aargauer Volksfreund. IV + 36 [+ 28] S. 8. [Aarau,] Typ. Aarg. Tagbl.

Fahrten-Plan, neuester, der k. baier. Eisenbahnen zugleich Tarif für die Beförderung von Personen und Frachtgütern. (1 Bog. in Fol.) Nördlingen 850, Beck'sche Buchh.

Fahrtenplan der Schweiz von und nach Basel. Sommersaison 1879. Basel, Chr. Krüsi. — 20

Fahrtenplan d. Schweiz von u. nach Basel. 1879—1880 Wintersaison. In-16⁰ Basel, Chr. Krüsi. — 20

Fahrtenplan der Schweiz v. u. nach Basel. Sommer 1880. In-16⁰, 20 S. Mit einem Kärtchen. Basel, Chr. Krüsi. — 20

Fahrten-Plan der Werra-Eisenbahn. Nebst den Fahrplänen der sich anschliessenden Bahnen in Lichtenfels und Eisenach, sowie den Postanschlüssen auf den Stationen der Werra-Eisenbahn. 16. (25 S.) Meiningen 861, Brückner und Renner. *
Mit lithogr. Karte (in qu. Fol.)

Fahrtenplan der Werra-Eisenbahn. Nebst den Fahrplänen der sich anschliessenden Bahnen in Lichtenfels und Eisenach, sowie den Postanschlüssen auf den Stationen der Werra-Eisenbahn. Vom 1. Juni 1862. 16. (25 S.) Meiningen 862, Brückner und Renner. *

—— dass. — 16. (26 S. mit 1 lithogr. Karte in qu. Fol.) Salzungen 864, Scheermesser. *

Fahrtenpläne der k. b. Staats-Eisenbahnen und der k. b. pr. Ostbahnen vom 15. Mai 1861 an mit den Anschlüssen der Posten und der auswärtigen Bahnen. 32. (48 S.) Regensburg 861, (Manz.)

Fahrtsfeier. Die Näfelser F' von 1889. Zur Richtigstellung von Einem Geschichtsfreund. 8. Zürich 1889.

Fahr-Unterricht, Provisorischer. (Mit 2 Taf) 12. München 1856.

Fahrzeitung, deutsche. Organ für die Interessen des Fahrwesens, sowie der verschiedensten Sports. Redig. von A. Hoffmann. 1.—4. Jahrg. 1884—1887. à Jahrg. 52 Nrn. (à Nr. 1½ Bog.) Fol. Berlin, Harrwitz' Nachf. à Jahrg. *

Fahrzeitung, deutsche. Organ für die Gesammt-Interessen des Fahrwesens. 5. Jahrg. 1888. 52 Nrn. (à Nr. 1 Bog.) Fol. Berlin, W. Schütte (Schützenstr. 58). **

Fahrzeug (Das). Fach- u. Offertenzeitung d. deutschen Motorfahrzeug-Industrie sowie d. gesamten Fahrradbranche. Lex. 8⁰. seit 1898 wöchentl. Preis nach 1918 jährl. M. 2.—

Die Fahrzeuge d. Mun.-Kolonnen d. Feldart. Mit 1 Anh. Berlin 1883—1897.

Die Fahrzeuge d. Munit. Kolonnen d. Feldart. Mit 1 Anh. München 1894—1898.

Fahrzeuge, die neuesten, der grossh. badischen Staatsbahnen nach Originalen der grossh. Betriebsverwaltung. Imp.-Fol. (20 Stnt.) Carlsruhe 864, Creuzbauer'sche Buchh. *

Fahrzeug-Technik, deutsche. Illustrierte Fachschrift für die gesamte Wagen- u. Automobilbau-Industrie. Hrsg. vom techn. Atelier f. Wagen- u. Automobilbau, T. Golde. 1.—3. Jahrg. 1904—1906. à 6 Nrn. (1906. IV, 240 S.) 4. Gera, Verlag der Deutschen Fahrzeug-Technik. à Jhrg. n. 10.—; m. Beilagen n. 16.—; einzelne Hefte 2.—; bezw. 2.50
Der Abonn.-Pr. wird v. 1907 an auf n. 15.—; bezw. n. 20.— erhöht.

Fahrzeug-Technik, deutsche. Illustrierte Fachschrift f. die gesamte Wagen- u. Karosseriebau-Industrie. Hrsg. v. techn. Atelier f. Wagen- u. Karosseriebau, T. Golde. Offizielles Organ der Vereinigg. deutscher Wagenfabriken usw. 4—7. Jahrg, 1907—1910. à 12 Nrn. 240, 240, 316 u. 368 S.) 30,5×23,5 cm. Gera, Verlag der deutschen Fahrzeug-Technik. 1907—09 à Jhrg. 15.—; m. Beilagen 20.—; 1910 10.—; m. Beilagen 15.—

Fähse, Gottfried, s. a. Fähse, J.

Faehse, (G.) Animadversiones in Plutarchi opera. 8 maj. Lips. 825. Tauchnitz.

Faehse, Gottfried. s. Aeschylos, Sieben gegen Theben.

Fähse, Gf. (✝ d. 29. Mai 1831.) Grundriß der techn. u. praktischen Erziehung. gr. 8. Leipz. 797. (W. Nauck). 16 gr.

— Diss. de ideis Platonis. 4. Leipz. 795. (W. Nauck).

Faehse, Gottfried (Schlesena/Saxo) u. **Carl Friedrich Bonitz** (Zwoenitz/Misn.), De ideis Platonis disputatio. Lpz. (Sommer) 18. XI. 1795. 46 Seiten. (5.—) 8526

— Lexicon graecum in tragicos. Vel collectio, interpret. veterum ex scholiis et glossis grammat. lexicograph. extractarum suisque locis insertarum. Acced. interpret. principum recentioris aetatis. Utrumque instituit, collegit, in ordinem redegit. Sect. I. u. II. u. Vol. II. 4 maj. Prenzl. 830—32. Ragoczy. 5 ß

Faehse, M. G., Lexicon graecum in tragicos etc. 2 Vol. 4 maj. Prenzlau 830 et 32. jetzt Kalbersberg. n. 3 ß

Fähse, G., Observationes criticae in Plutarchi Opera moralia et in Hesychii Lexicon. Progr. Lips. 820. 4.

— observationes criticae in Plutarchi opera, quae inscribuntur moralia, et in Hesychii Lexicon. 4. Leipz. 820. Barth. 8 gr.

— s. Pindar: Siegshymnen.

— s. Plato: Republik.

— s. Sophocles: Trauerspiele.

— s. Sylloge lect. graecor.

Fähse, J., s. a. Fähse, Gottfried

Fähse, J., Grundriß der technisch-pract. Erziehung. gr. 8 Leipz. Sommer. 797.

Fähse, J. Gust., Vorgemach der Gelehrsamkeit u. der meisten darin vorkommenden Disciplinen. 3 Thle. 8. Goslar, König. 718.

Fachser, Margar., wie koche ich gut u. billig? Lehrbuch f. Koch- u. Haushaltungsschulen m. 111 Küchenzetteln nebst allerhand Wissenswertem f. Schule u. Haus. (VI, 114 S.) 8. Altenburg (908). St. Geibel. Geb. in Leinw. 1.—; Schulausg. geb. — 75

Fahsius, Johann Justus, Der // In seinem Gefängnis // Philosophirende // Boethius, // Das ist: // Des im 6ten Seculo Hochberühmten // Römischen Bürgermeisters und Königl. // Ost-Gothischen Staats-Ministers // Anicii Manlii Torquati Severini // Boethii // V. Bücher // De Consolatione Philosophiae, // Oder // Tröstung aus der Welt-Weißheit /// Aus dem Lateinischen ins Teutsche, so wohl, was die meisten un- //gebundenen, als gebundenen Reden betrifft, mit einiger // Freyheit übersetzet. // Worinnen auch zugleich, // Was zu der Historie und Erläuterung des Texts gehöret, beyge- //bracht, und einige Exempel der Tugenden und Laster mit lebendi- //gen Farben abgemahlet und auf dem Schau-Platz // gestellet worden // Durch // Joh. Just. Fahsium, Schol. Clausth. h. t. Rect. // Goßlar, verlegts Johann Christoph König, 1724. - 14 Blatt (nicht paginiert) Titelkupfer, Titelblatt, Widmung, Vorrede, Lebensbeschreibung Boethii und Personae Dramatis. - 308 S.
B. S. T. 8°.196.

Fähz, Ph., († ... 1787.) kurzes anatom. Fragbüchlein, v. d. Theilen des menschl. Körpers, welche d. Wundarzte zu wissen nöthig sind. 8. Linz 777.

Fahz, Ludov, De poetarum Romanorum doctrina magica, s.a. **Versuche u. Vorarbeiten, religionsgeschichtliche. II. 3.**

Fahz, Ludovicus, Eschbacensis: De poetarum Romanorum doctrina magica quaestiones selectae. Cap. I. II. (Gissae): Ricker 1904. (S. 107—143.) 8° ¶(Ersch. vollst. ebenda als: Religionsgeschichtl. Versuche u. Vorarbeiten, Bd 2, Heft 3.)
Gießen, Phil. Fak., Ref. Dieterich, Diss. v. 2. Nov. 1904
[Geb. 20. April 77 Nieder-Eschbach; Wohnort: Hungen; Staatsangeh.: Hessen; Vorbildung: Gymn. Offenbach a. M. Reife O. 97; Studium: Gießen 8, Berlin 2 S.; Rig. 23. Dez. 02.]

Fajans, Alexander [diplom. Chemiker a. d. K. Sächs. Techn. Hochschule]: **Monomethylorthodioxybenzolcarbonsäuren und deren Derivate. . . . Jena, Frommannsche Buchdr., 1890; 45 S., 1 Bl. 8°**
Jena, Phil. Fak., Inaug.-Diss. v. 1890

Fajans, Alex. **Monomethylorthodioxybenzolcarbonsäuren u. deren Derivate. Diss. gr. 8. (45 S.) Jena 890, (Pohle). * 1 —**

Fajans, Kasimir: Über die stereochemische Spezifizität der Katalysatoren. (Katalytische Kohlendioxydabspaltung aus Campho- und Bromcamphokarbonsäuren mittels Alkaloiden.) Mit 5 Textfig. Heidelberg: Winter 1910. 95 S. 8° ¶(Aus: Verhandlungen d. Naturhist.-Med. Vereins zu Heidelberg. N. F. Bd 10.)
Heidelberg, Naturw.-math. Diss. v. 24. Mai 1910, Ref. Curtius
[Geb. 27. Mai 87 Warschau; Wohnort: Zürich; Staatsangeh.: Rußland; Vorbildung: Realsch. Warschau Reife Juni 04; Studium: Leipzig 5, Heidelberg 5 S.; Rig. 18. Nov. 09.] [U 10. 2190

Fajans, Ludw., Einführg. in d. Praxis d. Fett-Industrie. gr. 8. (III, 67 S. m. 23 Abb.) Wien 897. F. Deuticke. n. 2. —

Fajans, Wenzeslaus

Fajans, W., die russische Goldwährung, s.a. Forschungen, staats- u. sozialwissenschaftliche. 141. Hft.

Fajans, Wenzeslaus: Die russische Goldwährung. Leipzig 1909: (Pierer, Altenburg). 69 S. 8° ¶(Ersch. vollst. als: Staats- u. sozialwiss. Forschungen. H. 141.)
Bonn, Phil. Diss. v. 14. Aug. 1909, Ref. Schumacher
[Geb. 28. Juni 84 Warschau; Wohnort: Warschau; Staatsangeh.: Rußland; Vorbildung: Oberrealsch. Warschau Reife Juni 02; Studium: Genf 4, Bonn 5 S.; Rig. 3. März 09.] [U 10. 359

Die russische Goldwährung. Von W[enzeslaus] Fajans. Leipzig: Duncker & Humblot 1909. XV, 183 S. 8°
(Staats- u. sozialwissenschaftl. Forschungen. H. 141.) 109. 15505

Fajardo, Diego de Saavedra, s. a. Saavedra Fajardo

Fajardo, Diego de Saavedra.
Die Republik der Gelehrten. A. d. Ital. Jena 1807. Ü: *Schweikart, Ferd. Carl.* (Ky)

Fajardo, Diego Saavedro, die Republik d. Gelehrten. Aus dem Italien. (von F. K. Schweikart). 8. Jena 807. Gabler. (Lpz., Gnobloch). 1 ₰ 12 gr Schrbp. 1 ₰ 16 gr

Faidherbe, General, und seine Gegner im Feldzuge 1870—1871, s.a. Bibliothek, militärische, für Offiziere aller Waffen.

C. v. B. General Faidherbe u. seine Gegner im Feldzuge 1870—1871. (78) 8. Leipzig 1873. 2.00.

Faidherbe, L. Feldzug der französ. Nordarmee 1870—1871. Deutsch. (IV. 117) 8. Mit 1 Krte. Leipzig 1872. 2.00.

Faidherbe, L., Feldzug d. französischen Nordheeres in den J. 1870—1871. Deutsche vom Verf. ermächt. Uebersetzg. m. e. (lith.) Uebersichtskarte (in qu. Fol.) gr. 8. (IV, 17 S.) Berlin 872. Luckhardt. n. 2. —

Fajdiga, Experimentaluntersuchungen üb. die Fernwirkung dielektrischer Körper, s.: Romich.

Faidiga, Adf., das Erdbeben v. Sinj am 2. VII. 1898, s.a. **Mitteilungen der Erdbeben-Kommission der kaiserl. Akademie der Wissenschaften in Wien. Nr. XVII.**

Das Erdbeben von Sinj am 2. Juli 1898 von Adolf **Faidiga**. Mit 3 Taf. u. 14 Textfig. Wien: K. Gerold's Sohn in Komm. 1903. (162 S.) 8°
— **Mitteilungen** d. Erdbeben-Kommission d. Kais. Akad. d. Wiss. in Wien. N. F. No 17. [06. 3318 2

Fajdiga, *Ignaz:* Die atmosphärische Elektricität und der Blitzableiter. 8 (S. 3–32). **Progr.** K. k. Ober-G. *Rudolfswert* 1896.

Faido [Schlagwort]

Faido, s.: Schweiz. Atlas.

FAIDUTTI, Aloysius: Deus est in tribus personis distinctis. — (1888) 141 S. 4° (Handschr.) Diss. 420
Diss. Wien, Univ.

Fajersztajn, J., Beiträge zur Kenntniss der Myasthenie u. der verwandten Symptomencomplexe. Mit 1 Curvenabbildg. im Text u. 1 Taf. gr. 8. (55 S.) Tübingen (902). F. Pietzcker. n. 2. —

Faigaux, **Frz. Ldw., († d. 20. Oct. 1752.) le petit Catéchisme de Heidelberg, ou Instruction dans la religion chretienne, avec les principaux passages de l'écriture sainte ajoutés à chaque reponse. 8. Cassel 752.**

— les paroles de la vie éternelle, ou Recueil des passages de l'écriture sainte sur l'histoire, les verités et les préceptes de la religion. 8. Cassel 752.

Faigl, I., Mährisch-Ostran als Hafenstadt des Donau-Oder-Kanals. (11 S. mit 2 Karten) K 1.—
Mähr.-Ostrau: Kittl 1903.

Faigl, Jg., Mähr.-Ostrau als Hafenstadt des Donau-Oder-Kanals. Vortrag, geh. am 18. III. 1903 im Verein „Bauhütte". (11 S. m. 1 Taf. u. 1 Plan.) 8. Mähr. Ostrau (903). (Prokisch.) n. — 90

Faigl, Joh. Nep., P. Johann Nep. Hinteröcker, Priester der Gesellschaft Jesu u. apostol. Missionär in Australien. Ein Lebensbild, zusammengestellt hauptsächlich nach dessen noch vorhandenen Briefen. Mit 1 (lith.) Titelbild. gr. 8. (IV, 239 S.) Linz 875. Ebenhöch. n. 2. 40

Faigl, Joh. Nep., Zigeunerin u. Bettelweib, s.: Schul- u. Vereinsbühne, christliche. Nr. 59.

Faigl, M., s.: Urkunden, die, d. regulirten Chorherrenstiftes Herzogenburg.

Faïk, Omer, Oberst, Flügel-Adjutant S. K. M. des Sultans, dienstthuender Adjutant S. E. Marschall von Kamphövener Pascha. Deutsch-türkisches Wörterbuch. 8. Konstantinopel (1898).

Faïk, Omer, deutsch-türkisches Wörterbuch. gr. 8. (VII, 731 u. 19 S.) Constantinopel (900). (O. Kell). n. 24. 70

Fajkmajer, Frl. Elise s. **Familienbibliothek, Schweizer. Nr. 45.**

Fajkmajer, Frl. Elise s. **Familienbibliothek, Schweizer. Nr. 74.**

Fajkmajer, Frl. Elise s. **Familienbibliothek, Schweizer. Nr. 106.**

Fajkmajer, Elise, s.: Reitzenhofen, E. v.

Fajkmajer, Karl, das Duell in der Geschichte des deutschen Studententums, s.: Publikationen der Wiener akadem. Anti-Duell-Liga.

Fajkmajer Karl: Die Ministerialen des Hochstiftes Brixen.
1906 PN 2040 Diss. Wien, Univ. 932

Faille, de la, s.a. Baart de la Faille.

Faille, s.a. de Lafaille.

Faille, de la, Vers. üb. die Naturgesch. d. Maulwurfs. a. d. Franz. 8. Leipz. W. Fleischer. 778. Rthlr.

Faille, Jacob de la (Haag), De occupatione rerum nullius. Diss. jur. Rector Christoph Sax. Utrecht (Abr. van Paddenburg) 22. V. 1775. 47 Seiten. (5.—) 8537
Gew.: Cornelius u. Jacob Baart de la Faille. — Widm. v.: J. Voss van Zyll, J. J. Schadd. — Tit.-Bild: B. v. Bakker inv. et fec. 1774.

Fain, Agathon Jean Frédéric

Fain, Baron, interessante Beiträge z. Geschichte des Sturzes der Regierung Napoleons. Herausgeg. von Dr. Schütze. 8. Frkf. 825. Sauerländer. 1 ℛ 4 gℓ

Fain, Agathon Jean Frédéric Baron. Denkwürdigkeiten der französischen Geschichte im Jahr 1812. A. d. Franz. übers. von Gustav Jacobs. Gotha 1832. II: *Jacobs, Chn Frdr. Wilh.* (Ky)

Fain, Agathon Jean Frederic: Denkwürdigkeiten d. franz. Geschichte im J. 1812, s. a. Cabinets-Bibliothek d. Gesch., Supplem.-Reihe.

— Denkwürdigkeiten der franz. Geschichte im J. 1812. Aus dem Französ. übers. von Gust. Jacobs. Herausg. (v. Fr. Jacobs). gr. 12. Gotha 832. (Reichenbach in Leipz.) 12 gℓ
(Auch in der Kabinetsbibliothek.)

Fain, Agathon Jean Frederic: Denkwürdigkeiten d. franz. Geschichte im J. 1813, s. a. Cabinets-Bibliothek d. Gesch.. Supplem.-Reihe.

— Denkwürdigkeiten aus d. franz. Geschichte 1813. Aus d. Französ. übers. v. Gust. Jacobs. Herausg. von Fr. Jacobs. gr. 12. Gotha 832. (Reichenbach in Leipz.) 12 gℓ

—— Manuscript d. J. III. (1794—1795), welches d. ersten Unterhandln. d. europ. Mächte mit d. franz. Republik, u. d. Gemälde d. letzten Begebenheiten d. Regierung d. Convention enthält, um zur Gesch. d. Cabinets jener Epoche zu dienen. (Aus d. Franz.) gr. 8. (17 B.) Leipzig 829, Lehnhold.

— Manuscript vom J. 1812, oder Darstellung d. Begebenheiten d. J. Aus d. Französ. von E. Klein u. Belmont (H. A. Schumberg.) 2 Bde. gr. 8. Leipz. 827. Klein. 3 ℛ Mit 7 Karten u. Pl. 4 ℛ Dass., französ. Ebd. Gleiche Preise.

—— Manuscript vom Jahre 1812. Darstellungen d. Begebenheiten dies. Jahres, als Beitrag z. Gesch. d. Kaisers Napoleon. Rechtmäß. deutsche Ausg. v. Ernst Klein u. Belmont. 8 Lfgn. 2. Ausg. gr. 8. (45¾ B., 5 Kart. u. 2 Pläne.) Leipzig 836, E. Klein. 2⅓ Thlr., ohne Karten

— Manuscript von 1813, oder kurze Darstellung d. Begebenheiten d. J. 2 Bde. Mit 3 Kart. u. 1 Facsimile. gr. 8. Stuttg. 825. v. Cotta. 3 ℛ 6 gℓ

— Manuscript von 1814, gefunden in den bei Waterloo genommenen kais. Wagen, enth. die Geschichte d. letzten 6 Monate d. Regierung Napoleons. Aus d. Französ. übers. Mit 1 Karte u. Facsimile. gr. 8. Berl. 823. Reimer. 1 ℛ 14 gℓ

Fain, Baron de, Manuscrit de 1812. 8 Livrs. 2. edit. gr. in-8. (44¾ B., 5 Kart. u. 2 Pläne.) Leipzig 836, E. Klein. 2⅔ Thlr., ohne Karten

— Manuscrit de 1814, trouvé à Waterloo etc. Mit 1 Karte. gr. 8. Berl. 823. Reimer. 1 ℛ 18 gℓ Schrbp. 2 ℛ

Fain, A. J. F. Baron. Manuscrit de 1814. Leipzig 1823. 8°.

Fain, Gute-Lea. Beitrag zur Pathologie der Nebennieren. Diss. Med Bern. 64 S. 8. Bern, Unionsdr., 1909.

Fainberg, L(eo): Ueber spontane Ruptur des Herzens. München 1909: Ernst. 42 S. 8°
München, Med. Diss. v. 6. Juli 1909, Ref. v. Bauer
[Geb. 2. Jan. 81 Irkutsk; Wohnort: Irkutsk; Staatsangeh.: Rußland; Vorbildung: Gymn. Irkutsk Reife Mai 98; Studium: Naturw. Moskau, Med. Heidelberg 4, München 3 S.; Rig. 6. Juli 09.] [U 09. 3305

Fair, the. 8. (8 lith. u. color. Taf. m. Text.) Wesel 874. Düms. n. — 20

— **France,** s.: Collection of brit. authors.

Fairbairn, William, die eisernen Träger u. ihre Anwendung beim Hochbau u. Brückenbau, gestützt auf Versuche über die relative Festigkeit des Gusseisens u. Schmiedeeisens. Nach der 2. Aufl. des Orig. deutsch bearb. von D. Brauns. Mit 62 in den Text eingedr. Holzschn. Braunschweig 859. Schulbuchhandlung. gr. 8. (VIII, 119 S.) n. 1 ℛ

Fairbanks, A., The stoical vein in Platos republic. S.-A. 1901. 16 S. —.75

Fairborn, Der Menschenfreund Franz; ein komischer Roman . . . frey nach d. Engl. bearbeitet. Zeitz u. Naumburg 1793. . V: *Küchler, Carl Benedict.* (Ky) (MGT) (Adel)

Fairborn, Franz, der Menschenfreund, ein komischer Roman, frey nach dem Engl. bearbeitet, 2 Theile, 8. Zeitz, 793. Heinse. 1 Rthl. 5 sgl.

Fairborn, Franz, der Menschenfreund; nach d. Engl. (von Karl Bdkt. Küchler). 2 Thle. 8. Zeitz 793. Webel. 1 ℛ 4 gℓ

Fairchild, Ashbel G., das große Abendmahl oder eine Beleuchtung und Vertheidigung der Hauptlehren der freien Gnade; in 3 Predigten über Luk. 14, 16—24. 12. (168 S.) Philadelphia 864, (Schäfer und Koradi.) *

Fairchild, D. G., s.: Studien, cytologische, aus d Bonner botan. Institut.

Zwei Lieder für eine Singstimme mit Klav.Begl. von **George H. Fairclough.** No 1. 2. *Berlin: Freie Musikal. Vereinig. 1891.* 2 Bde 4°
1. With all my Heart. (Ich liebe dich in Ewigkeit.)
2. To Possess Thee. (Dein eigen möcht ich sein.) [illegible]

Fairfield County Anzeiger: 1885?–1896?
Democratic weekly. Dated also at South Norwalk, 1892–94. Circulation: 1895, 550. Edited & published by William Griesinger, 1885–88; by J. M. Ellendorf, 1889–91; by William Griesinger, 1892–96.
Bridgeport, CT

Fairholme, Geo., Positions géologiques, en vérification directe de la chronologie de la Bible. gr. in-16. (2 B.) Munich 834, Franz.

Fairlegh, Frank, s. Collection of British authors.

Fairley, Barker, Lektor an d. Univ.: Die Eneide Heinrichs von Veldeke und der Roman d'Eneas. Eine vergleichende Untersuchung. Jena 1910: Frommann. 91 S. 8°
Jena, Phil. Diss. v. 8. Juli 1910, Ref. Michels
[Geb. 21. Mai 87 Barnsley; Wohnort: Jena; Staatsangeh.: Großbritannien; Vorbildung: Univ. Leeds B. A. 07, M. A. 10; Studium: Jena 6 S.; Rig. 28. Juni 10.] [U 11. 3456

Fairlie, R. F., die richtige Praxis der Schmalspurbahnen. Nach dem engl. Werke „The Battle of the gauger renewed" u. m. e. Anh. verm. In's Deutsche übertr. v. A. Brunner. Einzig autoris. deutsche Ausg. Mit 4 lith. Taf. u. 1 Holzschntaf. gr. 8. (IV, 120 S.) Zürich 873. Schmidt. n. 4. 50

Fairplay, John, Aufzeichnungen d. ewigen Juden, s.a. Aufzeichnungen.

Fairplay, John, Aufzeichnungen des ewigen Juden über die Jesuiten u. ihre Gegner. Deutsch mit zahlreichen Noten von M. Brühl. 8. Schaffhausen 846, Hurter. 2/3 ℳ

Fairy tales, new, for children young and old. Told by aunt Emmy. Transl. by E. Gordon. 8. (VIII, 247 S. mit Illustr.) Donauwörth 888. Auer. geb. n. 3. —

Fairy tale series, Japanese. Nr. 1—16. 8. Mit eingedr. farb. Illustrationen. Tokyo. (Leipzig, Baldamus.) à n. 1. 20

1. Momotaro or little peachling. 2. ed. (18 S.) 888.
2. The tongue cut sparrow. 2. ed. (20 S.) 888.
3. Battle of the monkey and the crab. (16 S.) 888.
4. The old man, who made the dead trees blossom. (16 S.) 888.
5. Kachi-Kachi Mountain. (24 S.) 888.
6. The mouse's wedding. (24 S.) 888.
7. The old man and the devil. (19 S.) 888.
8. The fisherboy Urashima. Translated by B. H. Chamberlain. (25 S.) 888.
9. The serpent with eight heads. (24 S.) 888.
10. The Matsuyama mirror. (19 S.) 888.
11. The hare of Inaba. (15 S.) 888.
12. The cub's triumph. Told to children by Mrs. T. H. James. (12 S.) 888.
13. The silly Jelly-fish. Told in English by B. H. Chamberlain. (19 S.) 888.
14. The princes Fire-Flash and Fire-Fade. Told to children by Mrs. T. H. James. (25 S.) 889.
15. My Lord Bag-o'-Rice. Told in English for children by B. H. Chamberlain. (19 S.) 889.
16. The wooden bowl. Told in English by Mrs. T. H. James. (21 S.) 889.

— dasselbe. Vol. I. II. [Nr. 1—12.] 8. Ebd. 888. à Bd. n. 6. —

I. [Nr. 1—6.] (122 S. m. farb. Illustr.)
II. [Nr. 7—12.] (130 S. m. farb. Illustr.)

Fair-Zeitung: May 1892

Sub-title: Officielles Organ des allgemeinen Fair-Comites. Published interest of a Fair held May 7–14, 1892, its purpose as stated: „Grosse Fair zum Besten der Wiederherausgabe der Täglichen Arbeiter-Zeitung."
Buffalo, NY

Fais, Henri du, Carmina neo-latina. (Deutsch u. lateinisch.) (25 S.) 8. Leipzig 908. Modernes Verlagsbureau. 1. 50

Faissole: Erfahrungen über die Ursachen des Todes, s. Champeaur

Faißt, Emma, neues prakt. Kochbuch f. die badische Küche m. erprobten Hinweisen f. Anfängerinnen u. angehende Hausfrauen. 8. (XV, 243 S.) Freiburg i/B. (900). F. B. Lorenz. Geb. in Leinw. n. 2. 60

Faißt, Emma, neues praktisches Koch-Buch f. die badische Küche m. erprobten Hinweisen f. Anfängerinnen u. angehende Hausfrauen, auch m. vorzüglichen Rezepten f. Selbstkoch. Frauen u. Töchter. 2. verm. u. verb. Aufl. (304 S.) 8. Karlsruhe (905). F. Gutsch. Geb. in Leinw. n. 2. 60

Faisst, Immanuel

Faißt, J., siehe: Choralmelodieen, 25, der evangel. Kirche.

— u. Ludw. **Stark,** Elementar- u. Chorgesang-Schule. Für höhere Lehranstalten, sowie f. Gesang- u. Musik-Institute. Unter Mitwirkung von Siegm. Lebert verf. Lehrbuch. [Zum Gebrauche d. Lehrers.] 1. Curs. Vorübungen. Einstimmiger Gesang in C, G u. Fdur. 8. (XXVIII, 232 S.) Stuttgart 880. Cotta. n. 4. —

Faisst, Imman., u. Ludw. **Stark,** Elementar- u. Chorgesang-Schule. Für höhere Lehranstalten, sowie für Gesang- u. Musik-Institute. Unter Mitwirkung von Siegm. Lebert verf. Lehrbuch. [Zum Gebrauche des Lehrers.] 2. Curs. 1. Hälfte. 8. (192 S.) Stuttgart 882. Cotta. n. 3. —

— — dasselbe. Uebungsbuch. [Für die Hand der Schüler.] 1. Curs. Vorübungen. Einstimmiger Gesang in C, G u. Fdur. 8. (112 S.) Ebend. 880. n. — 80

— — dasselbe. 2. Curs. 1. Hälfte. 8. (96 S.) Ebend. 882. n. — 80

Faisst, Imman., u. Ludw. **Stark,** Elementar- u. Chorgesang-Schule f. höhere Lehranstalten, sowie f. Gesang- u. Musik-Institute. Unter Mitwirkg. v. Sigm. Lebert verf. Lehrbuch [zum Gebrauche d. Lehrers]. 2. Curs. Ein- u. zweistimm. Gesang in allen Durtonarten. 2. Hälfte. 8. (XX u. S. 193—379.) Stuttgart 883. Cotta. n. 4. — (I. u. II.: n. 11. —)

-- dasselbe. Ubungsbuch [f. die Hand d. Schülers]. 2. Curs. 2. Hälfte. 8. (S. 97--252.) Ebend. 883. n. 2. — (I. u. II.: n. 3. 60)

Faißt, Immau., zur Hebung d. Gesangunterrichts in den evangelischen Volksschulen Württembergs. Zugleich ein Beitrag zur Würdigung der Musik in ästhet. u. kirchl. Beziehung. gr. 8. (IV, 239 S.) Stuttgart 881. J. F. Steinkopf. n. 3. —

Faißt, J., die Melodieen des deutschen evangelischen Kirchen-Gesangbuchs, s. Tucher.

Faisst, Oskar [aus Stuttgart]: Die Resultate der Wendung, bezw. der Wendung und Extraktion bei Erstgebärenden für Mutter und Kind. . . . Berlin. Buchdr. v. Gustav Schade (Otto Francke) (1889): 30 S. + 1 Bl. 8°
Berlin, Med. Fak., Inaug.-Diss. v. 3. Aug. 1889

Faisst, R., Die Buchbinderei in Pforzheim. Schriften d. Vereins f. Socialpolitik, Bd. 69. gr. 8°. Leipzig 1897.

Faißt, Rud., Versicherung gegen unverschuldete Arbeitslosigkeit, s.a. Zeitfragen, evangelisch-soziale.

Faisst, Rud., Versicherung gegen unverschuldete Arbeitslosigkeit. Zur Orientirung und Besprechung speciell für evangel. Arbeitervereine. (Evangel.-sociale Zeitfragen, 2. Reihe, 9. Heft.) gr. 8°. Leipzig 1893.

Faist, Ant. Jos., die Fische der bayerischen Gewässer. 8. (32 S. m. eingedr. Holzschn.) München 871. Stahl. n. — 20

Faistle, Karl, u. Nasso **Baader,** d. künstl. Höhlen in Großhinzemoos. [Aus: „Oberbayer. Archiv f. vaterl. Geschichte".] gr. 8. (5 S. m. 1 Taf.) München 895. (G. Franz' Verl.) — 30

Faitelowitz, A(rnold), a. Schadow ⟨Russland⟩: Studie zur Kenntnis der Milch-Katalyse des Wasserstoffsuperoxydes und deren Lähmung durch negative Katalysatoren. Heidelberg 1904: K. Rössler. (69 S.) 8°
Heidelberg, Naturw.-math. Fak., Ref. Curtius, Diss. v. 19. Dez. 1904
[Geb. 73 Schadow (Rußl.); Wohnort: Heidelberg; Staatsangeh.: Rußland; Vorbildung: Privatunterricht bis Frühjahr 96; Studium: Prag 1, Heidelberg 9 S.; Rig. 27. Juli 04.]

Faitencz, Ch., der gewandte Franzose, s. Trichter, französ.

Faith and unfaith, s.: Collection of british authors.

Faith, Felix [Hrsg.], s. Rundschau, Österreichische, für bildende und darstellende Kunst

Faitini, Vittorio, militärtechnisch. Wörterbuch deutsch-italienisch u. italienisch-deutsch f. Armee u. Marine. 1. Bd. 8. Modena. (Berlin. E. S. Mittler & Sohn.) Geb. in Leinw. à 6. —; erm. Pr. à 4. —

I. Deutsch-italienisch. (XI, 321 S.) 907.
II. Italienisch-deutsch. (XI, 282 S.) 909.

Militär-technisches Wörterbuch Deutsch-Italienisch und Italienisch-Deutsch für Armee und Marine von Vittorio **Faitini**. Bd 1. 2. Modena 1907–09: Modenes. Typ. Gesellsch. [Berlin: Mittler in Komm.]. 8°

[Nebent.:] Dizionario tecnico-militare tedesco-ital. e ital.-tedesco per l'esercito e la marina di V. Faitini. [10. 6928

Faitlovitch, Jacques, quer durch Abessinien. Meine 2. Reise zu den Falaschas. Mit 60 Illustr. nach Orig.-Aufnahmen u. 1 geograph. Karte. (XV, 188 S.) gr 8. Berlin 910. M. Poppelauer. 5.—; geb. 6. —

Faits et journées mémorables de la révolution française. Extrait de l'histoire de Girondins par M. de **Lamartine**. Arrangé à l'usage des écoles et des maisons d'éducation par P. **Brée**. Mit e. erlaut. Worterbuche. 8. (IV u. 306 S.) Leipzig 848, Baumgärtner. 18 ngr

Faivre: Exercices français au nouveau cours de langue . . ., s. Seuret

Neue Fakkeln. Ein Journal in zwanglosen Heften. (Hrsg. von Carl Ludw. Nicolai u. Andern.) (Motto: Zerrissen ist des Truges gold'ner Flor, Die Wahrheit hebt die Fakkel nun empor!" 12 Hefte od. 6 Bde. Deutschland (Quedlinb., Basse) 1813—15. 8°. (12 Rthl.) (20 Mk. E. Frensdorff, 1908.) (Heft 1—6 in München.)

Das Anon.-Lex. II. p. 85 hat „1813—16" (?) (nach Weller).

FAKKELN, Neue. Ein Journal in zwanglosen Heften (hrsg. von Carl Ludw. Nicolai u. Andern). 12 Hefte in 6 Bdn. (soviel ersch.). Deutschland (Quedlinburg, Basse.) 1813—15. 8°. (Cplt. 20 Mk. E. Frensdorff; nur 8 Hfte. in 4 Bdn., schönes Expl., 22 Mk. 50 Pfg. Derselbe, c. 1908.)

Fakkeln, Neue. Ein Journal in zwanglosen Heften. Motto: Zerrissen ist des Truges goldner Flor, Die Wahrheit hebt die Fakkel nun empor! 6 Bände in 12 Heften. Deutschland (Quedlinburg, Basse), 1814—1815. 8°. (34 Mk., 12 Hfte. in 6 Bdn. mit den Orig.-Umschl., Wilh. Heims, Lpz., 1911.)

Goedeke VIII, 23, 99; Holzmann und Bohatta II, 2829. G. kannte nur 1 Bd. = 2 Hfte., er fügt seinen Angaben hinzu: „Nach Kayser (Bücherlexikon) erschienen bis 1816 6 Bde. in 12 Stücken."

Fakler, Fred, das Gespenst. Roman. (311 S.) kl. 8. Wien 905. Wiener Verlag. n. 3. —; geb. n.n. 4. 50

Faktis. Eine techn. Skizze. Hrsg. von d. Firma Dr. **Alexander & Posnansky** in Coepenick bei Berlin. Anläßl. ihres 10jähr. Bestehens, 1898—1908. Mit e. Einl. von Eduard Marckwald u. Fritz Frank. — (Berlin [1908]: Hermann.) 28 S. 8° 1.

Faktor, der. Ein prakt. Ratgeber f. Faktore u. solche, die es werden wollen. (163 S.) 8. Leipzig 903. J. Mäser. Geb. in Leinw. n. 4. —

Faktor, Emil, Jahresringe. Neue Verse. (83 S.) kl. 8. Stuttgart (908). Charlottenburg, A. Juncker. 2. —

Faktor, Emil, was ich suche. Gedichte. (V, 80 S.) 8. Berlin 899. F. Wunder. n. 1. 50

Faktoren-Zeitung, österreichische. Organ d. Geschäftsleiter u. Faktore im graph. Gewerbe u. d. österreich. Faktoren-Verbandes. Red: Rud. Gött. 4. Jahrg. Oktbr. 1902—Septbr. 1903. 12 Nrn. gr. 4. (à ca. 16 S.) Wien (Leipzig, G. Hedeler). n. 4. —

Vergl.: Faktoren-Zeitung, österreichische.

Faktoren-Zeitung, österreichische. Organ d. Geschäftsleiter u. Faktore im graph. Gewerbe u. des österreich. Faktoren-Verbandes. Red.: Rud. Gött. 5. u. 6. Jahrg. Oktbr. 1903—Septbr. 1905 à 12 Nrn. (à ca. 16 S.) 4. Wien (Leipzig, G. Hedeler). à Jhrg. n. 4. –

— dasselbe. 7. u. 8. Jahrg. Oktbr. 1905—Septbr. 1907 à 24 Nrn. (à ca. 12 S.) 4. Ebd. à Jhrg. n. 6. —

Faktoren-Zeitung, österreichische. Organ der Geschäftsleiter u. Faktoren im graph. Gewerbe u. des österreich. Faktoren-Verbandes. Red.: Rud. Gött. 9. Jahrg. Oktbr. 1907—Septbr. 1908. 24 Nrn. (à ca. 12 S. m. Abbildgn. u. 8 S.) 31,5×24 cm. Wien. (Leipzig, G. Hedeler.) 6. —

Faktum, auffallendes, zur gerechten Beurtheilung der Verfahrungsweise des Erzbischofs Clemens August gegen die Geistlichen der Kölnischen Diözese. Nach den vollständ. Akten mitgetheilt von einem wahrheitliebenden Katholiken. gr. 8. Bonn 838. (Weber.) 1/3 ₰

— dass., erläut. von einem Verehrer des Erzbischofs von Köln zur Entlarvung seiner Verläumder. Geschrieben in der Erzdiözese Köln. gr. 8. Frankfurt 838. Osterrieth. 1/8 ₰

Die Juristische **Fakultät** der Universität Berlin von ihrer Gründung bis zur Gegenwart in Wort u. Bild, in Urkunden u. Briefen. Mit 450 hs. Widmungen. Hrsg. von Dr. jur. Otto **Liebmann**. Berlin: O. Liebmann 1910. XXII, 520 S. quer-8°

Festgabe der Deutschen Juristenzeitung. [10. 13324

Fakultät, die theologische, zu Bern u. ihre Gegner. Ein Beitrag zur Charakteristik der religiösen Richtungen der Gegenwart. Zürich 864. Meyer & Zeller. 8. (50 S.) n. 10 ngr

Fakultät, die wissenschaftliche, der Universität Cordoba in Südamerika. gr. 8. (16 S.) Berlin 874. Calvary & Co. n. — 80

Die vier **Fakultäten**. Mit 15 Abb. Hrsg. von d. Redaktion d. Guten Kameraden. *Stuttgart, Berlin, Leipzig: Union [1900]*. (127 S.) 8° [5.]
— Berufswahl. [2.]
— **Taschenbücher**, Illustrierte, f. d. Jugend. 9. [4. 8610

Die **Fakultätsstatuten** und **Ergänzungen** zu den allgemeinen Statuten der Universität Frankfurt a. O. Hrsg. von Paul Reh. *Breslau: M. & H. Marcus 1900*. (100 S.) 8°
— **Akten** u. **Urkunden** d. Univ. Frankfurt a. O. 3. [10. 3326 3

Fakultäts-Statuten der Grossherzoglich und Herzoglich Sächs. Gesammt-Universität Jena vom 30. März 1899. *Jena 1898: G. Neuenhahn.* (52 S.) 8° [J.]
(Nicht für den Austausch)

Fakultäts-Urtheil, Jenaisches, in Sachen des Anwalds d. k. u. d. kurfürstl. Regierung zu Stade, wider d. Hofrichter v. Berlepsch. 8. Jena 801. (Leipz., Gnobloch). 2 gr

Fal, Vict., wir von der Grenze. Erzählung. (395 S.) 8. Schweidnitz 903. G. Brieger. n. 2. 50

v. Falaise, Heinrich; oder Scenen aus d. heutigen Frankreich. 8. Leipz. 794. Weygand. 12 gr

Falb, Rud., Babel, Bibel u. Jao. (48 S.) 8. Berlin (903). H. Steinitz. n. 1. —

Falb, Rud., üb. Erdbeben. Ein populärer Vortrag. 8. (VII, 190 S.) Wien 895. A. Hartleben. n. 3. —; geb. n. 4. –

——— Ueber Erdbeben. Ein populärer Vortrag. Wien, Pest, Leipzig 1895. 8.

——— Das Erdbeben von Belluno. (Sep.-Abdr. aus: Sirius, Bd. 6, H. 11.) Graz 1874. 8.

Falb, Rudf., das Erdbeben v. Belluno. [Aus: Sirius.] gr. 8. (11 S.) Graz 874. Cieslar. — 30

Falb, Rud., Gedanken und Studien über den Vulcanismus, mit besond. Beziehung auf das Erdbeben von Belluno am 29. Juni 1873 und die Eruption des Aetna am 29. Aug. 1874. 8. (XXIV, 320 S. mit 13 lithogr. und chromolithogr. Taf. in 8. und qu. 4.) Graz 875, Verlag Leykam-Josefsthal. *

Vgl.: Stimmen der Presse über zwei Vorträge von Rud. Falb.

Falb, Rud., das Geheimniss der Freimaurer u. der Spiritismus. Eine wissenschaftl. Untersuchg. 1. u. 2. Lfg. gr. 8. (S. 1—144 m. eingedr. Fig.) Leipzig 884. Klötzsch. n. 4. 90

— das kabbalistische Geheimniß der Bibel. Eine wissenschaftl. Untersuchg [Sonderausg. des „Zeit" I, 1—8] gr. 8. (79 S. m. 5 Taf.) Berlin 894. (H. Steinitz' Verl.) n. 3. —

Falb (R.), Grundzüge einer Theorie der Erdbeben und Vulcanausbrüche. Graz 1869. 8. Mit 5 Tafeln.

Falb, Rdf., Grundzüge zur Theorie der Erdbeben u. Vulkanausbrüche. In gemeinfaßlicher Darstellung. Graz 870. Verlag d. „Leykam". gr. 8. (XIII, 318 S. u. 2 lith. Tafl.) n. 2 ₰ 12 ngr

— **Grundzüge zur Theorie der Erdbeben u. Vulkanausbrüche. In gemeinfaßl. Darstellg. 6—8. (Schluß-)Lfg. gr. 8. (S. 319—526 m. 3 Steintaf., wovon 1 chromolith.) Ebend. 871. à n. 1. 50 (cplt.: n 12. —)**

Falb, Rud., Grundzüge zu einer Theorie der Erdbeben u. Vulkanausbrüche. In gemeinfaßl. Darstellung. Mit 5 (lith.) Fig.-Taf. 2. (Titel-)Ausg. gr. 8. (XIII, 526 S.) Graz (1871) 880. Leykam-Josefsthal. n. 10. —

Falb's, Rud., Kalender der kritischen Tage 1889. Mit Bezug auf Witterungs-Erscheingn., Erdbeben u. Schlagwetter in den Bergwerken. 32. (56 S.) Berlin 888. (Leipzig, Gracklauer.) cart. n.n. 1. —

— dasselbe. 1890. 16. (XVI, 119 S.) Berlin 889. (Wien, Hartleben.) n.n. 1. —

— **dasselbe. 1891. 16. (XVI, 132 S.) Wien 890. Hartleben. n. 1. 50**

— Kalender der kritischen Tage 1892, 1893, 1894 m. Bezug auf Witterungserscheinungen, Erdbeben u. Schlagwetter in den Bergwerken. 16. (XVI, 164; XVI, 171; XVI, 139 S.) Wien 891—893. A. Hartleben. à Jahr n. 1. 50

Das Land der Inca in seiner Bedeutung für die Urgeschichte der Sprache und Schrift. Von Rudolf Falb. Leipzig: Weber 1883. XXXVI, 455 S. 8°.
Bespricht ausführlich die Symbolik der Inca und kommt dabei auch auf die Frmrei zu sprechen. Vgl. auch Bh. 1881, Nr. 23, S. 179f.

Falb, Rudolf, Sterne und Menschen. Skizzen und Glossen aus der Mappe eines Naturforschers. Mit 68 Abbild. 31 Bog. 8. geh. 3 fl. 30 kr. Wien: Hartleben 1882.
— — Dasselbe. In eleg. Orig.-Einbd. Mit Carton 4 fl.

s.: Stimmen der Presse.

Falb (Rudolf). Kritische Tage, Sintfluth und Eiszeit. Ein populärer Vortrag. Wien, Pest, Leipzig 1895. 8.

— von den Umwälzungen im Weltall. Drei Bücher: In den Regionen der Sterne. — Im Reiche der Wolken. — In den Tiefen der Erde. Mit 95 (eingedr. Holzschn.-) Abbildungen. 8. (XXIV, 288 S.) Wien 881. Hartleben. 4. 50; geb. n. 6. —

— v. den Umwälzungen im Weltall. Drei Bücher: In den Regionen der Sterne. — Im Reiche der Wolken. — In den Tiefen der Erde. 2. Aufl. Mit 96 Abbildgn. 8. (VIII, 309 S.) Wien 887. Hartleben. n. 4. 50; geb. n. 6. —

Falb, Rudolf, Von den Umwalzungen im Weltall. 3 Bucher: In den Regionen der Sterne. — Im Reiche der Wolken. — In den Tiefen der Erde. 2. Aufl. Wien, Pest, Leipzig 1887.

Falb, Rud., von den Umwälzungen im Weltall. Drei Bücher: In den Regionen der Sterne. — Im Reiche der Wolken. — In den Tiefen der Erde. 3. Aufl. 8. (III, 352 S. m. 96 Abbildgn.) Wien 890. Hartleben. n. 4. 50; geb. n.n. 6. —

— **Urgeschichte der Sprache u. Schrift. I. A. u. d. T.: Die Andes-Sprachen in ihrem Zusammenhange mit dem semit. Sprachstamme. gr. 8. (VII, 88 S.) Leipzig 888. Friedrich. n. 3. —**

Der Weltuntergang. Roman von Rudolph Falb u. Charles Blunt [d. i. Arthur Brehmer]. *Berlin: H. Steinitz 1899.* (217 S.) 8° [A.]

— das Wetter u. der Mond. Eine meteorolog. Studie. 8. (84 S.) Wien 887. Hartleben. n. 1. 50

— Das Wetter und der Mond. Eine meteorologische Studie. 2. Aufl. Wien, Pest, Leipzig 1892.

— Wetterbriefe. Meteorologische Betrachtgn. m. besond. Bezugnahme auf die period. Ueberschwemmgn. im J. 1882. gr. 8. (VI, 152 S.) Ebend. 883. 2. 25; geb. 3. 25

Falb, Rud., s.: Wetter-Kalender.

Falb's, Rud., neuer Wetter-Kalender u. Verzeichnis der kritischen Tage f. 1902. Juli—Dezbr. 16. (95 S.) Berlin (902). (H. Steinitz). n. 1. —

— **dasselbe f. 1903, Jan. bis Juni. 16. (95 S.) Ebd. 903. n. 1. —**

— **neuer Wetter-Kalender u. Verzeichnis der kritischen Tage f. 1905, Juli—Dezbr. (56 S.) 16. Ebd. n. 1. —** Fortsetzung, s.: **Wetter-Kalender u. krit. Tage.**

— neue Wetter-Prognosen f. die Monate Juli bis Dezbr. 1894. 16. (79 S.) Berlin 894 H. Steinitz' Verl. Kart. n. 1. —

— dasselbe u. Kalender der kritischen Tage f. 1895 Jan. bis Juli. 16. (98 S.) Ebd. 894 n. 1

Falb's, Rud., neue Wetter-Prognosen u. Kal. d. krit. Tage f. 1898 Juli bis Dezember. 16. (74 S.) Berlin (H. Steinitz.) n. 1. —

— dasselbe f. 1899 Januar b. Juni. 16. (84 S.) Ebd. n. 1. —

Falb, Walter, Unterarzt b. Inf.-Reg. Nr. 41: Ein Fall von habitueller Patellarluxation. Berlin 1910: Ebering. 40 S. 8°
Berlin, Med. Diss. v. 2. Aug. 1910, Ref. Hildebrand
[Geb. 17. Jan. 84 Obdach, Steiermark; Wohnort: Tilsit; Staatsangeh.: Preußen; Vorbildung: Prinz-Heinrichs-Gymn. Berlin Reife O. 03; Studium: Berlin K. W. A. 10 S.; Coll. 29. Juli 10; Approb. 19. Juli 10.] [U 10. 32

Falbaire de Quingey, Fenouillot de

de Falbaire, **Fenouillet**, les deux avares. Comédie. 8. Berl., Rottmann. 6 ℳ

— die Belohnung der kindl. Liebe; e. rührendes Lstspl. in 5 A. Aus d. Französ. gr. 8. Leipz. 773. (W. Vogel). 6 ℳ

— le fabricant de Londres. 8. Lausanne 773. Pott. 5 ℳ

Falbaire de Quingey, Fenouillot de, der Fabrikant von London, ein Schauspiel in fünf Aufzügen; a. d. Franz. Leipzig 1771. Ü: *Petzold, Joh. Nathanael.* (Ky) (MGT) (Adel)

— der Fabrikant von London; Schspl. 8. Frankf. 771. Andreä. 4 ℳ bei Varrentrapp das. 3 ℳ

— daſſ. aus d. Franzöſ. (v. Jh. Nath. Petzold). 8. Leipz. 771. Jacobäer. (Aue in Altona). 3 gr

— der Galeerenſclave; e. rührendes Lſtſpl. in 5 A. Aus d. Franzöſ. 8. Münſter ... N. A. 777. Coppenrath. 5 gr

— die beiden Geizigen; Schſpl. aus d. Franzöſ. (v. F. H. Faber). 8. Frankf. 772. Andreä. 6 gr

— l'Honnête criminel. Drame en 5 A. 8. Coburg 796. (Riemann). 5 gr

Falbaire, der Tuchmacher in London; nach d. Franzöſ. v. J. A. v. Wielandt. 8. Wien 771.

Falbe, Carl, s. Falbe, Karl

Falbe, Gotthelf Samuel

Falbe, G. S. Horazens Brief an die Piſonen. (Deutſch.) 17 S. . . .

Progr. Stargard 1834

Falbe, G. S., Geſchichte des Gymnaſiums und der Schulanſtalten zu Stargard, nebſt den beiden Teſtamenten des hochverdienten Bürgermeiſters Peter Gröning, milden Stifters des hieſigen Gymnaſiums. 8. Stargard 831. Hendeß. ½ rtl

Falbe, Gtthlf. Sam., Gotthilf Sam. Hecker, nach ſeinem Leben u. Wirken dargeſtellt. 8. 825. (Cöslin, Hendeß). 6 gr

Falbe, G. S., De iis, quae in veterum scriptorum libris decori et honesti sensum offendere videntur. Womit z. d. Prüfung d. Stadtgymnasiums einladet. Stargard (Carl Gottlieb Hendeß) 24. III. 1823. 24 S. mit Namen. (4.—) 8538

Falbe, G. S. Probe einer Ueberſetzung von Virgils Aen. (I. 1—80.) 3 S.

Progr. Stargard 1827

Falbe, G. S. Ueber den Reichstag zu Augsburg und das auf demſelben übergebene Glaubensbekenntniß. 26 S. . . . .

Progr. Stargard 1830

Falbe, G. S. Ueber Schulen als Lehranſtalten u. Erziehungshäuſer. 13 S.

Progr. Stargard 1825

Falbe, G. S. De Grammaticae et Criticae studio in scholis recte dirigundo. 21 S. . . . .

Progr. Stargard 1826

Falbe, G. S., De Constantini Magni vita, moribus et legibus. I. Pr. 1827. 848. 4°. 1.20

Falbe, Karl

Falbe, Carl: Die Kinderheilkunde des Klaudios Galenos. *Berlin 1897: F. Ashelm.* (34 S.) 8°
Würzburg, Med. Diss. v. 1897

Falbe, Wilhelm

Falbe, Guilelmus: Studia Xenophontea. Gryphiae 1909: Adler. 48 S. 8°
Greifswald, Phil. Diss. v. 14. April 1909, Ref. Gercke
[Geb. 3. Dez. 82 Eichberg (Neumark); Wohnort: Eichberg; Staatsangeh.: Preußen; Vorbildung: Gymn. Friedeberg i. N. Reife O. 01; Studium: Berlin 2, München 1, Berlin 2, Greifswald 4 S.; Rig. 1. Aug. 08.] [U 09. 1519

Falben, Richmond; e. bürgerl. Trſpl. in 5 A. 8. Würzb. 781. (Weſché in Frankf.) 6 gr

Falbesoner, Hartmann Der Fernpaß und seine Umgebung in Bezug auf das Glacialphänomen. 8 (41 S.).
Progr. F. B. Privat-G. am Semin. Vincent. *Brixen* 1886.

Falbesoner, Hartmann, der Fernpass und seine Umgebung in Bezug auf das Glacialphänomen. gr. 8. (41 S.) Wien 887, Pichler's Wwe. und Sohn. *

Falbeſoner, Hartmann, Luſtfeuerwerkerei f. Berufsfeuerwerker u. Liebhaber. Gründliche Anweiſg. zur Herſtellg. aller gegenwärtig gebräuchl. Feuerwerkskörper u. deren Zuſammenſtellg. zu Feuerwerken. Mit 391 verſchiedenen Kompoſitionen u. Angabe der Bereitg. aller im Handel ſchwer erhältl. Präparate. (VII, 236 S. m. 100 Abbild.) gr. 8. Wien 909. A. Hartleben. 5.—; geb. 6.—

Falbiſaner, Adf., das deutſche Lied in der deutſch-amerikaniſchen Dichtung. Eine Blüthenleſe aus dem deutſchamerikan. Dichterwalde. gr. 8. (8 S.) Chicago 902. Koelling & Klappenbach. — 25
Sonderabdruck aus: „Deutſch-amerikan. Geſchichtsblätter."

Falbisaner, Adolf. Aus Hermanns frühen Tagen--Hist Skizzen. (Hist of the G settl of Hermann. Mo. A ser of 84 arts fr the Hermann Wochenblatt, Hermann, Mo, 1901-03.) Newsp clippings preserved in the NYPL.

Falbrecht Friedrich: De tertio Andriae exitu.
D: Diss. phil. Vindobonensis, IV. Bd., 1893.
1891 PN 664 Diss.Wien, Univ. 1500

Falbrecht, Friedrich: Über den Unterricht in der bildenden Kunst am Gymnasium. S. 3—44. 8.
Progr. Kaiser Franz Josef-Staatsgymn. *Freistadt i. Oberösterr.* 1903.

– und Sommer, Franz: Über den Unterricht in der bildenden Kunst am Gymnasium. II. Architektur. S. 3—36. 8.
Progr. Kaiser Franz Josef-Staatsgymn. *Freistadt i. Oberösterr.* 1904.
Siehe auch: Franz Sommer.

Falbtage 1890. 64. (1 Bl.) Leisnig 889. Ulrich. In Leinw. cart. — 15

Falch, Ernst

Falch, E., Betrachtungen üb. die Schulreform in Bayern u. Preußen. gr. 8. (III, 61 S.) München 893. R. Rieger. n. 1. 20

Falch, Ernſt, Ergebniſſe des Geſchichtsunterrichtes. 1648—1870/71. (36 S.) 8. Bamberg 909. C. C. Buchner's Verl. — 50

Falch, E., Gedanken üb. e. Reform unſeres Mittelſchulweſens. gr. 8. (IV, 63 S.) Würzburg 888. Stuber's Verl. n. 1.—

Falch, E., deutſche Göttergeſchichte. Der deutſchen Jugend gewidmet. 8. (IV, 56 S.) Leipzig 878. Teubner. cart. n. 1.—

Falch, E., deutſche Göttergeſchichte. Der Jugend erzählt. 2. Aufl. (47 S.) 8. Leipzig 904. B. G. Teubner. Kart. n. 1. 20

Deutsche Göttergeschichte. Der Jugend erzählt von E[rnst] Falch, Prof. a. D. 3. Aufl. Leipzig & Berlin: B. G. Teubner 1908. (V, 46 S.) 8° [F.]

Falch, E., Hilfe in außerordentl. Notſtänden. ſ.: Schriften d. deutſchen Vereins f. Armenpflege u. Wohlthätigkeit.

Falch, Ernſt, Hilfsbuch für den Unterricht in der deutſchen Literatur an Mittelſchulen. gr. 8. (VIII, 124 S.) Nürnberg 883, Korn'ſche Buchh.

Falch, Ernst „Mythologisches im Nibelungenliede". Ein Versuch. pg. 3 bis 32. 8°. E. Kaussler.
Landau, Progr. 1877/78

Das Nibelungenlied. Dem deutschen Volke erzählt von E[rnst] Falch. Prof. Leipzig & Berlin: B. G. Teubner 1905. (34 S.) 8° [F.]

— Parzival, ſ.: Lohmeyer's, Jul., vaterländiſche Jugendbücherei.

— die Sage von den Wölſungen u. Niflungen. Der Jugend erzählt. (40 S.) 8. Ebd. 904. Kart. n. 1. 20

Falch, E. Die gegenwärtige Schulreformbewegung u. unsere Stellung zu derselben. Vortrag, geh. in d. IX. Generalversammlg. d. Vereins von Lehrern an techn. Unterrichtsanstalten Bayerns zu München am 16. April 1889. gr. 8. (16 S.) Augsb. 889, Rieger. * — 40
Aus: Blätter f. d. bayer. Realschulwesen, besonders abgedruckt.

Falch, E. v., Centralleitung des württemberg. Wohltätigkeitsvereins, s.: Kreuz, das rote, in Württemberg.

Falch, Otto, was sich die Schlesier vom alten Fritz erzählen. Original-Lebensbilder aus dem Munde des Volks. Bisher noch nie gedruckt. Brieg 860. (Berlin, Geelhaar in Comm.) 8. (158 S.) n. 15 ngr.

Falch, O., was sich die Schlesier vom alten Fritz erzählen. Orig.-Lebensbilder aus dem Munde d. Volkes. 2. Aufl. 12. (IV, 198 S.) Glogau 889. Flemming. n. — 50

Falck, s. a. Falcke. – Falk. – Falke.

Falck. – Nikolaus Falck

Falck, Nik., Gedächtnissrede üb. ihn, s.: Brockhaus, F.

Falck, von:

s.: Militär-Sanitäts-Reglement für die Großherzoglich Hessischen Truppen. Darmstadt: 1822

JB 3.548

Falck, August Ernst Leo, Referendar: Die Voraussetzungen und die Form der Aufgabe des Eigentums an Grundstücken (§ 928 Abs. 1 BGB.) Leipzig: O. Wigand 1910. 93 S. 8°
Leipzig, Jur. Diss. v. 3. Okt. 1910
[Geb. 12. Juli 84 Leipzig; Wohnort: Dresden; Staatsangeh.: Sachsen; Vorbildung: Gymn. Zwickau Reife O. 04; Studium: Freiburg i. B. 1, Leipzig 7 S.; Rig. 10. Juli 08.] [U 11. 2826

Falck, Carl, s. Falck, Karl

Falck, Carl Philipp, s. Falck, Karl Philipp

Falck, Christoph (Tilsit), De rogatione testium in testamentis. Disput. juris. Präs. Joh. Heinrich Hoyer. Königsberg (Reusner) Mai 1705. 24 S. (5.—) 8539
Gew.: Friedr. v. Derschau, Ernst Friedr. Fehr, Martin Jeschcken, Christoph Aegidius Negelein. Widm. v.: Präs., M. Reinhold Stürmer.

Falck, Ernst [aus Bockwa i. S.]: Ein Beitrag zur Kenntnis der Amidoxime .... Zwickau i. S., Druck v. Forster & Bär, 1887; 46 S. + 1 Bl. 8°
Erlangen, Phil. Fak., Inaug.-Diss. v. 1887

Falck, Ferd. Aug., der Antagonismus der Gifte, s.: Sammlung klinischer Vorträge.

Falck, Ferdinand August: Beiträge zur Physiologie, Hygiene, Pharmakologie und Toxikologie, s. Falck, Karl Philipp

— Lehrbuch der praktischen Toxikologie, für praktische Ärzte u. Studirende mit Berücksichtigung der gerichtsärztlichen Seite d. Faches bearb. gr. 8. (VII, 340 S.) Stuttgart 880. Enke. n. 8. -

—— Tod durch Entziehung von Nahrung, } s. Handbuch der gerichtlichen Medicin.
—— Tod durch Verbrennung, Verbrühung und Insolation, }

— Uebersicht der speciellen Drogenkunde. gr. 8. (VII, 37 S.) Kiel 877. Schwers. cart. n. 1. 60

— dasselbe. 2., verm. u. umgearb. Aufl. 8. (VIII, 57 S.) Ebend. 883. n. 1. 20

Falck, F. A., die Wirkungen d. Strychnins, s.: Sammlung klinischer Vorträge.

— **F. W.** (Köln), De rebus, quae pignori dari non possunt. Disp. jur. Rector Johann vanden Honert (T. H. filii). Utrecht (Alex. van Megen) 9. V. 1731. 24 S. (5.—) 8541
Gew.: Joh. Werner Meinertzhagen, Isaac Petersen, Phil. Hack, Joh. Dav. van den Enden, Isaac Ubing, Everard Otto.

FALCK, Georg von (Reval): Die Thünen'sche Lehre vom Bildungsgesetz des Zinsfusses und vom naturgemässen Arbeitslohn.- Leipzig: Leiner (1875). 56 S.
13.2.1875 - Urk (Titel: De Henrici de Thuenen formula VAP iam saepe illustrata.); Chr 1874/75,12
Diss. Ingolst.-La.

Falck, Geo. v., Die Thünen'sche Lehre vom Bildungsgesetz des Zinsfusses und vom naturgemässen Arbeitslohn. Eine kritisch-apologetische Studie. gr. 8°. Leipzig, Bidder, 1875.

Falck, Dr. Georg v. Kritische Rückblicke auf die Entwicklung der Lehre von der Steuerüberwälzung seit Ad. Smith. 8°. Dorpat, Schnackenburg, 1882.

Falck, G. v. Russische Wirtschafts- und Finanzfragen. gr. 8°. Reval, Kluge, 1889. (U. a.: Die neuen Branntweinsteuerprojecte und die baltische Landwirtschaft.)

Falck, G. v. Russische Wirtschafts- und Finanzfragen. gr. 8°. Reval, Kluge, 1889. (U. a.: Russlands Finanzlage.)

Falck, G. v. Russische Wirtschafts- und Finanzfragen. gr. 8°. Reval, Kluge, 1889. (U. a.: Zur Würdigung der in Russland neu einzuführenden Personalsteuern.)

Falck, Hermann [approb. Arzt aus St. Margarethen]: Beitrag zur Lehre und Casuistik der Bindegewebsgeschwülste des Halses .... Kiel, Druck v. Schmidt & Klaunig, 1887; 13 S. + 1 Bl. 8°.
Kiel, Med. Fak., Inaug.-Diss. v. 30. Jul. 1887.

Falck, Hermann, Beitrag zur Lehre und Casuistik der Bindegewebeschwülste des Halses. Diss. Kiel 1887, Haeselersche Sort.-Buchb. 8°. 13 S.

Falck, Jeremias, sein Leben u. seine Werke, s. Block, J. C.

— **Johann Adolph** (Jena), Viro Jo. Christoph Flessa post eximiam in academia Jenensi litteris navatam operam Sonderburgum 5. X. 1749 ad suos revertenti auspic. iter nomine eorum qui in societ. cum ipso latinas litteras coluerunt apprec. simulque brev. disqu. de formula qua veteres defunctis terram optabant levem. Jena (J. B. Heller). 12 S. (3.—) 8544

— **Joseph R.,** De heterodoxia Philippistarum. Comment. acad. Lund (C. F. Berling) 31. X. 1834. 31 S. (4.—) 8546

Falck, Karl

Falck, Carl, Eckernförde 6. IV. 1849. Erinnerungsgedichte zur 50jähr. Gedächtnisfeier. 8. (16 S.) Hamburg 899. Herold. — 80

Falck, Karl: Festgedichte zur Feier des Geburtstages Sr. Hoheit des Herzogs Friedrich VIII, s. Falck, S.

Falck, Carl, Kammergerichtsrefer.: Die Rückwirkung einer Aufhebung des Jesuitengesetzes auf die in den deutschen Einzelstaaten schon früher bestandenen Verbotsgesetze über den Orden der Gesellschaft Jesu. Breslau: Kern 1909. 50 S. 8° ¶(Aus: Zeitschr. f. Völkerrecht u. Bundesstaatsrecht. Bd 4, H. 1.)
Würzburg, Jur. Diss. v. 19. April 1909, Ref. Meurer
[Geb. 1. Mai 84 Kaldenkirchen; Wohnort: Berlin; Staatsangeb.: Preußen; Vorbildung: Lyz. II Hannover Reife O. 02; Studium: Berlin 7 S.; Rig. 17. Juni 08.] [U 09. 4049

Falck, Karl [Hrsg.], s. Theuriet, André: Ausgewählte Erzählungen

Falck, Karl Philipp

Falck, Carl Phpp., und Ferd. Aug. Falck, Beiträge zur Physiologie, Hygiene, Pharmakologie und Toxikologie. 1. Bd. gr. 8. (IV, 230 S. mit 7 lithogr. Taf. in gr. 8. und qu. gr. 4.) Stuttgart 875, Enke. *

Falck, Carl Phpp., das Fleisch. Gemeinverständliches Handbuch der wissenschaftl. u. pract. Fleischkunde. Mit 12 lith. Taf. gr. 8. (XVI, 640 S.) Marburg 880. Elwert's Verl. n. 10. —

Falck, Carl Phil., Handbuch der gesammten Arzneimittellehre m. Einschluss der Toxikologie. 1. Bd. A. u. d. T.: Handbuch der diätetischen Heilmittellehre od. die Organo-Constitutientien des Menschen nach ihren naturhistor. Eigenheiten, physiolog. Wirkungen u. therapeut. Anwendungen. Mit 1 (lith.) Taf. Abbildgn. 4 Hfte. Imp. 4. (XII u. 282 S.) Marburg 848—50, Bayrhoffer. (1. Hft. n. 24 ngr 2. Hft. n. 1 ₰ 2 ngr 3. Hft. n. 24 ngr 4. Hft. n. 1 1/3 ₰) n. 4 ₰

Falck, C(arl) P(hil.), **Intoxicationen, s. Handbuch der speciellen Pathologie und Therapie.**

— das Kochsalz. [Separatabdruck aus d. Handbuche d. gesammten Arzneimittellehre u. Toxikologie.] Lex. 8. (24 S.) Ebd. 849. 3 ngr

Falck, C. Ph., Pharmakopöe für das Kurfürstenth. Hessen. Nach der 2. verb. Ausg. des latein. Orig. deutsch bearb. und mit einem therapeut. Commentare versehen. A. u. d. T.: Therapeutischer Commentar zur 2. verb. Ausg. der in latein. Sprache verfassten Pharmakopöe für das Kurfürstenth. Hessen. In 2 Hälften. gr. 8. (X und 437 S.) Marburg (861)62, Elwert'sche Universitäts-Buchh. [1. Hälfte 25 Ngr., 2. Hälfte 1 Thlr.]

Falck, Carol. Phil., de Thyreophymate endemico per Nassoviam atque Hassiam electoralem. Dissertatio inaug. medica. 8maj. Marburgi Cattorum 844, Elwert. 1/3 ₰ bei Bayrhoffer das. (846.) n. 1/3 ₰

Falck, Carl Phpp., Uebersicht der Normalgaben der Arzneimittel m. tabellar. Vorführg. der Einzelgaben u. der grössten Tagesgaben, sowie m. Berücksicht. der Pharmacopoea germanica bearb. gr. 8. (VIII, 140 S.) Marburg 875. Elwert's Verl. n. 2. 40

— de Urina albuminosa in morbo Brightii, disquisitiones. 8maj. Marburg 846, Bayrhoffer. 1/2 ₰

Falck, **Karl Phil., compendiöses Wörterbuch der speciellen Arznei-Verordnungslehre. Mit Zugrundelegung der Gesammtheit der jetzt gült. deutschen Staats-Pharmakopöen, insonderheit mit genauer Vergleichung der darin aufgeführten Mittel, sowie mit Berücksichtigung sowohl der seit 1830 in der Therapie eingeführten nicht officinellen Mittel, als auch der neuesten Arzneibereitungsformen bearb. Lex.-8. (XII und 551 S.) Erlangen 864, Enke's Verlag.** *

Falck, Ludwig A[ugelo]. Die Form der Hypothekar-Geschäfte bei den Schweizerischen Kantonalbanken. Diss. Jur. Bern. 1900. XVI + 214 S. 8. Bern, Büchler & Co., 1901. [br. fr. 3. 50, geb. fr. 5. —; beim Verfasser]

— Nathanael Gottfried (Danzig), Thesium pontificiarum a plagiario anonymo 1697 vulgatarum, per antitheses orthodoxas, rejectarum quaternarius. Präs. Johann Nicol. Quistorp. Rostock Nic. Schwigerov) Aug. 1711. 48 S. (5.—) 8549
Widm. v.: Jo. Fecht, Präs., Joh. Pet. Grünenberg, Z. Grapius, Heinr. Ascan Engelcken.

Falck, Niels, s. Falk, Niels Nikolaus

Falck, Nikolaus, s. Falk, Niels Nikolaus

Falck, Nikolaus Detl.

— Abhandl. üb. die venerischen Krankheiten. a. d. Engl. 5 Thle. 8. Hamb. Bohn. 775.

— Abhandl. über d. venerischen Krankheiten; aus d. Engl. v. W. Möller. 8. Hamb. u. Kiel 775. (Campe). 1 ₰ 8 gr.

Falk, N. D., Abhandl. vom Quecksilber. gr. 8. Leipzig, Weidmann. 777.

— — dasselbe. gr. 8. Leipz. (Haslinger in Linz.) 777.

Falck, N.D.: Von dem Quecksilber und dessen Kräften bey verschiedenen Krankheiten. (A Treatise on the medical qualities of mercury. Dt.) 268 S., gbd.

Leipzig: Weidmann & Reich 1777

JB 1.557

FALCK, N[IC.] D[ETL.], Untersuchung der sogenannten Viehseuche, oder Beweisgründe, dasz diese Viehkrankheit nicht von pestilenzischer oder ansteckender Art sey, sondern von einer übeln Verdauung und von Würmern in den Mägen herrühre; auch dasz die Inoculation dieser Krankheit gänzliche ungereimt und dem Vieh höchst schädlich sey; nebst Hülfsmitteln dieser Krankheit vorzubeugen. Mit zwey Kupfertafeln erläutert. Hamburg. 1781. — Sm. St. 1782. (Kun nyt Titelblad).

Falck, Norbert, s. Falk, Norbert

Falck, Paul, das Gesetz der Genialität u. dessen Entdecker Wilhelm v. Lenz. Eine Anregg. gr. 8. (32 S.) Zürich 894. Verlag v. „Stern's literar. Bulletin der Schweiz". n. 1. —

Falck, Paul Theodor

Falck, P. Th., Friederike Brion v. Sesenheim [1752—1813]. Eine chronologisch bearb. Biographie nach neuem Material aus dem Lenz-Nachlasse. Mit e. Portr., 4 Zeichnungen u. 3 Facsims. gr. 8. (XVI, 86 S.) Berlin 884. Kamlah. n. 4. —
- Register, s.: Brieflade, est- u. livländische.

Falck, P. T., der Dichter J. M. R. Lenz in Livland. Eine Monographie nebst einer bibliographischen Parallele zu M. Bernays' jungem Goethe von 1766—1768 unbekannte Jugenddichtungen von Lenz aus derselben Zeit enth. gr. 8. (XVI, 84 S.) Winterthur 878. Westfehling. n. 3. 20

Falck, Paul Th[eodor]: Der Stammbaum der Familie *Lenz* in Livland, nach e. neuen System. Dazu als Pendant e. Goethestammbaum nach demselben System. Nürnbg '07. 52 S. 4° Bauer & Raspe. 4. —

Falck, Richard, aus Friedberg (Hessen): Ueber α-Hydroxylaminbuttersäure und Aethoxyisocrotonylbenzenylamidoxim. Zür. J. Schabelitz Dr. 1896. 45 S., 1 Bl. 8°.
Zürich, Phil. Diss. [v. 30. Sept. 1896].

FALCK, Richard: Bericht über die 3. Sitzung der Beratungskommission. Die Lenzites-Fäule des Coniferenholzes. Eine auf kultureller Grundlage bearbeitete Monographie der Coniferenholz bewohnenden Lenzites-Arten. - Jena 1909. XXXII, 234 S., 24 Abb., 7 Taf. - (Hausschwamm-Forsch. H. 3)

Falck, Richard, aus Landeck (Westpr.): **Aus d. pflanzenphysiol. Institut d. Universität Breslau. Die Cultur der Oidien und ihre Rückführung in die höhere Fruchtform bei den Basidiomyceten.** (Mit Taf. 12—17.) *Breslau 1902: R. Nischkowsky.* (36 S.) 8° ¶ [Sep.-Abdr.; ohne die Taf.]
Breslau, Phil. Diss. v. 14. Juni 1902

Falck, Rich., die Lenzites-Fäule des Coniferenholzes, s.a. **Hausschwamm-Forschungen.** 3. Hft.

Die Lenzites-Fäule des Coniferenholzes. Von Dr. Richard **Falck.** Mit Zeichn. von Olga Theomin. Mit 7 Taf. u. 24 Abb. Jena: Fischer 1909. XXXII, 234 S. 4°
(Hausschwammforschungen hrsg. von A. Möller. H. 3)

Falck, Rich., die Sporenverbreitung bei den Basidiomyceten u. der biologische Wert der Basidie. (III, 82 S. m. 6 Taf.) Lex.-8. Breslau 904. J. U. Kern. n. 7.—
Sonderabdruck aus: „Beiträge z. Biol. d. Pflanzen".

— **Untersuchungen aus dem Gesamtgebiete der Mykologie,** s.: **Brefeld,** Osc.

Falck, Robert

Falck, R., Art u. Unart in deutschen Bergen. Volkshumor in Reimen u. Inschriften. 8. (VIII, 110 S.) Berlin 890. Meidinger. n. 2.—

Falck, Rob., zur Geschichte d. Liebhabertheaters. Ein kulturhistor. Beitrag. 8. (VII, 168 S.) Berlin 887. Brachvogel & Boas. n. 2.40

— **Spruchschrein f. Haus u. Hausrath.** 8. (IV, 68 S.) Berlin 889. Hertz. n. 1.20; geb. n. 1.80

Falck, Rudolf: Beiträge zur galvanischen Polarisation durch Wechselströme. Halle a. S. 1883: Heynemann. 32 S., 3 Taf. 8°
Halle-Wittenberg, Phil. Diss. v. 3. Nov. 1883
Geb. Stettin 29. 1. 1861. V.
Diplom fälschlich vom 17. Okt. 1883.

Falck, S., u. Carl **Falck,** Festgedichte zur Feier des Geburtstages Sr. Hoheit des Herzogs Friedrich VIII. Altona 865. Mendel. gr. 8. (16 S.) n. 3 *ngr.*

Naturklänge v. S. Falck. Altona 1855. 8°.

Falck, Wendelin, Sonette. Lustspiel in 1 Act. 8. (60 S.) München 877. Ad. Ackermann. n. 1.—

Falcke, s. a. Falck. – Falk. – Falke.

Falcke: Das Koniglich-Sächsische 2. Grenadier-Regiment Nr. 101 „Kaiser Wilhelm, König von Preussen", s. Schneider

Falcke, die **Hauptperiode** der sogenannten Friedensblokaden. (1827—1850.) Eine völkerrechtl. Studie. 8. (VIII, 92 S.) Leipzig 890. Rossberg. n. 2.60

Falcke. Die Hauptperiode der sogenannten Friedensblokaden. [1827—1850.] Eine völkerrechtl. Studie. gr. 8. (VIII, 92 S.) Lpz. 891. Roßberg. * 2 60

Falcke, die Hauptperiode der sogenannten Friedensblokaden. [1827 1850.] Eine völkerrechtl. Studie gr. 8. (VIII, 92 S.) Leipzig 891. Roßberg. n. 2. 60

Falcke, über gleichzeitige Staatsangehörigkeit in mehreren deutschen Bundesstaaten und deren Einfluß auf die Beurtheilung der Status- und Familienverhältnisse. gr. 8. (XVI, 60 S.) Leipzig 888, Roßberg'sche Buchh. *

Falcke, August

— die gebräuchlichen Anwendungen der Elektrizität. Mit 17 guten Orig.-Abbildgn. gr. 8. (16 S.) Leipzig 901. Dürr'sche Buchh. n. —50

Falcke, Aug., s.: **Aus der Schule** — s. die **Schule.**

Falcke, Aug., s.: **Beiträge** zum Geschichtsunterricht.

Falcke, A., **Alldeutschlands** Jubelfeier. Festgabe zum 2. September. gr. 8. (16 S.) Hilchenbach 889. Wiegand. —15

— Martin **Luther's** kleiner **Katechismus,** f. den Schulgebrauch erläutert. 8. (XIX, 285 S.) Hilchenbach 888. [Wiegand.] Halle a/S., Herm. Schroedel. n. 2.—; geb. n. 2.50

— Dr. M. **Luther's** kleiner **Katechismus** m. Spruchbuch. [Einzelhft. aus: „Falcke, A., u. Förster, Religionsbuch f. evangel. Schulen".] gr. 8. (32 S.) Halle a/S. 890. H. Schroedel. n. —25

Falcke, A., Leitfaden der Geometrie. Hrsg. von einem Vereine von Lehrern. Mit 165 (eingedr. Holzschn.-) Fig. 5., verm. u. verb. Aufl. 8. (72 S.) Potsdam 878. Rentel's Verl. n. —40; geb. n. —50

Falcke, A., Leitfaden der Geometrie. Hrsg. von einem Vereine von Lehrern. 6. verm. und verb. Aufl. 8. (80 S. mit 185 eingedr. Holzschn.-Fig.) Potsdam 881, Rentel's Verlag. *

Falcke, A., Leitfaden der Geometrie. Hrsg. v. e. Vereine v. Lehrern. Mit 185 Fig. 7. verm. u. verb. Aufl. 8. (80 S.) Potsdam 885. Rentel's Verl. n. —40; geb. n. —50

Falcke, A. Leitfaden der Geometrie. 12. Aufl. 12. (95 S. m. 191 Fig.) Potsdam 892, Rentel's Verlag. geb. * —60

Falcke, A., Leitfaden der Geometrie. 14. Aufl. 8. (95 S. m. 191 Fig.) Potsdam 894. J. Rentel's Verl. Geb. n. —60

[J.] Leitfaden der Geometrie, hrsg. v. A[ug.] **Falcke.** 18., verb. u. verm. Aufl. Neu bearb. v. H. Röhrs, Rekt. in Oschersleben. M. 215 Fig. *Berlin: J. Rentel 1897.* (IV, 101 S., 1 Bl.) 1 Bd 8. [97. 7070

Falcke, A., Leitfaden der Geometrie. Neu bearb. v. H. Röhrs. 20. unveränd. Aufl. gr. 8. (IV, 102 S. m. 215 Fig.) Berlin 901. J. Rentel. Kart. n. —80

— einheitliche **Präparationen** f. den gesamten Religions-Unterricht in 7 Tln. 1. Bd. gr. 8. Ebd. 890. n. 1.60; geb. n. 2.—
22 biblische Geschichten f. die Unterstufe. Bearb. v. A. Falcke-Hilchenbach u. J. Falcke-Hamburg. [Mit Lehrbeispielen.] (VI, XVI, 175 S.)

— u. Frz. **Falcke,** einheitliche Präparationen f. den gesamten Religions-Unterricht in 7 Tln. 2.—4. Bd. (Mit Lehrbeispielen.) gr. 8. Halle, H. Schroedel. n. 9.—; geb. n. 10.50 (I—IV.: n. 10.60; geb. n. 12.50)
2. 50 biblische Geschichten f. die Mittelstufe. 2., verb. Aufl. (VIII, 301 S.) 894. n. 3—; geb. n. 3.60
3. Die hl. Geschichte in Lebensbildern. Für die Oberstufe bearb. (XI, 418 S.) 894. n. 4.—; geb. n. 4.50
4. Martin Luthers kleiner Katechismus. 2., verb. Aufl. Bearb. v. A. Falcke. [Mit Lehrbeispielen.] (XVI, 204 S.) 892. n. 2.—; geb. n. 2.50

— u. Frz. Falcke, Einheitl. Präparationen f. d. ges. Religions-Unterricht in 7 Tln. 1.—5. Bd. gr. 8. Halle, H. Schroedel. n 14.85; geb. n. 17.25

1. 22 bibl. Geschichten f. d. Unterstufe. (M. Lehrbeispielen.) 4., durchges. Aufl. (XXIII, 166 S.) 897. n. 1.60; geb. n. 2.—
2. 80 bibl. Geschichten f. d. Mittelstufe. (M. Lehrbeispielen.) 4., durchgesch. Aufl. (VIII, 301 S.) 897. n. 3.—; geb. n. 3.50
3. D. hl. Geschichte in Lebensbild. F. d. Oberstufe bearb. 2., durchgesch. Aufl. (XI, 420 S.) 896. n. 4.—; geb. n.n. 4.50
4. Martin Luthers kleiner Katechismus. 3., verb. Aufl. Bearb. v. A. Falcke. (M. Lehrbeispielen.) (XIV, 220 S.) 896. n. 2.25; geb. n. 2.75
5. 70 Kirchenlieder, im Anschl. an bibl. Lebensbilder, Schriftworte u. Dichterbiographien z. Gebr. f. Mittel- u. Oberstufe ausführl. bearb. (M. e. Anh., enth. Überblick üb. d. Geschichte d. Kirchenliedes u. Lehrbeispiel.) (IX, 448 S.) 897. n. 4.—; geb. n. 4.60

— u. Frz. Falcke, einheitliche Präparationen f. den gesamten Religions-Unterricht in 7 Tln. I., II., IV., VI. u. VII. Bd. gr. 8. Halle, H. Schroedel. n. 16.05; geb. n.n. 18.45

I. 22 biblische Geschichten f. die Unterstufe. (Mit Lehrbeispielen.) 6. durchgeseh. Aufl. (XXIII, 168 S.) 902. n. 1.60; geb. n.n. 2.—
II. 80 biblische Geschichten f. die Mittelstufe. (Mit Lehrbeispielen.) 6. durchgeseh. Aufl. (VIII, 435 S.) 902. n 3.20; geb. n. 3.70
IV. Dr. Martin Luthers kleiner Katechismus. 4., verb. Aufl. Bearb. v. A. Falcke. (Mit Lehrbeispielen.) (XVI, 227 S.) 901. n. 2.25; geb. n. 2.75
VI. Bibellesen. 165 ausgewählte Bibelabschnitte im Anschluß an die bibl. Geschichte in 2 Abtlgn. f. die Oberstufe bearb. v. Frz. Falcke. (Mit e. Anh., enth.: Kurzgefaßte Bibelkunde.) (X, 491 u. XXII S.) 899. n. 5.—; geb. n. 5.50
VII. Bilder aus der Kirchengeschichte, nebst Vorbetrachtungen u. e. Anh. f. Schule u. Haus. (XV, 408 S.) 902. n. 4.—; geb. n. 4.50

— u. Frz. Falcke, einheitliche Präparationen für den gesamten Religions-Unterricht in 7 Tln. I.—V. Bd. gr. 8. Halle, H. Schroedel. n. 15.05; geb. n.n. 17.45

I. 22 biblische Geschichten f. die Unterstufe. (Mit Lehrbeispielen.) 7. durchgeseh. Aufl. (Rechtschreibung nach der minist. Verfügung von 1902.) (XXIII, 168 S.) 904. n. 1.60; geb. n.n. 2.—
II. Biblische Geschichten f. die Mittelstufe. (Mit Lehrbeispielen.) 7. durchgesch. u. m. Vorbemerkungen ausgestattete Aufl. (Rechtschreibung nach der minist. Verfügung v. 1902.) (XI, 347 S.) 905. n. 3.20; geb. n.n. 3.70
III. Die hl. Geschichte in Lebensbildern. Für die Oberstufe bearb. (Mit Lehrbeispielen.) 4., erweit. Aufl. (Rechtschreibung nach den minist. Verfügg. v. 1902.) (XI, 428 S.) 903. n. 4.—; geb. n.n. 4.50
IV. Dr. Martin Luthers kleiner Katechismus. 5., verb. Aufl. Bearb. v. A. Falcke. (Mit Lehrbeispielen.) (XVI, 228 S.) 906. n. 2.25; geb. n.n. 2.75
V. Lehrbuch des evangelischen Kirchenliedes. 70 Kirchenlieder im Anschluß an bibl. Lebensbilder, Schriftworte u. Dichterbiographien unter steter Berücksicht. ihrer Entstehung in darstellender Form ausführl. bearb. (Mit e. Anh., enth. Übersicht über die Geschichte des Kirchenliedes, Dichterbiographien u. Lehrbeispiele.) 2. neubearb. Aufl. (XI, 434 S.) 906. n. 4.—; geb. n.n. 4.50

— u. Frz. Falcke, einheitliche Präparationen f. den gesamten Religions-Unterricht in 7 Tln. I. u. II. Bd. u. III. Bd. A. u. B. 8. Halle, H. Schroedel. 11.20; geb. 13.20

I. Unterredungsstoffe f. den vorbereitenden Kursus u. 22 biblische Geschichten f. die Unterstufe. (Mit Lehrbeispielen.) 8. durchgeseh. u. verm. Aufl. (Rechtschreibung nach der minist. Verfügung v. 1902.) (XXIV, 191 S.) 908. 2.—; geb. n 2.50
II. Biblische Geschichte f. die Mittelstufe. (Mit Lehrbeispielen.) 8. durchgeseh. u. m. erweit. Vorbemerkgn. ausgestattete Aufl. (Rechtschreibung nach der minist. Verfügg. v. 1902.) (XII, 300 S.) 908. 3.20; geb. n 3.70
III. Die hl. Geschichte in Lebensbildern. Für die Oberstufe bearb. u. m. literar. Vorbemerkgn. ausgestattet v. A. Falcke u. Frz. Falcke. (Mit e. Lehrbeispiel.) 5., umgearb. u. verm. Aufl. (Rechtschreibung nach der minist. Verfügg. v. 1902.) A. Das alte Testament. (X, 231 S.) 906. 3.—; geb. n 3.50. — B. Das neue Testament. (XI, 303 S.) 907. 3.—; geb. n 3.50

—— u. Förster. Religionsbuch f. evangelische Schulen. Auf Grund d. Falcke'schen Erläuterungswerkes einheitl. bearb. 1. Aufl. (VIII, 107 S. m. 3 Karten.) 890. * 1 —; geb. * 1 25; Ausg. m. 5 Karten * 1 10; geb. * 1 35; 2. verb. Aufl. gr. 8. (XII, 209 S.) Ebd. 889,92. * — 75; geb. * — 90

— u. Förster, Religionsbuch f. evangelische Schulen. Auf Grund d. A. Falcke'schen Erläuterungswerkes einheitlich bearb. gr. 8. (VIII, 107 S. m. 3 Karten.) Ebd. 890. n. 1.—; geb. n. 1.25; Ausg. m. 5 Karten n. 1.10; geb. n. 1.35

— u. Förster, Religionsbuch f. evangelische Schulen. Auf Grund des Falcke'schen Erläuterungswerkes einheitlich bearb. 4., unter Mitwirkg. des Hrn. Gen.-Superint. Schultze veranstaltete Aufl. (17.—26. Tausf.) gr. 8. (XII, 238 S. m. 3 Karten u. Kärtchen.) Ebd. 891. n. — 75; geb. n.n. — 90

— — Anhang aus dem Religionsbuch f. evangelische Schulen. gr. 8. (IV, 107 S.) Ebd. 891. Kart. n. — 70

[F.] Religionsbuch für evangelische Schulen. Einheitlich bearb. v. A[ugust] Falcke u. [Theodor] Förster. 8. Aufl. Ausg. C. '(Prov. Brandenburg)'. *Halle a. S.: Schroedel (1897).* (X, 222 S., 1 Kt.) 1 Bd 8.

— u. Förster, Religionsbuch f. evang. Schulen. Einheitl. bearb. M. Karten u. Kärtchen. 9. Aufl. gr. 8. (X. 221 S.) Ebd. 897. Geb. n.n. — 90

— dasselbe. Ausg. A u. B, f. d. Prov. Westfalen. 9. Aufl. gr. 8. (à X, 221 S. m. 1 farb. Karte.) Ebd. 898. Geb. in Halbleinw. à n n. — 90; in Halbldr. à n.n. — 95

A. Ausg. m. d. Kirchenlied. n. d. evang. Gesangbuche f. Rheinland u. Westfalen.
B. Ausg. m. d. Kirchenlied. n. d. evang. Gesangbuche d. Fürstent. Minden u. d. Grafsch. Ravensberg.

— — dasselbe. 8. Aufl. Ausg. C. (Prov. Brandenburg.) gr. 8. (X, 222 S.) Ebd. 897. Geb. n n. — 90

— — dasselbe. 8. Aufl. Ausg. E. (Prov. Pommern.) gr. 8. (X, 224 S.) Ebd. 897. Geb. n.n. — 90

[F.] Religionsbuch für evangelische Schulen. Einheitl. bearb. v. A[ugust] Falcke ... und ... [Theodor] Förster ... Ausg. B; f. d. Pr. Posen. 10. Aufl. ... *Halle a. S.: H. Schroedel [1899].* (X, 221 S., 1 Kt.) 1 Bd 8.

[F.] Religionsbuch für evangelische Schulen. Einheitl. bearb. v. A[ugust] Falcke ... und ... [Theodor] Förster ... Ausg. D. B; f. d. Pr. Westfalen. 10. Aufl. ... D. B. Ausg. mit d. Kirchenliedern nach d. evangel. Gesangbuche des Fürstent. Minden u. der Grafsch. Ravensberg. *Halle a. S.: H. Schroedel [1899].* (X, 221 S., 1 Kt.) 1 Bd 8.

Falcke, Aug., u. Förster, Religionsbuch f. evangelische Schulen. Einheitlich bearb. 12. Aufl. gr. 8. (VIII, 232 S. m. 1 farb. Karte.) Halle 902. H. Schroedel.
Geb. in Halbleinw. n.n. — 95; in Halbldr. n.n. 1.—

Auch in Ausg. f. Pommern, Posen, Brandenburg, Westfalen u. Rheinland erschienen.

Religionsbuch für evangelische Schulen. Einheitl. bearb. von A[ugust] Falcke, Sem.Oberl., u. Prof. D. [Theodor] Förster, Superint. Mit Karten u. Kärtchen. 13. Aufl. *Halle a. S.: H. Schroedel [1903].* (VIII, 232 S.) 8° [F.]

— u. Förster, Religionsbuch f. evangelische Schulen. Einheitlich bearb. 15. Aufl. (VIII, 232 S. m. 1 farb. Karte.) 8. Ebd. (904). Geb. in Halbleinw. n.n. — 95; in Halbldr. n.n. 1.—

— — dasselbe. Vorstufe. f.: Religionsbuch f. die ersten 3 Schuljahre.

Religionsbuch für evangelische Schulen. Einheitl. bearb. von A[ugust] Falcke u. Prof. D. [Theodor] Förster. Mit Karten u. Kärtchen. 15. Aufl. Ausg. F. (Prov. Schlesien) mitbearb. von R. Matzner, Brieg. Halle a. S.: H. Schroedel [1907]. (VIII, 220 S.) 8° [F.]

— — dasselbe. 16. Aufl. Ausg. f. die Prov. Ost- u. Westpreußen, bearb. v. Bernh. Fürstenau. (VIII, 227 S. m. 1 farb. Karte.) 8. Ebd. (907). Geb. in Halbleinw. nn — 95; in Halbldr. nn 1.—

Die Vorstufe f. u. d. T.. Religionsbuch f. die ersten drei Schuljahre der evangelischen Volksschulen.

Falcke, Aug., u. Förster, Religionsbuch f. evangelische Schulen. Einheitlich bearb. 19. überarb. Aufl. (Ausg. A Prov. Sachsen.) (VIII, 220 S. m. 2 farb. Karten.) 8. Halle (909). H. Schroedel. Geb in Halbleinw. nn — 95; in Halbldr. nn 1.—

— — dasselbe. 19. überarb. Aufl. Ausg. E. (Prov. Pommern.) (VIII, 224 S. m. 2 farb. Karten.) 8. Ebd. 909. Geb. nn — 95

— s.: Vorbereitungen f. Deutsch.

Falcke, E. F. H., s. Braitwell; e. Trspl.

Falcke, Frz., e. Beitrag z. Methodik d. Religionsunterrichts: Wie sind d. bibl. Geschichten in d. Schule zu behandeln? Vorgetragen im Verein Hamburger Volksschullehrerinnen am 24. I. u. 7. II. 1896. gr. 8. (48 S.) Ebd. 896. n. — 60

Falcke, Frz., Lasset die Kindlein zu Mir kommen! Eine Anleitung, den Kleinen die bibl. Geschichte darzureichen, für Schule, Haus und Kindergarten. 8. (146 S.) [Bernburg 886, Bacmeister.] Gotha, Behrendt. *

Falcke, Frz., einheitliche Präparationen f. den gesamten Religions-Unterricht, s.: Falcke, Aug.

— die erste Stufe d. Lesens u. Schreibens. Ein Beitrag zur Methode d. ersten Leseunterrichts. gr. 8. (24 S.) Ebend. 886. n. — 40

Falcke, Fritz: Die Widerstandsänderungen sehr dünner, stromdurchflossener Drähte im Vakuum und ihre Beziehung zur Empfindlichkeit einiger Thermoindikatoren. Halle a. S. 1910: Kaemmerer. 20 S., 13 Taf. 4° ¶ (Mitteilungen d. physik. Versuchs-Station Halle-Cröllwitz. Nr 23.)
Halle, Phil. Diss. v. 19. Sept. 1910, Ref. Dorn
[Geb. 28. April 86 Seehausen, Altm.; Wohnort: Halle a. S.; Staatsangeh.: Preußen; Vorbildung: Oberrealsch. Halberstadt Reife O. 05; Studium: Halle 4, Wien 1, Halle 5 S.; Rig. 13. Juni 10.] [U 11. 1824

Falcke, Jh. Fr., († d. 16. April 1753.) Codex traditionum Corbeiensium, notis, diplomatibus ac tabulis geographicis et genealogicis illustratus, quibus antiquissimus Saxoniae status a Carolo M. usque ad Conradum II. Imper. etc. etc., c. fig. Fol. Wolfenb 752. Albrecht 7 ₰ 12 ℳ

Falcke, Joh. Carl, s. Falcke, Joh. Karl

— **Johann Georg** (Jena), De remediis abbreviandi processum judiciarium. Diss. jur. generalis. Präs. Gottlieb Friedrich Amandus Trautmann. Jena (Marggraf) 12. X. 1748. 68 S. (5.—) 8551

Falcke, Joh. Karl

Falcke, Joh. Carl (Leipzig), De canonicis protestantium successionis in res utensiles maternas exsortibus. Präs. Christian Friedrich Pohl. Lpz. (Klaubarth) 8. XI. 1785. 18 S. (4.50) 8550
Widm. v. Präs.

Falcke, Jh. Ph. Konr.

Beurkundeter Bericht von der Lehensfolge in die freye Reichsherrschaft Schauen nebst gründl. Beweis, dass dieselbe nicht nach Majoratsrechten dem Gen.-Lieut. O. Grote, sondern nach Primogenitur-Rechten dem Cammerjunker G. O. Grote zustehe (von J. P. C. Falcke). Hannover 1765. fol.

— s. Revisionsgericht.

Falcke, Jh. Ph. Konr., († d. 26. Mai 1805.) Verwahrung u. Befestigung d. Reichsfriedensschlußmäß. Revisionsgerichts. Fol. Hannov. 771. Hahn. (a. W. Vogel in Leipz.) 8 ℳ

Falcke, P. C. W., neue Morgen- und Abend-Opfer in Gesängen, s. Morgen- und Abend-Opfer, neue.

Falcke, Victor, a. Hohenstein-Ernstthal: Ueber Chlor- und Bromderivate des 1. 3. 4. Xylenols. Marburg 1906: Köster & Schell. (46 S.) 8°
Marburg, Phil. Fak., Ref. Zincke-Schaum, Diss. v. 20. Nov. 1906
[Geb. 31. Aug. 81 Hohenstein-Ernstthal, Kgr. Sachsen; Wohnort: Weimar; Staatsangeh.: Sachsen; Vorbildung: Gymn. Chemnitz Reife O. 01; Studium: Tübingen 5, Berlin 1, Marburg 4 S.; Rig. 20. Juni 06.]

Falckeisen, s. a. Falkeisen

Falckeisen, Joh. Jakob: Theses philosophicae miscellaneae. (Resp.: Joh. Heinrich Ryhiner). 6 S. – Basel, Jur. Diss. v. 4. Febr. 1749.

Falcken, Anton Matthias Georg (Tangermünde), De jure dormiente. Diss. jur. Präs. Jo. Bernh. Friesen (Pösen). Jena (Werther) Febr. 1714. 32 S. (5.—) 8552

Ursprung der itzigen Herzoge von Holstein und Könige von Dännemark aufgedecket v. Johann Friedrich **Falcken.** Altona und Flensburg. 1746. 4°.

Falcken., Nath., quaternarius dissertationum de daemonologia recentiorum autorum falsa. Witteb. s. a. 4.

Falckenberg, Carl, s. Falckenberg, Karl

Falckenberg, Günther, a. Lagardesmühlen: Über die Bildung und Zersetzung von Ammoniak durch stille elektrische Entladung aus metallenen Spitzen. (Berlin 1906: G. Schade.) (36 S.) 8°
Berlin, Phil. Fak., Ref. Planck, Diss. v. 8. Dez. 1906
[Geb. 4. Juli 79 Lagardesmühlen; Wohnort: Greifswald; Staatsangeh.: Preußen; Vorbildung: Realgymn. Perleberg Reife M. 01; Studium: Zürich 1, Berlin 7 S.; Rig. 30. Juli 06.]

Falckenberg, Karl

Falckenberg, Carl (geb. am 30 Mai 1850 in Köln): Der Morbus maculosus haemorrhagicus Werlhofii ... Bonn, Druck d. Hauptmann'schen Buchdr. (1873). 40 S., 2 Bl. 8.
Bonn, Med. Fak., Diss. v. 19 Juli 1873

Falckenberg, Kurt, approb. Arzt aus Küstrin: Aus d. Tübinger Universitäts-Augenklinik. Ein Beitrag zur Pathologie und Therapie der Iridocyclitis tuberculosa. *Tübingen: F. Pietzcker 1901.* (24 S.) 8°
Tübingen, Med. Diss. v. 1901

Falckenberg, Otto, das Buch v. der Lex Heinze. Ein Kulturdokument aus dem Anfange des 20. Jahrh. Hrsg. v. F. Mit Buchschmuck v. A. Oppenheim. Lex.-8. (88 S.) Leipzig 900. (L. Staackmann). n. 1. 20

Falckenberg, Otto, Doktor Eisenbart. Komödie in 4 Aufzügen. (238 S.) 8. München 907. G. Müller. 3.—; geb. 4. —

Falckenberg, Otto, Modellstudien. 8. (86 S.) Dresden 894. E. Pierson. n. 1. —

— Morgenlieder. Gedichte. Mit Buchschmuck v. W. Lefèbre. gr. 8. (42 S.) Leipzig 899. E. Diederichs. n. 3. —; geb. n. 4. —

— s.: Schiller's Dramaturgie.

— der Sieger. Ein dramat. Gedicht. gr. 8. (58 S.) München 901. Leipzig, H. Dege. n. 2. —

— Ein deutsches Weihnachtsspiel. Nach alten Weihnachtsspielen u. -liedern eingerichtet u. ergänzt. Mit Musik v. Bernh. Stavenhagen. (55 S.) kl. 8. München 908. G. Müller. — 50; Partitur. (22 autogr. S.) 33×21,5 cm. Für die Aufführg. 20. —

Falckenberg, Rich., s.: Abhandlungen zur Philosophie u. ihrer Geschichte.

Falckenberg, Rich., über den intelligiblen Charakter. Zur Kritik der Kantischen Freiheitslehre. [Aus: „Zeitschr. f. Philos."] gr. 8. (97 S.) Halle 879. Pfeffer. n. 2. —

Falckenberg, Rich., s.: Frommann's Klassiker d. Philosophie.

Falckenberg, Richard, Dr., k. o. ö. Prof. d. Philos.: **Gedächtnisrede auf Kant zur Feier der hundertjährigen Wiederkehr des Todestages des Philosophen im Auftrage des Akademischen Senats der k. b. Friedrich-Alexanders-Univ. Erlangen am 12. Febr. 1904 gehalten.** *Erlangen 1904: Junge & Sohn.* (23 S.) 4°

Falckenberg, Rich., Geschichte der neueren Philosophie von Nikolaus v. Kues bis zur Gegenwart. Im Grundriss dargestellt. gr. 8. (VIII, 493 S.) Leipzig 886. Veit & Co. n. 6. —; geb. n. 7. —

Falckenberg, Rich., Geschichte der neueren Philosophie von Nikolaus v. Kues bis zur Gegenwart. Im Grundriss dargestellt. 2., verm. Aufl. gr. 8. (X, 530 S.) Leipzig 892. Veit & Co. n. 7. —; geb. n. 8. —

— Geschichte d. neueren Philosophie von Nikolaus v. Kues b. z. Gegenwart. Im Grundriss dargest. 3., verb. u. verm. Aufl. gr. 8. (XII, 563 S.) Leipzig 898. Veit & Co. n. 7. 50; geb. in Leinw. n. 8. 50

— Geschichte d. neueren Philosophie von Nikolaus v. Kues bis zur Gegenwart. Im Grundriss dargestellt. 4., verb. u. ergänzte Aufl. gr. 8. (XII, 582 S.) Leipzig 902. Veit & Co. n. 7. 50; geb. in Leinw. n. 8. 50

— Geschichte der neueren Philosophie v. Nikolaus v. Kues bis zur Gegenwart. Im Grundriss dargestellt. 5., verb. u. ergänzte Aufl. (XII, 609 S.) gr. 8. Leipzig 905. Veit & Co. n. 8. —; geb. in Leinw. n. 9. —

— Geschichte der neueren Philosophie von Nikolaus v. Kues bis zur Gegenwart. Im Grundriss dargestellt. 6. verb. u. ergänzte Aufl. (XII, 654 S.) gr. 8. Leipzig 908. Veit & Co. 9.—; geb. in Leinw. 10. —

— Grundzüge der Philosophie des Nicolaus Cusanus mit besonderer Berücksichtigung der Lehre vom Erkennen. gr. 8. (III, 160 S.) Breslau 880. Koebner. n. 4. —

Hilfsbuch zur Geschichte der Philosophie seit Kant von Dr. Richard Falckenberg. *Leipzig: Veit & Co. 1899.* (VIII, 68 S.) 8°

— Hilfsbuch zur Geschichte der Philosophie seit Kant. 2. verm. Aufl. (VIII, 76 S.) gr. 8. Ebd. 907. n. 1. 50; geb. in Leinw. n. 2. —

Falckenberg, Rich., R. Euckens Kampf gegen den Naturalismus. gr. 8. (12 S.) Leipzig 901. A. Deichert Nachf. n. — 50
Sonderabdruck aus: „Festschrift der Univ. Erlangen f. Prinzreg. Luitpold."

— Kant u. das Jahrhundert. Gedächtnisrede zur Feier der 100jähr. Wiederkehr des Todestages des Philosophen im Auftrage des akadem. Senats der k. b. Friedrich-Alexanders-Universität Erlangen am 12. II. 1904 geh. in der Aula der Universität. 2. Aufl. (28 S.) gr. 8. Leipzig 907. [Dürr'sche Buchh.] Fel. Meiner. — 60

Falckenberg, R., üb. die gegenwärtige Lage der deutschen Philosophie. Akademische Antrittsrede. gr. 8. (30 S.) Leipzig 890. Veit & Co. n. — 60

— Hermann Lotze, s.a.: Frommann's Klassiker der Philosophie. XII.

Hermann Lotze. Von Richard Falckenberg. T. 1. *Stuttgart: F. Frommann 1901.* 8°
— Klassiker, Frommanns, d. Philosophie. 12.

— s.: Lotze, Herm., 2 Briefe an R. Seydel u. E. Arnoldt.

— Die Weltanschauungen der großen Philosophen d. Neuzeit, s.: Busse, Ludw.

— s.: Zeitschrift f. Philosophie u philosoph. Kritik.

Ansbach: Anrede [von Friedr. Karl v. Falckenhausen] an die versammlete[!] Br. Br. der Loge Alexander zu den drey Sternen, bey selbstiger Niederlegung des Hammers und Abtrettung[!] des Stuhls gehalten in der Johannis-Loge am Tage der Winter-Johannis-Feyer 1778. Anspach 1779. 4 Bl. 8° [Umschlagtit.]
Selten. Nebst Antrittsrede des neuerw. Mstrs (K. G. Ch. E. v. Schlammersdorf). Gelegenheitsworte.

Falckenheiner, Wilh., üb. die Grenzen d. confessionellen Elementes im Bereiche der sittlichen Gemeinschaft. Ein kleiner Beitrag zur Lösg. e. großen Zeitfrage. gr. 8. (IV, 62 S.) Kassel 872. Kay. n. 1. —

Falckenheiner, Karl Bernh. Nicol., Geschichte Hessischer Städte u. Stifter. Bd. I u. II. Mit Urkundenbuch, 1 Stahlst. u. 2 Lithogr. gr. 8. Cassel 841, 43, Fischer. (I. $1^1/_4$ ℛ — II. 2 ℛ) n. $3^1/_4$ ℛ

Falckenheiner, Wilhelm

Falckenheiner, W., der Apostel der Deutschen, e. Volksbühnenspiel. 8. (47 S.) Cassel 890. Freyschmidt. n. — 50

Falckenheiner, Wilh., in der Ferienkolonie. Drei Ferienbilder aus dem deutschen Volks- u. Naturleben f. die Jugend nebst e. Vor- u. Fürworte an Eltern u. Erzieher zu Gunsten der Ferienkolonien. Ein deutsches Familienbuch. gr. 8. (158 S.) Leipzig 884. Hirt & Sohn. cart. 1. 50

Falckenheiner, Wilh., der menschliche Geist. Vortrag, gehalten am 17. Octbr. 1860 in dem Verein zur Fortbildung u. geselligen Unterhaltung des gewerbtreibenden Arbeiterstandes in Cassel. 1. u. 2. Aufl. Cassel 860, 61. C. Luckhardt. 8. (23 S.) 3 ngr.

Falckenheiner, Wilh., der evangelische Geistliche u. das öffentliche Leben. Eine Zeitfrage, mit besonderer Rücksicht auf die kurhessischen Zustände beleuchtet. Kassel 865. C. Luckhardt. gr. 8. (VI, 59 S.) n. 10 ngr.

Falckenheiner, Wilh., über die Grenzen des confessionellen Elementes im Bereiche der sittlichen Gemeinschaft. Ein kleiner Beitrag zur Lösung einer großen Zeitfrage. gr. 8. (IV, 62 S.) Cassel 872, Kay. *

— Hohenstaufen u. Hohenzollern, od. Kaiser Rotbart's Erwachen im Kyffhäuser. Ein nationales Volksbühnenspiel. 8. (58 S.) Cassel 888. (Leipzig, Förster.) n. 1. 25
— dasselbe. Ein deutsches Kaiserfestspiel. 2.—4., f. die Aufführgn. umgestaltete Aufl. 8. (56 S.) Cassel 889. Freyschmidt. n. — 80

— „Ich weiß, an welchen ich glaube." Evangelisch-protestantische Zeugnisse in Predigten über freie u. gegebene Texte. Ebend. 862. gr. 8. (X, 314 S.) n. 1 ℛ 10 ngr.

— „Ich weiß, an welchen ich glaube". Evangelisch-protestant. Zeugnisse in Predigten über freie u. gegebene Texte. 2. Aufl. Ebend. 865. gr. 8. (314 S.) n. 1 ℛ

Falckenheiner, Wilh., „Ist's wo der Sand der Dünen weht?" Eine deutsche Volks- u. Jugendgeschichte aus dem Norderneyer Leben in 5 Hauptstücken. 12. (84 S.) Kassel 881. Keßler. cart. n. — 80

— hessische Jugendlust. 25 Bilder aus der Heimat für unser junges Völkchen u. für die jung gebliebenen Alten. 8. (IX, 144 S.) Kassel 877. Maurer. cart. n. 1. 25

— Jungdeutschland am Fuße unserer nationalen Ehrendenkmäler. Festschrift zur Feier d. 15. Jahrestages der Begründg. d. deutschen Reiches. [18. Jan. 1886.] gr. 8. (76 S. m. 1 Holzschntaf.) Breslau 886. F. Hirt. n. 1. —

—— an unsere lieben Konfirmanden und deren Eltern. Predigt, bei Eröffnung des Konfirmandenunterrichts in der Oberneustädter Gemeinde am 11. October. 1868 gehalten ꝛc. gr. 8. (8 S.) Cassel 868, C. Luckhardt. *

Falckenheiner, Wilh., Personen- u. Ortsregister zu der Matrikel u. den Annalen der Universität Marburg 1527—1652. Mit e. Nachwort v. Edward Schröder. Mit Unterstützg. aus Universitätsmitteln zum Philipp-Jubiläum hrsg. (XIV, 281 S.) Lex.-8. Marburg 904. N. G. Elwert's Verlag. n. 7. —

Falckenheiner, Wilhelm [aus Guntershausen]: Philipp der Grossmütige im Bauernkriege. Mit urkundlichen Beilagen. Erster Teil .... Marburg, Univ.-Buchdr. (R. Friedrich), 1886; 42 S. 8°.
Marburg, Phil. Fak., Inaug.-Diss. v. 26. Jun. 1886.

Falckenheiner, Wilhelm, Philipp der Grossmütige im Bauernkriege. Mit urkundlichen Beilagen. Erster Teil. Diss. Marburg 1886, N. G. Elwertsche Univ.-Buchh. 8°. 42 S.

Falckenheiner, W., 1. Philipp der Grossmüthige im Bauernkriege. Mit urkundlichen Beilagen. 8°. Marburg 1887.

Falckenheiner, Wilh., die Reise in's Wunderland, Wahrheit u. Dichtung. Eine Erzählung aus deutscher Jugend f. die deutsche Jugend. 16. (46 S.) Kassel 881. Keßler. n.—60

Das Stammbuch des Wittenberger Studenten Johannes Lunden aus Göttingen (1508–1571). Von W[ilhelm] **Falckenheiner**. Göttingen 1910: Huth. 13 S. 8°
Erw. aus: Jahrbuch d. Geschichtsvereins f. Göttingen u. Umgebung. Bd 2. Jg. 1909.

Das Stammbuch eines Marburger Studenten aus dem Jahre 1570. Von W[ilhelm] **Falckenheiner**. Mit 1 Abb. Kassel 1909: Schönhoven. 9 S. 8°
Aus: Zeitschrift d. Vereins f. hess. Geschichte u. Landeskunde. Bd 43 [N. F. 33] 1909.

— Zur Verständigung und zur Versöhnung. An den Arbeiterstand. 8°. Kassel 1867.

—— über die Vorherbestimmung d. Menschen. Vortrag, am 18. Jan. 1861 gehalten. gr. 8. (28 S.) Cassel 861, C. Luckhardt.

Falckenheiner, Wilh., „Wie sind die Helden so gefallen im Streite!" Predigt, zum Gedächtniß unserer im heil. Kriege siegreich für das Vaterland gefallenen Brüder, gehalten in der Oberneustädter Kirche zu Kassel am 14. Aug. 1870. Cassel 870. (Leipzig.) Luckhardt's Verlag. 8. (8 S.) n. 3 ngr.

Falckenheiner, Wilh., Aus der bösen alten Zeit. Ein hess. Volksbüchlein. gr. 16. (100 S.) Hofgeismar 884. (Kassel, Freyschmidt.) cart. **

— eine geharnischte Zeitpredigt. Cassel 866. C. Luckhardt in Comm. gr. 8. (13 S.) n. 2½ ngr.

Falckenreich, Just. Georg (Hannover), Actiones injuriarum sacerdotem concernentes. Präs. Johann Georg Simon. Jena (Müller) 15. II. 1676. 56 S., tlws. dtsch. (6.—) 8553
Widm. v.: Phil. Müller, Gg. Wolffg. Wedel, Präs., Joh. Chph. Hundeshagen, Friedrich Caleno, Joh. Just. Soff.

— — Dasselbe. Oder von Injurien=Processen gegen Prediger. Erfurt (P. C. Ehrt) 1715. 52 S. ohne Widm. (5.30) 8554

Falckenskiold, s. a. Falkenskiold

Falckenskiold, M. v. Denkwürdigkeiten des Herrn v. **Falckenskiold**, königl. dänischen Generals während des Ministeriums und der Katastrophe des Grafen v. Struensee; enthaltend eine treue und unpartheische Darstellung der Ursachen und Umstände dieser Katastrophe, in welche der Verfasser mit verwickelt gewesen, so wie seiner fünfjährigen Gefangenschaft auf der Feste Munckholm, nebst einer Relation der Feldzüge desselben in der russischen Armee gegen die Türken in den Jahren 1769—70, und Betrachtungen über den Militär-Etat Dänemarks etc. Herausgegeben von Phil. Secretan, Vice-Präsident des waadtländischen Ober-Appellations Hofes. Aus dem Französischen von L. A. Magnus. 1. und 2. Th. (In 1 Bd.) 8. Leipzig 1826.

— — Denkwürdigkeiten des Herrn ..... Betrachtungen über den Militär-Etat Dänemarcks. Aus dem französischen von L. A. Magnus. Leipzig 1826.

STRUENSEE, Joh. Friedr. Graf v. (dänischer Staatsminister, Günstling der Königin Caroline [s. d.] Mathilde von Dänemark [1751—75], geb. 1737, hingerichtet 1772). — Aufklärungen, Authentische und höchst merckwürdige, über die Geschichte der Grafen Struensee und Brandt. Aus d. französ. Mspt. eines hohen Ungenannten (des *S. O. Falckenskjöld*) zum erstenmal übersetzt und gedruckt. Germanien (Berlin, Kunze) 1788. 8°. 282 S. (1 Mk. 50 Pfg. Paul Neubner, Cöln, c. 1890; 6 Mk. W. Haschke, 1912.)
Seltene erste Ausgabe der Memoiren, in denen Partei für die unglückliche Königin ergriffen wird.

Falckenstein, s. a. Falkenstein

Falckenstein, s. a. Vogel von Falckenstein

Falckenstein. Kurze Erzählg. e. langen Lebens. Dem Infanterie-Regiment Vogel v. Falckenstein [7. Westfälischen] Nr. 56 gewidmet. 12. (60 S. m. 1 Bildnis.) Berlin 891. E. S. Mittler & Sohn. n. — 40

Falckenstein. Civitatis Erffurtensis hist. crit. et diplom. od. Alte, Mittel- u. Neue Historie v. Erffurth. 2 Th. 4. Erfurth 1739.

v. Falckenstein, E. Vogel u. Eugen v. Hartwig, Fürstenstein mit seinen nächsten Umgebungen, eine topograph. Darstellung von der Thalbildung des Hellbaches u. des Salzbaches vor ihrer Vereinigung zur Polsnitz; nach eigenen Aufnahmen gezeichnet u. entworfen. Gestochen von Hnr. Brose, Schrift von Jäck. gr. Fol. Berlin 840. Schropp u. Comp. ⅔ ℛ
— dies., Umgegend von Salzbrunn in Schlesien, ein topograph.-geognostisches Bild von dem Waldenburger Porphyr-Gebirge nebst den angrenz. Steinkohlenlagern. In Kupfer gestochen v. Hnr. Brose. Berlin ... (Jonas.) n. ½ ℛ

Falckenstein, F. A., die schönsten Märchen f. Kinder. 16. (192 S. m. 5 Holzschntaf.) Leipzig 872. Minde. n. 2. —

Falckenstein, Joh. Heinr. v.: Antiquitates Memorabilia Nordgaviae veteris, oder: Nordgauische Alterthümer und Merckwürdigkeiten. Th. 1–4. Schwabach (Th. 2. 3:) u. Leipzig, (Th. 4:) Francofurti et Lipsiae 1733–43. 3 Bde

[Inhalt:]

1. Die älteste Völcker dieses Landes, ihren heydnischen Götzen-Dienst, Abgötter, Druiden, Wahrsager ... ihre Bekehrung zum Christenthume.
2. Die alte Nordgauische Landes-Vertheilung, wie solche anfängl. in Pagos u. Comitatus, nachgehends in verschiedentl. Marck-Burg-Land- u. andere Graf- u. Herrschaften geschehen mit genealog. Tabellen, Wappen.
3. Der Ursprung sowohl des Burggrafthums Nürnberg an sich selbst, als auch die aus der ... Gräflich Zollerischen Familie abstammenden Burggrafen u. von denenselben abspressende Marggrafen zu Brandenburg.
4. E. mit histor.-genealog.-geograph.- u. philolog. Anmerk. erl. Cod. diplom.

v. **Falckenstein,** J. H. Thüringische Chronika. Bd. I–III. Erfurt, 1738.

Falckenstein, Joh. Heinr. v. (fürstbischöfl. Hofrath in Eichstädt, seit 1730 Brandenb.-Ansbach. Hofrath, Mitglied der k. preuss. Societät d. Wiss., geb. d. 6. Oktob. 1677 in Schlesien, † d. 4. Febr. 1760 zu Schwabach), vollständige *Geschichte des grossen Herzogthums u. ehemal. Königreichs Bayern* (hrsg. von *Jos. Adam Frhrn. v. Ickstadt*). 3 Thle. (in 2 Bdn.). Ingolstadt u. Augsburg, in den Crätzischen Buchhdlgn., 1776. Fol. Hldrbde.

1: 10 Bll. Vorst., incl. Frontisp., nach Ign. Gündter von Jungwierth gest., u. gestoch. Widmungsbl. d. Verleg. (an den Kurfürsten Maximilian Joseph III.), 464 S. Die Vorr. d. Herausg. ist von 1763 dat., in welchem Jahre die erste Ausgabe erschien. 2: 528 S. (am Schluss Druckersignet), 1 Bl. Inh., 10 Bll. Reg. 3: 920 S. (u. E. Signet), 1 Bl. Inh., 25 Bll. Reg. — Alle 3 Titel in Roth- und Schwarzdruck.

v. **Falckenstein, Joh. P.** Johann, König von Sachsen; ein Charakterbild. (339) 8. Dresden 1878. 8,50.

Falckenstein, L. Frh. v., † (Freimund Ohnesorgen,) die Brautfahrt nach China, s. Brautfahrt rc.

—— Sphynx, s. Sphynx.

v. **Falckenstein,** Frhr. L., der Veteran, oder kurze Darstellung der Feldzüge der Russen in Persien, der Türkei u. Polen und der Holländer gegen Belgien, mit belehrenden Erzählungen rühmlicher Waffenthaten u. ermunternder Beispiele, bearb. als Lesebuch für Unterofficiere u. Soldaten des preuß. Heeres in und außer der Kompagnie- und Eskadrons-Schulen. 2. Aufl. 12. 833. Halle, Goldiz'sche Buchh. 1¹/₃ ₰

Falckenthal, Emil: Ueber Pseudoleukämie, unter Mitteilung eines Falles dieser Krankheit von sehr acutem Verlauf. Halle a. S. 1884: Plötz. 66 S. 8°
Halle-Wittenberg, Med. Diss. v. 2. Juli 1884
Geb. Königsberg (Neumark) 14. 6. 1858. V.

Falckh, Josef Alois

Falckh, J., s. Adolph v. Bomsen.

— **Gunhilde, die Wilde, od. das Waldkapellchen im Hubthale am Rheine.** Eine Sage. 3 Thle. 8. Leipz. 827. Kollmann. 3 ₰

Falckh, J., s. Hugo v. Wulferdingen.

— **Paul Juranitsch,** od. die Türken vor Sigeth. Ein histor.-romant. Heldengemälde aus d. 16. Jahrh. 2 Thle. 8. Manh. 828. Löffler. 2 ₰

— **Graf Conrad v. Worms,** oder der Sturm auf dem Rheine. Ritterroman. 8. Manh. 827. Löffler. 1 ₰ 8 ₰

—— Graf Isidro de la Barka, od. Span. National- u. Hofleben. Ein romant. Gemälde a. d. ersten Hälfte d. 18. Jahrh. 3 Thle. 8. (41 B.) Mannheim 830, Löffler.

Falckh, J., Alonso di Moro, genannt der heulende Abbadonna, od. die Teufelsmühle in d. Apenninnen. Räuberroman. 2 Thle. 8. Manh. 828. Löffler. 2 ₰

(Falckh, Josef Alois)
Ottur von Waldburg. Der Templer. Ritterroman aus dem 1. Zehnttheil des 14. Jh. Th. 1.2.
Mannheim: Löffler 1827. 8°
Titelbl. von Th. 1 fehlt.

(Falckh, Josef Alois)
Ritterschlag, Ehrenwache und Fahrten Arnulfs von Baar oder der Ahnengeist in der Aulenburg. Ritter- und Geistergeschichte aus den Zeiten der Kreuzzüge. Vom Verf. Adolphs von Bomsen, Ufos von Freysingen. Th. 1.2.
Mannheim: Löffler 1825. 8°
Titelbl. von Th. 1 fehlt.

– s. Schauerburg, Die

—— **Pater Seraphim,** od. Leben u. merkwürd. Erfahrn. e. Augustiners. Eine Erzähl. a. d. letzt. Hälfte d. 18. Jahrh. 8. (19¼ B.) Mannheim 828, Löffler.

(Falckh, Josef Alois)
Ufo von Freysingen oder die durch Zauberkraft blank gewordene Rüstung. Ritter- und Geistergeschichte aus den Zeiten der Kreuzzüge. Von dem Verf. Adolphs von Bomsen, Veits von Helmenrodt.
Mannheim: Löffler 1824. 206 S. 8°

– s. Veit v. Helmenrot.

—— die Zauber-Runen, od. Gondul d. Klingenhelb u. Hamund u. Schön-Gertha. Altnord. Erzähln. 8. (12½ B.) Mannheim 830, Löffler.

Falckner, s. a. Falcner. – Falkner.

Falckner, A. [pr. Arzt in Jena]: **Beitrag zur Operation grosser Ovarialtumoren.** '(Aus d. gynäkolog. Klinik zu Jena.)' ... Jena, Druck v. A. Kämpfe, 1894; 41 S., 1 Bl., 1 Taf. 8.
Jena, Med. Fak., Inaug.-Diss. v. [11. Juni] 1894

Falckner, Abraham Friedrich

— — **De tutela pactitia. Präs. Aug. Leyser. Helmstedt (P. D. Schnorr) 16. IV. 1726. 32 S., tlws. dtsch. (5.—)** 8557
Gew.: Fried. Michael Falckner (Vater).

— — **De jure privatorum circa occupationem. Disp. jur. Präs. Aug. Leyser. Helmstedt (P. D. Schnorr) 30. V. 1727. 58 S., tlws. dtsch. (5.—)** 8558

Falckner, Carl, s. Falckner, Karl

Falckner, Daniel: Curieuse Nachricht von Pensylvania in Norden-America *welche, auf Begehren guter Freunde, uber vorgelegte 103. Fragen, bey seiner Abreiß aus Teutschland nach obigem Lande Anno 1700. ertheilet, und nun Anno 1702 in den Druck gegeben worden. Von . . . Professore, Burgern und Pilgrim allda. Franckfurt und Leipzig: Zu finden bey Andreas Otto, Buchhändlern 1702. (1), (4), 58 S.*

— **Gottlob Friedrich (Leipzig), De eo quod justum est, circa inquisitum convincendum. Diss. jur. Präs. Joh. Friedrich Falckner. Lpz. (Andr. Zeidler) 7. (14.) XI. 1720. 48 S., tlws. dtsch. (5.—)** 8563

— — **Dasselbe. Lpz. (Gottfr. Aug. Stoppfel) 1745. 46 S. (5.—)** 8564

Falckner, Hugo, Arthur Schnörkel, s.: Vereinstheater.

Falckner, Hugo, Doctor Schummerich. Schwank m. Gesang in 1 Akt. 8. (16 S.) Mühlhausen i/Th. 893. G. Danner. n. 1. —

— dasselbe, s.a. Vereinstheater.

— die verkannte „Tante Roß". Schwank in 1 Akt. 8. (20 S.) Mühlhausen i/Th 893. G. Danner. n. 1. —

— dasselbe, s.a. Vereinstheater.

Falckner, (J. L.) Beiträge zur Stöchiometrie und chemischen Statik. 8. Basel 824. Neukirch.

Falckner, J. L.
Beyträge zur Stöchiometrie und chemischen Statik. Basel, 1824. pp. 206, 12mo.
An interesting contribution to the history of chemical equivalents.

— Ueber die Verhältnisse und Gesetze wonach die Elemente der Körper gemischt sind. Basel, 1819. 8vo.

Falckner, Johann Friedrich

— — De eo quod justum est, circa inquisitum variantem, praesertim in Saxonia electorali. Dissert. jur. Präs. Heinrich Simon Plesmann. Frankfurt/O. (Joh. Chph. Schwartz) 23. VIII. 1719. 36 S., tlws. dtsch. (5.—) 8569
Widm. v.: Joh. Friedr. Jäger, Präs.

— — Tractatus de eo quod justum est circa inquisitum variantem, praesertim in Saxonia electorali et finitimis quibusdam terris. Rudolstadt & Lpz. (Aug. Martin) 1729. 180 S., meist dtsch. (9.—) 8570

Falckner, Justus: Abdruck eines Schreibens an Tit. Herrn D. Henr. Muhlen, aus Germanton, in der Americanischen Province Pensylvania, sonst Nova Suecia, den ersten Augusti, im Jahr unsers-Heyls eintausend siebenhundert und eins, den Zustand der Kirchen in America betreffend. *[s. l.] 1702. ... S.*

Falckner, Karl

— **Carl** (Laufa/Noricus), De sententiis inappellabilibus. Disp. jur. Altdorf (J. W. Kohles) Mai 1702. 34 S. (5.—) 8559

Falck's, Jeremias, Leben u. Werke, s.: Block, J. C.

Falcner

— — s. a. **Falckner.**

— s. a. **Falkner.**

Falcner, Joh. Friedrich (Leipzig), De jure imperantium in jus quaesitum subditorum. Disp. jur. gent. publ. Präs. Christian Ludwig Stigliz. Lpz. (Chn. Scholvin) 27. IV. 1713. 19 Blatt. (4.80) 8571

— — Dasselbe. Lpz. (Stopffel) 1748. 40 Seiten. (4.80) 8572

Falco, s. a.: Berajah.

Falco, unregelmässig im Anschluss an d. Werk 'Berajah, Zoographia infinita' erscheinende Zeitschrift. Hrsg.: O. Kleinschmidt, Volkmaritz. Jg. 1905. No 1: Halle a. S.: W. Schlüter (1905). 8° [c8. 1295]

Falco mendacii et mortis victor dialogo exhibitus . . . [Bambergae] 1769. V: *Münch, Franz.* (Jes)

Falco, Basilius, die Rache des Amor. 2 Thle. 8. Gera 830. Heinsius. 2 ₰ 9 gr

Falco, B., die Rache d. Amor. Eine Gallerie v. Nachtstücken in Teniers Manier. 2 Abthln. 8. (27 B.) Gera 831, Heinsius.

FALCO, Basil. (ps.), Die Rache des Amor. Gallerie von Nachtstücken in Teniers Manier. (Zahme Novellen.) 2 Thle. Gera 1831. 8°. (1½ Mk. Koebner, Breslau.)

Falco, Ferdinand: Zur Kenntnis der Doppelhalogenide des Rutheniumtrichlorids und deren Isomeren. Erlangen 1909: Jacob. 39 S. 8°
Erlangen, Phil. Diss. v. 20. März 1909, Ref. Fischer
[Geb. 21. Mai 79 Augsburg; Wohnort: Erlangen; Staatsangeh.: Bayern; Vorbildung: Gymn. Erlangen Reife 07; Studium: Erlangen 13 S.; Rig. 8. Juli 08.]
[U 09. 811

Falco sen., G. A., Darstellung der sachgemäßen Registratur und Buchführung deutscher Rechtsanwälte für Anwaltsconcipienten, Registratoren u. Expeditoren. Mit Formularien. gr. 8. Erlangen 843, Heyder. ¼ ₰

Falcomer, Marcus Tullius

Falcomer, M. T., Einführg. i. d. neueren Experimental-Spiritualismus. Autor. Übersetzg. a. d. Ital. v. Fritz Feilgenhauer. gr. 8. (VI, 127 S. m. 12 Bild.) Leipzig 897. M. Spohr. n. 2. —

Falcomer, Marcus Tullius, Einführung i. d. neueren Experimental-Spiritualismus. A. d. Italien. v. Feilgenhauer. gr. 8. (VI, 127 S. m. 12 Abb.) Leipzig 897. [M. Spohr.] E. Fiedler. n. 2. —

— für od. gegen den Spiritismus? Ein Beitrag v. Thatsachen zur endl. Lösg. dieses hochwicht. Problems der Psychologie. Einzig autoris. Übersetzg. aus dem Ital. v. Feilgenhauer. gr. 8. (VI, 88 S.) Leipzig 899. O. Mutze. n. 2. —; geb. n. 3. —

Was ich gesehen habe. Eigene Forschungen auf d. gelichteten Gebiete d. weniger bekannten menschl. Fähigkeiten. Mit 13 Abb. Von Prof. Dr. jur. **Markus Tullius Falcomer.** Einzig autor. Uebers. aus d. Italien. von Feilgenhauer, Hrsg. d. 'Zeitschr. f. Spiritismus'. *Leipzig: O. Mutze 1901.* (XII, 113, II S.) 8° [F.] [01. 1081]

Falconbridge, Alexander

Falconbridge, A. und Clarkson, Th., Bemerkungen über die Beschaffenheit des Sklavenhandels etc. Aus d. Engl. und herausg. von M. Chr. Sprengel. 8°. Leipzig, Weygand, 1789.

FALCONBRIDGE, Alexander - Thomas CLARKSON
Alex. Falconbridges und Thomas Clarksons Bemerkungen über die gegenwärtige Beschaffenheit des Sclavenhandels und dessen politische Nachtheile für England. Aus dem Englischen.
Herausgegeben und mit Anmerkungen begleitet von M. C. Sprengel ...
Leipzig: Weygand 1790. X, 246 S. 8°.
Bayerische Staatsbibliothek München
Übers. v. Falconbridge, An Account of the Slave Trade; Clarkson, An Essay on the Impolicy of the African Slave Trade, beide London 1788.
Matthias Christian Sprengel, 1745-1803
Alexander Falconbridge, -1792
Thomas Clarkson, 1760-1846

Falconbridge, Alexander: Nachricht vom Sclavenhandel auf der Küste von Africa. Aus dem Englischen [übersetzt von M. C. Sprengel].
in: Beiträge zur Völker- und Länderkunde. Th 12. S 3 -76. Leipzig 1790. 8°. [A 7325

Falcone, Jos. Maria, neuntägige Andachten für die Hauptfeste des Herrn, der allerseligsten Jungfrau, der Engel u. Heiligen u. zum Troste der armen Seelen im Reinigungsorte. In italien. Sprache verfaßt. Uebersetzt von M. A. Nickel. Mit 1 Stahlst. Mainz 861. Kupferberg. 16. (VIII, 183 S.) 9 ngr.

Falconer, s. a. **Falconer.**

Falconer, Lanoe, Mademoiselle Ixe. The Hôtel d'Angleterre, s.: Unwin's library vol. 38.

Falconer, Lanoe, Cecilia de Noël, s.: Library, the English.

Falconer, Rich., erstaunl. Seefahrten, Begebenheiten u. Errettungen, nebst Anh.: W. Randels Schiffbruch; aus d. Engl. von T. Arnold. 8. Frankf. 778. Brönner. 8 gr.

Falconer, William

— Abhandl. über den Einfluß d. Leidenschaften auf d. Krankheiten d. Körpers. Preisschr. aus d. Engl., mit Zusätzen v. C. F. Michaelis II. gr. 8. Leipz. 789. (Joachim). 12 gr. Mit neuem T.: Seelendiätetik. u. Zabra. 1802. Ebd. 12 gr.

Wilhelm Falconer's [An Account of the efficacy of the aqua mephitica alkalina in calculous disorders. Deutsch:] Abhandlung von der Wirksamkeit des luftsauren alkalischen Wassers in Steinkrankheiten und andern Beschwerden der Harnwege. Nach d. 4. engl. Ausg., mit Anm. u. e. Uebersicht des besten Heilverfahrens in diesen Krankheiten... Leipzig: Böhme 1794. XXXII, 200 S. 8°

— Abhandl. üb. d. Einfluß d. Leidenschaften auf d. Krankheiten d. Körpers. Preisschr. a. d. Engl. m. Zus. v. C. F. Michaelis. gr. 8. Leipzig, Büschel. (Joachim.) 789.

Falconer, Will., Abhandl. von d. Wirksamkeit des luftsauren alkal. Wassers in Steinkrankheiten u. andern Beschwerden d. Harnwege; aus d. Engl. 8. Leipz. 794. Knobloch. 16 gr.

Falconer, William. Bemerkungen über den Einfluss des Himmelsstriches, der Lage ... auf Temperament, Sitten, Verstandskräfte ... a. d. Engl. ... Leipzig 1782. Ü: *Hebenstreit*, *Ernst Benjamin Gottlieb.* (Ky) (MGT) (EngM)

— Bemerkk. über den Einfluß des Himmelstrichs, d. Lage, natürl. Beschaffenheit rc. auf Temperament, Sitten, Verstandeskräfte u. s. w. d. Menschen; aus d. Engl. mit Anmerkk. u. Zusätzen (v. E. B. G. Hebenstreit). gr. 8. Leipz. 782. Weygand. 1 th 18 gr.

Falçoner, W. Bemerkungen über Hrn Cadogan Schrift von der Gicht ... nach der zweyten Englischen Ausgabe ubersetzt. Berlin 1773. Ü: *Selle*, *Christian Gottlieb.* (ML) (EngM) (Ky)

— Bemerkk. üb. Cadogan's Schrift von d. Gicht rc.; aus d. Engl. (v. Chr. Gli. Selle). 8. Berl. 773. Haude u. Sp. 6 gr.

— Bemerkk. über d. diätetische Verhalten in krankl. Umständen; aus d. Engl., mit Anmerkk. v. Chr. Fr. Michaelis II. 8. Leipz. (Joachim). 10 gr.

— Beobachtt. über den Puls; aus d. Engl., mit Zusätzen von J. J. Kausch. gr. 8. Leipz. 797. (Brockhaus). 12 gr.

— Beobacht. üb. den Puls. a. d. Engl. m. Zusätz. v. Kausch. gr. 8. Leipz. Gleditsch. 797.

Wilhelm Falconer's [Observations respecting the pulse. Deutsch:] Beobachtungen über den Puls zur Berichtigung der Anzeigen desselben bei Krankheiten und insbes. bei Fiebern. Aus d. Engl. übers., mit Anm. ...von [Johann Josef] Kausch. Leipzig: Heinsius 1797. XII, 178 S. 8°

Falconer, W., Remarks on the influence of climate, situation, nature, country, population, nature of food, and way of life, on the disposition and temper, manners and behavior, intellects, laws and customs, form of government, and religion of mankind. 552 pp. Lond. 4°. Deutsch. Lpz. 8°.

1781

Falconer, William: Seelendiätetik, s. a. Falconer: Abhandl. über d. Einfluß d. Leidenschaften.

— Seelendiätetik. a. d. Engl. gr. 8. Leipzig, Joachim. 802.

— Versuch über d. Erhaltung d. Gesundheit d. Landleute u. Heilung d. Krankheiten; aus d. Engl. v. Chr. Fr. Michaelis II. 8. Leipz. 793. Reinicke in Halle. 9 gr.

— Vers. üb. die Erhalt. d. Gesundheit d. Landleute. a. d. Engl. 8. Leipz. Reinicke. 795.

— Versuch üb. d. mineralischen Wasser u. warmen Bäder. Aus d. Engl. von S. Hahnemann. 2 Thle. 8. Leipz. 777. 78. Compt. f. Liter. 1 th 2 gr.

William Falconer's [An Essay on the bath waters. Deutsch:] Versuch über die mineralischen Wasser und warmen Bäder. Aus d. Engl. übers. von C. F. S. Hahnemann [Samuel Hahnemann]. Leipzig: Hilscher 1777. 439 S. 8°

Falconet, ..., Dissert. sur les Assassins, peuples d'Asie, lüe à Paris le 3. et 20. Dec. 1743. 8. Berl. 801. Unger. 15 gr.

Falconet, Camillo, Quaestio medica, an foetui sanguis maternus alimento? Paris, Febr. 1711. 4 Bl. (1.80) 8573

Falconi, Cte. Luigi, Pietro Metastasio poeta allo corte di Carlo VI e di Maria Teresa o sua rinomanza no secoli XVIII et XIX. Discorso. gr. 8. (31 S.) Wien 883. Frick. n. 1.—

Falconi, Cte. Luigi, metrica classica o metrica barbara? L'esametro latino e il verso sillabico italiano. Due saggi critici. gr. 8. (VIII, 82 S.) Wien 885, Frick. *

Falconet, Dissertation sur les Assassins, peuples d'Asie. 8. Berlin, Unger. 801.

Falconet. Steph., Oeuvres. VI Vol. 8. Bern, Haller. 781.

Falconnet, Sir Richard, und William. Frei nach dem Engl. von Fanny Tarnow. Leipzig 1825. II. V: *Godwin*, *William.* (»Caleb Williams«.) Vgl. Ersch II, 2 (1840), Ergzg. Nr. 1519a. (DARP)

Falcot, vollständiges Handbuch der Webekunst, s. Schauplatz, neuer, der Künste rc. 157. Bd.

Falcot, White u. Gilroy, Webekunst, siehe: Schauplatz, neuer, der Künste u. Handwerke, 157. Thl.

Faldermann, F., Fauna entomologica Trans-Caucasica, s. Mémoires de la Société Impériale Tom. V. VI.

Faldix, Guido, a. Halle a. S.: Studien zur Geschichte des simultanen Intervalls. Rostock 1906: Adlers Erben. (42 S.) 8°

Rostock, Phil. Fak., Ref. Thierfelder, Diss. v. 3. Nov. 1906

[Geb. 19. Febr. 82 Halle a. S.; Wohnort: Rostock; Staatsangeh.: Sachsen; Vorbildung: Gymn. Halle Prima-Reife O. 01; Studium: Berlin 3, Breslau 1, Heidelberg 1, Rostock 3 S.; Rig. 30. Okt. 06.]

Faldix, Guido, die ästhetische Wirkung der Intervalle. (16 S.) gr. 8. Rostock 908. G. B. Leopold. — 50

Faldone, s. a. Faldoni

Faldone, (Leonards), od. Briefe einer Lyonerin. Neu übersetzt. Mit 1 Kpf. 8. Riga 797. Hartknoch in Leipz. 18 gr.

— u. Therese, od. Briefe zweier Liebenden in Lyon; aus d. Französ. (v. Er. Valentini). 8. Frankf. ... N. A. 802. Varrentrapp. 20 gr.

Faldoni, s. a. Faldone

— oder Briefe einer Lyonerin, aus dem Franz. des Leonard, mit 1 Kupf. 8. Riga, 797. Hartknoch. 23 sgl.

Faldoni und Therese, oder Briefe zweyer Liebenden in Lyon, aus dem Franz. 8. Frankfurt, 784. Keßler. 25 sgl.

Faldoni und Therese, oder Briefe zweyer Liebenden in Lyon; a. d. Franz. Frankfurt a. M. 1785. Ü: *Valentini, Ernst.* (KY) (MGT)

Faldoni und Therese oder Briefe zweier Liebenden in Rom. Aus d. Franz. Frankfurt a. M. 1802. V: *Léonard, Nicolas Germain.* Ü: *Valentini, Ernst.* (BGE I[a], 226) Vgl. II, 2861.

Faldre, E. Bismarck's politisches Testament oder der geheime preussisch-russische Vertrag. Höchst interessante Enthüllungen aus den hinterlassenen Papieren eines Verstorbenen. In-8°, 36 S. Zürich, Verlagsmagazin (J. Schabelitz). 1886.— 60

Faldre, E., Bismarck's politisches Testament, od. der geheime preussisch-russ. Vertrag. Höchst interessante Enthüllgn. aus den hinterlassenen Papieren e. Verstorbenen. 8. (36 S.) Zürich 887. Verlags-Magazin. n. — 50

Falero, F., s: Magnetica, rara.

Falero, Francisco: Del Nordestear de la Agujas (1535). *Berlin* 1897. in: Rara magnetica 1269 1599
— Neudrucke v. Schriften u. Karten üb. Meteorologie u. Erdmagnetismus. No 10. 1/98. 11/98

Falger, Ant. (Hrsg.) s. a. Abbildung der vornehmsten Gebäude altdeutscher Bauart.

Falger, A., Abbildungen der vornehmsten Gebäude altdeutscher Bauart. München. 1845. 8. 1s—8s Heft à ¼ Thlr.

Falger, Anton. Genaue Abbildung und Beschreibung der in der Hofkirche zu Innsbruck das Grabmal des Kaisers Maximilian I. umgebenden 28 erzenen Statuen. Lithogr. und hrsg. von Anton Falger. o. O. 1826.
Tit., 29 Taf. in Lithogr. 8°.

(Falger, Anton.) [Volkstrachten: Tirol-Vorarlberg.] A. Falger inv. et fec. O. O. u. J. [um 1825]
3 Bl. in Lithogr. 8°.

Falger (F.). Der Ansteckungsprocess der Cholerapilze . . . Muenster, 1867. 8°.

Falger, Franz (Münster/W.), De morborum nonnullorum medullae spinalis cognitione. Diss. med. Bln. (Nietack) 7. VI. 1837. 32 S. mit Biograph. (M.: C. Melchers.) (4.20) 8575
Oppon.: A. Wilckinghoff, F. Nicolay, Ph. Sauer. — Gew.: Boeckmann (Pastor i. Bork).

Falger, Friedrich

Falger, Fr., der Ansteckungs-Process der Cholera-Pilze mittelst der Luft in's Klare gestellt durch Ueberleitung von Hefensporen auf Gährungsstoffe nebst Prüfung der Wirksamkeit der Desinfectionsmittel auf Hefenpilze u. Hefensporen. Münster 867. Krick. gr. 8. (16 S.) 5 ngr

— die künstliche Ernährung der Kinder mit pilzfreier Milch c. neue auf Grund der jüngsten microscop. Entdeckungen u. eigener prakt. Versuche ersonnene Fütterungs-Methode, zugleich verwendbar bei allen Milch- u. Molken-Kuren. Mit Abbildgn. Münster 867. Niemann. gr. 8. (18 S. u. 1 lith. Taf. in Fol.) n. 5 ngr

— der Priester am Krankenbette. Eine faßliche Belehrung über die wichtigsten Krankheiten u. Zufälle des Menschen, sowie die dem Seelsorger dabei zugewiesene Wirksamkeit mit besonderer Rücksicht auf die neueren Forschungen 2. unveränd. Ausg. Ebend. 867. 8. (72 S.) n. 7½ ngr

Falger, Frdr., der Priester am Krankenbette. Eine faßl. Belehrg. üb. die wichtigsten Krankheiten u. Zufälle d. Menschen, sowie die dem Seelsorger dabei zugewiesene Wirksamkeit m. besond. Rücksicht auf die neuern Forschgn. 3. unveränd. Aufl. 8. (71 S.) Münster 871. Niemann. n. — 50

— die sichere Verhütung der Cholera-Ansteckung. Eine populäre Abhandlung über zuverlässige neue Desinfections-Verfahren; nebst Anh., enthltd. die Belehrung über den Ursprung, die Verbreitung, die Krankheits-Erscheinungen 2c. 1—3., durch Zusätze verm. Aufl. Münster 865—67. Coppenrath. gr. 8. (17 S.) n. 5 ngr

Falgowski, W(ladislaus), approb. Arzt in Posen: Zur Würdigung der Gallenblasenoperationen, nebst Beitrag. *Leipzig 1903: B. Georgi.* (30 S.) 8°
Leipzig, Med. Diss. v. (1. Dez.) 1903

Falguerolles. Rückblick auf Lilienwald Bäder. f. J. Heinenen.

Falk, der Verkehr in der feinen Gesellschaft. Ein Handbuch d. guten Tones u. Anstandes insbesondere f. junge Damen u. Herren. 8. (IV, 291 S. m. 1 Lichtdr.) Neuwied 883. Heuser's Verlag. 3. —; geb. 4. —

Falk, der Verkehr in der feinen Gesellschaft. Ein Handbuch des guten Tones u. Anstandes, insbesondere f. junge Damen u. Herren. 2. Aufl. 8 (IV, 291 S. m. Titelbild.) Leipzig 893. O. Weigel. n. 3 —; geb. n. 4. —

Falldor, (Fel. Ludw. Glutz), aus seinem Leben. Seine langjährige Befeindung durch nahe Anverwandte, ingleichen seine Jugenderziehung, mit Bemerkungen über ganz rare Erziehungsmißgriffe, insbesondere über Bedrückung u. geistige Treibhauszucht. Anhang: ein Aufruf zu Gründung von Vereinen für naturgemäße Jugenderziehung. Berlin 860. Uthemann. Lex. 8. (86 S.) n. 10 ngr

— meine endlose Verfolgung auf Entkräftung, Wahnsinn u. Tod in Dresden, Nürnberg u. Berlin. Ein Nachtstück deutscher Rechts- u. Sitten-Zustände. Berlin 862. Peiser. gr. 8. (84 S.) n. 12 ngr

Faller, Marino, ein europäischer Krieg, e. Studie. (88 S.) gr. 8. (Linz 903). [Österreich. Verlagsanstalt.] Wien, K. Deubler. 1. 50

Marino **Falleri** oder Die Bundesbrüder zur Loge des grossen afrikanischen Löwen. Leipzig [richtig: Weissenfels]: Graffé in Comm. [1804]. 166 S. 8°
cf. °ALZ. 1806 S. 573.
Kl. 3985, TB. 176. Kl. erwähnt eine Ausg. „Wittenberg-Kühne 1804", welche auch Heinsius anführt.

Falieri, Marino, od. d. Bundesbrüder zur Loge des großen afrikanischen Löwen. 8. Wittenb. 804. Kühne. 16 gr

Faligan, E. Histoire de la légende de Faust. Thèse. Paris 1887. XXXII u. 474 S. Progr.

Falligan, Ernest, der Herzog v. Guise. Historischer Roman. Autorisirte Uebersetzung von L. v. Erlburg. 8. (480 S.) Mainz 879. Kirchheim. 4. —

Falinsky, Porto-Taxe für die Correspondenz sämmtlicher preuss. Post-Anstalten, s. Porto-Taxe.

Falinsky, Adb., Religions-Unterricht in Tabellen. I. Katechismus f. Volks- u. Bürgerschulen. qu. gr. 4. (10 Tab.) Wien 891. Drescher & Co. In gr. 8. kart. n. — 32

Falinsky, Adlb. Religions-Unterricht in Tabellen. I. Katechismus f. Volks- u. Bürgerschulen. qu. gr. 4. (10 Tab.) Wien 892, Drescher u. Comp. cart. in gr. 8. * — 32

Falisci, Gratii, et Olympli Nemesiani Carmina venatica cum duobus fragmentis de aucupio; cum scripturae varietate et aliorum suisque commentationibus ed. R. Stern. 8maj. Halle 832. Waisenh.-B. 1 ₰ 8 gGr

Fallse, J. B., liturgiae practicae compendium sive sacrorum rituum rubricarumque missalis breviarii et ritualis romani compendiosa elucidatio. Ed. in Germania altera emendata et aucta. Juxta III. ed. parisiensem. gr. 8. (XVI, 781 S.) Regensburg 876. Manz. n. 7. 60

Falise, J. B., sacrorum rituum rubricarumque missalis, breviarii et ritualis Romani compendiosa elucidatio. Juxta III. edit. Parisiensem. gr. 8. (XII und 781 S.) Schaffhausen 863, Hurter'sche Buchh. *

Falk, s. a. Falck. – Falcke. – Falke.

Falk, Der; ein Lustspiel von einem Aufzuge. Wien 1776. V: *Richter, Joseph.* (MGT) (Ky) (Kn) S. a. Nr. 2866.

Falk, Johannes. Erinnerungsblätter aus Briefen und Tagebüchern gesammelt von dessen Tochter Rosalie Falk. 8. (142 S.) Weimar 868, Böhlau. *
Ausg. mit (photogr.) Portr. *

Falk, Johannes, der Kinderfreund. Berlin [1896]. V: *Flaischlen, Marcus.* (Berl)

Falk, Consistorialrath, und seine Vertheidiger. Ein Sendschreiben ... Leipzig 1844. V: *Buchmann, Jac.* (Nent)

Falk, der Herr Consistorialrath, u. seine Vertheidiger. Ein Sendschreiben an die Gemeinde der reformirten Kirche in Breslau. gr. 8. Leipzig 844, Hartknoch. 1/3 ₰

Falk, Felix, in Memoriam. Nachklänge. (Umschlagzeichng. u. Buchschmuck v. Hans Kurth.) 8. (XI, 81 S.) Berlin 901. S. Philipp & Sohn. n. 2. 60

(B) **Falk, Fel., in Memoriam. 901. (KBL 31.) Jetzt: Berlin, H. Seemann Nachf.**

Falk. – Nikolaus Falk, s. Nikolaus Falck

FALK und Rabe. Auch ein Taschenbuch, aber nur mit Holzschnitten und Karrikaturen. Gross-Cairo. 1801.
Weller, fing. Dr. — Rar!

Falk, Wenzel, u. seine Familie, von Aug. Lafontaine. 3 Bde. 8. Berlin, Sander. 810.

Falk, ..., Leitfaden üb. d. Innungs- u. Prüfungswesen d. Handwerker. Zum Besten des ganzen Handwerkerstandes rc., insbesond. sämmtl. Prüfungs-Commissarien, auf Veranlassung des Vorstandes des Central-Handwerker-Innungs-Vereins in Berlin bearb. u. hrsg. gr. 8. (39 S.) Berlin 849. (Expedit. d. allgem. Gewerbe-Zeitung f. Preußen.) n. 1/6 ₰

Falk, Die wahre Gewerbefreiheit. 8°. Berlin 1851.

Falk, ..., Karte vom Konigsberger Land-Kreise. Fol. Lith. Königsberg 851, Gebr. Schamberg. n. 5/12 ₰

Falk, Die Forderungen der Handwerker aus moralischen, politischen und ökonomischen Gründen in einer Denkschrift dargestellt. 2. Aufl. 8°. Berlin 1852.

Falk, Reden, gehalten in den Jahren 1872—1879. 3 Thle. in 1 Bde. Mit Einleitungen, erläuternden Anmerkungen u. ausführlichen Registern. 1. Thl. Reden über die gesammte Unterrichts-Verwaltung. 1—3. Hft. Lex.-8. (S. 1—288.) Berlin 880. Kortkampf. Subscr.-Pr. à n. 1. 20

Falk, Adalbertus *(geb. Metschkau in Schles. 10. 8. 1827)*: Qua actione forensi interrumpatur praescriptio, quaeritur. Vratislaviae (1847). (31 S.) 8° *[Verf. erlebte die Diplomerneuerung 1897 als Oberlandesgerichts-Präsident in Hamm.]*
Breslau, Jur. Diss. v. 15. Juni 1847

FALK, Alfred (Hemelingen): Über den Nachweis von Arsen.- München: Wolf 1901. 22 S. • 24.7.1901 - Chr 1901/02,24; Jv 1900/01,235
Diss. Ingolst.-Landsh.-Mchn.

Falk, Alexander

Falk, (Friedericus Guilielmus) Alexander *(geb. Landeshut in Schles. 10. 11. 1805)*: De origine Byzantii. Vratislaviae (1829). (36 S., 1 Taf.) 8°
Breslau, Phil. Diss. v. 29. Aug. 1829

Falk, A. Grundlinien für die Bearbeitung historischer Charakterschilderungen. 8 S. . . . .
Progr. Lauban 1833

Falk, Alex., s. Lysias, Reden.

Falk, A. Einige Nachrichten üb. die Begründung und Erweiterung der hiesigen Stadtbibliothek.. 9. S. . . . .
Progr. Lauban 1834

Falk, A. Lysias Rede gegen Eratosthenes. (Deutsch.) 20 S. . . S. auch über Lysias unten: Plato (Phaedrus). . . .
Progr. Lauban 1838

Falk, A. Die Schicksale Laubans im Hussitenkriege. 1ste Abth. 9 S.
Progr. Lauban 1835

Falk, A. Übersetzung der Reden des Dinarch wider Aristogiton und Philokles. 18 S. . . .
Lauban, Progr. 1843

Falk, A. Ueber den geschichtlichen Werth von Plutarchs Lebensbeschreibung Alexanders des Großen. 20 S. . . . .
Progr. Lauban 1833

Falk, Alfred, approb. Arzt aus Hemelingen: **Über den Nachweis** von Arsen. *München 1901: C. Wolf & Sohn.* (22 S.) 8°
München, Med. Diss. v. 1901

Falk, August [aus Bremerhaven]: Über Gewebsveränderungen nach Injektionen mit Tuberculin ... Würzburg, Becker's Univ.-Buchdr., 1891; 40 S. 8.
Würzburg, Med. Fak., Inaug.-Diss. v. 1891

Falk, C., um ein Herz. Novelle. 8. (253 S.) Stuttgart 879, Hallberger. *

Falk, C., um ein Herz. Novelle. 2. (Titel-)Aufl. 8. (253 S.) Stuttgart (1879) 882. Deutsche Verlags-Anstalt. n. 4. —

Falk, C., im Pensionat, s.: Wallner's allgemeine Schaubühne.

Falk, C., Schafwolle u. Schafwoll-Waaren, s.: Ausstellungs-Bericht, officieller.

Falk, C., die besten Wäschmangen, s. a. Schauplatz der Künste.

Falk, C., die besten Wäschmangen, s. a. Schauplatz, neuer, der Künste und Handwerke. 251. Bd.

Falk C, die besten Waschmangen, Rollmangen etc. Mit Atlas. (Schauplatz der Künste und Handwerke 251) Weimar 1862

Falk, C. J., die Molken zu Ober-Salzbrunn in Schlesien. Breslau 859. (Berlin, Hirschwald.) gr. 8. (50 S.) n. 7½ ngr.

Falk, Carl Augustin, s. Falk, Augustin

Falk's, Ch., elbingisch-preuszische Chronik, s.: Geschichtschreiber, die preussischen, des 16. u. 17. Jahrhunderts.

FALK, E. Zur Kenntniss der Derivate des Guajacols. Berlin, 1900.

Falk, Edm., die Entwicklung u. Form des fötalen Beckens. (163 S. m. 6 Abb. u. 5 Taf.) Lex. 8. Berlin 908. S. Karger. 6. —

Falk, Edmund [aus Berlin]: Ein Fall von Tuboovarialschwangerschaft .... Berlin, Buchdr. v. Gustav Schade (Otto Francke) (1887); 34 S. + 1 Bl. u. 1 Taf. 8°.
Berlin, Med. Fak., Inaug.-Diss. v. 19. März 1887.

Falk, Edmund, ein Fall von Tuboovarialschwangerschaft. Diss. Berlin 1887, Mayer & Müller. 8°. 34 S. mit einer Taf.

Falk, Erich, Wandern u. Jugendwandern, s.a. Miniatur-Bibliothek f. Sport u. Spiel.

Falk, E.: Wandern und Jugendwandern. Leipzig 1910. 88 S. (Miniaturbibl. f. Sport u. Spiel. 26.)

Falk, Ernst, aus Berlin: Zur Kenntnis der Derivate des Guajacols. *Berlin: W. Hartmann 1900.* (32 S.) 8°
Berlin, Phil. Diss. v. 11. Aug. 1900

Falk, F., s.: Analyse des Harns.

Falk, F., die pathologische Anatomie u. Physiologie d. Joh. Bapt. Morgagni [1682—1771]. Ein monograph. Beitrag zur Geschichte der theoret. Heilkunde. gr. 8. (V, 112 S.) Berlin 887. Hirschwald. n. 2. 40

Falk, F., ein Beitrag zur Arbeiter-Versicherungsfrage. gr. 8. (18 S.) Hamburg 880. Nestler & Melle. n. — 50

Falk, F., deutsch-schwedische Gesprächsübgn. u. Beispiele z. Anwendg. d. Präpositionen; Briefformulare u. s. w., u. May, Dialogues bearb. F. d. Gebr. beider Länder berechnet. 12. (VI, 164 S.) Stockholm 897. A. Bonnier. In Leinw. kart. n. 1. 60

Falk, F., Rechtsgrundsätze im Versicherungswesen. Aus den Erkenntnissen d. Reichs-Ober-Handels-Gerichts u. Reichs-Gerichts zusammengestellt. 1. u. 2. Tl. 8. Hamburg 885. Voss. à n. 2. 50
1. Allgemeines u. Binnenversicherung. (XII, 167 S.)
2. See-Versicherung. Im Anschluss an den Text der allgemeinen Seeversicherungs-Bedingungen v. 1867 u. d. allgemeinen deutschen Handelsgesetzbuchs V. Buch. XI. Titel zusammengestellt. (VII, 274 S.)

Falk, Fel., Katalog der Kunstsammlung des Geheimrats Dr. Bernh. Zielenziger, Potsdam. (III, 40 S. m. 1 Taf.) 8. Potsdam (903). E. Stein. n. 1. —

Falk, Fél., Mélanges bibliographiques sur les livres de Samuel en strophes de Nibelungen. Précédés d'un exposé général sur la littérature judéo-allemande. (53 S.) Lex. 8. Leipzig 909. M. W. Kaufmann. 3. —

— die Priesterin. Ein Gedichtbuch. (79 S.) 8. Leipzig 903. Berlin. H. Seemann Nachf. n. 2. —

Falk, Felix [Hrsg.], s. Zielenziger, Bernhard: Gesammelte Dichtungen

Falk, Franz

Falk, Frz., goldenes A-B-C für den Himmel. 64. (46 S. m. eingedr. Holzschn.) Amberg 879. Habbel. — 12

Falk, Frz., goldenes A-B-C f. den Himmel. Neueste Aufl. 32. (46 S. m. Illustr.) Amberg 884. Habbel. — 12

Falk, Frz., Anleitung zum frommen Beten f. Kinder. 16. (32 S. m. 1 Bild.) Regensburg 892. J. Habbel. n. — 10

Falk, Frz., St. Anna, die Mutter Mariens, s.: Blüten aus dem Himmelsgarten.

Falk, Frz., Anstandsbüchlein für Kinder. 16. (32 S.) (Amberg) 887. Regensburg. Habbel. *

Falk, Franz., Anwend. sämmtl. Predigten f. alle Sonntage d. Jahres. 8. Augsb. Wi. Rieger. 780.

Jacobi's Trigonometrische Aufgaben als Anhang zu Van Swinden's Geometrie. — Von Franz Falk, G. P. — 1878. Landau, ibid. — S. 3—32*.
Progr. Landau (Pfalz), K. Gymn.

Falk, Frz., s.: Beichtbüchlein, drei, nach den 10 Geboten aus der Frühzeit der Buchdruckerkunst.

— **Beiträge zur Rekonstruktion der alten Bibliotheca fuldensis u. Bibliotheca laureshamensis**, s.a. Centralblatt f. Bibliothekswesen. 26. Beiheft.

Beiträge zur Rekonstruktion der alten Bibliotheca fuldensis und Bibliotheca laureshamensis von Franz **Falk**. Mit e. Beil.: Der Fuldaer Handschriften-Katalog aus d. 16. Jh. Neu hrsg. u. eingel. von Carl Scherer. *Leipzig: O. Harrassowitz 1902.* (112 S.) 8°
= Centralblatt f. Bibliothekswesen. Beih. 26.

Falk, Frz., Betrachtungsbüchlein f. Gott liebende Kinder wie f. alle fromme Christen. 32. (191 S. m. 1 Stahlst.) Amberg 874. Habbel. n. — 50; geb. n. 1. —

— Betrachtungsbüchlein f. Gott liebende Kinder wie f. alle frommen Christen. 2. Aufl. 16. (180 S.) Regensburg 899. J. Habbel. Geb. in Leinw. n. — 50

Die Bibel am Ausgange des Mittelalters, ihre Kenntnis u. ihre Verbreitung von Franz **Falk**. Köln: J. P. Bachem in Komm. 1905. (99 S.) 8° [Fr.]
= Görres-Gesellschaft z. Pflege d. Wiss. Vereinsschrift. 1905, 2.

Bibelstudien, Bibelhandschriften und Bibeldrucke in Mainz vom. 8. Jh. bis z. Gegenwart von Franz **Falk**. Mit Abb. *Mainz: F. Kirchheim 1901.* (VI, 336 S.) 8°

Falk, Franz, Religiöser Bilderschatz aus jüdischer, heidnischer u. altchristlicher Zeit für kath. Schüler an Gymnasien, Real- u. Bürgerschulen, an Lehrer- und Knabenseminarien, auch für höhere Mädchenschulen, sowie zur Beihilfe beim Erstkommunion-Unterricht. Zusammengestellt u. mit erläuterndem Text versehen. Mainz, Kupferberg, 1892, 4°, 44 S. mit 2 Tafeln u. 31 in den Text gedruckten Illustrationen, geb. 3 Mk.

— Blüthenstrauß aus Kindeshand. Auswahl religiöser Dichtgn. zum Vortrage durch Kinder bei feierl. Anlässen in Schule u. Haus. gr. 16. (IV, 106 S.) Ebend. 871. n. 1. —

— Blüthenstrauß aus Kindeshand. Auswahl religiöser Dichtungen zum Vortrage durch Kinder bei feierlichen Anlässen in Schule u. Haus. 2., verm. Aufl. m. (eingedr. Holzschn.-)Bildern. 8. (IV, 126 S.) Ebend. 880. cart. 1. 50

Falk, Franz: Der Canon Missae vom Jahre 1458 in lit. Beziehung, s. Canon. – Der C. Missae v. J. 1458 d. Bibl. Bodleiana zu Oxford.

— u. Heinr. Wallau, der Canon Missae vom J. 1458, s.: Veröffentlichungen der Gutenberg-Gesellschaft. III.

— s.: Diel, Florentius, die pfarramtlichen Aufzeichnungen.

— der Dienst des heiligsten Sakraments des Altars. Für alle Liebhaber des Herrn im allerheiligsten Sakramente. 16. (30 S.) Ebend. 881. — 15

— der Dienst des heiligsten Sakraments des Altars. Für alle Liebhaber des Herrn im allerheiligsten Sakramente. (32 S. m. Titelbild.) 16. Regensburg (904). J. Habbel. n. — 15

Falk, Frz., d. ehemal. Dombibliothek zu Mainz, s.a. Centralblatt f. Bibliothekswesen.

Die ehemalige Dombibliothek zu Mainz, ihre Entstehg, Verschleppg u. Vernichtg nach gedr. u. ungedr. Quellen v. Dr. Franz **Falk**. *Leipzig: O. Harrassowitz 1897.* (1 Bl., IV S., 1 Bl., 175 S.) 8.
— Beihefte z. Centralblatt f. Bibliothekswesen. [No] 18. [97. 4195

— die Druckkunst im Dienste der Kirche zunächst in Deutschland bis zum Jahre 1520. (Hrsg. von der Görres-Gesellschaft.) gr. 8. (108 S.) Köln 879. Bachem. n. 1. 80

Die Ehe am Ausgange des Mittelalters. Eine kirchen- u. kulturhistor. Studie von Dr. Franz **Falk**. Freiburg im Br.: Herder 1908. (VIII, 96 S.) 8° [F.]
— Erläuterungen u. Ergänzungen zu Janssens Geschichte d. deutschen Volkes. Bd 6, H. 4. [08. 1672…

— Die Ehe am Ausgange des Mittelalters, s.a. Erläuterungen u. Ergänzungen zu Janssens Geschichte des deutschen Volkes. VI, 4.

— Ehrenrettg. d. ausgeh. Mittelalters durch nichtkathol. Autoren, s.a. Broschüren, Frankfurter zeitgem.

[F.] Ehrenrettung des ausgehenden Mittelalters durch nichtkatholische Autoren. Von Dr. Franz **Falk**. *Frankfurt a. M.: P. Kreuer 1897.* (29 S.) 8.
— Broschüren, Frankfurter zeitgemässe. N. F. Bd 18. H. 4. [97. 6…

— zur Geschichte der Immaculata-Tradition in der Mainzer Kirche. Festgabe zur Konsekration u. Inthronisation Sr. bischöfl. Gnaden, des hochw. Herrn Herrn Georgius Heinr. Kirstein, der hl. Theologie Doktor, Bischof v. Mainz. Im Anh.: Die Immaculata-Feier zu Rom unter Sixtus IV. (1471—1484). (22 S. m. 3 Taf.) 4. Mainz 904. Kirchheim & Co. n. 3. —

Gutenberg, seine Person und seine Erfindung. Nach e. Vortrage, geh. 1899 von Franz **Falk**. Mit Abb. *Mainz: J. Falk III. Söhne 1900.* (32 S.) 8° [00. 9655

Gutenbergbüchlein für die liebe Jugend. Zum Gutenbergfeste in Mainz 1900. Von Diöcesan-Archivar Dr. Franz **Falk**. *Mainz: J. Falk III. Söhne 1900.* (23 S.) 8° [F.] [00. 9656

— Himmelsbrod. Gebetbüchlein f. kleine Kinder. 32. (96 S. m. 1 Holzschntaf.) Ebend. 875. n. — 25

— Himmelsbrod. Gebetbüchlein für Kinder. 6. Aufl. 16. (96 S. m. eingedr. Holzschn.) Amberg 881. Habbel. geb. n. — 25

— dasselbe. Diamant-Ausg. 128. (184 S. m. eingedr. Holzschn.) Ebend. 881. geb. n. — 50

— Himmelsbrod. Gebetbüchlein f. Kinder. Neueste Aufl. 16. (96 S. m. eingedr. Holzschn.) Ebend. 884. geb. n. — 25

— die Kinder Gottes. Belehrung über die Gnade für Kinder. 16. (64 S. m. 1 Holzschntaf.) Ebend. 877. n. — 20

— die Kinder Gottes. Belehrung über die Gnade für Kinder. 2. Aufl. (64 S. m. Titelbild.) 16. Regensburg (904). J. Habbel. n. — 20

— heilige Kinder d. hochwürdigsten Sakramentes d. Altars. 2. Aufl. 32. (62 S.) Ebend. 873. — 15

— dasselbe. 8. Aufl. 16. (62 S. m. 1 Farbendrtaf.) Ebend. 876. n. — 20

— heilige Kinder des hochwürdigsten Sakramentes des Altars. 16. Aufl. 16. (64 S. m. 1 Chromoxylogr.) Ebend. 882. n. — 20

— heilige Kinder d. hochwürdigsten Sakraments d. Altares. 21. Aufl. 16. (64 S. m. 1 Farbendr.) Ebend. 885. n. — 20

— heilige Kinder d. hochwürd. Sakramentes d. Altars. Neueste Aufl. 16. (64 S. m. 1 Farbendr.) Regensburg 895. J. Habbel. n. — 20

— die erste Kinderbeichte. Katechetische Anleitg. 3. Aufl. 16. (28 S.) Ebend. 876. — 20

Falk, F., Kinderspiegel, s.a. Kinderspiegel.

— Kinderspiegel. Tugendbeispiele aus dem Leben heil. Kinder nebst e. Anh. frommer Uebgn. 10. Aufl. 32. (158 S. m. 1 Chromolith.) Ebend. 872. n. — 40

— dasselbe. 12. Aufl. 16. (160 S. m. 1 Chromoxylogr.) Ebend. 876. n. — 50

— Kinderspiegel. Tugendbeispiele aus dem Leben heil. Kinder, nebst e. Anh. frommer Uebgn. 16. Aufl. 16. (160 S. m. 8 Holzschntaf. u. 1 Farbendr.) Ebend. 884. geb. n. — 50

— Kinderspiegel. Tugendbeispiele a. d. Leben hl. Kinder, nebst e. Anh. frommer Uebgn. 25. Aufl. 16. (176 S. m. Abb. u. 1 Farbendr.) Ebd. 895. Kart. n. — 50

— Kinderspiegel. Tugendbeispiele aus dem Leben hl. u. frommer Kinder nebst e. Anh. frommer Ü^k gn. 30. Aufl. (184 S. m. Abbildgn. u. Titelbild.) 16. Regensburg (907). J. Habbel. Kart. — 50

Falk, Franz: Die Cultur der Weinrebe am Mittelrhein. [Mainz: Verl. d. neuen Kreuzer-Magazine 1894.] Aus: Neues Kreuzer-Magazin. Jg. 38, Nr 4. -- 36

Falk, Franz, a. Antwerpen: Über Lactamcondensationen aus γ-Lactonen, und Einfluß der Substituenten und ihrer Stellung auf die Beständigkeit des gebildeten Lactamringes. (Berlin 1904: E. Ebering.) (65 S.) 8°
Berlin, Phil. Fak., Ref. Landolt, Fischer, Diss. v. 19. Nov. 1904
[Geb. 21. März 83 Antwerpen; Heimatsort: Berlin; Staatsangeh.: Preußen; Vorbildung: Athénée royal Antwerpen Reife Aug. 00; Studium: Bern 2, Berlin 6 S.; Rig. 3. Nov. 04]

— Marianum Moguntinum. Geschichte der Marienverehrg. u. d. Immaculata-Tradition im Bist. Mainz u. am Mittelrhein. (XII, 217 S. m. Titelbild.) gr. 8. Mainz 906. Druckerei Lehrlingshaus. n. 2. 50; geb. in Leinw. n. 3. 50

— heilige Marienkinder. Ein Büchlein f. Kinder, welche Maria lieben. 16. (48 S.) Ebend. 874. — 15

— heilige Marienkinder. Ein Büchlein f. Kinder, welche Maria lieben. Neueste Aufl. 16. (48 S.) Ebend. 884. — 15

— die deutschen Meß-Auslegungen v. der Mitte des 15. Jahrh. bis zum J. 1525. [Schriften der Görres-Gesellschaft 1889. 3. Vereinsschrift.] gr. 8. (VII, 55 S.) Köln 889. (Bachem.) n. 1. 20

— Predigten zur Bildung eines Christen. 2 Thle. 8. Augsb. 785 u. 86. Rieger. 1 fl. 4 kr.

— die Presse zu Marienthal im Rheingau u. ihre Erzeugnisse. [15. Jahrh.] Mit 2 Facsim.-Taf. gr. 8. (28 S.) Mainz 882. v. Zabern. n. 1. 50

— Schule, Unterricht u. Wissenschaft im Mittelalter, s.: Jugend- u. Volksbibliothek, geschichtliche. 4.

Falk, Franz, Die Schul- u. Kinderfeste im Mittelalter. Frankfurt 1880. 8.
s.a.: Frankf. zeitgem. Broschüren. Bd. 3. H. 8

— der Deharbe'sche Schulkatechismus in veränderter Fassung. (XIV, 123 S.) 8. München 905. Mainz, Kirchheim & Co. n. 1. 50

Falk, Frz., (M. Reiß), kurze Sittenreden von d. göttl. Vorsicht u. ihren heiligsten Anordnungen; ein Trost- u. Lesebuch für alle Christen. 8. Augsb. 789. Rieger. 10 kr.

— die deutschen Sterbebüchlein von der ältesten Zeit d. Buchdruckes bis zum J. 1520. Mit 9 Facsms. [Vereinsschr. der Görres-Geſellſchaft 1890, Nr. 2.] gr. 8. (VIII, 83 S.) Ebd. 890. n. 1. 80

— wie du Gott am ehesten gefallen magst, s.: Blüten aus dem Himmelsgarten.

Falk, Freya, Blüten. (82 S.) 8. Leipzig (906.) Modernes Verlagsbureau. n. 2. —

Falk, Frid. (geb. Berlin 8. 7. 1840): Symbolae ad externam iodi applicationem. Berolini (1861). (30 S.) 8°
Berlin, Med. Diss. v. 8. Aug. 1861

Falk, Frido, approb. Arzt aus Hamburg: Ueber den Wert von Nitropropiol-Tabletten zum Nachweis von Zucker. *München 1901: C. Wolf & Sohn.* (18 S.) 8°
München, Med. Diss. v. 1902

Falk, Friedr., über Hefe-Einspritzung, s. Archiv für Anatomie und Physiologie, Suppl.-Bd. zur physiolog. Abtheilung.

Falk, Frdr., Galen's Lehre vom gesunden u. kranken Nervensysteme. gr. 8. (56 S.) Leipzig 871. Veit & Co. n. 1. 20

Falk, Frdr., die sanitäts-polizeiliche Ueberwachung höherer u. niederer Schulen u. ihre Aufgaben. Leipzig 869. Veit & Co. gr. 8. (2 Bll., 168 S.) n. 21 ngr

— die sanitäts-polizeiliche Ueberwachung höherer u. niederer Schulen u. ihre Aufgaben. 2. verm. Aufl. gr. 8. (VI, 175 S.) Ebend. 871. n. 2. 40

Falk, Friedericus Guilielmus Alexander, s. Falk, Alexander

Falk, Fritz [(Dr. med.) aus Berlin]: Über einen Fall von Netzechinococcus mit Magencarcinom . . . Berlin, L. Borchardt's Buchdr., 1896; 28 S., 1 Bl. 8.
Würzburg, Med. Fak., Inaug.-Diss. v. 1896

Falk, Fritz, appr. Arzt a. München: Ueber Sanduhrmagen. ⟨Mit Abbildungen.⟩ München 1907: C. Wolf & Sohn. (45 S., 1 Taf.) 8°
München, Med. Fak., Ref. v. Angerer, Diss. v. 26. Juli 1907
[Geb. 15. Aug. 78 Planegg; Wohnort: München; Staatsangeh.: Bayern; Vorbildung: Ludwigs-Gymn. München Reife Juli 98; Studium: Würzburg 4, München 2, Kiel 1, München 5 S.; Coll. 26. Juli 07; Approb. 15. April 07.]

Falk, G., leichte Blumenzweige. Zugleich e. Elementarschule d. Aquarellmalens. 1.—3. Lfg. kl. Fol. (à 6 Chromolith.) Leipzig 889. Baldamus' Sep.-Cto. à n. 3. 50; einzelne Blätter à n. — 80

Falk G. Feld, Wald und Wiese im Lenz. (12 T) fol Wandsbeck 1884

Falk, G., Herbstblumen, s.: Schmidt, E.

Falk, Gabor: Die Frau in der Kunst. Essay 1. — Görlitz: Dülfer 1902. 8°

Falk, Kaufman George, a. New York City: Einige Kondensationen des Phtalaldehyds. Straßburg 1905: J. H. E. Heitz. (36 S.) 8°
Straßburg, Math.-naturwiss. Fak., Ref. Thiele, Diss. v. 1905
[Geb. 8. Sept. 80 New York; Wohnort: Straßburg; Staatsangeh.: Verein. Staaten; Vorbildung: Privatschulen; Studium: Columbia University (Missouri) 8, Johns Hopkins University in Baltimore 4, Straßburg 4 S.; Rig. 3. Juli 05.]

Falk, Gust., Ueb. d. Beziehungen d. Tabes dorsalis z. Syphilis, s.a. Abhandlungen, Münchener medicin.

Falk, Gustav [app. Arzt aus München]: Ueber die Beziehungen der Tabes dorsalis zur Syphilis . . . München, Buchdr. Kastner & Lossen, 1897; 45 S., 1 Tab. 8.
München, Med. Fak., Inaug.-Diss. v. 1897

Falk, H., H. Gerold, u. K. Rother, lebensvoller Geschichtsunterricht. Quellen u. Erzählgn. 1. u. 2. Heft. gr. 8. Ansbach 910. F. Seybold. 4.80; geb. 5. 85
1. Die Germanen. (XI, 128 S. m. 8 Taf.) 1.80; geb. 2. 25
2. Vom fränk. Gaukönig zum röm. Kaiser. (VIII, 253 S. m. 2 Grundrissen.) 3. —; geb. 3. 60

Falk, H. Ein Kinderbund. Erzählung für die Jugend. In-8°. 238 S. Basel, Jaeger & Kober. Brosch. 2 —; Loinw. 3 —

Falk, H., e. Kinderbund. Erzählg. f. d. Jugend. 8. (238 S.) Basel 897. P. Kober. n. 1. 60; geb. in Leinw. n. 2. 40

Falk, H., Waldeszauber. Märchen für Kinder u. Kinderfreunde. Mit 5 Bildern in Farbendr. v. J. Höppner. 8. (V, 125 S.) Glogau 890. Flemming. cart. 2. 50

Falk, H. *Waldeszauber.* Märchen für Kinder und Kinderfreunde. M. 5 Bildern in Farbendruck v. J. Höppner. Glogau, C. Flemming [c. 1896]. 2 Bl. 125 S. 8°. Orhlwd. m. farb. Titelbild (etw. benutzt). 9.—

Falk, H., Zauberkreise. Märchen f. die reifere Jugend. 8. (217 S.) Glogau 892. C. Flemming. Geb. in Leinw. 3.

Falk, Hans: ⟨Aus d. bakteriol. u. Serum-Inst. zu Landsberg a. d. W. ⟨Vorst.: Schreiber⟩.⟩ Einfluss der Misch- und Sekundärinfektion auf den Rotlaufbacillus und die Rotlaufimmunität. Jena: Fischer 1910. 23 S. 8° ¶ (Aus: Centralblatt f. Bakteriol. Abt. 1. Bd 55, H. 6.)
Gießen, Veterinär-Med. Diss. v. 26. Sept. 1910, Ref. Bostroem
[Geb. 13. Nov. 82 Issing; Wohnort: Issing; Staatsangeh.: Bayern; Vorbildung: Gymn. Günzburg Reife M. 04; Studium: München Tierärztl. Hochsch. 7 S.; Rig. 28. Dez. 09.] [U 11. 1276

Falk, Hans, vom Flitter unf. Wirtshaus-Prinzessinnen. D. Kellnerin im Spiegel neuester Dichtg. 8. (23 S.) Leipzig 896. Verlags-Institut. n. — 50

Falk, Herib. v., s.: Indianer- u. Volksbibliothek.

Falk, Hermann

Falk, Beitrag zur Geschichte u. Einrichtung v. Schlachthäusern. [Aus: „Rundschau auf d. Gebiete d. Thiermed."] gr. 8. (6 S.) Osterwieck 888. A. W. Zickfeldt. — 50

Falk, Hermann, Arzt: Aus d. Kgl. med. Poliklinik zu München. Beitrag zum Studium des Dermographismus. *München 1901: Kastner & Lossen.* (96 S.) 8°
Breslau, Med. Diss. v. [27. Juli] 1901

Falk, Hermann [aus Hamburg]: **Der Einfluss der Usurpation eines Nachlasses auf die Rechtsverhältnisse der Ernitzung . . .** Göttingen, Druck d. Univ.-Buchdr. v. W. F. Kästner, 1896; 37 S. 8.
Göttingen, Jur. Fak., Inaug.-Diss. v. [27. Jan.] 1896

Falk, Herm., die Errichtung öffentlicher Schlachthäuser m. Anh.: Die Schlachthaus-Gesetze sowie Schlachthaus-Verordngn. u. Situationspläne. gr. 8. (56 S. m. 7 Taf.) Osterwieck 886. Zickfeldt. n. 1. 20

Falk, Hermann: Ein Fall von Cysticercus racemosus des Gehirns mit Symptomen der Paralysis agitans. Königsberg i. P. 1909: Kümmel. 28 S. 8°
Königsberg, Med. Diss. v. 18. März 1909, Ref. Meyer
[Geb. 22. Okt. 76 Breslau; Wohnort: Königsberg i. P.; Staatsangeh.: Preußen; Vorbildung: Elisabeth-Gymn. Breslau Reife M. 95; Studium: Berlin K. W. A. 10 S.; Coll. 2. März 09; Approb. 9. Jan. 02.] [U 09. 2371

Falk, Hjalmar S.

— u. Alf **Torp,** norwegisch-dänisches etymologisches Wörterbuch, deutsche Bearbeitung v. Herm. Davidsen, s.a. Bibliothek, germanische.

Norwegisch-dänisches etymologisches Worterbuch [Etymologisk Ordbog over det norske og det danske Sprog]. Auf Grund d. Übers. von H. Davidsen neu bearb. deutsche Ausg. von H[jalmar] S[ejersted] Falk u. Alf Torp. Mit Unterstützung der Verf. fortgeführte deutsche Bearb. von Hermann Davidsen. T. 1. 2. Heidelberg: Winter 19(07–)11. 8°
1. A-O. 19(07–09)10. 2. P-Ø. 19(09–)11.
(Germanische Bibliothek. Samml. 1, Reihe 4, Bd 1.) [illegible]

Falk, Hjalmar S., vergleichendes Wörterbuch der indogermanischen Sprachen, s.: Fick, Aug.

— Wortschatz der germanischen Spracheinheit, s.: Torp, Alf.

Falk, J., biblische Geschichten, s.: Busch, J. D. Rud. Karl.

Falk, J. D., s. Falk, Johann Daniel

Falk, Jean, s. a. Falk, Johann

Falk, Jean, die Analogie im Recht. Eine Studie zur neueren Rechtsgeschichte. (Diss.) (VIII, 53 S.) gr. 8. Mainz 906. Kirchheim & Co. n. 1.—

—— s. Breunner-Enkevoërth, Aug. Joh. Graf, römisch-kaiserlicher Majestät Kriegsvölker im Zeitalter der Landsknechte.

—— der Garten. Seine Kunst und Kunstgeschichte. Lex.-8. (XII, 159 S. mit 69 Abbild.) Ebendas. 884. *
geb. mit Goldschn. *

—— Geschichte des modernen Geschmacks. 2. durchges. Aufl. 8. (XVI, 360 S.) Leipzig 880, T. O. Weigel. *
geb. *

—— Geschichte des fürstlichen Hauses Liechtenstein. 3. (Schluß-) Bd. gr. 8. (VIII, 426 S.) Wien 883, Braumüller. *
1. und 2. Bd. Ebendas. 1868,77. *M 20.

Falk, Jo. Gttfr., De epilepsia s. convulsivis motibus virginum. 48 pp. Gött. 4°.
1754

Herder, Joh. Gfrd, Volkslieder, herausgegeben. Th. 1. 2. Leipzig 1778—79. 8.
——. —— Neue Aufl. eingeleitet von J. Falk. Th. 1. 2. Ebda 1825. 8.

Falk, Joel Levin Salomo [illegible] De tetano. Berolini (1862). (32 S.) 8°
Berlin, Med. Diss. v. 25. Juli 1862

Falk, Johann, s. a. Falk, Jean

Falk, Johann, Referendar in Mainz: Die Analogie im Recht. Eine Studie zur neueren Rechtsgeschichte. Mainz 1906: J. Falk. (53 S.) 8°
Gießen, Jur. Fak., Ref. Leist, Diss. v. 14. Sept. 1906
[Geb. 25. März 82 Mainz; Wohnort: Mainz; Staatsangeh.: Hessen; Vorbildung: Gymn. Mainz Reife O. 00; Studium: Straßburg 2, Freiburg i. B. 1, Gießen 3 S.; Rig. 29. Juni 06.]

Falk, Johann Daniel: Die Auferstehung d. Todten, s. Falk: Satyrische Werke.

— s. auch Johannes von d. Ostsee.

— kleine Abhandll., d. Poesie u. Kunst betreff., mit 3 Umrissen. 8. Weimar 803. Hoffmann. 2 ₰ 8 gr

Falk, Johannes (Jh. Dn.), Amphitruon; Lstspl. 2 Thle. mit 2 Kpf. 8. Halle 803. (Reinicke). 2 ₰ 12 gr Velinp. 3 ₰

Falk, Johannes, (Jh. Daniel), (†d. 14. Febr. 1826.) Aufruf, zunächst an d. Landstände d. Großherz. Weimar, u. sodann an das ganze deutsche Volk u. dessen Fürsten, über eine d. schauderhaft. Lücken unserer Gesetzgebungen, die durch d. traurige Verwechselung von Volkserziehung mit Volksunterricht entstanden ist. Im Anh. 19 Actenstücke. gr. 8. Leipz. 818. Brockhaus. 20 gr

— üb. d. mimischen Darstell. d. Madame Händel-Schütz, u. über d. eigentl. Bedeutung, welche d. Aegyptier d. Sphinx u. Isis als Natur- u. Kunst-Symbolen beigelegt. (Aus d. Urania f. 1812 besond. abgedr.) Mit 4 Kpft. 4. Amsterd. 813. (Brockhaus in Leipz.)

— üb. die mimischen Darstellungen d. Madame Händel-Schütz, u. üb. die eigentl. Bedeutung, welche die Aegypter d. Sphynx u. Isis, als Natur- u. Kunst-Symbolen beigelegt. Mit 4 Kupfert. 4. (Aus d. Urania f. 1812 besond. abgedruckt.) Amsterdam, Kunst und Indust. Comt. 813.

Denkwürdigkeiten der Berliner Charité aufs Jahr 1797 in alphabetischer Ordnung nebst e. Gegenstück zu Herrn Biesters Darstellung aus Acten. Von J[ohannes] D[aniel] Falk. Weimar: Hoffmann 1799. 40 S. 8°

— von dem Einen, was unsern Gymnasien u. Volksschulen in ihrem jetzigen Zustande Noth thut. Nebst e. Sendschreiben an Prof. Lindner in Leipzig. gr. 8. Leipz. 821. W. Vogel. 8 gr

— Elysium u. Tartarus. Ein Journal. Weimar 806. (Erschienen nur einige Stücke).

— das Gedicht, oder d. junge Schweizerin; Lstspl. in 2 A. Wien 800. Wallishausser. 6 gr

Falk, Johs., (Joh. Dan.,) der allgem. christl. Glaube mit Choralen u. Kupfern, wie solcher im Luthershofe zu Weimar mit d. Zöglingen d. Freunde in d. Noth gesungen u. volksmäßig durchsprochen wird. Zum Ausbau des v. d. Kindern selbst schon halb vollend. Bet- u. Schulhauses hrsg. gr. 12. (3½ B., 1 B. Musik in 8. u. 5 Kpfr.) Weimar 827. (Berlin, Reimer.)

—— Goethe aus näherm persönl. Umgange dargest. Ein nachgelass. Werk gr. 12. (13¼ B.) Leipzig 832, Brockhaus.

Falk, Johannes, Göthe, aus näherem persönl. Umgange dargestellt. Ein nachgelassenes Werk. 2e Aufl. gr. 12. Leipzig 836. Brockhaus. 1½ ₰

Falk, Johs., Goethe aus näherm persönlichen Umgange dargestellt. Ein nachgelassenes Werk. 3. Aufl. Leipzig 856. Brockhaus. 8. (XII, 278 S.) n. 1 ₰ 15 ngr

— d. heil. Gräber zu Rom, u. d. Gebete. 12. Leipz. 796. 2e Aufl. 2 Thle. 12. Ebd. 799. (W. Rauck). 1 ₰ 12 gr

— Grotesken, Satyren u. Naivetäten auf d. J. 1806 u. 7. Mit 11 Umrissen. 16. Stuttg., v. Cotta. 2 ₰

— Grotesken, Satyren u. Naivitäten auf d. J. 1807. 16. Tübingen, Cotta.

— Kriegsbüchlein. Nr. I. Kriegsdrangsale Weimars in dem Zeitraume von 1806—13. 8. Weimar 815. Hofmann. 2 K

Johannes Falk's Kriegsbüchlein. 8°.
Nr. I. Darstellung der Kriegsdrangsale Weimar's in dem Zeitraum von 1806 bis 1813, nach den Schlachten von Jena, Lützen und Leipzig. Weimar. 1815. Bei: Erfurt unter französischer Oberherrschaft.

Falk's, Johs., Kriegsbüchlein. Beiträge zur Geschichte Thüringens 1806—1813. Eine Jahrhundertgabe f. das Volk, aufs neue hrsg. v. Rud. Eckart. (VII, 79 S.) gr. 8. Jena 910. H. Pohle. 1. 10

— Leben d. Johannes von d. Ostsee, s.a. in Romanen Johannes.

Falk, Johannes, (Jh. Dn.), Leben Johannes von der Ostsee. 1r Thl. 8. Stuttg. 805. v. Cotta. 1 ₰ 4 gr

Falk, J. D. Liebe, Leben und Leiden in Gott ... Altenb. 1817. II: *Wagner, Gottlob Heinrich Adolph.* (Ky) (GGr) (AarK)

— — Liebe, Leben und Leiden in Gott, zu Luthers Gedächtniß herausgegeben von einem seiner Freunde und Verehrer, (Adolph Wagner) im Jahre unsers Herrn 1817. 8. Leipzig, Brockhaus. 817. Rthlr. -

Falk, Johannes, (Joh. Daniel), Dr. Martin Luther u. d. Reformation, in Volksliedern, mit Titelvign. 8. Weimar 830. (Lpz., Reclam). 4 gr. Dass., mit 5 Steindr., Luthers Facsimile, lithogr. Singweisen u. Titelvign. 8. Ebd. 830. (Ebd.) 12 gr. Schrbp. 16 gr.

— d. Mensch u. die Helden. 2 satyr. Gedichte. 16. Leipzig, Sommer. 798.

— Ozeaniten. 1r Bd., mit Kpf. 8. Amsterd. 812. (Brockhaus in Leipz.)

— Prometheus. gr. 8. Stuttg. 803. v. Cotta. 2 Rthlr. 16 gr.

— Prometheus. Dramat. Gedicht in 5 A. gr. 8. Tüb. 803. Stuttg., v. Cotta. 2 Rthlr.

— neueste Samml. kleiner Satyren, Gedichte u. Erzähll. 8. Berl. 804. (Reimer). 1 Rthlr.

— neueste Samml. klein. Satyren, Gedichte etc. 8. Berlin, Unger. 804.

Falk, J., der Schmied v. Apolda, s.: Volksbücher, neue.

— Schriften, s.: Universal-Bibliothek, christl. Nr. 2.

Falk, Johs., geheimes Tagebuch od.: Mein Leben vor Gott. 1. Tl. 1818—1820. Hrsg. v. Siegmar Schultze. gr. 8. (XXXII, 63 S.) Halle 898. C. A. Kaemmerer & Co. n. 1. 50

Falk, Johs., geheimes Tagebuch od. Mein Leben vor Gott. 2. Tl. 1821—1822. Hrsg. v. Siegmar Schultze. gr. 8. (80 S.) Halle 900. C. A. Kaemmerer & Co. n. 1. 50

— Taschenbuch für Freunde des Scherzes u. d. Satyre auf 1797—800. 4 Jahrg. 12. Leipzig, Sommer. (1r u. 2r, à 1 Rthlr., 3r 1 Rthlr. 12 gr., 4r 2 Rthlr. 6 gr.)

— — dass. f. 1801—3. 5r—7r Jahrg. (unt. d. Tit.: neueste kleine Schrift. 3 Bdch.) 12. Weim. Ind. Comt. (à 1 Rthlr. 16 gr.)

— — dass. auf 1806. m. K. 12. Tübing. Cotta.

— s. Theater, römisches.

— röm. Theater d. Engländer u. Franzosen, s. a. Schauspielen.

— römisches Theater d. Engländer u. Franzosen. In freien Bearbeitungen, nach Entwickelung d. Charaktere u. Zurückführung derselben zu ihren Quellen bei den Alten, (1r Bd. enth. Coriolan von Shakespeare u. Britannicus von Racine. 8. Ebend. 811.

— das Vater Unser, s. Vater Unser.

— s. 1) Volkslieder (v. J. G. v. Herder). 2) in Schauspielen.

— Volksspiegel zu Lehr u. Besserung. gr. 8. Leipz. 826. Fr. Fleischer. 1 Rthlr. 8 gr.

Falk, Johannes Daniel. Auserlesene Werke. Leipzig 1819. H: *Wagner, Glob Heinr. Adolph.* (Ky)

— auserlesene Werke. (Alt u. neu.) In 3 Thlen. (Herausg. von Adolph Wagner.) 1r Thl., Liebesbüchlein; 2r Thl. Osterbüchlein; 3r Thl. Narrenbüchlein. 8. Leipz. 819. Brockhaus. 5 Rthlr. 16 gr.

— sämmtl. satyrische Werke, 7 Bde m. K. (Enth. 1r Bd 4 Jahrgänge seines satyr. Taschenbuchs; 2r der Mensch und die Helden; 3r die Gräber zu Rom u. die Gebete; 4r die Eitelkeit; 5r die Schmausereyen; 6r die Jeremiade; 7r die die Mode.) 8. Leipzig, Sommer.

— satyrische Werke, 7 Bde. Neue wohlf. Ausg. Mit 3 Kupf. u. 1 Musikbeil. 16. Leipzig 826, Sommer.
Hieraus ist besonders abgedruckt:
— die Aufersteh. d. Todten, ein satyr. Gedicht. Mit 1 ausgem. Kupf. 4. Ebend. 826.

Falk, Johann Peter. Beiträge zur topographischen Kenntniss des Russischen Reichs. St. Petersburg 1785—86. H: *Georgi, Johann Gottl.* (EngG) (CBH)

Falk, Beyträge z. topogr. Kenntniß d. Russ. Reichs, (od. Reise durch Rußland) herausg. v. Georgi. 3 Bde m. K. 4. Petersb. Hartknoch. (1r 4 Rthlr. 12 gr., 2r 5 Rthlr. 3 gr., 3r 7 Rthlr. 9 gr.)
(illum. 1r 6 Rthlr. 12 gr., 2r 9 Rthlr. 15 gr., 3r 13 Rthlr. 12 gr.)

Falk, Jh. Pt., Beitrr. zur topograph. Kenntniß d. russ. Reichs, herausg. v. Jh. Gli. Georgi. 3 Bde, mit Kpf. gr. 4. Petersb. 785 u. 86. 17 Rthlr. Mit ill. Kpf. 20 Rthlr. 15 gr.

- Reisen in Rußland, in e. Ausz. mit Anmerkk. v. J. A. Martyni-Laguna. 1r Bd., mit 4 Kpf. u. 1 Karte. gr. 8. Berl. 794. Mylius. 1 Rthlr. 8 gr. (vergl. Magazin d. Reisen etc. 33r Bd.)

Falk, Johannes, s. F a l k , Johann Daniel

Falk, Johannes Daniel, s. F a l k , Johann Daniel

Falk, Joseph. (Wolff) (geb. Posen 14. 7. 1810): De ileo e diverticulis, adiecta morbi historia. Berolini (1835). (19 S.) 4°
Berlin, Med. Diss. v. 14. Sept. 1835

Falk, K. A., s. a. F a l k , Val. Alois Franz

Falk, K. A., Beicht- u. Communionbuch. M. 2 color. Bildern. 384 Stn. 24. Einsiedeln, Gebr. Benziger. —. 80

— — dasselbe. Feinste Ausgabe Nr. 2. in violetter Einfassung. M. 3 Stahlst. 384 Stn. 18. ebendaselbst. 2. 20

Falk, K. A., Beicht- u. Communionbuch. 3. Aufl. Ausgabe Nr. 2. 380 Stn. in-16. Einsiedeln, Gebr. Benziger. 2. 20

Herr, segne uns! Ein Gebet- u. Erbauungsbuch f. kath. Christen. Bearb. von **K. A. Falk**, Pfarrer. *Einsiedeln, Köln: Benziger & Co. [um 1902].* (436 S.) 8° [Fr.] [04. 1908]

Falk, K. G., u. Cramer, der wunderthätge Gregor. 8. Leipz. 802. Joachim. 1 Rthlr. 8 gr.

Falk, Karl Augustin

Falk, Carl Augustin. Lehren und Gebete für Sennen und Hirten. Von K' A' F", Pfarrer in Brülisau. 2. Aufl. Hrg. von Andr[eas] Falk, Pfarrer. IV + 64 S. 8. Appenzell, Druck der Genossenschafts-Buchdr.; Feldkirch-Buchs, Verlag F. Unterberger, 1906. [geb. M. —.50]

F a l k , Carl Augustin. Die neueste, grosse Rheinüberschwemmung im Rheinthale, und der daherige Nothstand. Predigt, gehalten in Montlingen ⟨am 4. Sonntag nach Pfingsten 1871⟩ von K' A' F'... 8. Uznach 1871.

Falk, Kurt, 1. Antisemitismus und Sozialdemokratie. Hrsg. vom rheinischen Agitationskommittee. 2. Aufl. 8°. Elberfeld 1892.

— 2. Die Bestrebungen der Sozialdemokratie, beleuchtet vom Irrsinn Eugen Richter's. 1. u. 2. Aufl. 8°. Nürnberg, Wörlein u. Co., 1891.

— 3. Die christliche Kirche und der Sozialismus. Eine sozialdemokratische Antwort auf die Encyklika Leo's XIII. 8°. Nürnberg, Wörlein u. Co., 1891.

Falk, Leopold [Mitau (Russl.)]: **Beiträge zur Kenntniss der mono- und diacylirten 1.3 Diketone** ... Aachen, Druck v. C. H. Georgi, 1894; 62 S. 8.
München, Phil. Fak., Inaug.-Diss. v. 1895

Falk, Leo, der nervöse Oberlehrer. Eine Reminiscenz. Mit 4 (eingedr.) Orig.-Illustr. 4. Aufl. 8. (46 S.) Osterwieck 879. Zickfeldt. n. 1. —

Falk, Levi (geb. Beckum in Westf. 7. 7. 1844): Ein Fall von Beckenfraktur. Berlin [o. J.] (24 S.) 8°
Berlin, Med. Diss.
nachgeliefert von dem am 13. Okt. 1876 promovierten Verf.

Falk, Ldw., Alles in Allen Christus. (32) Predigten. gr. 8. Breslau 843, W. G. Korn. 1½ ₰

Falk, Ludw., die Freiheit des Christen vom Gesetz. Predigt am 14. Sonnt. nach Trinit., den 24. Septbr. 1848 zu Breslau gehalten. gr. 8. (15 S.) Breslau 848, Korn. n. 1/12 ₰

— Worte gesprochen am Grabe C. Ad. Suckow's (gest. d. 1., beerd. d. 4. April 1847). gr. 8. (13 S.) Breslau 847, Gosohorsky. 2 ngl

Falk, M., eine Bemerkung betr. die Funktion τ (t). (7 S. m. Fig.) 8. Uppsala 909. (Berlin, R. Friedländer & Sohn). nn — 80
Sonderabdr. a. „Arkiv f. matematik, astronomi och fysik".

Falk, M., einiges über die Function τ (t) u. ihre Anwendung auf elliptische Functionen, s.a.: **Acta, nova, regiae societatis scientiarum Upsaliensis. IV. 1. IV.**

Einiges ueber die Function τ (+) und ihre Anwendung auf elliptische Functionen von M. **Falk**. Upsala 1906: E. Berling. (29 S.) 4°
= **Acta**, Nova, Reg. Societatis Scient. Upsal. Ser. 4. Vol. 1, No 4. (07. 16601 9

— Ueber die Haupteigenschaften derjenigen analyt. Functionen e. Arguments, welche Additionstheoreme besitzen, s.a. **Acta**, nova, regiae societatis scientiarum Upsaliensis.

Ueber die Haupteigenschaften derjenigen analytischen Functionen eines Arguments, welche Additionstheoreme besitzen, von M[atthias] **Falk**. Upsala 1907: E. Berling. (78 S.) 4°
= **Acta**, Nova, Reg. Societatis Scient. Upsaliensis. Ser. 4. Vol. 1, No 8. (07. 14978 3

— Meisterbuch des Humors. Eine Auswahl bester Humoresken u. größerer Bruchstücke aus der humorist. Literatur der europ. Völker. Mit zahlreichen Text-Illustr. nach Gemälden alter Meister u. Zeichngn. moderner Künstler. (575 S.) gr. 8. Berlin 908. Ullstein & Co. Geb. in Leinw. 3. —

Falk, Max & Adolf Dux. Kronungs-Album. 8. Juni 1867. Mit ... Illustrationen von ... Kolarz, Kriehuber, Katzler und Janko, nach der Natur aufgenommen. Text von Max Falk und Adolf Dux. Herausgeber: Gebrüder Deutsch. Pest [1867].
Titelbild in Holzschn., Tit., 2 Bl., 11—60 S., 1 Bl., 2 Bl. m. 3 lithogr. Grundrissen, 20 Taf. (davon 17 in Holzschn., 3 in Lithogr.) gr. 2°
Kronung Franz Josephs zum Konig von Ungarn in Ofen

Falk, Max, Rückerinnerungen an die Königin Elisabeth. (75 S. m. 1 Bildnis.) Budapest 902. Reichstags-Abg. Dr. Max Falk. Nicht im Handel.
Sonderabdruck aus: „Pester Lloyd".

Falk, Max, Versuche über die Raumschätzung mit Hülfe von Armbewegungen. Diss. Dorpat. 8°. 57 pp. mit einer lithogr. Tafel.

Falk, Moritz, cand. med. aus Schneidemühl: **Beiträge zur Statistik des Magenkrebses.** *München 1898: Kastner & Lossen.* (21 S.) 8°
München, Med. Diss. v. 1899

Falk, Niels Nikolaus

Falck, Nikolaus (Hrsg.), s. A c t e n s t ü c k e, betreffend die neue preußische Kirchenagende.

Falk, Niels Nikolaus, s. A l l e n: Geschichte des Königr. Dänemark.

Falck, N., Archiv f. Geschichte d. Herzogth. Schleswig 2c., s. Archiv.

Falck, N., Archiv für Geschichte, Statistik 2c., s. **Archiv.**

Falk, Niels Nikolaus, s. B l a c k s t o n e: Handbuch.

– s. D a v i d, Chr. Geo. Nath., über die neuern Versuche zur Verbesserung d. Gefängnisse ...

Falk, Niels Nikolaus, s. D u u s, Claus: Darstellung der Halbinsel Sundewitt.

— **Juristische Encyclopädie, auch zum Gebrauche bei academischen Vorlesungen. Kiel. 1821. — 2. verb. Aufl. Sm. St. 1825. — 3. verb. Aufl. Sm. St. 1830.**

Falck, Nikol., juristische Encyklopädie, auch z. Gebr. bei academ. Vorlesn. 4., verb. Ausg. gr. 8. (21 B.) Leipzig 839, Bösenberg.

Falck, N., juristische Encyklopädie, auch zum Gebrauche bei akademischen Vorlesungen. Nach d. Verf. Tode hrsg. v. R. Ihering. 5. verb. Ausg. gr. 8. (XII u. 332 S.) Leipzig 851, Verlags-Magazin. 1⅔ ₰

— Eranien z. deutschen Recht, s. Eranien.

– s. a. Landrechtliche E r ö r t e r u n g e n. 1836.

Falck, N.: Landrechtliche Erörterungen. E. Sammlung älterer Disputationen u. anderer kleiner Schriften, die zur Erl. der Schleswig-Holsteinischen Landesrechte dienen. Bd 1. [einz.] Schleswig 1836.

— Gedächtnißrede bei der Todtenfeier Königs Frederik d. Sechst. am 16. Jan. 1840. (Mit Titelvign.) gr. 8. Kiel 840. Universitäts-Buchh. n. 5 ngl

Die Gerichtsverfassung der Herzogthümer Schleswig und Holstein n. ihrer geschichtlichen Bildung und jetzigen Gestalt dargestellt Nicolaus **Falck**. Altona 1835. = desselben: Handbuch des Schleswig-Holsteinischen Privatrechts. Bd. 3. Abth. 1. 8°.

– s. G r e v e, J., Geographie u. Geschichte d. Herzogth. Schleswig u. Holstein.

Falck, Niels Nikolaus. Gutachten über die Staatserbfolge im Herzogthum Schleswig ... Kiel 1864. II: *Michelsen, Andr. Ludw. Jac.* (retz)

—— **Handbuch d. Schleswig-Holsteinischen Privatrechts. 2. Bd. gr. 8. (36 B.) Altona 831, Hammerich. 2 Thlr., Schrbp.**
1. Bd. Ebendas. 1825. 1 Thlr. 16 Gr., Schrbp. 2 Thlr.

—— **Handbuch d. schleswig-holstein. Privatrechts. 3. Bd. (2 Abthl.) u. 4. Bd. gr. 8. Altona, Hammerich. [3. 1. (21 B.) 835. 2 Thlr., 2. (31 B.) 838. 2⅔ Thlr.; 4. (32¼ B.) 840. 3 Thlr.]**
3. Bd. 1. Abthl. a. u. d. T.: Die Gerichtsverfassung d. Hrzgth. Schleswig u. Holstein nach ihrer geschichtl. Bildung u. jetzigen Gestalt dargest.

Falk, Niels, Handbuch des Schleswig-Holstein. Privatrechts. 1. Bd. gr. 8. Altona 810, Hammerich. 3 ₰ — Alle 4 Bde. 11 5/12 ₰

—— **Handbuch des schleswig-holstein. Privatrechts. 5. Bd. 1. Abthl. gr. 8. (V und 246 S.) Altona 848, Hammerich.**
1—4. Bd. Ebendas. 1825—40. * 11 Thlr. 10 Ngr.

– s. H e i m r e i c h, Anton: Chronik.

– s. a. L a n d e s - R e c h t e, die histor., in Schleswig-Holstein.

Die historischen Landes-Rechte in Schleswig und Holstein urkundlich. Mit einem Vorwort des Etatsraths Nicolaus Falck. Kiel 1842. 8°.

– s. Low d. Jütische.

– s. a. Neues staatsbürgerl. Magazin. 1833 ff.

Neues staatsbürgerl. Magazin, m. besond. Rücks. auf d. Herzogthh. Schleswig, Holstein u. Lauenburg. Hrsg. v. N. Falck. *Ebend.* 832—38. 1.—7. Bd. à 4 Hfte. gr. 8. (à Bd. 3 Thl. 6 Gr.)

— staatsbürgerliches Magazin, s. Magazin.

— De odio juris Romani, quo sensu priscis Germanis tribuendo. Kiliae. 1819. 4. P. (Progr. til Georg Chr. Burchardis Doktorpromotion).

Falck, [Niels] Nic., De historiae inter Graecos origine et natura. Commentatio. Kiliae. 1809.

Falk, N., Comment. de historiae inter Graecos orig. natur. 8. Kiel, Acad. Bhdl. 809.

—— über d. Preuß. Provinzialstände, s. David, C. G. N.

Falk, Niels Nikolaus, s. a. Sammlung d. wichtigsten Abhandlungen zur Erläuterung d. vaterländischen Geschichte. 1821.

Falck, [Nik.]: Sammlung der wichtigsten Abhandlungen zur Erläuterung der vaterländischen Geschichte und des vaterländischen Rechts, welche in den Schleswig-Holsteinschen Anzeigen ersch. sind. Bd 1—6. Tondern 1821—40. 6 Bde

Sammlungen zur nähern Kunde des Vaterlandes in historischer, statistischer und staatswirthschaftlicher Hinsicht. Hrsg. v. Nikolaus Falck. Bd. 1—3. Altona. 1819—25. 8°.

Sammlung der wichtigsten Urkunden welche auf das Staatsrecht der Herzogthümer Schleswig und Holstein Bezug haben. Hrsg. und mit Einleitung versehen v. Nicolaus Falck. Kiel 1847. 8°.

– s. Schirach, C. v.: Handbuch.

Falck, Niels Niklas. Das Herzogthum Schleswig . . . Nebst einem Anhang über das Verhältniss der Sprachen im Herzogthum Schleswig. Kiel 1816. V (Anhang): *Lehmann, Mart. Chn Gottl.* (Bruun, Bibl. Danica. III, 835.)

Falk, Dr. N., ordentl. Prof. des Rechts. Das Herzogthum Schleswig in seinem gegenwärtigen Verhältniss zu dem Königreiche Dänemark und zu dem Herzogthum Holstein. Eine historische und staatsrechtliche Erörterung. Nebst einem Anhang über das Verhältniss der Sprachen im Herzogthum Schleswig. 8. Kiel 1816.

— d. Herzogthum Schleswig in seinem jetzigen Verhältniß zu Dänemark, nebst Anhang über d. Verhältniß d. Sprachen im Herzogthum Schleswig. gr. 8. Kiel 816. Hesse. 16 gl.

— Schreiben an d. Hrn. Consistorialr. Boysen, R. v. D. in Bersfleth, üb. seine neulich erschienenen Thesen. Angehängt e. Erklärung d. Hrn. Candidaten Wehner, d. Kinderlehre d. Hrn. Pastor Harms betreff. 8. Kiel 817. Hesse. 6 gl.

Schreiben an den Consistorialrath [Jasper] Boysen in Borsfleth über seine neulich erschienenen Theses v. Nicolaus Falck. Angehängt eine Erklärung des Candidaten Wehner, die Kinderlehre des Pastors Harms betreffend. Kiel. 1818. 8°.

[Staatsrecht] Staats- und Erbrecht des Herzogthums Schleswig. Kritik d. Commissionsbedenkens üb. d. Successionsverhältn. d. Herzogthums Schleswig von N[ikolaus] *Falck* [u. a.] Hamburg 1846. 8°

– s. Verbindung über d. staatsrechtl. d. Herzogth. Schleswig . . .

Falk, . . . : „Von den Vorzügen freiwilliger Armenpflege. Eine Rede", Kiel 1818. — Vorh.: Com. Bibl. Hamburg.

Falk, von den Vorzügen freywilliger Armenpflege. Eine Rede zur 20sten Jahresfeyer der Armenanstalt in Kiel. 8. Kiel. (Leipzig, Hartmann.) 818.

Wie der Friede mit Dänemark herbeizuführen und unter welchen Bedingungen er abzuschliessen ist. [Von Nikolaus Falck.] Hamburg. 1849. 8°.

Falk, Niels Nikolaus [Hrsg.], s. Schleswig-Holsteinisches Wochenblatt

Falk, Norbert

Falk, Norb., s. a.: Orbing, L.

Meisterbuch der Erzählungen. Eine Auslese bester Erzählungen aller Zeiten u. Völker von L. Orbing [d. i. Norbert Falk]. Mit 20 Taf. u. vielen Text-Ill. Berlin: Ullstein & Co. 1908. (XI, 608, XVI S.) [F.] 8° 08. 4948

Norbert Falk: Meisterbuch des Humors. Eine Auswahl bester Humoresken u. größerer Bruchstücke aus d. humorist. Literatur d. europ. Völker. Mit zahlr. Text-Ill. Berlin & Wien: Ullstein & Co. 1908. (575 S.) 8° [F.] 08. 4949

Schatzkammer. Eine Auslese bester Erzählungen u. größerer Bruchstücke aus berühmten Romanen u. epischen Gedichten der Weltliteratur, hrsg. von Norbert Falk. Mit vielen Textill. nach Gemälden alter Meister... Berlin & Wien: Ullstein 1909. 510 S. 8°

Falck, Norbert, Sohnesrecht, s.a. Bibliothek, naturalist.

Sohnesrecht. Roman von Norbert Falck (auf d. Umschl. Falk). Berlin: H. Steinitz [1896]. (107 S.) 8° [F.]
= Bibliothek, Naturalistische. Bd 7. 08. 4950

Falk, Otto, moderne Fragen der Wochenbettdiätetik, s.a. Sammlung klinischer Vorträge. Nr. 385.

Moderne Fragen der Wochenbettdiätetik. (Nach einem 1904 in Hamburg geh. Vortrage.) Von Otto Falk, Hamburg. Leipzig: Breitkopf & Härtel 1905. (16 S.) 8°
= Sammlung klinischer Vorträge. N. F. No 385.

Falk, Otto [app. Arzt aus Hamburg]: '(Aus d. patholog. Institut zu Rostock.)' Ueber die exsudativen Vorgänge bei der Tuberkelbildung ... (Aus: Virchow's Arch. f. path. Anat. u. Physiol. u. f. klin. Med., Bd 139. 1895.) Berlin, *G. Reimer*, 1895; 36 S., 1 Taf. 8.
Rostock, Med. Fak., Inaug.-Diss. v. [14. Febr.] 1895

Falk, Paul: **Wie weit** und in welcher Weise kann auch unter den gegenwärtigen Verhältnissen die Individualität der Schüler berücksichtigt und gepflegt werden? *(Düsseldorf 1902: E. Lintz.)* (38 S.) 4°
Düsseldorf, st. R. an d. Prinz-Georg-Str., OP 1902 (5 [illegible])

Ueber das Hallische Carcer, und über Studentenorden. Ein Montagsblatt. [Unterz.:] Ph. [Falk]. [Halle: Hendel] 1801. 36 S. 8°
Kl. 2802.
[Erman, W., u. E. Horn: Bibliogr. d. deutschen Universitäten. 1 (1904) Nr 14086.]
Halle Marienbibl.

Falk, P. T. Der Dichter J. M. R. Lenz in Livland. Eine Monographie, nebst einer bibliographischen Parallele zu M. Bernays' jungem Göthe v. 1766 bis 1768, unbekannte Jugenddichtungen v. Lenz aus derselben Zeit enthaltend. 8°. XVI u. 84 S. Winterthur, Westfehling.

Falk, Rich., Musterbuch der Berliner Möbel-Industrie enth. 112 Stnt. mit 704 Fig. nach vorhandenen Orig. qu. Fol. Berlin 867, (Grieben.) geb. *

Falk, Rich., Muster-Buch der Berliner Möbel-Industrie. Neueste Folge, enth. alle Arten prakt. Berliner Tischler- u. Polster-Arbeiten in neuem u. elegantem Styl. qu. Fol. (50 Steintaf.) Berlin 875. Falk. geb. n. 17. —

Falk, Rob., der Gebrauch des Salzes in der Landwirthschaft. Im Auftrage eines Mitgliedes des hohen Abgeordneten-Hauses aus dem Engl. in's Deutsche übers. Preis-Aufsatz. gr. 8. (40 S.) Wien 868, Braumüller. *

Falk, Rosalie, Johannes Falk. Erinnerungsblätter aus Briefen u. Tagebüchern gesammelt von dessen Tochter. Weimar 868. Böhlau. 8. (142 S.) n. 15 ngr; mit photogr. Portr. n. 20 ngr

Falk, Sigm. v., Alltags-Geschichten. Novellen u. Erzählgn. Aus dem Ung. übers. v. Béla Diósy. Mit Illustr. von Jos. Hein u. Karl Kovács. (192 S.) Lex.-8. Wien (906). A. Hölder. Geb. in Leinw. n. 5. 20

(8) Falk, Sigm. v., Alltags-Geschichten. 906. (KBL 33.) Jetzt: Dresden, E. Pierson.

— Klärchens Brautzug. Skizzen u. Novellen. Aus dem Ung. übertr. v. Max Ruttkay-Rothauser. Mit Illustr. v. Ferd. Honti u. Karl Kovács. (187 S.) gr. 8. Dresden (909). E. Pierson. 5.—; geb. n 6. —

Falk, Th., Strahlen des Geistes, s. Strahlen des Geistes.

Falk, Val. Alois Franz, s. a. Falk, K. A.

Falk, Val. Alois Frz., goldenes A-B-C für den Himmel. 64. (46 S. mit eingedr. Holzschn.) Amberg 879, Habbel.

Falk, V. A. Frz., Beicht- und Communionbuch. Ein Unterrichts- und Gebetbuch für kathol. Christen gesammelt und hrsg. 1. Aufl. 1870. 65 Pf., und 2. Aufl. 16. (382 S. mit eingedr. Holzschn. und 2 Chromolithogr.) Einsiedeln 871, Gebr. Benziger.
Feine Ausg. mit 3 Stahlst.
—— dass. — 3. Aufl. Ausg. Nr. 2. (Mit violeter Einfassung.) 16. (382 S. mit eingedr. Holzschn. und 3 Stahlst.) Ebendas. 872.

—— Betrachtungsbüchlein für Gott liebende Kinder wie für alle fromme Christen. 32. (191 S. mit 1 Stahlst.) Amberg 874, Habbel. *

Falk, V. A. Frz., die Bildwerke d. Wormser Doms. 8. (31 S.) Mainz 871. Kirchheim. n. — 50

—— Blüthenstrauß aus Kindeshand. Auswahl religiöser Dichtungen zum Vortrage durch Kinder bei feierl. Anlässen in Schule und Haus. gr. 16. (IV, 106 S.) Amberg 871, Pustet'sche Buchh. [Habbel.] cart. *

—— Blüthenstrauß aus Kindeshand. Auswahl religiöser Dichtungen zum Vortrage durch Kinder bei feierl. Anlässen in Schule und Haus. 2. verm. Aufl. 8. (IV, 126 S. mit eingedr. Holzschn.-Bildern.) Ebendas. 879. cart.

—— die Druckkunst im Dienste der Kirche zunächst in Deutschland bis zum J. 1520. (Hrsg. von der Görres-Gesellschaft.) gr. 8. (108 S.) Köln 879, Bachem. *

Falk, Val. Al. Frz., Geschichte des ehemaligen Klosters Lorsch an der Bergstraße. Nach den Quellen u. mit besonderer Hervorhebung der Thätigkeit des Klosters auf dem Gebiete der Kunst u. Wissenschaft dargestellt. Mainz 866. Giani. gr. 8. (VIII, 218 S.) n. 27 ngr

—— Himmelsbrod. Gebetbüchlein für kleine Kinder. 32. (96 S. mit 1 Holzschntaf.) Amberg 875, Habbel. cart. *

Falk, Val. Alois Frz., Himmelsbrod. Gebetbüchlein für Kinder. 2. und 3. Aufl. 16. (96 S. mit eingedr. Holzschn.) Amberg 878,79, Habbel. geb. *

— die Cataloge der vorbonifacischen Bischöfe v. Mainz. Ein Beitrag zur ältesten Kirchengeschichte d. Mittelrheines. Mit e. Tab. (in qu. Fol.) gr. 8. (16 S.) Ebend. 870. n. — 50

—— heilige Kinder des hochwürdigsten Sakramentes des Altars. 1.—5. Aufl. 32. (62 S.) Amberg 873, Pustet'sche Buchh.
—— dass. — 6. Aufl. 1874, und 7. Aufl. 16. (62 S. mit 1 Farbendrtaf.) Amberg 875, Habbel. *

—— heilige Kinder des hochwürdigsten Sakramentes des Altars. 3.—15. Aufl. 16. (64 S. mit 1 Chromolithogr.) Ebendas. 875—79. *

— die Kinder Gottes. Belehrung über die Gnade für Kinder. 16. (64 S. mit 1 Holzschntaf.) Ebendas. 877. *

—— die erste Kinderbeichte. Katechetische Anleitung. 1. Aufl. 1872, und 2. Aufl. 8. (28 S.) Amberg 873, Pustet'sche Buchh. [Habbel.]

—— die erste Kinderbeichte. Katechetische Anleitung. 3. Aufl. gr. 16. (29 S.) Ebendas. 876. *

—— s. a. Kinderspiegel.

—— Kinderspiegel. Tugendbeispiele aus dem Leben heil. Kinder nebst einem Anhang frommer Uebungen. 7.—10. Aufl. 32. (158 S. mit 1 Chromolithogr.) Amberg 871,72, Pustet'sche Buchh. [Habbel.] *

—— Kinderspiegel. Tugendbeispiele aus dem Leben heil. Kinder nebst einem Anhang frommer Uebungen. 11. und 12. Aufl. 16. (160 S. mit 1 Chromolithogr.) Ebendas. 876. cart. *

—— die Kunstthätigkeit in Mainz von Willigisens Zeit bis zum Schlusse des Mittelalters in Regestenform aus gedr. und ungedr. Quellen. gr. 8. (III, 32 S.) Mainz 869, Kirchheim. *

Falk, Val. Alois Frz., heiliges Mainz oder die Heiligen u. Heiligthümer in Stadt u. Bisthum Mainz. Mit (eingedr. Holzschn.-)Illustr. gr. 8. (VIII, 320 S.) Mainz 877. Kirchheim. n. 4. —

—— heilige Marienkinder. Ein Büchlein für Kinder, welche Maria lieben. 16. (48 S.) Amberg 874, Habbel.

Falk, Viktor, s. a. Falk, Vinzenz

Falk, Vict. v., auf ewig getrennt? od. Kapitän Dreyfus u seiner Gattin ergreif. Erlebnisse, Schicksale u. fürchterl. Verbannung. Sensations-Roman. 69.—100. (Schluß-)Hft. gr. 8. (S. 1633—2400 m. je 1 Bild.) Berlin 898. A. Weichert. à — 10

Falk, Vikt. v., Räuberhauptmann Josef Bojanowsky, genannt „Der Fuchs" od.: Die Rache der Briganten-braut. Sensationsroman nach Tagebuchblättern, geschichtl. Ereignissen u. Geheimpapieren. 6—100. (Schluß)-Heft. (S. 121—2398 m. je 1 Vollbild.) gr. 8. Berlin (906, 07.) A. Weichert. à Heft — 10
Vergl.: Bojanowsky, Josef.

— Louis Dominique Cartouche, genannt: Der Werwolf v. Paris. Historische Erzählg. (152 S.) 8. Ebd. (908). 1. —

— Fra Diavolo, Räuber, Held u. Frauenliebling, s.: Sammlung interess. Briganten-Romane. 5.

Königin Draga, das Verhängnis von Serbien oder: Der Königsmord in Belgrad. Sensations-Roman aus d. Gegenwart nach d. Mitteilungen eines Eingeweihten von Victor v. Falk. (In 100 H.) Berlin: A. Weichert [1904]. (2308 S.) 8° [F.] 1-5.-4.04

Falk, Vict. v., der Dunkelgraf od. das ergreif. Schicksal der Tochter Marie Antoinettes, Frankreichs unglückl. Königin. Roman aus dem Leben. 85 Hfte. gr. 8. (2038 S.) Berlin 899. 900. A. Weichert. à — 10

— Feodora, die unglückliche Großfürstin von Rußland. Von Kosaken zu Tode gepeitscht od.: Die furchtbaren Blutopfer des Japan. Krieges. Ergreifende u. rühr. Erlebnisse der um ihrer Liebe willen verstoßenen Großfürstin Feodora. 100 Hefte. (2397 S. m. je 1 Vollbild.) gr. 8. Ebd. (905. 906). à Hft. — 10

Falk, Vict. v., die Geheimnisse v. Berlin od. in den Höhlen des Elends. Volks-Roman. Nach alten Berliner Acten u. aufgefundenen Briefen bearb. 40 Hfte. gr. 8. (958 S. m. je 1 Bild.) Berlin 893. A. Weichert. à — 10

— Jack, der Aufschlitzer, das blutige Rätsel Londons. Eine Erzählg. aus der Londoner Verbrecherchronik. (176 S.) 8. Ebd. (908). 1. —

— Julietta die Tochter Giuseppe Musolino's. Ein weibl. Räuberhauptmann. Sensationsroman nach Aufzeichngn. Julietta Musolinos. 100 Hefte. (2398 S. m. 100 Vollbild.) gr. 8. Ebd. (909. 10). à Hft. — 10

Terese Krones, die schöne Volkssängerin von Wien oder: Die unglückliche Braut d. berüchtigten Räubers Grafen Jaroschinsky. Hist. Sensations-Roman nach wahren Thatsachen, Berichten von Augenzeugen u. vorhandenen Kriminalakten von Viktor v. Falk. (In 100 Lfgen.) *Berlin: A. Weichert [1902].* (2398 S.) 8° [F.] 102. 1902

— Karl Masch, der gefürchtete Bandit der Mark, od. Zehn Jahre in Höhlen gehaust, s.: Sammlung interess. Briganten-Romane. 7.

— Räuberhauptmann Johann Christoph Messerschmied genannt: „Die Geißel des Rheinlandes." Sein Leben, seine Taten u. seine Abenteuer, nach den Aufzeichngn. e. Zeitgenossen erzählt. 100 Hefte. (2398 S. m. 100 Vollbild.) gr. 8. Ebd. (907. 08). à Hft. — 10

— Giuseppe Musolino, der kühnste u. verwegenste Räuber-Hauptmann der Gegenwart. Sein seltsames abenteuerl. Leben u. Treiben, seine Gefahren u. blut. Kämpfe m. Gendarmen u. Militär; seine Gefangennahme, Verurteilg. u. geheimnisvolle Flucht aus dem Bagno u. s. w. Sensations-Roman aus der Gegenwart, nach authent. Quellen bearb. 100 Hfte. (2397 S. m. je 1 Vollbild.) gr. 8. Ebd. (901. 902). à — 10

— Oceana, die schöne Kunstreiterin od. vom Seiltänzer zum Circus-König. Aus hinterlassenen Papieren u. den Memoiren e. kürzlich verstorbenen Circusdirektors ? ? ? Roman. 52 Hfte. gr. 8. (à 24 S. m. 1 Bild.) Berlin 892. Friedrichs & Co. à — 10

Falk, Vict. v., der Scharfrichter v. Berlin. Roman nach Acten, Aufzeichngn. u. Mittheilgn. d. Scharfrichters Jul. Krautz. 2 Bde. gr. 8. (3120 S.) Berlin 890. A. Weichert. 13. —

Falk, V. v., Der Seelenverkäufer von Amsterdam, oder: Verkaufte deutsche Mädchen. Sensations-Roman. Berlin o. J. (c. 1890). 8°. (Mk. 2,50, G. Priewe, Heringsdorf, 1895.)

— der Seelenverkäufer v. Amsterdam od. verkaufte deutsche Mädchen. Sensations-Roman. 70 Hfte. gr. 8. (1679 S. m. 70 Bildern.) Ebd. 893. à — 10

— Wachtmeisters Töchterlein. Der Roman e. verwaisten Mädchens. (In 100 Heften.) 1. Heft. (S. 1—24 m. 1 Vollbild.) gr. 8. Ebd. (910). — 10

— unterm Richtbeil vermählt od. unschuldig verurteilt. Sensations-Roman aus unserer Zeit nach geheimen Akten u. Aufzeichngn. e. deutschen Advokaten. (In 100 Hftn.) 1.—26. Hft. gr. 8. (S. 1—624 m. je 1 Vollbild.) Ebd. (902). à — 10

Unterm Richtbeil vermählt oder: Unschuldig verurteilt. Sensations-Roman aus unserer Zeit nach geheimen Akten u. Aufzeichn. e. deutschen Advokaten von Viktor v. Falk. (In 100 H.) Berlin: A. Weichert [1904]. (2398 S.) 8° [F.] 103. 1904

Zola und Picquart, die Kämpfer für Wahrheit und Recht und Das Geheimnis der verschleierten Dame oder das Ende des entsetzlichen Schicksals des Kapitän Dreifuss. Sensationsroman von Victor v. Falk. (In 75 Hftn.) *Berlin: A. Weichert [1899].* (1800 S.) 8° [Umschlagt. F.] 100. 76

Falk, Vinzenz, s. a. Falk, Viktor

Falk, Vincenz: Das Erbsteuer-Patent v. 15. Oct. 1810. mit den hierauf sich bezieh. gesetzl. Vorschriften u. nöthigen Erläuterungen zusammengestellt. *Prag*, Haase, Söhne, 836. gr. 8. (1 Thl.)

Falk, Vinc. Die Grundsteuer-Verfassung in Böhmen, von der ältesten bis auf die gegenwärtige Zeit. gr. 8°. Prag (Credner) 1847.

Falk, V., Kann das Propinazionsrecht dem Principe der Gewerbefreiheit geopfert werden? Prag 856. Credner in Comm. 8. (16 S.) 3 ngr

— die Kunstthätigkeit in Mainz von Willigisens Zeit bis zum Schlusse des Mittelalters in Regestenform aus gedruckten u. ungedruckten Quellen. Mainz 869. Kirchheim. gr. 8. (2 Bll., 32 S.) n. $7\frac{1}{2}$ ngr

— die landesverfassungsmäßigen Verhältnisse d. königl. Städte als vierten Standes im Königreiche Böhmen. gr. 8. (23 S.) Prag 847. (Ehrlich.) n. 7 ngr

— Zola u. Picquart, d. Kämpfer f. Wahrheit u. Recht u. d. Geheimnis d. verschleierten Dame od.: D. Ende d. entsetzlichen Schicksals d. Kapitän Dreyfus. Sensations-Roman. (In 75 Hftn.) 1.—5. Hft. gr. 8. (S. 1—120 m. je 1 Vollb.) Ebd. 898. à — 10

— Zola u. Picquart, die Kämpfer f. Wahrheit u. Recht u. Das Geheimnis der verschleierten Dame od. das Ende des entsetzl. Schicksals des Kapitän Dreifus. Sensations-Roman. 6.—75. (Schluß-)Hft. gr. 8. (S. 121—1800 m. je 1 Vollbild.) Ebd. 899. à — 10

Falk, W., Bad Sachsa am Südharz u. seine Umgebung. Ein Wegweiser f. Kurgäste u. Touristen. Mit 1 Specialkarte der Gegend. gr. 16. (68 S.) Nordhausen 888. (Koppe.) n. — 80

Falk, W., Versuche üb. die Raumschätzung mit Hülfe v. Armbewegungen. Inaug.-Diss. gr. 8. (57 S. m. 1 Taf.) Dorpat 890. (Karow.) n. 1. 60

Falk, Wilh., Auswahl deutscher Gedichte f. höhere Schulen, s.: Echtermeyer, Thdr.

Falk, Wilhelm: Ein Fall von Granuloma fungoides. *Berlin 1898: Marschner & Stephan.* (23 S.) 8°
Rostock, Med. Diss. v. [20. Jan.] 1898

Falk, Wilh., Führer durch Bad Sachsa am Südharz u. Umgebung. 3., verb. u. verm. Aufl. 8. (80 S. m. Abbildgn., 2 Taf. u. 1 Karte.) Bad Sachsa 899. A. Rüstenberg. (Nur direkt.) n. — 60

Falk, Wilh., Führer durch Bad Sachsa am Südharz u. Umgebung. 4., verb. u. verm. Aufl. Mit Bildern, e. Panorama vom Ravensberg u. e. Karte der Gegend. (90 S.) kl. 8. Bad Sachsa 905. (Leipzig, B. Franke.) n. — 60

— E. Künoldt u. E. Lippelt, deutsches Lesebuch f. höh. Mädchenschulen, in Verbindung m. Frdr. Neubauer hrsg. 9 Tle. 8. Halle, Buchh. des Waisenhauses. Geb. in Leinw. 17.80
1. Klasse IX. (XVI, 207 S.) 910. Geb. 1.60
2. Klasse VIII. (XII, 222 S.) 910. Geb. 1.60
3. Klasse VII. (XII, 270 S.) 909. Geb. 1.80
4. Klasse VI. (XII, 307 S.) 910. Geb. 2.—
5. Klasse V. (XI, 355 S.) 910. Geb. 2.40
6. Klasse IV. (VIII, 302 S.) 910. Geb. 2.—
7. Klasse III. Zugleich f. Klasse VI (U. III.) der Studienanstalten. (VIII, 224 S.) 910. Geb. 1.60
8. Klasse II. Zugleich f. Klasse V (O III) der Studienanstalten. (VI, 272 S.) 910. Geb. 1.80
9. Klasse I. (Zugleich f. Sekunda u. Prima der Studienanstalten.) 910. Geb. 3.—

Falk, Wilh., u. W. Schrank, evangelisches Religionsbuch f. höh. Mädchenschulen u. Studienanstalten. I. Bd. 1. u. 2. Hft. 8. Leipzig, Quelle & Meyer. 1.75
1. Biblische Geschichten aus dem Alten Testament. 1. Hauptstück. (Lehrstoff der Klasse VII.) (VII, 105 S.) 909. Kart. 1.—
2. Biblische Geschichten aus dem Neuen Testament. 3. Hauptstück. (Lehrstoff der Klasse VI.) (VI, 81 S. m. 1 Karte.) 910. Geb. —75

Falk, Wilh., Bad Sachsa am Südharz und seine Umgebung. Ein Wegweiser für Kurgäste und Touristen. gr. 16. (68 S. mit 1 Specialkarte der Gegend.) Nordhausen 888, (Koppe.) *

Falk, Wilh. Versuche über die Raumschätzung mit Hülfe von Armbewegungen. Diss. gr. 8. (57 S. m. 1 Tab.) Dorpat 890, (Karow). * 1 60

Falk v. Falkenheim, Vinc., Geschichte des Prager Waisenhauses zum heiligen Johann dem Täufer. Verbunden mit einer kurzen Darstellung der innern Einrichtung u. der Verwaltungsgrundsätze, dann mit der Jahresrechnung dieser Anstalt für das Jahr 1862. Prag 863. (Credner.) gr. 8. (83 S.) n. 1 ℳ

Falk zu Falkenhorst, Die politische und sociale Reform. Eine Totalanschauung der Gesammtverhältnisse des Menschen, insbesondere mit Rücksicht auf die gegenwärtige Veränderung aller staatlichen Verhältnisse, vom Standpunkte des praktischen Lebens aus dargestellt. 8°. Königsberg. gedr. bei G. D. Böhmer, 1849.

Falk v. Sonnenfels. 1007 [Pseud.]
s. Renauld, Maximiliane v. (09. 1013)

Falke, Der. Ein Lustspiel in einem Aufzuge. Nach einer Erzählung von Hagedorn. Aufgeführt in dem kaiserl. königl. Nationaltheater Wien 1776. Zu finden bei dem Logenmeister. 32 S. 8°. [Aufgef. 5/12 1776—27/7 1779] (Taschenbuch des Wiener Theaters. Wien 1777, S. 128/29) (Wiener Musenalmanach 1778, S. 35) (Hans Viktor Pisk: Joseph Richter. Diss. Wien 1927. S. 78/79)

Falke, Der. Ein Lustspiel in einem Aufzuge, aufgeführt auf dem kais. königl. Nationaltheater. Wien bey Joseph Frister 1791. 29 S. 8°. V: *Richter, Joseph.* (Hans Viktor Pisk: Joseph Richter. Diss. Wien 1927. S. 79)

FALKE, Der. Ein (zahmes Helden-) Gedicht in 8 Gesängen. Halle, bey Joh. Gottfr. Trampens Erben (in Commiss.). 1805. 8°. Selten!
IV—182 S., 1 Bl. Druckanz. — Bearbeitung des Mährchens im 9. Bde. von Reichard's Bibl. d. Romane.

Falke, der, ein Gedicht in 6 Gesängen. 8. 805. Ist Verlag von Reinicke u. C. in Halle.

Der Falke, eine Vierteljahrsschrift der Politik und Literatur gewidmet. [Hrsg.: Saul Ascher.] Jg. 1. 2. (Jg. 1 zu 2, Jg. 2 zu 4 Hftn). Leipzig: Achenwall u. Comp. 1818–19. 8°

Falke Gust., als Lyriker. Eine Auswahl aus seinen Dichtungen mit Einleitung von M Spanier. (100 S) (Liebhaberbibliothek, Hamburg.) Hamburg 1900

— als Lyriker. Eine Auswahl aus seinen Dichtgn. Mit e. Einleitg. von M. Spanier. 3. Aufl. (88 S.) 8. Ebd. 904. n. 1.—; geb. n. 2.50

Falke, s. a. Falck. – Falcke. – Falk.

Falke. Bede, Zise und Umgeld im Kurfürstenthum Sachsen bis 1485. Mittheilungen d. Kgl. sächs. Ver. f. Erforschungen vaterl. Geschichts-Denkmale, Heft 19, 1869.

Falke, s. Mitteilungen.

Falke, die Ringschnitte. Arnstadt.
Schul-/Univ.-Schrift 1867

Falke, Carl Heermann, s. Falke, Karl Heermann

Falke, Conrad, s. Falke, Konrad

Falke, Ernst, a. Eimen (Herzogt. Braunschweig): Die Quellen des sog. Ludus Coventriae. Leipzig-Reudnitz 1908: A. Hoffmann. (100 S.) 8°
Kiel, Phil. Fak., Ref. Holthausen, Diss. v. 20. Juli 1908
[Geb. 3. Juli 84 Meinbrexen; Wohnort: Eimen; Staatsangeh.: Braunschweig; Vorbildung: Realgymn. Einbeck Reife O. 04; Studium: Göttingen 4, Würzburg 1, Kiel 4 S.; Rig. 9. Mai 08.]

Falke, Ernst, Stoff, Leben, Gefühl, Selbstgefühl. Zwei in dem Gewerbe-Verein zu Jena geh. populäre Vorträge. gr. 8. (36 S.) Jena 873. Doebereiner. n. — 60

Falke, Fr. Aug., Diss. de hydrope. 8. Dorpat 818.

Falke, Fr., Predigten z. Bildung ein. Christen. 2 Thle. 8. Augsb. Rieger. 785. 86.

— Reden v. d. göttl. Vorsicht 2c. 8. Ebend. 789.

Falke, Frdr., Aufgaben u. Ziele des deutschen Landwirtschaftsbetriebes. (39 S.) gr. 8. Leipzig 904. Th. Thomas. n. 1.—

— die Bedeutung des Weideganges im allgemeinen, insbesondere die Anlage v. Jungviehweiden beim intensiven Großbetrieb u. Kleinbesitz. Vortrag, geh. in der ökonom. Gesellschaft im Königr. Sachsen zu Dresden am 1. XII. 1905. (31 S. mit Fig.) gr. 8. Leipzig 905. R. C. Schmidt & Co. n. — 60

Falke, Fr., die Bedeutung des Weideganges. Jetzt: Leipzig, Fritzsche & Schmidt.

Falke, *Friedrich Hermann August* [Apotheker in Sandau a. Elbe]: Beiträge zur Kenntnis des Thiosinamins ... Marburg, *Hofbuchdr. v. C. A. Kaemmerer & C., Halle a. S.,* 1893; 68 S., 1 Bl. 8.
Marburg, Phil. Fak., Inaug.-Diss. v. [3. Nov.] 1893

Falke, Frdr., biologische Beobachtungen üb. das Wachstum der Weidetiere, s.: Flugschrift, 7., d. deutschen Gesellsch. f. Züchtungskunde.

— die Braunheubereitung, s. a. Arbeiten der deutschen Landwirtschafts-Gesellschaft. 111. Hft.

Falke F, die Braunheubereitung. (48 S) (Arbeiten der Deutschen Landwirtschafts-Gesellschaft 9) Berlin 1895

Die Braunheubereitung, zugleich e. Schilderung d. gebräuchlichsten Heubereitungsarten. Von Dr. Friedrich **Falke**, Prof., Leipzig. Anh.: Über d. Selbsterhitzung d. Heues. Von Dr. Hugo Miehe. 2. Aufl. Mit 11 Abb. Berlin: Deutsche Landwirtsch.-Gesellsch. 1905. (91 S.) 8° [F.]
= Arbeiten d. Deutschen Landwirtsch.-Gesellschaft. H. 111.

— Die Dauerweiden, Bedeutung, Anlage u. Betrieb derselben unter besond. Berücksicht. intensiver Wirtschaftsverhältnisse. Unter Mitwirkg. v. W. Oetken. (IX, 287 S.) gr. 8. Hannover 907. M. & H. Schaper. 5.50; geb. 6. —

— Die Weidegenossenschaft Ehrenberg, ihre Ziele u. Betriebseinrichtungen sowie die Ergebnisse des ersten Wirtschaftsjahres. (52 S.) 8. Liebertwolkwitz 907. (Hannover, M. & H. Schaper.) nn — 60

— Die Erfolge der intensiven Weidewirtschaft im deutschen Binnenlande unter besond. Berücksicht. des Königr. Sachsen. Vortrag, geh. in der Ökonom. Gesellschaft im Königr. Sachsen zu Dresden am 5. III. 1909. (34 S. m. 1 eingedr. Karte.) gr. 8. Leipzig 909. Fritzsche & Schmidt. — 80

Falke, Friedrich [Hrsg.], s. K r a f f t , Guido: Die Betriebslehre.

— Lehrbuch der Landwirtschaft, s.: Krafft, Guido.

Falke, Frdr., die Lehre v. der Landwirtschaft, s.: Settegast, Henry.

— die Milchsekretion des Rindviehes unter dem Einfluß fettreicher Fütterung, s.a. Berichte a. d. physiologischen Laboratorium ꝛc. des landwirthsch. Instituts d. Universität Halle. 14. Hft.

Falke, Friedrich: Die Milchsekretion des Rindviehes unter dem Einfluss fettreicher Fütterung. *Halle a/S. 1898: (J. Pässler, Dresden).* (37 S.) 4°
Halle, Phil. Hab.-Schr. v. 29. Apr. 1898

— Repetitorium der Landwirtschaftslehre. Ein Wegweiser f. Studierende u. Praktiker. gr. 8. (III, 200 S.) Halle 901. F. Starke. n. 4. —

Ⓥ — Repetitorium d. Landwirtschaftslehre. 901. (KBL 31.) Jetzt: Berlin, P. Parey.

— Untersuchungen üb. den Einfluß der Düngung auf Weiden u. Wiesen. 1. Heft. (87 S. m. 8 Abbildgn.) gr. 8. Leipzig 904. R. C. Schmidt & Co. n. — 80

Ⓥ — Untersuchungen. 904. (KBL 33.) Jetzt: Hannover, M. u. H. Schaper.

[F.] **Falke, Friedrich** *Wilhelm August Karl* [aus Schwarzholz]: Untersuchungen über den Wert des Braunheues unter bes. Berücks. d. Verdaulichkeit d. Proteinstoffe ... (Erschien vollst. in d. Arb. d. Deutsch. Landw.-Ges.) Halle a. S., *Druck v. Gebr. Unger in Berlin,* 1895; 22 S., 1 Bl. 8.
Halle, Phil. Fak., Inaug.-Diss. v. 3. Aug. 1895

Der Weidebetrieb auf den Jungviehweiden der Landwirtschaftskammer für das Grossherzogtum Hessen. Bericht erstattet von Prof. Dr. [Friedrich] **Falke**-Leipzig. Darmstadt: Landwirtschaftskammer 1910. 79 S. 8°
(Arbeiten d. Landwirtschaftskammer f. d. Grossherzogtum Hessen. 5.)

Intensive Weidewirtschaft als erfolgreiches Mittel zur Förderung der Viehzucht. Vortrag, geh. 1909 in d. Gen.-Versammlung d. 'Rindviehzuchtverbandes Westfalen' von Prof. Dr. [Friedrich] **Falke**. Münster i. W.: [1910]: Der Westfale. 28 S. 8°
(Veröffentlichungen d. Landwirtschaftskammer f. d. Prov. Westfalen. H. 9.)

— Wiesen u. Weiden, s.a. Bibliothek der gesamten Landwirtschaft.

Wiesen und Weiden. Von Dr. Friedrich **Falke**. Hannover: M. Jänecke 1908. (VII, 112 S.) 8° [F.]
= **Bibliothek** d. gesamten Landwirtschaft. Bd 19.

Falke, Friedrich Hermann August, s. F a l k e , Friedrich

Falke, Friedrich Wilhelm August, s. F a l k e , Friedrich

Falke, Gust., en Handvull Appeln. Plattdütsche Rimels vor unse Görn. Mit bunten Bildern v. Thdr. Herrmann. 1. bis 5. Taus. (45 S.) gr. 8. Hamburg 906. A. Janssen. Kart. n. 2. —

Falke, Gust., neben der Arbeit (Landen u. Stranden II).

Falke, Gust., die Auswahl. Gedichte. (Einbd. u. Ausstattg. besorgte C. O. Czeschka.) (217 S.) 8. Hamburg 910. A. Janssen. Geb. 5. —

— Klaus Bärlappe, s.a. Volks- u. Jugendbücher, Mainzer.

Falke, Gustav. *Klaus Bärlappe.* Wie einer das Fürchten verlernte. Mainz, J. Scholz, 1910. M. 4 Bildern v. O. Gebhardt. 8°. OrLwd. ★ 1. Ausg. 8.—

— u. Eug. Oswald, dies u. das. Ein Bilderbuch f. die Kleinen. Verse v. F., Bilder v. O. (16 S. [farb.] Abbild. auf Pappe.) 30,5×23 cm. Mainz (910). J. Scholz. geb. 3. —

— Dörten u. andere Erzählungen, s.: Hesse's, Max, Volksbücherei.

Falke, Gust., aus dem Durchschnitt. Roman. 8. (168 S.) Berlin 892. S. Fischer Verl. n. 2. —

— aus dem Durchschnitt. Roman. 2. Aufl. 8. (168 S.) Hamburg 900. A. Janssen. n. 2. —; geb. in Leinw. n. 3. —

— Eichendorff, s.a. Dichtung, die. 41. Bd.

Eichendorff. Von Gustav **Falke**. Berlin & Leipzig: Schuster & Loeffler [1906]. 71 S. 8°
(Die Dichtung. Bd 41.)

— neue Fahrt. Gedichte. 8. (154 S.) Berlin 897. Hamburg. Alfr. Janssen. 3. —; geb. 4. —

Falke, Gust., neue Fahrt. Gedichte. 8. (154 S.) Berlin 897. Schuster & Loeffler. 3. —; geb. 4. —

— neue Fahrt. Gedichte. 2. Aufl. (VIII, 148 S.) 8. Hamburg 904. A. Janssen. n. 3. —; geb. in Leinw. n. 4. —; in Ldr. n. 5.50

— Frohe Fracht. Neue Gedichte. (V, 130 S.) 8. Hamburg 907. A. Janssen. 2.50; geb. in Leinw. 3.—; in Ldr. 4.50

— ausgewählte Gedichte. 1.—5. Taus. (Hamburgische Hausbibliothek. Hrsg. im Auftrage der Gesellschaft hamburg. Kunstfreunde usw.) (93 S.) kl. 8. Ebd. 905. Geb. in Leinw. n. 1. —

Geelgösch. Novellen von Gustav **Falke**. Leipzig, Berlin, Frankfurt a. M., Paris: Grethlein [1910]. 241 S. 8°

— Heitere Geschichten s.a. Kürschner's Bücherschatz.

Heitere Geschichten von Gustav **Falke**. Berlin, Leipzig: H. Hillger [1907]. (111 S.) 8° [F.]
= **Bücherschatz**, Kürschners. No 555.

— Hamburg, s.a. Städte u. Landschaften.

Hamburg von Gustav **Falke**. Mit 8 Vollbild. von Hamburger Künstlern. Stuttgart: C. Krabbe; Hamburg: A. Janssen [1908]. (129 S.) 8°
= **Städte** u. Landschaften. Bd 7.

Falke, Gustav [Hrsg.], s. H e b b e l , Friedrich: Meine Kindheit.

— harmlose Humoresken. 8. (VII, 85 S.) München 894. Dr. E. Albert & Co., Sep.-Cto. n. 1. —

— Ein lustig Jahr der Tiere. Ein fröhlich Bilderbuch. In 12 (farb.) Monatsbildern gezeichnet v. Thdr. Guggenberger. (25 S.) Lex. 8. München (909). G. W. Dietrich. Geb. 3.50

— das Büchlein Immergrün. Eine Auswahl deutscher Lyrik f. junge Mädchen. (Buchausstattung v. Heinr. Vogeler, Worpswede.) (119 S. m. farb. Titel.) 8. Köln 905. H. & F. Schaffstein. Geb. in Leinw. m. Goldschn. n. 3. —; in Seide m. Goldschn. n. 4. —; in Ldr. m. Goldschn. n. 5. —; in Perg. m. Goldschn. n. 6. —

Falke, Gustav. Das Büchlein Immergrün. Eine Auswahl Deutscher Lyrik für Junge Mädchen von G' F'. (Buchausstattung von Heinrich Vogeler, Worpswede.) 119 S. 8. Cöln a. Rh., Schafstein & Co, 1905. [geb. M. 3. —]

Darin S. 87–94 u. 99—106: Gedichte von Gottfried Keller und Conrad Ferdinand Meyer.

— Drei gute Kameraden, s.: Volks- u. Jugendbücher, Mainzer.

Der gestiefelte Kater. Von Gustav **Falke**. Hamburg: Janssen 1904. 79 S. 8°

— Katzenbuch, s.: Speckter, Otto.

— **Die Kinder aus Ohlsens Gang. Roman. 4. u. 5. Taus. (331 S.) 8. Hamburg 909. A. Janssen. 4.—; geb. in Leinw. 4. 50**

— Hamburger Kinder (Landen u. Stranden I). — Hab ich nur deine Liebe (Landen u. Stranden III), s.: Collection Tiefenbach.

— Timm Kröger. (52 S.) kl. 8. Hamburg 906. A. Janssen. n. — 60

FALKE. *Kunterbunt.* Ein Anschaubilderbuch von FRITZ BAUMGARTEN mit Versen von Gustav Falke. Mainz, J. Scholz [c. 1910]. 5 starke Kartons in 4°-Format mit 40 bunten Bildern. Leinenrücken. 9.—

— **d. Kuß. Ein Capriccio. gr. 16. (32 S.) München 894. Hamburg, A. Janssen. n. — 60**

— Landen u. Stranden. Hamburger Lebensbilder. 2 Tle. in 1 Bd. 3. Aufl. 8 (400 u. 228 S.) [Berlin 897. H. Storm.] Leipzig, C. F. Tiefenbach. n. 6. —; in 2 Bde. geb. n. 8. —

Mit dem Leben. Neue Gedichte von Gustav **Falke**. Buchschmuck u. Einbandzeichn. von Arthur Illies. Hamburg: Janssen 1899. VIII, 115 S. 8°

— mit dem **Leben. Neue Gedichte. 2. Aufl.** (VIII, 108 S.) 8. Ebd. 903. Geb. in Leinw. n. 3. —

— s.: Lyrik, deutsche, der Neuzeit.

— der Mann im Nebel. 8. (215 S.) Ebd. 899. Geb. in Leinw. n. 3. —

— der Mann im Nebel. Roman. 2. Aufl. (235 S.) 8. Ebd. 903. n. 2. 50; geb. in Leinw. n. 3. 50

— **Der Mann im Nebel. Roman. 3. Aufl. (235 S.) 8. Hamburg 908. A. Janssen. 2.50; geb. in Leinw. 3. 50**

— Mynheer der Tod u. andere Gedichte. 8. (VII, 192 S.) Dresd. 892, Pierson. * 3 —

— Mynheer der Tod. Gedichte. 2. Aufl. 8. (VII, 184 S.) Ebd. 900. n. 3. —; geb. n. 4. —

— zwischen zwei Nächten. Neue Gedichte. 16. (VII, 116 S.) Stuttgart 894. J. G. Cotta Nachf. Geb. in Leinw. n. 3. —

— zwischen zwei Nächten. Neue Gedichte. 2. Aufl. (VII, 115 S.) 8. Ebd. 903. Geb. in Leinw. n. 3. —

— **Potts. Harmlose Humoresken. (114 S.) 8. Ebd. 907. 1. —**

— Putzi. Märchen-Komödie in 5 Akten. 8. (VI, 112 S.) Ebd. 902. n. 1. 50; geb. n. 2. 50

— aus Muckimacks Reich. Märchen u. Satiren. Buchschmuck von Dasio. (91 S.) 4. Ebd. 903. Geb. in Leinw. n. 4. —

Falke, Gustav (Mitarb.). s. Der Roman der XII.

— zwei lustige Seeleute, s.: Orr, Stewart.

— sie war reizend! 2. [Titel-] Aufl. der Harmlosen Humoresken. 8. (VII, 85 S.) Berlin (894) 897. Schuster & Loeffler. n. 1. —

— **sie war reizend! Humoresken. 8. (VII, 85 S.) Berlin 897. Hamburg, Alfr. Janssen. n. 1. —; geb. n. 1. 60**

— **hohe Sommertage. Neue Gedichte. 8. (VIII, 106 S.) Hamburg 902. A. Janssen. Geb. in Leinw. n. 3. —**

— **hohe Sommertage. Neue Gedichte. 2. Aufl. (VIII, 106 S.) 8. Hamburg 903. A. Janssen. Geb. in Leinw. n. 3. —**

— Der Spanier. Novelle. (Buchschmuck v. Carl Weidemeyer.) (III, 126 S.) kl. 8. Berlin 910. G. Grote. Kart. 1.50; geb. in Leinw. 2. 20

— u. Jak. Loewenberg, steht auf, ihr lieben Kinderlein. Gedichte aus älterer u. neuerer Zeit, f. Schule u. Haus ausgewählt. (Einb. u. Schmuck v. E. R. Weiß.) (VI, 268 S.) 8. Köln (906). H. & F. Schaffstein. Kart. n. 2. —

— Tanz u. Andacht. Gedichte aus Tag u. Traum. gr. 8. (VIII, 160 S.) München 893. Dr. E. Albert & Co., Sep.-Cto n. 4. —; geb. n. 5. —

— Tanz u. Andacht. Gedichte aus Tag u. Traum. 2. [Umschlag-] Taus. gr. 8. (VIII, 160 S.) München (893) 897. Ebd. 3. —; geb. n. 4. —

— Tanz u. Andacht. Gedichte aus Tag u. Traum. 2. Aufl. (VIII, 158 S.) 8. Ebd. 900. n. 3. —; geb. in Leinw. n. 4. —; in Ldr. n. 5. 50

— Tierbilder, s.: Oswald, Eug.

Falke, Gust., Vogelbuch, s.: Speckter, Otto.

— Winter u. Frühling, s.: Jugend- u. Volksbühne.

— dasselbe, s.: Zingel, Rud. Ewald.

Falke, Hans, nach Brauch u. Recht. Geschichten aus Oberösterreich. (128 S.) kl. 8. Graz 907. Deutsche Vereins-Druckerei u. Verlagsanstalt. 1. 36

Falke, Hans, fiat lux. Ein Sang aus junger Vergangenheit. 8. (III, 184 S.) Wien 894. C. Gerold's Sohn. 3. —; geb in Leinw. 4. —

— Pfarrer Habermann. Eine Dichtg. 8. (III, 159 S.) Ebd. 893. n. 2. —; geb in Leinw. m. Goldschn. n. 3. —

— Fischer Menis. Ein Sang aus den Bergen. 8. (III, 139 S.) Ebd. 892. n. 2. —; geb. in Leinw. n. 3.

Falke, H., der Novize von Kremsmünster. Erzählung in Versen. 1. u. 2. Aufl. 12. (136 S.) Wien 890. Gerold's Sohn. n. 2. —

Falke, Hans, wie's kommt. Gereimte Geschichten. 8. (56 S.) Wien (902). Neue Literaturanstalt. n. 2. —

[J.] **Falke,** *Heinrich* Jakob [Prof.]: Die Berechnung der Logarithmen nach einem einfachen elementaren Verfahren. Arnstadt, fürstl. Hofbuchdr. v. E. Frotscher, *1894;* 3—25 S. 4.
Arnstadt, fürstl. G, OP 1894 (722)

Falke, J. E. L., die Anatomie u. Physiologie der nutzbaren Hausthiere in ihrer prakt. Verbindung m. der Pathologie. 8. (VIII u. 332 S.) Leipzig 852, Baumgärtner. 27 ngl

Falke, J. E. L., das Auflaufen od. d. Trommelsucht d. Rinder u. d. andern Pflanzen fressenden Hausthiere. Zur Belehr. f. Viehbesitzer. M. 1 Stndr. (in gr. 4.) 8. (1½ B.) Dresden 831, Arnold.

Falke, J. E. L., die Erkennung der gewöhnl. herrschenden, vorzügl. Seuchenkrankheiten unserer landwirthschaftl. Haus-Säugethiere, namentl. der Pferde, Rinder, Schafe, Schweine ꝛc., und wie man sie zu verhüten u. bei denselben sich zu benehmen hat, um ihr Fortschreiten zu hindern u. die erkrankten wieder herzustellen ꝛc. Für den Landmann u. Thierarzt. gr. 8. Weimar 835. Voigt. $^2/_3$ ₰

Falke, J. E. L., die Erkennung der gewöhnlich herrschenden, vorzüglich Seuchenkrankheiten unserer landwirthschaftlichen Haussäugethiere. 2. Ausg. gr. 8. Weimar 841, Voigt. $^2/_3$ ₰

Falke, J. E. L., Handbuch aller inneren und äusseren Krankheiten unserer nutzbaren Hausthiere, deren Heilung u. polizeiliche wie gerichtliche Handhabung. Für angehende u. pract. Thierärzte wie Menschenärzte u. gebildete Landwirthe. Erlangen 858. Enke. gr. 8. (VIII, 837 S.) n. 4 ₰

Falke, J. E. L., Handbuch d. Physiologie, mit Berücksichtigung d. Pathologie, für Thierärzte. gr. 8. Nürnb. 829. Campe. 1 ₰

—— und H. Möller, prakt. Haus- und Hilfsbuch die Krankheiten des Rindviehes, der Schafe ꝛc. zu erkennen ꝛc., } s. Möller's, H., allgemeines Haus-Thierarzneibuch.
—— —— der erfahrene Haus-Pferdearzt, }

Falke, J. E. L., die Hippologie (oder Lehrbuch der Pferdekunde.) Als Leitfaden bei Vorlesungen sowie auch zum Privatstudium für jeden Pferdeliebhaber. 8. (VIII und 108 S.) Leipzig 849, Baumgärtners Buchh. Thlr.

Falke, J. E. L., s. Jahrbücher, thierärztliche.

Falke, J. E. L., die Influenza des Pferdes an sich u. in ihrer Beziehung zum Typhus. Eine comparative Skizze. Gekrönte Preisschrift. Jena 862. Mauke. Lex.-8. (46 S.) n. 10 ngr.

—— die veterinär-chirurgische Instrumenten-, Verband- und Operationslehre. 8. (X und 118 S.) Leipzig 848, Baumgärtners Buchh.

Falke, J. E. L., Compendium der Veterinär-Jurisprudenz. Als Leitfaden bei Vorlesungen und zum Handgebrauche für Regierungs- und richterl. Beamte, Advocaten und Gerichtsthierärzte. gr. 8. (XVI und 156 S.) Braunschweig 850, Vieweg und Sohn. *

— Lehrbuch über die Diätetik oder Gesundheitspflege der landwirthschaftl. Hausthiere. 2. stark verm. Ausg. Leipzig 854. Baumgärtner. 8. (XII, 138 S.) 12 ngr.

— Lehrbuch üb. die Gesundheitspflege der landwirthschaftlichen Hausthiere. 8. (XII u. 117 S.) Leipzig 850, Baumgärtner. $^1/_3$ ₰

Lehrbuch über den Hufbeschlag oder die wissenschaftliche Schule des Hufschmiedes einschließlich der Lehre vom Zahnalter des Pferdes. Mit vielen in den Text eingelegten Abbildungen (in Holzschn. u. 1 color. Steintaf.) Für Zwecke des Unterrichts in Lehrschmieden, sowie für Schmiedemeister u. ihre Gesellen u. für Thierbesitzer bearb. 2. stark verm. u. verb. Aufl. Leipzig 859. Baumgärtner. 8. (IV, 128 S.) 18 ngr.

—— Lehrbuch über den Hufbeschlag und die Hufkrankheiten. 8. (XVI und 78 S.) Leipzig 848, Baumgärtners Buchh.

Lehrbuch des Hufbeschlages und der Hufkrankheiten, und die Lehre vom Zahnalter des Pferdes. (III.) Jena 79. Dege & Hänel. M. 2.–

—— Lehrbuch der gesammten Thierarzneiwissenschaft. 3 Bde. 2., vollständ. Ausg. 8. (LXVIII und 1362 S.) Leipzig 855, Baumgärtners Buchh.
Die einzelnen Schriften des Verf. sind hier nur mit einem gemeinsamen Titel versehen worden.

—— Lehrbuch der Veterinär-Pharmakodynamik. 8. (XII und 216 S.) Leipzig 851, Baumgärtners Buchh.

—— Lehrbuch der allgemeinen Veterinär-Therapie. 8. (30 S.) Leipzig 851, Baumgärtners Buchh.

Falke, J. E. L., die Lehre von den Krankheiten der Zucht- u. der jungen Thiere. Ein wesentlicher Theil der rationellen Thierzucht. Leipzig 867. Wilfferodt. 8. (VIII, 136 S.) n. 16 ngr.

Der Milzbrand und die Hundswut sind Typhen und durch die Impfung tilgbar. Gekrönte Preisschrift. 8. (60 S.) Jena 61. (Haacke, Leipzig.) M. 1.

der Milzbrand u. die Hundswuth sind Typhen u. durch die Impfung tilgbar. Gekrönte Preisschrift. Jena 861. Mauke. Lex.-8. (VIII, 60 S.) n. 10 ngr.

—— die Principien der vergleichenden Pathologie und Therapie der Haussäugethiere und d. Menschen und ihre Formen. Vom thierärztl. Standpuncte bearb. 2 Hälften. Lex.-8. (XII und 251 S.) Erlangen 860, Enke's Verlagsbuchh. [1. Hälfte * 20 Ngr., 2. * 24 Ngr.] *

-- Propädeutik und encyklopäd. Übersicht der Tierheilkunde nebst ihrer neueren besseren Litteratur. (Als Leidfaden für Vorlesungen, sowie für jeden Freund der Tierarzneikunst und für alle, die sie als Lebensberuf wählen wollen). 8. (IV. u. 78 S.) Leipzig 49. Baumgärtner. M. –.75

—— die thierärztliche Receptirkunde. 8. (31 S.) Leipzig 849, Baumgärtners Buchh.

—— Staatsthierarzneikunde. 1. Aufl. (16 S.) 1853. und 2., verm. und verb. Ausg. 8. (III und 46 S.) Leipzig 855, Baumgärtners Buchh.

Falke, J. E. L., Geschichtliche Statistik der Preise im Königreich Sachsen. 8.-A. Jena 69. Fischer.

—— Taschenbuch für praktische Thierärzte enthaltend die Arzneimittellehre und die Taxe aller thierärztlichen Arzneimittel, der für die Veterinärpraxis erforderlichen Apothekerarbeiten und der Arzneigefäße, sowie aller thierärztlichen Leistungen. 8. (VIII und 216 S.) Leipzig 851, Baumgärtners Buchh.

—— der Typhus bei unseren nutzbaren Haussäugethieren. Eine monograph. Skizze. Nach eigenen Erfahrn. u. wissenschaftl. Deductionen dargest. gr. 8. (2 B.) Leipzig 840, L. Schumann. *

Falke, I. E. L., Universal-Lexicon der Thierarzneikunde. 2 Bde. gr. 8. Weimar 842, 43. Voigt. [1. (28$^1/_2$ B.) 2. (29$^1/_2$ B.) à 2 Thlr.]

— specielle Veterinär-Nosologie und Therapie. Ebend. 854. 8. (XII, 323 S.) 27 ngr.

Falke, J. E. L., Die allgemeine Veterinär-Pathologie u. der Krankenexamen. 8. (VI. u. 92 S.) Leipzig 52. Baumgärtner. M. .50

— was soll an der Universität die Thierarzneiwissenschaft leisten? Ein freimüthiges Wort an die betr. Staatsbehörden, sowie an Studirende der Medicin, Thierarzneikunde, Landwirthschaft u. an zukünftige Verwaltungsbeamte. Zugleich als Programm für meine Vorlesungen. Leipzig 865. O. Wigand. gr. 8. (32 S.) n. 5 ngr.

Falke, J. F.

— Codex traditionum corbeiens. c. fig. fol. Wolfenbütt. Albrecht. 752.

Falke, J. F., Entwurf ein. Historie d. Abtey Corvey. 8. Braunschw. Meuaer. 738.

Falke, J. P. Ed., Verwahr. u. Befestig. d. Revisionsgerichts ꝛc. Rol. Hannov. (F. C. W. Vogel in Leipz.) 771.

— — dasselbe. 8. Hannov. Hahn. 777.

Falke, Jakob, s. a. Falke, Johannes

Falke, Jac. v., s.: Amatourkunst.

Falke, Jak. v., Aesthetik d. Kunstgewerbes. Ein Handbuch f. Haus, Schule u. Werkstätte. 8. (VIII, 476 S. m. eingedr. Holzschn. u. 1 Chromolith.) Stuttgart 883. Spemann. n. 10. —; geb. n. 12. —

Falke, Jak., Fragen u. Uebungsaufgaben zum Lehrbuch d. bürgerlichen Rechnens. gr. 8. (IV, 62 S.) Arnstadt 876. Frotscher. n. — 80

—— und A. v. Eye, Gallerie der Meisterwerke altdeutscher Holzschneidekunst, s. Gallerie.

— der Garten. Seine Kunst u. Kunstgeschichte. Lex.-8. (XII, 159 S. m. 69 Abbildgn.) Ebend. 884. n. 20. —; geb. m. Goldschn. n. 25. —

Falke, Jac., die Geschichte des Kurfürsten August, s. Preisschriften.

— Geschichte d. Geschmacks im Mittelalter u. andere Studien auf dem Gebiete der Kunst u. Kultur. 1. u. 2. Aufl. gr. 8. (IV, 374 S.) Berlin 892. Allg. Verein f. deutsche Litteratur. n. 6. —; geb. n. 7. —

Falke, Jac., Geschichte des modernen Geschmacks. Leipzig 866. T. O. Weigel. 8. (XII, 387 S.) n. 1 ₰ 24 ngr.

— Geschichte des modernen Geschmacks. 2., durchgeseh. Aufl. 8. (XVI, 360 S.) Leipzig 880. T. O. Weigel. n. 5. 50; geb. n. 6. 75

Falke, Jakob: Geschichte des deutschen Handels, s. Leben, Deutsches.

v. Falke, Jakob. Geschichte des deutschen Kunstgewerbes. Mit Textillustrationen, Tafeln und Farbendrucken. (Geschichte der deutschen Kunst, V.) Berlin 1888. 4°.

Falke, Jak. von, Geschichte des deutschen Kunstgewerbes. Mit 107 Textill. u. 32 Taf. in Farbendruck. Berlin 1893. gr. Lex.-8.
Ist: Geschichte d. deut. Kunst. . . . . (D.)

— Geschichte des fürstlichen Hauses Liechtenstein. 1. Bd. Wien 868. Braumüller. gr. 8. (X, 512 S. u. 3 Tabb. in Fol.) n. 3 ₰ 10 ngr.

— Geschichte des fürstlichen Hauses Liechtenstein. 2. Bd. gr. 8. (VI, 408 S. m. 3 genealog. Tab.) Wien 877. Braumüller. n. 10. —

— Geschichte d. fürstlichen Hauses Liechtenstein. 3. Bd. gr. 8. (VIII, 426 S.) Wien 883. Braumüller. n. 12. — (1—3.: n. 32. —)

Falke, Jak., Die ritterliche Gesellschaft im Zeitalter des Frauendienstes. Berlin 1862. 8.
Ist: Deutsche Nat.-Bblk. Bd. 2. (D.)

Falke J, die ritterliche Gesellschaft im Zeitalter des Frauenkultus. Berlin (1862)
(Nationalbibliothek, Deutsche 2)

Falke, Jac. (I.), die ritterliche Gesellschaft im Zeitalter des Frauencultus. gr. 8. (XXIV und 172 S. mit Portr. in Holzschn.) Berlin 862, Brigl.

§ * FALKE, J., Die ritterliche Gesellschaft im Zeitalter des Frauencultus. Mit 1 Portr. Berlin, o. J. (1862). 8°.
— — Dasselbe. Ebd. 1863. 8°. (2 Mk. Max Weg, Lpz., 1897.)

Falke, Jacob. Die ritterliche Gesellschaft im Zeitalter des Frauencultus ... Neue Ausgabe Berlin: F. Henschel (1872).
Tit., 172 S. 8°.

—— die Glasindustrie, } s. Ausstellungs-Bericht, officieller.
—— die Goldschmiedekunst, }

—— Hellas und Rom. Eine Culturgeschichte des class. Alterthums. Mit Bildern der ersten deutschen Künstler. 1.—16. Lfg. Fol. (S. 1—168 mit eingedr. Holzschn. und Holzschntaf.) Stuttgart 878,79, Spemann. à Heft *ℳ 1,50. *

— Hellas u. Rom. Eine Culturgeschichte des classischen Alterthums. Mit Bildern der ersten deutschen Künstler. 35 Lfgn. Fol. (XII, 346 S. m. eingedr. Holzschn. u. Holzschntaf.) Stuttgart 878—80. Spemann. à n. 1. 50 (cplt.: n. 52. 50; geb. m. Goldschn. n. 70. —)

— dasselbe. 2., unveränd. Ausg. Fol. (XII, 346 S. m. eingedr. Holzschn. u. Holzschntaf.). Ebend. 880. n. 52. 50; geb. m. Goldschn. n. 70. —

— mittelalterliches Holzmobiliar. 40 Taf. in Lichtdr. Hrsg. u. m. Text begleitet von J. v. F. Lichtdr. v. J. Löwy. Fol. (11 S. Text.) Wien 894. A. Schroll & Co. In Mappe n. 40. —

Falke, Jac. v., mittelalterl. Holzmobiliar. 40 Taf. in Lichtdr. Hrsg. u. m. Text begleitet von J. v. F. Hrsg. v. k. k. österreich. Museum f. Kunst u. Industrie. Lichtdr. v. J. Löwy, k. u. k. Hofphotograph. 2. Aufl. gr. Fol. (8 S.) Wien 897. A. Schroll & Co. In Mappe n. 40. —

— Holzschnitzereien. Eine Auswahl aus der Sammlg. d. k. k. österreich. Museums f. Kunst u. Industrie auf 55 Taf. Lichtdr. Hrsg. u. m. e. Einleitg. versehen. gr. 4. (16 S. Text.) Ebd. 893. In Mappe. n. 35. —

Falke, Jak. v., Costümgeschichte der Culturvölker. 16 Lfgn. hoch 4. (IV, 480 S. m. eingedr. Holzschn. u. 1 Chromolith.) Stuttgart 880. 81. Spemann. à n. 1. 50

§ * — — Falke, Jac. v., Costümgeschichte der Culturvölker. Mit 377 Abbild. im Text u. 1 Farbendrucktaf. (Titelbild). Stuttgart, W. Spemann, o. J. (1880—81). IV—480 SS. Orig.-Sarsenetbd. mit reicher Vergoldg. (Mk. 24—.) (8 Mk. Conr. Skopnik, Berlin, 1909.) (In München: H. g. hum. 6 hd.*; auch in Dresden.)

Falke, Jacob. Zur Costumgeschichte des Mittelalters. I. Die männliche Kopftracht. II. Die weibliche Kopftracht. Wien: k. k. Hof- & Staatsdruckerei 1861.
Tit., 46 S. m. 156 Abb. in Holzschn. 4°.
Aus: Mitteilungen der K. K. Central Commission zur Erforschung und Erhaltung der Baudenkmale Jg. 5 August- & Septemberheft, Jg. 6, Januar- & Februarheft.

Falke, Jak., zur Costümsgeschichte des Mittelalters. Mit 156 Holzschn. (im Text.) Wien 861. (Prandel & Meyer.) gr. 4. (46 S.) n. 1 ₰

§ * — — Zur Cultur u. Kunst. Studien von *Jac. v. Falke.* Mit Illustrationen. Wien. Druck und Verlag von Carl Gerold's Sohn 1878. 8°. (In München: H. g. hum. 58 su.)
VI + 353 S. m. 34 eingedr. Holzschn. — Behandelt auf S. 70—180: Costüm und Mode in ästhetisch-kritischer Schilderung.

Falke, Jac., Die Kunst im Hause. Geschichtliche u. kritisch-ästhetische Studien über die Decoration u. Ausstattung der Wohnungen. Wien 1871. 8°.

— die Kunst im Hause. Geschichtliche u. kritisch-aesthet. Studien üb. die Decoration u. Ausstattg. der Wohng. 2. Aufl. gr. 8. (374 S.) Wien 873. Gerold's Sohn. n. 7. 20

— die Kunst im Hause. Geschichtliche u. kritisch-ästhetische Studien über die Decoration u. Ausstattung der Wohnung. 3. Aufl. gr. 8. (VI, 375 S.) Wien 877. Gerold's Sohn. n. 7. 20

—— die Kunst im Hause. Geschichtliche und kritisch-ästhet. Studien über die Decoration und Ausstattung der Wohnung. 4. verm. Aufl. 12 Hefte. hoch 4. (VII, 508 S. mit 6 Farbendr.-Bildern, 50 Lichtbildern und Tondr.-Platten und mehr als 220 Holzschn.-Illustr. im Texte.) Wien 881, Gerold's Sohn. à Heft *ℳ 6. *
geb. in Leinw. *ℳ 80.; mit Goldschn. *
geb. in Ldr. mit Goldschn. *

— die Kunst im Hause. Geschichtliche u. kritisch-ästhet. Studien üb. die Decoration u. Ausstattg. der Wohng. 5. verm. Aufl. gr. 8. (XII, 413 S.) Wien 883. Gerold's Sohn. n. 7. 20

Falke, Jac. v., die Kunst im Hause. Geschichtl. u. kritisch-ästhet. Studien üb. d. Decoration u. Ausstattg. d. Wohng. 6. Aufl. gr. 8. (XVI, 378 S.) Wien 897. C. Gerold's Sohn. n. 7. 20; geb. in Leinw. 9. 20

Falke, Jac. (II.), und A. v. Eye, Kunst und Leben der Vorzeit, s. Eye, A. v.

Falke, J. v., das deutsche Kunstgewerbe, s.: Geschichte der deutschen Kunst.

— Kunstindustrie der Gegenwart. Studien auf der Pariser Weltausstellung im J. 1867. Leipzig 868. Quandt & Händel. 8. (VI, 270 S.) n. 1 ℛ︎

— die Kunstindustrie auf der Wiener Weltausstellung 1873. 1. u. 2. Abth. Ebend. 873. 74. à n. 4. —
1. Die Länder. (208 S.)
2. Die Industriezweige. Mit dem (chromolith.) Plane der Weltausstellg. (Imp.-Fol.) (S. 209—431.)

Falke, Jak., u. Joh. Falke, Deutsches Leben. Eine Sammlung abgeschlossener Schilderungen aus der deutschen Geschichte. Bd. 1. 2. Leipzig 1858—60. 8. . . . . . (D.)
Bd. 1. a. u. d. T.: Die deutsche Trachten- und Modenwelt. Ein Beitrag zur deutschen Culturgeschichte. Von Jacob Falke. Th. 1. 2. Leipzig 1858. 8.
Bd. 2. a. u. d. T.: Die Geschichte des deutschen Handels. Von Johannes Falke. Th. 1. 2. Leipzig 1859—60. 8.

— Lebenserinnerungen. gr. 8. (VII, 366 S. m. Bildn.) Leipzig 897. G. H. Meyer. n. 7. 50; geb. in Leinw. n. 9. —; in Liebhaberhalbfrz. n. 11. —

Ⓖ Falke, Jac. v., Lebenserinnerungen. 895. (BBl 29.) Jetzt: Berlin, F. Wunder.

— Lehrbuch d. bürgerlichen Rechnens f. die Schüler höherer Lehr-Anstalten. gr. 8. (VIII, 112 S.) Ebend. 876. n. 1. 50

— das rumänische Königsschloss Polosch. Hrsg. u. m. erläut. Text begleitet v. J. v. F. (Pracht-Ausg.) Fol. (VII, 57 S. m. 25 Radirgn. u. 38 Holzschn.) Wien 893. C. Gerold's Sohn. Geb. in Leinw. m. Goldschn n. 50. —

— Poesie in der Wohnung, s.: Bötticher, Geo., Papiertapete u. Linoleum.

— die k. k. Wiener Porzellanfabrik. Ihre Geschichte u. die Sammlung ihrer Arbeiten im k. k. österreich. Museum. Mit 17 Taf. Abbildgn. Hrsg. vom k. k. österreich. Museum f. Kunst u. Industrie. gr. 4. (V, 90 S.) Wien 887. Gerold's Sohn. cart. n. 15. —

— Propädeutik der Geometrie. Eine Bearbeitung der geometr. Formenlehre nach e. neuen Methode gegründet auf prakt. Aufgaben aus der Geodäsie. Mit 80 in den Text gedr. Abbildgn. (Holzschn.) im Text. Ebend. 866. (X, 142 S.) n. 1 ℛ︎

— Rahmen. Eine Auswahl aus der Sammlg. d. k. k. österreich. Museums f. Kunst u. Industrie auf 50 Taf. Lichtdr. Hrsg. u. m. e. Einleitg. versehen. gr. 4 (9 S. Text.) Wien 892. A. Schroll & Co. In Mappe. n. 35. —

von Falke, Jacob. Aus dem weiten Reiche der Kunst. Auserwählte Aufsätze. Berlin 1889. 8°.

— aus dem weiten Reiche der Kunst. Auserwählte Aufsätze. 2. Aufl. gr. 8. (III, 387 S.) Berlin 889. Allgemeiner Verein f. Deutsche Litteratur. n. 6. —; geb. n. 7. —

— Kunstindustrielle Reisestudien. (91 S) Wien 1881

—— der Schmied von Apolda, s. Volksbücher, neue.

Falke, Jakob: Die deutschen Trachten- und Modewelt, s.a. Leben, Deutsches.

§* — —, Die deutsche Trachten- und Modenwelt. Ein Beitrag zur deutschen Kulturgeschichte. 2 Thle. Leipzig 1858. 8°. (In München: Germ. g. 258d; auch in Dresden.) (5 Mk. G. Priewe, Heringsdorf, 1909.)
Auch titulo: Jac. u. Joh. Falke, Deutsches Leben. Bd. 1. (2.)

Falke, Jacob. Die deutsche Trachten- und Modenwelt. Ein Beitrag zur deutschen Culturgeschichte . . . Leipzig, Gustav Meyer 1858.
2 Bde. 8°
I: Die alte Zeit und das Mittelalter: VIII S., 2 Bl., 316 S.
II: Die Neuzeit: 2 Tit., 1 Bl., 338 S.
(Deutsches Leben. Eine Sammlung abgeschlossener Schilderungen aus der deutschen Geschichte mit besonderer Berücksichtigung der Culturgeschichte und der Beziehungen zur Gegenwart. Bd. 1.)

§ — — Ueber Volkstrachten im Mittelalter. Wien 1860. 8°. (In München: H. g. hum. 236c.)
Vorträge, gehalten im Alterthumsvereine zu Wien, Dezbr. 1859.

[F.] Aus alter und neuer Zeit. Neue Studien zu Kultur u. Kunst. Von Jakob v. Falke. 2. Aufl. *Berlin: Allg. Ver. f. Deutsche Litt. 1895.* (4 Bl., 339 S.) 1 Bd 8.
(Allg. Verein f. Deutsche Litteratur. Abt. 21. [No 1.])

Falke, Johannes, s. a. Falke, Jakob

Falke, Johannes, Rostock: Die deutschen Bearbeitungen des „geretteten Venedig" von Otway (1682). Westerland-Sylt 1906: C. Meyer. (62 S.) 8°
Rostock, Phil. Fak., Ref. Golther, Diss. v. 1. Aug. 1906
[Geb. 1. März 80 Bromberg; Wohnort: Rostock; Staatsangeh.: Preußen; Vorbildung: Großh. Gymn. Baden-Baden Reife M. 00; Studium: Freiburg i. B. 3, Jena 1, Heidelberg 1, Berlin 2, Rostock 2 S.; Rig. 26. Juli 06.]

Die Geschichte des Kurfürsten August von Sachsen in volkswissenschaftlicher Beziehung v. Johannes Falke. Leipzig. 1868. = Preisschriften gekrönt v. der Fürstl. Jablonowskischen Gesellschaft zu Leipzig. 13. 4°.

Falke, Johs., Geschichte der Bergstadt Geyer. Nach archival. Quellen dargestellt. Dresden 866. Burdach. gr. 8. (VIII, 206 S. u. 1 Stahlst.) n. 21 ngr.

Falke, Johs., die Geschichte des deutschen Handels, s.a. Leben, deutsches.

Falke, Johs, Die Geschichte des deutschen Handels. Th. 1—2. Leipzig 1859—60. 8.
Ist: Jacob u. Joh. Falke, Deutsches Leben. Bd. 2. . . . . (HC.; LHK.; D.; RPA.)

— die Geschichte des deutschen Zollwesens. Von seiner Entstehung bis zum Abschluß des deutschen Zollvereins. Leipzig 869. Veit & Co. gr. 8. (XX, 426 S.) n. 2 ℛ︎ 20 ngr.

Falke, Johannes: Die ritterliche Gesellschaft, s. Nationalbibliothek, deutsche.

– Die Hansa, s.a. Nationalbibliothek, deutsche.

Falke, Johs., die Hansa als deutsche See- u. Handelsmacht. (Abgedr. aus der „Deutschen National-Bibliothek.") Berlin 863. Vrigl. (Kobligt.) gr. 8. (XVI, 190 S. u. Portr. in Holzschn.) 18 ngr.

Falke, Johannes: Deutsches Leben, s. Falke, Jakob

Falke, Jos., Mundi spectabilis philosophicae considerat. fol. Augsburg. 730.

Falke, Johannes [Hrsg.], s. Zeitschrift für deutsche Kulturgeschichte.

Falke, Karl Heermann

Falke, Carl Heermann (Lengefeld/Frk.), De ratione bibliothecam exstruendi et frequentandi disserit simul viris Christian Beck et Christian Friedrich Hubler nomine eorum qui praeside viro Carl Ferdin. Hommel de rebus philos. disputant summos in philos. honor. gratul. Lpz. (Langenheim) 25. II. 1745. 16 S. (4.—) 8570

Falke, Konr. (Karl Frey), im Banne der Jungfrau. Mit 10 Kpfrdr.-Taf. u. 32 Autotyp. (XV, 250 S.) gr. 8. Zürich 909. Rascher & Co. Geb. in Leinw. 10. —

Falke, Conrad. Carmina Romana. [Von] K' F'. VIII + 63 S. 4. Zürich, Rascher & Cie, 1910. [geb. fr. 15. — u. 35. —]
(Exemplar N:. 12.)

Falke, Konr., Dichtungen. (VII, 142 S.) gr. 8. Aarau 904. H. R. Sauerländer & Co. Geb. in Leinw. n. 3. —

— Himmelfahrt. Traversierung der Alpen im Ballon „Cognac", s.: Guyor, Gebh. A., im Ballon üb. die Jungfrau nach Italien.

Falke, Konr. (Karl Frey), Kainz als Hamlet. Ein Abend im Theater. (XVI, 276 S. m. 3 Bildnissen.) 8. Zürich 911. Rascher & Co. 4.—; geb. 5. —

Falke, Conrad. Frau Minne. Ein mittelalterlicher Weltspiegel von K' F'. [Mit illustriertem Umschlag.] XVI + 324 S. 8. Aarau, H. R. Sauerländer & Co., 1905. [fr. 6. —]

— s.: Rascher's Jahrbuch.

Falke, Conrad. Francesca da Rimini. Tragödie in 1 Akt von K' F'. 31 S. 8. Aarau, H. R. Sauerländer & Co., 1904. [fr. 1. —]

Falke, Conrad. Die ewige Tragödie. Drei Einakterzyklen von K' F'. I. Träume; II. Eros und Psyche; III. Danse macabre. ([Band] 1.) — *A. u. d. T.:* Träume. Drei Einakter von K' F. 1. Dante Alighieri; 2. Michelangelo; 3. Giordano Bruno. 103 S. 8. Zürich, Rascher & Cie., 1909. [fr. 2.—]

— Wenn wir Toten erwachen! Ein Beitrag zur Kenntnis Ibsens. (25 S.) gr. 8. Zürich 908. Rascher & Co. 1. —

FALKE, MAX. Ueber den Mahlprocess und die chemische Zusammensetzung der Mahlprodukte einer modernen Roggenkunstmühle. (Bern) München, 1896.

Falke, Oskar

— u. A. Buchheim, die Wiener October-Revolution. — Stimmen aus der Verbannung, s.: Buchheim, A.

Falke, Oskar, ein Ungarheld. Erzählung in drei Gesängen. 16. (64 S.) Bremen 851(52,) Geisler.

Falke Otto Ritter von: Beiträge zur Brevenkorrespondenz Papst Pius II. mit dem deutschen Reich in den ersten drei Jahren seines Pontificats.
H. 1887 PN 461 Diss. Wien, Univ. 713

Falke, Otto v., s.: Geschichte, illustr., des Kunstgewerbes.

Falke, Otto v., Katalog der italienischen Majoliken der Sammlung Richard Zschille. Fol. (XVI, 24 S. m. 35 Lichtdr.-Taf.) Leipzig 899. K. W. Hiersemann. Geb. in Leinw. n. 45. —

Falke, Otto v., Majolika i. Kunstgewerbe-Museum, s.a. Handbücher d. kgl. Museen zu Berlin.

Kunstgewerbe-Museum. Majolika v. Otto v. Falke. *Berlin: W. Spemann 1896.* (IV, 200 S.) 1 Bd 8.
= Handbücher d. Kgl. Museen zu Berlin. Bd v.

Majolika von Otto v. Falke. 2. Aufl. Mit 83 Abb. Berlin: G. Reimer 1907. (IV, 208 S.) 8°
= Handbücher d. Kgl. Museen zu Berlin. [5.]

Falke, Otto v., u. Heinr. Frauberger, Deutsche Schmelzarbeiten des Mittelalters u. andere Kunstwerke der kunsthistorischen Ausstellung zu Düsseldorf 1902. Mit 130 Lichtdr.-Taf., 25 farb. Lichtdr.-Taf. u. 55 Textabbildgn. (VII, 151 S.) Fol. Frankfurt a/M. 904. J. Baer & Co. — H. Keller. (Auslieferung durch Keller.) Geb. in Leinw. n.n. 240. —

— Das rhein. Steinzeug. 2 Bde. (VIII, 138 u. 128 S. m. 262 Abbild., 6 Heliograv. u. 20 Lichtdr.-Taf.) 35,5×26 cm. Berlin-Schöneberg (908). (Meisenbach, Riffarth & Co.) Geb. in Leinw. 80. —

Falke, Rob., Buddha, Mohammed, Christus, e. Vergl. d. drei Persönlichkeiten u. ihrer Religionen. 2 Tle. gr. 8. Gütersloh, C. Bertelsmann. à n. 3. —; geb. à n. 3. 60; in 1 Bd. geb. n. 7. —
1. Darstell. Tl.: Vergleich d. drei Persönlichkeiten. 2. Aufl. (VIII, 216 S.) 898.
2. Systemat. Tl.: Vergleich d. drei Religionen. (III, 252 S.) 897.

— Buddha, Mohammed, Christus, e. Vergleich der drei Persönlichkeiten u. ihrer Religionen. 2. systemat. Tl.: Vergleich der drei Religionen. 2. Aufl. gr. 8. (III, 252 S.) Gütersloh 900. C. Bertelsmann. n. 3. —; geb. n. 3. 60; (kplt., in 1 Bd. geb.: n. 7. —)

Falke, Rob., Buddha, Mohammed, Christus, e. Vergleich der drei Persönlichkeiten u. ihrer Religionen. 1. darstell. Tl.: Vergleich der drei Persönlichkeiten. 3., verb. Aufl. (VIII, 246 S.) gr. 8. Gütersloh 908. C. Bertelsmann. 3.40; geb. 4. —
(1 u. 2: in 1 Bd. geb. 7.—)

Falke, Rob., der Buddhismus in unserem modernen deutschen Geistesleben. Eine Studie. (74 S.) gr. 8. Halle 903. E. Strien. n. 1. 50

— Christentum u. Buddhismus. Ein Vortrag, geh. i. Berliner Zweigverein d. evang. Bundes. gr. 8. (31 S.) Berlin 898. F. Mühle. n. — 50

Gibt es eine Seelenwanderung? Eine moderne Frage unserer Zeit, beantw. von Robert Falke. *Halle a. S.: E. Strien 1904.* (135 S.) 8° [F.]

— Glaube u. Tapferkeit bei verschiedenen Völkern der Erde, s.a. „Mit Gott für Kaiser u. Reich".

Glaube und Tapferkeit bei verschiedenen Völkern der Erde. Von Robert Falke. Militär-Oberpfarrer. Köln: Westdeutscher Schriftenver. 1905. (79 S.) 8° [F.]
= 'Mit Gott für Kaiser u. Reich'. Bdch. 2.

[F.] Die Gnade Gottes am deutschen Volke. 1. Kor. 15, 10. Kaisersgeburtstagspred. v. R[obert] Falke, Divisionspfarrer in Erfurt. *Halle a. S.: E. Strien [1899].* (12 S.) 1 Bd 8.
= Predigt-Hausschatz, Evangelischer. No 7.

— Kaisergeburtstagsfeier, s.: Volksabende.

— zum Kampfe der drei Weltreligionen (Buddhismus, Islam, Christentum). Ein Katechismus f. wahrheitsuch. Leute. 8. (102 S.) Gütersloh 902. C. Bertelsmann. n. 1. —; geb. n. 1. 50

— Aus Kirche u. Welt. Gesammelte Aufsätze. (190 S.) 8. Gotha 908. F. E. Perthes. 2.40; geb. 3. 40

Falke, Rob., die Lehre v. der ewigen Verdammnis. Mit besond. Berücksicht. d. Conditionalismus, der Apokatastasis u. der Seelenwanderg. gr. 8. (V, 180 S.) Eisenach 892. M. Wilckens. n. 3. 60

— Lehre von der ewig. Verdammnis. 892. (KBL 27.) Jetzt: Leipzig, O. Himly.

— Der Mönch zur Pforte. Ein Klostergesang aus der Reformationszeit. 2. Aufl. (189 S. m. Titelbild.) kl. 8. Halle (907). Gr. Salze, E. Strien. Geb. in Leinw. 3. —

— Paulus. Historisches Charakterbild in 5 Aufzügen. (137 S.) 8. Halle 904. E. Strien. n. 2. 50

— Pfingstpredigt, s.a. Predigt-Hausschatz, evangelischer.

Pfingstpredigt von R[obert] Falke. Offenb. Joh. 3, 11. Unsere ev. Kirche im Lichte d. Pfingstfestes. Halle: E. Strien [1906]. (11 S.) 8° [F.]
= Predigt-Hausschatz, Evangelischer. No 47.

— Predigten über die fünf „köstlichen Dinge". (56 S.) gr. 8. Halle 903. E. Strien. n. — 90; geb. in Leinw. n. 1. 50

— Soldatenleben einst u. jetzt, s.a. „Mit Gott für Kaiser u. Reich".

Soldatenleben einst und jetzt. Von Robert **Falke**, Militär-Oberpfarrer. Cöln: Westdeutscher Schriftenver. 1906. (152 S.) 8° [F.]
— 'Mit Gott f. Kaiser u. Reich'. Bdch. 6. 7.

Falke, Rob., Fürst Bismarcks Stellung zum Christentum, s.a. **Flugschriften d. Evang. Bundes.**

[F.] Fürst Bismarcks Stellung zum Christentum. Von Robert Falke, Erfurt. *Leipzig: C. Braun 1899.* (21 S.) 8.
= Flugschriften d. Evangel. Bundes. [No] 160. (Reihe 14, 4.)

— die geschichtlichen Thatsachen des Neuen Testaments, untersucht nach ihrer Gewißheit u. religiösen Bedeutg. gr. 8. (112 S.) Gütersloh 893. C. Bertelsmann. n. 1. 60

— die vier Temperamente, s.a. Predigt-Hausschatz, evangelischer.

Die vier Temperamente. Lukas 9,52–62. Predigt von R[obert] **Falke**. Halle: E. Strien [1906]. (11 S.) 8° [F.]
— **Predigt-Hausschatz**, Evangelischer. No 46.

— das Vaterunser in der deutschen Armee. 10 Predigten. gr. 8. (III, 108 S.) Ebd. 894. n. 1. 20; geb. n. 1. 80

[F.] Was die Evangelischen zur Sammlung veranlassen soll. Jeremias 20, 11—14. Festpred. b. Jahresfest d. Evangel. Bundes am 10. Mai 1898 in Aschersleben v. R[obert] Falke, Divisionspfarrer in Erfurt. *Halle a. S.: E. Strien [1899].* (15 S.) 1 Bl 8.
= Predigt-Hausschatz, Evangelischer. No 22.

— Die Brüder v. Wedel. Vaterländisches Drama in 5 Aufzügen aus dem J. 1809 u. 1813. (80 S.) kl. 8. Gütersloh 909. C. Bertelsmann, Sep.-Kto. —60; kart. —70; geb. in Bibliotheksbd. —80; in Leinw. — 90

— Kaiser Wilhelm der Große, s.a. Volksabende 13. Heft.

Falke, R. Kaiser Wilhelm der Grosse. Festschrift zum 100 jähr. Geburtstage am 22. März 1897 für Armee, Schule u. Haus. Mit Titelbild. In-8°. 48 S. Basel, Friedrich Emil Perthes. — 50
1897 Volksausg. — 25

Falke, Walther, approb. Arzt aus Sandau (Elbe): **Aus d. pathol. Institute zu Kiel. Ein Fall von Herzaneurysma wahrscheinlich auf luetischer Basis.** *Kiel 1903: P. Peters Erben.* (19 S.) 8°
Kiel, Med. Diss. v. [17. Sept.] 1903

Falke von Lilienstein, Amalie

Falstein, A. v., d. Lebens ewiger Dreiklang. 8. (115 S.) Berlin 896. Schuster & Loeffler. 1. 50

Falke (A. v. Falstein), Erbsünde. Roman. 8. (394 S.) Dresden 898. H. Minden. n. 4. —; geb. n.n. 5. —

Falke, Baronesse (A. v. Falstein), Erbsünde. Roman. 2. Aufl. 8. (394 S.) Dresden-Blasewitz (899). H. Minden. n. 4. —; geb. n.n. 5. —

Falstein, A. v., das Eulennest. 8. (154 S.) Leipzig 894. F. Wagner. 2. —

— Eulennest. Roman. 2. [Titel-]Aufl. 8. (154 S.) Ebd. [894.] (901). n. 2. —; geb. n.n. 3. —

Falke, Baronesse, Mädchen. Erzählungen. (270 S.) 8. Dresden (904). H. Minden. n. 3. —; geb. n.n. 4. —

— „Sie". Roman. 8. (268 S.) Ebd. 900. n. 3. —; geb. n.n. 4. —

— das große Talent. Die Geschichte e. bunten Familie. (215 S.) 8. Ebd. (906). n. 2. —; geb. n.n. 3. —

— die Werdenden. Erzählung. 8. (227 S.) Ebd. 899. n. 3. —; geb. n.n. 4. —

Falke v. Lilienstein, Johann — Verwaltungs-Organismus des österreichischen Kaiserstaates in politischer und judizieller Linie. Auf Grund ämtlicher Behelfe zusammengestellt durch — —. Wien, 1856. Aus der k. k. Hof- und Staatsdruckerei. (96 S. 4.)

Falkeisen, s. a. Falckeisen

Falkeisen. Hieronymus. Abschieds-Predigt über Psalm CXV. 13. 14. 15. gehalten in der Pfarrkirche St. Leonhard [zu Basel]... den 13. Weinmonat 1816 von Hieronimus F', neuerwählten Pfarrer der Münster-Gemeinde in Basel. 8. [Basel.]

Falkeisen, Hieronymus. Antritts-Predigt über die Worte I. Thessalonicher V. 12. 13. gehalten in der Kirche zu St. Theodor zu Basel den 25ten Herbstmonats 1791. von Hieronimus F'.... 8. Basel.

[Falkeisen, Hieronymus.] Beschreibung der Münsters-Kirche zu Basel, samt einem Grundrisse von derselben [Tafel]. 8. Basel 1788.

Falkeisen. Hieronymus. Geschichte der Gründung und der Schicksale der zum Andenken an das grosse Erdbeben auf St. Lukas Tag im Jahr 1356 zu Basel gemachten Stiftung zur Bekleidung der Dürftigen und besonders der armen Schüler. Bey der Promotions-Feyerlichkeit der Schüler auf Burg vorgetragen... [zu Basel] den 27. May 1828 von Hieronimus F'.... 8. Basel.

Falkeisen, Hieronymus. Das grosse Glück treuer und nützlicher Lehrer... bey der Beerdigung des... Herrn Johann Jakob d'Annone,... bey der Hochschule in Basel... Professors, vorgestellt... [zu Basel]... den 22sten Herbstmonats 1804. von H' Falckeisen.... 8. Basel.

Falkeisen, Hieron., s. Lehrbuch d. christl. Religionsunterrichts rc.

Falkeisen, Hieronymus. Leichen-Predigt gehalten... zu Basel bey der Bestattung der Frau Mariane Haag, Herrn Johann Heinrich Korn. des Buchbinders, gewesenen Ehegattin, den 10. Herbstmon. 1811. von Hieronimus Falckeisen.... 8. Basel.

Falkeisen, Hieronymus. Leichen-Predigt gehalten bei der Beerdigung Herrn Johann Heinrich Fuss... den 28ten Hornung 1812... in Basel von Hieronimus Falckeisen.... 8. Basel.

Falkeisen. Hieronymus. Leichen-Predigt über Evangelium Luca 12. 35–37. bey der Beerdigung Frauen Anna Elisabeth Sarasin, Herrn Peter Vischer. des Raths, gewesenen Ehegattinn, gehalten... [zu Basel] den 3. August 1817 von Hieronimus F'.... 8. Basel.

Falkeisen, Hieronymus. Leichen-Predigt über Psalm 31, 6. gehalten... [zu Basel] den 18. Jenner 1814. bey Beerdigung Herrn Elias Kern. Mitglied des grossen Kantons- und Stadt-Raths, von Hieronimus Falckeisen.... 8. Basel.

Falkeisen. Hieronymus. Leichen-Predigt über Psalm 103, 1–4. bey der Bestattung Herrn Emanuel Hübscher. des Pfundzollers, gehalten... [zu Basel]... den 13. Hornung 1813. von Hieronimus F'.... 8. Basel.

Falkeisen. Hieronymus. Leichen-Predigt über Römer XIV. 7. 8. bey der Beerdigung der Frau Dorothea Ernst. Herrn Melchior Imhof. des Weissgerbers, Ehegattin, gehalten... [zu Basel] den 31. Augstmonat 1814. von Hieronimus F'.... 8. Basel.

Falkeisen. Hieronymus. Leichen-Rede bey der Beerdigung Herrn Vorstadt-Meister Joh(ann) Conrad von Mechel, des Buchdruckers, gehalten den 6ten May 1812.... [zu Basel] von Hieronimus Falckeisen.... 8. Basel 1812.

Falkeisen. Hieronymus. Leichenrede gehalten bei der Beerdigung des... Herrn Martin Wenck, Amtsbürgermeisters, über Psalm 103. v. 1–4.... [zu Basel] den 28. Heumonat 1830 von Hieronimus F'.... 8. Basel.

Falkeisen. Hieronymus. Leichenrede über 1. Buch Mose 5, 24. bey der Beerdigung Herrn Joh(ann) Konrad von Speyr. Alt-Appellationsrath.... gehalten... [zu Basel] den 7. Jenner 1816. von Hieronimus F'.... 8. Basel.

Falkeisen. Hieronymus. Leichenrede über 1. Buch Mose 47, 9. bey der Beerdigung Herrn M. Joh[annes] von Speyr, treueifrigem Seelsorger der Gemeinde Kleinhüningen, gehalten in Kl' den 21. Oct. 1816 von Hieronimus F'.... 8. [Basel.]

Falkeisen. Hieronymus. Leichenrede über 1 Buch Mose 32, 10. gehalten den 7 Christmonat 1629 bei der Beerdigung Herrn Hieron(imus) de Nikol(aus) Bernoully, Alt-Präsidenten des Lö Stadtraths [von Basel], von Hieronimus F'.... 8. Basel.

Falkeisen. Hieronymus. Leichenrede über Ev. Johannis 16, 22. bey der Beerdigung des... Herrn Leonhard Burkhardt, des Handelsmanns und des Raths, gehalten... [zu Basel] den 25sten Hornung 1817 von Hieronimus F'.... 8. Basel.

Falkeisen. Hieronymus. Leichenrede über Ev. Johannis 14, 26. bey der Beerdigung des... Herrn Joh(ann) Konrad Wieland, Staats-Rath.... gehalten den 9. May 1818.... [zu Basel] von Hieronimus F'.... 8. Basel.

Falkeisen, Hieronymus. Leichen-Rede über Ev. Matthäi V. 5. bey der Beerdigung von Frau Anna Elisabeth Haag, Herrn Wilhelm Oser, Mitglied E. E. W. W. grossen Cantons-Raths, gew. Ehegattin, den 29. Herbstmonat 1810.... [zu Basel] gehalten von Hieronimus Falckeisen.... 8. Basel.

Falkeisen, Hieronymus. Leichenrede über Matth. 28, 20. bey der Beerdigung des... Herrn Joh(ann) Friederich Miville,... des Neuen Testamentes Professor, gehalten... [zu Basel] den 18. Jenner 1820. 8. Basel.

Falkeisen, Hieronymus. Leichenrede über Matthäi 11, v. 28. bey der Bestattung der... Frauen Chrischona Respinger, des... Herrn Hieronimus Bernoully, des Handelsmanns und Mitglieds E. E. W. W. Grossen Kantons- und Kleinen Stadt-Raths, Ehegattin, gehalten... [zu Basel] den 11ten Jenner 1815. von Hieronimus Falckeisen.... 8. Basel.

Falkeisen, Hieronymus. Leichenrede über Psalm 68, 20. 21. bey der Beerdigung des... Herrn M. Emanuel Merian,... Antistes... der baslerischen Kirche, gehalten... [zu Basel] den 17. May 1818. von Hieronimus F'.... 8. Basel.

Falkeisen. Hieronymus. Leichenrede über Psalm 62, Vers 1. bey der Bestattung der... Frauen Gertrud Ehinger, Herrn Emanuel Bientzen sel. Wittwe, gehalten... [zu Basel] den 13ten May 1815. von Hieronimus Falckeisen.... 8. Basel.

Falkeisen, Hieronymus. Predigt gehalten bei der Beerdigung der Frau Valeria Hofmann, gewesener Ehegattin Herrn Christof Merian,... den 1 Heumonat 1834... [zu Basel] von Hieronimus F'.... 8. Basel.

Falkeisen, Hieronymus. Predigt über die Worte des seligen Apostels Paulus 2. Corinther XIII. 13. gehalten... zu Basel den 18ten Herbstmonat 1791. bey Niederlegung seines Amtes von Hieronimus F'. gewesenen Prediger des Waisen-Hauses, und neuerwähltem Helfer... zu St. Theodor. 8. Basel.

Falkeisen. Hieronymus. Rede gehalten... [zu Basel] den 5. Dezember 1833 bei der Beerdigung Herrn M. Emanuel Raillard, gewesenen Pfarrers.... 8. Basel.

(Falkeisen, Hieron.,) der christl. Religionsunterricht, s. Lehrbuch d. christl. Religionsunterrichts.

Falkeisen. Theodor II [1729–1815]. Die durch den Heiligen Geist den Glaubigen versicherte GOttes-Kindschaft.... Vorgestellt... zu Basel... den 9. Brachmonat, Anno 1765. bey... Bestattung Der... Anna Margreth Wertemann, Des... Herrn Lukas Sarasins,... des Grossen Raths,... Hausfrau, von Th' Falckheysen.... 4. [Basel.]

Falken

Brauerei «Falken» in Schaffhausen. Fabrikordnung. (1901 November 1/13. — [Nebst] Arbeitsordnung für die Brauer der schweiz. Bierbrauereien. (Gültig vom 1. Oktober 1896 an.) 1901 November 1.) 3 + 3 S. 8. [Schaffhausen, H. Meier & Cie.]

Falken, Carl, in der Lichtzone der Gesellschaft! Ein Cyclus v. Erzählgn. nach Aufzeichngn. e. Aristokraten. [Eine reine Sünderin. Bis in das dritte Geschlecht. Ein hoher Vater.] 8. (215 S.) Wien 883. Perles. n. 4. —; geb. n. 5. 60

Falken, Theoph. v., aus dem Tagebuch eines nach Sibirien Verbannten. 8. (VII, 278 S. mit dem Portr. von Murawieff in Holzschn.) Berlin 869, Janke.

Falkenau, C. v., Sigmund, der Erblandstabelmeister v. Tanzenberg, s. a. Volksbücher, Kärntner.

Falkenau, K. v. Sigmund der Erblandstabelmeister von Tanzenberg. Klgft., Leon, (1884.) 65 S. (Kärntner Volksbücherei Nr. 5.)

Falkenau, Curt, Dichtungen. Aus dem Tagebuch e. Einsamen. [Ein Seelenleben in Fragmenten] u. verschiedene Gedichte. 8. (VIII, 216 S.) Leipzig 883. Schloemp. n. 3. —; geb. n. 4. —

Falkenbach: Die Verfälschungen des Weines und ihre Erkennung. Neuwied & Leipzig: Heuser 1871. 56 S. -- F 1°
--- Dass. Mayen: Taxer 1874. 56 S. -- 37°

Falkenbach, Ant. (geb. Polch im Rheinl. 28. 2. 1838): De ulcere duodenali chronico. Berolini (1863). (32 S.) 8°
Berlin, Med. Diss. v. 24. Aug. 1863

Falkenbach, die Verfälschungen d. Weines u. ihre Erkennung. 8. (II, 59 S.) Mayen 874. (Neuwied, Heuser.) n. 1. —

Falkenbach, Christ(ian) Friedrich, approb. Arzt aus Mayen: **Hornhaut-Astigmatismus nach Katarakt-Extraktion. Auf Grund der in d. Univ.-Augenklinik zu Halle ausgef. ophthalmometr. Messungen.** *Halle a. S. 1904: C. A. Kaemmerer & Co.* (44 S.) 8°
Halle, Med. Diss. v. 26. März 1904

Falkenbach, Joseph. Untersuchungen über Pyramidon in der Veterinärmedizin. Diss. Vet.-Med. Bern. [Mit Figuren.] *Kopftitel:* Aus dem pharmkolog. Institut der Königl. Tierärztlichen Hochschule zu Berlin. Vorstand: Professor [Otto] Regenbogen. 59 S. 8. Berlin, Otto & Emil Klett, (1907).

Falkenberg [Sachl. OW]

Falkenberg. Braunschw. 1843.
V: *Bacheracht, Therese v. geb. v. Struve.* (Schr)

Falkenberg. Von Therese. Verfasserin der „Briefe aus d. Süden," „eines Tagebuchs" 2c. gr. 8. Braunschweig 843, Vieweg u. Sohn. n. 1⅚ ₰

FALKENBERG, Karl, kein Roman. (Liederliches Opus in 2 Büchern.) Bremen, bey Geo. Ludewig Förster, 1784. 8°. 254 S. (incl. Titel u. 2 Bll. Vorr., „geschrieb. am Ufer d. Saale 1782").

v. Falkenberg, Maria, ob. der Pilgrim im heiligen Lande; e. romant. Gesch. nach d. Engl. 2 Bde. 8. Erfurt 810. (Otto). 1 ₰ 16 ₰

Falkenberg [Schlagwort]

Falkenberg, s.: Freienwalde.

Falkenberg, s.: Geolog. Karten, Spezialkarte (Elsass-Lothringen).

Falkenberg, O.-Schl., Kreis, s.: Kreiskarten.

Falkenberg, s.: Mark.

Falkenberg, Kreis, s.: Oppeln, Reg.-Bez.

Falkenberg [Verfasser]

Falkenberg, Algen, s. Handbuch der Botanik.

Falkenberg, Amulius. Trauerspiel in 5 Aufz. gr. 8. Dresden u. Leipzig 845, Arnoldische Buchh. n. 24 ngl

Falkenberg, A., der deutsche Postverband. Ein Versuch zur Vertiefg. seiner Aufgaben. gr. 8. (46 S.) Berlin-Schöneberg 901. Verlag der „Hilfe". n. — 50

Falkenberg, Alb., freiheitliche Beamtenpolitik, s. a. Kultur u. Fortschritt.

Falkenberg A, freiheitliche Beamtenpolitik. (16 S) 2. Aufl. (Kultur und Fortschritt 192) Gautzsch 1908

Falkenberg, Alb., Schiffbruch. Novellen. 8. (V, 176 S.) München 897. A. Schupp. n. 2.—

Falkenberg, B., leichtfaßliche Anleitung zum schnellen Erlernen der höheren Kalligraphie f. Real- u. Gewerbschulen, Lithographen, Schildermaler etc. sowie zum Selbstunterricht für Dilettanten. qu. gr. 8. (14 S. m. 11 lith. Taf.) Gießen 852, Ferber. 1/2 Thlr.

Falkenberg, B., leichtfaßliche Anleitung zum schnellen Erlernen der höheren Kalligraphie für Real- und Gewerbschulen, Lithographen, Schildermaler etc., sowie zum Selbstunterrichte für Dilettanten. 2. Aufl. Gießen (854). Ferber. qu. gr. 8. (1 Bl., 14 S. u. 11 lith. Taf.) 15 ngr.

Falkenberg, B., Anleitung zu einer neuen u. leicht ausführbaren Tactschreibmethode f. junge Kaufleute, welche sich eine schöne u. gefällige kaufmänn. Handschrift aneignen wollen. (Mit lith. Vorschriften u. Abbild.) qu. gr. 8. (35 lith. Blätt. u. 1/2 B. Text.) Gießen 846. (Ricker.) *

Falkenberg, B., der Elementar-Schreibunterricht nach der sogenannten amerikanischen Lehrmethode, nebst Vorschriften für Volksschullehrer, Seminarien u. Privat-Lehranstalten. 8. Cassel 840. (Luckhardt'sche Hofbuchh.) 1/3 Thlr.

—— Sammlung von Stickmustern. Roy.-Fol. (17 Stnt.) Giessen 846, Ferber'sche Universit.-Buchh. *

—— deutsche u. engl. Schul Vorschriften f. d. amerikan. Schreib-Unterricht. qu. gr. 8. (28 lith. Bl.) Cassel 841, (Luckhardt'sche Hofbuchh.) *

Falkenberg, Carl, s. Falkenberg, Karl

Falkenberg, F., Du bist Christus, der Sohn des lebendigen Gottes. Synodal-Predigt über Matth. 16, 13—18, geh. auf der Kreis-Synode Bochum am 16. Septbr. 1864. Dortmund 864. (Krüger.) 8. (20 S.) n. 2 1/2 ngr.

Falkenberg, Fr., Stephanus oder die Märtyrer-Krone. Eine Weihnachtsgabe. gr. 8. Barmen 845, Falckenberg'sche B. n. 1/12 Thlr.

Falkenberg, Franz

Falkenberg, Frz. v., gediegene u. reichhaltige Auswahl zu declamatorischen Vorträgen sich eignender Gedichte. 1. Thl. 8. (88 S.) Berlin 873. Weiß. — 50

— große Auswahl gediegener Gratulations-Gedichte. 2 Thle. 16. Ebend. 873. à — 25

1. Zu allen festl. Begebenheiten f. Eltern u. Großeltern, Tante u. Onkel, Stief- u. Pflege-Eltern etc. (48 S.)
2. Für Freund od. Freundin, f. Geliebte. Zur Verlobg., zur Hochzeit, silbernen, goldenen u. diamantenen Hochzeit. (40 S.)

—— Polterabend-Scherze in gediegener und reichhalt. Auswahl. Ernst und humoristisch. 8. (84 S.) Berlin 873, Weiß. [Beuckert und Radetzki.]

Falkenberg, Friedrich, approb. Arzt u. Apotheker aus Dittersbach (Schles.): Aus d. Kgl. Universitäts-Frauenklinik zu Berlin. Direktor: Geh. Med.-Rat Prof. Dr. Olshausen. Beiträge zur Lehre von den Uterusmyomen. *Berlin (1904): H. Zütelmann.* (47 S.) 8°
Berlin, Med. Diss. v. 8. Aug. 1904

Falkenberg, Gust. v., Elektrizität u. Luftschiffahrt in ihren wechselseit. Beziehungen. (58 S. m. 12 Abbild.) Lex. 8. Rostock 910. C. J. E. Volckmann Nachf. 1. 80

Falkenberg, Heinr. (Mitarb.), s. Auch eine Literaturgeschichte

Falkenberg, Heinr., wir Katholiken u. die deutsche Literatur. (272 S.) gr. 8. Bonn 909. C. Georgi. 3.—

— Mehr Literaturpflege! Eine Antwort auf die Frage: Wie kommen wir aus dem Literatur-Elend? (57 S.) gr. 8. Bonn 910. C. Georgi. —75

Falkenberg, Heinr., katholische Selbstvergiftung. Ein Beitrag zu der Frage: Was soll der gebildete Katholik lesen? (72 S.) gr. 8. Kevelaer 903. Butzon & Bercker. n. 1. —

— Wie man Literaturgeschichte schreibt u. Inferiorität züchtet, s.: Auch e. Literaturgeschichte.

Falkenberg, *Hermann Carl Eduard* [aus Stettin]: Uber m-o-p-Nitrophenylxylolketone ... Greifswald, Druck v. J. Abel, 1893; 35 S. 8.
Greifswald, Phil. Fak., Inaug.-Diss. v. 16. Dez. 1893

Falkenberg, J. Karl F., Versuch e. Darstell. d. verschied. Klassen von Räubern, Dieben u. Diebeshehlern, mit besond. Hinsicht auf d. verschied. Mittel, sich ihrer zu bemächtigen, ihre Verbrechen zu entdecken u. zu verhüten etc. Ein Handb. f. Polizeibeamten, Criminalisten etc. 2 Thle. 8. Berl 816—18. Duncker u. H. 1 Thlr. 16 gr.

Falkenberg, J. B., kurzgefaßter Lehrgang der Nationalstenographie (System v. Kunowski), s.: Kunowski, v.

Falkenberg, Carl, Versuch einer Darstellung der verschiedenen Classen von Räubern, Dieben und Diebeshehlern, mit besonderer Hinsicht auf die verschiedenen Mittel sich ihrer zu bemächtigen, ihre Verbrechen zu entdecken und zu verhüten etc. Ein Handbuch für Polizeybeamten, Criminalisten etc. 1r u. 2r Bd. 8. Berlin, Duncker und Humblot. 816 — 18. (1r Bd. 1 Rthlr. 2r Bd. 1 Rthlr. 16 Gr.)

Falkenberg, Luise, u. Elise Hannemann

Hausarbeit. Lehrbuch f. d. Behandlung d. Wäsche, f. Hausarbeit, Servieren u. Tafeldecken. Hrsg. von Luise Falkenberg u. Elise Hannemann, Vorsteherin zu Berlin. *Leipzig & Berlin: Lehrbücher-Verl. 1904.* (VII, 99 S.) 8° [F.]
(Publikationen d. Lette-Vereins.)

Falkenberg, Luise, u. Elise Hannemann, Hausarbeit. Lehrbuch f. die Behandlg. der Wäsche, f. Hausarbeit, Servieren u. Tafeldecken. 1. u. 2. Aufl. (à VII, 99 S.) 8. Berlin 904. 905. Lehrbücher-Verlag. Geb. in Leinw. n. 2. —

Falkenberg, M. C., kurzer Entwurf d. ganzen christl. Lehre, mit Sprüchen d. heil. Schrift bewiesen. 12. Königsberg 827, Hartung.

Falkenberg, Paul

Falkenberg (P.). Bau der Vegetationsorgane der Monocotyledonen. Stuttg. 1876. 8°.

Falkenberg (P.). Beitraege zur Anatomie der monocotyledonen Vegetations-organe. Goett. 1875. 8°.

Falkenberg, Paul, Dr., d. z. Rector d. Univ.: Der Garten und seine Entwicklung. *Rostock 1899: Adler's Erben.* (26 S.) 8°
Rostock, Rede zur Feier d. 28. Febr. 1899

Falkenberg, P., Rhodomelaceae, s. a. Schmitz, Fr.

Falkenberg, P., Rhodomelaceen des Golfes v. Neapel, s. a. Fauna u. Flora des Golfes v. Neapel. 26.

Die Rhodomelaceen des Golfes von Neapel und der angrenzenden Meeres-Abschnitte von Prof. Dr. P[aul] Falkenberg. Mit 10 Textfig. u. 24 Taf. Hrsg. von d. Zool. Stat. zu Neapel. *Berlin: R. Friedländer & Sohn 1901.* (XVI, 754 S.) 4°
= Fauna u. Flora d. Golfes v. Neapel. Monogr. 26.

Falkenberg, P., vergleichende Untersuchungen üb. den Bau der Vegetationsorgane der Monocotyledonen. Mit 3 (lith.) Taf. (in qu. gr. 4.) gr. 8. (IV, 202 S.) Stuttgart 876. Enke. n. 4. 80

Falkenberg, Wilhelm [aus Stralsund, app. Arzt]: Ueber die angebliche Bedeutung intravasculärer Gerinnungen als Todesursache bei Vergiftungen durch Anilin, chlorsaure Salze und Sublimat. (Aus d. patholog. Institut zu Marburg .... Marburg, Buchdr. Oscar Ehrhardt, 1880; 68 S. + 1 Bl. 8°
Marburg, Med. Fak., Inaug.-Diss. v. [28. Mai] 1880

Falkenberg, Wilh., die Hausaufgaben. Ein Wegweiser f. Eltern, Hauslehrer u. Gouvernanten. (XV, 287 S.) 8. Dresden (906). E. Pierson. n. 3. —; kart. n. 3. 60; geb. n. 4. —

Falkenberg, Wilh., die Hausaufgaben. 906. Jetzt: Berlin, Verlag Berlin Wien.

Falkenberg, Wilh., die Pflege Geisteskranker. Anleitg. z. Krankendienst f. Pfleger u. Pflegerinnen. 8. (V, 46 S.) Berlin 897. O. Enslin. Kart. n. 1.—

Falkenberg, Wilh., die Pflege Geisteskranker. Anleitg. zum Krankendienst f. Pfleger u. Pflegerinnen. 2. neu bearb. Aufl. (VII, 48 S.) 8. Leipzig 909. G. Thieme. Kart. 1.—

— Ziele u. Wege f. d. neusprachl. Unterricht. Methoden u. Lehrpläne f. d. neusprachl. Unterricht an höh. Lehranstalt. u. Fachschulen. Der Privat- u. Selbstunterricht u. der Aufenthalt im Auslande. (IV, 108 S.) 8. Cöthen 907. O. Schulze Verl. 1.25

Falkenburg, die. 8. Bremen, Müller. 6 𝒦

Falkenburg, C. v., Dichterfrühling. Cornelie, — Professors Nichte u. anderes, } s.: Enßlin's Roman- u. Novellenschatz.

Falkenburg, C., neue Schieberdiagramme u. neue Theorie der Dampfvertheilung in Anwendung auf die Steuerungen der stationären u. locomotorischen Dampfmaschinen. Mit 9 (autogr.) Taf. gr. 8. (III, 111 S.) Leipzig 883. Baumgärtner. n. 4.—

Falkenburg, Carl: Ueber Molluscum [!] contagiosum. *München 1898: Kastner & Lossen.* (41 S.) 8°
München, Med. Diss. v. 1898

Falkenburg, Ph., Kindersterblichkeit, s. Mitteilgn., statist., Amsterdam.

Falkenburg, Ph., Kindersterblichkeit, besonders in den Niederlanden, s.: Saltet, R. H.

Falkenegg, Baron A. v., Abessinien. Wissenswertes üb. Land u. Leute der „afrikan. Schweiz". Studien. (111 S. m. 1 Bildnis.) gr. 8. Berlin 902. Boll & Pickardt. n. 1.50

Falkenegg, Baron v., Albion quo vadis? Eine welthistor. Betrachtg. (48 S.) gr. 8. Berlin 907. Boll & Pickardt. —50

[A.] Bⁿ v. Falkenegg. Asien erwacht! Eine zeitgemäße Betrachtung. Berlin: R. Boll in Komm. 1907. (48 S.) 8°

Deutschlands Auslands-Politik in ihrer jetzigen Ausgestaltung. Von [A.] Bⁿ v. Falkenegg. Berlin: R. Boll in Komm. 1907. (38 S.) 8°

Falkenegg, Baron v., die Bedeutung Central-Afrikas u. die afrikanische Centralbahn (Ost-West). Mit 1 Uebersichtskarte v. Afrika. Betrachtungen. (36 S. m. Bildnis.) 8. Berlin 905. R. Boll. n. —80

Bulgarien. Aus Bulgariens Vergangenheit u. Gegenwart von Bⁿ v. Falkenegg. *Berlin: R. Boll 1900.* (82 S.) 8°

Carnegie. Ein Charakterbild von [A.] Bⁿ v. Falkenegg. Berlin: Boll & Pickardt 1906. 253 S. 8°

— Die finnische Frage in völker- u. staatsrechtl. Beleuchtg. (51 S.) 8. Ebd. 903. —75

Erzherzog Franz Ferdinand von Oesterreich-Este. Was hat man von s. zukünftigen Regierungstätigkeit zu erwarten? Zeithist. Betrachtungen von [A.] Bⁿ v. Falkenegg. Berlin: R. Boll 1908. (60 S.) 8°

— Kaiser Franz Joseph v. Oesterreich. Ein Lebensbild. (66 S. m. 1 Bildnis.) 8. Berlin 906. Boll & Pickardt. n. 1.—

Falkenegg, Baron v., Götterfunken. Ausgewählte Gedichte. 12. (VI, 501 S. m. 1 Heliogrsv.) Berlin 894. R. Boll. Geb. in Leinw. m. Goldschn. 4.50

— die neue Gottesgeißel. 8. (32 S.) Berlin-Charlottenburg 893. Verlags-Anstalt „Für's deutsche Haus". n. —50

Prinz Heinrich in Amerika. Uebersichtl. Darstellung d. Verlaufes d. denkwürdigen Prinzen-Reise durch d. Vereinigten Staaten. Von Bⁿ [A.] v. Falkenegg. *Berlin: R. Boll in Comm. 1902.* (103 S.) 8°

Japan die neue Weltmacht. Polit. Betrachtungen von [A.] Bⁿ v. Falkenegg. Berlin: Boll & Pickardt 1905. (52 S.) 8°

Die Koburger. Hist. Betrachtung von [A.] Bⁿ v. Falkenegg. [Berlin:] Boll & Pickardt 1908. (121 S.) 8°

Falkenegg, Baron v., Kolonien. Politische Betrachtgn. (124 S.) 8. Berlin 909. R. Boll. 1.—

Oesterreichs Kulturmission im Osten. Zeit-Betrachtungen von Baron [A.] v. Falkenegg. Berlin: Boll & Pickardt 1909. 31 S. 8°

— Die Macht d. kathol. Kirche. (29 S.) 8. Ebd. 904. —75

— Markgraf werde hart! Ein Mahnruf aus der Zeit. 8. (24 S.) Berlin 894. R. Boll. n. —50

— in memoriam. Kaiserin Friedrich u. das deutsche Kunstgewerbe. gr. 8. (21 S.) Berlin 901. (R. Boll.) n. —50

In memoriam. Kaiserin Friedrich und das deutsche Kunstgewerbe. Von Bⁿ [A.] v. Falkenegg. *Berlin: Selbstverl. 1901.* (21 S.) 8°

Kaiser Menelik und die Großmächte. Polit. Betrachtungen von Bⁿ [A.] v. Falkenegg. Berlin: Boll & Pickardt 1908. (55 S.) 8°

Ofir—nicht am Zambesi. Kurze Informationen f. Interessenten von [A.] Bⁿ v. Falkenegg. Berlin: R. Boll in Komm. 1907. (20 S.) 8°

Die Präsidenten der Vereinigten Staaten von Nord-Amerika von Washington bis Roosevelt. Von [A.] Bⁿ v. Falkenegg. Berlin: Boll & Pickardt 1906. (87 S.) 8°

Im Reiche der Poesie. Ausgewählte Gedichte mit mehrfarbigen Orig.-Ill. nebst Einl. 'Aus d. Kindheit Tagen'. Hrsg. von [A.] Bⁿ v. Falkenegg. Berlin: Boll & Pickardt [1906]. (152 S.) 4° [J.]

[A.] Bⁿ v. Falkenegg. Rußland als Vormacht gegen das Mongolentum. Zeitgemäße Betrachtungen. Berlin: Boll & Pickardt 1904. (40 S.) 8° [Ant. u. J.]

— politische Schriften. gr. 8. (IV, 332 S.) Ebd. 894. n. 3.—

Die Vereinigten Staaten von Europa. Ein Blick in d. neue Jh. Polit. Betracht. von Baron v. Falkenegg. *Berlin: R. Boll 1899.* (42 S.) 8°

— steht Russland wirklich vor dem Staatsbankerott? Eine Betrachtg. üb. die Schrift des Regierungsrats Martin, „Die Zukunft Russlands u. Japans". (48 S.) 8. Berlin 905. R. Boll. n. 1.—

Ungarn am Scheidewege. Polit. Betrachtungen von [A.] Bⁿ v. Falkenegg. Berlin: R. Boll 1905. (40 S.) 8°

[A.] Bⁿ v. Falkenegg. Was nun? Berlin: Boll in Komm. 1908. 29 S. 8°

Was wird aus unseren Kolonien? Zeitgemäße Betrachtungen von [A.] Bⁿ v. Falkenegg. *Berlin: Boll & Pickardt 1903.* (XII, 137 S.) 8°

[A.] Bⁿ v. Falkenegg. Weltpolitik. Berlin: R. Boll in Komm. 1908. (83 S.) 8°

— die Weltpolitik Kaiser Wilhelm II. Zeitgemässe Betrachtgn. gr. 8. (87 S. m. 1 Bildnis.) Berlin 901. Boll & Pickardt. n. 1.—

— „Wenn die letzte Krone wie Glas zerbricht". Zeitgemässe Betrachtgn. (30 S.) 8. Berlin 903. Boll & Pickardt. —50

Falkenfeld, Max, Marx u. Nietzsche. gr. 8. (29 S.) Leipzig 899. W. Friedrich. n. —60

Falkenflug, Der, eine Belohnung des geretteten Vaterlandes. [Berlin 1790.] V: *Lucanus, Joh. Heinr.* (MGT)

Falkenfluh. Luftkurort F', Gemeinde Bleiken bei Ober-Diessbach <Kanton Bern>.... 8. Thun 1887.

Falkenhagen, H., der Geburtstag, s.: Grimm, Wilh.

Falkenhagen, Herm., Cantate zur 100jähr. Geburtstagsfeier d. Kaisers Wilhelm I. am 22. III. 1897. gr. 8. (8 S. m. Bildn.) Düsseldorf 897. A. Schneider. — 80

[F.] Loretta. Erzählg v. Hermann **Falkenhagen** ... *Düsseldorf: A. Schneider [1896].* (2 Bl., 198 S.) 1 Bd 8.

Falkenhagen, Herm. Des Junghherrn Ottmann Minnefahrt. Ein Sang. 8. (293 S.) Dresd. 890, Pierson. * 2 —; geb. * 3 —

Falkenhagen, Johann Heinrich (Hoya/Lüneburg). De habitu status integritatis ad statum familiae in re tutelari spectato. Diss. jur. Götting. (J. Ch. L. Schulz) 27. XI. 1753. 61 S. (5.—) 8577
Gew.: Gerlach Adolph Frh. v. Münchhausen (Strausfurth), Aug. Wilh. Frh. v. Schwichelt (Flachsstoeckheim ..).

FALKENHAIN [ps.], Nesseln. (Ziemlich zahme Familiengeschichten, ohne besondere Ueberschriften.) Berlin, C. L. Hartmann, 1798. 8°. Tit. u. 198 S.

Falkenhausen, Baronne, 12 petites fables en bouts-rimés pour mes petits enfants. 12. (16 S.) Wien 892. Lesk & Schwidernoch. n. — 50

Ansiedlerschicksale. 11 Jahre in Deutsch-Südwestafrika 1893–1904 von Helene v. **Falkenhausen**, geb. Nitze. 2. Aufl. Berlin: D. Reimer 1905. (260 S.) 8° [F.]

Falkenhausen, Helene v., geb. Nitze. Ansiedlerschicksale. 11 Jahre in Deutsch-Südwestafrika 1893—1904. 3. Aufl. Berlin 1906. 8°.

Falkenhausen, Helene v., geb. Nitze, Ansiedlerschicksale. 11 Jahre in Deutsch-Südwestafrika 1893—1904. 4. Aufl. (VI, 260 S.) 8. Berlin 907. D. Reimer. Kart. 3. —

— Deutsch-Südwestafrika, s.: Eckenbrecher, Margar. v.

Falkenhausen, Jos. Joh. Nep. von

—Abhandl. über d. 40täg. Fastengebot in d. kathol. Kirche. 8. Augsb. 809. Doll. (Landsr., Krüll). 4 gl

v. Falkenhausen, Jos. Jn. Nep., d. nothwend. Andachtsübungen christl. kathol. Schuljugend, nämlich Communiongebete. 12. Augsb. 818.

Falkenhausen, J. J. v., die gut. Eigenschaften u. Verrichtungen ein. Meßners. 8. Augsb. Doll. 807. Rthlr.

—etwas für Benefiziaten, das auch jedem andern Priester dienlich sein mag. 8. Augsb 816. Doll. 2 gl

Falkenhausen, J. J. v., Etwas für Benefiziaten, das auch jedem andern Priester dienlich seyn mag. 8. Augsburg, Doll. 817.

— christl. Lebensregel f. die kathol. Schuljugend auf dem Lande. 8. Ebend. 808.

– christl. Lebensregeln für d. kathol. Schuljugend auf d. Lande. 8. Augsb. ... 4e A. 819. Doll. 4 gl

— d. geschickte u. erbaul. Ministrant, oder vollständ. Unterricht, auf eine Gott u. den Mensch n gefällige Weise bei d. gemeinen Messe am Altare zu dienen. 12. Augsb. 815. 2e Aufl. 817. Doll. 2 gl

Ausbildung für den Krieg. Von [Ludwig] Frh. v. **Falkenhausen**, Gen. d. Inf. T. 1, 2. *Berlin: E. S. Mittler & Sohn 1902–04.* 2 Bde 8° [F.]
1. Die Grundlage f. d. höh. Führer. Mit 2 Übersichtskarten u. 22 Sektionen d. Generalstabskarten. 1902.
2. Die Übungen d. Truppen. Mit 6 Kartenbeil. 1904.

Falkenhausen, Frhr. v., Ausbildung f. den Krieg. II. Tl.: Die Uebgn. der Truppen. Mit 6 Kartenbeilagen in Steindr. (XII, 439 S.) gr. 8. Berlin 904. E. S. Mittler & Sohn. n. 10. —; geb. n.n. 11. 75

Falkenhausen, Frhr. v., der große Krieg d. Jetztzeit. Eine Studie üb. Bewegg. u. Kampf d. Massenheere d. 20. Jahrh. 2., durchgeseh. u. verb. Aufl. Mit 6 (farb.) Kartenbeilag. in Steindr. (XV, 280 S. m. 9 Tab.) gr. 8. Berlin 910. E. S. Mittler & Sohn. 8. —; geb. n 9. 50

Zeitfragen der Kriegführung und Ausbildung. Von [Ludwig] Frh. v. **Falkenhausen**, General z. D. Mit 5 Skizzen als Anl. Berlin: E. S. Mittler & Sohn 1908. (180 S.) 4° [F.]

Falkenhayn, Jul. Graf v. 1868–1877, das Jahrzehnt des ersten Ausgleiches, nach den Central-Rechnungs-Abschlüssen für den Haushalt der im Reichsrathe vertretenen Königreiche und Länder und andern amtl. Veröffentlichungen zusammengestellt. Lex-8°. Wien, Gerold u. Co. in Comm., 1879.

Falkenhayn, Julius von [Hrsg.], s. Karte, Geologisch-bergmännische.

Falkenhayn, Max

Wappengeschichte der Grafen und Herren von Falkenhayn, von Falckenhayn. (Gesammelt u. bearb. von Max v. **Falkenhayn**, Oberstlt. z. D.) Anh. 1: Quellen. 2: 1 herald. Farben- u. 5 Wappentaf. Als Ms. gedr. (Hamburg 1909: Behrens.) 21 S. 8°

Falkenheim (Hrsg.), s. Achawa.

Falkenheim, Hugo: Die Entstehung der kantischen Ästhetik. . . . Berlin, Verl. v. Speyer & Peters, 1890; 3 Bl. + 64 S. 8°
Heidelberg, Phil. Fak., Inaug.-Diss. v. 17. Mai 1889

Falkenheim, Hugo, Kuno Fischer u. die litterar-historische Methode. gr. 8. (VI, 107 S.) Berlin 892. Speyer & Peters. n. 1. 50

Falkenheim, Hugo, zur Lehre von der Nervennaht u. der prima intentio nervorum. Inaugural-Dissertation. gr. 8. (105 S.) Königsberg 881. (Hartung.) n. 1. 20

Friedrich Theodor Vischer. Vortrag, geh. ... 1907. Von Dr. Hugo **Falkenheim** Als Hs. gedr. (Göttingen 1908: Dieterich. 34 S. 8°
(Schriften d. Litterar. Gesellschaft zu Göttingen. [1.])

Falkenheim, S., d. Ethik des Maimonides, s. Maimonides.

Falkenheimer, C. L. B., s. a. Falkenheiner, C. B. N.

Falkenheimer, (C. L. B.,) erster Unterricht in unsrer Orthographie. 8. Cassel 827, Bohné.

Falkenheiner, C. B. N., s. a. Falkenheimer, C. L. B.

Falkenheimer, C. B. N., erster Unterr. in unsrer Orthographie. 8. Cassel 827. Bohné. 3 gl

Falkenholm, C. J., Lysiae oratio ea, quae de tyrannide affectata vulgo inscribitur. lat. versa et annotat. ill. Diss. 1869. 32 S. 2.—

Falkenhorst, Alfr. Edler v., die Adressen-Sprache. Ein neues geheimes Verständigungsmittel f. Liebende. Erfunden u. allen Verliebten gewidmet. 12. (88 S.) Hainichen 899. G. E. Hoffmann. — 40

Falkenhorst, C., s. a. Falkenhorst, Karl

Falkenhorst, C., D. Krankenzimmer. (48 S.) Leipz. 1891. Keil's Nachf.

Falkenhorst, Carl, s. Falkenhorst, Karl

FALKENHORST, J. O. von (ps.?), Julia, die schöne Dulderin. Eine gute, volksthümliche Erzählung. Dresden, Druck v. Adolf Wolf.
Verboten v. L.-G. Böhm.-Leipa, 6. Februar 1895. § 64.

Falkenhorst, J. O. v., Julia, die schöne Dulderin, od. enthüllte Ränke e. Fürstenhofes. Eine gute volksthüml. Erzählg. 80 Hfte. gr. 8. (1912 S., m. 80 Bildern.) Dresden 893. A. Wolf. à — 10

Falkenhorst, J. O. v., d verfolgte Unschuld od.: Fürstenblut am Bettelstab. 50 Hfte. gr. 8. (1196 S. m je 1 Vollbild.) Dresden 895. 96. A. Wolf. à — 10

Falkenhorst, Karl

Falkenhorst, C. Abenteurer. Bunte Bilder aus der Geschichte der Entdeckungsreisen. Der reif. Jugend erzählt. Mit 6 Ton-Bildern u. 54 Text-Illustr. gr. 8. (III, 267 S.) Stuttg. 890, Union. geb. * 5 50

Falkenhorst, C., in Bagamojo u. am Tanganjika. Zwei Erzählgn. aus Deutsch-Ostafrika. 1. Unter den Palmen v. Bagamojo. 2. Das Kreuz am Tanganjika. Illustriert v. Rud. Hellgrewe. (148 u. 162 S.) 8. Dresden (904). A. Köhler. Geb. in Leinw. n. 2. 50

Falkenhorst, C., Bahnbrecher im Kameruner Urwalde. Zwei Erzählgn. f. jung u. alt. 1. Der Baumtöter. 2. Der Sklave des Haussa. Illustriert v. Rud. Hellgrewe. (163 u. 167 S.) 8. Dresden (904). A. Köhler. Geb. in Leinw. n. 2. 50

— Bibliothek denkwürdiger Forschungsreisen. Mit Illustr. (In 36 Lfgn.) 1.—16. Lfg. gr. 8. Ebd. 890. à — 40 in Bdn. geb. à n. 2. 50
1. Bd. Emin Pascha's Vorläufer im Sudan. 3 Lfgn. (IV, 188 S.)
2. Bd. Emin Pascha, Gouverneur v. Hatt-el-Estiwa. (IV, 188 S.)
3. Bd. H. M. Stanley's Forschgn. am Kongo u. Nil. (IV, 187 S.)
4. Bd. Deutsch-Ostafrika. Geschichte der Gründung einer deutschen Kolonie. (IV, 188 S.)
5. Bd. Auf Bergeshöhen Deutsch-Afrikas. (IV, 188 S.)
6. Bd. Durch die Wüsten und Steppen des dunklen Weltteils. (S. 1—61.)

Falkenhorst, C., Bibliothek denkwürdiger Forschungsreisen. Mit Illustr. 17.—36. Lfg. 8. Stuttgart 891. Union. à — 40; in Bdn. geb. à n. 2. 50
6. Bd. Durch die Wüsten u. Steppen d. dunklen Weltteils. (IV u. S. 65—188.)
7. Bd. In Meerestiefen. Geschichte der Erforschg. u. Eroberg. der Meere. (IV, 188 S.)
8. Bd. Reisen in Zentral- u. Nord-Asien. (IV, 188 S.)
9. Bd. Nordpolfahrten. (IV, 188 S.)
10. Bd. Luftfahrten. (IV, 188 S.)
11. Bd. Weltentdecker u. Weltumsegler. (IV, 188 S.)
12. Bd. Amerikanische Staatenzerstörer u. Staatengründer. (IV, 187 S.)

— das Buch v. der gesunden u. praktischen Wohnung. Mit Illustr. 10 Hfte. gr. 8. Leipzig 891. E. Keil's Nachf. à n. — 50 (kplt.: n. 5. —; geb. in Leinw. n. 6. —)
1. Unsere unsichtbaren Feinde. (64 S.) — 2. Luft u. Licht in der Wohnung. (S. 65—112.) — 3. Küche u. Gesundheit. (S. 113—176.) — 4. Die Kinderstube. (S. 177—224.) — 5. Das Bad im Hause. (S. 225—272.) — 6. Das Bett u. das Schlafzimmer. (S. 273—320.) — 7. Die Heizung. (S. 321—368.) — 8. Die Wohnung als Erholungsstätte. (S. 369—416.) — 9. Die Hausapotheke. (S. 417—464.) — 10. Das Krankenzimmer. (S. 465—512.)

— Eldoradofahrer. Eine deutsche Kolonialgeschichte aus vergangener Zeit. Der reiferen Jugend erzählt. 1.—3. Aufl. gr. 8. (VII, 147 S. m. 4 farb. Abbildgn.) Leipzig 890. Brockhaus. geb. 2. 50

— Eldoradofahrer. Eine deutsche Kolonialgeschichte aus vergangener Zeit. Der reifern Jugend erzählt. 3. u. 4. Aufl. gr. 8. (VII, 147 S. m. 4 Farbendr.-Bildern.) Leipzig 891. 893. F. A. Brockhaus. Geb. in Leinw. 2. 50

— schwarze Fürsten. Bilder aus der Geschichte d. dunklen Weltteils. 3 Tle. gr. 8. Leipzig, F. Hirt & Sohn. n. 11. —; geb. in Leinw. n. 14. —
1. Tl.: Fürsten d. Sudan. (312 S. m. 8 Abbildgn.) 891. n. 5. 50; geb. n. 7. —
2. u. 3. Tl. in 1 Bd. 2. Tl.: Herrscher in Ostafrika. 3. Tl.: Westafrikanische Könige. (312 S. m. 8 Abbildgn.) 892. n. 5. 50; geb. n. 7. —
Restvorräthe übernahm C. B. Griesbach's Verl. in Gera.

— der Goldmacher, s.: Bobach's illustr. Roman-Bibliothek. I. 10.

— Leonidas Harpyia. Eine Geschichte aus Venezuela. Jung u. alt erzählt. (240 S. m. 6 Taf.) 8. Dresden (903). A. Köhler. Geb. in Leinw. n. 3. —

Falkenhorst, Carl, die Helden vom Baal. Eine Geschichte aus dem südafrikan. Kriege. Der reiferen Jugend u. dem Volke erzählt. Illustr. v. R. Trache. gr. 8. (III, 217 S. m. 4 Vollbildern u. 1 farb. Karte.) Dresden (900). A. Köhler. Geb. 4. —

— Jung-Deutschland in Afrika. Kolonial-Erzählgn. f. jung u. alt. 1.—3. Bd. 8. Dresden 894. A. Köhler. à n. 1. 20; kart. à n. 1. 50; in Bibliothek-Einbd. à n. 1. 75
1. Der Baumtöter. Kameruner Pflanzergeschichte. Illustr. v. Rud. Hellgrewe. (163 S.)
2. Der Sklave der Haussa. Erzählung aus dem Kameruner Hinterlande. Illustr. v. Rud. Hellgrewe. (167 S.)
3. Unter den Palmen v. Bagomojo. Erzählung aus der Zeit des Araberaufstandes. Illustr. v. Rud. Hellgrewe. (149 S.)

Falkenhorst, C., Jung-Deutschland in Afrika. Kolonial-Erzählgn. f. jung u. alt. 4.—9. Bd. 8. Dresden, A. Köhler. à n. 1. 20; kart. à n. 1. 50; in Bibliothek-Einbd. à n. 1. 75; je 2 Bde. in 1 Leinwbd. à n. 3. —
4. D. Kaffeepflanzer v. Mrogoro. Erzählg. a. Ost-Afrika. Illustr. v. Rud. Hellgrewe. (150 S.) 895.
5. Der Fürst des Mondlandes. Ostafrikan. Kolonialgeschichte. Illustr. v. Rud. Hellgrewe. (185 S.) 895.
6. Die Tabakbauer v. Usambara. Illustr. v. Rud. Hellgrewe. (181 S.) 895.
7. Zum Schneedom des Kilimandscharo. Illustr. v. Rud. Hellgrewe. (171 S.) 896.
8. Das Kreuz am Tanganjika. Ostafrikan. Kolonialgeschichte. Illustr. v. Rud. Hellgrewe. (163 S.) 897.
9. Im Togoland. Ostafrikan. Kolonialgeschichte. Illustr. v. Rud. Hellgrewe. (140 S.) 897.

— Jung-Deutschland in Afrika. Kolonial-Erzählgn. f. jung u. alt. 10. Bd. 8. Ebd. n. 1. 20; kart. n. 1. 50; in Bibliothek-Bd. n. 1. 75; je 2 Bde. in 1 Leinwbd. à n. 3. —
Pioniere der Kultur in Deutsch-Südwestafrika. Illustr. v. R. Hellgrewe. (156 S.) (900).

— Jung-Deutschland in der Südsee. Kolonial-Erzählgn. f. jung u. alt. 1. u. 2. 8. Ebd. (903.) à 1. 20; geb. in Leinw. od. Halbldr. à n. 1. 50
1. Der Dewarra-Millionär. Illustriert v. R. Trache. (164 S.)
2. Die Tanzdiebe. Illustriert v. R. Trache. (166 S.)

— dasselbe in 1 Bd. geb. u. d. T.: Unter den Kanaken u. Papern. Zwei Südseegeschichten f. jung u. alt. Illustriert v. R. Trache. (164 u. 166 S.) 8. Ebd. (903). Geb. in Leinw. n. 3. —

Falkenhorst, C., in Kamerun. Zugvogels Reise- u. Jagdabenteuer. Der reifern Jugend erzählt. Mit 43 Abbildgn. gr. 8. (X, 159 S.) Leipzig 887. Brockhaus. geb. 2. 50

— in Kamerun. Zugvogels Reise- u. Jagdabenteuer. Der reiferen Jugend erzählt. Mit 43 Abbildgn. 2.—4. Aufl. gr. 8. (X, 159 S.) Ebd. 887—889. geb. 2. 50

— in Kamerun. Zugvogels Reise- u. Jagdabenteuer. Der reifern Jugend erzählt. 5. u. 6. Aufl. gr. 8. (X, 159 S. m. 43 Abbildgn.) Leipzig 893. F. A. Brockhaus. Geb. in Leinw. 2. 50

— ein afrikanischer Lederstrumpf. Der reiferen Jugend erzählt. 1.—3. Abtlg. 8. Stuttgart, Union. geb. à n. 3. —
1. Weißbart-Welchherz. (191 S. m. 6 Bildern in Tondr.) 888.
2. Der Löwe vom Tanganyika. (172 S. m. 6 Bildern in Tondr.) 889.
3. Raubtier-Araber. (172 S. m. 6 Bildern in Tondr.) 889.

— ein afrikan. Lederstrumpf. 1. Abtlg.: Weißbart-Weichherz. D. reif. Jugend erz. M. 6 Bild. in Tondr. v. F. Bergen. (2. Aufl) 8. (191 S.) Stuttgart 897. Union. Geb. in Leinw. n. 3. —

Falkenhorst, C. Luftfahrten. Stuttgart, Berlin, Leipzig, Union Deutsche Verlagsgesellschaft 1891.
188 S. m. zahlr. Abb. 8°

Falkenhorst, C., der Ostafrikaner. Eine deutsche Kolonialgeschichte aus vergangener Zeit. Der reiferen Jugend erzählt. Mit 12 Tondr.-Bildern v. Fritz Bergen. gr. 8. (III, 284 S.) Stuttgart 890. Union. geb. n. 5. 50

— Sturmhaken. Franz Sturm's Abenteuer im Bismarck-Archipel. Der reiferen Jugend erzählt. Mit 83 Abbildgn. 1. u. 2. Aufl. gr. 8. (VIII, 149 S.) Leipzig 889. Brockhaus. geb. 2. 50

— Sturmhaken. Franz Sturms Abenteuer im Bismarck-Archipel. Der reiferen Jugend erzählt. 3. u. 4. Aufl. gr. 8. (VIII, 148 S. m. 83 Abbildgn.) Ebd. 893. Geb. in Leinw. 2. 50

— am Victoria-Njansa. Eine ostafrikan. Kolonialgeschichte. Der reiferen Jugend erzählt. 1.—3. Aufl. gr. 8. (VI, 174 S. m. 41 Abbildgn.) Ebd. 893. Geb. in Leinw. 2. 50

— der Zauberer vom Kilima-Ndjaro. Adlers Kriegs- u. Jagdabenteuer in Ostafrika. Der reiferen Jugend erzählt. Mit 54 Abbildgn. 1.—3. Aufl. gr. 8. (VIII, 146 S.) Ebd. 888. 889. geb. 2. 50

Falkenhorst, C., der Zauberer vom Kilima-Ndjaro. Adlers Kriegs- u Jagdabenteuer in Ostafrika. Der reifern Jugend erzählt. 4. u. 5. Aufl. gr. 8. (VIII, 146 S. m. 54 Abbildgn.) Leipzig 893. F. A. Brockhaus. Geb. in Leinw. 2. 50

—— Aus der Zeit der Entdeckung Amerikas. Der reiferen Jugend erzählt. Mit 1 farb. Titelbild u. 16 Tondr.-Bildern. gr. 8. (IV, 511 S.) Stuttg. 891, Union. geb. in Leinw. * 7 —

— aus der Zeit der Entdeckung Amerikas. Der reiferen Jugend erzählt. Mit 1 farb. Titelbild u. 16 Tondr.-Bildern. 2. Aufl. (IV, 298 S.) 8. Stuttgart (906). Union. Geb. in Leinw. n. 4. 50

Falkenried, Gerh. v., aus hohen Kreisen. Roman. 2 Bde. 8. (368 u. 402 S.) Leipzig 893. B. Elischer Nachf. n. 6. --

Falkenroth, *Hermann* (Stadtbaumstr.) Beschreibung des neuen Schulgebäudes für das Realprogymnasium zu Lüdenscheid. (Umschlagtitel: . . . Schulgebäudes). 4 (S. 18—23, 2 Taf.). **Progr.** Rprg. *Lüdenscheid* 1891 (370).

Falkenroth, *Hermann* (Stadtbaumstr.): Die neue Turnhalle des Realgymnasiums. 4 (S. 14—16). Rg. u. Rsch. *Iserlohn* 1899
Progr.

Falkenskiold, s. a. Falckenskiold

v. **Falkenskjold, K.** Denkwürdigkeiten. I. Relation der Feldzüge der Russ. Armee gegen die Türken 1769—1770. A. d. Frz. (20 B.) 8. Leipzig 1826. 4,50.

Falkenskiold, S. O., Denkwürdigkeiten, hrsg. von P. Secretan, übers. (aus d. Französ.) von L. A. Magnus. 2 Thle. Leipzig 1826. 8°. (2 Mk. E. Frensdorff, 1905.)
Orig.: Mémoires. Paris 1826. 8°. (4 Mk. 50 Pf. Derselbe.)

Falkensohn, Animadversiones ad illustrandam phrenitidis causam. Hal. 4°.

Falkenstein [Sachl. OW]

Falkenstein (geb. 1797, gest. 1885). Kurze Erzählung eines langen Lebens. Dem Infanterie-Regimente Vogel v. Falkenstein (7. westfälisches) Nr. 56 gewidmet. Mit einem Bildniss. 8. Berlin 1891.

— —, Ferdinand Graf v., und Mariane v. Ingelfingen. Eine Ehestandsgeschichte aus den neuesten Zeiten. Mit (etwas freiem) Titelkpf. Leipzig, Weygand, 1792. 8°. (5 Mk. Jacques Rosenthal, München, c. 1903.)
In 63 zahmen Briefen. 360 S. (incl. Titelkpf. u. Titel).

— Frau des, s. Bibliothek der Romane. 1ste Lief.

— —, Graf, oder das enthüllte Verbrechen. (Anstössiger Roman.) Mit Titelkpfr. u. gestoch. Titel, Braunschweig, Schröder, 1805. 8°.

Falkenstein, Junker von. Gegenstück zu des Pfarrers Tochter von Taubenhain. Fürth 1799. V: *Brückner, Johann Jacob.* (MGT)

Falkenstein, Der Junker Rudolph von. Gegenstück zu der Pfarrers-Tochter von Taubenhain. Leipzig 1799. Neu bearbeitet. Neuburg und Arnheim ca. 1810. 3. Auflage. Neuburg und Arnheim 1830. V: *Brückner, Joh. Jacob.* (BGE I³, 226—227)

v. Falkenstein, der Junker Rudolph. Gegenstück zu der Pfarrers Tochter v. Taubenheim, (v. J. J. Brückner). 8. Leipz., Joachim. 1 ℔

v. Falkenstein, des Grafen, Reise, s. Beschreib., antholog., des Grafen v. Falkenstein.

Falkenstein, Ritter Busso von, od. die Geheimnisse d. Todtengruft, mit 1 K. 8. Quedlinb. Basse. 813.

Falkenstein [Schlagwort]

Falkenstein, s.: Sachsen. Karte.

Falkenstein, s.: Sachsen. Messtischblätter.

Falkenstein [Verfasser]

Falkenstein, s. a. Falckenstein.

Falkenstein, C., s. Falkenstein, Karl

Falkenstein, Chr. Karl, s. Falkenstein, Karl

Falkenstein, Constantin Carl, s. Falkenstein, Konstantin Karl

v. Falkenstein, Dor., Polterabendscherze u. Aufführungen. Anclam 865. Diebe. 12. (94 S.) n. 10 ngr.

Falkenstein, Dor. v., Polterabendscherze u. Aufführungen. 2. Aufl. gr. 8. (94 S.) Wriezen a. O. 872. Riemschneider. 1. —

Falkenstein, E[berhard], Referendar: Die Erteilung der Vollstreckungsklausel auf Anordnung des Vorsitzenden. *Rostock 1903: C. Hinstorff.* (89 S.) 8° [F.]
Rostock, Jur. Diss. v. [7. Mai] 1903

v. Falkenstein, F. A., s. Kleinigkeiten. dramatische.

v. Falkenstein, Fr., Orakelsprüche. Zur Unterhaltung in geselligen Kreisen. Berlin 866. Wegener. 16. (V, 104 S. u. 1 Tab.) 15 ngr.

Falkenstein, Fr. v., Ritterbuch. Der deutschen Jugend u. ihren Freunden gewidmet. Stuttgart 863. Thienemann. Lex.-8. (IV, 340 S. u. 12 lith. u. color. Taf.) 2 ℛ 7½ ngr.

Falkenstein, Fr. Aug., s. Vorurtheil, das besiegte.

Falkenstein, Hans, Referendar aus Aachen: Die Mucianische Praesumtion. *Borna-Leipzig 1903: R. Noske.* (XI, 88 S.) 8°
Leipzig, Jur. Diss. v. 1903

Falkenstein, Hermann C.

Falkenstein, H. C., die wissenschaftl. Begründung der trockenen Nekrose (Necrosis sicca) [Umschlag: Kiefernekrose] sowie der absoluten Anästhesie in der operativen u. konservier. Zahnheilkunde. (47 S.) gr. 8. Berlin (908). Berlinische Verlagsanstalt. 2. —

Falkenstein, Herm., die Zähne. Ihre Hygiene u. Pflege. 8. (82 S.) Berlin 895. H. Steinitz. n. 1. —

Falkenstein, Joh. Heinrich

Falkenstein, J. H. v., Nordgauische Alterthümer im St. Eichstedt. 2 Thle. Frankf. 733.

— analecta Nordgaviae vet. 12.-Pts. Norimb. Monath. 734—46.

— Antiquitates et memorabilia Brandenb. 2 Tom. 4. Bareuth. (Grau in Hof.) 751.

v. **Falkenstein,** Jh. Hnr., († d. 3. Febr. 1760.) Antiquitates et Memorabilia Marchiae Brandenburgicae; oder alte, mittele u. neue Brandenburg. Geschlechts- ꝛc. Schilderung. 3 Thle. 4. Bayreuth 751, 52. (Grau). 1 ₰ 16 gr.

— Antiquitates et Memorabilia Nordgaviae veteris; oder Nordgauische Alterthümer u. Merkwürdigkeiten ꝛc. im Burggrafth. Nürnberg. 3 Thle. Fol. Schwabach 734—43. Riedel. 11 ₰ 16 gr. 4r Thl., 2 Bde. A. u. d. T.: Urkunden u. Zeugnisse vom achten Seculo ꝛc. Fol. Neust. 788, 89. Riedel. 6 ₰ 16 gr. (Löffler in Manh.) 18 ₰ 16 gr.

— Antiquitates Norngaviens. im Burggrafth. Nürnberg. 3 Thle. m. K. Fol. Schwabach. Riedel. 734-43.

— — dasselbe. 4r u. 5r. 2 Bde. Fol. Neust. Riedel. 786-88.

— — dass. 4 Thle compl. Fol. Wien, Pazowsky.

— Thüring. u. Erfurt. Chronica. 5 Thle. 4. Gotha. (Comt. f. Litt. in Leipz.) 740.

v. Falkenstein, J. H. Chronicon Suabacense, od. Beschreibung von Schwabach. 4. Ulm 1740. — 2. verm. Aufl. von J. G. Maurer. 4. Schwabach 1756. 2,00.

— Chronicon Suabacense, oder Beschreib. von Schwabach ꝛc. 4. Ulm 740. 2e A. von J. G. Maurer verm. 4. Schwab. 756. Bartholomäi. 20 gr.

— Codex diplom. antiquitatum Nordgaviens. etc. fol. Norimb. Monath. 733.

Falkenstein, Johann Heinrich von. Deliciae topographicae Norimbergenses, oder geographische Beschreibung der Reichsstadt Nürnberg . . . 2. . . . Auflage. Nürnberg 1775. H: *Stieber, Gottfried.* (EngG)

— Geschichte d. Herzogth. u. Königr. Bayern. 5 Thle. Fol. Ingolst. Krüll. 764.

Falkenstein, J. H. von. Vollständige Geschichte . . . des grossen Herzogthums . . . Bayern. Ingolstadt 1763. H: *Ickstadt, Joh. Adam Baron von.* (BrMm)

— vollständ. Geschichte d. ehemal. Herzogth. u. Königr. Baiern. 3 Thle. Fol. Münch. 763. Mit neuem Titel u. Vorrede von v. Ickstatt. Ingolst. 776. Krüll. 8 ₰

— s. Joa. ab Indagine.

— Urkunden u. Zeugnisse, ist antiquit. Nordgav. 4r Thl.

Falkenstein, Johann Paul v., Ein kleiner Beitrag zur Geschichte des Vereinswesens in Sachsen, 38 S., 8°.

Falkenstein, Joh. Paul v., zur Charakteristik König Johann's v. Sachsen in seinem Verhältniss zu Wissenschaft u. Kunst. Gedächtnissrede auf Veranlassung der königl. sächs. Gesell. der Wiss. [Aus: Abhandlgn. d. k. sächs. Ges. d. Wiss.*] hoch 4. (50 S.) Leipzig 874. Hirzel. n. 1. 60

— dasselbe. Neue u. in den Beilagen veränd. Aufl., besorgt v. J. Petzholdt. gr. 8. (73 S.) Dresden 874. v. Zahn. n. 1. —

Falkenstein, Joh. Paul v., Johann, König von Sachsen. Ein Charakterbild. Mit 8 (Kpfrst.-)Portr. und 8 Beilagen. gr. 8. (XII, 339 S.) 878; 2. Abdr. (339 S.) Dresden 879, Baensch. * geb. *

—— dass. — Mit 8 Portr. in Kpfrst. Volks-Ausg. Hrsg. von J. Petzholdt. gr. 8. (VII, 210 S.) Ebendas. 879. cart. *

Falkenstein, Julius

Falkenstein, Julius: Febris remittens haemorrhagica. ([S.-A.] Deutsche militärärztliche Zeitschrift. 1877.) (Berlin 1877.) 18 S. 8°.

—— Gesundheits-Regeln für das tägliche Leben. Aerztlicher Rathgeber bis zur Ankunft des Arztes, sowie für Gegenden, welchen ärztl. Hülfe fehlt. 2. Aufl. (des ärztlichen Rathgebers für Seeleute etc.). gr. 8. (XII, 319 S.) Berlin 882, Th. Chr. Fr. Enslin. *

— Gesundheits-Regeln f. das tägliche Leben. Aerztlicher Rathgeber bis zur Ankunft d. Arztes, sowie f. Gegenden, welchen ärztl. Hülfe fehlt. 2. Aufl. (d. Rathgebers f. Seeleute etc.) gr. 8. (XII, 319 S.) Berlin 884. Th. Ch. F. Enslin. n. 5. —

Die Gicht an sich und in Beziehung zu den anderen Stoffwechselkrankheiten, der Zuckerkrankheit und Fettsucht. Von San.Rat Dr. [Julius] **Falkenstein.** Berlin: Ebering 1905. 103 S. 8°

Die Gicht an sich und in Beziehung zu den anderen Stoffwechselkrankheiten, der Zuckerkrankheit und Fettsucht. Von San.R. Dr. [Julius] **Falkenstein.** 2. Aufl. Berlin: E. Ebering 1905. (163 S.) 8°

Falkenstein, die Gicht u. die Salzsäure-Jodkur. (VIII, 186 S.) gr. 8. Berlin 910. A. Hirschwald. 5. —

Falkenstein, v., das Krankenversicherungsgesetz vom 15. VI. 1883 bezw. 10. IV. 1892 in der Fassung der Gesetzes-Novelle vom 28. V. 1903. Mit dem bayer. Ausführungsgesetze, den bayer. Vollzugsvorschriften, den Statutenentwürfen u. e. Anzahl v. prakt. Musterformularen. (VIII, 312 S.) gr. 8. Ansbach 904. M. Brügel. Geb. in Leinw. n. 3. 60
Sonderabdruck aus: „Die Verwaltungspraxis".

Falkenstein, Jul., d. Loango-Exped., s.: Güssfeldt, Paul.

— s.a. Loango-Küste, die.

Falkenstein, Julius: Die Loango-Küste in 72 Original-Photographien (35 Blatt) nebst erläuterndem Texte. [Karton.] Berlin 1876. 4°.

Falkenstein, ärztlicher Rathgeber für Seeleute, Colonisten u. Reisende in südliche Gegenden. 8. (XII, 319 S.) Berlin 882. Enslin. geb. n. 6. —

Falkenstein, ärztlicher Reisebegleiter u. Hausfreund. Eine Anleitg. zur Verhütg. v. Krankheiten u. Rathschläge zu deren Behandlg. bei Mangel an ärztl. Hilfe. 1.—10. Aufl. 12. (V, 426 S. m. Holzschn.) Berlin 891—893. R. Schoetz. Geb. in Leinw. n. 6. —; in Ldr. als Brieftasche n. 7. —

Falkenstein, J., Skizzen aus Afrika, s.: Universal-Bibliothek, geographische.

Falkenstein, Julius (August.) (geb. Berlin 1. 7. 1842): De typho abdominali. Berolini (1867). (31 S.) 8°
Berlin, Med. Diss. v. 10. Aug. 1867

Falkenstein, Julius: Ueber das Verhalten der Haut in den Tropen, ihre Pflege und Krankheiten. ([S.-A.] Archiv für pathologische Anatomie. Bd. 71.) Berlin 1877. 20 S., 1 Tf. 8°.

Falkenstein, J., Afrikas Westküste, s.a. Wissen, das, der Gegenwart.

Falkenstein, Julius: Afrikas Westküste. Vom Ogowe bis zum Damara-Land. Abth. 1. Mit 17 Vollbildern und 64 in den Text gedruckten Abbildungen. Leipzig-Prag 1885. II, 241 S. 8°.

Falkenstein, Jul., die Zukunft der Kongo- und Guineagebiete, s. Universalbibliothek, geographische.

Falkenstein, Karl, s. a. Falkenstein, Konstantin Karl

Falkenstein, Karl, Beschreibung d. kgl. öffentl. Bibliothek zu Dresden. gr. 8. (52¾ B. u. Titlvign.) Dresden 839, Walther'sche Hofbuchh.

—— **Blattweiser (Register) hierzu. gr. 8. (3½ B.) Ebds. 838.**

v. Falkenstein, Carl, das Buch der Kaisersagen, Burg- u. Klostermährchen. Dem deutschen Volke gewidmet. (Neue Titel-Ausg.) 8. (XII u. 352 S.) Schw. Hall 850, Haspel. Subscr.-Preis 1 ᵯ Ladenpreis 1⅓ ᵯ

Erinnerung an „den ach! so fern entwich'nen, den ach! so früh verblich'nen, unterm Hügel ausgeglich'nen", unvergesslichen und unersetzlichen Br. Joh. Nikol. Bischoff allen nahen und fernen BBr der g. u. v. ▭ zum goldenen Apfel im Or. Dresden liebevoll gewidmet vom Br. Karl **Falkenstein.** Hs. f. Frmr. Dresden 1837: Gärtner. 19 S. 2 Kpfr. 8°
Mit Abb. seiner Büste u. seines Grabes. 23.

—— **Geschichte d. Buchdruckerkunst in ihrer Entstehung u. Ausbildung. Ein Denkmal zur vierten Säcular-Feier d. Erfind. d. Typographie. Mit e. reichen Samml. in Holz u. Metall geschnitt. Facsimiles d. seltensten Holztafeldrucke, Nachbildungen v. Typen alter berühmter Officinen u. Proben v. Kunstdrucken nach d. neusten Erfindn. unserer Zeit. Roy.-4. (51⅔ B., 21 Holzschntaf., 2 Schrifttaf. in Farbendr., 1 lith. Grundr. d. Teubnerschen Geschäftslocals, 1 Taf. in Gold- u. Silberdr., 1 Taf. bunt. Hochdr., 1 Taf. Guillochirdr., 1 Notendr., 1 Taf. typometr. Druck, 1 Taf. mathemat. Typendr., 1 Taf. Buntdr., 1 Taf. ektypogr. Druck, viele eingedr. Holzschn. u. 2½ B.: Typenschau v. oriental. Schriften.) Leipzig 840, Teubner.** *

— Geschichte d. geograph. Entdeckungsreisen, s.a. Taschenbibliothek, allgem. deutsche, No. 7 u. 8.

Falkenstein, Karl: Geschichte der geographischen Entdeckungsreisen. Bdchen 1. Von der ältesten Zeit bis zu Christoph Columbo's Tod. Bdchen 2. Von Christoph Columbo's Tode bis zu der Entdeckung von Neuholland oder des Festlandes von Australien. Bdchen 3. Von der Entdeckung Neuhollands (1616) bis zu Cook's erster Weltumsegelung. (1768—1771). Bdchen 4. Von Cook bis zu Humboldt. (1771—1800). Bdchen 5. Abth. 1. Von Humboldt bis zu Parry. (1800—1819). Bdchen 1, 2, 3, 4, 5 Dresden 1828—1829. 2 Bde. 8°.

Falkenstein, K., Geschichte des Johanniter-Ordens, s.a. Aus alter u. neuer Zeit.

—— **Gesch. d. Johanniter-Ordens. 2 Bdchn. gr. 12. (19 B.) Dresden 833. [Zittau, Birr u. Rauwerck.] 1 Thlr. 12 Gr., brdas. Pr.**

Falkenstein, (Chr.) Karl, Gesch. d. drei wichtigsten Ritterorden d. Mittelalters. 2 Bdchen à 2 Abthll. 8. Dresd. 830, 32. Hilscher. 1 ᵯ 12 gr (Auch in d. allgem. deutschen Taschenbibl.)

Falkenstein, C. Geschichte des Tempelherrnordens. 8. Dresden 1830.

— Geschichte des Tempelherren-Ordens. 8. Dresden 833. (Zittau, Rauwerk.) ¾ ᵯ (NB. Beide obige Werke aus der histor. Taschenbibliothek abgedruckt.)

— Thaddäus Kosciuszko, nach seinem öffentl. u. häuslichen Leben geschildert. 2e umgearb., mit dem Bildniß u. Facsimile Kosciuszko's, sowie mit neuen Actenstücken verm. Aufl. Mit 2 Steindr. gr. 8. Leipzig 834. Brockhaus. 2⅓ ᵯ

Falkenstein, (Carl,) Thaddäus Kosciuszko's (Leben). gr. 8. Leipzig 827, Brockhaus.

—Mythologia seu fabulosa Deorum gentilium historia. 8. Solodoris 818.

— s. Taschenbibliothek, historische.

Falkenstein, Karl, s. Tiedge's, C. A., Leben u. poet. Nachlaß.

Falkenthal, Car. Henr. Ferd. (geb. Berlin 6. 4. 1806): Nonnulla ad cholerae morbi pathologiam et therapiam. Berolini (1832). (29 S.) 4
Berlin, Med. Diss. v. 28. Febr. 1832

v. Falkenstein, Freiin Kathar., geb. Gräfin v. König, kleine Gedichte. (Eine 2e Aufl. ihres: Vergiß mein nicht. 2 Sammll. 8. 8. Dresd. 811.) 8. Dresd. 812.

Falkenstein, Konstantin Karl, s. a. Falkenstein, Karl

Falkenstein, Const. Karl, Geschichte der Buchdruckerkunst in ihrer Entstehung und Ausbildung rc. Ein Denkmal zur 4. Säkular-Feier der Erfindung der Typographie. Mit einer reichen Sammlung in Holz und Metall geschnittener Facsim. der seltensten Holztafeldrucke, Nachbildung von Typen alter berühmter Officinen und Proben von Kunstdrucken nach den neuester Erfindungen unserer Zeit. 2. (Titel-) Ausg. Leipzig 856. Teubner. (IV, 406 S. m. 9 lith. u. guilloch. Taf., 12 Holzschnitttaf., 1 Musikbeilage u. 10 Bl. Typenschau in 4. u. Fol.) 2 ᵯ 12 ngr

Falkenstein, L. Frhr. v., Feld-Taschenbuch. Ein Ausz. aus sämmtl. Militair-Wissenschaften, die Reiterei betreff. f. junge Cavallerie-Offiziere, mit besond. Rücksicht auf d. Subalternen d. Landwehr. M. 16 Kpfrtaf. 8. (28⅓ B.) Berlin 838, Hayn.

v. Falkenstein, Frhr. L., der Veteran, oder Darstell. d. Feldzüge d. Russen in Persien, d. Türkei u. Polen u. d. Holländer gegen Belgien rc. 12. Berl. ... 2e Aufl. 833. (Krause). 1 ᵯ 8 gr

v. Falkenstein, Frhr. L., der Veteran, oder kurze Darstellung der Feldzüge der Russen in Persien, der Türkei u. Polen, u. der Holländer gegen Belgien, mit belehrenden Erzählungen rühmlicher Waffenthaten u. ermunt. Beispiele; bearb. als Lesebuch für Unteroffiziere u. Soldaten des preuß. Heeres in u. außer den Kompagnie- und Eskadrons-Schulen. 2e Aufl. gr. 12. Berlin 833. Krause, jetzt Stackebrandt. 1⅓ ᵯ

Falkenstein, Louis, approb. Arzt aus Konitz, Westpr.: **Aus d. pathol. Institute zu Kiel. Ein Fall von Pankreasabsceess.** *Kiel 1901: H. Fiencke.* **(16 S.) 8°**
Kiel, Med. Diss. v. [2. Mai] 1901

v. Falkenstein, Louis, [Freim. Ohnesorgen], ein Lorbeerhain auf den Gräbern der Veteranen des deutschen Befreiungskrieges. 1. Reihe. 2 Bde. Potsdam 867. Döring. 8. (449 S.) 2 ᵯ 15 ngr.

OHNESORGEN, Freimund (d. i. *Ludw.* Frhr. *v. Falkenstein,* 1762—1842). Humoristisches Reise-Kaleidoscop oder Frescobilder einer erotischen (ziemlich zahmen) Kunst- und Entdeckungsreise in 4 Gallerien. In ungebund. Rede beschrieben. 2 Thle. Leipzig, Carl Focke, 1829. 8°. (2 Rthlr. Scheible; 8 Mk. 50 Pfg., H. Streisand, Berlin, 1908.)

Falkenstein, Pauline v., Carmenta. Eine Sammlung von 150 verschiedenen Alphabeten in dem mannigfachsten u. modernsten Geschmack, zur Bunt- u. Weiss-Stickerei. Mit Beschreibung der Stickart. Berlin (856). Janke. (50 lith. Bl. in qu. Fol.) n. 2 ᵯ

— Stick-Album. Eine Sammlung von 150 verschiedenen Alphabeten im mannigfachsten u. modernsten Geschmack zur Bunt- u. Weiss-Stickerei etc. In 50 lith. Taf. Mit Beschreibung der Stick-Art. Berlin (857). Hirsch. qu. Fol. n. 1 ℳ

v. Falkenstein, Frhr. Rud., Beschreibung meiner langwierigen Krankheit u. endl. Heilung durch kaltes Quell-Wasser, in der Heil-Anstalt zu Gräfenberg. gr. 8. Berlin, Posen u. Bromberg 838. Mittler. n. 1/2 ℳ

— meine Erfahrungen in Bezug auf Wasserheil-Anstalten, den Betrieb der Kur u. die Behandlung der verschied. Krankheiten in denselben. Gesammelt während meines langen Aufenthaltes zu Gräfenberg. 8. Dresden 839. Bromme. 3/4 ℳ

Falkenstein, Siegfried, approb. Arzt aus Köln: Aus d. med. Klinik in Bonn. (Direktor: Geheimrat Prof. Dr. Schultze.) Ein Beitrag zur Pathologie des Zwerchfelles. *(Bonn 1904.)* (32 S.) 8°
Bonn, Med. Diss. v. 24. März 1904

v. Falkenstein, General Vogel, s. Vogel v. Falkenstein.

Falkensteins, Joh. Paul Frhr. v., Lebensbild, s.: Petzholdt, J.

Falkenthals, Fr., (d. Unterofficiers), Streifzüge u. Schicksale. 8. Berl. 807. Littfas. 8 𝔊𝔯

Falkenthals, Fr., des Unterofficiers, Streifzüge u. Schicksale. 8. Leipzig, Bruder. 807.

Falkhausen, s.: Fleck v. Falkhausen.

Falkhner, J. H., Basels Staatsgeschichte. gr. 8. Berlin, Decker. 787.

Falkiana, d. i. Züge u. Thatsachen aus d. Leben d. Dichters Joh. Falk. 8. Hamb. 811. (Herold jun.) 12 𝔊𝔯

Falkiana, das ist, Züge u. Thatsachen aus dem Leben d. Dichters Johannes Falk. 8. Hamburg, Vollmer. 811. Rthlr.

Falkland

Falkland, s. a. Bulwer, compl. W. Vol. IX. — Uebers., bess. sämmtl. W. (Zwickau, Gebr. Schumann.) 31. Thl. u. einzeln.

Falkland. A. d. Engl. übers.... Aachen 1831. V: *Bulwer, Edward Lytton.* (EE)

Falkland; vom Verfass. des Pelham; Verstoßenen; Devereux u. Paul Clifford. Uebers. von C. Richard. 8. Aachen 831. Mayer. 1 ℳ 12 𝔊𝔯

Falkland, Heinr., Gedichte. Wien 870. Faesy & Frick in Comm. 16. (336 S.) n. 1 ℳ

Falkland, Heinr., Gedichte. 2., völlig veränd. Aufl. gr. 16. (344 S.) Wien 874. Manz. geb. m. Goldschn. 6. —

Falkland, Karl, Einführung in die Arithmetik und Algebra durch einen methodischen Selbstunterricht, wie für Präparanden-Anstalten und Seminarien. gr. 8. (VIII, 224 S. mit 10 Fig. und 944 Uebungsaufgaben.) Langensalza 887, Schulbuchhandlung. *

—— dass. — Antwortenheft zu den Aufgaben. gr. 8. (20 S.) Ebendas. 887.

Falkmann, A., Beiträge zur Geschichte des Fürstenthums Lippe aus archival. Quellen. 1. Hft. gr. 8. (XVI u. 224 S.) Lemgo 847. Meyer. n. 2/3 ℳ

Falkmann, A., Beiträge zur Geschichte des Fürstenth. Lippe aus archival. Quellen. 2. Heft. gr. 8. (XV und 225 S. mit 2 Tab. in 4. und qu. Fol.) Lemgo 856, Meyer'sche Hofbuchh. *
1. Heft. Ebendas. 1847. * 20 Ngr.

Falkmann, A., Beiträge zur Geschichte des Fürstenth. Lippe aus archivalischen Quellen. 3. Heft. Graf Simon VI. zur Lippe u. seine Zeit. 1. Periode: Von 1554—1579. Detmold 869. Meyer. gr. 8. (XV, 223 S.) n. 1 ℳ 10 ngr.

Falkmann, A., Beiträge zur Geschichte des Fürstenthums Lippe aus archivalischen Quellen. 4. Hft. A. u. d. T.: Graf Simon VI. zur Lippe u. seine Zeit. 2. Periode von 1579 bis ungefähr 1596. gr. 8. (VIII, 242 S.) Detmold 882. Meyer. n. 4. — (1—4.: n. 13. —)

Falkmann, A., Beiträge zur Geschichte des Fürstent. Lippe aus archivalischen Quellen. 5. Bd.: Graf Simon VI. zur Lippe und seine Zeit. 2. Periode. Fortsetzung bis ungefähr 1600. gr. 8. (XI, 391 S.) Detmold 887, Meyer'sche Hofbuchh. *
1.—3. Bd. Ebendas. 1856—69. à * ℳ 3.—; 4. Bd. 1882. * ℳ 4.—.

Falkmann, A., Beiträge zur Geschichte des Fürstent. Lippe aus archivalischen Quellen. 6. Bd. Graf Simon VI. zur Lippe u. seine Zeit. 3. Periode. Fortsetzung bis zum Tode Simons. gr. 8. (X, 387 S. m. 1 Bildnis.) Detmold 902. Meyer. n. 5. —; (1—6 n. 23. —)

Falkmann, A., und O. Preuß, Lippische Regesten, s. Preuß, O.

Graf Simon VI. zur Lippe und seine Zeit von A. Falkmann. Periode 1. 2, 2. 3. *Detmold: Meyer 1869–1902.* 4 Bde 8° [F.]
1. Von 1554 bis 1579. 1869. 2, (1.) Von 1579 bis ungefähr 1596. 1882.
2, (2.) Fortsetzung bis ungefähr 1600. 1887.
3. Fortsetzung bis z. Tode Simons. 1902.
— Falkmann: Beiträge z. Gesch. d. Fürstenth. Lippe. H. 3. Bd 4–6.

Falkmann, Chr. Ferdinand

Falkmann, Chr. Fd., einige Bemerkungen über den Unterricht in d. neuern Sprachen, Programm. gr. 4. Lemgo 839. (Meyer'sche Hofbuchh.) n. 1/3 ℳ

Falkmann, Chr. Fd., stylistisches Elementarbuch, oder Erster Cursus d. Stylübungen. Für Anfänger im schriftl. Vortrage u. zur Selbstbelehr. bestimmt. gr. 8. Hannov. 825. 2e Aufl. 828. 3e A. 831. Hahn. 12 𝔊𝔯

Falkmann, Chr. Ferd., stylist. Elementarbuch od. Erster Cursus d. Stylübungen, enthalt. e. kurze Anleit. z. guten Styl, e. große Anzahl Aufgaben rc. f. Anfänger im schriftl. Vortrage u. z. Selbstbelehr. bestimmt. 2., verb. u. verm. Aufl. (18½ B.) 828., 3. A. (21 B.) 831. à 12 Gr., 4. A. (22 B.) gr. 8. Hannover 834, Hahn.

— stylistisches Elementarbuch, oder: Erster Cursus der Stylübungen, für Anfänger im schriftl. Vortrage u. z. Selbstbelehrung bestimmt. 4e verb. u. verm. Aufl. gr. 8. Hannover 834, 5e verb. Aufl. 838. Hahn. 2/3 ℳ

Falkmann, Ch. F., stilistisches Elementarbuch oder: Erster Cursus der Stilübungen für Anfänger im schriftl. Vortrage u. zur Selbstbelehrung bestimmt. 6. Aufl. gr. 8. Hannover 846, Hahn'sche Hofbuchh. 2/3 ℳ

Falkmann, Ch. F., stilistisches Elementarbuch od. Erster Cursus der Stilübungen, enth.: eine kurze Anleitung zum guten Stil, eine große Anzahl Aufgaben sowohl zu einzelnen Vorübungen, als auch zu Beschreibungen, Erzählungen, Abhandlungen, Briefen u. Geschäftsaufsätzen aller Art, nebst e. Reihe Beilagen üb. Grammatik, Titulaturen rc., f. Anfänger im schriftl. Vortrage u. zur Selbstbelehrung bestimmt. 7. Aufl. gr. 8. (XII u. 335 S.) Leipzig 849, Hahn. 2/3 ℳ

Falkmann, Ch. F., stilistisches Elementarbuch oder: Erster Cursus der Stilübungen, enth.: eine kurze Anleitung zum guten Stil, eine große Anzahl Aufgaben sowohl zu einzelnen Vorübungen, als auch zu Beschreibungen, Erzählungen, Abhandlungen rc. für Anfänger im schriftlichen Vortrage u. zur Selbstbelehrung. 8. Aufl. Leipzig 862. Hahn. gr. 8. (XIII, 335 S.) 20 ngr.

— **Hülfsbuch d. deutschen Stylübungen für d. mittlern u. höhern Klassen, bei dem öffentl. u. beim Privatunterricht. gr. 8. Hannov. 822. Hahn. 1 ℳ 12 𝔊𝔯, 2e Aufl. unt. d. Tit.: prakt. Rhetorik f. d. obern Klassen d. Schulen u. zum Selbstunterr. gr. 8. Ebd. 831. 1 ℳ 12 𝔊𝔯**

Falkmann, (Ch. F.) Methodik d. deutschen Stylübungen. 2e verm. Aufl. gr. 8. Hannover 823, Hahn. Rthlr.

— Methodik d. Stylübungen für höhere Schulanstalten u. Privatübungen. gr. 8. Hannov. 818. Hahn. 1 ₰ 2e verm. Aufl. gr. 8. Ebd. 823. 2 ₰

—— prakt. Rhetorik, od.: Vollständ. Lehrbuch d. deutsch. Redekunst f. d. obern Classen d. Schulen ꝛc. 1. Abthl. — A. u. d. T.: Stylistik, od.: Vollst. Lehrbuch d. deutsch. Abfassungskunst f. ꝛc. u. z. Selbstunterr. 2. Aufl. (33½ B.) 831., 3. A. (34½ B.) gr. 8. Hannover 835, Hahn. à
Ist eine erweiterte Ausg. v. dess. „Hülfsbuch d. deutsch. Stylübungen ꝛc." gr. 8. Ebendas. 1822.

—— pract. Rhetorik, od.: vollständ. Lehrbuch d. deutschen Redekunst, f. d. obern Classen d. Schulen u. zum Selbstunterr. 1. u. 2. Abthl. 1. u. 2. Bd. gr. 8. Hannover, Hahn'sche Hofbuchh.
A. u. d. Ttln.:
Abthl. 1. Stylistik, od.: vollständ. Lehrbuch d. deutschen Abfassungskunst. 3., verb. u. verm. Aufl. (35½ B.) 835. 1 Thlr. 12 Gr.
„ 2. Declamatorik, od.: vollständ. Lehrbuch d. deutschen Vortragskunst. 1. od.: theoret. Thl. 1. u. 2. Bd. [1. (24¼ B.) 836. 1 Thlr. 8 Gr., 2. (34¼ B. u. 1 Notenbeil. auf 2 Bl.) 839. 2 Thlr.] 3 Thlr. 8 Gr.

—— praktische Rhetorik, oder: Vollständiges Lehrbuch der deutschen Redekunst für die obern Klassen der Schulen und zum Selbstunterrichte. 1. Abthl. A. u. d. T.: Stilistik oder: vollständiges Lehrbuch der deutschen Abfassungskunst. 4. Aufl., neu durchgesch. und verb. von dem Sohne des Verf. gr. 8. (XVIII und 530 S.) Leipzig 849, Hahn'sche Vrlgsh.

Falkmann, Ch. F. Stylistik. 3. A. Hannover 1835.

Falkmann, Erich, a. Labiau, Referendar: Die Rechtsstellung des Boten. Gräfenhainichen 1908: W. Hecker. (62 S.) 8°
Erlangen, Jur. Fak., Ref. Oertmann, Diss. v. 30. Dez. 1907
[Geb. 2. Mai 84 Labiau; Wohnort: Berlin; Staatsangeh.: Preußen; Vorbildung: Joachimsth. Gymn. Berlin, Gymn. Rudolstadt Reife 02; Studium: Grenoble 1, Straßburg 1, Berlin 4 S.; Rig. 23. Okt. 07.]

Falkmann, Erich, die Rechtsstellung des Boten. (62 S.) gr. 8. Berlin 908. F. Siemenroth. 1. 40

Faltmann, G. F., poetische Versuche. 8. Göttingen, Vandenhöck und R. in Comm. 816.

Die Anfechtung von Rechtshandlungen durch die Gläubiger außerhalb des Konkurses. Von R[udolf] **Falkmann**, Senatspräs. Berlin: F. Siemenroth 1908. (117 S.) 8° [F.]
Aus: Falkmann: Die Zwangsvollstreckung. 2. Aufl.

Falkmann, R., die preußischen Gesetze betr. die Besteuerung d. Gewerbebetriebes im Umherziehen u. d. Wanderlagerbetriebes, — das preußische Gewerbesteuergesetz, } s.: Gesetzsammlung.

— die preußische Gewerbesteuergesetzgebung u. das Gesetz betr. Besteuerung d. Wanderlagerbetriebes. Mit Kommentar f. Justiz- u. Verwaltungsbeamte. 2., vollständig umgearb. Aufl. gr. 8. (XVI, 472 S.) Berlin 893. Siemenroth & Worms. n. 9. —; geb. in Halbfrz. n. 10. 50

Falkmann, Rud., die preußische Gewerbesteuergesetzgebung u. d. Gesetz betr. Besteuerg. d. Wanderlagerbetriebes. M. Kommentar f. Justiz- u. Verwaltungsbeamte. 3., verm. u. umgearb. Aufl. v. Strutz. gr. 8. (XII, 645 S.) Berlin 898. Siemenroth & Troschel. n. 10. —; geb. in Halbfrz n. 12. —

Falkmann, Rud., die preußische Gewerbesteuergesetzgebung in ihrer heutigen Gestalt und das Gesetz betr. Besteuerung des Wanderlagerbetriebes. Mit Kommentar für Justiz und Verwaltungsbeamte. gr. 8. (X, 253 S.) Berlin 886, Siemenroth und Worms. *M 4.50.; geb. *

Falkmann, Rudolf [Hrsg.], s. Mugdan, Benno: Die Rechtsprechung der Oberlandesgerichte auf d. Geb. des Civilrechts

- s.a. Rechtsprechung, die, der Oberlandesgerichte auf dem Gebiete des Zivilrechts.

Falkmann, R., die Zwangsvollstreckung m. Ausschluß der Zwangsvollstreckung in das unbewegliche Vermögen. Auf Grundlage des gemeinen, preuß. u. französ. bürgerl. Rechts. gr. 8. (XII, 358 S.) Berlin 888. Siemenroth & Worms. n. 6. —

— die Zwangsvollstreckung m. Ausschluß der Zwangsvollstreckung in das unbewegliche Vermögen. Nach prozeß- u. bürgerl. Recht dargestellt. 2., gänzl. umgearb. Aufl. (In 5 Lfgn.) 1. u. 2. Lfg. gr. 8. (S. 1—276.) Berlin 899. 902. F. Siemenroth. n. 5. 30

— die Zwangsvollstreckung m. Ausschluß der Zwangsvollstreckung in das unbewegliche Vermögen. Nach prozeß- u. bürgerl. Recht dargestellt. 2., gänzlich umgearb. Aufl. 3. Lfg. (S. 277—404.) gr. 8. Berlin 904. F. Siemenroth. n. 2. 60
Lfg. 1 u. 2. Ebd. 899. 902. n. 5. 30.

— Die Zwangsvollstreckung m. Ausschluß d. Zwangsvollstreckg. in das unbewegl. Vermögen. Nach Prozeß- u. bürgerl. Recht dargestellt. 2., gänzlich umgearb. Aufl. 4. Lfg. (1. Tl. VIII u. S. 405—593.) gr. 8. Berlin 908. F. Siemenroth. 4.— (1. Tl. vollst.: Erh. Pr. 12. —)

Falkmann, Zwangsvollstreckung d. gemeinen, preuss. u. französ. bürgerl. Rechts. Berlin 888.

Falkmann, W., d. Küchengarten, od. kurze Uebersicht aller bekannten Gartengewächse, ihre Kultur etc., nach d. Alphabet geordnet. gr. 8. Lemgo, 1826. Meyer. — 10

Falkner, s. a. Falcner. — Falckner.

Falkner's gesammelte Schriften. 1—4. Bd. A. u. d. T.: Erzählungen. 1—4. Thl. Leipzig 857, 58. Kollmann. 16. (4 Bl., 248; 4 Bl., 234; 3 Bl., 224; 3 Bl., 274 S.) Jeder Thl. n. 15 ngr

Falkner's, gesammelte Schriften. 2—4. Bd. A. u. d. T.: Erzählungen. 2—4. Thl. gr. 16. (VII und 284 S., VI und 224 S., V und 274 S.) Leipzig 857—59, Kollmann. à Bd. * 15 Ngr.
1. Bd. Ebendas. 1856. * 15 Ngr.

Falkner's sämmtl. Schriften. 1. Bd. A. u. d. T.: Veilchen. Gesammelte erzählende Schriften. 1. Bd. Die Vormünder. — Wahn und Wahrheit. 8. (247 S.) Regensburg 847, Manz. 1 ₰

Falkner, die Sünde u. ihr Fluch. Drama in 4 Aufz. 8. (8½ B.) Wien 840, Grund.

Falkner, C., s. Falkner, Karl

Falkner, Ch[arles], und Ludwig, A[ndreas]. Beiträge zur Geologie der Umgebung von St. Gallen. Mit 15 Tafeln nach photographischen Aufnahmen, 3 Profilen [auf 1 Tafel] und einer geologischen Karte. Separatabdruck aus dem Jahrbuch der St. Gallischen Naturwissenschaftlichen Gesellschaft 1902 und 1903. IV + 209 S. 8. St. Gallen, Zollikofer'sche Buchdr. (Komm. Fehr'sche Buchh.), 1904. [fr. 4. —]

Falkner, Emanuel: De nonnullis philosophiae moralis et juris naturae et gentium capitibus, s. Falkner, Joh. Heinrich (Praes.)

Falkner, Emanuel: De jure legationum liberae reipublicae Helveticae, s. Iselin, Joh. Rudolf (Praes.)

Falkner, Emanuel: Theses philosophicae ex jure naturae atque philosophia morali, s. Passavant, Franz (Praes.)

Falkner, Emanuel: Theses subitariae (ex jure naturae), s. Birr, Anton (Praes.)

Falkner, I. P., Meditation, ad defensionem forens. in caus. criminal. 4. Lips. Dyk. 738.

— meditation. de eo, q. iustum est circa inquisitum variant. 4. ibid. 729.

— Tractatus d. eo, quod just. est circa Inquisit. 4. ibid. 729.

Falkner, J. L.
— Beitrr. zur Stöchiometrie u. chemischen Statik. 8. Basel 824. Neukirch. 18 gGr

Falkner, J. L., über d. Verhältnisse u. d. Gesetze, wonach d. Elemente d. Körper gemischt sind. 8. Basel 819. Neukirch. 12 gGr

Falkner, Joh.Heinrich: De nonnullis philosophiae moralis et juris naturae et gentium capitubus. (Resp.: Emanuel Falkner). 14 S.–
Basel, Jur.Diss.v. 13.Mai 1749.

— s. 1) P. Dupuis, Geschichte. 2) Justiniani institutiones.

Falkner, Joh.Heinrich: Observationes. (Resp.: Joh.Ludwig Faesch). 7 S.–
Basel, Jur.Diss.v. 22.April 1760.

Falkner, Joh.Heinrich: Observationes juridicae, s. Iselin, Joh.Rudolf (Praes.)

Falkner, Joh.Heinrich: Observationes variae ad juris-prudentiam. 36 S.–
Basel, Jur.Diss.v.20.März 1753.

Falkner, Joh.Heinrich: Observationes variae ad jurisprudentiam. (Resp.: Jakob Amadeus Iselin). 7 S.–
Basel, Jur.Diss.v. 20.Sept.1757.

Falkner, Joh.Heinrich:De Helveticorum legatorum singulari specie qui vulgo repraesentantes vocantur. (Resp.: Joh. Bernhard Sarasin). 10 S.–
Basel, Phil.Diss.v.2.Mai 1747.

Falkner, Jh. Hnr., Basels Staatsgeschichte gr. 8. Berl. 786. Decker. 3 gGr

Falkner, Karl

Falkner, C[arl]. Die südlichen Rheingletscherzungen von St. Gallen bis Aadorf. Diss. Phil. [II.] Univ. Zürich. [Mit 1 Karte.] (Separatabdruck aus dem Jahrbuch der St. Gallischen Naturwissenschaftlichen Gesellschaft 1909.) 77 S. 8. St. Gallen, Zollikofer & Cie., 1910.

Falkner, Nikolaus: Observationes juridicae. 22 S.–
Basel, Jur.Diss.v. 17.Juli 1772.

Falkner, Nikolaus: Theses (ex jure feudali et civili). 23 S.–
Basel, Jur.Diss.v.10.Sept.1779.

Falkner, Nikolaus: Theses juridicae controversae. 16 S.–
Basel, Jur.Diss.v. 23.Sept.1774.

Falkner, Roland P.

Falkner, R. P., die Arbeit in den Gefängnissen, s.a. Sammlung national-ökonomischer und statistischer Abhandlungen.

Falkner, Roland P. [aus Philadelphia, U. S. A.]: Die Arbeit in den Gefängnissen .... Halle a/S., *G. Pätz'sche Buchdr. (Lippert & Co.), Naumburg a/S.*, 1887; VI + 89 + 1 S. 8°
Halle, Phil. Fak., Inaug.-Diss. v. [0. Jan.] 1888

Falkner, Roland P., die Arbeit in den Gefängnissen. Diss. Halle 1887. 8°. VI, 89 S.
Sonder-Abdruck aus: Sammlung nationalökonomischer und statistischer Abhandlungen, hrsg. von Joh. Conrad. 5. Band 1. Heft. Jena, Gustav Fischer.

Falkner, Thomas. Beschreibung von Patagonien ... a. d. Engl. Gotha 1775. Ü: *Ewald, Schack Hermann.* (MGT) (EngG)

(Falkner, Thomas): Beschreibung von Patagonien und den angrenzenden Theilen von Südamerika. Aus dem Englischen des Herrn Thomas Falkner. Nebst einer neuen Karte der südlichen Theile von Amerika. Gotha 1775. 184 S., 2 Krt. 8°.

Falkner's, Thom., Nachricht von der moluchischen Sprache. Separat u. unverändert hrsg. v. Jul. Platzmann. Mit e. Karte. 8. (21 S.) Leipzig 899. [B. G. Teubner.] O. Harrassowitz. n. 3. —; erm. Pr. n.n. 2. —

Falkner, Vera. Beitrag zur Frage der Schaumorgane. Diss. Med. Univ. Zürich. [Mit 1 Tafel.] *Kopftitel:* Aus dem Pathologischen Institut der Universität Zürich. Direktor: Prof. Dr. P[aul] Ernst. 16 + II S. 8. Zürich, J. F. Kobold-Lüdi, 1905.

Falkner von Sonnenburg, Alfons

Falkner v. Sonnenburg, A., Anhaltspunkte f. die Kritik taktischer Maßnahmen. gr. 8. (64 S.) München 887. Franz' Verl. n. 3. —

Falkner v. Sonnenburg, Alfons, Hauptm. im Generalstab. Ueber Operationen im Gebirgsland illustrirt durch die Kämpfe der Oesterreicher bei der Occupation Bosniens 1878. Vortrag, gehalten in der Militärischen Gesellschaft, München am 12. November 1885. Als Manuscript gedruckt. (Aus: „Jahrbuch der Militärischen Gesellschaft", München 1884/1885.) (Mit 4 Taf.)
8. München 1886.

FALKNER VON SONNENBURG, Oskar (Moosburg): De polyarthritide rheumatica deque eius euratione. (Titel nach der Urkunde)
15.6.1880 – Urk; Chr 1879/80,15
Diss.Ingolst.-Landsh.-Mchn.

Falknerklee, besteh. in drei ungedruckten Werken über die Falknerei. Nämlich: 1) قاس das ist: das Falkenbuch. (Auf der Ambrosiana zu Mailand.) 2) *ΙΕΡΑΚΟΣΟΦΙΟΝ* das ist: die Habichtslehre. (Auf der k. k. Hofbibliothek zu Wien.) 3) Kaiser Maximilian's Handschrift über die Falknerei. (Auf der k. k. Hofbibliothek zu Wien.) Aus d. Türk. u. Griech. verdeutscht und in Text u. Uebersetzung herausg. von Hammer-Purgstall. (In 300 Abdrücken.) gr. 8. (Mit 2 Steintaf.) Pesth 840. (Hartleben.) (Leipzig, Frohberger.) n. 3 Thlr

Falkonbridge, A. u. Th. Clarkson, Bemerk. üb. die Beschaffenheit d. Sklavenhandels ꝛc. herausg. v. Sprengel. 8. Leipzig, Weygand. 789.

Falkoner, William, s. Falconer, William

Falkoni, Carlo v., die Braut v. Venedig. Roman. 100 Hfte. gr. 8. (2400 S. m. je 1 Bild.) Berlin 896. 97. Verlagshaus f. Volkslitteratur u. Kunst. à — 10; auch in Bdn. à — 50

Falkowicz, Phpp., der Pensionsfond. Darstellung u. versicherungstechn. Berechng. der Leibrenten, Invalidenpensionen, Witwenpensionen u. Erziehungsbeiträge f. Waisen. gr. 4. (II, 67 u. 34 S. m. 77 Bl. Tab.) Prag 892. H. Dominicus. Kart. n. 20. —

(B) **Falkowicz**, Ph., d. Pensionsfond. 892. (KBL 27.) Jetzt: Prag, Akadem. Antiquariat.

Falkowitsch, Catharina. Hörprüfungen bei den Zöglingen in der Taubstummen-Anstalt Wabern bei Bern. Diss. Med. Bern ... von K' F' von Jaroslaw. [Mit 1 Tabelle.] 23 S. 8. Bern, Gustav Grunau, 1905.

Falkson, Ferdinand

Falkson, Fd., vier kleine Abhandlungen politischen Inhalts. gr. 8. Königsberg 846, Theile. 1/4 Thlr

Falkson, Ferd., die liberale Bewegung in Königsberg [1840 — 1848]. Memoirenblätter. 8. (202 S.) Breslau 888, Schottländer. *ℳ 2.—.; geb. *

— Giordano Bruno. 8. Hamburg 846, Hoffmann u. Campe. n. 1 1/2 Thlr

Falkson, Ferd., Giordano Bruno. gr. 8. (160 S.) Detroit 868. (Philadelphia, Schäfer und Koradi.) *

—— gemischte Ehen zwischen Juden u. Christen. Documente. gr. 8. (1 3/4 B.) Altona 845, Hammerich.

Falkson, Ferd., gemischte Ehen zwischen Juden und Christen. Documente. I. Bd. Der königsberger Staatsanwalt in Ehesachen und der Ehesenat erster Instanz. 8. (X und 166 S.) Hamburg 847, Hoffmann und Campe. —

—— die Emanzipation d. Juden u. die Emanzipation d. Denkenden. gr. 8. (2 B.) Altona 846, Hammerich.

Falkson, Ferd., zwei Schweizer Fahrten. Flüchtige Blätter aus einem Reisetagebuche. gr. 8. (82 S.) Königsberg 883, (Hartung'sche Verlagsdruckerei.) *

—— Göthe und Charlotte Kestner. Ein Vortrag gehalten im kaufmänn. Verein am 12. März 1868, im Handwerker-verein zu Königsberg am 16. März 1868. gr. 16. (60 S.) Königsberg 869, Theile's Buchh. [Prag, Calve'sche Universitäts-Buchh.]

Falkson, Ferdinand: Königsberg, s. Städte u. Landschaften, nordost-deutsche.

Falkson, Ferdinand: Samländischer Ostseestrand, s. Städte u. Landschaften, nordostdeutsche.

Falkson, F[erdinand]: Politische Rundschau. Vortr. 2. Aufl. Königsberg i. Pr. 1863. 8°

Falkson, Ferd. Spätsommerfahrten. Reisebilder u. Erzählgn. 8. (III, 269 S.) Königsb. i. Pr. 890, Teichert. * 3 —

— 3 Wochen in Brüsterort. Eine Strandidylle. gr. 16. (44 S.) Königsberg i/Pr. 874. Hartung'sche Verl.=Dr. n. – 60

Falkson, Georg [aus Berlin]: Zur physiologischen Wirkung des Isatropylcocains. . . . Berlin, Buchdr. v. Gust. Schade (Otto Francke) (1889); 31 + 1 S. 8°
Berlin, Med. Fak., Inaug.-Diss. v. 13. Jul. 1889

Falkson, Rob., Beitrag zur Entwickelungsgeschichte der Zahn-Anlage u. der Kiefer-Cysten. Inaugural-Dissertation. gr. 8. (33 S.) Königsberg 878. (Boyer.) n. 1. —

Fall. Der F Bern's im Jahr 1798. Bern 1838 s. (Sch[weizer-Sidler], H[einrich]).

Fall Buschoff, der. Die Untersuchung über den Xantener Knabenmord. (42 S.); 2. Aufl. 8. (56 S.) Berl. 892, Vaterländ. Verl.-Anst. * — 50

Fall César, der. Gastpredigt des Pfarrers César in Wiesenthal (Rhön) in der Reinoldikirche zu Dortmund am 7. I. 1906 üb. Matth. 2, 1—12 nebst sämtl. Aktenstücken. (82 S.) 8. Dortmund 906. R. Keßler. n. — 50

Fall, der, des Christenthums in seiner gegenwärt. Gestalt als Kirche. Zugleich e. vollständ. Geschichte „Jesus des Weisen v. Nazareth." 8. (VI u. 130 S.) Leipzig 850, Kollmann. 1/2 ß

* DAVID. — Der Fall Davids (in Versen). O. O. u. J. (XVII. Jh.) 4°. 2 Bll. (In Berlin, Yf 6623, no. 25.)

Fall, Feinsteins, oder der Geist des Brunnens. Wien 1800. V: *Gleich, Jos. Alois.* (MGT) (Ky) (WBL)

Fall. Der F" Fürholz s. [Fürholz, Wilhelm].

Fall Kantorowicz, der, und die Judenfrage vor dem preußischen Abgeordnetenhause am 20. und 22. Novbr. 1880. Abdruck der an die Interpellation Hänel geknüpften Reden nach dem amtl. Bericht, nebst einem Sprechregister und der Petition an den Reichskanzler. 1. und 2. Aufl. gr. 8. (200 S.) Berlin 881, [Werckenthin.] M. Schulze. *

— Kantorowicz, der, als Symptom unserer Zustände. Eine Neujahrsbetrachtung auf Grund harmloser Quellenstudien von Simplicius Simplicissimus. gr. 8. (67 S. m. 1 Plakat in Imp.=Fol.) Berlin 881. Ruppel in Comm. n. — 80

[F.] Der Fall des Professors [Arthur] v. Kirchenheim in seiner Bedeutung für das Badische Beamtentum und die politischen Parteien Badens. *Pforzheim: E. Haug [1897].* (32 S.) 1 Bd 8.

Fall. Krakau's F". 8. Bern 1847.

Fall Krupp, der! Von R. J. 8. (29 S.) Berlin 902. W. G. Grzymisch. 1. —

— Krupp, der. Sein Verlauf u. seine Folgen. Eine Tatsachensammlg. v. ***. (Umschlag: 10. Aufl.) (62 S.) gr. 8. München (903). Buchdruckerei u. Verlagsanstalt G. Birk & Co. n. — 50

Fall, der, Krupp u. die Wahrheit. Stenographischer Bericht nach der Rede e. Genossen. (4 S.) gr 4. Kiel, Lipsius & Tischer. 1904 —. 10.
Wird nicht unter 10 Stück abgegeben.

Fall, Lissabons, Europens Schrecken. Halle 1756. V: *Bonhöffer, Johann Friedrich.* (Ky) (ML)

Fall des Menschen. Schausp. a. d. Engl. v. Dryden. gr. 8. Frkft. Fleischer. 761.

Fall, der, des Menschen. Drama aus d. Dän. (v. J. v. Ewald). 8. Frankf. 771. Varrentrapp. 6 gr

Fall, Der, des ersten Menschen. Drama a. d. Dän. übers. Frankf. 1771. Ü: *Ewald, Johann von.* (MGT) (Ky)

Fall Miller, der. Besprochen v. e. aktiven Offizier. gr. 8. (60 S.) Stuttgart 891. R. Lutz. n. 1. —

Fall Otto, der, vor dem Schwurgericht zu Halle, verhandelt am 27. Mai 1867. (Von Hugo Meyer.) 8. (40 S.) Halle 867, Pfeffer. *

Fall, Der, des grossen Richters in Israel Simson . . . Hamb. 1709. V: *Feind, Barthold.* (schr)

Fall, der, Scheler. Ein Prozess unter Psychopathen v. ***. (32 S.) gr. 8. München 910. Münchner graph. Kunst-Anstalt. — 60

— der, Schücking in der Presse. (48 S.) kl. 8. Berlin-Schöneberg (908). Buchverlag der Hilfe. — 25

Fall, Der, der Schweiz. Trauerspiel. Leipzig 1800. V: *Frey, Friedrich.* (N. allg. deutsche Bibl. 1801, 64, 377 f.) (Mitth. A. Rosenbaum.)

Fall, Der, der Schweiz. Trauerspiel. Leipzig 1800. V: *Horn, Franz* (pseud. *Friedrich Frey*). (Euphor. 19, 675 f.) (Zeitschr. f. Büch. 1923, S. 84)

— der, d. Schweiz. Trauersp. in 5 A. 8. Lpz. Rein. 801.

— der, der Schweiz; Trspl. in 5 A. 8. Leipz. 802. Rein. 12 gr

— ein seltner; ed. d. Mutter, die Vertraute ihrer Tochter. Lustsp. in 3 A. v. J. F. Jünger. 8. Regensb. Montag u. W. 805.

Fall, Ein seltener, von Herzleiden. [Basel 1895.] V: *Ziegler, Heinrich.* (Cat. d. Stadtbibl. Zürich. Zürich 1864—97.)

— der, Simson. (Ein Opfer jesuit. Ränke. Fortsetzg. d. „Justiz-Skandale zu Wiesbaden".) (Von Carl Simson.) (31 S.) gr. 8. Dresden 910. Freideutscher Verlag. — 50

Fall, Der, von Soissons am 3. März 1814 und die demselben unmittelbar vorhergehenden Operationen des schlesischen Heeres; das Nachtgefecht bei Laon am 9. März 1814. (Aus: „Kriegsgeschichtliche Einzelschriften" II. Bd., 12. Heft.)
Berlin 1889.

— der, des Sonderbundes. Ein tragikom. Heldengedicht in 5 Gesängen. [Zeit der Handlung: November 1847.] gr. 8. (16 S., mit eingedr. Holzschn.) Winterthur 848, Steiner. Stuttgart, Köhler. 3 ngr.

— Spahn, der sogenannte, s.: Aktenstücke, kirchliche.

Ungarns Fall. Ein Beitrag zum Verständnisse der ungarischen Geschichte aus den Jahren 1848 und 1849. Von einem ungarischen Stabsoffizier. Köln, Becker 1851. 97 S. 8.

(F) Der Fall der Philomena Wagner. Eine soziale Burleske. 8°. (63 S.) Graz: Seelig 1910. * K —.70

— der, der Zackenburg oder Sieg der Tugend über das Laster. Eine Erzählung f. d. Jugend u. christl. Volk von dem Verf. der „zwei Brüder aus dem Volke" (Ludw. Mittermaier.) Mit 1 Stahlst. 8. (216 S.) Augsburg 847, v. Jenisch & Stage. 18 ngr.

Fall, Der, der Zackenburg oder Sieg der Tugend über das Laster. Eine Erzählung für die Jugend und das christliche Volk von dem Verf. der »zwei Brüder aus dem Volke«. Regensburg 1871. V: *Mittermaier, Ludwig.* (Ky)

v. Fall, Alex., ein Bojar. Bilder aus dem russischen Leben. 2 Bde. Leipzig 870. Grunow. (3 Bll., 292 S.; 2 Bll., 286 S.) 3 ₰

Fall, Ernst, die Erfordernisse des Wechsels in allen Kulturstaaten der Erde, s.a. Rechtseinheit, die. IV.

Die Erfordernisse des Wechsels in allen Kulturstaaten der Erde von Dr. iur. Ernst Fall. Berlin & Leipzig: Rothschild 1909. 178 S. 8°
(Die Rechtseinheit. Bd 4.)

Fall, Ernst: Die wesentlichen Erfordernisse des Wechsels in allen Kulturstaaten der Erde. ⟨T. 1.⟩ (Berlin & Leipzig: Rothschild 1909.) 32 S. 8° ¶(Ersch. vollst. als: Rechtseinheit. H. 4.)
Heidelberg. Jur. Diss. v. 1909. Ref. Schröder
[Geb. 17. Febr. 79 Olmütz; Wohnort: Berlin; Staatsangeh.: Österreich; Vorbildung: Askan. Gymn. Berlin Reife O. 99; Studium: Wien Med. 4, Jura 7, Berlin 4 S.; Rig. 18. Juni 07.] [U 09. 1787

Fall, Leo, d. fidele Bauer. Operette in e. Vorspiel u. 2 Akt. v. Vict. Léon. Musik v. F. (Textbuch.) (59 S.) 8. Berlin (907). Harmonie. — 50

Gesangs-Texte zu Paroli (Frau Denise), komische Oper in 1 Akt, frei nach d. Franz. von Ludwig Fernand. Musik von Leo Fall. Berlin: Harmonie 1903. 32 S. 8°

Irrlicht. Oper in 3 Akten von Ludwig Fernand. Musik von Leo Fall. Textbuch. Berlin: Harmonie [1905]. 63 S. 8°

Fallati, Johs., über Begriff u. Wesen d. röm. Omen u. üb. dessen Beziehung zum röm. Privatrechte. gr. 8. (6½ B.) Tübingen 836, Osiander.

Fallati, J.: „Einleitung in die Wissenschaft der Statistik. Zum Gebrauch bei akademischen Vorlesungen herausgegeben", Tübingen 1843. — Vorh.: Preuß. Staatsbibl. Berlin, Com. Bibl. Hamburg, Büch. der Industrie- und Handelskammer Leipzig.

Fallati, Johs., Einleitung in die Wissenschaft der Statistik. Zum Gebr. bei academ. Vorlesungen. gr. 8. (14⅝ B.) Tübingen 843, Laupp'sche Buchh.

Fallati, J., Einleitung in die Wissenschaft der Statistik. Tübingen 1853. 8°.

Fallati, J.: „Ueber die sogenannte materielle Tendenz der Gegenwart. Eine akademische Rede, gehalten in der Aula zu Tübingen, den 1. September 1842", Tübingen 1842. — Vorh.: Com. Bibl. Hamburg.

— über die sogenannte materielle Tendenz der Gegenwart. Eine akadem. Rede. gr. 8. Tübingen 842, Laupp. ⅙ ₰

[Fallati, Johs.]: Suleiman-ben Abdallatiph Ebu-Jahia: Die Makame von El Buting [d. i. Tübingen]. Tübingen: Heckenhauer [Januar] 1831.

Fallati, Johs., die statist. Vereine d. Engländer. gr. 8. (5¼ B.) Tübingen 840, Fues. Thlr. •

— s. Zeitschrift f. d. gesammte Staatswissenschaft.

Fallati, Carolus Nicolaus: De quibusdam, qui facilius cum rheumatismo commutari possunt, morbis. Halis [1826]: Grunert. 88 S. 8°
Halle-Wittenberg, Med. Diss., nachgeliefert von dem am 24. Aug. 1824 auf Thesen promovierten Verf.
Geb. Hamburg 23. 5. 1803. V. [V. auch in Sprengel's Progr.]

Fallbrück, Pet. v., Kirchenhist. d. Alt. u. N. Test. 4. Wesel, 710.

Falle, Eine, um einen Sonnenstrahl einzufangen. Aus d. Engl. Hamburg 1850. V: *Mackarness, Matilde Anne, geb. Planché.* (EB)

Falle, eine, um einen Sonnenstrahl einzufangen. Aus d. Engl. [A trap to catch a sunbeam.] 12. (48 S.) Hamburg 850, Agentur d. Rauhen Hauses. 3 ngr. (siehe auch: Schillings-Bücher.)

Fälle, Die bemerkten, der Zeit; eine Wochenschrift. [Hrsg.: Chr. Gottlieb Richter.] Nürnberg 1745. 8°

Fälle u. Abhandlungen, gerichtlich-medizinische. Unter Mitwirkg. v. Ärzten u. Juristen hrsg. v. Herm. Ortloff. 1.—4. Hft. gr. 8. Neuwied. Berlin, Siemenroth & Worms. n. 7. 80
1. Kind od. Foetus? Von H. Ortloff. (VIII, 90 S.) 887. n. 2. 40
2. I. Versuch e. Mordes oder Selbstmordes? Erwürgen u. Erdrosseln. Von A. Siefert. II. Verbrechensverübung im Traumwandeln. Von H. Ortloff. (64 S.) 888. n. 1. 60
3. Strafbare Fahrlässigkeit bei Ausübung der Heilkunst. Von H. Ortloff. (96 S.) 888. n. 2. 40
4. Mörder im Kindesalter. Moralischer Defekt? 2 Rechtsfälle, bearb. v. Mau. Ein 3. Fall, bearb. v. A. Krauss. (49 S.) 888. n. 1. 40

Verein zur Förderung des Deutschthums in den Ostmarken. — FÄLLE POLNISCHEN BOYKOTTS. Berlin (1895). Deutscher Verlag (G. m. b. H.) 8°.

Fallen und Auferstehen. Eine Erzählung für's Volk, von Josias Nordheim. (Pseudonym.) 2. Aufl. mit Titelbild. 212 S. 8. Bern, Mann & Baeschlin. 1. 80
1871

Fallen, Mrs., der Zweifler, s. Lebens- und Charakterschilderungen Nr. 1.

Fallén, C. F., monographia Cimicum Sueciae. Smaj. Kopenh. 807. Ed. nova 817. Brummer; u. Bonnier. 1 ₰

Fallenböck, Alfr., Elementar-Zeichenschule. 100 Blätter. E. Lehrmittel f. d. Zeichen-Unterr. an Volks- u. Bürgerschulen, Unter-Realschulen, Real-Gymnasien u. Gymnasien, gewerbl. Fortbildungs- u. Gewerbeschulen, Lehrer- u. Lehrerinnen-Bildungsanst. M. besond. Berücksicht. f. Mädchenschulen, f. d. Privat- u. Selbstunterricht gezeichn., systemat. geordn. u. hrsg. qu. Fol. (1 Bl. Text.) Wien (894). (C. Graeser.) In Mappe n. 16. —

FALLENSTEIN, F. (Hrsg.): Taschenbuch der Forstbotanik oder vollständige Karakteristik und kurzgefaßte Naturgeschichte aller den Forstmann, Kameralisten, Oekonomen, Künstler, Fabrikanten, Gärtner und andere Liebhaber der Pflanzenkunde interessirenden Bäume, Sträucher und Stauden. Ein bequemes, erleichterndes und bewährtes Hülfsmittel, sie kennen zu lernen. - Erfurt 1809

Fallenstein, F., Taschenbuch d. ökonomischen Pflanzenkunde. (A. u. d. T.: Taschenbuch d. Forstbotanik). 1e Abthl. qu. Fol. Erfurt 809. Keyser. 1⅓ ₰

Fallenstein, Fr., s. v. Salm-Dyck, 24 Stunden rc.

Fallenstein, Fr., zur Vertheidigung des Professor G. G. Gervinus wider die gegen ihn erhobene Anklage. Frankfurt a. M. 853. Brönner. gr. 8. (68 S.) n. 8 ngr.

Fallenstein, Jh. Konr., Betrachtt. über des Diogenes Laertius 7s Buch vom Zeno. 4. Herford 767.

— Betracht. über d. Vergnügen eines Schullehrers. 4. Herford 774.

Falkenstein, Jh. Sal. Ph.

— Anleit. zu den röm. Alterthümern. 8. Cleve 791. (nicht vollständig).

— sur l'art d'instruire les enfans. 8. Amsterd. 789.

— einige Erklärungen d. vornehmsten dichterischen Ausdrücke im Homer u. Virgil. 8. Halle 786.

— über Schullehrer, Seminarien rc. gr. 8. Dortmund 796. (Wundermann in Hamm). 12 gr. Hbg. Pr. 8 gr.

Falkenstein, Jh. Sal. Ph., was wird von einem Landschullehrer gefordert? 4. Duisb. 794. Bädecker. 12 gr.

Falkenstein, M. J. B., Idunna, ein Taschenbuch f. Freunde u. Freundinnen vaterländ. anspruchloser Dichtung. m. K. u. 5 Tonweisen. 16. Berl. Hayn. 812.

Falkenstein, O., Dampfkessel, s.a. Mäcken's, C., technische Handbibliothek.

Falkenstein, O: Dampfkessel, deren rationelle Construction, Anlage und Betrieb. Stuttgart 1861

Falkenstein, O., Dampfkessel, deren rationelle Construktion, Anlage u. Betrieb. Ein Hand- u. Hilfsbuch für Fabrikanten, technische Behörden, Schulen rc. Mit Atlas, enthltd. 16 (lith.) Taff. in qu. Fol. 2., wohlf. Ausg. Stuttgart 868. Mäcken. gr. 8. (X, 323 S.) 1 2/3 10 ngr.

Faller. Vorschläge, nach welchen die Kriegskosten-Ausgleichung in dem Grossherzogthum Baden zu vollziehen wäre. gr. 8°. Karlsruhe, Braun, 1823.

Faller, Adf., kritische Beleuchtung d. Seealpsee-Wasserversorgungsprojektes für die Stadt St. Gallen u. Aufstellung eines Sitterprojektes. gr. 4. (38 S. m. 1 autogr. Karte.) St. Gallen 877. (Köppel.) n. 1. 80

Faller, Emil, u. Arnold Lang

Faller, Emil, und A. Lang, schweizerisches Deklamirbuch für Schule und Schuljugend. 8. (XI, 355 S.) Bern 877, Lang und Comp. *

Faller, E. und A. Lang. Schweiz. Deklamirbuch für Schule und Schuljugend. Neue Ausgabe. In-8°. Bern, A. Lang & Cie. 1879. geb. 3 —

Faller, Emil (Rektor) und Lang, Arnold. Schweizerisches Deklamirbuch für Schule und Schuljugend. Zweite Ausgabe. In-4°, 355 S. Bern, Lang & Cie. 1881.

Faller, Emil. Gscheidtlinger Dichteralbum. Poetischer Blüthenstrauss gesammelt im Schosse einer süddeutschen Kleinstadt. Kl.-in-8°, 347 S. Aarau, H. R. Sauerländer. 1882. 3 —
In Originalband gebunden 4 40

Faller, Emil, der Flüchtling, s.: Hemmann, Frdr.

Faller, Emil, die Freiheitskämpfer. Historisches Schauspiel in 5 Akten. (IV, 79 S.) gr. 8. Berlin-Charlottenburg 906. F. Gottheiner. n. 1. 50

— eine Liebschaft zu Sieben, s.a. Erzählungen a. d. Unterhaltungsblatt f. Stenographen. Nr. 11.

Faller, Emil. Eine Liebschaft zu Sieben. Humoreske.... in Vereinfachter Stenographie (System Stolze-Schrey) hrg. von Hermann Bebie. 19 S. 8. Wetzikon bei Zürich, Hermann Bebie, 1902. (fr. —. 45)
Erzählungen aus dem Unterhaltungsblatt für Stenographen. No. 11.

Faller, Emil. Schnurrpfeifereien. Ein Strauss gemütlicher Prosascherze. IV + 146 S. 8. Aarau, H. R. Sauerländer & Cie, 1900 (* *Umschlag:* 1901). [fr. 1. 80]

Faller, Emil, approb. Tierarzt aus Simmern: Aus d. pathol. Institut zu Giessen. Über die Totalinkrustation der Pferdeleber. Mit 1 Taf. *Giessen 1902: v. Münchow.* (31 S.) 8° Giessen, Veterinär-med. Diss. v. 1902

— s.: Volkstheater, schweizer.

Faller, Emil. Das Zukunftsei. Eine heitere Fin de siècle-Satire in 5 dramatischen Bildern. In-8°. 52 S. Basel, G. L. Kattentidt. 1896. — 80

Faller, Ernst, der Krieg in Süd-Afrika 1899/1900. Gemeinverständlich dargestellt. Die Ereignisse bis Mitte Febr. Mit 1 Uebersichtskarte des Kriegsschauplatzes, 12 Gefechts- u. Geländeskizzen u. 1 Abbildg. des Heliographen. gr. 8. (III, 69 S.) Hannover 900. Gebr. Jänecke. n. 1. —

— der Offizier, s.a. Buch, das, der Berufe. V.

Faller, Ernst, Major z. D. Der Officier. (Aus:) „Das Buch der Berufe. Ein Führer und Berather bei der Berufswahl.“ 5. Band. Mit 81 Textabbildungen und 1 Titelbild. 8. Hannover 1901.

Faller, Gust., Beschreibung einiger wichtigerer Metallbergbaue der Komitate Zips, Gömör u. Abauj in Oberungarn. Nach persönlicher Anschauung verfaßt. Mit 2 (lith.) Bergkarten (in 4. u. Fol.). Schemnitz 868. Joerges. gr. 8. (82 S. m. Holzschn. im Text.) n. 25 ngr.

FALLER, Gustav: Geschichte der königlichen Berg- und Forstakademie in Schemnitz. Auf Grundlage und mit steter Benützung der in hiesigen Archiven befindlichen Documente und Aktenstücke. - Schemnitz 1868. 106 S.

- der Schemnitzer Metall-Bergbau in seinem jetzigen Zustande. Mit 1 (lith.) Taf. (in Fol.) [Abdr. aus dem berg- u. hüttenmännischen Jahrbuche.] Ebend. 865. gr. 8. (89 S. mit Holzschn. im Text u. 4 Tabb. in Fol.) n. 25 ngr.

—— der Steinkohlenbergbau bei Fünfkirchen. 16. (23 S. mit 1 lithogr. Karte der Fünfkirchner Kohlenformation in gr. 4.) Schemnitz 869, Joerges. *

— kurze Uebersicht des Silber- u. Bleibergbaues bei Pribram in seinem jetzigen Zustande. Nach Privatmittheilungen u. eigenen Anschauungen zusammengestellt im J. 1862. Mit 2 (lith.) Taff. (in Fol.) [Aus d. Berg- u. Hüttenmänn. Jahrbuche.] Prag 863. (Calve.) gr. 8. (45 S. u. 2 Tabb. in Fol.) n. 20 ngr.

Faller, L., das Feuerlösch- u. Rettungswesen in Elsass-Lothringen. Mit 290 Abbildgn. im Text u. auf Specialbogen, nebst 2 Uebersichten üb. die Feuerwehren in Elsass-Lothringen u. den Hauptstädten Europas. gr. 8. (X, 224, 17 u. XCV S.) Rappoltsweiler 893. (Strassburg, J. Noiriel's Sort.) n.n. 4. 50

— le service des incendies et du sauvetage en Alsace-Lorraine. Avec 290 illustr., dans le texte et hors texte et 2 états sur les corps de Sapeurs-Pompiers d'Alsace-Lorraine et des villes principales de l'Europe et de l'Amérique. gr. 8. (X, 214, 20 u. XVII S.) Ebd. 893. n. 4. 60

Faller, Otto, eine neue Anschauung üb. die Reibung. Vorläufige Mitteilg. Vortrag, geh. bei der 71. Versammlg. deutsch. Naturforscher u. Aerzte in München, am 19. IX. 1899 in der Abtlg. f. Physik u. Meteorologie. gr. 8. (16 S. m. Abbildgn.) München 900. Th. Ackermann. n. — 40

Faller, Otto, das Billardspiel. Eine Anleitg. zur Erlerng. des Carambolage- u. des Kegelspieles. Methodisch entwickelt nach Grundsätzen der Theorie u. Praxis. Hierzu die wichtigsten Spielregeln u. Beschreibg. des Spiegelbillards. (III, 56 S. m. Abbildgn.) qu. gr. 8. München 903. Th. Ackermann. n. 1. 80; geb. in Leinw. n. 2. 40

Faller, S., Medizin od. Wasser? Im Allgemeinen wie im Besonderen bei Wunden, Brandwunden u. Verletzgn. gr. 8. (XXIV, 128 S.) Waldshut 871. Zimmermann. n. 1. 50

—— Medizin oder Wasser bei Wunden, Brandwunden und Verletzungen? 2. Aufl. 8. (XXIV, 128 S.) Berlin 873. Grieben. *

Fäller, Ph., Stuhl- und Tischpyramiden, Probstheida-Leipzig. 11 Taf., kl.-8°.

Falliten- oder Banqverottirer-Ordnung der Stadt Elbing. Publiciret Anno 1758 d. 4. Oct. Elbing (1758).

Fallersleben, s.: Preussen. Messtischblätter.

Fallersleben, August Heinrich Hoffmann von, s. a. Hoffmann, August Heinrich. – Hoffmann von Fallersleben, August Heinrich

Fallersleben, Hoffmann von- Geschichte des deutschen Kirchenliedes bis auf Luthers Zeit. 2. Ausg. Hannover 1854.

— Die deutschen Gesellschaftslieder des 16. und 17. Jahrhunderts. 2. Auflage. Theil 1. 2. Leipzig 1860.

Fallersleben, Hoffmann von- Unsere volksthümlichen Lieder. 3. Auflage. Leipzig 1869.

— und **Ernst Richter**. Schlesische Volkslieder. Leipzig 1842.

FALLIBEL, Hyracinth (ps.), Der Papst in Berlin. Interessante Enthüllungen. 1873.
Weller, Lex. Ps. p. 188.

Faelligen, Alfred, aus Mohsau b. Züllichau i. d. Nm.: Beamte und Behörden der landesherrlichen Verwaltung in der Neumark vom 12. bis Ende des 18. Jahrhunderts. *Tübingen 1904: H. Laupp jr.* (VIII, 84 S.) 8° [F.]
Tübingen, Staatswiss. Diss. v. 1904

Falliment, Das dritte, des Friedrich Karcher zu Kreuznach, beleuchtet von einem seiner Gläubiger. Coblenz 1825. V: *Grebel, Matthias Joseph.* (KGBerlin I, 1001)

Das brasilianische Falliments-Dekret vom 24. Okt. 1890. In d. Deutsche übertr. u. m. Anm. vers. v. Oscar Borchardt, Dr d. Rechte. *Berlin: R. v. Decker 1896.* (XVIII, 80 S.) 1 Bd 4.8.)
= Handelsgesetze, Die geltenden, d. Erdballs. Nachtr. IV. [99 63]

Fallingbostel, s.: Preussen. Messtischblätter.

Fallinger, Loth., d. Inseraten-Akquisiteur, Theorie u. Praxis. Zur erfolgr. Tätigkeit f. Anfänger u. in d. Praxis steh. Akquisiteure. (164 S.) gr. 8. Berlin (W. 50, Geisbergstraße 29) (909). Neuzeitl. Buchverlag. 5. —

Fallis, Oskar B.: Pausanias auf der Agora von Athen ... München, kgl. Hof- u. Univ.-Buchdr. v. Dr. C. Wolf & Sohn, 1895; 59 S., 1 Bl., 1 Pl. 8.
München, Phil. Fak., Inaug.-Diss. v. 1895

Falliten-Liste, Hamburger, vom 31. Decbr. 1847 bis 15. Aug. 1858. Ein alphabet. Verzeichniß sämmtlicher in genannter Zeit angemeldeten gerichtlichen Fallissements, nebst Angabe der Summen, Curatores bonorum, Datum der Anmeldung u. Entschlagung; sowie derjenigen Firmen, welche sich, nach Maßgabe der Verordnung vom 2. Decbr. 1857, unter Administration stellten, mit Angabe der Administratoren resp. Mit-Administratoren, Tag der Anmeldung u. Aufhebung, so wie Zahlungsart. Nach amtlichen Quellen. Hamburg 858. Dütschke. gr. 8. (IV, 52 S.) n. 18 ngr

Falliten-Liste, Hamburger, vom 31. Decbr. 1847 bis 15. Aug. 1858. Ein alphabetisches Verzeichniß sämmtlicher in genannter Zeit angemeldeten gerichtlichen Fallissements, sowie derjenigen Firmen, welche sich, nach Maßgabe der Verordnung vom 2. Decbr. 1857, unter Administration stellten. Nebst einem Anhang: Fallissemente bei den Prätoren u. Patronaten von 1852 bis 25. Aug. 1858. Nach amtlichen Quellen. (2. Ausg.) 8. Hamburg 859. Dütschke. (IV, 76 S. u. Supplem. Fallissements vom 16. Aug. 1858 bis zum 31. Aug. 1859. 11 S.) n. 12 ngr; Supplem. apart n. 3 ngr

„Der Stadt Hamburg neue Falliten-Ordnung. Publicirt den 31. August 1753. Nebst den Additional-Artikeln und den das Fallitenwesen betreffenden neueren Conclusis und Verordnungen", (Hamburg) 1823. — Vorh.: Com. Bibl. Hamburg.

Fallitin, die verschmitzte; Lstsp. 8. Berl. 759. Lange. 2 gr

Fallitordnung, neue, d. Stadt Hamburg. 4. Hamb. 753.

Fallize, Joh. Baptist O.

Fallize, J. B., eine Reise nach Rom, s.: Volks-Bibliothek, Luxemburger.

Norwegische Reisebilder. Eindrücke u. Erlebnisse während s. Reisen in d. norweg. Mission von Dr. J[oh.] B[apt.] O. Fallize. In 2 T. Aus d. Franz. ins Deutsche übertr. von Prof. A[lbert] Verron. *Münster i. W.: Coppenrath 1902.* (IX, 416 S.) 8° [F.]

Fallmerayer, Jak. Phpp., Fragmente aus dem Leben desselben, s.: Mitterrutzner, J. Ch.

Fallmerayer, Jak. Philipp, der hl. Berg Athos, s.a. Universal-Bibliothek.

Der heilige Berg Athos. Schilderung von Jakob Philipp Fallmerayer. Aus Fallmerayers 'Fragmenten aus d. Orient' mit e. biogr. Einl. neu hrsg. von Rudolf Greinz. Leipzig: Reclam [1908]. 107 S. 8°
(Universal-Bibliothek. 5018)

Fallmerayer, (Jac. Ph.), Denkschrift üb. Golgatha u. das Heilig-Grab. [Mit e. (lith.) Schattenriss v. Jerusalem (in Fol.)] [Aus den Abhandlungen der k. bayr. Akad. d. Wiss. III. Cl. VI. Bd. 3. Abth.] gr. 4. (48 S.) München 852, Franz in Comm. n. 18 ngr

Fallmerayer, J. Ph., das Albanesische Element in Griechenland. II. Abth.: Was man über die Thaten u. über die Schicksale des Albanesischen Volks von seinem ersten Auftreten in der Geschichte bis zu seiner Unterjochung durch die Türken nach dem Tode Skander-Begs mit Sicherheit wissen kann. (Aus den Abhdlgn. der k. bayer. Akad. der Wiss.) München 860. Franz in Comm. gr. 4. (80 S.) n. 1 thlr 9 ngr

— — III. Abth. Ebend. 860. gr. 4. (110 S.) n. 1 thlr 18 ngr

Fallmerayer, Jak. Ph., Fragmente aus dem Orient. 2 Bde. gr. 8. Stuttgart 845, Cotta'sche Buchh. 4 thlr

Fallmerayer, Jac. Phpp., Fragmente aus dem Orient. 2. m. e. Anh. verm. Aufl. Durchgesehen u. eingeleitet v. Geo. Mart. Thomas. gr. 8. (XIX, 597 S.) Stuttgart 877. Cotta. n. 10. —

Fallmerayer, Jac. Ph., Prof. der allgemeinen Geschichte am k. bayer. Lyceum zu Landshut. Geschichte des Kaiserthums von Trapezunt. Eine von der k. dänischen Gesellschaft der Wissenschaften zu Kopenhagen mit Auszeichnung gekrönte Preisschrift.
8. München 1827.

Fallmerayer (J. Ph.) Geschichte des Kaiserthums zu Trapezunt. gr. 4. München 827. Weber. 6 Rthlr. Velinpap.

Fallmerayer, J. Phil., Geschichte d. Halbinsel Morea während d. Mittelalters. Ein histor. Versuch. 1. Thl. Untergang d. peloponnes. Hellenen u. Wiederbevölkerung d. leeren Bodens durch slavische Volksstämme. gr. 8. (28 B.) Stuttgart 830, Cotta.

— Geschichte der Halbinsel Morea während des Mittelalters. 2r Thl. Morea, durch innere Kriege zwischen Franken u. Byzantinern verwüstet u. von albanesischen Colonisten überschwemmt, wird endlich von den Türken erobert. Von 1250 — 1500 nach Christus. gr. 8. Stuttgart 836. v. Cotta. 1⅚ ℛ (1r Thl. 2½ ℛ)

Fallmerayer, J. Ph., Ueber das Grundprincip aller socialen Verhältnisse des Menschen. 4°. Landshut 1826.

— das Todte Meer. Aus den Abhdlgn. d. k. bayer. Akad. d. W. München 853. Franz in Comm. gr. 4. (1 Bl., 104 S.) n. 1 ℛ

Fallmerayer, J. P., Original-Fragmente, Chroniken, Inschriften u. anderes Material zur Geschichte des Kaiserthums Trapezunt. 2 Tle. Ak. 1852/58. 159, 108 S. 4°. 4.—

— Rede bei d. feierl. Eröffnung d. Vorlesungen über Universalgeschichte rc. gr. 4. Landsh. 826. Thomann. 6 gr

Fallmerayer, Jak. Phil., welchen Einfluß hatte d. Besetzung Griechenlands durch d. Slaven auf das Schicksal d. Stadt Athen u. d. Landschaft Attika? Oder nähere Begründung d. im 1. Bde. der „Geschichte v. Morea während d. Mittelalters" aufgestellten Lehre üb. d. Entsteh. d. heutigen Griechen. Vorlesung. gr. 8. (7 B.) Stuttgart u. Tübingen 835, Cotta'sche Buchh.

Fallmerayer, Jak. Phil., gesammelte Werke, hrsg. von Geo. Mart. Thomas. 3 Bde. gr. 8. Leipzig 861, Engelmann. à Bd. 2 Thlr. 15 Ngr. Thlr.

Inhalt:

Bd. 1. Neue Fragmente aus dem Orient. (XLVIII und 406 S.)
„ 2. Politische und culturhistorische Aufsätze. (VI und 503 S.)
„ 3. Kritische Versuche. (VII und 559 S.)

Fallois, A. de, Briefe eines Beichtvaters. 8°. (228 S.) Wien: Konegen 1910. K 3.—, geb. K 4.20

Fallois, Joseph de, Major du Corps des Ingénieurs etc. L'école de la fortification ou les élémens de la fortification permanente, régulière et irrégulière, mis dans ordre plus méthodique, qu'il ne s'est pratiqué jusqu' à present, pour servir de suite à la science des ingénieurs, de M. Belidor. Avec deux nouvelles méthodes de fortifier une place; plusieurs nouveaux ouvrages, beaucoup de remarques et de planches etc. (Mit 19 Taf. Zeichnungen.) 4. Dresde 1768.

— l'école de la fortification avec deux nouvelles méthodes de fortifier. gr. 4. Dresd. 768. Walther. 3 ℛ 12 gr Dass. ins Deutsche übers. (v. Graf v. Schmettau): Schule v. d. Kriegsbaukunst, mit Kpf. gr. 4. Ebd. 778. 1 ℛ 20 gr

Fallois, J. de. Journal des opérations de l'armée prussienne, combinée avec l'armée saxonne . . . pendant la campagne de 1778 et le quartier d'hiver de 1779. (Dessau 1783.) 8°. (in: Ec 400)

Fallois, Joseph de, etc. Die Schule der Befestigungskunst oder Grundsätze der beständigen regulären Befestigung als Fortsetzung der Ingenieur-Wissenschaft von Belidor. Aus dem Französischen vom Grafen von Schmettau. (2 Bde.) 4. Dresden 1778.

Fallois, Joseph de. Schule von der Kriegsbaukunst. Dresden 1778. Ü: *Schmettau, Frdr. Wilh. Carl Graf v.* (Ky)

— Schule v. der Kriegsbaukunst. m. K. gr. 4. Dresden, Walther. 778.

de Fallois, Jos., († . . .) Traité de la castramétation et de la defense des places fortes. II Vols, av. 6 pl. gr. 8. Berl. 771. Rottmann. 2 ℛ 12 gr (bei Barth in Lpz.) 1 ℛ

— — le même, av. fig. gr. 8. Berl. (Flick, Basle.) 771.

— — le même, av. fig. 8. Dessau, Gel. Hdl. 783.

— — le même. av. pl. 8. Lpz. Barth. 787.

Fallon, Christian Friedrich Daniel s. a. F a l l o u, Christian Friedrich Daniel

(Ch. F. Dn.) **Fallon's** Versuch e. Ansicht üb. d. Zweikampf u. üb. Ehr- u. Pflichtgefühl nach d. Moral. *Oschatz.* (*Lpz.*, Hartmann.) 824. gr 8° 4 gr

Fallon, E. Generalkarte des österr. Kaiserthums Wien. 1822. Folio.

Fallon F., d. Ackererden d. Kgr. Sachsen u. d. angrenzenden Gegend. 2. Aufl. 1855. [illegible]

FALLON, Franz (Bukarest): De tuberculosi in cerebro. (Titel nach der Urkunde) 18.7.1863 - Urk; F 70
Diss. Ingolst.-Landsh.-Mchn.

Fallon, Ludwig August

Fallon, L. A., k. k. Ingenieur-Oberlieutenant in Wien. Beschreibung eines einfachen Instruments zur Erleichterung des Situations-Details. Herausgegeben und mit Anmerkungen begleitet von Freiherrn F. v. Zach, H. S. G. Oberstlieut. und Director der herzogl. Sternwarte Seeberg bey Gotha. (2 Taf.) (Aus dessen monatl. Corresp. zur Beförderung der Erd- und Himmels-Kunde April-Stück 1802 besonders abgedruckt.) 8. (1802).

— — Barometrische Höhenmessungen während einer Reise in Oesterreich, Steiermark, Kärnthen, Krain, Tirol und den ehemaligen venetianischen Provinzen auf der Terra ferma. 8. (circa 1825.)

Fallon, L. A., Oberstlieut. Barometrische Höhenmessungen am Schneeberge in Oesterreich unter der Enns. 8. (circa 1825.)

Fallon, L. A. Höhenmessungen von Oesterreich, aus trigonometrischen Nivellirungen hergeleitet und nach den Acten der k. k. Militär- und Catastral-Triangulirung bearbeitet. Herausgegeben von Freiherrn Freisauf von Neudegg, k. k. Hauptm. Enthaltend die Höhenbestimmungen in Tyrol, in Istrien und auf den Inseln im Golfo de Quarnero. (Mit 2 Karten.) 8. Wien 1831.

Fallon's, Ludw. Aug., Hypsometrie von Oesterreich, aus trigonometr. Nivellirungen hergeleitet u. nach d. Acten d. k. k. Militär- u. Catastral-Triangulirung bearb. Hrsg. v. Fel. Freisauff v. Neudegg. 1. Bd. Enthalt. d. Höhenbestimmungen in Tyrol, in Istrien u. auf d. Inseln im Golfo del Guarnero. M. 2 Karten (in Fol. u. gr. Fol.) gr. 8. (39½ B.) Wien 831, (Wallishausser.)

Fallon. Das Oesterreichische Kaiserthum mit beträchtlichen Theilen der angrenzenden Staaten. 1 : 864 000. Wien 1822. 9 Bl. c. K. Ff.

Fallon, Samuel William. Als die Inaug.-Schrift vertretend wurde angenommen des Verf. Einleitung zu seinem gedruckten Werk: An English-Hindustani Law and Commercial Dictionary of Words and Phrases used in Civil, Criminal, Revenue, Political and Mercantile Affairs; designed especially to assist Translators of Law Papers. Calcutta 1858. XXII, 202 S.

[Halle-Wittenberg, Phil. Diss. v. 9. Juli 1862]

Geb. [Kalkutta (Brit.-Indien) 16. 9. 1817]

Falloppius, Gabriel

— — 3 Bücher wunderlicher Secreten.. Hamb. 651. 8.

Falloppius, Gabr., Kunst- und Wunder-Buch. Frkf. 690. 8. ib. 715. 4.

Gabrielis Falopii [Falloppia: Secreti diversi et miracolosi. Deutsch:] Neu eröffnete vortreffliche und rare Geheimnisse der Natur, darinnen in 10 Büchern gehandelt wird von allerhand Olien, Cerotten ..., vormahls vom Authore in ital. Sprache publ., itzo aber ... ins Teutsche übers. u. verm. mit e. Anh. von gifftigen Fiebern, Lendenstein, Colica ... (Buch 1-3) 4-10. Franckfurt a.M.: Gensch 1715. 208, 368, 236 S. 8°

(Buch 1-3:) 1715.

Buch 4-10(=Anh.[u.d.T.]):Geheimnüsse [Geheimnisse] der Natur. 1715.
[Nebent.:] Schatzkammer darinnen die Heimligkeiten der Natur eröffnet ...
Buch 4/9: 1715.
(Buch 4: Pansa,Martin: Ein kurtzer und sehr nothwendiger Bericht von den gifftigen Fiebern.)
Buch 10: 1715.

Fallot, (Salomon Louis) L(aurillard): Untersuchung und Enthüllung der simulirten und verheimlichten Krankheiten in Beziehung auf Militärdienst. (De la Simulation et de la dissimulation des maladies, dans leurs rapport avec le service militaire. Dt.) Bearb. von J(ohann) C(hristoph) Fleck. 106 S., gbd.

Weimar: Voigt 1841

JB 3.617

Fallot-Gemeiner, Hans v. (k. b. Kammerjunker), eine Berufung an die öffentliche Meinung. München 1864. 8⁰. Cart. Fleckig.
63 S. Betrifft einen gegen den Verfasser im J. 1862, angeblich auf Betreiben einer Hof-Clique, anhängig gemachten Scandal-Process wegen Betrugs und Unterschlagung, der zwar eingestellt wurde, dem F. aber doch seine Stelle als Offizier und Hofbeamter kostete.

Fallou, Christian Friedrich Daniel, s.a. Fallon, Christian Friedrich Daniel

Fallou, Christian Friedrich Daniel (Königsbrück/Laus.), **De actionibus quatenus vel bonae sint fidei vel stricti juris. Präs. Ernst Gottfr. Christian Kluegel. Wittenbg. (Jo. Tzschidrich) 3. V. 1788. 12 S. (4.—)** 8579
Gew.: Georg Friedrich Grossmann.

Fallou, Chr. Fr. Dn., Versuch einer Ansicht über den Zweikampf u. über Ehr- u. Pflichtgefühl nach d. Moral. gr. 8. Oschatz 824. (Leipz., Hartmann). 4 gr.

Fallou, F. Alb., Trennung u. Wiedersehen; Gedicht in 2 Gesängen. 8. Leipz. 817.

Fallou, Friedrich Albert

— s.a. Ackererden, die, des Königr. Sachsen.

Fallou. Die Ackererden des Königreichs Sachsen, geognostisch untersucht und classificirt. Eine bodenkundliche Skizze. Freiberg. 1853. 8.

Fallou, Friedr. Alb., die Ackererden des Königreichs Sachsen und der angrenzenden Gegend, geognostisch nach ihren äußeren Verhältnissen und Beziehungen zum Grundgebirge, sowie nach Bestand u. Gehalt untersucht und classificirt. 2., verb. u. mit neuen Boden-Analysen verm. Aufl. Leipzig 855. Gerhard. gr. 8. (VIII, 240 S.) n. 1 ₰

Fallou, Friedr. Alb., Anfangsgründe der Bodenkunde. gr. 8. (VII und 159 S.) Dresden 857. Schönfeld's Buchh. *

Fallou, Frdr. Alb., Anfangsgründe der Bodenkunde. 2., vielfach verb. u. verm. Aufl. Dresden 865. Schönfeld. gr. 8. (VIII, 174 S.) n. 28 ngr.

Fallou, Fr. Alb., die Gebirgsformationen zwischen Mittweide u. Rochlitz 2c., s.a. Acta Societatis Jablonovianae nova, Tom. IX.

Fallou, Fr. A. Die Gebirgsformationen zwischen Mittweida und Rochlitz, der Zschopau und beiden Mulden und ihr Einfluss auf die Vegetation. Preisschrift. Leipzig. 1845. 4.

Fallou, Friedr. Alb., Grund und Boden des Königr. Sachsen und seiner Umgebung in sämmtlichen Nachbarstaaten in volks-, land- und forstwirthschaftlicher Beziehung naturwissenschaftlich untersucht. gr. 8. (XII, 240 S.) Dresden 869, Schönfeld's Verlag. *

Fallou, Frdr. Alb., die Hauptbodenarten der Nord- u. Ostsee-Länder deutschen Reiches naturwissenschaftlich betrachtet. Skizze. gr. 8. (VII, 128 S.) Dresden 875. Schönfeld. n. 3. —

Die Mysterien der Freimaurer, oder Die verschleierte Gebrüderung, Verfassung und Symbolik der deutschen Baugewerke und ihr wahrer Grund und Ursprung im mittelalterlichen deutschen Staats- und Volksleben. Specielle, vollst. documentierte, histor. Untersuchung als beglaubigte Urgeschichte der Freimaurerei von Friedr. Albert Fallou. Nebst 2 Taf. Abb. Leipzig: Brockhaus & Avenarius 1848. XII, 432 S. 8⁰
Recens: FZ. 2 (1848) S. 97—102, 105—112 (G. Kloss).
cf. L. 12 (1848) S. 150—158; HZC. 127 (1849) S. 64—71 (J. F. Siemers); AQC. 1 (1886) S. 20—23.
Tt. 273. Vorgesch. des Bundes, Zunftverfassung der deutschen Baugewerke, der Gilden, Frmrbrrschaft; deren Gebräuche u. Gewohnheiten.
[2. Aufl. u. d. Tit.:]
Die Mysterien der Freimaurer, sowie ihr einzig wahrer Grund und Ursprung. Von Friedr. Albert Fallou. Mit 3 Taf. Abb. 2. verb. u. verm. Aufl. Leipzig: Gerhard 1859. XVIII, 448 S. 8⁰
cf. L. 17 (1859) S. 174—175.
Tt. 274.

— Pedologie oder allgemeine u. besondere Bodenkunde. Mit 2 (chromolith.) Taf. bildl. Erläuterungen (in Fol.). Dresden 862. Schönfeld. gr. 8. (XII, 488 S.) n. 2 ₰ 28 ngr.

Falloux, v., Leben d. Papstes Pius V. Aus dem Franz. ins Deutsche übersetzt. gr. 8. (IV, 356 S.) Regensburg 873. Pustet. 4. 20

Falloux, Graf, Sophie Swetschin. Geschichte ihres Lebens. Aus dem Französ. von F. X. Hahn. Regensburg 860. Manz. 8. (590 S.) 1 ₰ 21 ngr.

Falloux [Hrsg.], s. Swetschin: Kampf und Sieg

Falls, J. C. Ewald, Beduinen-Lieder d. libyschen Wüste, s.a. **Veröffentlichungen d. Frankf. Menasoxpedition 4.**

Beduinen Lieder der libyschen Wüste. Gesammelt, erstmalig hrsg. u. übers. von J. C. Ewald **Falls**. Mit 40 Abb. Cairo: Diemer, Finck & Baylaender 1908. 240 S 4⁰(8⁰)

Falls, J. C. Ewald, ein Besuch in den Natronklöstern der sketischen Wüste. s.a. **Broschüren, Frankfurter zeitgemäße. 25. III.**

Ein Besuch in den Natronklöstern der sketischen Wüste. Von J. C. Ewald **Falls**. Mit 9 Originalaufnahmen. Hamm: Breer & Thiemann 1905. (25 S.) 8⁰ [Umschlagt. F.]
— **Broschüren**, Frankfurter zeitgemäße. N. F. Bd 25, H. 3

— Siwah, die Oase des Sonnengottes in der libyschen Wüste. Mit 25 Abb. n. Orig.-Aufn. d. vizekönigl. Expedit. 1906 u. der Kaufmannschen Expedit. 1905—07. (48 S.) Lex. 8. Mainz 910. Kirchheim & Co. 2. —

Fallscheer, Karl, appr. Arzt: Aus d. patholog. Inst. d. Univers. in Bonn. Über einen Fall von Chondrosarkom der Pleura. Bonn 1909: Eisele. 33 S. 8⁰
Bonn, Med. Diss. v. 21. Juli 1909. Ref. Ribbert
[Geb. 18. Mai 71 Eßlingen; Wohnort: Wiesbaden; Staatsangeh.: Württemberg; Vorbildung: Friedrich-Wilhelms-Gymn. Cöln Reife O. 01; Studium: Bonn 10 S.; Coll. 21. Juli 09; Approb. 9. Juni 09.] [U 09. 335

FALLSTRICKE der Schönheit und Unschuld in der Begebenheit der Lucia Wellers. Aus d. Engl. (4 Bücher.) Hamburg u. Leipzig 1754. Gr. 8⁰.
464 SS. Zahm. (2½ Mk. Kühl.)

Fallsucht, üb. die, nebst Recepten, v. Stoll u. Theden. Bremen, Müller.

Fallsucht, über die. 8. Hamb., Herold jun. 8 ℊℊ Dass., mit Recepten von Stoll u. Theden. 2e Ausg. 8. Bremen 807. (Heyse). 20 ℊℊ Hbg. Pr. 3 ℊℊ

Faelmé, Ch., Problèmes d'arithmétique suivis d'exercices sur le système métrique et sur les fractions ordinaires à l'usage des classes élémentaires. 12. (40 S.) Strasbourg 852, Vve Berger-Levrault et fils. 1/12 ℔

Falmerayer, [Anzeige von] J. Kruger, Geschichte der Assyrier und Iranier vom 13. bis zum 5. Jahrhundert vor Christus. [Die Donau. 1856. No. 85—88.] Wien 1856. 2

Falopius, Gabr., Vortrag rarer Geheimnisse d. Natur. 4. Frankf. 715.

Falret, J., und Brierre de Boismont, über gefährliche Geisteskranke und die Special-Asyle für die sogenannten verbrecherischen Irren. Zwei psychiatr. Abhandlungen für Aerzte, Richter und Gesetzgeber, übers. von Carl Stark. gr. 8. (44 S.) Stuttgart 871, Lindemann.

Falret, (J. P.,) Betracht. über d. Hypochondrie, ihre Ursachen, über d. Sitz u. die Behandlungsart dieser Krankheit rc. Aus d. Französ. von G. Wendt. gr. 8. Leipzig 822, Industrie-Compt.

J.. P.. Falret: d. Selbstmord; e. Abhandl. üb. d. phys. u. psych. Ursachen dess. u. üb. d. Mittel seine Fortschritte zu hemmen; a. d. Franz. v. Glo. Wendt. *Sulzb.*, v. Seidel. B. 824. 8° 1 ℔

Falsan, A. et E. Chantre. Monographie géologique des anciens glaciers du terrain erratique de la partie moyenne du bassin du Rhône. 2 vols. gr. in-8°, 602 et 578 p. avec atlas in-fol. de 6 cartes. Bâle, Genève et Lyon, H. Georg. 60 — 1880

Falsan, A., des progrès de la minéralogie et de la géologie à Lyon et de l'influence de Joseph Fournet sur l'avancement de ces sciences. gr. 8. (57 S.) Basel 874. Georg. n. 2. 20

Fälscher u. Schwindler. Pinkerton, William A., amerikan. Fälscher. — Beßler, anonyme Briefe e. Geistlichen. — Göhrum, ein Versicherungsschwindler. (80 S.) gr. 8. Tübingen 910. J. C. B. Mohr. 1. —
Sonderabdr. aus: „Der Pitaval d. Gegenw."

Fälscherbande, die polnische, u. die russischen Staatsräthe u. deren Agenten. Zur Aufklärg. der öffentl. Meing. hrsg. v. der Gesammtheit der in der Schweiz ansäss. Polen. gr. 8. (96 S.) Zürich 874. Leipzig, Kasprowicz. n. — 80

Fälscherbande, die polnische, u. die russischen Agenten und deren Agenten. Zur Aufklärung der öffentl. Meinung hsggb. von der Gesammtheit der in der Schweiz ansässigen Polen. 8. Zürich, C. Schmidt. 1874 1. —

FALSCHHEIT, Die entlarvte, oder Lebens-Beschreibung u. wunderseltsame Begebenheiten des Grafen von *** u. der Gräfin von Belmir. Ihrer besonderen Annehmlichkeit halben aus d. Französ. übersetzt. Franckfurt u. Leipzig (Nürnberg, Felßeckers Erben) 1745. 8°. (In Dresden: Lit. Germ. rec. C. 902, schönes Expl.)
Enth. 2 stellenw. freie Romane. Tit. (roth u. schwarz). 3 Bll. Vorr., 216 + 255 S. (à 2 Thle.). — Wirklicher Verlagsort im O. M. V. 1745, F 2a.

Falschheit, die entlarvte, od. d. freym. Bekenntniß, in den Begebenh. des Grafen von Belmir. 8. Nürnb. 755.

Falschheit der neuen Propheten. Altenb. 1751—58. V: *Freiesleben, Gottfried Christian.* (ML) (Ky) (Adel)

Falschheit, d. neuen Propheten, (v. Gf. Chr. Freiesleben). 5 Stücke. 8. Altenb. 751—58. (Hennings in Neisse). 16 ℊℊ

§ — —, Die, der Verachtung des Reichthums beim Heirathen, in einem Gespräch entdecket. O. O. 1759. 4°. Rar! (In München: Diss. 34, 907.)

Fälschung, die, der öffentlichen Meinung, nachgewiesen durch den stenograph. Bericht über die 1. öffentl. Sitzung des neubegründeten Deutschen Volksvereins am 14. März 1881 im großen Concert-Saale der Tivoli-Aktien-Brauerei. Hrsg. vom Vorstande des Deutschen Volksvereins. gr. 8. (47 S.) Berlin 881. F. Luckhardt. n. — 60

Fälschung, die, der guten Sache durch die Augsburger Allgemeine Zeitung. Sendschreiben an Herrn Baron v. Cotta. Frankfurt a. M. 859. Brönner. 8. (2 Bl., 64 S.) n. 7 ngr.

Falsen, ..., der gewissenhafte Erbe; Lstspl. in 5 A. 8. Wien 804. Armbruster. 3 ℊℊ

Falsen, E., Ida. Schauspiel in 5 Akten. A. d. Dän. übers. v. Chr. G. Wettwer. (Nach Aug. Lafontaines Ida von Tockenburg bearb.) 8. (10½ B.) Kopenhagen 831, Schubothe.

Falsen, E., s.a. Was ist Freiheit?

Falsen, E., Was ist Freyheit u. wo sollen wir sie suchen? 8. Copenh. Schubothe. 803.

Falser, C. v., s.: Damian v. Beufter, Leben u. Wirken.

Falser, Stephan

Falser, St. R. v., Bodenentschuldungs- u. -Verschuldungsgrenze. Zugleich e. Besprechg. des unter diesem Titel erschienenen Gutachtens d. Abgeordn. Karl v. Grabmayr. 8. (51 S.) Innsbruck 900. Vereins-Buchh. u. Buchdr. n. — 40
Sonderabdruck aus: „Neue Tiroler Stimmen".

FALSER, Stephan: Wald und Weide im tirolischen Grundbuch. Beiträge zur Kenntnis des Tiroler Forstrechtes. - Innsbruck 1896. -

Falser, St. v., Wald u. Weide im tirol. Grundbuche. 8. (48 S.) Innsbruck 896. Vereinsbuchh. n. — 60

Falsetta rediviva impunita oder die jetzt lebende . . . Betrügerin. Lübeck u. Leipz. 1726. V: *Sivers, Dav. Bernh.* (Bruun, Bibl. Danica. III, 1270.) (Collin, Anonymer. Kiobenh. 1869.)

Falsetta rediviva impunita. Oder, Die jetzt lebende u. durch ihre in kurtzer Zeit zu Hamburg, Altona, Rendsburg u. Plöen, vielfältig ausgeübte Bubenstücke unter dem Nahmen Anna Sophie Losen, bekannt gewordene bißhieher aber noch ungestraffte ruchlose Ertz-Betrügerin [usw.]. Mit Zeugnissen erl. von Dav. Bernh. S. Lübeck u. Leipzig 1726.

Falstaff, Fakir [Pseud.], s. a. Wallengren, Axel

Falstaff, s.a. Jeder sein eigener Professor.

[F.] 1. bis 5. Tausend. Jeder sein eigener Professor oder Alles menschliche Wissen im Auszug. Kurzgef. Encyclopädie v. Falstaff, Fakir. 3 Tle in 1 Bd. Aus d. Fakir-Sprache übertr. Orig.-Ausg. *Ziegenhals & Leipzig: C. Thomm 1896.* (102 S., 1 Bl., 1 Bl.) 8.

Falstaff, John

Falstaff. Humoristische Einfälle und Charivaris in Westentaschenformat. Hrsg. v. Th. Drobisch u. E. Herloßsohn. 1—3. Hft. 16. (96 S. m. eingedr. Holzschn.) Grimma 849, Verlags-Comptoir. à 3 ngl

Falstaff's närrischer Fest- u. Sonntags-Kalender für 1850. (Hrsg. v. Th. Drobisch.) 16. (176 S. m. eingedr. Holzschnitten.) Grimma, Verlags-Comptoir. n. 1/3 ℛ

Falstaff, John, Wochenblatt f. Humor u. Satyre. Mit zahlreichen Illustrationen, Original-Holzschn. u. Carricaturbl. 1. u. 2. Jahrg. 1846 u. 1847. à J. 52 Nrn. (Bog.) hoch 4. Grimma, Verlags-Comptoir.
Einzelne Nummern à 2 Ngr.

Falstaff, Sir John. Wochenblatt für Humor und Satyre. Jahrg. 1848. 52 Nrn. (Bog.) Fol. Mit 52 Stnt. Grimma, Verlags-Comptoir.
1. und 2. Jahrg. 1846 und 1847. Ebendas. * 4 Thlr.

Falstein, A. von [Pseud.], s. Falke von Lilienstein, Amalie

Falster, Chr., Amoenitates philolog. 8. Amst 732.

— Cogitationes variae philologicae. Lips. 719. 8. 1 rthl. 3gr.

— Cogitationes var. philosoph. 8. Flensb. 719.

— Memoriae obscurae. 8. Hamb. 722.

Falsteri, Chr., Quaestiones Romanae. Flensb. 817. 8. 8 gr.

— Questiones romanae. 8. Flensb. Korte. 718.

Falsteri, Chr., Supplementum linguae latinae, sive Observationes ad Lexicon Fabro-Cellarianum. Flensb. 717. 8. 6 gr.

De Christiani Falsteri V. C. specime emendationum in A. Gellii Noct. Attic. libr. I. Novis litterariis Lips. latinis inserto. Dissertatio aemulationibus oratoriis a. o. r. 1722 in lyceo Utinensi institutis praemisse. 6 Bl. (2.—) 8579a

Falsterbo, s.: Europa. Llebenow.

Falta, Marczel, Trachomtherapie in der verseuchtesten Gegend Ungarns. (Red. v. Max Ohlemann.) (104 S. m. 7 Abbildgn.) gr. 8. Berlin 906. S. Karger. n. 2. —

Falta, Wilhelm

Falta, W., über Veränderungen im Kraft- u. Stoffwechsel-Gleichgewicht. s.a. Sammlung klinischer Vorträge. Nr. 405.

Falta, W[ilhelm]. Über Veränderungen im Kraft- und Stoffwechsel-Gleichgewicht, von W. F', Basel. (Öffentliche Habilitationsvorlesung.) II S. + S. 511—524 ⟨14 S.⟩. gr.-8. Leipzig, Breitkopf & Härtel, 1905. (M. —. 75)
Sammlung Klinischer Vorträge, begründet von Richard von Volkmann. Neue Folge.... Nr. 405 ⟨Serie XIV, Heft 15⟩. Innere Medizin Nr. 122. (Dezember 1905.)

Falta, Wilhelm s. Versuche über den Kraft- und Stoffwechsel.... Braunschweig 1907 — Versuche über Stoffwechsel und Energieverbrauch.... B' 1907.

Falte, die erste, s.: Wallner's allgemeine Schaubühne.

Faltelowitz, A: Studie zur Kenntnis der Milch-Katalyse des Wasserstoffsuperoxydes und deren Lähmung durch negative Katalysatoren. Diss. Heidelberg 1904

Faltenbacher, Hans: Die romanischen, speciell französischen und lateinischen ⟨bezw. latinisierten⟩ Lehnwörter bei Caxton. ⟨1422(?)—1491⟩. München 1907: Mössl. (224 S.) 8°
München, Phil. Fak., Ref. Schick, Diss. v. 23. Juli 1906
[Geb. 17. Sept. 78 München; Wohnort: St. Ottilien; Staatsangeh.: Bayern; Vorbildung: Luitpold-Gymn. München Reife Juli 98; Studium: München 10 S.; Rig. 23. Juli 06.]

Falter, Carl, s. Falter, Karl

Falter, Gust., Beiträge zur Geschichte der Idee, s.a. Arbeiten, philosophische. I. 2.

Falter, Gustav, a. Steinbuch i. Odenwald: Beiträge zur Geschichte der Idee. Teil I. Philon und Plotin. Marburg 1906. (S. 37—102) 8° ¶(Aus: Cohen und Natorp, Philosophische Arbeiten I.)
Marburg, Phil. Fak., Ref. Cohen, Natorp, Diss. v. 4. April 1906
[Geb. 12. April 83 Steinbuch i. Odenwald; Wohnort: Gießen; Staatsangeh.: Hessen; Vorbildung. Gymn. Darmstadt Reife M. 01; Studium: Gießen 7 S.; Rig. 2. Aug. 05.]

Falter, Heinrich: Die Technik der Komödien von Eugène Labiche. Borna-Leipzig 1909: Noske. 199 S. 8°
Würzburg, Phil. Diss. v. 1. März 1909, Ref. Schneegans
[Geb. 16. Jan. 82 Hoyerberg; Wohnort: Bückeburg; Staatsangeh.: Bayern; Vorbildung: Gymn. Rosenheim Reife Juli 00; Studium: München 3, Paris 1, München 3 S.; Rig. 16. Jan. 09.] [U 09. 4160

Falter, Jul., der preußische Kulturkampf v. 1873 bis 1880 m. besond. Berücksicht. der Diöcese Paderborn, d. jünger. Klerus u. dem schlichten Volke in erzählend. Form auf Grund quellenmäß. Studien u. v. Selbsterlebnissen dargeboten. gr. 8. (XLVIII, 327 S.) Paderborn 900. Bonifacius-Druckerei. 2. 40

Falter, Jul., Wanderzüge im Umkreise Münchens zu Fuß u. m. d. Rad. 42 Touren m. 22 Illustr. (VIII, 104 S.) 8. München (910). M. Kellerer. 1. 20

Falter, Karl: Konsulargerichtsbarkeit in Strafsachen. Nürnberg 1909: Hilz. 93 S. 8°
Erlangen, Jur. Diss. v. 11. Dez. 1909, Ref. Allfeld
[Geb. 13. Nov. 83 Neuenstadt; Wohnort: Nürnberg; Staatsangeh.: Württemberg; Vorbildung: Gymn. Heilbronn Reife Juli 02; Studium: München 4, Heidelberg 4, Erlangen 4 S.; Rig. 29. Juni 09.] [U 10. 679

Falter, Carl, Wie's der Lenz treibt. Gedicht. Freiburg im Br. 862. Mayer in Comm. 16. (VIII, 73 S.) n. 10 ngr.

Falter, Ludwig, aus Steinbuch i. O.: Die erkenntnistheoretischen Grundlagen der Mathematik bei Kant und bei Hume. Gießen 1903: v. Münchow. (71 S.) 8°
Gießen, Phil. Diss. v. 1903

[Ant. u. J.] Faltermayer, Heinrich [Prof.]: Geschichte des Studienwesens in Burghausen m. Rücks. auf d. Gesammtentwickelg d. Mittelschulwesens in Bayern, v. d. Mitte d. 16. Jahrh. bis z. Gegenwart. Burghausen, Druck d. L. Russyschen Buchdr., 1892; VI, 68 S. 8.
Burghausen, k. humanist. G. P 1892*

FALTERMEIER, August (Regensburg): Die Drainage.- Regensburg: Demmler 1867. 22 S.
21.12.1865 - Urk (Titel: De methodo "drainage" vocata.); F 71
Diss. Ingolst.-Landsh.-Mchn.

Faltin, A., über den Anzeigebeweis in Livland nach der Theorie und Praxis. gr. 8. (49 S.) Riga 857. [Dresden], v. Boetticher.

Faltin, Gustav

Faltin, G., Zu den Berichten des Polybius und Livius über die Schlacht am trasimenischen See. S.-A. s. a. 14 S. —.90

Faltin, G. Über Geist und Tendenz der pseudoxenophontischen Schrift vom Staate der Athener. 20 S. Progr. G. Barmen 1882

Faltin, Gustav Horazstudien. I. Über den Zusammenhang des Briefes an die Pisonen. 4 (23 S.).
Progr. Friedrich-Wilhelms-G. Neu-Ruppin 1886 (81).

Faltin, G., Horazstudien. I. Uber den Zusammenhang d. Briefes an die Pisonen. 4. (23 S.) Neu-Ruppin 886. (Leipzig, Teubner.) — 60

— De locis nonnullis libelli qui inscr. Ἀθηναίων πολιτεία. S.-A. 1884. 9 S.

Faltin, G., s. Neumann, Carl, Geschichte Roms während des Verfalles der Republik.

Faltin, Gustav Plan für den deutschen Unterricht. Ausgearbeitet und nach Konferenzberatungen veröffentlicht. 4 (13 S.).
Progr. Friedrich-Wilhelms-G. Neuruppin 1888 (81).

Faltin, G. Zur Properzkritik. 28 S. **Progr.** *Eisenberg* 1876.

Faltin, Gustavus *(geb. Strehlitz bei Namslau 11. 12. 1846)*: Quaestiones de libello Ἀθηναίων πολιτεία. Vratislaviae (1872). (62 S.) 8°

Breslau, Phil. Diss. v. 15. Juni 1872

Faltin, *Gustav* Über den Ursprung des zweiten punischen Krieges. Ein Beitrag zur Kritik des Polybios. 4 (20 S.).
Progr. Friedrich-Wilhelms-G. *Neu-Ruppin* 1887 (81).

Faltin, G., über den Ursprung des zweiten punischen Krieges. Ein Beitrag zur Kritik d. Polybios. 4. (20 S.) Neu-Ruppin 887. (Leipzig, Teubner.) n. — 80

Faltin, Hermann [app. Arzt]: Ueber puerperale Mastitis. München, Druck d. Akad. Buchdr. v. F. Straub, 1892; S. 8.

München, Med. Fak., Inaug.-Diss. v. 1893

Faltin. Ständerecht, s. Ständerecht.

Faltin, Herm., s. Ständerecht, das Russische.

Faltin, Josef Anton Aloys: Die Juncus-Fragmente bei Stobaeus. Freiburg i. B. 1910: Wagner. 64 S. 8°
Freiburg i. B., Phil. Diss. v. 1910, Ref. Schwartz
[Geb. 15. Nov. 85 Langenschwalbach; Wohnort: Freiburg i. B.; Staatsangeh.: Preußen; Vorbildung: Gymn. Hadamar Reife O. 05; Studium: Rom 4, Freiburg i. B. 5 S.; Rig. 18. Febr. 10.] [U 10. 1044

Faltin, Walther, prakt. Arzt in Stargard i. Pommern: Ueber den klinischen Wert der Conjunctivalreaktion auf Tuberkulin. Leipzig 1908: B. Georgi. (69 S.) 8°
Leipzig, Med. Fak., Ref. Curschmann, Diss. v. 4. Mai 1908
[Geb. 16. April 80 Berlin; Wohnort: Stargard; Staatsangeh.: Preußen; Vorbildung: Friedrich-Wilhelms-Gymn. Berlin Reife M. 98; Studium: Berlin 2, Greifswald 2, Berlin 6 S.; Coll. 9. Mai 08; Approb. 4. März 05.]

Faltis, Franz

— Alkaloide der Pareirawurzel. S. 121. IIb. 525 . . . . vgr.
Separatabdruck

Faltis Franz: Über die Konstitution des Berberins sowie über einige Abkömmlinge desselben. S. 119. IIb. 381 . . . . vgr.
Separatabdruck

Faltlhauser, Valentin, a. Wiesenfelden: Casuistischer Beitrag zur Chorea Huntington's. Erlangen 1906: E. Th. Jacob. (40 S.) 8°
Erlangen, Med. Fak., Ref. Specht, Diss. v. 24. Aug. 1906
[Geb. 28. Nov. 76 Wiesenfelden; Wohnort: Erlangen; Staatsangeh.: Bayern; Vorbildung: Gymn. Amberg Reife 96; Studium: München 4, Erlangen 8 S.; Coll. 24. Juli 06; Approb. 9. März 03.]

Faltys, Wenzel, böhmisches Sprachbuch für Deutsche, zunächst für die unteren Klassen deutscher Mittelschulen. 2 Abthlgn. Prag 868. Calve. (Tempsky.) gr. 8. (295 S. u. 2 Tabb. in 1.) n. 20 *ngr.*

Faltys, Wenzel, böhmisches Sprachbuch für Deutsche, zunächst für die unteren Klassen deutscher Mittelschulen. 3. wesentlich umgeänd. und verb. Aufl. gr. 8. (IV, 293 S. mit 3 Tab. in qu. 4. und qu. Fol.) Prag 874, Calve'sche Universitäts-Buchh.

Faltys, Wenzel, böhmisches Sprachbuch f. Deutsche, zunächst f. die unteren Klassen deutscher Mittelschulen. 4. wesentlich umgeänd. u. verb. Aufl. gr. 8. (IV, 300 S. m. 3 Tab. in qu. 4. u. qu. Fol.) Prag 877. Calve. n. 3. 20

— deutsches Sprachbuch für die unteren Klassen der Mittelschulen mit Schülern böhm. Muttersprache. 2. durchgeseh. Aufl. Prag 866. Tempsky. gr. 8. (320 S. u. 3 Tabb. in 1.) 15 *ngr.*

Faltz, A., allgem. deutscher Sprachlehrer u. Briefsteller, s.: Bohm, H.

Faltz, Kurt, prakt. Arzt a. Berlin: Angeborene Bildungs- und Lageanomalien der Nieren, unter Aufführung dreier eigener Fälle. Würzburg 1904: P. Scheiner. (27 S.) 8°
Würzburg, Med. Fak., Ref. v. Rindfleisch, Diss. v. 25. Aug. 1904
[Geb. 5. Juni 79 Berlin; Wohnort: Berlin; Staatsangeh.: Preußen; Vorbildung: Leibniz-Gymn. Berlin Reife O. 99; Studium: Berlin 8, Würzburg 1 S.; Coll. 13. Juli 04; Approb. 14. Juli 03.]

Faltz, Siegfr. Alfr., internat. Bankdiscont-Tabellen. (38 S.) 8. Berlin 907. (Leipzig, P. Stiehl.) nn 2. —

Faltz, Siegfr. Alfr., Devisen-Paritäten-Tabellen. (II, 12 S.) schmal 8. Berlin (903). (Leipzig, P. Stiehl.) n. 2. —

— Devisen-Paritäten-Tabellen. 4., neu durchgeseh. u. umgearb. Aufl. Als Anh.: „Berliner Börsen-Usancen" m. Tabelle „Brüche-Tabelle". (48 S.) kl. 8. Ebd. (908). nn 2. —

Faludi, Béla, die Theorie des Hauptbuches der doppelten Buchhaltung. Für Techniker u. den höheren Fachunterricht. (31 S.) gr. 8. Besztorczobánya (Neusohl) 903. (Wien, L. Weiss.) n. — 85

Faludi, B., Die Theorie des Hauptbuches der doppelten Buchhaltung. Gr.-8°. (31 S.) Wien: Weiss 1903. K 1.

Falvay, A., s.: Lesebuch, deutsches, f. die II. Klasse der Volksschulen.

Falx, Ios., christ. Pascha in Calend. Gregor. rite celebrat. 8. Münch. Lentner, 740.

Falz-Fein, W., Askania-Nova. Das Tierparadies. XI. 323 S. 140 Abb.

Falzari, Fel., istrianische Novellen u. andere Erzählungen. Umschlagbild v. Leop. Burger. (79 S.) gr. 8. Linz (903.) [Oesterreich. Verlagsanstalt.] Wien, J. Deubler. Geb. in Leinw. 2. 50

Falzari, F., Oroto. Ein Sommernachtstraum in 3 Bildern. 8. (47 S.) Dresden 901. E. Pierson. n. 1. —

Fama
⑤ 1850 ⑦ Wochenblatt ⑧ Bern ⑬ BGSZ: 973 ⑮ Nach einer Notiz im »Luzerner Boten« 185?, Nr ? handelt es sich um ein Gegenstück zum »Guk-kasten«.

Fama academica intimans disputationes in academia habitas. Lipsiae 1707—8. H: *Burgmann, Joh. Mart.* (Hauptkat. d. Univ.-Bibl. Tübingen. K. Nachtr. 25.)
Georgi (4 ff Bergkmann)

Aytoner Fama: Jan. 1882 1890? Ayton, Ont.
Weekly. Publisher: Gottfried Voigt.

Fama Mit dem Allerneuesten Bericht von Ursprung . . . des Welt-berühmten Fasses In dem . . . Schloss-Keller zu Heidelberg . . . Heydelberg 1752. V: *Wolff, Joh. Wilhelm.* (ZP)

FAMA, Berlinische, der neuesten Stadt- und Landbegebenheiten (hrsg. von Aug. Friedr. Cranz). Erstes (einz.?) Ausblasen. Berlin 1781. 8°.
Aeusserst selten! Nicht im Anon.-Lex.

Fama, die Europäische. 360 Thle. 8. Leipzig, Gleditsch. 702–35.

FAMA, Die Europäische, welche den gegenwärtigen Zustand der vornehmsten Höfe entdecket. Th. 1 bis 360. Mit Kpfrn. O. O. 1724—35. 8°. (In Rostock, Landesbibl., 30 Bde.; Th. 85-96 in Warmbrunn; Th. 193-360, o. O. 1716[!]-35, mit Portraits, in Posen, Bibl. d. histor. Gesellsch.).

Fama, Geistliche, mittheilend einige neuere Nachrichten von Göttlichen Erweckungen . . . Philadelphia [Büdingen] 1730—31. V (St. 1—5): *Dippel, Johann Conrad.* (Myl) (Wr)

— Die gelehrte. 68 Thle. 8. Leipzig. 711.

Fama, Die gelehrte, welche den gegenwärtigen Zustand der gelehrten Welt . . . entdecket. 1711—17. V: *Pezold, Carl Friedr., Chn Siegm. Klose & Uslebertus.* (Myl)

Fama, Die Gelehrte, Welche den gegenwärtigen Zustand der gelehrten Welt und sonderlich derer deutschen Universitäten entdecket. Leipzig 1711—18. H: *Petzold, Adam Frdr., Frdr. Aug. Usleber & Joh. Jac. Kloss.* (Erman & Horn, Bibliographie d. dtsch. Universitäten. I. Leipzig u. Berlin 1904. S. 2.)

Fama, Leipziger, oder Jahrbuch der merkwürdigen Begebenheiten. Leipzig 1819. H: *Ouvrier, Carl Sigmund.* (StAt)

Fama, Die Lindenfeldische. Welche den gegenwärtigen Zustand der vornehmsten Straßen [Hamburg's] entdecket. 2. Aufl. O. O. 1718. H: *Hunold, Christian Friedrich.* (Hayn, Vorschl. zu e. Lesebibl. f. Frauenzimmer. Borna-Leipzig 1889.)

* — —, Die lustige, Aus der Närrischen Welt, Bestehend in einem curieusen Extract aller in der Welt vorfallenden kurtzweiligen Begebenheiten, anmuthigen Historien . . . . Ausgefertigt Von *J. L.* 22 Ausfertigungen (Stücke). Hamburg, Bey Phil. Ludw. Stromer, in der Neustadt am Graben nebst dem Schulgang. 1718. 8°. Sehr rar und curios! (In Berlin: Bibl. Diez. 4° 2643, no. 1.)
TKpf., Tit., 1 Bl. Inh. u. 178 SS. Vieles in Versen. —

* FAMA MYSTICA HERMETICA von dem grossen Universal-Stein, oder Lapide Philosophorum der uralten Weisen, ein abgenöthigter Beweiss von desselben wahrhaftigem Daseyn als eine Antwort auf dasjenige Avertissement, das eine unbekannte, aber sehr erlauchte Feder, in dem Monat Hornung des Jahrs 1765, durch das Frankfurter und Erlanger Wochenblatt an die erlauchten Hohen Societäten London, Paris, Berlin abgegeben, und öffentlich bekannt gemacht hat. Frankfurt und Leipzig, bey Johann Paul Krauss, 1772. pp. 88, 12mo.
Cf. A B C.

— mystica hermet. vom gr. Universalsteine. 8. Nürnb. 772. (Kraus in Wien). 10 ℳ.

Neuaufgestandene Fama aus Ungarn und der Türkey oder Relation von dem ietzmahligen Türcken-Kriege. Missiv. 1–6. o. O. 1717.

Fama, Die Neue Europaeische, welche den gegenwärtigen Zustand der vornehmsten Höfe entdecket. Leipzig 1735—56. H: *Schumann, Glieb.* (Ky) (ML)

— —, Die Neue Europäische, Welche . . . . (Hrsg. von Gottlieb Schumann.) Th. 1—180. Mit zahlreichen Portrait-Kpfrn. (meist von M. Bernigeroth gestoch.). O. O. (Leipzig) 1735—56. 8°. (Th. 1—24, 85—132, 169—180 [zus. in 7 Bdn.]: 20 Mk. Rudolf Haupt, Halle, c. 1905; (Ein unvollst. Expl. in Rostock, Landesbibl.)
Die Portraits stellen deutsche, österreichische, polnische, russische u. a. Fürstlichkeiten, Bischöfe und Würdenträger dar. — Anon.-Lex. p. 86 (nach Kayser u. Meusel).

Fama, die neue europäische. 192 Thle. 8. Leipz. 735—56. Gleditsch. 16 ℛ︁ Die neueste europ., 76 Stcke. 8. Gotha 760—65. Mevius. 6 ℛ︁ 8 ℊ︁

Fama, Oekonomische. Frankf. u. Leipz. 1729—31. V: *Dithmar, Just Chph.* (Adel)
10 Tle.
2.Aufl. Frankfurt u. Leipzig: Conradi 1743 – 44.

Fama. – Königlich Preußische Fama. – Königsberg. – 1709–1740.
Fortges.u.d.T.: Neue Merckwürdigkeiten von politischen und gelehrten Sachen.

Fama, Sanctior Europae, aucta silentio seu vita et mors S. Ioannis Nepomuceni . . . Graecii 1722. V: *Hehel, Franz Xaver.* (Jes)

Fama, Schwedische, welche den Zustand Caroli XII. kundmachet. Freystadt [Jena] 1711—15. V: *Zschackwitz, Joh. Ehrenfr. von.* (Pr)

* **FAMA,** Die verliebte, welche aus dem geheimen Cabinet der Venus die remarquabelsten Passagen (pikante Liebeshändel) referiret. (Roman.) Liebenburg (fing.) 1719. 8°. (In Berlin 2 Expll.: Yv 1206, mit 1 Beibd.; an Yz 622.)
Aeusserst selten! 5 Bll. Vorst. u. 105 SS.

— — S. auch Kunst (s. d.), Die, Der Menschen Gemüther zu ergötzen . . . . 1726. (Gleichen Inhalts.)

Fama volat! Der noch lebende Carolus u. das unter seiner persönlichen Anführung unverzagte Schweden, Zeitung von der glücklichen Ankunft Sr. Kön. Maj. in dero Lande. 4. (Breslau? 1714.)

Famars, Nicolaus Philipp von (Lingen/Westf.), De compensationibus. Dissert. jur. Rector Philipp Reinhard Vitriarius. Leyden (A. Elzevier) 4. VII. 1702. 20 S. (4.80) 8580
Gew.: Jacob v. Famars, Nicol. Witsen (Amsterdam). — Widm. v.: J. F. v. Famars, H. Sandbeek.

Fambach, Reinh., Beitrag z. Anatomie u. Physiologie der Blättchenschicht des Pferdehufes. gr. 8. (10 S.) S.-A. Dresden 80. Schönfeld.

— – Über die Entwicklung u. Bedeutung der Hufbeschlagstechnik. Vortrag. gr. 8. (7 S.) S.-A. Ebd. 96.

Fambach: Gehirnentzündung u. Genickstarre d. Pferde u. deren Behandlung durch Lecithin. (Hann. 1902). 16 S. (Sætr.). P.

— – Die Heilung d. Hufwunden u. d. Hufknorpelfistel und die Spohrschen Wasserumschläge. gr. 8. (11 S.) Ebd. 90.

Fambach, Reinhold [Kgl. Sächs. Bezirkstierarzt in Glauchau (Sachsen)]: Die Ringbildung an den Hörnern der Cavicornier. Jena 1898. 30 S. 3 Taf. 8°.
Basel Phil. Diss. 1897/98.

Fambach, Untersuchungen u. Beobachtungen üb. das Os cornu. gr. 8. (16 S. m. 1 Fig., 2 Taf. u. 2 Bl. Erklärgn.) Stuttgart 901. E. Schweizerbart. n. 1. 60
Sonderabdruck aus: „Zeitschrift f. Naturwissenschaft."

Fambri, G., französisches Konversations-Taschenwörterbuch. Enth. die geläufigsten Redensarten in mustergült. französ. Uebertragn. (382 S.) 16. Berlin 906. Friedberg & Mode. Geb. in Leinw. n. 2.—

Fambri, Gabriel

Fambri, G., Anleitung zur Anfertigung v. Ansichtsskizzen (Panoramen) nach der Natur u. auf Grund v. Plänen u. Karten. (23 S. m. Fig.) 8. Wien 909. L. W. Seidel & Sohn. 1.—

Fambri, Gabr., Aufgaben-Sammlung aus d. Terrainlehre, Terrain-Aufnahme u. Terrain-Darstellung. gr. 8. (III, 53 S. m. 109 Fig.) Wien 896. W. Braumüller. n. 1. 40

Fambri, Gabr., das Kartenlesen. Praktischer Behelf zum Gebrauch der Special- u. Generalkarte f. Militär u. Civil, besond. Touristen empfohlen. Applicatorische Aufgaben sammt Lösung auf Grund der Specialkarte u. der Generalkarte m. e. Anh. üb. das Croquiren u. Entwerfen v. Skizzen. 8. (87 S. m. 1 Karte u. 1 Taf.) Innsbruck 902. H. Schwick n. 2. 20

Das Kartenlesen. Prakt. Behelf z. Gebr. d. Spezial- u. Generalkarte f. Militär u. Civil, besond. Touristen empfohlen. Applikatorische Aufgaben samt Lösung auf Grund d. Spezialkarte u. d. Generalkarte mit e. Anh. über d. Croquieren u. Entwerfen von Skizzen. Von Gabriel **Fambri**, k. u. k. Hauptm. 2. (verb. u. verm.) Aufl. *Innsbruck: H. Schwick 1903.* (96 S.) 8°

Fambri, Gabr., das Kartenlesen. Erklärung der Spezialkarte 1 : 75.000 u. der Generalkarte 1 : 200.000. An Beispielen erläutert u. m. e. Anweisg. zum Croquieren versehen. 3. (verm. u. verb.) Aufl. Mit Karte, Tafel u. Zeichenschlüssel. (95 u. 16 S.) 8. Innsbruck 906. H. Schwick. n. 2. 20

— psychophysische Methodik f. d. Unterricht fremder Sprachen. 8. (III, 54 S m. 1 lith. Taf.) Hermannstadt 901. J. Drotleff. n. 1. 50

— theoretische u. praktisch-applikatorische Uebung im Kartenlesen. Speziell f. d. Anleitg. v. Unteroffizieren zusammengestellt. 2—4. Aufl. (62 S.) 16. Ebd. 903. n. — 50

Fambri, P., il caporale di settimana, s.: Teatro italiano.

Famiglia, La, Suizzera. Opera lirica in tre atti ... Dresd. 1810. V: *Wagner, Gottl. Heinrich Adolph.* (MGT) (GGr) (NN) (Ky)

Familiae Clericorum regularium Scholarum Piarum provinciae Austriae pro anno 1854. 8. (48 S.) Viennae, Typ. J. B. Wallishausser.

Familiae clericorum regularium scholarum piarum provinciae Austriae pro anno scholastico 1855. 8. (46 S.) Viennae. Typis J. B. Wallishausser.

Familiae clericorum regularium Scholarum Piarum provinciae Austriae pro anno scolastico 1858. *Viennae* 1858. Typis *J. B. Wallishausser.* 43 S. 8°.

— - regularium Scholarum Piarum provinciae Austriae pro anno scholastico MDCCCLIX. *Viennae. J. B. Wallishausser.* 47 S. 8°.

Familias, Pater

Arbeiterschutz! Warum kein Schülerschutz? Ein Weckruf an Eltern und Erzieher. Zur Reform der Gymnasien in Oesterreich. Von Pater Familias. Wien. 1900. Frick. Gr.-8°. 64 S. K 1.50

Für die **Familie,** s.a. Intelligenzblatt von und für die Stadt Bern. – Der Oberbasler. – Der freie Rhätier(II). – St.Galler Stadt-Anzeiger. – Willisauer-Bote. – Wynenthaler-Blatt.

Familie, Die. Lustspiel a. d. Franz. Salzburg 1777. V: *Berhandtsky v. Adlersberg, Joseph.* (Ky) (ML)

Familie, die, Lstspl. aus d. Französ. (v. J. Berhandtsky von Adlersberg) 8 Salzb. 777. Mayr. 8 kr

Familie, die. Wochenblatt für Familien-Glück, Familien-Wohlfahrt. Redact.: Ch. Krämer. 1. Jahrg. 1880/81. 52 Nrn. (à Nr. 1—1½ Bog.) gr. 4. Leipzig, Krämer und Rotermundt. *
Nicht weiter erschienen.

Familie, die. Ein Blatt zur Unterhaltg. u. Belehrg. 2. Jahrg. 1889. 52 Nrn. (2 B.) gr. 4. Leipzig, Grandpierre. n. 4. —

Familie, die. Zeitschrift f. das deutsche Haus. 1.—3. Bd. à 5 Hfte. (à ca. 2 Bog.) gr. 8. Leipzig 893. 894. R. Richter. à Bd. 2. 25

(F) Die Familie. Illustrirte Wochenschrift für alle Stände mit den Beiblättern: Der Kinderfreund — Die Küche — Die Mode — Das Möbel. Redacteur Josef Lenobel. I. Jahrgang. 1901. Wien. [1901.] Verlag der Familie. erscheint in 52 Nummern. Einzelne Nummern K —.16, viertelj. K 1.60

Für die **Familie.** Ill. Familienblatt. Einführungs-H. 1. (Charlottenburg: Augustin & Co.) 1908. 4° [F.]

— d. amerikanische; Operette, s.a. J. R. v. Seyfried.

— die amerikanische,. Operette. 8. Wien, Wallishauser.

Familie, die arme, v. Sophie Ludwig, Verf. d. Familie Hohenstamm. 8. Zwickau, Schumann. 799.

— die ausschweifende,. Lustsp. 8. Jena, Melchior. (Gabler.) 778.

Familie, Die, von Bardenstern. Leipz. 1793 [1794]. V: *Kerndörffer, Heinr. August.* (BGE) (Ky) (GGr) (MGT)

Familie Bato, die. 8. (24 S.) Barmen 870, (Buchh. der evangel. Gesellschaft.)

— die, Benning, v. Verf. des Siegfried von Lindenberg 2 Thle. 8. Altona, Hammerich. 810. (1r Thl. 2 Rthlr. 4 gr. 2r....)

Familie, Die, von Bernheim, ein angenehmes und lehrreiches Lesebüchlein. Braunschweig 1795. V: *Frömmichen, Sophie.* (Ky)

Familie, der, Bonaparte, s. Bonaparte.

Familie, Die, von Bornheim. Hist. Gemälde a. d. grossen Welt. Frankf. u. Leipz. 1796. V: *Kerndörffer, Heinr. Aug.* (GGr) (Ky) (MGT)

Familie, die christliche. — Das alte Raubschloß. — Das stumme Kind. — Drei Erzählungen für Kinder und Kinderfreunde. Von dem Verf. der Ostereier. (Chr v h. v. Schmid.) 2. Originalaufl. Regensburg 852. Manz. 12. (120 S.) 6¼ ngr

Familie, die christliche. — Das alte Raubschloß. — Das stumme Kind. 3 Erzählungen für Kinder u. Kinderfreunde. Von dem Verf. der Ostereier (Ch. v. Schmid). Neue illustr. Orig. Aufl. Mit 1 Stahlst. u. Holzschn. (im Text.) Regensburg 864. Manz. 8. (103 S.) 7½ ngr

Familie, die christliche. — Das alte Raubschloß. — Das stumme Kind. Drei Erzählungen für Kinder und Kinderfreunde. Von dem Verf. der Ostereier (Chr. v. Schmid). Neue illustr. Orig.-Aufl. [2. Abdr.] 8. (104 S. mit 1 Stahlst. und feinen eingedr. Holzschn.) Regensburg 869, Manz.

Familie, die christliche. Wochenschrift zur Begründg. u. Förderg. d. häusl. Glückes auf religiöser, sittlicher u. christlich-socialer Grundlage. Red.: Hugo Koenen. Jahrg. 1886. 52 Nrn. (B.) gr. 4. Essen, Fredebeul & Koenen. 1. 80

— die christliche. Wochenschrift zur Begründg. u. Förderg. d. häusl. Glückes auf religiöser u. christlich-sozialer Grundlage. Red.: Hugo Koenen. 2.—5. Jahrg. 1887—1890. à 52 Nrn. (B.) gr. 4. Essen, Fredebeul & Koenen. à Jahrg. n. 2. —

— die christliche. Wochenschrift zur Begründg. u. Förderg. d. häusl. Glückes auf religiöser, sittl. u. christlich-sozialer Grundlage. Red.: Hugo Koenen. 6.—9. Jahrg. 1891—1894. à 52 Nrn. (Bog.) gr. 4. Essen, Fredebeul & Koenen. à Jahrg. n. 2. —

— die christliche. Mit Beilage: „Das gute Kind". Organ des kathol. Schul-Vereines f. Nieder-Oesterreich. Hrsg. u. Red.: J. M. Stöber. 1.—3. Jahrg. 1887—1889. à 12 Nrn. (à 1—2 B. m. Illustr.) gr. 4. Wien, (Steckler). à Jahrg. n. 1. 60

— die christliche, m. der Beilage „Das gute Kind". Organ d. kathol. Schulvereins f. Österreich. Hrsg.: Casp. Schwarz. Red.: Jos. Gratl. 5.—7. Jahrg. 1891—1893. à 24 Nrn. ($1^1/_2$ Bog.) gr. 8. Wien, („St. Norbertus", Verlagsh.). à Jahrg. n. 2. 50

— die christliche, m. d. Beilage „D. gute Kind". Organ d. katholischen Schulvereins f. Österreich. Hrsg.: Casp. Schwarz. Red.: Frz. Eichert. 9. u. 12. Jahrg. 1895—1898. à 24 Nrn. (à 24 S. m. Abb.) gr. 8. Wien (I, Stefansplatz 6), Centralleitg. d. kathol. Schulvereins f. Oesterreich. à Jahrg. n. 2. 20

— die christliche. Eigenthum des kathol. Schulvereines f. Oesterreich m. der Beilage „Das gute Kind". Hrsg.: Casp. Schwarz. Red.: Karl Neischl. 13.—16. Jahrg. 1899—1902. à 24 Nrn. gr. 8. (à ca. 16 u. 8 S. m. Abbildgn.) Wien, Buchh. des kathol. Schulvereines f. Österreich. à Jahrg. n. 2. —

— die christliche. Mit der Beilage „Das gute Kind". Eigentum des kathol. Schulvereins f. Oesterreich. Hrsg.: Casp. Schwarz. Red.: Karl Neischl. 17—20. Jahrg. 1903—1906. à 24 Nrn. (IV, 392; IV, 384; IV, 384 u. IV, 384 S. m. Abbildgn.) Lex.-8. Wien, Buchh. des kath. Schulvereins f. Oesterreich. à Jhrg. n. 2. —

— die christliche. Mit der Beilage „Das gute Kind". Eigentum des kathol. Schulvereines f. Oesterreich. Hrsg.: Casp. Schwarz. Red.: Karl Zöhrer. 21—24. Jahrg. 1907—1910 à 24 Nrn. (à ca. 16 u. 8 S. m. Abb.) Lex. 8. Wien, Buchh. d. kathol. Schulvereins f. Oesterreich. à Jahrg. 2. 50

Familie, Die christliche. Mit Beilage: Organ des kathol. Schulvereines für Niederösterreich Unter dem Protectorate Sr. Eminenz des Cardinal-Fürsterzbischofes von Wien u. Sr. Excell. des hochw. Bischofs von St. Pölten. Herausg u. Red. J. M. Stöber. III. Jahrg. 1889. 12 Nrn. 4. —.60, mit Postzusendung —.80

Wien: Steckler 1889.

— die christliche. Fasten-Hirtenbrief des Bischofs von Straßburg f. d. J. 1894. 12. (23 S.) Straßburg 894. F. X. Le Roux & Co. n.n. — 10

Familie, die christliche. Wochenschrift f. d. kathol. Volk. Red.: Jos. Burg. 10.—13. Jahrg. 1895—1898. à 52 Nrn. (Bog.) gr. 4. Essen, Fredebeul & Koenen. à Jahrg. n. 2. —

Kann auch vierteljährlich bezogen werden.

Familie, die christliche. Wochenschrift f. das kathol. Volk. Red: Jos. Burg. 14.—17. Jahrg. 1899—1902. à 52 Nrn. Fol. (à ca. 12 S. m. Abbildgn.) Essen, Fredebeul & Koenen. à Jahrg. 2. —

Familie, die christliche. Wochenschrift f. das kathol. Volk. Red.: Jos. Burg. 18—21. Jahrg. 1903—1906. à 52 Nrn. (à ca. 12 S. m. Abbildgn.) 4. Essen, Fredebeul & Koenen. à Jhrg. n. 2. —

Familie, die christliche. Wochenschrift f. d. kathol. Volk. Red.: Jos. Burg. 22—25. Jahrg. 1907—1910 à 52 Nrn. (à ca. 12 u. 4 S. m. Abb.) 33×25 cm. Essen, Fredebeul & Koenen. à Jahrg. 2. —

Familie von Dienau, eine humoristische Erzähl. 8. Elberfeld, Büschler. 805.

— die, von Dienau; e. humorist. Erzählung. 8. Elberf. 805. (Schönian). 1 ℳ

— die, von Dienen. Eine humorist. Erzählung. 8. Elberfeld, Büschler. 805.

Familie, Die, von Dienen. Eine humoristische Erzählung. Elberfeld 1806. V: *Kellner, G. Ch.* (BGE I², 230)

— die, am Donaustrom; e. häusl. Gemälde. 8. Leipz. 803. Joachim. 20 ℛ

Familie Duchemin, die, od.: Das Leben d. Proletars, eine wahre Geschichte. (Aus d. Franz. des Alph Karr) hrsg. v. L. Blesson. 16. (XII u. 96 S.) Berlin 850. (C. Heymann.) n. ⅓ ℳ

Familie Duchemin, die, oder: Das Leben des Proletars, eine wahre Geschichte. (Aus dem Französ. des Alph. Karr) hrsg. von L. Blesson. 16. (XII und 96 S.) Berlin 851, (C. Heymann.) *

Familie: Die Familie von Eden oder gemeinnüzige Bibliothek des Christianism für seine Freunde und Gegner

① von Johann Konrad Pfenninger ③ Bibliothek für die Familie von Oberau ⑤ März (?) 1792—Ende 1792 (5 Hefte) ⑥ 8° ⑦ unregelmäß (?) ⑧ Zürich: Johann Kaspar Näf ⑩ Johann Konrad Pfenninger. Johann Kaspar Lavater (vom 2. Hefte an, nach dem Tode des Verfassers) ⑪ die Herausgeber: Verfasser: Johann Konrad Pfenninger ⑫ Anfang einer durch den Tod des Verfassers unterbrochenen Zeitschrift in der Form eines Fortsetzungsromans, in dem alle geistigen Strömungen der Zeit in Romanfiguren personifiziert und kritisch betrachtet werden sollen. An Stelle des durch den Tod des Autors unterbrochenen Romanwerkes werden dessen Nachlaßschriften veröffentlicht. Heft 3: Briefe an Nichtmusiker über Musik; Heft 4: Gedichte; Heft 5: Volkslieder mit Melodieen ⑬ G. R. Zimmermann: Johann Kaspar Pfenninger ein christlicher Apogolete. »Zürcher Taschenbuch« 1881, p. 128 ss.: p. 155—157 ⑭ Zh: Z.

Familie, Die, vom Eichenwalde, oder die Wittwe von Marseille. Wien 1800. V: *Gleich, Joseph Alois.* (MGT) (Ky) (WBL)

— von Eisfeld, od. Trennung u. Wiederfinden, dramatisch bearbeitet. 8. Elberfeld, Büschler.

Familie, Die, von Eisfeld oder Trennung und Wiederfinden, dramatisch bearbeitet. Elberfeld 1803. V: *Facilides, G. H. V.* (Ky)

FAMILIE, Feine. Unsittenroman aus einer Großstadt. London und New York, Freier Verlag (um 1890). 8°.
[E. II, 231.]

— —, Eine feine. Moderner Unsittenroman. (6 Mk. Ch. Corday, Paris, 4 Rue Monsieur le Prince, 1907.)
Unter „Bücher-Anzeigen" am Schluß von: Die Opale. Th. 1. Leipzig, Julius Zeitler, 1907. — Sehr rar!

— e. feine, od. Die Erbschleicherei in Geheimratshosen. Eine moderne Sittengeschichte in Versen v. O'Sie Pechvogel (Osw. Grosser.) (48 S.) gr. 8. Berlin (908). Herm. Walther. 1. —

Familie, e., in Flammen z. Hohenstein-Ernstthal in d. Nacht des 31. V. 1899. (3 Kinder verbrannt, Vater u. Mutter schwer verletzt, 2 Kinder verwundet.) Nebst Inhalt der Grabrede vom 3. VI. 1899. 8. (16 S. m. 1 Abbildg.) Chemnitz (899). C. A. Hager. — 15

— die, Förster, m. K. 8. Wien, Pichler. 803.

Familie Forster, die. Erzählung von der Verf. der „Margarethe. Ein christl. Roman von Frauenhand." 8. (344 S.) Halle 860, Fricke.

— die, Fromm; ein Weihnachtsgesch. 8. Altreub. Rink. 805.

— —, Die, Fürstenau. Ein (zahmer) Halb-Roman für Eltern und Erzieher. Hamburg, bei Wilh. Rößler, o. J. (c. 1800). 8°. 160 S. (incl. 5 Bl. Vorst.).

—die, von der Gahrenburg, od. Kampf u. Pflicht, (v. H. A. Kerndörfer). 8. Chemnitz 813. Starke. 1 ♂ 16 ℊ
— . s.a. Familie, Die, von der Garenburg

Familie, Die galante.
2 Thle. O. O. u. J. (1790.) 8°.
Ungemein rar! (7 fl. Scheible, vor 1870.) — Vielleicht mit: Wendelheim (s. d.), Die Familie —, 1792, identisch?

Familie, Die ganze, wie sie seyn sollte; ein Roman ... Dresden 1801. V: *Schulze, Friedr. Aug.* (MGT)

— die ganze, wie sie seyn sollte; e. Roman wie er seyn kann, v. Chr. Hch. Spieß, Geschwindschreiber in d. Unterwelt. (v. Fr. Laun, Fr. A. Schulz.) 8. Arnold in Dresden. 801.

— d., von d. Gahrenburg, od. Kampf u. Pflicht, v. Verfasser d. Carlo Orchino u. s. m. m. K. 8. Chemnitz, Maurke. 808.
s.a. Familie, Die, von der Garenburg

Familie, Die, von der Garenburg oder Pflicht und Leidenschaft. Chemnitz 1807. V: *Kerndörffer, Heinr. Aug.* (GGr) »Chemnitz 1813«. (Ky)
s. a. Familie, Die, von der Gahrenburg.

Familie, Die, von der Garenburg oder Kampf und Pflicht. Vom Verf. des Carlo Orsino und des Schreckensthurmes am See. Chemnitz und Leipzig 1808. Chemnitz und Leipzig 1815. V: *Kerndörffer, Hch. August.* (BGE I², 231)

—— Gensel, die. Annaberger Linie. Mit einer Stammtafel. Als Handschrift gedruckt. gr. 8. (VIII, 49 S.) Leipzig 886. (Grimma, Gensel.)

— die glückliche,. Schausp. v. F. Matthißon. 8. Dessau. 783.

Familie, Die glückliche; eine Zeitschrift ... Ruppin 1792. H: *Stötzer, Johann Friedrich.* (MGT) »1793« (Ky)

— d. glückl., oder Materien für Hausväter, (v. J. F. Stötzer). 18 Hft. Oct. Nov. Dec. 8. N. Ruppin 793. Kühn. 8 ℊ

— d. glückliche, moral. Erzähl. v. Marnezia, a. d. Franz. 8. Lpz. Hinrichs. 793.

Familie, die glückliche, eine moralische Erzählung, aus dem Franz. 8. Daselbst, 793. Reinicke. 7 ggl.

— —, Die glückliche. (Zahmer Roman.) Stendal. Bey Franzen und Große. 1803. 8°. 272 S. (incl. Tit.).

— eine glückliche. 12. (12 S. m. z. Tl. farb. Abb.) Konstanz u. Emmishofen 895. C. Hirsch. — 25

— die glückliche, findet durch d. Laster ihren Untergang. 8. Jena 804. Gabler. (Knobloch in Leipz.) 8 ℊ

——, Die glückliche, und der ungerathene Sohn. Ein Lesebuch für Bürger und Landleute. Coburg 1803, Bei Rudolph August Wilhelm Ahl. 8°.
359 S. Abentheuerl. Familienroman, der u. a. S. 146 ff. vortreffliche, aber sehr unverblümte Erörterungen über Geschlechtstrieb u. eheliche Verhältnisse enthält.

— die glückliche, u. d. ungerathene Sohn; e. Lesebuch. 8. Coburg 803. (Riemann). 22 ℊ

— —, Die gräflich Dambachische und Juwelier Baumannische, oder Geistes- und Seelengröße bei den heftigsten Stürmen des Schicksals. Nürnberg, Bieling (Leipzig, J. B. G. Fleischer in Commiss.) 1808. 8°. (22 ggr.) Selten!
Kayser hat: „Leipzig, Fleischer, 1807."

Familie, Die, von Halden. Wien u. Prag 1798. V: *Lafontaine, Aug. Hch. Julius.* (wrztg 1799, S. 3375) (GGr V/479, Nr. 21/3) (BiblPort)

Für Familie und Haus, s. Schweizerische Fliegende Blätter.

Für Familie und Haus, s. Rheintaler Volksfreund.

Familie u. Haus. Allgem. Frauen- u. Familien-Zeitg. f. Hauswirtschaft u. Mode, Unterhaltung u. Belehrung. Prakt. Mittheilgn. f. Haus u. Familie, Küche u. Keller. Berichte üb. Mode u. Handarbeiten, Wäsche u. Kindergarderobe, Kinderpflege u. Erziehung, Gesundheitspflege, Spiel u. Sport, Kunst u. Literatur, Reise u. Touristik, aus Bädern u. Sommerfrischen. Red.: Herm. Wechsung. Novbr. u. Dezbr. 1898. 5 Nrn. (à ca. 20 S. m. Abb.) gr. 4. Dresden, Sächs. Druckerei u. Verlagsanstalt F. W. Quidde & Co. Probemonat.

Familie: Für Familie, Haus und Hof
v. Liechtensteiner Volksblatt.

Familie, Die heilige. Ein romantisch-religiöses Gedicht. Heidelberg 1828. V: *Sengel, Christiane.* (GGr X, 632) (Zeitschr. f. Büch. 1923, S. 84)

— d. heil., ein romant.-religiöses Gedicht in 10 Gesängen, von C. D. (Eine Dame.) 8. Heidelb. 828. Winter. 12 ℊ

Familie, Die heilige, oder Geschichte des Tobias. A. d. Franz. Paderborn 1830. V: *Couturier, Jean.* (Jes)

— die heilige. Monatsschrift f. die Mitglieder d. allgemeinen Vereins der christl. Familien zu Ehren der hl. Familie v. Nazareth. Hrsg. v. mehreren Welt- u. Ordenspriestern. Red.: Isid. Mayer. 1. Jahrg. März—Dezbr. 1893. 10 Hfte. (Bog.) 8. Freising, Dr. F. P. Datterer. n. 1. —

— dasselbe 2. Jahrg 1894. 12 Hfte. (Bog.) 8. Ebd. n. 1. —

— die heilige. Monatsschr. f. d. christl. Familie, insbes. für die Mitglieder d. allgem. frommen Vereins d. christl. Familien zu Ehren d. hl. Familie v. Nazareth. Hrsg. unt. Mitwirkg. v mehr. Welt- u. Ordenspriestern v Clem. Schlecht. 3.—6. Jahrg. 1895—1898. à 12 Hfte. (à 24 S. m. Abb.) 8. Freising, Dr. F. P. Datterer. à Jahrg. n. 1. —; einz. Hfte. n. — 10
Herausgeber d. 3. Jahrg. war noch Isid. Mayer.

— die heilige. Illustr. kathol Monatschrift f. die christl. Familie, insbesondere f. die Mitglieder des allgemeinen frommen Vereines der christl. Familien zu Ehren der hl. Familie v. Nazareth. Hrsg. unter Mitwirkg. mehrerer Mitarbeiter v. Clem. Schlecht. 7.—10. Jahrg. 1899—1902. à 12 Hfte. gr. 8. (à ca. 24 S. m. Abbildgn.) Freising. München, Dr. F. P. Datterer & Co. à Jahrg. n. 1. 20; einzelne Hfte. n. — 20

— die heilige. Illustrierte kathol. Monatsschrift f. die christl. Familie, insbesondere f. die Mitglieder des allgemeinen frommen Vereins der christl. Familien zu Ehren der hl. Familie v. Nazareth. Hrsg. unter Mitwirkg. mehrerer Mitarbeiter v. Cl. Schlecht u. seit 1905 v. A. Stegger. 11—14. Jahrg. 1903—1906. à 12 Hefte. (à Jahrg. 288 S. m. Abbildgn.) 8. Freising, Dr. F. P. Datterer & Co. à Jhrg. n. 1. 20

— die heilige. Illustr. kathol. Monatsschrift f. d. christl. Familie, insbesond. f. d. Mitglieder d. allgem. frommen Vereins d. christl. Familien zu Ehren d. hl. Familie v. Nazareth. Hrsg. unter Mitwirkg. mehrerer Mitarbeiter v. A. Steeger. 15—17. Jahrg. 1907—1909 à 12 Hefte. (288, 244 u. 244 S.) gr. 8. Freising, Dr. F. P. Datterer & Co. à Jahrg. 1.20
Erscheint nicht mehr.

Familie, Die Heilige, 1896. Kalender für das liebe christliche Volk, insbesondere für die Mitglieder des allgemeinen frommen Vereines der christlichen Familien zu Ehren der heil. Familie von Nazareth. Mit vielen Illustrationen. Große Ausgabe. 4. (94 S. mit Jahrmärkte-Verzeichniß) —.40
— — Kleine Ausgabe. 4. (64 S. mit Jahrmärkte-Verzeichniß) —.30
Winterberg: Steinbrener 1895.

Familie, Die heilige, 1897. Kalender für das liebe christliche Volk, insbesondere für die Mitglieder des allgemeinen frommen Vereines der christlichen Familien zu Ehren der heil. Familie von Nazareth. Mit vielen Illustrationen. Große Ausgabe. 4. (94 S. mit einem Jahrmärkte-Verzeichniß) —.40
— Kleine Ausgabe. 4. (64 S. mit Jahrmärkte-Verzeichniß) —.30
Winterberg: Steinbrener 1896.

Familie, Die heilige, 1898. Kalender für das liebe christliche Volk, insbesondere für die Mitglieder des allgemeinen frommen Vereines der christlichen Familien zu Ehren der heil. Familie von Nazareth. Mit vielen Illustrationen. Große Ausgabe. 4. (94 S. mit einem Jahrmärkte-Verzeichniß) —.40
Kleine Ausgabe. 4. (64 S. mit Jahrmärkte-Verzeichniß) —.30
Winterberg: Steinbrener 1897.

Familie, Die heilige, 1899. Kalender für das liebe christliche Volk, insbesondere für die Mitglieder des allgemeinen frommen Vereines der christlichen Familien zu Ehren der heil. Familie von Nazareth. Mit vielen Illustrationen. Große Ausgabe. 4. (94 S. mit einem Jahrmärkte-Verzeichniß) —.40
— — Kleine Ausgabe. 4. (64 S. mit Jahrmärkte-Verzeichniß) —.30
Winterberg: Steinbrener 1898.

(F) Die heilige Familie. 1900. Kalender für das liebe christliche Volk, insbesondere für die Mitglieder des allgemeinen frommen Vereins der christlichen Familien zu Ehren der heiligen Familie zu Nazareth. Zugleich Bausteine zum Aufbau und Ausbau der geistlichen und zeitlichen Wohlfahrt in allen Familien. Grosse Ausgabe. Mit vielen Illustrationen. Winterberg. Steinbrener. Gr.-8°. 94, XVI S. mit 7 Tafeln. K —.80

(F) Die heilige Familie. 1900. Kalender für das liebe christliche Volk, insbesondere für die Mitglieder des allgemeinen frommen Vereins der christlichen Familien zu Ehren der heiligen Familie zu Nazareth. Zugleich Bausteine zum Aufbau und Ausbau der geistlichen und zeitlichen Wohlfahrt in allen Familien. Kleine Ausgabe. Mit vielen Illustrationen. Winterberg. Steinbrener. Gr.-8°. 64 S. mit 4 Tafeln. K —.60

(F) Die heilige Familie. 1905. Kalender für das liebe christliche Volk. Gr.-8°. (108 S.) K —.80
Winterberg: Steinbrener 1904.

(F) Die heilige Familie. Kalender für das liebe christliche Volk für das Jahr 1906. Große Ausgabe. Gr.-8°. (108 S.) K —.80
Winterberg: Steinbrener 1905.

— die heilige, 1907. Kalender f. das liebe christl. Volk. insbesondere f. die Mitglieder des allgem. frommen Vereines der christl. Familien zu Ehren der hl. Familie v. Nazareth. Zugleich Bausteine zum Aufbau u. Ausbau der geistl. u. zeitl. Wohlfahrt in allen Familien. Große Ausg. (112, XVI u. XVI S. m. Abbildgn. u. 6 Taf.) gr. 8. Winterberg, J. Steinbrener. n. —50

— dasselbe. Kleine Ausg. (64, XVI u. XVI S. m. Abbildgn. u. 2 Taf.) gr. 8. Ebd. n. —40

(F) Die heilige Familie. Kalender für 1908. Große Ausgabe. 21. Jahrg. Gr.-8°. K —.80
Winterberg: Steinbrener 1907.

(F) Die heilige Familie. Kalender für 1908. Kleine Ausgabe. 21. Jahrg. Gr.-8°. K —.60
Winterberg: Steinbrener 1907.

— die heilige, 1911. Kalender f. d. liebe, christl. Volk, insbesond. f. d. Mitglieder d. allgem. frommen Vereines d. christl. Familien zu Ehren d. hl. Familie v. Nazareth. Zugleich Bausteine zum Aufbau u. Ausbau d. geistl. u. zeitl. Wohlfahrt in allen Familien. Große Ausg. 24. Jahrg. (VIII, 108, IV, XVI u. XVI S. m. z. Tl. farb. Abb. u. 2 [1 farb.] Taf.) gr. 8. Winterberg, J. Steinbrener. —70

— dasselbe. Kleine Ausg. (64, XVI u. XVI S. m. Abb. u. 1 Taf.) gr. 8. Ebd. —50

— die, Helwig, ein Lesebuch, herausg. v. Felsiwangen und Hempel. m. K. u. Musik. 2 Bde. 8. Leipzig, Bruder u. Hoffmann. 803.

Familie: Für Familie und Hof
v. Liechtensteiner Volksblatt.

—— von Homburg, die, od.: Schuld u. Sühne. Eine interessante Geschichte a. d. 18. Jahrh. Vom Verf. d. Mahleiche, Auguste Walther ꝛc. 2 Thlr. 8. (33¼ B.) Quedlinburg 828, Ernst.

Familie, Die, von Homburg oder Schuld und Sühne . . . Neue Ausg. Quedlinburg 1839. V: *Mursinna, Friedrich Sam.* (Ky)

Familie, die, vom Homburg, oder Schuld u. Sühne. Eine interessante Geschichte aus dem 18. Jahrh. Vom Verf. der Mahleiche, Auguste Walther, Emilie Milde ꝛc. 2 Thle. N. Ausg. 8. Quedlinburg 839. Ernst. 1⅓ ℛ

Familie, Die Hunyadische, oder: Auch Unschuld schützt nicht immer vor Kabale . . . Pressb. 1792. V: *Weber, Simon Peter.* (GGr)

— die, auf Isle de France. Operette in 3 Aufz. von Castelli. 8. Wien, Wallishauser.

Familie, Die, auf Isle de France . . . Riga 1789. V: *Saint-Pierre, Bern. de.* B: *Reichard, Heinrich August Ottocar.* (Zeitschr. f. Büch. 1923, S. 84)

— die, auf Isle de France, (v. H. A. O. Reichard). Mit 1 Kpf. 8. Riga 789. Hartknoch in Leipz. 10 gr

Familie, die katholische. Illustr. Wochenschrift f. das kathol. Volk, insbesondere f. die Verehrer der hl. Familie u. die Mitglieder des v. Papst Leo XIII. eingeführten „Allg. Vereins der christl. Familien zu Ehren der hl. Familie v. Nazareth". Mit der Beilage „Das gute Kind". Probe-Monat Decbr. 1893. 4 Nrn. (Bog.) Lex.-8. Augsburg 893. B. Schmid's Verl. Unentgeltlich.

— dasselbe. 1. Jahrg. 1894. 52 Nrn. (Bog.) Lex.-8. Ebd. n. 2.—

— die katholische. Ill. Wochenschrift f. d. kathol. Volk, insbes f. d. Verehrer d. hl. Familie u. d. Mitglieder d. v. Papst Leo XIII. eingef. „Allgem. Vereins d. christl. Familien z. Ehren d. hl. Familie v. Nazareth". M. d. Beilage „Das gute Kind". 2.—5. Jahrg. 1895—1898. à 52 Nrn. (à ca. 1 Bog.) Lex.-8. Augsburg, B. Schmid's Verl. à Jahrg. n. 2. —

— die katholische. Illustrirte Wochenschrift f. das kathol. Volk. Insbesondere f. die Verehrer der hl. Familie u. die Mitglieder des v. Papst Leo XIII. eingeführten „Allg. Vereins der christl. Familien zu Ehren der hl. Familie v. Nazareth". Mit der Beilage „Das gute Kind". Red.: Pet. Gg. Lautenschlager. 6.—9. Jahrg. 1899—1902. à 52 Nrn. Lex.-8. (à ca. 12 u. 8 S. in 12.) Augsburg, B. Schmid's Verl à Jahrg. n. 2. —

— die katholische. Illustrierte Wochenschrift f. das kathol. Volk. Insbesondere f die Verehrer der hl. Familie u. die Mitglieder des v. Papst Leo XIII. eingeführten „Allg. Vereins der christl. Familien zu Ehren der hl. Familie v. Nazareth". Mit der Beilage „Das gute Kind". Red.: Pet. Gg. Lautenschlager. 10—12. Jahrg. 1903—1905. à 52 Nrn. (à ca. 12 S.) Lex.-8. Augsburg [B. Schmid's Verl.] München, Münchner Volksschriften-Verlag. à Jhrg. n. 2. —

— dasselbe. Red.: C. Walterbach. 13. Jahrg. 1906. 52 Nrn. (à ca. 16 S.) Lex.-8. München, Münchener Volksschriften-Verlag. n. 2. —
Erscheint nicht mehr.

— die katholische, Fortsetzg., s.: Sonntagsblatt f. die katholische Familie.

— die kleine; ein Weihnachtsgesch. f. junge Person. 2 Thle. 8. Berlin, Nicolai. 798.

— d. kleine, e. Weihnachtsgeschenk f. junge Personen, 2 Thle, 16. Berl. 798. Nicolai. 20 gr

Familie, Die, von Klingsporn, ein Gemählde des Jahrhunderts ... Riga 1798. V: *Cramer, Carl Gottlob.* (Ky) (EE) (MGT) (GGr)

— die komische. Lustsp. von Wetzel. 8. Lpz. Dyk. 781.

— Kuhwackel. 8. Hamburg, Wettach. 807.

— auf d. Lande, s. a. G. F. Seyler.

— die, auf dem Lande. Drama von Hensel. 8. Brschw. Schulbuchhdl. 770.

Familie, Lankarts; eine Erziehungsgeschichte ... Dresden 1788. V: *Schirlitz, Carl Christoph.* (Ky) (MGT)

— die liebe. Lustiger Kalender f. 1909. Text v. Fritz Engel, Zeichngn. v. Hans Lindloff. (64 S.) Lex. 8. Berlin, Harmonie. 1. —

Familie, Die liebe kleine, von Engelheim; ein Taschenbüchlein für Kinder ... Augsb. 1783. V: *Beck, Carl Theodor.* (MGT) (Ky)

Familie, d. liebe kleine, in Engelhain, e. Taschenbüchl. für Kinder, (v. K. Th. Beck). 8. Augsb. 783. Klett. 5 gr

— de Lissa, die, oder sonderbare Begebenheiten einer aus Posen nach London gezogenen jüdischen Familie; mit Schilder. d. jüd. Gebräuche u. Sitten. Frei nach d. Engl. v. P. H. W. Schnaase. 8. Danzig 829. (Gerhard). 12 gr

— die, Lonau. Lustsp. v. Iffland. 8. Lpz. Göschen.

— von Maras, die. Ein Roman aus der Neuzeit. 3 Bde. 8. (IX und 873 S.) Bremen 851, Schlodtmann.

— Mildemann, die, oder Jugendglück und Kindespflicht. Eine belehrende und unterhaltende Erzählung für die Jugend. 4. (18 S. mit 14 ill. Stnt.) Fürth 860, Löwensohn.

— die, aus dem Morgenlande. 2 Thle. (A. u. d. T.: die 3 Brüder aus Persien). 8. Fürth 792. Geyer. 1 ₰ 12 gr

Familie, die, aus Morgenland, oder Jeder reitet sein Steckenpferd, eine Geschichte in 2 Theilen, 8. Fürth, 796. Geyer. 1 Rthl. 15 sgl.

Familie, die patriotische. Eine häusl. Scene aus den ersten Tagen des Februar 1814. 8. Frankf. am M. Eichenbenberg. (Leipz. Franz.) 815.

Familie, Die, von Peterswaldau. Leipzig 1804. V: *Gleich, Joseph Alois.* (WBI.) (Ky)

Familie, die, von Peterswaldau, od. d. Flüchtlinge; e. Gesch. a. d. ersten Jahren d. französ. Krieges. Seitenstück zu Lafontaine Klara du Plessis. 8. Leipzig, Joachim. 804. Rthlr.

— eine polnische, od. die verlorenen Kinder. Nach e. Manuscripte v. J. C. Hauch. 2 Thle. 8. (50 B.) Leipzig 810, Kollmann.

Familie Popoli etc. s. Popoli.

— die, des Predigers zu Birkenhayn. 8. Weißenf. 800. (Baumgärtner in Leipz.) 1 ₰

— —, Die, des Predigers zu Birkenhayn. (Zahmer Roman.) Weißenfels, bey Friedr. Severin und Comp. 1800. 8°. Tit. u. 534 S. (incl. 1 Bl. Vorr., dat. 26. Jul. 1799), nebst 1 Bl. Errata. (1 Mk., fleckiges Expl., Südd. Antiqu., München, 1907.)

— Rohrbach, die, ein Gemälde guter u. ungezogener Kinder etc. Mit ill. Kpf. Nürnb., Bielina. 1 ₰

Familie, Die Römische catholische. Von einem gesperrten Kath. Priester. Freiburg 1875. V: *Ehrensperger, Andreas.* (Jes)

Familie, die römisch-katholische, m. Gott ohne römisch-katholischen Priester od. Andachtsübgn. zum gemeinschaftl. Gebrauche in Familien, sowie Rathschläge f. wicht. Vorkommnisse, bei denen kein römisch-kathol. Priester zu haben ist. Seinen Landsleuten in Amerika, aber auch jetzt besonders in Deutschland u. in anderen Ländern gewidmet v. e. „gesperrten" römisch-kathol. Priester. gr. 16. (XII, 111 S.) Freiburg i/Br. 875. Herder. — 75

— Sainval, die, auf der Insel Behnard an der Loire oder Abendunterhaltungen für die reifere Jugend. Aus dem Französ. gr. 16. (183 S. und 1 Stahlst.) Augsburg 851, Schlosser's Buchh.

— die Savoyardische; herausg. v. C. A. Fischer. 8. Riga. (Hartknoch in Lpz.) 797.

— Schönberg-Cotta, die, s. a. Schönberg-Cotta, die Familie.

Familie Schönberg-Cotta, die. Ein Charakter- und Sittengemälde aus der Reformationszeit. Autoris. Uebersetzung aus dem Engl. von Charlotte Philippi. 4. Aufl. Wohlfeile Ausg. in einem Bde. 8. (IV, 488 S.) Basel 872, Schneider. *
Vgl.: Schriften, ausgewählte, der Verf. der Familie Schönberg-Cotta.

— Schönberg-Cotta, die. Ein Charakter- u. Sittengemälde aus der Reformationszeit. Autoris. Uebersetzg. aus dem Engl. v. Charlotte Philippi. 6. Aufl. Wohlfeile Ausg. in e. Bde. 8. (IV, 488 S.) Basel 876. Schneider. n. 3. —

Familie Schönberg-Cotta, Die. Basel 1904 s. [Charles-Rundle, Mrs. Elizabeth].

— e. Schöneberger. Satiren v. Liselotte. (48 S.) 8. Berlin (904). H. Steinitz. n. 1. —

— die schottische, oder die Stärke der kindl. Liebe. Oper in 3 A. 8. Wien, Wallishausser. 6 gr

Familie, Die, im Schwarzwalde. O. O. [ca. 1800]. V: *Andrae, Frdr. Heinr.* (MGT)

— die, im Schwarzwalde; e. wahre Gesch. v. F. A. Andrä. 2 Thle. 8. Halle, Hendel. 798. (L 18 gr. IL 10 gr.)

— die, Soltau. Mit 1 Kpf. 8. Linz 803. Akad. B. 8 gr

Familie, Die, von Steinfels oder die Creolinn. Ein Roman ... Hannover 1841. V: *Bissing, Henriette von.* (BrMm)

—— von Steinfels, die, od. d. Creolinn. Ein Roman v. d. Baroninn v. B. 2 Thle. gr. 12. (25⅔ B.) Hannover 841, Hahn'sche Hofbuchh.

— die, v. Sternfels. s. Sternfels.

— die. Trubheim. 8. Wien 804. Bauer u. D. 20 gr

Familie, unsere kaiserliche. Orig.-Aufnahmen v. J.C. Schaarwächter. 16. (9 Bl. in Leporelloform.) Berlin (902). Schaarwächter's Kunstverl. 1.25

⑧ — uns. kaiserl. 902. (KBL 31.) Jetzt: Berlin, H. Toussaint.

Die verarmte, unglückliche Familie! Eine schreckliche Begebenheit, welche sich in Frankreich zugetragen hat. Nebst einem schönen Liede. (Vignette) Gedruckt bei Born in Dortmund.
o. J. 4 Bl. u. u. 170 110.
HKO Bänkelsängerlit. III. 121.
Ein anderer Druck (ebenda III. 122) erschien mit dem Vermerk: Herausgegeben und im Selbst-Verlag von Joh. Fischer in Hagen in Westphalen und dem Kol.: Druck von Hermann Müller in Berlin.

Die Familie des C. E. M. Völter, dargestellt in ihrem hundertjährigen Wachsthum. Kirchheim 1872.

—— Wallberg, die. Der reifern Jugend und deren Freunden erzählt von J. M. 12. (III und 143 S. mit 1 Stahlst.) Augsburg 859, Schmid'sche Verlagsbuchh.

Familie Werner, die, oder die Folgen des Aberglaubens, der Eitelkeit und Habgier. Zwickau 852. Verlhdlg. d. Volksschriften-Vereins. 8. (151 S.) 6 ngr

Familie Werner, die, oder die Folgen des Aberglaubens, der Eitelkeit und Habgier. 8. (151 S.) Zwickau 853, Verlagshandlung des Volksschriften-Vereins. Thlr.

Familie, Die, Widmanstetter seit 1868 Beck Widmanstetter. Separatabdruck aus „C. von Wurzbachs biographischem Lexikon" 55. Bd. Mit einer Stammtafel. 8. Wien 1887.

Familien, Die, Du Mont und Schauberg in Köln. Für Verwandte und Freunde am Tage des 50jährigen Bestehens der M. Du Mont-Schauberg'schen Buchhandlung. Köln 1868. V: *Ennen, Leonhard.* (StBKöln II, 7)

Familien, die erloschenen u. noch blühenden *Alt-Adelichen Bayrischen.* Ein Manuscript. Regensburg, gedruckt bey Joh. Bapt. Rotermundt, hochfürstl. bischöfl. Hofbuchdr. 1798. 4°. Ppb.
1 Bll., 178 S., 6 Bll. Index. Nur in kleiner Aufl. erschienen. — Rar!

Familien, d. erziehenden, Wochenblatt für Selbstbildung u. Bildung Anderer. Herausg. v. Fr. W. A. Fröbel. Jahrg. 1826. Nr. 1—18. Keilhau. (Leipz., Wienbrack). 12 gr

Familien, Geadelte jüdische. 3. Auflage. Salzburg 1841. V: *Plank, Carl.* (Wagner, H. F. Zeitschr. f. oest. Gymn. 61 (1910), S. 142.) Dagegen: (Handschr. Mitth. Ob.-Reg.-R. Dr. Adam.) V: *Sylvester, Julius* (?). A. H. Huber-Salzburg. Antiqu.-Kat. Nr. 50. 1910.) (Wagner, H. F. Anonymes und Pseudonymes in der Salzburger Literatur. Salzburg 1910. S. 24.)

Familien, geadelte jüdische. (2. u. 3. Aufl.) 16. (112 S.) Salzb. 891. (Berl., Dewald. — Lpz., H. Beyer. — Wien, Lesk u. Schwidernoch.) * 1 40

Familien, Geadelte jüdische. [3. Auflage.] Salzburg 1891. V: *Schön* [?], *Theodor.* (EB)

Familien, für, welch. religiös. Gefühl ꝛc. viel werth ist. 8. Hamb. Hoffmann. 791.

Familienabend, der. E. Sammlg. v. Programmen, nebst vollst. Stoffdarbietg. F. Gemeinde-, Volks- u. Vereinsfeste. 1.—18. Hft. gr. 8. Berlin, Buchh. d. Ostdeutschen Jünglingsbundes. n. 7. 10
1. Seemanns-Abend. (29 S.) 895. n. — 40
2. Kaisergeburtstagsfeier. 2., verm. u. verb. Aufl. (31 S.) 896. n. — 40
3. Konfirmations-Nachfeier. 2., stark verm. Aufl. (32 S.) 897. n. — 40
4. Bismarck-Abend. (24 S.) 895. n. — 30
5. Sedan-Abend. (20 S.) 895. n. — 40
6. Stiftungsfest-Abend. (31 S.) 895. n. — 40
7. Reformations- u. Luther-Abend. 2. Aufl. (31 S.) 896. n. — 40
8. Reichs- u. Kaiser-Feier. (32 S.) 895. n. — 40
9. Osterfeier. (16 S.) 895. n. — 40
10. Weihnachtsfeier. (31 S.) 896. n. — 40
11. Missionsabend. (32 S.) 896. n. — 40
12. Melanchthonfeier. (24 S.) 896. n. — 40
13. Kaiser Wilhelm-Gedächtnis-Feier. (32 S.) 897. n. — 40
14. Sommerfeier. (31 S.) 897. n. — 40
15. Gesellenabend. (31 S.) 897. n. — 40
16. Kaiserin-Geburtstagsfeier. (Speziell f. Jungfrauenvereine.) (24 S.) 897. n. — 40
17. Bibel-Abend. (32 S.) 897. n. — 40
18. Innere Missions-Feier. (24 S.) 898. n. — 40

Familienabend, der. Eine Sammlg. v. Programmen nebst vollständ. Stoffdarbietg. Für Gemeinde-, Volks- u. Vereinsfeste. 7., 10. u. 19.—22. Hft. gr. 8. (31 S.) Berlin, Buchh. des ostdeutschen Jünglingsbundes. à n. — 40
7. Reformations- u. Luther-Abend. 3. neubearb. Aufl. (31 S.) (899).
10. Weihnachtsfeier. 2. neu bearb. Aufl. (32 S.) (899).
19. Luther-Feier, e. Lutherdichtg. Von Jul. Vogel. Begleitet v. Musik, Gesang u. leb. Bildern. 2. Aufl. (32 S.) (900).
20. Moltke-Feier. (20 S.) (900).
21. Preußen-Feier. (40 S.) (900).
22. Buren-Abend. (32 S.) (902).

Familienabend, der. Eine Sammlg. v. Programmen nebst vollständ. Stoffdarbietg. Für Gemeinde-, Volks- u. Vereinsfeste. 23—26. Heft. gr. 8. Berlin, Buchh. des ostdeutschen Jünglingsbundes. à n. — 40
23. Posaunen-Abend. Von Heinz Geo. Müller. (23 S.) (903.)
24. 25. Kirchweihfestabend. (39 S.) (903.)
26. Gustav Adolf-Vereins-Abend. Von G. Heinze. (32 S.) (906.)

Familienabend, der. Eine Sammlg. v. Programmen nebst vollständ. Stoffdarbietg. Für Gemeinde-, Volks- u. Vereinsfeste. 2., 3., 7., 8., 27. u. 28. Heft. gr. 8. Berlin, Buchh. des ostdeutschen Jünglingsbundes. à p — 40
2. Kaisergeburtstagsfeier. 6. Aufl. (32 S.) (909.)
3. Konfirmations-Nachfeier. 3. verm. Aufl. (32 S.) (909.)
7. Reformations- u. Luther-Abend. 6. u. 7. verb. Aufl. (32 S.) (909.)
8. Reichs- u. Kaiser Feier. 2. Aufl. (32 S.) (910.)
27. 28. Wichern-Abend. Von Jordan. (47 S.) (908.)

— der mißglückte (v. Hilarion), s.a. Treu zu Rom.

(F) Der missglückte Familienabend. [Treu zu Rom. Nr. 1.] 16°. (64 S.)

Familienabende, ein Beitrag zur Unterhaltung für Erwachsene. Frankfurt 1810. V: *Döring, Phil. Jacob.* (Heyden, Gallerie ber. u. merkw. Frankfurter. 1861. S. 547.) (Mitth. A. Rosenbaum.)

Familienabende, ein Beitrag zur Unterhalt. für Erwachsene. 8. Frankf. 810 Döring. 18 gl

Familien-Abende. Ein Beytr. z. Unterhalt. f. Erwachsene. 8. Frkft. a. M. Gebhardt u. K. 810.

Familien-Album des Geschlechts von Schönberg. Mit 24 Tfln. in Photographie, Buntdruck etc. Dresden 1884. fol. Nicht im Handel, sondern nur für die Familienmitglieder hergestellt.

Familien-Almanach. Unt. Mitwirkg. hervorrag. Schriftstellerinnen hrsg. v. E. M. Hamann. 12. (VIII, 282 S. m. 4 Bildnissen.) Stuttgart 899. J. Roth.
Geb. in Damast m. Goldschn. n. 4. 50

Familien-Almanach. Unter Mitwirkg. hervorrag. Schriftstellerinnen hrsg. v. E. M. Hamann. (2. Bd.) 12. (X, 290 S. m. 4 Bildnissen.) Stuttgart 900. [J. Roth.] München, Allg. Verlags-Gesellschaft.
Geb. in Damast m. Goldschn. n. 4. 50

(F) **Familien-Almanach.** Unter Mitwirkung hervorragender Schriftstellerinnen herausgegeben von E. M. Hamann. Stuttgart und Wien. 1900. Roth. 16°. 286 S. mit 4 Tafeln. Geb. fl. 2.70

Familien-, Handels- u. Gewerbe-Anzeiger, Leipziger. Anzeigeblatt f. Handel, Gewerbe, Industrie, Vergnügn., nebst humorist. u. belletrist. Beilage, sow. Branchen - Verzeichniss empfehlenswerther Firmen. Red.: Herm. Seyffert. 1. Jahrg. 1895. 12 Nrn. (Bog. m. Abb.) gr. 4. Leipzig [W. Malende] Nicklas. n. 1. — Weiter nicht erschienen.

Das Haseldorfer Familienarchiv und seine Briefsammlungen. Ein Beitrag zur Geschichte der Feldzüge des grofsen Kurfürsten v. Louis Bobé. Sonderabzug aus den Forschungen zur Brandenburgischen und Preussischen Geschichte. Hrgg. v. Albert Naudé. Bd. 5. Leipzig. 1892. 8°.

Familienarchiv, sauerländisches. Mitteilungen zur Geschichte westfäl. Geschlechter. Hrsg. v. Frz. Honselmann. Nr. 1—9. (Sp. 1—294 m. Abbildgn.) Lex. 8. Paderborn 904—09. F. Honselmann (i. H. F. Schöningh.) à Nr. 1. —

Aus dem **Familien-Archive** der Reichsfreiherren v. Biedermann. Als Hs. f. d. Familie. H. 1. (Leipzig) 1906: (Hesse & Becker). 4°

Familien-Archive, Zürcherische, in der Stadtbibliothek Zürich, s. a. Handschriften-Katalog der Stadtbibliothek Zürich.

Zürcherische **Familien-Archive** in der Stadtbibliothek Zürich. H. 1. Zürich 1907: Buchdr. Berichthaus. 8°
— Handschriften-Katalog d. Stadtbibliothek Zürich. Abt. 1.

Der neue Familienarzt, od. e. leichte Anweis. z. Heilkunst. Leipzig 1786.

Familien-Arzt, der. Ein bewährter u. vollständ. Führer zur Erhaltung u. Pflege der Gesundheit, sowie zur Heilung d. kranken Körpers. Bearb. nach dem „Buch für den gesunden u. kranken Menschen" v. Karl Ernst Bock. gr. 8. (VI, 359 S.) Milwaukee, Wis. 881. (Philadelphia, Schäfer & Koradi.) geb. n. 5. 50

Familienarzt, der deutsche. Alphabetische Darstellung aller existir. Krankheiten, ihrer Verhütung und Heilung, mit und ohne ärztl. Hülfe. 16. (X, 25 S.) Leipzig 873, Volksbuchh. *

Familienarzt, d. neue, oder leichte Anweis. zur Heilkunst. Aus d. Engl. gr. 8. Leipz. 786. (Brockhaus). 14 gl

Familienbande, ein Beitrag z. angenehmen gesellschaftlichen Unterhaltung f. junge Leute. 8. Frankf. am M. Döring. 813.

Familienbegebenheiten der Lady Amalia Rutland. 2 Thle. 8. Eisenach 791. (Bärecke). (W. Nauck in Leipz.) 1 ß

Familien-Beilage
v. Obwaldner Volksfreund.

Familienbeirath; od. d. Rekruten-Aushub. Operette. 8. Weimar, Hoffmann. 780.

Familien-Bibel. Die heiligen Schriften des Alten u. Neuen Testaments nach Dr. Martin Luthers Uebersetzung. 3. Aufl. Glogau 863. Flemming. gr. 4. (VI, 1390 S. u. 20 Stahlst.) 5 ß

Familien-Bibel. Die Heiligen Schriften d. alten u. neuen Testaments nach Mart. Luther's Uebersetzg. 4. Aufl. gr. 4. (1387 S. m. 20 Stahlst.) Glogau 875. Flemming. n. 24. —; geb. m. Goldschn. n. 42. —

Familienbibel. Auszug aus der heil. Schrift für häusl. Erbauung und Jugendunterricht. gr. 8. (IV, 384; 272 S.) Glarus 887, (Baeschlin.) geb. **
—— dass. — 2. Aufl. gr. 8. (IV, 656 S.) Schwanden-Glarus 888. (Glarus, Baeschlin.) geb. *

Familienbibel. Auszug aus der Heil. Schrift f. häusl. Erbaug. u. Jugendunterricht. gr. 8. (670 S.) Schwanden-Glarus. (Leipzig, K. F. Koehler.) Ausg. A. 3. Aufl. 892. Geb. in Halbleinw. n. n. 1. 65; Ausg. B. Mit 2 farb. Karten. 892. Geb. in Halbleinw. n. n. 1. 75; Ausg. C. 2. Aufl. (IV, 655 S.) 888. Geb. in Halbldr. n. n. 2. 20; Ausg. D. 3. Aufl. 892. Geb. in Leinw. m. Goldschn., in Futteral n. n. 4. 50

Familienbibel. Auszug aus der Heiligen Schrift für häusliche Erbauung und Jugendunterricht. 7. Aufl. [Mit 2 Karten.] IV + 668 S. 8. Schwanden-Glarus, Aebly & Tschudy, 1903. [geb. fr. 1. 50 *bis* 4. 50]

Familien-Bibel, illustrirte, oder die ganze Heilige Schrift des Alten und Neuen Testaments nach der deutschen Uebersetzung Dr. Mart. Luthers. 20 Hefte. gr. 4. (IV und 670 S. und „Erklärende Anmerkungen" 64 S. mit 40 Stahlst., wovon 2 in Farbendr., und Stahlstichtitel.) Leipzig 858, Payne. à Heft ** 7½ Ngr. **

—— illustrirte. Neue Serie. 5. Bd. 5.—12. Heft. und 6.—9. Bd. (à Bd. 12 Hefte.) hoch 4. Leipzig 862—66, Payne. à Heft 5 Ngr.
Inhalt:
Nah und Fern. (4. Bd. IV und S. 113—340., 5. Bd. 336 S., 6. Bd. 336 S., 7. Bd. 376 S., 8. Bd. IV und 364 S., mit eingedr. Holzschn., Stahlst. und Holzschntaf. in Buntdr.)
Vgl. XIII. Bd. 1. Abthl. S. 283.

—— illustrirte, nach der deutschen Uebersetzung Dr. Mart. Luther's, mit erklär. Anmerkungen von Otto Delitsch. (Neue, 3. Aufl.) 38 Hefte. hoch 4. (VIII, 1816 S. mit 431 Holzschn., 36 Oeldrucken nach Scenen aus dem Alten und Neuen Testament, 2 Karten und 1 Medaillon-Familien-Urkunde.) Reudnitz-Leipzig 887,88, Payne. à Heft * 50 Pf. *
geb. in Bockleder mit Metallrosetten *
Die 2. Aufl. erschien 1865 u. d. T.: Pracht-Bibel, illustrirte.

Familien- und Kirchen-Bibel. Die Heiligen Schriften des Alten u. Neuen Testaments nach Dr. M. Luthers Uebersetzung. Glogau (856—58.) Flemming. gr. 4. (Altes Test.: 1079 S.; Neues Test.: 311 S. u. 1 Stahlst.) 3 ß 20 ngl

Familien- u. Kirchen-Bibel. Die heil. Schriften d. Alten u. Neuen Testaments nach Dr. Mart. Luthers Uebersetzg. 4. Aufl. 1. Lfg. Mit e. Stahlst. gr. 4. (S. 1—48.) Glogau 872. Flemming. — 60

—— des Neuen Testamentes, s. a. Zittel, E.

Familien=Bibel d. Neuen Testamentes. 2. Bd. Die Briefe u. die Offenbarg. d. Johannes, übers. u. erklärt v. Adf. Schmitthenner, Albr. Thoma, Emil Beesenmeyer u. Emil Zittel. gr. 8. (XII, 420 S.) Karlsruhe 885. Braun. n. 8. — (I. u. II.: n. 18. —)

Familienbibliothek

—— s.a. Wendt's, Emil, Familien-Bibliothek.

Familienbibliothek, oder auserles. Stellen d. bürgerl. Weisheit rc. s.a. Schweizer-Bürger-Journal.

Familienbibliothek, od. auserles. Stellen d. bürgerlichen Weisheit rc. 3 Bde. gr. 8. Bern, Typ. Soc. 792.

Familien-Bibliothek, oder auserlesene Stücke der bürgerlichen Weisheit. O. O. 1795. V: *Heinzmann, Johann Georg.* (MGT)

Familien-Bibliothek : 1850 – 1855, Cincinnati, OH
Monthly, "Unterhaltungsblatt." Edited & published by Heinrich Rödter.

Familien-Bibliothek. Ausgewählte Erzählungen u. Geschichtsbilder Nr. 1—7. Einsiedeln 870. Benziger. 8. Jede Nr. 7½ ngr

1. Keller, J. A., die fünf Sinne. Aus dem Engl. (132 S. m. Holzschn. u. 3 Holzschntaff.)
2. Müller, Venanz, der letzte Novize in Andechs. (110 S. m. Holzschn.)
3. Der Abendstern. Geschichtliche Erzählung aus dem 16. Jahrh. — Kälin, J. B., die Höckerln von Boston. Nach e. amerikan. Motiv. (111 S. mit Holzschn.)
4. Proschko, F. J., der Meisterschuß. Histor. Erzählung aus der Zeit des oberösterreich. Bauernkrieges. — Müller, Venanz, der Brand von Moskau. (110 S.)
5. Gnesisalus, Xav., Hans Martin Eberstein. Culturgeschichtliche Novelle. — Ohorn, L. A., an der Bahn. Novelette. — Ein Christabend. Nach dem Engl. von J. A. Keller. (112 S.)
6. Flavia Domitilla, die Römerbraut. Aus dem Engl. übersetzt. — Ulicznh, Jul., merikanisches Sittengemälde. (112 S.)
7. Breneli. Eine Geschichte aus dem Volksleben. — Stocker, F. A., Die Nonne von Säckingen. Eine Dorfgeschichte. (135 S. mit Holzschn.)

— Ausgewählte Erzählgn. u. Geschichtsbilder. 1. Serie. Nr. 8—25. 8. Einsiedeln 871. Benziger. à — 75

8. Erinnerungen aus dem Leben e. Handwerkers. Aus dem Franz. übersetzt v. X. Wannenmacher. Mit Illustr. (in Holzschn.) (134 S.)
9. Eigener Heerd. Eine Haushaltungsgeschichte. — Garibaldi. Eine einfache Geschichte v. L. A. Ohorn. (128 S.)
10. Amerika, wie es ist. Eine Schilderg. v. Land u. Leuten der nordamerikan. Union. Mit Illustr. (in Holzschn.) (135 S.)
11. Das Bild der Mutter. Erzählung v. L. Wohlmuth. — Graf Arenburg. Nachklänge aus schwerer Zeit. — Kampf m. e. Klapperschlange. Von G. Duvernoy. Mit Illustr. (in Holzschn.) (110 S.)
12. Johanna. Eine Merauergeschichte v. J. M. Zingerle. — Aus dem Leben e. großen Dichters. Von H. Malten. (112 S.)
13. Wie e. Müller Maler wurde. Eine Tirolergeschichte v. Ignaz Zingerle. Mit Illustr. (in Holzschn.) (93 S.)
14. Christoph Columbus. Ein Zeit- u. Charakterbild v. H. Keiser. — Die Gründung der nordamerikan. Union. — Abraham Lincoln's Jugendjahre. Geschichtliche Mittheilgn. v. e. Deutsch-Amerikaner. Mit Illustr. (in Holzschn.) (128 S.)
15. Die Kunstreiterfamilie. Frei aus dem Dän. bearb. v. E. Gickenberg; Liebe u. Pflicht. Novelle v. Leo v. Roten; Der Depeschenraub. Nach e. geschichtl. Thatsache erzählt v. Fr. Rothenflue. Mit Illustr. (in Holzschn.) (109 S.)
16. Eine Schreckensnacht vor der Hochzeit. Dem Engl. frei nacherzählt v. H. A. Kaiser. Der verlorene Sohn. Eine Geschichte aus unserer Zeit v. L. A. Ohorn; Die Herrin d. grauen Hauses. Frei aus dem Engl. bearb. v. Eug. Rheinstein. (110 S.)
17. Das Todesurtheil. Von Wilh. Herchenbach; Tante Louise. Erzählg. v. F. A. Stocker; Im stillen Hafen. Englische Novelle übersetzt v. Mathilde Bleule. (128 S.)
18. Der Astrologe. Histor. Erzählg. aus dem 17. Jahrh.; Mein ist die Rache. Novelle aus dem Münchener Leben v. Venanz Müller. Mit Illustr. (in Holzschn.) (122 S.)
19. Aus dem Reiche der Verwesung; Der Knabe d. Blinden. Erzählg. v. M. Maury; Erinnerungen e. Arztes; Die erste Reise. Mit Illustr. (in Holzschn.) (124 S.)
20. Tante Irma u. der Erbe v. Zachenburg v. Wilh. Herchenbach. (110 S.)
21. Der große Rapparee. Historische Erzählg. nach William Carleton. — Monsieur u. Madame. Humoreske v. H. Malten. (110 S. m. 1 Holzschntaf.)
22. Pikant. Novellette aus dem amerikan. Leben. — Der geheimnißvolle Topf. Von Simplicius Freundlich. — Blinder Alarm. Von Jul. Ulicznh. — Ein unbedachtes Wort. Novelle v. Clara Müller. — Der schwarze Dämon. Erzählung aus dem Seemannsleben v. B. Henry. (110 S.)
23. Skizzen aus der Culturgeschichte. Von Venanz Müller. 1. Bdchn. Mit (eingedr.) Illustr. (122 S.)
24. So urtheilt die Welt. Satire nach William Carleton. — Auf abschüssiger Bahn. Erzählung v. F. A. Ohorn. — Leben u. Abenteuer e. Missionärs. Aus dem Französ. v. P. Joh. Maria Reifle. (127 S.)
25. Die Hexe v. Monterey. Erzählung v. Jul. Ulicznh. — Ein Roman durch's Fenster. (96 S.)

— dasselbe. 2. Serie. Nr. 1—19. [Nr. 26—44. der ganzen Sammlg.] 8. Ebend. 873—75. geb. à — 75

1. Das Pfauenfederchen. Eine holländ. Dorfgeschichte. Nach J. J. Cremer von L. v. Heemstede. — Aus den letzten Tagen d. Kaisers Max in Mexiko. Von Jul. Ulicznh. — Vetter Gottfried. Frei nach dem Engl. von Lina Freifrau v. Berlepsch. — Erinnerungen aus der Normandie u. Bretagne. Mit Illustr. (in eingedr. Holzschn.) (127 S.)
2. Der Hofball. Novelette v. Jul. Ulicznh. — Der Pfarrer v. San Martin. Histor. Erzählg. v. Jul.' Ulicznh. — Das Gespenst. Erzählung im Zwielicht. Von Jul. Ulicznh. — Das Wort e. Gentleman. Nach dem Engl. d. 2 W. de Forrest v. Karl Merz. (119 S.)
3. Das Weib d. Spielers. Aus dem Engl. — Drei Gelöbnisse. Ein poln. Erzählg. — Der Erzähler in Verlegenheit. Ein Märchen. Aus dem Engl. übersetzt v. G. Meßmer. (128 S.)
4. Patrik v. Macvood. Ein Bild aus Irlands Vergangenheit v. H. Böhler. — Der Geist d. Erschlagenen. Eine Kriminalgeschichte v. F. A. Stocker. — Die Rache e. Spaniers. Von H. Malten. (94 S.)
5. Der Römerthurm. Novelle v. Karl Landsteiner. — In Mexiko Erlebtes. Von Jul. Ulicznh. — Die Spinnerin. Nach e. amerik. Orig. bearb. v. Karl Merz. (112 S.)
6. Die Erde u. das Weltall. Faßlich bearb. f. die Jugend u. das Volk. Mit vielen Illustr. (in eingedr. Holzschn.) (94 S.)
7. Die Erde u. ihre Bewohner. Faßlich bearb. f. die Jugend u. das Volk. (100 S.)
8. Geographische Bilder. (91 S.)
9. Das Abendmahl d. Herrn v. Leonardo da Vinci. Eine Legende frei bearb. v. Vict. Apeloni. — Der Holzschuh Paganini's. Eine Skizze. — Ein eitles Herz. Originalnovelle. — Eine romantische Hochzeitsreise. Einem amerikan. Original nacherzählt v. H. A. Keiser. (96 S.)
10. Der Menschenjäger. Nach e. amerikan. Original frei berarb. von Lina Freifrau v. Berlepsch. — Eine Sylvesternacht auf dem Mississippi. Eine Skizze. — Seltsame Rache. Novelle v. Wilh. Koch. — Bilder aus dem Kaukasus. Von Gust. Baßler. Mit Illustration. (in eingedr. Holzschn.) (112 S.)
11. Gebrochene Treue. Nach dem Engl. frei bearb. v. H. Böhler. — Drei Nächte aus dem Leben e. Straßenräubers. Merikanisches Charakterbild v. J. Ulicznh. — Erinnerung aus dem merikan. Feldzug. Von Jul. Ulicznh. — Verrathen. Dem Amerikan. nacherzählt von Lina Freifrau v. Berlepsch. — Der Mont-Cenis-Tunnel. (128 S.)
12. Ein dunkler Augenblick. Novelle v. Herm. Hirschfeld. — Der Küster v. Monaghan. Englische Novellette übers. v. Mathilde Bleule. — Namenlos. Nach authent. Quellen dc.rgestellt v. H. Böhler. — Die Geschichte e. Geige. Aus dem Holländ. d. J. L. Wertheim v. W. Lange. (128 S.)
13. Die Rose der Algonquin. Dem engl. Orig. der Mrs. Anna H. Dorsey nacherzählt v. Mathilde Bleule. Mit Titelbild (in Holzschn.) (109 S.)
14. Der schwarze Schatten. Eine Erzählg. v. L. A. Hoppensack. (110 S.)
15. Der Krieg wegen 6 Schillingen. Culturhistorische Novelle v. L. A. Hoppensack. (135 S.)

GV36
10

16. Der Scheerenschleifersjunge. Nach dem Fläm. d. Aug. Snieders jr. Autoris. Uebersetzg. v. Frdr. Schnettler. (110 S.)
17. Die Schuldgenossen. Nach Claude Vignon. Eine Nacht auf Java. Nacherzählt von Lina Freifrau v. Berlepsch. — Drei Tage aus dem Leben e. Frau. Novellette v. Juta Berthen (126 S.)
18. Cincinnati einst u. jetzt. Von J. J. Menge. — Entstehen u. Vergehen der Republik Paraguay. Von Venanz Müller. — Das Passionsspiel zu Oberammergau. Von Holland. — Eine texanische Prinzessin. Von G. Duvernoy. — Die Hofzwerge in alter Zeit. Eine Skizze. Mit 5 Illustr. (Holzschntaf.) (112 S.)
19. Herzog v. Lagosta. Erzählung v. Jul. Ulczny. — Galant. Ein Humoreske. — Nur e. Puppe. Nacherzählt von Lina Freifrau Berlepsch. — Der Nordseepirat. Aus dem Engl. übers. v. F. Jacker. (128 S.)

Familien-Bibliothek. Ausgewählte Erzählungen u. Geschichtsbilder. 2. Serie Nr. 20—25, u. 3. Serie Nr. 1—4. [Nr. 45—54 der ganzen Sammlung.] 8. Einsiedeln 875—878. Benziger. cart. à — 70; geb. à n. — 80

II. 20. Der Geigenmacher v. Rotterdam. Eine Erzählung. — Der Talismann. Aus dem Holl. d. J. L. Wertheim v. W. Lange. — Zur Bühne. Nacherzählt von Lina Freifrau v. Berlepsch. — Um einen Juwel. Novellette v. Emma Garrison Jones, übers. von Lina Freifrau v. Berlepsch. (112 S.)
21. Trübe Tage. Historische Erzählung v. Wilh. Koch. — Eine Seemannsfamilie. Sittenscene v. H. Conscience, übers. von L. v. Heemstede. — Ein wahnsinniger Führer. Nacherzählt von Lina Freifrau v. Berlepsch. — Ein unterirdisches Abenteuer. Eine Skizze. Mit einer (eingedr. Holzschn.-)Illustr. (128 S.)
22. Tante Dina. Aus dem Holl. nach J. Cremer v. Fr. Schnettler. — Der Missionär u. der Geheimbündler. Von Ferd. Heitemeyer. — Am 1. Mai. Wiener Genrebild v. Henriette Franz. — Ein treues Frauenherz. Eine Erzählung v. L. A. Ohorn. Mit einer (eingedr. Holzschn.-) Illustr. (112 S.)
23. Zu spät. Orig.-Novelle v. Herm. Hirschfeld. (128 S.)
24. u. 25. Des Piraten letzte Beute. Seeroman, nacherzählt v. G. Duvernoy. (222 S.)

III. 1. Das Verhängniß. Eine Familiengeschichte aus Nord-Amerika. Nach dem Engl. der Cora Berkley. (112 S.)
2. Eine Nacht in den Gräbern. Aus dem Engl. In der Binde. Erzählung v. Herm. Hirschfeld. Die gute alte Stadt u. ihr gutes Wirthshaus. Aus dem Engl. nach Charles Dickens. (112 S.)
3. Ein verhängnißvoller Ritt. Orig.-Novelle von Herm. Hirschfeld. Aus der Kriegszeit von 1870—1871. Novellette v. Sophie Hasenclever. Professor Wizerle. Humoristische Novelle v. Placidus Pattner. Kurirt. Nacherzählt von Lina Freifrau v. Berlepsch. (128 S.)
4. In der Prärie. Nacherzählt von Lina Freifrau v. Berlepsch. Die Tochter d. Forstmanns. Erzählung v. Karl Lellmann. Die alte Geige. Eine Waldgeschichte v. Aug. Butscher. Geprobt u. belohnt. Amerikanisches Genrebild. (110 S.)

Familien-Bibliothek. Ausgewählte Erzählungen u. Geschichtsbilder. 3. Serie. Nr. 5—25. u. 4. Serie Nr. 1—4. [Nr. 55—79 der ganzen Sammlung.] 8. (à ca. 100 S.) Einsiedeln 878 - 80. Benziger. cart. à — 70; geb. à n. — 80

— dasselbe. IV. Serie. Nr. 5—12. [Nr. 80—87 der ganzen Sammlung.] 8. Ebend. 880. 81. geb. à — 80
5. 6. Ein Thronerbe. Geschichtlicher Roman v. Herm. Hirschfeld. (233 S.)
7. Eine Haideblüthe. Novelle von Marie Lenzen, geb. di Sebregondi. (107 S.)
8. Auf der Schweige. Eine Erzählung. Der letzte Abbeville v. Duricane. Episode aus der engl. Katholikenverfolgung v. Leo v. Heemstede. (111 S.)
9. Editha. Novelle von L. v. Erlburg. (126 S.)
10. Schnee. Nach dem Franz. v. Zingeler. Das Lied der Mutter. Von Walter Vogel. (124 S.)
11. Aus den Studentenjahren meines Vaters. Einer wahren Begebenheit nacherzählt v. A. George-Kaufmann. Der Herr Professor. Jugend-Erinnerungen v. Ph. Laicus. (109 S.)
12. Holdchen. Frei nach dem Portugies. v. Marie Schultz. Zum Tode verurtheilt. Erzählung v. Wilh. Koch. Der Bürgermeister v. Kaltenhahn. Eine unpolit. Wahlgeschichte, erzählt von Walter v. Münich. (122 S.)

Familien-Bibliothek. Ausgewählte Erzählungen u. Geschichtsbilder. IV. Serie. Nr. 13—25. [Nr. 88—100 der ganzen Sammlg.] 8. Einsiedeln 884—85. Benziger. geb. à — 80
13. Euphrosyne. Frei nach dem Holl. erzählt von L. v. Heemstede. Das Urtheil Dryden's. Geschichtliche Erzählg. v. Herm. Hirschfeld. (144 S.)
14. Der Schatten d. Landgrafen. Geschichtliche Novelle v. Herm. Hirschfeld. Feldlilien. Frei nach Lady Fullerton bearb. v. Franziska Wasserburg. Gerettet aus tiefem Fall. Eine spanische Dorfgeschichte, frei nach Trueba erzählt v. Kl. Beck. (112 S.)
15. Die erste Magd im Hause. Humoreske v. Amara George-Kaufmann. Das Perlen-Concert. Zwei Tage aus dem Leben e. Meisters v. Hermine C. Proschko. Die Schatzgräber. Humoreske v. Wilh. Koch. Der schlaue Küster. Humoreske v. Ph. Aumonier. (95 S.)
16. Tante Lisbeth. Novelle v. Juta Berthen [Aug. Joh. Freiin Groß v. Trockau]. (114 S.)
17. Das Wunder v. Strivali. Historische Erzählg. v. Herm. Hirschfeld. Pique fünf. Frei nach dem Pedro Ivo erzählt v. Marie Schultz. (117 S.)
18. Die Millionen-Erbschaft. Eine schnurrige Geschichte von Walter v. Münich. Zwei Könige. Orig.-Erzählgn. aus den steier. Bergen. Von Hermine C. Proschko. (108 S.)
19. Aus Rußland od. e. Kumys-Cur unter den Kirgisen. Erinnerungen v. Gust. Baßler. (112 S.)
20. Um's liebe Brod. Eine Auswanderer-Geschichte v. Heinr. Sienkiewicz. Ein Abendessen bei Papa Jones. Nach dem Engl. erzählt v. Alice Salzbrunn. (96 S.)
21. Soldatenleben im Felde. Harmlose Erinnergn. aus dem Feldzuge der preuß. Main-Armee. Von Thdr. Berthold. (108 S.)
22. Durch die Zeitung. Sonderbarkeiten aus e. Menschen Lebenslauf, mitgetheilt von Walther v. Münich. Vetter Karl. Dem Engl. nacherzählt von A. v. Oppeln. (131 S.)
23. Im Erlenthal. Sittenbilder aus Irland. Von Alice Salzbrunn. (104 S.)
24. Im Saracenenthurm. Novellette v. K. Th. Zingeler. Des Sohnes Sühne. Erzählung aus dem Leben. Von Johanna Auguste Freiin Groß v. Trockau. (121 S.)
25. Die Gefangenschaft König Ludwig's XVI. v. Frankreich im Temple. Nach dem Tagebuch d. kgl. Kammerdieners M. Clery frei übertr. v. J. Betschart. Mit 9 Illustr. (146 S.)

Familien-Bibliothek. Ausgewählte Erzählgn. u. Schildergn. 5. Serie. Nr. 1—5. [Nr. 101—105 der ganzen Sammlg.] 8. Einsiedeln 888. 889. Benziger & Co. geb. à — 80
1. Dona nobis pacem! 4 Erzählgn. v. Th. Berthold. (118 S.)
2. Die Emigranten. Nach dem Holländ. der Melati v. Java erzählt v. L. v. Heemstede. Die vergrabenen Kanonen. Episode aus Münchens Vergangenheit v. K. Kortan. (106 S.)
3. Die Hand Gottes. Nach einer wahren Begebenheit erzählt v. H. Hirschfeld. Das Ende e. Königin. Historische Skizze v. F. Wahr. Uebermuth thut niemals gut. Nacherzählt v. Mathilde van Beerlaere. (93 S.)
4. Ein Schauspiel im Schauspiel. Frei nach dem Portugiesischen erzählt v. Marie Schultz. Eine Nacht unter den Feniern. Romantische Erzählg. v. J. Payn. Künstlerthum u. Künstelei. Novellette v. H. Hirschfeld. Der Rosenknopf bei Mariastein. Eine Weihnachtsgeschichte aus dem Sundgau. Von H. Ludwig. Die Carreira. Ein Sittenbild aus dem brasilian. Volksleben. Von A. Schupp. (112 S.)

5. Onkel Breunung u. sein Neffe. Erinnerungen aus d. Sommerfrische v. H. Kerner. Erinnerungen e. Thalers. Von K. Keiter. Eines schickt sich nicht f. Alle! Ein Schwänklein aus Studentenkreisen v. W. Vogel. Die beiden Herren Collegen. Nach oberhess. Mittheilg. erzählt v. W. Vogel. Das Gnadenstück. Nacherzählt v. A. Duercino. (113 S.)

— dasselbe. 5. Serie. Nr. 6—10. [Nr. 106—110 d. ganzen Sammlg.] 8. Ebd. 890. cart. à — 60

6. Humoresken. Der Herr Vetter. Von Ph. Laicus. Der Pfannkuchenteller. Von W. Vogel. Mein Hochzeitsanzug. Frei nach dem Engl. v. K. Lellmann. Mit 15 Orig.-Vignetten v. P. Atkinson. Auf e. Schulprüfung. Von W. Martin. (127 S.)
7. Auf ländlichen Pfaden. Skizzen aus dem Pflanzenreiche mit Bezug auf Sage, Geschichte u. Poesie. Von Th. Berthold. (133 S. mit 10 Illustr.)
8. Burschenleben. Wenn man beliebt ist. Zwischen den Wallhecken. Nach Weihnachten. Trödlerwaare. Ausgewählte Erzählgn. v. Th. Berthold. (110 S.)
9. 10. Gockel, Hinkel u. Gackeleia. Ein Märchen v. Cl. Brentano. (238 S. m. 1 Bild.)

Familien-Bibliothek. Ausgewählte Erzählgn. u. Schildergn. 5. Serie. Nr. 11—20. [Nr. 111—120 der ganzen Sammlg.] 8. Einsiedeln, Benziger & Co. Kart. à — 60

11. Kleine Rentner. Soziales Zeitbild v. Paulus Publicus. Dichterträume. Humoreske v. Herm. Hirschfeld. (99 S.) 891.
12. Frater Romedius. Geschichtliche Erzählg. v. Herm. Hirschfeld. Dieudonnee. Von Eufemia Gräfin Ballestrem [Frau v. Adlersfeld.] Das Stationskreuz. Dem Portugies. d. Pedro Ivo nacherzählt v. Marie Schultz. (114 S.) 891.
13. Der Wunder-Doktor. Novelle v. Melati v. Java. Aus dem Holl. übers. von L. van Hemstede. Wie man e. Schriftsteller wird. Scherz u. Ernst v. Kurt Rathwer. Ein Geschäftsgeheimniß. Von W. Vogel. (130 S.) 891.
14. In der Nacht vor Allerseelen. Erzählung aus der neueren Leidensgeschichte Irlands. Von Eugenie Metsch. Bruder Jacob. Ein Bild aus dem Leben v. Ines. Rosenkönigin u. Dornenkönigin. Geschichtliche Erzählg. v. Hermine C. Proschko. (96 S.) 891.
15. Historien aus der Nesselgasse. Kleinstädtliche Erlebnisse m. heiterer Färbg. v. Thdr. Berthold. Vetter Franz. Heitere Erinnerungen v. Thdr. Berthold. (94 S.) 891.
16. Der Schmugglerkönig. Eine Erzählg. aus den böhm. Bergen von Phpp. Laicus. Die verrückte Tante. Humoristische Erzählg. v. Eleanor L. Price. (103 S.) 892.
17. Drei Theaterstücke v. A. v. Lachemair. (168 S. m. 1 Titelbild.) 892.
18. Der letzte Wille e. Königin. Geschichtliche Novelle v. Jul. Swoboda. Ein verweigertes Duell. Episode aus dem Garnisonsleben, der Wirklichkeit nacherzählt von Beda v. Wallheim. Hauptmann Stahl in der Klemme. Von J. Payn. Ein seltsamer Schwur. Nach dem Engl. von H. v. Remagen. Mein erster Wilderer. Aus den Erlebnissen e. alten Forstmannes v. R. Heydenreich. Glockenstimmen. Orig.-Erzählg. v. Hermine C. Proschko. Clamgallas. Eine Episode aus blut. Zeit von Walt. v. Münich. (132 S.) 892.
19. Das Weihnachts-Fest zu Thompsonhall. Dem Engl. d. Anthony Trollope nacherzählt von Alice Salzbrunn. In der zwölften Stunde. Nach dem Engl. d. R. E. Francillon, erzählt von Alice Salzbrunn. Johann Smith's Doppelgänger. Autoris. Bearbeitg. aus dem Engl. v. Alice Salzbrunn. (102 S. m. Abbildgn.) 892.
20. Im Kranze d. Kirchenjahres. Die Blumen der Festkreise u. Heiligentage v. Thdr. Berthold. (75 S.) 892.

— dasselbe. 5. Serie. Nr. 21—25. [Nr. 121—125 der ganzen Sammlg.] 12. Ebd. Kart. à n. — 50

21. Drei Weihnachtsabende. Eine anspruchslose Geschichte v. Paulus Publicus. Friede auf Erden. Weihnachts-Erzählg. aus dem Ober-Elsaß. Von Beda v. Wallheim. Der grüne Kranz der heiligen Nacht. Eine Weihnachts-Erinnerg. v. Rud. Koblischek. Der blinde Organist v. Sevilla. Eine Sage v. der heil. Christnachtsmesse. Dem Span. nacherzählt v. Alice Salzbrunn. Der Mutter Weihnachtstraum. Aus dem Engl. v. Alice Salzbrunn. (107 S.) 892.
22. Wiesenblumen. Vögel d. Meeres. Kleinste Frühlingsgrüße. Der Lieb' u. Treue Blumen. Frühlingsgrüße aus den Bergen. Die Wallhecken im Münsterlande. Lämmlein auf der Weide. Stoppelblümchen. Botanisches Museum. Bändchen v. Thdr. Berthold. (115 S.) 892.
23. Schattenseiten v. Antonie Jüngst. (Er muß Beamter werden. Das Glück m. u. ohne Gold. Ein Kind der Straße. Ein paar Apfelschimmel. Standesehre. Ein zerstörtes Leben.) (110 S.) 892.
24. Im blauen Hahn. Unser altes Gymnasium. Warum Ohm Gerhard nicht getraut wurde. Fidelio u. Blanca. Humoresken v. Thdr. Berthold. Eine Laune. Tragisch-humorist. Erzählg. v. Rich. March. Ein theurer Hahn. Humoreske nach dem Holl. v. Marianne Meister. Das Ahnenbild. Novelle v. R. Ludw. Graf Fugger. (123 S.) 892.
25. Australische Lebensbilder aus der goldenen Zeit. Von Heinr. Boehler. (96 S. m. 11 Illustr.) 892.

Familien-Bibliothek. Eine Sammlg. christl. Erzählgn. Unter Red. v. E. Evers. Nr. 1—10. gr. 16. Norden 87[illegible] Soltau. à n. — 2[illegible]

1. Klein u. groß. Erzählung v. E. Evers. (40 S.)
2. Der Herr an Bord. Erzählung v. E. Evers. (48 S.)
3. Der Wilderer. Erzählung v. E. Evers. (35 S.)
4. Ehestand — Wehestand. Erzählung v. E. Evers. (58 S.
5. In die neue Welt! Erzählung v. E. Evers. (60 S.)
6. Im Walde. Erzählung v. E. Evers. (56 S.)
7. Aus der großen Zeit. Erzählung v. E. Evers. (56 S.)
8. Die Großeltern. Erzählung v. E. Evers. (48 S.)
9. Signor Carlo. Eine Erzählg. aus dem Schwarzwald v. J. Bonn (54 S.)
10. Zurückgekehrt. Erzählung v. Th. Pietsch. (47 S.)

— Eine Sammlung christl. Erzählungen. Unter Red. v. E. Evers. 11—42. Hft. gr. 16. Norden 876—82. Soltau. à n. — 25

11. Pastor Treue. Erzählung v. E. Stefann. (52 S.)
12. Der Sperling auf dem Dache. Aus dem Engl. v. A. Waise. (56 S.)
13. u. 14. Der musikalische Erbpächter. Eine mecklenburg. Dorfgeschichte v. J. Laokles. (122 S.)
15. Der alte u. der neue Glaube. Erzählung v. Fr. Koeck. (48 S.)
16. Auf schwankem Seil. Aufzeichnungen aus dem Tagebuche eines alten Mannes. Von Frieda Francesco. (64 S.)
17. Schatz u. Schätze. Erzählung aus dem Bauernstande v. C. Richter. (47 S.)
18. Wer ist mein Nächster? Von der Verf. der Dorfgeschichte „Aus der Neuzeit" zc. (46 S.)
19. Der verlorne Sohn. Erzählung v. Ad. Asmus. (68 S.)
20. Ueberwunden. Erzählung v. E. Klee. (61 S.)
21. 22. Das Recht ohne Gott. Historische Erzählung v. Agnes Willms. (130 S.)
23. Das Haus an der Schleuse. Erzählung v. E. Evers. (46 S.)
24. Blüthe u. Frucht. Erzählung v. Mart. Claudius [M. Petzel]. (46 S.)
25. Eine Blüthe aus dem Völkerfrühlinge 1848. Erzählung v. Emil Steffann. (48 S.)
26. Der neue Schulmeister. Erzählung v. M. Nördlingen. (48 S.)
27. Aus meinem Skizzenbuche. Von Emil Ohly. (IV, 60 S.)
28. Auf seine Stelle jeder Mann. Erzählung v. Hugo Detlef. (48 S.)
29. Traudchen, od. reiche Liebe im armen Leben. Erzählung v. C. Richter. (48 S.)
30. Das Sorgenkind u. die Segenskinder. Eine Weihnachtsgeschichte v. E. Evers. (56 S.)
31. 32. Für's Vaterland! Episode aus den J. 1808—1813. Von Wilh. Wolff. (93 S.)
33. Zwei Bräute. Erzählung v. J. Bonnet. (48 S.)
34. Aus der Gründerzeit. Erzählung v. Emil Steffann. (46 S.)
35. Arm u. reich. Eine Erzählung v. Mart. Claudius [M. Petzel]. (72 S.)
36. Gottes-Treu. Erzählung v. Hugo Detlef. (46 S.)
37. Aus meinem Skizzenbuch. Kleine Bilder aus dem eigenen u. aus dem Volksleben. Von Emil Ohly. 2. Bdchn. (47 S.)
38. 39. Blauveilchen u. Sonnenblumen. Erzählung v. E. Evers. (104 S.)
40. Jesu geh' voran, auf der Lebensbahn. Eine Erzählung f. das Volk v. Louise Cuno. (47 S.)
41. 42. Simeon der Jude, od.: Lange ersehnt, endlich gefunden. 4 Erzählungen v. Anna Claussen. (150 S.)

Familien-Biblibthek. Unter Mitwirkg. der bewährtesten Volksschriftsteller hrsg. v. F. Schaubach. 1—3. Bd. br. 8. (III, 449, IV, 425 u. IV, 488 S.) Wolfenbüttel 873—76. Zwißler. à n. 3. —

Familien-Bibliothek, Calwer. 1—8. Bd. 8. Calw 886. 87. Vereinsbuchh. à n. 1. 50; geb. à n. 2. —

1. Chr. Gottlob Barth's Leben u. Wirken. Von Wilh. Kopp. Mit Bildnis. (304 S.)
2. Seelenkämpfe e. armen Landmädchens. Eine Erzählg. aus dem ostpreuß. Volksleben. Von Marie Regenborn. (240 S.)
3. Onkel Toms Hütte od. Negerleben in den Sklavenstaaten v. Nordamerika. Von H. Beecher-Stowe. Neue Ausg. (336 S.)
4. General Gordon. Ein christl. Held. Für das Volk geschildert v. Fr. Mürdter. Mit 4 Bildern u. 1 Kartenskizze. (256 S.)
5. Katholische Zeugen evangelischer Wahrheit. Von Wilh. Kopp. Mit 3 Porträts. (263 S.)
6. Johann Valentin Andreä, e. Glaubenszeuge aus der Zeit d. 30jährigen Krieges, m. Auszügen aus seinen Schriften, dargestellt v. Paul Wurm. Mit Bildnis. (240 S.)
7. Johann Heinrich Jung's [genannt Stilling] Lebensgeschichte. Neue Ausg. m. Stillings Bildnis. (XII, 340 S.)
8. Auf den Galeeren. Memoiren e. Hugenotten. Nach dem Franz. bearb. v. F. Bettex. Mit 1 Bild. (232 S.)

— Calwer. 9.—23. Bd. 8. Calw 888—891. Vereinsbuchh. à n. 1. 50; geb. à n. 2. —

Inhaltsübersicht in alphabet. Ordnung:

Blanckmeister, F., Einst u. Jetzt. Bilder u. Geschichten aus dem Bürgerleben der guten alten Zeit. Ein Volksbuch. (216 S.) (11. Bd.)

Cummins, Maria, der Laternenmann. (287 S.) (18. Bd.)

Dorsch, P., Schwäbische Bauern in Kriegszeiten. Ein Beitrag zur Geschichte d. Remsthals u. d. Welzheimer Waldes. (278 S.) (11. Bd.)

— das deutsche evangelische Kirchenlied auf seinem Segensgang durch die Gemeinde. (321 S.) (19. Bd.)

Hesse, M., Jakob Hannington. Ein Märtyrer f. Uganda. Nach dem Engl. (272 S. m. Bild.) (22. Bd.)

Hübener, H., es muß doch Frühling werden! Erzählung. (332 S.) (13. Bd.)

Kennedy, Grace, Pater Clemens. Neue Ausg. (218 S.) (10. Bd.)

Leben, das, des 7. Grafen v. Shaftesbury. Nach engl. Quellen hrsg. vom Calwer Verlagsverein. (200 S. m. Bild.) (20. Bd.)

Mackarneß, H. S., Sonnenblicke. Sechs Erzählgn. (283 S.) (15. Bd.)

Oehler, L., unter der Schreckensherrschaft. Erlebnisse der Familie Echerolles während der Revolution. Nach dem Französ. (232 S.) (23. Bd.)

Ostertag, K., Helene, Herzogin von Orleans. Mit Bildnis. (340 S.) (16. Bd.)

— Graf v. Zinzendorf. Mit Bildnis. (247 S.) (12. Bd.)

Pelletan, E., Jarousseau, der Pfarrer der Wüste. Aus dem Französ. (215 S.) (17. Bd.)

Schubert, G. H. v., der neue Robinson, oder die Schicksale Philipp Ashton's unter Seeräubern auf der Insel Ruatan. Für die deutsche Jugend bearb. 7. Aufl. Mit 5 Bildern. (302 S.) (9. Bd.)

Traugott, Fr., Ringburger Chronik. Was sich daselbst u. in der Umgegend Besonderes ereignet hat, fürs Volk erzählt. (243 S.) (21. Bd.)

— Calwer. 2., 4., 13., 24.—36. Bd. 8. Calw u. Stuttgart, Vereinsbuchh. à n. 1. 50; geb. in Leinw. à n. 2. —

2. Seelenkämpfe e. armen Landmädchens. Eine Erzählg. aus dem ostpreuß. Volksleben. Von Marie Regenborn. 3. Aufl. (240 S.) 895.
4. General Gordon. Ein christl. Held. Von Fr. Mürdter. Mit 4 Bildern u. 1 Kartenskizze. 2., verm. Aufl. (287 S.) 896.
13. Leben v. Ludwig Hofacker m. e. Auswahl aus seinen Briefen v. Alb. Knapp. 6. Aufl. (312 S. m. Bildnis.) 895.
24. Menschenwege u. Gottes Führung. Erzählungen v. Frdr. Traugott. (231 S.) 892.
25. Die Verbindung m. unserer ewigen Heimat. Von Paul Dorsch. (284 S.) 892. — 2., verm. u. verb. Aufl. (310 S.) 894.
26. David Livingstone, der Freund Afrikas. Von M. Hesse. (218 S. m. Bildnis.) 892.
27. Aus d. Urgroßvaters Hausbuch. Historische Erzählg. v. Helene Bertholt. (316 S.) 892.
28. Frohes u. Ernstes in Erlebnissen, erzählt v. Frdr. Traugott. (244 S.) 893.
29. Das Missionsjahrhundert. Züge aus dem Missionsleben der Gegenwart, insbesondere zum Vorlesen in Missionsvereinen. Von J. Hesse. (321 S.) 893.
30. Geschichte der Entdeckung Amerikas, erzählt v. Ludw. Frohnmeyer. (327 S. m. 6 Bildern.) 893.
31. Minchen, e. deutsche Frau. Eine wahre Geschichte v. Frdr. Traugott. (256 S.) 894.
32. Die Familie Lavenstein. Ein Bild aus der Zeit der Gegenreformation v. Ulr. Lörcher. (284 S.) 894.
33. Christianens Denkmal. Ein Stück Familienchronik aus dem 1. [illegible] unseres Jahrh. (Von Herm. Gundert.) ([illegible] S.) [illegible].
34. Aus Hermann Gundert's Leben. Von J. Hesse. (304 S. m. Bildnis.) 894.
35. Gold u. Schimmer in Erzählungen. Von Frdr. Traugott. ([illegible] S.) 895.
36. Joseph Josenhans. Ein Lebensbild v. J. Hesse. (287 S. m. Bildnis.) 895.

Familienbibliothek, Calwer. 7., 8., 19. u. 37.—48. Bd. 8. Calw u. Stuttgart, Vereinsbuchh. Geb. in Leinw. à n. 2. —

7. Lebensgeschichte Joh. Heinr. Jung's (gen. Stilling). D. neuen Ausg. 2. Aufl. M. Bildn. (342 S.) 899.
8. Auf d. Galeeren. Memoiren e. Hugenotten. N. d. Franz. bearb. v. J. Bettex. 2. Aufl. (268 S.) 896.
19. D. deutsche evang. Kirchenlied auf s. Segensgang durch die Gemeinde. 2. Aufl. (320 S.) 893.
37. Das Gottesgericht v. J. 1812. D. Feldzug Napoleons geg. Rußland u. d. Tagebuch d. württemberg. Offiziers Chr. v. Martens. (308 S.) 896.
38. John Halifax Gentleman v. Craik. N. d. Engl. v. L. Öhler. (280 S.) 896.
39. Deutscher Mittelstand u. Bauernstand i. Erzählgn. v. Frdr. Traugott. (312 S.) 897.
40. C. H. Spurgeons Leben v. Luise Ohler. (296 S.) 897.
41. August Hermann Francke. E. Lebensbild v. R. J. Hartmann. (304 S. m. 1 Bildnis.) 897.
42. Gnadenwege im Dunkeln. E. Hugenottengeschichte f. Jung u. Alt v. Karl J. E. Hempsing. (335 S.) 897.
43. Waldröschens Hochzeit u. and. Erzählgn von Frdr. Traugott. (256 S.) 898.
44. Der Mutter Testament. E. Erzählg. von E. Green. Autor. Übersetzg. von C. v. Feilitzsch. (304 S.) 898.
45. Aus d. Papieren e. schwäb. Familie. Aufzeichngn. d. Vorfahren d. Familie Klemm. Ges. v. J. Roos. M. 2 Bild. (272 S.) 898.
46. Schloß Seeburg. Von Florence Montgomery. Autoris. Übersetzg. (280 S.) 899.
47. Goldzauber. Zeitgeschichtl. Erzählg. aus Südafrika von Alwin Mehnert. (280 S.) 899.
48. Zehn Jahre in China von J. Flad. M. 20 Bild. (312 S.) 899.

Familien-Bibliothek, Calwer. 3., 9., 25., 26., 29. u. 49.—58. Bd. 8. Calw u. Stuttgart, Vereinsbuchh. à n. 1. 50; geb. in Leinw. à n. 2. —

3. Onkel Toms Hütte od. Negerleben in d. Sklavenstaaten v. Nordamerika. Von H. Beecher-Stowe. 3. Aufl. (320 S.) (899.)
9. Der neue Robinson od. Die Schicksale Philipp Ashtons unter Seeräubern u. auf der Insel Ruatan. Für die deutsche Jugend bearb. Von Gotth. Heinr. v. Schubert. 8. Aufl. Mit 5 Bildern. (302 S.) 902.
25. Die Verbindung m. unserer ewigen Heimat. Von Paul Dorsch. 3., durchgeseh. u. verb. Aufl. (304 S.) 902.
26. David Livingstone, der Freund Afrikas. Von M. Hesse. 2. verm. Aufl. Mit vielen Bildern. (272 S.) 900.
29. Das Missionsjahrhundert. Züge aus dem Missionsleben der Gegenwart, insbesondere zum Vorlesen in Missionsvereinen. Von J. Hesse. 2., durchgeseh. Aufl. (320 S.) 900.
49. Mancherlei Leute in Häusern u. Hütten. Erzählungen. Von Frdr. Traugott. (256 S.) 900.
50. Deutscher Dichterhort f. das evangelische Volk, insbesondere f. christl. Vereine. Gesammelt v. R. Eckardt. (320 S.) 900.
    Velinausg., eleg. geb. in Leinw. m. Goldschn. n. 3. —
51. Meine Reise nach Florida. Von E. R. Ehemann. Mit 4 Bildern. (304 S.) 900.
52. Oliver Cromwell. Ein Lebensbild. Von Otto Schnizer. Mit 12 Bildern. (284 S.) 901.
53. Geschichte des 19. Jahrhunderts. Hrsg. vom Calwer Verlagsverein. Mit vielen Bildern. (339 S.) 901.
54. Kurt Werner. Eine Erzählg. aus Franken. Von Gfr. Flammberg. (Aug. Ebrard). 2. verkürzte Aufl. (280 S.) 902.
55. Friedrich Christoph Otinger. Ein Lebens- u. Charakterbild, aus seinen Selbstbekenntnissen u. Schriften entworfen. Von Johs. Herzog. Mit 7 Abbildgn. (270 S.) 902.
56. Was macht glücklich, Geld od. Liebe? Erzählungen. Von Frdr. Traugott. (288 S.) 902.
57. Dorothea, meine puritanische Tante. Erzählung aus der Zeit d. Bürgerkriege Englands. Von Eleanor Lloyd. (280 S.) 903.
58. Die Märtyrer der alten Kirche. Von E. Kalb. (328 S.) 903.

Familienbibliothek, Calwer. 53. u. 59.—69. Bd. kl. 8. Calw u. Stuttgart, Vereinsbuchh. Geb. in Leinw. à n. 2. —

Ashton, Mark, des Landpflegers Weib. Erzählung aus dem 1. Jahrh. Autoris. Übersetzg. aus dem Engl. (292 S.) 907. (Bd. 69.)

Dorfleben, indisches, in Wort u. Bild. Hrsg. vom Calwer Verlagsverein. Mit vielen Abbildgn. (244 S.) 906. (Bd. 66.)

Geschichte des 19. Jahrh. Hrsg. vom Calwer Verlagsverein. Mit vielen Bildern. 2., bis auf die Gegenwart fortgeführte Aufl. (336 S.) 904. (Bd. 53.)

Harband, Beatrice, Sundari. Eine Geschichte aus dem ind. Volksleben. Rechtmäßige Übersetzg. (232 S. m. Titelbild. 905. (Bd. 64.)

Herzog, J., Moser, Vater u. Sohn. Zwei Lichtgestalten aus dem 18. Jahrh., nach ihren Selbstzeugnissen dargestellt. Mit 2 Bildern. (288 S.) 905. (Bd. 63.)

Lörcher, Ulr., Elsässer Geschichten. (280 S.) 907. (Bd. 68.)

Oehler, Luise, Tamate. Aus dem Leben des Bahnbrechers u. Märtyrers der Neuguinea-Mission James Chalmers. (296 S. m. Abbildgn.) 904. (Bd. 61.)

Rijnhart, Susie C., Wanderungen in Tibet. Autoris. Verdeutschg. Mit Bildern u. 1 Karte. (278 S.) 904. (Bd. 60.)
Schnizer, Otto, die ersten Quäker Georg Fox u. William Penn. (291 S. m. 1 Bildnis.) 907. (Bd. 67.)
— Johann Hinrich Wichern, der Vater der inneren Mission. (308 S. m. 1 Bildnis.) 904. (Bd. 59.)
Schumann, Jul., Bach, Händel, Mendelssohn. Die protestant. Kirchenmusik in Lebensbildern. (319 S. m. 3 Bildnissen.) 904. (Bd. 62.)
Werner, C., treue Zeugen. Eine Erzählg. aus den Tiroler Landen. (284 S.) 906. (Bd. 65.)

Familienbibliothek, Calwer. 70. u. 71. Bd. kl. 8. Calw u. Stuttgart, Vereinsbuchh. à 1.70; geb. in Leinw. à 2. —
70. Gustav Werner u. sein Werk. Von G. Knelle. Mit 6 Bildern. (300 S.) 909.
71. An den Grenzen des Zwergenlandes. Von Ruth Fischer. Berechtigte Übersetzg. Mit mehreren Bildern. (248 S.) 909.

Familien-Bibliothek, christliche. Herausgeg. von W. M. Büchner. 1.—4. Bdchn. Inhalt: 1. u. 2. Erzählungen, Phantasie- und Naturgemälde. — 3. Geistesblüthen. — 4. Blumenlese erbaul. Lieder und Gedichte. 16. Nördlingen 845, Beck'sche Buchh. 28 ngl

Familien-Bibliothek, deutsche. Eine Auswahl guter Erzählungen u. Novellen deutscher Autoren. 1—28. Liefg. Glogau 859—62. Flemming. 16. Jede Liefg. 4½ ngr.
Inhalt: Jos. Rank's ausgewählte Werke. Gesammt-Ausg. 1—13. u. 17. Thl. (XXXVIII, 2919 S.)

Familien-Bibliothek, illustrirte. Eine Sammlung anmuthiger Erzählungen, Berichte über Länder- und Völkerkunde und Mittheilungen aus dem Gebiete der ernstern praktischen Wissenschaften. Mit Illustrationen (in Stahlst. u. Holzschn.). Leipzig (855—58.) Payne. 8. Jedes Heft 1½ ngr
I. Serie.
1—20. Heft: Broadlands. Ein Lebensbild. Nach dem Englischen. 5 Bde. (à 192 S. u. 2 Holzschn.)
21—28. Heft: Ida May. Ein Lebensbild. Nach dem Englischen. 2 Bde. (192; 196 S.)
29—32. Heft: Jagd-Abenteuer in Texas. Nach dem Englischen von Phil. Barton. (191 S.)
33—48. Heft: Die Versuchung. Eine Novelle. Nach dem Englischen. 4 Bde. (192; 192; 190; 192 S.)
49—56. Heft: Novellen von Edgar Allan Poe. 2 Bde. (192; 192 S.)
57—64. Heft: Margarethe. Eine Novelle. Vom Verf. von „Mary Burton." 2 Bde. (192; 199 S.)
65—68. Heft: Bekenntnisse eines Magnetiseurs. Von Alph. Teste. Aus dem Französ. (1. Thl.: 192 S. u. 1 Stahlst.)
69—76. Heft: Die alte Heimath. Nach dem Englischen der Amerikanerin Miß Anna Stephens. 2 Thle. (382 S. u. 2 Stahlst.)
77—84. Heft: Das Turnier zu Harlem. Histor. Roman. Frei nach dem Holländ. des J. v. Lennep. 2 Thle. (384 S. u. 2 Stahlst.)
85—89. Heft: Muthige Herzen. Novelle von Elfried von Taura. (240 S. u. 1 Stahlst.)
II. Serie.
1—3. Heft: Drei Tage in München. Ein getreuer Führer durch die Stadt und deren Umgebungen. Nebst 1 (lith.) Plane, 1 Ansicht der Stadt u. des Industrie-Ausstellungsgebäudes (Stahlst. in 4. u. qu. 8.). (855.) (64 S.)

Familien-Bibliothek, illustrirte. Eine Sammlung anmuthiger Erzählungen rc. rc. Neue Serie. Leipzig (858.) Payne. Lex.-8. Jedes Heft n. 5 ngr
1—12. Liefg.: Astoria oder Reisen u. Abenteuer der Astorexpeditionen. Von W. F. A. Zimmermann. (IV, 575 S.)

— illustrirte. Neue Serie. 2—6. Bd. à 12 Hefte u. 7. Bd. 1. u. 2. Heft (mit Holzschn. im Text, Stahlst. u. Lithogr.). Leipzig 859—63. Payne. Lex.-8. Jedes Heft m. 1 Stahlst. 5 ngr.
Inhalt: Nah u. Fern. 1—6. Bd. (1.: IV, 376 S.; 2.: IV, 288 S.; 3.: VI, 380 S.; 4.: IV, 340 S.; 5.: 336 S.; 6.: S. 1—56.)

— illustrirte. Neue Serie. 7—9. Bd. (à 12 Hefte.) Leipzig 864—66. Payne. 4. Jedes Heft 5 ngr.
Inhalt: Nah u. Fern. (6. Bd.: S. 57—336; 7. Bd.: 376 S.; 8. Bd.: IV, 364 S. m. Holzschn. im Text, 33 Stahlst. u. 62 Holzschntaff.)

Familienbibliothek, illustrirte. 2 Bde. Leipzig 869, 70. Kormann. gr. 8. (492 S. m. Holzschn. im Text u. 8 Holzschntaff.; IV, 476 S. u. 8 Holzschntaff.) Jeder Bd. 25 ngr.

Familien-Bibliothek, illustrirte. Unter Mitwirkg. der beliebtesten Schriftsteller u. Fachmänner hrsg. v. Paul Kormann. 3. Bd. 1. u. 2. Lfg. gr. 8. (S. 1—96 m. eingedr. Holzschn.) Leipzig 871. Siegismund & Volkening. à — 25

— illustr. Hrsg. v. Herm. Faulhaber. I. u. II. Bd. 8. Schw. Hall, Buchh. f. Innere Mission.
Geb. in Leinw. à n. 1. —
I. Theodor Christaller, der erste deutsche Reichsschullehrer in Kamerun. Ein Lebensbild von R. Böckheler. M. 8 Vollbildern u. vielen Textillustr. (IV, 156 S.) (897.) Geschenkausgabe. n. 3. —
II. Johannes Brenz, d. Reformator Württembergs. E. Lebensbild von W. Stähle. M. 8 Vollbild. (IV, 99 S.) 898.

Familienbibliothek der deutschen Klassiker. Bd. 1—100 und Suppl. 1—30. Hildburghausen 1841—46. 12.

— kleine, zur Förderung religiösen Sinnes rc. vgl.: Charaktere, christliche. — Sudhoff.

—— kleine, zur Förderung religiösen Sinnes, Lebens und Wirkens. I. Serie. I. Thl.: In der Stille. Trösteinsamkeit in Lied und Spruch. Von Carl Sudhoff. 5 Bücher. 16. Breslau 853, Hirt's Verlag. à Buch 10 Ngr.
Inhalt:
Buch 1. Stille zu Gott. (XL und S. 1—172.)
„ 2. Heilige Zeiten. (S. 173—306.)
„ 3. Des Glaubens Kampf und Sieg. (S. 307—532.)
„ 4. Leben in Christo. (S. 533—752.)
„ 5. Die letzten Dinge. (S. 753—933.)

—— dass. — 2. Serie: Christliche Charaktere, oder: Gehet hin und thuet desgleichen. 1. und 2. Thl. br. 8. Ebds. 854.
Inhalt:
Thl. 1. August Hermann Francke, oder: Macht und Segen des Gebetes und Gottvertrauens. Von der Verf. von „Stillleben und Weltleben" (Rosalie Koch). (VIII und 127 S. mit Illustr. in eingedr. Holzschn. nach Orig.-Zeichnungen von Georgy, Kretschmer und Naumann.) Einzeln 1 Thlr.
„ 2. Elisabeth Fry und Sara Martin oder: Auch ein Frauenberuf! Von der Verf. von „Stillleben und Weltleben" (Rosalie Koch). (VIII und 164 S. mit Illustr. in eingedr. Holzschn. nach Orig.-Zeichnungen von Hugo Bürkner.) Einzeln 1 Thlr. 10 Ngr.

Familien-Bibliothek, kleine, für christliche Leser. 1. Bd. 12. Aachen 889. Schweitzer. cart. — 75
Schwester Charitas. Erzählung v. Antonie Briining. (138 S.)

Familien-Bibliothek, kleine, f. christliche Leser. 2. Bd. 12. Aachen 891. J. Schweitzer. Kart. — 75 (1. 2.: n. 1. 50)
Die Engel der heiligen Nacht. Erzählung v. Ludw. Lang. Die Hochzeit zu Cana. Dismas, der reuige Schächer. (159 S.)

FAMILIENBIBLIOTHEK, Oesterreichische, Nr. 7.
Verboten vom L.-G. Wien, 21. Juni 1871. § 516.

Familienbibliothek: Schweizerische Familienbibliothek
s. a. Schweizer-Chronik.

Familienbibliothek. Schweizer Familien-Bibliothek. Band 1 u. 2. 8. Aarburg, Buchdr. Aarburg, 1901. (Allwöchentlich ein Band à fr. —. 20)
s. Schlippenbach, Gabriele von — Simson, Arthur Eugen.

Familienbibliothek. Schweizer Familien-Bibliothek. Band 3—10. 8. Aarburg, Buchdr. Aarburg, 1901—1902. (à fr. —. 20)
Band 3 u. 4: 1901. — Band 5—9: 1902.
s. Birch-Pfeiffer, Charlotte — Brunold, Fr. — Dahlen, Hans — Districh, Emma — Elling, Franz v[on] — Reich, Moritz — Seyfried, Georg v[on] — Strauss, Victor — Verloren und wiedergefunden — Vetter und Base.

Familienbibliothek. Schweizer Familien-Bibliothek. Band 11. 8. Aarburg, Buchdr. Aarburg, 1902. (fr. —. 20)
s. Einsiedler am Vierwaldstätter See — Freitag, Gustav.

Familienbibliothek. Schweizer Familien-Bibliothek. Band 12 u. 13. 8. Aarburg, Buchdr. Aarburg, 1902. (à fr. —. 20)
s. Boneke, A[dolf] — Gerettet — Hagen, Gottlob.

Familienbibliothek. Schweizer Familien-Bibliothek. Band 14 u. 15. (je zus. 96 S.) 8. Aarburg, Burk's Verlag, 1903. (à fr. —. 20)

s. Haar, Gustav — Hugo, André — Strassburger, H[ugo] — Zschokke, Heinrich.

Familienbibliothek. Schweizer Familien-Bibliothek. Band 16. (zus. 96 S.) 8. Aarburg, Burk, 1903. (fr. —. 20)
s. Hirtenmädchen — Zschokke, Heinrich.

Familienbibliothek. Schweizer Familien-Bibliothek. Band 17 u. 18. II + 64 + 32 u. 95 S. 8. Aarburg, Burk, [1903] u. 1903. (à fr. —. 20)

s. Brunner, G — Gotthelf, Jeremias — Schmid, Chr[istoph] von.

Familienbibliothek. Schweizer Familien-Bibliothek. Band 19 u. 20. 91 u. 96 S. 8. Aarburg, Burk, 1903. (à fr. —. 20)
s. Baldamus, C — Horn, W. O. von — Wolebil, Lina.

Familienbibliothek. Schweizer F'-B'. Band 21—23. 8. Aarburg, Burk, 1903. (je fr. —. 20)
Band 21: Die Hand des Horrn. (— Künstlers Rache. Zwei) Erzählung(en) von Charlotte Birch-Pfeiffer. 99 S.
Band 22: Ein verhängnisvolles Vaterwort. (Aus «Illustrierter Volks-Novellist», ... Basel. — Der blinde Schiffer.) Erzählung(en) von Jacob Frey. 96 S.
Band 23: [Teil 1.] Ein schöner Lebensweg. Von J[acob] Waldburger. (Aus «Illustrierter Volks-Novellist», ... Basel.) — [Teil 2.] Die Wasserflut am Rheine (— Das Margaretsblümchen). Von Christoph [von] Schmied [d. i. Schmid]. 95 S.

Familienbibliothek. Schweizer F'-B'. Band 24: Die Warnung der Mutter. (— Die grusam höhi, spitzi Fluh. — Wie's einem im Emmental gehen kann. Drei Erzählungen) Von Arthur Bitter. 93 S. 8. Aarburg, Burk, 1903. (fr. —. 20)

Familienbibliothek. Schweizer F'-B'. Band 25 u. No. 26—28. 8. Aarburg, Burk. je fr. —. 20
Band 25: [Teil 1.] Die Entführung. Novelle von Georg Reinbeck; — [Teil 2.] Die geheimnisvolle Liebe. (Novelle von K M .) 92 S. 1904.
No. 26: Onkel Paul. Von Ernst Kohlmünzer. II + 141 S. [1904.]
No. 27: Paula. Von [Frl.] O[ttilie] Heller; — Miss Florette. Von Mark Roberts [pseud. = Gebhardt Schätzler-Perasini]. II + 128 S. [1904.]
No. 28: Leonida. [Aus dem Russ. übersetzt.] Von [Frau] F[anny] Palm-Nasareff. ([Mit Anhang:] Der Seltsame.) II + 128 S. [1904.]

Familienbibliothek. Schweizer F'-B'. No. 29: Max und Moritz. Erzählung von Toni Schlott. II + 112 S. 8. Aarburg, Burk, [1904]. fr. —. 20

Familienbibliothek. Schweizer F'-B'. Nr. 30 u. 31. 8. Aarburg, Burk, [1904]. je fr. —. 20
Nr. 30: Kein Opfer. Erzählung von Luise Voigt. (Mit Bildern von Willy Planck.) II + 96 S.
Nr. 31. O lieb, so lang du lieben kannst. Erzählung von R Hartmann. (Mit Bildern von M Hohneck.) II + 96 S.

Familienbibliothek. Schweizer F'-B'. Nr. 32 u. 33. 8. Aarburg, Burk, [1904]. je fr. —. 20
Nr. 32: Ein Jahr Witwe. Erzählung von Dr. Wilhelm Fischer aus Wermelskirchen. Mit Bildern von M Hohneck. ([Mit Anhang:] Harmonie.) II + 96 S.
Nr. 33: Wahrheit. Erzählung von Ludwig Habicht. Mit Bildern von Willy Planck. II + 94 S.

Familienbibliothek. Schweizer F'-B'. Nr. 34—38. 8. Aarburg, Burk, [1905]. je fr. —. 20
Nr. 34: Ein Millionendieb (oder Betty, der weibliche Detektiv. Eine) Erzählung aus dem Leben einer Geheimpolizistin (der Stadt New-York. Nach zuverlässigen Quellen erzählt von L W Graepp. Mit Bildern von W[illy] Planck). II + 96 S.
Nr. 35: Im Kampfe ums Glück. Erzählung von Ferd[inand] Gruner. (Mit Bildern von W[illy] Planck.) II + 96 S.
Nr. 36: Adam und Eva. Novelle von Philipp Wengerhoff. (Mit Bildern von W[illy] Planck. [Mit Anhang:] Zu spät.) II + 96 S.
Nr. 37: Verkannt. Frei nach dem Französischen von Heinrich Köhler. (Mit Bildern von E Voigt.) II + 96 S.
Nr. 38: Seine Töchter. Novelle von [Frau] Maria Lorenz. (Mit Bildern von M Hohneck. [Mit Anhang:] Wie's kam und ging — das Glück!) II + 96 S.

Familienbibliothek. Schweizer F'-B'. Nr. 39—42. 8. Aarburg, Burk, [1905]. je fr. —. 20
Nr. 39: Zwei Mütter. Erzählung von [Frl.] E[rnestine] Diederich ((E. Hainborg)). (Mit Bildern von M Hohneck.) II + 96 S.
Nr. 40: Unter falscher Flagge. Erzählung von C[lara] von Dincklage. (Mit Bildern von M Hohneck.) II + 96 S.
Nr. 41: Junge Herzen. Novelle von Paul Bliss. (Mit Bildern von E Voigt. [Mit Anhang:] Die Prüfung zur Ehe.) II + 96 S.
Nr. 42: Die Kaiserin von China. Erzählung nach dem Englischen von H(einrich) Köhler. (Mit Bildern von W[illy] Planck.) II + 96 S.

Familienbibliothek. Schweizer F'-B'. Nr. 43 u. 44. 8. Aarburg, Burk, [1905]. je fr. —. 20
Nr. 43: Das Haus Brieger & Söhne. (Novelle) von H(einrich) Köhler. (Mit Bildern von M Hohneck.) II + 96 S.
Nr. 44: Gräfin Lubys Ehe. Novelle von [Frau] M[aria] Lorenz. (Mit Bildern von Rud[olf] Braun.) II + 96 S.

Familienbibliothek. Schweizer F'-B'. Nr. 45 u. 46. 8. Aarburg, Burk, [1905]. je fr. —. 20
Nr. 45: Die Diamanten der Frankenbergs — Der Stein der Weisen. Novellen von E. von Reizenhofen [pseud. = Frl. Elise Fajkmajer]. (Mit Bildern von E Voigt) II + 96 S.
Nr. 46: Ein gefährlicher Mann — Sein Kind. Novellen von A. von der Elbe [pseud. = Frau Auguste von der Decken]. (Mit Bildern von M Hohneck.) II + 96 S.

Familienbibliothek. Schweizer F'-B'. Nr. 47—56. 8. Aarburg, Burk, [1906]. je fr. —. 20
Nr. 47: Im Wege. Novelle (*Innentitel: Im W' — Eine Kohlenzeichnung. Kriminalnovellen) von Ludwig Habicht. (Mit Bildern von W[illy] Planck.) II + 96 S.
Nr. 48: Allerlei Bühnenvolk. Geschichten aus der Kulissenwelt von Alfred Schreiber. (Mit Bildern von C Münch) II + 96 S.
Nr. 49: Echtes Glück. Erzählung von V. Wiesen. (Mit Bildern von M Hohneck.) II + 96 S.
Nr. 50: Ein verhängnisvoller Ring — Heimatluft. Novellen von [Frl.] E[rnestine] Diederich (E. Hainberg. Mit Bildern von M Hohneck). II + 96 S.
Nr. 51: Menschliche Schwächen von Gina Troyani. (Autorisierte Uebersetzung aus dem Italienischen von Leo Gibara. Mit Bildern von C Münch.) II + 96 S.
Nr. 52: Klippen. (Novelle) von E Halden. (Mit Bildern von Hans Stubenrauch.) II + 96 S.
Nr. 53: Schloss Frankenberg. (Erzählung) von Hans Otto Becker. (Mit zahlreichen Bildern von Hans Stubenrauch.) II + 96 S.
Nr. 54: Die Erbschaft des Herzens. (Novelle) von Wilhelm von Trotha. (Mit Bildern von Hans Stubenrauch.) II + 96 S.
Nr. 55: Herzenskrisen. (Künstler-Novelle) von Heinrich Köhler. (Mit zahlreichen Bildern von Hans Stubenrauch.) II + 96 S.
Nr. 56: Der Hegerhans; Der alte Grenzer. (Schmugglergeschichten) von Alexis Kolb. (Mit zahlreichen Bildern von M Hohneck.) II + 96 S.

Familienbibliothek. Schweizer F'-B'. Nr. 57—60. 8. Aarburg, Burk, [1906]. je fr. —. 20
Nr. 57: Nur eine Stunde. (Novelle) von A Kurs. (Mit Bildern von M Hohneck.) II + 96 S.
Nr. 58: Ohne Vergangenheit — Dr. Hollmers Orientreise. Erzählungen von C[lara] von Dincklage. (Mit zahlreichen Bildern von H[ans] Stubenrauch.) II + 96 S.
Nr. 59: Trotzdem. Erzählung von [Frl.] M[arie] Tyrol. (Mit zahlreichen Bildern von M Hohneck.) II + 96 S.
Nr. 60: Der Eisenkönig. Erzählung von Fritz Reutter. (Mit zahlreichen Bildern von W[ilhelm] Baur. [Mit Anhang:] Sterben können.) II + 96 S.

Familienbibliothek. Schweizer F'-B'. Nr. 61 u. 62. 8. Aarburg, Burk, [1906]. je fr. —. 20
Nr. 61: Die Rose von Lemberg. Novelle von [Frl.] E[mmy] von Borgstede. (Mit zahlreichen Bildern von Wilhelm Baur. [Mit Anhang:] Unterm Drachenbanner.) II + 96 S.
Nr. 62: Die Töchter der Ceres. (Humoristische) Erzählung von C Fincke. (Mit zahlreichen Bildern von Hans Stubenrauch.) II + 96 S.

Familienbibliothek. Schweizer F'-B'. Nr. 63 u. 64. 8. Aarburg, Burk, [1907]. je fr. —. 20
Nr. 63: Der Heiratsvermittler. (Komische) Novelle von Emil Gaboriau. (Deutsch von H[enriette] Dévidé. Mit zahlreichen Bildern von M Hohneck.) II + 96 S.
Nr. 64: Die Aerztin — Aus Erbarmen. Novellen von W Mittelstaedt. (Mit zahlreichen Bildern von H[ans] Stubenrauch.) II + 96 S.

Familienbibliothek. Schweizer F'-B'. Nr. 65 u. 66. 8. Aarburg, Burk, [1907]. je fr. —. 20
Nr. 65: Zwölf Prozent. Erzählung von Erik Lie. (Einzig autorisierte Übersetzung aus dem Norwegischen von E. Stine [Autorname = Frl. Emilie Stein]. Mit zahlreichen Bildern von R Franck.) II + 96 S.
Nr. 66: Ein Schwur — Durch Kampf zum Ziel. Novellen von C. Gerhard [pseud. = Clara Gerlach]. (Mit zahlreichen Bildern von Hans Stubenrauch.) II + 96 S.

Familienbibliothek. Schweizer F'-B'. Nr. 67—70. 8. Aarburg, Burk, [1907]. *je* fr. —.20

Nr. 67: Papierschnitzel. (Kriminalnovelle) von [Frau] A[manda] Wilcken. (Mit zahlreichen Bildern von M[aria] Hohneck.) II + 96 S.

Nr. 68: Der einzige Sohn. (Novelle) von Paul Bliss. (Mit zahlreichen Bildern von R. Franck. [Nebst Anhang:] Eine kluge Frau.) II + 96 S.

Nr. 69: Um eines Haares Breite. (Kriminalnovelle) von [Frau] A[manda] Wilcken. (Mit zahlreichen Bildern von M[aria] Hohneck.) II + 96 S.

Nr. 70: Die Dame mit dem Totenkopf. (Novelle) von Thé von Rom [*pseud.* = Frau Theodore von Rommel]. (Mit zahlreichen Bildern von Hans Stubenrauch.) II + 96 S.

Familienbibliothek. Schweizer F'-B'. Nr. 71—74. 8. Aarburg, Burk, [1908]. *je* fr. —.20

Nr. 71: Kinderaugen. (Novelle) von [Frl.] Lenore Pany. (Mit zahlreichen Bildern von R. Franck.) II + 96 S.

Nr. 72: Die Preisrichter. (Novelle) von [Frau] J[ohanna] Thimm. (J. Hutten). (Mit zahlreichen Bildern von R. Franck.) II + 96 S.

Nr. 73: Auf Festung. (Novelle) von A. Kurs. (Mit zahlreichen Bildern von E. Voigt.) II + 96 S.

Nr. 74: Falsche Karten. (Kriminalnovelle) von C. (*d. i.* E.) v(on) Reizenhofen [*pseud.* = Frl. Elise Fajkmajer]. (Mit zahlreichen Bildern von Hans Stubenrauch.) II + 96 S.

Familienbibliothek. Schweizer F'-B'. Nr. 75—79. 8. Aarburg, Burk, [1908]. *je* fr. —.25

Nr. 75: Frau Käthe. (Roman) von A. von Auerswald. (Mit zahlreichen Bildern von Otto Palmer.) II + 96 S.

Nr. 76: Regina' bella. (Roman) von Heinrich Köhler. (Mit zahlreichen Bildern von M[aria] Hohneck.) II + 96 S.

Nr. 77: Alwyns erste Frau (— Die Stiefmutter. [Novellen.] Aus dem Englischen) von H. Frankenstein. (Mit zahlreichen Bildern von Otto Palmer.) II + 96 S.

Nr. 78: Leben heisst kämpfen. (Novellen) von [Frau] A[nna] Huber, geb.] Cador. (Mit zahlreichen Bildern von R. Franck.) II + 96 S.

Nr. 79: Ein Menschenleben — Grafenschloss und Heidehaus. Novellen von Willy Hoffmann-Courtier. (Mit zahlreichen Bildern von M[aria] Hohneck.) II + 96 S.

Familienbibliothek. Schweizer F'-B'. Nr. 80—84. 8. Aarburg, Burk, [1908]. *je* fr. —.25

Nr. 80: Der Goldkönig. Erlebnisse und Abenteuer Newyorker Detektive von L. W. Graepp. (Mit zahlreichen Bildern von O[tto] Palmer.) II + 96 S.

Nr. 81: Der Weltverdruss. (Novelle) von Karl Bienenstein. (Mit zahlreichen Bildern von R. Franck. [Nebst Anhang:] Maria am Weg!) II + 96 S.

Nr. 82: Traumseele — Herzblättchen. Zwei Novellen von [Frl.] L[enore] Pany. (Mit zahlreichen Bildern von M[aria] Hohneck.) II + 96 S.

Nr. 83: Indizienbeweise. [Roman] von Theo von Blankensee [*pseud.* = Matthias Blank]. (Mit zahlreichen Bildern von Hans Stubenrauch.) II + 96 S.

Nr. 84: Das Rätsel von Lovrana — Sirenenkünste. Novellen von [Frl.] L[enore] Pany. (Mit zahlreichen Bildern von M[aria] Hohneck.) II + 96 S.

Familienbibliothek. Schweizer F'-B'. Nr. 85—90. *je* II + 96 S. 8. Aarburg, Burk, [1908]. *je* fr. —.25

Nr. 85: Idealisten. (Novelle) von H[einrich] C. Lange. (Mit zahlreichen Bildern von R. Franck.)

Nr. 86: Erstanden und zwei andere Novellen von Marie von Schlägel. (Mit Bildern von C. Münch.)

Nr. 87: Errungenes Glück. (Roman) von [Frl.] E[lse] Hofmann. (Mit zahlreichen Bildern von M[aria] Hohneck.)

Nr. 88: Das Geheimnis der Ginsterschlucht. (Kriminalroman) von Walther Kabel. (Mit zahlreichen Bildern von O[tto] Palmer.)

Nr. 89: Das Heiratshaus. (Humoristische Erzählung) von Max Hoffmann. (Mit zahlreichen Bildern von O[tto] Palmer.)

Nr. 90: Was die Liebe kann. Novelle (**Innentitel:* Novellen) von Max Hoffmann. (Mit zahlreichen Bildern von M[aria] Hohneck.)

Familienbibliothek. Schweizer F'-B'. Nr. 91—100. *je* II + 96 S. 8. Aarburg, Burk, [1909]. *je* fr. —.25

Nr. 91: Aus meiner Welt. Novellen aus dem Bühnenleben von Willy Hoffmann-Courtier. (Mit zahlreichen Bildern von M[aria] Hohneck.)

Nr. 92: Blutige Diamanten. (Kriminalerzählung) von Thé von Rom [*pseud.* = Frau Theodore von Rommel]. (Mit zahlreichen Bildern von R. Trache.)

Nr. 93: Das unterbrochene Lied von Eliza Orzeszko. (Aus dem Polnischen von [Frl.] St[efania] Goldenring. Mit zahlreichen Bildern von E. Voigt.)

Nr. 94: Ein Zwischenfall. (Novelle) von Heinrich Köhler. (Mit zahlreichen Bildern von R. Trache.)

Nr. 95: Ein geheimnisvoller Fall. Newyorker Detektivgeschichten (**Innentitel:* Detektivgeschichte) von L. W. Graepp. (Mit zahlreichen Bildern von Hans Stubenrauch.)

Nr. 96: Das Mädchen von Borkum und zwei andere Erzählungen von Wilhelm Fischer aus Wermelskirchen. (Mit zahlreichen Bildern von R. Trache.)

Nr. 97: Pension Blühdorn. Erzählung von H[einrich] Lange. (Mit zahlreichen Bildern von M[aria] Hohneck.)

Nr. 98: Entführt. Amerikan(ische) Detektivgeschichte von L. W. Graepp. (Mit zahlreichen Bildern von R. Trache.)

Nr. 99: Das Geheimnis des Ozeandampfers. Newyorker Detektivgeschichte von L. W. Graepp. (Mit zahlreichen Bildern von R. Trache.)

Nr. 100: Die verschmähte Braut — Verkannt. Zwei Erzählungen von Clara Freiin von Dincklage. Mit zahlreichen Bildern von R. Trache.

Familienbibliothek. Schweizer F'-B'. Nr. 101—104. *je* II + 96 S. 8. Aarburg, Burk, [1909]. *je* fr. —.25

Nr. 101: Der Mietskontrakt und andere Humoresken von Friedrich Lorenzen. (Mit zahlreichen Bildern von M[aria] Hohneck.)

Nr. 102: Die erste Badereise von Erich Knoop. (Mit zahlreichen Bildern von M[aria] Hohneck.)

Nr. 103: Neues Leben und andere Novellen von Anna Baadsgaard. (Autorisierte Übersetzung aus dem Dänischen von Bernhard Mann. Mit Bildern von Hans Stubenrauch.)

Nr. 104: Die Toten im Eise. Novelle von Karl Bienenstein. (Mit zahlreichen Bildern von Erich Stahl. [Nebst Anhang:] Der weisse Kater.)

Familienbibliothek. Schweizer F'-B'. Nr. 105—108. *je* II + 96 S. 8. Aarburg, Burk, [1910]. *je* fr. —.25

Nr. 105: Helene — Aus Liebe. Novellen von L. Martin [*pseud.* = Frau Lina Martin]. (Mit Bildern von C. Münch. 11. bis 14. Tausend.)

Nr. 106: Dämon Gold. Kriminalroman (**Innentitel:* Erzählung) von E. v(on) Reizenhofen [*pseud.* = Frl. Elise Fajkmajer]. (Mit zahlreichen Bildern von Hans Stubenrauch. 11. bis 14. Tausend.)

Nr. 107: Heimliche und unheimliche Geschichten. Von Friedrich Gerstäcker. (Mit zahlreichen Bildern von M[aria] Hohneck.)

Nr. 108: Die Beichte der ersten Liebhaberin. Roman (**Innentitel:* Novelle) von Alfred Sassen. (Mit Bildern von M[aria] Hohneck.)

Familienbibliothek. Schweizer F'-B'. Nr. 109—112. 8. Aarburg, Burk, [1910]. *je* fr. —.25

Nr. 109: Die verhängnisvolle Inschrift. (Erzählung) von Alfred [*d. i.* Adolf] Kahle. (Mit Bildern von Willy Planck. [Nebst Anhang:] Ein rettender Engel [und] Gott verlässt die Seinen nicht!) II + 96 S.

Nr. 110: Was liegt daran? (Erzählung) von Max Hirschfeld. (Mit Bildern von Willy Planck.) II + 94 S.

Nr. 111: Prinzessin Ilse. (Erzählung) von B[landa] Corony. (Mit zahlreichen Bildern von M[aria] Hohneck.) II + 96 S.

Nr. 112: Unter schwerem Verdacht. (Erzählung) von Arthur Eugen Simson. (Mit Bildern von Willy Planck.) II + 96 S.

Familienbibliothek. Schweizer F'-B'. Nr. 113—120. *je* II + 96 S. 8. Aarburg, Burk, [1910]. *je* fr. —.25

Nr. 113: Der bestohlene Dieb. (Amerikanische Detektivgeschichte) von L. W. Graepp. (Mit vielen Bildern von R. Trache.)

Nr. 114: Ein unüberlegtes Wort (und anderes) von Helene Hardt. (Mit Bildern von M[aria] Hohneck.)

Nr. 115: Im Korallenmeer. (Eine Erzählung) von Max Hofmann (**Innentitel:* Hoffmann). (Mit zahlreichen Bildern von C. Münch.)

Nr. 116: Falschmünzer. (Kriminalerzählung) von Wilhelm Fischer. (Mit zahlreichen Bildern von R. Trache. [Nebst Anhang:] Der Schatzfinder [und] Eifersucht.)

Nr. 117: Jung Alarichs Braut. (Je gelehrter — je verkehrter. Zwei Erzählungen) von Clara Freiin von Dincklage. (Mit Bildern von C. Münch.)

Nr. 118: Edles Blut — Unser Schneeglöckchen. (Novellen) von Clara Fincke. (Mit Bildern von M[aria] Hohneck. [Nebst Anhang:] Nichts mehr schuldig.)

Nr. 119: Auf Schleichwegen — Im Dunkel der Nacht. Novellen von Moritz Lilie. (Mit Bildern von C. Münch.)

Nr. 120: Betrogene Betrüger. (Amerikanische Detektivgeschichte) von Professor J. Glässer. (Mit zahlreichen Bildern von R. Trache.)

Familienbibliothek. Schweizer F'-B'. Nr. 121—124. *je* II + 96 S. 8. Aarburg, Burk, [1910]. *je* fr. —.25

Nr. 121: Mann in Sicht. (Humoristische Heiratserzählung) von (A.) Bonn Wilcken [*pseud.* = Frau Amanda Wilcken]. (Mit zahlreichen Bildern von E. Voigt.)

Nr. 122: Der Opiumprinz. (Amerikanische Detektivgeschichte aus der Chinesenstadt New-Yorks) von Professor J. Glässer. (Mit zahlreichen Bildern von Hans Stubenrauch.)

Nr. 123: Die Leute vom Hochstein. (Erzählung aus dem österreichischen Gebirge) von Karl Bienenstein. (Mit Bildern von M[aria] Hohneck.)

Nr. 124: Eine dunkle Tat. (Von Stufe zu St. Kriminalerzählungen) von Wilhelm Fischer aus Wermelskirchen. (Mit zahlreichen Bildern von Hans Stubenrauch.)

Familienbibliothek. Schweizer F'-B'. Sammlung von Erzählungen, Novellen und Gedichten Schweizerischer Schriftsteller ⟨J[acob] Frey und A[rthur] Bitter⟩. Billige Volksausgabe. Bändchen 1. [Mit 1 Ansicht.] IV + 111 S. 8. Menziken, J. F. Schori, 1909. fr. 1.—

Familien-Bibliothek f. Stadt u. Land. 1. u. 2. Thl. — A. u. d. T.: Gesch. Napoleon's v. Will. Hazlitt. A. d. Engl. übers. u. mit krit. u. erläut. Anmerkn. vers. v. Joh. Sporschil. 2 Bde. gr. 8. Leipzig 835, Otto Wigand.
2. Aufl. vgl. Hazlitt.

Familienbibliothek für das arbeitende Volk. Ausgewählte Sammlung proletarischer Interessen-Literatur etc., hrsg. von Rud. Hauser und Al. Gollen. 8°. Wien, „Familienbibliothek", 1890 ff.

— für's deutsche Volk. Nr. 1—9. gr. 16. Barmen 874. Klein. à n. — 50

1. Kampf u. Sieg e. gläubigen Familie. Eine Erzählg. aus dem 17. Jahrh. — Aus der Zeit Friedrich Wilhelm I. — Die Hundehütte. (50 S.)
2. 3. Allein in London. Von der Verfasserin v. „Die Fischer auf Derby-Haven". Autoris. Uebersetzg. v. M. H. (133 S.)
4. 5. Haß u. Liebe. Eine Dorfgeschichte v. Armin Stein. (154 S.)
6. Bis zum Abgrund. Eine Erzählung v. Thusnelda Neuhaus. (44 S.)
7. 8. Aus dem Leben der Tante Dore. Von Th. v. E. (101 S.)
9. Aus der rothen Mappe. Vier Dorfgeschichten v. Emil Ohly. (IV, 96 S.)

Familien-Bibliothek fürs deutsche Volk. Nr. 2—6. 10—55. gr. 16. Barmen 878—82. Klein. cart. à n. — 50

2. 3. Allein in London. Erzählung v. Hasba Stretton. Autoris. Uebersetzung v. M. H. 4. Aufl. (126 S.)
4—6. Schloß Hohenfels. Von Chr. v. Düring. (226 S.)
10. Die Familie Manstein. Von E. v. Averdieck [Düring]. (101 S.)
11. 12. Aus dem Leben eines hessischen Pastors v. Emil Ohly. 2. Bdchn. (180 S.)
13. Am starken Faden. Von N. Fries. 2. Aufl. (80 S.)
14. 15. Aus allerlei Herzen. Von Carl Richter. (V, 190 S.)
16. Linde Hand. Eine Geschichte aus dem Walde v. N. Fries. 2. Aufl. (48 S.)
17. In einem Himmel. Von Carl Richter. (72 S.)
18. In den Schwachen mächtig. Erzählung v. N. Fries. (60 S.)
19. Unter den Sioux-Indianern. Wanderungen u. Wandlungen eines jungen Deutschen. Von Alb. Natorp. (87 S.)
20. Hanna. Ein Lebensbild v. Th. Neuhaus. (86 S.)
21. 22. Lindes Wort. Erzählung v. N. Fries. (103 S.)
23. Aus einem Dienstbotenleben. Von Traugott Allweg. (104 S.)
24. 25. Friedrich Christoph Perthes. Ein deutsches evangelisches Bürgerleben aus der Zeit der Befreiungskriege. Von Wilh. Baur. 2. Aufl. (195 S.)
26. Belohnte Negertreue. Von Johs. Hessel. (71 S.)
27. Eine Schweizerreise. Von M. G. W. Brandt. (106 S.)
28. Edler Adel u. Schloß Klüften. Zwei Erzählungen v. J. v. Dücker. (96 S.)
29. 30. Emilie. Eine Geschichte aus dem Leben. Von Otto Brennekam. (202 S.)
31. 32. Treue Herzen. Erzählungen von Emil Frommel. (144 S.)
33. Des Vaters Denkmal. Von B. v. Schwarzenbach. (61 S.)
34. Unter einem Dach. Von N. Fries. (56 S.)
35. Aus dem Leben einer Kleinkinder-Lehrerin. Von Hansel vom Berge. (99 S.)
36. Wie der Vetter Hansjockel in Zeisle's Wollsack hineinkommt u. was ein Paar silberne Schuhschnallen kosten. Zwei Erzählungen v. Karl Klein. (76 S.)
37. Heinrich Friedrich Karl Freiherr vom u. zum Stein. Von Wilh. Baur. 4. Aufl. (82 S.)
38. Aus eigener Kraft. Von Hugo Detlef. (86 S.)
39. 40. Die Exulanten. 3 Erzählungen von L. Hesekiel. [1. Die Vertriebenen. 2. Medica. 3. Der kleine Hugenott.] (128 S.)
41. Der Aufoderab oder wie Einer durch eine Redensart zu Grunde gehen kann. Von Fr. Köck. (84 S.)
42. Aus dem Leben eines Volksbeglückers. Von L. Treumund. (76 S.)
43. Eltern-Büchlein. Zusammengestellt v. Hermens. (48 S.)
44. Im Friedenshafen. Eine Schweizergeschichte von M. Meisner. (95 S.)
45. Aus der Klause. Eine Erzählung aus dem 16. Jahrhundert v. Traugott Allweg. (100 S.)
46. Wunderbare Wege. Eine elsässische Dorfgeschichte v. J. Orth. (124 S.)
47. 48. Die Rache ist mein, ich will vergelten. Erzählung v. Fr. Blaul. (114 S.)
49. Am Sonntag. Erzählung v. Johanna Spyri. (83 S.)
50. 51. Feldblumen. Drei Erzählungen von Emil Frommel. (VII, 128 S.)
52. Inschriften u. Sinnbilder. Mit Randglossen versehen v. R. Schütze. (51 S.)
53. Der Haidebauer u. seine Söhne. Eine Wuchergeschichte v. Rich. Weitbrecht. (82 S.)
54. 55. Umsonst. Eine wahre Geschichte v. Traug. Allweg. (143 S.)

— fürs deutsche Volk. Nr. 56—93. 12. Barmen 883—86. Klein. cart. à n. — 50

56. Weihnacht der Einsamen. Fünf kleine Erzählgn. v. N. Fries. (38 S.)
57. Robert Blank, der verlorene Sohn. Erzählung v. Fr. Blaul. 2. Aufl. (103 S.)
58. 59. Das alte Haus. Erzählung v. Luise Cuno. (163 S.)
60. Des Meisters Tochter. Eine Handwerkergeschichte v. R. Weitbrecht. (94 S.)
61. Der Hirt v. Ludolfingen od. wie d. Branntwein einen um sein Brot gebracht hat. Eine Erzählg. aus dem Volksleben v. Adf. Fauth. (55 S.)
62. Die Gräfin. Von Emil Frommel. 4. durchgeseh. Aufl. (62 S.)
63. 64. O du fröhliche, o du selige, gnadenbringende Weihnachtszeit. 12 Weihnachtsgeschichten. (126 S.)
65. 66. Ein braver Lützower. Eine kleine Geschichte aus großer Zeit v. Armin Stein [H. Nietschmann]. (93 S.)
67. 68. Markus Zeisleins großer Tag. Von Heinr. Steinhausen. (133 S.)
69. 70. Dörthe Schmidt, die Arbeiterfrau. Von Grützmacher. (174 S.)
71. Auf der Wanderschaft. Wodans Rache. Zwei Vagabundengeschichten von Rich. Weitbrecht. (86 S.)
72. 73. Der Schulmeister u. Gottes Wunder. Vom großen Christoffer. 2 Erzählgn. v. N. Fries. (95 S.)
74. Der Kostgänger. Erzählung v. A. Fauth. (108 S.)
75. 76. Die Kapelle zu Steine. Eine Erzählg. aus dem 10. Jahrh. v. Luise Cuno. (117 S.)
77. Der Nothelfer od. wie man bei plötzlichen Unglücksfällen Hilfe bringt. Volksverständlich dargestellt v. A. Fauth. (IV, 76 S.)
78. Erinnerungen aus dem Leben Paul Rabauts. Ein ernstes Blatt aus dem Frankreich d. vorigen Jahrh. Frei nach Fr. Bungener. (50 S.)
79. Lebensschicksale e. Mark. Von ihr selbst erzählt. Von Alb. Landenberger. (66 S.)
80. 81. Der Kopf d. Apostels. Eine Alterthümer-Geschichte v. Rich. Weitbrecht. (110 S.)

82. Ich habe dich je u. je geliebt: darum habe ich dich zu mir gezogen aus lauter Güte. Von J. Wilhelmi. (91 S.)
83. 84. Aga. Eine Peruaner-Geschichte v. Frdr. Blaul. 2. Aufl. (123 S.)
85. Aus den Tagen d. Reformators Brenz. Von Alb. Landenberger. (80 S.)
86. Die Fahne d. 61. Regiments. Von A. v. Liliencron, geb. Freiin v. Wrangel. (69 S.)
87. 88. Aus dem Jugendleben Johann Friedrich d. Großmütigen. Von Armin Stein [H. Nietschmann]. (110 S.)
89. Alte Geschichten aus dem Sachsenlande. Von Frz. Blanckmeister. (100 S.)
90. Ein Kampf um Rom. Geschichtsbilder aus dem 16. Jahrh. v. Rich. Weitbrecht. (73 S.)
91. 92. Durch Klippen. Von Marie Meisner. (121 S.)
93. Flachsmartha. Von J. Harkort. (59 S.)

Familien-Bibliothek fürs deutsche Volk. Nr. 1. 10. 18. 31 u. 32. 12. Barmen 884—86. Klein. cart. à n. — 50
1. Kampf u. Sieg e. gläubigen Familie. Eine Erzählg. aus dem 17. Jahrh. Aus der Zeit Friedrich Wilhelms I. Die Hundehütte. 2. Aufl. (50 S.)
10. Die Familie Manstein. Von Chr. v. Düring. 2. Aufl. (103 S.)
18. In den Schwachen mächtig. Erzählung v. N. Fries. 2. Aufl. (60 S.)
31. 32. Treue Herzen. Drei Erzählgn. v. Emil Frommel. 2. Aufl. (IV, 142 S.)

— für's deutsche Volk. Nr. 7. 8. 13. 21. 22. 50. 51. 62 94—110. 12. Barmen 887—889. Klein. cart. à Nr. n. — 50
Inhaltsübersicht in alphabet. Ordnung:
Aus dem Leben der Tante Dore von Th. v. S. 2. Aufl. (203 S.) (Nr. 7. 8.)
Blanckmeister, F., alte Geschichten aus dem Sachsenlande. 2. u. 3. Reihe. (182, 162 S.) (Nr. 97. 98. 108. 109.)
Czerwenka, B., der Lumpensammler. Erzählung. (55 S.) (Nr. 104.)
— der Wildschütz. Eine Erzählung aus den Alpen. (132 S.) (Nr. 99.)
Fries, N., am starken Faden. 3. Aufl. (80 S.) (Nr. 13.)
— lindes Wort. Erzählung. 2. Aufl. (103 S.) (Nr. 21. 22.)
Frommel, E., Feldblumen. 3 Erzählungen. 2. Aufl. (VII, 126 S.) (Nr. 50. 51.)
— die Gräfin. 5. Aufl. (62 S.) (Nr. 62.)
— beim Lichtspan. Erzählungen. (110 S.) (Nr. 105. 106.)
Mosapp, H., Herzog Christoph v. Württemberg. Ein Lebensbild, zur Enthüllung seines Denkmals in Stuttgart gezeichnet. (68 S.) (Nr. 107.)
Oertel, G., der Müller von Buschdorf. Erzählung. (69 S.) (Nr. 103.)
Nade, M., Ulrich v. Hutten u. Franz v. Sickingen in ihrem Anteil an der Reformation. (76 S.) (Nr. 110.)
Schütze, R., hundert Geschichten fürs Volk. (156 S.) (Nr. 94. 95.)
Stein, Armin, [H. Nietschmann], auf Abwegen. Eine Geschichte zum 10. Gebot. (116 S.) (Nr. 100. 101.)
Weitbrecht, R., ein Glassplitter. Glänzendes Elend. Zwei abenteuerl. Geschichten. (80 S.) (Nr. 102.)
— von Stufe zu Stufe. Um Haus u. Hof. 2 moral. Geschichten. (85 S.) (Nr. 96.)

— für's deutsche Volk. Nr. 16, 49, 56 u. 111—122. 12. Barmen, H. Klein. Kart. à n. — 50
16. Linde Hand. Eine Geschichte aus dem Walde v. N. Fries. 3. Aufl. (48 S.) 892.
49. Am Sonntag. Erzählung v. Otto Brennekam. (55 S.) 892.
56. Weihnacht der Einsamen. Fünf kleine Erzählgn. v. N. Fries. 2. Aufl. (34 S.) 891.
111. 112. Marlene. Eine Dorfgeschichte v. Armin Stein [H. Nietschmann]. (98 S.) 891.
113. Der alte Dessauer u. der kluge Bäckermeister. Historische Erzählung v. Osk. Höcker. (75 S.) 891.
114. 115. Treu bis in den Tod. Von Maria Meisner. (87 S.) 891.
116. Das Erdbeeri Mareili. Von Jeremias Gotthelf. (76 S.) 891.
117. 118. Unterwegs. Neue Erzählungen v. Emil Frommel. (V, 130 S.) 891.
119. 120. In Treue stark. Eine Dorfgeschichte v. Armin Stein (Herm. Nietschmann). (108 S.) 892.
121. Drei Weihnachtsabende. Historische Erzählung aus dem 17. Jahrh. v. Helene Berthold. (53 S.) 892.
122. Hans Berner u. seine Söhne. Erzählung v. Jeremias Gotthelf. (10 S.) 892.

— für's deutsche Volk. Nr. 86 u. 123—126. 12. Barmen 895. H. Klein. Kart. à n. — 50
86. Die Fahne des 61. Regts. Von A. v. Liliencron, geb. v. Wrangel. 3. Aufl. (69 S.)
123. 124. Im Kampf. Erzählg. v. A. v. Liliencron, geb. v. Wrangel. (119 S.)
125. Das Kreuz. E. span. Geschichte. 2 Erzählgn. v. Fr. Blaul. (70 S.)
126. In schweren Tagen. Erzählg. v. A. v. Liliencron, geb. v. Wrangel. (70 S.)

— für's deutsche Volk. Nr. 31, 32, 50, 51, 62, 128 u. 129. 12. Barmen, H. Klein. Kart. à n. — 50
31. 32. Treue Herzen. 3 Erzählgn. Von Emil Frommel. 3. Aufl. (143 S.) (896.)
50. 51. Feldblumen. 3 Erzählgn. Von Emil Frommel. 3. Aufl. (VII, 126 S.) (896.)
62. Die Gräfin. Von Emil Frommel. 6. durchgeseh. Aufl. (62 S.) (897.)
128. 129. Die Ulanenbraut. Erzählung. Von A. v. Liliencron, geb. Freiin v. Wrangel. (III, 109 S.) (900.)

Familienbibliothek für's deutsche Volk. Nr. 2. 3. 13. 31. 32. 34. 50. 51. 53. 56. 62. 65. 66. 72. 73. 86. 89. 105. 106. 117 bis 120 u. 131—134. kl. 8. Basel, E. Finckh. Kart. à n. — 40
Blanckmeister, Frz., alte Geschichten aus dem Sachsenlande. 2. Aufl. (100 S.) 906. (Nr. 89.) Geb. in Halbleinw. n.n. — 60
Fries, N., unter einem Dach. 2. Aufl. (63 S. m. Titelbild.) (906.) (Nr. 34.)
— am starken Faden. 4. Aufl. (84 S.) (906.) (Nr. 13.)
— der Schulmeister u. Gottes Wunder. — Vom großen Christoffer. 2 Erzählgn. 2. Aufl. (100 S.) (906.) (Nr. 72. 73.)
— Weihnacht der Einsamen. 5 Erzählgn. 3. Aufl. (40 S. m. Titelbild.) (906.) (Nr. 56.)
Frommel, Emil, Feldblumen. 3 Erzählgn. 4. Aufl. (VII, 126 S.) Barmen (903.) (Nr. 50. 51.)
— die Gräfin. 7. Aufl. (62 S.) (905.) (Nr. 62.)
— treue Herzen. 3 Erzählgn. 4. Aufl. (IV, 143 S.) Barmen (903.) (Nr. 31. 32.)
— Beim Lichtspan. Erzählungen. 2. Aufl. (VII, 116 S.) Barmen. (903.) (Nr. 105. 106.)
— unterwegs. Neue Erzählgn. 3. Aufl. (136 S.) 906. (Nr. 117. 118.)
Liliencron, A. v., geb. Freiin v. Wrangel, die Fahne des 61. Regiments. 3. Aufl. (64 S.) (906.) (Nr. 86.) Geb. in Halbleinw. n. 1. 25
— Hiebe u. Liebe. 2 Erzählgn. aus dem schlesw.-holstein. Kriege. (128 S. m. Titelbild.) (906.) (Nr. 133. 134.) Geb. in Halbleinw. n. 1. —
Lörcher, Ulr., unsere Landsleute in Siebenbürgen. Erzählg. f. jung u. alt nach alten Aufzeichngn. (77 S.) 906. (Nr. 131. 132.)
Stein, Armin (H. Nietschmann), ein braver Lützower. Eine kleine Geschichte aus großer Zeit. 2. Aufl. (93 S.) (906.) (Nr. 65. 66.)
— in Treue stark. Eine Dorfgeschichte. 2. Aufl. (110 S.) (906.) (Nr. 119. 120.)
Stretton, Hesba, allein in London. Eine Erzählg. Autoris. Übersetzg. v. M. H. 5. Aufl. (IV, 126 S.) 906. (Nr. 2. 3.)
Weitbrecht, Rich., der Heidebauer u. seine Söhne. Eine Wuchergeschichte. 2. Aufl. (80 S.) 906. (Nr. 53.)
Auch die übrigen Nrn. (erm. Pr. à n. — 40) sind in obigen Verlag übergegangen.

— fürs deutsche Volk. Nr. 21, 22, 31, 32, 50, 51 u. 96. kl. 8. Basel, E. Finckh. à Nr. kart. od. geh. — 40; Einbd. f. jedes Werk — 20
21. 22. Lindes Wort. Erzählung. Von N. Fries. 3. Aufl. (113 S. m. Titelbild.) (907.)
31. 32. Treue Herzen. 3 Erzählgn. Von Emil Frommel. (5. Aufl.) 18.—22. Taus. (V, 143 S. m. Titelbild.) (907.) Kart. — 80; geb. in Halbleinw. 1. —
50. 51. Feldblumen. 3 Erzählgn. Von Emil Frommel. 5. Aufl. (15.—18. Taus.) (VII, 126 S.) 907. Kart. — 80; geb. 1. —
96. Von Stufe zu Stufe. Um Haus u. Hof. 2 moral. Geschichten. Von Rich. Weitbrecht. 2. Aufl. (85 S.) 907.

Familienbilder von M. v. B. Bern 869. Mann & Baeschlin. 8. (VII, 150 S.) 15 *ngr.*

Familienbilder und Erinnerungen an F. A. v. Stein. Stuttgart [1894]. V: *Stein, Frdr. Aug.* (Heyd)

Familien-Bilderbibel oder die ganze Heilige Schrift des alten u. neuen Testaments nach der deutschen Uebersetzung Martin Luthers. Mit dem im Auftrage der Eisenacher Kirchen-Konferenz revidirten Text u. der neuen deutschen Rechtschreibung. (In 60 Lfgn.) 1—4. Lfg. gr. 4. (N. Test. S. 1—64 mit eingedr. Holzschn. u. 12 Holzschntaf.) Lahr 882. Schauenburg. à n. — 50

Familien-Bilderbibel od. die ganze Heilige Schrift d. alten u. neuen Testaments nach der deutschen Übersetzung Dr. Martin Luthers. Mit dem im Auftrage der Eisenacher Kirchen-Konferenz rev. Text u. der neuen deutschen Rechtschreibg. 5—38. Lfg. gr. 4. (N. Test. S. 65—282 u. A. Test. S. 1—336 m. eingedr. Holzschn. u. Holzschntaf.) Lahr 883—85, Schauenburg. à n. — 50

Familienbilderbuch, oder Kunstsachen mit deutschen, franzöſ., latein. u. engl. Benennungen, in Kpf. 8. Halle 802. Dreyssig. 1 ₰ 12 K

Familienblatt [auch: Allgemeines F', Illustriertes F']
s.a. Anzeige-Blatt für die Rheinbezirke, Bodenseegebiete und das Appenzellische Vorderland (etc.), Appenzeller Volksfreund (II), Basler Zeitung (II), Der Brienzer, Echo vom Homberg, Volks-Zeitung für das zürcherische Oberland, Wiler Bote.

Familienblatt. Herausg. von Mitgliedern des Familien Vereins in Altona. 1859. Octbr.—Decbr. 13 Nrn. (à 1 Bogen.) Altona, Mentzel. Fol. nn. 9 ngr.

Familien-Blatt: 1881? Pittsburgh, PA
Weekly edition of PITTSBURGER SONNTAGS-BLATT.

Familienblatt: 1892—1895? Great Falls, MT

Familienblatt, bayerisches. Illustrierte Zeitschrift zur Unterhaltg., Belehrg. u. Heimatkunde. Red.: E. Boß. Nebst Beilage: Mode u. Handarbeit. 8. Jahrg. Oktbr. 1910—Septbr. 1911. 52 Nrn. (à ca. 16 u. 4 S. m. Abbildgn. u. 1 Taf.) Nebst: M. J. Lehner-Burgstall: Burgenkranz des Bayerland's. (S. I—VIII m. Abb.) gr. 8. München, L. Finsterlin. 7. 80

— **christliches.** Sonntagsbeilage z. „Acher- u. Bühler-Bote", Jahrg. 1896. 52 Nrn. (Bog.) gr. 4. Tauberbischofsheim, M. Zöller. n.n. 1. —
Die Fortsetzung erschien u. d. Titel: St. Lioba-Blatt.

Das Deutsche Familienblatt: 1878?—? Baltimore, MD
Edited & published by C. G. Schlögel & Son.

Familienblatt, deutsches, s.a. Schorer's Familienblatt.

Deutsches Familienblatt: May 1869—1870
Existed 2 months. Published by H. Curth; A. [illegible]. See: Lütge, Hoffmann, Körner: „Geschichte des Deutschtums in Argentinien." See also: Bachmann, Buenos Aires, 1884.
Buenos Aires

Familienblatt, deutsches. Eine illustrirte Wochenschrift. Red.: O. Hammann u. Jul. Lohmeyer. 1—3. Jahrg. 1880—1882. à 52 Nrn. (à 2—2½ B. mit eingedr. Holzschn.) Berlin, Schorer. à Jahrg. 6. 40; in 14 Hftn. à — 50; in 26 Hftn. à — 30

Familienblatt, deutsches. Illustrierte Wochenschrift. Red.: R. Dietze. 16. u. 17. Jahrg. 1901 u. 1902. à 52 Nrn. gr. 4. (à ca. 16 S.) Berlin, Verlag d. deutsch. Familienblattes. à Jahrg. n. 4. —

Familienblatt, deutsches. Wöchentliches belletrist. Unterhaltungsblatt. Red.: Max Wundermann. 18.—21. Jahrg. 1903—1906. à 52 Nrn. (à ca. 8 S. m. Abbildgn.) 4. Berlin (S.W., Belle-Alliance-Platz 7/8), Verlag des deutschen Familienblattes. à Jhrg. n. 4. —

Familienblatt, deutsches illustrirtes. Red.: R. George. 4. u. 5 Jahrg. 1891. 1892. à 52 Nrn. (Bog.) gr. 4. Berlin, Verlag der deutschen Lehrer-Zeitung (Fr. Zillessen). à Jahrg. n. 4. —

— dasselbe. Red.: Bruno Zieger. 6. Jahrg. 1893. 52 Nrn. (Bog.) gr. 4. Ebd. n. 4. —

— dasselbe. Red.: A. Bennstein. Jahrg. 1894. 52 Nrn. (Bog.) gr. 4. Ebd. n. 4. —

— deutsches illustr. Red.: A. Bennstein. Jahrg. 1895—1898. à 52 Nrn. (Bog.) gr. 4. Berlin, Verlag der deutschen Lehrer-Zeitung. à Jahrg. n. 4. —
Kann auch vierteljährlich bezogen werden.

— **freireligiöses.** Organ des Provinzial-Verbandes freireligiöser Gemeinden Schlesiens. Red.: G. Tschirn. 1.—3. Jahrg. 1892—1894. à 26 Nrn. (½—1 Bog.) Lex.-8. Breslau. (Leipzig, F. C. W. Fest.) à Jahrg. n. 2. —

Familienblatt, freireligiöses. Organ f. d. Gesamtinteressen freier religiöser Gemeinden Deutschlands. Hrsg. unt. Mitwirkg. v. Völkel, J. Hering, Kramer u. G. Tschirn. 4.—5. Jahrg. 1895—1896. à 26 Nrn. (½ Bog.) Lex.-8. Breslau. (Leipzig, F. C. W. Fest.) à Jahrg. n. 2. —

— dasselbe. 6. Jahrg. 1897. 24 Nrn. (½ Bog.) Lex.-8. Ebd. n. 2. —

— dasselbe. Sonntags-Blatt für die Gesamtinteressen der freien Gemeinden, hrsg. unt. Mitwirkg. v. Kramer u. a. v. G. Tschirn. 7. Jahrg. 1. Quartal Jan.—März 1898. 13 Nrn. (à 4 S) hoch. 4. Ebd. n. — 70

— dasselbe. Fortsetzg., s.: Sonntagsblatt f. d. Gesamtinteressen d. freien Gemeinden.

— **hannoversches.** Sonntags-Ausg. d. hannov. Fremdenblattes. Red.: Fr. Rehtmeyer. 1. Jahrg. April 1890—März 1891. 52 Nrn. (B. m. Abbildgn.) gr. 4. Hannover, Rehtmeyer. n. 3. —

— illustriertes, „Hilfsbereit". Red.: Max Eckerlein. Novbr. 1910—Oktbr. 1911. Nr. 209—312. (à ca. 16 S.) 33×24,5 cm. Berlin-Charlottenburg, Verlagsanstalt Augustin & Co. à Jhrg. 7. 80
Nr. 209—211 erschienen noch u. d. T.: Für die Familie.

— **illustr.** Hrsg. v. Herm. Faulhaber. Jahrg. 1897 u. 1898. (Oktbr. 1896 b. Septbr. 1898.) à 12 Hfte. (à ca. 20 S. m. Taf.) gr. 4. Schwäb. Hall, Buchh. f. Innere Mission. à Hft. — 20

— dasselbe, Fortsetzg., s.: Faulhaber's illustr. Familienblatt.

Familienblatt, illustr. anhaltisches. Hrsg.: Hermann Oesterwitz. 1. Jahrg. Oktbr. 1896 b. Septbr. 1897. 12 Hfte. (à ca. 24 S.) gr. 4. Dessau, H. Kahle. n. 3. 60
Weiter nicht erschienen.

— **illustriertes deutsches.** Red.: K. Keeser. 16.—18. Jahrg. Oktbr. 1903—Septbr. 1906. à 13 Hefte. (à ca. 20 S.) 4. Stuttgart. Verlag des illustr. deutschen Familienblattes. à Hft. n. — 20

— illustriertes **deutsches** (f. das christliche Haus). Red.: Thdr. Dann. 19.—23. Jahrg. Oktbr. 1906—Septbr. 1911. à 18 Hefte. (à ca. 24 S.) 33×24,5 cm. Stuttgart, Illustr. deutsches Familienblatt. à Hft. — 20

— **illustriertes deutsches,** fürs evangelische Haus. Red.: K. Keeser. 12.—15. Jahrg. 1900—1903. (Oktbr. 1899—Septbr. 1903.) à 12 Hfte. gr. 4. (à ca. 20 S.) Stuttgart, Buchh. f. innere Mission. à Hft. n. — 20

— **illustriertes evangelisches,** zur Förderung der Interessen der bayerischen Diaspora. Red. u. Hrsg.: Geo. Brunner. 5. Jahrg. 1906. 24 Nrn. (à 8 S.) 4. Rothenburg o/T. (J. P. Peter). n.n. 2. 60

— illustriertes **evangelisches,** zur Förderung der Interessen der bayerischen Diaspora. Hrsg. v. Brunner. Red.: Plitt. 6.—9. Jahrg. 1907—1910. à 24 Nrn. (à Jhrg. IV, 192 S.) 33×23 cm. Rothenburg o/T. (J. P. Peter). à Jhrg. 2. 60

— **jüdisches,** s.: Wochenschrift, israelitische.

Katholisches Familienblatt: 1886–1892

Roman Catholic weekly. Title varies: Katholisches Familienblatt und St. George's Ritter. Circulation 1890, 800. Edited & published by Heinrich C. Ihrig, 1886?–1888; by Klein, Fröhlich & Ihrig, 1889, edited by Max Adler, & published by Fröhlich, Klein & Co., 1890; edited & published by Max Adler, 1891–92.
Pittsburgh, PA

— katholisches. Illustrierte Zeitschrift zur Belehrg. u. Unterhaltg. f. das kathol. Haus. Red.: Aloys Gockel. 1. Jahrg. Septbr. 1910—Aug. 1911. 18 Hefte. (à ca. 16 S.) 31,5×23,5 cm. Hamm, Breer & Thiemann. — Wien, J. Rubinstein. 4. 50

Kirchliches Familienblatt für die evangelische Gemeinde Steglitz. Jg. 1, Nr 1. Steglitz 1900: (Werner). 4°

— Leipziger. Unterhaltungs- u. Offertenblatt für jede Leipziger Familie. 2. Jahrg. 1889. 52 Nrn. (2 B.) gr. 4. Leipzig, Grandpierre. n. 2. 40

—— neues deutsches. Redact.: Carl Weitbrecht. 9.—13. Jahrg. 1880—1884. à Jahrg. 52 Nrn. (à Nr. 1—1½ Bog.) gr. 4. Stuttgart, Kohlhammer. à Jahrg. *

—— neues deutsches. Redact.: Carl Weitbrecht. 14. und 15. Jahrg. 1885 und 1886. à Jahrg. 52 Nrn. (Bog.) gr. 4. Stuttgart, Kohlhammer. à Jahrg. *

—— dass. — 16. und 17. Jahrg. 1887 und 1888. à Jahrg. 52 Nrn. (Bog.) gr. 4. Ebendas. à Jahrg. *

Familienblatt, neues deutsches. 16.—19. Jahrg. 1887—1890. à 52 Nrn. (B.) gr. 4. Stuttgart, Kohlhammer. à Jahrg. n. 2. —

— neues deutsches. Red.: E. Görlach. 20.—23. Jahrg. 1891—1894. à 52 Nrn. (Bog. m. Abbildgn.) gr. 4. Stuttgart, W. Kohlhammer. à Jahrg. n. 2. —

— neues deutsches. Red.: E. Görlach. 24.—27. Jahrg. 1895—1898. à 52 Nrn. (Bog. m. Abb.) gr. 4. Stuttgart, W. Kohlhammer. à Jahrg. n. 2. —
Kann auch vierteljährlich bezogen werden.

— neues deutsches. Red.: E. Görlach. 28.—31. Jahrg. 1899—1902. à 52 Nrn. gr. 4. (à ca. 8 S. m. Abb.) Stuttgart, W. Kohlhammer. à Jahrg. n. 2. —

— neues deutsches. Red.: E. Görlach. 32. u. 33. Jahrg. 1903 u. 1904. à 52 Nrn. (IV, 416 u. IV, 416 S. m. Abbildgn.) gr. 4. Stuttgart, W. Kohlhammer. à Jhrg. n. 2. —

— dasselbe. 34. u. 35. Jahrg. 1905 u. 1906. à 52 Nrn. Nebst Beilage: Stuttgarter Sonntags-Anzeiger, zugleich Anzeiger f. die umlieg. Städte u. Ortschaften. 12. u. 13. Jahrg. Red.: E. Görlach. (IV, 424 u. IV, 416 S. m. Abbildgn.) 4. Ebd. à Jhrg. n. 2. —

— neues deutsches. 36.—39. Jahrg. 1907—1910. à 52 Nrn. Nebst Beilage. Red.: E. Görlach. (à Jhrg. 624 S. m. Abbildgn.) 34×24 cm. Stuttgart, W. Kohlhammer. à Jhrg. 2. —

— protestantisches. Eine Zeitschrift f. das evangelische Deutschland u. die Sache des Evangel. Bundes. Hrsg. v. Rich. Weitbrecht. 1. u. 2. Jahrg. Oktbr. 1889—Septbr. 1891. à 52 Nrn. (B.) gr. 4. Stuttgart, Claßen. à Jahrg. n. 2. 60

— protestantisches. Eine Zeitschrift f. das evangel Deutschland u. die Sache d. Evangel. Bundes. Hrsg. v. Rich. Weitbrecht. 3. Jahrg. 1. Halbjahr. Oktbr. 1891—März 1892. 26 Nrn. (Bog.) gr. 4. Stuttgart, C. Claßen. n. 1. 30

— dasselbe. 3. Jahrg. 2. Halbjahr. Apr.—Septbr. 1892. 26 Nrn. (Bog.) gr. 4. Leipzig, Buchh. d. Evangel. Bundes v. C. Braun. n. 1. 30

— dasselbe 4. Jahrg. 1. Halbjahr. Oktbr. 1892 - März 1893. 26 Nrn. (Bog.) gr. 4. Ebd. n. 1. 30
Erschien nicht weiter.

— sächsisches illustr., s.: Telephon, das.

Schorer's Familienblatt. Illustrirte Zeitschrift. Redigirt von Emil Peschken Blauheft-Ausgabe. 1893. Heft 8. 4. (S. 337—368 u. VIII S.) —.30
Berlin: Schorer (Martin)

Schorer's Familienblatt. Illustrirte Zeitschrift. Redigirt von Emil Peschken Blauheft-Ausgabe. 1893. Heft 9. 4. (S. 369—416) —.30
Berlin: Schorer (Martin)

Schorer's Familienblatt. Illustrirte Zeitschrift. Redigirt von Emil Peschken. Blauheft-Ausgabe. 1893. Heft 10. 4. (S. 417—464) —.30
Berlin: Schorer (Martin)

Schorer's Familienblatt. Illustrirte Zeitschrift. Redigirt von Emil Peschken. Blauheft-Ausgabe. 1893. Heft 11. 4. (S. 465—512) —.30
Berlin: Schorer (Martin)

Schorer's Familienblatt. Illustrirte Zeitschrift. Redigirt von Emil Peschken Blauheft-Ausgabe. 1893. Heft 12. 4. (S. 513—560 und 2. Blatt S. 141—152) Berlin: Schorer (Martin) —.30

Schorer's Familienblatt. Illustrirte Zeitschrift. Redigirt von Emil Peschken Blauheft-Ausgabe. 1893. Heft 13. 4. (S. 560—608 und 2. Blatt S. 153—161) Berlin: Schorer (Martin) —.30

Schorer's Familienblatt. Illustrirte Zeitschrift. Redigirt von Emil Peschken. Blauheft-Ausgabe 1893. Heft 14. 4. (S. 609—656 und II. Blatt S. 165—176) Berlin: Schorer (Martin) —.30

Schorer's Familienblatt. Illustrirte Zeitschrift. Redigirt von Emil Peschken. Blauheft-Ausgabe. 1893. Heft 15. 4. (S. 657—704 und II. Blatt S. 177—188) Berlin: Schorer (Martin) —.30

Schorer's Familienblatt. Illustrirte Zeitschrift. Redigirt von Emil Peschken. Blauheft-Ausgabe. 1893. Heft 16. 4. (S. 705—736, VIII und II. Blatt S. 189—196) Berlin: Schorer (Martin) .30

Schorer's Familienblatt. Illustrirte Zeitschrift. Redigirt von Emil Peschken Blauheft-Ausgabe. 1893. Heft 17. 4. (S. 737—784 und II. Blatt S. 197—208) Berlin: Schorer (Martin) —.30

Familienblatt, schweizerisches. Wochenschrift für allgemeine Aufklärung und edle Unterhaltung. I. Jahrg. 1888/89. 52 Nrn. gr. in-4°. Mollis, Expedition des Schweizer. Familienblatt. Zürich, M. Kreutzmann. 1888. Jährlich 4 —

Familienblatt, süddeutsches. Wochenschrift für die gebildete Welt. Red.: Osk. Horn. 1. Jahrg. 1868. 52 Nrn. (à 2 Bgn.) Regensburg, Expedition. Lex.-8. n. 1 ℛ 10 ngr.

Wapler'sches Familienblatt. No 1. (Leisnig) 1800: (Ulrich). 57[illegible]

Familienblätter: [Die] Familienblätter
s.a. Berner Zeitung (V). Wächter am Pilatus.

Familien-Blätter. Pariser Mode- und Muster-Journal, mit Original-Modekpfrn., sowohl für Berufstreibende als häusliche Kreise bestimmt. 6. Jahrg. 1853. 12 Hefte (à 1 Bgn. Text, 1 color. Modekpfr. u. 1—2 lith. Musterbgn.). Basel, Bureau für techn. Literatur. Lex.-8. n. 3 ℛ

Familien-Blätter: July 1, 1866—1932?

An edition of DETROITER ABEND-POST, 1868—1915. Weekly, 1866—94; semi-weekly, 1895—1907; weekly, 1908—15. Circulation: 1870, 1500 (est.); 1880, 7800; 1890, 9500; 1900, 12,600; 1910, 10,000. Established, and edited and published by August Marxhausen. Great vogue among Michigan farmers.

Detroit, MI

Familien-Blätter: 1891?—1892? **Johnstown, PA**

Independent weekly. Edited & published by O. F. Nickel.

Familien-Blätter: 1901?—1906? **Quincy, IL**

Weekly. Edited & published by John A. Henzel.

Familienblätter zur Belebung häuslicher Andacht und religiöser Erbauung. Jahrg. 1862. 52 Nrn. (½ Bog.) Lex.-8. Schaffhausen, Brodtmann'sche Buchh.

Familienblätter für Bürger und Landmann, von Andreas Sommer. Berlin 1849. 112 S. 8. (Vorher erschienen unter dem Titel: Politische Wochenschau für Bürger und Landmann.)

Deutsch-Amerikanische Familien-Blätter. 4v. NY, 1888-91.

Familienblätter, deutsche. Erzählungen, Geschichten und Bilder aus dem Leben, der Natur und der Gesellschaft. Auszug der Novellen-Zeitung. Jahrg. 1853 und 1854. à 12 Hefte. (à 48 S.) gr. 4. Leipzig, Spamer. *
einzelne Hefte à

—— dass. — Neue Folge. 1. und 2. Bd. (Jahrg. 1855.) 12 Hefte. (à 48 S.) gr. 4. Leipzig 855, A. Dürr. à Bd. 1 Thlr. 15 Ngr.

—— dass. — Neue Folge. 3. und 4. Bd. (Jahrg. 1856.) 12 Hefte. (à 48 S.) gr. 4. Ebds. *
Vgl.: Novellen-Zeitung.

Familien-Blätter, deutsche. Erzählungen, Geschichten und Bilder aus dem Leben, der Natur und der Gesellschaft. (Auszug der Novellen-Zeitung.) Neue Folge. 5—15. Bd. (Jahrg. 1857—61.) à Bd. 12 Hefte. (à 48 S.) gr. 4. Leipzig, A. Dürr. à Bd. *
einzelne Hefte *
Wird nicht fortgesetzt.

Familien-Blätter, deutsche. Illustrirte Hefte zur Unterhaltg. am häusl. Heerd. 1. Jahrg. 1876. 26 Hfte. (à 2½ B. m. eingedr. Holzschn.) gr. 4. Stuttgart 875. Looff. à Hft. — 15

— dasselbe. 2. Jahrg. 1877. 26 Hfte. (à 2—2½ B. m. eingedr. Holzschn.) gr. 4. Ebend. à Hft. — 20

Familien-Blätter, deutsche. Illustrirte Hefte zur Unterhaltung am häuslichen Herd. Red.: Wiedemann. 3. Jahrg. 1878. 26 Hfte. (3 B. m. eingedr. Holzschn.) gr. 4. Stuttgart, Looff. à Hft. — 20

Familienblätter, deutsche, zur Unterhaltung, Belehrung u. Erheiterung. Herausg. von F. Stein. 1. Bd. 18 Hefte. (à 5 Bgn.) Stralsund 864. Stein. 4. Jedes Heft 3 ngr.

Deutsch-Canadische Familienblätter: 1865 ? New Hamburg, Ont.

Familien-Blätter, gemeinsame, zur Pflege der Geschichte u. aller verwandtschaftlichen Beziehungen der v. Friedr. Gottl. Priber (1793—1868) abstammenden Familien Priber, Bornemann, Bär u. Peters, sowie deren Verzweigungen. Hrsg. v. Karl Bornemann. 1. Hft. gr. 8. (21 S. m. 1 Stammtaf.) Znaim 898. Fournier & Haberler. n. 1. —

— **goldene,** für den häuslichen Heerd zur Unterhaltung u. Belehrung. 1—34. Lfg. gr. 8. (à 3 B.) Berlin 878. 79. Hohorst. à — 30

Familien-Blätter für weibliche Handarbeiten. Wohlf. Ausg. 1. und 2. Jahrg. 1850 und 1851. à 12 Hefte. (à ½ Bog. und 1 lithogr. Musterbog.) Lex.-8. Basel, Bureau für technische Literatur. à Jahrg. 1 Thlr.

—— **illustrirte.** Redig. von Rud. Fröhlich. 1. Bd. (Jahrg. 1857.) Juli — Decbr. 26 Nrn. (à 1½ Bog.) gr. 4. Wien, Benedikt. *
Die Fortsetzung s. unter: Familienblätter, oesterreichische illustrirte.

—— **katholische.** Monatsschrift zur Unterhaltung, Erheiterung und religiösen Belehrung. Redact.: Fr. W. Helle. 1. Jahrg. Octbr. 1877 — Septbr. 1878. 26 Nrn. (Bog.) g. 4. Neiße, Huch's Buchh. In 13 Heften à 20 Pf. *

—— dass. — Illustrirte Zeitschrift zur Erbauung, Unterhaltung, Belehrung und Erheiterung. Redact.: Fr. W. Helle. 2. Jahrg. Octbr. 1878 — Septbr. 1879. 18 Hefte (à 2 Bog. mit eingedr. Holzschn.) gr. 4. Ebendas. à Heft 20 Pf.
Nicht weiter erschienen.

Familienblätter, v. Levetzowsche. 1. u. 2. Heft. Hrsg. i. Auftrage des Familien-Verbands v. Joach. Levetzau. gr. 8. Berlin 900. J. A. Stargardt. n. 7. 50
1. (24 S. m. 1 Taf.) n. 4. —. — 2. (22 S. m. 2 Taf.) n. 3. 50

Familienblätter, v. Levetzowsche. 3. u. 4. Hft. Hrsg. im Auftrage des Familien-Verbands von Joach. v. Levetzau. (S. 23—49 m. 2 Taf. u. 1 Stammtaf.) gr. 8. Berlin 902. 903. J. A. Stargardt. n. 8. 50
Hft. 1 u. 2. Ebd. 900. n. 7. 50.

Von Levetzowsche Familienblätter. 8°
H. 7. Hrgg. im Auftrage des Verbandes der Herren u. Freiherren von Levetzow v. Joachim von Levetzow. Plön. 1908.

—— New-Yorker, illustrirte, s.a. Zeitung und Familien-Blätter.

—— **new-yorker illustrirte.** Redig. von Carl Dilthey und Ed. Pelz. 3. Bd. (Jahrg.) April 1859 — März 1860. 52 Nrn. (à 4 Bog. mit eingedr. Holzschn.) Fol. New-York. (Philadelphia, Schäfer und Koradi.) *
Vgl.: Familienblätter für die Vereinigten Staaten.

—— **oesterreichische illustrirte.** Redig. von Friedr. Prix. 2. und 3. Bd. Jahrg. 1858. (40. Jahrg. des oesterreich. Bürgerblattes. Neue Folge.) 52 Nrn. (à 1½ Bog. mit eingedr. Holzschn.) gr. 4. Linz. (Wien, Benedikt.) *
Der 1. Bd. erschien unter dem Titel: Familienblätter, illustrirte.

Familien-Blätter zur Freien Presse: Jahrgang 1, 1889–1892
Supplement to Freie Presse. Published by Druck und Verlag von Heinrich Grobel. Editor: H. Grobel.
Sao Paulo

—— **für die Vereinigten Staaten.** Eine illustrirte Wochenschrift für Unterhaltung, Belehrung, häusliches und öffentliches Leben. Redig. von Carl Dilthey. 1. Bd. (Jahrg.) Mai 1857 — April 1858. 52 Nrn. (à 2 Bog. mit eingedr. Holzschn.) gr. 4. New-York. (Philadelphia, Schäfer und Koradi.) *
Vgl.: Familienblätter, new-yorker illustrirte.

Familien-Blätter, die, der vaterländ. Töchter-Stiftung, eine Monatsschrift für treue Mütter, sorgsame Gattinnen u. fromme Töchter; unter Mitwirkung mehrerer, in der Literatur u. im Leben achtungsvoll genannter Frauen u. Männer zum Besten der Stiftung herausg. von A. H. Kiehl. ... (Lippstadt 840. Lange.) n. [illegible]

— für Unterhaltg., Mode u. weibl. Handarbeiten. 1. Jahrg. 1848. 12 Hfte. Mit illum. Modekupfern, Muster-Beilagen, Musik, Portraits ɩc. Lex. 8. (à 2 B.) Basel, Exped. des Panorama d. Moden. 2 ℛ — 2. Jahrg. 1849. 12 Hfte. Lex. 8. Basel, Bureau f. techn. Literat. 2 ℛ Mit 12 col. Modekpfrn. 2⅓ ℛ — 3—5. Jahrg. 1850—1852. Lex. 8. (à 1 B., 1 color. Modekpfr. u. 1—2 lith. Musterbogen.) Ebd. 848—51. à n. 2⅔ ℛ 1852. n. 3 ℛ

S. Zickel's Deutsch-Amerikanische Familien-Blätter: Jahrgang 1—?, 1873—1896.
Fortnightly, published in "Heften," each 6 Bogen, ca. 1036 pages per year, each issue 32—48 pages; large quarto; title-page and contents, 4 pages. Merged with NOVELLEN-SCHATZ, 1897. Extensive literary reading material and general entertainment for the family. Very widely read all over the States. Edited by Julius Bruck; by John Weimann. Published by S. Zickel.
New York, NY

Familienbriefe aus dem 18. Jahrhundert. [Zürich] 1905. V: *Meyer-Rahn, Marie.* (BBullschw 13, S. 374)

Familien- und Geschäfts-Briefsteller, kleiner. Ein Formular- und Musterbuch zur Abfassung aller Gattungen von Briefen des geschäftl. und häusl. Lebens, Eingaben, Kontrakten, Verträgen, Testamenten, Reklamationen, Vollmachten, Quittungen, Wechseln ɩc. Nebst einer Zusammenstellung aller übl. Titulaturen. 16. (126 S.) Mülheim 884, Bagel's Verlag. cart.

Familien- u. Geschäfts-Briefsteller, kleiner. Ein Formular- u. Musterbuch zur Abfassg. aller Gattgn. v. Briefen des geschäftl. u. häusl. Lebens, Eingaben, Kontrakten, Verträgen, Testamenten, Reklamationen, Vollmachten, Quittgn., Wechseln etc. 6. Aufl. (110 S.) 12. Mülheim a/R. 899. J. Bagel. n. — 50; kart. — 60; ermäß. Preis — 40; kart. n. — 50

Familien-Briefsteller f. alle Lebensverhältnisse. Ein brauchb. Hülfsbuch f. alle Stände. gr. 8. (6 B.) Berlin 842, Heymann.
Aus: Schmalz, Haussekretair rc. besond. abgedruckt.

Familienbriefsteller. (Schweizerischer) Familien- und Geschäftsbr'. Ein Formular- und Musterbuch zur Abfassung aller Gattungen von Briefen des geschäftlichen (u. häuslichen) Lebens. 264 S. 8. Grenchen, A. Niederhäuser, 1901. [geb. fr. 1. 50]

Familienbuch. gr. 8. (25 S.) Magdeburg 876, E. Baensch jun. cart. *

Familienbuch. Enth. sämmtl. Notizen zu den Anmeldgn. auf dem Standesamte. 3. Aufl. gr. 8. (23 S.) Potsdam 885. Rentel's Verl. geb. n. — 75

Familienbuch. Enth. sämmtl. Notizen zu den Anmeldungen auf dem Standesamte. 3. Aufl. gr. 8. (23 S.) Potsdam 886, Rentel's Verlag. geb. *

Familienbuch. Ausg. A. 12. Aufl. 8. (32 S.) Lpz. 892, Gruner. geb. m. Goldschn. 1 50

—— dass. — Ausg. B. 12. Aufl. 8. (32 S.) Ebd. 892. — 75

Familienbuch. Schlichte Ausleggn. v. Bibelabschnitten. Von der Verf. des „Sonntagsbuch f. unsere Kinder". (IV, 136 S.) 8. Gütersloh 907. C. Bertelsmann. Geb. n. 1. —

Familienbuch der Familie Ahlmann, Gravensteiner Linie. Auszug aus dem Familien-Buch Juni 1883. Kiel. 1883. Fol.

Familienbuch, christliches. (Einbd.: Familien-Chronik.) gr. 8. (39 S. m. Abbildgn.) Mainz 901. F. Kirchheim. Geb. in Leinw. n.n. — 75

—— deutsches, s.a. Bilder f. den Anschauungsunterricht f. die Jugend.

Familienbuch, Deutsches, s.a. Lebensbilder, No. IV.

Familien-Buch, deutsches, oder die Chronik u. die Sitten des Hauses. Ein Beitrag zur Förderung des sittlichen Volkscharakters. Zunächst für bürgerliche Familienväter in Stadt u. Land. Kassel 864. Jungklaus. 4. (VI, 109 S.) n. 20 ngr

Familienbuch, deutsches. Ein Bilderwerk zur Belehrg. u. Unterhaltg. der Jugend, enth. 84 Bildertaf. in Farbendr. m. 36 S. erklär. Texte. (Vollständige Ausg. d. „Bilder f. den Anschauungsunterricht".) Fol. Eßlingen 891. J. F. Schreiber. Geb. in Leinw. n. 20. —

Familienbuch, deutsches, z. Belehr. u. Unterhaltung. Unter Mitwirkung Mehrerer hrsg. v. K. Andree. 3 Bde. (à Bd. 12 Hfte.) gr. 4. (à 50 B., 48 zum Theil ill. Abbildgn. u. viele Holzschn.) Carlsruhe 843—45, Müller'sche Hofbuchh. (à Hft. 10 Ngr.) à Bd. 4 Thlr. Thlr.
Bildet die Fortsetzung des Carlsruher Unterhaltungsblattes.

Familienbuch, deutsches, in Bildern zum Anschauungs-Unterricht f. die Jugend in Schule u. Haus. In 3 Thln. Fol. (84 Chromolith. in gr. Fol. u. 47 S. Text.) Eßlingen 871. Schreiber. geb. 17. 40

Familienbuch, deutsches, zur Unterhaltung und Belehrung häuslicher Kreise. Mit Originalbeiträgen von Luitp. Baumblatt, Thdr. Drobisch, Fr. Friedrich, Rob. Geißler, Jul. Gundling u. A. m. Redakt.: R. Geißler. 1. Bd. (Jahrg.) April 1856 — März 1857. 12 Hefte. Imp.-4. (1. Heft 32 S. mit eingedr. Holzschn. und 2 Stnt. in Ton- und Farbendr.) Hamburg 856, Seitz. *

Familien-Buch, das goldene, enthalt.: e. auserwählte Samml. d. wicht. u. erprobtesten Mittel u. Erfahrn. a. d. Gebiete d. Haus- u. Landwirthschaft u. mehr. and. Fächern. Ein treuer u. allgem. verständl. Rathgeber f. alle diejenigen, welche sich selbst belehren wollen. Von e. wohlerfahr. Hauswirthe zusammengetr. rc. 8. (8 B.) Merseburg 832, Weidemann.

— das goldene, oder der köstlichste Hausschatz f. jede Haus- u. Landwirthschaft u. f. Jedermann. 3. verm. u. verb. Aufl. 4 Lfgn. 8. (X u. 486 S. m. 1 Lith. in gr. Fol.) Merseburg 848, Herling. (Zeitz, Garcke.) (à ¼ ℳ) 1 ℳ — 4. durchaus verb. u. fast um die Hälfte verm. Aufl. 6 Lfgn. 8. (XII u. 592 S.) Leipzig 852, Hebenstreit. (à ⅙ ℳ) 1 ℳ

Familienbuch, das goldene, oder der köstlichste Hausschatz für jede Haus- und Landwirthschaft und für Jedermann. 5. sehr verm. und verb. Aufl. 1. und 2. Abdr. (1. Thl. 6 Lfgn. 8. (552 S.) Plauen 863,64, Schröter. à Lfg * 5 Ngr.

—— dass. — 2. Thl. 6 Lfgn. 8. (540 S. mit eingedr Holzschn.) Ebendas. 868. à Lfg. * 5 Ngr.

Familienbuch, das goldene, oder der köstlichste Hausschatz für jede Haus- u. Landwirthschaft u. für Jedermann. 6., sehr verm. u. verb. Aufl. 2 Bde. Plauen 870. Schröter. 8. (552; 540 S.) 2 ℳ

— das goldene, od.: der köstlichste Hausschatz f. jede Haus- u. Landwirthschaft u. f. Jedermann. 1. Thl. 6., sehr verm. u. verb. Aufl. u. 2. Thl. 3. Aufl. 8. (XII, 552 u. 540 S.) Plauen 871—76. Schröter. à 3. —

Familienbuch, das goldene, oder der köstlichste Hausschatz für jede Haus- u. Landwirthschaft, sowie für Jedermann. 3. Thl. 8. (XIII, 469 S.) Ilmenau 880. Schröter. n. 3. —

Familienbuch, das goldene, oder der köstlichste Hausschatz f. jede Haus- u. Landwirthschaft u. f. Jedermann. 7., verm. Aufl. 6 Lfgn. gr. 8. (XVI, 564 S.) Ilmenau 888. Schröter. n. 3. —; geb. n. 3. 75

— das goldene, od. der köstlichste Hausschatz f. jede Haus- u. Landwirtschaft u. f. Jedermann. 1. Tl. 8., sehr verm., verb. u. m. den neuesten Erfahrgn. bereich. Aufl. 8. (VIII, 564 S.) Ilmenau (900). A. Schröter. Geb. in Leinw. n. 4. —

Familienbuch, humoristisches. Ein Rathgeber für alle Vorkommnisse des geselligen Lebens. Hrsg. von den bekanntesten und beliebtesten Humoristen. 6 Hefte. br. 8. (IV und 384 S.) Berlin 854, Brial und Lobeck. Thlr

—— illustrirtes, s.a. Haus- und Familienbuch.

Familienbuch, Illustrirtes, zur Unterhaltung und Belehrung häuslicher Kreise ... Triest 1851—65. H (1851—52): *Köhler, H.* (1853—61): *Köhler, J.* (1862—65): *Oliswaldt, Julius.*

— illustrirtes, f. Unterhaltung u. Belehrung häusl. Kreise, hrsg. vom österreich. Lloyd. Eine literarisch-artist. Monatsschrift m. Originalbeiträgen v. F. W. Arming, C. Bauernfeld, C. Beck, C. Brandenbusch, Castelli u. A. 1 u. 2. Bd. à 12 Hfte. gr. 4. (1: 323 S. m. Titel in Holzschn. 36 Stahlst. 2: 331 S. m. 36 Stahlst.) Triest 850. 52. Leipzig, Hübner. (à Lfg. n. ½ ℳ à Bd. n. 4 ℳ) n. 8 ℳ

— illustrirtes, zur Unterhaltung und Belehrung häuslicher Kreise, herausg. vom Oesterreichischen Lloyd. Eine literarisch-artistische Monatschrift rc. 3—8. Bd. (Jahrg. 1853—58.) à 12 Hefte (à 4 Bgn. mit 3 Stahlst.). Triest, Literar.-artist. Abth. d. Oesterr. Lloyd. Imp.-4. Jeder Jahrg. n. 4 ℳ

— illustrirtes, zur Unterhaltung u. Belehrung häuslicher Kreise, herausg. vom österreich. Lloyd in Triest. Red.: Jul. Ohswaldt. 9—14. Jahrg. 1859—64. à 12 Hefte. (à 4—5 Bgn. m. 3 Stahlst.) Triest, Direct. des österreich. Lloyd. Imp.-4. Jeder Jahrg. n. 4 ℳ

— illustrirtes, zur Unterhaltung u. Belehrung häuslicher Kreise, herșg. vom österreich. Lloyd in Triest. Red.: Jul. Ohswaldt. 15. Jahrg. 1865, oder Neue Folge. 5. Bd. 12 Hefte (à 4—5 Bgn. u. 3 Stahlst.). Triest. Literar.-artist. Anstalt. gr. 4. Jedes Heft n. 10 ngr.

— kleines deutsches. Nr. 1. A. u. d. T.: Erzählungen aus der Thierwelt. 1. Thl. Mit 160 (eingedr.) Abbild. gr. 16. (324 S.) Karlsruhe 847, Müller. n. 1⅓ ℛ

— dass. Nr. II. A. u. d. T.: Erzählungen aus der Thierwelt. 2. Thl. Mit 180 (eingedr.) Abbild. gr. 16. (320 S.) Ebd. 847. In Engl. Einb. n. 1⅓ ℛ

— dass. Nr. III. A. u. d. T.: Jugendtheater. Dramatisirte Sprichwörter z. Darstellg. f. d. erwachs. Jugend. Von Aug. Lewald. Mit 8 Abbild. in Farbendr. gr. 16. (264 S.) Ebd. 847. n. 1⅓ ℛ

— Schweizerisches. Herausgeg. v. J. J. Reithard. 1. Jahrg. Mit 16 lith. Taf. gr. 4. Zürich 845, Meyer u. Zeller. 1⅔ ℛ

Familienbuch, Schweizerisches. Hrsg. v. J. J. Reithard. 2. Jahrg. gr. 4. (206 S. mit 9 lith. Taf.) Zürich 847, Meyer & Zeller. 1 ℛ 16 ngr.

Familien-Bücherschatz. Eine Sammlg. guter u. volkstüml. Erzählgn. 1.—27. Hft. gr. 8. (à 1½ B. m. je 1 Illustr.-Taf.) Weimar 890. Schriftenvertriebsanstalt. à Hft. — 10

Das Rätsel v. Herbesheim, od.: Der tote Gast. Erzählung v. H. Zschokke. Neue Ausg. — Eine Hochzeit. Auf Wiedersehen. 2 Preisnovellen v. Leo Goldammer. — Die Marzipan-Lise. Novelle v. Frdr. Halm. — Walpurgis. Von Gust. zu Putlitz. — Späte Heimkehr. Novelle v. Wilh. Jensen. — Johannisnacht. Dorfgeschichte aus den bayer. Vorbergen. Von Max Schmidt. — Im Heimatshafen oder e. Lebensrettung. Eine Erzählung aus dem Leben v. Steinberg.

Familien-Bücherschatz. Eine Sammlg. guter u. volkstüml. Erzählgn. 28.—78. (Schluß-)Hft. gr. 8. (à 1½ Bog. m. je 1 Illustr.-Taf.) Weimar 891. Schriftenvertriebsanstalt. à — 10

Im Heimatshafen od. e. Lebensrettg. Erzählung aus dem Leben v. E. Steinberg. — Mein Freund Wolf. Wurzelpeter. Zwei Erzählgn. v. F. W. Kunze [M. Nicolaus]. — Blancos u. Colorados. Eine Erzählg. aus den Wirren der argentin. Revolution. Von Rud. Röttger. — Meister Martin, d. Küfer, u. seine Gesellen. Eine Erzählg. v. E. T. A. Hoffmann. — Die alte Mühle. Eine Erzählg. aus dem Wiener Wald. Von Phpp. Vogler. — Die Frau d. Arbeiters. Sozialer Roman v. Frdr. Friedrich. — Lebenskämpfe. Von Emilie Tegtmeyer. — Zwei in e. Nest. Heitere Erzählg. aus Oberbayern. Von G. A. Horst.

— dasselbe. Neue Folge. 72 Hfte. gr. 8. (à 1½ Bog. m. je 1 Illustr.-Taf.) Ebd. 891—893. à — 10

„1812" od. die Häscher d. Kaisers. Von Ludw. Rellstab. Der Puppenspieler. Charakterbild aus dem Chiemgau v. C. Schultes. [Preiserzählung.] — In die Welt. Von L. Glaß. Erzählg. aus der Zeit d. 7jähr. Krieges. — Der närrische Maler. Eine Erzählg. aus dem Schwarzwald v. Heinr. Hansjakob. — Wandlungen. Lebensbild von Heinr. v. Stein. — Aus dem Ostender Badeleben. Von W. O. v. Horn. Ein Abgedankter. Von H. Willinger. — Der rechte Schmied. Thüringer Wald-Geschichte v. C. Schultes. Von e. Siege des Gewissens. Aus den „Bergpredigten" v. P. K. Rosegger.

— dasselbe. 1.—6. Bd. gr. 8. Ebd. Geb. 16. 50

1. (III, 612 S. m. Bildern.) 891. n. 2. 50
2. (III, 636 S. m. Bildern.) 891. n. 2. 50
3. (III, 610 S. m. Bildern.) 891. n. 2. 50
4. 5. „1812" od. die Häscher d. Kaisers. Von Ludw. Rellstab. Illustr. v. Wold. Friedrich u. Osc. Herrfurth. 2 Bde. (656 u. 597 S.) 892. n. 6.
6. (III, 482 S. m. Bildern.) 892. n. 3. —

— dasselbe. 7.—9. Bd., s.: Kretzer, Max, Irrlichter u. Gespenster.

Familien-Büchlein. 8. (16 S.) Brugg 886. „Effingerhof" Kart. n. — 20

Familien-Calendarium der souverainen Häuser Europas. Zusammengestellt von L. Clericus. 16. (III, 372 S.) Magdeburg 881. Faber. geb. in Callico. n. 5. 50; in Saffian m. Goldschn. n. 7. 50

Familien-Capital des Elias Benjamin Tritschler, Geheimen Hofraths und Schwäbischen Kreiseinnehmers in Stuttgart. Genealogische Tabelle der Anverwandten des Stifters . . . Stuttgart 1891. V: *Gayler, J. N.* (Heyd)

Familienchronik

— Illustrirt von C. G. Pfannenschmidt, in Holz geschn. v. A. Vogel. gr. 8. (1½ B. m. 8 Illustr. in Holzschn.) Berlin 871. v. Decker. n. — 40; geb. m. Goldschn. n. 1. 75; auf stark Velpap. n. — 60; geb. m. Goldschn. n. 2. —; in hoch 4. (3 B.) — 75; geb. m. Goldschn. n.n. 2. 75

Familien-Chronik. gr. 8. (16 S.) Barmen 872. Wiemann. n. — 20

— Ein Anh. zu den Andachtsbüchern v. Arndt, Neßler u. A. gr. 8. (56 S.) Leipzig 872. Hinrichs' Verl. n. — 50; geb. n. 1. 50

— dasselbe. (Auszug aus dem Civilehegesetz u. Formularbuch.) 4. (34 S.) Altona 882. Schlüter'sche Buchhandlung. cart. n. 1. —

Familien-Chronik. 12. Aufl. gr. 8. (16 S.) Barmen 882. Wiemann. — 30

Familien-Chronik. 16. Aufl. gr. 8. (15 S.) Barmen 885. Wiemann. — 30

Familienchronik. Gedenkbuch f. Mädchen u. Frauen. Lex.-8. (155 Bl. m. 31 Illustr.) Lahr 889. Schauenburg. geb. n. 4. —

Familienchronik. Gedenkbuch f. Mädchen u. Frauen. 8. (III, 288 S., Schreibpap. m. Illustr.) Lahr 891. M. Schauenburg. Geb. in Leinwand. 2. 50

Familien-Chronik. gr. 8. (82 S.) Gross-Strehlitz 895. (A. Wilpert.) Geb. in Leinw. n.n. 1. 25

— Ein Buch fürs deutsche Haus z. Pflege d. Familiensinns. gr. 4. (80 S.) [Hannover 897. Dunkmann.] Berlin, G. Minuth. Geb. n. 4. —

Familien-Chronik. gr. 8. (82 S.) Gross-Strehlitz (901). A. Wilpert. Geb. in Leinw. n. 1. 25

Familien-Chronik. Orig.-Zeichnungen v. Frz. Staffen u. Philipp Schumacher. Einband- u. Vorsatzpapierzeichng. v. Frdr. Schneider. 2. Aufl. (3.—5. Taus.) (78 S.) 4. Braunschweig (906). A. Graff. Geb. in Leinw. n. 5. —

Die 1. Aufl. erschien u. d. T.: Chronik der Familie.

Familien-Chronik. (Hrsg. v. O. Wilpert.) (Neue Aufl.) (40 S.) gr. 8. Groß-Strelitz (908). A. Wilpert. Geb. in Leinw. 1. 50

Familien-Chronik, die, der Beck von Leopoldsdorf, s. a. Zeibig.

Familien-Chronik, die, der Beck v. Leopoldsdorf. Von H. J. Zeibig. Lex.-8. (25 S. mit 1 Stammt. in qu. Fol.) Wien 853, (Gerold's Sohn.)

— u. Vermögens-Nachweis. Ein Verzeichnis von Familien-Personalien, Inventar, Vermögen, eingebrachtem Gut der Frau usw. zum Nachweis bei Beurkundg. des Personenstandes, Brandschäden, Vermögens-Auseinandersetzg., Nachlass-Regelg., Steuereinschätzg. u. s. w. nebst den wichtigsten gesetzl. Bestimmgn. Ausg. f. Preussen. (102 S.) 33×21,5 cm. Arnsberg 907. J. Stahl. Geb. 4. —; in Prachtbd. 5. —

Familienchronik. Aus einer Zürcherischen F. Njbl. s. [Meyer von Knonau, Gerold II].

Familiendichter, der, s. F. W. Gärtner, Blumenkranz, 1r Bd.

(F) Der Familiendichter oder der kleine Gratulant. Eine Sammlung von Gratulations-Gedichten zum Namensfeste, Geburtsfeste, Weihnacht, Neujahr, für Eltern, Verwandte, Lehrer und Katecheten, für Hochzeit und Jubelhochzeit etc. Mit zahlreichen Originalbeiträgen hervorragender Dichter. (V. Bd. der Fest- und Gelegenheitsgedichte.) Linz-Urfahr. 1899. Kath. Pressverein. 8°. 193 S. fl. –.45

Familien- und Gelegenheits-Dichter, der, s. Conversations-Bibliothek, V. VI. IX. u. X.

Familiendichter, Der, für kindliche Liebe . . . Pesth 1819. H: *Adler, Joh. Em.* (MGT)

Familien-Ehrgeiz, der, von Lafontaine. s. Sittenspiegel 5r Bd.

Familien-Feierabend
v. Emmenthaler Nachrichten.

Familien-Fest des Altmeister-Zirkels deutscher Freimaurer des Staates New Jersey, Dienstag, den 29. Aug. 1905, im Colosseum, Newark, N. J. [Newark 1905]: Michel & Bank. 14 Bl. 8°
[Umschlagtit.:] Altmeister Zirkel deutscher Freimaurer des Staates New Jersey.
Enth. ein Eröffnungslied, Bilder u. ein Verzeichn. der Mitgl.

Familienfeste, die, siehe Romane von Genlis 9r Bd.

Familienfideicommiss, Das. Eine Denkschrift zum mecklenburgischen Landtage 1845. Rostock. V: *Türk, von.* (schz)

Familienfideicommiß, das. Eine Denkschrift z. mecklenburgischen Landtage 1845. gr. 8. (2 B.) Rostock, Stillersche Hofbuchh.

Familien-Fideicommiß der hessischen Fürsten u. die Heiligkeit d. Rechts u. d. Gesetzes. Fol. (4 S.) Kassel 876. (Württenberger.) — 30

Familien-Fideicommiss-Bibliothek, Die k. k. Wien 1881. V: *Schaffer, Wenzel.* (EB)

Familienfideicommisse, über. gr. 8. Landsh. 802. Krüll. 5 gr.

Familienfluch, vom. 2 Thle. 8. Rostock. 755.

Familien-Freund, s. a. Berner Landbote (II).

Familien-Freund, s. a. Solothurner Nachrichten.

Familienfreund, der. Eine Volksschrift f. alle Stände. Hrsg. v. Ludw. Donath. 2. Jahrg. 1847. 12 Nrn. gr. 4. (à 2 B. u. 2 Lith.) Langensalza, Verndrück. — 3—7. Jahrg. 1848—1852. à 12 Nrn. gr. 4. (à 2 B. u. 2 Lith.) Neusalza, Donath. Leipzig, Volet in Comm. à Jahrg. 1 ₰

Familienfreund, der. Eine Volksschrift für alle Stände zur Unterhaltung u. Belehrung. Red.: A. Borndrück. 8—13. Jahrg. 1853—58. à 12 Nrn. (à 2 Bgn. Text u. 2 Lithogr.) Neusalza, Borndrück. gr. 4. Jeder Jahrg. 1 ₰; color. 2 ₰; für Sachsen nur 24 ngr; color. 1 ₰ 12 ngr.

Familien-Freund, der. Monatsschrift zur Unterhaltung u. Belehrung für alle Stände. Red.: C. A. P. Borndrück. 14—16. Jahrg. 1859—61. à 12 Nrn. (à 2 Bgn. u. 2 Lithogr.) Neusalza, Borndrück. gr. 4. Jeder Jahrg. 1 ₰; color. 2 ₰
für Sachsen nur 24 ngr; color. 1 ₰ 12 ngr.

Familienfreund, der. Zeitschrift zur Unterhaltung für Leser aller Stände. Red.: Carl Lindow. Der Berliner Pfennig-Blätter. 26. u. 27., neuer Folge. 1. u. 2. Jahrg. 1869 u. 1870. à 52 Nrn. (à 1 Bgn. m. Holzschn.) oder 12 Hefte. Berlin, Lindow. 4. Jeder Jahrg. n. 1 ₰ 10 ngr.

Familienfreund, der. Zeitschrift zur Unterhaltg. f. Leser aller Stände. Red.: Carl Lindow. Der Berliner Pfennig-Blätter. 28., neuer Folge 3. Jahrg. 1871. 52 Nrn. (B. m. eingedr. Holzschn.) od. 12 Hfte. gr. 4. Berlin, Lindow. n. 4. —

— dasselbe. 29—31. Jahrg. der Berliner Pfennig-Blätter. Neue Folge. 4—6. Jahrg. 1872—1874 à 52 Nrn. (B.) gr. 4. Ebend. à Jahrg. n. 4. 80

— dasselbe. 32. Jahrg. Neue Folge der Berliner Pfennig-Blätter. 7. Jahrg. 1875. 52 Nrn. (B.) gr. 4. Ebend. n. 5. —

Der Familienfreund: Apr.? 1869—1903?
Bi-weekly, 1869—92; semi-monthly, 1893—95; monthly, 1896—1903. Organ of Deutsche Methodistenkirche, South. Circulation: 1875, 1800 (est.); 1880, 3000; 1890, 1700; 1900, 1200.
Size varies: large quarto to small folio, each issue 4 pages. Edited & published by the Rev. J. B. A. Ahrens, 1869—1903.
New Orleans, LA

Der Familien-Freund: 1871?—1874?
Semi-monthly. Small folio, each issue 8 pages. Circulation: 1873, 3000 (est.). Edited & published by George Brumder, 1871; edited by W. Streissguth, & published by George Brumder, 1872—74.
Milwaukee, WI

Der Familien-Freund: 1880?—1881?
Monthly. Issued by the German American Mutual Aid Association and circulated gratuitously among members. Small folio, each issue 8 pages.
Columbus, OH

Familienfreund. Unterhaltungs-Bibliothek in Romanen u. Erzählungen für Jung u. Alt. 1—12. Bd. 8. Einsiedeln 880—82. Benziger. cart. 19. 35

1. Kreuz u. Kelle. Roman aus der jüngsten Vergangenheit von Ph. Laicus. (245 S.) 2. —
2. Er sucht seine Frau. Frei nach dem Englischen der Kathleen O'Meara von Rhold. Baumstark. (277 S.) 2. —
3. Die Stieftochter. Novelle von L. v. Erlburg. (135 S.) 2. —
4. Der Cabecilla. Historische Novelle von Phpp. Laicus. Mit 2 Orig.-Zeichnungen (in eingedr. Holzschn.) von H. Mertó. (147 S.) 2. —
5. Vom Ahn zum Enkel. Ein Roman aus den Tagen der Medici von Herm. Hirschfeld. (247 S.) 2. —
6. Roman Paluski. Eine Polengeschichte aus den sechziger Jahren von Phpp. Laicus. Mit 8 (eingedr.) Original-Holzschn. von H. Mertó. (237 S.) 2. —
7. Dohlenau. Episode aus einem Familienarchiv von Geo. v. Dyherrn. (119 S.) 1. 20
8. Liebe u. Leidenschaft. Novelle von Juta Berthen. (136 S.) 1. 20
9. Die Perle der Djalmara. Novelle von Phpp. Laicus. (160 S.) 1. 20
10. Cäsarenfrevel. Ein Sittenroman aus neron. Zeit von Herm. Hirschfeld. (183 S.) 1. 50
11. 12. Dionysius u. die Sibyllen. Scenen aus der römischen Cäsarenzeit. Frei nach dem Englischen. Von Marie Schultz. (320 S.) 2. 25

Familienfreund. Unterhaltungs-Bibliothek in Romanen u. Erzählgn. f. Jung u. Alt. 12—30. Bd. 8. Einsiedeln 883—86. Benziger. cart. 27. 45

12. Menschenleben. Novelle f. den Familientisch von L. v. Erlburg. (245 S.) 2. —
13. Montecchi u. Capuleti. Roman v. Phpp. Laicus. Mit 10 Orig.-Zeichngn. v. Heinr. Gracter. (218 S.) 1. 80
14. Der Antinous-Kopf. Novelle von L. v. Erlburg. (132 S.) 1. 20
15. Vogelfrei. Wahrheitsgetreue Schildergn. aus französ. Familien-Archiven von G. v. Beugny. (135 S.) 1. 20
16. Anna Severin. Erzählung v. Frau Augustus Craven. Deutsch v. J. Bapt. Kälin. Autoris. Uebersetzg. (352 S.) 2. 25
17. Der Dreißigste. Orig.-Novelle v. Herm. Hirschfeld. Eine alte Jungfer. Ein Lebensbild von Josephine Flach. (136 S.) 1. 20
18. Der Alte vom Berge. Eine Erzählg. aus der Bühnenwelt v. Phpp. Laicus. (209 S.) 1. 50
19. Das Schwert d. Damokles. Aus dem Holl. der Melati van Java übers. von Leo v. Heemstede. (126 S.) 1. 20
20. Ein folgenschwerer Scherz. Historische Erzählg. v. Rich. Schwabe. Nach e. alten Chronik u. anderen Quellen frei bearb. (127 S.) 1. 20
21. Auf dunklen Pfaden zu lichten Höh'n. Geschichtlicher Orig.-Roman v. Phpp. Laicus. (256 S.) 2. —
22. Das Erbe v. Montligné. Von M. Maryan. (141 S.) 1. 20
23. An e. Alpensee. Erzählung v. Th. Messerer. (122 S.) 1. 20
24. Die schimpfenden Dioskuren. Eine bescheidene Studentengeschichte v. Paulus Publicus. (116 S.) 1. 20
25. Bewegte Tage. 1812—1814. Jugend-Erinnergn. e. alten Frau. Mündlichen Mittheilgn. nacherzählt v. Thdr. Berthold. Mit 3 Illustr. (162 S.) 1. 20
26. Alte Schuld. Orig.-Erzählg. v. Heinr. Keiter. (160 S.) 1. 20
27. Die Schattenseiten e. reichen Mitgift. Novelle v. M. Maryan. (154 S.) 1. 20
28. Die Sensenträger d. Todes. Frei nach Alex. de Lamothe bearb. v. Phpp. Laicus. (311 S.) 2. —
29. Odette. Novelle v. Marie Haveyra. Aus dem Franz. übers. v. Anna Josepha. (148 S.) 1. 20
30. Eine Pilgerfahrt in das hl. Land. Tagebuchblätter v. H. Woestmann. Mit 10 Illustr. (192 S.) 1. 50

— **Unterhaltungs-Bibliothek in Romanen u. Erzählgn. f. Jung u. Alt. 31.—40. Bd. 8. Einsiedeln 887—889. Benziger & Co. cart.** 13. 35

Inhaltsübersicht in alphabet. Ordnung:

Berthold, Th., Quartier-Geschichten. Feldzugs-Erinnerungen. (335 S.) (39. Bd.) 1. 20
Brentano, Clem., ausgewählte Schriften. [1. Aus der Chronica e. fahrenden Schülers. 2. Von dem Leben u. Sterben d. Grafen Gaston Phöbus v. Foix. 3. Die Legende v. e. Schwaben, der das Leberlein gefressen. 4. Blätter aus dem Tagebuch der Ahnfrau.] (238 S. m. Titelbild u. Illustr.) (37. Bd.) 1. 20
Contrebande. Nach dem Leben erzählt v. Paulus Publicus. (120 S.) (32. Bd.) 1. 20
Einbeck, J. v., ein Pionnier d. Kreuzes. Geschichtliche Erzählg. aus der Zeit der ersten Ansiedelungen in Amerika. (360 S.) (33. Bd.) 2. 25
Hoppensack, L. A., Erzählungen aus dem Schwarzwald. [1. Der große u. der kleine Bube. 2. Der Rathschreiber von Menzingen. 3. Die Schwarzbacher u. die Reichenbacherin.] (397 S.) (40. Bd.) 1. 20
Kerner, H., die Erzählung Walter's d. Erzpoeten. Mit Orig.-Illustr. v. Johs. Gehrts. (157 S.) (35. Bd.) 1. 20
Laicus, Ph., Kreuz u. Halbmond. Geschichtlicher Roman. (271 S.) (36. Bd.) 1. 20
Maryan, M., Lady Frida. (204 S.) (38. Bd.) 1. 20
— das Heim d. Junggesellen. (168 S.) (31. Bd.) 1. 20
Tebsima oder der Verbannte der Wüste. Autoris. Uebersetzg. aus dem Französ. d. E. B. ***. Mit 3 Illustr. (183 S.) (34. Bd.) 1. 50

Familienfreund. Unterhaltungs-Bibliothek in Romanen u. Erzählgn. f. Jung u. Alt. 41.—50. Bd. 8. Einsiedeln, Benziger & Co. Kart. à 1. 20

41. Der Sinnspruch d. Ringes. Nach dem Engl. der Mrs. W. Hunt erzählt v. Alice Salzbrunn. (132 S.) 890.
42. Die Sonnenbraut. Südamerikanischer Roman v. Renanz Müller. (254 S. m. 6 Illustr.) 890.
43. Die Compagnie des Königs. Historischer Roman v. Herm. Hirschfeld. (279 S.) 890.
44. Heimatlos. Von M. Maryan. (162 S.) 890.
45. Die Rosen d. Herrn Commissionsraths. Orig.-Erzählg. v. Phpp. Laicus. (109 S.) 890.
46. Paula's Erbe. Erzählung v. M. Maryan. (156 S.) 891.
47. Die Tochter Tehuans od. Texas im vor. Jahrh. Erzählung v. A. Hörmann. (193 S.) 891.
48. Der letzte König der Gothen. Geschichtlicher Roman v. Phpp. Laicus. (416 S.) 891.
49. Ein Eifersüchtiger. Humoreske aus der Zeit d. siebenjähr. Krieges. Mit 2 Illustr. Von Phpp. Laicus. — Glückliches Neujahr. Nach dem Engl. frei bearb. — Hochmutsnarren. Humoreske v. Phpp. Laicus. (130 S.) 891.
50. Des Vaters Schuld. Erzählg. v. M. Maryan. (213 S.) 892.

Der Familienfreund : 1883—?

Monthly. Organ of the East German Conference of the Deutsche Methodisten Kirche. Edited & published by the Rev. Adam Groebe.
Buffalo, NY

— der. Illustrierte Zeitschrift f. alle Stände. 1. Jahrg. 60 Hfte. (2 B. m. je 1 Chromolith.) gr. 8. Neusalza 883. Oeser. à Hft. — 20

— der. Unterhaltungsblätter f. alle Stände. 2. Jahrg. 100 Nrn. (1½ B. m. eingedr. Illustr. u. zus. 12 Chromolith.) gr. 4. Ebend. 884. à Nr. — 10

Familienfreund, der. Unterhaltungsblätter für alle Stände. 3. Jahrg. 100 Nrn. (2 B. m. Illustr.) gr. 4. Neusalza 887. Oeser. à Nr. — 10

der. Unterhaltungsblätter f. alle Stände. 4. Jahrg. 100 Nrn. (2 Bog. m. Illustr.) gr. 4. Neusalza 892. H. Oeser. à Nr. — 10

— **der. Unterhaltungsblätter f. alle Stände. V. Jahrg. 60 Hfte. (à 40 S. m. Abb. u. Taf.) gr. 8. Neusalza 897. H. Oeser.** à Hft. — 15
Weiter nicht erschienen.

Der Familien Freund : 1884?—1885? Lancaster, PA

Lutheran monthly. Large quarto, each issue 8 pages. Edited & published by E. Meister.

Familienfreund. Chef-Red.: Ad. Söndermann. 1. Jahrg. 144 Nrn. (B. m. Illustr.) gr. 4. Dresden 887. Ad. Wolf. à Nr. — 5; à Hft. (3 Nrn.) — 15

— dasselbe. 2. Bd. 156 Nrn. (B. m. Illustr.) gr. 4. Ebd. 888. à Nr. — 5; à Lfg. (2 Nrn.) — 10; in Hftn. (3 Nrn.) à — 15

— dasselbe. 3. Jahrg. 72 Nrn. (2 B.) gr. 4. Ebd. 889. à Nr. — 10; in 36 Hftn. (à 4 B.) à — 20

—— der. Illustrirter christl. Volkskalender für Stadt und Land auf die J. 1886—1889. 9.—12. Jahrg. 8. (à Jahrg. ca. 48 S.) Neu-Ruppin, Bergemann. à Jahrg. *

Der Familien Freund : 1888—1911?

Weekly. Sub-title: Ein wöchentliches Neuigkeits-Blatt für den Familien-Kreis. Continued from PATRIOT UND REFORMER (Quakertown, Pa.). Small folio, each 4 pages.
Circulation: 1890, 1425; 1900, 1430; 1909, 1100.
Edited & published by D. G. Stauffer, 1888—1906; by David M. George, 1906—11.
Milford Square, PA

Der Familienfreund : 1888—1923?

Roman Catholic annual. Contains stories, sketches, articles, poetry. Sub-title: Katholischer Wegweiser für das Jahr. Advertised in DER HEROLD DES GLAUBENS under title FAMILIENFREUND-KALENDER.
St. Louis, MO

— **der. Illustrierte Zeitschrift f. alle Stände. 1. Jahrg. April—Septbr. 1890. 27 Nrn. (B.) gr. 8. Heilbronn, O. Weber.** à — 10

— **dasselbe. 2. Jahrg. Oktbr. 1890—Septbr. 1891. 52 Nrn. (B.) gr. 8. Ebd.** à — 10

— der. Illustr. Zeitschrift f. alle Stände. 6. Jahrg. 52 Nrn. (Bog.) gr. 8. Heilbronn 894. O. Weber. à Nr. — 5

Familienfreund, der. Illustr. Zeitschrift f. alle Stände. 6. u. 7. Jahrg 1896—1897. à 52 Nrn. (Bog.) gr. 8. Heilbronn, O. Weber. à Nr. — 05

— dasselbe. 9. Jahrg. 1898. 52 Nrn. (Bog.) gr. 8. Ebd. n.n. 2. 50

Familienfreund, der. Illustrirte Romanzeitg. f. alle Stände. 10 Jahrg. 1899. 52 Nrn. gr. 8. (à ca. 8 S.) Heilbronn, O. Weber. 2. 40

— dasselbe. 11. Jahrg. 1900. 52 Nrn. gr. 8. (à ca. 16 S.) Ebd. n. 3. —

Familien-Freund, der. Illustr. Romanzeitg. f. alle Stände. Red.: G. Wichmann. 16. Jahrg. 1905. 52 Hefte. (à ca. 32 S.) gr. 8. Heilbronn, O. Weber. à Hft. — 10
Fortsetzung, s.: Zeitung, süddeutsche illustr.

Der Familienfreund: 1891?--1928?
Organ of the Chicago German Conference of the Deutsche Methodistenkirche.
Chicago, IL

Der Familien-Freund: 1894?--1895?
Weekly. Merged with Der Beobachter (Chicago). Edited & published by Adolph Fischer.
McHenry, IL

Der Familien-Freund: 1895?--1925?
Non-political weekly. Circulation: 1900, 680; 1910, 1088; 1920, 1085. Edited & published by Sam G. Sloane, 1895--96; edited by Frank Roehl, & published by G. A. Grossmann, 1897—98; edited & published by Roehl & Reith, 1899—1901; by W. F. Niedorf, 1902--25.
Charles City, IA

— der. Ein illustr. Volkskalender f. 1903. 4. (58 u. 21 S. m. Wandkalender.) Berlin, O. Thiemer. — 50

Der Christliche Familienfreund: 1897—? Buffalo, NY
Monthly. See Severance.

— deutscher. Ein illustr. Volkskalender f. 1901. (71 S. m. Wandkalender.) 4. Berlin. O. Thiemer. n. — 50

—— deutscher illustrirter. Sammlung interessanter Romane und Criminalgeschichten, Humoresken, Reisebilder, Gedichte, Skizzen ꝛc. 1. Bd. 24 Hefte. 4. (à Heft 16 S. mit 1 color. Stnt.) Ebersbach i. S. 876, Görner's Nachf. à Heft 20 Pf.

—— dass. — 2. Bd. 30 Hefte. 4. (à Heft 16 S. mit 1 color. Stnt.) Ebendas. 878. à Heft 20 Pf.

—— dass. — 3. Bd. 26 Hefte. 4. (à Heft 16 S. mit 1 color. Stnt.) Ebendas. 880. à Heft 20 Pf.

—— der evangelische. Blätter zur Unterhaltung für Geist und Herz. Hrsg. von Adph. Brüssel. gr. 8. (188 S. mit eingedr. Holzschn.) Wien 858, (Gerold's Sohn.) *

Der Evangelische Familien-Freund: Feb. 1880—?
Monthly. Title varies: Der Volks-Bote, Feb.—May 1889; Der Familien-Freund, July 1889—Dec. 1891; Der Evangelische Familien-Freund, Dec. 1892—? Published in interests of German City Mission, St. Paul, Feb. 1889—Dec. 1891; of the Evangelical Church, Dec. 1892—June 1894; of the Evangelical Mission Work, Brainer, Minn., July 1894—? Also dated at Pittsburgh, Pa.
St. Paul, MN

— illustrirter. Red.: Alois Carl Hammer. 1. Jahrg. Juli 1883—Juni 1884. 36 Nrn. (3 B. m. Illustr.) Nebst Gratisbeilage: Spielzeitung. 36 Nrn. (B. m. Illustr.) gr. 4. Wien 883. Cerny. à Nr. — 50

— illustrirter. Volksblatt f. Stadt u. Land. Zur Belehrg. u. Unterhaltg. Red.: E. Hülle. Jahrg. 1893. 1894. à 52 Nrn. (Bog.) 4. Berlin. (Leipzig, H. G. Wallmann.) à Jahrg. n. 2. 20

— illustr. Volksblatt für Stadt u. Land. Für Haus u. Werkstatt. Z. Belehrg. u. Unterhaltg. Red.: E. Hülle. Jahrg. 1895—1898. à 52 Nrn. (Bog.) 4. Berlin. (Leipzig, H. G. Wallmann.) à Jahrg. n. 2. 20
Kann auch vierteljährlich bezogen werden.

— illustrierter. Volksblatt f. Stadt u. Land. Für Haus u. Werkstatt. Zur Belehrg. u. Unterhaltg. Red.: H. Pankow. 1899—1902. à 52 Nrn. 4. (à 8 S.) Berlin. (Leipzig, H. G. Wallmann.) à Jahrg. n. 2. 20
Die Jahrgge. 1899—1901 sind v. E. Hülle redig.

— illustrierter. Volksblatt f. Stadt u. Land. Für Haus u. Werkstatt. Zur Belehrg. u. Unterhaltg. Red.: H. Pankow. Jahrg. 1903—1906. à 52 Nrn. (à ca. 8 S.) Lex.-8. Berlin, Schriftenvertriebsanstalt. à Jhrg. n. 2. 10

Familien-Freund, illustrierter. Volksblatt f. Stadt u. Land. Für Haus u. Werkstatt. Zur Belehrg. u. Unterhaltg. Red.: H. Pankow. Jahrg. 1907—1910. à 52 Nrn. (à ca. 8 S.) Lex. 8. Berlin, Schriftenvertriebsanstalt. à Jhrg. 2. 20

— illustr. Volkskal. auf d. J. 1898. 4. (130 S. m. Wand- u. Portemonnaiekal.) Quedlinburg. (Wiesbaden, G. Quiel.) — 50

— katholischer. Illustrierte Zeitschrift zur Unterhaltg. u. Belehrg. f. die kathol. Familie. 1.—3. Jahrg. Oktbr. 1908—Septbr. 1911. à 13 Hefte. (à ca. 28 S. m. 1 farb. Taf.) 32,5×24 cm. Stuttgart, Kathol. Bücher- u. Schriften-Verlag. à Heft. — 25

Familienfreund und illustriertes Unterhaltungsblatt v. Berner Landbote (II).

Familien-Freunde. Mal-Buch. (20 S. m. z. Tl. farb. Abbildgn. ohne Text.) kl. 8. Hannover (904). A. Molling & Co.

Familiengebete. Von e. Laien. gr. 8. (163 S.) Braunschweig 890. Schwetschke & Sohn. n. 2. —; geb. n. 3. 60

Familien-Gebete für jeden Morgen u. Abend während eines Monats. Aus d. Engl. übersetzt von Jh. Hnr. Lw. Schröder. 8. Berlin 840, Wohlgemuth's Buchh. n. 8 ngl

Familien-Morgen- u. Abendgebete für d. Festtage d. Jahres ꝛc. 8. Nürnb. 822. Riegel u. W. 16 gl

Familien-Morgen- u. Abendgebete für die Festtage d. Jahres ꝛc. 8. Nürnberg 823. Riegel u. W.

Familien-Gedenkbuch. Zugleich ein Rathgeber im Verkehr mit dem Standesamt. 2. verb. Aufl. d. „Familienbuches". gr. 8. (28 S.) Magdeburg 878. Faber. geb. 1. —

Familiengelubde, das. Theaterstück mit Gesang. 8. Hildburgh. (Fr. Fleischer in Leipz.) 4 gl

Familiengelubde, das. Ein Theaterstück mit Gesang. 8. Hildburgh. Hanisch. 787.

Familiengemälde von J. G. E. Maaß. 4 Bde. 8. Halle, Ruff. 811—15. f. Fleischer.
(1r Bd. enth. Karl v. Horst u. Amal. v. Buchwald. 1 Rthlr. 2r Bd. enthält: d. Grafen von Eichthal ꝛc. 1 Rthlr. 3r Bd. enth. Henriette u. Julie, od. Gefühl u. Leichtsinn. 1 Rthlr. 8 gr. 4r Bd. enth. Thekla v. Hochfeld. 1 Rthlr. 6 gr.)

Familiengemälde. Halle 1813—14. V: *Maass, Joh. Gebhard Ehrenreich.* (ADB) (NN 1823, 759)

Familiengemälde, neue, v. Gottfr. Müller. 1r Bd. enth. Agnes Linden, od. scheinbare und wirkl. Liebe. 8. Berlin, Maurer. 802.

Familiengeschichte, s. a. Familiengeschichten

Familiengeschichte und Abenteuer des Junkers Ferdinand von Thon. Nürnberg 1775-76. V: *Bretschneider, Gottfr. Hnr.* (WBL) (Ky) (MGT)

— u. Abentheuer Ferdinands v. Thon, (v. Hnr. Gttfr. v. Bretschneider). 2 Thle. Mit Kpf. 8. Nürnb. 775—776. Bauer u. R. 1 ℔ 8 gl

Familiengeschichte, adliche, aus dem 15ten Jahrh. entlehnt. 2 Thle. 8. Lpz. Hilscher. (Compt. f. Lit.) 787—88. (I. 18 gr. II. 20 gr.)

—des Baron v. S***; e. wahre Geschichte unseres Zeitalters. 2 Thle. 8. ... (W. Rauck in Leipz.) 16 Gr

— — des Baron von S*. Eine wahre Geschichte unsers Zeitalters (in zahmen Briefen). In zwey Theilen. Mit 1 Titelkpf. Wien, Hörling, 1788. 8°. 192 u. 148 Seiten.

—des Baron v. S***; e. wahre Gesch. unsers Zeitalters, 2 Thle. m. K. 8. Wien, Hörling. (Sommer in Lpz.) 788.

Familiengeschichte, Faramonds, in Briefen. Erfurt 1779—81. V: *Timme, Christian Friedrich.* (ML)

Familiengeschichte, Frohmann's und Oestling's, für Eltern und Kinder . . . Breslau 1793. V: *Stutz, Johann Ernst.* (ML) (Schl) (Ky)

Familien-Geschichte und Genealogie der Grafen von Mülinen. Berlin 1844 s.a.[Mülinen, Berchtold von].

Familien-Geschichte u. Genealogie der Grafen von Mülinen. Lex.-8. Berlin 844. A. Duncker. 1 ß

Familiengeschichte der Heerwagen. Altdorf 1802. V: *Heerwagen, Friedrich Ferdinand Traugott.* (BMarsch 535)

Zur Familiengeschichte derer von Heintze-Weissenrode. Kiel 1871.

Familiengeschichte, Hermann's. Breslau 1802. V: *Scholz, Gottlieb.* (Ky)

Familiengeschichte, Mannsteinische, in Erzähll. u. Briefen, 2 Thle. 8. Leipz. 784. (Gleditsch). 12 Gr

— — guter Menschen. Königsberg, Hartung, 1798. 8°. Enth. Leben und Leiden meines Vaters Jonathan Eichs, in 4 Büchern. — 208 S. (incl. Tit. u. 3 Bll. Vorr.). Zahm.

—guter Menschen. 8. Königsb. 798. Unzer. 12 Gr

Familiengeschichte der Rosenbusche; eine wahre Geschichte. Leipzig 1789—90. V: *Kellner, Georg Christoph.* (MGT) (Adel; »Familiengeschichte, Die Rosenbusche.« (Ky)

—die Rosenbusche; e. wahre Geschichte, (von G. Ch. Kellner). 4 Thle. 8. Leipz. 789, 90. (W. Rauck). 2 ß 16 Gr

—des Herrn v. Schiller. 2 Thle. 8. Altona 788. Göthe in Leipz. 16 Gr

Familiengeschichte, Sommerfeldische, oder Erziehung mit ihren Früchten. Berl. u. Frankf. a. O. 1788. V: *Stutz, Johann Ernst.* (ML) (Ky)

—Sommerfeldsche, od. Erziehung mit ihren Früchten, (v. Jh. Er. Stutz). 2 Bde. 8. Berl. 788. Kunze. 1 ß 16 Gr

Familiengeschichte. Zur F' der Steiner im XVII. Jahrhundert. Njbl. Winterthur 1889 s. [Biedermann, Charles].

Die Familiengeschichte der Steiner in Winterthur. Neujahrsblatt v. d. Stadtbibliothek in Winterthur. 1890.

— — eines Adlichen Thuenichtgut (sic!), oder Glück bessert Thorheit. Leipzig, Köhler, 1807. Zahmen Inh. Tit. u. 254 SS.

—eine wahre adelige preußische. 8. Leipz. 791. (Rauck). 9 Gr

Familiengeschichte, eine wahre adeliche preuß. Sch..sche in Briefen, von W. R. an seinen Freund F. R. 8. Leipzig, 791. Sommer. 10sgl.

Familiengeschichten, s. a. Familiengeschichte

— v. August Lafontaine, m. K. 1r—3r Bd. 8. Berlin, Voß. 803. (T. II. die Familie von Halden 1r. 2r. 3 Rthlr. 8 gr. III. Saint-Julien. 1 Rthlr. 16 gr.)

— — ders. 4r bis 12r Bd. m. K. 8. Berlin, Sander. 801—4. Velinpap. (dies. unt. folg. Tit.: 4r. 5r. Herrmann Lange 2 Bde. 5 Rthlr. 8 gr. Velinpap. 5 Rthlr. 6r. Karl Engelmanns Tagebuch. 1 Rthlr. 8 gr. 7r. 8r. Leben e. armen Landpredigers 2 Bde. 3 Rthlr. 12 gr. Velinpap. 5 Rthlr. 9r. 10r. Henriette Bellmann 2 Thle. 3 Rthlr. 11r. 12r. Barneck u. Saldorf 2 Thle. (à 1 Rthlr. 16 gr.) 3 Rthlr. 8 gr. Velinpap. 5 Rthlr.)

Familiengeschichten, v. J. A. Dittmar. 8. Riga, Müller. (Meinshausen.) 803.

Familiengeschichten, Adliche, aus dem fünfzehnten Jahrhundert entlehnt. Leipzig 1787—88. V: *Römer, Carl Heinrich von.* (ML) (MGT) (Ky)

Familiengeschichten, abliche, aus d. 15ten Jahrh. entlehnt (v. K. H. v. Römer). 2 Thle. 8. Leipz. 787, 88. Hilscher. 1 ß 14 Gr

Familiengeschichten und Erzählungen, angenehme, von L. Th. Becker. 8. Nürnberg, Zeh. 820.

Familiengeschichten d. Partikularisten Bliemchen aus Dresden. Mit Federzeichngn. v. O. Cavelli u. Ad. Reinheimer. 6. Aufl. gr. 8. (83 S.) Leipzig 883. Reißner. n. 1. —

Familiengeschichten für Kinder. [Leipz. 1807.] V: *Spieker, Christian Wilh.* (MGT) (Ky)

—lehrreiche u. erbauliche, aus d. heil. Schrift, aus d. Leben frommer Väter, heiliger Ehegatten rc. 8. Grätz 827. Ferstl. 10 Gr Schrbp. 15 Gr

— guter Menschen. 8. Königsberg, Unzer. 798.

Familiengeschichten für Neuvermählte, s. Eheglück.

Familienglück; e. histor. Gemälde v. Anton Waller. 8. Lpz. Sommer. 802.

FAMILIENGLÜCK, Das, ein Gemälde für Mütter und Stiefmütter .... (Der Anhang von *Christian August Michaelis*). Leipzig 1802. Rar!
Anon.-Lex. II. p. 87 (nach Meusel).

Familienglück, oder die Wege der häuslichen Erziehung der Kinder in Regeln u. Beispielen, allen Eltern dringend an's Herz gelegt von einem Jugendfreunde. 3. Aufl. 16. (224 S.) Dülmen 878. Laumann. n. — 50

Familienglück od. die Wege der häuslichen Erziehung der Kinder in Regeln u. Beispielen. 4. Aufl. 16. (264 S.) Dülmen 888. Laumann. n. — 50

Familienglück. Herausgegeben von Carstensen-Gravenstein. Gravenstein. 1891 u. 1892.

Familienglück oder die Wege der häuslichen Erziehung der Kinder in Regeln und Beispielen ... 5. Aufl. Dülmen 1895. V: *Tomberger, Franz.* (Berl)

Familienglück od. d. Wege d. häusl. Erziehung d. Kinder in Regeln u. Beispielen. Allen Eltern bring. an's Herz gelegt v. e. Jugendfreunde. 5. Aufl. 16. (256 S.) Dülmen 895. A. Laumann. n. — 50

Familiengruppe, Die, oder Sebastus und Eusebius ... Stade 1789. V: *Meier, Johann Christian.* (Adel) (MGT)

Familiengruppen. Seitenstück zu Lafontaine's Familiengeschichten. 2 Bde. 8. Leipz. 805. Joachim. 1 Thlr 12 Gr

Familienharfe, Lindenauer. Gesangbuch f. den kirchl. Familien-Verband zu Leipzig-Lindenau. (Hrsg. v. Ernst Sorge.) 8. (48 S.) Leipzig 892. (Leipzig-Lindenau, H. Haupt.) Kart. — 50

Familienhaupt, das, s. Bibliothek, europäische.

Familien-Häuser, ausgeführte, f. die arbeitenden Klassen. Mit Zeichnungen u. erläut. Text. 1. Hft. A. u. d. T.: Das Muster-Haus f. Arbeiter-Familien. Im J. 1851 zu der grossen Ausstellung in London erbaut v. Henry Roberts. A. d. Engl. übers. v. C. F. Busse. hoch 4. (VIII u. 48 S. m. eingedr. Holzschn. u. 12 lith. Taf.) Potsdam 852, Riegel's Verl. n. 1 1/3 Thlr

Familienhäuser, ausgeführte, für die arbeitenden Klassen. Auf Veranlassung des Königl. Preuss. Hohen Landes-Occonomie-Collegiums herausg. von Friedr. Engel. 2. Heft. Mit 12 (lith.) Blatt Zeichnungen. Berlin 856. F. Riegel's Verlag. 4. (Mit 24 S. Text.) n. 1 Thlr

Familienhäuser-Anlage, die, des Wiener Cottage-Vereins in Währing-Döbling. gr. 8. (24 S. m. Abbildgn.) Wien 891. (A. Hölder.) n. 90

Familien-Haushaltungsbuch für 12 Monate. Praktische Buchhaltung für Hausfrauen. Hamburg 867. Grüning. 4. (14 S.) 7½ ngr

Schweizer Familienheim
① Wochenschrift zur Belehrung und Unterhaltung ⑤ 1906/1907—29. 12. 1923 ⑥ 2° (1906/1907—29. 12. 1917); 4° (5. 1. 1918—29. 12. 1923) ⑦ Wochenblatt (1906/1907—?, 1916—1928); wöchentlich 2× (?—1915) ⑧ Affoltern a. A.: J. Weiß ⑨ Medizinische naturwissenschaftliche Nachrichten (18. 3. 1922—29. 6. 1922; 4°; Wochenbeilage; Red.: Dr. O. Schär). Medizinisches Volksblatt (5. 8. 1922—29. 12. 1923: 4°; Wochenbeilage; Red.: Dr. Mich. Krauthammer; vorher selbständiges Organ) ⑩ J. Weiß ⑪ J. Weiß; Mitarbeiter: Nationalrat Dr. R. Schmid ⑫ freisinnig-demokratisch, seit 1920 unpolitisches Familienblatt ⑭ Be: L ⑮ Auch Beilage zum Anzeiger aus dem Bezirk Affoltern.

Familienheirath, oder der Rekruten-Aushub; Operette 8. Weimar 780. Hoffmann. 7 Gr.

Familien-Journal: 1876?—1886?
Weekly edition of SONNTAGS-JOURNAL. Edited by W. Regenspurger. Merged with SONNTAGSBLATT DER FREIEN PRESSE. Circulation: 1882, 4000.
Philadelphia, PA

Familien-Journal: 1880?—1898?
Monthly. Organ of the Ancient Order of United Workmen. Circulation: 1885, 1400; 1890, 1200; 1897, 800. Edited by Emil Geisler, & published by H. Pfabe, 1880—81; edited & published by H. Pfabe, 1882—98.
Davenport, IA

Familien Journal: Feb. 11, 1902—Dez. 11, 1917?
Bi-weekly. Issued as supplement to VOLKSBLATT DES WESTENS, and to NATIONAL FARMER. United with NATIONAL FARMER.
Winona, MN

Deutsches Illustrirtes Familien-Journal: Band 1, no. 1—24, Jan.—Dec. 1866?
Semi-monthly. Sub-title: Interessante und historische Novellen und Erzählungen mit Beigaben von Kunst-Blättern.
Philadelphia, PA

Familien-Journal, illustrirtes. Eine Wochenschrift für Unterhaltung und Belehrung. Red.: A. H. Payne. (1—10 Bd.) Jahrg. 1854—58. à 52 Nrn. (à 2 Bgn. m. Holzschn. im Text.) Leipzig, Payne. gr. 4. Jeder Bd. n. 26 ngr

Familien-Journal, illustrirtes. Eine Wochenschrift zur Unterhaltung u. Belehrung. Red.: A. H. Payne. (6—9. Jahrg. 1859—62. oder) 11—18. Bd. à 26 Nrn. (à 2 Bgn. mit Holzschn. u. Stahlst.) Leipzig, Payne. gr. 4. Jeder Bd. n. 26 ngr

— — (10. u. 11. Jahrg. 1863 u. 64. oder) 19—22. Bd. à 26 Nrn. (à 2 Bgn. m. Holzschn. im Text.) gr. 4. Ebend. Jeder Bd. n. 1 Thlr

Familien-Journal, illustrirtes. 12—15. Jahrg. 1865—1868 oder 23—30. Bd. à 26 Nrn. [Nr. 579—788.] (à 2 Bgn. m. Holzschn.) Leipzig, Payne. gr. 4. Jeder Jahrg. n. 2 Thlr
Fortsetzung s. Blatt, das neue.

Familien-Journal zur Unterhaltung u. Belehrung. Hrsg. v. der Burgheim Publishing Co. [Rud. Burgheim]. Mai 1892/93. 52 Nrn. (3 Bog.) Fol. Cincinnati, Rud. Burgheim. n. 8.

Familien-Journal zur Unterhaltung und Belehrung: no. 1—52, May 21, 1892—May 13, 1893?
Weekly. Sub-title: Officielles Organ des Nationalen Deutsch-Amerikanischen Lehrer-Bundes. Has monthly "Beilage" entitled: DEUTSCH-AMERIKANISCHE LEHRER-ZEITUNG. Large quarto, each issue 12—16 pages. Edited by Rudolf Burgheim, & published by Burgheim Publishing Co.
Cincinnati, OH

FAMILIENKABALE. (Zahmer Roman.) Von *C** W*** J*.* Berlin (o. Adresse) 1798. 8°. VIII—80 S.

Familienkalender: 1824? —1941? Scottdale, PA
... für das Jahr unseres Herrn ... Published by Mennonite Publishing House.

Familien-Kalender für 1857. Mit vielen Illustrationen aus der xilographischen Anstalt des Herausgebers. Wien. Druck von Karl Gerolds Sohn. Selbstverlag von R. v. Waldheim. (11 Bl. 107 S. 8.)

Familien-Kalender f. 1887. 2. Jahrg. Zürich, Schröter & Meyer. In-4°, 80 S. 1886. — 40

Familienkalender für 1900. Gr. 4°. 64 S. Zürich, Th. Schröter's Verlag. 1899. — 40

Familien-Kalender, allgemeiner, mit Jahrmarkts-Verzeichnis für die Prov. Schlesien, Posen, Ost- und Westpreußen und dem Reg.-Bez. Frankfurt a. O. Hrsg. von Max Heinzel. 1. und 2. Jahrg. 1888 und 1889. gr. 8. (à Jahrg. ca. 100 S. mit Illustr., Titelbild und Wandkalender.) Schweidnitz, Heege. à Jahrg. *

Familien-Kalender, allgemeiner. Mit dem Jahrmarkts-Verzeichniß f. Schlesien, Posen, Brandenburg, Pommern, Ost- u. Westpreußen. Hrsg. v. Max Heinzel. 1890—1893. 3.—6. Jahrg. gr. 8. (à Jahrg. ca. 100 S. m. Abbildgn., 1 Farbendr. u. Wandkalender.), Schweidnitz, Heege. à Jahrg. * — 50

Familien-Kalender, allgemeiner. Mit dem Jahrmarkts-Verzeichniß f. Schlesien, Posen, Brandenburg, Pommern, Ost- u. Westpreußen. Hrsg. v. Max Heinzel. 1895. 8. Jahrg. gr. 8. (124 S. m. Abbildgn., 1 Farbendr. u. 1 Wandkalender.) Schweidnitz, L. Heege. n. — 50

Familien-Kalender, allgemeiner. Mit d. Jahrmarkts-Verzeichniß f. Schlesien, Posen, Brandenburg, Pommern, Ost- u. Westpreußen. Hrsg. v. Max Heinzel. 1899. 12. Jahrg. gr. 8. (160 S. m. Abb., 1 Farbdr. u. 1 Wandkal.) Schweidnitz, L. Heege. n. — 50

Familien-Kalender, allgemeiner. Mit dem Jahrmarkts-Verzeichnis f. Schlesien, Posen, Brandenburg, Pommern, Ost- u. Westpreußen. Begründ. v. Max Heinzel. Hrsg. v. Philo vom Walde. 1903. 16. Jahrg. gr. 8. (152 S. m. Abbildgn., 1 Farbdr. u. Wandkalender.) Schweidnitz, L. Heege. n. — 50

Familien-Kalender, allgemeiner. Mit dem Jahrmarkts-Verzeichnis f. Schlesien, Posen, Brandenburg, Pommern, Ost- u. Westpreußen. Begründet v. Max Heinzel. Hrsg. v. Paul Keller. 1907. 20. Jahrg. (166 S. m. Abbildgn., 1 Farbdr. u. Wandkalender.) gr. 8. Schweidnitz, L. Heege. n. — 50

Familien-Kalender, allgemeiner. Mit dem Jahrmarkts-Verzeichnis f. Schlesien, Posen, Brandenburg, Pommern, Ost- u. Westpreußen. Begründet v. Max Heinzel. Hrsg. v. Rob. Sabel. 1911. 24. Jahrg. (174 S. m. Abbildgn., 1 Taf. u. Wandkalender.) gr. 8. Schweidnitz, L. Heege. 50

— Annaberg-Buchholzer, f. d. Obererzgebirge 1899. Lex.-8. (6, 73 u. 8. S. m. Bild.) Annaberg, Graser. n. — 50

— Annaberg-Buchholzer, f. das Obererzgebirge 1903. 4. (64 u. 8 S. m. Abbildgn., 1 Farbdr. u. Wandkalender.) Annaberg, Graser. n. — 40

— Annaberg-Buchholzer, f. das Obererzgebirge 1907. (72 S. m. Abb.) gr. 8. Annaberg, Graser. n. — 40

— Annaberg-Buchholzer, f. das Obererzgebirge, Fortsetzg., s.: Haus- u. Familien-Kalender, obererzgebirgischer.

—— des „Hunsrücker Boten" für die J. 1881—1885. 16. (à ca. 120 S. mit Illustr.) Simmern. (Leipzig, Schneider.) à Jahrg.

—— des „Hunsrücker Boten" für die J. 1886—1889. 16. (à Jahrg. ca. 120 S. mit Illustr.) Simmern. (Leipzig, Schneider.) à Jahrg.

Familienkalender, Bremer, für 1880—1885. hoch 4. (à Jahrg. ca. 75 S. mit 1 Chromolithogr. und 1 Wandkalender.) Bremen, Roussell. à Jahrg.

Familien- u. Haus-Kalender, bunter, f. d. J. 1888. Mit zahlreichen Textbildern u. 9 Kunstblättern in Farbendr. 4. (47 S.) Leipzig, Heßling. n. — 50

— christkatholischer. 1904. Illustriertes Jahrbuch zur Erbaug., Belehrg. u. Unterhaltg. (55 S. m. 1 Farbdr. u. Wandkalender.) gr. 4. M. Gladbach, J. Nixen. n. — 35

Familien-Kalender, christlicher, auf das Jahr 1855—58. Mit Holzschn. (im Text) verziert. Bremen, Heyse. 8. Jeder Jahrg. (à 48 S.) n. 3 ngr

Familien-Kalender, christlicher, für die J. unsers Herrn 1875—1880. gr. 8. (à 45 S. mit eingedr. Holzschn.) Cleveland, O. (Philadelphia, Schäfer und Koradi.) à Jahrg.

Christlicher Familien-Kalender: Nos. 1 2, 1884 1885
Organ of „Die Allgemeine Conferenz der Mennoniten von Nord-Amerika." Continued as Bundesbote-Kalender (Berne, Ind.) Editor: David Goerg Publisher: Christliche Central Buchhandlung
Halstead, KS

— christlicher, f. d. J. 1895. 2. Jahrg. Zugleich Jahrbuch f. d. Mitglieder des Allgemeinen Vereins d. christl. Familien. 4. (119 S. m. Bildern, 1 Farbendr. u. 1 Wandkalender.) Essen, Fredebeul & Koenen. n. — 50

— christlicher, f. d. J. 1899. 6. Jahrg. Zugl. Jahrbuch f. d. Mitglieder d. Allgem. Vereins d. christl. Familien. 4. (116 u. 16 S. m. Bildern, 1 Farbdr. u. 1 Wandkal.) Essen, Fredebeul & Koenen. n. — 50

— christlicher, f. d. J. 1903. 10. Jahrg. Zugleich Jahrbuch f. die Mitglieder des Allgemeinen Vereins der christl. Familien. 4. (120 u. 16 S. m. Abbildgn.) Essen, Fredebeul & Koenen. n. — 50

— christlicher, f. d. J. 1907. 14. Jahrg. Zugleich Jahrbuch f. die Mitglieder des Allgemeinen Vereins der christl. Familien. (118 u. 16 S. m. Abbildgn., 1 Farbdr. u. Wandkalender.) gr. 8. Essen, Fredebeul & Koenen. n. — 50

— christlicher, f. d. J. 1911. 18. Jahrg. Zugleich Jahrbuch f. die Mitglieder des allgem. Vereins der christl. Familien. (126 u. 16 S. m. Abbild., 1 Farbdr. u. Wandkalender.) gr. 8. Essen, Fredebeul & Koenen. n — 50

Christlicher Familienkalender, Spat in der Krim. Gegr. 1897. Für die Jahre 1897—1915, 1918—1920. Halbstadt, Braun 1896—1914; 1917—1919. Hrsg. und Verleger Abr. Kröker. Druck v. A. Schultze, Odessa, später Raduga, Halbstadt (Baptistisch). 1905, 1906, 1910 IfA

Familien-Kalender, christlicher, des internationalen Bibellesebundes. Hrsg. v. der christl. Traktatgesellschaft zu Kassel. (Buchausg.) (VI, 730 S.) 16. Kassel (J. G. Oncken Nachf.) Geb. 1.—; Blattausg. — 75

— christlicher, des internationalen Bibellesebundes. Ein Abreißkalender m. bibl. Betrachtgn. f. jeden Tag d. J. 1911. (IV S. u. 365 Bl.) kl. 8. Bonn, J. Schergens. — 75

Deutsch-Amerikanischer Familien-Kalender: 1880? , Cincinnati, OH
Octavo; illustrated. Published by M. & R. Burgheim.

—— deutscher, f. d. J. 1890—1893. Mit je 1 Chromobild. u. je 1 Wand-Almanach. 4. (à Jahrg. ca. 72 S. m. Textbildern.) Nebst e. Beilage. Dresd., Friese u. v. Puttkamer. à Jahrg. — 50

— deutscher, f. d. J. 1895. Mit 1 Chromobild u. 1 Wand-Almanach. 9. Jahrg. 4. (72 S. m. Abbildgn.) Nebst e. Beilage: „Du mußt lachen." 12. (32 S.) Dresden, Deutscher Volksbücher-Verl. — 50

— deutscher, f. d. J. 1898. M. Chromobild u. Wand-Almanach. 12. Jahrg. 4. (61 u. 7 S. m. Abb.) Dresden, M. Fischer. — 50

— deutscher, f. d. J. 1902. 16. Jahrg. 4. (64 u. 8 S. m. Abbildgn., 1 Farbdr. u. Wandkalender.) Dresden, H. Grünberg. — 50

— deutscher ill., s.a. Haus- u. Familien-Kalender, illustr.

— deutscher illustrirter. 11. Jahrg. 1889. 4. (72 S. m. eingedr. Illustr. u. 1 Chromolithogr.) Berlin, Hentze. n. — 50

—— deutscher, der deutschen Reichsfechtschule 1892 u. 1893. gr. 8. (à Jahrg. 108 S. m. Abbildgn. u. 1 Farbendr.) Magdeb., E. Baensch jun. à Jahrg. — 50

— deutscher, der deutschen Reichsfechtschule 1894. gr. 8. (106 S. m. Abbildgn. u. 1 Farbendr.) Magdeburg, E. Baensch jun. — 50

Eberstein'scher Familien-Kalender, enthaltend die Geburtstage der Ende d. J. 1884 lebenden Mitglieder des freifränkischen Geschlechts Eberstein vom Eberstein auf der Rhön. fol.

— Elsaß-Lothringischer. 2. Jahrg. 1895. Hrsg. vom protestantisch-liberalen Verein v. Elsaß-Lothringen. 4. (85 S. m. Abbildgn.) Straßburg, J. H. E. Heitz. n.n. — 25

— elsaß-lothringischer. 6. Jahrg. 1899. Hrsg. vom protestant. liberalen Verein von Elsaß-Lothringen. 4. (78 S. m. Abb.) Straßburg, J. H. E. Heitz. n.n. — 24

— elsaß-lothringischer. 8. Jahrg. 1901. Hrsg. vom protestantisch-liberalen Verein v. Elsaß-Lothringen. 4. (87 S. m. Abbildgn.) Straßburg, J. H. E. Heitz. n.n. — 24

Der Evangelische Familien Kalender: 1896? ? Harrisburg, PA

Familienkalender — evangel. — für das Jahr 1858. Des evangelischen Volkskalenders 5ter Jahrg. Redigirt von Theodor Ritz. Wien. Druck und in Kommission bei Karl Gerolds Sohn. (8 Bl. 112 S. 8.)

Friedrich Gerhard's Familien Kalender: 1870? ? New York, NY
Published by Friedrich Gerhard.

Friedrich Gerhard's Deutsch-Amerikanischer Familien Kalender: 1867 ? New York, NY

Friedrich Gerhard's Illustrierter Familien Kalender: No. 1, 1869 ? New York, NY

Hamburger Familien-Kalender: 18/6? 1887?
Sub-title: Ein nützliches und interessantes Hand-Buch. Cover title (1887): Dr. August König's Hamburger Familien-Kalender. Published by Charles A. Vogeler Co.
Baltimore, MD

—— hannoverscher, für Stadt und Land. 1875—1880. gr. 4. (à 80 S.) Hannover, (Helwing'sche Sortimentsb.) à Jahrg. *

—— Hannoverscher, für Stadt und Land. 6.—8. Jahrg. 1881—1883. 4. (à Jahrg. ca. 80 S.) Hannover, Helwing'sche Sortimentsb. à Jahrg. *

—— dass. — 9. und 10. Jahrg. 1884 und 1885. Redact: G. Spieker. 4. (77; 76 S. mit eingedr. Illustr.) Hannover, Lindemann. à Jahrg.

—— hannoverscher, für Stadt und Land. 11. Jahrg. 1886. Redact.: G. Spieker. 4. (76 S. mit Illustr., 1 Chromolithogr. und 1 Wandkalender.) Hannover, Lindemann.

Familien-Kalender, hannoverscher, für Stadt und Land. 12. Jahrg. 1887. 4. (77 S. mit eingedr. Illustr., 1 Chromolithogr. und 1 Wandkalender.) Hannover, Lindemann.
Nicht weiter erschienen.

Familienkalender für Haus u. Geschäft, für Haushalt u. Küche, s. Familienkalender für Haushalt u. Küche, für Haus u. Geschäft

—— für Haushalt und Küche, für Haus und Geschäft. Hrsg. von der Redact. des Schweizer. Familien-Wochenblattes. 1.—3. Jahrg. 1886—1888. 4. (57; 69; 74 S. mit Illustr.) Zürich, Schröter und Meyer. à Jahrg. *

—— dass. — 4. Jahrg. 1889. 4. (70 S. mit Bildern.) Ebendas. *

—— für Haushalt u. Küche, für Haus u. Geschäft. 5.—8. Jahrg. 1889—1893. 4. (à Jahrg. 64 S. m. Holzschn.) Zür., Schröter. à Jahrg. * — 40

für Haushalt u. Küche, f. Haus u. Geschäft. 9. Jahrg. 1894. 4. (62 S. m. Bildern.) Zürich, Th. Schröter. n. — 40

Familien-Kalender für Haus u. Geschäft, für Haushalt u. Küche. 12. Jahrg. 1897. Mit Abb. In-4°. 72 S. Zürich, Th. Schröter. 1896. — 40

Familien-Kalender f. Haushalt u. Küche, f. Haus u. Geschäft. 13. Jg. 1898. In-4°. 70 S. m. Abb. Zürich, Th. Schröter. 1897. — 50

— für Haushalt u. Küche, f. Haus u. Geschäft. 14. Jahrg. 1899. 4. (72 S. m. Abb.) Zürich, Th. Schröter. — 40

Familien-Kalender für Haushalt u. Küche, für Haus u. Geschäft. 15. Jahrg. 1900. 4°. 69 S. mit 50 Abbildgn. Zürich. Th. Schröter. 1899. — 50

Familien-Kalender f. Haushalt u. Küche, f. Haus u. Geschäft. 16. Jahrg. 1901. 4°. 68 S. m. 50 Abbildgn. Zürich, Th. Schröter. 1900. — 40

Familienkalender. Familien-Kalender für Haushalt & Küche. für Haus und Geschäft. Jahrg. 17. 1902. Mit ca. 40 Illustrationen. IV + 80 S. 4. Zürich, Th. Schröter.

Familien-Kalender für Haushalt und Küche. für Haus und Geschäft. Hrg. von der Redaction des Schweizer. Familien-Wochenblatt. Jahrg. 18. 1903. [Illustriert.] IV + 80 S. 4. Zürich, Th. Schröter. [fr. —. 40]

Familien-Kalender für Haushalt & Küche. für Haus und Geschäft. Hrg. von der Redaction des Schweizer. Familien-Wochenblatt. Jahrg. 19. 1904. [Illustriert.] IV + 80 S. 4. Zürich, Th. Schröter. [fr. —. 40]

Familien-Kalender für Haushalt & Küche. für Haus und Geschäft. Hrg. von der Redaction des Schweizer. Familien-Wochenblatt. Jahrg. 20. 1905. [Illustriert.] IV + 80 S. 4. Zürich, Th. Schröter. [fr. —. 40]

Familien-Kalender für Haushalt & Küche. für Haus und Geschäft. Hrg. von Th[eodor] Schröter. Jahrg. 21. 1906. [Illustriert.] IV + 80 S. 4. Zürich, Th. Schröter. [fr. —. 40]

Familien-Kalender für Haushalt & Küche. für Haus und Geschäft. Herausgeber Th[eodor] Schröter in Zürich. Jahrg. 22. 1907. [Illustriert.] IV + 72 S. 4. Zürich, Th. Schröter. [fr. —. 40]

Familien-Kalender für Haushalt & Küche. für Haus und Geschäft. Jahrg. 23. 1908. [Illustriert.] IV + 72 S. 4. Zürich, Th. Schröter. [fr. —. 40]

Familien-Kalender für Haushalt & Küche. für Haus und Geschäft. Hrg. von Adolf Bürdeke. Jahrg. 24. 1909. [Illustriert.] IV + 72 S. 4. Zürich, Th. Schröter's Verlag (Adolf Bürdeke). fr. —. 40

Familienkalender. (*Jahrg. 26:* Schweizerischer) F'-K' für Haushalt & Küche. für Haus und Geschäft. ... [Illustriert.] IV + 72 S. 4.
Jahrg. 25. 1910. Hrg. von Adolf Bürdeke, Zürich ... (Th. Schröters Verlag). fr. —. 60
Jahrg. 26. 1911. Hrg. von A' B', Buchh., Zürich .... fr. —. 40

Familien-Kalender für Haus- und Landwirthschaft, zur Unterhaltung und Belehrung. 1890. 14. Jahrg. 8. (96 S.) Wien: Dittmarsch 1889. —. 40

Familien-Kalender der Familie Herbig. *Berlin 1899: (A. Sayffaerth).* (63 S.) 8° [Z.]

—— illustrirter. 1857. gr. 4. (73 S. mit eingedr. Holzschn.) Leipzig 856, Payne. excl. Stempel *

Familien-Kalender, illustrirter. 2—6. Jahrg. 1858—62. gr. 4. Leipzig, Payne. [2. und 3. Jahrg. à 68 S. mit eingedr. Holzschn., 4—6. à 64 S. mit eingedr. Holzschn. und 1 Stahlst.) à Jahrg. Thlr. *
1. Jahrg. 1857. Ebendas. * 5 Ngr.

—— illustrirter. 7.—12. Jahrg. 1863—68. gr. 4. (à Jahrg 64 S. mit eingedr. Holzschn. und 1 in Stahl gest. Kunstbeilage.) Leipzig, Payne. à Jahrg. *

Familien-Kalender, illustrirter. 13.—18. Jahrg. 1869—1874. Mit einer in Stahl gest. Kunstbeilage. gr. 4. (à Jahrg. 64—76 S. mit eingedr. Holzschn.) Leipzig, Payne. à Jahrg. *

—— illustrirter, 1875—1880. 19.—24. Jahrg. 4. (à ca. 64—76 S. mit eingedr. Holzschn. u. s. w.) Leipzig, Payne. à Jahrg.

—— illustrirter. 25.—29. Jahrg. 1881—1885. 4. (à Jahrg. ca. 70 S. mit eingedr. Holzschn. rc.) Reudnitz-Leipzig, Payne. à Jahrg. *

—— illustrirter. 30. Jahrg. 1886. 4. (78 S. mit eingedr. Holzschn. und 3 Taf. rc.) Reudnitz-Leipzig, Payne. *
Fortsetzung, s. Payne's illustr. Familienkalender.

Illustrierter Familien-Kalender: 1880 1923?
Title varies: Der Hausfreund. Illustrierter Familien-Kalender. Edited by F. X. Schufferli, editor of Buffalo Volksfreund. Very successful. Copied often. Circulation: 70.000. The real "Kalendermann" was the Jesuit Hillig, later Professor at Tokyo University.
Buffalo, NY

— illustrierter. 1899. Hrsg. v. Herm. Faulhaber. 4. (53 u. 7 S. m. 1 Wandkal.) Schw. Hall, Buchh. f. Innere Mission. — 20

— illustrierter. 1902. 4. (48 u. 16 S. m. Wandkalender.) Stuttgart, C. Weber & Co. — 20

— illustrirter, f. d. J. 1903. 4. (46 S. m. 1 Farbdr. u. Wandkalender.) Altona. (Hamburg, H. Carly.) — 30
Vergl.: Volkskalender, illustrirter.

— illustrierter. 1904. (44 u. 24 S. m. Wandkalender.) 4. Stuttgart, C. Weber & Co. — 20
Fortsetz., s.: Haus- u. Familien-Kalender, illustr., bezw. Volks-Kalender, illustr.

Illustrierter Familien-Kalender: 1902? 1916?
Published by the office of the Leavenworth Tribune. Title varies: Tribune Kalender, 1902 09.
Leavenworth, KS

(F) Illustrierter Familienkalender für das Jahr 1911. Gr.-8°. Wien: Hassenberger & Co. K —. 60

— illustr. bayerischer. 1908. gr. 4. (120 S. m. 6 Taf. u. Wandkalender.) Leipzig, A H. Payne. n.n. — 50

— illustrierter bayerischer, 1907. (108 S. m. Taf., Portemonnaie- u. Wandkalender.) gr. 8. Leipzig, A. H. Payne. n. — 50

— illustrierter bayerischer, 1911. (120 u. XVIII S. m. 5 Taf., Portemonnaie- u. Wandkalender.) gr. 8. Leipzig, A. H. Payne. — 50

—— illustrirter, s. a. Boten, des Lahrer hinkenden, illustr. Familienkalender.

Familien-Kalender, illustrirter, des Lahrer hinkenden Boten, für Mähren und Schlesien auf das Jahr 1869. 69. Jahrg. 4. (73 S.) Troppau, Buchholz & Diebel. 30 kr.

—— illustrirter, des Lahrer hinkenden Boten auf die J. 1871—1875. 16. (à Jahrg. 200—260 S. mit eingedr. Holzschn., theilweis mit 1 Karte in Holzschn. in gr. 8. und chromolithogr. Taf.) Lahr, Geiger. — Straßburg, Schauenburg. à Jahrg. *

—— illustrirter, des Lahrer hinkenden Boten auf die J. 1876—1880. 16. (à ca. 176—192 S. mit eingedr. Holzschn.) Lahr, Schauenburg. à Jahrg. *

—— illustrirter, des Lahrer hinkenden Boten auf die J. 1881—1885. 16. (à Jahrg. ca. 200 S. mit eingedr. Holzschn.) Lahr, Schauenburg. à Jahrg. * 50 Pf.; cart. *

— illustrierter, d. Lahrer hinkenden Boten auf d. J. 1887. 16. (232 S.) Lahr, Schauenburg. n. — 50

—— illustrierter, des Lahrer hinkenden Boten auf d. J. 1890—1893. 16. (à Jahrg. ca. 225 S. mit farbigen Wandkalender.) Lahr, Schauenburg. à Jahrg. — 50

— illustr., des Lahrer hinkenden Boten auf das J. 1895. 16. (226 u. 12 S. m. farb. Wandkalender.) Lahr, M. Schauenburg. — 50

— illustrierter, d. Lahrer hink. Boten auf d. J. 1899. 16. (256 u. 15 S. m. Wandkal.) Lahr, M. Schauenburg. — 50

Illustrierter Deutsch-Amerikanischer Familien-Kalender: no. 1, 1872—?
Title varies: S. ZICKEL'S ILLUSTRIRTER FAMILIEN-KALENDER. Edited & published by Solomon Zickel.
New York, NY

— illustrirter deutscher, auf das J. 1869. Mit 1 Titelbilde (in Holzschn.). Leipzig, Minde. 4. (48 S. m. Holzschn.) n. 4 ngr.

Illustrierter Dortmunder Familien-Kalender 1897. [Mehr nicht erschienen.] *Dortmund: R. Keßler (1897).* (52 S.) 8° [Umschlagt. F.]

Familien- u. Gewerbe-Kalender, illustrirter, f. Bäcker, Müller, Conditore, Lebzelter; — für Bau-Unternehmer, Maurer, Zimmerer; — für Brauer, Branntweinbrenner; — für Buchbinder, Cartonnagenmacher; — für Friseure, Raseure, Perrückenmacher, Parfümeure; — für Glaser, Anstreicher, Maler; — für Herrenschneider, Damenschneider, Confectionäre, Modisten; — für Hôteliers, Restaurateurs, Cafétiers; — für Hutmacher, Kürschner; — für Metallarbeiter, Schlosser, Schmiede; — für Schuhmacher, Gerber, Lederhändler; — für Tapeziere, Decorateure, Riemer, Sattler; — für Tischler, Drechsler, Binder; — für Uhrmacher, Gold- und Silberarbeiter, Mechaniker; — für Viehhändler, Fleischer und Selcher — und verwandte Berufszweige; für 1889. [14 verschiedene Kalender.] gr. 8. (à 160 S.) Wien, Vorsodi's Verlag. à 1. —

—— illustrirter humoristischer, für 1867. 1. Jahrg. 8. (XXVI und 126 S. mit eingedr. Holzschn.) Wien, Markgraf und Müller. *

—— illustrirter jüdischer, für die J. 5638—5640 n. E. d. W. 1878—1880. 1.—3. Jahrg. 12. (à Jahrg. ca. 112 S.) Halberstadt, Fischer's Buchh. cart. à Jahrg. *

—— dass. — für die J. 5642—5644 n. E. d. W. 1881/82, 1882/83, 1883/84. 4.—6. Jahrg. Hrsg. von Jul. Meyer. 12. (à Jahrg. ca. 160 S. mit Holzschn.) Halberstadt, Meyer. cart. à Jahrg. *

—— illustrirter jüdischer, für die J. 5645—5648 n. E. d. W. 1884/85, 1885/86, 1886/87, 1887/88. 7.—10. Jahrg. Hrsg. von Jul. Meyer. 12. (à Jahrg. ca. 130 S.) Halberstadt, Meyer. à Jahrg. *

— illustrierter jüdischer, f. d. J. 5669 (1908—1909). (152 S.) gr. 8. Leizig, Modernes Verlagsbureau. 1. —
Erscheint nicht mehr.

(F) Illustrierter kleiner Familienkalender für das Jahr 1907. Gr.-8°. (111 S.) K —.60

(F) Illustrierter kleiner Familienkalender. 1910. Gr.-8°. (112 S.) K —.60

— illustrierter kleiner, f. d. J. 1911. 9. Jahrg. Red. v. Eduard Hassenberger. (112 S.) gr. 8. Wien, E. Hassenberger & Co. — 60

—— illustrirter Luxemburger, auf d. J. 1890—93. 5.—8. Jahrg. Mit Holzschn. 12. (à Jahrg. ca. 175 S.) Luxemb., Bück. à Jahrg. * — 80

Illustrierter Familien-Kalender für Neuvorpommern und Rügen. [1.] 1903. Stralsund: Stralsunder Tagebl. [1902.] 8° [F.]

— illustrirter österreichischer, für die Jahre 1859—61 1.—3. Jahrg. Wien, Wenedikt. gr. 4. Jeder Jahrg. (à ca. 200 S.) 1 ₰

Familien-Kalender, illustr. österr.-ung., für 1882. 4. (120 S.) geh. 45 kr. Neutitschein: Enders 1881.

Familien-Kalender, Illustrirter österreichisch-ungarischer, für das Jahr 1883. Mit einem Titelbilde. 4. (128 S.) cart. 45 kr.
Neutitschein: Enders 1882.

Familien-Kalender, Illustrirter österreichisch-ungarischer, für 1891. XII. Jahrg. Mit einem Titelbilde. 4. (132 S.) Geb. —.45
Neutitschein: Enders 1890.

Familien-Kalender, Illustrirter österreichisch-ungarischer, für das Schaltjahr 1892. Mit einem Titelbilde. XIII. Jahrgang. Kl.-4. (128 S.) Cart. Neutitschein: Enders 1891. —.45

— illustrierter Plattlinger, f. d. J. 1903. gr. 4. (80 u. XVIII S. m. 1 Farbdr. u. Taschenkalender.) Plattling. (Augsburg, H. Mühlberger.) n. — 40

— illustrierter sächsischer, auf das J. 1904. (59 S. m. Wandkalender.) 4. Dresden, C. L. Ungelenk. — 25
Erscheint nicht mehr.

Illustrierter Schlesischer Familien-Kalender. [1.] Auf d. J. 1903. Breslau: G. Kauffmann 1903. 8° [F.]

— illustrierter schlesischer, auf das J. 1907. (68 S. m. Wandkalender.) gr. 8. Breslau, Ev. Buchh. n. — 25

— illustrierter schlesischer, auf d. J. 1911. (64 S. m. Wandkalender.) gr. 8. Breslau, Ev. Buchh. n — 25

—— illustrirter, des allgemeinen Sonntags-Anzeigers f. d. J. 1891—1893. gr. 8. (à Jahrg. ca. 150 S.) Heilbr., O. Weber. 1891 — 40; 1892 u. 1893 à * — 20

— illustrierter, f. Stadt u. Land auf d. J. 1907. (86 S.) gr. 8. Heilbronn, O. Weber. n. — 20

— illustrierter, f. Stadt u. Land auf d. J. 1911. (96 S.) gr. 8. Heilbronn, O. Weber. — 20

— illustr. (Sternberger), u. Adreßbuch d. polit. Bezirke Sternberg u. Römerstadt, nebst e. Theiles d. Gerichtsbez. Mährisch-Neustadt f. d. J. 1898. 4. Jahrg. Lex.-8. (144 u. 80 S. m. Abb. u. 2 Taf.) Sternberg (Mähr.), F. Pialek's Söhne. Kart. n. — 80

— illustrierter Stuttgarter, f. d. J. 1900. 4. (64 u. 10 S. m. 1 Wandkalender.) Stuttgart, Buchh. f. Innere Mission. —20

Familien-Kalender, illustrierter Stuttgarter. 1906. (48 u. 8 S. m. Wandkalender.) 8. Stuttgart, C. Weber & Co. —10

— illustrierter Stuttgarter, 1911. (64 S. m. Abbildgn.) gr. 8. Stuttgart, K. Daser. —20

— illustr., f. Stadt u. Land Weimar 1898. 4. (52 u. 10 S. m. 1 Wandkal.) Weimar, J. Sernau. n. —25

— der katholische, für das Jahr 1854 vom Verfasser der „Andachtsstunde" den katholischen Familienkreisen zur moralisch-religiösen Belehrung und Unterhaltung von Jung und Alt gewidmet. 1. Jahrg. Mit dem (lith.) Portr. des Erzbischofs von Wien: Othmar Ritter von Rauscher. Wien, Dirnböck. gr. 8. (2 Bl., XLVIII, 112 S.) n. 10 ngl

— Leipziger, f. 1899. 4. (78 u. 8 S. m. Abb., 1 Farbdr., Wand- u. Portemonnaie-Kal.) Leipzig, A. Stein. —50

Dr. J. H. McLean's Familien-Kalender: 1878? -? St.Louis, MO
Published by Dr. J. H. McLean and printed by A. Wiebusch & Son, printers.

Mennonitischer Familien-Kalender: Jahrgang 1—71, 1870—1940.
Annual. Organ of The Mennonite Church. Published in English and German editions. Title varies: FAMILIEN-KALENDER. Place of publication varies: Scottdale, 1908—40. Edited by Lawrence J. Ibach, 1870—?; by J. Horsch.
Published by Mennonitische Buchdruckerei von John F. Funk & Bruder, 1870—1908; by Mennonite Publishing House, Scottdale, Pa., 1908—40.
Elkhart, IN

Familien-Kalender, neuer Großenhainer, für 1865 und 1866. (à Jahrg. 32 S.) Großenhain, Schmidt. à Jahrg. * größere Ausg. (à Jahrg. 52 S. mit 1 Holzschntaf. in qu Fol.) à Jahrg. *

—— neuer illustrirter, 1879—1885. 1.—7. Jahrg. 4. (à Jahrg. 72 S. mit eingedr. Illustr. und 1 Chromolithogr.) Berlin, Teßmer. à Jahrg. *

—— neuer illustrirter. 1886—1888. 8.—10. Jahrg. 4. (à Jahrg. 72 S. mit eingedr. Illustr. und 1 Chromolithogr.) Berlin, Rob. Teßmer. à Jahrg. *
Die Fortsetzung u. d. T.:
Familienkalender, Deutscher illustrirter

(Neuer Illustrierter) Familien-Kalender (für das westfälisch-rheinische Industriegebiet). Jg. [1.] Dortmund: Westdeutsche Verlagsanst. [1909]. 8°

—— neuer österreichisch-ungarischer, für das J. 1888. Mit Orig.-Beiträgen von Rud. Baumbach, V. Chiavacci, Rob. Hamerling ꝛc. 4. (125 S. mit zahlreichen Illustr.) Teschen, Prochaska. ** 90 Pf.; cart. *

—— neuer österreichisch-ungarischer, f. d. J. 1890—1892. 3.—5. Jahrg. Lex.-8. (à Jahrg. 168 S. m. Illustr.) Teschen, Prochaska. à Jahrg. * 1 —; cart. * 1 30

Familienkalender, Neuer österr.-ungar., f. d. J. 1893. 6. Jahrg. Mit Erzählungen, Humoresken und belehrenden Aufsätzen von hervorragenden Schriftstellern, mit einem vielseitigen Auskunfts-Kalender und zahlreichen, künstlerisch ausgeführten Illustrationen. 4. (186 S.) —.50, cart. —.65

— neuer weimarischer, auf d. J. 1897. 3. Jahrg. 4. (62 u. 7 S. m. Abb., 1 Farbdr. u. Wandkal.) Weimar, L. Thelemann. —50

Familien-Kalender, Neuer Wiener für 1891. Mit Erzählungen, Humoresken und belehrenden Aufsätzen von hervorragenden Schriftstellern, mit einem vielseitigen Auskunftskalender und zahlreichen künstlerisch ausgeführten Illustrationen. 4. Jahrg. Kl.-4. (138 S.) —.50, geb. —.65

— norddeutscher. 1904. Illustr. Jahrbuch zur Unterhaltg. u. Belehrg. (49 S. m. 1 Farbdr. u. Wandkalender.) gr. 4. M. Gladbach, A. Riren. n. —35

— nord-tiroler, f. d. J. 1907. (65 S. m. Abbildgn.) 8. Korneuburg, J. Kühkopf. —30
Erscheint nicht mehr.

Familien-Kalender, Nürnberger, f. d. J. 1899. gr. 4. (88 u. 24 S. m. Abb., 1 Farbdr., Wand- u. Portemonnaiekal.) Nürnberg, J. Ph. Raw's Verl. —30

— Nürnberger, f. d. J. 1900. gr. 4.) (65 S. m. Abbildgn., 1 Farbdr. u. Wandkalender.) Nürnberg, J. Ph. Raw's Verl. —30

— — für Oesterreich auf das Jahr 1869. 69. Jahrgang. 4. (73 S.) Wien, Martin. 1868. 30 kr.

Familienkalender, Oesterreichischer, für Stadt und Land auf das Jahr 1899. Illustrirtes Jahrbuch der Unterhaltung und Belehrung mit Tabellen, Jahrmarktverzeichnissen, Jahresrückschau und sämmtlichen kalendarischen Behelfen. 8. (XXXII, 176 S.) —.25, geb. —.35
Wien: Opitz 1898.

(F) Österreichischer Familien-Kalender für Stadt und Land auf das Jahr 1900. Illustrirtes Jahrbuch der Unterhaltung u. Belehrung mit Tabellen, Jahrmarktsverzeichnissen, Jahres-Rückschau und sämmtlichen kalendarischen Behelfen. Wien. Opitz. Gr.-8°. XXXVIII, 184 S. mit 1 Tafel. fl. —.25

(F) Oesterreichischer Familien-Kalender für Stadt und Land auf das Jahr 1901. Illustrirtes Jahrbuch der Unterhaltung u. Belehrung mit Tabellen, Jahrmarktverzeichnissen, Jahres-Rückschau und sämmtlichen kalendarischen Behelfen. IV. Jahrgang. Wien. Opitz. Gr.-8°. XL, 204 S. mit 1 Tafel K —.50

Österreichischer Familienkalender für Stadt und Land auf das Jahr 1904. 7. Jahrg. Gr.-8°. (ill. XL, 156 S.) K —.50
Wien: Opitz 1903.

(F) Österreichischer Familienkalender für Stadt und Land auf das Jahr 1905. 8. Jahrg. Gr.-8°. (ill. XL, 176 S.) K —.50
Wien: Opitz 1904.

— österreichischer, f. Stadt u. Land auf d. J. 1906. Illustrirtes Jahrbuch der Unterhaltg. u. Belehrg. m. Tabellen, Jahrmarktverzeichnissen, Jahres-Rückschau u. sämmtl. kalendar. Behelfen. 9. Jahrg. (XL, 142 S.) gr. 8. Wien, Buchh. Reichspost. n. —50; geb. n. —70

— österreichischer, f. Stadt u. Land auf d. J. 1911. 14. Jahrg. (XXXII, 146 S. m. Abbildgn. u. 1 Taf.) gr. 8. Wien, A. Opitz Nachf. —50

— österreichisch-ungarischer, s.a. Prochaska's Familien-Kalender.

—— österreichisch-ungarischer. 2. Jahrg. 1889. hoch 4. (144 S. mit Illustr.) Ebendas. * cart. *

Familienkalender, Prochaska's, für d. J. 1894 Mit Erzählungen, Anekdoten, Scherzen und einem Roman als Anfang, mit belehrenden Aufsätzen von hervorragenden Schriftstellern mit einem vielseitigen Auskunftskalender u. zahlreichen, künstlerisch ausgeführten Illustr. 4. (188 S.) —.50, cart. —.65
Teschen: Prochaska

Prochaska's Familien-Kalender für das Jahr 1899. Mit Erzählungen, Anekdoten und Scherzen, mit belehrenden Aufsätzen von hervorragenden Schriftstellern, einem vielseitigen Auskunfts-Kalender mit zahlreichen künstlerisch ausgeführten Illustrationen. Lex.-8. (177 S.) —.50, cart. —.65
Teschen: Prochaska 1898.

(F) **Prochaska's Familien-Kalender für das Jahr 1903.** 4°. (188 S.) Teschen: Prochaska 1902. kart. K 1.—

(F) **Prochaskas Familienkalender für das Jahr 1905.** Lex.-8°. (ill. 200 S.) Teschen: Prochaska 1904. K 1.—

Prochaskas Familienkalender für das Jahr 1907. Lex.-8°. (ill. 190 S.) kart. K 1.—

Prochaskas Familienkalender für das Jahr 1910. 23. Jahrg. Lex.-8°. (177 S.) kart. K 1.—
Teschen: Prochaska 1909.

(F) **Prochaskas Familienkalender für das Jahr 1911.** 24. Jahrg. Gr.-8°. (178 S.) geb. K :.
Teschen: Prochaska 1910.

Familien-Kalender für die Provinz Sachsen auf d. J. 1904. *Magdeburg: E. Holtermann [1903].* [Umschlagt. F.]

— für die Prov. Sachsen auf d. J. 1907. (63 S. m. Abbildgn., 1 Taf. u. Wandkalender.) gr. 8. Magdeburg, Ev. Buchh. — 30

Familienkalender. Schweizerischer F'-K' 1907. [Jahrg. 1.] Hrg. von den Redaktionen des Schweizerischen Familien-Wochenblattes und des Für's Schweizer Haus. [Illustriert.] IV + 80 [+8] S. 8. Zürich, Erhard Richter. fr. —.30

Familienkalender. Schweizerischer F'-K' 1908. [Jahrg. 2.] Hrg. von den Redaktionen des Schweizerischen Familien-Wochenblattes und des Für's Schweizer Haus. [Illustriert.] IV + 72 [+ 8] S. 8. Zürich, Erhard Richter. fr. —.30

Familienkalender. Schweizerischer F'-K' 1909. [Jahrg. 3.] Hrg. von den Redaktionen des Schweizerischen Familien-Wochenblattes und des Für's Schweizer Haus. [Illustriert.] IV + 82 [+ 6] S. 8. Zürich, Erhard Richter. fr. —.30

— schweizerischer, f. **Haushalt** & Küche, f. Haus u. Geschäft. Hrsg. v. Adf. Bürdeke. 26. Jahrg. 1911. (68 S. m. Abb.) Lex. 8. Zürich, A. Bürdeke. — 30

Früher u. d. T.: Familienkalender für Haushalt und Küche, für Haus u. Geschäft.

— süddeutscher. 1904. Illustriertes Jahrbuch zur Unterhaltg. u. Belehrg. (68 S. m. 1 Farbdr. u. Wandkalender.) gr. 4. M. Gladbach, J. Rixen. n. — 35

Uhle's Illustrierter Deutsch-Brasilianischer Familien-Kalender: Jahrgang 1, 1907–1941?
Annual yearbook and almanac. Cultural, historical, literary. Important source for immigration history. title varies: 1) Uhle's Kalender, 1917–1922; 2) Uhle's Jahrbuch (Uhle's Kalender), 1923–1924. Sub-title: 1) Jahrbuch für das Deutschtum in Brasilien, 1917–1920; 2) Deutsch-Brasilianisches Jahrbuch, 1921–1922; 3) Jahrbuch für Handel, Industrie, Landwirtschaft, Haus und Familie, 1925–1932. Place of publication varies. Starts in Rio de Janeiro. In 1942 text in Portuguese. Edited and published by A. Otto Uhle. Printed by Typographia Ernesto Schneider, 1905?–1914; Impressora Paranaense (Rio de Janeiro – Curityba), 1915–1918.
Sao Paulo

Vorpommerscher **Familienkalender** für 1903. Hrsg. von Julius Abel. (Greifswald): Greifsw. Zeitung [1902]. (XVI, 248 S.) 8° [F.]

— westdeutscher. 1904. Illustriertes Jahrbuch zur Unterhaltg. u. Belehrg. (49 S. m. 1 Farbdr. u. Wandkalender.) gr. 4. Ebd. n. — 35•

Familien-Kochbuch, neues, oder d. Kranken-Köchinn. Hauptsächlich für Krankenhäuser gewidmet. 12. Glarus 836. (St. Gallen, Scheitlin.) 1/3 ₰

Familienkrankheiten, üb., besonders d. scrophelartigen. Aus d. Französ. gr. 8. Leipz. 790. (Brockhaus). 1 ₰

Familienkreis
v. Allgemeiner Anzeiger am Zürichsee.

Im Familien-Kreise: Jahrgang 1–?, Jan.? 1878–1918?
Fortnightly. Sub-title: Belletristische Beilage zum ZEITGEIST. Ein Unterhaltungsblatt. Printed in two editions; according to Habercom: weekly, 4-page folio; and fortnightly, 20-page edition. Dated also at NYC, & Detroit, 1877–85. Edited by Dr. Max Dörflinger, 1877–82; published by W. W. Coleman, 1877–95; by The Herold Co., 1896–1905.
Milwaukee, WI

Im Familienkreise: Jahrgang 1–43, no. 29, Nov. 1889–July 27, 1918?
Sunday edition of HEROLD UND VOLKSFREUND. Sub-title: Sonntagsblatt des Herold und Volksfreund.
La Crosse

Familienleben, v. Fr. Rochlitz. 2 Thle. 8. Frankfurt, A. Hermann. (Mohr u. S. in Heidelberg.) 801 — 3.

Familienleben, ein. Ein Roman nach Thatsachen von Isidor v. M. Leipzig 857. Hübner. 16. (2 Bl., 179 S.) 20 ngr

Familienleben in Kopenhagen. Aus d. Dän. mitgetheilt von L. Kruse. 8. Leipzig 839. Kollmann. 1 1/3 ₰

Familienleben, ein moral. Unterhaltungsbuch für Mädchen von reiferm Alter. 2 Bdchn. 8. Halle, Waisenhaus-Buchhdl. 817.

Familien-Lexikon, illustrirtes, s. Haus- und Familien-Lexikon.

Familien- und Haus-Lexikon, illustrirtes, s. Haus- und Familien-Lexikon.

Familienlieder und häusliche Gelegenheitsdichtungen. Leipzig o. J. [1853]. V: *Löschke, Joh. Traugott.* (BAER 737/1750)

Familien-Magazin, illustrirtes, des Lahrer hinkenden Boten. Jahrg. 1869 u. 1870. à 12 Hefte (à 4 Bgn. m. Holzschn.). Lahr, Schauenburg. 4. Jedes Heft 3½ ngr.

Familien-Magazin, illustrirtes, d. Lahrer hinkenden Boten. Jahrg. 1871. 12 Hfte. (à 4 B. mit eingedr. Holzschn.) gr. 4. Lahr, Schauenburg. à Hft. — 35

Familien-Mal-Buch. 4. (64 S. m. z. Tl. farb. Abbildgn.) Weimar 894. A. Karror. 1.20

Familien-Monogramm-Album, enth. 276 Orig.-Kreuzstichmonogramme u. 276 Orig.-Plattstichmonogramme. Zusammengestellt aus dem in „Mode u. Haus" veröffentlichten Monogramm-Alphabet. qu. 4. (II, 42 S.) Berlin 893. [Deutsche Verlags-Gesellschaft.] J. H. Schwerin. 1.—; ermäss. Preis — 60
Ausg. f. Abonnenten d. Zeitschriften gleichen Verlages s.: Monogramm-Album.

Familienmord

Der | schreckliche fünffache | Familien-Mord | zu | Thalmasing | bei | Regensburg. | Wahre Begebenheit der neueren Zeit. | Druck und Verlag von C. Schulze u. Co. in Schmiedeberg | (Provinz Sachsen).
o. J., 8 S., 180 × 110.
LBO Bänkelsängerlit. III, 100.

Familien-Mutter, die, oder vertraul. Darstellung der Grundsätze, welche eine Mutter in der Erziehung ihrer Kinder leiten sollen. Aus d. Franz. übersetzt. gr. 12. Basel 836. Schneider. 1/3 ₰ — 2e Aufl. 12. Ebd. 839. 7 1/2 gr

Familien-Mutter, Die, oder vertrauliche Darstellung der Grundsätze, welche eine Mutter in der Erziehung ihrer Kinder leiten sollen. A. d. Engl. New York 1852. V: *Abott, John Stevens Cabot.* (KY)

Familien-Mutter, die, od. vertrauliche Darstellung d. Grundsätze, welche eine Mutter in der Erziehung ihrer Kinder leiten sollen (von John S. C. Abbott). Aus d. Engl. 8. (163 S. mit 1 Holzschn.) New-York 852. (Bremen, Heyse.) In Engl. Einb. n. n. 10½ ngl

Familien-Nachrichten. 9.—12. Tausend. 8. (24 S.) Neumünster i/H. 890. Brumby. n. — 30

Familien-Nachrichten. gr. 8. (50 S.) Bautzen (897). (Weller.) — 30; kart. — 50; geb. in Leinw. n. — 75 u. n.n. — 90; m. Goldschn. n.n. 1. — u. n.n. 1. 25

Bassermann'sche Familien-Nachrichten. Hrsg. von Ernst u. Kurt Bassermann. H. 1. Mannheim 1906: H. Haas. 4° [F.]

Familien-Nachrichten der Eheleute... (Nebst den wichtigsten Bestimmungen aus dem Civilstandsgesetz.) 8. (24 S.) Neumünster 882. Brumby. n. — 30

Von Gersdorff'schen Familien-Nachrichten. Mit 2 Abbildgn. Quedlinburg 1818. 8. — Breslau 1819. 8.

FAMILIENNACHRICHTEN, Mansteinische, in Erzählungen und Briefen. Aus d. Engl. 2 Thle. Leipzig, bey Joh. Friedr. Junius. 1784. 8°.
Tit., 1 Bl. Vorr., 210 u. 229 Seiten. — Zahm.

• Familiennachrichten aus d. Stammarchive zu Hauerwalde, s.a. Christiani, D. C.

— — aus dem Stammarchive zu Hauerwald. Weißenfels und Leipzig, 1802. 8°. Rarl
Gmähle's Leihbibl.-Cat., München, Nr. 4730.

Familiennachrichten aus dem Stammarchive zu Hauerwalde, gesammelt u. herausg. v. D. C. Christiani. 8. Weißenfels, Böse. 802.

Von deutschen Familiennamen und Namenbüchlein. Ein Vortrag ... Erfurt 1871. 8. . . . . (D.)

Familienneckereien; Lustspiel in vier Akten. Königsberg 1808. V: *Nicolay, Ludwig Heinrich von.* (Ky)

Familienneckereyen. Lustsp. in 4 Akt. 8. Königsb. Nicolovius. 808.

Familienneckereien; Lstspl. in 4 A. (v. L. H. v. Nicolay). 8. Königsb. 808. (E. Schumann in Leipz.) 16 gl. Hbg. Pr. 12 gl.

Familienpapiere, die, od. d. Gefahren d. Umgangs, von A. Lafontaine. 2 Thle. 8. Berlin, Sander. 806. (I. 2 Rthlr. II. 1 Rthlr. 20 gr.)
Velinpap.

Familienpapiere, ein Roman und keiner von J. Rud. Sulzer. 16 Bändchen. 8. Winterthur. Steiner. 817.

Familienpolitik; e. engl. Origin.-Lstspl., s. H. Pierre, progressive engl. lectures etc., im 4n Theile.

Der Familienprozeß. Ein Schauspiel in 3 Aufzügen. Aus dem Französischen übers. v. M. A. Ph—. Altona. 1782. 8°

Familienprozeß, der; Schspl., aus dem Franzöf. 8. Altona 782. Hollmann. 5 gl.

Familien-Receptbuch, d. neue Londoner, oder auserles. Samml. d. nützlichsten Haushaltungsvorschriften für alle Stände. Nach d. Engl. bearb. von H. Robbi. Mit e. Anh. über d. Getreidegruben, v. C. F. W. Berg. gr. 8. Pesth 822. Hartleben. 2 ℔

Familien-Receptbuch, ökonomisch-technisches Londoner, oder ausgewählte Sammlung nützl. Rathschläge u. Vorschriften für Freunde industriöser Thätigkeit. Neu bearb. u. verm. v. Hnr. Wiese. 3e Aufl. Lex.-8. Pesth 838. Hartleben. (Leipzig, Frohberger.) 1¼ ℔

Familienrecht, das, nach den Bestimmgn. des bürgerl. Gesetzbuches, s.a. Bibliothek der Gesamtlitteratur.

Das Familienrecht. Nach d. Bestimmungen d. Bürgerl. Gesetzb. gemeinverst. dargest. von e. prakt. Juristen. Mit d. Wortlaute d. behandelten §§ des BGB. *Halle a. d. S.: O. Hendel (1899).* (78 S.) 8° [A.]
= Bibliothek d. Gesamtlitteratur d. In- u. Auslandes No 1288.

Familien-Register und Stammtafel des Michel Isaac Binge und seiner Nachkommen. Mit Portr. Frankfurt 1864. 4. Nicht im Handel.

Familien-Revue. Romane, Novellen, Erzählungen rc. (Deutsch und französisch.) 1. und 2. Jahrg. 1883 und 1884. à Jahrg. 52 Nrn. (à Nr. 1½ Bog.) gr. 4. Colmar, Jung und Comp. Nicht weiter erschienen. à Jahrg. **

Familien-Sammlungen, Die gräflich Giech'schen, in Thurnau. München 1861. V: *Lochner, Georg Wolfgang Karl.* (BMarsch 752)

Familienscenen. Von der Verfasserin der Familie Walberg. Berlin 1799. V: *Gersdorf, Charl. Elise Wilhelmine.* (EB) (Südd. Antiqu. 62, 32.)

—vom Verf. der Familie v. Walberg. 8. Berl. 799. Fd. Oehmigke. 1 ℔ 4 gl

Familienscenen vom Verfasser der Augusta du Port. Halberstadt 1800. V: *Hildebrandt, Joh. Andreas Christoph.* (MGT) (GGr) (Ky)

—vom Verf. der Augusta du Port (J. A. C. Hildebrandt), enthalt. Benjamin Reinhold in 2 Bden. 8. Halberst. 800. Groß. 2 ℔ 1811 unt. d. T.: häusl. Scenen. Ebd. 2 ℔

Familienscenen d. Grafen v. Ortenburg, s.a. Justus Graf v. Ortenburg 5r Thl.

Familienscenen des Grafen von Ortenburg ... Leipzig 1797. V: *Claudius, Georg Carl.* (Ky)

Familienscenen des Grafen v. Ortenburg; e. Nachtr. zu Justus Gr. v. Ortenburg, (von G. K. Claudius). 8. Leipz. 797. (Cnobloch). 12 gl Auch u. d. T.: Justus, Graf v. Ortenburg, 5r Thl.

Familien-Scenen im Zimmer, sammt Küche u. Stall, ein Spiel für d. Jugend zur Unterhaltung u. zur Bildung d. guten Geschmacks. Mit 57 ausgeschnitt. u. ill. Figuren u. deutscher u. franzöf. Erklär. Wien 824. Müller. In Etui 2 ℔

Deutscher Familien-Schatz: 1876–? New York, NY
Bi-weekly. Published by International News.

Familienschatz, der evangelische. [Aus: „Hausfreund 1892, 94 u. 95."] gr. 8. (II, 140 S., S. 33—136 u. 33 – 128 m. 81 Abb.) Wien. [C. Stock.] Evang. Verl. Kart. n. 3.—

Familien- und Hausschatz, goldener, s. Haus- und Familienschatz.

Illustrierter Familien Schatz: Band 1—15, 1875—1890?
Literary bi-weekly. Sub-title: Ein Unterhaltungsblatt für den häuslichen Kreis; 2) Ein Universum für die deutsche Familie. Title varies: 1) DEUTSCHER FAMILIEN-SCHATZ, 1875–85; 2) DEUTSCH-AMERIKANISCHER FAMILIEN-SCHATZ, 1885–87. Large quarto, each issue 52–64 pages; paged continuously; contains no advertising. Publishing by Verlagshandlung des "Familien-Schatz." Agent: The International News Co., formerly Willmer & Rogers.
1881–90.
New York, NY

Weichert's Illustrirter Familienschatz. 30. Band. Inh.: Felix Lilla, Die Tochter des Henkers und andere Erzählungen. Mit drei Vollbildern. 8. (95 S.) Wien: Derflinger & Fischer 1898. —.15
— — 31. Band. Inh.: Ernst Kronberg, Kinderdank Roman. 8. (95 S.) Ebd. 1898 —.15

Weichert's Illustrirter Familienschatz. 32. Band. Inhalt: Alfred Friedmann, Die Erste nicht. Novellen. Paul Bliß, Aphrodite. Humoreske. 8. (93 S.) Ebd. 1898. —.15

Weichert's Illustrirter Familienschatz. 33. Band. Inhalt: Gustav Höcker, Schmuggler und Rothhäute. Roman. 8. (95 S.) Ebd. 1898. —.15

Weichert's Illustrirter Familienschatz. Band 46. Inh.: Fritz Brentano, Das Geheimniß des Forsthauses. Roman. 8. (88 S.) Ebd. 1898. —.15

Weichert's Illustrirter Familienschatz. Band 47. Inh.: C. Matthias, Komödianten-Liebe. Humoristische Erzählung. 8. (96 S.) Ebd. 1898. —.15

Weichert's Illustrirter Familienschatz. Band 48. Inh.: L. Herzog, Die Libelle. Novelle. Mit drei Vollbildern. 8. (100 S.) Ebd. 1898. —.15

— — Band 49. Inh.: L. Herzog, Die Theater-Prinzessin. Novelle. Mit drei Vollbildern. 8. (94 S.) Ebd. 1898. —.15

Weichert's Illustrirter Familienschatz. Band 50. Inh.: M. Flachs, In der Fremde. Erzählung. 8. (96 S.) Ebd. 1898. —.15

Familienschule, Die. Leipzig 1796. V: *Schütz, Christian Gottfried.* (Ky) (MGT)

Familien-Schutz: 1873?- 1874? Buffalo, NY
Weekly. Published by the Familien-Schutz Association.

Familien-Shakspeare. Eine zusammenhäng. Auswahl aus Shakspeare's Werken in deutscher metr. Uebertragung. Mit Einleitgn., erläut. Anmerkgn. u. e. Biographie d. Dichters v. O. L. B. Wolff. Ein Buch f. Schule u. Haus, namentl. f. die deutsche Frauenwelt u. die reifere Jugend. 5 Lfgn. Lex. 8. (VIII u. 610 S.) Leipzig 849, Jurany (jetzt: Kittler). (à 12 ngr) 2 rf

Familien-Sonntagsbeilage v. Werdenberger Nachrichten.

Familien-Spielbuch, illustrirtes allgemeines, s. Georgens, Jan. Dan., und Jeanne Marie v. Gayette-Georgens.

Familien-Spielbuch, neuestes. Leichtfaßl. Anleitung zur Erlernung der beliebtesten, interessantesten Brett-, Karten-, Hazard- und anderer Spiele. Nebst einer reichhalt. Sammlung ausgewählter Patiencen und einer Anleitung zum Kartenlegen. 8. (VI, 258 S. mit mehreren erläut. Illustr.) Reudnitz-Leipzig 885, Payne. geb. *

Familienspiele, zur Beförder. häusl. Freude u. Geselligkeit. 8. Frankf. 809. Gebhardt u. K. 12 K

Familien-Spiele aus dem im Besitz ... des Kronprinzen und der Kronprinzessin des deutschen Reiches und von Preussen befindlichen Spielschrein. Herausgegeben von dem Verein für deutsches Kunstgewerbe in Berlin Berlin 1886. Im Selbstverlag des Vereins für deutsches Kunstgewerbe ...
10 S., 1 Bl., 36 Taf gr 2°

Familien-Stammbuch, s.a. Stammbuch der Familie.

Familien-Stammbuch. (Stammbuch der Familie ...... zu .....) Zugleich ein Rathgeber im Verkehr mit dem Standesamt. 7. verb. Aufl. 10. und 11. Tausend. gr. 8. (40 S.) Magdeburg 888, Faber'sche Buchdr. geb. *M 1.—. und *
Die 1. Aufl. erschien 1876 u. d. T.: „Familienbuch" bei E. Baensch jun. in Magdeburg; die 2. und 3. Aufl. 1876,81 u. d. T.: „Familien-Gedenkbuch" in der Faber'schen Buchdruckerei daselbst.

Familien-Stammbuch. (Stammbuch der Familie ..... zu .....) Zugleich ein Ratgeber im Verkehr mit dem Standesamt. 10. verm. u. verb. Aufl. 17.—21. Tausend. Mit Verzeichn. d. gebräuchlichsten Vornamen. gr. 8. (68 S.) Magdeb. 890, Faber. geb. 1 50; m. Goldschn. 2 —; in gepr. Ldr. 3 — Ohne Vornamen-Verzeichnis geb. 1 —; geb. m. Goldschn. 1 50

— (Hrsg. v. Carl Heinr. Holst.) 4. (32 S.) Schleswig 896. F. Johannsen's Buchdr. Kart. n. — 50; geb. in Halbleinw. n. — 75; in Leinw. m. Goldschn. n. 1.25

— dasselbe. 12. (67 S.) Gotha (899). Thienemann's Hofbuchh. Geb. n. 1.20

Familien-Stammbuch. Zugl. e. Ratgeber im Verkehr mit d. Standesamt. *Magdeburg: Faber (1899).* (60 S.) 8° [Umschlagt. F.]

— dasselbe. gr. 8. (47 S.) Crimmitschau (900). R. Raab. Geb. n. 1. —; in Leinw. m. Goldschn. n. 1.25

— dasselbe. gr. 8. (80 S.) Kaiserslautern (900). Thieme'sche Druckereien. Geb. in Leinw. n. 1. —

— dasselbe. (Neue Aufl.) (Ausg. I.) schmal gr. 8. (12 S.) Magdeburg (900). Faber'sche Buchdr. Kart. n.n. — 20

— dasselbe. Zugleich e. Ratgeber im Verkehr m. dem Standesamt. (Neue Aufl.) (Ausg. II.) gr. 8. (60 S.) Ebd. (900). Kart. n.n. — 60; (Ausg. III.) Geb. in Leinw. n.n. 1.25; (Ausg. IV.) Geb. in Leinw. m. Goldschn. n.n. 2. —; (Ausg. V, altdeutsche Ausg.) Geb. in Ldr. n.n. 3. —

— 2. Aufl. (71 S.) kl. 8. Gotha (904). Thienemann's Hofbuchh. Geb. in Halbleinw. n. 1.20; in Ldr. m. Goldschn. n. 2.40

Familien-Stammbuch. Pleß: Familien-Stammbuch-Verl. [1908]. (247 S.) 8° [F.]

— 3. Aufl. (71 S.) kl. 8. Gotha (909). Thienemann's Hofbuchh. 1.50

— 8. Aufl. (228 S. m. Abbild. u. 2 [1 farb.] Taf.) 8. Pleß O/S. (909). Familien-Stammbuch-Verlag (J. Luppa). (Nur direkt.) Geb. in Leinw. 1.50; m. Goldschn. 2. —

— deutsches. Christliches Hausbuch der Familie. gr. 8. (48 S.) Braunschweig 901. H. Wollermann. n. — 40; kart. n. — 60; auf besserem Pap., geb. 1.50; in Halbldr. m. Goldschn. 3. —

— deutsches. Christliches Hausbuch der Familie. (Neue Ausg.) (Ausg. A.) (II, 65 S.) 8. Braunschweig (905). H. Wollermann. Geb. n. — 70; in Leinw. n. 1.20

— dasselbe. (Ausg. B.) (II, 65 S.) 8. Ebd. (905). Geb. n. — 70; in Leinw. n. 1.20

Familienstammbuch der Familie ..., s.a. Familienstammbuch.

— d. Familie .... in .... Familien-Aufzeichngn. u. Formulare z. d. amtl. Eintraggn. auf d. Standesamt, sow. e. Auszug d. wicht. Bestimmgn. a. d. Personenstandsgesetz v. 6. Febr. 1875. Zusammengest. v. e. Standesbeamten. gr. 8. (32 S.) Elmshorn 896. J. M. Groth. n. — 30; kart. n. — 55; geb. in Leinw. n. — 80

Familien-Stammbuch d. Familie .... in .... Familien-Aufzeichngn. u. Formulare z. d. amtl. Eintraggn. auf d. Standesamt u. i. d. Kirche, sow. e. Zusammenstellg. d. wicht. Bestimmgn. d. Personenstandsgesetzes. 9. Aufl. gr. 8. (32 S.) Berlin 898. J. Nentel. Kart. n. — 50; geb. n. — 75; in Leinw. n. 1. —

— der Familie .... in .... Familien-Aufzeichngn. u. Formulare zu den amtl. Eintraggn. auf dem Standesamt u. in der Kirche, sowie e. Zusammenstellg. der wichtigsten Bestimmgn. des Personenstandsgesetzes u. des bürgerl. Gesetzbuches. 10. Aufl. gr. 8. (32 S.) Berlin (899). J. Nentel. n. — 30; kart. n. — 50; geb. n. — 75; in Leinw. n. 1. —; m. Goldschn. n. 1.20

— der Familie ... Familien-Aufzeichngn. u. Formulare zu den amtl. Eintraggn. auf dem Standesamt u. in der Kirche, sowie e. Zusammenstellg. der wichtigsten Bestimmgn. des Personenstandsgesetzes u. des bürgerl. Gesetzbuches, nebst e. Namenverzeichnis. 4. verb. u. verm. Aufl. Ausg. A. gr. 4. (56 S.) Dessau (902). Anhalt. Verlagsanst. Geb. n. 2. —; Ausg. B. kart. 1.20

Familienstammtafel. Nebst: Reichs-Gesetz üb. die Beurkundg. des Personenstandes u. die Eheschließung. Vom 6. II. 1875. In der Fassg. des Einführungsgesetzes zum bürgerl. Gesetzbuch f. das deutsche Reich vom 18. VIII. 1896. Artikel 46. gr. 8. (44 u. 11 S.) Flöha (899). A. Peitz & Sohn. Kart. n. — 40; Geb. in Leinw. m. Goldschn. n. 1. —

Wurmbscher Familienstand anno 1892. Mit geneal Tab. Jena o. J. 8.

Familien-Statut des Geschlechtes **Eggers.** Stade. 1890. 8°.

Familienstatut, aus Anlaß der Vermählung des Prinzen Albert mit der Königin von Großbritannien u. Irland. Gotha, d. 21./22. Jan. 1840. [Metallogr.]

Familienstiftung des Präsidenten C. L. B. von Arnim auf Gernswalde und seiner Schwester, der verwittw. Hauptmann von Versen, Charl. Sophie Beate, geb. von Arnim. Mit 15 Stammtfln. Prenzlau 1824. fol. Nicht im Handel.

Familien-Stiftung, Die Sachs v. Löwenheimb'sche. 1800—1870. Öls [1870]. V: *Prittwitz und Gaffron, Hans v.* (Nent)

Die Schwabische Familienstiftung. Mit Stammbaum der Familie Schwab. Als Handschrift gedruckt. 1886. 4.

Familienstiftungen, die, Deutschlands u. Deutsch-Oesterreichs. 1. Thl. gr. 8. (VIII, 76 S.) München 890. Pohl. n. 2. —

Familien-Stiftungen, die, Deutschlands u. Deutsch-Oesterreichs m. Einbezug der allgemeinen Stiftungen f. Studierende, Fräuleins, Wittwen u. Waisen, Offiziere, Künstler ꝛc. II. Thl. gr. 8. (IX, 230 S.) München 892. E. Pohl's Verl. n. 5. — (I u. II. n. 7.)

Familien-Stiftungen, d., Deutschlands u. Deutsch-Oesterreichs, m. Einbezug d. bedeut. allgem. Stiftgn. f. Studier., Fräuleins, Wittwen u. Waisen, Offiziere, Künstler ꝛc. Hrsg. v. herald.-genealog. Institut von L. v. Hefner in München. 3. Thl. gr. 8. (XVI, 252 S.) München 896. E. Pohl. n. 5 —

— dasselbe. 4. Thl. gr. 8. (III, 276 S.) Ebd. 898. n. 5. — (1–4: n. 17. —)

Familien-Stiftungen, die, Deutschlands u. Deutsch-Oesterreichs, m. Einbezug der bedeutendsten allgemeinen Stiftgn. f Studierende, Fräuleins, Wittwen u. Waisen, Offiziere, Künstler ꝛc. 5. Thl. gr. 8. (III, 315 S.) München 901. E. Pohl. n. 5. —; (1.—5. n. 22. —)

(B) **Familien-Stiftungen** Deutschlands u. Deutsch-Oesterreichs. 5 Tle. (KBV 31.) Erm. Pr. 14. —

Familienstiftungen des 1821 verstorb. Rud. Ferd. von Feuerlein. Stuttgart 1821.

Familienstreit, der, s. a. Stammbaum, der.

Familienstreit, Der. Frankfurt a. M. 1775. V: *Gebler, Tobias Philipp Freiherr von.* (ML)

Familienstube, die, eine illustrirte Monatschrift für Eltern u. Kinder, unter Mitwirkung von Freihofer, Klumpp, Knapp, G. H. v. Schubert u. A. herausgegeben von Paul Pressel. 1. Jahrg. 1855. 12 Hefte. (à 2 Bgn. mit Lithor. u. Holzschn. im Text.) Reutlingen, Rupp u. Baur. gr. 8. 1 ₰

— — 2. Jahrg. 1856. 12 Hefte. (à 2 Bgn. mit Lithogr. u. Musikbeilagen.) Ebend. gr. 8. 1 ₰ 6 ngl; color. 1 ₰ 27 ngl

Familienstube, die. Illustrirte Monatschrift für Eltern und Kinder. Mit Beiträgen von Eman. Geibel, Gottschenk, W. A. Jäger u. A. Hrsg. von Paul Pressel. 3. Jahrg. 1857. 12 Hefte. (à 32 S. mit 1—2 schwarzen und ill. Stnt. und Musikbeilagen.) gr. 8. Stuttgart, Gebr. Bode. *

Ist nicht fortgesetzt worden.

— die. Neueste Volksbücher mit Illustrationen. 2. Serie. 1—7. Heft. Dresden (850). Breyer. gr. 8. Jedes Heft (à 24 S. u. 1 color. Lithogr.) $2^1/_2$ ngl

— — 3. Serie. Deutsche Volkssagen in gediegnen neuen Bearbeitungen. 1—8. Liefg. Ebend. (856). gr. 8. Jedes Heft (à 24 S. u. 1 color. Lithogr.) 3 ngl

Der erste **Familientag** der Familie Rocholl. o. O. (1902). 8°

Familien-Tempel. Andachts-Buch f. alle Christen zur häusl. Erbaug. u. Erhebg. des Herzens in wahrer Gottesverehrg. Mit Bildern aus dem Leben Jesu nach Wilh. Walther. (In 24 Hftn.) 1. u. 2. Hft. hoch 4. (S. 1—80 m. je 2 Taf.) Dresden 899. Niedersedlitz, H. G. Münchmeyer. à n. — 50

Familien-Tempel. Andachtsbuch f. alle Christen zur häusl. Erbaug. u. Erhebg des Herzens in wahrer Gottesverehrg. Mit Bildern aus dem Leben Jesu nach Wilh. Walther. 3. – 24. Heft. (VI, S. 81 – 960, IV u. Familienchronik 8 S.) 32 x 23,5 cm. Braunschweig (1899). Dresden-Niedersedlitz, H. G. Münchmeyer. à – 50 (Vollst., geb. in Leinw.: 15.–)

Familien-Tempel, der christl., od. das Buch d. Andacht u. Gottesverehrung. Eine Gabenspende moral.-religiöser Betrachtungen u. Gebete. Hrsg. von d. Verf. d. „Tag d. Herrn," ein Sonntagsbuch f. Christen. 1. Aufl. 810. u. 2. Ausg. gr. 8. (à $20^1/_2$ B., 1 Stahlst. u. 24 Holzschn.) Augsburg 841, Schlosser's Buchh. à

Familien-Tempel, der christliche, oder das Buch der Andacht u. Gottesverehrung. Eine Gabenspende moralisch-religiöser Betrachtungen und Gebete. Herausgeg. von dem Verf. des „Tag des Herrn," ein Sonntagsbuch für Christen. 2. Ausg. In 104 Gaben mit 1 Stahlst. u. 24 Vign. gr. 8. Augsburg 841, Schlosser's Buch- u. Kunsth. 1 ₰ — 4. Aufl. in 2 Bdn. Mit 1 Stahlst. gr. 8. Ebend. 844. $1^1/_3$ ₰

Familientempel, Der christliche . . . Augsburg 1845—46. V: *Schmid, Joh. Chph.* (Th)

Familien-Tempel, der christliche, in moralisch-religiösen Betrachtgn. u. Gebeten, od. das Buch der Andacht u. Gottesverehrung. Hrsg. v. d. Verf. des „Tag des Herrn." In 108 Gaben m. 1 Stahlst. 3 Bde. 5. (Titel-) Aufl. gr. 8. (à Bd. 116 S.) Augsburg 850, Schlosser. (à Bd. $16^1/_4$ ngl) $1^3/_8$ ₰

— christlicher. Morgen- u. Abendbetrachtungen auf alle Tage d. Jahres. Zusammengestellt u. bearb. von Rud. Klopsch. 2 Bde. 16 Hfte. (480 u. 700 S. m. 1 Lith.) Glogau 847—50, Flemming. (1—15. Hft. à 6 ngl 16. Hft. 4 ngl) 3 ₰ 4 ngl

Familien-Tempel, christlicher. Morgen- und Abendandachten auf alle Tage des Jahres. Eine Auswahl des Besten aus den Erbauungsschriften alter und neuer Zeit. Zusammengestellt und bearb. von Rud. Klopsch. 2. Aufl. 2 Bde. oder 16 Lfgn. Lex.-8. (1. Bd. 520 S. mit 1 Stnt. in Tondr., 2. Bd. 700 S. mit 1 Stnt. in Tondr.) Glogau 858. 59, Flemming's Verlag. à Lfg. 4 Ngr.

Familien- u. Vereinstheater, erzgebirgisches. 1. u. 3.—5. Heft. 8. Annaberg, Graser. n. 2. 60

1. A bieser Traam. Schwank in 1 Aufzug in erzgebirg. Mundart. Von Hans Siegert. 2. Aufl. (29 S.) 904. n. — 60
3. Dos neie Kirchnkascheedl. Schwank in 1 Aufzug in erzgebirg. Mundart. Von Fritz Körner. (29 S.) 904. n. — 60
4. Ein Denkmal des Erzgebirges. Des Erzgebirgers Freud u. Leid. Von Louis Lorenz. (117 S. m. Notenbeilagen.) 903. n. — 80
5. Die neie Stroß. Schwank in 1 Aufzug in erzgebirg. Mundart. Von Hans Siegert. (27 S.) 904. n. — 60

Fortsetzg., s.: Vereinstheater, erzgebirgisches.

Familientheater nach neuen franz. Lieblingsstücken. Leipzig 1808—09. H: *Blümner, Heinrich.* (Ky) (EE) (MGT)

Familientheater nach neuen französ. Lieblingsstücken, (von H. Blümner). 7 Thle. 8. Leipz. 808, 9. Göschen. 12 ℳ

Familientheater für deutsche Privatbühnen u. Dilettanten-Vereine. Eine ausgewählte Theaterbibliothek in jedem Privatkreise leicht darstellbarer Bühnenstücke, nebst einer Anleitung zum Spiel auf Privatbühnen. Herausg. von H. Clauren. 16 Bdchn. Die Emigranten, Drama. — Die Eisenbahn-Actien-Speculanten, Lustspl Mit 2 scenischen Darstellungen. gr. 12. Grimma 838. Verlags-Comptoir. n. 1/3 ℳ

Familientisch, der, oder die bürgerliche Küche. Enthaltend die besten und bewährtesten Vorschriften einer practischen Hausfrau zur Bereitung aller Arten von Suppen, Gemüsen, Braten, Gelées, Fricassées ɪc. (Bildet auch den 6. Bd. „der neuen Encyclopädie der Künste u. Wissenschaften.") Weimar (853). Rauschke u. Schmidt. 32. (XIV, 1 Bl., 79 S.) 5 ngr

Familienunterhaltung, die. (A. u. d. T.: Samml v. Charaden ɪc.) 8. Leipz. 798. (Bechtold in Alt.) 1 ℳ

Gräflich Schönborn'sche Familienurkunden. Würzburg 1842. 8.

Schlem'sche Familien - Urkunden und Nachrichten. Naumburg 1851.

Familien-Vater, der. Ein Handbuch aller gesetzl. Bestimmungen über Schließung der Ehen, Aufgebot, Trauung, Taufen, Begräbnisse, Trauer; Elementar-Unterricht und Unterbringung der Kinder ɪc. gr. 8. Berlin ... Heymann. n. 1 ℳ

Familien-Waschbuch. qu. 4. (64 S.) Leipzig 896. W. Möschke. Kart. n. 1. —

Familien Wäsch Notizbuch für 52 Wochen. 1—15. Aufl. Hamburg 865—70. Grüning. 8. (52 S.) 7½ ngr

Familien-Wäsch-Notizbuch für 52 Wochen. 10.—24. Aufl. gr. 8. (52 S.) Hamburg 868—74. Grüning. geb.

Familien-Wäsch-Notizbuch f. 52 Wochen. 25. Aufl. Schmal gr. 4. (52 S.) Hamburg 876. Grüning. geb. — 75

Familien-Wäsch-Notizbuch f. 52 Wochen. 26. Aufl. schmal gr. 8. (52 S.) Hamburg 877. Grüning. geb. — 75

Familien-Wäsch-Notizbuch f. 52 Wochen. 28. Aufl. schmal gr. 8. (52 S.) Hamburg 882. Dresden, H. Henkler. Geb. n. — 75

Familien-Weine oder Anleitung, Wein zu bereiten aus Johannisbeeren, Stachelbeeren, Erdbeeren ɪc., Wurzeln, Blüthen u. Blättern, insbesondere aber aus unreifen u. wilden Trauben. Nach den besten deutschen, französ. u. engl. Methoden. Philadelphia 864. (Schäfer & Koradi.) 8. (IV, 76 S.) 1 ℳ

Familien-Wochenblatt: Schweizerisches Familien-Wochenblatt und Zeitschrift fürs Schweizer Haus
s. Schweizerisches Familien-Wochenblatt für Belehrung und Unterhaltung.

—— für Belehrung und Unterhaltung. Redig. von Th. Schröter und Emma Dyckerhoff-Matthias. Neue Folge. 1. Jahrg. [Der ganzen Reihe 6. Jahrg.] Juli 1886—Juni 1887. 52 Nrn. (Bog.) gr. 4. Stuttgart, Schröter und Meyer. *

Früher u. d. T.: Familien-Wochenblatt, Schweizerisches, für Haushalt und Küche ...

Familien-Wochenblatt, schweizerisches, für Belehrung und Unterhaltung. Redaktion von *Th. Schröter* in Zürich. VII. Jahrg. Juli 1887 bis Juni 1888. XIII. u. XIV. Halbband. 52 Nrn. in-fol., mit Gratisbeilage „Die Kochschule". Zürich, Schröter & Meyer. 1887. Jährlich 6 —

Familien-Wochenblatt, schweizerisches, für Belehrung und Unterhaltung. Redaktion von *Th. Schröter*. VIII. Jahrgang. Juli 1888 bis Juni 1889. XV. und XVI. Halbband. 52 Nrn. In-fol., m. Gratisbeilage „Die Kochschule". Zürich, Schröter & Meyer. 1888. Jährlich 6 —

— dasselbe. 9. Jahrg. Juli 1889—Juni 1890. 52 Nrn. (B.) gr. 4. Ebd. n. 6. 80

Forts. s.: Familien-Wochenblatt, Schweizerisches, für Unterhaltung u. Belehrung.

Familien-Wochenblatt, schweizerisches, f. Haushalt u. Küche, f. unsere Frauen u. Töchter. Unter Mitwirkung prakt. Hausfrauen u. namhafter Schriftsteller hrsg. v. Th. Schröter. 2. Jahrg. Juli 1882—Juni 1883. 52 Nrn. (B. m. Holzschn.) gr. 4. Zürich, Schröter. 6. —
cf.: Wochenblatt f. Familie, Haushalt u. Küche.

Familien-Wochenblatt, schweizerisches, f. Haushalt u. Küche, f. unsere Frauen u. Töchter. Unter Mitwirkg. schweizer. Hausfrauen u. namhafter Schriftsteller hrsg. v. Th. Schröter-Zuberbühler. 3—5. Jahrg. Juli 1883—Juni 1886. à 52 Nrn. (B. m. Holzschn.) gr. 4. Stuttgart, Schröter & Meyer. à Jahrg. 6 —

Forts. s.: Familien-Wochenblatt, Schweizerisches, für Belehrung u. Unterhaltung.

Familien-Wochenblatt, schweizerisches, f. Unterhaltung u. Belehrung. Red. v. Th. Schröter. 10. u. 11. Jahrg. Juli 1890—Juni 1892. à 52 Nrn. (Bog.) gr. 4. Nebst Kochschule. 26 Nrn. (½ Bog.) gr. 8. Zürich, Th. Schröter. à Jahrg. n. 6. 80

Früher u. d. T.: Familien-Wochenblatt, Schweizerisches, für Belehrung u. Unterhaltung.

— dasselbe. 12. Jahrg. Juli 1892—Juni 1893. 52 Nrn. (Bog.) gr. 4. Nebst Kochschule. 26 Nrn. Eltern-Zeitung. 12 Nrn. u. Lust u. Lehre. gr. 8. Ebd. 6. 80

— dasselbe. 13. Jahrg. Juli 1893 - Juni 1894. 52 Nrn. (Bog.) gr. 4. Nebst Kochschule. 26 Nrn. (½ Bog.) gr. 8. Ebd. n. 6. 80

Familien-Wochenblatt, schweizerisches, f. Unterhaltung u. Belehrung. 14.—16. Jahrg. Des „Hausfreund" 22.—24. Jahrg. Juli 1894 b. Juni 1897. à 52 Nrn. (Bog.) gr. 4. Nebst Kochschule, 26 Nrn., Eltern-Zeitung, 12 Nrn., u. Lust u. Lehr' fürs junge Volk, 12 Nrn. gr. 8. Zürich, Th. Schröter. à Jahrg. n.n. 6. 80

— dasselbe. 17. Jahrg. Des „Hausfreund" 26. Jahrg. Juli 1897 b. Juni 1898. 52 Nrn. (Bog.) gr. 4. Nebst Kochschule, 52 Nrn., Eltern-Zeitung, 12 Nrn. u. Lust u. Lehr' fürs junge Volk, 12 Nrn. gr. 8. Ebd. n.n. 6. 80

— dasselbe. 18. Jahrg. Des „Hausfreund" 27. Jahrg. Juli 1898 b. Juni 1899. 52 Nrn. (Bog.) gr. 4. Nebst Kochschule u. Ratgeber f. Familie u. Haus, 52 Nrn. (½ Bog.), Eltern-Zeitung, 26 Nrn. (½ Bog.), u. Lust u. Lehr' für's junge Volk, 12 Nrn. (½ Bog.) gr. 8. Ebd. n.n. 6. 80
Kann auch halbjährlich bezogen werden.

Familien-Wochenblatt, schweizerisches, f. Unterhaltung u. Belehrg. 19.—22. Jahrg. Des „Hausfreund" 27.—30. Jahrg. Juli 1899—Juni 1903. à 52 Nrn. gr. 4. (à ca. 8 S.) Nebst Kochschule u. Ratgeber für Familie u. Haus, 52 Nrn. (à 8 S.), Eltern-Zeitung, 26 Nrn. (à 8 S.) u. Lust u. Lehr' fürs junge Volk, 12 Nrn. gr. 8. (à 8 S.) Zürich, Th. Schröter. à Jahrg. n.n. 6. 60

Familien-Wochenblatt, schweizerisches, f. Unterhaltung u. Belehrung. 23.—26. Jahrg. Des „Hausfreund" 31.—34. Jahrg. Juli 1903—Juni 1907. à 52 Nrn. (à 8 S.) 4. Mit Gratisbeilagen: Kochschule u. 1 Beiblatt. (à 8 S.) gr. 8. Zürich, E. Richter. à Jhrg. n. 6. —

Familien-Wochenblatt, schweizerisches, f. Unterhaltung u. Belehrung. Mit Beilagen: Kochschule, Eltern-Zeitg. u. Lust u. Lehr. 30. Jahrg. Juli 1910—Juni 1911. 52 Nrn. (à ca. 8 u. 8 S. u. 8 S in gr. 8.) 32,5×24,5 cm. Zürich, G. Meyer. 6. —; m. Mode u. Hausarbeit 8.

Familien-Wohnhaus, das freistehende. Eine Sammlung von Entwürfen, bearb. von den Schülern der oberen Classe der herzogl. Baugewerkschule zu Holzminden. Für den Druck gezeichnet u. hrsg. v. Huppelsberg u. Liebold. 4 Lfgn. gr. 4. (à 8 Steintaf. m. 1 Bl. Text.) Holzminden 881. 82. Müller. In Mappe. à n. 1. 80

Familienwünsche, 24, zum neuen Jahr. Kreuznach, Kehr. 3 ℋ Schrbp. 4 ℋ

Familien-Zeitung: 1885, 1886. St. Paul, MN
Weekly. Published by Engel-Dreis Co.

Familien-Zeitung, allgemeine. Chronik der Gegenwart. Zur Unterhaltung u. Belehrung. 1. u. 2. Jahrg. 1869 u. 1870. à 52 Nrn. (à 1 Bgn. m. Holzschn.) Stuttgart, Schönlein. Fol. Jeder Jahrg. n. 2 ℛ 12 ngr; Ausg. in 13 Heften à Heft 6 ngr

— — 3. Jahrg. 1871. 52 Nrn. (à 3 Bgn. m. Holzschn.) Ebend. Fol. 4 ℛ

Familien-Zeitung, allgemeine. Chronik der Gegenwart. Zur Unterhaltg. u. Belehrg. 4. Jahrg. 1871. 52 Nrn. (3 B. m. eingedr. Holzschn.) Folio. Stuttgart, Schönlein. 12. — In 17 Hftn. pr. Hft. — 75

— dasselbe. 5. u. 6. Jahrg. 1873 u. 1874 à 52 Nrn. (3 B. m. eingedr. Holzschn.) Fol. Ebend. 872. à Jahrg. 8. —; in 18 Hftn. pr. Hft. — 50

— dasselbe. 7. Jahrg. 1875. 52 Nrn. 8. (S. m. eingedr. Holzschn.) gr. Fol. Ebend. 6. —; in 17 Hftn. à n. — 40

Familien-Zeitung, allgemeine. 8. Jahrg. 1876. 52 Nrn. (à 8 S. mit eingedr. Holzschn.) gr. Fol. Stuttgart, Schönlein. ℳ 6,40.; in 18 Heften à Heft 40 Pf. Nicht weiter erschienen.

—— deutsche. Hrsgbr.: Herm. Roskoschny. 1. Jahrg. 1875. 24 Nrn. (à 3 Bog.) gr. 4. Warnsdorf. (Berlin, Weichelt.) * Nicht weiter erschienen.

Familien- u. Modenzeitung, deutsche illustrierte. Neue illustr. Wochenschrift f. Unterhaltg., Mode u. Handarbeit, Gesundheitspflege u. Erziehg., Küche u. Haus. Red.: (W. Vobach u.) S. Hochstein u. Frl. D. Kiesewetter. Jahrg. 1899. 52 Nrn. gr. 4. (à ca. 16 S. m. Musterbog.) Berlin, W. Vobach & Co. n. 7. 20
Billige Ausg. der Sonntags-Zeitung f. Deutschlands Frauen.

Familien-Zeitung, Hamburger. 1. Jahrg. Oktbr. 1889—Septbr. 1890. 99 Nrn. (2½ B. m. Illustr.) gr. 4. Hamburg, Kauffmann. n. 6. —

Familien-Zeitung, illustrirte. Unterhaltungsblatt. Red.: J. Pollacsek. 1—4. Jahrg. 1879—1882. à 52 Nrn. (2 B. m. eingedr. Holzschn.) gr. 4. Hamburg, Rosenberg. à Jahrg. n. 5. 20; in 17 Hftn. à — 40

Familien-Zeitung, illustrirte. Unterhaltungsblatt. Red.: J. Pollacsek. 5—8. Jahrg. 1883—1886. à 52 Nrn. (2 B. m. eingedr. Holzschn.) gr. 4. Hamburg, Rosenberg. à Jahrg. n. 5. 20; in Hftn. à — 30

— illustrirte. Unterhaltungsblatt. 9.—11. Jahrg. 1887—1889. à 52 Nrn. (2 B. m. eingedr. Holzschn.) gr. 4. Hamburg, Rosenberg. à Jahrg. n. 5. 20; in Hftn. à — 30

Familienzeitung, illustrirte. 1889—92. à Jahrg. 52 Nrn. (à Nr. ca. 16 S. m. Illustr.) 4. Hamb., Verlagsh. Rosenberg. à Jahrg. * 5 20

Familien-Zeitung, illustr. Unterhaltungsblatt. Red.: M. Rosenberg. 16. Jahrg 1894. 52 Nrn. (2 Bog.) gr. 4. Hamburg, M. Rosenberg. n. 5. 20

Familien-Zeitung, illustr. Unterhaltungsblatt. 17. Jahrg. 1895. 52 Nrn. (à 2 Bog.) gr. 4. Hamburg, M. Rosenberg. n. 5. 20

— dasselbe. Red.: Osk. Wilda. 18.—21. Jahrg. Oktbr. 1895 b. Septbr. 1899. à 52 Nrn. (à 2 Bog.) gr. 4. Breslau, Schles. Buchdruckerei ꝛc. à Jahrg. 5. 20; einz. Nr. n. — 10
Kann auch vierteljährlich bezogen werden.

Familien-Zeitung, illustrirte. Unterhaltungsblatt. Red.: Osk. Wilda. 22. u. 23. Jahrg. Oktbr. 1899—Septbr. 1901. à 52 Nrn. Nebst Beilagen à 13 Nrn.: 1. Der Kinderfreund. 2. Die Küche. 3. Die Mode. 4. Das Möbel. gr. 4. (à ca. 16 u. 4 S.) Breslau, Schles. Buchdruckerei ꝛc. à Jahrg. n. 5. 20
Fortsetzung s.: Wochen-Zeitung, neue illustr.

Familienzeitung, ill. schweiz., am häuslichen Herd. III. Jahrgang 1880 (26 Hefte). In-4°. Zürich, Cäsar Schmidt. Per Jahrgang 7 80

Familienzeitung, illustrirte schweizerische. Zur Unterhaltung am häuslichen Herd. IV. Jahrgang 1881. 52 Nrn. in-4°. Zürich, Cäsar Schmidt.

Familien- u. Moden-Zeitung, oesterreichische illustrierte. VIII. u. IX. Jahrg. der „Illustr. Sonntags-Zeitg. f. unsere Frauen". Mit den Beilagen: Neue Wiener Moden-Zeitg. u. Die Kochschule. Praktische Mitteilgn. f. Küche u. Haus. Red.: Kunigunde Ansion-Hasatty. Oktbr. 1905—Septbr. 1907. à 52 Hefte. (à ca. 24 S. m. Schnittbog.) 4. Wien, W. Vobach & Co. à Hft. — 20

Familien- u. Moden-Zeitung, österreichische. Mit 9 Beilagen. Red.: Kunigunde Ansion-Hasatty. Jahrg. 1910/11. (Oktbr. 1910—Septbr. 1911.) 52 Hefte. (à ca. 18, 6 u. 4 S. m. farb. Taf. u. Schnittbog.) 30,5×23 cm. Wien, W. Vobach & Co. à Hft. — 20

Familien-Zeitung: Schweizerische Familien-Zeitung
s. a. Schweizerische Allgemeine Volkszeitung.

Familienzeitung, schweizerische. Bd. 1—8. Zofingen 1878 — Zürich 1886. fol.

Familienzeitung, Schweizerische. Illustr. Unterhaltungsblätter f. alle Stände. Mit *Beiblatt:* Kreuz- und Querschau humorist. Wochenplaudereien a. d. Engen u. Weiten, von M. Reymond. — Aus d. Alpenwelt, Schilder. u. Mittheil. von Mitgliedern des S. A. C. — Praktisches. — Miscellen. — Preis-Räthsel. — Erscheint wöchentlich à 1½—3 Bogen in-4°. Zofingen, Richard Krüger. 1878.

Familienzeitung, Schweizerische. Illustr. Unterhaltungsblätter f. alle Stände. Erscheint wöchentlich à 1½—3 Bogen in-4°. Zofingen, Richard Krüger. 1879. Preis pro Quartal 2 15

— schweizerische. Zur Unterhaltg. am häusl. Herd. 8. Jahrg. 1885. 52 Nrn. (B. m. Holzschn.) gr. 4. Zürich, Schmidt. n. 5. —

Familienzwist, Der, Lustspiel; a. d. Russ. Riga 1788. V: *Catharina II., Kaiserin von Russland.* (Ky)

Familienzwist, der. Lstspl.; aus d. Russischen. (v. Katharina II.) gr. 8. Riga 788. Leipz., Hartknoch. 12 ℋ

— der. Lustsp. von Schletter. 8. Brünn, Sauer. (Gräff in Lpz.) 790.

Familienzwist, Ein kleiner, oder gute Kinder machen bisweilen auch gute Eltern. Schauspiel für Kinder in 1 A. Leipzig 1778. V: *Weisse, Chn Felix.* (GGr)

— ein kleiner; od. gute Kinder machen gute Eltern. Schausp. 8. Lpz. Crusius. (Vogel.) 778.

— durch falsche Warnung u. Argwohn. Lstspl. 8. Berl. 789. Nicolai. 8 ℋ

la Famille extravagante, oder: die ausschweifende Familie. Lstspl. in 1 A. 8. Jena. (Leipz.) 778. (Knobloch.) 4 ℋ

FAMILLE, La, extravagante oder die ausschweifende Familie. Ein Lustspiel in 1 A. (Vignette.) Jena, in der Melchiorischen Buchhandlung. 1778. 8°. 52 S. (3 Mk. E. Frensdorff, 1908.)

Famille, La, Ridicule, comédie messiue . . . Berlin [1790?]. V: *Le Duchat, Jacob* (Barbier) oder *Bouy* & *Fétig* [?]. (BrMm)

Famille, une, de rouges-gorges. 12. (173 S. und 4 Stnt.) Strasburg 817, [Berger-Levrault Witwe und Sohn.]

Famille, une, de Rouges-Gorges. Schul-Ausg. Mit Wörterverzeichnis. gr. 16. (186 S.) Hamburg 889. Verlagsanstalt u. Druckerei, A.-G. cart. n. 1.—

Famille, une, de Rouges-Gorges. Schul-Ausg. Mit Wörterverzeichnis. 2. Aufl. 12. (186 S.) Hamburg 894. Verlagsanstalt u. Druckerei. Kart. n. 1.—

Famille, une, de Rouges-Gorges. Schul-Ausg. Mit Wörterverzeichnis. 3. Aufl. (185 S.) kl. 8. Hamburg 904. [Verlagsanstalt & Druckerei.] Berlin, K. W. Mecklenburg. Kart. n. 1.—

Familler, Jg., Gärten der Unterwelt, s.: Jugend- u. Volksbibliothek, naturwissenschaftliche. 25. Bdchn.

[F.] Pastoral-Psychiatrie. E. Handb. f. d. Seelsorge d. Geisteskranken zsgest. v. Dr. Ig. Familler, Curat an d. Kreisirrenanst. Karthaus Prüll . . . *Freiburg i. Br.: Herder 1898.* (x, 180 S.) 1 Bd 8. (Theologische Bibliothek. Ser. 2.)

Familler, Ignaz: Biogenetische Untersuchungen über verkümmerte oder umgebildete Sexualorgane . . . (Aus: Flora od. allg. Bot. Zeitg, Bd. 82 Heft II.) München, Druck v. V. Höfling, 1896; 38 S. 8.
München, Phil. Fak., Inaug.-Diss. v. 1896

Familles, les, de Darius et d'Hidarne, ou Statira et Amestris hist. persane. II Vol. 12. Lion. (Pott et Comp. à Lausanne.) 770.

Family Magazine, the, of entertainment, instruction and practical science. Part I—6. oder: Juli—Decbr. 1854. 26 Nrs. (Bog.) gr. 8. Stuttgart 854, Verlag der Erheiterungen.

—— the same. — 1855. 12 Parts. gr. 8. (1. Heft 80 S.) Ebds. à Heft 6 Ngr.

Famin, Cäsar

—— Chili, s.a. Weltgemälde-Gallerie, Amerika, 2. Bd.

— Chili. Aus d. Franz. Mit 24 Kpfrn. Stuttgart... Schweizerbart's Buchh. 3/8 ₰

— Gemälde von Columbien u. Guyana. Mit 8 Stahlstich. gr. 8. Frankfurt 837. Schmerber. 1/8 ₰ s. auch Gemälde der Länder u. Völker.

Famin, Cäsar, Geschichte u. Beschreibung von Brasilien, s. Denys.

— Geschichte u. Beschreibung von Caucasien (Georgien und Circassien). Aus d. Franz. Mit 12 Kupfern. Stuttgart... Schweizerbart's Buchh. 1/2 ₰

— Geschichte u. Beschreibung von Columbien u. Guyana. Aus d. Franz. Mit 8 Kpfrn. Stuttg.... Schweizerb. B. 1/8 ₰

— Geschichte u. Beschreibung der Krimm. Aus d. Franz. Mit 8 Kpfrn. Stuttgart... Schweizerbart's Buchh. 1/8 ₰

Famin, Cäsar, Caucasien (Georgien u. Cirkassien), s. Weltgemälde-Gallerie, Asien, 1. Bd.

—— Columbien u. Guyana, s. Weltgemälde-Gallerie, Amerika, 1. Bd.

—— die Krimm, s. Weltgemälde-Gallerie, Europa, 4. Bd.

—— die vereinigten Provinzen d. Rio de la Plata, s.a. Weltgemälde-Gallerie, Amerika, 2. Bd.

— die vereinigten Provinzen des Rio de la Plata (Buenos-Ayres), Paraguay u. Uruguay. Aus d. Franz. Mit 16 Kpfrn. Stuttgart... Schweizerbart's Buchh. 7 1/2 ₰

Famintzin, A.: Beitrag zur Keimblattlehre im Pflanzenreiche, s. a. Mémoires de L'Académie imperiale des sciences de St.-Pétersbourg.

Famintzin (A.). Beitrag zur Keimblattlehre im Pflanzenreiche. St. Petersb. 1876. 4°.

Famintzin, A., Beitrag zur Symbiose v. Algen u. Thieren, s.: Mémoires de l'académie impériale des sciences de St.-Pétersbourg.

— u. J. **Boranetzky**, zur Entwickelungsgeschichte der Gonidien u. Zoosporenbildung der Flechten. Mit 1 (lith.) Taf. [Aus den Mémoires de l'Acad. Imp. des Sciences de St.-Pétersbourg.] St.-Petersburg 867. — Leipzig, Voss. gr. 4. (7 S.) n. 8 ngr.

Famintzin, A., über zwei neue Formen von Schleimpilzen, s.a. Mémoires de l'Académie impériale des sciences de St. Pétersbourg.

Famintzin A. u. **Woronin M.**: Ueber zwei neue Formen v. Schleimpilzen: *Ceratium hydnoides Alb. et Schw.* u. *Ceratium porioides Alb. et Schw.* St.-Pétersb. 1873. 16 S. 3 Tvl. 4°.

Famintzin, A., Studien üb. Krystalle u. Krystallite, s.a. Mémoires de l'académie impériale des sciences de St.-Pétersbourg.

Famintzin (A.), Studien über Krystalle und Krystallite. St. Petersburg 1884. 4.

— Übersicht der Leistungen auf dem Gebiete der Botanik in Russland während d. J. 1890. Unter Mitwirkg. v. D. Iwanowsky, N. Kusnezow, Fürst W. Massalsky u. W. Transchel. Aus dem Russ. übers. Lex.-8. (X, XXIV, 178 S.) St. Petersburg 892. (Leipzig, Voss' Sort.) n. 4. 5

— dasselbe während d. J. 1891. Zusammengestellt unter Mitwirkg. v. J. Borodin, F. Elfving, D. Iwanowsky etc. Aus dem Russ. übers. gr. 8. (XXIX, 294 S.) Ebd. 893. n. 5. 50

Famintzin, A., u. S. Korshinsky, Übersicht der Leistungen auf dem Gebiete der Botanik in Russland während d. J. 1892. Zusammengest. unter Mitwirkg. v. D. Iwanowski, A. Kihlman u. a. Aus dem Russ. übers. v. Fr. Th. Köppen. gr. 8. (XXX, 213 S.) St. Petersburg 894. (Leipzig, Voss' Sort.) n. 5.—

Famintzin, A., die Wirkung des Lichtes auf das Wachsen der keimenden Kresse, s. Mémoires de l'acad. imp. des sciences de St.-Pétersbourg. 7. Série, Tome VIII, Nr. 15.

Famler, Gust. Ad., Gott verläßt die Seinen nicht! Eine Erzählg. üb. die Ansiedlg. evangel. Glaubensbrüder in Südungarn, durch Kaiser Joseph II. 8. (VIII, 79 S.) Budapest 893. (L. Kókai.) n.n. — 80

— Hochmuth kommt vor dem Falle. Eine Erzählg. gr. 8. (112 S.) Ebd. 894. n. 1.—

— Christian Traugott od. die Lebens- u. Leidensgeschichte e. evangel. Predigers aus Ungarn. 8. (III, 127 S.) Ebd. 892. n.n. 1.—

Famulus, F. Th., C. Ss. R., Legende od. Geschichte? Die geschichtl. Glaubwürdigkeit der Evangelien-Erzählgn., s.: Katholisches f. Jedermann. 9. Bdchn.

Famulus, Th., Gottesbeweise, s.: Volksbibliothek, kathol.

— die Weisheit der Gottesleugner, s.: Volksbibliothek, katholische.

Fanatismus, der, s.a. Calas.

Fanatismus, Der. Metrische Uibersezung eines neuen italienischen Zeit Gedichts, mit beigedruktem Original. O. O. 1798. V: *Monti, Vincenzo.* (Neueste Welt Kunde. 1798. Nr. 120, S. 479.)

Fanatismus; metrische Uebersetzung eines italien. Zeitgedichts. 8. Dortmund 798. Andrä in Leipz. 6 ℊ (bei Wundermann in Hamm). 3 ℊ

Der muhamedanische Fanatismus u. das christliche Europa. Paderborn, Bonif.-Dr., 1895, 16°, 10 Pf. (Bonif.-Brosch. Jahrg. 28, Heft 8.)

Fanatismus, Der, in der oberen Pfalz; ein oberpfälz. Nationalschauspiel in 4 Handlungen. Reg. 1795. V: *Destouches, Joseph Anton von.* (Max Harrwitz-Berlin. Kat. Nr. 101, S. 17.)

De Fancena, Antonio, Gedichte (vermischten Inhalts). 12. Dillingen 829. (Augsb., Kranzfelder). 6 ℊ

Fancev Franz: Beiträge zur serbokroatischen Dialektologie. Der kaj-Dialekt von Virje mit bes. Ber. der Dialekte Podravina.
1907 PN 2315 Diss. Wien, Univ.

Fancher, Julius

— Die Vereinigung von Sparkasse u. Hypothekenbank u. der Anschluss eines Häuserbauvereines als social-ökonom. Aufgabe unserer Zeit, insbesondere der Bestrebungen für das Wohl der arbeitenden Klassen. gr. 8°. Berlin, Grobe, 1845.

Fanchettens Fuß, od. die engl. Waise. 3 Thle. 8. Hamb. 777. Herold. (Ernst in Quedlinb.) 16 ℊ

Fanchon, das Leyermädchen. Vaudeville in 5 Akten v. Kotzebue. 8. Lpz. Kummer. 805.

Fanconi, Eduard, v. Chur: Die Prokura mit Berücksichtigung der Rechte einiger wichtiger Handelsstaaten. Chur 1906: Sprecher & Valer. (43 S.) 8°
Heidelberg, Jur. Fak., Ref. Schroeder, Diss. v. 7. Nov. 1906
[Geb. 26. Aug. 81 Odessa; Wohnort: Chur; Staatsangeh.: Schweiz; Vorbildung: Kantonsch. Chur, Trogen, Zürich Reife 02; Studium: Zürich 2, Straßburg 1, Heidelberg 5 S.; Rig. 3. Juli 06.]

Fancy, William, Archibald Stewart. Episode aus dem Jugendleben eines Kaufmanns. 8. Leipzig 840. Weber. 1 ₰

Fänder, R: Franz Hugershoff, Leipzig-Moskau. 1844—1904. Denkschrift zur Erinnerung an das 60jährige Jubiläum der Firma. Leipzig 1904

Fanderlik, F., Elemente der Lüftung u. Heizung. Für den Unterricht an höheren Gewerbeschulen u. f. den prakt. Bautechniker zusammengestellt. gr. 8. (VII, 175 S. m. eingedr. Fig.) Wien 887. Graeser. n. 4.—

Fanderlik, Felix, Lehrtext für Baukunde. Ausbau der Gebäude. Reichenberg 1894. J. Fritsche. (Min.-Erl. v. 15. Juni 1894, Z. 10429) 1.—

FANDERLIK, F.
Lehrtext für Baukunde. Ausbau der Gebäude. Von F. Fanderlik. 2. Auflage. Wien und Leipzig. 1901. Deuticke. Gr.-8°. 84 S. K 2.—

Fanderlik, F., Lehr-Text f. Baukunde. Bauentwurf. gr. 8. (96 S.) Wien 900. F. Deuticke. n. 1.80

Fändler, s. Kinderfreund, der christliche.

Fane, Henry Edward, der Kriegsschauplatz in Indien u. Lebensbilder aus dem Ost. Aus d. Engl. v. C. Richard. gr. 8. Aachen 842. Mayer. 1 3/4 ₰

— dass. s. auch Lebens- u. Kriegsbilder aus Asien.

Fanelli

—oder d. Verirrungen d. Liebe. Schspl. in 5 Aufz. nach d. Franzōs. 8. Frankf. a. M. 778. Gebhard u. K. 4 ℊ

Fanelli, ou les Égarements de l'Amour. Drame en 5 Actes. Nördl. 778. Beck. 8 ℊ

— oder d. Ausschweifungen d. Liebe. Schspl. nach d. Französ. 8. Regensb. 778. Montag u. W. 8 ℊ

Codolli de Fanenfeld, Pet. Ant., De voce, vociferatione, cantu, tubarum inflatu, sternutatione, oscitatione, pendiculatione, risu, suspirio. Vienn. 4°. 1759.

FANETTE (ps.), Die Kupplerin beschrieben. 1762.

— — Entdeckte Tändeleyen der Venus, beschrieben von dem Mädgen Fanette. Warnungsstadt 1762. 8°.
Beide Seltenheiten nennt Weller, Lex. Pseud. p. 189, aber nicht unter den fingirten Druckorten.

Fancy, William, Archibald Stewart. Episode aus d. Jugendleben eines Kaufmanns. 8. (11 B.) Leipzig 840, Weber. Thlr.

Fanfani, Pietro, Lingua parlata. Novelle di F. (1815—1879). Amenità (Choses amusantes). Avec notes à l'usage des Français, des Anglais et des Allemands par A. Scartazzini. 8. (96 S.) Neuchâtel 886. (Davos-Platz, A. Scartazzini's Selbstverl.) 1.20

Fanfaren. Berliner! Zwanglose Hfte. Hrsg. v. Edm. Lichtenstein. Nr. 1. gr. 8. Berlin 891. L. Waldau. — 30
1. Allweg gut Zolre! Gegen Adf. Graf v. Westarp. — 2. Ein Warnungsruf vor Chicago. — 3. Eine lehrreiche Geschichte. (12 S.)

— Berliner. Nr. 1—6. gr. 8. Berlin 892. J. van Groningen & Co. 1.—
1. Der grosse Prophet. (Rector Ahlwardt.) Ein Mahn- u. Abschiedswort an meine antisemit. Freunde. Von Stein. (47 S.) — 60
2. Elbirten in Preußen. Von Ed. Mund. 1. u. 2. Aufl. (36 S.) — 10
3. Judenflinten? — Antisemitenflinten! Ahlwardt's Ende! Authentische Enthüllgn. Eingeweihter. Gesammelt von Ed. Mund. (38 S.) — 10
4. Ahlwardt im Kampf m. dem Gesetz. (Ahlwardt's Zusammenbruch.) Vortrag, geh. in e. Versammlg. der „Vereinigg. zur Bekämpfg. der Racenhetze" am 5. Aug. 1892 v. Ed. Mund. (32 S.) — 10
5. Papa Ahlwardt's Heldenthaten in 5 Gesängen v. Ed. Mund. (15 S.) — 10

Fanfaren zu d. Bayreuther Festspielen 1876—1896 m. d. Facsm. Richard Wagner's d. Fanfaren d. „Ring des Nibelungen". 1876, 12. (11 S.) Bayreuth 896. C. Giessel jun. — 60

Fanfaronaden, hundert u. etliche 2c., s.a. Karl v. Villers.

Fanforaden, Hundert und etliche, des Corsikanischen Abentheurers Napoleon Buona-Parte ... Leipz. 1814. V: *Villers, Charles François Dominique de & Friedrich Jacob Christoph Saalfeld.* (BrVV) (Ky) (GGr)

Fanfaronaden, hundert u. etliche, des corsikan. Abentheurers Napoleon Bonaparte, Erkaisers d. Franzosen. Systematisch geordnet cum notis variorum. 8. Leipz. 814. Brockhaus. 16 ℊ

Fan-Ferebin, des Prinzen, Reis. nach Romanzo, od. in das Land der irrenden Ritter. 8. Hamb. Schindler. 756.

— — dass. s.a. Landbibliothek z. angen. u. lehrr. Zeitvertr. 8r.

Fang. Ein schöner F. [SA.] s. T[atarinoff], E[ugen].

Fangauf, Karl, lerne vom Gegner! Selbstkritik am Betriebe unserer Kindergottesdienste, s.a. Handreichung f. den Kindergottesdienst.

Lerne vom Gegner! Selbstkritik am Betriebe unserer Kindergottesdienste von Karl Fangauf, Pfarrer. Berlin: Deutsche Sonntagsschulbuchh. 1910. 36 S. 8°
(Handreichung f. d. Kindergottesdienst. H. 3.)

Fanger, Emil, zur Kenntniss der Metajodmetanitrobenzoesäure u. Abkömmlinge. Inaugural-Dissertation. gr. 8. (31 S.) Göttingen 878. (Vandenhoeck & Ruprecht.) n. — 60

Fangmeier, *Karl Wilhelm* Eduard [pr. Arzt in Cüstrin]: Beitrag zur Casuistik und Statistik des subconjunctivalen Cysticercus cellulosae ... Cüstrin, Druck v. E. Jänz, 1896; 36 S. 8.
Leipzig, Med. Fak., Inaug.-Diss. v. 8. Okt. 1896

Fangmeyer, Lina, 12 Spielchen u. Tänze a. d. Schulzeit. gr. 8. (20 autogr. S.) Bremerhaven 895. (J. Mocker.) n.n. — 25

Fangor, Oswald

Hermann Schilling. Essay von Siegmund Oswald **Fangor**. Potsdam: Stein 1910. 66 S. 8°

Fani's, Scheik Mohamed, Dabistan, od. von d. Religion d. ältesten Parsen. a. d. Engl. mit Erläut. u. einem Nachtrage von Fr. v. Dalberg. 8. Aschaffenb. Ettinger. 809.

Fani, Scheik Mahommet, Dabistan, oder von d. Religion d. ältesten Parsen. Aus d. persischen Urschrift von F. Gladwin ins Engl., aus diesem ins Deutsche übers. von J. F. H. v. Dalberg. Nebst e. Nachtrage. 8. Würzb. 809. Etlinger. 12 gr. 2e Aufl. 817. 3e A. 823. Ebd. 10 gr.

Fani, Scheik Mohamed, Dabistan, oder von der Religion der ältesten Parsen. Aus der persischen Urschrift von Francis Gladwin ins Engl., aus diesem ins Deutsche übersetzt von J. F. H. von Dalberg. Nebst Erläuterungen und einem Nachtrage: Die Geschichte der Semiramis aus indischen Quellen betreffend. Würzburg, Etlinger, 1823, 8°, 3. unveränd. Aufl., 1,25 Mk. (Vergriffen.)

Fanisch, J., Unterricht über den Anbau, die Pflege, Erndte und Zubereitung des Flachses. 8. Prag, Calve. 818.

Faniska. Eine große Oper in 5 Akt. v. Sonnleithner, Musik v. Cherubini. Wien, Pichler. 806.

Fanjung, Ignaz *Isaak* [aus Odessa '(Russl.)']: Einfluss des Druckes auf die Leitfähigkeit von Elektrolyten ... (Aus: Zeitschr. f. physik. Chem., Bd XIV.) *Leipzig*, W. Engelmann, 1894; 30 S., 1 Bl. 8.
Leipzig, Phil. Fak., Inaug.-Diss. v. [15. Aug.] 1894

Fank, Anton, Predigt auf das Fest Portiunkula. gr. 8. Wien 839. Mayer u. Comp. 1/8 rf.

Fankhauser, Meteorologische und phänologische Stationen im Kanton Bern. 1869.

Fankhauser, E. [de Berthoud, Berne]: **Die Flexion des Berner Dialekts nach Jeremias Gotthelf.** Bâle 1898. 66 p. 8°.
Lausanne. Thèse let. 1897/98.

Fankhauser, E[mil]. Die Dent d'Hérens von Breuil nach Prarayé. Von Dr. [phil.] E. F[ranz] L[eopold] Fankh' ⟨Sektion Basel⟩. [Mit Illustrationen und 1 Tafel.] Separatabdruck aus dem Jahrbuch des Schweizer Alpenclub. Jahrg. 36. I S. + S. 74—85. 8. [Bern, Schmid & Francke, 1901.]

Fankhauser, F.

— (Dr. med.) Ueber Schulgesundheitspflege. In-8°. 150 S. Bern, J. Dalp. 1879. 1 50
*** Separatabdruck aus der „Schweiz. Zeitschrift für Gemeinnützigkeit", 1878.

Fankhauser, Franz

Fankhauser, F., praktische Anleitung zur Bestandesaufnahme m. Rücksicht auf die Bedürfnisse der Wirthschaftseinrichtung im eidg. Forstgebiete der Schweiz. gr. 8. (III, 96 S.) Bern 884. Schmid, Francke & Co. cart. n. 1. 20

Fankhauser, F., praktische Anleitung zur Holzmassen-Aufnahme, als 2. Aufl. der Anleitg. zur Bestandesaufnahme m. Rücksicht auf die Bedürfnisse der Wirthschaftseinrichtg. im eidg. Forstgebiete der Schweiz. gr. 8. (IV, 117 S. m. Abbildgn.) Bern 891. Schmid, Francke & Co. Kart. n. 2. —

Fankhauser, Frz., praktische Anleitung zur Holzmassen-Aufnahme f. Unterförster, Bannwarte, Privatwaldbesitzer u. Holzindustrielle. 3., neu bearb. u. erweit. Aufl. (VI, 105 S. m. Fig.) 8. Bern 909. F. Semminger. Kart. 2. —

Fankhauser, F., über Aufforstungen u. Verbauungen im mittägl. Frankreich. Forstl. Reiseskizzen. [Aus: „Schweiz. Zeitschr. f. Forstw."] gr. 8. (62 S. m. Abb. u. 7 Taf.) Bern 897. (Schmid & Francke.) n. 2. —

Fankhauser, jun. [Adjunkt d. schweiz. Oberforstinspektorates]: Die volkswirtschaftliche und forstliche Bedeutung der Ziege in der Schweiz .... Bern, Buchdr. K. J. Wyss, 1887; 4 Bl. + 84 S. 8°.
München, Staatswirtsch. Fak., Inaug.-Diss. v. 1887.

Fankhauser jun., F., die Bedeutung der Ziegenwirtschaft für die schweizerischen Gebirgsgegenden in forstlicher und volkswirtschaftlicher Hinsicht. Ein Beitrag zur Lösung der Frage einer rationellen Regulirung des Ziegenweidganges in den Hochgebirgswaldungen der Schweiz. gr. 4. (VII, 84 S.) Bern 887, Wyss. *

FANKHAUSER, Franz: Beiträge zur Erklärung der Saftleitung im Holztheile der Gefässpflanzen. - Bern 1889. 14 S., 1 Taf.

(Fankhauser), Monatliche Bulletins der Beobachtungs-Ergebnisse der im Kanton Bern zu forstlichen Zwecken errichteten meteorolog. Stationen für die Jahre 1873, 74, 75. Bern 1873, 74, 75.

Fankhauser, F., die Drahtseilriese m. besond. Berücksicht. der Holztransport-Einrichtg. im kleineren Schlierenthal Kanton Unterwalden entworfen im Auftrage der Forstdirektion d. Kantons Bern. Mit 16 lith. Taf. gr. 4. (15 S. m. 15 Steintaf.) Bern 872. Jent & Reinert. n. 1. 60

Fankhauser, F., Die Drahtseilriese mit besond. Berücksichtigung der Holztransport-Einrichtung im kleinen Schlierenthal, Kanton Unterwalden. Mit 16 Tfln. 2. durchgesehene Aufl. 14 Stn. 4. Bern, Jent u. Reinert. 1873. 2. 50

FANKHAUSER, Franz: Geschichte des Bernischen Forstwesens von seinen Anfängen bis in die neuere Zeit. - Bern 1893. 115 S. (Enth. am Schluß einen Etat sämtlicher bernischer Forstbeamten, chronologisch geordnet seit 1775)

Fankhauser, F., Leitfaden für die Bannwartenkurse im Kanton Bern. 866. (VII, 240 S.) — 2. verm. Aufl. Bern 870. Jent & Reinert. gr. 8. (VIII, 325 S. mit Holzschn.) n. 20 ngr.

Fankhauser, F., Leitfaden f. die Bannwartenkurse im Kanton Bern. Bearb. im Auftrage der Forstdirektion. 3., verm. Aufl. gr. 8. (IX, 196 u. 68 S.) Bern 880. Jent & Reinert. n. 3. 20

Fankhauser, Franz. Leitfaden für schweiz. Unterförster- u. Bannwartenkurse. Als 4., neu bearbeitete Aufl. von Kantonsforstmeister F[ranz] Fankhauser's (**Teil 1:* Kantonsforstmeisters F. Fankhauser) «Leitfaden für die Bannwartenkurse im Kanton Bern» hrg. von [dessen Sohn] Dr Franz F"... . 2 Teile. 8. Bern, Fr. Semminger, 1902—1905. [*je* geb. fr. 2. 50]
Teil 1: Einleitung, Standortskunde, Forstbotanik und Waldbau. [Mit 43 Figuren.] X + 182 S. 1902.
Teil 2: Forstbenutzung, Forstschutz, Feldmessen und Forstliche Baukunde. [Mit 83 Figuren.] VI + 146 S. 1905.
7. Aufl. ebd. 1938. 386 S., m. Abb.

— s.: Zeitschrift, schweiz., f. Forstwesen.

Fankhauser, Gottfried. Die biblische Geschichte in Sonntagsschule und Religionsstunde. Eine Wegleitung für den Unterricht mit vielen Lehrbeispielen. VIII + 312 S. 8. Basel, Kober, 1905. [fr. 2. 50, geb. 3. 50]

Fankhauser, Gottfr., die biblische Geschichte in Sonntagsschule u. Religionsstunde. Eine Wegleitg. f. den Unterricht m. vielen Lehrbeispielen. 2. Aufl. (VIII, 311 S.) 8. Basel 906. Kober. n. 2. —; geb. in Leinw. n. 2. 80
1. Aufl. (VI, 311 S.) Ebd. 905. n. 2.; geb. n. 2. 80.

Fankhauser, Gottfr., sieben Gleichnisse d. Herrn. Kindern erzählt. (VII, 175 S.) 8. Basel 909. Kober. 1. 40; geb. 2. —

— Knüppel u. Knorren. Aus d. Papieren d. Christoffel Truber ausgewählt u. hrsg. (VI, 170 S.) 8. Ebd. 910. 1.60; geb. in Leinw. n 2. 40

Fankhauser, J., die Entwicklung des Stengels u. des Blattes von Ginkgo biloba, L. [Salisburia adiantifolia, Smith]. 4. (11 S. m. 4 Steintaf.) Bern 882. (Huber & Co.) n. 1. 80

Fankhauser, J., Leitfaden der Botanik zum Unterricht an Mittelschulen. 8. (152 S. m. eingedr. Fig.) Bern 881. Fiala. cart. n. 1. 60

Fankhauser, Joh., Sendschreiben an e. von d. Muttergemeinde d. Taufgesinnten abgefallenen jetzigen Neutäufer. Zur Belehr. u. Beherzig. unbefestigter Gemüther hrsg. v. J. Jak. Schweizer. gr. 8. (1½ B.) Burgdorf 836, Langlois.

Fankhauser, Johannes

[F.] Tagebuch des Venners und Oberstl. Johannes Fankhauser von Burgdorf über den zweiten Villmergerkrieg 1712. M. e. biogr. Einl., verschied. Beilagen u. 1 Bilde Fankhausers. Hrsg. v. Rudolf Ochsenbein, Lehrer in Burgdorf. *Burgdorf: C. Langlois & C. 1899.* (41 S., 1 Portr.) 1 Bd 8.

Fankhauser, M., die Schädelform nach Hinterhauptslage. Studien über den Einfluss der Geburt auf die Gestalt des kindlichen Kopfes. 110 Stn. 8. Bern, Huber & Co. 1873. 3. —

Fankhauser Max: Die Kartenorientierung im Altertum und Mittelalter.
H. 1910 PN 2916 Diss. Wien, Univ.

Fankhauser [Max], Untersuchung der Schüler auf Farbenblindheit. Burgdorf 1881. Progr.

Fankhauser, [Frl.] Sophie. Erinnerungen einer alten Jungfer aus ihren Kinder- und Dienstjahren. 2 Teile. 8. Grosshöchstetten 1897.
Teil 1. Kinderjahre. — (Theil 2. Meine Dienstjahre.)

Fanna, P. Fidelis a, ratio novae collectionis operum omnium sive editorum sive anecdotorum seraphici eccl. doctoris S. Bonaventurae proxime in luxem edendae manuscriptorum bibliothecis totius Europae perlustras mandate Rev. P. Bernardo a Portu Romatino. gr. 8. (XIV, 320 S.) Taurini 874. (Regensburg, Pustet). n.n. 4. —

Fanner. Es Gheimniss. Lustspiel. Zürich, Schmidt. 1882. — 80

Fanner, F. W., Verzeichniss der in das Handels-Register des königl. Stadtgerichts zu Berlin eingetragenen Einzelfirmen, Gesellschaften, Genossenschaften und Prokuren. Zusammengestellt auf Grund der amtl. Register bis Januar 1874. Nebst dem Verzeichniss der vereideten Makler. gr. 8. (259 S.) Berlin 874, Lobeck. [Anders.] **

Fanner, F. W., Verzeichniss der in das Handels-Register d. königl. Stadtgerichts zu Berlin eingetragenen Einzelfirmen, Gesellschaften, Prokuren u. grösseren Genossenschaften. Zusammengestellt auf Grund der amtl. Register bis Januar 1876. Nebst dem Verzeichniss der vereideten Makler. 12. Jahrg. gr. 8. (III, 298 S.) Berlin 876. Anders. n.n. 6. —

—— dass. — 13.—15. Jahrg. gr. 8. (à ca. 300 S.) Neu-Köln 877—79, Gebr. Fickert. à Jahrg. **

Fanner, F. W., Verzeichniss der in das Handels-Register des königl. Amtsgerichts I. zu Berlin eingetragenen Einzelfirmen, Gesellschaften und Prokuren. Zusammengestellt auf Grund der amtl. Register. Nebst dem Verzeichniss der vereideten Makler und der beim königl. Amtsgericht I. beschäftigten Konkursmassen-Verwalter, sowie Nachrichten über die eingetragenen Genossenschaften. 16. und 17. Jahrg. gr. 8. (à Jahrg. ca. 300 S.) Berlin 880,81, Gebr. Fickert. cart. à Jahrg. **

—— dass. — 18. Jahrg. gr. 8. (377 S.) Berlin 882, F. und P. Lehmann. cart. **
— — dass. — 19. Jahrg. gr. 8. (393 S.) Ebendas. 883. **

Fanner, F. W., Verzeichniss der in das Handels-Register des königl. Amtsgerichts I. zu Berlin eingetragenen Einzelfirmen, Gesellschaften und Prokuren. Zusammengestellt auf Grund der amtl. Register bis Jan. 1888. 24. Jahrg. Nebst dem Verzeichniss der vereideten Makler und der beim königl. Amtsgericht I. beschäftigten Konkursmassen-Verwalter, sowie Nachrichten über die eingetragenen Genossenschaften. gr. 8. (500 S.) Berlin 888, F. und P. Lehmann. **
20.—23. Jahrg. nicht im Handel.

Fanner, F. W., Verzeichniss der in das Handels-Register d. Königl. Amtsgerichts I. zu Berlin eingetragenen Einzelfirmen, Gesellschaften u. Prokuren. Zusammengestellt auf Grund d. amtl. Register bis Jan. 1890. Nebst dem Verzeichniss der vereideten Makler u. der beim Königl. Amtsgericht I. beschäftigten Konkursmassen-Verwalter, sowie Nachrichten üb. die eingetragenen Genossenschaften. 26. Jahrg. gr. 8. (576 S.) Berlin 890. F. & P. Lehmann. cart. n.n. 6. 50

Fanner, F. W., Verzeichnis der in das Handels-Register des königl. Amtsgerichts I zu Berlin eingetragenen Einzelfirmen, Gesellschaften u. Prokuren, Fortsetzg., s.: Verzeichnis etc.

Fanni, oder darf einer zwei Weiber nehmen? ein Schspl. in 5 Handll. (v. Aug. Darmstädter). 8. Kassel 785.

Fanni und Thomson, oder der Sieg der Liebe; ein Schauspiel in fünf Akten. Prag 1798. V: *Horn*, *Christian*. (MGT)

Fanninger, Ferd. (geb. Lauenburg i. P. 27. 3. 1795): De diabete mellito. Berolini (1820). (30 S.) 8°
Berlin, Med. Diss. v. 11. Febr. 1820

Fanninger, Maur. (geb. Naugard in Pomm. 22. 9. 1829): De apoplexia sanguinea. Berolini (1853). (31 S.) 8°
Berlin, Med. Diss. v. 22. Sept. 1853

Fannius, Cajus, s.a. Quintessenz, die, des modernen Jesuitismus.

Die Quintessenz des modernen Jesuitismus. Von Cajus Fannius. *Zürich: J. Schabelitz 1892.* (IV, 113 S.) 8° [J. u. Ant.]

Fanny oder die glückliche Reue, eine englische Geschichte (a. d. Franz.) von Johann Gottlieb Volkelt. Breslau u. Leipzig 1755. V: *Arnaud*, *François d'*. (BGE I², 233)

— ou l'heureux repentir, histoire angloise, p. d'Arnaud, av. fig. 8. Dresde, Walther. 756.

Fanny. Trag. Nachspiel. 8. Bresl. 772. Gutsch. 2 K

Fanny oder die glückliche Wiedervereinigung; ein Drama. Wien 1773. V: *Teutscher*, *Maria Antonia*. (Ky)

Fanny, Klageode. Juli 1775. V: *Schubart*, *Chn Frdr. Daniel*. (GGr)

Fanny, eine Englische Geschichte a. d. Franz. Breslau u. Leipz. 1775. Ü: *Volkelt, Johann Gottlieb.* (Ky) (ML)

Fanny; e. engl. Geschichte; aus d. Französ. (v. J. G. Volkelt). 8. Bresl. 775. Gutsch. 6 gr

Fanny; od. der Sieg der Tugend. Drama von Arnaud. 8. Mannh. Schwan. 778. Rthlr.

— od. die Verlobte des Fürsten. Trspl. in 5 A. 8. Bresl. 780. J. Fr. Korn. 8 gr

Fanny oder die Kunstreuter. Eine Erzählung für meine kleine Henriette. 1. Aufl. 1849. und 2. Aufl. 16. (72 S.) Hamburg 851, Agentur des Rauhen Hauses.

Fanny od. die Kunstreiter. Eine Erzählg. f. meine kleine Henriette. 3. Aufl. 16. (79 S. m. e. Chromolith.) Hamburg 871. Agentur d. Rauhen Hauses. n. — 75

Fanny die Blumenhändlerin. Nach dem Engl. von J. A. Hausmeister. 24. (52 S. mit 1 Stnt. und lithogr. Titel.) Straßburg 840, [Berger-Levrault Witwe und Sohn.]

Fanny, die den 14. Wintermonat 1785 in München vom Frauenthurm stürzte. ... München 1785. Frankf. u. Leipz. 1785. V: *Baumgartner, Anton.* (GGr)

— u. Julie, od. d. Freundinnen, von Sophie de la Roche, m. K. 2 Thle. 8. Lpz. Gräff. 801—2.

Fanny, der jungen, Leiden; eine Gesch. unsrer Zeiten, in Brief., v. F. W. Nesselrode. 8. Augsburg, Stage. 785. Rthlr.

— Miß, oder der Schiffbruch. Trspl. (v. Jh. Chr. Brandes). 8. Berl. 767. Wever. 6 gr

FANNY, die schöne Putzmacherin von Berlin. Bekenntnisse aus ihrem Leben. Leipzig, o. J. 8°. (2 Kronen Halm & Goldmann, Wien, 1904.)

— u. Thamson; o. d. Sieg der Liebe. Schausp. v. Horn. 8. Prag Widtmann. 798.

Fanny, (Fanny Tarnow), Natalie, s. Romanenbibl., kleine.

Fanö [Sachl. OW]

Nordseebad Fanö. Mit Ill., Karte, Bebauungsplan d. Badeortes. (Fanö): Badedir. [um 1900]. 47 S. quer-8° [illegible] 7

Fanö [Schlagwort]

Fanö, s.: Deutschland. Kürschner-Pelp.

Fanö-Bucht [Schlagwort]

Fanö-Bucht, s: Seekarten.

Fant, E. M., hist. literat. graec. in Suecia etc. 4. Upsal 779. Sucderus. 18 gr

— scriptores rerum Suecicarum medii aevi ex schedis praecipue nordinianis collecti, dispositi ac emendati. Tom. I. Fol. Upsaliae 818. (Leipz., Weigel). 13 ₰

Fanta, Adf., der Staat in der Ilias u. Odyssee. Ein Beitrag zur Beurtheilung der homer. Verfassung. gr. 8. (VIII, 97 S.) Innsbruck 882. Wagner. n. 2. —

Fanta, Frz. Zur Reform d. Ratenhandels in Oesterreich. 8. (70 S.) Prag 892, Dominicus. * 1 —

Fanta, G., s.: Adress- u. Handels-Handbuch der Hauptstadt Prag.

Fanta, Jul., die erste (diess- und jenseits des Oceans) ausgeführte Kettenbrücke für den Lokomotivbetrieb. Projectirt und erbaut im J. 1859—60 von Friedr. Schnirch. Mit Zeichnungen. Imp.-4. (28 S. und 3 Stnt. in qu. gr. Fol. und Imp.-Fol.) Wien 861, (Selch's Buchh.) *

Fantaisies militaires par un officier autrichien. 1780. V: *Ligne, Charl. Jos. Prince de.* (Des Fürsten von Ligne Erinnerungen und Briefe, a. d. Franz. übers. u. hgbn. von Victor von Klarwill. Wien 1920. S. 395) (M. H. de Baker, Bibliographie des oeuvres du prince de Ligne. Bruxelles p. 1915. S. 31) (BiblPort)

Fantasiebilder, gesammelt am malerischen Ufer der Spree. Von einem Unbekannten. (Gedichte.) gr. 12. Berlin 834. Hasselberg. 5/6 ₰

Fantasie-Blüten, neue, das ist e. Auswahl einiger d. schönsten franz., ital. u. span. Novellen, od. kleine unterhalt. Erzähln. in romant. Gewande. Neu u. unmittelbar a. d. Ursprachen übers. v. J. Chr. Petri. 2 Bdchn. M. 1 Stndr. gr. 12. (19 B.) Leipzig 829, Bossange, Vater.

Fantasieen, s. a. Fantasien

Fantasieen, militairische, üb. Heerbildung etc., s. Pappenheim, Alb. Graf v.

Fantasiegemälde, od. Sagen aus d. Geister- u. Zauberwelt. 8. Prag 805. Joachim in Leipz. 16 gr

Fantasien, s. a. Fantasieen

Fantasien s. a. Phantasien.

Fantasien ein. Britten. 8. Leipz. Sommer. 792.

Fantasien f. ein künftiges Deutschland, von C. v. S. 8. Frankf. am M. Eichenberg. 815.

— u. Gedichte. 8. Breslau, Gehr. 795.

— m. schlafl. Nächte. 8. Halberst. Sommer. 794.

— auf d. Reise und bey d. Flucht von d. Franken, edirt von Ewald. 8. Berl. Unger. 797.

— auf ein. Reise nach Prag. 8. Dresd. (Sommer in Lpz.) 807.

Fantasien geschäftsfreier Stunden, von F. v. Sydow. 1r Thl. 8. Freib. Craz u. G. 813.

Fantasie-Stoffe. Kunststickereien u. Spitzen. Eine reiche Auswahl v. Motiven f. Musterzeichner der Textilindustrie, Möbelstoff-, Teppich- u. Tapeten-Fabriken, Webereien f. Damast, Seide, Kattun etc. 30 Photogr. gr. 4. Berlin 891. Hessling & Spielmeyer. In Mappe. n. 36. —

Fantasiestücke in Callot's Manier s. a. E. T. A. Hoffmann.

Fantasiestücke in Callots Manier. Blätter aus dem Leben eines reisenden Enthusiasten. Mit einer Vorrede von Jean Paul. 4 Bde. 8. Bamb. Kunz. 814 u. 15. (1r u. 2r Bd. à 1 Rthlr. 12 gr. 3r Bd. 1 Rthlr. 8 gr. 4r Bd. 1 Rthlr. 16 gr.)

Fantasiestücke in Callots Manier. Blätter aus dem Tagebuche eines reisenden Enthusiasten, mit Vorrede von J. Paul. 2te Aufl. mit des Verf. (E. T. A. Hoffmann's) Portrait. 2 Bde. 8. Bamberg, Kunz. 819. Rthlr.

Fantasta, die Königin, e. Erzähl. v. Rousseau. 8. Lpz. Junius. (Linke.) 799.

FANTASTEN- und Predigeralmanach, Katholischer. Rom, Madrid, Lissabon und München, auf Kosten der heiligen Inquisition (Grattenauer in Nürnberg). Vier Jahrgänge. Mit Titelkpfrn. 1783—86. 8°. Cplt. höchst selten! (Jahrg. 1784 apart: 7 Mk. 50 Pfg. Max Perl, 1898.)
Im Jahrgange 1784 heisst es: „Dieses schamhafte (!) Opus ist einem Pet. Hensy, privil. Vertreiber des Ungeziefers in Wien, gewidmet."

FANTASTEN- u. Predigeralmanach, Katholischer, auf das Jahr 1784. Mit Titelkupfer (im Hintergrunde die Stephanskirche u. d. Unterschr. „Migazzi ärgert sich"). Rom, Madrid u. Leipzig (Nürnberg, Grattenauer). 8°. 87 gez. S. (12 Kr., Ppbd., Gilhofer & Ranschburg, 1911.)

Fanter, Daniel Friedrich (Rostock), Nonnulla quaedam de communione bonorum a conjuge superstite cum liberis continuata. Disp. jur. Präs. Jacob Heinr. Balcke (Güstrow). Rostock (Adler) 16. VIII. 1752. 24 S. (4.80)
Gew.: Joach. Christian Danckwardt. — Widm. v. Präs.

Fanti, Bella und Clarissa, Anführerinnen eines furchtbaren Räuberkorps im Kirchenstaate. Eine Geschichte wunderbar und seltsam. Seitenstück zur Seeräuberin Antonia della Roccini. Braunschweig 1805. V: *Bornschein, [Joh. Daniel] Ernst.* (BGE I³, 234)

Fanti, Bella u. Clarissa, Anführerinnen eines Räubercorps im Kirchenstaate. 2 Thle. 8. Braunschw. Schröder. 805.

Fantin - Desodoards, s.a. Desodoard

Fantin - Desodoards, Antoine Etienne Nicolas

Fantin-Desodoards, A. E. N. Geschichte der Revolution in Indien im 18. Jahrh. oder Hyder Ali u. Tippoo Saib. A. d. Franz. 2 Bde. 8. Leipzig 1799. 6,00.

Fantin-Desodoards, Ant. Et. Nic. Typo Saib, Sultan von Massur, und Geschichte Indostans im 18. Jahrhundert. A. d. Französ. 2 Bde. 8. Leipzig 1799.

Fantini, Wilhelm, Referendar a. D.: Das Wiederkaufsrecht an Grundstücken und seine Sicherung durch Eintragung einer Vormerkung nach B.G.B. *Breslau 1904: W. G. Korn.* (58 S.) 8°
Breslau, Jur. Diss. v. 26. März 1904

Fanto, Emil, aus Wien: Zur Kenntnis styrolartiger Verbindungen. *Wien 1899 [vielm. 1901]: W. Schlenker.* (54 S.) 8°
Heidelberg, Naturw.-math. Diss. v. 1901

Fanto Richard: Über o-Phenylbenzaldehyd. S. 107. II b. 68 . . . . vgr.
Separatabdruck

— Über Silberjodidnitrat und Silberjodid. S. 112. II b. 311 . . . . vgr.
Separatabdruck

— Zur Theorie des Verseifungsprozesses. S. 113. II b. 525 . . . . vgr.
Separatabdruck

— und **Stritar,** M. J.: Zur Theorie des Verseifungsprozesses. 4. Mitteilung. S. 117. II b. 99 . . . . vgr.
Separatabdruck

FANTÔMES, Les, avec le tambour. Oder Die Gespenster mit der Trommel, welche durch ihre seltsame Vorstellungen und Unternehmungen wunderliche Dinge zuwege gebracht. Mit Titelkupfer. Franckfurt und Leipzig 1752. 8°. 240 S. Zahm. (7 Mk. 50 Pfg. Adolf Weigel, 1908.)

Fanton, Io., opuscula med. et physiologica. c. fig. 4. Laus. Pott. 786.

— dissert. de thermis Valderian. 8. 729.

Fantozzi, Federigo, Firenze disegnata e descritta. (In 5 Bdn. od. circa 55 Fasc. à 8 B. Text, m. 300 theils col. Stahlst. u. Kpfrst.) Libro II. Fasc. I. gr. 4. Firenze 846. (Wien, Rohrmann.) n. 1⅚ ₰ (Libro I. erscheint später.)

Fantus, B[ernhard], und **Staehelin,** R[udolf]. Das Verhalten des Blutdrucks beim Menschen während der Erholung von Muskelarbeit, nebst Bemerkungen über den Uskoffschen Sphygmotonometer. Aus der I. medizinischen Klinik der Königl. Charité zu Berlin .... ⟨Mit 1 Kurve.⟩ Sonder-Abdruck aus der Zeitschrift für klin(ische) Medizin. Bd. 70. H[eft] 5 u. 6. II + 14 S. 8. (Berlin, August Hirschwald, [1910].)

FANYAS DE SAINT-FOND Barthelemy. Beschreibung d. Versuche mit d. Luftkugel. Wien 1783.

Fanzagi, J. A., Institutiones pathologiae. P. I. 8maj. Patavii. (Lips. J. A. G. Weigel. in Comm.) 815.

Farabeuf, Louis Hubert

Farabeuf, L. H., der geburtshülfl. Greif-Messhebel (Préhenseur-Levier-Mensurateur) s.a. **Klinik, Berliner.**

Der geburtshülfliche Greif-Messhebel '(Préhenseur—Levier—Mensurateur),' v. Prof. L[ouis] H[ubert] **Farabeuf** in Paris. Vom Vf. autoris. Uebs. v. Dr. Gustav Beck in Bern. *Berlin: Fischer 1896.* (30 S.) 8.
= Klinik, Berliner. H. 94.

Farabi, das Buch der Ringsteine. Mit dem Kommentare des Emir Ismaʿil El-Ḥoseini el Farani übers. u. erläutert von M. Horten, s.a. **Beiträge zur Geschichte der Philosophie des Mittelalters.** V. 3.

Das Buch der Ringsteine (Kitâb al-fuṣûṣ) **Farabis** (Abû-Naṣr Muḥammad Ibn-Muḥammad al-**Fârâbî**) 950 †. Mit d. Kommentare d. Emir Isma'il el-Hoseini el-Farani (Isma'Il al-Husaini al-Fârânî) ⟨um 1485⟩. Übers. u. erl. von Dr. M[ax] Horten. Mit Beigabe e. Faks. Münster: Aschendorff 1906. (XXVIII, 510 S.) 8°
— **Beiträge** z. Geschichte d. Philosophie d. Mittelalters. Bd 5, H. 3.

Der Musterstaat von Alfârâbi [Abû-Naṣr al-**Fārābī**] aus d. Arab. übertr. von Dr. Friedrich Dieterici, Prof., Berlin. Voran geht die Abhandlung: 'Über d. Zusammenhang der arab. u. griech. Philosophie'. *Leiden: E. J. Brill 1900.* (VIII, LXXIX, 136 S.) 8°

Die Staatsleitung ([Arab.] As-sijâsa al-madinijja) von Alfârâbi (Abû-Naṣr Muḥammad Ibn-Muhammad al-**Fārābī**). Deutsche Bearb. mit e. Einl. 'Über d. Wesen d. arab. Philosophie'. Aus d. Nachlasse d. Geh. Reg.R. Dr. F(riedrich) Dieterici hrsg. mit e. Gedenkblatt von Dr. Paul Brönnle. *Leiden: E. J. Brill 1904.* (LVI, 91 S.) 8°
[Umschlagt.:] Die Staatsleitung von Alfârâbî. Eine metaphys. u. ethisch-polit. Studie e. arab. Philosophen.

Faraday, Mich., Biographie, s. **Gladstone, J. H.**

Faraday, Michael, Ueber elektrisch-magnetische Bewegungen und die Theorie des Magnetismus. (Ann. der Physik, B. 71, St. 2, J. 1822, St. 6.)

— Ueber neue elektrisch-magnetische Bewegungen; ein Nachtrag zu seinem früheren Aufsatze. (Frei dargestellt von Gilbert.) (Aus: Ann. d. Phys., B. 72, St. 2, J. 1822, St. 10.)

Faraday, Mich., Experimental-Untersuchungen über Elektricität, s.a. **Ostwald's, W.,** Klassiker der exakten Wissenschaften.

Faraday, Mich., Experimental-Untersuchungen über Elektricität. Deutsche Uebersetzg. v. S. **Kalischer.** [In 3 Bdn.] 1. u. 2. Bd. gr. 8. Berlin, Springer. n. 20. —; geb. n. 22. 40
1. Mit in den Text gedr. Abbildgn., 8 Taf. u. dem Bildniss Faraday's. gr. 8. (VIII, 515 S.) 889. n. 12. —; geb. n. 13. 20
2. Mit in den Text gedr. Abbildgn. u. 6 Taf. (VI, 303 S.) 890. n. 8. —; geb. n. 9. 20

Faraday, Mich., Experimental-Untersuchungen üb. Elektricität. Deutsche Uebersetzg. v. S. **Kalischer.** [In 3 Bdn.] 3. Bd. Mit in den Text gedr. Abbildgn. u. 5 Taf. gr. 8. (IX, 646 S.) Berlin 891. J. Springer. n. 16. — (kplt.: n. 36. —; geb. in Leinw. n. 39. 60)

Experimental-Untersuchungen über Elektricität von Michael **Faraday.** Hrsg. v. A[rthur] J[oachim] v. Oettingen. [1–3.] (In 8 Reihen.) *Leipzig: W. Engelmann 1896–97.* 3 Bde 8°
[1.] (Reihe 1. 2.) ⟨Aus d. Philos. Transact. f. 1832.⟩ Mit 41 Fig. im Text.
[2.] Reihe 3–5. ⟨Aus d. Philos. Transact. f. 1833.⟩ Mit 15 Fig. im Text.
[3.] Reihe 6–8. ⟨Aus d. Philos. Transact. f. 1834.⟩ Mit 48 Fig. im Text.
= Klassiker, Ostwald's, d. exakten Wissenschaften. No 81. 86. 87.

Faraday, Mich., die verschiedenen Kräfte der Materie u. ihre Beziehungen zu einander. Sechs Vorlesgn. f. die Jugend. Uebersetzt v. H. **Schröder.** Mit 34 (eingedr.) Holzschn. 8. (III, 165 S.) Berlin 873. Oppenheim. n. 2. —

— and Schoenbein, Letters 1836—1862. With notes, comments and references to contemporary letters ed. by Geo. W. A. Kahlbaum and Francis V. Darbishire. gr. 8. (XVI, 376 S. m. 2 Bildnis-Taf.) Basel 899. B. Schwabe. n. 12. —

Faraday, Mich., chemische Manipulation, oder d. eigentlich Praktische d. sichern Ausführung chemischer Arbeiten u. Experimente. Aus d. Engl. 3 Lieferr., mit 5 Taf. Abbildd. gr. 8. Weimar 827, 28. Industr.-Compt. 3 ₰ 12 ℊ Nachträge dazu. gr. 8. Ebd. 832. 3 ℊ

— Naturgeschichte e. Kerze. Sechs Vorlesgn. f. die Jugend aus d. Engl. übertragen v. Lüdicke. Mit 35 (eingedr.) Holzschn. 8. (158 S.) Ebend. 870. n. 2. —; cart. n. 2. 40

Faraday, Mich., Naturgeschichte e. Kerze. 6 Vorlesgn. f. die Jugend. 2., durchgeseh. Aufl. Mit e. Lebensabriß Faraday's, hrsg. v. Rich. Meyer. Nebst e. Bildniß Faraday's (in Holzst.) u. 35 Holzst. 8. (VI, 193 S.) Berlin 881. Oppenheim. n. 1. 80

— Naturgeschichte e. Kerze. 6 Vorlesgn. f. die Jugend. 3., durchgeseh. Aufl. Mit e. Lebensabriß Faraday's, hrsg. v. Rich. Meyer. Nebst e. Bildniß Faraday's u. 35 Holzschn. 8. (VIII, 194 S.) Dresden 902. H. Schultze. Geb. in Leinw. n. 2. 60

Faraday, Mich., Naturgeschichte e. Kerze. 6 Vorlesgn. f. die Jugend. Mit e. Lebensabriß Faradays hrsg. v. Rich. Meyer. 5. Aufl. (VIII, 172 S. m. 35 Abb. u. Bildn.) 8. Leipzig 909. Quelle & Meyer. Geb. 2. 50

Farae, Jo. Franc., de Chorographia Sardiniae libri duo, de rebus Sardois libri quatuor edente Alois. Cibrario Equite curatore historiae patriae studiis promovendis ad Ang. Lascaris Marchionem vir. ill. 4maj. (Mit 1 Bildniß: Conte G. Vicenzo Lascaris, di Ventimiglia Castellaro ec.) Augustae Taurinorum 835. (Lipsiae, T. O. Weigel.) n. $6^2/_3$ ₰

Faragò, Leop., Ergänzg. des Wasserstrassen-Netzes in Ungarn durch Kanäle, s.a. Verbands-Schriften d. deutsch-oesterr.-ungar. Verbandes für Binnenschifffahrt. Nr. 56.

Ergänzung des Wasserstrassen-Netzes in Ungarn durch Kanäle. Von Sektionsrath Leopold Faragò in Budapest. *Berlin: Siemenroth & Troschel 1900.* (7 S.) 8°
— Mitteilungen über derzeitige u. angestrebte Schiffbarkeit d. Hauptströme u. ihrer Nebenflüsse. H. 9, [•]
— Deutsch-Oesterr.-Ung. Verband f. Binnenschiffahrt. Verbands-Schriften. No 56, [•].

Faragó, Leop., Normal-Abmessungen f. d. österr.-ungar. Verbindungskanäle, s.: Verbands-Schriften d. deutsch-österr.-ungar. Verbandes f. Binnenschiffahrt.

Faramond. Familiengesch., v. Chr. Fr. Timme. 4 Thle. 8. Erfurt, Keyser. 782—84. (à 18 gr.)

Faramond, Ernst Ludwig von, s. Faramund, Ludwig Ernst von

Faramond, Ludwig Ernst von, s. Faramund, Ludwig Ernst von

Faramund, Ludwig Ernst von [Pseud.], s.a. Sinold genannt von Schütz, Philipp Balthasar

Faramond, Lud. Ernst v., unchristlich. Christenthum. 2 Thle. 8. Nürnb. Monath. 729.

— Gedanken üb. die Eitelkeit d. Welt rc. 2 Thle. 8. Ebendas. 735.

Faramond, Ernst Ludw. v., Die glückseligste Insel auf der gantzen Welt, oder das Land der Zufriedenheit. 8°. Nürnberg, Monath, 1728. 8°. Frankfurt u. Leipzig 1737.

v. Faramond, Edw. Er., (P. B. v. Schütz, gen. Sinold), die glückselige Insel auf der Welt, od. das Land der Zufriedenheit, dessen Regierungsart rc. 8. Nürnb. 732, u. 769. Monath u. K. 8 ℊ

— Lebensregeln. 8. Leipzig, Gleditsch. 734.

— Protocoll d. Unterred. einig. Freunde rc. Amsterd. (Monath in Nürnb.) 740.

— Sendschr. ein. Deutschen v. sein. Wallfahrt nach Rom. 8. Leipz. 736.

— Wissensch. z. leben, welche d. Wohlstand lehrt. 8. Frft. (Monath in Nürnb.) 739.

Farao für die Könige. Leipzig 1776—77. V: *Behrisch, Hnr. Wolfgang.* (Ky)

Farao für die Könige. 3 Thle. m. K. 8. Leipz. Weygand. 776—77. (I. II. 1 Rthlr. 4 gr. III. 12 gr.)

v. Farardo, Jos Clavigo, s. d. Denker.

Fārawā letālin māgāna Hausa. Berlin 1857.

Farazdak, Divan. 2. Hälfte. Nach der einzigen in Constantinopel (Hagia Sophia) befindl. Handschrift in photolith. Wiedergabe u. m. Reimlexicon u. Eigennamenverzeichnis zu sämtl. Farazdak-Gedichten v. Jos. Hell. gr. 4. (VII, 27 u. 70 S.) München (Schwabingerlandstr. 50 bei Prof. Dr. Hommel) 900. Dr. Jos. Hell. n n. 50. —

Farazdak, Divan. 2. Hälfte. B. Nach Boucher's Copie der Constantinopler Handschrift in photolithograph. Wiedergabe u. m. Reimlexikon u. Eigennamenverzeichnis v. Jos. Hell. (12 S. u. S. 71—193.) gr. 4. München 901. (Leipzig, O. Harrassowitz.) n. 10. —

Die Mit allerhand curiosen und geheimen Wissenschaften angefüllte Farbe — Belustigung / Eingetheilet in Zwey Theile; Darinnen in dem Ersten Theil angewiesen werde die schöne Illuminir-Kunst / ... In dem Andern Theil ist enthalten die schöne vollständige Farbe-Kunst Für Kunst-Schön-Wüllen- und Leinen-Färbern / Tuch- und Hutmachern ... Nurnberg. In Verlegung Johann Christoph Lochnern 1711.
Tit., 2 Bl., 182 + 220 S. 8°.

Farbebelustigung u. Illuminirkunst. 2 Thle. 8. Nürnb. 741.

Färbebuch. 8. Hamb. Vollmer.

— od. der curieuse u. vollkommene Kunstfärber. 2 Thle. 8. Nürnb. 709.

— welches drei d. wichtigsten Hauptstücke zur Fabrikanten u. Färber enthält s.a. Färbe- u. Bleichbuch rc. 3r Bd.

— welches drey d. wichtigst. Hauptstücke f. Fabrikanten u. Färber enthält. 8. Ulm, Stettin. 781.

— allgemeines u. vollständig. auf Erfahr. u. Entdeckungen in d. Chymie gegründetes. 8. Ebend.

— allgem. u. vollständ. nebst Fleckenkünstler. 2 Thle. 8. Hamb. ... N. A. 811. (Herold jun.) 8 ℊ

— f. den häuslichen Gebrauch, nebst Anweis. z. Bleichen. gr. 8. Marb. Krieger. 809.

— Hamburgisches, oder Unterricht, wie man seidene u. wollene Zeuge, Kattune u. Leinwand im Großen u. Kleinen zu färben hat rc. 8. Lüneb. 805. Herold u. W. 4 ℊ

— compendiöses, od. Anleit. zum Färben d. Wolle rc. 8. Quedlinb. Ernst. 804.

Färbebuch, compendiöses, oder Anleit. zum Färben d. Wolle, Baumwolle. Seide u. d. Leinens. 8. Quedlinb. 809. 3e A. 824. Ernst. 9 ℊ

— neues, für Haushaltungen, nebst Anweis., wie man Flecken aus allerlei Zeug herausbringen u. sich verschiedene Fleckkugeln bereiten kann. 8. Quedlinb. 829. Ernst. 10 ℊ

Färbebuch, neuestes westphälisches, od. gründl. Unterricht Seide, Baumwolle, Wolle u. Linnen wohlfeil u. doch sehr schön zu färben. 8. Quedlinb. Basse. 813.

— z. allgem. Nutzen, od. Unterricht.Wolle &c. zu färben. 8. Copenh. Schubothe. 793.

Färbebuch und Bleichbuch, Vollständiges, zum Nutzen der Fabrikanten und Färber. Ulm 1779—1819. V: *Gülich, Jerem. Frdr.* (EngMt) 1781—1819 (Ky)

Färbe- u. Bleichbuch, vollständ., zum Nutzen d. Fabrik. &c. 7 Bde. 8. Ulm, Stettin. 779—99. (1r 20 gr., 2r 1 Rthlr. 4 gr., 3r 1 Rthlr. 4 gr., 4r 1 Rthlr. 8 gr., 5r 16 gr., 6r 1 Rthlr., 7r 1 Rthlr.)

Färbe- u. Bleichbuch, vollständiges, zum Nutzen d. Fabrikanten u. Färber, (v. J. F. Gülich). 8 Bde. 8. Ulm 781—819. Stettin. 8 ℛ (1r Bd., e. ganz neue Farbentheorie enthaltend. 779. 20 𝔤𝔤 2r Bd. d. neueste prakt. Farbensystem enth. 779. 1 ℛ 4 𝔤𝔤 3r Bd. d. wichtigsten Hauptstücke für Fabrikanten u. Färber enth. 781. 1 ℛ 4r Bd. d. prakt. Färberei auf Schafwolle, Kameelhaar u. Seide enth. 786. 1 ℛ 8 𝔤𝔤 5r Bd. Kunst, zwölferlei Farbentusche mit ihren Schattirungen u. Mischungen &c. 793. 16 𝔤𝔤 6r Bd. Vorschriften zum Bleichwesen u. zur ganzen Farbenmacherei f. Cottonfabrikanten &c. 795. 1 ℛ 7r Bd. Beschreib. u. Vorschriften zur Manchester-, Piquee-, Mousselin- u. Casemirdruckerei &c. 799. 1 ℛ 8r Bd. Erfahr. in d. Färbe-, Druck- u. Bleichkunst &c., v. J. K. Gütle. Mit 3 Kpf. 819. 1 ℛ)

Färbe- und Blaichbuch, vollständiges, zu mehrerem Unterricht, Nutzen und Gebrauch für Fabrikanten und Färber. VIIIr Bd. m. 2 Kupf. 8. Ulm, Stettins. 818.
Dieser Theil ist auch unter folgendem Titel:
Gütle, Joh. Konr., neueste Erfahrungen in der Färbe- und Blaichkunst &c.

— vollständiges, alle Gattungen von seidenen, baumwoll. u. wollnen Zeugen, auch Leinwand u. Leder zu färben, auf d. neuest. Entdeckungen in d. Chemie u. auf Erfahrung gegründet. 2 Thle. neue Aufl. 8. Hamb. Vollmer. 811.

— vollständiges, f. Tuch- u. Wollenfärber. 8. Berlin, Wellh. 802.

Färbecompositionen z. Drucken u. Färben auf Zitz und Kattun. 4. Leipz. Leo. 800.

Färbekunst, Die r e c h t e und wahrhafte.

— — dasselbe. 8. Leipz. Linke. 796.

Färbekunst, d. rechte u. wahrhafte. 8. Leipz. 796. (W. Rauck). 16 𝔤𝔤

Färbekunst, die rechte u. wahrhafte. 8. Leipzig, Sommer. 796.

Farben, vier, das heißt: die deutschen Spielkarten in ihrer symbol. Bedeutung beschr. u. erklärt v. Susanna Rümpler, Kartenschlägerin. An's Licht befördert v. C. Herlossohn. 1. Aufl. ($13\frac{1}{2}$ B. u. 37 ill. Holzschn.) 828. 1 Thlr. 16 Gr., 2., verm. u. verb. A. (19 B., 37 ill. Holzschn. u. 1 Stnt.) gr. 12. Leipzig 829, [Krappe.]

Färben, über das, des Goldes u. die Wiedergewinnung des dabei verloren gehenden Goldes. gr. 8. Leipzig 833. Barth. 1/8 ℛ

Färben, das, des Pelzwerkes nebst Angabe eines neuen englischen Verfahrens, wie die Farben schnell und fest auf die mit längeren Haaren versehene Felle befestigt werden können, ohne die Haut der Felle mitzufärben. Von St. Leipzig (854). Thenau. 8. verklebt 15 𝔫𝔤𝔯

Farben-Donat oder erleichterte Anfangsgründe der lateinischen Sprache . . . Erlangen 1776. V: *Isenflamm, Jacob Friedrich.* (Ky) (ML)

Farbendonat, oder erleichterte Anfangsgr. d. latein. Sprache, (v. J. F. Isenflamm). 8. Erlang. 776. (Heyder). 6 𝔤𝔤

Farbendonat, od. Anfangsgr. d. latein. Sprache. 8. Erl. Walther. 776.

Farbendruck-Kalender, Chinesischer, pro 1884. I. Jahrg. 4. Wien. Moritz Perles. 84 kr. 1883.

— feiner, pro 1884. IX. Jahrg. Ebds. 84 kr., auf Carton gespannt 1 fl. 1883.

Farbendruck-Kalender, Japanes., pro 1885. II. Jahrg. Hoch 4. Wien, Moritz Perles. 84 kr. 1884.

Farbendruck-Kalender, Japanesischer, pro 1886. III. Jahrg. Hoch 4. Wien, Moritz Perles. 1 fl. 1885.

Farbendruck-Wandkalender, Feiner, pro 1882. VII. Jahrg. auf Carton 84 kr.
— — darstellend: Milton seinen Töchtern das verlorene Paradies dictirend. cart. 1 fl.
Wien: Perles 1881.

Farbendruck-Wandkalender pro 1883. VIII. Jahrg. 4. Fol. 84 kr.
Wien: Perles 1882.

— Wand-Kalender, feiner, pro 1885. X. Jahrg. Quer-Folio. Ebds. 84 kr., auf Carton gespannt 1 fl. 1884.

Geognostisch-agronomische Farben-Erklärung f. die bisher erschien. 27 Blätter der Umgegend von Berlin. Chromolith. 1883. 1 Bl. gr. Fol. (50 Pf.)

Farbenfabriken vorm. Friedr. Bayer & Co.: Bericht des Vorstandes und des Aufsichtsrates pro 1908 ff. Elberfeld

Farbenfabriken vorm. Friedr. Bayer & Co.: Die Entwicklung der Farbenfabriken vorm. Friedr. Bayer & Co. Aufl. vom Mai 1904. Elberfeld 1904

Farbenfabriken vorm. Friedr. Bayer & Co.: Pharmaceutische Produkte. T. 1. 2. Elberfeld. (Um 1905)

Farbenfabriken vorm. Friedr. Bayer & Co.: Prüfungsvorschriften für die pharmaceutischen Produkte. Elberfeld 1908. Nebst Nachträgen 1910 ff.

Farbenfabriken vorm. Friedr. Bayer & Co.: Tabellarische Uebersicht über Eigenschaften und Anwendung der Farbstoffe. Elberfeld. (Vor 1908)

Farbenfabriken vorm. Friedr. Bayer & Co.: Verfahren und Recepte zur Anwendung der Farbstoffe . . . im Anschluss an die »Tabellarische Uebersicht«. Elberfeld. (Vor 1908)

Farbenfrage, die. Ein Mahnwort an die student. Reformpartei gerichtet v. der student. Reformverbindg. Alemania zu Leipzig. 8. (36 S.) Leipzig 875. Lorentz. — 60

Farben-Industrie, die. Vierteljahrsbericht über die Leistgn. auf dem Gebiete d. Steinkohlentheers, der Chemie der aromat. Verbindgn., der künstl. Farbstoffe etc., hrsg. v. E. Börnstein. Octbr. 1888—März 1890. 6 Hefte. Lex.-8. (541 S., Sachverzeichniss XII S.) Berl., Mayer u. Müller.
Nicht weiter erschienen.

Farbenkabinet, Wiener, oder Musterbuch aller Farben. 2 Bde, mit Kpf. gr. 4. Prag 794 u. 95. Schönfeld. 5 ℛ 8 𝔤𝔤

Farbenkoch, der, ohne Maske. 8. Brünn 795. Gastl. 18 𝔤𝔤

Farbenkreis in 15 Abstufungen u. 20 Anwendungstafeln, u. zwar Complemente u. Triaden. Nach Ernst Brücke's Physiologie der Farben u. unter dessen persönl. Anleitung zusammengestellt. qu. Fol. (1 Chromolith. in Imp.-Fol. u. 20 desgl. in qu. Fol.) Wien 877. (Berlin, Czihatzky.) n. 20. —

Farbenkünstler, der kleine. 3 Sorten. 8. (à 10 zur Hälfte color. Taf. m. 1 Bl. Text.) Wesel 887. Düms. cart. à — 20

Farbenlehre (Zur politischen). Ein Schauspiel in 3 Akten. Hrsg. von W. Liebknecht. gr. 8⁰. Borsdorf 1888.

„Farben-Photographie, die, im Dienste d. Postkarte". (70 S. m. z. Tl. farb. Abbildgn.) gr. 8. Dresden (910). Römmler & Jonas. 1. 50

Farbenskala der drei Grundfarben Gelb, Roth, Blau in ihren wechselseitigen Verbindungen u. Mischungen. Hrsg. v. Fischer & Wittig. Praktisch ausprobirt u. zusammengestellt v. Wilh. Martin. 8. (2 S. m. 3 farb. Taf.) Leipzig 894. Fischer & Wittig. 1. —

Farben-Skizzen, italienische, in Oberlicht. Kunstlose Verse einer nordischen Frau. 8. (55 S.) Finsterwalde 883, (Richter.)

Farbentafeln über die Uniformirung der russischen Armee. Enth. 8 Taf. m. übersichtl. Farbendarstellgn., nebst Abbildgn. v. Chargen-Abzeichen, militair. Ehrenzeichen etc. u. genauen Erläutergn. zu denselben. 8. (20 S.) Leipzig 886. M. Ruhl. n. 1. —

Farbentauben, d., für Liebhaber u. Kenner. 8. Dresd. 818. Arnold. 8 gl

Farben-Zeitung. Organ f. d. sämmtl. Fabrikations- u. Handelsinteressen d. deutschen Farben-Industrieen, einschliessl. der Lackfabrikation u. aller Hilfs- u. Nebenindustrieen. Begr. v. Th. Gampe. Red.: G. Springer. 1.—3. Jahrg. Oktbr. 1895 b. Septbr. 1898. à 24 Nrn. (à ca. 8 S. m. Fig.) Dresden-Blasewitz, Steinkopf & Springer. à Jahrg. n. 8. —

— dasselbe. Fachblatt f. d. ges. Farben- u. Lackindustrie, sow. d. einschläg. Handel. Red.: H. Freese. 4. Jahrg. Oktbr. 1898 b. Septbr. 1899. 24. Nrn. (à ca. 8 S. m. Fig.) Fol. Ebd. n. 8. —
Kann auch vierteljährlich bezogen werden.

Farben-Zeitung. Fachblatt f. die gesamte Farben- u. Lackindustrie, sowie den einschläg. Handel. Begründet v. Th. Gampe. Red.: Geo. Springer. 5. Jahrg. Oktbr. 1899—Septbr. 1900. 24 Nrn. Fol. (à ca. 12 S. m. Fig.) Dresden, Steinkopff & Springer. n. 8. —

— dasselbe. 6.—8. Jahrg. Oktbr. 1900—Septbr. 1903. à 52 Nrn. Fol (à ca. 16 S.) Ebd. à Jahrg. n. 10. —

Farben-Zeitung. Fachblatt f. die gesammte Farben- u. Lackindustrie, sowie den einschläg. Handel u. alle Hilfs- u. Nebenbranchen. Begründet v. Th. Gampe. Red.: Geo. Springer. 9.—12. Jahrg. Oktbr. 1903—Septbr. 1907. à 52 Nrn. (9.—11. Jhrg. X, 1010; X, 1265 u. XII, 1500 S.) Fol. Dresden, Steinkopff & Springer. à Jhrg. n. 10. —

Farben-Zeitung. Fachblatt f. die gesamte Farben- u. Lackindustrie, sowie den einschläg. Handel u. alle Hilfs- u. Nebenbranchen. Begründet v. Th. Gampe. Red.: Geo. Springer. 13—16. Jahrg. Oktbr. 1907—Septbr. 1911. à 52 Nrn. (13.—15. Jhrg. 1880, 2052 u. 2514 S. m. Abbild.) 34,5×24,5 cm. Berlin, Union, Zweigniederlassg. à Jhrg. 10. —

Farben- u. Lack-Zeitung, österreichische. Organ f. die gesammte Farben-, Lack- u. Firnissfabrication, sowie m. dieser in Verbindg. steh. Industrien, Handel u. Gewerbe. Hrsg.: Jacques Sachs. Red.: Frz. Buchner. 3. Jahrg. 1902. 12 Nrn. Fol. (à ca. 8 S.) Wien, Sachs' Verl. n. 6. —

Farber, s. a. F ä r b e r

Farber, Georg Nicolaus (Thüring.), De eo, qui posterior tempore, posterior jure. Dissert. jur. Präs. Jo. Gerhard Schlitte. Halle (Joh. Fried. Krottendorff) Nov. 1719. 48 S. (5.—) 8582

Färber, s. a. F a r b e r

Färber, Karl, zur Erinnerung an ihn, s. E c k h a r d t, Karl.

Färber, d. curieuse. 8. Nürnb. 709.

Färber, d. vollkommene. 8. Sorau 750. Hebold. 6 gl

Färber u. Colorist, der wolfeile. Zusammenstellung von 161 neuen Rezepten, Erfindungen u. Verbesserungen in der Färberei u. Druckerei der Wolle, Baumwolle, Seide u. Leinwand. Zugleich Nachtrag zur 2. Aufl. v. Leuchs vollständ. Farben- u. Färbekunde. 8. (VIII u. 107 S.) Nürnberg 850, Leuchs & Co. 12 ngl

Färber und Colorist, der wohlfeile. Zusammenstellung von 161 neuen Rezepten, Erfindungen und Verbesserungen in der Färberei und Druckerei der Wolle, Baumwolle, Seide und Leinwand. Zugleich Nachtrag zur 2. Aufl. von Leuchs vollständ. Farben- und Färbekunde. 8. (VIII und 107 S.) Nürnberg 851, Leuchs und Comp.

Färber, A.: Xaver F r e i. Baden, Bezirksschule, Progr. 1857.

Färber, A., Das neue Schulhaus und die alte Schule. Baden, Bezirksschule 1858. **Progr.**

Färber, A., Was für Bücher soll unsere Jugend lesen? Baden 1865. **Progr.**

Färber, Alexander

Färber, A., u. C. Schreiber, Jena von seinem Ursprunge bis auf die neueste Zeit, s.: S c h r e i b e r, C.

Färber, Alfred

Geschichte der Kirchengemeinde Schirwindt. Zum 50j. Jubil. d. Immanuelskirche u. 360j. Bestehen d. Gemeinde Schirwindt verf. von Alfred Färber, Pfarrer. Pillkallen 1906: E. Morgenroth. (237 S.) 8° [F.]

Färber, Alfred, aus Stuttgart: **Über das Zeeman-Phänomen.** *Leipzig: J. A. Barth 1902.* (17 S.) 8°
Tübingen, Naturw. Diss. v. 1902

F ä r b e r, Anton *s.* V ö g e l i n, J[ohann] Conrad. Die Schweizer-Geschichte für Schulen. Zürich 1868 *u.* 1872.

Färber, Carl, s. F ä r b e r, Karl

F ä r b e r, F. Disputatio Homerica. (Ueber die Einheit der Ilias vorzüglich in Beziehung auf Hermann und Lachmann.) 38 S.
Progr. Brandenburg G. 1841

Färber, Fr. Wilhelm, et al. Ein Blütenstrauß v Liedern und Gdten dem Herrn H. Mühlsiepen zu seinem silbernen Jub als General-Vicar gewidmet . . . StL, 1893.

--Herbstblumen StL, 1890.

Färber, Friedrich, Pfarrer in Reisdorf: **Fichtes Lehre vom Gewissen.** *Blankenhain Th. 1904: M. Schlimpers Nachf.* (47 S.) 8° [F.]
Jena, Phil. Diss. v. (4. März) 1904

Färber, Frdr., Naturgeschichte f. höhere u. mittlere Mädchenschulen. 1. u. 2. Tl. gr. 8. Hanau 892. G. M. Alberti. n. 2. 30; kart. n. 2. 50
1. Unterstufe. (VI, 100 S. m. 30 Abbildgn.) n. — 90; kart. n. 1. —
2. Oberstufe. (VIII, 112 S. m. 85 Abbildgn.) n. 1. 40; kart. n. 1. 50

Färber, Frdr., N a t u r g e s c h i c h t e f. höh. u. mittl. Mädchenschulen. Unterstufe. 2., verb. Aufl. gr. 8. (VI, 104 S. m. 30 Abb.) Hanau 897. G. M. Alberti. n. — 90; kart. n. 1. —

Färber, [Friedrich]: • Welchen Vorgängern dankt Schiller als Dramatiker am meisten? 88 S. 4° (2°)
Halle-Wittenberg, Phil. Diss. v. 29. Jan. 1873
Geb. [Seehausen (Altmark, Kr. Osterburg) 19. 11. 1845]

Färber, Gottlieb [Pseud.], s.a. T i e c k, Ludwig

Färber, G., (Ldw. Tieck), die 7 Weiber des Blaubart. 8. Leipz. 797. (Nauck). 20 gl

Färber, J. C., de infectionibus in gonorrhoea. 4. Götting. 802. Brose 3 gl

Färber, J. Ludw., bibl. Spruchbuch, m. ein. Vorr. v. J. G. Walch. 8. Jena, Göpferdt. 805.

Färber, Joh., die Reihenkultur, nach den in den Niederlanden gemachten Beobachtungen dargestellt. Hrsg. von der Königl. Württemberg. Centralstelle für die Landwirthschaft. Mit 18 Abbildgn. (in eingedr. Holzschn.) 8. (IV u. 60 S.) Stuttgart 852, J. B. Müller. 1/1 ₰

Färber, Joh., die Reihenkultur, nach den in den Niederlanden gemachten Beobachtungen dargestellt. Hrsg. von der königl. württemberg. Centralstelle für die Landwirthschaft. Mit 18 Abbild. 8. (IV und 60 S. mit eingedr. Holzschn.) Stuttgart 852. [Leipzig, Winter'sche Vrlgsh.]

Färber, Jul., künftige deutsche Rechtschreibung. 8. (60 S.) Berlin 888, Ißleib. *

Färber, K., zur Erinnerung an Dr. ph. Friedrich Ritter v. Stein, k. k. Hofrath, Universitäts-Professor ꝛc. Rede, geh. am Sarge desselben am 12. Jan. 1885. 8. (11 S.) Prag 885. Dominicus. n. — 20

Färber, K., gebet dem Kaiser, was d. Kaisers ist u. Gott, was Gottes ist! Rede, geh. am 2. Dezbr. 1873. Ein Gedenkblatt vom Kaiserjubiläum f. die evangel. Gemeinden Oesterreichs. gr. 8. (12 S.) Prag 874. André. n. — 40

Färber, K., Gießhübl-Puchstein. Ein Cyclus v. Gedichten. Mit 9 (Lichtdr.-)Illustr. nach Orig.-Aufnahmen v. H. Eckert. 12. (87 S.) Prag 888. (Dominicus.) n. 1. 60; geb. n. 2. 60

— der Herr denkt an uns u. segnet uns! Zur Erinnerg. an Werner Friedrich Frhrn. v. Riese-Stallburg, k. k. Kämmerers, Großkreuz d. Franz-Josef-Ordens ꝛc. ꝛc. Worte, gesprochen am Sarge u. Grabe desselben am 19. u. 20. Febr. 1887. 8. (13 S.) Ebd. 887. n. — 40

Färber, K., zum Jahresschluß 1883. Ein Wort an die christl. Gemeinde. 8. (28 S.) Prag 884, Dominicus. *

Färber, Karl

Faerber, Carl [aus Berlin]: Herleitung von Kriterien für die Anzahl reeller Wurzeln von Gleichungen (speciell der allgemeinen viergliedrigen und der Gleichungen vom fünften Grade) aus der Beschaffenheit ihrer Discriminantenmannigfaltigkeit. . . . Berlin. Druck v. Gebr. Unger, 1890; 1 Bl. + 62 S. + 1 Bl. u. 1 Taf. 8°
Berlin, Phil. Fak., Inaug.-Diss. v. 5. Jul. 1890

Faerber, Carl, de Erhardo Schnepfio ecclesiarum et Nassovicae et Wirtembergicae emendatore. Oratio. Jena 865. Deistung. gr. 8. (44 S.) n. 10 *ngr.*

Faerber, Carl, Dr.: Irrationale **Zahlen** und Verhältnisse inkommensurabler Grössen. *Berlin: R. Gaertner 1900.* (33 S.) 4°
Berlin, Luisenstädt. OR, OP 1900 (116)

Faerber, Carl, irrationale Zahlen u. Verhältnisse inkommensurabler Grössen. Progr. 4 (33 S.) Berlin 900. [R. Gaertner.] Weidmann. n. 1. —

Färber, Karl Gust., Reminiscenzen an den letzten deutschen Kurfürsten. 3 Reden zum Gedächtnis Sr. Königl. Hoheit des Kurfürsten Friedrich Wilhelm I. von Hessen. gr. 8. (31 S.) Prag 877. Mercy. n. — 80

— ein offenes Wort in Sache der ausländischen Missionsbestrebungen auf dem Boden der evangel. Landeskirche Oesterreichs. gr. 8. (26 S.) Prag 879. Reichenecker. n. — 60

Färber, L., Zur Erinnerung an Dr. ph. Friedrich Ritter v. Stein, k. k. Hofrath, Univ.-Prof. Rede, gehalten am Sarge desselb. am 12. Januar 1885. kl. 8. (11 S.) Prag. H. Dominicus. 20 kr.

Färber, Richard

Färber, R., Dreigelenkbogenbrücken u. verwandte Ingenieurbauten. Neue Hilfsmittel u. Methoden der rationellen Formbestimmg. I. Tl.: Rationelle Gewölbe m. drei Gelenken. II. Tl.: Verallgemeinerung d. gewonnenen Prinzipien u. spezielle Anwendg. auf Pfeiler u. Widerlager zu Dreigelenkbogenbrücken. M. vielen Abbildgn., Zahlenbeispielen u. Tabellen auf 6 Taf. u. im Text. (XVI, 176 S.) Lex. 8. Stuttgart 908. K. Wittwer. 7.—; geb. in Leinw. 8. 20

Färber, R[ichard]: Der rationelle Entwurf gewölbter Bögen mit drei Gelenken. Stuttgart: Wittwer 1907. 95 S., 3 Taf. 8°
¶ Um einen 2. Teil verm. u. d. T.: Dreigelenkbogenbrücken und verwandte Ingenieurbauten. 1908.
Stuttgart, Dr.-Ing.-Diss. v. 27. 11. 1907

Der **Fachkursus** in Neisse am 8. und 9. Mai 1898 und die daselbst gehaltenen Vorträge. Von R[obert] **Faerber**, Brandmeister, Neisse. *Langfuhr bei Danzig: F. Lenz (1898).* (36 S.) 8°
Aus: Norddeutscher Feuerwehrmann. 1898. No 11–14.

Färber, Rubin

Faerber, R., der 15. Ab als ehemaliger Volksfesttag. Traditionsgeschichtlich dargest. (14 S.) gr. 8. Elbing (908). Witkowitz (Mähren), Rabbiner Dr. Färber. — 50
Sonderabdr. aus „Jüd. Literaturbl."

Faerber, R(ubin), Cand. phil.: **König Salomon in der Tradition.** Ein hist.-kritischer Beitrag zur Geschichte d. Haggada, d. Tannaiten u. Amoräer. T. 1. *Wien: J. Schlesinger 1902.* (XI, 70 S.) 8°
Straßburg. Phil. Diss. v. 1902

Färber, Th., der biblische Geschichtsunterricht der Unterstufe, s.: Aull, G.

Faerber, Theod. (geb. Leobschütz 30. 10. 1858): Ueber atypische Formen und Complicationen der Chorea. Berlin (1885). (30 S.) 8°
Berlin, Med. Diss. v. 17. Juli 1885

Faerber, Wilh., katechetisches Allerlei. Ein Find- u. Fragebüchlein als Hilfsmittel f. den katechet. Unterricht. (Auch als „geist. Kurzweil" f. geistl. Genossenschaften.) (74 S.) 8. St. Louis Mo. 901. Freiburg i/B., Herder. Geb. n. 2. —

Färber, W., Ave Maria! Ein vollständiges Gebetbuch zur besondern Verehrg. der lieben Muttergottes. Mit e. Titelbild in Farbendr. 32. (XXIV, 464 S.) Freiburg i/Br. 889. Herder. 1. —

Färber, Wilh, Ave Maria! E. vollständ. Gebetbuch z. bes. Verehrg. d. lieben Muttergottes. 3. Aufl. 16. (XXIV, 452 S. m. farb. Titel u. 1 Farbdr.) Freiburg i/B. 898. Herder. — 80; geb. von n. 1. — bis n. 4. 15

Färber, Wilh., Ave Maria! Ein vollständ. Gebetbuch zur besonderen Verehrg. der lieben Muttergottes. 4. u. 5. Aufl. 16. (à XXIV, 452 S. m. 1 Farbdr.) Freiburg i/B. (900. 902). Herder. — 80; geb. in Leinw. m. Goldschn. n. 1. 20

— Ave Maria! Ein vollständ. Gebetbuch zur besonderen Verehrg. der lieben Muttergottes. 6. Aufl. (XXIV, 452 S. m. farb. Titelbild.) 16. Freiburg i/B. (905). Herder. n. — 80; geb. in Leinw. n. 1. —

Färber, Wilh., Ave Maria! Ein vollständ. Gebetbuch z. besond. Verehrg. d. lieben Muttergottes. 7. Aufl. (XXIV, 452 S. m. 1 Farbdr.) 12×7,5 cm. Freiburg i/B. (908). Herder. — 80; geb. in Leinw. 1. —

Färber, Wilh., kurzgefaßter Brautunterricht. 3., verb. Aufl. 8. (29 S.) St. Louis, Mo. 890. Freiburg i/B., Herder. n. — 60

— kurzgef. Brautunterricht. 4., verb. Aufl. gr. 16. (61 S.) St. Louis, Mo. 894. (Ebd.) n. — 60

— kurzgefaßter Brautunterricht. 6. verb. Aufl. (61 S.) 16. St. Louis 904. Freiburg i/B., Herder. n. — 60

— uns. tägl. Brot. Gebetbüchlein. 128. (III, 126 S.) Freiburg i/B. 895. Herder. Geb. in Leinw. m. Futteral n. — 40; in Ldr.-Imitation m. Goldschn. n. — 40; in Ldr. m. Goldschn. n. — 50

— Catechism for the catholic parochial schools of the United States. 8. (IV, 128 S.) St. Louis, Mo. 897. Ebd. Kart. n. 1. —

Färber, W., erbarme Dich unser! Ein Gebetbuch f. kathol. Christen. Auszug aus „Lasset uns beten!" Mit einem Titelbild in Farbendr. (Mit grobem Druck.) 24. (IX, 422 S.) Freiburg i/Br. 889. Herder. — 80

— erbarme dich unser! Ein Gebetbuch f. kathol. Christen. 2. Aufl. Auszug aus „Lasset uns beten!" Ausg. Nr. VIII. 24. (IX, 422 S. m. 1 Stahlst.) Freiburg i/B. 891. Herder. n. — 80; geb. in Leinw. n. 1. 50; in Bockldr. n. 2. 40

— erbarme Dich unser! E. Gebetbuch f. kathol. Christen. 3. Aufl. Auszug a.: „Lasset uns beten!" (Ausg. m. großem Druck.) 16. (XI, 422 S. m. Titelbild.) Ebd. 898. — 75

— erbarme Dich unser! Ein Gebetbuch f. kathol. Christen. 4. Aufl. Auszug aus: „Lasset uns beten!" (Ausg. m. großem Druck.) 16. (IX, 422 S. m. Titelbild.) Ebd. 901. — 75

— erbarme Dich unser! Ein Gebetbuch f. kathol. Christen. 5. Aufl. Auszug aus „Lasset uns beten!" (IX, 422 S. m. Titelbild.) 16. Freiburg i/B. (906). Herder. n. — 75; geb. in Leinw. n. 1. —

—— Gebetbüchlein f. die Schuljugend. 26. u. 27. Aufl. 32. (96 S. m. Titelbild.) Freib. i. Br. 890,92. Herder. * — 20
geb. ** — 35
Anhang dazu, s. Gesangbüchlein, kleines, f. die Schuljugend.

Färber, Wilh., Gebetbüchlein f. die Schuljugend. 28., verm. u. illustr. Aufl. 32. (V, 120 S. m. farb. Titelbild.) Freiburg i/B. 894. Herder. n. — 20; geb. in Halbleinw. n.n. — 35

— dasselbe. Anhang, s.: Gesangbüchlein, kleines, f. die Schuljugend.

— Gebetbüchlein f. d. Schuljugend. 29. Aufl. 16. (V, 120 S. m. farb. Titelbild.) Freiburg i/B. 897. Herder. Kart. od. in Ldr.-Imitation geb. n.n. — 35

— Gebetbüchlein f. die Schuljugend. 31. Aufl. 16. (V, 124 S. m. farb. Titelbild.) Ebd. 900. Kart. in Ldr.-Imitation od. geb. in Halbleinw. n. — 35

— Gebetbüchlein f. die Schuljugend. 33. Aufl. (V, 124 S. m. farb. Titelbild.) 16. Ebd. (905). n. — 20; geb. in Halbleinw. od. Ldr.-Imitation n. — 35

— Gebetbüchlein f. die Schuljugend. 35. Aufl. (VII, 124 S. m. farb. Titelbild.) 11,7×7,9 cm. Ebd. (909). — 25; geb. in Ldr.-Imitation od. in Halbleinw. — 40

— Jesus, amigo de los niños. Librito de oraciones, ilustrado y destinado á la infancia. 2. ed. 32. (V, 57 S.) Freiburg i/B. 894. Herder. n.n. — 40

— Jesus, the children's friend. Illustrated prayer book for the little ones. 2. ed. 32. (V, 68 S.) Ebd. 894. n.n. — 40

— Jesus, der Kinderfreund. Illustr. Gebetbüchlein f. die Kleinen. 24. (71 S.) Ebd. 893. Geb. in Ldr.-Imitation. n.n. — 50

Färber, Wilh., Jesus, der Kinderfreund. Illustriertes Gebetbüchlein f. die Kleinen. 2., verm. Aufl. 16. (V, 98 S. m. Abb.) Freiburg i/B. 899. Herder. Geb. n. — 40 u. n. — 50

— Jesus, der Kinderfreund. Illustr. Gebetbüchlein f. d. Kleinen. 3. Aufl. (V, 98 S.) 16. Ebd. (910). Geb. — 45

— Katechismus f. d. kathol. Pfarrschulen d. Verein. Staaten. 6. Aufl. 8. (IV, 128 S.) St. Louis, Mo. 898. Ebd. Kart. n. 1. —

— dasselbe. Verkürzte Ausg. 8. (IV, 48 S.) Ebd. 896. Kart. n. — 60

— dasselbe. (Deutsch u. englisch.) 8. (VII S. u. 48 Doppelseiten.) Ebd. 897. Kart. n. 1. —

— Katechismus f. die katholischen Pfarrschulen der Vereinigten Staaten. 8. Aufl. 8 (IV, 128 S.) St. Louis, Mo. 900. Freiburg i/B., Herder. Geb. in Leinw. n. 1.—

— dasselbe. Verkürzte Ausg. (Deutsch u. englisch.) (Neue Aufl.) 8. (VII S. u. 48 Doppels.) Ebd. 900. Kart. n. 1.80

— Katechismus f. die katholischen Pfarrschulen der Vereinigten Staaten. 11. Aufl. (IV, 128 S.) 8. St. Louis, Mo. 904. Freiburg i/B., Herder. Geb. n. 1. —

— dasselbe. Verkürzte Ausg. (Deutsch u. englisch.) 4. Aufl. (VII S. u. 48 Doppels.) 8. Ebd. 904. Kart. n. 1. —

— Katechismus f. d. kathol. Pfarrschulen d. Vereinigten Staaten. 12. Aufl. (IV, 128 S.) 8. St. Louis, Mo. 906. Freiburg i/B., Herder. Geb. 1. —

— das betende Kind. Gebetbüchlein f. Kinder. 24. (VI, 120 S. m. 32 Abbildgn.) Ebd. 892. n. — 30; geb. in Leinw. n.n. — 55

— d. betende Kind. Gebetbüchl. f. Kinder. 2. Aufl. 24. (VI, 120 S. m. 32 Abb. u. farb. Titelbild.) Freiburg i/B. 896. Herder. n. 20; geb. in Ldr.-Imitation n.n. — 50; in Halbleinw. n.n. — 35

— das betende Kind. Gebetbüchlein f. Kinder. 3. Aufl. Mit Titelbild in Farbendr. u. 32 Abbildgn. 16. (VI, 120 S.) Freiburg i/B. (900). Herder. Geb. in Ldr.-Imitation n. — 40 u. — 50

— das betende Kind. Gebetbüchlein f. Kinder. 4. Aufl. (VI, 120 S. m. 32 Abbildgn. u. farb. Titelbild.) 16. Freiburg i/B. (905). Herder. n. — 20; geb. in Leinw. n. — 45

— Commentar zum Katechismus f. die kathol. Pfarrschulen der Vereinigten Staaten. Bearb. vom Verf. des Katechismus. 1.—4. Tl. 8. Ebd. Geb. in Halbfrz. n. 15 —
1. Glaubenslehre. (XX, 331 S.) 899. n. 4. —
2. Die Gebote. (IV, 438 S.) 901. n. 5. —
3. Die Sacramente. (IV, 378 S.) 902. Mit Tl. 4 in 1 Bd. geb. n. 6.—
4. Das Gebet. (IV, 105 S.) 902. Mit Tl. 3 in 1 Bd. geb. n. 6. —

— die Kunst, wahrhaft glücklich u. reich zu werden. Kurzer Wegweiser f. amerikan. Katholiken. 16. (32 S.) St. Louis, Mo. 889. Ebd. n. — 20

— dasselbe. Neue, verm. Aufl. 32. (46 S.) Ebd. 889. n. — 20

— die Kunst, wahrhaft glücklich u. reich zu werden. Kurzer Wegweiser f. amerikan. Katholiken. 8. Aufl. (51.—55. Taus.) 16. (36 S.) St. Louis, Mo. 894. Ebd. n. — 20

— die Kunst, wahrhaft glücklich u. reich zu werden. Kurzer Wegweiser f. amerikan. Katholiken. 10. Aufl. (61.—65. Taus.) 16. (36 S.) St. Louis Mo. 898. Freiburg i/B., Herder. n. — 20

— Lasset uns beten! Ein vollständiges Gebetbuch f. kathol. Christen. 1.—3. Aufl. Mit 1 Titelbild in Farbendr. Ausg. Nr. 10. 16. (XIV, 510 S.) Ebd. 887—889. 1. 10

— lasset uns beten! Ein vollständ. Gebetbuch f. kathol. Christen. 8. Aufl. 16. (XIV, 510 S. m. farb. Titelb.) Freiburg i/B. 898. Herder. n. — 80; geb. in Leinw. n. 1. —

— lasset uns beten! Ein vollständ. Gebetbuch f. kathol. Christen. 9. u. 10. Aufl. 16. (à XIV, 510 S. m. farb. Titel u. farb. Titelbild.) Freiburg i/B. (900. 901). Herder. n.n. — 80

— lasset uns beten! Ein vollständ. Gebetbuch f. kathol. Christen. 12. Aufl. (XIV, 510 S. m. farb. Titelbild.) 16. Ebd. (905). n. — 80

— Lasset uns beten! Ein vollständ. Gebetbuch f. kathol. Christen. 15. Aufl. (XIV, 510 S. m. 1 Farbdr.) 12×7,5 cm. Ebd. (910). — 80; geb. in Kunstdr. 1. —; m. Goldschn. 1.20

— Oremus! Ein Gebetbuch f. kathol. Christen. Auszug aus dem Gebetbuch „Lasset uns beten!" Mit Titelbild in Farbendr. Ausg. Nr. 10. 16. (VIII, 204 S.) Ebd. 888. — 50

— Oremus! Ein Gebetbuch f. kathol. Christen. Auszug aus dem Gebetbuch „Lasset uns beten". 2. Aufl. 24. (VIII, 204 S. m. Titelbild.) Ebd. 892. — 50; geb. in Ldr.-Imitation m. Goldschn. n. 1.20

— Oremus! Ein Gebetbuch f. kathol. Christen. Auszug a. d. Gebetbuch „Lasset uns beten". 3. Aufl. 32. (VIII, 204 S. m. farb. Titelb.) Ebd. 897. — 50 geb. von n. — 65 bis n. 1.75

— Oremus! Ein Gebetbuch f. kathol. Christen. Auszug aus dem Gebetbuch „Lasset uns beten". 4. Aufl. 16. (IX, 204 S. m. farb. Titelbild.) Ebd. 901. n. — 50

— Oremus! Ein Gebetbuch f. kathol. Christen. Auszug aus dem Gebetbuch „Lasset uns beten". 5. Aufl. (VIII, 204 S. m. 1 Farbdr.) 16. Ebd. (905). n. — 50

— Oremus! Ein Gebetbuch f. kathol. Christen. Auszug aus d. Gebetbuch „Lasset uns beten". 7. Aufl. (X, 204 S. m. farb. Titelbild.) 16. Freiburg i/B. (910). Herder. Geb. in Kunstdr. an — 65; m. Goldschn. — 80

—— Der Schutzengel. Vollständiges Gebetbüchlein f. Kinder. 32. (VII, 202 S. m. 1 Stahlst.) Ebd. 891. * — 50; geb. ** — 85

— der Schutzengel. Vollständiges Gebetbüchlein f. Kinder. 2. Aufl. 32. (VII, 202 S. m. farb. Titelbild.) Ebd. 894. n. — 40; geb. in Ldr.-Imitation n.n. — 70

— der Schutzengel. Vollständ. Gebetbüchlein f. Kinder. 3. Aufl. 24. (IX, 202 S. m. farb. Titelbild) Ebd. (901). n. — 30; geb. in Leinw. n. — 50

— Der Schutzengel. Vollständ. Gebetbüchlein f. Kinder. 4. Aufl. (IX, 202 S. m. 1 Farbdr.) 11×7 cm. Ebd. (907). — 30; geb. in Ldr.-Imitation — 50; in Leinw. — 55

— der allgemeine Verein der hl. Familie, errichtet u allen christl. Familien der Welt empfohlen durch Papst Leo XIII. am 14. Juni 1892. Unterricht, Statuten, Ablässe u. Gebete. 1. u. 2. Aufl. 16. (24 S.) St. Louis, Mo. 893. Freiburg i/B., Herder. n. — 20

Färber, Wilh., der allgem. Verein d. hl. Familie, errichtet u. all. christl. Familien d. Welt empfohlen durch Papst Leo XIII. a. 14. VI. 1892. Unterricht, Statuten, Ablässe u. Gebete. 6. Aufl. 16. (24 S.) St. Louis, Mo. 897. Freiburg i/B., Herder. n. — 10

Färberei- und Druckereifortschritte aus den Jahren 1857-63. Nürnberg 1863

Färberei-Geheimnisse, 78 erprobte u. bewährt erfundene, bisher ganz geheim gehaltene Mittel u. Recepte für Färber ꝛc. 8. Stuttg. 827. Löflund. 14 gGr.

Färberei-Muster-Zeitung. Wochenschrift f. Färberei, Bleicherei, Druckerei, Appretur u. Farbenfabrikation. Central-Organ sämmtl. Färber-Vereine f. Veröffentlichung neuer Erfindungen u. Verbesserungen auf dem Gesammtgebiete der Farbenchemie f. Färbereien, Zeugdruckereien, Kattunfabriken ꝛc. Technischer Leiter: Ferd. Springmühl. 30. u. 31. Jahrg. 1881 u. 1882. à 48 Nrn. (à 1—$1\frac{1}{2}$ B.) Mit Stoffmustern, Maschinenabbildungen u. Holzschn. gr. 4. Leipzig, G. Weigel. à Jahrg. 18. —; kleine Ausg. 12 Nrn. 9. —

cf.: Muster-Zeitung f. Färberei.

Färberei-Muster-Zeitung. Wochenschrift f. Färberei, Bleicherei, Druckerei, Appretur u. Farbenfabrikation. Hrsg. v. mehreren Fachmännern. 32—35. Jahrg. 1883—1886. à 48 Nrn. (à 1—$1\frac{1}{2}$ B.) Mit Stoffmustern, Maschinenabbildgn. u. Holzschn. gr. 4. Leipzig, G. Weigel. à Jahrg. 18. —; kleine Ausg. 12 Nrn. à Jahrg. n. 9. —

Färberei-Muster-Zeitung. Wochenschrift für Färberei, Bleicherei, Druckerei, Appretur, Farben- u. Chemikalien-Fabrikation u. Handel. Central-Organ sämmtl. Färber-Vereine f. Veröffentlichg. neuer Erfindgn. u. Verbessergn. auf dem Gesammtgebiete der Farbenchemie f. Färbereien, Zeugdruckereien, Kattunfabriken ꝛc. Hrsg. v. e. Verein v. Fachmännern. 36.—39. Jahrg. 1887—1890. à 48 Nrn. (à 1—$1\frac{1}{2}$ B.) Mit Stoffmustern, Maschinenabbildgn. u. Holzschn. gr. 4. Leipzig, G. Weigel. à Jahrg. n. 18. —; kleine Ausg. 12 Nrn. n. 9. —

Färberei-Muster-Zeitung. Wochenschrift f. Färberei, Bleicherei, Druckerei, Appretur, Farben- u. Chemikalien-Fabrikation u. Handel. Central-Organ sämmtl. Färber-Vereine f. Veröffentlichg. neuer Erfindgn. u. Verbessergn. auf dem Gesammtgebiete der Farbenchemie f. Färbereien, Zeugdruckereien, Kattunfabriken ꝛc. Hrsg. v. e. Verein v. Fachmännern. 40. Jahrg. 1891. 48 Nrn. (à 1—$1\frac{1}{2}$ Bog.) Mit Stoffmustern, Maschinenabbildgn. u. Holzschn. gr. 4. Leipzig, G. Weigel. n. 18. —; kleine Ausg. 12 Nrn. n. 9. —

Fortsetzung s.: Färber-Zeitung, Leipziger.

Färberin, die kleine, od. Anweis. Linnen, Seide, Wolle u. Leder zu färben. 8. Halle, Dreyßig. 801.

Färberin, d. kleine, oder Anweis., wie man Wolle, Leinewand, Seide u. dergl. färben kann; 115 Recepte enthalt. 12. Basel 810. Holdenecker. 8 gGr.

Färber- und Zeugdrucker-Kalender, allgemeiner. Tägliches Notiz- und Hülfsbuch für Färber, Zeugdrucker, Kunstwäscher etc. Hrsg. von der Redact. der Muster-Zeitung und einem Vereine von Fachmännern. 1876—1880. 2.—6. Jahrg. gr. 16. (à 36 S.) Ebendas. geb. à Jahrg. *

Färber- und Zeugdrucker-Kalender, allgemeiner. Tägl. Notiz- und Hülfsbuch für Färber, Zeugdrucker, Kunstwäscher etc. Hrsg. von der Redact. der Musterzeitung für Färberei und Farbenfabrikation. 1881—1885. 7.—11. Jahrg. 12. (à Jahrg. ca. 50 S.) Leipzig, G. Weigel. geb. à Jahrg.

Färber-Kalender, deutscher, f. 1875. Tägliches Notiz- u. Hülfsbuch f. Färber, Zeugdrucker, Kunstwäscher, Fabrikanten u. Händler v. Farbstoffen, Chemikalien etc. Hrsg. v. der Red. der Muster-Ztg. u. e. Vereine v. Fachmännern. 1. Jahrg. gr. 16. (294 S.) Leipzig 874. G. Weigel. geb. n. 2. 75

Färber-Kalender, deutscher. Tägliches Notiz- und Hülfsbuch für Färber, Zeugdrucker, Kunstwäscher, Fabrikanten und Händler von Farbstoffen, Chemikalien etc. Hrsg. von der Redact. der Muster-Zeitung und einem Vereine von Fachmännern. 1875. 1. Jahrg. gr. 16. (370 S.) Leipzig, G. Weigel. *

Färberkalender, deutscher, für d. J. 1892 u. 1893.. Hrsg. von A. Ganswindt. gr. 16. (à Jahrg. ca. 250 S.) Münch., Callwey. geb. in Leinw. à Jahrg. * 2 50

Färberkalender, deutscher, f. d. J. 1895. Hrsg. v. A. Ganswindt. gr. 16. (X S., Schreibkalender u. 136 S.) München 894. G. D. W. Callwey. Geb. in Leinw. n. 3. —

Färberkalender, deutscher, f. d. J. 1899. 8. Jahrg. Hrsg. v. d. Red. d. „Deutschen Färberzeitg." 12. (X S., Schreibkal. u. 112 S. m. 1 Karte.) München, G. D. W. Callwey. Geb. in Leinw. n. 3. —

Färberkalender, deutscher, f. d. J. 1903. 12. Jahrg. Hrsg. v. der Red. der „Deutschen Färberzeitg." (X S., Schreibkalender u. 140 S. m. Abbildgn.) 12. München. Wittenberg, A. Ziemsen. Geb. in Leinw. n. 3. —

Färberkalender, deutscher, f. d. J. 1907. 16. Jahrg. Hrsg. v. der Red. der „Deutschen Färberzeitg."(XXX S., Schreibkalender u. 172 S. m. Abbildgn.) kl. 8. Wittenberg, A. Ziemsen. Geb. in Leinw. n. 3. —

Färberkalender, deutscher, f. d. J. 1911. 20. Jahrg. Hrsg. v. d. Red d. deutsch. „Färber-Zeitg." (VIII S., Schreibkalender u. 261 S. m. Abbildgn.) kl. 8. Wittenberg, A. Ziemsen. Geb. in Leinw. 3. —

Faerber's Hausapotheke „Aesculap", nebst Anleitg. z. ersten Hilfeleistg. b. plötzl. Erkrankgn. u. Unglücksfällen b. z. Ankunft d. Arztes. 12. (56 S.) Frankfurt a/M. 895. Jaeger's Verl. n. 1. —

Färbers, des, Taschenbuch. Hülfsbuch f. Färber, Zeugdrucker etc. Hrsg. v. der Red. der Muster-Zeitg. f. Färberei u. Farbenfabrikation v. e. Verein v. Fachmännern. 8. (171 S.) Leipzig 875. G. Weigel. n. 2. 75

Färber-Zeitung

—— s. a. Muster-Zeitung, Thüringer, für Färberei rc.

Färber-Zeitung, s. a. Reimann, M.

Färber-Zeitung. Organ für Färberei, Druckerei, Bleicherei, Appretur, Farbwaaren- und Buntpapierfabriken, Droguenhandel, Spinnerei u. Weberei. Redakt u. Herausg.: M. Reimann. Jhg. 1873 u. 1874. Breslau. gr. 8.

—— M. Reimann's. Organ ... [wie oben]. Jhg. 1875—77. Mit Stoffmustern u. Tafeln Berlin. 8.

——, —— Organ des »Allgem. Färber- und Fachgenossen-Vereins«, und der »Färber-Akademie« zu Berlin. Red. u. Herausg.: M. Reimann. Jhg. 1878—81. Ebda. 8. — Red. u. Herausg.: M. Reimann's Erben. Jhg. 20—26. 1889—95. Ebda. 8.

Färber-Zeitung. Zeitschrift f. Färberei, Zeugdruck u. den gesammten Farbenverbrauch. Unter Mitwirkg. v. H. Lange hrsg. v. A. Lehne. 1. u. 2. Jahrg. Octbr. 1889—Septbr. 1891. à 24 Hfte. hoch 4. (1. Hft. 22 S. m. Musterbeilage.) Berlin, Springer. à Jahrg. n. 12. —

Färber-Zeitung. Zeitschrift f. Färberei, Zeugdruck u. den gesammten Farbenverbrauch. Unter Mitwirkg. v. Heinr. Lange, hrsg. v. Adf. Lehne. 3.—6. Jahrg. Octbr. 1891—Septbr. 1895. à 24 Hfte. hoch 4. (à Hft. ca. 16 S. m. Musterbeilage.) Berlin, J. Springer. à Jahrg. n. 16. —

Färber-Zeitung. Zeitschrift f. Färberei, Zeugdruck u. d. ges. Farbenverbrauch. Unt. Mitwirkung. v. Heinr. Lange hrsg. v. Adf. Lehne. 7. Jahrg. Octbr. 1895 bis Decbr. 1896. 30 Hfte. (à ca. 16 S. m. Fig. u. Musterbeil.) hoch 4. Berlin, J. Springer. n. 20. —

— dasselbe. 8. u. 9. Jahrg. 1897—1898. à 24 Hfte. (à 16 S. m. Musterbeil.) hoch 4. Ebd. à Jahrg. 16. —

— Zeitschrift f. Färberei, Zeugdruck u. den gesammten Farbenverbrauch. Unter Mitwirkg. v. Heinr. Lange hrsg. v. Adf. Lehne. 10.—13. Jahrg. 1899—1902. à 24 Hfte. Lex.-8. (à ca. 16 S. m. Musterbeilagen.) Berlin, J. Springer. à Jahrg. n. 16. —

— Zeitschrift f. Färberei, Zeugdruck u. den gesamten Farbenverbrauch. Unter Mitwirkg. v. Heinr. Lange hrsg. v. Adf. Lehne. 14.—17. Jahrg. 1903—1906. à 24 Hefte. (X, 456; VIII, 396; VII, 392 u. VIII, 408 S. m. je 24 Musterbeilagen.) Lex.-8. Berlin, J. Springer. à Jhrg. n. 16. —

Färber-Zeitung. Zeitschr. f. Färberei, Zeugdruck u. d. gesamten Farbenverbrauch. Organ d. Vereines d. Chemiker-Koloristen, Association d. chimistes-coloristes. Unter Mitwirkg. v. Heinr. Lange hrsg. v. Adf. Lehne. 18—21. Jahrg. 1907—1910. à 24 Hefte. (VIII, 404; VIII, 420; VIII, 408 u. VIII, 431 S. m. je 24 Taf.) Lex. 8. Berlin, J. Springer. à Jhrg. 16. —

Färber-Zeitung, deutsche. Organ für alle Zweige der Färberei, Druckerei, Bleiche u. Appretur redig. von J. C. H. Geyer u. A. Stubenrauch. 5. Jahrg. 1869. 24 Nrn. (à 1 Bgn.) Mit Musterbeilagen. Berlin, Grieben in Comm. gr. 4. n. 2 $\mathscr{A}$ 15 ngr.

— — Redig. von J. C. H. Geyer. 6. Jahrg. 1870. 24 Nrn. (à 1 Bgn. u. 1 Musterbeil.) Mühlhausen, Heinrichshofen in Comm. 4. n. 2 $\mathscr{A}$ 15 ngr.

Vgl. Muster-Zeitung, Thüringer, für Färberei rc.

Färber-Zeitung, deutsche. Red. v. J. C. H. Geyer. 7—10. Jahrg. 1871—1874. 24 Nrn. (B. m. je 1 Musterbeilage.) 4. Leipzig, G. Weigel. à Jahrg. n. 7. 50

-- dasselbe. 11. u. 12. Jahrg. 1875 u. 1876. à 24 Nrn. (B. m. je 1 Beilage u. Musterbeigabe.) hoch 4. Ebend. 875. à Jahrg. n. 8. —

Färber-Zeitung, deutsche. Organ des deutschen Innungsverbandes der Färber u. deren verwandten Gewerbe. Red. v. J. C. H. Geyer. 13—16. Jahrg. 1877—80. à 24 Nrn. (B.) gr. 4. Mühlhausen, Heinrichshofen in Comm. n. 8. —; Ausg. m. Mustern n. 10. —

— dasselbe. 17. u. 18. Jahrg. 1881 u. 1882. à 24 Nrn. (B. m. Stoffmustern.) gr. 4. Ebend. à Jahrg. n. 10. —

Färber-Zeitung, deutsche. Central-Organ der Färber, Drucker, Appreteure, Bleicher u. Wäscher. Red. v. J. C. H. Geyer. 19—21. Jahrg. 1883—1885. à 24 Nrn. (B. m. Stoffmustern.) gr. 4. Dresden, Bloem. à Jahrg. n. 8. —; Ausg. m. Mustern n. 10. —

-- dasselbe. 22. Jahrg. 1886. 36 Nrn. (B. m. Stoffmustern.) gr. 4. Ebend. n. 8. —; Ausg. m. Mustern n. 10.

— deutsche. Central-Organ der Färber, Drucker, Appreteure, Bleicher u. Wäscher Deutschlands u. Oesterreich-Ungarns. Red.: Ganswindt. 23.—26. Jahrg. 1887—1890. à 36 Nrn. (B.) gr. 4. München, Verlag der deutschen Färberzeitg. à Jahrg. n. 8. —; Ausg. m. 12 Muster-Taf. n. 10. —

— deutsche. Central-Organ der Färber, Drucker, Appreteure, Bleicher, Wäscher, Hut- u. Filzfabrikanten. Hrsg. u. Red.: Ganswindt. 27.—30. Jahrg. 1891—1894. à 36 Nrn. (à ca. 1 Bog.) gr. 4. München, Verlag der deutschen Färberzeitg. à Jahrg. n. 8. —; Ausg. m. jährlich 12 Muster-Taf. n. 10. —

— deutsche. (Münchener Färber-Zeitg.) Wochen-Schrift f. Färberei, Druckerei, Appretur, Bleicherei, Wäscherei, Hut- u. Filz-Fabrikation. Hrsg. u. Red.: Ganswindt. 31.—34. Jahrg. 1895—1898. à 52 Nrn. (à ca. 12 S.) gr. 4. München, G. D. W. Callwey à Jahrg. n. 10. —; Ausg. m. jährlich 12 Muster-Taf. à Jahrg. n. 12. —

Kann auch vierteljährlich bezogen werden.

— deutsche. Münchener Färber-Zeitg. Wochen-Schrift f. Färberei, Druckerei, Appretur, Bleicherei, Chemisch-, Naß- u. Weiß-Wäscherei. Red.: A. Kielmeyer. 35.—38. Jahrg. 1899—1902. à 52 Nrn. gr. 4. (à ca. 16 S. m. Abbildgn.) München [G. D. W. Callwey]. Wittenberg, A. Ziemsen. à Jahrg. n. 10. —; Ausg. m. jährl. 24 Muster-Taf. à Jahrg. n. 12. —

— deutsche. Wochenschrift f. Färberei, Druckerei, Appretur, Bleicherei, chem., Naß- u. Weiß-Wäscherei. Red.: A. Kielmeyer. 39.—42. Jahrg. 1903—1906. à 52 Nrn. (à ca. 16 S. m. Abbildgn.) gr. 4. Wittenberg, A. Ziemsen. à Jhrg. n. 10. —; Ausg. m. jährlich 24 Muster-Taf. n. 12. —

deutsche. Wochenschrift f. Färberei, Druckerei, Appretur, Bleicherei, chem., Naß- u. Weiß-Wäscherei. Red.: A. Kielmeyer. 43—46. Jahrg. 1907—1910. à 52 Nrn. (1002, 996, 1006 u. 1084 S. m. Abb. u. 12, 12, 12 u. 12 Taf.) 36,5×25,5 cm. Wittenberg, A. Ziemsen.
à Jhrg. 10.—; Ausg. m. jährl. 12 Must.-Taf. 12. —

Färber-Zeitung, Leipziger

—— Leipziger [Färberei-Muster-Zeitung]. Wochenschrift für Färberei, Bleicherei, Druckerei, Appretur ꝛc. 38.—41. Jahrg. 1889—1892. à Jahrg. 48 Nrn. (à Nr. 1—1½ Bog.) Mit Stoffmustern u. Abbildgn. gr. 4. Lpz., G. Weigel. à Jahrg. 18 —
Kleine Ausg. 12 Nrn. à Jahrg. * 9 —

— Leipziger [Färberei-Muster-Zeitung]. Wochenschrift f. Färberei, Bleicherei, Druckerei, Appretur, Farben- u. Chemikalien-Fabrikation u. Handel. Central-Organ sämmtl. Färber-Vereine f. Veröffentlichg. neuer Erfindgn u. Verbessergn. auf dem Gesammtgebiete der Farbenchemie f. Färbereien, Zeugdruckereien, Kattunfabriken ꝛc. Hrsg. v. e. Verein v. Fachmännern. 41.—44. Jahrg. 1892—1895. 48 Nrn. (à 1—1½ Bog.) Mit Stoffmustern, Maschinenabbildgn. u. Holzschn. gr. 4. Leipzig, G. Weigel.
à Jahrg. n. 18. —; kleine Ausg. 12 Nrn. n. 9. —
Ausgabe in Monatsheften u. d. T.: Färber- u. Zeugdrucker-Zeitung, Leipziger.
f.: Färberei-Muster-Zeitung.

— Leipziger (Färberei-Muster-Zeitung). Wochenschrift f. Färberei, Bleicherei, Druckerei, Appretur, Farben- u. Chemikalien-Fabrikation u. Handel, Central-Organ sämmtl. Färber-Vereine f. Veröffentlichg. neuer Erfindgn. u. Verbessergn. auf d. Gesammtgebiete d. Farbenchemie f. Färbereien, Zeugdruckereien, Kattunfabriken ꝛc. Hrsg. v. e. Verein v. Fachmännern. 45.—47. Jahrg. 1896—1898. à 48 Nrn. (à 2 Bog. m. Stoffmust.) gr. 4. Leipzig, G. Weigel. à Jahrg. 18. —;
kleine Ausg 12 Nrn. n. 9. —
D. kl. Ausg. erscheint u. d. Titel:
Färber- u. Zeugdrucker-Zeitung, Leipziger.

— Leipziger (Färberoi-Muster-Zeitung). Wochenschrift f. Bleicheroi, Färberoi, Druckerei, Appretur, Farben- u. Chemikalion-Fabrikation u. Handel. Central-Organ f. Färbor-Vereine zur Veröffentlichg. neuor Erfindgn. u. Vorbossergn. auf dem Gesammtgebieto der Farbenchemio. Ältestos Fachblatt f. Färboreien, Spinnoreion, Bunt- u. Teppichwobereien etc. Hrsg. v. e. Verein v. Fachmännern. 48.—51. Jahrg. 1899—1902. à 48 Nrn. gr. 4. (à ca. 16 S. m. Stoffmustern.) Leipzig, G. Weigel. à Jahrg. 18. —; kl. Ausg. 12 Nrn. à Jahrg. n. 9. —
Ausgabe in Monatsheften u. d. T.: Färber- u. Zeugdrucker-Zeitung, Leipziger.

— Loipziger. (Färboroi-Muster-Zeitung.) Wochenschrift f. Bleicheroi, Färboroi, Druckeroi, Appretur, Farbon- u. Chemikalion-Fabrikation u. Handel. Central-Organ f. Färbor-Vereine zur Veröffentlichg. neuer Erfindgn. u. Vorbossergn. auf dom Gesammtgebiete der Farbenchemie. Ältestos Fachblatt f. Färboroion, Spinnereien, Bunt- u. Teppichwebereien usw. Hrsg. v. e. Verein v. Fachmännern. 52.—55. Jahrg. 1903—1906. à 48 Nrn. (à ca. 16 S. m. Stoffmustern.) gr. 4. Leipzig, G. Weigel. à Jhrg. n. 18. —; kleine Ausg. 12 Nrn. n. 9. —
Ausgabe in Monatsheften u. d. T.: Färber- u. Zeugdrucker-Zeitung, Leipziger.

— (Umschlag: Färber- u. Zeugdrucker-Zeitung) Leipziger. (Färberei-Muster-Zeitung.) Wochenschrift f. Bleicherei, Färberei, Druckerei, Appretur, Farben- u. Chemikalien-Fabrikation u. Handel. Central-Organ f. Färber-Vereine zur Veröffentlichg. neuer Erfindgn. u. Verbessergn. auf d. Gesamtgebiete d. Farbenchemie. Ältestes Fachblatt f. Färbereien, Spinnereien, Bunt- u. Teppichwebereien usw. Hrsg. v. e. Verein v. Fachmännern. 56—59. Jhrg. 1907—1910. à 48 Nrn. (512, 524, 528 u. 486 S. m. Stoffmustern.) 31×23 cm. Leipzig, G. Weigel. à Jhrg. 18. —; geb. 21. —

Färber- u. Zeugdrucker-Zeitung, Leipziger, s.: Färber-Zeitung, Leipziger.

Färber-Zeitung mit Mustern. Monatsschrift für Farbwaarenkunde, Färberei und Druckerei. Jahrg. 1849. 12 Nrn. (Bog. mit Mustern.) gr. 4. Leipzig 850, Leiner. *
Bildet eine Fortsetzung der: Musterzeitung für den Färberstand.

Färber-Zeitung, österreich-ungarische. Central-Fachorgan der Genossenschaften der Färber, Appreteure, Bleicher, Drucker und Wäscher in Oesterreich-Ungarn. Redact.: Ganswindt. 1. Jahrg. Oktbr.—Decbr. 1887. 9 Nrn. (à Nr. 1½ Bog.) Mit 3 Mustertaf. gr. 4. Wien. Dresden, Bloem. *
Ohne Mustertaf. *
—— dass. — 2. Jahrg. 1888. 36 Nrn. (à Nr. 1½ Bog.) Mit 12 Mustertaf. gr. 4. Ebendas. *
Ohne Mustertaf. *

Reimann's Färber-Zeitung. Organ für Färberei, Druckerei, Bleicherei, Appretur, Farbwaaren und Buntpapierfabrication, Droguenhandel, Spinnerei und Weberei. Redacteur und Herausgeber: M. Reimann. [*From* 1878,] Organ des "Allgemeinen Färber- und Fachgenossenvereins," und der "Färber-Akademie" zu Berlin. 21 vols., 8vo. Berlin, 1870–'90+
See Journal de teinture de Reimann.

— s.a. Reimann, M.

Färbestoffe in Flechten; ein Paar Worte zur Beherzigung ... [Dresden 1808.] V: *Engelhardt, Carl August.* (MGT)

Farbezin [Schlagwort]

Farbezin, s.: Geologische Karten. Karte (Preussen).

Farbmann, Joh., biblische Geschichte des alten und neuen Testamentes und der Apostel-Geschichte, nebst der Beschreibung von Palästina seit Jesu bis auf unsere Zeiten. Ein Auszug für Kinder aus der 4bänd. bibl. Geschichte von Chrph. Schmid, in 1 Bd. bearb. 12. Aufl., mit jeder Geschichte angehängten katechet. Fragen ꝛc. und mit 36 Holzschn. verschönert. 8. (XII und 316 S.) Grätz 851(52,) Hesse. *

Farbmann, Joh., biblische Geschichte des alten und neuen Testaments mit katechetischen Fragen, lehrreichen Erklärungen u. Reimsprüchen nebst einer Beschreibung von Palästina seit Jesu bis auf unsere Zeiten. Ein Auszug für Kinder aus der vierbändigen biblischen Geschichte des Chph. v. Schmid, in 1 Bd. bearb. 13. Aufl. mit jeder Geschichte angehängten Fragen. Gratz 853. Ferstl. 8. (XIII, 316 S. mit 39 Holzschn.)
n. 16 ngr

— — Mit 49 Holzschn. (im Text). 17. Aufl. 857. — 18. Aufl. Gratz 858. Ferstl. 8. (VI, 316 S.) 16 ngr

Farbmann, Joh., biblische Geschichte d. alten u. neuen Testamentes m. katechet. Fragen, lehrreichen Erklärgn. u. Reimsprüchen nebst e. Beschreibg. v. Palästina. Ein Auszug f. Kinder aus der 4bänd. bibl. Geschichte d. Christ. v. Schmid. Mit 49 eingedr. Holzschn. 26. Aufl. 8. (VI, 316 S.) Graz 874. Ferstl. n. 1. 50

Farbmann, Joh., biblische Geschichten des alten und neuen Testamentes, mit katechetischen Fragen, lehrreichen Erklärungen und Reimsprüchen nebst einer Beschreibung von Palästina. Ein Auszug für Kinder aus der vierbändigen bibl. Geschichte des Chrph. v. Schmid, bearb. 18. Aufl. 8. (VI und 316 S. mit 49 eingedr. Holzschn.) Gratz 858, Ferstl'sche Buchh.
geb. *

Farbstein, B[etty]: Die Ziele der Frauenbewegung. — Zürich: Schweiz. Grütliverein 1910. 15 S. 8°

Farbstein, Dav., s.: Christus u. d. Juden.

Farbstein, D. Das Recht der unfreien u. der freien Arbeiter nach jüdisch-talmudischem Recht verglichen mit dem antiken, speziell mit dem römischen Recht. In-8°. VII, 96 S. Bern. These.

— das Recht d. unfreien u. d. freien Arbeiter nach jüd.-talmud. Recht, verglichen m. d. antiken, speciell m. d. röm. Recht. gr. 8. (VII, 96 S.) Frankfurt a/M. 896. J. Kauffmann. n. 2. —

Zwei Reden gehalten 1. 1900 in d. Gemeindeversammlung d. Isr. Kultusgemeinde Zürich, 2. 1906 in d. Sitzung d. großen Stadtrates d. Stadt [!] Zürich von Rechtsanw. Dr. David Farbstein. Zürich: Freie Vereinigung von Mitgl. d. Isr. Kultusgem. 1900. 18 S. 8°

— der Zionismus u. d. Judenfrage, ökonom. u. ethisch. gr. 8. (29 S.) Bern 898. Steiger & Co. — 60

Farbstein-Ostersetzer, Frau Betty [von Affoltern bei Zürich]: Zur Embolie der Lungenarterie. Zürich 1900. 25 S. 8"

Zürich. Med. Diss. 1899/1900.

Farbstoffe, Die, der Gesellschaft für chemische Jndustrie in Basel und deren Anwendung. Basel. Januar 1903

Farbwerke vorm. Meister, Lucius & Brüning: Die Fabrikation des Osmons, eines nach einem neuen Verfahren gewonnenen Heiztorfs. Höchst a. M. 1904

Farbwerke vorm. Meister, Lucius & Brüning: Pharmaceutische Produkte. Hoechst a. M. 1903

Farbwerke vorm. Meister, Lucius & Brüning:. Kurzer Ratgeber für die Anwendung der Teerfarbstoffe. 3. Aufl. Hoechst a. M. 1908

Farbwerke vorm. Meister Lucius & Brüning: Rezeptformeln für die pharmazeutischen Produkte der Farbwerke. Höchst a. M. (1905)

Farbwerke vorm. Meister, Lucius & Brüning: Die Teerfarbstoffe der Farbwerke vorm. Meister, Lucius & Brüning, Hoechst a. M. auf dem Gebiet der Baumwolldruckerei. Hoechst a. M. 1907

Farbwerke vorm. Meister, Lucius & Brüning: Die Teerfarbstoffe der Farbwerke vorm. Meister, Lucius & Brüning, Hoechst a. M. auf dem Gebiet der Färberei von Baumwolle und anderer vegetabilischen Fasern. Bd 1—3. Hoechst a. M. 1906

Farbwerke vorm. Meister, Lucius & Brüning: Die Teerfarbstoffe auf dem Gebiete der Wollfärberei. Bd 1—3. Hoechst a. M. 1908

Farce, la, de maitre Patelin, av. son testament à quatre personnages. 8. Paris. (Pott et C. à Laus.) 762.

Farcen der Zeit, von Jul. v. Voß, enthalt. 6 Theaterstücke. 1) der Prozeß in Sudpreußen. 2) die Musen im Kriege. 3) der Triumph der Schreibewuth. 4) Er muß heirathen. 5) der Kriegsrath v. Cöln. 6) d. Weinlesen. 8. Berl. Weiß. (Fint.)

Faerch, s.: Wohnungs-Anzeiger f. die Städte St. Johann u. Saarbrücken.

Farchow, A., Frauenschutz, s.: Kühling's, A., Album f. Liebhaberbühnen.

Farchy, Josua M. [aus Semlin]: Zur Kenntniss der isomeren Diamidobernsteinsäuren ... Würzburg, Becker's Univ.-Buchdr., 1893; 38 S. 8.

Würzburg, Phil. Fak., Inaug.-Diss. v. 1893

Farckas, Georg (Neograd./Ungarn), De perfectione linguae Ebraicae quoad syllabas. Präs. Jo. Pet. Schwartz. Götting. (Hager) Aug. 1738. 16 Seiten. (4.—) 8583

Fardely, W., s. Narratives historical.

Fardely, William

Fardely, Will., die Galvanoplastik, od. pract. Anleitung, Metalle aus ihren Auflösungen nach den neuesten u. verbesserten Verfahrungsarten, vermittelst der galvan. Electricität zu reduciren; nach den Vorschriften des C. Walker, T. Spencer, A. Smee, Sturgeon, de la Rive u. a. bearb., u. mit auf eigene Erfahrung gegründ. Zusätzen versehen. gr. 8. (3 B. u. 1 Stnt.) Mannheim 842, Bensheimer. ** —

Fardely, Will., der electrische Telegraph, mit besond. Berücksichtigung seiner pract. Anwendung für den gefahrlosen und zweckgemäßen Betrieb der Eisenbahnen; nebst Beifügung der neuesten Einrichtungen u. Verbesserungen, u. einer ausführl. Beschreibung eines electromagnet. Drucktelegraphen. gr. 8. (Mit 2 lith. Taf.) Mannheim 844, Bensheimer. 1 ℛ

Fardely, W., der Zeiger-Telegraph für den Eisenbahndienst dargestellt. Eine Anleitung für Telegraphen-Aufseher, Telegraphen-Bedienstete und Alle, welche sich für dieses Fach interessiren; enthaltend die Beschreibung eines einfachen electromagnetischen Zeiger-Telegraphen-Systems etc., nebst practischen Angaben über die Behandlung der Apparate etc. Mit 8 erläuternden Stein-Zeichnungen. Mannheim 856. Löffler in Comm. gr. 8. (47 S. u. 5 lith. Taf.) n. 14 ngr

Fardes, Fr., Erzähll. aus d. Reiche der Wirklichkeit u. der Phantasie. 2 Bde. Mit Kpf. 8. Cob. 801. Sinner. 2 ℛ 18 gr.

Faro, de la, le Gouverneur ou essai sur l'éducation. 12. Londres. (Pott et C. à Laus.) 768.

Fare, Wlh., d. Natur d. Scrophelkrankheit, ein Versuch, d. Ursachen derselben zu erklären ꝛc. Aus d. Engl. v. G. W. Becker. gr. . Leipz. 820. Baumgärtner. 8 gr.

Farek Vinzenz: Der erste Versuch einer Theorie des deutschen Staatsrechtes, der Tractat „De iuribus regni et imperii Romanorum" und dessen Verfasser Lupold von Bebenburg.

II. 1902 PN 1481 Diss. Wien, Univ.

Farelles, Louis de, le portrait voilé. (Suivi de Histoire d'un million par Audebrand et La Comtesse Brignole par Méry.) Leipzig 856. Gerhard. 16. (165 S.) 10 ngr

Farelly, A. o', Untersuchungen üb. die Bildungsverhältnisse d. ocean. Salzablagergn., s.: Hoff, J. H. van't.

Farenheid, Frdr. Heinr. Joh. v. Eine biograph. Skizze hoch 4. (22 S.) Königsberg 872. Koch. n. 1. —

Farenheid, Fritz v., Reise durch Griechenland, Klein-Asien, die troische Ebene, Constantinopel, Rom u. Sicilien. Aus Tagebüchern u. Briefen. [Als Mscr. gedr.] Lex.-8. (III, 239 S.) Königsberg 875. Hartung'sche Verl.-Dr. n. 8. —

Farenheid, Fritz v., beschreibendes Verzeichniß der im Antikensaale zu Beynuhnen befindlichen Abgüsse nach Antiken, nebst einleitendem Aufsatz über die Grundideen griechischer Religion und Ethik. Berlin 854. (Königsberg, Koch.) gr. 8. (75 S.) n. 20 ngr

Farenheid, Fritz v., beschreibendes Verzeichniß der Abgüsse nach Antiken im Schlosse zu Beynuhnen nebst einleit. Aufsatz über die Grundideen griech. Religion und Ethik. 2. sehr verm. Aufl. gr. 8. (VI, 96 S.) Königsberg 873, Koch. *

Farenheid-Beynuhnen, Fritz v. Eine Lebensskizze, s. Bujak-Ramberg, Ph. Fr. v.

Farenheid Beynuhnen, Fr. Horst v., Skizzen u. Lieder. gr. 8. (VI, 123 S.) Königsberg 895. W. Teichert. n. 2. —; geb. n. 3. —

Farenheid-Beynuhnen, H. v., die deutschen Erbsünden in ihrer Wirkung auf unseren Parlamentarismus. (24 S.) gr. 8. (Gr.-Lichterfelde-Berlin (904). E. Runge. n. — 50

— ein Mahnwort zur Reform des Einkommensteuer-Gesetzes vom 24. VI. 1891 unter Berücksicht. der §§ 44 u. 64 der Schulordnung f. die östlichen Provinzen vom 11. XII. 1845. (32 S.) gr. 8. Berlin 903. Puttkammer & Mühlbrecht. n. — 60

Iohann Daniel Farenholtz: Epistola de praecipuis caussis cur morbi arthritici Goslariae incolis sint tam familiares. Helmstadii 1751. 7 Bl. 8°

[Gratulationsbrief an Johann Bertold Hoffmann zur Dr. med.- Promotion, Helmstedt, 30. Dez. 175]

Fares, Carl Gottfried (Würzburg), Remedium legis II. cod. de resc. vend. brevis sistemate traditum. Spec. theor.-pract. Präs. Johann Philipp Gregel. Würzburg (F. E. Nitribitt) Aug. 1798. 44 Seiten. (—.80) 8584

Faereyinga Saga, hrsg. von Rafn u. Mohnike, s. Saga.

(Farges.) Glorieuse Campagne de S. A. R. le prince de Condé, commandant l'armée française sur le Bas-Rhin en 1762. 8. Cologne 1762.

Farges-Mericourt, P. F., Annuaire historique et statistique du département du Bas-Rhin pour l'année 1808. 12. Strasb. Levrault.

Farges-Mericourt, P. J., Beschreibung d. Reise Sr. Maj. Karls X. durch d. Elsaß. A. d. Franz. v. B. Dietz. Roy.-4. (23 B., 1 Karte u. 12 Stndr.) Straßburg 829, Levrault.

Fargna, Frz de, Comment. in sing. canones de jure patronatus etc. VI Tomi. fol. Montissalisci. 717-19.

Fargus, F. J., s.: Conway, H.

Fargy, ein Roman nach d. Französ. der Frau v. Souza, Verf. der Adele v. Senange u. A., v. K. L. Methus. Müller. 2 Thle. 8. Leipz. 823. Hinrichs. 2 ℔ 6 g̃

Fari e fanali nel mare mediterraneo. Raccolta compilata dietro pubblicazioni ufficiali. Nel Decbre 1870. (Aus „Annuario marittimo.") gr. 8. (83 S.) Triest 871. liter.-artist. Anstalt. n. 1. 20

(Faria, A[ntonio] de.) La famille «Trezzini» de Astano. (Notes généalogiques.) [Avec 3 figures.] Extrait des Archives héraldiques suisses. 1901. No. 4. 12 p. gr.-8. [Zurich, Schulthess & Co.]

Faria, Dit. Bon. de, novae addition. etc. ad libros variar. resolution. Covarruvias a Leiva. III Tmi. fol. Lugd. 726.

Farjeon, Benjamin Leopold: Basil and Annette, s. Library, the English.

Farjeon, B. L., London's heart. s.: Asher's collection of english authors.

Farjeon, B. L., die Herz-Neune, s.: Engelhorn's allgemeine Roman-Bibliothek.

Farjeon, B. L., eine schöne Jüdin, s.: Universal-Bibliothek, jüdische. Nr. 74—77.

– The human Law, s. Library, the English.

– The Mystery of M. Felix, s. Library, the English.

Der Nachtwandler. Kriminal-Novelle von B[enjamin] L[eopold] Farjean [Farjeon]. Deutsch von J. Cassirer. *Leipzig: Leipz. Roman-Verl. [Erfurt: F. Bartholomäus 1901].* (127 S.) 8° [F.]
(Kollektion Kriminal. No 44.)

Farjeon, B. L., zu fein gesponnen, s.: Engelhorn's allgemeine Roman-Bibliothek.

Farina, Laurentius Mar. Josephus (geb. am 26 Febr. 1795 in Düsseldorf): De neuralgiae facialis curationibus variis et notabilioribus ... Bonnae, ex typogr. Thormanniana (1823). 52 S., 2 Bl. 4.
Bonn, Med. Fak., Diss. v. 20 März 1823

Farina, Salvatore

Farina, S., um den Glanz d. Ruhmes, s.: Engelhorn's allgemeine Roman-Bibliothek.

Farina, Salvatore, verborgenes Gold, s.: Novellisten, italienische.

Farina, Salvatore, Herr Ich, s.a. Universal-Bibliothek.

Farina, Salvatore, der Herr J C H. Nach dem Ital. v. B. u. N. Arnous. 8. (VII, 164 S. m. Illustr.) Berlin 883. H. Peters. 2. 25

— für Leben u. Tod. Roman. Aus dem Ital. Autoris. Ausg. 8. (292 S.) Ebd. 893. n. 2. —

— Leben um zu lieben. Erzählung. Aus dem Ital. Autoris. Ausg. 8. (140 S.) Berlin 894. O. Janke. n. 1. —

Farina, Salvatore. Amene letture per gli studiosi di lingua italiana moderna. gr. 8. (VIII. 148 S.) Berl. 891. Herbig. * 1 50

Farina, Salvatore, blinde Liebe. Laurina's Gatte, s.: Reclam's Unterhaltungs-Bibliothek.

– Blinde Liebe; Laurina's Gatte, s. Universal-Bibliothek.

– Die Liebe hat hundert Augen, s. Universal-Bibliothek.

— eine Lüge der Liebe. Roman. Aus dem Ital. Autoris. Ausg. 8. (132 S.) Ebd. 894. n. 1. —

Farina, Salvatore, Novellen. 1.—3. Bd. Aus dem Italien. übers. von Otto Borchers. 8. Leipzig, Grunow. à Bd. * ℳ 5. *

Inhalt:
Bd. 1. Blinde Liebe. — Pique Bube. — Ein glücklicher Mensch. Nach den Novellen Amore bendato, Fante di Pique, Un uomo felice. (VIII, 276 S.) 876.
" 2. Schaumgeboren. — Ein Tyrann in den Seebädern. Nach den Novellen Dalla spuma del mare und Un tirano ai bagni di mare. (225 S.) 876.
" 3. Blondes Haar. Roman. (329 S.) 877.

Farina, Salvatore, Pikbube. D. Tyrann im Seebade, s.: Meyer's Volksbücher.

— der Roman e. Ehemannes. Roman. Aus dem Ital. Autoris. Ausg. 8. (320 S.) Ebd. 894. n. 2. —

—— aus den Saiten einer Baßgeige, s. Engelhorn's allgemeine Roman-Bibliothek.

— Scene e caràtteri, hrsg. v. Rich. Ackermann, s.: Sammlung mod. italien. Autoren.

—— der Schatz Donnina's, s. Universal-Bibliothek Nr. 2047—2049.

— aus d. Meeres Schaum; aus den Seiten e. Baßgeige, s.: Engelhorn's allgemeine Roman-Bibliothek.

— mein Sohn, s.a. Engelhorn's allgemeine Roman-Bibliothek.

— mein Sohn! Aus dem Ital. v. Ernst Dohm u. Hans Hoffmann. Mit e. biograph. Einleitg. v. Siegfr. Samosch. 2 Bde. 8. (XXXVI, 220 u. 227 S.) Berlin 884. Gebr. Paetel. n. 8. —; in 1 Bd. geb. n.n. 9. 50

Farina, Salvatore, stärker als die Liebe. Roman. Aus dem Ital. Autoris. Ausg. 8. (140 S.) Berlin 893. O. Janke. n. 1. —

Stempelpapier. Warum ich Nein gesagt habe. Erzählungen von Salvatore Farina. Mit Ill. von A. v. Schrötter. *Berlin, Eisenach, Leipzig: H. Hillger [1900].* (127 S.) 8° [S.]
= Bücherschatz. Kürschner's. No 172.

Farina, Salvatore, Corporal Sylvester. — Scheidung. Zwei Novellen. Deutsch von Ernst Dohm und Hans Hoffmann. 8. (XII, 179 S.) Berlin 885, Gebr. Paetel. *
geb. **

'Was wird die Welt sagen?' Roman von Salvatore Farina. Uebers. von Florentine Schrader. Mit Ill. von R. A. Jaumann. *Berlin, Eisenach, Leipzig: H. Hillger [1899].* (126 S.) 8° [ℳ.]
= Bücherschatz, Kürschners No 132.

Farinacius, Daniel Prosper

— von Einwend. wid. d. Neuaen Person. 4. Frankf. 732.

— — dasselbe. 4. Nürnb. Felsecker. 733.

Teutsch-redender Extract aus Prosperi Farinacii tractatus de testibus titul. 6. Oder von Einwendungen wider derer Zeugen-Personen. Franckfurt u. Leipzig 1733.

Farinacius, Dn. Prosp., opera omnia IX Tmi. fol. Francof. 682–728.

— tractat. de testibus. fol. Norimb. Felsecker. 733.

Farine, Georges. Über einige Acidylderivate des o-Amidobutyrophenons und deren Überführung in α- und γ-Oxychinoline. Diss. Phil. Basel. [Mit 1 Text-Figur.] 58 S. 8. Porrentruy, J. Billieux, 1902.

Farine, M. J. Lucian, der sakramentale Charakter, s. a. Studien, Strassburger theologische. VI. 5.

Der sakramentale Charakter. Eine dogmat. Studie von Dr. theol. M. J. Lucian Farine. *Freiburg i. Br.: Herder 1904.* (XIV, 95 S.) 8°
— Studien, Straßburger theologische. Bd 6, H. 5.

Farine dure, Fritz, Resignation od. Befriedigung? Eine moderne Novelle. 11. 8. Malchin 846, Piper. n. 12 ngℛ

Farinelli [Titelblatt fälschlich: Jarinelli], Arturo, aus Intra (Italien): Die Beziehungen zwischen Spanien und Deutschland in der Litteratur der beiden Länder. I. Teil bis zum 18. Jahrhundert. [Erschien vollständig — bis Herder — unter dem Titel: Spanien und die spanische Litteratur im Lichte der deutschen Kritik und Poesie. Von Dr. Artur Farinelli. I. u. II. Teil. Berl. A. Haack 1892. 2 Bl., 128 S.]. Berl. A. Haack 1892. 4 Bl., 72 S., 1 Bl. 8°.
Zürich, Phil. Diss. [v. 26. Juli 1892].

Farinelli, Arturo, Dante nell' opere di Christine de Pisan, s.: Aus romanischen Sprachen u. Literaturen.

Farinelli, Art., Grillparzer u. Lope de Vega. gr. 8. (XI, 333 S. m. 2 Bildnissen.) Berlin 894. Weimar, E. Felber. n. 6. 50

Farinelli, Arturo, Grillparzer u. Raimund. Zwei Vorträge. M. d. Bildn. d. Dichter. 8. (87 S.) Leipzig 897. G. H. Meyer. n. 1. 60; geb. in Leinw. n. 2. 50

(B) Farinelli, A., Grillparzer u. Raimund. 897. (LBL 29.) Jetzt: Berlin, Hellbrunn & Co.

— Spanien u. die spanische Litteratur im Lichte der deutschen Kritik u. Poesie. I. u. II. Tl. gr. 8. (V, 128 S.) Berlin 892. A. Haack. n. 3. –

Farinello oder das furchtbare Geheimniß. Romantische Erzählung. 2 Bde. 2., verb. Aufl. Leipzig 866. Literar. Museum. 16. (281 S.) 20 ngℛ

Farini, G. A., durch die Kalahari-Wüste, Streif- u. Jagdzüge nach dem Ngami-See in Südafrika. Autoris. deutsche Ausg. Aus dem Engl. v. W. v. Freeden. Mit 46 Abbildgn. u. 2 Kartenskizzen. gr. 8. (XX, 472 S.) Leipzig 886. Brockhaus. n. 8. —; geb. n. 10. —

Farjon, Johann Ludwig (Mosa-Trajectinus), Ad fragmentum Pauli ex libro IV quaestionum quod exstat in prima parte principii legis LIX digestorum ad senatusconsultum trebellianum. Diss. jur. Rector Nicol. Georg Oosterdyk (Joann. fil.) Leyden (Sam. & Joh. Luchtmans) 9. XII. 1786. 51 S. (4.80) 8585

Farkas und Kövy, neuester ungarisch-deutsch. Haus-Secretär in schriftl. Aufsätzen aller Art, od. gründl. Anweis. zur Abfassung aller im Geschäfts- u. gemein. Leben, so wie in freundschaftl. Verhältn. vorkomm. Aufsätze ꝛc. 4., verb. u. verm. Aufl. gr. 8. Pesth 835, Heckenast.

Farkas, Elek, legujabb és legtömöttebb magyar-német és német-magyar szókönyv. A magyar nyelv njabb és legujabb alakulását tekintve, legjelesebb kútfők után készit ette. — Neuestes und vollständigstes ungarisch-deutsches und deutsch-ungarisches Wörterbuch. Stereotyp-Ausg. 2 Thle. (Ungarisch-deutscher Thl. — Deutsch-ungarischer Thl.) gr. 16. (VI und 805 S.) Pesth 851, Heckenast's Verlag. (Leipzig, G. Wigand.) *

Farkas, Elek, legujabb és legtömöttebb magyar-német és német-magyar zsebszókönyv. Stereotyp-kiadás. 2. lenyomat. A. u. d. T.: Deutsch-ungar. u. ungar.-deutsches Taschen-Wörterbuch. Stereot.-Ausg. 2. Abdr. Pest 853. Heckenast. 12. (386, 420 S.) 1 ℳ 26 ngℛ

FARKAS, EMMERICH: Predigt zur Feier der Einweihung des neugebauten Domes zu Gran am 31. August im J. 1856. Deutsch von Eliza von Elter-Ulfer. Stuhlweissenburg 1857: Witwe Szammer's Buchdruckerei. 20 S. - gr. 8°

Farkas, J., Généralisation du logarithme et de l'exponentielle. gr. 8. (V, 121 S.) Budapest 879, Kilian's Universitäts-Buchh. *

Farkas, Johann. Ungarische Grammatik für Deutsche. Ganz umgearbeitet etc. von Franz Pethö. 5. Aufl. (Mit 1 Titelbild.) 8. Wien 1798.

Farkas, Joh., ungarische Grammatik für Deutsche. Umgearb. u. mit einem ungar. Lese- u. dazu gehörigen Wörterbuch versehen von Jos. v. Marton. gr. 8. Wien ... 6e A. 805. 7e A. ... 8e A. 812. Das Lesebuch apart. 8. Ebd. 805. Jetzt umgearb. u. verm. durch Paul Szlemenics. 9e Aufl. gr. 8. Wien 816. Gerold. 1 ℳ

Farka, Jos. de, gründl. u. neu verbess. ungarische Grammatik. gr. 8. Wien, Gerold. 809.

Farkas, Jul., die Beitreibung v. Schuldforderungen in Ungarn, s. a. Wie treibt man die Schuldforderungen im Auslande ein? 3. Bd.

Die Beitreibung von Schuldforderungen in Ungarn. Zum prakt. Gebr. f. d. Geschäftswelt bearb. von Dr. Julius Farkas, Landes- u. Wechselgerichtsadv. in Budapest. *Berlin: Universum (1903).* (VIII, 131 S.) 8°
— Wie treibt man Schuldforderungen im Auslande ein? Bd 3. (03. 10)16

Farkas, Max, ungarische Volkslieder, übers., s.: Meyer's Volksbücher.

Farkaš, Milan: Zur Kenntnis des Oxydiacetyls. (Berlin 1910: A. W. Schade.) 29 S. 8°
Berlin, Phil. Diss. v. 11. Mai 1910, Ref. E. Fischer
[Geb. 13. Juni 86 Krapina; Wohnort: Agram; Staatsangeh.: Österreich; Vorbildung: Gymn. Agram Reife Sommer 08; Studium: Zürich 1, Berlin 7 S.; Rig. 3. März 10.] [U 10. 148

Staatsstreich und Gegenrevolution in der Türkei von Dr. Paul Farkas. Berlin: Puttkammer & Mühlbrecht 1909. 110 S. 8° [10. 55

Farkas-Vukotinović, Ludw. v., die Botanik nach dem naturhistorischen Sistem. gr. 8. (VI und 74 S.) Agram 855, Suppan.

Farkaš-Vukotinović, Ludw. v., die Diorite mit den übrigen geognostischen Verhältnissen des agramer Gebirges in Croatien. Lex.-8. (14 S. mit 1 lithogr. Karte in gr. 4.) Wien 860, (Gerold's Sohn.) **

— das Lika- und Krbava-Thal in Militär-Croatien. Mit 1 (lith.) Karte (in 4.). (Aus d. Sitzungsberichten d. k. Akad. d. W.) Wien 857. Gerold in Comm. gr. 8. (21 S.) n. 5 ngℛ

—— die Plitvica-Seen in der oberen Militärgrenze in Croatien. Lex.-8. (11 S.) Wien 860, (Gerold's Sohn.) *
Aus: Sitzungsberichte der k. Akad. der Wissenschaften, Jahrg. 1857—59, besonders abgedruckt.

Farl, Frz., neueste mathematische Körper-Berechnung für Herrenkleidermacher oder vollständigste und praktisch erprobte Anweisung im Maaßnehmen, Zuschneiden und Bearbeiten aller vorkommenden Herrenkleidergattungen ꝛc. zum Selbstunterricht sowohl, als auch zum Gebrauch für jedes in dieses Fach einschlagende Etablissement. Mit 650 lith. Schnittzeichnungen ꝛc. (auf 8 Taf. in gr. Fol.). 2. verm. u. mit reichhaltigen Verbesserungen ausgestattete Aufl. Leipzig 857. Roßberg in Comm. gr. 8. (VII, 65 S.) n. 1 ß 20 ngl

—— praktisches Maaß- und Notizbuch für Herren- und Damenkleidermacher nebst einer kurz gefaßten gründl. Anweisung zum Maaßnehmen mit bildl. Darstellung zur Messung der Körper und Schnittzeichnungen. 16. (10 und 100 lithogr. S.) Leipzig 858, (Roßberg'sche Buchh.) *

Farl, Frz., neueste praktische Zuschneidekunst für Herrenkleidermacher, oder leichtfaßliche und praktisch erprobte Anweisung im Zuschneiden und Bearbeiten aller vorkommenden Herrenkleidergattungen, zum Selbstunterricht sowohl, als auch zum Gebrauch für jedes in dieses Fach einschlagende Etablissement. Mit 108 lith. Schnittzeichnungen ꝛc. Leipzig 856. (Roßberg.) 4. (8 S. u. 26 lith. S.) n. 1 ß

Farlati, Daniel, Illiricum Sacrum. VI Tmi. c. M. et fig. Venetiis. (Eggenberger, Pest.) 751–800.

Farley, Lewis. Der finanzielle und politische Verfall der Türkei. Uebers. v. A. Kolb. gr. 8°. Berlin, van Muyden, 1875.

Farm and Fireside: 1883?–1884? **Batesville, IN**
Weekly, published in English and German.

Farm und Haus: Band 1–8, Aug. 1898–1905?
Agricultural monthly. Place of publication varies: Elkhart, Ind. 1898; Madison, Wis., 1899; Berne, Ind., 1900–02; Bluffton, Ohio, 1903–05.
Large quarto, each issue 8–16 pages; illustrated. Circulation: 1903, 6581. Edited by Johannes Horsch, & published by Farm und Haus Publishing Co., 1898–1905.
Bluffton, OH

Amerikanischer Farmer: 1871?–1874?
Agricultural weekly. Circulation: 1872, 5000 (est.). Edited by Julius Silversmith, & published by Cosmopolitan Publishing Co., 1871–74.
Chicago, IL

Deutsch-Amerikanischer Farmer: Jahrgang 1–36, no. 25, Feb.? 1888–Nov. 12, 1924.
Fortnightly, 1888–Sept. 1899; weekly, Oct. 1899–1924. Widely circulated journal published in interests of farmers and the farm home. Its circulation, representative years: 1895, 4500; 1900, 82,858; 1905, 154,253; 1910, 142,914; 1920, 121,712; 1924, 95,275. For a period of time it was issued gratis to subscribers of the Lincoln Freie Presse; however, its yearly rate also varies from 40 cents to one dollar, the former for the years 1910–16. Beginning with Oct. 4, 1899, it was issued alternately with Der Hausfreund, q. v., and bears title: Deutsch-Amerikanischer Farmer und der Hausfreund.
Sub-title: Illustrirte Zeitschrift für Land- und Milchwirt, Vieh-, Geflügel- und Bienenzucht, Obst-, Wein- und Gartenbau, für Haus und Hof.
Place of publication varies: Chicago, Feb. 1888–1897. Date-line varies, usually, Chicago and Lincoln; for a time, also New York.
With Jahrgang 9, 1897, also as *neue Folge*, Jahrgang 1–? increased to 24 p. in 1913. Size varies slightly, usually large quarto, each issue 8–16 pages; illustrated. Merged with National Farmer, Haus- und Bauernfreund (Milwaukee, Wis.).
Edited by A. von Degen, 1888–96; by Christ. Landmann (at Wittlesey, later Medford, Wis.), 1897–1924. Published by The Trade Publishing Co., 1888–95; by Press Publishing Co., 1896–1924.
Lincoln, NE

Deutsch-Amerikanischer Farmer: Band 1–3, 1891–July 1893?
Agricultural monthly.
Wausau, WI

Deutsche Farmer Der. Milwaukee, 1882.

Der Deutsche Farmer: vol. 1–7, 1888–May 1894.
Monthly, 1888–90; semi-monthly, 1890–94. Agricultural journal. Title varies: Deutscher Farmer und Stockman. Merged with Acker- und Gartenbau-Zeitung. Quarto, each issue 16 pages. Circulation: 1890, 25,000; 1894, 17,250. Published by German Farmer Publishing Co., 1888–91; by German Agricultural Publishing Co., 1892–94.
Chicago, IL

Der Deutsche Farmer: Jahrgang 1, Apr. 1888–?
Weekly. Issued as supplement to Buffalo County Republikaner. Large quarto, each issue 16 pages.
Fountain City, WI

Der Deutsche Farmer: Jahrgang 1–28, no. 13, Feb. 15, 1910–July 1, 1937.
Monthly, 1910–11; semi-monthly, 1911–37. Sub-title: Landwirtschaftliche Monatsschrift, Feb. 15, 1910–?; Absorbed Feld und Flur (Dallas, Tex.). Merged with National Farmer, Haus- und Bauernfreund (Milwaukee, Wis.). Large quarto, each issue 32 pages; illustrated. Circulation: 1915, 37,553; 1920, *39,210*; 1925, 42,183; 1930, 34, 842; 1935, 30,000. Edited & published by Fritz Bergmeier, Feb. 15, 1910–1920; by George F. C. Paul, 1921; edited by George F. C. Paul, & published by C. H. Bergmeier, 1922–26; edited by Henry Kelsch, 1927?–32; by Cornelius Sittard, 1935–37; published by The Volkszeitung Printing & Publishing Co., 1926–37.
St. Paul, MN

Farmer, der deutsche, im Busch und auf der Prairie. Prakt. Lehr- und Handbuch für alle Zweige der amerikan. Landwirthschaft, als Ackerbau, Viehzucht, Garten-, Obst- und Weinbau, Urbarmachung und Einrichtung neuer Farmen, landwirthschaftl. Gewerbekunde ꝛc. Mit besond. Berücksicht. neuer Ansiedler und Einwanderer. gr. 8. (VI, 335 S.) Milwaukee, Wis. 883. (Philadelphia, Schäfer und Koradi.) geb. *

Deutsche Farmer, Der, im Busch u auf d Prairie: Prakt Lehr- u Handbuch f alle Zweige der anischen Landwirtsch ... m bes Berücksichtigung neuer Ansiedler u Einwanderer. Milwaukee, 1887.

Der Deutsche Canadische Farmer: 1909–1912?
Independent weekly, devoted to agricultural interests. 8–16 pages, each issue, large quarto. Editors: Otto P. Woysch, A.V. Mielecke. Publisher: Deutsch-Canadische Publishing Co.
Calgary, Alta.

Deutscher Farmer und Erzähler: 1890?–1920? **Neillsville, WI**
Monthly supplement to Der Deutsch-Amerikaner.

German Farmer: 1804–?
Weekly. Published in English and German. First newspaper of the county. Edited & published by John F. Jungmann.
Somerset, PA

The German Farmer: vol. 1, Aug. 1848–?
Semi-monthly, published in English and German.
Columbus, OH

National Farmer, Haus- und Bauernfreund: Band 1–66, no. 2, May 1874–Apr. 7, 1939.
Weekly agricultural journal. Issued as edition of Germania (Milwaukee). Sub-title: 1) Ein Unterhaltungsblatt für Alt und Jung, May 1874–?; 2) *Zeitschrift für den häuslichen Kreis, für* Ackerbau, Viehzucht, Gartenbau, Bienenzucht, usw. Folio in size, until the 1890s when it became large quarto, each issue 8–24 pages; illustrated. Title varies: Der Hausfreund (Milwaukee), May 1874–1888?; Der Haus- und Bauernfreund, May 1874–Nov. 28, 1924; Der Haus- und Bauernfreund und National Farmer, Dec. 5, 1924–?; National Farmer, Haus- und Bauernfreund, ?–Apr. 7, 1939. Place of publication varies: Milwaukee, Wis., May 1874–Oct. 1924. Absorbed: Deutsch-Amerikanischer Farmer (Lincoln, Nebr.); Der Deutsche Farmer (St. Paul); National Farmer (Winona). Merged with America-Herold und Lincoln Freie Presse, as special section. Circulation: 1890, 80,060; 1900, 85,590; 1910, 100,000; 1923, 52,748; 1925, 125,000; 1930, 124,000; 1935, 92,160; 1939, 70,000. Edited by Francis A. Hoffmann or, Franz Arnold Hoffmann, "Hans Buschbauer", pseud.; Hoffmann edited it entirely, even to the articles "he jokingly signed 'Grete Buschbauer'" [Kretzmann, p. 53]; after his death, a column titled "Hans Buschbauer Spricht" was continued to the last issue]. May 1874–Dec. 1902? [Hoffmann died Jan. 23, 1903]. Published by Germania Publishing Co., May 1874–1919; North American Press, 1920–Nov. 1924; National Weeklies, Inc., Dec. 1924–Apr. 1939.
Winona, MN

Der Farmer des Westens: Band 1, Mar. 1856–? **Belleville, IL**
Agricultural weekly. Printed at the office of the Belleviller Zeitung.

Der Farmer im Westen: Oct. 29, 1902–Sept. 1918? **St. Paul, MN**
Weekly supplement to Der Wanderer. Large quarto, each issue 8 pages.

Der Westliche Farmer: 1882?–1884. **Chicago, IL**
Agricultural monthly.

Farmer, Hugo

— Abhandl. über d. Wunderwerke; aus d. Engl. (v. Jh. Pet. Bamberger). 8. Berl. 776. Rottmann. 1 ß 16 ggr

— über d. Beschaffenheit u. Absicht d. Versuchung Christi. Aus d. Engl. v. J. M. Schwager. 8. Bremen 777. Cramer. 12 ggr

Farmer, Hugo, 8 Briefe über verschiedene Materien. Aus d. Engl. 8. Berl. 776. Rottmann. 16 ggr

— Briefe an Worthington über d. Dämonischen in d. Evangel. Aus d. Engl. Mit Zusätzen u. e. Vorr., den Begriff von Inspiration zu bessern, v. J. S. Semler. gr. 8. Halle 783. Gebauer. 1 ß 6 ggr

— über d. Dämonischen des N. Testam.; aus d. Engl. übers. von L. F. A. v. Cölln. Mit e. Vorrede vers. v. J. S. Semler. 8. Bremen 776. (Leipz., Barth). 18 ggr

Hugh Farmer essay on the demoniacs of the N. T. Lond. 1775. 8. *German. vert.* Jo. Pet. Bamberger: Ueber die dämonischen Leute oder Besessenen im neuen Testamente. Berlin (Halle) 1776. 8. *Denuo* L. F. A. v. Cöln, mit Vorrede u. Zus. von Jo. Sal. Semler. Halle 1783. 8.

— über d. dämonischen Leute im N. Testament; aus d. Engl. von Jh. Pt. Bamberger. 8. Berl. 776. Rottmann. 1 ß 4 ggr

— Unters. üb. die Versuchung Christi. 8. Bremen, Cramer. 777.

Farmer, Hugo, Versuch üb. d. dämonischen Leute; aus d. Engl. v. J. P. Bamberger. Berl. 1776. 8; v. L. F. A. v. Cöln. Brem. 1776. 8.

Farmer, R., Essay on the learning of Shackspeare. 8. Basel, Paris et Cassel, Tourneysen. (a. Levrault in Strasb. 800.

Farmer, Robert C(rosbie), **aus Liverpool: Über sogenannte Oxyazokörper sowie Chinonoxime und Ketoxime.** *Würzburg 1899: Stahel.* (71 S.) 8°
Würzburg, Phil. Diss. v. 1899

Der Farmer-Freund.
Landwirthschaftlicher Kalender f. d. Deutschen Farmer in N. A. Published by D.-A. Farmerzeitung.
DLC: 1871.
New York, NY

Illustrierter Farmerfreund: no. 1–3?, 1871––1873?
Annual. Sub-title: Landwirthschaftlicher Kalender für die deutschen Farmer in Nordamerika. Title varies: Der Farmer-Freund, no. 1–2. Publisher announced in 1873 that the Almanac "will unite with textbook (sic) to form Das Farmer-Wirthschaftsbuch, Dec. 1873. Octavo, each 48–144 pages; illustrated.
Edited by H. Nicholas Jarchow, 1871––73. Published by G. B. Teubner's Wittwe, 1871; by H. Kirchner & Co., 1873; by Orange Judd & Co., 1873.
New York, NY

Farmer Herold: 1904?––Feb. 1907?
Agricultural weekly. Merged with Der Anzeiger. Edited by A. J. Hilger, & published by Farmer Herold Publishing Co., 1904––07.
St. Cloud, MN

Der Farmer Kalender:
At head of title: The Standard Series of Almanacs. Published by Sower, Potts & Co. (in 1874), by Morwitz & Co. (in 1880–83).
Philadelphia, PA

Friedrich Gerhard's Deutsch-Amerikanischer Farmer-Kalender: No. 1, 1867–?
New York, NY

Der Farmers Anzeiger: vol. 1, no. 1—2, 1883.
Monthly, but intended to be published more frequently later. Translation of state and federal laws; forms, such as Deeds, Notes, etc.: news and information for farmer; in the beginning however, the issues contain largely full page advs. of land and insurance companies. Quarto, each 4 pages; gratis. Published by John J. Funk & Co., insurance and banking firm.
Hillsboro, KS

Farmers' Forum: 1894?––1896?
Weekly, published in English and German. Small folio, each issue 16 pages. Published by Forum Publishing Co.
Merrimack, WI

Der Deutsche Farmers-Freund und Wöchentlicher Marktbericht: 1879––1900?
Agricultural weekly. Title varies: Der Deutsche Farmers-Freund, 1879.
Lincoln, NE

A. L. Scovill & Co.'s Farmers' and Mechanics' Kalender: 1871? Cincinnati, OH

Farmer-Zeitung, die. Eine Monatsschrift für deutsche Landwirthe der Vereinigten Staaten. Redig. von Friedr. Münch. 1. Bd. Jahrg. Juli 1860 — Juni 1861. 12 Nrn. (à 2 Bog.) Lex.-8.. St. Louis, Mo. (Philadelphia, Schäfer und Koradi.) *

Texanische Farmer-Zeitung: Jahrgang 1–3, 1869–1871.
Agricultural monthly. Circulation: 1870, 720; 1871, 960. Edited by August Siemering, & published by August Siemering & Co., 1869—71.
San Antonio, TX

Farn, Will. Henry, s. Thimm, Frz. L. J., the literature of Germany.

Farnam, Henry Wallcott. Dt-Anische Beziehungen in der Volkswirtschaftslehre. Leipzig, 1908.

Farnam, H. W., die innere französische Gewerbepolitik von Colbert bis Turgot, s.a. **Forschungen, staats- u. socialwissenschaftliche.**

Farnam HW, die innere französische Gewerbepolitik von Colbert bis Turgot. (Forschungen, staats- und sozialwissenschaftliche I. 4) Leipzig 1878

— die amerikanischen Gewerkvereine, s.a. **Schriften d. Vereins f. Socialpolitik.**

Farnam HW, die amerikan. Gewerkvereine. (Schr. d. V. f. Sozialpol. 18) Leipzig 1879

[J. u. Ant.] Farnbacher, Friedrich [gepr. Rechtspraktikant in Bayreuth]: Der Begriff des sogen. fortgesetzten Verbrechens und seine juristischen Konsequenzen; insbes. Anwendg d. Grundsatzes „ne bis in idem" ... Bayreuth, Druck v. L. Ellwanger, 1896; 32 S. 8.
Erlangen, Jur. Fak., Inaug.-Diss. v. 1896

Farnbühl. Das Bad F' im Entlebuch, Kts. Luzern, mit der neuen chemischen Analyse von Professor Dr. [Pompejus Alexander] Bolley.... [Mit 1 Tafel und 1 Karte.] 8. Luzern 1865.

Farnbühl als Bad und klimatischer Kurort im Entlebuch, Kts. Luzern. Mit einer chemischen Analyse von Professor Dr. [Pompejus Alexander] Bolley, sowie mit einer historischen Schilderung von Dr. [Conrad] Meyer-Ahrens. [Mit 1 Tafel und 1 Karte.] 8. Luzern 1866.

Farnbühl als Bad- und klimatischer Kurort... Kts. Luzern. Mit einer chemischen Analyse von Professor D^r [Pompejus Alexander] Bolley, sowie mit einer historischen Schilderung nach D^r [Conrad] Meyer-Ahrens. [Mit 1 Tafel und 1 Karte.] 8. Luzern 1878.

Farnbühl als Bad- und klimatischer Kurort... Kts. Luzern. Mit einer chemischen Analyse von Professor Dr. [Pompejus Alexander] Bolley, sowie mit einer historischen Schilderung nach Dr. [Conrad] Meyer-Ahrens. [Mit 1 Illustration.] 8. Luzern 1882.

Farne, Eduard (Mickrow/Pomm.), De vulneribus sclopetariis articulationis genu. Diss. med. Halle (Ploetz) 16. VI. 1866. 32 S. mit Biogr. (M.: B. Seefisch.) (4.—) 8586
Gew.: Joh. Farne (Bruder). — Oppon. d. beilieg. Thesen: M. Vogel, G. Tornwaldt.

Farne, Eduardus: De vulneribus sclopetariis articulationis genu. Halis Saxonum (1866): Ploetz. 29 S. 8°
Halle-Wittenberg, Med. Diss., nachgeliefert von dem am 16. Juni 1866 auf Thesen promovierten Verf.
Geb. Mickrow (Kr. Stolp) 28. [hs. V.: 27.] 7. 1840. V.

Farne, Eduardus: Theses, loco dissertationis de carcinomate hepatis mox edendae. Halis Saxonum (1866): Ploetz. 2 Bl. 8°
Halle-Wittenberg. Med. Thesen v. 16. Juni 1866

Farnell, L., an Englishman's adventures on German rivers, s. in Bd. XXVI: Rauch's English readings.

Farner, Alfred. Altes und Neues: Ein Beitrag zur Stammheimer Reformationsgeschichte. [Mit 3 Tabellen.] SA. 8. Andelfingen 1899.

Farner, Alfred. Namens- und Gedächtnistage der allgemeinen christlichen Kirche, dem Volke erklärt von Alfred Farner (Pfarrer [in] Stammheim, Kanton Zürich). 312 S. 8. Stuttgart, J. F. Steinkopf, 1903. [M. 3. —, geb. M. 3.80]

Farner, Alfred: Studien über den Stocklack. Bern 1899. 70 S. und 1 Tab. 8°.
Bern. Phil. Diss. 1898/99.

Farner, B[ertha]. Fatale Neugier. Es Lustspiel i zwei Ufzüge. 16 S. 8. Zürich, Justus Hebsacker, [1907]. fr. —.70 [*d. i.* –.50!]

Farner, Caroline, s. Farner, Karoline

Farner, E. Beiträge zur pathologischen Anatomie des Morbus Basedowii mit besonderer Berücksichtigung der Struma. Mit 2 farb. Taf. In-8°. 68 S. Bern. These. *1897*.

Farner, Gottfried. Das Rösslispiel der Kursäle und der Artikel 35 der Bundesverfassung. Gekrönte Preisschrift.... [Sep.-Abdr. aus: Schweizerische Zeitschrift für Gemeinnützigkeit. Jahrg. 43, Heft 2.] 18 S. 8. [Zürich-Selnau, Gebr. Leemann & Co., 1904.]

Farner, Karoline

Farner, Caroline, aus Stammheim [Kt. Zürich]: Ein Beitrag zur Kenntniss der partiellen Hirnatrophie begleitet mit chron. Hydrocephalus. Zür. Schiller & Co. Dr. 1877. 48 S., 2 Taf., 1 Bl. Thesen. 8°.
Zürich, Med. Diss. [v. 3. März 1877].

Farner, [Caroline]. Über die Grenzgebiete der Medizin und die sogenannte Naturheilkunde. Vortrag, gehalten in der Generalversammlung des Schweizer-Frauenverbandes Fraternité am 9. März 1903 von Med. Dr. Farner. 13 S. 8. [Zürich, J. Rüegg, 1903.]

Farner, Ulr., 'SBabeli vom Zürisee, s.a. **Sammlung schweizer. Dialektstücke.**

S'Babeli vom Zürisee. Schwank in 1 Aufz. Von Ulrich Farner ... *Zürich: C. Schmidt 1897.* (32 S.) 1 Bd 8.
= Sammlung schweizerischer Dialektstücke. No 26. [97. 1997]

Farner, Ulr., die Befreiung v. Glarus. Allegorisch-dramat. Dichtg. in 3 Bildern. Eine Festgabe zum 500jähr. Jubiläum der Näfelser Schlacht. 8. (V, 98 S.) Glarus 888. J. Vogel. 2.

Farner, Ulrich. D' Betriebszellig – Der Totengräber – S' Automobil vor Gricht. [Mit illustriertem Titel.] II + 12 S. 8. Zürich, Justus Hebsacker, [1907]. (fr. —.50)
([Schweizer Deklamationsbuch von U' F'. Einzelheft] 2.)

— Die Bettel-Urschel oder Sticker und Fädlerin. Volksschauspiel. Gr. in-8°, 96 S. Zürich, Cäsar Schmidt. 1886. 2 —

Farner, Ulr., die Bettel-Urschel. Volks-Schauspiel in 5 Aufzügen. 8. (96 S.) Zürich 886. Schmidt. n. 1. 60

— Bilder aus Pestalozzi's Leben. E. Festsp. in 1 Aufz. m. leb. Bild. 8. (81 S.) Zürich 896. C. Schmidt. n. — 40

— d. Braut auf Hohenklingen, s.a. Sammlung schweiz. Dialektstücke.

[F.] Die Braut auf Hohenklingen. Vaterländ. Volksschausp. in 3 Abth. Von Ulrich Farner ... *Zürich: C. Schmidt [1896].* (45 S.) 1 Bd 8.
= Sammlung schweizerischer Dialektstücke. No 25. [96. 6545]

Farner, Ulr., das Burgfräulein v. Greifensee, s.: Erzählungen a. d. schweizer. Unterhaltungsblatt. Nr. 3.

Farner, Ulrich. Schweizer Deklamationsbuch. Ernste und humoristische Vorträge und humoristische Szenen für Familien- und Vereinsanlässe. [Mit illustriertem Umschlag.] IV + 88 S. 8. Zürich, Justus Hebsacker, (1907). fr. 2.—
Auch in 6 Einzelheften erschienen.

Diheim und im Verein. Fröhlichi Vers u. dramatischi G'späß. Von Ulrich Farner. Zürich: A. Müller 1910. 63 S. 8°

— d' Dorfhex vo Tribeldinge. Es Volksstück m. G'sang i 4 Ufzüge. 16. (86 S.) Ebd. 890. 1. 50

Farner, Ulrich. D'Dorfhex vo Tribeldinge. Es Volksstück mit G'sang i vier Ufzüge. (2. Aufl.) 70 S. 8. Aarau, H. R. Sauerländer & Co., 1907. (fr. 1.50)

Farner, Ulr., d'r Ehregast. Es Dialektlustspiel m. Gsang u. Tanz i 2 Ufzüge. (98 S.) 8. Aarau 907. H. R. Sauerländer & Co. n. 1. 40

— D'r Ehregast. Es Dialektlustspiel m. Gsang u. Tanz i 2 Ufzüge. 2. Aufl. (116 S.) 8. Ebd. 911. 1. 40

Farner, Ulrich. Historische Erzählungen. 119 S. 8. Bellinzona, El. Em. Colombi & Cie., [1901]. [fr. 1.—]

— e moderni Familie, s.a. Sammlung schweiz. Dialektstücke. Nr. 62.

Farner, Ulrich. E moderni Familie. Preisgekröntes Lustspiel in drei Akten in Zürcher Mundart. [Mit 1 Figur.] IV + 104 S. 8. Zürich, Caesar Schmidt, 1905. (fr. 1.50)
Sammlung schweizer. Dialektstücke Nr. 62.

Farner, Ulrich. Meilemer Festspiel. Zum erstenmal aufgeführt am Seeverbandssängerfest in Meilen, im Juni 1907. [Mit illustriertem Umschlag.] 22 S. 8. Zürich, Justus Hebsacker, [1907]. fr. —.40

— Fraue-Theater. s.a. Sammlung schweizer. Dialektstücke.

Ulrich Farner's Fraue-Theater. Ernsti u. heiteri Gedicht u. dramat. Gspäss z. Vorträge -n- und Uffüehre bi fröhl. Anlässe. Bändli 1. *Zürich: C. Schmidt 1900.* 8° [F.]
= Sammlung schweizerischer Dialektstücke. No 37. [00. 6633]

Farner, Ulrich. Ulrich Farner's Fraue-Theater. Ernsti und heiteri Gedicht und dramatischi Gspäss zom Vorträge-n-und Uffüehre bi fröhliche Anlässe. Bändli 2. 39 S. 8. Zürich, Caesar Schmidt, 1902. [fr. —. 80]
Sammlung schweiz. Dialektstücke Nr. 40.

Farner, Ulrich. U' Farner's Fraue-Theater. Ernsti und heiteri Deklamatione und dramatischi Gspäss zom Vorträge-n- und Uffüehre bi fröhliche Anlässe. Bändli 3. 40 S. 8. Zürich, Caesar Schmidt, 1906. (fr. —. 80)
Sammlung schweizer. Dialektstücke Nr. 63.

Farner, Ulrich. Führer für Uster & Umgebung mit 25 Illustrationen nach photographischen Aufnahmen. Text von U' F'. Hrg. vom Verschönerungsverein. 8. Zürich 1900.

— geschworenen Eiden treu!, s.a. Bibliothek vaterländ. Schauspiele.

[F.] Geschwornen Eiden treu! E. histor. Schausp. in 4 Aufz. v. Ulrich Farner. 2. Aufl. *Aarau: H. R. Sauerländer & C. 1896.* (100 S.) 1 Bd 8.
= Bibliothek vaterländischer Schauspiele. Bd 49. [96. 1387]

Farner, Ulrich. Es Gheimniss us em Niederdorf und us der Schoffelgass, oder De Vetter us Batavia. Lustspiel in 2 Aufzügen. 2. Aufl. In-8°, 32 S. Zürich, Cäsar Schmidt. — 80

Farner, Ulrich. Eidgenössische Grenzbesetzung und Internirung der französischen Ostarmee im Kriegsjahr 1870/71. [Mit Illustrationen und 1 Tafel.] 8. Grüningen 1895.
In 22 Heften erschienen.

— eidgenöss. Grenzbesetzung u. Internirung d. franz. Ostarmee im Kriegsj. 1870/71. 8. (408 S. m. Abb.) Grüningen 895. F. Wirz. Kart. n. 7. —

Farner, Ulrich. Min Gruess a d'Alpe – Schuelunterricht mit Hindernisse. [Mit illustriertem Titel.] II + 8 S. 8. Zürich, Justus Hebsacker, [1907]. (fr. —.50)
([Schweizer Deklamationsbuch von U' F'. Einzelheft] 5.)

Farner, Ulrich. Handbuch für den schweizerischen Infanterie-Unteroffizier. 1. Lieferung. In-12°, 64 S. Zürich, Trüb'sche Buchhandlung. — 65
*** Erscheint in 6 Lieferungen à 3—4 Bogen, mit 24 den Text erläuternden Figuren. 1880.

Farner, Ulr., Handbuch f. den schweizerischen Infanterie-Unteroffizier. Mit ca. 20 Abbildungen. 12. (320 S.) Zürich 881. Trüb. n. 4. —

— der Hülfsinstruktor. Unentbehrl. Leitfaden für Offiziere und Unteroffiziere der schweiz. Armee. 1.—4. Thl. 16. Thalweil 886, Brennwald. cart. à Thl. * 50 Pf. *
Inhalt:
Thl. 1. Innerer Dienst. (34 S.)
» 2. Kompagnieschule. (18 S.)
» 3. Bataillonsschule. (16 S.)
» 4. Sicherungs- und Kundschaftsdienst. Gefechtsmethode. (19 S. mit 3 Taf.)

Farner, Ulrich. De Hochsig-Hanis. En Schwank in eim Ufzug. 29 S. 8. Zürich, Schweiz. Verlags-Anstalt ⟨B. Vogel⟩ — **Aufdruck (u. Umschlag):* Aarau, H. R. Sauerländer & Co., [1906]—. fr. —.90
Neu-Ausg.; — Orig.-Ausg.: [1900].

Farner, Ulrich. Nach Tausend und Einhundert Jahren. Ein Reigenspiel für das Eidg. Sängerfest in Zürich 1905. Von U' F'. Musik von.... [Lothar Kempter]. *Regiebuch resp. Textheft, autogr.* 16 S. 8. Zürich, Aut. H. Rüegg & Cie, [Januar 1905].
Nur für Comité-Mitglieder bestimmt. — *Nebst:* Anhang [zu] Farner's Festreigenspiel: Personelles & Budget. 8 S. *autogr.*

Ueber den Kinzigpaß. Uebergang d. XV. Inf.-Brigade u. d. Gebirgsbatterie Nr 62 über d. Kinzigpaß u. Kampf dieses combinierten Detachements gegen d. XVI. Inf.-Brigade u. d. Gebirgsbatterie Nr 61 am 6. Sept. 1894. Von Ulrich Farner, Hauptm. Mit 3 Ill. u. 1 Pl. Zürich: Farner 1895. III, 45 S. 8° A 12. 3056

Farner, U. Klönthal-Lieder. Gedichte. In-12°. 65 S. Glarus, J. Vogel. 1890. 1 20

— Korporal raus!, s.a. Sammlung schweizer. Dialektstücke. Nr. 48.

Farner, Ulrich. Korporal raus! En Schwank mit Gsang und Tanz in 1 Ufzug. 34 S. 8. Zürich, Caesar Schmidt, 1903. (fr. —. 80)
Sammlung Schweiz. Dialektstücke Nr. 48.

Farner, Ulrich. De Turner Lehme oder E Nacht im Gmischte Chor. Dialekt-Lustspiel i 2 Ufzüge. 40 S. 8. Glarus, Schweizer Verlags-Anstalt ⟨B. Vogel⟩, [1903]. (fr. 1.—)
Ausg. A', Orig.-Ausg. Glarus... .
Ausg. B, Neu-Ausg. Gl'... — **Aufdruck (u. Umschlag):* Aarau, H. R. Sauerländer & Co., [1906] —.

Farner, Ulr., de Vetter Liederli, s. Sammlung schweizerischer Dialektstücke.

Farner, Ulrich. «Santa Lucia». Ein Schwank mit Gesang in einem Aufzug. Schriftdeutsche Ausgabe. ⟨Ins Schriftdeutsche übertragen von [Carl] Schlumpf.⟩ 30 S. 8. St. Gallen, Zweifel-Weber, [1905]. fr. —. 90

Farner, Ulrich. E lustigi Manöver-Nacht. En Schwank mit Gsang und Tanz in eim Ufzug. 37 S. 8. Zürich, Schweizer Verlags-Anstalt ⟨B. Vogel⟩, [1902]. fr. —. 90
Ausg. A, Orig.-Ausg. Zürich... .
Ausg. B, Neu-Ausg. Zür'... — **Aufdruck (u. Umschlag):* Aarau, H. R. Sauerländer & Co., [1906] —.

Farner, Ulrich. E lustigi Manöver-Nacht. En Schwank mit Gsang und Tanz in eim Ufzug. 2. Aufl. 37 S. 8. Aarau, H. R. Sauerländer & Co., 1910. [fr. —.90]

De Mehlzollkonflikt oder 's Müllers Buechhalter. Es Dialekt-Lustspiel mit Gsang in 1 Ufzug von Ulrich **Farner**. (Gossau, Kt. St. Gallen: Hellenberger [1909].) 38 S. 8° [10. 651]

– de lätz' Herr Meyer, s. Sammlung schweizer. Dialektstücke.

– De rächt Herr Meyer, s. a. Sammlung schweiz. Dialektstücke.

Farner, Ulrich. De rächt Herr Meyer oder Wer ander Lüt aschwärzt, wird selber schwarz. Schwank in 1 Aufzug. [Neudruck.] 23 S. 8. Zürich, Caesar Schmidt, [1903]. (fr. —. 50)
Sammlung schweizer. Dialektstücke Nr. 10.

Farner, Ulrich. Der Mönch vom Wildkirchli – De Manöverchaste. [Mit illustriertem Titel.] II + 16 S. 8. Zürich, Justus Hebsacker, [1907]. (fr. —. 50)
([Schweizer Deklamationsbuch von U' F'. Einzelheft] 1.)

Farner, Ulrich: 's Grittli Napolion, s. a. Sammlung schweizer. Dialektstücke.

Farner, Ulrich. 'S Grittli Napolion. Es Dialekt-Lustspiel mit Gsang und Tans i zwei Ufzüge. 47 S. 8. Zürich, Caesar Schmidt, 1902. (fr. 1. —)
Sammlung Schweiz. Dialektstücke Nr. 41.

Farner, Ulrich. Der Narr der Andern. Schauspiel in 4 Aufzügen. [Mit 2 Figuren.] II + 81 S. 8. (Zürich, Jean Frey, [1902].)
Regie- und Souffleurbuch mit vollständigem Scenarium. Bühnen gegenüber als Manuskript.

– D'r letsti Postillon vom St. Gotthard, s. a. Sammlung schweiz. Dialektstücke.

Farner, Ulrich. D'r letsti Postillon vom St. Gotthard. Es Volksgmäld mit Gsang und Tanz i vier Ufzüge. Neue, umgearb. und erweiterte Aufl. 53 S. 8. Zürich, Cäsar Schmidt, 1903. (fr. 1. —)
Sammlung schweizerischer Dialektstücke. Nr. 15.

Farner, U. Rigi-Rosen. Historischer Roman mit Illustrat. In-8°. 117 S. Zürich, Cäsar Schmidt. 1897. 1 50

Farner, Ulrich. 's Roseli ab em Guggisberg. Volksschauspiel mit G'sang und Tanz i 3 Akte. 66 S. 8. Aarau, H. R. Sauerländer & Co., [1910]. [fr. 1. 20]

Farner, Ulr. Säg au Nägi, s. Sammlung schweizer. Dialektstücke.

Farner, U., s.a. *Sammlung schweizer. Dialektstücke.*

— der „Harmonie Zürich" Sängerfahrt n. Süd- u. Mitteldeutschland i. Mai 1898. M. e. Abriss d. Geschichte d. „Harmonie". 8. (184 S. m. Abb.) Zürich 898. C. Schmidt. n. 1. 20

Farner, Ulrich. Selbstverständli — De Schwizer i dr Fröndi — Dr Altjumpfereschwur. [Mit illustriertem Titel.] II + 12 S. 8. Zürich, Justus Hebsacker, [1907]. (fr. —. 50)
([Schweizer Deklamationsbuch von U' F'. Einzelheft] 3.)

— d'r Sigrist vo Mariastei, s.a. Sammlung schweizerischer Dialektstücke.

[F.] D'r Sigrist vo Mariastei. Es Schausp. i 2 Afz. u. 4 Traumbilder. Von Ulrich Farner ... *Zürich: C. Schmidt [1896?].* (36 S.) 1 Bd 8.
— Sammlung schweizerischer Dialektstücke. No 21. [96. 1196]

— die Sonderbundsbraut od. die St. Galler Lise. Volks Schauspiel in 3 Aufzügen. 8. (66 S.) St. Gallen 886. Kreutzmann. n. — 80

— die Sonderbundsbraut oder: Die St. Galler Lise. Volks-Schauspiel in 3 Aufzügen. 2. Aufl. 8. (64 S.) Zürich 899. C. Schmidt. n. 1. 20

— De Spenglerstreik, s.a. Sammlung schweizer. Dialektstücke.

Farner, Ulrich. De Spenglerstreik. En Dialekt-Schwank in 1 Ufzug. 32 S. 8. Zürich, Schweizer Druck- & Verlagshaus, 1909. (fr. —. 80)
Sammlung schweizer. Dialektstücke Nr. 65.

– De Spion vo Meyerskappel, s. a. Sammlung schweiz. Dialektstücke.

Farner, Ulrich. De Spion vo Meyerskappel! Vaterländisches Volksschauspiel i 4 Akte mit Gsang und Tanz. 64 S. 8. Zürich, Caesar Schmidt, 1901. [fr. 1. —]
Sammlung Schweiz. Dialektstücke Nr. 38.

Farner, Ulrich. En lustige Studäntestreich. [Mit illustriertem Titel.] II + 28 S. 8. Zürich, Justus Hebsacker, [1907]. (fr. —. 70)
([Schweizer Deklamationsbuch von U' F'. Einzelheft] 6.)

Farner, Ulrich. I dr Susorzyt – Wahrschinli – Des Wanderburschen Heimkehr — E Verlobig dur's Teliphon. [Mit illustriertem Titel.] II + 12 S. 8. Zürich, Justus Hebsacker, [1907]. (fr. —.50)
([Schweizer Deklamationsbuch von U' F'. Einzelheft] 4.)

— de Tag vo Vögelisegg, s.a. Sammlung schweizer. Dialektstücke. 52.

Farner, Ulrich. De Tag vo Vögelisegg. E Volksschauspiel mit Gsang und Tans in 1 Ufzug. 36 S. 8. Zürich, Cäsar Schmidt, [1904]. (fr. 1. —)
Sammlung schweizer. Dialektstücke Nr. 52.

— de Tischlichlopfer s.a. Sammlung schweiz. Dialektstücke.

[F.] De Tischlichlopfer. E. Schwank m. Gesang u. Tanz in 1 Aufz. Von Ulrich Farner ... *Zürich: C. Schmidt 1898.* (31 S.) 1 Bd 8.
— Sammlung schweiz. Dialektstücke. No 29. [98. 1781]

– 's Schwizer Ueberbrettl, s. a. Sammlung schweizer. Dialektstücke.

Farner, Ulrich. 'S Schwizer-Ueberbrettl. E Sammlig vo humoristische Deklamatione und Theaterstückli. Useg'gäh von Ulrich Farner. 39 S. 8. Zürich, Caesar Schmidt, 1902. (fr. 1. —)
Sammlung schweizer. Dialektstücke Nr. 46.

– 's Vreneli vom Thunersee, s. a. Sammlung schweiz. Dialektstücke.

'S Vreneli vom Thunersee. Ein Schwank mit Gesang u. Tanz in 1 Aufz. Von Ulrich Farner. Th. 1. 2. *Zürich: C. Schmidt 1899(–1900).* 2 Bde 8° [F.]
[1.] 1899. 2. Sturng'lut im Oberland. 1900.
— Sammlung schweizerischer Dialektstücke. No 32. 35. [00. 6609]

— d. Zitherkönig. Volksgemälde in 1 Aufz. 8. (28 S.) Zürich 895. C. Schmidt. n. — 60

Farnese, Julie. Aus den Zeiten Papst Alexanders IV. Leipzig 1796. V: *Albrecht, Joh. Friedrich Ernst.* (BGE I[a], 235)

Farnese, Julie, aus d. Zeit. Pabst Alexander VI. v. Verf. d. Familie Eboli. (J. F. E. Albrecht.) 12. Lpz. Sommer. 796.

Farnham, T. J., Wanderungen üb. die Felsengebirge in das Oregon-Gebiet. Aus d. Engl. v. Fr. Gerstäcker. 8. Leipzig 846, G. Mayer. 1 ₰

Farnik Ernest: Über Goethes Nausikaa. 21. Wadowice 01. Progr.

Farnik, Ernst

Farnik, Notar E., d. neue österr. Gewerbe-Ord. s.a. Gewerbe-Ordnung.

Farnik, Ernst, die neue österreichische Gewerbe Ordnung erlassen mit dem kaiserl. Patente vom 20. Dezbr. 1859. Zum Gebrauche für alle Gewerbe- u. Handeltreibenden, u. deren Gehilfen erläutert. 2. Aufl. Teschen 860. Prochaska. 18. (XVIII, 108 S.) n. 10 ngr.

Farnkräuter. Ein Lebensbilderbuch. Aus dem Engl. „Fern Leaves from Fanny Fern's Portfolio" übers. von Alice Salzbrunn. 12. (253 S.) Gütersloh 875, Bertelsmann. * geb. *

v. Farnoß, Karl, neues System der landwirthschaftl. doppelten Buchhaltung. Mit 4 Formularien. hoch 4. (IV u. 124 S.) Wien 851, Greß in Comm. n. 1 ₰

Farnow, Eduard

FARNOW, E. *Bilder aus dem hellenischen Freiheitskampfe.* Zur Erweckung großherziger Gesinnungen für die deutsche Jugend. Von Eduard Farnow. Mit [12] illuminierten Kupfern. Reutlingen, Joh. C. Mäcken jun. 1829. XII, 192 S. 1 Bl. Kl.-8°. Illustr. hellbrauner Or.-Kartonbd. m. d. Namen d. griech. Freiheitshelden, allegor. Emblemen etc. 28.—
★ 1. Ausgabe. Selten. Interess. Beispiel der damals so beliebten Griechenliteratur mit Berichten und Anekdoten a. d. Kriege gg. die Türken. Die gut kolorierten Umrißkupfer sind unbezeichnet. — Trotz einigen leichten Gebrauchsspuren innen gut erhalten. Einbd. etwas fleckig u. bestoßen, Rücken m. Leinenstreifen ausgebessert.

Farnow, Ed., Bilder aus dem hellenischen Freiheitskampfe, zur Erweckung großherziger Gesinnungen für d. deutsche Jugend. Mit 12 ill. Kpf. 8. Stuttg. 829. Löflund u. S. 2 ₰

— Bilder aus den polnischen Freiheitskämpfen älterer u. neuester Zeit. Ein Geschenk für die Jugend. Mit 6 ill. Kpfrn. gr. 12. Reutlingen 834. Mäcken jun. 11/12 ₰

— Mährchen u. Erzählungen, zur belehrenden Unterhaltung für die Jugend. Mit 6 Kpfrn. 8. Ebd. ... 3/4 ₰

Farnsburger, der. Eine poet. Erzählg. gr. 16. (89 S. m. 4 Holzschntaf.) Basel 872. (Meyri.) geb. m. Goldschn. n. 3. 20

Farnsburger-Bote: Der Farnsburger-Bote
① Allgemeiner Anzeiger für das Oberbaselbiet ③ Der neue Baselbieter ⑤ 1873—Anfang 1878, 1. 10. 1878 (cont.) ⑥ 4°, später 2° ⑦ wöchentlich 2× ⑧ Sissach: J. Martin Gysin (1873—?); Birsfelden (?): B. Baumann (Anfang 1878); Sissach: Eduard Loosli (um 1896—1930); Liestal: Landschäfter AG (1931 cont.) ⑨ Unterhaltungsblatt (1873—?, Wochenbeilage); Baselbieter Sonntagsblatt (Gratisbeilage zum »Baselbieter« und »Farnsburger-Bote«, um 1915—um 1918, 4°) ⑩ J. Martin Gysin (1873—September 1874), Jos. Abt (1. 10. 1874—?), Eduard Loosli-Ziegler (um 1896—1918), Fr. Buser-Schwander, Gelterkinden, Otto Loosli (1919—1930), Landschäftler AG, Liestal (1931 cont.) ⑪ Dr. A. Bader (1873—?), J. J. Aenishänslin (1873—?), Edmund Gerster (1873—?), J. J. Schaub (1873—?), H. Graf (1. 10. 1878—?), Eduard Loosli-Ziegler (um 1896—1928), Otto Loosli (1928—1930), Alfred Kundert (1931 cont.) ⑫ freisinnig, vor 1930 neutral, dann freisinnig-demokratisch ⑬ H. Joneli: Zur Geschichte des Basellandschaftl. Zeitungswesen. »Der Rauracher« 18 (1946) p. 1—6; Basler Nachrichten Nr. 256 v. 19. 10. 1873; Basellandschaftl. Zeitung Nr. 19 v. 13. 2. 1878 ⑭ Be: L (11. 3. 1874—6. 3. 1897) ⑮ Seit 1931 Kopfblatt des »Landschäftler«.

Farnsteiner, Ernst [aus Pillkallen]: Ueber Resorption von Pepton im Dünndarm und deren Beeinflussung durch Medikamente ... München, Druck v. R. Oldenbourg, 1896; 16 S. 8.
München, Med. Fak., Inaug.-Diss. v. 1896

Farnsteiner, K., s.: Bericht usw. üb. die Nahrungsmittelkontrolle in Hamburg.

Farnsteiner, Karl [aus Pillkallen]: Über die Einwirkung einiger anorganischen Salze auf das optische Drehungsvermögen des Rohrzuckers. ... Jena, Frommannsche Buchdr. (Hermann Pohle), 1890; 41 S. 8°
Jena, Phil. Fak., Inaug.-Diss. v. 1890

Farnsteiner, K., P. Buttenberg, O. Korn, Leitfaden f. die chemische Untersuchg. v. Abwasser. gr. 8. (VI, 65 S. m. 2 Taf.) München 902. R. Oldenbourg. n. 3.—

Farny, Emile [licencié ès lettres]: Etude sur la morale de Malebranche .... Chaux-de-Fonds, Impr. du National Suisse, 1886; 41+1 S. 8°.
Leipzig, Phil. Fak., Inaug.-Diss. v. 3. Febr. 1887.

Farny, Emile, etude sur la morale de Malebranche. Diss. Leipzig 1887, Gustav Fock. 8°. 41 S.

Farny, Frz., Biala, e. deut. Stadt in Galiz., s.: Hanslik, Erwin.

Far-Oer [Schlagwort]

Far-Oer, s.: Hand- u. Reisekarten. 45.

Farospieler ꝛc., ist (von A. F. Geißler d. J.).

Farospieler, der, Eduardo Conte di Passaro. 2 Thle. m. 2 K. 8. Halle, Hendel. 800.

Farquhar, George. [Berlin 1831.]
V: *Bernstein, Caroline.* (GGr)

Farquhar, Barbara H., female education, s. Education, female.

Farquhar, Dav., die Fackel der Zeit, od. die irischen Segnungen des Sabbaths f. die arbeitenden Klassen. Gekrönte Preisschrift. Aus d. Engl. übers. v. Alex. Beck. Nebst e. Lebensskizze des Verf. und den engl. Orig.-Holzschn. 8. (80 S.) Basel 850. Leipzig, Gebhardt & Reisland in Comm. n. 6 ngr

Farquhar's, George, dramat. Werke, von G. Frankenberg, s. Bibliothek engl. Lustspiel-Dichter 2s Bdchn.

Farr, S., Aphorismi de marasmo. 8. Altenb. 774. (Hennings in Neisse). 8 gr

— unterfuchung, ob es dienlich sei, bei d. Schwindsucht zur Ader zu lassen; aus d. Engl. 8. Altenb. 776. (Hennings in Neisse). 5 gr

Erich oder Schritt für Schritt. [Frederick William Farrar: Eric; or, little by little.] Ausd. Engl. übers. von Elisabeth Schück. Misdroy: R. Schück 1893. (198 S.) 8° [F.] (oS. 11417

Farrar, Frederic W. Ewige Hoffnung. Fünf Predigten, geh. in d. Westminster-Abtei zu London. Novbr. u. Decbr. 1877. 8. (VII, 104 S.) Braunschw. 891, Schwetschke u. Sohn. * 1 20: geb. * 2 20

[F. u. Ant.] Das Leben Jesu. (Der Gemeinde dargest.) Von Dr. theol. Frederic W[illiam] Farrar, Kanonikus v. Westminster ... Autoris. Übs. v. Joh. Walther (Pastor in Loebtau) ... M. 300 Origin.-Abb. (In 25 Lfgn.) *Dresden: O. Brandner 18(92). 93.* (XXVIII, 769 S., 1 Kt.) 1 Bd 4. (gS. 3671

Das Leben Jesu [The life of Christ]. Von Dr. theol. Frederic W[illiam] Farrar. Deutsche Bearb. von Joh. Walther. Mit 300 Orig.-Abb. 3. unveränd. Aufl. Berlin: Brandner 1896. XXVIII, 769 S. 4°(8°)

Farrar, Frederic W., das Leben Jesu. Deutsche Bearbeitg. v. Joh. Walther. M. 300 Orig.-Abb. 4. Ster.-Aufl. (18.—22. Tauf.) Lex.-8. (XXVIII, 769 S. m. 1 farb. Karte.) Berlin 897. O. Brandner. n. 12. 50; geb. in Leinw. n. 14. —; m. Goldschn. n. 16. —

Farrar, Frederic W., das Leben Jesu. Deutsche Bearbeitg. v. Joh. Walther. Mit 300 Orig.-Abbildgn. 5. Aufl. (23.—26. Tauf.) Lex.-8. (XXVIII, 769 S. m. 1 farb. Karte.) Hannover 899. O. Brandner. 12. 50; geb. in Leinw. 15. —; m. Goldschn. 17. —

⑥ — dasselbe, deutsch v. J. Walther. 890. (KBV 31.) Jetzt: Dresden, O. Brandner. 14.—; geb. in Goldschn. 16. —

Farrar, F(rederik) W(illiam). Das Leben Jesu. [Von] F(riedrich) W(ilhelm) F'. Deutsche Bearbeitung von Dr. theol. F[ritz] Barth, Professor ... [in] Bern. Illustriert mit hundert Kunstblättern ausser Text nach Werken moderner Meister und dreihundert Abbildungen im Texte. VIII + 667 S. gr.-8. Neuenburg, F. Zahn, (1908).
[Subscr.: 15 Liefg. à fr. 1.25, *cpl.* br. 18.75 u. geb. 25. —; im Buchh.: à fr. 2. —, *resp.* 25. — u. 32. —]

Farrar, Fred. Will., St. Paulus. Sein Leben u. sein Werk. Autoris. deutsche Bearbeitg. der Episteln u. Exkurse v. Eduard Rupprecht. Übertragung des biograph. Teils v. Otto Brandner. (In 3 Bdn.) 1. Bd. (VIII, 248 S. m. Abbildgn.) Lex.-8. Frankfurt a/M. 906. O. Brandner. n. 4. —

— St. Paulus. Sein Leben u. s. Werk. Autoris. deut. Bearbeitg. v. Otto Brandner. Durchsicht (der Epistelerklärg.) v. Eduard Rupprecht. II. u. III. Bd. (IV u. S. 249—754 m. Abbildgn. u. 4 Karten.) Lex. 8. Frankfurt a/M. 907.08. Dresden, O. Brandner. à 4.— (Vollständig: Geb. in Halbfrz. n 14.50)

Farrar, Fr. W., St. Winifred od. die Schülerwelt. Aus dem Engl. v. J. Orth. Autoris. deutsche Ausg. Mit 4 (lith.) Bildern. gr. 8. (VIII, 286 S.) Leipzig 883. Wartig's Verl. cart. 4. 50

— St. Winifred's or the world of school, s.: Hamann's, Alb., Schulausgaben, Nr. 6.

— St. Winifred's or the world of school, hrsg. v. Rich. Ackermann, s.: Klassiker-Bibliothek, französisch-englische.

Farrer, James Anson

Literarische Fälschungen [Literary forgeries] von J[ames] A[nson] Farrer. Mit e. Einführung von Andr[ew] Lang. Aus d. Engl. von Fr[iedr.] J[oh.] Kleemeier. Leipzig: Th. Thomas 1907. (XXIII, 223 S.) 8° [07.134.4 11

Farrère, Claude, Kulturmenschen. Roman. Autoris. Übersetzg. (314 S.) 8. Budapest 906. G. Grimm. n. 3. —

Farrère, Claude, der Mann, der e. Mord beging. Roman. Einzig autoris. deutsche Ausg. (251 S.) 8. Frankfurt a/M. 909. Literar. Anstalt. 3.50; geb. 4. 50

FARRERE, Claude, Der Sechste Sinn. (Aus d. Französ. übers.)
„Der Amethyst", Heft 3, Febr. 1906, 4°, S. 68—71.

Farrington, E. A., klinische Arzneimittellehre. Eine Reihe v. Vorlesgn., geh. am Hahnemann Medical College in Philadelphia. Phonographirt u. hrsg. v. Cl. Bartlett, durchgesehen v. S. Lilienthal. Mit e. Lebensskizze d. Verfassers v. A. Korndörfer. Aus d. Engl. übers. v. H. Fischer. 1.—3. Lfg. gr. 8. (IV u. S. 1—480.) Leipzig 890. Dr. W. Schwabe. à n. 2. 50

Farrington, E. A., klinische Arzneimittellehre. Eine Reihe v. Vorlesgn., geh. am Hahnemann Medical College in Philadelphia. Phonographirt u. hrsg. m. Hülfe v. d. Vortragenden Manuscript v. Clarence Bartlett u. durchgesehen v. S. Lilienthal. Mit e. Lebensskizze d. Verfassers v. Aug. Korndörfer. Aus dem Engl. übers. v. Herm. Fischer. 4. (Schluss-) Lfg. gr. 8. (X u. S. 481—728.) Leipzig 891. Dr. W. Schwabe. n. 2. 50 (kplt.: n. 10. —)

C. Hering's kurzgefasste Arzneimittellehre. Dritte Ausgabe revidirt, vermehrt und bestätigt durch E. A. FARRINGTON, m. d. Übersetzt. von Dr. med. GISEVIUS. Bd. 1. Berlin 1889. Herausgegeben von dem Berliner Verein homöopathischer Aerzte. gr. 8°.
Bd. 2. ib. 1893. —

Farsetti, Ios., Carmina, 8. Parmae, Gleditsch, 782.

Farský, Frz., Bestimmungen der atmosphärischen Kohlensäure in den J. 1874—1875 zu Tabor [Böhmen]. Lex.-8. (11 S.) Wien 876, (Gerold's Sohn.) **
Aus: Sitzungsberichte der k. Akademie der Wissenschaften, besonders abgedruckt.

Farský, Frz., Resultate zweijähriger Vegetations-Versuche in künstlichen Nährstoff-Lösungen u. im natürlichen Boden, durchgeführt im Vegetationshause der höheren landwirtschaftl. Lehranstalt in Tabor. [Mit 1 (lith.) Taf.] [Aus: „Abhandlungen d. k. böhm. Gesellsch. d. Wiss."] gr. 4. (81 S.) Prag 879. (Grégr & Dattel.) n.n. 4. 80

—— Verbindungen der Salicylsäure mit den Eiweisskörpern. Lex.-8. (18 S.) Wien 876, (Gerold's Sohn.) *
Aus: Sitzungsberichte der k. Akademie der Wissenschaften, besonders abgedruckt.

Fart, Diu, uff diu Ufenow in mitteldütscher schribwis. [Zürich 1873]. V: *Maienfisch, Ernst.* (Cat. d. Stadtbibl. Zürich, Zürich 1864—97.)

Farthmann, neuere Mittheilungen und Erfahrungen über das Auswässern, Trocknen und Benutzen sowohl kranker als gesunder Kartoffeln. Mit 6 Abbild. 8. (14 S. und 1 Stnt. in Fol.) Glogau 847, Flemming's Verlag.

Farussini, B., u. A. Ciardini, Corrispondenza italiana. Anleitung zum Abfassen italien. Privat- u. Handelsbriefe. Auf Grundlage v. A. Krons guide épistolaire u. English letter writer fürs Italienische bearb. (94 S.) kl. 8. Karlsruhe 904. Freiburg i/B., J. Bielefeld. Geb. in Leinw. n. 1. 50

Farup, F., Untersuchungen üb. die Bildungsverhältnisse der ozeanischen Salzablagerungen, s.: Hoff, J. H. van't.

Farup, Peder, aus Larvik i. Norwegen: Die Elektrolyse von Kaliumsilbercyanid und ihre Anwendung zu voltametrischen Strommessungen. *Göttingen 1902: E. A. Huth.* (55 S.) 8°
Göttingen, Phil. Diss. v. [23. Dez.] 1902

Farup, Peder, die Elektrolyse v. Kaliumsilbercyanid u. ihre Anwendung zu voltametrischen Strommessungen. Diss. (V, 55 S. m. 3 Fig. u. 3 Taf.) gr. 8. Göttingen 902. (Vandenhoeck & Ruprecht.) n. 1. 60

FARVACQUE, Peter Alois (Freiburg/Schw.): De lithontripsi. (Titel nach der Urkunde). 4.1.1828 - Urk: F 39
Diss. Ingolst.-Landsh.-Mchn.

Farwell, G., die Anlage von schmalspurigen Sekundärbahnen und die Aufbringung der Mittel zur Herstellung derselben. Nebst Vorschlägen zum Bau eines vollständigen Sekundärbahn-Netzes im Kreise Unterfranken. 4. (20 S.) Würzburg 880, Stahel'sche Universitäts-Buchh. *
Aus: Neue Würzburger Zeitung, besonders abgedruckt.

Farwick, Armin August (Hiddingsel/Westf.), De angina diphtheritica, morbo sui generis et de ratione inter hanc et diphtheritidem scarlatinae comitem intercedente. Diss. med. Halle (Gebauer-Schwetschke) 23. VIII. 1865. 31 S. mit Biogr. (M.: E. Pethentrup.) (4.—) 8588
Oppon.: H. Schunck, H. Hoeynck. — Gew.: Th. Weber.

Farwick, B. Beiträge zur Fauna des Niederrheins. (Die Vögel des Viersener Gebiets und Umgebung; Kreis M.Gladbach.)
18 S. Progr. *Viersen* 1883.

Farwick, B., VI Farbendrucktafeln Wucher- u. Schmarotzerpflanzen, deren Vertilgung behördlich angeordnet ist. Hrsg. v. Rob. Schüler & Co., lithogr. Kunstanstalt, Stein- u. Buchdruckerei, Viersen (Rheinpr.) mit erläut. Text. gr. 8. (8 S.) Düsseldorf 891. F. Wolfrum. In Mappe. n. 5. —

(B) Farwick, B., 6 Farbentafeln. Wucher- u. Schmarotzerpflanzen. 891. (MBL 27.) Jetzt: Leipzig, Th. O. Weigel. Erm. Pr. 3. —

Farwick, B., Nützliche Vogelarten nebst ihren Eiern, deren Schutz behördlich angeordnet ist, nebst erläuterndem Text. (7 Farbendr.-Taf. Fol., mit Text in 8.) Düsseldorf 1892.

Farwick, Heinrich [approb. Arzt aus Hiddingsel in Westphalen]: Ueber einseitige Hyperidrosis. Mainz, Druck von Joh. Falk III, 1881. 8. 64 S.

Farwick, Hermann [app. Arzt aus Hiddingsel in Westf.]: Über Gelenkaffektionen im Verlaufe der tabes dorsalis ... Düren, Druck v. R. Hamel, 1894; 28 S. 8.
München, Med. Fak., Inaug.-Diss. v. 1894

Farwick, Josef [aus Lüdinghausen]: Aus d. chirurg. Klinik zu Bonn. Ueber Tumorenbildung bei Leisten- und Bauchhoden ... Bonn, Buchdr. J. Bach Wwe, 1893; 23 S. 8.
Bonn, Med. Fak., Inaug.-Diss. v. [27.] Febr. 1893

Farwick, Wlh. Ant., nützl. Hülfsbüchlein, um d. schädl. Vergessenheit d. Regeln d. Lesens, Schön- u. Rechtschreibens, d. Verfertigung schriftl. Aufsätze, wie auch d. Rechnens vorzubeugen. 8. Münster 808. 2e A. 810. 3e A. 814. 6e A. 827. Aschendorf. 6 gr. 2r Thl. 8. Ebd. 823. Coppenrath. 6 gr.

Farwick, W. A., Wegweiser f. die heranwachsende Jugend durch das prakt. Leben, od. Winke u. Lebensregeln als Anweisung zu e. frommen, weisen u. daher glückl. Lebenswandel, in ein. Briefwechsel zweier Freunde. — Des nützlichen Hülfsbüchleins d. demf. Verfasser. 3. Thl. gr. 12. (4½ B.) Münster 812, Coppenrath'sche Buchh.

Faes, J., de cereis baptismalibus veterum Christianorum. Helmst. 1712. 4.

Fäß, S., Tafeln zur Bestimmung d. Inhalts runder unbeschlagener Stämme f. Förster, Holzhändler u. Zimmerleute. 16. (X, 106 S.) Aarau 891. Sauerländer. cart. n. 1. 40

Fasan, der, eine Geschichte von Keppler, 8. Prag, 784. Schönfeld, 20 sgl.

Fasanen, Papageien u. Affen, die, deren Behandlung, Auferziehung, Fütterung u. Heilung ihrer Krankheiten rc. gr. 12. Ulm 839. Ebner. ⅜ ℛ

Fasani, E. Faustini, s. Faustini-Fasani, E.

Fasano, A., d., Sozojodolsalze u. ihre Anwendg. auf medizin. u. chirurg. Gebiete. [Aus: „Aerztl. Monatsschr."] gr. 8. (13 S.) Leipzig 898. H. Hartung & Sohn. n. — 50

Fasbender, A.: Von Bacharach und seinem Wein. Bacharach: Selbstverl. [um 1904]. 15 S. -- 121*

Fasbender, Eduard

Fasbender: Abriß einer Einleitung in die beschreibende Geometrie. 32 S. und 3 Figurent. – Thorn, Progr. 1857.

Fasbender, Ed., Anfangsgründe der beschreibenden Geometrie, der analytischen Geometrie, der Kegelschnitte u. der einfachen Reihen. Für Realschulen als Ergänzungsband zu den mathematischen Lehrbüchern des Hrn. Prof. Koppe. Mit 12 (lith.) Figurentaf. Essen 860. Bädeker. gr. 8. (IV, 212 S.) n. 25 ngr.

Fasbender, Ed.: Die Kopernikanischen Sehnen- und Dreiecksberechnungen. 12 S. u. Taf. – Thorn, Progr. 1872.

Fasbender, Frz., die Anlage d. Bierbrauereien m. specieller Berücksicht. der Wiener Brauart. Mit e. Anh. üb. Mälzerei u. Anlage d. Malztennen, die neueren Constructionen der Maischmaschinen u. die Kelleranlagen in Bierbrauereien. Zusammengestellt d. W. H. Uhland. [Mit 29 (eingedr.) Holzschn. u. 6 lith. Taf. in Fol.] Aus dem „Praktischen Maschinen-Constructeur."] gr. 8. (69 S.) Leipzig 872. Baumgärtner. geb. 3. —

—— Gerste f. Mälzereizwecke, s. Langer, Thdr.

— **Katechismus d. praktischen** Brauwesens f. Bierbrauer u. Malzfabrikanten aller Classen, sowie auch f. Brauereibesitzer, Directoren u. Beamte. 2 Thle. 8. Wien 875. Lehmann & Wentzel. à 6. 70
1. Mit 27 Holzschn. auf 7 Taf. (in qu. gr. 4.) (VI, 118 S.) n. 2. 70
2. Mit 8 Lith. u. 2 Holzschn.-Taf. (in qu. Fol.) (XVI, 232 S.) n. 4. —

Fasbender, Frz., Katechismus des praktischen Brauwesens. 1. Thl. Behandelt in gedrängter, leichtfaßl. Form alle Fragen, welche auf dem Gebiete der Biererzeugung vorkommen, u. bespricht eingehend alle, selbst die neuesten Maschinen u. Geräthe der Bierbrauerei u. Malzfabrikation für Bierbrauer aller Classen. Mit 203 in den Text gedr. Holzschn. 2., total umgearb., bedeutend erweit. u. verb. Aufl. 8. (XVI, 425 S.) Wien 880. Spielhagen & Schurich. n. 4. 50; geb. n. 5. —

Fasbender, Frz., die mechanische Technologie der Bierbrauerei u. Malzfabrikation. Bearb. unter Mitwirkg. erfahrener Fachleute u. tücht. Ingenieure. 1—26. Lfg. gr. 4. (1. Bd. 568, 2. Bd. 648 S. u. 3. Bd. S. 1—448 m. eingedr. Fig. u. color. Taf.) Wien 883 —86. (Leipzig, Gebhardt.) à n. 3. —

Fasbender, Frz., die mechanische Technologie der Bierbrauerei u. Malzfabrikation. Bearb. unter Mitwirkg. erfahrener Fachleute u. tücht. Ingenieure. 27.—32. (Schluss-)Lfg. gr. 4. (3. Bd. S. 449—802 m. eingedr. Holzschn. u. 4 Plantaf.) Leipzig 887. Gebhardt. à n. 3. — (cplt.: n. 96. —)

— mechanische Technologie der Bierbrauerei u. Malzbereitung. Unter Mitwirkg. erfahrener Fachleute u. tücht. Ingenieure. I. Suppl.-Bd. 18 Lfgn. gr. 4 (1190 S. m. Abbildgn. u. 24 farb. Tafeln.) Wien 891—893. (Leipzig, J. M. Gebhardt.) à n. 3. —
(1. Suppl.-Bd. kplt.: n. 54. —; geb. n.n. 56. —; Hauptwerk u. I. Suppl.-Bd.: n. 150. —)

Fasbender, Frz., wie soll die Gerste f. Mälzereizwecke v. den Landwirthen behandelt werden, s.: Langer, Thdr.

Fasbender, Frz., s.: Zeitschrift, allgem., f. Bierbrauerei u. Malzfabrikation.

Fasbender, Franz [Hrsg.], s. Zeitschrift, Österreichische, für Bierbrauerei

Fasbender, Heinrich

Fasbender, H., Entwickelungslehre, Geburtshülfe u. Gynäkologie in d. Hippokratischen Schriften. Eine krit. Studie. gr. 8. (XVIII, 300 S.) Stuttgart 897. F. Enke. n. 10. —

Fasbender, Heinr., Geschichte der Geburtshülfe. (XVI, 1028 S.) Lex.-8. Jena 906. G. Fischer. n. 25. —

Fasbender, Henr. (geb. Capellen bei Neuss 29. 3. 1843): De aëris in uterum parturientium et puerperarum introitu. Berolini (1865). (32 S.) 8°
Berlin, Med. Diss. v. 19. Juli 1865

Fasbender, Heinrich [aus Cöln am Rhein]: Zur Kenntniss des Aethylenmercaptans und Thioresorcins und ihrer Verbindungen mit Aldehyden, Ketonen und Ketonsäuren .... Freiburg i. B., Univ.-Buchdr. v. Chr. Lehmann, 1888; 36 S. + 1 Bl. 8°
Erlangen, Phil. Fak., Inaug.-Diss. v. 1888

Fasbender, Heinrich [Hrsg.], s. Zeitschrift für Geburtshülfe und Frauenkrankheiten. – Zeitschrift für Geburtshülfe und Gynäkologie.

Fasbender, Hubertus Anton. [geb. Cöln a. Rh. 14. 12. 1842]: Theses. Berolini (1866). (2 Bl.) 8°
Berlin, Med. Thes. v. 5. Juni 1866

Fasbender, Joseph: Die Schlettstadter Vergilglossen und ihre Verwandten. Straßburg i. E. 1907: C. & J. Goeller. (119 S.) 8° ¶[Erscheint später vollst.]

Straßburg, Phil. Fak., Ref. Henning-Martin, Diss. v. 24. Nov. 1906

[Geb. 5. Juni 83 Oberehnheim i. E.; Wohnort: Schlettstadt i. E.; Staatsangeh.: Elsaß-Lothringen; Vorbildung: Bischöfl. Gymn. Montigny b. Metz, Gymn. Schlettstadt Reife Sommer 03; Studium: Straßburg 1, München 1, Berlin 1, Straßburg 5 S.]

Fasbender, J., die Schlettstadter Vergilglossen u. ihre Verwandten s. a. Untersuchungen z. deut. Sprachgeschichte.

Die Schlettstadter Vergilglossen und ihre Verwandten. Von Dr. J. Fasbender. Strassburg: Trubner 1908. 123 S. 8°
(Untersuchungen z. deutschen Sprachgeschichte. H. 2.) [07. 3151

Fasbender, P., Dan. Schürmann, ein Bergischer Schulmann, nach seinem Charakter, Leben u. Wirken in gedrängter Kürze dargestellt. (Mit lithogr. Bildniß u. Facsimile.) gr. 8. Elberfeld 838. (Becker.) n. 11 gr

Fasbender, R. Observations sur le Menteur de Corneille. Rheydt, H. B., 1867. 12 S. Progr.

Fasch, s. a. Fäsch

Fasch, Aug. Henr., resp. **Sinapius,** Diss. de mania. Jen. 4°.
1701

Fasch, Aug. H., Pr. de melancholia ex utero in puerpera, observata et curata. Jen. 4°.
1705

Fasch, Jo. August (Beichlingen/Thür.), De officiis judicum. Disp. jur. Präs. Samuel Reyher. Kiel (Barth. Reuther) 30. XII. 1705. 16 S. (5.—) 8589
Gew.: Gottfr. Wilhelm Frh. v. Leibnitz.

— — De optionibus, tam masculino, quam foeminina. Disp. jur. Präs. Samuel Reyher. Kiel (Barth. Reuther) 28. IX. 1706. 16 S. (4.50) 8590
Gew.: Jo. Joachim Schöpfer.

Fasch, Joh. Friedr. Sonata a 4 in D moll für 2 Violinen, Viola u. Violoncell. (Bearb. von Hugo Riemann.) (Pianof., Viol. I, II, Viola, Violoncell.) Leipzig: Breitkopf & Härtel [1904]. (11, 5, 5, 4 S.) 4°
— Collegium musicum. No 13.
(Breitkopf & Härtel's Kammermusik-Bibliothek. No 1654/55.) [07. 9732

Fasch, Joh. Friedr. Trio in A moll für 2 Violinen und Violoncello ⟨B. c.⟩. (Bearb. von Hugo Riemann.) (Pianof., Viol. I., II., Violoncell.) Leipzig: Breitkopf & Härtel [1903]. (19, 5, 5, 5 S.) 4°
— Collegium musicum. No 10.
(Breitkopf & Härtel's Kammermusik-Bibliothek. No 1819/20.) [07. 9729

Fasch, Joh. Friedr. Trio in D dur für Violine, Viola u. Basso continuo ⟨Kanon⟩. (Bearb. von Hugo Riemann.) (Pianof., Violine, Viola, Violoncell.) Leipzig: Breitkopf & Härtel [1903]. (17, 4, 4, 4 S.) 4°
— Collegium musicum. No 9.
(Breitkopf & Härtel's Kammermusik-Bibliothek. No 1817/18.) [07. 9728

Fasch, Joh. Friedr. ⟨1688–1758⟩. Trio in D moll für Violine, Viola und Basso continuo ⟨Kanon⟩. (Bearb. von Hugo Riemann.) (Pianof., Violine, Viola, Bass.) Leipzig: Breitkopf & Härtel [1903]. (17, 4, 4, 4 S.) 4°
— Collegium musicum. No 8.
(Breitkopf & Härtel's Kammermusik-Bibliothek. No 1815/16.) [07. 9727

Fasch, Joh. Friedr. Trio in F dur für 2 Violinen und Violoncell ⟨B. c.⟩. (Bearb. von Hugo Riemann.) (Pianof., Viol. I., II., Violoncell.) Leipzig: Breitkopf & Härtel [1904]. (17, 4, 4, 4 S.) 4°
— Collegium musicum. No 11.
(Breitkopf & Härtel's Kammermusik-Bibliothek. No 1821/22.) [07. 9730

Fasch, Joh. Friedr. Trio in G dur für 2 Violinen und Violoncell ⟨B. c.⟩. (Bearb. von Hugo Riemann.) (Pianof., Viol. I., II., Violoncell.) Leipzig: Breitkopf & Härtel [1904]. (17, 4, 4, 4 S.) 4°
— Collegium musicum. No 12.
(Breitkopf & Härtel's Kammermusik-Bibliothek. No 1823/24.) [07. 9731

Faesch. Alphonse F. (1802–1889). [Notices nécrologiques avec 1 portrait hors texte.] 8. *s. l. n. d.*

Faesch, Andreas: De occupatione. 14 S.– Basel, Jur.Diss.v. 11.Dez.1750.

Faesch, Emanuel: De jurisdictione et imperio. 9 S.– Basel, Jur.Diss.v. 29.Nov.1746.

Faesch, Emanuel: De patria potestate. 23 S.– Basel, Jur.Diss.v. 21.Dez.1745.

Fäsch, Friedr., Aufgaben zum Kopfrechnen mit beigefügten Antworten zum Schul- und Privatgebrauche. Nach method. Grundsätzen und mit Berücksicht. der schweizer. Münzen, Maße und Gewichte bearb. 2 Thle. gr. 8. St. Gallen, Huber und Comp. *

Inhalt:
Thl. 1. Die vier Grundrechnungsarten. (IV, 88 S.) 868. * 80 Pf.
" 2. Das Rechnen mit Sorten und Brüchen, Dreisatz- und Zinsrechnung. (130 S.) 870. * M. 1,20.

Fäsch, Frdr., Aufgaben zum Kopfrechnen m. beigefügten Antworten zum Schul- u. Privat-Gebrauche. Mit Berücksichtigung der metr. Maße u. Gewichte u. der neuen schweizer. Papiermaße bearb. u. hrsg. 2 Thle. 2., umgearb. Aufl. gr. 8. St. Gallen 877. Huber & Co. n. 2. 60
1. Die 4 Grundrechnungsarten. (IV, 99 S.) n. 1. —
2. Das Rechnen m. Sorten u. Brüchen, Dreisatz- u. Zinsrechnung. (138 S.) n. 1. 60

Fäsch, Friedr., Aufgaben zum Kopfrechnen mit beigefügten Antworten zum Schul- und Privat-Gebrauche. Mit Berücksicht. der metr. Maße und Gewichte und der neuen schweizer. Papiermaße bearb. und hrsg. 1. Thl.: Die vier Grundrechnungsarten. 3. verm. und verb. Aufl. gr. 8. (IV, 108 S.) St. Gallen 881, Huber und Comp. *

Fäsch, Frdr., Aufgaben zum Kopfrechnen m. beigefügten Antworten zum Schul- u. Privatgebrauche. 2. Tl. Das Rechnen m. Sorten u. Brüchen, Dreisatz- u. Zinsrechnung. 3. Aufl. 8. (138 S.) St. Gallen 885. Huber & Co. n. 1. 60; Einbd. n.n. — 20

Fäsch, F., Aufgaben zum Kopfrechnen m. beigefügten Antworten zum Schul- u. Privatgebrauche. 1. Tl. 4., verm. Aufl. gr. 8. (IV, 120 S.) St. Gallen 890. Huber & Co. cart. n.n. 1. 20

Fäsch, Frdr., Aufgaben z. Kopfrechnen m. beigef. Antworten z. Schul- u. Privatgebrauche. Im engsten Anschl. an d. Aufgaben z. Zifferrechnen f. schweiz. Volksschulen bearb. u. hrsg. II. Tl. D. Rechnen m. Sorten u. Brüchen. Dreisatz- u. Zinsrechng. 4., verb. Aufl., hrsg. v. Karl Führer. gr. 8. (156 S.) St. Gallen 897. Fehr. n. 1. 60 (Kplt.: n. 2. 60)

Fäsch, Fr., Aufgaben zum Zifferrechnen für schweizerische Elementarschulen, sowohl f. Knaben- als Mädchenschulen bearb. 1. Abthl. 8. Basel 851, Neukirch. geb. n. 1/3 ℛ — 2. Abthl. Inhalt: Das Rechnen mit Sorten, Brüche, Dreisatzrechnung, Zinsrechnung und Gesellschaftsrechnung. 8. Ebend. 842. geb. n. 13 3/4 ngl

— Schlüssel z. 1. Abthl. d. Aufgaben rc. 8. Ebd. 853. n. 1/6 ℛ

Fäsch, Friedr., Aufgaben zum Zifferrechnen. Mit Berücksichtigung der neuen schweizerischen Münzen, Maaße und Gewichte herausg. 1. Heft. Zahlenraum 1 bis 100. — 2. Heft. Das Rechnen mit größern Zahlen. 2. Aufl. Basel 854. (St. Gallen (856). Huber u. Co.) 8. (56; 35 S.) 1.: n. 4 ngl; 2.: n. 3 ngl

— Schlüssel zum 1 und 2. Hefte der Aufgaben zum Zifferrechnen. Ebend. 854. (856.) 8. (35 S.) n. 5 ngl

Fäsch, Frdr., Aufgaben zum Zifferrechnen. Mit Berücksichtigung der neuen schweizerischen Münzen, Maaße u. Gewichte. 1. u. 2. Heft. 3. verb. Aufl. St. Gallen 862. Huber & Co. 8. (44; 32 S.) Jedes Heft n. 3 ngr.

2. Aufl. 3.–5. Heft. [Das Rechnen mit Sorten. — Das Rechnen mit Brüchen. — Dreisatzrechnung, Zins- u. Gesellschaftsrechnung.] Ebend. 858. 8. (34; 34; 39 S.) Jedes Heft n. 3 ngr.;
1—5. Heft n. 16 ngr.

Schlüssel zum 3. u. 4. Hefte der Aufgaben zum Zifferrechnen. Ebend. 859. 8. (20; 19 S.) Jedes Heft n. 3 ngr.

— Aufgaben zum Zifferrechnen. Mit Berücksichtigung der neuen schweizerischen Münzen, Maße u. Gewichte. 1—5. Heft. Ebend. 8. Jedes Heft n. 3 ngr.
1. Heft: Zahlenraum 1—100. 4. Aufl. 867. — 5. Aufl. 870. (52 S.)
2. Heft: 4. Aufl. 867. (32 S.)
3. Heft: Das Rechnen mit Sorten. 3. Aufl. 865. — 4. Aufl. 868. (40 S.)
Schlüssel dazu (23 S.) n. 3 ngr.
4. Heft: Das Rechnen mit Brüchen. 3. Aufl. 865. — 4. Aufl. 870. (52 S.) Schlüssel dazu (31 S.) n. 5 ngr.
5. Heft: Decimalbrüche, Dreisatzrechnung, Zins- u. Gesellschaftsrechnung. 3. Aufl. 869. (52 S.)

— dasselbe. Schlüssel dazu. 2—4. Hft. Verb. u. m. der neuesten Ausg. der Aufgaben zum Zifferrechnen übereinstimm. Aufl. 8. Ebend. 872. 75. n. 1. 30
2. (16 S.) n. — 50. — 3. (30 S.) n. — 50. — 4. (48 S.) n. — 30

Fäsch, Fr., Aufgaben zum Zifferrechnen für Schweiz. Volksschulen. 1. Heft. 6. Auflage. 52 Stn. 8. St. Gallen, Huber & Co. 1873. —. 30
— — dasselbe. 5. Heft. 5. Auflage. 52 Stn. 8. ebdas. 1873. —. 30
— — dasselbe. 6. Heft. 4. Aufl. 60 Stn. 8. ebdas. 1873. —. 40

— — Schlüssel zum 5. u. 6. Heft der Aufgaben zum Zifferrechnen. 27 Stn. u. 24 Stn. 8. ebendas. 1873. à —. 50

Fäsch, Frdr., Aufgaben zum Zifferrechnen f. schweiz. Volksschulen. 1—6. Hft. 8. St. Gallen 873—75. Huber & Co. n. 2. —
1. Zahlenraum 1—100. 7. Aufl. (52 S.) n. — 30
2. Zahlenraum 1—1000. 6. Aufl. (31 S.) n. — 30
3. Rechnen m. größeren Zahlen. 6. Aufl. (48 S.) n. — 30
4. Rechnen m. Sorten. 6. veränd. Aufl. (40 S.) n. — 30
5. Rechnen m. Brüchen. 6. Aufl. (51 S.) n. — 40
6. Decimalbrüche, Dreisatzrechng., Zins- u. Gesellschaftsrechng. (60 S.) n. — 40

Fäsch, F., Aufgaben zum Zifferrechnen für schweiz. Volksschulen. Mit Berücksichtigung der metrischen Masse und Gewichte und der neuen schweiz. Papiermasse. 4. Heft. das Rechnen mit Sorten. 7. Auflage. 78 S. 8. St. Gallen, Huber & Co. 1877. —. 30

Fäsch, Friedr. Aufgaben zum Zifferrechnen f. schweiz. Volksschulen. Mit Berücksichtigung der metrischen Masse und Gewichte. 5. Heft: Das Rechnen mit Brüchen. 7. Aufl. 48 S. 8°. St. Gallen, Huber & Cie. 1878.

Fäsch, F. Aufgaben zum Zifferrechnen f. schweiz. Volksschulen. 1. Heft, 9. Aufl. 2. u. 3. Heft, 8. Aufl. St. Gallen, Huber & Cie. à Heft — 40 1879.

— Aufgaben zum Zifferrechnen f. schweizerische Volksschulen. Mit Berücksichtigung der metr. Maße u. Gewichte u. der neuen schweizer. Papiermaße hrsg. 1—4. u. 6. Hft. gr. 8. Ebend. 879—82. n. 1. 60
1. Zahlenraum 1—100. 9., umgearb. Aufl. (56 S.) n. — 30
2. Zahlenraum 1—1000. 8., umgearb. Aufl. (36 S.) n. — 30
3. Das Rechnen mit größeren Zahlen. 9., umgearb. Aufl. (52 S.) n. — 30
4. Das Rechnen m. Sorten. 8., umgearb. Aufl. (48 S.) n. — 30
6. Decimalbrüche, Dreisatzrechnung, Zins- u. Gesellschaftsrechnung. 6., umgearb. Aufl. (60 S.) n. — 40

Fäsch, Friedrich. Aufgaben zum Zifferrechnen für schweizerische Volksschulen. In-8°. St. Gallen, Huber & Cie. 1881.
Heft 1. Zahlenraum von 1—100. 10. Auflage. 56 S. — 30
Heft 2. Zahlenraum v. 100—10,000. 9. Aufl. 44 S. — 30
Heft 4. Das Rechnen mit Sorten. 9. Auflage. 48 S. — 30
Heft 6. Decimalbrüche, Dreisatzrechnung, Zins- und Gesellschaftsrechnung. 7. durchgesehene Auflage. 60 S.

Fäsch, F. Aufgaben zum Zifferrechnen für schweizerische Volksschulen. Ausg. A. 2. u. 5. Heft. In-8°. St. Gallen, Huber & Cie. 1883. — 85

Fäsch, Frdr., Aufgaben zum Zifferrechnen f. schweizerische Volksschulen. Ausg. A. 6 Hfte. 8. St. Gallen, Huber & Co. n. 2. —
1. 13. Aufl. (56 S.) 886. n. — 30. — 2. 12. Aufl. [2. Abdr.] (44 S.) 886. n. — 30. — 3. 10. Aufl. (48 S.) 886. n. — 30. — 4. 10. Aufl. (40 S.) 884. n. — 30. — 5. 10. Aufl. (48 S.) 885. n. — 40. — 6. 9. veränd. Aufl. (56 S.) 885. n. — 40

— dasselbe. Schlüssel zum 2—6. Hft. Verb. u. m. der neuesten Ausg. der Aufgaben zum Zifferrechnen übereinstimm. Aufl. 8. (35, 38, 22, 27 u. 23 S.) Ebend. 884. 85. à n. — 50

Faesch, Fr., Aufgaben z. Zifferrechnen für schweiz. Volksschulen. Ausgabe A. St. Gallen, Huber & Cie. 1888.
Heft 1. 14. Aufl. In-8°, 56 S., cart. — 35

Heft 2. Das Rechnen im Zahlenraum von 1—10,000. 13. Auflage. In-8°, 48 S., cart. — 35
Heft 5. Das Rechnen mit Brüchen. 11. verbess. Aufl. In-8°, 485 S., cart. — 45

— Aufgaben zum Zifferrechnen f. schweizerische Volksschulen. Ausg. A. 6 Hfte. 8. Ebd. cart. n. 2. —
1. 15. Aufl. (50 S.) 889. n. — 25. — 2. 14. Aufl. (48 S.) 890. n. — 35. — 3. 12. Aufl. (48 S.) 889. n. — 25. — 4. 12. Aufl. (44 S.) 890. n. — 35. — 5. 11. Aufl. (48 S.) 888. n. — 45. 6. 10. Aufl. (56 S.) 889. n. — 35.

— Aufgaben zum Zifferrechnen für schweizer. Volksschulen. Ausg. A. Heft 1. II. Schuljahr. Zahlenraum von 1—100. 16. Aufl. In-8°. 50 S. Ebd. 1891. Cart. — 35
— Heft 5. Das Rechnen mit Brüchen. 12. Aufl. In-8°. 48 S. Ebd. 1891. Cart. — 45
— Heft 6. Dezimalbrüche. Dreisatzrechnung. Zins- und Gesellschaftsrechnung. 11. Aufl. In-8°. 56 S. Ebd. 1891. Cart. — 45

— Aufgaben zum Zifferrechnen für schweiz. Volksschulen. Ausgabe A, 2. Heft (3. Schuljahr). Das Rechnen in Zahlennummern 1—10,000. 15. Aufl. In-8°. 48 S. Ebd. — 35

Fäsch, Frdr., Aufgaben zum Zifferrechnen f. schweizerische Volksschulen. Ausg. A. (In Fraktur.) 1., 3.—6. Hft. gr. 8. St. Gallen, Huber & Co. Kart. n. 1. 70
1. 17. Aufl. (58 S.) 893. n. — 30. — 3. 13. Aufl. (48 S.) 892. n. — 30. — 4. 12. Aufl. (48 S.) 890. n. — 30. — 5. 12. Aufl. (48 S.) 891. n. — 40. — 6. 11. Aufl. (56 S.) 891. n. — 40.

— dasselbe. Ausg. B. Für einfachere Verhältnisse. 6 Hfte 8. Ebend. 883. n. 1. 30
1—4. (32, 32, 34 u. 32 S.) à n. — 20. — 5. 6. (36 u. 46 S.) à n. — 25

— dasselbe. Schlüssel zum 2–6. Hft. 8. (21, 32, 19, 21 u. 20 S.) Ebend. 883. à n. — 40

Fäsch, Fr. Aufgaben z. Zifferrechnen für schweizer. Volksschulen. St. Gallen, Huber & Co. 1889. Ausgabe *B* für einfachere Verhältnisse.
1. Heft. Rechenfibel. Zahlenraum von 1—20. In-8°. 18 S. — 15
2. Heft. (2. Schuljahr.) Das Rechnen im Zahlenraum von 1—100. 2. Aufl. In-8°. 32 S. — 15
3. Heft. Das Rechnen im Zahlenraum von 1—10,000. 2. Aufl. In-8°. 32 S. — 15
4. Heft. Das Rechnen mit grössern Zahlen. 2. Aufl. In-8°. 32 S. — 20
5. Heft. Das Rechnen mit Sorten. 2. Aufl. In-8°. 32 S. — 20
6. Heft. Das Rechnen mit Brüchen. 2. Aufl. In-8°. 36 S. — 25
7. Heft. Dezimalbrüche, Dreisatzrechnung, Zins- und Gesellschaftsrechnung. 2. Aufl. In-8°. 48 S. — 25

— dasselbe. Ausg. B. Für einfachere Verhältnisse. 2., 3. u. 6. Hft. gr. 8. Ebd. n. — 55
2. 3. 3. Aufl. (à 32 S.) 892. à n. — 15. — 6. 2. Aufl. (36 S.) 889. n. — 25.

— Aufgaben z. Zifferrechnen f. schweiz. Volksschulen. Ausg. B. F. einf. Verhältnisse. 1. u. 4. Hft. gr. 8. Ebd. 896. n. — 35
1. Rechenfibel. 2. Aufl. (18 S.) n. — 15. — 4. 3. Aufl. (32 S.) n. — 20.

— Aufgaben z. Zifferrechnen für schweizerische Volksschulen. Zweites Heft, das Rechnen im Zahlenraum von 1—10,000. Ausgabe d. 12. Aufl. In-8°, 48 S. St. Gallen, Huber & Cie. cart. — 35 1885.

Faesch, Fr. Aufgaben zum Zifferrechnen f. schweizerische Volksschulen. Ausgabe *d*, Heft 4, das Rechnen mit Sorten. 11. vermehrte und verbesserte Auflage 1887. In-8°, 44 S. St. Gallen, Huber & Co. cartonnirt — 35

Fäsch, Fried. Die neue Orthographie. Ein Aufgabenbüchlein für schweiz. Volksschulen. Uebungsstoff, zur Einprägung der neuen Orthographie bearbeitet und herausgegeben. Zweite, vermehrte und verbesserte Auflage, cartonnirt. In-8°, 36 S. St. Gallen, Huber & Co. 1882. — 40

— die neue Orthographie. Ein Aufgabenbüchlein f. schweizer. Volksschulen. Übungsstoff zur Einprägg. der neuen Orthographie. 2., verm. u. verb. Aufl. gr. 8. (IV, 36 S.) Ebend. 883. cart. n. — 40

—— Rechenfibel. Zahlenraum von 1 bis 20. I. Schuljahr. 1. und 2. Aufl. 8. (28 S.) Ebendas. 887,88. cart. *

— Rechenfibel. 1. Schulj. 3., verm. Aufl. gr. 8. (30 S.) Ebd. 891. Kart. n. — 30

Fäsch, F. Sprachstoff für d. Unterklassen d. Volksschule. In-8°. St. Gallen, Huber & Cie. 1885.

Fäsch, Frdr., ausgeführte Stilarbeiten zum 1. Hefte des deutschen Uebungsbuches. Zum Gebrauche für Lehrer. St. Gallen 868. Huber & Co. gr. 8. (52 S.) n. 5 ngr.

— **ausgeführte Stilarbeiten zum 2. u. 3. Hfte. d. deutschen Uebungsbuches. Zum Gebrauche f. Lehrer. gr. 8. Ebend. 871. 73. n. 2. 10; 1—3: n. 2. 60**
2. (IV, 64 S.) n. — 70. — 3. (IV, 124 S.) n. 1. 40.

— ausgeführte Stilarbeiten zum deutschen Übungsbuche. Zum Gebrauche f. Lehrer. 3 Hfte. 2., verm. Aufl. gr. 8. Ebend. 884. n. 3. 30
1. Für Unterklassen. (IV, 58 S.) n. — 80. — 2. Für Mittelklassen. (IV, 67 S.) n. — 90. — 3. Für Oberklassen. (IV, 127 S.) n. 1. 60

— deutsches Uebungsbuch. Eine Sammlung von Musterstücken, Aufgaben u. Sprachregeln für Volksschulen u. die untern Klassen höherer Schulen. Nach methodischen Grundsätzen geordnet u. mit Berücksichtigung der von e. Kommission im Auftrage des schweizer. Lehrervereins festgestellten Orthographie u. Terminologie hrsg. 3 Hefte. Ebend. gr. 8. n. 1 *rf* 10 *ngr.*
1. Für Unterklassen. 864. (VIII, 88 S.) — 2. verm. Aufl. 868. (X, 102 S.) n. 9 *ngr.* — 2. Für Mittelklassen. 864. (VIII, 155 S.) n. 13 *ngr.* — 3. Für Oberklassen. 861. (235 S.) n. 18 *ngr.*

Fäsch, Fr. (Lehrer in Basel), deutsches Uebungsbuch. Eine Sammlung von Musterstücken, Aufgaben und Sprachregeln für Volksschulen u. die untern Klassen höherer Schulen. 2. Heft. (Für Mittelklassen). 2. umgearb. Aufl. IV u. 174 Stn. 8. St. Gallen, Huber & Comp. *1871*. 1. 50.

— deutsches Uebungsbuch. Eine Sammlg. v. Musterstücken, Aufgaben u. Sprachregeln f. Volksschulen u. die untern Klassen höherer Schulen. Nach method. Grundsätzen geordnet u. m. Berücksicht. der v. e. Kommission im Auftrage d. schweizer. Lehrervereins festgestellten Orthographie u. Terminologie hrsg. 3. Hft. gr. 8. St. Gallen 872. 73. Huber & Co. n. 4. —
1. [Für Unterklassen.] 3. durchgeseh. Aufl. (X, 102 S.) n. — 90
2. [Für Mittelklassen.] 3. verb. Aufl. (176 S.) n. 1. 30
3. [Für Oberklassen.] 2. umgearb. Aufl. (VI, 246 S.) n. 1. 80

— deutsches Uebungsbuch. Eine Sammlung v. Musterstücken, Aufgaben u. Sprachregeln f. Volksschulen u. die untern Klassen höherer Schulen. 1—3. Hft. gr. 8. Ebend. 877—79. n. 4. —
1. Für Unterklassen. 4., verm. u. verb. Aufl. (X, 114 S.) n. 1. —
2. Für Mittelklassen. 4., verm. u. verb. Aufl. (176 S.) n. 1. 20
3. Für Oberklassen. 3., verb. Aufl. (IV, 217 S.) n. 1. 80

— deutsches Übungsbuch. Grammatik, Orthographie u. Stil in konzentr. Kreisen. Mit Berücksicht. der neuen schweiz. Orthogr. f. die Volksschule bearb. Ausg. B. in 5 Hftn. gr. 8. (IV, 52; III, 56; IV, 64; III, 64 u. IV, 64 S.) Ebend. 883. 85. n. 2. 45
1. u. 2. Hft. 6. Aufl. — 3–5. Hft. 5. Aufl.

— deutsches Übungsbuch. Grammatik, Orthographie u. Stil in konzentr. Kreisen. Mit Berücksicht. der neuen schweiz. Orthographie f. die Volksschule bearb. Ausg. B in 5 Hften. 3. u. 4. Hft. 6. Aufl. 8. Ebd. 886. cart. n. 1. —
3. (IV. 64 S.) n. — 45. — 4. (III. 64 S.) n. — 55.

Faesch, F. Deutsches Uebungsbuch, Grammatik, Orthographie und Stil in konzentrischen Kreisen. Mit Berücksichtigung der neuen schweizer. Orthographie für Volksschulen bearb. Ausg. B. in 5 Heften. In-8°. St. Gallen, Huber & Co. (E. Fehr). 1891.
Heft 1. 7. verb. u. verm. Aufl. 56 S. Cart. — 45
Heft 2. 7. verb. u. verm. Aufl. 60 S. Cart. — 45

— deutsches Übungsbuch. Grammatik, Orthographie u. Stil in konzentr. Kreisen. M. Berücksicht. d. neuen schweiz. Orthographie f. d. Volksschule bearb. Ausgabe B. In 5 Hftn. 1. u. 3. Hft. gr. 8. Ebd. Kart. à n.n. — 45
1. 6. Aufl., durchges. u. verb. v. Paul Fluri. (II, 56 S.) 897.
3. 7. Aufl., durchges. u. verb. v. Paul Fluri. (IV, 63 S.) 898.

Faesch, Fr. Deutsches Übungsbuch. Ausg. B. in 5 Heften. Hft. 4. 7. Aufl., verb. v. *P. Fluri*. In-8°. 68 S. St. Gallen, Fehrsche Buchhdlg. 1898. cart. — 55

Fäsch, Frdr., deutsches Übungsbuch. Grammatik, Orthographie u. Stil in konzentr. Kreisen. Mit Berücksicht. der neuen schweiz. Orthographie f. die Volksschule bearb. Ausg. B in 5 Hftn. 2., 4. u. 5. Hft., durchgesehen u. verb. v. Paul Fluri. gr. 8. St. Gallen, Fehr. Kart. n.n. 1.60
2. 8. Aufl. (60 S.) 899. n.n. — 45
4. 8. Aufl. (III, 64 S.) 900. n.n. — 55
5. 7. Aufl. (IV, 80 S.) 900. n. — 60

Fäsch, Frdr., deutsches Übungsbuch. Grammatik, Orthographie u. Stil in konzentr. Kreisen. Mit Berücksicht. der neuesten Orthographie f. die Volksschule bearb. Ausgabe B. (In 5 Hften.) 1. Hft. 10. Aufl., durchgesehen u. verb. nach den Beschlüssen der Berliner Konferenz v. Paul Fluri. (II, 56 S.) 8. St. Gallen 906. Fehr. Kart. n.n. — 45

Faesch, Frdr., Vorübungen zum Unterricht im Französischen. Nach einem leichten, stufenmäßigen Gange bearb. 8. (74 S.) Basel 847, (Helbig &) Scherb. 6 ngr.

— Vorübungen zum Unterricht im Französischen. Nach einem leichten, stufenmäßigen Gange bearb. 2. verm. u. verb. Aufl. Basel 855. Georg. 8. (1 Bl., 80 S.) n. 7½ ngr.

Fäsch, s. a. F a s c h

Fäsch, Georg Rudolf, s. a. F ä s c h , Johann Rudolf

— kurze, jedoch gründl. Anfangsgründe zu d. Fortifikation, mit Kpf. Fol. Nürnb. 780. Schneider u. W. 2 Rthlr. 16 gr.

Fäsch, Georg Rudolf, s. a. A n w e i s u n g , den Krieg mit Vortheil zu führen.

— Anweisung des größten Meisters der Kriegskunst, d. K r i e g m. Vortheil zu führen. m. K. 8. Leipz. Kummer. 770.

— vollständige A r c h i t e k t u r. 5 Thle. m. K. Fol. Nürnberg, Weigel. 780. (1r, 3r, 4r, 5r à 2 Rthlr. 2r 3 Rthlr.)

— befestigtes Europa, 100 Plans mit 1 Bog. Text. gr. 4. Nürnb. 780. Schneider u. W. 1 Rthlr. 12 gr.

– s. F r i e d r i c h II., instructions.

– s.a. G e s c h i c h t e d. österr. Erbfolgekriegs.

F ä s c h, d. Gener., G e s ch. des Oesterreich. Erbfolgekriegs von 1740–48. 2 Bde. gr. 8. Dresd. Walther. 787.

— Grundregister der fünf S ä u l e n, nach Vignole. m. K. 8. Nürnb. Weigel. 788.

— — dasselbe, fortgesetzt von Stettner. m. K. 4. Ebend. 781.

— I n s t r u c t i o n milit. du Roi de Prusse p. s. Généraux. av. Planch. 8. Leipz. Eurich. 761.

(Faesch.) Journaux des sièges de la campagne de 1746 dans les Pays-Bas. Amsterdam 1750. 8°. Dass. deutsch u. d. T.: Journal von denen Belagerungen . . . Leipzig 1751. 8°.

– s. M o r i t z Graf v. Sachsen, Einfälle.

– v. P u n s e g ü r , Grundsätze.

Faesch, G. R., churfürstl. sächs. Obrist vom Ingenieur-Corps. Regeln und Grundsätze der Kriegskunst, aus den besten Schriftstellern, welche über diese Wissenschaft geschrieben haben, in gewisser Ordnung zusammengetragen. (4 Bde.)
8. Leipzig 1771—1774.

— règles et principes de l'art de la guerre des meilleurs auteurs, qui ont écrit sur cette science; recueillis etc. IV Vols. gr. 8. Leipz 771—74. Weidmann. 7 Rthlr. 16 gr.

Fäsch, Geo. Rud., († d. 1. Mai 1787.) relations et plans des batailles et combats de la guerre en 1756—57. Avec 10 plans. 4. Dresd. 770. (Walther). 10 Rthlr.

— Versuch s. architekton. Werke von Gebäuden. 5 Thle, mit 135 Kpf. Fol. Nürnb. 780. Schneider u. W. 11 Rthlr.

— Versuch seiner architekton. Werke in Verzierung d. Fenster. 5 Thle, mit 451 Kpf. 4. Nürnb. 781. Schneider u. W. 4 Rthlr.

– s. V i g n o l a .

Fäsch, J. B. Dictionnaire des ingénieurs. 8. Dresde 1723.

F ä s ch, J. Rud., A l t ä r e. 6 Bl. Fol. Nürnb. Schneider.

Faesch, Joh.Heinrich: O b s e r v a t i o n e s juridicae, s. T h u r n e y s e n , Joh. Rudolf (Praes.)

Faesch, Joh.Heinrich: O b s e r v a t i o n e s subsitariae ex jure pandectarum et ecclesiastico, s. W e i s s , Andreas (Praes.)

Faesch, Joh.Heinrich: Circa p r i v i l e g i a uxorum quoad bona in mariti domum illata, s. R a i l l a r d , Jeremias (Praes.)

Faesch, Joh.Heinrich: De s e r v i t u t e aquaeductus. 7 S.– Basel, Jur.Diss.v. 6.Sept.1757.

Faesch, Joh.Heinrich: S p e c i m e n philosophicum tumultuarium. (Resp.: Joh.Jakob Bachofen). 6 S.– Basel, Jur.Diss.v. 5.Sept.1760.

Faesch, Joh.Heinrich: T h e s e s juridicae miscellaneae. 7 S.– Basel, Jur.Diss.v. 30.Sept.1757.

Faesch, Joh.Heinrich: T h e s e s miscellaneae juris civilis et feudalis. (Resp.: Joh.Ludwig Faesch). 8 S.– Basel, Jur.Diss.v. 29.April 1760.

Faesch, Johann Jakob, s. a. F a e s c h , Johannes

Faesch, Joh.Jakob: D e l i n e a t i o majoratus. 10 S.– Basel, Jur.Diss.v.6.Juni 1712.

F ä s c h, Joh[ann] Jacob. Hochzeitpredigt über Psalm 25. v. 15. gehalten am festlichen Tage der ehelichen Verbindung Herrn Carl Hagenbach mit Jungfrau Margreth Hagenbach... zu Riehen den 9ten Brachmonat 1806. 8. Basel.

F ä s c h, J[ohann] J[acob]. Leichenpredigt über Psalm 68. V. 21. bey der Bestattung der... Frau Elisabeth Stumm, Herrn Johannes Brunner. des Dessinateurs, Ehegattinn, gehalten... [zu Basel] den 4. Hornung 1808. 8. Basel.

F ä s c h, J[ohann] J[acob]. Leichen-Predigt über Psalm 119. v. 80. 81. 82. bey der Bestattung des... Herrn Friederich Münch. Staatsrath und Dreyerherr des Kantons Basel... den 1. Christmonat 1808.... [zu Basel] gehalten. 8. Basel 1808.

F ä s c h, J[ohann] J[acob]. Leichenrede über Marcus 5, v. 36. gehalten... [zu Basel] bey der Bestattung Herrn Johannes Brenner, Aide-Major..., den 3ten Junii 1806. [Mit 1 Tafel.] 8. Basel.

F ä s c h, Joh[ann] Jacob. Leichenrede über Prediger Salomons VII. 5. bey der Bestattung Herrn Joh(ann) Jakob Iselin, Güterfuhrhalters und des grossen Raths; gehalten... [zu Basel] den 28 Herbstmonat 1794. von Joh. Jakob F'.... 8. Basel.

F ä s c h, J[ohann] J[acob]. Leichenrede über 1 Timotheum 1. v. 15. 16. bei der Bestattung der... Frau Margaretha Mitz. Herrn Martin Wenk, des... Stadt-Raths, Eheliebste, gehalten... [zu Basel] den 14 Hornung 1830. 8. Basel.

— Predigt über Traumdeuterei. 8. Basel 824. Schweighäuser. 2 gr.

— Predigten. 8. Basel 826. Schweighäuser. 1 Rthlr. 3 gr.

— 2 Predigten durch d. Zeitumstände veranlaßt. 8. Basel 831. Schweighäuser. 4 gr.

Fäsch, Jh. Jak., zwei Predigten bei d. dritten Säcularfeier d. Reformation, gehalten d. 3ten u. 10ten Januar 1819. gr. 8. Basel 819. Neukirch. 5 K

— 2 Predigten über den Selbstmord. 8. Basel 813. Neukirch. 3 K

Fäsch, Joh[ann] Jacob. Rede beym ersten Feste der brüderlichen Vereinigung der Bürger der Stadt und Landschaft Basel und aus Anlass der Aufstellung des Freyheits-Baums gehalten in der Münsterkirche [zu Basel] den 22ten Jenner, 1798 von Joh. Jakob F.... ([Mit Anhang:] Rede beym gleichen Anlasse gehalten in der Kirche St. Theodor den 25ten Jenner 1798 von Joh. Jakob F....) 8. Basel.

Fäsch, Jh. Jak., über d. Vernunft. 2 Predigten nach Matthäus 6, V. 23. gr. 8. Basel 820. Neukirch. 6 K

Faesch, Jo. Ludwig, Vitae gestorumque imp. Trajani opt. Aug. levem adumbrationem. Spec. histor. vere subitar. Präs. Jo. Jacob d'Annone. Basel (Emanuel Thurneysen) 12. VII. 1754. 16 Seiten. (4.—) 8531

Faesch, Joh. Ludwig: Observationes, s. Falkner, Joh. Heinrich (Praes.)

Faesch, Joh. Ludwig: Theses miscellaneae juris civilis et feudalis, s. Faesch, Joh. Heinrich (Praes.)

Faesch, Johann Rudolf, s. a. Faesch, Georg Rudolf

Faesch, Joh. Rudolf: De aedificatione ex aliena materia in suo solo et vice versa. 10 S.– Basel, Jur. Diss. v. 9. Jan. 1719.

Fäsch, Joh. Rudolph. Sr. königl. Majestät in P. und Churf. Durchlaucht zu S. Ingenieur-Major etc. Kurze, jedoch gründ- und deutliche Anfangsgründe zu der Fortification, ehemals zur Privat-Information zusammengetragen etc. (Mit 32 Taf.) Quer-Fol. Nürnberg (1770?)

Faesch, J. R. Kurtze jedoch grund- u. deutliche Anfangs-Gründe zu der Fortification. Nürnberg 1780. 32 Taf. 4°

Joh. Rud. Fäsch Einleitung in die mathematischen Wissenschaften. Dresden. 4. (12 gr.) 1716.

— Ingenieurs-Lexicon. m. K. 4 Ebend. 786.

Faesch, Joh. Rudolf: De intercessionibus mulierum Senatusconsulto Velleiano prohibitis. 13 S.– Basel, Jur. Diss. v. 17. März 1780.

Fäsch, J. R: Kriegs-Ingenieur- und Artillerie-Lexikon. 2. Aufl. Nürnberg 1726

Fäsch, Johann Rudolph. Kriegs-, Ingenieur-, Artillerie- und See-Lexikon, worinen alles, was einem Officier, Ingenieur, Artilleristen und Seefahrer etc. zu wissen nöthig, sattsam erklärt und mit dazu dienlichen Kupfern erläutert ist. 8. Dresden und Leipzig 1735.

— Mittel, die Flüsse schiffbar zu machen. m. K. 8. Lpz. Gleditsch. 757.

— mathem. Vorschl., wie ein Fürst adeliche Landeskinder erziehen sollte. 4. Dresd. 713.

Faesch, Johann Rudolf: Architektonische Werke

Fäsch, Joh. Rud. Anderen Versuchs fünfter Theil seiner architektonischen Wercke, bestehend in allerhand Grund- u. Haupt-rissen u. Profilen unterschiedener Gebäude. Nürnberg (1729.) Querfol.

— — Vierter Theil seiner architektonischen Werken besteh. in allerhand Grund-Hauptrissen u. Profilen unterschiedener Festungsgebäude. Nürnberg 1780. 38 Taf. 2°

Faesch, Johannes, s. a. Faesch, Johann Jakob

Fäsch, Johannes. Leichenrede über Hebr. 13. 7. bey der Beerdigung des... Herrn M. Joh[ann] Konrad Holzach, gewesenen... Pfarrers der Gemeinde Gelterkinden, wie auch... Dekans E. E. Farnsperger-Kapitels. gehalten... zu Gelterkinden den 15. April 1826. 8. Basel.

Fäsch, Leonh., das apostolische Glaubensbekenntniß, erklärt u. erläutert. gr. 8. (96 S.) Augsburg 879. Preuß. n. 1. 20

Faesch, L., das Vorlesen der hl. Schrift in der christlichen Kirche. 12. (86 S.) Basel 889. [Schneider.] Geering. n.n. — 25

— Lucas (Basel), Disquisitio de rebus Helvetiorum usque ad Vespasiani imp. tempora. Präs. J Christoph Beck. Basel (Joh. Conr. v. Mechel's Wwe.) 20. II. 1742. 12 S. (4.20) 8532
Gew.: Joh. Rodolph u. Joh. Heinrich Faesch.

Faesch, Richard. Die Genesis, Erderzeugungstheorie von Moses in naturwissenschaftlicher Form. [Gedichte.] 12 Bl. 8. Basel, Friedrich Reinhardt, 1905. [fr. 1.—]

Faesch, Rich, Helvetia! Schweizer. Schlachtgesänge. I. Die Schweiz bis z. ewigen Bunde v. 1291. Das Morgarten-Schlachtlied. (VIII, 55 S.) 8. Bern 910. K. J. Wyß. 1.50

Faesch, R(ichard). Das Landskron-Lied. Den Manen der Helden von St. Jakob an der Birs geweiht von R. F. [Mit 1 Vignette.] 11 S. 8. Basel, Gasser & Cie., 1910. [fr. —.20]

Faesch, Richard. Die Schlacht bei Näfels, 9. April 1388, im Liede dargestellt. II + 8 S. quer-kl.-4. Basel, Birkhäuser & Dubi, 1907.

Faesch, Th. R., siehe: *Cunningham, G.*

Faesch-Kussmaul, L[ydia]. Kochbuch für die Gasküche, mit besonderer Berücksichtigung der Gaskoch-Apparate der Firma Junker & Ruh von L. F.-K.... [Basel]. 2. verbesserte Aufl. VIII + 48 [+ *Annoncen* 16] S. 8. Karlsruhe i. B., Junker & Ruh, 1901. [cart. fr. 1.—]

Faesch-Kussmaul, L[ydia]. Kochbuch für die Gasküche, mit besonderer Berücksichtigung der Gaskoch-Apparate der Firma Junker & Ruh. 3. verbesserte Aufl. .... 46 [+ 6] S. 8. Basel, Basler Buch- und Antiquariatsh., (1908). [fr. 1.—]

Fäsch-Kußmaul, L., Basler Kochschule, s.: Schneider-Schlöth, Amalie.

Faesch-Schneider, Leonhard. Geistliches Vermächtniss an meine lieben Kinder und Freunde. II + 27 S. 8. Basel, Basler Buch- und Antiquariatshandlung, 1903.

Faschank, Fel., Liebesoffenbarungen. Eine Sammlg v. Liebesnovellen. (147 S.) 8. Leipzig 908. Modernes Verlagsbureau. 2.50

Faschank, Joh. Bap. — Manuskripte. Neutitschein, 1856. Schnellpressendruck von J. N. Enders. (32 S. 8.)
Inhalt: Versuch eines Entwurfs zu einer Nomologie durch die Definition der zwei ewigen positiven Gesetze der Freiheit und der Nothwendigkeit, aus welchen beiden an und für sich scheinbaren Gegensätzen und Widersprüchen die höhere Synthesis der freien selbstbewußten Nothwendigkeit und ihres einzig und allein souveränen Gesetzgebers entspringt.

Fasching. Künstler-Album d. lust. Blätter. (16 S. m. z. Tl. farb. Abbildgn.) 34,5×26 cm. Berlin (910). Verlag der „Lustigen Blätter". — 50

Fasching, Professor Joseph, gest. [Salzburg 1881.] V: *Haitzmann, Joseph.* (IIr)

Fasching, Der reumüthige, am Beichtstuhle des Aschermittwochs. Wien 1796. 8°. V: *Richter, Josef.* (wrztg 1796, S. 394) (Hans Viktor Pisk: Josef Richter. Diss. Wien 1927. S. 139) (BGE VIII[8], 1438)

Fasching, Anna, Anstandsbüchlein f. Kinder. Mit e. Anh. f. die reifere Jugend. 16. (146 S.) Linz-Urfahr 902. Verl. des kathol. Preßvereines. Geb. in Leinw. n. — 70

Fasching, Anna, das Büchlein v. der lieben Himmelsmutter. Das Leben der Muttergottes. Allen Marienkindern, vornehmlich den lieben Kleinen, erzählt. (VIII, 136 S. m. Abbildgn.) 8. Linz 905. Preßverein. Geb. in Leinw. n. 1. 50

— die junge **Lehrerin.** Winke u. Ratschläge f. die lieben jungen Kolleginnen. (145 S.) 16. Linz 903. Preßverein. Geb. n. — 90

Fasching, Anna, die junge Lehrerin. Winke u. Ratschläge f. die lieben jungen Kolleginnen. 2. Aufl. (145 S.) 16. Linz 909. Preßverein. Geb. — 90

Fasching, Anna: Das M a r i e n k i n d , s.a. S c h u l - u. Vereins b ü h n e , christl.

(F) **Fasching, A.,** Das Marienkind. Schauspiel für Mädchen in 3 Aufzügen. [Christl. Schul- und Vereinsbühne. Nr. 5.] 16°. (26 S.) K —.30
Wien: Hölder 1902.

— der Hirtenmädchen Weihnacht, s.a. Schul- u. Vereinsbühne, christliche. 17.

(F) **Fasching, A., Der Hirtenmädchen Weihnacht.** Krippenspiel in 2 Aufzügen. [Christl. Schul- und Vereinsbühne. 17. Bd.] 8°. (15 S.) K —.24
Linz-Urfahr: Verlag des katholischen Pressvereins 1904.

– Die ersten W u n d e r v. Lourdes, s. a. S c h u l - u. Vereins b ü h n e , christl.

(F) **Fasching, A.,** Die ersten Wunder von Lourdes. Schauspiel für Mädchen in 3 Aufzügen. [Christl. Schul- und Vereinsbühne. Nr. 2.] 16°. (26 S.)
Wien: Hölder 1902.

— Zufriedenheit macht glücklich, s.a. Schul- u. Vereinsbühne, christliche. 18.

(F) **Fasching, A., Zufriedenheit macht glücklich.** Lustiges Märchenspiel in 3 Aufzügen. [Christl. Schul- und Vereinsbühne. 18. Bd.] 8°. (34 S.) K —.40
Linz-Urfahr: Verlag des katholischen Pressvereins 1904.

Fasching F.: Katalog der Schülerbibliothek. 86. Marburg. R. 01. Progr.

Fasching Fr.: I. Zur Bischofsweihe des heil. Virgilius v. Salzburg. 14. II. Zur Rupertusfrage 6. III. Theodelinde. 6. Marburg R. 91. Progr.

Fasching, Fr.: König S a m o . 18 S. gr. 8°– Marburg i/St., OR., Progr. 1872.

Fasching (Fassching), Franc., Quinquaginta motiva ad praeeligendam cath. religionem, primae omnium mortalium utilitati catholicis, ut in ea firmentur, acatholicis, ut ab errore revocentur. Klausenburg 1736, 8°.

Fasching, G., Gebühren-Berechnungen a) in bürgerlichen Rechtsstreitigkeiten, b) im Konkursverfahren, c) in Strafsachen. Als Leitfaden zum Gerichtskostengesetze vom 18. Juni 1878, m. Auszug aus dem Gesetze. 8. (38 S.) Bamberg 879. Buchner. n. 1. 60

Fasching, G., ausführliche Geschichte der öffentlichen u. Privatstipendien im Reg.-Bez. Oberfranken. Mit Anh.: Abdruck sämmtl. auf das Stipendienwesen Bezug hab. gesetzl. Bestimmgn., Verordngn. u. Entschließgn., soweit solche vom J. 1804 bis 1884 erschienen sind. gr. 8. (VI, 204 S.) Ansbach 884. Brügel & Sohn. n. 2. —

Fasching, G., der Multiplicator in Reichspfennigen, Mark, Meter, Kilometer, Liter, Hektoliter rc. Zum Gebrauche f. Jedermann, insbesondere aber f. sämmtl. Staats-, Gemeinde- u. Stiftungskassen. 8. (33 S.) Bamberg 876. Buchner. — 75

Fasching, G., Pensions-Scala des deutschen Reichsheeres auf Grund des Reichsgesetzes vom 27. Juni 1871. Bayreuth 1871. 8.

— **Pensions-Scala d. deutschen Reichs-Heeres,** auf Grund d. Reichsgesetzes vom 27. Juni 1871 u. 4. April 1874 üb. die Pensionirg. u. Versorgg. der Militärpersonen d. Reichs-Heeres u. der kaiserl. Marinh, sowie die Bewilliggn. f. die Hinterbliebenen solcher Personen, nebst e. Auszuge aus den Gesetzen. 8. (52 S.) Nördlingen 875. Beck. n. — 80

—— Universal-Umrechner der süddeutschen Währung in die Reichs-Münzwährung. Unentbehrliche Hilfstabellen für Civil- und Militair-Cassenverwaltungen, namentlich zur Umrechnung der Einhebe-Register für Steuern, Kreis- und Gemeinde-Umlagen und Stiftungs-Gefälle nach der neuen Reichsmünzwährung genauest berechnet. gr. 4. (II, 14 S.) Bamberg 875, Buchner'sche Buchh. *

— **Universal-Zins-,** Capitalien- u. Besoldungsraten-Rechner in deutscher Reichswährung. Zum Gebrauche f. Nord- u. Süddeutschland. gr. 4. (30 S.) Bamberg 874. Buchner. n. 2 —

Fasching, Jos., Blüthen des Lenzes. Gedichte. Ulm 861. Stettin. 16. (119 S.) 18 ngr.

Fasching, Jos., die Jungfrau von Orleans. Ein Gedicht in 7 Gesängen. Ulm 856. J. Ebner'sche Buchhdlg. 32. (120 S.) 24 ngr.

Fasching, Mor., üb. e. neuen Kapselbacillus [Bac. capsulatus mucosus]. [Aus: „Sitzungsber. d. k. Akad. d. Wiss."] Lex.-8. (15 S.) Wien 891. (F. Tempsky.) n. — 30

Faschings-Blasen! Närrische Weisheit in Bild u. Wort v. Vielen f. Alle. 8. (47 S.) Leipzig 887. Dürselen. n. — 20

Faschings-Brevier f. 1886. Hrsg. v. Johs. Bohne u. Herm. Conradi. 8. (IV, 150 S.) Zürich, Verl.-Magazin. n. 1. 50

Faschingskind, das, von Pygault le Brün. 2 Bde. 8. Leipz. Sommer.

Faschingskind, Das; ... A. d. Franz. [des Charles Pigault-Lebrun]. Berlin 1799. Ü: *Mylius, Wilhelm Christhelf Siegmund.* (Ky)

Faschingskind, das, aus dem Franz. v. Mylius. 2 Bde. mit Kpf. 8. Berlin, Himburg. 799. (Reimer.)

FASCHUNGS-KRAPFFEN, Der durch einen lustigen Sudl Koch vor alle Böse Weiber wohl ausgebachene, welchen Ein jeder Ehe-Mann seiner frommen Frauen, ein jeder Junger Gesell aber seiner Liebsten zur Wahrnung Sich vor böser Weiber Untugend zu hüten zur Faschung-Recreation verehren kan. Darunter anon. Darstellung in Kupferstich und ein Gedicht. Hierauf 3 Seiten mit e. satyr. Weiber-Kalender. 2 Bll. Fol. Aeusserst selten! (12 Mk. Jacques Rosenthal, c. 1903.)

Faschingskrapfen für die Herren Wiener Autoren von einem Mandolettikrämer. O. O. 1785. Wien. V: *Weimar, Joh. Martin.* (Briefe über den gegenwärtigen Zustand der Litteratur, S. 96) (WRZTG 1785, Nr. 10, S. 262) (WALLISHAUSER 1/S. 97) (FEIL 4088) (Auction Schlögl. 106) (WIESER 1/2614) (RAUTHE 97/457) (KARAJAN 1342) (BIBLPORT) V: *Eberl, Ferdinand* (?). (Jahrb. d. Grillparzer-Ges. XIII, S. 74)

Faschingskrapfen f. d. Hrn. Wiener-Autoren. Wien, Wucherer.

Faschingskrapfen, Poetische, für die Bewohner des Landes ob der Enns. Linz. 1793. V: *Cremeri, Bened. Dominik Anton.* (Oesterr. Merkur. Wien 1793. S. 311) (BIBLPORT)

Faschings-Lieder. 8. Cöln 825. Gaul u. Tonger. 1/4 ℛ

Faschings-Lust, die, zu Kreuznach im Jahre 1837. 8. Kreuznach 837. Kehr. 1/12 ℛ

Faschings-Musenalmanach auf d. J. 2000. Hrsg. vom Lesezirkel Hottingen. 10. III. 2000. schmal 16. (IV; 44 S.) Zürich (902). Verl. d. Lesezirkels Hottingen. n. 1.—

Faschingsnacht, od. d. Rache im Grabe, nach Cramer u. Lafontaine, v. G. H. W. F—s. 8. Ratibor, Juhr. (Joachim in Lpz.) 804.

Faschings-Programm, Wiener. Unentbehrlich für Jedermann, der an den Wiener Vergnügungen des Faschings theilnehmen will. Herausg. von Gaiger und Schnitzer. Illustrirt von Juch, Keppler und Kriehuber. 1. Jahrg. 1867. 12. (84 S.) Wien, Dirnböck's Buchh. (Georg Traub.) 30 kr.

Faschingsrede, welche bey der .... anno 1748 den 22. Febr. angestellten Bauern-Hochzeit öffentlich gehalten worden von dem an sothanem Freuden-Feste gewesenen Pastor. München, o. J. (1748). 4°. (In München: Bavar. 2120, VII, 8.)

Faschingssermon an die neumodischen Tänzerinnen (in Wien). Wien, o. J. (c. 1780?). 8°. 4 Bll. Mit 1 Holzschn. Sehr rar!
Haydinger's Bibl. I. 2. no. 495.

Faschings-Sonntag, der, s. Original-Lustspiele, v. C. v. Ayrenhof.

Faschings-Spekulanten, die; Lokalposse in 3 A. 8. Wien 808. (Leipz., Liebeskind). 8 ℊℊ

Faschings-Spekulanten, die; eine locale Posse in 3 Aufzügen. 8. Wien, Pichler. 818. Rthlr.

Faschingsstreich, der,. Lustsp. 8. Wien, Krauß. 767.

— Posse; nach d. Französ. des Mont Fleury, (v. F. W. Gotter). 8. Leipz. 778. Dyck. 7 ℊℊ

Faschingsstreich, Der, Posse in fünf Aufzügen. Nach ... Montfleury. Leipz. 1779. V: *Gotter, Friedrich Wilhelm.* (VLBS VI, 303) (KY)

Faschingszeitung. 21 Numm. gr. 8. Nürnberg 841. (Winter.) 5/12 ℛ

Faschingzeitung. Allerwelts - International - Europäisch - Schweizerische F'Z'. Jahrg. 1 [1906]. ... Redaktion: Eulogius Cyrakus Liberatus Nikodemus Nikasius Synesius Durst. [Illustriert.] [4 S.] fol. (St. Georgen, Jos. Bruggmann.) fr. —. 20
Forts. s.: Faschingzeitung. Schweizerische F'-Z' ....

Faschingzeitung. St. Galler F'-Z' (*7 *u.* 8: Faschings-Z'). [Illustriert.] fol. (St. Gallen, Zweifel-Weber.)
Jahrg. 6, 1901. [4 S.] [fr. —. 20]
Jahrg. 7, 1902. 2 Blätter. [*je* 4 S.] [*je* fr. —. 20]
Jahrg. 8, 1903. [4 S.] [fr. —. 20] — *Ausg. B u. d. T.:* Narren- & Faschings-Zeitung. 1903. [4 S.]
([Jahrg. 9,] 1904.) *2 Blätter:* Morgenblatt *u.* Abendblatt. [*je* 4 S.] *je* fr. —. 20

Faschingszeitung. St. Galler F' 1905. [Jahrg. 10. Illustriert.] [4 S.] fol. (St Gallen, Zweifel-Weber.) fr. —. 20

Faschingzeitung. St. Galler-F'-Z'. Jahrg. 11, 1906 *u.* 12, 1907. [*je* Mit Illustrationen.] [*je* 4 S.] fol. ([St. Gallen,] Lithogr. Seitz.) *je* fr. —. 20

Faschingzeitung. St. Galler Faschings Z'. Jahrg. 13. [1908 Illustriert.] [4 S.] fol. ([St. Gallen,] Lithogr. Seitz.) fr. —. 20

Faschingzeitung. Schweizerische F'-Z'. Jahrg. 2 ⟨1907⟩. Hrg. unter hochobrigkeitlich-närrischem Schutz. Voraussetzungsloses, konfessionsloses, ... vernunftloses Organ für alle Narren... . [Mit Vignetten.] [4 S.] fol. (St. Georgen b. St. Gallen, Jos. Bruggmann.) fr. —. 20
Forts. von: Allerwelts- ... Schweizerische Fasching Zeitung... .

Faschings-Zeitung des St. Galler Stadt-Anzeiger. [Illustriert.] [4 S.] fol. [St. Gallen 1902.] fr. —. 20

Fascia, L. von. Abhandlung über die allgemeine Zusammenkunft der Freymaurer . . . übers. von R[itter] v. S[chwan]. Frankf. 1784. Ü: *Beyerle, Ludwig von.* (TT)

Fasciculi novorum quorundam dialogorum, qvi cis et trans Albim . . . habiti sunt . . . Coloniae [1728]. V: *Holberg, Ludv.* (Bruun, Bibl. Danica II, 1050.)

A. G. C. S. J. S.: Fasciculi rubricar. utriusque. juris s. indicum titulor. jur. canon. et civilis in ordinem alphabet. reductor.

Fasciculus Mariani amoris. Complectens Modos varios venerationis . . . Graecii 1705. V: *Pfeiffersberg, Carl.* (JES)

Fasciculus dissert. anatom. med., c. fig. 8maj. Amsterd. 704. Arkstee. 18 ℊℊ

Fasciculus dissertationum ad historiam medicam speciatim anatomes spectantium qvem ... prodire curavit E. G. Kurella. Berol. 1754. 485 S.
(Indeholder 8 Afhandlinger af Ph. J. Hartmann og J. H. Schulze).

Fasciculus epistolarum selectiorum a viris cl. ad Gunth. Cph. Schelhammerum perscriptarum. Ex editione CHR. STEPH. SCHEFFELII. Lipsiae. 1740.

— geomanticus s. opera geomant. 8. Veronae 704.

Fasciculus olidvs qvinqvaginta floscvlorvm . . . Monachii 1702. V: *Keller, Jacob.* (SO) (JES)

— opusculor. histor. selectus etc. fol. Halberst. 721.

Fasciculus primus relationum epistolicarum, quibus status academiae Giessensis, per prius semestre anni 1711 succincte delineatur. Giessae. V: *Weber, Immanuel.* (Erman & Horn, Bibliogr. d. dtsch. Universitäten. 2. Leipzig u. Berlin 1904.)

Fasciculus relationum epistolicarum ... Giess. 1711. V: *Weber, Immanuel.* (Stri)

Fasciculus Rubricarum utriusque Juris, sive indices titulorum Juris Canonici, et Civilis ... Lincij 1713. V: *Erber, Gg.* (Jes)

Fasciculus sententiarum historiarum et fabularum ... Lemgoviae 1782. H: *Drude, Friedrich Ludw. Heimbert.* (MGT) (Ky) (GGr)

— sententiarum. historiar. et fabularum, in usum tironum ed. et not. illustr. a(F. L. H. Drudo). 8. Lemgo 782. Meyer. 6 gl

Faesebeck, die Methode der Bettgymnastik in Verbindung mit Massage. 1. Aufl. (19 S. mit 10 Holzschn.) 1887; 2. Aufl. 8. (22 S. mit 10 Holzschn.) Braunschweig 888, (Meyer sen., Sortiment.)

Faesebeck, die Methode der Bettgymnastik in Verbindg. m. Massage. Mit 10 Holzschn. 3. Aufl. 12. (22 S.) Braunschweig 890. G. C. E. Meyer sen., Sort. n. — 60

Fäsebeck, Geo. Ferd., die Nerven d. menschl. Kopfes. Nach eigenen Untersuchungen beschrieben, u. durch (6 Taf.) Abbildn. erläutert. Roy.-4. (5 B.) Braunschweig 810, G. C. E. Meyer sen.

Fäsebeck, Geo. Ferd., die Nerven des menschl. Kopfes. Nach eigenen Untersuchungen geschrieben, und durch Abbildungen erläutert. 2. (Titel-)Ausg. gr. 4. (IV und 35 S. mit 6 Stnt.) Braunschweig 818, G. C. E. Meyer sen.

Fasel, Johann Friedrich

Io[annes] Frider[icus] Faselius [Fasel]: De Arteriis non-sanguiferis. [Resp.:] Christoph[orus] Frider[icus] Carol[us] Cappe. Ienae (1763:) Marggraf. 24 S. 8°

Jena, Med. Diss. v. 6. Apr. 1763

Faselius, Jo. Fr., († d. 16. Febr. 1767.) gerichtl. Arzneigelahrtheit, herausg. v. Chr. Rickmann, ins Deutsche übers. v. Chr. Gf. Lange. 8. Bautzen 768, auch 770. (Würzb., Stahel). 6 gl

Fasel, Johann Friedrich: Gerichtliche Arzneigelahrtheit, worinnen die vornehmsten Materien des bürgerlichen-criminal- und geistlichen Rechts, nach denen neuesten und besten medicinischen Grundsätzen erläutert und erkläret werden. (Elementa medicinae forensis. Dt.) Übers. von Christian Gottfried Lange. Hrsg. von Christian Rickmann. 160 S., gbd., Abb.

Leipzig u. Budißin: Deintzer 1768

JB 6.664

Faselius, J. F., gerichtl. Arzneygelahrheit. 8. Baut. (Hahn in Hannov., a. Stahel in Würzb.) 770.

Fasel, Johann Friedrich: Gerichtliche Arzneigelahrtheit, worinnen die vornehmsten Materien des bürgerlichen, criminal- und geistlichen Rechts, nach denen neuesten und besten medicinischen Grundsätzen erläutert und erkläret werden. (Elementa medicinae forensis. Dt.) Zum Gebrauch academischer Vorlesungen auf der Universität zu Wirzburg. 168 S., gbd.

Wirzburg: Stahel 1770

JB 5.258

Fasellus, J. Fr., Diss. de anxietate, praesertim febrili. Jen. 4°. 1764

Fasellus, J. F., resp. Jo. M. Hick, Pr. invitatorium de chorda tympani. 8 pp. Jen. 4°. 1762

Fasellus, Jo. F., De circulo Willisii. 32 pp. Jen. 4°. 1759

— elementa medicinae forensis. 4. Jena 767. Hartung. 9 gl

— Johann Friedrich (Bercka / Thür.), Epicurus atheus contra Gassendum, Rondellum, Baelium. Diss. acad. Präs. Jo. Achaz Felix Bielcke. Jena (Schill) Okt. 1741. 28 S. mit Widm. v. Präs. (5.—) 8592

Fasellus, Jo. Fr., De nervis exhalantibus. Jen. 4°. 1761

— — De partibus oleorum aethereorum constitutivis. Progr. invit. II. — Diss. inaug. de lethalitate vulnerum in genere medic. doctord. Johann Theophil Hoyer (Lörrach/Bad.) praemiss. Jena (Fel. Fickelscherr) April 1765. 8 S. mit Biogr. H.'s. (M.: C. E. Rheinberger.) (3.—) 8595

— — Dasselbe. IV. — Diss. inaug. de causis sternutationis ejusque effectibus medic. doctord. Christian Rickmann (Lüneburg) praemiss. Jena (Wwe. Marggraf) Mai 1765. 8 S. mit Biogr. R.'s. (M.: Wehrkamp.) (3.—) 8596

Fasellus, Jo. Fr., resp. C. D. Heymann, Diss. de spina bifida. Jen. 4°. 1766

Fasel, Johann Friedrich (Ed. et Comm.):

s.: Teichmeyer, Herm(ann) Friedric(h): Institutiones medicinae legalis vel forensis... Editio quinta revisa, emendata et...aucta. Ienae: 1767

JB 5.294

Ioannes Fridericus Faselius [Fasel]: Programma de vero adipis ad basin cordis circumfusi usu. Ienae (1763). 8 S. 8°

[Einladungsschrift zur Dr. med.- Promotion von Gustav Friedrich Jaegerschmidius, vielm. Jaegerschmid, Jena, 29. Aug. 1763.]

Fasellus, Jo. F., Diss. de egregio usu clysterum in anxietatum curatione. Jen. 4°. 1763

— — De vasis corporis animalis aëreis. Progr. invit. I. — Dissertat. inauguralis de derivatione ac revulsione medic. doctord. Gerhard Friedrich Spechels (Jever/Friesl.) praemiss. Jena (Fel. Fickelscherr) Sept. 1763. 8 S. mit Biogr. S.'s. (M.: S. F. Toelicken.) (3.—) 8593

— — Dasselbe. II. — Diss. inaug. de medicamentis refrigerantibus med. doctord. Johann Gottfried Hartig (Nischwitz/Saxon.) praemiss. Jena (Wwe. Marggraf) Febr. 1764. 8 S. mit Biogr. H.'s. (2.50) 8594

Faselius, A. A. G. F., Lebens- und Regentengeschichte des hochseel. Großherzogs Carl August von Sachsen-Weimar-Eisenach, s. Weyland.

Faselius, Aug., der Attische Kalender, in der Zeit von Solon [584 v. Chr.] bis zur Einführung der christlichen Religion in Griechenland [312 nach Chr.]. Ein Hülfsbuch für Geschichtsforscher, Chronologen, Archäologen ꝛc. zur richtigen Berechnung der in den Schriften der Alten vorkommenden Attischen Zeitangaben. Weimar 861. Voigt. gr. 8. (XXVI, 170 S. u. 2 Tab. in Fol.) 25 ngr.

Faselius, Aug., der attische Kalender, in der Zeit von Solon [584 v. Chr.] bis zur Einführung der christlichen Religion in Griechenland [312 n. Chr.]. Ein Hülfsbuch für Geschichtsforscher, Chronologen, Archäologen ꝛc. zur richtigen Berechnung der in den Schriften der Alten vorkommenden attischen Zeitangaben. 2. Aufl. Weimar 866. B. F. Voigt. gr. 8. (XXVI, 170 S. u. 2 Tabb. in Fol.) 12 ngr.

Faselius, Aug., altaegyptische Kalenderstudien. gr. 8. (IV, 82 S.) Strassburg 874. Trübner. n. 2. 40

Faselius, Aug., Latium oder das alte Rom in seinen Sprüchwörtern. Eine Sammlung der beliebtesten latein. Sprüchwörter in alphabetischer Folge, mit Angabe der Quellen, wo sie zu finden sind, sowie mit Anführung der gleichlautenden oder ähnlichen deutschen Sprüchwörter. Ebend. 859. 8. (XVI, 276 S.) 1 ℛ 10 ngr.

— Latium oder das alte Rom in seinen Sprüchwörtern. Eine Sammlung der beliebtesten latein. Sprüchwörter in alphabet. Folge, mit Angabe der Quellen, wo sie zu finden sind, so wie mit Anführung der gleichlautenden oder ähnlichen deutschen Sprüchwörter. 2. Aufl. Ebend. 865. 8. (XVI, 276 S.) 20 ngr.

— Straf-Gesetz-Buch für das Großherzogth. S. Weimar-Eisenach, die Herzogth. S.-Meiningen, S.-Coburg Gotha ꝛc. Vergleichende Ausg. mit Sachregister. Erfurt 867. Bartholomäus. Lex.-8. (IV, 136 S.) n. 25 ngr.

Faselius, Johann Adolph Leopold

Faselius, Jh. Ad. Leop., († d. 31. Aug. 1811.) Anthologia lat. in usum scholarum. Oder: Auswahl vorzügl. Stellen, Sprüche u. Sinngedichte d. Alten, zur Verfeinerung des Geschmacks u. zur Veredlung d. Herzens. In alphabet. Ordnung. 8. Leipz. 811. W. Engelmann. 12 gl.

— s. Anweis. zu Casualpredigten.

— Anweis., wie Kirchenbücher zweckmäßig einzurichten sind. 8. Leipz. 790.

– s. Beitrr. z. Verbesserung d. Kirchenbücher.

– s.a. Beschreib. v. Jena

JENA. — Beschreibung, Kurze, von Jena für Reisende und Studirende, zu angenehmer und nützlicher Unterhaltung, während ihres Aufenthalts daselbst. (Vf.: *Joh. Adolf Leop. Faselius.*) Eisenach 1793. 8⁰. Rar!
Sehr specialisirte Schilderung des damaligen Jena. — Anon.-Lex. I. p. 209 (nach Kayser u. Meusel).

Faselius, J. A. L., Biographien der römischen Kaiser. 8. Erf. Keyser. 799.

Faselius: Etwas

— — über den Ehestand (von *Joh. Adolph Leop. Faselius*). (Dresden 1795.)
Anon.-Lex. II. p. 69 (nach Meusel).

— Friedrich der Weise und Johann der Beständige, Churfürst. von Sachsen. 8. Eisenach. Wittekind. 800.

— Lebensbeschreibung Joh. Friedr. des Großmüthigen. gr. 8. Weißenf. Böse. (Schulze, Zelle.) 799.

* — Lebensbeschreibung Johann Friedrich d. Großmüthigen, ist jetzt Verlag d. Weygandschen Buchhandl. in Leipz.

— Versuch e. Lebensgeschichte Johann Friedrich des Großmüthigen. gr. 8. Weißenf. 799. (Weygand in Leipz.) 8 gl.

— Versuch e. mögl. vollständ. alphabet. Verzeichnisses gleichlautender u. ungleichlautender Wörter zur Erlernung u. Rechtschreibung ꝛc. Mit beigefügter latein. Uebersetzung. 8. Eisenach 795. Bärecke. 6 gl.

Fasolius, J. A. L., kleines lateinisch-deutsches Vocabelbuch, für Anfänger. Leipzig 801. 8. 6 gr.

— kleines latein.-deutsches Wörterbuch. 8. Leipz. 800. (W. Rauck). 6 gl.

Faselius, Jh. Chr. Wilhelm

— s. Cr. Gf. Schmidt, Commentar. 2) Jh. Ldw Schmidt, Abhandl. von Rechtsmaterien. 3) Taschenbuch, academisches.

Faselius, Jh. Chr. Wlh., Versuch e. systemat. Darstell. d. Lehre vom Retentionsrecht. 8. Halle (1e Aufl. 790. erschien anonym) 2e A. 793. Renger. 6 gl. bei Fr. Fleischer in Leipz. 12 gl.

Faselius, Johann Friedrich

s.: Fasel, Johann Friedrich

Faselius, Wilhelm Heinrich Anton

Faselius, W. H. A., Berechnungen der Ablösungs-Kapitalien für ständige gutsherrl. Geld- und Natural-Gefälle ingleichen für hohe und niedere Lehnwaare. Zum Gebrauch als unentbehrl. Hülfsmittel bei vorkomm. Ablösungs-Verhandlungen ꝛc. im Großherzogth. Sachsen-Weimar-Eisenach. gr. 4. (66 S.) Weimar 843, Albrecht'sche Hof-Buchdr. Thlr. *

Faselius, Wilh. Heinr. Ant., neue Gewichts- und Münz-Tabellen, betreffend die Umrechnung nicht nur der in den sämmtl. deutschen Zoll- und Handelsvereinsstaaten, sondern auch in den übrigen europ. Ländern bisher gebräuchl. und gesetzl. eingeführten Handelsgewichte in deutsches Zollgewicht, sowie dieses Gewichts in jene Gewichte und die Umrechnung der gegenwärtig in den meisten deutschen Staaten gesetzl. bestehenden Münzfuße ꝛc. In beiderlei Beziehung mit Begründung auf zuverlässige bezüglich authent. Quellen bearb. ꝛc. gr. 4. (VIII und 129 S.) Weimar 858, Voigt.

Faselwesen, das. Gesetz vom 7. VIII. 1901, sowie Anweisg. zur Ausführg. dieses Gesetzes vom 30. I. 1902. gr. 8. (36 S.) Darmstadt 902. G. Jonghaus. n.n. — 30

Faserstoffe

(F) Die animalischen Faserstoffe. Ein Hilfs- und Handbuch für die Praxis, umfassend Vorkommen, Gewinnung, Eigenschaften und technische Verwendung, sowie Bleichen und Färben thierischer Faserstoffe. Nach dem gegenwärtigen Standpunkte der Wissenschaft bearbeitet von Max Bottler. Mit 16 in den Text eingedruckten Abbildungen. [Chemisch-technische Bibliothek. Bd. CCLIII.] Wien. Pest. Leipzig. 1902. Hartleben. 8⁰. VIII, 216 S. K 4.40

[Fashauer, P. Ludwig.] † P. Carl Motschi (1827–1900), Abt von Beinwil-Mariastein in Delle. Ein Lebensbild dem katholischen Volke gewidmet von einem Mitgliede des Klosters. [Mit Porträt.] 8. Rixheim 1900.

Fashions, English, pour confection et tailor made. Editeur: Gust. Fournes. Jahrg. 1906. 8 Nrn. Ausg. I. (à ca. 10 Taf. u. 1 Bl. Text.) Fol. Perchtoldsdorf b. Wien, Wiener Modefachblätter, II. Fournes & Co. n. 26. —; halbjährlich n. 13. —; einzelne Nrn. n. 3. 60; Ausg. II. Confection. n. 28. —; halbjährlich n. 15. —; einzelne Nrn. n. 4. —; Ausg. III. Confection u. tailor made n. 38. —; halbjährlich n. 20. —; einzelne Nrn. n. 5. 50

Fashion-Theorie. Führer der Elegants. Einzige deutsche Original-Ausg. der Verwaltung. Jahrg. 1848—52. à Jahrg. 12 Hefte. (à 1 Bog. Text, 1 ill. Modenbl. in Kpfrst. und 1 Musterbog. in Imp.-Fol.) hoch 4. Aachen. (Leipzig, D. Klemm.) Jahrg. 1848 und 1849. à Jahrg. * 3 Thlr. 15 Ngr., mit 24 Modekupfern à * 4 Thlr., Jahrg. 1850—52. à Jahrg. * 3 Thlr., mit 2 Modekupfern. à Jahrg. *

Fashion-Theorie. Führer der Elegants. (Hrsg. von J. S. Guigue.) Jahrg. 1853—56. à 12 Lfgn. (à 1 Bog., 1 ill. Modekpfr. und 1 lithogr. Musterbog. in Imp.-Fol.) hoch 4. Aachen 853. (Cöln, Lengfeld.) à Jahrg. *
Mit 2 Modekpfrn. zu jeder Lfg. *

Fashion-Theorie. Führer der Elegants. Echo der pariser Herrenmoden-Akademien. Hrsg. von J. S. Guigue. Jahrg. 1857—61. à 12 Nrn. (à 1 Bog., 1 ill. Modekpfr. und 1 lithogr. Musterbog.) hoch 4. Aachen. Köln, (Lengfeld'sche Buchh.) à Jahrg. * *

Fashion-Theorie. Führer der Eleganten. Echo der Pariser Herrenmoden-Akademien. Hrsgbr.: J. S. Guigue. Jahrg. 1862—64. à Jahrg. 12 Nrn. (à 1 Bog., 1 ill. Modekpfr. und 1 lithogr. Musterbog.) hoch 4. Aachen. Köln, Lengfeld'sche Buchh. Jahrg. 1862 * 3 Thlr., Jahrg. 1863 und 1864. à Jahrg. *

—— dass. — Hrsgbr.: Frz. Jos. Urlichs. 16. Jahrg. 1865. 12 Nrn. (à 1 Bog., 1 ill. Modekpfr. und 1 lithogr. Musterbog.) Fol. Aachen. Leipzig, Wengler. *

Fäsi, Carl Wilhelm. [Zürich 1857.] V: *Orelli, Felix v.* (Cat. d. Stadtbibl. Zürich. Zürich 1864—97.)

(Fäsi. Johann Ulrich F'. Professor..., geb. 1796. gest. 1865.) Njbl. s. [Vögelin, Anton Salomon].

Fäsi, J. J. Grundliche Anleitung wie man auss dem zürch. Kalender den Ort und Zustand der Planeten finden solle. Zürich 1710. 4.

Faesi, J. K., Geschichte der Landgrafschaft Thurgau, s. Beiträge, Thurgauische, zur vaterländischen Geschichte.

Fäsi, Jo. U., s. M. Ant. *Mureti* variarum lectionum libri XIX.

[Fäsi, Johann C .] Dokumentirte Geschichte der testamentlichen Vergabungen, die Herzog Karl von Savoyen einigen Eidsgen. Ständen soll gemachet haben, vom Jahr 1503 und 1511. [SA.] 8. [Zürich 1797.]

Faesi, Johann Heinrich

— s. Denkmal d. Cagliostro.

FAESI Johann Heinrich. Predigten über wichtige Gegenstände d. Natur. Bregenz 1791.

Faesi, Johann Kaspar

Fäsi, J[ohann] C[aspar] I [1755–1834]. Zum Andenken an Georg Heinrich Werndli (1693–1744), von Zürich, gewesnen Vorsteher der Malayschen Kirche in Ostindien. Auf das 3. Zürch. Reformationsfest hrg. von J. C. F.... 8. Zürich 1819.

Fäsi, J. C., zum Andenken an G. H. Werndli von Zürch, gewesenen Vorsteher der Malaylschen Kirche in Ostindien. 8. Zürch. (Leipzig, Fr. Fleischer in Comm.) 819.

Fäsi, Jh. Ksp., zum Andenken an G. H. Werndli von Zürich, gewesenen Vorsteher d. Malayischen Kirche in Ostindien. 8. Zürich 819. Schulthess. 5 gr.

— Beschreib. e. eigenen Art von Geldbiebstahl. 8. Zürich 820.

— Handbuch d. schweiz. Erdbeschreibung zum Unterr. d. Jugend. gr. 8. Zürich 795. (Leipz., Gnobloch). 18 gr.

— Handbuch der Schweizerischen Erdbeschreibung zum Unterricht der Jugend. gr. 8. Zürich, (Gabler in Jena.) 795.

Faesi, J. C. Kurze Lebensbeschreibung des k. k. Feldmarschall-Lieutenants David (!) von Hotze. 4. Zürich 1799. — 2. verm. Aufl. 4. ib. 1800.

Fäsi, Johann Caspar II s. Meister, Leonhard. Helvetiens Berühmte Männer. Zürich 1799.

— schweizerische Neuigkeiten. 4. Zürich 798.

— Synodalrede über den Einfluß d. Reformation rc., s. v. Orell, Rektoratsreden.

— Versuch e. Handbuchs d. schweiz. Staatskunde. gr. 8. Zürich 796. (Leipz., Gnobloch). 1 Rthlr.

— Versuch eines Handbuchs der Schweizerischen Staatskunde. gr. 8. Zürich, (Gabler in Jena.) 796.

Faesi, Johann Konrad

Fäsi, Jh. Konr., († d. 6. März 1790.) Abhandl. über wichtige Begebenheiten aus d. alten u. neuen Geschichte. 2 Thle. gr. 8. Zürich 763—64. Orell. 1 Rthlr. 12 gr.

— Abhandlungen über die Geschichte des Friedensschlusses zu Utrecht, zur Beendigung des spanischen Thronfolgekriegs. gr. 8. Lpz. Weidmann. 790.

— Bibliothek der schweizerischen Staatskunde, Litteratur und Erdbeschreibung. 1r 2r Jahrg. od. 24 Stck. 8. Zürich, (Gabler in Jena.) 796—97. (d. Jahrg. à 4 Rthlr.)

Faesi, Johann Konrad s. Cardonne v.: Geschichte v. Afrika.

Fäsi, Johann Conrad. Entwurf von der ganzen Helvetischen Eidgenoßschaft, derselben gemeinen Herrschaften und zugewandten Orten: als eine Einleitung zur Staats- und Erd-Beschreibung derselben. 8. Zürich 1767.

Fäsi, Johann Conrad. J' C' Fäsis... genaue... Erd-Beschreibung der... Eidgenoßschaft... und zugewandten Orten. 2. und verbesserte Aufl. 1. [einziger] Band. 8. Zürich 1768.

— vollständ. Staats-Erdbeschreib. d. ganzen helvet. Eidgenossenschaft, derselben gemeinen Herrschaften u. zugewandten Orten. 4 Bde. gr. 8. Zürich 765—68. Orell. 4 Rthlr. Einleit. zu obigem Werk apart. 765. 8 gr.

Faesi, Johann Konrad s. Todtengespräche über wicht. Wahrheiten . . .

— Unterredd. verstorbener Personen über wichtige Begebenheiten d. ältern, mittlern u. neuern Geschichte. gr. 8. Halle 777. Gebauer. 9 gr.

Fäsi, Joh. Ulr., über d. Bedingungen, unt. denen allein wir e. segenreichen Fortbestand uns. wissenschaftl. Anstalten hoffen dürfen. Rede, gehalten bei d. Bücheraustheil. an d. Studierenden d. Zürcher Gymnasiums am 14. Nov. 1831. gr. 8. (1¾ B.) Zürich, Schulthess.

Fäsi, J[ohann] U[lrich]: Berichtigungen und Zusätze zu Passow's griech. Wörterbuch. Zür. F. Schulthess. 1 Bl., 24 S. 4°.
Programm der zürcher. Cantonsschule 1834.

Fäsi, Johann Ulrich: Berichtigungen und Zusätze zu Passow's griechischem Wörterbuch. Zweite Lieferung. Zür. J. J. Ulrich Dr. 1838. 1 Bl., 22 S. 4°.
Programm der zürcher. Kantonsschule 1838.

Fäsi, Joh. Ulr., und J. Ludw. Spyri, über den zunehmenden Mangel an Kandidaten des Predigtamtes in unserer Landeskirche. gr. 8. (42 S.) Zürich 859, Höhr. *

[Fäsi, Johann Ulrich.] (Heinrich Nüscheler, geb. 6. IV. 1797. — gest. 15. VII. 1831. [Mit 1 Porträt-Tafel.]) Njbl. Waisenh. Zürich 1851. 4. [Zürich.]

[Fäsi, Johann Ulrich.] (Johann Jakob Ochsner, 1776–1849. [Mit 1 Porträt-Tafel.]) Njbl. Waisenh. Zürich 1863. 4. [Zürich.]

Fäsi, Jh. Ulr., Rede, gehalten bei der Bücherverthellung an die Studirenden des Züricher. Gymnasiums am 14. März 1833. gr. 8. Zürich 833. Schultheß. 1/12 ℛ

Fäsi, K. F., Nachricht von d. neuen Zürichschen allgem. Prediger-Wittwen-Kasse. gr. 8. Zürich 806. Orell. 6 ggr

Faesi, Karl Wilhelm

[Füsi, Carl Wilhelm.] (Johann Heinrich Bremi. geb. den 4 Dec. 1772. gest. den 10 Mai 1837. [Mit 1 Porträt-Tafel.]) Njbl. Waisenh. Zürich 1838. 4. (Zürich.)

— daß wir d. neue Kirchenjahr nicht schöner beginnen können, als wenn wir vor Gott uns entschließen, die unreinen Geister unsrer Tage mit den Waffen des Glaubens u. d. Liebe zu bekämpfen, Predigt. gr. 8. Zürich 830. Orell. 2 ggr

Fäsi, Carl Wilh., Jesus e. Freund gesetzl. Ordnung. Predigt. gr. 8. (1 B.) Zürich 831, Orell, Füßli u. Comp.

Fäsi, Karl Wlh., Confirmationsfeier, gehalten am 11ten Mai 1820. gr. 12. Zürich 820. Orell. 8 ggr

Fäsi, Carl Wilhelm. Leichenrede, gesprochen am 12ten April 1831 bei der Beerdigung des Herrn Paulus Usteri, Med. Dr., Amtsbürgermeisters.... Gehalten von K' W' F'.... [A.] 8. (Darmstadt und Leipzig 1839.)

Fäsi, [Carl Wilhelm]. Predigt zum Andenken an den unvergesslichen J[ohann] Kaspar Lavater am 14. November 1841, über Hebräer 13, 7. gehalten. [A.] 8. (Darmstadt & Leipzig 1843.)

Fäsi, Carl Wilhelm. Predigt... den 2. Februar 1845, acht Tage nachdem eine Kundmachung des Regierungsrathes [des Cantons Zürich], betr. den Jesuitenhandel, von den Kanzeln verlesen worden war, gehalten von K' W' F'.... [A.] 8. (Darmstadt und Leipzig 1845.)

Fäsi, Carl Wilh., Predigten zur Beförderung d. thätigen Christenthums. 1. u. 2. Samml. gr. 8. Zürich, Schultheß. [1. (29½ B.) 835. 2 1/1 Thlr., 2. (30 B.) 839. 2 Thlr.]

— drei Predigten: 1) der Mensch, ein Pilgrim, 2) d. Leben, ein Kampf, u. 3) Trennung, d. Loos unsrer schönsten Verbindungen. gr. 8. Zürich 819. Orell. 9 ggr

— Predigten, gehalten in den 7 ersten Monaten d. Jahres 1815. gr. 8. Zürich 816. Orell. 2 ℛ 12 ggr

Fäsi, Lena, unter dem Christbaum. Parabeln, Erzählgn. u. Märchen. 1. u. 2. Bdchn. Mit je 4 (chromolith.) Bildern v. B. Mühlig. 8. (IV, 108 u. 88 S.) Glogau 874 u. 76. Flemming. à 1. 50

Faesi, Robert. Abraham Emanuel Fröhlich (1796—1865). XII + 178 S. 8. Zürich, Schulthess & Co., 1907.
Ausg. A: Diss. Phil. I. Univ. Zürich von R' F'.
Ausg. B: Von Dr. R' F'. [fr. 8. —]

Faesi, Robert. Zürcher Idylle. [Mit Vignetten.] IV + 109 S. 8. Zürich, Schulthess & Compagnie, 1908. [geb. fr. 3. 60]
(1. Aufl.) (2. Aufl.)

Faesi, Robert. Zürcher Idylle. [Mit Vignetten.] IV + 109 S. 8. Zürich, Schulthess & Compagnie, 1909. [geb. fr. 3. 60]
(3. Aufl.) (4. Aufl.)

Fäsi-Freudweiler, das neue schweizer. Gewicht, dess. Verhältnisse zu dem bisher. zürcherschen gewöhnlichen u. dem leichten od. Seidengewichte; nebst Preisvergleichungen. Mit d. Beil.: Das Verhältniß d. bisher. zürcher Gewichte, u. Frucht-, Wein-, Oel- u. Milchmaasse zu d. neuen schweizer. in ausführl. Reductionstafeln, nebst Vergleichungstafeln d. alten Preise mit den neuen. 8. (7 B.) Zürich 838, Schultheß.

Fasig, Fritz, Ärzte u. Priester, die Herren Deutschlands! Schrift z. Förderg. wahrer Volksaufklärg. u. gründl. Volksgesundg. (VII, 170 S.) gr. 8. Sprendlingen (908). F. Fasig. 2. 40

Faesius, Jo. (Resp.): De miro ... consensu, s. Rahn, Jo. Henr. (Praes.)

* **FASLI**, Gül und Bülbül, d. i. Rose und Nachtigall. Ein romantisches Gedicht, türkisch hrsg. u. deutsch übers. durch Joseph v. Hammer. Pest u. Leipzig. In Commission bey C. A. Hartleben, 1834. Gr. 8°. (2 Mk. 50 Pfg., br. im Orig.-Umschl., Ottomar Schönhuth, München, 1909.)
XVI, 79 u. 3 unbeziff. S. (S. 82: „Wien. Gedruckt bey A. Strauß's sel. Witwe") deutsche Uebersetzung und 67 Bll. türkischer Text. Der Erzherzogin Sophie geweiht („Alt ist die Sage vom Gekose"). — Goedeke VII, 766, 86.

Fasnacht, Johann s. Gaudard, F[ranz Isaac]. Lebensgeschichte des Niclaus Glauser. Bern.

Fasol C. Album für Buchdruckerkunst. I. (36 T) grfol II. (34 T) 4° Wien 1868-84

Fasola, Carlo [aus Lecco '(Italien)']: Die Sprache des Johann von Staupitz. 1. Lautlehre ... Marburg, Univ.-Buchdr. '(R. Friedrich)', 1892; 41 S. 8.
Marburg, Phil. Fak., Inaug.-Diss. v. [11. Juli] 1892

Fasolo, F. M. Die Vertheidigung des Landes mit Rücksicht auf die Oro-Hydrographie des Landes und die Natur der heutigen Kriegführung. A. d. Italien. 8. Leipzig 1872.

Fasolo, F. M., die Vertheidigung d. Staates m. Rücksicht auf die Oro-Hydrographie d. Landes etc., s.a. Zeit- u Streitfragen, militairische.

Fasolo, F. M., die Vertheidigung des Staates mit Rücksicht auf die Oro-Hydrographie des Landes. Mit 1 Karte. Zürich 1873. 8.

Fasolt Ernst: Die Gegenreformation in Stadt und Kreis Eger.
II. 1903 PN 1587 Diss. Wien, Univ.

Fasolt, Ernst: Wasserfälle und Stromschnellen. (Eine geomorphologische Skizze.) 17 S. 8. Erstes deutsches Staatsgymn. *Brünn* 1906. Progr.

Fasolt, Friedrich, Ingenieur aus Ebersbach i. S.: Die sieben größten deutschen Elektrizitätsgesellschaften, ihre Entwicklung und Unternehmertätigkeit. *Borna-Leipzig 1904: R. Noske.* (VIII, 59 S.) 8°
Heidelberg, Phil. Diss. v. 1904

Fasolt, Frdr., die sieben grössten deutschen Elektrizitätsgesellschaften, s.a. Mitteilungen der Gesellschaft f. wirtschaftliche Ausbildung. 2. Hft.

Die sieben größten deutschen Elektrizitätsgesellschaften, ihre Entwicklung und Unternehmertätigkeit. Eine volkswirtschaftl. Studie von Dr. Friedrich **Fasolt**, Ingen. Nebst e. Anh.: Die zahlenmäßige Entwicklung d. deutschen elektrotechn. Industrie, ihre örtliche Verteilung u. ihre Gliederung. *Dresden: O. V. Böhmert 1904.* (VIII, 207 S.) 8° [F.]
— Mitteilungen d. Gesellschaft f. wirtschaftl. Ausbildung. H. 2. ...

Fasolt, Frdr., s.: Handwerksblatt, das deutsche.

Fasolt, Johann August (Dresden), De panno scleroticae. Diss. med.-chir. Jena (Prager & Co.) 19. V. 1802. 16 S. (4.—) 8597
Gew.: Joh. Theophil Glaeßer.

Fass, Das Grosse, zu Heidelberg, der 24. Vers. deutscher Philologen und Schulmänner zum 27. März 1865. Heidelberg 1865. V: *Scheffel, Jos. Victor v.* (ZP)

Faß, das Heidelberger, mit 1 Abbild. gr. 8. (Heidelberg, Groos.) 816.

Fass, Chr[istel]: Ueber eine Sammlung spanischer Romanzen auf fliegenden Blättern in der Göttinger Universitäts-Bibliothek. *(Halberstadt 1898: H. Meyer.)* (11 S.) 4°
Halberstadt, RG, OP 1898 (272)

Fass, Christian, Beiträge zur französischen Volksetymologie. Diss. Göttingen 1886. Gr. 8°. 49 S.
Sonder-Abdruck aus: Romanische Forschungen, hrsg. von Karl Vollmöller. 3. Band 3. Heft. Erlangen 1887, Andr. Deichert.

Faß, Joh., deutsch-katholisches Gebet- und Gesangbuch. 8. (150 S. und 27 S. Notenbeilagen.) Saarbrücken 847, Arnold'sche Buchh. *
feine Ausg. *

Fass, P. H., Correspondance mathematique etc., s. Correspondance.

Faß-Abortsystem, das, der Stadt Graz. gr. 8. (12 S. mit 1 Stnt. in hoch Fol.) Graz 867, Leuschner und Lubensky. *

Fassaden u. ihre Behandlung, s.: Flugblätter, techn., der deutschen Malerzeitung die Mappe.

Fassaden f. Frankfurt am Main. Bauten an der Braubachstrasse. 18 preisgekrönte Entwürfe des v. der Stadt Frankfurt a. M. ausgeschriebenen Wettbewerbs, hrsg. im Auftrage des Magistrats. (60 z. Tl. farb. Taf. u. IV S. Text m. 1 eingedr. Plan.) gr. Fol. Leipzig (903). Seemann & Co. In Leinw.-Mappe n. 25. —

— moderne. Wettbewerb Seemann & Co. in Leipzig. 25 ausgewählte (z. Tl. farb.) Taf. aus dem Hauptwerk (v. A. Neumeister). 10-, 12- u. 16-Meter-Fassaden. Ausg. A u. B. gr. Fol. Leipzig (904). Seemann & Co. In Mappe à n. 20 —

Fassaden-Entwürfe für Bautzen. Das Ergebnis des Wettbewerbes der Stadt Bautzen. Bearb. von Rich. Landé. (80 Taf. m. IV S. Text.) qu. Lex.-8. Leipzig (905). Deutscher Architektur-Verlag. In Mappe n. 36. —

Fassadenentwürfe in neuer Richtung. Architekten: F. W. Adams, Edm. Arnim, Hugo Heinig etc. Fol. (50 Taf. m. III S. Text.) Leipzig (901). Deutscher Architektur-Verlag. In Mappe n. 25. —

Fassaden-Vorbilder v. Gebäuden aller Art, nebst Grundrissen, Quer- u. Durchschnitten. Wohlfeile Zusammenstellg. aus Karl Scholze's Fassaden-Entwürfe I. Bd. (72 Taf. u. 12 Beilagebogen m. Text.) 4. Leipzig 889. Scholtze. In Mappe. n. 20. —

Fassano, viaggio a Roma. Sprachführer für Deutsche in Italien. Praktisches Handbuch der italien. Umgangssprache. 12. (VIII, 140 S.) Berlin 882. Herbig. n. 1. 25

Fassano, viaggio a Roma. Sprachführer f. Deutsche in Italien. Praktisches Handbuch der ital. Umgangssprache. 2. Aufl. 12. (X, 151 S.) Berlin 886. Herbig. n. 1. 30; geb. n. 1. 70

Fassano, viaggio a Roma. Sprachführer f. Deutsche in Italien. Praktisches Handbuch der italien. Umgangssprache. 3., verm. Aufl. gr. 16. (X, 157 S.) Berlin 891. F. A. Herbig. n. 1. 30; geb. n. 1. 70

Fassano, viaggio a Roma. Sprachführer f. Deutsche in Italien. Prakt. Handb. d. italien. Umgangssprache. 4., verb. u. verm. Aufl. 12. (VIII, 172 S.) Berlin 895. F. A. Herbig. n. 1. 40; geb. n. 1. 80

Fassano, Viaggio a Roma. Sprachführer f. Deutsche in Italien. Praktisches Handbuch der italien. Umgangssprache. 5. verb. u. verm. Aufl. 12. (VIII, 172 S.) Berlin 899. F. A. Herbig. n. 1.40; geb. n. 1. 80

Fassano, Viaggio a Roma. Sprachführer f. Deutsche in Italien. Praktisches Handbuch der italien. Umgangssprache. 6. verb. Aufl. (VIII, 172 S.) kl. 8. Berlin 904. F. A. Herbig. n. 1. 40; geb. n. 1. 80

Fassano, Viaggio a Roma. Sprachführer f. Deutsche in Italien. Praktisches Handbuch der italien. Umgangssprache. 7. verm. u. verb. Aufl., umgearb. v. G. Chisini. (XII, 194 S.) kl. 8. Berlin 911. F. A. Herbig. 1.60; geb. in Leinw. 2. —

Fassati

Das *Gall.* System der Schädellehre (Cranioscopie); üb. d. Fähigkk. u. Kräfte des Menschen u. d. Verrichtt. d. Gehirns; nach d. letzten v. Gall kurz vor sm. Tode gem. Beobachtt. u. nach d. 2[n] v. Fassati vm. u. vb. A. Mit ill. u. schw. Abbildd. *Lpz.*, Baumgärtner. B. (830.) 1 Bl. Imp. fol. 16*gl*

Faßbach, Carl, der Anschauungsunterricht in Theorie u. Praxis. Unter Berücksicht. der method. Behandlg. der Anschauungsbilder, besonders der Szenen u. Gruppenbilder dargestellt. gr. 8. (216 S.) Leipzig 892. Siegismund & Volkening. n. 2. 40; geb. n. 3. —

*Faßbaender, [Franz]: Katalog der Lehrerbibliothek des Städtischen Gymnasiums und Realgymnasiums zu Münster i. W. 1 Bl., 59 S. 8.
Progr. Realgymn., Gymn. u. Realschule *Münster i. Westf.* 1904.

[F.] Lateinisches Lese- und Übungsbuch für die unteren Klassen der Gymnasien und Realgymnasien v. Dr. Franz Fassbaender, Oberl. Abt. 1—3. *Münster: Aschendorff 1894. 95.* 3 Bde 8.
1. Für die Sexta. 1894. (VI, 111 S.) 2. Für die Quinta. 1895. (IV, 152 S.) 3. Für die Quarta. 1895. (IV, 122 S.) [94. 2]

Faßbaender, Frz., lateinisches Lese- u. Übungsbuch f. die unteren Klassen der Gymnasien u. Realgymnasien. Neue Aufl., besorgt v. E. Niesert. 3 Abtlgn. 8. Münster, Aschendorff. Geb. nn 4. 25
1. Für die Sexta. 3. Aufl. (VIII, 140 S.) 907. Geb. nn 1. 25
2. Für die Quinta. 2., verb. Aufl., unter Berücksicht. d. Lehrpläne v. 1901. (IV, 170 S.) 902. Geb. nn 1. 60
3. Für die Quarta. 2., verb. Aufl., unter Berücksicht. der Lehrpläne v. 1901 u. der neuen deutschen Rechtschreibg. (IV, 139 S.) 903. Geb. nn 1. 40

Fassbaender, F., De optativo futuri. Diss. 1884. 60 S.

Fassbaender, Franz Quaestiones grammaticae ad Polybium pertinentes: a) de Polybii sententiis finalibus, b) aliquot aoristi et futuri infinitivi falso in Polybii codicibus traditi. 4 (12 S.). Progr. G. *Crefeld* 1889 (408).

Fassbaender, Franz [Dr.]: Quaestiones grammaticae ad Polybium pertinentes . . . Crefeld, Druck v. Kramer & Baum (1889); S. 1—12; 4°
Crefeld, G, OP 1889 (408)

[F. u. Ant.] Fassbaender, Franz [Dr.]: De Polybii sententiis condicionalibus. Münster, Westfäl. Vereinsdr. vorm. Coppenrathsche Buchdr., 1895; 3—16 S. 4.
Münster i. W., RG, P 1895 (379)

— kleine lateinische Sprachlehre f. Realgymnasien, Progymnasien, Realprogymnasien u. ähnliche Anstalten. gr. 8. (VII, 119 S.) Ebd. 893. Geb. in Leinw. n. 1. 60

[F.] Übungsbuch zum Übersetzen aus dem Deutschen ins Lateinische f. d. mittl. Klassen d. Gymn. u. Realgymn. v. Dr. Franz Fassbaender, Oberl. *Münster i. W.: Aschendorff 1897.* (IV, 172 S.) 1 Bd 8.

Übungsbuch zum Übersetzen aus dem Deutschen ins Lateinische f. d. mittleren Klassen d. Gymn. u. Realgymn. von Prof. Dr. Franz Faßbaender, Oberl. 2., verb. Aufl., im Ver. mit d. Verf. besorgt von d. Oberl. E[dmund] Niesert. Münster i. W.: Aschendorff 1907. (223 S.) 8° [F.] [06. 9140]

Faßbaender, Frz., Weltgeschichte, s.: Annegarn.

Fassbaender, P[eter]. Die Musik ((von) Franz Grillparzer). Für Sopran-Solo, Männerchor und Orchester componirt von P' F' [Luzern]. Op. 10. Clavierauszug ... [und] Text.... 45 S. 4. Leipzig, J. Rieter-Biedermann, 1903. M. 5. —
Text sep. M. —. 05, Orchesterstimmen complet 10. —, Chorstimmen je —. 60

Fassbender, Adolf [app. Arzt aus Poulheim bei Köln a. Rh.]: Ueber Herpes zoster ophthalmicus nebst e. Beitr. z. Casuistik dess. ... Strassburg i. E., Buchdr. C. & J. Goeller, 1896; 95 S. 8.
Strassburg, Med. Fak., Inaug.-Diss. v. 1896

Fassbender, August, approb. Arzt aus Geldern (Prov. Rheinl.): Aus d. chirurg. Klinik zu Kiel. Ein Fall von Compressionsfraktur des oberen Tibiaendes mit Subluxation der Tibia nach aussen. *Kiel 1901: H. Fiencke.* (15 S.) 8°
Kiel, Med. Diss. v. [6. Juni] 1901

Fassbender, Christian (geb. am 15 Juli 1859 in Steinenbrück Kr. Mülheim a. Rh.): Über die Häufigkeit der Caries in den verschiedenen Knochen und Gelenken in Beziehung auf Alter, Geschlecht, Stand und Erblichkeit, sowie über die Combination von Caries mit Tuberculose anderer Organe ... Bonn, Univ.-Buchdr. v. C. Georgi 1885. 24 S., 1 Bl., 1 Taf. 8.
Bonn, Med. Fak., Diss. v. 4 Aug. 1885

Fassbender, Christianus: De Iuli Valeri sermone quaestiones selectae. Borna 1909: Noske. 83 S. 8°
Münster, Phil. Diss. v. 4. März 1909, Ref. Kroll
[Geb. 8. Jan. 85 Cöln; Wohnort: Münster i. W.; Staatsangeh.: Preußen; Vorbildung: Gymn. i. d. Kreuzgasse Cöln Reife O. 04; Studium: Bonn 4, Münster 4 S.; Rig. 7. Dez. 08.] [U 09. 3579

Faßbender, Elise, Hephata. Der Morgen des neuen Lebens im Jenseits. 2.—5. Hft. 8. (II u. S. 81—397.) Leipzig (899). (O. Mutze.) à n. 1. 20; (kplt., ermäß. Pr. n. 5. —; geb. n. 6. —)

Fassbender, Eug., Platzfragen der Denkmale in Wien. Studie. (16 S.) gr. 8. Wien 904. R. Lochner's Sort. n. — 50

Fassbender, Eug., e. Volksring f. Wien. E. Vorschlag, s. Vaterstadt gewidmet. M. 1 Plan v. Wien. gr. 8. (39 S.) Wien 898. R. Lechner's Sort. n. 1. 20

Fassbender, Friedrich, aus St. Gallen: Untersuchungen über die Anderson'sche Reaction und über die isomeren Platosoxalsäuren. St. Gallen Zollikofer Dr. 1896. 43 S. 8°.
Zürich, Phil. Diss. [v. 17. Nov. 1896].

Fassbender, Fritz. Die Bedeutung der Astronomie für die Ausbildung der Weltanschauung. Vortrag gehalten am 18. September 1901 im Kaufmännischen Verein Zürich. II + 29 S. 8. Zürich, Comm. Fritz Amberger, 1902. [fr. —. 80]

Fassbender, Gottfried (geb. am 15 Apr. 1851 in Godesberg): Beitrag zur Kenntniss der durch Einwirkung von Phosphorpentachlorid auf Säureamide entstehenden Producte ... Bonn, Druck v. J. F. Carthaus (1877). 29 S., 1 Bl. 8.
Bonn, Phil. Fak., Diss. v. 16 Apr. 1877

Fassbender, Heinrich, a. Darmstadt: Einfluss der stillen Entladung auf explosive Gasgemische. Marburg 1907: J. A. Koch. (38 S.) 8°
Marburg, Phil. Fak., Ref. Richarz-Schaum, Diss. v. 19. Dez. 1907
[Geb. 23. Juni 84 Frankfurt a. M.; Wohnort: Marburg; Staatsangeh.: Preußen; Vorbildung: Gymn. Erfurt, Ludwig-Georg-Gymn. Darmstadt Reife O. 03; Studium: Techn. Hochsch. Darmstadt 1, Univ. Marburg 2, Berlin 1, Marburg 5 S.; Rig. 26. Juni 07.]

Fassbender, Heinrich, a. Cöln: Stellung des Verbums in den Predigten des Bruder Berthold von Regensburg. Bonn 1908: C. Georgi. (61 S.) 8°
Bonn, Phil. Fak., Ref. Wilmanns, Diss. v. 29. Juli 1908
[Geb. 13. Okt. 83 Cöln; Wohnort: Cöln; Staatsangeh.: Preußen; Vorbildung: Kaiser-Wilhelms-Gymn. Cöln Reife O. 03; Studium: Bonn 10 S.; Rig. 13. Mai 08.]

Fassbender, Jos., die Taxation d. Hagelschäden aller wesentl. Fruchtgattgn. Nebst kurzgef. Beschreibg. d. wicht. Pflanzenkrankheiten, Insecten- u. Raupenschädlinge, sow. auch d. Zusammenstellg. durchschnittl. Fechsungsergebnisse u. Anknüpfg. ein. Worte z. Fixierg. d. Ziffer d. Hagelschaden-Wahrscheinlichkeiten. Handbuch f. Taxatoren, Beamte u. Agenten d. Hagelversicherungs-Anst., sow. auch Ökonomen u. Ökonomie-Beamte, welche d. Hagel-Taxations-Berufe sich widmen, od. ihr Interesse zuwenden wollen. 2., ergänzte Aufl. 12. (185 S. m. Abb.) Prag 898. (Wien, W. Frick.) n. 3. 60

Fassbender, J. Taxation der Hagelschäden. 3. Auflage. Prag 1910.

Fassbender, Jos., Vorräte-Abschätzung in der Landwirtschaft u. ihrer Hilfs-Industrie. Ein Handbuch f. techn. Organe d. Versicherungs-Anstalten z. Zwecke der Feuerschaden-Erhebg. (213 S.) kl. 8. Prag 906. (G. Neugebauer.) 6.—; geb. in Leinw. 6. 80

Faßbender, Julius, Gerichtsref. aus Remagen: Hat der Adressat einer Postanweisung gemäß den die Reichspost betreffenden Spezialvorschriften in Verbindung mit dem subsidiär in Betracht kommenden bürgerlichen Rechte einen Rechtsanspruch auf Aushändigung der Postanweisungssumme? *Borna-Leipzig 1903: R. Noske.* (IX, 35 S.) 8°
Leipzig, Jur. Diss. v. 1903

Fassbender, Ludwig

Die fremdsprachlichen Lehrbücher auf den höheren Mädchenschulen von Ostern 1895 bis Ostern 1897 v. Ludwig **Fassbender.** Altona 1898. 8°. Progr. d. städt. höh. Mädchenschule.

Fassbender, Ludwig, die französischen Rolandhandschriften in ihrem Verhältnis zu einander und zur Karlamagnussaga. Diss. Bonn 1887, Emil Strauss. 8°. XVII, 38 S.

Fassbender, Ludwig [aus Burscheid]: Die französischen Rolandhandschriften in ihrem Verhältnis zu einander und zur Karlamagnussaga .... Köln, Druck v. M. DuMont-Schauberg (1887); XVII + 38 S. 8°.
Bonn, Phil. Fak., Inaug.-Diss. v. 5. Mai 1887.

Faßbender, Mart., die Allmende, s. a. Fortschritt, sozialer. Nr. 45.

Fassbender, Mart., Die Allmende nach sozial-ethischen und volkswirtschaftlichen, betriebstechnischen und sozialpolitischen Gesichtspunkten betrachtet. Nach e. Vortr. Leipzig 1905. 8°.
(Sozialer Fortschritt Nr 45.)

Faßbender, Mart., Anleitung zur Geschäfts- u. Buchführung ländl. Spar- u. Darlehnskassen-Vereine s. a. Raiffeisen, F. W.

[F.] Anleitung zur Geschäfts- und Buchführung der Spar- und Darlehnskassen-Vereine (nach Raiffeisen's System d. Neuwieder Organis.) bearb. v. Dr. Martin **Fassbender.** 7. verb. Aufl. *Neuwied a. Rh.: Raiffeisen & Cons. 1896.* (VI S., 1 Bl., 191 S.) 1 Bd 8.
= **Fassbender,** M.: F. W. Raiffeisen's Spar- & Darlehnskassenvereine als Mittel z. Abhülfe d. Noth d. ländl. Bevölkerg. Th. n. [97. 1071]

— Bauernkalender 1903. Ein Jahrbuch f. Unterhaltg. u. Belehrg. unseres lieben deutschen Bauernstandes. 14. Jahrg. 4. (94 u. 11 S.) Warendorf, J. Schnell. n. — 50
Vergl.: Bauernkalender.

— Bauernkalender f. d. J. 1907. Ein Jahrbuch zur Unterhaltg. u. Belehrg. unseres lieben deutschen Bauernstandes. 18. Jahrg. (83 u. 7 S. m. Abbildgn. u. Wandkalender.) Lex.-8. Warendorf, J. Schnell. — 50
Erschien früher u. d. T.: Bauernkalender.

Faßbender's, Mart., Bauernkalender f. d. J. 1908. Ein Jahrbuch zur Unterhaltg. u. Belehrg. unseres lieben dtschn. Bauernstandes. Hrsg.: Faßbender u. Kellermann. 19. Jahrg. (88 u. 7 S. m. Abb. u. Wandkalender. Lex. 8. Warendorf, J. Schnell. — 50

Fassbender, Dr. Mart., Die Bauernvereine und die Lage der Landwirthschaft. Mit einem Bildniss des Gründers des ersten Bauernvereines Dr. Freiherrn von Schorlemer-Alst. 8°. Paderborn, Schöningh, 1888.

Fassbender, Bedeutung der Landbevölkerung für die Gesellschaft und d. Aufgabe d. ländlichen Wohlfahrtspflege. »Charitas 5, 7—11, 33—36, 60—63, 87—92.« Frankfurt 1900. Charitas-Verband.

Die Ernährung des Menschen in ihrer Bedeutung für Wohlfahrt und Kultur. Von Prof. Dr. Martin **Faßbender**. Berlin: C. Heymann 1905. (XV, 109 S.) 8° [F.]

— Iss dich **gesund!** Gedanken üb. die Ernährungsfrage, nach e. Aufsatze in der „Sozialen Cultur" erweitert dargestellt, als kleiner Beitrag z. Wohlfahrtspflege. (22 S.) kl. 8. Dresden-A. (Permoserstr. 6) (907). Wilh. Klemich & Co. p — 30

— Laienapostolat u. Volkspflege auf Grundlage der christlichen Charitas, s.a. **Charitas-Schriften**. 15. Hft.

Fassbender, Mart., Laienapostolat und Volkspflege auf Grundlage d. christl. Charitas. Vortr. Freiburg i. Br. 1906. 8°. (Charitas-Schriften H. 16)

[F.] Die Lebensversicherung in ihrer Bedeutung für den Bauernstand gemeinverständl. dargest. v. Dr. Martin **Fassbender**. (13. Taus.) *Neuwied a. Rh.: Raiffeisen & Cons. 1896.* (19 S.) 1 Bd 8.
(Raiffeisen-Bibliothek.) 96. 1643

— F. W. Raiffeisen in seinem Leben, Denken u. Wirken im Zusammenhange m. der Gesamtentwicklung des neuzeitlichen Genossenschaftswesens in Deutschland. Mit e. Verzeichnis v. Litteratur üb. Genossenschaftswesen u. e. Bildnis v. Raiffeisen gr. 8. (XV, 285 S.) Berlin 902. P. Parey. n. 5. —

— s.: **Raiffeisen-Kalender**, Neuwieder.

F a s s b e n d e r, Martin: Die Raiffeisen-Organisation und der Trierische Bauernverein. Neuwied: Raiffeisendruckerei 1898.

Faßbender, Mart., die **Rettung** d. Bauernstandes aus den Händen der Wucherer. Gemeinverständliche Abhandlg. üb. landwirthschaftl. Creditwesen, insbesondere üb. Landschaften u. ländl. Spar- u. Darlehnskassenvereine. 3. Aufl. gr. 8. (III, 55 S.) Münster 886. Theissing. — 60

—— die **Rettung** des Bauernstandes aus den Händen der Wucherer. Gemeinverständl. Abhandlung über landwirthschaftl. Creditwesen, insbesondere über Landschaften und ländl. Spar- und Darlehnskassenvereine. 5.—7. Aufl. gr. 8. (III, 55 S.) Münster 885, Theissing'sche Buchh.

—— die **Rettung** des Bauernstandes aus den Händen der Wucherer, so weit solche durch Landschaften und ländl. Spar- und Darlehns-Kassen-Vereine möglich ist, gemeinverständl. dargestellt. 8. Aufl. gr. 8. (IV, 55 S.) Münster 886, Theissing'sche Buchh.

— Sammlg. gemeinverständl. **Aufsätze**, als Stoffe zu Vorträgen f. d. Landbevölkerg. hrsg. 1. Bd. gr. 8. (IV, 493 S.) Neuwied 896. (Leipzig, H. Haessel.) Geb. in Leinw. n. 8. —

— **Sammlung** gemeinverständl. Aufsätze, als Stoffe zu Vorträgen f. die Landbevölkerg. hrsg. 1. Bd. gr. 8. (IV, 493 S.) Neuwied 896. Raiffeisen & Cons. Geb. in Leinw. n. 4.50

[F.] Solidarhaft oder Theilhaft? E. gemeinverständl. Betrachtg beider Haftgsformen bei Creditanstalten m. bes. Berücks. d. Raiffeisen-Vereine. Von Dr. Martin **Fassbender**. (4. Taus.) *Neuwied a. Rh.: Raiffeisen & Cons. 1896.* (15 S.) 1 Bd 8.
(Raiffeisen-Bibliothek.)

F a s s b e n d e r, Martin: Solidarhaft oder Teilhaft? 6. Tsd. Neuwied: Raiffeisen & Cons. 1898. DGK

Faßbender, Mart., ländliche Spar- und Darlehnskassen-Vereine [Raiffeisen's System]. Vollständ. Anleitung zur Gründung und Geschäftsführung solcher Vereine, erläut. Entwürfe von Statuten, Protokollen und Buchführungsformularen, sowie Anweisung zur Zinsberechnung. gr. 8. (210 S.) Münster 883, Theissing'sche Buchh. *

— die ländlichen **Spar- u. Dahrlehnskassenvereine** nach Raiffeisen's System. Vollständige Anleitg. zur Gründg. u. Geschäftsführg. ländl. Creditgenossenschaften m. erläuterten Entwürfen v. Formularen f. Einzelvereine, sowie Statuten e. Revisions- u. Centralkassenverbandes, sammt 2 Anhängen, enth.: das deutsche Reichsgesetz betr. Erwerbs- u. Wirthschaftsgenossenschaften, sowie gesetzl. Bestimmgn. üb. Steuer- u. Stempelwesen ꝛc. In Verbindg. m. C. F. **Kirchem** bearb. 2., verm. Aufl. gr. 8. (VIII, 410 S.) Münster i/W. 890. Theissing. n. 4. —; geb. n. 5. —

— Wollen, e. königliche Kunst. Alte u. neue Anschaugn. üb. Ziele u. Methoden der Willensbildg., s.a. **Bücher** f. Lebenskunst.

Fassbender, Martin: Wollen — eine königliche Kunst. Gedanken üb. Ziel u. Methode d. Willensbild. u. Selbsterzieh. 2. u. 3. umgearb. Aufl. Freiburg i. Br. 1916. 8° *[1. Aufl. 1910.]*

Faßbender, Paul, das Familienfest } s.: **Dilettanten-Bühne**, die.
— Der Heiratsvermittler } s.: **Dilettanten-Bühne**, die.
— Der falsche Onkel } s.: **Dilettanten-Bühne**, die.

— Das Recht der Jugend, s.: **Theater**, kleines.

— Der Schüchterne, s.: **Theater**, kleines.

Faßbender, Pet., Passionsgestalten. Fastenvorträge, geh. in der Pfarrkirche St. Joseph in Aachen. (VII, 166 S.) 8. Paderborn 909. F. Schöningh. 1.20

— Die hl. Weihnacht, s.: **Wiltberger**, Aug.

Faßbender, Ph., Anleitung zur Erteilung d. Rechenunterrichtes u. d. Unterrichtes in der Raumlehre in der Volksschule. Ein method. Handbuch f. Seminaristen u. Lehrer. gr. 8. (V, 187 S.) Kempen 885. Heesen & Kaiser. n. 2. —

F a s s b i n d, Thomas. Geschichte des Kantons Schwyz. Von dessen ersten Gründung bis auf die helvetische Staatsumwälzung. Verfasst von... Th' F'..., hrg. von einem Zögling und Verehrer des Verfassers [Caspar Rigert]. 5 Bände. — *Die einzelnen Bände a. u. bes. Titeln:* Gesch' des K' Schwyz.... 8. Schwyz 1832–1838.
Band 1. ...Von dessen ersten Gründung bis zur Sempacher Schlacht. [Mit 9 Tafeln.] 1832.
Band 2. ...Von der Sempacher Schlacht bis und mit dem Frieden vom Jahre 1450. ([Mit 1 Tafel und Anhang: 9] Wappen-Tafeln aller lebenden, freien Landmänner Geschlechter der löblichen sechs Vierteln des alten Landes Schwyz, gesammelt vom Verfasser.) 1833.
Band 3. ...Vom Frieden mit Zürich und vom Schwabenkrieg bis zur Reformation. [Mit 5 Tafeln.] 1833.
Band 4. ...Vom Anfang der Reformation... bis zur Stiftung des goldenen Bundes. [Mit 1 Tafel und 1 Karte.] 1834.
Band 5. ...Von Schliessung des goldenen Bundes 1586 bis zur gewaltigen Staatsumwälzung der löbl. Eidgenossenschaft 1798. 1838.

F a s s b i n d, Thomas. Schwyz vor 100 Jahren. «Genaues Verzeichnus aller Häuser, Haushaltungen und Personen in der ganzen Pfarrei Sch', aufgenohmmen anno 1804 im Merz durch Th' F', der Zeit Pfarrer dieses lobl. Kirchganges», zum Jahr 1904 ergänzt durch seinen Nachfolger, Pfarrer Maurus Waser. 218 + II S. 8. Schwyz, Emil Steiner, 1904 (*Umschlag: 1907).
⟨Das Original befindet sich im Pfarrhof zu Schwyz.⟩
Beigabe zum 14. Heft der «Mitteil[ungen] des Hist[orischen] Vereins [des Kantons Schwyz].»

F a s s b i n d. Zeno. Meteorologische Beobachtungen für den Klimatischen Kurort Gersau am Vierwaldstättersee: Fünfjahrige Mittelwerthe und Extreme, 1877–1881. Controllirter Auszug aus den eidg: meteorl: Tabellen, bearb. von Dr Z' F'. Hrg. von J. Müller, Hôtel... M', Gersau. 8. Luzern *o. J.* [1882/90].

F a s s b i n d, Z[eno]. Statistik der Ehen, Geburten & Sterbefälle der Gemeinde Schwyz. 3. Decennium vom Jahre 1896–1905, mit Berücksichtigung des 1. & 2. Decennium 1876–1895. Bearb. nach den Civilstands-Büchern der Gemeinde Sch'. Gedruckt im Auftrage des Gemeinderates Sch'. [Mit 1 graphischen Tabelle.] II + 20 S. kl.-4. Schwyz, A. Kaelin, 1907.

Faßbinder, der; Singspl. aus d. Französ. (v. J. H. Faber). 8. Frankf. 773. Andreä 6 ℳ

Fassbinder, Der, ein Singspiel a. d. Franz. Frankf. a. M. 1774. Ü: *Faber, Johann Heinrich.* (ML) (Ky)

— Sgspl. in 1 A. Aus d. Französ. Wien 802. Wallishausser. 6 gl

Faßbinder, Jos. (Hrsg.), s. Almanach, Bonner.

— Die Blumen d. Frühe. Gedichte. (156 S.) kl. 8. Essen (910.) Fredebeul & Koenen. 1.50; geb. in Leinw. 2.—; Luxus-Ausg. auf Bütten 2. 60

Fassbinder, Joseph: Der Catalogus sanctorum ordinis sancti Benedicti des Abtes Andreas von Michelsberg. Bonn: Georgi 1910. 136 S. 8°

Bonn, Phil. Diss. v. 6. Juli 1910, Ref. Schulte

[Geb. 11. Sept. 83 Trier; Wohnort: Brühl b. Cöln; Staatsangeh.: Preußen; Vorbildung: Gymn. Brühl Reife O. 04; Studium: Bonn 5, Berlin 1, Bonn 5 S.; Rig. 2. März 10.] [U 10. 360

— Der Catalogus sanctorum ordinis sancti Bendicti des Abtes Andreas v. Michelsberg. (134 S.) gr. 8. Bonn 910. P. Hanstein. 2.—

Timm Kröger v. Joseph Faßbinder. (Köln. 1910.) 8° Ausschnitt aus: Die Bücherwelt. Jg. 8, Nr. 1.

— s.: Musenalmanach Bonner Studenten.

Faßbinder, Pet., Landeskunde v. Palästina. Hilfsmittel z. Erteilg. des bibl. Geschichtsunterrichtes in Volksschulen, Mittelschulen u. Präparanden-Anstalten. gr. 8. (IV, 52 S.) Trier 900. J. Lintz. n. — 80

Fassbinder, Thomas Nikolas

Faßbinder, Th. N., Anleitg. z. Behandlg. d. beiden v. Seminar- u. Volksschullehrern hrsg. Trierischen Lesebücher (I. u. II. Fibel.) gr. 8. (VIII, 200 S.) Trier 895. F. Lintz. n. 2.—; geb. n. 2. 25

Anleitung zur Behandlung der beiden von Seminar- und Volksschullehrern herausgegebenen Trierischen Lesebücher (1. u. 2. Fibel) von Th[omas] N[ikolas] **Faßbinder**, Seminarl. zu Trier. 2., umgearb. Aufl. *Trier: J. Lintz 1904.* (VIII, 148 S.) 8° [F.]

Faßbinder, Th. N., der Aufsatz u. seine Pflege in d. Schule. (XII, 206 S.) gr. 8. Düsseldorf 910. L. Schwann. 2.—; geb. 2. 40

[F.] Aus der Mappe eines alten Lehrers. Von Th. N. **Fassbinder**, Seminarl. in Trier . . . (Tl 1.) *Düsseldorf: L. Schwann (1897).* 8.

Faßbinder, Th. N. u. P. Faßbinder, Tabellen f. d. Rechtschreibung u. f. Sprachübungen, m. besond. Berücksicht. der Mundart. Imp.-Fol. (2 Bl.) Trier 900. F. Lintz. Auf Leinw. m. Stäben à n. 4. —; Begleitwort. gr. 8. (16 S.) n. — 25

Fassching, Franz, s. Fasching, Franz

Fassel, Hirsch B.

— s. Brecher, G., die Beschneidung d. Israeliten.

Fassel, Hirsch B., Neun Derusch-Vorträge, nämlich: Das Migo, das Gud o Ogud, das Sfeka dedina, Ruba und Chasaka; ein einstimmiges Todesurtheil nicht vollziehbar; Betrachtungen; das Wegräumen des Chamer; die Sukka und die vier Pflanzenarten; der neunte Ab und der Sabbat Nachmu. Gehalten zu Gross-Kanizsa. 1867. 8. (119 S.) Wien, Herzfeld & Bauer. 1 fl.

Fassel, Hirsch B., Du sollst keine andere Götter haben! Gr. Kanischa 1851.

—— משפט צדק **das mosaisch-rabbinische Gerichts-Verfahren in civilrechtlichen Sachen, bearb. nach Anordnung und Eintheilung der Gerichtsordnungen der Neuzeit, und erläutert mit Angabe der Quellen. Mit Unterstützung der kaiserl. Akademie der Wissenschaften. gr. 8. (X und 295 S.) Gross-Kanizsa 859. (Wien, Gerold's Sohn.)** *

Fassel, Hirsch B., Reis u. Hülsenfrüchte, am Pessach erlaubte Speisen. Ausgesprochen in d. Synagoge zu Proßnitz. gr. 8. Prag 846. (Gleiwitz, Landsberger.) n. 1/12 ℱ

Fassel, Religionsbuch für Congreß-Schulen. gr. 8. (60 S.) Groß-Kanizsa 877. Fischel. n. — 80

Fassel, Hirsch B., דת משה וישראל **Die mosaisch-rabbinische Religionslehre, katechetisch für den Unterricht bearbeitet. 2. umgearb. u. verb. Aufl. Groß-Kanischa 858. (Pest, Geibel.) gr. 8. (152 S.)** 15 ngl

. **Fassel, B.,** *Oberrabbiner in Grosskanischa.* דת משה וישראל Dath Moscheh wejisrael. Die mosaisch-rabbinische Religionslehre, katechetisch für den Unterricht bearbeitet. Zweite umgearb. u. verb. Aufl. *Gross-Kanischa* 1858. Druck v. *J. Markbreiter.* 152 S. 8°.

Fassel, Hirsch B., die mosaisch-rabbinische Religionslehre, katechetisch für den Unterricht bearb. 3., umgearb. und verb. Aufl. gr. 8. (VIII und 182 S.) Wien 863, Braumüller. *

Fassel, Hirsch B., צדק ויושר **Tugend- und Rechtslehre, bearb. nach den Principien des Talmuds und nach der Form der Philosophie. gr. 8. (252 S.) Wien 848, (Gallmayer und Comp.)** *

—— die mosaisch-rabbinische Tugend- und Rechtslehre, bearb. nach der philosoph. Tugend- und Rechtslehre des seel. Krug, und erläutert mit Angabe der Quellen. 2., verm. und verb. Aufl. gr. 8. (254 S.) Gross-Kanisza 862. (Wien, Gerold's Sohn.) *

— — Die Verfassungsurkunde und der Tempel Salomos. Rede. [Olmütz] 1849.

Fassel, Hirsch B., drei gottesdienstliche Vorträge üb. das 8. Gebot „Lau Signauw". Als Predigten f. den Neujahrs- u. Versöhnungstag. Geh. im Tempel zu Groß-Kanizsa. Hrsg. v. seinem Sohne Sigm. Fassel. [Mit dem Bilde d. Verf. geschmückt.] gr. 8. (32 S.) Wien 858. Verlag d. Herausgebers, II., Rembrandtstr. 32. n. — 50

Fassel, Hirsch B., Warum freuet sich unser Land? und warum freuen sich die Israeliten unseres Landes? Ein Wort zur Zeit. Olmütz 1848.

— קול יי Die zehn Worte des Bundes erläutert in zwanzig gottesdienstlichen Vorträgen. Gr. Kanischa 854. (Wien, Braumüller.) gr. 8. (XI, 191 S.) n. 25 ngl

Fassel, Hirsch B. — Die zehn Worte des Bundes erläutert in zwanzig gottesdienstlichen Vorträgen von — —. 8. (XII, von S. 145—192) Gr. Kanischa. Gedruckt bei J Markbreiter. 1854.

Fassel, Hirsch B., das mosaisch-rabbinische Civilrecht bearb. nach Anordnung und Eintheilung der neueren Gesetzbücher, und erläutert mit Angabe der Quellen. 1 Bd. gr. 8. (XVI und 436 S.) Wien 852, (Braumüller.) *

Fassel, Hirsch B., das mosaisch-rabbinische Civilrecht, bearb. nach Anordnung und Eintheilung der neueren Gesetzbücher, und erläutert mit Angabe der Quellen. 2. Bd.: 3. und 4. Thl. (Schluss). Nebst einem Anhang, enthaltend: das Sklavengesetz. gr. 8. (462 S.) Gr. Kanischa 854(59.) (Wien, Gerold's Sohn.) *

Fassel, J., Anleitung zum Betriebe u. zur Instandhaltung der Schiffsdampfkessel u. Schiffsdampfmaschinen. Mit besonderer Rücksicht auf den Gebrauch der k. k. Kriegsmarine zusammengestellt. gr. 8. (VII, 168 S.) Pola 878. Wien, Gerold's Sohn in Comm. n. 3. —

Fassel, J: Anleitung zum Betriebe und zur Instandhaltung der Schiffsdampfkessel und Schiffsdampfmaschinen. Pola 1892 (Beil. zu d. »Mitteil. aus d. Gebiete d. Seewesens«)

Fasselius, s. Faselius.

Fassens, Wlh., vorgegebener Fund von 11000 Thlr.; e. Beitr. zur Erfahrungsseelenkunde für Criminalrichter rc., (v. M. K. Pothmann). 8. Lemgo 800. Meyer. 6 gr.

Fasser, Frau Caroline, s.: Steinau, Erwin.

Fasser, Joh. Chr., s.a. Fässer, Joh. Chr.

Fasser, Joh. Chr., Geschichte der münsterschen Wiedertäufer für das deutsche Volk. 8. (VII und 272 S.) Münster 852, Theissingsche Buchh.

Fasser Josef: De Xenophontis usu temporum imperfecti et aoristi.
H. 1892 PN 749 Diss. Wien, Univ. 1509

Fässer, Joh. Chr., s. a. Fasser, Joh. Chr.

Fässer, J. C., Geschichte der Wiedertäufer zu Münster. Nach Urkunden u. Berichten von Zeitgenossen dem deutschen Volke erzählt. 2., gänzlich umgearb. Aufl. Mit 11, nach Original-Gemälden getreu copirten xylograph. Darstellungen der Haupt-Wiedertäufer rc. von Edm. Fässer. Münster 861. Brunn. 8. (258 S.) 1 th.

Fässer, K. A. W., sorgfält. Schnell-Rechner, od. vollständig geprüfter Rechnungs-Faullenzer u. zuverläss. Rathgeber bey d. im gemeinen Leben tägl. vorkomm. Rechnungs-Angelegenheiten, in berechneten Tabn. geord. — A. u. d. T.: Der fertige u. geprüfte allgem. Rechnungsleister f. d. häusl. u. bürgerl. Leben. Bey d. meisten An- u. Verkäufen, Schuldigkeiten u. Leistungen, wie Einnahmen u. Ausgaben, ohne Rechenkunst entweder sogl. od. durch die einfache Addition verlässig zu finden. gr. 8. (10½ B. u. 1 Tab. in gr. 4.) Bamberg 831, (Drausnick.)

Fasshauer, C[arl], aus Hilkerode (Hannover): **Ein Fall von Typhus abdominalis mit typhösen Geschwüren auf den vorderen Gaumenbögen.** *München 1898: Kastner & Lossen.* (34 S.) 8°
München, Med. Diss. v. 1899

Fassionen (Ueber) und direkte Auflagen von einem baier. Edelmann. 8°. Regensburg, Montag u. W., s. a.

Fasskontrolbuch für Bierbrauer, Branntweinbrenner, Weinhändler rc. gr. 8. (41 S.) Worms 879. (Kräuter.) n. 1. —

Fassl: Ueber den Unterricht in der populären Vaterlandskunde.–Komotau, Progr. 1851

Fassl, Joach., die *Grabstätte Kaisers Ludwig des Bayern.* Bericht meiner Ausgrabungen in der chemal. Augustiner-Klosterkirche, nebst dem Todtenbuch der Augustiner u. 1 Abbildung der Gruft daselbst. München, 1877. Druck von Aug. Hornik . . . . 8°. Blau Ssb. 40 S. m. 1 Lichtdruck-Taf.

Faßl, Joach., die Grabstätte des Kaisers Ludwig v. Bayern. Bericht meiner Ausgrabungen in der ehemaligen Augustiner-Klosterkirche, nebst dem Todtenbuche der Augustiner u. einer (lith.) Abbildung der Gruft daselbst. gr. 8. (40 S.) München 877. (Kellerer.) n. — 50

Fassl, *Timotheus* Einladung zur Decorationsfeier des Prof. Karl Feiler (1865) *nebst Ansprache an den decorirten Prof. Karl Feiler.* 8 (S. 205—206, 206—208). Communal-G. *Komotau* 1891. Progr.

Fassl, Timotheus Rede vorgetragen am 2. December 1873. 8 (S. 208—213). Progr. Communal-G. *Komotau* 1891.

Fassl, T.: Rede bei Gelegenheit der Gerstner-Feier. – Komotau OG., Progr. 1871.

Fassl, *Timotheus* Rede, gehalten im Saale des bürgerlichen Schiesshauses bei Gelegenheit einer Gesangs- und Declamations-Production zum Besten des Unterstützungsfondes für die Witwen und Waisen der in Schleswig Gefallenen. (1864). 8 (S. 201—205). Progr. Communal-G. *Komotau* 1891.

Fassl, *Timotheus* Rede am Schlusse des Schuljahres 1862. 8 (S. 191–195). Progr. Communal-G. *Komotau* 1891.

Fassl, *Timotheus* Rede am Schlusse des Schuljahres 1863 bei Gelegenheit der Gerstnerfeier. 8 (S. 195—200). Progr. Communal-G. *Komotau* 1891.

Fäßler, C. Bundesgesetz üb. Schuldbetreibung u. Konkurs. Praktische kurzgefaßte u. gemeinverständl. Anleitg. zur Handhabg. desselben, nebst e. Anh., enth.: den amtl. Wortlaut d. Bundes-Gesetzes u. der Einführungs-Gesetze der Kantone St. Gallen, Thurgau, Appenzell, Außer- u. Innerrhoden rc. gr. 8. (100, 16, 139 S.) St. Gallen 892, (Busch u. Comp.). * 2 —

Fäßler, C., Bundesgesetz üb. Schuldbetreibung u. Konkurs. Offizielle Textausg. m. Gebührentarif, nebst e. Anh., enth. e. artikelweise Zusammenstellg. der wichtigsten Entscheide des Bundesrathes von 1892—1896 u. d. Bundesgerichtes von 1896—1899. 8. (III, 61, 8, 84 u. 34 S.) St. Gallen 900. Rechtsagent Alfr. Mafli. Geb. in Leinw. 3.—

— 1. Ergänzungsheft z. artikelweisen Zusammenstellg. der wichtigsten Gerichts-Entscheide betr. das Bundesgesetz üb. Schuldbetreibung u. Konkurs von 1896—1899, als Anh. seiner prakt., kurzgefaßten u. gemeinverständl. Anleitg. zur Handhabg. desselben bearb. 8. (31 S.) Ebd. 899. n. — 60

Fässler, C., siehe: *Landsturm.*

Fäßler, C., artikelweise Zusammenstellung d. wichtigst. Entscheide des Bundesrates, d. kantonalen Aufsichtsbehörden, des Bundes- u. der Kantonsgerichte von 1892—1896, als Anh. seiner prakt., kurzgefaßten u. gemeinverständl. Anleitg. zur Handhabg. des Bundesgesetzes üb. Schuldbetreibg. u. Konkurs bearb. 8. (80 S.) St. Gallen 896. Rechtsagent Alfr. Mafli. Kart. n. 1. 50

Fässler, F., das bürgerl. Geschäftsrechnen. Für Real-, Sekundar-, Bezirks- u. Fortbildungsschulen. 2. Aufl. Bern, J. Heubergers Verlag. 1877. 2. 70

Fässler, F. (Hauptlehrer in St. Gallen). Das bürgerliche Geschäftsrechnen. 3. verbesserte Aufl. In-8°, 210 S. Bern, J. Heuberger's Verlag. 2 70 1880.

Fässler, F. Das bürgerliche Geschäftsrechnen für schweiz. Real-, Sekundar-, Bezirks- und Fortbildungsschulen. 4. Auflage, umgearbeitet von Robert Kaufmann-Bayer. In-8°. Bern, J. Heubergers Verlag. 1886. br. 2 70 geb. 3 —

Fässler, F. Das bürgerliche Geschäftsrechnen. Für schweizer. Real-, Sekundar-, Bezirks- und Fortbildungsschulen. 5. Aufl., bearb. von *R. Kaufmann-Bayer.* In-8°. VIII, 208 S. Bern, J. Heuberger's Verlag, 1892. 2 70
„Die Mathematik an schweizer. Mittelschulen. Th. 1."

Fässler, F. Das bürgerliche Geschäftsrechnen. Für schweizer. Real-, Sekundar-, Bezirksschulen u. Gymnasien. 6. Aufl. bearb. v. *R. Kaufmann-Bayer.* 8°. 232 S. Bern, J. Heuberger's Verlag. 1899 geb. 3 —

Fässler, F. Das bürgerliche Geschäftsrechnen. Für schweizer. Real-, Sekundar-, Bezirksschulen u. Gymnasien. Schlüssel dazu. Bearb. v. *R. Kaufmann-Bayer.* 8°. 42 S. Bern, J. Heuberger's Verlag. 1899. geb. 1 50

Fässler, F., (Hauptlehrer f. Mathem. an der Kantonsrealschule in St. Gallen), die Grundzüge der Geometrie u. die geometr. Berechnungen. Für schweizer. Real-, Secundar-, Bezirks- und Fortbildungsschulen. Mit 22 Figurentafeln. X u. 216 Stn. gr. 8. Bern, J. Heuberger's Verlag. 3. 60 1872.

— — Schlüssel zu den geometrischen Berechnungen. 12 Stn. gr. 8. ebd. 1872 —. 50

Fäßler, F., die Mathematik an schweizerischen Mittelschulen. Lehrbuch zum Gebrauche f. den Unterricht in der Mathematik an Real-, Sekundar- u. Bezirksschulen, sowie an schweizer. Fortbildungsschulen. 1. u. 2. Thl. m. Schlüssel gr. 8. (VIII, 210 S.) Bern 872. Heuberger. n. 7. 40; Schlüssel dazu à n. — 40

1. Das bürgerliche Geschäftsrechnen. (VIII, 210 S.) n. 2. 20; Schlüssel dazu. (20 S.)
2. Die Grundzüge der Geometrie u. die geometrischen Berechnungen. Mit 22 (lith.) Figurentaf. (X, 216 S.) n. 5. 20; Schlüssel dazu. (12 S.)

— die Mathematik an schweizerischen Mittelschulen. Lehrbuch zum Gebrauche für den Unterricht in der Mathematik an Real-, Sekundar- u. Bezirksschulen, sowie an schweizerischen Fortbildungsschulen. 1. Thl. Das bürgerliche Geschäftsrechnen. 2., verb. Aufl. gr. 8. (VIII, 209 S.) Ebend. 877. n. 2. 20

Fäßler, F., die Mathematik an schweizerischen Mittelschulen. 1. Thl. gr. 8. Bern 886. Heuberger. n. 2. 20
Das bürgerliche Geschäftsrechnen. 4. Aufl., umgearb. v. W. Kaufmann-Bayer. (VIII, 206 S.)

Fäßler, Joh. Geo., Militär-Schicksale u. Reise nach Griechenland, Aegypten u. dem gelobten Lande. Von ihm selbst erzählt. gr. 8. ($13^1/_2$ B.) St. Gallen 840, Huber u. Comp.

Fässler, Osc., drei Essais. Gottfried Keller — Nikolaus Lenau — Der Stil. gr. 8. (III, 66 S.) St. Gallen 897. Fehr. n. 1.—

Fäßler, Osc., fröhliche Ferien-Fahrten. Rom, Provence, Riviera. München, Salzburg, Innsbruck, Süd-Tirol. Wien. 8. (V, 166 S.) St. Gallen 896. Huber & Co. n. 2.—; geb. in Leinw. n. 3.—

— siehe: *Halder, A.*

Fæssler, Wilhelm, med. pract. in Neukirch-Egnach [Kt. Thurgau]: Ueber Purpura (aus der medicin. Klinik in Zürich). Buchdr. Romanshorn (E. Billeter) Dr. 1894. 47 S., 4 Bl. 8°.
Zürich, Med. Diss. v. 27. Dec. 1894.

Fäßler von Oberuzwyl, des Sergeanten Joh. Georg, Militär-Schicksale u. Reise nach Griechenland, Aegypten u. d. gelobten Lande. Von ihm selbst erzählt. gr. 8. St. Gallen u. Bern 840. Huber u. Comp. $1^1/_2$ ℔

Faßmaler, Versuch einer Staatsgeschichte der Oberpfalz. 2 Bde. 8. Landshut, Thomann. 803.

Der Türkische Alcoran [v. **David Fassmann**]. 21. und 23. Fortsetzung. (Leipzig. 1723.) in desselben: Der . . . reisende Chineser. Th. 1. Stücke 22 und 24. 4°k.

Beschreibung der Stadt Hamburg [v. **David Fassmann**]. 4. und 6. Fortsetzung. (Leipzig. 1723.) = desselben: Der . . . reisende Chineser. Th. 1. Stück 22 und 24. 4°.

Beschreibung der Stadt Kiel [v. **David Fassmann**]. (Leipzig. 1723.) Siehe in desselben: Der . . . reisende Chineser. Des 1. Theils 22. Stücke. 4°.

Beschreibung des Chinesischen Reichs und seiner Herrlichkeit [v. **David Fassmann**]. 4°.
21. und 23. Fortsetzung. (Leipzig. 1723.)
Der . . . reisende Chineser. Th. 1. 22. und 24. Stücke

Beschreibung der Festung Tönningen [v. **David Fassmann**]. (Leipzig. 1723.) Siehe in desselben: Der . . . reisende Chineser. Des 1. Theils 24. Stück. 4°.

Der, auf Ordre und Kosten seines Käysers, reisende Chineser, was er, von dem Zustand . . . derer Europäischen Land . . . vor Bericht erstattet. [Von **David Fassmann.**] 4°k. **Hr 14**
Des 1. Th. 22 Stücke. Bestehend: 1) In der 4. Fortsetzung der Beschreibung der Stadt Hamburg. 2) In einer Beschreibung der Stadt Kiel. 3) In der 21. Fortsetzung der Beschreibung des Chinesischen Reichs. 4) In der 21. Fortsetzung des Türkischen Alcorans. Leipzig. 1723.
Des 1. Th. 24 Stücke. Bestehend: 1) In verschiedenen bey der letzten Königlichen Französischen Crönung vorgefallenen . . . Dingen. 2) In der 6. Fortsetzung der Beschreibung der Stadt Hamburg. 3) In einer Beschreibung der Festung Tönningen. 4) In der 23. Fortsetzung der Beschreibung des Chinesischen Reichs. 5) In der 23. Fortsetzung des Türkischen Alcorans. ebd. dess. J.

[—?] Wundersame Erzehlungen aus dem Reich derer Todten, als Telemaqve, des Vlyssis Sohn, und der berühmten Engeländer R o b i n s o n C r v s o e, einander daselbst angetroffen, Worinnen das meiste, beste und merckwürdigste, was von den beyden Personen geschrieben, enthalten ist; ihre Erzehlungen aber mit vielen nachdencklichen, sehr curiosen Reflexionen untermischet sind, dergestalt, daß Leute, welche bey Hofe, oder sonst in der Welt, ihr Glück suchen, oder auch weite und gefährliche Reisen thun müssen, die herrlichsten Regeln und Lehren . . . alhier finden. Frankfurt & Leipzig, A. J. Felseckers Erben, 1739. 4°. *Titelkupfer,* 3 Bl. 184 S. Mod. Kunstldbd.

Eines der kuriosesten und seltensten Stücke der „Gespräche aus dem Reiche der Toten-"Serie. Der Verfasser war höchstwahrscheinlich Faßmann selbst: am Schluße der Vorrede spricht er davon, daß „schon manches Stücke von seiner Arbeit mit Vergnügen und Applausu aufgenommen" worden sei, was ja auf Faßmann zutrifft.

[—] Die neu-entdeckten Elisäischen Felder, Und was sich in denenselben sonderbares zugetragen. Als Der . . . General Friedr. Wilh. Freyh. v. K y a u, Und Der . . . Geheime Rath und Freyherr Jacob Paul von G u n d l i n g, daselbst einander angetroffen, Worinnen überaus merckwürdige und sinnreiche Discurse . . . Frankfurt & Leipzig 1735. 4°. *Titelkupfer (m. d. Porträts Kyaus und Gundlings in ganzer Figur* = S. 1/2) und S. 3—280. Hübscher neuerer Pbd.

Der erste (wichtigste) Teil dieses selbständ. Seitenstückes zu den „Gesprächen im Reiche der Toten"; es erschienen noch 4 weitere Teile. H.-G. II, 247: „Stellenweise derb und frei. Selten vollständig". FdF. 1751a: „A large reservoir of jokes and anecdotes in coarse yet courtly form, often discreetly ribald, some not without delicacy". Der Freiherr Kyau (1654—1733) war der „Eulenspiegel" des kursächs. Hofes, während Gundling (1673—1731) eine Art Hofnarr am kgl. preußischen Hofe darstellte und — eine Zeitlang zusammen mit dem Verfasser Faßmann — vor allem dem Tabakskollegium eine Zielscheibe des Spottes bot.

[—] Extraordinaires Gespräch In dem Reiche derer Todten, Zwischen Dem Heldenmüthigen und unvergleichlichen E u g e n i o Francisco, Printzen von Savoyen . . . Und Dem berühmten Französischen General, Grafen von G r a m m o n t . . . Franckfurth und Leipzig, Anno 1737. 4°. 326 (eigtl. nur 324) S., *ein Titelkupfer.* Abgenutzter und lädierter Pbd. d. Z.

Prinz Eugen erzählt ausführlich seine Taten u. sein Leben. Das Frontispiz zeigt ihn und Grammont. — Die SS. 7/8 in der Numerierung übersprungen.

Fassmann, Dav., Merkwürdiges Gespräch im Reiche der Todten zwischen — von Winterfeld und — von Nostiz, in welchem alle Umstände des jezigen Kriegs nebst vielen Particularien enthalten — — — (Mit einer Kupfertafel.) Frankfurt u. Leipzig 1758. 4

Das ausserordentliches Gespräch im Reiche der Todten, Erste Zusammenkunfft, Zwischen Zweyen Grossen Römisch-Deutschen Kaysern und Königen von Ungarn und Böheim, wie auch Ertz-Hertzogen von Oesterreich, Nemlich Alberto II Von welchem an die Oesterreichischen Kayser in unverrückter Ordnung durch dreyhundert Jahre einander gefolget; Und Ihro jüngst verstorbnen Kayserl. und Königl. Cathol. Majestät, Carolo VI. Welcher den Männlichen Stamm ... beschlossen ... Berlin, zu finden bey Johann Andreas Rüdiger. 1741.

Das neueste Gespräch In dem Reiche derer Lebendigen Zwischen dem Herrenhutischen Herrn Grafen von Zinzendorff, und einem Freymäurer. ... Mit besonderer Sorgfalt, Aufrichtigkeit und Anmuth aufgesetzet. Franckfurt und Leipzig, 1741.

Faßmann, Dav., Gespräch im Reiche der Todten. s. a. Gespräche.

* **GESPRÄCH** in dem Reiche derer Todten zwischen Henrico VIII., König von Engelland, und Solimanno II., türck. Kayser, worin beyder Historie, die z. Zt. d. Reformation sich ereichnete (so!) grosse Revolution in Engelland, die Ehe-Scheidung d. Ersteren v. seiner Gemahlin, Catharina v. Arragonien, sowie die Fata, welche der König mit seinen übrigen fünff Weibern gehabt, enthalten. Hiebey wird auch über die Frage discouriret, ob es besser wäre, mehr als eine Frau zu haben? Ingleichen eine genaue Erzehlung von dem türckischen Frauenzimmer in dem Seraglio enthalten. (Vf. *David Fassmann.*) Mit Titelkpfr. (worauf 2 Portraits). Leipzig 1720. 4°. (4 Mk. 50 Pfg. Scheible c. 1888.)

Curieuse Ge e Im Rei he derer Todten, Zwischen Dem bekandten Auctore der bezauberten Welt ... Balthasar Beckern, Der bey nahe wenig vom Teufel geglaubet: Und zwischen dem in gantz Teutschland berühmten Theologo Christian Scrivern, Der einen Menschen zurecht gebracht, so einen Pact mit dem Teufel gemacht; Darinnen ... von der Frage gehandelt wird: Ob es Menschen gebe, die einen Pact mit dem Teufel gemacht hätten? Und was dieser sonst anhängig. (Erster-) Vierter Theil. Leipzig und Braunschweig, 1731-34.

* **GESPRÄCHE** in dem Reiche derer Todten (von *Dav. Fassmann*). (240 Thle., nebst General-Register. Mit TKpfrn. Leipzig 1718—39. 4°. (In Dresden 1—174.)

Selten cplt! Wichtige Fundgrube zur Chronique scandaleuse und von nicht geringem polit. u. culturgeschichtl. Interesse. (10 Rthlr. Schletter, Breslau, c. 1860. — 240 Mk. Karl W. Hiersemann, Lpz., c. 1905; 170 Mk., 1—176, 193—240, Ludw. Rosenthal, 1910.)

[—] Gespräche In Dem Reiche derer Todten. 150 Teile (= Entrevuë 17—80, 113—160, 177—192, 209—240) in 10 Bänden u. 1 Bd. General-Register. Leipzig, Cörnerische Erben, später Wolfgang Deer, 1720—39. 4°. 11 benutzte und etwas fleckige, teilw. beschäd. HPgtbde. d. Z. (Bd. 8, 9 u. 16 etwas stärker beschädigt).

H.-G. II, 602 ff.: „Wichtige Fundgrube zur Chronique scandaleuse und von nicht geringem polit. u. culturgeschichtl. Interesse." Die Totengespräche F's (1683—1744), der zeitweilig Mitglied des Tabakskollegiums des Königs Friedrich Wilhelm I. v. Preußen u. zeitweise der Narrenrivale Gundlings war, „vereinigten alles, was die Zeit an pikanten u. lockenden Effekten hervorgebracht hatte" (R. Prutz); sie wurden oft nachgeahmt, manche erschienen in mehreren Auflagen. Unsere Sammlung umfaßt u. a. folgende Gespräche: 17. Richelieu u. Mazarin. 18. Karl II. v. England u. die Molière (= Gattin des Dichters). 19. Heinrich IV. v. Frankreich u. Admiral v. Chatillon (= Graf v. Coligny) 2. Aufl. 20. Kleopatra u. F. H. v. Montmorency, Herzog v. Luxemburg. 24. Mme. de Maintenon u. Scarron. 27. Thomas Morus u. Greiffenfeld. 29./30. Ludwig v. Baden u. Wallenstein. 36./37. Karl Gustav v. Schweden u. Friedr. Wilh. (der Große) Kurfurst von Brandenburg. 41. Pabst Gregor VII. u. Gebhard, Erzbischof zu Köln. 43. Marschall Biron u. Graf Essex. 44. Bernhard v. Sachsen-Weimar u. Prinz Joh. Wilhelm v. Gotha. 45. Herzog Ernst v. Sachsen-Gotha u. Kaiser Muley Ismael v. Marocco. 46./47. Henrietta Maria, Tochter Karls I. v. England u. Marlborough. 51. Jacob I. v. Schottland u. Kurfürst Karl v. d. Pfalz. 52. Maria v. England u. Maria v. Schottland. 53. Prinzessin v. Ursini u. Jeanne d'Arc. 54./55. Tamerlan u. Attila. 57. Eduard VI. v. England u. Johanna Gray. 58. Ziska u. Johann v. Leyden. 65./66./67. Alexander d. Gr. u. Karl d. Gr. 68. Dauphin v. Frankreich (Sohn Ludwig XIV.) u. Herzog v. Orleans. 69. Heinrich IV. v. Kastilien (d. Ohnmächtige) u. Cosimo III. Medici. 70. Ste. Geneviève v. Brabant u. Maria v. Beauvilliers. 73./74./75. Pabst Innozenz XIII. u. Abraham a Santa Clara. 77. Colbert u. Großschatzmeister Graf v. Oxford. 78. Messalina u. Eleonora Tellez de Menese. 113./114. Kaiser Bajazeth u. Schah Sefi. 116./117. Camillus u. Cäsar Borgia. 119. Sabina Poppaea u. Katharina Medici. — 120. Conrad v. Kauffungen u. Aruch Barbarossa. 123./124. Georg I. v. Gr.-Brit. u. Karl IX. v. Schweden. 129. Katharina v. Rußland u. Zenobia. 130./131./132. Nero u. Herzog Alba. 138. Fürst Menzikoff u. Marschall Ancre. 139./140. Peter II. v. Rußland u. Alexander Petrowitz. 141./142. Benedict XIII. u. Johannes XXIII. 154./155./156. Augustus u. Sokrates. 157./158. Romulus u. Julius Cäsar. 181./182. Don Juan d'Austria u. Hannibal. 183./184. Konstantin d. Gr. u. Karl v. Hessen-Kassel. 188. Artaxerxes II. u. Stephan Bathory v. Polen. 211. Friedrich III. v. Dänemark u. Norwegen u. Markgraf Georg Friedr. Karl v. Brandenburg-Bayreuth. 212./213./214./215./216. Prinz Eugen v. Savoyen u. Graf v. Grammont. 217./218. Matthias Hunniades Corvinus v. Ungarn u. Duc du Maine (Sohn Ludwig XIV.). 219. Georg Podiebrad v. Böhmen u. Kardinal Friedrich v. Hessen. 227./228. Groß-Mogol Choram (Cha-Gehan) u. Groß-Vezier Ibrahim. 229./230. Maximilian II. u. Herzog Friedr. II. v. Sachsen Gotha. 231./232. Ferdinand III. u. Herzog Ludwig Rudolf v. Braunschweig u. Lüneburg. 233. Maria v. Burgund u. Wilhelmina Carolina v. Groß-Britannien. 234./235. Duc de Grammont u. Graf v. Stahremberg. 236. Kardinal Radziejowsky u. Kardinal v. Fürstenberg. 239./240. Graf Emerich Toeckoely u. Sultan Eschref. etc. etc.

[—] Gespräche In Dem Reiche derer Todten. [16 Teile] = Dreyund dreißigste — Acht- und Viertzigste Entrevuë [in 1 Bd.] Leipzig, Cörnerische Erben, 1721—24. 4°. *Mit 16 Titelkupfern.* Benutzter Ldbd. d. Z., Rücken teilweise beschädigt.

Hayn-G. II, 602 ff. Der vorlieg. Bd. umfaßt folgende Gespräche: 33./34. Pabst Clemens XI. u. Quesnel. — 35. Kaiserin Eleonora Magdalena Theresia u. Maria Theresia v. Frankreich. — 36./37. Karl Gustav v. Schweden u. Friedr. Wilh. (der Große) Kurfürst von Brandenburg. — 38. Herzogin v. Montbason u. Graf Clermont. — 39. Sigismund III. u. s. Sohn Joh. Casimir II. — 40. Herzog Schomberg u. Graf Königsmarck. — 41. Pabst Gregor VII. u. Gebhard, Erzbischof zu Köln. — 42. Friedrich V. v. d. Pfalz u. s. Sohn Karl Ludwig. — 43. Marschall Biron u. Graf Essex. — 44. Bernhard v. Sachsen-Weimar u. Prinz Joh. Wilhelm v. Gotha. — 45. Herzog Ernst v. Sachsen-Gotha u. Kaiser Muley Ismael v. Marocco. — 46./47. Henrietta Maria, Tochter Karls I. v. England u. Marlborough. — 48. Cyrus von Persien u. Scanderbeg. — Diese 13 Gespräche stellen den dritten Band des Gesamtwerks dar, zu welchem der Verleger die späteren Auflagen der immer separat erschienenen Einzelgespräche vereinigte. Nach der 48. Entrevue findet sich mit eigenem Titel ein 16seitiges „Register Deerer Remarquablesten Sachen" des 3. Bandes.

— — Daraus folgende Entrevuen je mit TKpf.:

— —, ENTREVUE 4., zwischen ELISABETHA, Königin in Engeland, und CHRISTINA, Königin in Schweden, worinnen die Historien, Intriguen und Politik dieser beyden Printzessinnen, und folglich die Enthauptung der Schottländischen Königin Mariae enthalten. Leipzig, b. d. Cörnerischen Erben a. d. Neuen Neu-Marckt gedr. Anno 1719, 1720 und 1722 zum drittenmal. 4°. 49 Bll. mit der Seitenzahl 226—312. Unter dem Titelbilde, die beiden Königinnen darstellend, 4 Reimzeilen gestoch.:

— — ENTREVUE 6, zwischen dem weltberühmten Frantzös. Marschall VICOMTE de TURENNE u. der Hertzogin de la VALIÈRE, einer von denen Haupt-Maitressen des letztverstorb. Königs in Franckreich, worinnen die merckwürdige Historie dieser beyden Personagen u. ihre sonderbahren Avanturen enthalten, auch die Frage erörtert wird, ob eine schwartze Schönheit einer blonden, oder diese jener, vorzuziehen sey? . . . . Mit Titelkpf. (worauf die Portr. der beiden oben gen. Personen in ganzer Figur, unsign.). Zu finden in Franckfurt, Leipzig, Hamburg u. Nürnberg (o. Adresse). Anno 1720. 4°. (3 Mk. 50 Pfg. Friedr. Klüber, München, 1905.) 40 Bll. m. d. Seitenz. 385—459 (excl. Titelkpf. u. Tit.). — Unter d. Titelbilde folg. Verse:

Das Glück hat seine Tück, und die Beständigkeit
Ist weit davon entfernt; heut scheint es favorable,
Und siehet freundlich aus; doch Jammer, Hertzeleid,
Folgt morgen gantz gewiß. Ist das nicht lamentable, (sic!).

— — ENTREVUE 8, zwischen PHILIPPO II., dem mächtigen König v. Spanien, und dem ERSTEN WILHELMO von Nassau, Printzen von Oranien, worinnen viele entsetzliche Hinrichtungen enthalten, wobey die Frage vorkommt, Ob einäugigtes Frauenzimmer auch capable sey zu charmiren?. Leipzig, b. d. Cörnerischen Erben a. d. Neuen Neu-Marckt Anno 1719. zum erstenmal, und 1721 wieder neu aufgelegt. 4°. (4 Mk. Friedr. Klüber, 1905.)

— — ENTREVUE 9, zwischen HENRICO VIII König von Engeland, und SOLIMANNO II., türkischen Kayser, worinnen die remarquable Historie dieses Königs sowohl, als des Sultans; folglich aber unter andern die, zur Zeit der Reformation, sich ereignete große Revolution in Engeland, nebst der wichtigen Materie der Ehescheidung des Erstern von seiner Gemahlin Catharina von Arragonien, wie nicht weniger die andern Fata, welche er mit seinen übrigen fünff Weibern gehabt, vorkommen, anbey auch über die Frage discouriret wird, Ob es besser wäre mehr als eine Frau zu haben? Ingleichen Eine genaue Erzehlung von dem Türckischen Frauenzimmer in dem Seraglio enthalten. Mit Titelkpf. (Porträts der beiden oben genannten Personen in ganzer Figur, unsign.). Leipzig, bey denen Cörnerischen Erben, 1719; zum erstenmal gedruckt, und hernach etliche mal, auch darunter 1723. wieder neu aufgelegt, und deromalen zu haben, bey eben diesen Erben, unt. Hrn. Joh. Schwabens Hause, in d. Grimmischen Gasse. 4°. 46 Bll. m. d. S. 638—727 (incl. TKpf.). (4 Mk. Frdr. Klüber, 1905.) Unter dem Titelkpf. folgende 4 Zeilen gest.:

Obs besser eine Frau, als deren viel zu haben?
Ist eine Frage, die sich disputiren läßt.
Denn obgleich eine thut sehr vielen wohl behagen,
So dencken andre doch es seyen viel das Best.

— — ENTREVUE 12, zwischen der vor wenig Jahren verstorbenen Königin Anna v. Engeland, und Mylord Wharton, einem gewesenen Haupt der Whigischen Parthey, worinnen die veränderungsvolle Historie dieser großen Königin . . . . enthalten. Leipzig, zu finden b. d. Cörnerischen Erben a. d. Neuen Neu-Marckt, Anno 1719 u. neu aufgelegt 1721. 4°.

Gespräche in dem Reiche des Todten. (14. Entrevue) zwischen dem weltberühmten französischen Pater La Chaise und der Hertzogin de Fontanges, von welcher die grossen Kopff-Aufsätze der Frauenzimmer den Namen haben. (Vf.: *David Fassmann.)* Leipzig, 1720. 4°. (3 Mk. Scheible, c. 1895.)

Derb satyrisch, mit drastischem, auch kostümlich interessantem Titelkupfer.

— — Dasselbe. Ebd. 1721. 4°. 80 S. (4 M. 50 Pfg. Friedr. Klüber, c. 1905.)

— — Dasselbe. Ebd. 1734. 4°. (3 Kr. A. H. Huber, Salzburg, c. 1907.)

— — ENTREVUE 19, zwischen HENRICO IV ermordeten König in Frankreich, und dem Admiral von CHATILLON, sonst auch Graf von COLIGNY genannt, mit dem der Anfang der großen Massacre, ... gemachet worden, worinnen die Helden- und Liebes Historien dieses großen Königs . . . . . enthalten. Mit Titelkpf. Leipzig, bey denen Cörnerischen Erben auf d. Neuen Neu-Marckt, Anno 1720, zum erstenmal gedruckt, 1721. aber neu aufgeleget. 4°. 42 Bll. m. d. Pagination 176 bis 258 excl. TKpf. und Titel. (3 Mk. 50 Pfg. B. Seligsberg, 1907.)

— — ENTREVUE 20 zwischen der CLEOPATRA, Königin in Egypten, und Francisco Henr. VON MONTMORANCY, Hertzogen v. Luxemburg, worinnen u. a. die wundersamen Fata, Leben und Thaten dieser beyden Personagen enthalten. Mit Titelkpf. Leipzig, Cörnerische Erben auf d. Neuen Neu-Marckt, Anno 1720, und wieder aufgelegt 1721. 4°. 38 Bll. mit der Seitenzahl 260—334 excl. Titkpf. u. Tit. Unter dem Titelkpf. folg. Verse:

Die Schönheit solte zwar stets suchen ihres gleichen,
Dieweil ein Simile das Andre recht charmirt.
Allein es fügt sich oft, daß in verliebten Seuchen,
Ein häßliches Gesicht Schönheiten auch curirt.

Gespräche In Dem Reiche derer Todten, Ein und zwantzigste (-Zwey und zwantzigste) Entrevuë, Zwischen Denen Sieben Weisen aus Griechenland, Und Einem, Der auf der Welt einen Narren agiret hat, Worinen nicht nur die Historie derer Sieben Weisen und des Narren, sondern auch viele sonderbare lustige und ernsthaffte Discourse und Einfälle, enthalten ... Leipzig, bey denen Cörnerischen Erben, unter Herrn Johann Schwabens Hause in der Grimmischen Gasse A. 1720, 1721, und 1723.

— — ENTREVUE 23/24. zwischen MAD. DE MAINTENON, die noch nicht völlig zwey Jahre todt ist, und Ihrem gewesenen Ehemann, Dem Poeten, SCARRON, Worinnen 1. Ein scharffer Wort-Wechsel beyder discourirender Personen, wegen geführter mißvergnügter Ehe; 2. Ein Disput über die Frage: Ob es besser eine kluge oder tumme Frau zu haben; 3. Die Raisons, vermittelst deren das Frauenzimmer den Vorzug über das Manns-Volk zu haben prætendiret, angeführet und wiederleget (!); Dann 4. Sehr heilsame Lehren von Jungfern, Frauen und Wittwen, auch der Character, woran ihre Tugend zu erkennen, enthalten . . . . . Mit 2 Titelkpfrn. Leipzig, Cörnerische Erben, und in Hrn. Joh. Schwabens Haus i. d. Grimmischen Gasse, gedr. 1720. 1721. und 1723. 4°. I. S. 506—594. II. 595—670.

Auf dem Titelblatt der Fortsetzung steht noch Folgendes, abweichend vom ersten Titel: Worinnen unter andern remarquablen Dingen, ein abermaliger (!) Disput über das Fräuliche Geschlecht, das Portrait einer recht bösen Frau, verschiedene Exempel von schlimmen Witt-Weibern. (Derbpikantes Plagiat; vgl. Siebene, Die Böse . . . .) (Beide Theile zus. 4 Mk. 50 Pfg. B. Seligsberg, 1907.)

— — ENTREVUE 25 zwischen Dem Römischen Pabst INNOCENTIO X Und Seiner Schwägerin Der DONNA OLIMPIA, Worinnen gantz sonderbare Nachrichten vom Ursprung und Wachsthum des Pabsts und derer Cardinäle, wie auch dem sede vacante, dem Päbstlichen Begräbniß, dem Conclavi und der Wahl, ... enthalten . . . . Leipzig, ebd. Anno 1720. 1721. und 1724. 4°. 38 Bll. mit der Pagination 672—745. (3 Mk. B. Seligsberg, 1907.) Unter d. Titelkpf. folgende Reimzeilen:

Hier Leser! siehest du, was sonst noch nie erhöret,
Ein schwaches Werkzeug herrscht so über Kirch als Staat;
Wo Ehrsucht, Stoltz und Geitz ein Frauenbild bethöret,
Da steigt die Tyranney bis auf den höchsten Grad.

— — ENTREVUE 27 zwischen Zweyen unglückseligen Ministris, und zwar dem enthaupteten Cantzler in Engeland THOMAS MORUS und dem gewesenen Cantzler in Dannemarck, GREIFFENFELD, der zum Todte verurtheilet. aber pardoniret worden, und im Gefängniß gestorben . . . . Leipzig, Cörnerische Erben auf d. Neuen Neu-Marckt Anno 1721. 4°.

Sehr pikante Discurse über das Thema: „Das Vergnügen, ein Mädgen in dem Braut-Bette zu umarmen muß ohnstreitig weit größer sein, als wann es eine Wittwe ist."

— — ENTREVUE 38, zwischen der schönen MONTBASON, einer gebohrnen Hertzoglichen Fräulein in Franckreich, die sich nachhero an unterschiedene Printzen verheyrathet gehabt, u. dem Frantzösischen Grafen von CLERMONT, worinnen beyder Personen Leben u. Fata enthalten, auch die Stärcke der Liebe u. der Eyfersucht, mit ihrer entsetzlichen Wirckung . . . . zu ersehen . . . . Mit Titelkpf. Leipzig, Cörnerische Erben, 1721. 4°. 44 Bll. (2 Mk. 50 Pfg. B. Seligsberg, 1907.)

Darin viele galante, auch einige sehr pikante Liebeshändel. — Unter dem unsign., die beiden Personen in ganzer Figur darstellenden curiosen Titelkpf. folg. Verse gestochen:

Cupido höhnt die Welt, und ist ein Wechselbalck,
Sein Hertz erfreuet sich, wann er viel Unheil stifftet.
Glückselig wären viel, wo dieser arge Schalck,
Nicht hätte ihren Sinn, zusamt dem Hertz, vergifftet.

— — ENTREVUE 41. zwischen GREGORIO VII, Römischen Pabst, und GEBHARDO, gewesenen Churfürsten und Ertz-Bischoffen zu Cölln, der sich in die schöne Mannsfelderin verliebet, und sie geheyrathet, auch sich zu der protestantischen Religion bekannt, darüber aber um den Besitz seiner Lande gekommen, worinnen beyder, in der Historie sehr berüchtigten (so!), Männer Leben, Thaten und Fata, wie auch sonderbare Discurse von dem Verbot der Priester—Ehe enthalten . . . . Mit Titelkpf. Leipzig, b. d. Cörnerischen Erben auf d. Neuen Neu-Marckt, Anno 1722. 4°. 38 Bll. mit der Pagination 620—686. Unter d. Titelkupfer folgende Reimzeilen:

Hier Leser steht ein Pabst, der ehemals befahl,
Daß Priester Ehe-Stands-Lust beständig sollten haßen.
Alllein es giebt gar viel in welchen steckt ein Pfal
Des Fleisches, der da macht, daß sie es doch nicht laßen.

— — ENTREVUE 42, Zwischen FRIDERICO V, Churfürsten von der Pfaltz, welcher die böhmische Crone angenommen und seinem Sohn CAROLO LUDOVICO, ebenfalls Churfürsten von der Pfaltz, so sich in die Fräulein von Degenfeld verliebt gehabt und darüber mit seiner Gemahlin in ein grosses Mißvernehmen gerathen ist . . . . Mit Titelkpf. 38 Bll. mit der Seitenzahl 688—762. Leipzig, b. d. Cörnerischen Erben auf der Grimmischen Gassen in Herrn Joh. Schwabens Hausse, Anno 1722, wieder aufgelegt 1723. Unter dem Titelkupfer folgende 4 Zeilen:

Hier strebt des Vaters Sinn nach einer Königs Cron,
Die ihm statt Hoheit nur seinen Fall bereitet.
Und Frauen Liebe herrscht hingegen in dem Sohn,
Um die er biß in Todt mit Mißvergnügen streitet.

— — ENTREVUE 46/47, zwischen HENRIETTA MARIA, des enthaupteten Königs Caroli I in Engeland Prinzeß Tochter, welche an den letztverstorbenen Hertzog von Orleans vermählt gewesen, und dem grossen weltberühmten Englischen General Mylord-Duc von MARLBOROUGH, ... worinnen die überaus merckwürdige Historie, der Printzeßin sowohl als des Hertzogs, ... enthalten . . . . Mit 2 Titelkpfrn. Leipzig, b. d. Cörnerischen Erben, Anno 1722. 4°. SS. 1000—1152. Die Reime unter den Titelkpfrn. lauten:

I. Es schreibt sich Marlborough durch seine großen Thaten,
Ins Buch der Helden ein, mit gantz besonderm Ruhm,
Und Henrietten sind viel lose Streich gerathen:
Denn Arglist bleibet wohl der Weiber Eigenthum.
II. Ein Held kann Stahl und Bley und alles überwinden,
Er kömmt, er sieht, er steht, er ficht, er schlägt, er siegt.
Doch so ein tapffer Hertz ist nimmermehr zu finden,
Das nicht durch Weiberlist bisweilen unterliegt.

— — ENTREVUE 52, zwischen Zweyen Marien; die aber nicht aus der Zahl derer heil. drey Marien gewesen; sondern zwischen MARIA, eine Königin von Engeland, Henrici VIII. Tochter, und MARIA, eine Königin von Schottland, welche mit einem Italiänischen Lautenisten, David Riccio genannt, sehr vertraulich umgegangen, und darüber in grosses Unglück gerathen, auch endlich in Engeland enthauptet worden . . . . Mit Titelkpf. Ebd., 1723. 4°. 40 Bll. mit der Seitenzahl 240—322. (3 Mk. B. Seligsberg, 1907.) 4 originelle Reimzeilen unter d. Titelkupfer.

— — ENTREVUE 53, zwischen der weltberühmten PRINTZESSIN VON URSINI, welche vor wenig Wochen in Rom gestorben, und JEANNE D'ARC, sonst insgemein das Mädgen von Orleans genannt, von der man Wunder-Dinge lieset, worinnen der seltsame Beruff, und die hohen Thaten, wie auch das klägliche Ende der Letztern, und dann die Geheimniß- und Intriguenreiche Historie der Erstern . . . . enthalten . . . . Ebd. 1723. 4°. 38 Bll. mit der Seitenzahl 326—400. (3 Mk. B. Seligsberg, 1907.) Unterschrift des Titelkupfers:

Zwei schwache Weibsen stehn allhier vor unsern Augen,
Die doch den Thaten nach, den stärcksten Männern gleich.
Die eine wußte Helm und Degen wohl zu brauchen,
Die andre machte sonst viel unerhörte Streich.

— — ENTREVUE 56, zwischen zweyen weltberühmten gantz sonderbaren Männern, nemlich, dem Cardinal BELLARMINO, und dem Englischen Ertz-Bischoff von Canterbury, THOMAS CRAMMER (so!), der sein Leben elendiglich auf dem Scheiterhauffen endigen müßen . . . . Mit Titelkupfer. Ibid. Anno 1723. 4°. 44 Bll. mit der Seitenzahl 558—644.

Enthält Scandalosa über die Gemahlinnen Heinrichs des VIII. v. England.

— — ENTREVUE 57, zwischen EDUARDO VI. König in Engeland, Henrici VIII. Sohn, der gantz ungemeine Qualitäten besessen, aber, in der schönsten Blüthe seiner Jahre, durch Gifft aus der Welt geschaffet worden seyn solle, und JOHANNA GRAY, welche, vermöge der gemachten Disposition des jungen Königs, nach ihm, wider ihren Willen, den Thron besteigen müssen; den sie aber doch länger nicht als zehn Tage besessen, und darüber ihren Kopff, im 17 ten Jahre ihres Alters eingebüsset, worinnen die gantze Historie beyder hohen Personen, ... enthalten. Mit Titelkpf. Ebd. 1723. 4°. 37 Bll. mit der Seitenzahl 646—720.

— — ENTREVUE 59, zwischen PHILIPPO IV., König in Spanien, von dem gesaget wird, er habe Zeit seines Lebens nur dreymal gelachet, u. DONNA SCORELLA, einer Spanischen Dame, u. zugleich fameusen Courtisanin, welche auch sonst etliche schlimme u. unerhörte Streiche gespielet, u. doch ihr Glück in der Welt sehr hoch gebracht hat. Worinnen die über alle Massen remarquable Historie des Königs, u. dann auch die Avanturen der Courtisanin, folglich viele seltsame Liebes- u. andere Streiche enthalten. . . . . Mit Titelkupfer (unten 4 Verszeilen gestochen). Leipzig, bey denen Cörnerischen Erben, unter Hrn. Joh. Schwabens Haus in der Grimmischen Gasse, 1723. 4°. 39 Bll. mit der Seitenzahl 795—872. (4 Mk. Damköhler, Berlin, c. 1878; 3 Mk. Friedr. Klüber, 1907.)

— — ENTREVUE 60/61., zwischen der Königin von Franckreich ANNA, genannt von Oesterreich, einer Gemahlin Ludovici XIII. und Mutter Ludovici XIV., den sie nach einer drey und zwantzig-jährigen Unfruchtbarkeit gebohren, welche auch hernach der Regierung in Franckreich, während der Minorennität dieses Sohnes vorgestanden, dabey aber den Rath des Cardinals Mazarini fast in allen Stücken statt finden laßen; ingleichen auch sonst besagter Cardinal sehr hoch aestimiret, und einem gewissen Frantzösischen GRAFEN, worinnen seltsame Nachrichten, sonderbare Discurse, und des Grafen Erstaunens-würdige Avanturen, die er vornemlich mit Frauens-Personen gehabt, und woraus man den Character des weiblichen Geschlechts ziemlich kan erkennen lernen, enthalten sind. Mit Titelkpf. Ebd. 1723. wiederaufgelegt 1725. 4°. I. SS. 874—940. II. SS. 741—1019. (3 Mk. 50 Pfg., beide Theile zus., B. Seligsberg, 1907.) Unter den Titelkupfern zwei interessante Vierzeiler:

Die Liebe ist ein Ding von wunderbaren (!) Wesen,
Sie bringt den Printzen offt in eben das Quartier,
Das sich zuvor ein Sclav zum Nacht-Logis erlesen.
So wird ein wüstes Nest zu einem Lust Revier.

* * *

Verleumdung pfleget selbst die Tugend anzustechen,
Und Hunde bellen auch das Licht des Monden an.
Weiß Momus Veneri in nichts zu wiedersprechen (!),
So sieht er, daß er was am Absatz tadeln kan.

— — ENTREVUE 65/67, zwischen ALEXANDRO MAGNO, und CAROLO MAGNO, worinnen dieser beiden Monarchen Leben und große Thaten . . . . ingleichen ein Disput, zwischen der berühmten Hure Phryne, und Alexandro Magno, enthalten. Leipzig b. d. Cörnerischen Erben unter Hrn. Joh. Schwabens Haus, in der Grimmischen Gasse, 1724. 4°. Seite 1—232 (excl. 3 Titelkpf. u. 3 Titel). (Cplt. 4 Mk. 50 Pfg., B. Seligsberg, 1907; 8 Mk. 50 Pfg. Max Harrwitz, Berlin, 1907.)

— — ENTREVUE 68, zwischen dem A. 1711 aus der Welt geschiedenen DAUPHIN des ietzigen Königs von Franckreich Groß-Vater und dem letztverstorbenen Hertzog von ORLEANS, worinnen beyder grosser Printzen Leben, Thaten und Fata . . . . enthalten. Mit Titelkpf. Ebd. 1724. 4°. 39 Bll. mit der Seitenzahl 236—314.

— — ENTREVUE 69, zwischen dem König von Castilien und Leon, HENRICO IV., sonst der Unvermögende genannt, weil es ihm an männlichen Kräfften zum Kinder-zeugen ermangelt, und dem letztverstorbenen Gross-Hertzog von Florentz COSMO III., worinnen die Historie beyder und die seltsame Aufführung des Ersteren, in Ansehung seines Ehe-Bettes, nebst vielen andern wunderlichen Dingen enthalten. Mit Titelkpfr. Ebd. 1724. 4°. (6 Mk. Max Harrwitz, Berlin, 1907; 3 Mk. 50 Pfg. B. Seligsberg, 1907.)

— — ENTREVUE 70, zwischen der Brabantischen GENEVIÈVE, welche ihres frommen Lebens u. Wandels, auch unschuldig ausgestandener schwehren Verfolgung wegen unter die Zahl derer Heiligen versetzet worden, und MARIA VON BEAUVILLIERS, Aebtissin zu Montmartre, die, obschon auf eine kurtze Zeit, eines grossen Königs (Heinrichs IV.) Maitresse gewesen, worin beyder Historie. Mit Titelkpfr. Ebd. 1724. 4°. (3 Mk. Franz Teubner, Düsseldorf, 1898; 4 Mk. 50 Pfg. Max Harrwitz, 1907; 4 Mk. 50 Pfg. B. Seligsberg, 1907.)

— — ENTREVUE 72, zwischen dem Welt-berühmten GAUCHER von CHASTILLON, welcher, unter sechs Königen von Franckreich, Connétable gewesen, und dem frantzösischen Marschall von BUFFLERS (= Bouflers), worinnen beyder grossen Männer Leben und Thaten, ingleichen sonderbare Discurse über verschiedene andere Dinge enthalten . . . . Mit Titelkupf. Leipzig, Wolffgang Deer, 1724. 4°. 38 Bll. mit der Seitenzahl 544—618. Unter d. Titelkupfer folgende Verse:

Es wird die heutge Welt sich sehr am Halse kratzen,
Wann man sie nicht allein vor klug und weiß (!) erkennt,
Die Alten waren auch gewißlich keine Katzen,
Wie dieß bezeugt, was man die sieben Wunder nennt.

— — ENTREVUE 78, zwischen der unkeuschen MESSALINA, einer Gemahlin des Heydnischen Kaisers Claudii, und ELEONORA TELLEZ DE MENESE, welche, nach erfolgter Scheidung von ihrem erstern Gemahl, Königin in Portugall worden ist, worinnen die überaus merckwürdige Historie beyder aufgeführten Personen, folglich aber der Messalinae grosse Unkeuschheit und Grausamkeit, wie auch der andern, gegen ihren erstern Ehemann, verübte Untreue, und an ihrer eigenen Schwester begangenen Gottlosigkeit, ... enthalten. . . . . Mit Titelkpf. Leipzig, b. d. Cörnerischen Erben unter Herrn Joh. Schwabens Hause, in der Grimmischen Gasse, An. 1724. 4°. 40 Bll. mit d. Seitenzahl 1004—1082. (3 Mk. B. Seligsberg, 1907.) Unter dem Titelkupfer folgende Reimzeilen:

Zwei Dinge mag man wohl vor höchst gefährlich halten:
Ein geiles Weib, das sich der schnöden Brunst ergiebt,
Ein schönes, welches dem kann Hertz und Leber spalten,
Der Holoferni gleich, sich thöricht drein verliebt.

* — — Gespräche in dem Reiche derer Todten (von *David Faßmann*, 1683—1744), 83.—86. ENTREVUE, zwischen dem vortreflichen Moscowitischen Czaar, PETRO MAGNO u. JVAN BASILOWIZ II. (??),, ebenfalls einem großen Czaarn von Moscau, worinnen die Historie des Letztern, so nicht ohne Erstaunen kan gelesen werden, ingleichen viele Erzehlungen, von des erstern grossen u. berühmten Thaten, nebst ausführlichen Nachrichten von der Religion derer Moscowiter enthalten . . . . 4 Thle. Mit 4 (unsign.) Titelkpfrn. (mit allegor. Beiwerk). Franckfurth u. Leipzig (2—4: Leipzig, Wolffg. Deer) 1725. 4°. 26, 38, 36, 52 Bll. (Auch in Warmbrunn.) (12 Mk. M. Edelmann, Nürnb., c. 1900; Th. 1—3: 12 Kr. Halm & Goldmann, Wien, 1907.)

— — ENTREVUE 89., zwischen der Heydnischen Kayserin AGRIPPINA, des NERONIS Mutter, und MARIA DE PADILLIA (!), einer Maitresse des grausamen DON PETRO, Königs von Castilien, worinnen die seltsame und erstaunenswürdige Historie dieser beyden Personen . . . . enthalten. . . . . Mit Titelkpfr. Leipzig, Wolffgang Deer, u. in Herrn Joh. Schwabens Hause, in der Grimmischen Gasse. Anno 1720. aufgelegt 1726. 4°. 32 Bll. mit der Seitenzahl 622—692. Unter d. Titelkupfer folgende orig. Reimzeilen:

Wer auf dem Laster-Meer sich einmal embarquiret,
Fährt vielmals drinnen fort, bis daß er gar versinckt.
Man wird ganz unvermerckt zu jenem Mund geführet,
Der nahe alles frißt, von ferne lieblich singt.

— — ENTREVUE 93., zwischen der Schlangen-listigen LIVIA, des grossen Römischen Kaysers AUGUSTI Gemahlin, u. der Welt-berüchtigten FREDEGUNDA, des Frantzösischen Königs CHILPERICI I. gottlosen Gemahlin, worinnen beyder . . . . Leben u. sonderbaren Fata, auch ihre ausgeübten Boßheiten . . . . enthalten . . . . Mit Titelkpf. Leipzig, Wolffg. Deer, 1726. 4°. 38 Bll.

— — ENTREVUE 95., zwischen der Frantzösischen Königin NANTILDA, einer Gemahlin Königs DAGOBERTI I. u. der Printzeßin JULIA, einer sehr ungerathenen, u. unkeuschen, Tochter des Käysers AUGUSTI . . . . Mit Titelkpf. Leipzig, Wolffg. Deer, 1726. 4°. 36 Bll.

— — ENTREVUE 100, zwischen der CALPURNIA, einer tugendhafften Gemahlin Julii Caesaris u. der Tuscischen Marggräfin MAROZZIA, welche nach dem Exterieur, ein zwar schönes Weibsbild, in Ansehung des Gemüths aber ein Monstrum sei gewesen. Mit allegor. Titelkupf. Leipzig 1726. 4°. (6 Mk. Bielefeld, Carlsruhe, 1892.)

— — ENTREVUE 108, zwischen HERSILIA, Romuli, des Ersten Königs zu Rom Gemahlin, und OCTAVIA des grausamen Kaysers Neronis Ersten Gemahlin. Mit Titelkpf. u. Titelblatt. Leipzig wie oben 1726. 4°.

— — ENTREVUE 108, zwischen HERSILIA, welche, eine aus den. von denen Römern, mit Gewalt u. List, geraubten Sabinischen Frauenzimmer gewesen und OCTAVIA, der ersten Gemahlin des grausamen Kaysers Neronis. Mit Titelkupfr. Leipzig 1726. 4°.

Unter dem Kupfer die Verse gestochen:
Das weibliche Geschlecht wird öfters sehr verachtet,
Man nennt es ein Kraut das bös und herbe sey.
Allein wer findet nicht, der alles recht betrachtet,
Dass Coelibatus nichts als pure Stümperey.

— — ENTREVUE 111, zwischen CAESONIA, der 5. und letztern Gemahlin des Römischen Kaysers Caligulae, u. der ROXELANA, die aus einer Sklavin eine Gemahlin des türckischen Kaysers Solimanni II. worden. Mit Titelkpfr. Leipzig, verlegts Wolffgang Deer, 1727. 4°. (6 Kr. Halm & Goldmann, Wien, 1907.)

— — ENTREVUE 116, zwischen dem vortrefflichen Römischen Helden, CAMILLO, und CAESARN BORGIA, Hertzogen von Valentinois, einen (!) natürlichen Sohn Pabsts Alexandri des Sechsten. Mit Titelkpf. Ebd. 1727. 4°.

— — ENTREVUE 119., zwischen der zweyten Gemahlin des grausamen NERONIS, SABINA POPÆA (!), u. der weltberüchtigten Königin von Franckreich, CATHARINA von MEDICIS, worinnen .... beyder Printzeßinnen über alle Massen merckwürdige Historie, mithin viele Intriguen, greuliche Mordthaten, u. andere entsetzliche, aus einer schlimmen Politic herrührende, Dinge enthalten .... Mit Titelkpf. Leipzig, Wolffg. Deer, 1727. 4°. 36 Bll.

— — ENTREVUE 129, zwischen der Russischen Kayserin CATHARINA und der weltberühmten Orientalischen Königin ZENOBIA, worinnen nebst einer Lesens-würdigen Dedication und Vorrede zum 9ten Band dieser Gespräche, auch mancherley sonderbaren Discursen, die herrliche Historie beyder grossen Printzessinnen enthalten .... Leipzig, verlegts Wolffgang Deer. 1729. 4°. 31 Bll. mit der Seitenzahl 2—52.

— — ENTREVUE 130/32, zwischen dem unmenschlichen Römischen Kayser NERONE und dem, ebenfalls wegen seiner verübten Grausamkeiten, weltberüchtigten Spanischen Hertzog von ALBA, sonst einem grossen General Kaysers CAROLI V. und hernach Philipps II. Königs in Spanien, worinnen .... die entsetzliche Historie des NERONIS enthalten .... Mit 3 Titelkpfrn. Leipzig, Wolffgang Deer, 1729. 4°. SS. 54—280.

— — ENTREVUE 135, zwischen GALERIA FUNDANA, die den heydnischen Kayser VITELLIUM zum Gemahl gehabt, und CATHARINA VON MONTHOLON, einer überaus gottseligen, frommen und tugendhafften frantzösischen Matron. Leipzig, Wolffgang Deer, 1729. 4°. 31 Bll. mit der Seitenzahl 409—474.

— — ENTREVUE 147, zwischen DOMITIA LONGINA, des Kaysers DOMITIANI Gemahlin, und der Königin von Franckreich, MARGARETHA, einer verstossenen Gemahlin HENRICI IV., worinnen, nebst gantz sonderbaren Discursen, die überaus merckwürdige Historie derer beyden aufgeführten Printzessinnen, vornehmlich aber die Erstaunens-würdigen Fata der Letzteren enthalten..... Mit Titelkpf. Leipzig, Wolffgang Deer, 1730. 4°. S. 150—232. (2 Mk. B. Seligsberg, 1907.) Unter d. Kupferstich, der die Unterredenden vorstellt, folgende Reimzeilen:

Die Sehnsucht heisset nichts, wann Gottesfurcht und Tugend
Davon entfernet sind, sie ist ein eitler Tandt.
Und wer die Frömmigkeit nicht gleich liebt in der Jugend,
Der findet seine Zeit zuletzt schlecht angewandt.

— — ENTREVUE 148, zwischen JOHANNE, dem sogenannten Bastardt von ORLEANS, Grafen von DUNOIS, einem grossen frantzösischen General, und dem unlängst verstorbenen Marschall und Hertzog von VILLEROY, ... Enthält die Geschichte der Johanna von Arc, die Jungfrau von Orleans genannt, die vom Bastard erzählt wird. Mit Titelkpfr. Leipzig, Wolffgang Deer, 1730. 4°. Mit der Seitenzahl 238—304. (2 Mk. 50 Pfg. B. Seligsberg, 1907.)

Gespräche in dem Reich derer Todten, Hundert Sechs und Sechtzigste Entrevuë, Zwischen De berühmten Schweitzer Wilhelm Tell, Der sehr viel zur Freyheit seines Vaterlandes contribuiret, Und Dem Neapolitanischen Fischer Masaniello, So Anno 1647. die Rebellen zu Neapolis en Chef commandiret hat ... Leipzig, verlegts Wolffgang Deer, unter Herrn Johann Schwabens Hause, in der Grimmischen Gasse, 1732.

— — ENTREVUE 167/168, zwischen der bösen, aber auch unglückseligen Königin von Neapolis, JOHANNA I. Und dem Hertzog von GUISE, so sich Anno 1647 in die Neapolitanische Unruhe gemischet, worinnen, unter vielen besonderen Discursen, die entsetzliche Historie dieser unglückseligen Königin .... enthalten .... Leipzig, Wolffgang Deer, 1732. 4°. Mit 2 Titelkupfern. I: S. 470—536. II: S. 537—616.

— — ENTREVUE 170, zwischen dem Ein und zwantzigsten Churfürsten zu Mayntz, HENRICO II. Welcher eines Beckers sohn gewesen, und dem frantzösischen Hertzog von ROQUELAURE, worinnen das Leben und besondere Glück des Churfürsten sowohl, als des Hertzogs sinnreiche und lustige Einfälle, womit er sich am königlichen frantzösischen Hofe sehr berühmt gemacht, enthalten sind. .... Mit Titelkpf. Leipzig, Wolffgang Deer, 1732. 4°. 34 Bll. mit der Seitenzahl 698—772.

— — ENTREVUE 190, zwischen der Gemahlin des Königs v. Gross-Britanien Georg I., SOPHIA DOROTHEA, einer geb. Princess v. Zell, Braunschw.-Lüneburg, u. der Frantzös. HERTZOGIN VON CHATILLON. (R. Zinke, Dresdner März-Auct. 1906.)

— — ENTREVUE 207/208, zwischen dem Königl. Pohlnischen und Churfürstl. Sächsischen Ober Hofmarschall, REICHSGRAFEN PFLUG, und dem wegen seiner gehabten wundersamen Avanturen, in der Welt berühmt gewordenen Herrn von ROCHEFORT, einem vornehmen frantzösischen Cavalier .... Mit 2 Titelkupfern. Ebd. 1736. 4°. I: SS. 1204 bis 1261. II: SS. 1262—1326, nebst Register zum 13ten Bande. (Theil 1 apart 2 Mk. 50 Pfg. Frdr. Klüber, 1905.)

Enthält gegen Ende pikante Liebesaffairen des Vaters von Rochefort, auch Interessantes zur Geschichte August des Starken und des Hofes zu Dresden.

INNOCENZ X., Papst (reg. 1644—55). — Gespräche in dem Reiche derer Todten zwischen dem römischen Papst Innocentio X. und seiner Schwägerin (und Vertrauten), der Donna Olympia (Maldachini) (Vf.: *David Faßmann.*) Mit Titelkpf. (auf welchem die Porträts der Genannten). Leipzig 1720. 4°. ($^1/_3$ Rthl. H. W. Schmidt, Halle, vor 1870; jetzt theurer!)

— Herkunfft, Leben und Thaten, des Persianischen Monarchens, SCHACHNADYR vormals Kuli-Chan, genannt, Samt vielen Historischen Erzehlungen und Nachrichten, so das weitläufftige Persianische Reich und seine gehabten Fata, sonderlich aber die letztere grosse Revolution ... Religion, Gebräuche und Gewohnheiten betreffen ... zusammen getragen von PITHANDER VON DER QUELLE, Samt einer Vorrede Herrn JOH. CHRISTIAN CLODII ... Von der Beschaffenheit der Persianischen Sprache. Leipzig und Rudolstadt, W. Deer, 1738. Kl. 8°. 22 Bl. 770 S. 10 Bl. *M. gestoch. Frontispiz (der Schah mit Gefolge).* Leicht ben. HLd. d. Z. 120.—

[Faßmann, D.] Hof- Kriegs- und Staats-Gespräche, Zwischen Personen allerley Standes und von unterschiedenen Völckern, Erste Zusammenkunfft, Eines Oesterreichischen Grafen, mit einem Rußischen General, ... Betrachtungen über die drey hohen Todtes-Fälle, neulich: Sr. Majestät des Röm. Kaysers Caroli VI., Der Rußischen Monarchin Anna, und Sr. Majestät des Königs von Preussen Friderici Wilhelmi ... Leipzig, W. Deer, 1741. Kl. 4°. 3 Bl. 146 S. 1 Bl. Beschäd. Br. d. Z. *(Vorderdeckel u. Rücken fehlen).* in Umschlag.

Dem Avertissement des Verlegers am Schlusse zufolge handelt es sich um eine selbständige Fortsetzung der Reihe der „Gespräche im Reiche der Toten", bei der man „an der flüchtigen (i. e. flüssigen) und deutlichen Schreib-Art ... ingleichen an andern Realitaeten und Umständen ... den ersten Autorem erkennen werde".

Faßmann, Dav., allgem. Kriegsprotocoll ꝛc. 8. Erf. u. Rudolst. 741. Rthlr.

Fassmann, Dav. Allgemeines Kriegsprotokoll, worin die merkwürdigsten Kriege, so in der Welt bis auf den heutigen Tag geführt worden, enthalten. 8. Rudolstadt 1741. 1,00

Fassmann, Dav. Leben des Grafen v. Bonnoval. 8. Leipzig 1740. 0,75.

F[aßmann], D[avid]. Das Glorwürdigste Leben und Thaten Friedrich Augusti, des Großen, Königs in Pohlen und Churfürstens zu Sachsen, etc. etc.... Nebst gantz sonderbaren Nachrichten von der Gewalt und Herrlichkeit, auch denen Praerogativen, eines Königs in Pohlen, desgleichen von seiner Erwehlung und Crönung... Hamburg und Frankfurt 1733. 8°. *Sehr schönes Frontispizporträt des Königs, Fritzsch sc.,* 7 Bl. 1030 S. 13 Bl. Etwas benutzter HLdbd. von ca. 1850.

Originalausgabe der ersten ausführlichen Biographie Augusts des Starken, kurz nach dessen Tode (1. II. 1733) erschienen.

Fassmann, Dav. Glorwürdigstes Leben und Thaten Friedrich Augusts des Grossen, Königs in Polen und Churfürsten zu Sachsen. 8. Hamburg 1733. — Vermehrt von J. G. H(orn). 8. Frankfurt 1734. — 8. Leipzig 1740.

— Leben und Thaten des Allerdurchlauchtigsten und Großmächtigsten Königs von Schweden Friederici Landgrafens zu Heßen und Caßel. Biß auf gegenwärtige Zeit aufrichtig beschrieben. Frankfurt & Leipzig, verlegts Wolfgang Beer in Rudolstadt, 1736. 8°. *Mit Wappenfrontispiz, 2 Porträtkupfern und gestoch. Titel mit Vignette.* 27 Bl. 1024 S. 8 Bl. Pgtbd. d. Z. (etwas fleckig).

Originalausgabe. Die Kupfer zeigen die Porträts König Friedrichs und s. Gattin Ulrica Eleonora. In den Text sind mehrere Dokumente (Briefe, Verträge etc.) eingefügt.

(Fassmann, D.) Leben und Thaten Friderici, Königs von Schweden und Landgrafen zu Hessen-Cassel. (1080) 8. Frankfurt 1746.

— Leben und Thaten des Allerdurchlauchtigsten und Großmächtigsten Königs von Preußen Friedrici Wilhelmi Biß auf gegenwärtige Zeit aufrichtig beschrieben. Hamburg und Breßlau 1735. 8°. *Wappenfrontispiz, gestochener Titel,* 31 Bl. 1088 S. 11 Bl. *Mit Kupferstichporträts des Königs und seiner Gattin Sophia Dorothea.* Beriebener und lädierter Ldbd. d. Z. m. Rv. und Rsch. (Kleine Wurmspur im Vorderdeckel).

Originalausgabe; selten, da von der Censur verfolgt. Mit dieser Biographie rächte sich Faßmann, der von 1726—31 am preußischen Hofe gelebt hatte, dafür, daß er, neben Paul Gundling, oft als Zielscheibe des Spottes im Tabakskollegium herhalten mußte und daß ihm Friedrich Wilhelm nach Gundlings Tod nicht einige der von diesem verwalteten Ämter übertrug.

— Leben und Thaten Friedrich Wilhelm, Königs von Preußen rc. 2 Thle. 8. Hamb. 735. 740.

[Faßmann, David]. Der Gelehrte Narr, Oder Gantz natürliche Abbildung Solcher Gelehrten, die da vermeynen alle Gelehrsamkeit und Wissenschafften verschlucket zu haben, auch in dem Wahn stehen, daß ihres gleichen nicht auf Erden zu finden, wannenhero sie alle andere Menschen gegen sich verachten ... in der That aber doch selber so, wie sie in ihrer Haut stecken, Ignoranten, Pedanten, ja Ertz-Fantasten und tumme Gympel sind, die von der wahren Gelehrsamkeit ... weit entfernet. Nebst einer lustigen Dedication und sonderbaren Vorrede. Gedruckt zu Freyburg Anno 1729. auf deß Autoris eigene Kosten. 4°. *Allegor. Titelkupfer,* 19 Bl. 222 S. Hübscher Pgtbd. vom Ende des 19. Jh. mit rotem Rsch.

FdF. 1749: Faßmann's „most famous work".

PASSETEMS, Angenehmes, Durch welches zwey Freunde einander mit nützlichen und lustigen Discursen vergnügen, Und kommen in diesem Bande, so aus vier Zusammenkünfften bestehet, Insonderheit Viele Erzehlungen allerhand seltsamer Begebenheiten, als des lächerlichen Don Quixodes de la Manche (so!) und anderer (*Ollivier's* Roselli), fast auf eben solche Art berühmter Helden und Personen ihre vor; Wobey aber allemal besondere Anmerckungen gemachet, Auch die wichtigsten in (durchweg curiosen, oft jokosen) Kupffer vorgestellet werden. (Vf.: *David Fassmann.*) 6 Thle. Mit zahlreichen Kpfrn. (sämmtl. unsignirt). Franckfurth, Leipzig, und anderwärts in denen vornehmsten Buch-Läden. (Leipzig, Wolffgang Deer) 1734—43. 8°. (In Frankfurt a. M., Stadtbibl., cplt.?; 1—3 in Breslau, Kgl. u. Univ.-Bibl.: Lit. teut. III 8° 164. 3 voll.; Th. 1 in München.) Cplt. sehr rar! (15 Mk. List & Francke, Lpz., 1911.)

Nur Th. 1—3 (1734, 35, 37) lagen vor: I: Tit., 2 Bll. Vorr., 792 S., 7 Bll. Reg. II: Tit., 836 S., 4 Bll. Reg. III: 712 S. (incl. Titelkpf. u. Titel).

Enthält Auszüge in Form von Dialogen aus dem Don Quixote, den Aventures du napolitain Roselli und dem Chevalier d'Assoucy. Graesse, Trésor V, 157, der leider nicht mittheilt, aus welcher Schrift des Letzteren, der offenbar kein anderer ist als *Charles Coypeau Dassoucy*, né en 1605, † en 1674, nach Colombey (Em. Laurent) vor seiner Ausgabe der Aventures burlesques de Dassoucy (diesen Namen legte sich Coypeau selbst bei). Paris, Ad. Delahays, 1858, p. XXVII, während Gay die Daten 1604—79 hat. — Carl Wallstein: Wahrscheinlich aus: Les Aventures de Monsieur d'Assoucy. Paris, Audinet, 1677. II. 12°. Forts.: Les Aventures d'Italie de .... Paris, Raflé, 1677. II. 12°.

— Ursprung und Vortrefflichkeit des Soldatenstandes. 4. 719.

Faßmann, G., Neuigkeitenstaffette, s. Neuigkeitenstaffette.

FASSMANN, G., Kleine Neuigkeiten-Staffette aus der Unterwelt. 3. (einz.?) Aufl. Wandsbeck 1807. Rarl Weller, fing. Dr.

Fassmann, J. David, Merckwürdigster Regierungs-Antritt Sr. Preuss. Majestät Friderici II. Worinnen alles befindlich, was sich von dem Tod des Königs Friderici Wilhelmi an, bis auf diese Zeit am Königl. Preuss. Hofe, vornemlich aber in Schlesien . . . sonderbares zugetragen. Sammt . . . Nachrichten von der Person u. dem Character Sr. jetztregierenden Preuss. Majestät. (Mit Kupfer.) Franckfurt u Leipzig 1741. 8.

Fassmer, Gerhard

Licht am Ort des Todes. Totenfestpredigt von Pastor G[erhard] **Faßmer.** Halle a. S.: Bibel- u. Schriften-Verein [1905]. (8 S.) 8° [F.]
— [**Flugschriften d. Bibel- u. Schriften-Vereins zu Halle a. S. 15.**]

Faßnacht, Theophil Andr., Hofen a/N. u. s. Burgruine u. Geschichte u. Sage, m. poet. Anh. 12. (61 S. m. 1 Abb.) Bopfingen (894). (Cannstatt, G. Hopf.) — 60

Faßner, Gerh. Die Nachfolge Christi d. Thomas v. Kempen. Ein Vademecum f. evangel. Leser d. Buches. gr. 8. (IV, 53 S.) Gotha 889, F. A. Perthes. * 1 —

Fassold, Gottfried [app. Arzt]: **Ein seltener Fall von idiopathischer Darmerweiterung mit sekundärer Hypertrophie der Darmmuskulatur und Perforation ... München, kgl. Hof- u. Univ.-Buchdr. v. Dr. C. Wolf & Sohn, 1893; 13 S. 8.**
München, Med. Fak., Inaug.-Diss. v. 1894

Fassold, H., die Heizerprüfung. E. Hilfsbuch f. Locomotivheizer u. Locomotivheizer-Anwärter. 8. (40 S.) Wiesbaden 897. J. F. Bergmann. Kart. n. — 80

Fassold, H., die Heizerprüfung. Ein Hilfsbuch f. Lokomotivheizer u. Lokomotivheizer-Anwärter. 3. verb. Aufl. (61 S.) kl. 8. Wiesbaden 906. J. F. Bergmann. Kart. n. 1. —
2. Aufl. (48 S.) 903. n. — 80.

Fassold, H., d. Heizerprüfung. Ein Hilfsbuch f. Lokomotivheizer u. Lokomotivheizer-Anwärter. 5. verb. Aufl. (68 S.) kl. 8. Wiesbaden 909. J. F. Bergmann. Kart. 1. —

Faßpartie-Lieder zum 78jährigen **Stiftungsfeste** des Corps Teutonia zu Marburg 1903. *Marburg a. L. (1903): H. Bauer.* (4 S.) 8° [F.] [illegible]

Fassung

Neue Fassung der Statuten des Vereines der Buchhändler zu Leipzig, nach den Berathungen des, in der Generalversammlung vom 16. Nov. 1837 erwählten Comité. (Leipzig. Druck von B. G. Teubner.) 8°.

Fassungen, Frz. Nik., chemische Versuche u. Entdeck. zur Ersparung e. großen Menge Getreides. gr. 8. Wien 805.

Fast, Ernst [aus Altmark in Westpr.]: **Über das primäre Carcinom des Corpus uteri ... Berlin, C. Vogts Buchdr., 1895; 43 S., 2 Bl. 8.**
Berlin, Med. Fak., Inaug.-Diss. v. 10. Apr. 1895

Fast, Gerhard, In den Steppen Sibiriens. 156 S. Rosthern, Sask., Kanada: Druck und Verlag v. J. Hesse

Fast, J. J., die Cantica sacra, s. Cantica sacra, die.

Fast, M. B.

--Meine Reise nach Rußland u zurück. Nebst Autobiog d Verfassers und Kurze Gesch der Mennoniten bis jetzt. Scottdale, Pa, 1909.

Fast, M. B., Reiseberichte und kurze Geschichte der Mennoniten. Scottdale, Penn. 1910

Fast, Max: Der Adhäsionsprozess im Römischen Rechte und seine Nothwendigkeit im heutigen. Berlin (1877). (48 S.) 8°
Berlin, Jur. Diss. v. 14. Aug. 1877

Fast, Walter, Referendar aus Danzig: **Die Rechtswirkungen der erfolgten und der unterlassenen Eintragung im Handelsregister.** *Rostock 1903: C. Hinstorff.* (125 S.) 8°
Rostock, Jur. Diss. v. [30. Juni] 1903

Fastelabend - Zeitung

Buddelmeyers Fastelabend-Zeitung. Hubt Buße un eßt Pfannkuchen! Eine Fastelabend-Predigt von Abraham a Sancta Buddelmeyer. Druck von C. Schultze. 4 Bl. 4.
Flugblatt. Berlin 1848/49.

Fasten und Abstinenz, über, 8. Frankf. (Acad., Mannh.) 787.

Fasten, Das von seinem Endzwecke . . . in Missbräuche ausgeartete, der Teutschen, nach den Regeln der Haushaltungskunst geprüfet . . . Frankfurt u. Leipzig 1787. V: *Baumann, Christian.* (MGT) (Ky)

Fasten, die, d. Deutschen, das in Mißbrauch ausgeartete, (v. Chr. Baumann). 8. Frankf. u. Leipz. 787. (Wien, Heubner). 20 ℳ

Fasten, Die venusinischen. [Bonn 1856.] V: *Mommsen, Theod.* (Cat. d. Stadtbibl. Zürich. Zürich 1864—97.)

Fasten-Andacht. 16. (8 S.) Osnabrück 889. Pillmeyer. n.n. — 5

Fastenandacht, die heilige, in täglichen Betrachtungen über das bittere Leiden und Sterben Jesu Christi. Im J. 1712 für die Mitglieder der Marian. Bruderschaft zu Linz latein. hrsg. Uebers. und mit Andachtsübungen für die letzten Tage der Charwoche, sowie Meß-, Beicht- und Communiongebeten verm. von P. R. R. 16. Linz 860, Haslinger.

Fasten-Andacht zu Ehren des bittern Leidens und Sterbens Jesu Christi. 2. Aufl. 12. (12 S.) Paderborn 870, Schöningh.

Fasten-Andacht, wie sie in der Stadtpfarrkirche St. Paul in Passau an allen Freytagen, Abends vier Uhr gehalten wird. Zur gemeinsamen Andacht abgedruckt. 12. (15 S.) Passau 847, Ambrosi. n. 1 ngl

Fastenandachten, wie sie in d. Stadtpfarrkirche zum heil. Jodok gehalten werden. 8. Landsh. 818. Thomann. 1 ℳ

Fastenau, Anton, Referendar in Hildesheim: **Die Schuldtilgung** bei Mehrheit von Forderungen des Gläubigers gegen denselben Schuldner. (Geltendes Recht.) *Borna-Leipzig 1903: R. Noske.* (VII, 70 S.) 8° [J.]
Leipzig, Jur. Diss. v. 1903

Fastenau, C., Gesetz betr. die Bildung v. Wassergenossenschaften, s.: Bülow, C. Frhr. v.

Fastenau, Gottfried Christian (Esens/Friesl.), De peccato in spiritum sanctum. Diss. theol. Präs. Johann Salomon Semler. Halle (Hendel) 26. XI. 1759. 48 S. (5.—) 8598
Widm. v.: Präs., G. I. Bolz (Eben-Ezer/Amerika), Joh. Lor. Damm (Norden/Ostfriesl.)

— — Dasselbe. 1768. 52 S. o. Widm. (4.80) 8599

Fastenau, J. B., Julian der Abtrünnige. Roman aus dem 4. christl. Jahrh. gr. 8. (381 S.) Passau 888. (Waldbauer.) n. 2. —

Fastenau, Jan, a. Norden (Ostfriesland): Die romanische Steinplastik in Schwaben. Eßlingen a. N. [1906]: F. & W. Mayer. (35 S.) 8° ¶(Erscheint vollst. b. P. Neff, Eßlingen.)
Tübingen, Phil. Fak., Ref. v. Lange, Diss. v. 31. Mai 1907
[Geb. 17. Jan. 80 Norden (Ostfriesland); Wohnort: Hannover; Staatsangeh.: Preußen; Vorbildung: Gymn. Norden, Blankenburg (Harz) Reife O. 00; Studium: München 3, Berlin 3, München 3, Tübingen 3 S.; Coll. 9. März 06.]

Fastenau, Jan, die roman. Steinplastik in Schwaben. (V, 91 S. m. 12 Abb.) Lex. 8. Esslingen 907. P. Neff. 4. —

Fastenau, Joh. B., Gabriele, die Waise auf Rosenburg. Historisches Gemälde aus dem Ende des 16. Jahrh. 8. (VII, 567 S.) Graz 879. Vereins-Buchdruckerei. n. 2. —

— ein Student aus dem Waldviertl. Erzählung. gr. 8. (335 S.) Krems 876. (Wien, Kirsch.) n. 2. —

FASTENBÜCHLEIN. Belehrungen über die Pflichten der Christen in der Fastenzeit. 2. Ausg. Temesvár (Temeswar) o. J.: Diözesandruckerei. 44 S. - 8°

Fastenbüchlein von einem Prediger des Evangeliums. Altenburg 1828. V: *Petri, Samuel Frdr. Erdm.* (Ky)

Fastenbüchlein, von e. Prediger d. Evangeliums, (v. Fr. E. Petri). gr. 8. Altenb. 828. Literat.-Compt. 6 ℳ

Fastenbüchlein od. Pilgerstab auf dem Leidenswege Christi. Enth.: Meßandacht zum bittern Leiden u. Sterben Jesu Christi; Beicht- u. Communion-Andacht; verschiedene Kreuzweg-Andachten u. Litaneien, sowie e. Grabandacht nebst einigen Liedern. 8. verm. Aufl. 16. (224 S. m. Titelbild.) Linz-Urfahr 901. Verlag des kathol. Preßvereines. Geb. in Leinw. n.n. — 70

Fasten- und **Osterbüchlein,** d. i.: 53 Betrachtungen über das bittere Leiden und Sterben, die Auferstehung und Himmelfahrt unsers Herrn Jesu Christi für die Fasten und Osterzeit. Nebst Meß- und Abendgebeten, Litanei für die Fasten und Osterzeit. Für den eigenen und gemeinschaftl. Gebrauch eingerichtet von einem kathol. Pfarrer J. E. 16. (VIII, 264 S. mit 1 Holzschn.) Dülmen 885, Laumann'sche Verlagsh. 60 Pf.; geb. *

FASTENEXEMPEL, Ein. O. O. (München?) 1778. — Zweites Fastenexempel. Von P. *Joseph Maria a bove Bethlhemitico,* Concionatore Jubilato — Definitore generali, & pro tempore Præsidente & Rectore Ecclesiæ apud Moniales de tribus Magis. Gedruckt 1778. 8°. (Besass Regierungsrath Pfister in München.)
Satyr.-komische Fastenpredigten. 32 u. 46 S. Jeder Theil mit derselben Hlzsch.-Vignette. —

Fasten-Hirtenbrief des Bischofs v. Speyer, Konrad v. Busch, an den Klerus u. die Gläubigen seiner Diözese erlassen. 1906. (23 S.) 8. Speyer, Jäger. n. — 20
Vergl.: Hirtenbrief, erlassen f. die Fastenzeit.

— des Bischofs v. Speyer Dr. Konrad v. Busch, an den Klerus u. die Gläubigen seiner Diözese erlassen. 1910. (13 S.) 8. Speyer, Dr. Jäger. — 25

Fasten-Hirtenbrief des Bischofs v. Rottenburg Paul Wilhelm (v. Keppler). (7 S.) gr. 8. Rottenburg (910). (W. Bader.) — 40
Vergl.: Hirtenbrief.

Fasten-Krieg. Die in Lapp-Land vorgenommene Grosse Recroutirung der Fleischmann'schen Generalität. Verursachet zum Lächerlichen Beschluss: Bey der Stockfischischen Armee Einen unvermutheten Aussgang d. Fasten-Krieg. Lachensburg 1707. 2 Bll. 4°. (5 Mk. Ludw. Rosenthal, 1906.) Sehr selten!
So der Titel in L. Rosenthal's Cat., 1906. — Nicht bei Weller, fing. Druckorte.

Fastenküche, Oesterreichische, für 2 bis 3 Personen. Suppen u. Suppeneinlagen, Fische . . . München 1910. V: *Huber, Josephine.* (Berlzu 1918, I, 190)

Fasten- u. Quatemberkinderlehren, katholische, für d. liebe Landjugend. 8. Augsb. 819. Veith u. Rieger. 6 ℳ

Fasten- und Quatember-Kinderlehren, für die Landjugend. Augsb. 1819. V: *Königsdorfer, Mart.* (schmal)

FASTEN-LIED. Jesu Klagen über der Sünder Undank.-Pesth 1858: Druck v. Alois Bucsánszky. 4 S. - kl. 8°

ANDÄCHTIGES Fastenlied. O alle Menschen, helfet weinen, um unsern lieben Herrn und Gott. Ungarisch-Altenburg 1838: Alexander Czéh.

FASTEN-LIED zu Jesu am Oelberg. Der rote Schweiß von Jesu läuft am Oelberg, als er betet. Ungarisch-Altenburg 1877: Alexander Czéh.

FASTENLIED zum bittern Leiden Christi. O ihr Christen all vom Herzen, Christi Leiden, Kreuz und Peyn. Oedenburg 1805: Jos. Ant. Sieß.

Fastenlieder

DREI Fasten-Lieder. Wo ist Jesus, mein Verlangen, mein Geliebter und mein Freund? O Sünder! mach dich auf und geh mit mir spazieren. Da Jesus an dem Kreuze stund, und ihm sein Leichnam ward verwundt. Ungarisch-Altenburg 1847: Alexander Czéh.

DREI geistliche Fastenlieder. Ihr Christen, sehet an. Christi Mutter stund voll Schmerzen. Ich fall, o großer Gott. Ungarisch-Altenburg 1852: Alexander Czéh.

DREY schöne Fasten-Lieder. Das Erste: Wo ist Jesus, mein Verlangen, &c. Das Zweyte: O Sünder, mach dich auf, und &c. Das Dritte: Da Jesus an dem Kreuze stand, und ihm &c. Ofen 1837. Gedr. bei J. Gyurián u. M. Bagó. 4 f. - kl. 8°

DREY schöne neue Fastenlieder. o. O. o. J. o. Dr. 8 S. - 170 mm

Fasten-Mandat Sr. Erz. d. hochwürdigsten Herrn Antonius Bischofs v. Regensburg, erlassen zu Beginn der Fastenzeit 1910. (4 S.) Lex. 8. Regensburg 910. (J. Habbel.) — 10

Fasten-Ordnung in der Diözese Fulda f. d. J. 1907. Mit e. Ansprache v. Wilh. Arenhold. (11 S.) gr. 8. Fulda (A. Maier). nn — 30

Fastenprediger, der. Ein sechsfacher Cyklus v. Predigten f. die heil. Fastenzeit v. B. Maria [Lierheimer], K. Eggert, J. Füßl u. s. w. 1. Jahrg. gr. 8. (431 S.) Regensburg 890. Verlags-Anstalt. 4. —

Fastenprediger, der. Ein vierfacher Cyklus v. Predigten f. die heil. Fastenzeit v. Joh. Evangelist Zollner u. Frz. Xav. Wohlmann. 2. Jahrg. gr. 8. (VII, 102, IV, 89, IV, 104 u. IV, 188 S.) Regensburg 892. Nationale Verlags-Anstalt. 4. —

— der. Ein dreifacher Cyklus v. Predigten f. die heilige Fastenzeit v. Jos. Costa, Joh. Evang. Zollner, J. Hoffmann. 3. Jahrg. gr. 8. (VII, 248; 172 u. IV, 78 S.) Ebd. 893. 4. —

— der. Ein fünffacher Cyclus von Predigten f. die heilige Fastenzeit von E. v. Brynych, F. X. Paulhuber, Marc. Prattes u. J. Costa. 4. Jahrg. gr. 8. (VI, 156, 112, 98 u. 100 S.) Ebd. 894. 4. —

Fastenprediger, der. V. Jahrg. gr. 8. Regensburg 895. Nationale Verlagsanstalt. 4. —
Ein fünffacher Cyclus v. Predigten f. d. hl. Fastenzeit v. P. Scheichl u. Markus Prattes. C. 88. Red. (III, 86; 73, 73, 77 u. IV, 88 S.)

Fastenpredigten auf dringendes Verlangen vieler Predigtfreunde . . . zum Drucke gefördert . . . Breslau 1786. V: *Hausladen, Joh. Jos.* (MI.) »1795« (Ky)

Fastenpredigten, zum Druck gefördert durch G. G. (Jh. Jos. Hausladen). 1s Bdchen. gr. 8. Bresl. 795. J. F. Korn. 16 gl

Fastenpredigten vorgetragen in der Domkirche zu St. Pölten im Jahr 1828. Wien 1829. V: *Frint, Jacob.* (Ky) »1829—34« (EB)

— vorgetragen in d. Domkirche zu St. Pölten im J. 1828, (v. J. Frint). gr. 8. Wien 829. (Wimmer). 10 gl

Fastenpredigten, fünf, zur häuslichen Erbauung von einem katholischen Priester. Salzburg 859. Glonner. 8. (104 S.) n. 10 ngr

— vor dem Landvolke über d. Geschichte des ägyptischen Josephs. gr. 8. Grätz 819. Ferstl. 6 gl

Fastenpredigten über das Leiden Christi. Ingolstadt 1832. V: *Langenmayer, Joh. Bapt.* (Ky) (Th)

Fastenpredigten, Sechs, als ein Beytrag zur Beförderung des praktischen Christenthumes . . . Heidelberg 1791. V: *Mathy, Johann Arnold.* (MGT) (Ky)

Fastenpredigten, sechs. 8. Heidelb. Braun. 791.

Fastenpredigten, sechs, zur häuslichen Erbauung. 12. Wien, Wallishauser in Commission. 819.

— sechs, über die beim heiligen Meßopfer vorkommenden Gebete u. heiligen Gebräuche. Herausg. von einem Landgeistlichen der Erzdiöcese Cöln. Aachen 859. Hensen. 12. (84 S.) 5 ngr

Fastenpredigten, Sechs, über das Leiden Christi, vom Verfasser der Predigten vor dem Landvolke. Regensburg 1832. V: *Langenmayr, Johann Baptist.* (Russell IX, 475)

Fastenpredigten, sechs, üb. d. Leiden Christi, v. Verf. d. Predigten vor d. Landvolke (J. B. Langenmayr.) 8. (5 B.) Ingolstadt 832. (Regensburg, Manz.)

—— sechs, über das Leiden unseres Herrn Jesu Christi. Gehalten in der kathol. Universitäts-Kapelle zu Dorpat. Lex.-8. (99 S.) Dorpat 861(62). (Gläser's Verlag.) *

Fastenpredigten, sieben kurze, sehr erbauliche, üb. die Worte d. Erlösers: mein Vater, nicht wie ich will, sond. wie du willst. 8. Salzb. Oberer. (Mayr.) 812.

Fastenpredigten, 7, üb. die 7 Schmerzen Mariä. Von e. Priester der Diöcese Ermland. 8. (78 S.) Dülmen 893. A. Laumann. — 75

Fasten-Predigten eines Volksmissionärs. Hrsg. von Ant. Kerschbaumer. gr. 8. (III, 362 S.) Brixen 882. Weger. n. 3. 60

Fastenpredigten eines Volksmissionärs. Herausgegeben von Ant. Kerschbaumer. 2. Aufl. Brixen 1902. V: *Moro, Stephan.* (Margr)

(F) Fasten-Predigten eines Volksmissionärs. Herausgegeben von Dr. Anton Kerschbaumer. (Mit kirchlicher Druckgenehmigung.) 2. Auflage. Brixen. 1902. Weger. Gr.-8°. 336 S. K 3.60

Fastenpredigten über die ewigen Wahrheiten zum Selbstvortrag, verfaßt, gehalten u. hersg. zur heilsamen Beherzigung für die heil. Fastenzeit von e. Stadtpfarrer aus Tirol. Brixen 865. Weger. gr. 8. (2 Bll., 89 S.) n. 10 ngr

[F.] Fastenrath, *August* [Prof., Dir.]: *Ansprache bei seiner Einführung als Direktor der Anstalt. Quakenbrück, Druck v. H. Buddenberg, 1895;* 37—39 S. 4.
Quakenbrück, RG, OP 1895 (342)

Fastenrath. Ueber den didaktischen Werth des Französischen auf Realschulen im Vergleich zum Latein. Quakenbrück, H. B., 1873. Progr.

Fastenrath, Johannes

Fastenrath, Joh., die zwölf Alfonsos von Castilien. Histor. Romanzen-Cyclus. 8. (XII, 387 S.) Leipzig 887, C. H. Mayer. *M 4.—; geb. *

Fastenrath, Johs., s.: Balaguer, Vict., die Pyrenäen.

Fastenrath, Joh., hesperische Blüthen. Leipzig 869. C. H. Mayer. 8. (XV, 340 S.) 1 ℛ 15 ngr; geb. 1 ℛ 25 ngr

— das Buch meiner spanischen Freunde. Sonette, Romanzen u. Märchen. 2 Bde. Ebend. 871. 8. (XXXV, 484 S.; LXXVII, 432 S.) 3 *℔*; geb. 3 *℔* 20 *ngr.*

Fastenrath, Joh., Calderon de la Barca. Festgabe zur Feier seines 200jähr. Todestages [25. Mai 1881]. 8. (80 S.) Leipzig 881. Friedrich. n. 1. 50

— Calderon in Spanien. Mit einem Anhang: die Beziehungen zwischen Calderon's „Wunderthätigem Magnus" u. Goethe's „Faust". Von der Akademie der Geschichte in Madrid preisgekrönte Schrift d. D. Antonia Sanchez Moguel. 8. (III, 302 S.) Ebend. 882. n. 4. —

Fastenrath, Johs., Christoph Columbus. Studien z. span. 4. Centenarfeier d. Entdeckg. Americas. 8. (XII, 636 S.) Dresden 895. C. Reissner. n. 8. —

— Zaragozaner Dialect-Schnurren. Theilweise in köln. Mundart wiedergegeben. 12. (118 S.) Köln 901. J. G. Schmitz. n. — 50

— Über d. Don Juan-Sage, s.: Zorrilla, Don José, Don Juan Tenorio.

Fastenrath, Joh., die Eberhardo-Carolina und Eberhard im Bart. Ein Gruss zur 4. Säcular-Feier der Universität Tübingen. Aus dem Span. von Augusta Rolfs. gr. 8. (VI, 28 S.) Stuttgart 878, Lindemann's Buchh. *

Fastenrath, Johs., granadinische Elegien. 8. (IV, 112 S.) Leipzig 885. Reißner. n. 2. —; geb. n. 3. —

— die Frau d. Märchens. Drama in 3 Acten nach dem Span. d. D. José Echegaray. 8. (108 S.) Wien 883. Rosner. n. 3. —

— den deutschen Helden von 1870. Kriegs- u. Siegeslieder. Ebend. 870. gr. 8. (18 S.) 2½ *ngr.*

Fastenrath, Joh., den deutschen Helden v. 1870. Kriegs- u. Siegeslieder 6. abermals verm. Aufl. 8. (XII, 175 S.) Leipzig 870. Mayer. 1. 80

— Immortellen aus Toledo. Romanzen u. Sonette. Ebend. 869. 8. (LVI, 616 S.) 1 *℔* 15 *ngr.*; geb. 1 *℔* 25 *ngr.*

Fastenrath, Johs., ein weiblicher Don Juan, s.: Breton de los Herreros, Don Manuel.

Fastenrath, Joh., Klänge aus Andalusien. Romanzen. gr. 8. (VIII und 317 S.) Leipzig 866, C. H. Mayer. geb. *

— Luther im Spiegel spanischer Poesie. Bruder Martin's Vision nach der 10. Aufl. der Dichtung unseres Zeitgenossen D. Gaspar Nuñez de Arce im Versmaass des Originals übertr. 12. (XVIII, 44 S.) Leipzig 880. Friedrich. n. 1. 50; geb. n. 2. 50

— dasselbe. 2. Aufl. 12. (XXIII, 44 S.) Ebend. 881. n. 1. 50; geb. n. 2. 50

Fastenrath, Joan. (geb. Remscheid 3. 5. 1839): De reivindicatione utili. Berolini (1860). (63 S.) 8°
Berlin, Jur. Diss. v. 20. März 1860

— Recept gegen Schwiegermütter, s. Bloch's, E., Dilettanten-Bühne.

— ein spanischer Romanzenstrauß. Leipzig 860. C. H. Mayer. 8. (XVI, 292 S.) 1 *℔* 15 *ngr.*; geb. 2 *℔*

— im Schooße des Todes. Drama in 3 Akten, nach dem Spanischen des Don José Echegaray. 8. (XII, 108 S.) Ebend. 882. n. 1. 50

— Stimmen der Weihnacht. Lieder nach dem Spanischen des D. Ventura Ruiz Aguilera. 12. (VIII, 98 S.) Ebend. 880. n. 2. —; geb. n. 3. —

Fastenrath, Johs. Catalanische Troubadoure d. Gegenwart. Verdeutscht u. m. e. Uebersicht der catalan. Literatur eingeleitet gr. 8. (LXXII, 502 S.) Lpz. 890, Reissner. * 8 —

— von Hochzeit zu Hochzeit. Lieder aus sonnigen Tagen. 12. (344 S.) Ebend. 883. n. 4. —

—— die Wunder Sevilla's. Romanzen und Lieder. 8. (XXIV und 502 S.) Leipzig 867, C. H. Mayer. geb. mit Goldschn. *

Fastenrath, Rud., Bad Elster. Lustspiel in 4 Akten. 1.—5. Taus. (61 S.) gr. 8. Magliaso 909. Verlagsbuchh. „Ceresio". — 80; geb. in Leinw. 2. —

Fastenrath, Rud., im Haine der Musen. Neue Liederperlen, ausgewählt. gr. 8. (XV, 251 S.) Mannheim 878. Schneider. n. 4. —; geb. n. 6. —

Fastenrath, R. (Herausgeber der N. deutschen und schweizer. Dichterhalle.) Im Haine der Musen. Neue Liederperlen. 251 S. gr. 8°. Strassburg, J. Schneider. 1878.

— Fröhliches Volk im Tessin. (Lieder-Cyclus. D. Deklamations-Ausg.) Deklamationen f. gemütl., fröhl. Kreise. (16 Bl.) 8. Ebd. (909). — 40

Fastenreden von e. Schles. Stadtpf. 5 Jahrg. gr. 8. Breslau, Korn d. ältere. 795. 96. (1r 12 gr. 2r u. 3r 20 gr.)

Fasten-Ressource. Halle 1800. V: *Laukhard, Frdr. Chn* & *Dornensteg.* (GGr)

Fasten-Recource, herausg. v. Laukhardt u. Donnensteg. 8. Halle, Hendel. 800.

Fastenspeisen, 40 verdeckte, mit Devisen. Wien 1787. V: *Perinet, Joachim.* (Gust. Gugitz: J. Perinet, S. 163) (Biblrort)

Fasten-Verordnung f. d. J. 1903. Beilage zum Kirchl. Anzeiger f. d. Erzdiözese Cöln. (1 Bl.) 40,5×24,5 cm. Köln (J. P. Bachem). n.n. — 10

Fastenzeit, die heilige, in täglichen Betrachtungen über das bittere Leiden und Sterben Jesu Christi. Im Jahre 1712 für die Mitglieder der Marianischen Bruderschaft zu Linz lateinisch herausg. Uebers. u. mit Andachtsübungen für die letzten Tage der Charwoche, sowie Meß-, Beicht- und Communiongebeten verm. von R. R. Linz 858. Haslinger. 16. (X, 367 S. u. 1 Stahlst.) 18 *ngr.*

Fastenzeit, die hl. Betrachtungen üb. die geist. Schmerzen Jesu Christi. (Nach J. L. Scupoli.) Nebst e. vollständ. Gebetbuche f. die hl. Fastenzeit. Von e. Pfarrer der Erzdiözese Köln. gr. 16. (III, VI, 232 S. m. Titelbild.) M.-Gladbach (895). A. Riffarth. Geb. n. — 65

Faster, Gaspard, Dictionnaire tchèque-français et français-tchèque. 2 parties. gr. 16. Prag, Urbánek. *

Inhalt:
Partie 1. Tchèque-français. (360 S.) 875. *ℳ 4.
» 2. Français-tchèque. (458 S.) 879. *ℳ 5,60.

Fasterding, Gustav Zum 22. März 1888. 4 (1 S.).
Progr. Rprg. *Oberhausen a. d. Ruhr* 1888 (468).

Fastes, Les, du Gout. Francfort 1769—71. V: *Paradis, Nicol. Hyacinth.* (MGT)

Fastes, les, de la Grande-Bretagne, contenant tout ce qui s'est passé d' interressant dans les trois royaumes d' Angleterre. II Vol. 8. Paris et Strasbourg, König. 769.

— les, de Louis XV. de s. ministres etc. II Vol. 12. Villefranche. Steiner. 782.

— — l. m. II Vol. 8. Basel, Flick. 782.

— — l. m. II Vol. 12. Leips. Sommer.

— de la nation française, le texte rédigé p. d'Haüdricourt, av. grav. Livrais I–VI. gr. 4. Paris et Strasbourg, Treuttel et W. 804—6. (à 4 Rthlr. 12 gr.)

Fasti Austriae, in singulos Anni Menses . . . Viennae Austriae 1736. V: *Koller, Joseph* oder *Ertl, Thomas.* (SO) (JES)

Fasti consulares capitolini recens. J. C. M. Laurent. Insunt commentarii in numeros chronol. Livii, Velleji, Eutropii, aliorum, et comment. de variis urbis conditae aeris. 8 maj. Altonae 833. Hammerich. 1 ℛ

Fasti consulares imperii romani, bearb. v. Willy Liebenam, s.: Texte, kleine, f. theologische u. philologische Vorlesgn. u. Übungen 41—43.

Fasti. Fastorum Ecclesiasticorum, Libri . . . Viennae 1740—50. V (Lib. I—IV): *Steinkellner, Alois.* (V—VI): *Pohl, Joseph.* (VII. VIII. XI. XII): *Maister, Georg.* (IX. X): *Seyboldt, Jacob.* (JES)

Fastorum goritiensium lib. I. cum aduot. histor. genealog. principi Ferdinando. etc. 8. maj. Vien. Camesina.

Fasti Limpurgenses. Das ist: Eine wohlbeschriebene Chronick . . . Wetzlar 1720. V: *Emmel, Thilmann Adam.* (Kat. d. Lipperheideschen Kostümbibl. I. Berlin 1896—1901.)

Fasti Limpurgenses. Das ist: Eine wohlbeschriebene Chronick Von der Stadt und den Herren zu Limpurg auff der Lahn / Darin deroselben und umliegender Herrschafften und Städt Erbauung / Geschichten / Veränderungen der Sitten / Kleidung / Music, Krieg / Heurathen / Auffnehmen und Absterben vornehmer hoher Geschlechte / gute und böse Jahr / und anders dergleichen mehr ... beschrieben werden. Im Jahr 1617 durch Joh. Frider. Faust von Aschaffenburg zum Erstenmahl in Druck befördert; Anjetzo aber ... von neuem auffgelegt. Wetzlar / Gedruckt bey Georg Ernst Winckler ... 1720.
Tit., 7 Bl., 141 + 25 S. 8°.
Dieser und noch weiteren Ausgaben nach dem Erstdruck liegt die in der Originalhandschrift verschollene, doch in mehreren meist fragmentarischen Niederschriften überlieferte Limburger Chronik des Klerikers Tilman Elhen von Wolfshagen von 1336—1398 zugrunde
Graesse II, 555

Fasti Limpurgenses. Hsg. v. Carl Rossel. Wiesbaden 1860. V: *Elhen, Tileman.* (EB)

— proconsul. et consular. Hamburgens. fol. Hamb. 710.

* Fasti, i., della Revolutione. 8. Filadelfia. (Triest Geistinger). 800.

Fasti universit. Altorfinae. ab. a. 1717. usq. 1721. 8. Altorf.

Fasti Universitatis Altorfinae. Altorfi 1719—23. H (T. 5): *Köler, Johann David.* (ML)

Faſtlinger, M., d. Kirchenpatrozinien in ihrer Bedeutg. f. Altbayerns ält. Kirchenweſen. E. kulturgeſchichtl. Skizze. [Aus: „Oberbayer. Archiv".] gr. 8. (104 S. m. 4 Karten.) München 897. (G. Franz' Verl.) n. 2. —

Faſtlinger, Max, die wirtſchaftliche Bedeutung der bayriſchen Klöſter in der Zeit der Agilulfinger, s. a. Studien u. Darſtellungen aus dem Gebiete der Geſchichte. II. 2. 3.

Fastlinger, Max: Die wirtschaftliche Bedeutung der Bayrischen Klöster in der Zeit der Agilulfinger. *Freiburg i. B.: Herder 1902.* (VI, 182 S.) 8° [F.] ¶(Aus: Studien u. Darstellungen aus d. Geb. d. Geschichte, Bd 2, H. 2 u. 3.) München, Phil. Diss. v. 1902

Fastnacht. Basler Fastnacht 1901. [Lithograph. Abbildung der Fastnachtzüge.] 2 Bogen. 2 Bl. gr.-fol. Basel, A. Müller-Schmid. [*je* fr. —. 30]

Fastnacht. Basler Fastnacht 1902. [Lithograph. Abbildung der Fastnachtzüge.] 2 Bogen. 2 Bl. gr.-fol. Basel, A. Müller-Schmid. [*je* fr. —. 30]

Fastnacht. Basler-Fastnacht 1903. [Lithograph. Abbildung der Fastnachtszügo.] 2 Bogen. 2 Bl. gr.-fol. [Basel,] Müller-Schmid. [*je* fr. —. 30]

Fastnacht. Basler F' 1904. [Lithograph. Abbildung der Fastnachtszüge.] 2 Bogen. 2 Bl. gr.-fol. [Basel,] Müller-Schmid. [*je* fr. —. 30]

Fastnacht. Basler F' 1905. [Lithograph. Abbildung der Fastnachtszüge.] Bogen 1 [einzig erschienen]. 1 Bl. gr.-fol. Basel, A. Müller-Schmid. [fr. —. 30]

Fastnachtküchlein, Das, oder warnung Büchlin. Dass Fassnachtküchlein ist mein nam . . . O. O. u. J. V: *Herxheimer, Bernhard.* (GGr) (Haydinger)

Fastnachtnummer. Der Neuen Glarner Zeitung Fastnacht-Nummer. Organ für Stumpfsinn und Vergnügen. Jahrg. 1. Nr. 1. Glarus, im Februar 1902. [Illustriert.] [4 S.] 4. Einzelnummer fr. —. 20

Faſtnachtsabend, der, oder die Privatkomödie. Schſpl. mit Geſang in 3 A. Hamb. 804. Vollmer. (Herold jun.) 8 ℊ

FASTNACHTS-ALMANACH auf das Jahr 1832 für Hypochondristen, hysterische Frauen und alle Leute die gern lustig seyn wollen u. es aus sich selbst nicht können. 1. (einz.?) Jahrg. Preis 1 Rthlr. Merseburg. (1831). 12°. 238 S. (12 Mk., leicht fleckiges Expl. in vielfarb. Cartonbde., Bernh. Liebisch, Lpz., 1907.)
Seltener Almanach, m. farbigem Titel, 2 Teufel u. 2 Fratzen darstellend. Enth. viele freie Gedichte, sowie Parodien auf die Klassiker.

Faſtnachts-Almanach auf d. J. 1832 u. 33., für Hypochondriſten, hyſteriſche Frauen u. alle Leute, d. gern luſtig ſein wollen u. es aus ſich ſelbſt nicht können. (Komiſche Gedichte.) 1r, 2r Jahrg. Mit 4 ill. Steindr. kl. 16. Merſeb., Weidmann. (à 1 ℛ) 2 ℛ

Faſtnachts-Aufführungen. Nr. 1—4. 8. Leipzig, G. Richter. à Nr. 1. 50
Menſchenherz, das gebratene. Schauerkomödie m. Geſang in 4 ganz kurzen Akten v. B. L. O. D. Sinn. (30 S.) (909.) (Nr. 4)
Neuker, Fel., der intern. Damen-Ringkampf zu Knautſchenbach. Orig.-Burleske in 1 Akt. (22 S.) (909.) Nr. 2)
— Im Familienbad Luft! Orig.-Burleske in 1 Akt. (19 S.) (909.) (Nr. 3)
Rudolph, B., 3 Koſtümfeſt-Aufführungen. (Ausflug in die Kolonien. Nordlandfahrt. Bundesſchießen.) Anh.: Maskenball-Programm. (15 S.) (909.) (Nr. 1.)

Faſtnachts-Aufführungen f. T. B., hrsg. v. Engelbert Müller, Germersheim 1893, 40 S., 8°.

Faſtnachtsbüchlein, ſ. Raßmann.

Faſtnachts-Bühne. 1.—4. Heft. 8. Berlin 889/890. Laſſar. à n. 1. 50
1. Nur Mut, es wird ſchon ſchief gehen! Ritterkomödie m. Hinderniſſen in 1 Akt v. W. Frerking. (23 S.)
2. Das Gaſtſpiel der Meidinger. Wallenſtein's Lager. Die Piccolomini. Wallenſtein's Tod. Große Trilogie m. Pro- u. Epilog ganz frei nach Schiller v. R. Koß. Darzuſtellen in 10 Minuten. — Agamemnon's Liebesnot, od. der Raub der Chryſeïs. Geſangs-Burleske nach e. altgriech. Handſchrift, bei Gelegenheit der Schliemann'ſchen Funde entdeckt v. M. Schumm. Polykrates, od. die beſiegelringte Freundſchaft. Geſangs-Burleske, nach Schiller's fataler Kismet-Ballade unter e. höheren Geſichtskreis bearb. v. M. Schumm. — Der Sängerinnenkrieg auf der Narrenburg. Faſtnachtsſcherz m. Geſang f. 7 Damen v. J. Fleck. (32 S.)
3. Zwergtheater [Musée lilliputien]. Parodiſtiſche Scherz-Aufführgn. in 12 Bildern v. E. Sédouard. (29 S.)
4. Tannhäuſer, od. die Kellerei auf der Wartburg. Große ſittlich-german. Oper m. Geſang u. Muſik in 4 Aufzügen. Text, Kompoſition Dekorationen u. Beleuchtg. v. Demſelben. (30 S.)

Fastnachts-Bühne. 5.—49. Hft. 8. Berlin, E. Bloch. à n. 1.50

Inhaltsübersicht in alphabetischer Ordnung:

Anders, N. J., neue Volksausg. der Klassiker. Goethe-Zitate, parodiert in leb. Bildern. Mit Stellungs-Plänen. (23 S.) 890. (9. Hft.)
— dasselbe. Heine-Zitate, parodiert in leb. Bildern. (23 S.) 890. (11. Hft.)
— dasselbe. Schiller'sche Zitate, parodiert in leb. Bildern. (21 S.) 890. (6. Hft.)
— das Wunder-Panorama, s.: Södouard, E., Museum.
— im Zigeunerlager od. braune Kinder. Ein Zigeuner-Festspiel m. Gesang u. Tanz. (22 S.) 890. (14. Hft.)
— das Raritäten-Kabinett. Gesellschafts-Scherz v. N. J. Anders. — Michel in der Turnstunde. Komische Duett-Scene v. Camillo Schwarz. (30 S.) 891. (21. Hft.)
Ariadne auf Naxos, s.: Frerking, Wilh.
Belling jun., Tom, Clown-Scherze f. 2 bis 3 Herren. Komische Clown-Unterhaltgn. während der Aufführung leichter akrobat. Scenen. (30 S.) 891. (17. Hft.)
Clowns-Zwiegespräche. 20 groteske, ohne Vorbereitgn. überall vorführbare Scenen u. Gespräche f. 2 Herren vom Clown August. (34 S.) 894. (45. Hft.)
Studentinnen-Ulk. Scherz-Scene f. e. heiteren Abend von Joh. Cohn-Philippson. — Das Menuet. Ein Traumbild v. Joh. Cohn-Philippson. — Cotillon-Scherz f. 2 Damen v. Julie Thiel. (22 S.) 894. (47. Hft.)
Don Carlos. Tragödie im Depeschen-Stil f. 3 Herren frei nach Schiller. (17 S.) 894. (49. Hft.)
Vorführung d. Phonographen. Gesellschafts-Scherz v. Edi Sohn. — Tello Sänger-Bürgschaft der Jungfrau, od.: Der Fluch der Ibyche v. Orleans. Tragische Mischmasch-Komödie in Schillernden Versen von Wilh. Kranikus. (32 S.) 891. (22. Hft.)
Ehre, die, d. Hauses, od.: Ein Königreich f. e. Frack. Familienjammer in 1 Akt als parodier. Schwank od. schwank. Parodie. (24 S.) 891. (19. Hft.)
Euripides junior, Stillleben in Troja od. Hektors Schwiegermama od. das verhängnisvolle Rendezvous. Tragisches Familienbild in 3 Akten. (26 S.) 893. (25. Hft.)
Frerking, Wilh., Marmorbilder. Ausführliche Anleitg. zum Stellen v. Bildern u. Gruppen als gesellschaftl. Unterhaltg., m. 10 Skizzentaf. u. e. Vorspiel: Die Schulreform in Alt-Griechenland. (20 S.) 893. (28. Hft.)
Frerking, Wilh., eine Sängerfahrt nach Afrika. Schwank mit Gesang u. Tanz zur Aufführung in Gesang-Vereinen u. (28 S.) 893. (33. Hft.)
— deutsche Turner u. griechische Götter. Festspiel m. Gesang u. 2 turner. Aufführgn. an belieb. Geräten f. Turn-Vereine. (20 S.) 893. (32. Hft.)
— das Volksfest in Zopflingen od. e. neuer Sängerkrieg. Karnevals-Aufführg. m. Quadrille- u. Gesangs-Einlagen f. Kostüm-Feste. (23 S.) 893. (27. Hft.)
— Des Komos Erdenfahrt. Karnevals-Revue aller Völker u. Zeiten v. Wilh. Frerking. — Ariadne auf Naxos. Ein tragikom. Drama. (25 S.) 894. (38. Hft.)
— Prolog zur Fastnachts-Feier v. Wilh. Frerking. — Professor Lindemanns sprechendes Panoptikum. Gesellschafts-Scherz v. Wilh. Frerking. — Eine Droschkenfahrt. Gesellschafts-Scherz in 1 Akt v. A. Koebke. (18 u. 12 S.) 893. (31. Hft.)
Galli Matthias, Roderich u. Kunigunde od. der Eremit vom Berge Prazzo od. die lange verfolgte u. zuletzt doch triumphier. Unschuld. Fastnachts-Drama in 4 Akten m. sattsamer Musikbegleitg., Gefechten u. Evolutionen ausgestattet, durch e. Tyrannen u. mehrere Räuber schauerlich, durch e. heiml. Ehe interessant gemacht. (45 S.) 893. (35. Hft.)
Gollos, R., naturhistorisches Kabinett. Humoristisch-naturwissenschaftl. Vorträge m. Demonstrationen. 1. Pflanzenkunde. 2. Aus dem Mineralreich. 3. Experimental-Vorträge üb. Physik. 4. Vorlesung üb. organ. Chemie. (Auszuführen durch e. Vortragenden u. 2 stumme Personen) (35 S.) 894. (37. Hft.)
— das niedere Tierreich. Humoristisch-naturwissenschaftl. Vorträge m. Demonstrationen. 1. Die Schmetterlinge. 2. Die Käfer. 3. Neu entdeckte Parasiten. 4. Die Urtiere. (Auszuführen durch e. Vortragenden u. 4 stumme Personen.) (23 S.) 894. (36. Hft.)
Karnevals-Zeitungen. Hochkom. Musterblätter z. Herstllg. v. Witzblättern f. karnevalist. Belustiggn. 1. Abtlg. Kladderadatsch. Lustige Narrenblätter. Der närrische Floh. 4. (18 S.) 890. (10. Hft.)
— dasselbe. 2. Abtlg. Narren-Ulk. Deutsche Wespen. Fliegende Narren-Blätter. 4. (18 S.) 890. (12. Hft.)
Kindermann, Karl, 2 Kostümball-Aufführungen. Das Fest der Bergleute. Große Scherz- u. Zauber-Operette m. obligatem Punsch, bengal. Beleuchtg. u. Knalleffekten. Ein Winzerfest. Fest-Aufzug mit Gesang u. Tanz. Bacchus u. Gambrinus, od.: Begegnung auf dem Maskenballe. Große Sing-, Sprech- u. Trink-Oper in 1 Aufzuge. (23 S.) 894. (48. Hft.)
Knips-Hasse, A., das Automaten-Kabinett. (25 S.) 894. (41. Hft.)
Koebke, A., eine Droschkenfahrt, s.: Frerking, Wilh.
Kranikus, Wilh., Tell's Sänger-Bürgschaft, s.: Edi Sohn.
Langen, E. v., drei Festspiel-Aufführungen im Bauern-Kostüm, bestehend aus Vorspiel, Tanz u. leb. Bild. Die Dorfschule. Das Erntefest. Weihnachten auf dem Lande. (29 S.) 890. (15. Hft.)
— drei Festspiel-Aufführungen aus Märchen u. Sage. Im Märchenreich. Im Schlaraffenland. In der Spinnstube. (60 S.) 893. (31. Hft.)
— die Geselligkeit. Eine Festspiel-Aufführung m. Gesang u. Tanz. (19 S.) 891. (18. Hft.)
— drei Jahrmarkts-Festspiel-Aufführungen. Der Jahrmarkt. Die Vogelwiese. Schützenfest. (35 S.) 893. (29. Hft.)
— drei Kostüm-Festspiele in sommerlicher Kleidung. Eine Landpartie. Die Weinlese. Besuch in den Kolonien. (26 S.) 891. (24. Hft.)
Müller, Frdr. v., die Räuber. Ein Schauspiel in 6 Akten u. e. Entschuldigg. Musik von Wolfg. Amadeus v. Schulze. Repertoir-Stück d. Parodie-Theaters zu Berlin. 12. (32 S.) 883. (30. Hft.)
Pauska, Frdr., König Oedipus, od.: Das verwickelte Familienverhältnis. Fastnachts-Tragödie in 3 schauderhaften Akten. (21 S.) 890. (16. Hft.)
Der Raub, od.: Sabine — 'rin! od.: Beweis, daß die Wolfsmilch doch giftig ist, od.: Edler Römer, warte mal! Historisch-blut. Schauerdrama m. e. Pro- u. e. Epilog v. Plautus u. Terenz Nachfolger. (26 S.) 890. (13 Hft.)
Schnellmaler, der, s.: Schwarz, Camillo.
Schulze, Wolfg. Amadeus v., s.: Müller, Frdr. v., die Räuber.
Schumm, Max, das Wettrennen. Gesellschafts-Scherz. — Der Momentphotograph. 16 humoristisch-photograph. Einzelbilder m. Klavier-Begleitg. — Die schöne Helena. Karnevalistische Bier-Oper in 2 Akten. (26 S.) 890. (7. Hft.)
Schwarz, Camillo, Michel in der Turnstunde, s.: Anders, N. J., Raritäten-Kabinett.
— das parodierte Varieté-Theater. Groteske Scenen f. 2 Herren. Text u. Musik v. Camillo Schwarz. — Der Schnellmaler. Gesellschafts-Scherz. (20 S.) 891. (23. Hft.)
Södouard, E., Kabale u. Liebe in Kamerun. Schwarz-weiße Kolonial-Pantomime m. Musik in 2 Bildern. (17 S.) 890. (5. Hft.)
— Cirkus Stolperbein. Anleitung zur Herstellg. der Cirkus-Manege u. Ausführg. der einzelnen Programm-Nummern. (39 S.) 891. (42. Hft.)
— Museum mechanischer Figuren v. E. Södouard. — Das Wunder-Panorama. Scherzbilder m. erläut. Text v. N. J. Anders. (26 S.) 894. (43. Hft.)
Seyffert, Herm., klassische Muster-Aufführungen v. Drama u. Oper m. verfrühten Schlüssen. Faust. Wilhelm Tell. Hamlet, Prinz v. Dänemark. Don Juan. (36 S.) 894. (44. Hft.)
— Volkslieder in pantomimischer Vorführung. 1. Abtlg. 1. Dr. Eisenbart. 2. Der Wirtin Töchterlein. 3. Im schwarzen Walfisch. 4. Die Hussiten. 5. Der unerbittl. Hauptmann. 6. Hildebrand u. Hadubrand. 7. Frl. Kunigund. (40 S.) 894. (39. Hft.)
Seyffert, Herm., Volkslieder in pantomimischer Vorführung. 2. Abtlg. 1. Die Lorelei. 2. Das Fuchsenlied. 3. Erlkönig. 4. Kunz v. Kauffungen. 5. Lob der edlen Musika. 6. An den Mond. 7. Eduard u. Kunigunde. (42 S.) 894. (40. Hft.)
Thiel, Julie, Cotillon-Scherz, s.: Cohn-Philippson, Joh.
Verlosung, humoristische, zugleich e. Anleitg. zur Veranstaltg. v. humorist. Versteigergn. (24 S.) 891. (20. Hft.)
Die Walküre. Gesangs-Drama, in 2 Aufzügen zusammengezogen, frei nach dem schweren Rich. Wagner. Einrichtung d. Stadttheaters v. Stockerau der Frau Dir. Schnabelhofer, m. e. erklär. Prologe v. ebenderselben. (25 S.) 890. (8. Hft.)
Wenzel, S., die spröde Siegelinde od. Liebe u. Hiebe. Große romant. Türken- u. Ritter-Komödie m. Gesang in 2 Akten. (28 S.) 893. (26. Hft.)
Wie es gemacht wird! Vorführung v. Zauber-Kunststücken, magnet. u. spiritist. Experimenten, sowie Hellseher-Künsten, m. überrasch., vor dem Zuschauerkreis zu geb. Erläutergn. v. Bellachini dem jüngeren. (26 S.) 894. (46. Hft.)

Fastnachtsbühne. 50.—54., 58.—63. u. 65.—86. Hft. 8. Berlin, E. Bloch. à n. 1.50

Inhaltsübersicht in alphabet. Ordnung:

Anders, J. R., Raritäten-Sammlung, s.: Cohn-Philippsohn, Jos.
Belly, Geo., d. rätselhafte Erscheing. od. im Zaubersalon. Burleske m. Ges. in 1 Akt. M. neuen Couplet-Versen v. Edm. Braune. Musik v. R. Bial. (36 S.) 896. (58. Hft.)
Bertramseck, Ritter v., König Agamemnons Glück u. Ende. Fastnachts-Tragödie m. Chören in 2 Auf- u. Abzgn. (21 S.) 898. (77. Hft.)
— Bildergallerie, die. Diesjähr. Gemälde-Ausstellg. i. d. Salons d. Alten, Modernen u. Zukünftigen unt. Spezialberücksicht. d. garnicht Eingesandten u. Zurückgewies., ausgest. u. aufgehangen v. d. Jury d. sezessioniertesten Zukunftsmalerschaft. (18 S.) 896. (66. Hft.)
Blume, Osc., Mi-ma-pi-tu od. d. fidele Harlkirl od. d. Leben ist doch wunderschön. Wechselvolle Schauerposse in 3 ungleichen Hälften v. Bim-bam-borio. Aus d. chines. Urtexte übertr. u. f. deutsche Kneipabende zurechtgestutzt. (19 S.) (838) 898. (83. Hft.)
Busse, Hans, Madame Sans-Gêne. Parodie in 3 Bildern. (30 S.) 895. (50. Hft.)
Chemnitz, M. L. v., Don Guano od. d. steinerne Gastwirt. Große außerordentl. Oper ohne Gesang in 12 Akten, unt. Mitwirkg. d. Hrn. Mozart. B. Aufführg. in fidelen Kreisen bearb. (14 S.) 898. (70. Hft.)

— d. blut. Pantoffel an d. Kirchhofsmauer od. d. vergiftete Dreierbrödchen. Große histor.-romant. Tragödie in 5 Aufwickelgn. 2. Aufl. (16 S.) (885) 898. (76. Hft.)

— Spiritus u. Seifenschaum od. d. Ueberrumpelg. auf d. Kampfplatze. Thränenerpreß. Drama in 2 Akten. Am Schlusse kriegen sie sich. (19 S.) (885) 898. (82. Hft.)

Cohn-Philippsohn, Jos., e. hypnot. Sitzung. Scene in e. Gesellschaft f. 2 Personen. — Anders, R. J., Raritäten-Sammlung. 2. Tl. d. Raritäten-Kabinetts. (35 S.) 895. (53. Hft.)

Detloff, M., d. Antiquitäten-Handel. Fastnachts-Scherz, vorzutragen v. e. weibl. od. männl. Barden. — Nasche, E., 2 Kostümball-Aufführgn. in sommerl. Kleidg. (1. E. Sommerfest d. Gebirgsvereins. 2. E. Strandfest m. anschließ. Fischerreigen. (43 S. m. Abb.) 895. (54. Hft.)

Dienes, Heinr., Ritter Schreckensteins Bekehrung. Fastnachtsposse in 1 Aufz. (35 S.) 895. (52. Hft.)

Gollos, R., Tanzpausen. Humorist. Solovorträge, aufzuführen zw. d. einz. Tänzen im Ballsaal u. z. Einltg. d. Cotillon-Ordensverteilg. (21 S.) 898. (60. Hft.)

Jürs, Heinr., neues Schatten-Theater. 2., verm. Aufl. (42 S.) 898. (84. Hft.)

Kavizell, Nepomuk, Roderich d. Furchtbare od. Liebe, Spund u. Cognac. E. rühr. Possensp. in 1 traur. Akt. 4. Aufl. (28 S.) 898. (69. Hft.)

Koninski-Weiß, M., d. Männer-Emanzipation i. J. 2000. Humorist. Zukunftsbild m. Gesang unt. Benutzg. bekannter Melodien. (18 S.) 898. (85. Hft.)

Kopal, Gust., d. Ohrenbalsam d. Eremiten od. d. ungehörte Vaterfluch, oder d. Backenstreiches Fluch u. Segen. E. ritterl. Schausp. m. Gesang, Tanz, Gefecht u. Feuerwerk in 2 Aufzgn. u. e. Vorsp. 2. Aufl. (34 S.) (888) 898. (67. Hft.)

— d. geschundene Raubritter od. Minne u. Hungerturm od. d. lange verschwiegene u. endlich doch an d. Tag gekommene Geheimnis. Trauersp. in 3 Akten. 3. Aufl. (48 S.) (894) 898. (68. Hft.)

Krawall u. Liebe um Lowise. E. bürgerbräuart. Schauer-, Trauer-, Thran-, Thränen-, Gift- u. Mordlustspiel in 5 Akten v. Schillers Tante. (34 S.) 896. (61. Hft.)

Kronoff, Frida v., Prinz Karnevals Sieg. — Prinz Karnevals Flucht. Aufführg. z. Schluß d. Wintersaison. (24 S.) 898. (86. Hft.)

Lauer, K. A., Kunigunde v. Wolfenbüttel od. d. Liebe ist d. Wurzel alles Uebels oder d. Turnier zu Pferde. E. niedlich-romant. Ritterschausp. in 1 Aufz. u. in 2 Verwandlgn. m. Musik u. Ges. 2. Aufl. (16 S.) (886) 898 (71. Hft.)

— Schäferstunden od. wie d. Alten sungen, so zwitschern d. Jungen. E. romantisch-classisch, modern-tragikom. Schausp. m. Ges. u. Tanz in 3 aufeinander folg. Abtheilgn. 1. Abth.: Hero u. Leander. E. Idylle aus d. class. Alterthume in 1 Aufz. (26 S.) 898. (72. Hft.)

— dasselbe. 2. Abth.: d. Chevalier v. Clodoches. E. Schäfersp. in 1 Akt aus „d. guten alten Zeit". (28 S.) 898. (73. Hft.)

— dasselbe. 3. Abth.: Nand'l u. Nazi, oder d. Berliner im Gebirge. Ländl. Scene m. Ges. u. Tanz in 1 Act. (34 S.) 898. (74. Hft.)

Lerchenschnabel, Balthas. Aegidius, d. Troubadour oder Ständchen u. Zweikampf um Mitternacht oder d. am Hochgericht wahnsinnig gewordene Zigeunerin u. d. Miserere ihres Sohnes. Große Oper in 4 Akten. N. d. Ital. v. S. Cammarano frei übers., gründl. verarb. u. neu durchges. Musik v. Verdi. 2 Aufl. (52 S.) 898. (75. Hft.)

Lüders, C. E., Parodier. leb. Bilder. (Lebende Bilder f. Herrenabende) (8 S.) Marienburg (896.) (63. Hft.)

Masche, E., 2 Kostümball-Aufführgn., s.: Detloff, M.

Sanftenbruch, Ernst v., König Heinrich. Wildromant. Ritterschmöker m. Säbelgeklirre u. Schwertergerassel u. ein. Singsang in 4 gewalt. Sensationen. (22 S.) 896. (62. Hft.)

Schönsee, G., Aufführungsscherze in kom. Kostümen f. fidele Abende. 2. Aufl., durchges. u. verm. v. E. Sédouard. (30 S.) 896. (65. Hft.)

Seyffert, Herm., Mister Hagenbeck-Pascha m. s. afrikan. Zwergen-Truppe. Gesellschafts-Scherz. (20 S.) 895. (51. Hft.)

Spitzel, Nicodemus, Dum Carlos, d. reitende Infanterist v. Spanien od. d. schreckl. Folgen d. Trunkenboldigkeit. E. dramat. Ungeheuer, nach d. besten carnevalist. Quellen, n. d. Punch, Kladderadatsch 2c. 2c. frei bearb. Aus d. Spanisch-Bittern ins Federweiße übers. Musik v. Capellmeister Nanu. Mit Pro- u. Epilog nebst Zwischenreden. (53 S.) (888) 898. (78. Hft.)

Wenzl, S., Kunibert oder d. unbewußte Sohnesmord aus Liebe. Ritter-Schauer-Posse m. Ges. in 2 grauenhaften Absätzen. (24 S.) (876) 898. (79. Hft.)

— Salz-Häringe oder d. Macht d. Kümmels. Schauerposse in 3 Hälften. 2. Aufl. (26 S.) (880) 898. (80. Hft.)

— die blamirte Ahnfrau oder d. verhängnißvolle Kinderschuh. Eine Ritter- u. Geister-Komödie m. Ges. in 2 sehr interessanten Aufzügen. (31 S.) (884) 898. (81. Hft.)

Wurst, Hans, d. Walpurgisnacht im Waldhorn od. auf d. Walze. Posse m. Ges. in 1 Aufz. f. 8 Herren. (38 S.) 898. (59. Hft.)

Zahmenbruch, Ernst v., die Quitzows. Trauer-Drama m. Gesang u. Tanz. 2. Aufl. (37 S.) 893. (56. Hft.)

Fastnachts-Bühne. 55.—57., 64 u. 87.—90. Hft. 8. Berlin, E. Bloch. à n. 1.50

55. Prinz Tu-Ta-Tu. Burleske m. Gesang nach Sauvage von Louis Angely. (53 S.) 886.
56. Die Quitzow's. Trauer-Drama m. Gesang u. Tanz. Von Ernst v. Zahmenbruch. (41 S.) 890.
57. Die Ehre, od.: Die Jöhre, od.: Wenn ich sowas höre! Von H. Suderfrau. (30 S.) 891.
64. 6 Pantomimen v. G. Schönsee. 1. Die Liebe i. d. Barbierstube. 2. Der listige Schuster. 3. Das Gespenst im Kamin. 4. Der Dorfbader. 5. Der Polterabend. 6. Des Turner's Sieg. (37 S.) Marienburg 893.
87. Pantomimen- u. Schattenbilder, neue. 1. Bremer, P., Schelmenstreiche, od.: Das ungetreue Kindermädchen. Soldaten-Pantomime. 2. Bremer, P., Eine Tugendheldin, od.: Der ahnungslose Oberkellner, od.: Die umgeschüttete Tabaksdose. Pantomime. 3. Thimm, Frdr., Ueberlistet. Radfahrer-Pantomime m. Blumenkorso. 4. Bremer, P., neun humoristische Schattenbilder. (22 S.) (899.)
88. Die einsamen Menschen vom Schillersee. Moderne Bauerntragödie in 1 Akt. Von Rud. Bernauer u. Carl Meinhard. (15 S.) (902.)
89. Nora, letzter Akt, letzte Scene. Von Rud. Bernauer. In der Bearbeitg. v. Frank Wedekind, Maeterlinck, Georg Hirschfeld, Alexander Bisson, Josef Lauff anempfunden. (15 S.) (902.)
90. Im Zuschauerraum. Komische Intermezzi im Publikum. 1. Raabe, Jul., in der Loge. Burleske Scene f. 6 Herren. — 2. Jaffé, Selma, im Parkett. Unangebrachte Theaterstörg. in 1 Auftritt. — 3. Jaffé, Selma, auf d. Amphi-Platz. Humoristisches Intermezzo aus dem Zuschauerraum in 2 Aufzügen. (37 S.) (902.)

Fastnachtsbühne, 91.—94. Heft. 8. Berlin, E. Bloch. à n. 1.50

91. Serenissimus in Nöten. Tragikomisches Intermezzo in 1 Akt. Von Pet. Luft. (Repertoirestück der „Elf Scharfrichter", München.) (19 S.) (903.)
92. Der gemordete Damenkaffee od. Mal ganz was anderes. Ein tieftraur. Nachtbild menschl. Verworfenheit m. leb. u. toten Bildern f. 2 Leierkasten-Barden u. 9 Personen zu leb. Bildern. Von M. Koninski-Weiß. (18 S. m. 8 Abb.) (903.)
93. Ritter Kuno, od.: die straf. Hand! od.: Rache u. Blutdurst. Komische Scene f. 4 Herren. Von A. Laufs. — Monna Vanna. Travestiertes Bühnen-, Fest-, Weih-, Bei- u. Nachspiel (sehr frei nach M. Maeterlinck) in 3 Hauptstücken. Von Rich. Heymann. Gezieret m. erläut. Bildwerk v. E. Riesen. (16 u. 28 S.) (903.)
94. Eine Ehe-Irrung. Fastnachts-Schnurre in 2 Halbakten. Von O. Steiner. (22 S.) (904.)

Fastnachts-Bühne. 55., 95.—99. Heft. 8. Berlin, E. Bloch. à Heft 1.50

Laufs, A., das Auge des Gesetzes. Fastnachts-Scherz. (24 S.) (908.) (Heft 97)

Maul, Elise, Prinz Dodo v. Pralinesien. Märchenschwank m. Gesang in 3 Aufzügen. (30 S.) (909.) (Heft 55)
Tritt an Stelle der früheren Nr. 55.

— 5 lustige Schattenspiele. (24 S.) (907.) (Heft 95)

Werkmeister, E., die verkürzte Jungfrau v. Orleans. Schwank in 1 Vorspiel u. 3 Akten. (30 S.) (908.) (Heft 96)

Wilhelm, Rich., Alexander d. Große auf dem Rade. Scherzspiel m. Gesang in 1 Aufzug. (27 S.) (909.) (Heft 98)

— Direktor in Nöten. Scherzspiel in 1 Aufzug. (17 S.) (909.) (Heft 99)

Fastnachts-Epistel an die Freunde und Freundinnen 1876. Winterthur 1876. V: *Geilfus, Georg*. (zuwzür 16, 1912, II, S. 39)

(U.-Titel:) Fastnachtsfeier | für | das christliche Volk. | Von | einem Geistlichen. | Mit bischöflicher Approbation. | Donauwörth. 1886. | Druck und Verlag der Buchhandlung L. Auer. | Agentur in New York bei Jos. Schaefer, | 60 Barclay Street 60. (= *Schutzengelbrief*, 24).
16 S., 117 × 82, Fig. S. 9: *Der trauernde Schutzengel*, 71 × 47
Diöz.-B. Rottenburg.

Faust – s. Nr. 53: *Das ärgerliche Leben*, Nr. 242: *Des Erzschwarzkünstlers ... Leben*, Nr. 474: *Das höchst wunderbare ... Leben* und Nr. 596–597: *Leben, Thaten und Höllenfahrt.*

FASTNACHTS-GRILLEN. O. O. u. J. (ca. 1700). 4°.
4 Bll. In Versen. — Köhler, Lpz., Cat. 33. no. 443.

Fastnachtspiece, Die, mit ästhetischer Anschaulichkeit vorgestellt ... Neuburg 1784. V: *Aschenbrenner, Beda.* (MGT)

Fastnachtspiel, s. a. F a s t n a c h t s s p i e l

Fastnachtspiel, Ein. Germania [Erlangen 1821.] V: *Hase*, *Carl August.* (GGr) (MGT) (wr)

Fastnachtspiel, Ein hüpsch, von dem Elsslin trag den knaben, vnd von Vly Rechenzan, mit jrem Eeelichen Gerichtshandel kurtzwylig zu lesen. O. O. u. J. V: *Manuel, Niclaus.* (Gottsched, Vorrat I, 158.) (BGE IV², 395)

Fastnachtspossen. Ein toll- u. ausgelassen Spiel von Hans Sachsen, weiland ehrsamen Schuhmachermeisters u. Meisterpoeten in Nürnberg. Vermeldet: wie er durch Gottes Güte aus der Höllen Fegfeuer auf die Welt ist geschicket worden, was er seltsamliches hier unten gesehen u. erlebet, sothanes in preisliche Verse gebracht u. zu einem wackern Tagbuch zusammengestellet hat u. nachhero wieder ist aufgefahren zu seinen Vätern. Säuberlich gesammelt u. ans Licht gestellet durch Richard Hugo 1897 A. D. [Zürich]. V: *Zoozmann*, *Richard.* (EB)

Fastnachtspossen. Ein toll u. ausgelassen Spiel von Hans Sachsen, weil. ehrsamen Schuhmachermeisters u. Meisterpoeten in Nürenberg. Vermeldet: wie er durch Gottes Güte aus d. Höllen Fegfeuer auf d. Welt ist geschicket worden, was er seltsamliches hierunten gesehen u. erlebet, sothan in preisl. Vers gebracht u. zu e. wackern Tagbuch zusammengestellet hat u. nachhero wieder ist aufgefahren zu s. Vätern. Säuberlich ges. u. ans Licht gestellet durch Richard Hugo. 8. (101 S.) Zürich 897. Verlags-Magazin. n. 1. 60

Fastnachtsspiel, s. a. F a s t n a c h t s p i e l

Fastnachtsspiel, d. schön kurzweilige, von d. alten u. neuen Kunst. 8. Berl. 802. Schöne. 6 gr.

Fastnachtsspiele

— —, A l t e D e u t s c h e. Hrsg. von B. I h r i n g e r. Stuttgart, o. J. (Mk. 3—.) (1 Mk. 80 Pf., Origbd., M. Glogau jr., Hamburg, 1911.)

Fastnachtsspiele aus dem fünfzehnten Jahrhundert. Gesammelt von Adelbert Keller, s. a. **Bibliothek des litterarischen Vereins** in Stuttgart, Bd. 28—30. 46.

§ * **FASTNACHTSSPIELE** a u s d e m f ü n f z e h n t e n J a h r h u n d e r t. (Hrsg. von Adelbert K e l l e r). Th. 1. 2. Stuttgart, literar. Verein, 1853. — Th. 3. Anmerkgn. des Herausgebers, Register. Ibid. eod. a. — N a c h l e s e (Th. 4.) von Adelb. v. K e l l e r. Ibid. 1858. 8⁰. (In Berlin: Yp. 7001.) (45 Mk. B. Liebisch 1902; 60 Mk. Calvary & Co., 1897.)
Enth. 132 zum Theil sotadische Fastnachtsspiele u. in Bd. 3 Abdrücke von Gedichten, Räthseln etc., worunter sotadische. Als Verfasser einzelner Stücke kennt man nur *Hans Folz, Hans Rosenplüt* u. *Niklaus Manuel.*
I: 2 Bl. u. S. 1—496; II: 2 Bl. u. S. 497—1074; III: 3 Bl. u. S. 1075—1621; IV: 2 Bl. u. 367 S.

F a s t n a c h t s - S p i e l e a u s d e m X V. J a h r h. Hrsg. von Adelbert K e l l e r. Theil. 3. Stuttgart, literar. Verein, 1853. 8⁰.

Fastnachtsspiele, mittelniederdeutsche, s. a. D r u c k e d. Vereins f. niederdeutsche Sprachforschung.

— —, M i t t e l n i e d e r d e u t s c h e. Mit Einleitung u. Anmerkgn. von W. S e e l m a n n. Norden u. Leipzig 1885. (Drucke des Vereins für niederdeutsche Sprachforschung. I.) 8⁰. (Mk. 2—.) (2 Mk. Alfr. Lorentz, Lpz., 1905; 1 Mk. 40 Pfg. E. Geibel, Hannover, 1908.) (In Rostock, Landesbibl.)

— —, R e g e n s b u r g e r. Hrsg. von Aug. H a r t m a n n. München, 1893. 8⁰. (1 Mk. Rossberg, Lpz., 1910.)

Fastnachts-Alk. Kölner Carneval im Jubeljahre 1873. Protokolle der Sitzg. der großen Carnevals-Gesellschaft. Nr. 1—9. Fol. (à 1 B.) Cöln 873. Heyn's Verl. n. 1. 65

Altonaer Fastnachts Umzug-Zeitung 1901 ? Altona
Humorous paper

Fastnachtszeitung. Basler F"-Z' 1905. [Jahrg. 1. Illustriert.] Redaktion: K[arl] Thoms. ([Mit:] Beiblatt ... No. 2. Erstes Blatt.) 8 [+8] S. 4. (Basel, Gasser & Cie.) [fr. —. 30]

Bummelauer [sic] Fastnachts-Zeitung: 1900 ? Blumenau
Sub title: Unabhängiges deutsches Narren Blatt

Fastnacht-Zeitung, deutsche, 1898. Hrsg. v. Otto A m b r o s c h i t s c h u. Frz. S c h ö n i n g e r, unt. freiwill. Mitarbeit deutscher Schriftsteller, Maler u. Zeichner. Fol. (12 S. m. Abb.) Cilli 897. G. Adler. n. — 30

Fastnachts-Zeitung des Kladderadatsch. 1 lithogr. Bog. in Imp.-Fol. Berlin 849, Hofmann und Comp. *

F a s z e l, Passionsblume. 8. Cöln, Haas u. Sohn.

Faszer, Fr.: A n l e i t u n g über die Bereitung des Mörtels aus hydraulischem Kalke in Beziehung auf die Auffindung des sich hierzu eignenden Mergels, u. s. w. 2. Aufl. München. 1832. 8. 5 Sgr.

Faszer, Fr.: Über das V o r k o m m e n des hydraulischen Kalks in der Keuperformation, über die Dauerhaftigkeit und rückwirkende Festigkeit desselben in den Steinen. München. 1836. 8. 10 Sgr.

Fat, le vieux, ou les deux Vieillards, Comédie en 5 Actes en vers par Andrieux. gr. 8. Rudolst. Hofbuchhandl. 811.

Fata Reverendissimi . . . Clementis Augusti, utriusque Bavariae Ducis ... in Episcopum Monasteriensem . . . electi . . . 1719 Monasterii Westph. V: *Zimmermann*, *Heinrich.* (SO)

Fata Collegii Heidelbergensis Societatis Jesu, ab anno 1622, usque ad annum 1722 in lucem data . . . Heidelbergae 1712. V: *Heidt*, *Adam.* (JES)

Fata, Eleutherii Pannonii mirabilia, dum . . . famosi duo libelli Babel et Ninive in lucem venissent . . . S. l. 1791. V: *Horányi*, *Alexius.* (Pk)

— — e i n e s K l o s t e r b r u d e r s, oder Leben, Meinungen, G e n i e s t r e i c h e, G l ü c k s - u. U n g l ü c k s f ä l l e d e s B r u d e r s A g a t a n g e. (Galanter u. abentheuerlicher Roman.) Leipzig, 1800. Bei Karl Franz Köhler. („Preis 1 Thlr. 4 Gr.") (1 fl. 36 xr. Scheible, v o r 1870; jetzt theurer!)
Titel u. 358 S. (2 Thle.; Th. 2 beginnt mit S. 179.) — Uebersetzung eines (noch nachzuweisenden) französ. Originals.

Fata aus Hans Buckels Leben. Epischer Schwank in 6 Gesängen v. Reimlein. gr. 8. (7¼ B.) Erlangen 832, Heyder.
Neue, wohlf. Ausg. vom: Die B u c k e l l a d e rc., vgl. dies.

— u. Lebensgesch. einer W i e n e r i n, in Gestalt eines Passagiers. 8. Wien, Bernardi. 770.

Fata Lusatica. Bautzen 1758. V: *Sühnel, Johann Christian.* (ML) (OL)

Fata, Merckwürdige, der Gross-Britannischen Crone, sint der Zeit, da die Religion reformiret worden . . . Hamburg 1714. V: *Dobbeler, Dietrich de.* (Schles)

Fata Morgana. Spiegelbilder aus der Vergangenheit aller Völker. Original-Novellen treu nach authent. Geschichtswerken. 1. und 2. Bd. (à 12 Hefte.) gr. Lex.-8. (à Heft 48 S.) Berlin 851—52, Sacco. (à Heft 5 Ngr.) à Bd.

Fata Morgana. Spiegelbilder aus der Vergangenheit aller Völker. Original-Novellen treu nach authentischen Geschichtswerken. 3—8. Bd. (Jahrg. 1853—58.) Berlin, Sacco. 4. Jeder Bd. (à 12 Hefte à 3 Bgn.) 2 ℛ

Fata Morgana. Spiegelbilder aus der Vergangenheit aller Völker. Original-Novellen treu nach authentischen Geschichtswerken. 9—11. Bd. od. Neue Folge. 6—8. Bd. à 12 Liefgn. (à 48 S.) Berlin 859—61. Sacco. 4. Jeder Jahrg. 2 ℛ

Fata Morgana. Encyclopädisch-belletristische Wochenschrift. Redig. und hrsg. von Hermine Czigler von Eny-Vecse. 52 Nrn. 4. (à Nr. 16 S.) Pest 864, Selbstverlag. **

Fata Morgana oder die Trugbilder des Lebens. Frei nach dem Engl. 16. (188 S. mit eingedr. Holzschn. und 1 Holzschntaf.) Bremen 871, Verlag des Tractathauses. *

Fata Morgana. Lyrisch-choreograph. Drama in 4 Akten. Text v. S. H. Mosenthal. Musik v. Jos. Hellmesberger jun. Für das k. k. Hofoperntheater in Wien. 12. (36 S.) Wien 886. Kilnast. —50

Fata Morgana od. die Trugbilder des Lebens. Frei nach dem Engl. 2. Aufl. 12. (188 S. m. Abbildgn.) Bremen 889. Verlag des Traktathauses. Geb. in Leinw. n. 1.25

Fata Morgana od.: Die Trugbilder d. Lebens. Frei nach dem Engl. gr. 16. (148 S. m. 29 Abbildgn.) Neu-Ruppin 902. Lichtenthal bei Baden-Baden, Christl. Kolportage-Verein. —60; kart. —80

Fata morgana. Gegenwart u. Zukunft der österreichisch-ungar. Monarchie. Reiseeindrücke eines Unbefangenen. (42 S.) gr. 8. Berlin 905. Herm. Walther. n. 1.—

Fata Morgana, e., am politischen Horizonte u. die Machinationen der Diplomatie im Oriente. gr. 8. (63 S.) Berlin 876. Stuhr. n. 2.—

Fata, Neue, einiger Seefahrer

— — dasselbe, m. K. 8. Breslau, Korn d. ält. 769.

Fata, Neue, einiger Seefahrer, besonders Gustav Moritz Franckens. Ulm 1769. V (Theil 1 u. 2): *Bartholomae, Joh. Daniel.* (GGr III, 264)

— — Neue, einiger See-Fahrer absonderlich Gustav Moritz Frankens eines Deutschen, seine Reisen zu Wasser und Lande, Glücks- und Unglücksfälle in Europa und andren Weltgegenden, dessen sclavischer Aufenthalt in der Türkey, wunderbare Befreyung und fernere ausserordentliche Begebenheiten in einem heidnischen Koenigreiche etc. Mit untermischten Lebensbeschreibungen anderer Personen . . . . ergötzend beschrieben . . . . von ***. 2 Thle. (Th. 2 verfasst von *Johann Daniel Bartholomaei.*) Mit 5 Kpfrn. (incl. 1 Karte). Ulm, Bartholomaei, 1769. 8°. 890 S. (10 Mk. Frz. Teubner, c. 1898.)
Nicht bei Ullrich.

— neue, einiger Seefahrer, sonderl. Gustav Moritz Franken, eines Deutschen. 2 Thle. m. K. 8. Ulm, Bartholomäi. (Sommer in Lpz.) 769.

Fata et res gestae Jesu Christi. s. K. F. Bahrdt.

— —, Seltsame, einiger neuer Seefahrer, Welche auf ihren Reisen zu Wasser und Land viele Glücks- und Unglücksfälle erfahren, Und endlich mit großen Reichthümern wieder in ihr Vaterland zurücke gekommen. Zur Ergötzung curioser Gemüther von Ihnen selbst zum Druck befördert. Regensburg, verlegts Johann Leopold Montag und Johann Heinrich Gruner. 1773. 8°. 236 SS. Titel roth u. schwarz. (Besitzt Dr. Ullrich in Brandenb. a. Havel.)

— seltsame, einiger Seefahrer, welche auf ihren Reis. viel Glück u. Unglück erfahr. 8. Regensb. Montag. 772.

Fata Telemachi. Ulmae 1755. Ü: *Trautwein, Gregor.* (Barbier)

Fata, Heidelbergensis Universitatis ex infelici bello, nec non subsidia e pace nata fugitivo depicta calamo ad perpetuam inauditi belli pacisque diu desideratae memoriam. S. l. 1802. V: *May, Franz Anton.* (Erman & Horn, Bibliogr. d. dtsch. Universitäten. 2. Leipz. u. Berl. 1904.)

Fata, Uranies Styriae, seu descriptio speculae mathematicae Graecensis. Graecii 1748. V: *Hillmayr, Carl.* (Jes)

— wunderbare, oder merkwürd. Lebensgeschichte einer gebornen reisenden Wienerin in Gestalt eines Passagiers. 8. Wien 769 Beck. 8 gr.

FATA, Wunderbare, und merkwürdige Lebensgeschichte einer gebohrnen reisenden Wienerinn in Gestalt eines PASSAGIERS. (Typ. Ornam; Vign. u. Zierleiste.) WIEN, Verlegts Augustin Bernardi. 1769. 8°. (4 Mk. 20 Pfg. R. Härtel's Dresdner April-Auct. 1909.)

— — Dasselbe. Ebd. 1770. 8°. 252 S. (1 fl. 12 xr. Scheible, vor 1870; jetzt viel theurer!)

Fata, Wunderbare und scherzhafte, eines gebornen Laubaners . . . O. O. 1762. V: *Menzel, Carl Christian.* (Ky) (OL)

Fata, wunderl., e. Cidevants, v. Fr. Laun, (Fr. A. Schulz). 8. Dresden, Arnold. 796.

— — dasselbe, s. a. d. Mann mit d. rothen Mütze.

Fata, Wunderliche, eines Cidevant . . . Schneeberg 1799. V: *Schulz, Friedr. August.* (MGT)

Fata, Wunderliche, einiger Seefahrer, absonderlich Albert Julii eines gebornen Sachsens . . . Nordhausen 1731—43. V: *Schnabel, Johann Gottfried.* (GGr) (Ebert)

— wunderl., einiger Seefahrer, absonderl. Albertus Julius, e. gebornen Sachsen, v. Gisander. 4 Thle. 8. Nordhausen, Groß. 768.

— — derselb. 4r Thl. 8. Nordhausen, Nitzsche. 768.

Fatalis, der Bruder, (J. F. Castelli), der Schicksalsstrumpf. Tragödie in 4 Akt. 8. Leipz. 818. Brockhaus. 1 ℛ

Fatalis, Jokosus, (ps.) klägl. u. bewegl. Geschichte von e. d. witzigsten Köpfe u. ersten Humoristen Deutschlands. Zur Warnung für alle aufblühende Genies, in saubere Reime gebracht. gr. 8. Berl. 826. Conier. 6 ℳ

Fatalitäten, Lustspiel in 5 Aufzügen. Frei nach d. Franz. von W. A. Herrmann. gr. 8. Hamburg 839. Berendsohn. 3/8 ℛ︁ℊ︁

Fate, the, of Fenella, s.a. Collection of British authors, vol. 2829.

The Fate of Fenella. A novel. By twenty-four authors. Copyright ed. Leipzig: Tauchnitz 1892. 294 S. 8°
(Collection of British authors. Tauchnitz Ed. Vol. 2829.) [II. 7891

Fater, Sabina, von Odessa: Aus der Berner Universitäts-Augenklinik. (Direktor: Prof. Dr. A. Siegrist.) Hydrodiaskop und Keratokonus. Mit 3 Abbildungen. Stuttgart 1906. 19 S. 8°. [19. XII. 06.]
Bern. Med. Diss. 1906/1907.

Fater, Sabina. Hydrodiaskop und Keratokonus. Diss. Med. Bern. Mit 3 Abbildungen. [Sep.-Abdr. aus: Klinische Monatsblätter für Augenheilkunde. Jahrg. 44, Beilageheft.] *Kopftitel:* Aus der Berner Universitäts-Augenklinik. ⟨Direktor: Prof. Dr. A[ugust] Siegrist.⟩ 19 S. 8. Stuttgart, Hoffmannsche Buchdr., 1906.

Fater, Sabina. Hydrodiaskop und Keratokonus. Mit 3 Abbildungen. (Aus der Berner Universitäts-Augenklinik. [Direktor:] Prof. Dr. A[ugust] Siegrist.) Sonder-Abdruck aus Jahrg. 44, 1906, Beilageheft [von:] Klinische Monatsblätter für Augenheilkunde.... II S. + S. 93—109. 8. Stuttgart, Verlag Ferdinand Enke.
Ausg. B. — Ausg. A: Diss. Med. Bern *(s. Bulletin 1907, S. 126).*

Fath, Carl, s. Fath, Karl

Fath, Fritz, die Lieder d. Castellans v. Coucy, nach sämmtl. Handschriften kritisch bearb. gr. 8. (94 S.) Heidelberg 883. (Weiss' Sort.) 1 80

Fath, G., u. F. Hepting, Lesebuch für die Oberklassen der katholischen Volksschulen, s. Hepting, F.

Fath, G., und F. Hepting, der Realunterricht für die vier ersten Schuljahre in seiner natürlichen Verbindung mit dem Sprachunterrichte, s. Hepting.

Fath, Georges, un mari en vacances. Suivie de „Cinthie.“ Naumbourg 857. Exped. d. Bibliothèque choisie. 16. (158 S.) 10 ngr

Fath, Geo., un mari en vacances. Suivie de „Cinthie.“ (Bibliothèque choisie. Vol. 183.) 16. (158 S.) Paris 857. [Naumburg, Paetz.]

Fath, H. und Glöckler, G., Behelf zur Lösung schießtechnischer Aufgaben für das Repetiergewehr Nr. 95. 3. Aufl. 8°. 2. Teile † K 3.–
Wien: W.W. Seidel & Sohn, KuK. Hofbuchhandl. 1907.

Fath, Jacob [aus Nussdorf]: Die Schicksalsidee in der deutschen Tragödie ... München, Druck v. L. Wildenauer, 1895; 35 S. 8.
Leipzig, Phil. Fak., Inaug.-Diss. v. [17. Juli] 1895

Wegweiser zur Deutschen Litteraturgeschichte. Bibliogr. Grundriss f. Vorlesungen u. z. Selbststudium. Von Dr. phil. J[akob] Fath. T. 1. Die älteste Zeit bis z. 11. Jh. [Mehr nicht erschienen.] Würzburg: Stahel 1899. (VIII, 90 S.) 8° [od. 5130 9

Fath, Karl

Fath, Carl: Die Haftung für Tiere nach römischem Recht, älterem deutschen Recht und nach dem Bürgerlichen Gesetzbuch. Heidelberg 1906: D. Straus. (58 S.) 8°
Heidelberg, Jur. Fak., Ref. Buhl, Diss. v. 7. Jan. 1907
[Geb. 9. Sept. 83 Lörrach; Wohnort: Heidelberg; Staatsangeh.: Baden; Vorbildung: Gymn. Lörrach, Heidelberg Reife Juli 01; Studium: Heidelberg 7 S.; Rig. 23. Febr. 06.]

Fath, René, e. amerikan. Heirat, s.: Universal-Biblioth.

Fath, Siegmund [pr. Arzt]: Über Kolpitis infectiosa '(gonorrhoica)'. Nach Beobachtgn in d. Heidelberger Kinder-Klinik ... Berlin, Buchdr. v. G. Schade, *1893;* 50 S. 8.
Heidelberg, Med. Fak., Inaug.-Diss. v. [2. Aug.] 1893

Fath, Wilhelm [pr. Arzt aus Bergzabern (Pfalz)]: Historisch-kritische Abhandlung über den als delirium acutum bezeichneten Krankheitszustand. . . . Strassburg, Univ.-Buchdr. v. J. H. Ed. Heitz (Heitz & Mündel), 1880; 114 S. 8°
Strassburg, Med. Fak., Inaug.-Diss. v. 1880

Fathom, Ferdinand, s.a. Begebenheiten.

Fathom, Ferdinand, Grafen v., Begeb. 2 Thle. 8. Copenhagen, Rothe. 770—71.

Fathom, Graf Ferdinand.
Vom Verfasser des Peregrine Pickle. A. d. Engl. übers. v. Fr. v. Oertel. Sorau u. Leipz. 1799. V: *Smollett, Tob.* (GGr VII, 719)

— Graf Ferdinand, v. Verf. d. Peregrine Pickle, neu a. d. Engl. übers. 2 Thle. 8. Lpz. Weygang. 799.

— Ferdinand, Graf v., m. K. 8. Wien, Aloys Doll. 802.

Fatianoff, Wassily, Cand. med., aus Simbirsk (Russland): Zur Statistik und Aetiologie der Herzklappenfehler. Basel 1910. 28 S. 8°.
Basel. Med. Diss. 1909/10.

Fatimah, la fille du chef kirghiz. Nouvelle par F. P. Traduction de A. Godart. gr. 16. (63 S.) Metz 894. P. Even. — 25

Fatime oder die junge Marokkanerin; ein Schauspiel. Bayreuth 1770. V: *Krauseneck, Joh. Chph.* (Ky)

Fatio, François: De nuptiis. 10 S.–
Basel, Jur.Diss.v. 27.Mai 1721.

Fatio, G(uillaume), und Luck, G(eorg). Augen auf! Schweizer Bauart alter und neuer Zeit. Mit Illustrationen von J[ohn] J Redmond, A(lfred) Pellegrini & C[amille] Robida. 185 S. 4. Genf, Genfer Verlags-Gesellschaft «Atar», 1904. [geb. fr. 20.–]

Fatio, G., u. G. Luck, Augen auf! Schweizer Bauart alter u. neuer Zeit. Mit Illustr. v. J. J. Redmond, A. Pellegrini & C. Robida. (183 S.) 4. Genf 904. (Leipzig, G. Hedeler.) Geb. in Leinw. n. 16. —

Fatio, Joh. Rudolf: De conjugio. (Resp.: E. Bruckner). 9 S.– Basel, Jur. Diss. v. 28. Jan. 1749.

Fatio, Joh.Rudolf: De origine et privilegiis tribuum praesertim in civitate nostra earumque cum republica nexu I. 32 S.–
Basel, Jur.Diss.v. 2.Sept.1774.

Fatio, Joh.Rudolf: De origine et privilegiis tribuum praesertim in civitate nostra earumque cum republica nexu II. 25 S.–
Basel, Jur.Diss.v. 20.Sept.1774.

Fatio, Joh. Rud. Dissertatio de Rudolpho Habsburgico nondum rege et eius usque ad summam hanc in Germania dignitatem gestis. 4. Basilae 1754.

Fatio, Joh.Rudolf: De servitute originaria, s. Thurneysen, Joh.Rudolf (Praes.)

Fatio, Johannes: Helvetisch-Vernünftige Wehemutter, oder gründlicher Unterricht, wie mit den Schwangern, Gebährenden, Kindbetterinnen und neugebohrnen Kindern umzugehen, selbige gebührend zu verpflegen, und in allerhand ihnen zustossenden Kranckheiten zu begegnen seye. Samt einer ausführlichen Beschreibung von Fortpflanzung des menschlichen Geschlechts... 489 S., gbd., Abb.

Basel: Imhof 1752

Fatio, Numa, Anleitung für das Zielschießen mit dem Perkussionsgewehr. Bern 858. (Heuberger.) 16. (45 S. u. 2 lith. Taf. in Fol.) n. 6 ℳ

Fatio, Phil., faune des vertébrés de la Suisse. Vol. 3. gr. 8. Basel 872. Georg. n. 14 40
3. Histoire naturelle des reptiles et des batraciens. Avec 5 planches (lith.) dont 3 color. (603 S.)
Der 2. Bd. erscheint später.

Fatio, Viktor

Fatio, V., über die Anwendung der Laterna magica in öffentlichen Vorlesungen zur Demonstration der Phylloxera vastatrix und der charakteristischen Merkmale der durch dieselbe bedingten Krankheit des Weinstocks. gr. 8. (3 S.) Heidelberg 878, C. Winter's Universitäts-Buchh. *
Aus: Annalen der Oenologie, besonders abgedruckt.

Fatio, Vict., les campagnols du bassin du Léman. gr. 8. (79 S. mit 6 Stnt., wovon 5 ill. und 1 in Tondr.) Basel 867, Georg. **

Fatio, V., et Th. Studer, catalogue des oiseaux de la Suisse, élaboré par ordre du Département fédéral de l'industrie et de l'agriculture [division des forêts], avec le concours de nombreux observateurs en divers cantons. 1. livr. Rapaces diurnes. Avec 7 cartes. gr. 8. (108 S.) Genf u. Basel 889. (Georg.) n.n. 4. —

Fatio, Vict. et Th. Studer. Catalogue des oiseaux de la Suisse. Livraison 2: Hiboux et Fissirostres. In-8°. Pages 109 à 207, avec 4 cartes col. 1894. Genève et Bâle, Georg & Co. 3 —
*** La 1re livr. Rapaces diurnes, a paru en 1888.

Fatio, V[ictor], et Studer, Th[eophil]. Catalogue des Oiseaux de la Suisse élaboré par ordre du Département fédéral de l'Intérieur ⟨division des forêts⟩ par le Dr V. Fatio et le Dr Th. Studer, avec le concours de nombreux observateurs en divers cantons. 3e livr.: Incessores, Coraces, Scansores et Captores, part. Avec 2 cartes. VIII p. + p. 209—461. 8. Genève et Berne (*Aufdruck*: Genève, Georg & Cie; **Umschlag:* Berne, Impr. Stämpfli & Cie,) 1901. [fr. 5. —]
(Paraîtra par livraisons annuelles à époques indéterminées.)

Fatio, V[ictor], et Studer, Th[eophil]. Catalogue des Oiseaux de la Suisse.... [Couverture illustrée.] 4e *et* 5e livraison.... 8. Genève et Berne 1907—1908.
(Paraîtra par livraisons annuelles à époques indéterminées.)
Cat' des O' de la S', élaboré par ordre du Département fédéral de l'Intérieur ⟨division des forêts⟩ par le Dr V. F' † et le Dr Th. St', avec le concours de nombreux observateurs en divers cantons. 4e livr.: Captores fin. ⟨Accentoridae, Troglodytidae, Cinclidae, Paridae⟩, Cantores part., élaborée par G(ustav) de Burg. Avec 2 cartes. XVI p. + p. 461—671. G' et B' — *Aufdruck:* G', Georg & Cie, libraires-éditeurs — (**Umschlag:* B', Impr. Stæmpfli & Cie,) 1907. [fr. 4.50]
Cat' des O' de la S' de V. F' et Th. St', élaboré par ordre du Dép' féd' de l'Int' ⟨div' des for'⟩ par G[ustav] de Burg, avec le concours de n' obs' dans tous les cantons. 5e livr.: Roitelots et Pouillots. Avec 1 carte. IV p. + p. 671—817. G' et B' (**Umschlag:* B', Impr. Stæmpfli & Cie; G', comm. Georg & Cie,) 1908. [fr. 3.50]

Fatio, V[ictor], et Studer, Th[eophil]. Catalogue des Oiseaux de la Suisse de V. F' et Th. St', élaboré par ordre du Département fédéral de l'Intérieur ⟨division des forêts⟩ par G[ustav] de Burg, avec le concours de nombreux observateurs dans tous les cantons. 6e livr.: Calamoherpiens. [Couverture illustrée.] VI p. + p. 817—975. 8. Berne, Impr. Stæmpfli & Cie; (Genève, comm. Georg & Cie,) 1909. [fr. 3. 50]

Fatio, Victor. Les Corégones de la Suisse ⟨Féras diverses⟩: Classification et conditions de frai. Avec deux tableaux. E. 8. Genève et Bâle 1885.

Fatio, V., De avium corpore pneumatico. Berolini 1860.

Fatio, V. (Dr.) Désinfection des véhicules, des plants, des collections d'histoire naturelle et d'objets divers par l'acide sulfureux anhydre. Premières expériences faites à Genève les 28 et 29 février 1880. In-8°. 12 p. (Genève et Bâle, H. Georg). — 50

— — Seconde série d'expériences faites à Genève les 25 mai, 12 juin, 15 juillet et 10 août 1880. In-8°. 36 p. avec 1 planche. (Genève et Bâle, H. Georg.) 1 20
*** Extraits des Archives des Sciences physiques et naturelles. 1880, avril et novembre.

Fatio, Victor (Dr.) Désinfections par l'anhydride sulfureux. Appareils siphonoïdes avec transvaseur spécial. Description des appareils et du maniement. In-8°, 7 p. et 2 planches. 1 —
*** Extrait des Archives des Sciences physiques et naturelles. Mars, 1882,

Fatio, Vict. (Dr.) Etat de la question phylloxérique en Europe en 1877, avec 7 cartes, suivi du Rapport sur le Congrès phylloxérique international, réuni à Lausanne du 6 au 18 août 1877. In-8°, 123 p., avec 7 cart. col. in-8°. Genève et Bâle, Georg.

Fatio, Victor. Faune des Vertébrés de la Suisse. 5 volumes. 8. Genève et Bâle, Georg & Co (**Vol. 1, 3—5:* H. Georg), 1869—1904.
Volume 1: Histoire naturelle des Mammifères. Avec 8 planches dont 5 coloriées. IV + 411 p. 1869. [fr. 16. —.] *Suppléments v. vol. 3—5.* — *Ci-joint, sép.:* 3e Supplément Au Vol. 1.... 16 p. Genève, Impr. Aubert-Schuchardt, 1890.
Volume 2: H' n' des Oiseaux. 2 parties. 1899—1904. [à fr. 25. —]
1re partie: Rapaces, Grimpeurs, Percheurs, Bâilleurs et Passereaux. Avec 8 planches hors texte, dont 2 en couleurs, 1 carte géographique coloriée, 135 figures dans le texte ... et 26 tableaux ([dans le texte, ainsi qu'un 1er] Appendice). XII + 839 p. 1899. — (Les 2 planches col. *n'ont paru* qu'avec la 2e partie.)
2e partie: Gyrateurs, Sarcleurs, Échassiers, Hérodions, Lamellirostres, Totipalmes, Longipennes et Uropodes. Avec (Introduction générale au Vol' 2,) 1 planche en couleurs, hors texte, 120 figures originales, dans le texte, 23 tableaux [dans le texte] et un 2e appendice à la 1re partie. IV + II + XXXVI p. + p. 841 — 1743. 1904.
Volume 3: H' n' des Reptiles et des Batraciens. Avec 5 planches dont 3 coloriées ([et] un [1er] Appendice au vol' 1). IV + 603 + *Append.* XII p. 1872. [fr. 18. —.] *Suppléments v. vol. 4 et 5.* — *Ci-joint, sép.:* 2d Supplément Au Vol. 3.... 16 p. Genève, Impr. A'-Sch', 1890.
Volume 4: H' n' des Poissons. 1re partie: I. Anarthroptérygiens; II. Physostomes, Cyprinidés. Avec 5 planches, dont 2 en couleur, comprenant 178 figures originales ([et des appendices:] Vol. 1, [2e] Addition ... [et] Vol. 2, [1er] Supplément ...). xiv + 786 + *Append.* I + VI p. 1882. [fr. 25. —]
Volume 5: H' n' des Poissons. 2e partie: (II.) Physostomes ⟨suite et fin⟩, (III.) Anacanthiens, [IV.] Chondrostéens, [V.] Cyclostomes. Avec 4 planches, dont 1 en couleur, comprenant 84 figures originales. (Introduction et Table générales des Vol. 4 et 5 [et] Suppléments: Vol. 1, 3e Supplément ... [et] Vol. 3, 2d Supplément.... IV + LXXX + 576 + *Suppl.* II + 13 + 13 p. 1890. [fr. 20. —]

Fatio, V., Katalog d. schweizer. Vögel, s.: Studer, Th.

Fatio, V[ictor]. Principales lignes de passages des Oiseaux à travers la Suisse et les Alpes. Extrait des Comptes rendus du 6e Congrès intern(ational) de Zoologie. Session de Berne 1904. II p. + p. 555—558. 8. [Genève, W. Kündig & fils,] 25 mai 1905.

—— des diverses modifications dans les formes et la coloration des plumes. gr. 4. (60 S. mit 3 ill. Stnt.) Basel 866, Georg. **
Aus: Mémoires de la société de physique et d'histoire naturelle de Genève, besonders abgedruckt.

—— die Phylloxera [Reblaus]. Kurzgefaßte Anweisungen zum Gebrauche für die kantonalen und eidgenöss. Experten in der Schweiz. Auf Veranlassung des eidgenöss. Departements des Innern hrsg. 2. etwas veränd. Aufl. [In's Deutsche übertr. von A. Krämer.] gr. 8. (28 S. mit 1 Taf. in Farbendr.) Aarau 879, Christen. *
Die 1. Aufl. war nicht im Handel.

— Le Phylloxéra, instructions sommaires à l'usage des experts cantonaux et fédéraux en Suisse. 2e éd. In-8°, av. 1 pl. en couleur. Bâle et Genève, H. Georg. 1879. — 80

— et **Demole-Ador,** le Phylloxera dans le canton de Genève d'août 1875 à juillet 1876. Rapports au département de l'intérieur. Avec 2 pl. (chromolith.). gr. 8. (748.) Genève 876. Basel, Georg in Comm. n. 2. —

Fatio, V. (Dr.) Révision de la convention phylloxérique internationale. Conférence internationale de Berne (du 3 octobre au 3 novembre 1881). Rapport sommaire. In-fol., 15 p. Berne (Genève, H. Georg).

Fatio, V[ictor]. Le curieux Tétras de l'Entlebuch. E. 8. Berne 1890.

Fatio, Victor. Le tir de chasse raisonné. Séance donnée au local de la Société de chasse „Diana" à Genève. Avec figures. In-8°. 22 p. Genève, Georg & Co. 1897. 1 —
*** Extrait du journal „Diana".

Fatio, V[ictor]. Une variété de Bartavelle, Perdix saxatilis, var. Melanocephala. Avec une planche en noir. E. 8. Berne 1890.

Fatio, Victor. Quelques vertèbres de Poissons provenant des fouilles du Schweizersbild. (Separat-Abzug aus den Denkschriften der Schweiz. Naturforschenden Gesellschaft, Band 35: Nüesch, [Jacob.] Das Schweizersbild ... 2. verbesserte und vermehrte Aufl.) II S. + S. 199—203. 4. Zurich, Impr. Zürcher & Furrer (Komm. Georg & Co. in Basel, Genève und Lyon, 1901).

de Fatis linguarum orientalium arabic. nimirum Persicae et Turcicae comment. Fol. Wien 780. (Heubner). 4 ₰

Fatius, Jh., helvetische vernünftige Wehmutter. Mit Kpf. 4. Basel 752. Imhof. 1 ₰ 16 ℛ

Fatme

Die kluge Fatme, Gemahlin des französischen Consuls zu Cairo. 2 Thle. Mit Titelvign. Ebd., Jacobäer, 1802. 8°.

Fatme, d. kluge, Gemahlin des franz. Residenten in Cairo. 2 Thle. 8. Chemnitz, Jacobäer. (Meuke) 802.

Fatra, Matra, Tatra. Beschreibung einer im J. 1833 dahin unternommenen geistl. Reise. (Als Mscr. gedr.) 8. (VII und 216 S. mit 1 lithogr. Karte.) Gnadau 863. (Leipzig, H. Schultze.) **

Fatscheck, Rud., Anfangsgründe der franz. Grammatik, ein Handbuch für Gymnasien. gr. 8. Königsberg 838. Bon. 1/3 ₰

Fatschek, Rud., pädagogische Blätter. Zeitschrift für die Angelegenheiten der häusl. und öffentl. Erziehung. 1. Jahrg. oder 1. Bd. 1. Heft. gr. 8. Königsberg 842. (Gebr. Bornträger.) Pro 1. Bd. n. 2 ₰

Fatscheck, R. Ueber die Entwickelung und Ausbildung des Sprachvermögens. Königsberg i. Pr., Altstädt. G., 1835. 12 S. 4. Progr.

Fatschek, R. Die neuhochdeutsche Conjugation im XVI. Jahrh., nach Clajus deutscher Grammatik. 8 S.

Progr. Königsberg A. 1839

Fatscheck, Rud., französische Schulgrammatik. gr. 8. (VI und 170 S.) Königsberg 850, Theile.

— s. Vierteljahres-Schrift f. das Erziehungs- u. Schulwesen.

Fattâhî. Das Schlafgemach der Phantasie von Fettâhi aus Nisâbûr. Erstes Kapitel: Vom Glauben und Islam ... übersetzt ... von Hermann Ethé. [Dissert.] Leipzig 1868.

Fattore, Mgs. Das Reich Satans. Prolog zum XX. Jahrhundert. 54 S. 8. Zürich, Caesar Schmidt, 1901. [fr. 1. —]

Faubel, Otto, appr. Arzt a. Wellinghofen: Aus dem chemischen Laboratorium und der inneren Abteilung des städt. Luisenhospitals zu Dortmund; Oberarzt: Privatdoz. Dr. Volhard. Untersuchungen über den menschlichen Bauchspeichel und das Fermentgesetz des Trypsins. Braunschweig 1907: Fr. Vieweg & S. (24 S.) 8°
Halle, Med. Fak., Ref. v. Mering, Diss. v. 8. Mai 1907
[Geb. 2. Nov. 63 Höchsten, Kr. Hörde; Wohnort: Wellinghofen b. Hörde; Staatsangeh.: Preußen; Vorbildung: Gymn. Detmold Reife M. 86; Studium: Marburg 4. Halle 5 S.; Coll. 21. Dez. 06; Approb. 20. Febr. 92.]

Faubel, Rudolf, aus Salzgitter: Die Rupturen des Trommelfells durch Luftverdichtung im äusseren Gehörgang. *Würzburg 1901: Memminger.* (62 S.) 8°
Würzburg, Med. Diss. v. 1901

Faublas, d. jungen, Abentheuer, s. a. **Louvet.**

Faublas, d. jungen, Abenteuer, a. d. Franz. v. C. Weiland, m. e. Vorrede v. A. v. Kotzebue. 1r Thl. 8. 805.

— — desselb. 2r Thl. 8. Hamb. Vollmer. 810.

Faublas, Chevalier von, ein Jahr aus dessen Leben, aus dem Franz. 2 Theile, 8. Paris und London, (Leipzig) 789. (Lincke) 20 sgl.

— du Chevalier, Vie et Amours. 16 Vol. 18. Hamb. Fauche. 796.

— du Chevalier, Vie et aventures. 15 Vol. 12. Leipz. Grieshammer.

Faublas, sechs Wochen aus seinen Leben, eine Fortsetzung des ersten Jahres in welchen er lebte, 1r Theil, 8. Paris und London, (Leipzig) 789. (Lincke). 10 sgl.

Faucena, Antonio de, (?) Gedichte. 12. (3½ B.) Dillingen 829. (Augsburg, Kranzfelder'sche Buchh.)

Faucet, s. **Fawcett.**

Fauch [fälschlich], Friedrich, s. Fäsch, Friedrich

Fauchard, Pierre. Französischer Zahnarzt, oder Tractat von den Zähnen ... Berlin 1733. Ü: *Matthiae, Georg.* (ML)

Fauchard, Pet., franz. Zahnarzt. m. K. 2 Thle. 8. Berl. Rüdiger. 734.

Faucher, v., Anfangsgr. d. Wohlredenheit. 8. Zürich. 729.

Faucher, J., in d. Bankfrage gegen Gustav Julius. gr. 8. (1¼ B.) Berlin 846, Vossische Buchh. *

Faucher J., über Häuser-Bau-Unternehmung im Geiste der Zeit. Berlin 1869

— d. Vereinigung v. Sparcasse u. Hypothekenbank u. d. Anschluß eines Häuserbauvereins als social.-ökon. Aufgabe uns. Zeit, insbes. d. Bestrebungen f. das Wohl d. arbeit. Klassen. gr. 8. Berlin 815, Grobe. n. 1/3 ₰

Faucher, Jul., der allgemeine Fragebogen der kgl Untersuchungs-Commission betr. das Eisenbahn-Concessionswesen. gr. 8. (49 S.) Berlin 873. Guttentag n. 1. —

Faucher, Jul., vergleichende Culturbilder aus den vier europäischen Millionenstädten [Berlin — Wien — Paris — London]. gr. 8. (X, 429 S.) Hannover 877. Rümpler. n. 8. —

—— Streifzüge durch die Küsten und Inseln des Archipels und des Jonischen Meeres. gr. 8. (XII, 311 S.) Berlin 878, Herbig. *

Faucher, Julius [Hrsg.], s. Vierteljahresschrift für Volkswirtschaft und Culturgeschichte.

Faucher, Julius [Hrsg.], s. Vierteljahresschrift für Volkswirtschaft, Politik und Kulturgeschichte.

Faucher, Jul., ein **Winter** in Italien, Griechenland u. Konstantinopel. 2. Bde. 8. (XI, 205 u. VIII, 320 S.) Magdeburg 876. Faber. n. 6. —

Faucher, Leon, England in seinen socialen u. commerciellen Institutionen. Aus d. Französ. v. Jul. Seybt. 2 Bde. gr. 8. Leipzig 846, Lorck. n. 4 ℔

Fauchettens Jut, od. d. englische Waise, a. d. Franz. 3 Thle. 8. Hamburg, Herold. (Ernst in Quedlinburg.) 777.

Fauchille, Paul

Fauchille, P, s. Bonfils. Völkerrecht.

Fauchille, Paul, Lehrbuch des Völkerrechts, s.: **Bonfils, Henry.**

Fauck, A., Anleitung zum Gebrauche des Erdbohrers. Mit 10 lith. Taf. gr. 8. (VI, 75 S.) Leipzig 877. Felix. n. 6. —

Fauck, A., Fortschritte in der Erdbohrtechnik. Zugleich Suppl. der Anleitg. zum Gebrauch d. Erdbohrers. Mit 5 lith Taf. gr. 8. (36 S.) Leipzig 885. Felix. n. 2. —

Fauck, A., Fortschritte in der Erdbohrtechnik. Zugleich Suppl. der Anleitg. zum Gebrauche des Erdbohrers. 2. Aufl gr. 8. (54 S. m. 31 Abbildgn.) Leipzig 899. A. Felix. n. 3. 50

Fauck, A. Neuerungen in der Tiefbohrtechnik. 2. Suppl. der Anleitg. zum Gebrauche d. Erdbohrers. gr. 8. (VIII, 67 S. m. 22 Textfig. u. 5 Taf.) Lpz. 889, Felix. 4 —
Hauptwerk. Ebd. 1877. * 6 ; 1. Suppl. 1885. * 2 —.

Fauck, F. J. H., Abschiedspredigt, geh. in der Tragheimer Kirche zu Königsberg in Pr. am 30. Septbr. 1888. gr. 8. (15 S.) Königsberg 888. Backe. — 30

Fauconnet, Ch., excursions botaniques dans le Bas-Valais. gr 8. (145 S.) Basel 872. Georg. n. 3. —

Fauconnet, Charles Isaac. Ueber Magen- und Darmthätigkeit bei Diabetes melitus. Thèse Méd. Genève: No. 36. [Avec 1 tableau.] *Kopftitel:* Aus der medizinischen Universitätsklinik zu Königsberg i. P. 35 S. 8. Strassburg i. Els., C. & J. Gœller, 1904.

Fauconnet, Jean. Studie über die Stellung des Sternums bei der Skoliose. Thèse Méd. Genève: No 132. [Mit Figuren. Sep.-Abdr. aus: Archiv für orthopädische Chirurgie, Band 17, 1907.] *Kopftitel:* Mitteilung aus dem Orthopädischen Institut von Dr. A[ugust] Lüning und Dr. W[ilhelm] Schulthess, Privatdozenten in Zürich. II + 45 S. 8. (Stuttgart, Union Deutsche Verlagsgesellschaft, 1906.

Faudel et Bleicher, Matériaux pour une étude préhistorique de l'Alsace. 8e publication. gr. 8. (73 S. mit 10 Taf.) Colmar 883, (Barth.) *
Aus: Bulletin de la Société d'histoire naturelle de Colmar, besonders abgedruckt.
Vgl.: **Bleicher et Faudel.**

Faudel et Bleicher, matériaux pour une étude préhistorique de l'Alsace. 4me et 5me publication. gr. 8. Colmar, (Barth.) [4me publ. (186 S. mit 32 Taf., wovon 15 color.) 885. * ℳ 6.—.; 5me publ. (138 S. mit 17 Taf.) 888. * ℳ 4. 50.] *
Aus: Bulletin de la société d'histoire naturelle de Colmar, besonders abgedruckt.
1re—3me publ. (Ebendas.) 878—83. * ℳ 8.80.

Faudel's, A., Miniatur-Reise-Bibliothek, s. a. **Constant, Ch.**

Faudel's, A., Miniatur-Reise-Bibliothek in der Westentasche. Berlin (855). A. Faudel. 64.
1. Bdchn.: Neuester Reise-Compass d. i.: der sicherste Führer und Wegweiser auf der Reise nach und in Paris, Brüssel u. Strassburg, ein kurzgefasstes, unentbehrliches Handbüchlein in der Westentasche zu tragen von **Charles Constant**. Mit 1 (lith.) Plane von Paris (in 4.). (47 S.) n. 4 ℔

Faudel, Adolph (Berlin), Brevis morborum palpebrarum conspectus. Diss. med.-ophthalm. Bln. (Friedlaender) 6. X. 1836. 40 S. mit Biogr. (M.: E. Hertz.) (4.50)
Oppon.: Z. Pauly, I. Brunn, A. Heimann. — Gew.: S. A. Bahn.

de Faudras, Marquis, Gräfin Alvinzi, s. **Aula** d. schönen Literatur, 82.—85. Bdchn.

Fauerbach, Heinrich, approb. Thierarzt aus Offenbach a. M., Assist. am Grh. Hess. Thierspital d. Univ. Gießen: Aus d. chirurg. Veterinärklinik d. Universität Gießen. Untersuchungen über die Arthritis purulenta traumatica des Pferdes. Mit 9 Abb. *Stuttgart 1903: Union.* (30 S.) 8°
Gießen, (Veterinär)-med. Diss. v. 1903

Fauerbach, M., hebräische Lesefibel. Methodisch geordnetes Übungsbuch für den ersten Unterricht im Hebräischen. Verfaßt im Auftrage des Vereins jüdischer Lehrer in der Provinz Hannover. 8. (40 S.) Hildesheim 881. Fincke. n. — 50

Faujas de Saint Fond, Barthélemy

— s. auch **Gigaud.**

Faujas de Saint-Fond, Physikalische Abhandlung über den Trapp. Aus dem Französischen. Strassburg 1789. 8.

— Abhandl. von d. Pruzzelane u. dem Gebrauche zu Bauanlagen; aus d. Französ. v. Ad. Tr. v. Gersdorf. Mit Kpf. gr. 8. Dresd. 784. Walther. 12 gr.

Faujas de St. Fond, Anweis. z. **Experimentalphysik.** 2 Thle. m. K. 8. Wien, Trattner. 780.

— Beschreib. d. aerostat. Maschine Montgolfiers, mit Fortsetzung u. 8 Kpf. gr. 8. Leipz. 784 u. 85. Weidmann. 1 ℔ 16 gr.

vgl.: **Faujaus de Saint Fond**: Beschreibung der Versuche mit den aerostatischen Maschinen . . .

— Beschreibung der Turfgruben bei Bruhl und Liblar, wo die braune kollnische Erde oder die sogenannte Umbra-Erde gegraben wird.

Faujas de St. Fond, Beschreib. d. Versuche mit d. Luftkugel; aus d. Französ. v. Frz. Uebelacker. gr. 8. Wien 784. (Heubner). 1 ℔

Faujas de St. Fond, Barthélemy. Beschreibung der Versuche mit den Aerostatischen Maschinen der Herren Montgolfier . . . Leipz. 1784—85. Ü: *Gehler, Johann Samuel Traugott.* (ML)

— Fortgesetzte Beschreibung der Versuche mit den aerostatischen Maschinen nebst verschiedenen hiezu gehörigen Abhandlungen. Aus dem Französischen. Leipzig 1785.

Faujas de Saint-Fond: Mineralogie d. Vulkane, od. Beschreibung aller durch die unterirrdischen Feuerausbrüche hervorgebrachter od. ausgeworfener Substanzen. Aus d. Franz. übers. Leipz. 1786. 342 S. 3 Tvl.

— Mineralogie d. Vulkane; aus d. Französ., mit 3 Kpft. gr. 8. Leipz. 786. Schwickert. 1 ℔

— v. d. **Pouzzolane** u. d. Gebr. z. Bauanlagen, a. d. Frz. m. K. gr. 8. Dresd. Walther. 784.

Von der Puzzolane und deren nützlichem Gebrauche. Aus dem Französ. übersetzt, nebst Anmerkungen und einem Nachtrage von A. T. von Gersdorf. Dresden, 1784. 8.

Faujas de St. Fond, B. Reise durch England, Schottland und die Hebriden . . . a. d. Franz. Göttingen 1799. Ü: *Wiedemann, Chn Rud. Wilh.* (Ky)

Faujas-Saint Fond, B.: Reise durch England, Schottland und die Hebriden in Rücksicht auf Wissenschaften, Künste, Naturgeschichte und Sitten, nebst einer mineralogischen Beschreibung von Newcastle, Derbyshire, Edinburg, Glasgow, Perth, S. Andrews, des Herzogthums Inverary und der Fingalshöhle. Aus dem Französischen übersetzt, mit theils eigenen, theils ungedruckten Anmerkungen des Herrn James Macdonald, vermehrt von C. R. W. Wiedemann. Bd. 1, 2. Göttingen 1799. 1 Bd. IV, 278 S., 3 Tf.; 285 S., 4 Tf. 8°.

— Reise durch England, Schottland u. d. Hebriden, in Rücksicht auf Wissenschaft, Künste etc., mit Macdonalds Anmerkk.; aus d. Französ. (v. W. R. C. Wiedemann). 2 Thle, mit 7 Kpf. gr. 8. Götting. 799. Dieterich. 2 ₰

— über den Trapp; aus d. Französ. gr. 8. Straßb. 789. (Hinrichs in Leipz.) 8 gr

— über den Trapp d. Pferde, a. d. Franz. gr. 8. Strasburg, Akadem. 789.

Faukan, s. Fauken

Fauken, Johann Peter Franz Xaver

Fauken, Jh. Pt. Frz. Xav., († d. 19. Juni 1794.) Anmerkk. über Lebensart d. Einwohner in großen Städten. 8. Wien 779. Trattner. 8 gr Dass., latein. 8. Ebd. 779. 8 gr

Fauken, Johann Peter (Franz) Xaver: Annotationes de vivendi norma incolarum majores civitates inhabitantium. 135 S., gbd.

(Viennae): 1779

JB 6.591

— diagramma pro studio medico. 8. Götting. 794. Dieterich. 6 gr Deutsch unt. d. T.: Entwurf zu e. Einrichtung d. Heilkunde. 8. Götting. 794. Dieterich. 6 gr

Fauken, J. P. X., Entw. z. e. Einrichtung d. Heilkunde. Gött. Dieterich. 794.

Faukan, J. Pet. Frz., Entw. z. e. allgem. Krankenhause. m. K. gr. 8. Wien, Camesina. 784.

Fauken, Johann Peter (Franz) Xaver: Entwurf zu einem allgemeinen Krankenhause. 157 S., gbd., 4 Taf.

Wien: Korrespondenz Expedition 1784

JB 5.371

Fauken, J(ohann) P(eter Franz) Xaver: Das in Wien im Jahre 1771.und 1772.sehr viele Menschen anfallende Fäulungsfieber. Samt Anhang einer bösartigen Krankheit, welche im Jahre 1770 unter den Kindbetterinnen im Spitale zu St.Marx gewütet hat. 70 S., gbd.

Wien: typ.v.Trattnern 1772

JB 5.081

Fauken, J(ohann) P(eter Franz) Xaver: Von der bösartigen Krankheit, welche im Jahre 1770 zur Herbstzeit unter den Kindbetterinnen im Spitale zu St.Marx gewütet hat. 10 S. (S.61 - 70). Wien: 1772

s.: Fauken, J.P.(F.) X.: Das in Wien im Jahre 1771.und 1772.sehr viele Menschen anfallende Fäulungsfieber. Anhang.

JB 5.081

— Diss. chemico-medica de solutione reguli et vitri antimonii in diversis vinis hic loci cognitis. 8maj. Wien 767. Trattner. 2 gr

Faul, Aug. Hnr., († 1775.), s. 1) Beitrr. zur Berathschlagung über d. Handlungsgrundsätze. 2) Briefe über d. Einrichtung d. Schulwesens, u. setze bei beiden hinzu: (v. A. H. Faul). 3) Untersuchung d. Privilegien d. St. Rostock.

Faul, Fr. Aug., der natürl. u. künstl. Wiesenbau, oder prakt. Anleitung zur Bewässerung der Wiesen. Mit besond. Rücksicht auf Nivelliren, Projektiren u. prakt. Ausführung größerer u. kleinerer Bewässerungsanlagen. Mit 5 lith. Taf. 8. Leipzig 843, Voigt u. Fernau. 7/8 ₰

Faul, Karl, Anleitg. zur Gründg. e. Aktien-Gesellschaft m. Vertrags-Entwurf. (208.) Lex. 8. Schiltigheim 907. (Dresden, O. H. Hörisch.) 8. —

— Anleitung zur Gründung e. Gesellschaft m. beschränkter Haftung, sowie Handel u. Verkehr in Geschäftsanteilen v. G. m. b. H. Mit Formular-Mustern. (63 S.) gr. 8. Dresden 909. O. H. Hörisch. Geb. in Leinw. 5. —

Faulbrut, über die, oder Bienenpest, (v. H.) 8. Dresd. 804. Walther. 10 gr

Faulde, August

Faulde, Aug., Beiträge zur deutschen Grammatik u. deutschen Lektüre. Zum Teil im Anschluss an Wustmanns Buch: „Allerlei Sprachdummheiten". [Aus: „26. Bericht der Neisser wissenschaftl. Gesellsch. Philomathie".] gr. 8. (III, 106 S.) Neisse 892. J. Graveur. n. 1. 25

Faulde, A., Electrae Sophocleae stasimi primi interpretatio critica et metrica. gr. 8. (31 S.) Neisse 882. Graveur's Verl. n. — 50

Faulde, Aug., die Reformbestrebungen auf dem Gebiete der lateinischen Orthoepie und ihr Verhältnis zur Schule. [Aus: „24. Bericht der wissenschaftl. Gesellschaft Philomathie in Neisse".] gr. 8. (38 S.) Neisse 888. Graveur's Verl. n. — 60

— die Kern'schen Reformvorschläge u. ihre Bedeutung f. den deutsch-grammatischen Unterricht. [Aus: „25. Bericht der Neisser wissenschaftl. Gesellschaft Philomathie".] gr. 8. (IV, 66 S.) Ebd. 890. n. 1. —

— Übungsbuch zu K. Gallien's lateinischer Schulgrammatik f. die Schüler d. Realgymnasiums. 1. Abtlg.: Kursus der Sexta. gr. 8. (VIII, 88 S.) Berlin 888. Simion. n.n. — 70; geb. n.n. — 90

Faulde, Oswald *(geb. Frankenstein in Schles. 5. 4. 1856)*: Ueber Gemination im Altfranzoesischen. Halle 1881. (33 S.) 8° *[Im Buchhandel 1881 bei Köhler in Breslau; aus: Zeitschr. f. roman. Philol. Bd 4. 1880.]*

Breslau, Phil. Diss. v. 29. Jan. [vielmehr 5. Febr.] 1881

Faulde, Oswald Stellung und Bedeutung Miltons in der Geschichte der Pädagogik. 4 (S. 3 - 16, 1 S. unp.). Rprg. *Ratibor* 1887 (213). **Progr.**

Faule, die, u. die Vormünder. Lstspl. 8. Gotha 751.... 3 gr

Faulenbach, Frdr., Eisengiesserei. Handbuch für Studierende u. Fachleute. Unter Berücksicht. sämtl. Arbeitsverfahren u. einfachster Kalkulationsmethode m. 166 in den Text gedr. Konstruktionszeichgn. bearb. (IV, 44 S.) hoch 4. Hainichen 903. (H. Huhn.) n.n. 6. 50

— Hüttenkunde. I. Eisenhüttenkunde. II. Metallurgie. In prakt. u. theoret. Beziehg. bearb. u. durch 93 Ausführungszeichngn. erläutert m. besond. Berücksicht. der Schmiedeeisen- u. Stahlgiesserei für den Kleinbetrieb u. der verschiedensten Metalllegierngn. aus der Praxis für die Praxis bearb. (VI, 68 S.) gr. 4. Ebd. 903. n.n. 6. —

Faulenbach, W., ein Beitrag zur Arbeiter-Frage. Frankfurt a. M. 869. (Boselli.) gr. 8. (51 S.) n. 5 ngr.

Faulensee. Die Kurstation F.... Berner Oberland, Schweiz.... [Mit 5 Tafeln und illustriertem Umschlag.] 8. Bern 1896.

Faulenseebad, das neue, bei Spiez am Thunersee [Berner Oberland]. Seine Lage u. Umgebg., Klima, Heilquelle, Kurmittel u. deren Wirkgn. 16. (27 S.) m. chromolith. Panorama in qu. Fol.) Bern 875. (Dalp.) n.n. 1. —

Faulenzer, s. a. Faullenzer

Faulenzer oder Schnell-Rechner bei Ein- u. Verkäufen in österreich. Währung. Bozen 860. (Innsbruck, F. Rauch.) 32. (IV, 218 S.) n. 10 ngr.

Faulenzer, der allerneueste, worin alles im Kauf und Verkauf Vorfallende im Großen und Kleinen genau schon berechnet zu finden ist. 8. Wien ... Sammer. 1/6 ß

— d. allerneueste, worin alles im Kauf u. Verkauf vorfallende schon berechnet zu finden ist. N. Aufl. 8. Wien 815. Geistinger. (Gerold). 12 gl. Hbd. Pr. 6 gl.

Faulenzer, der bequemste aller. Ein vorzügl. Hülfsbuch beim Ein- u. Verkauf jeder Waare in neuer Reichsmünze von 1 bis 100 Pfennig. Nebst Reductions-Tabelle v. der alten in die neue Reichswährg. 8. (100 S.) Neuwied 874. Heuser. geb. n. 1. —

— der neue, od. Umrechnungstabellen v. Elle zu Meter, Fuss zu Meter, Morgen zu Ar, Loth zu Gramm, Schoppen zu Liter u. umgekehrt f. Frankfurt, Nassau, Kurhessen, Grossherzogth. Hessen, sowie ganz Süddeutschland. 2. Aufl. 16. (96 S.) Frankfurt a. M. 872. Jaeger. n. 1. 50.

Faulenzer, neuer, oder der fertige u. richtige Rechner. Worin Geschäftsleute aller Art beim Kaufe u. Verkaufe jede nöthige Berechnung augenblicklich finden; sowie die Werthberechnung der Conventions-Münze gegen die österr. Währung u. dieser gegen die Conventions-Münze. Nebst e. Mehl-Berechnung für Bäcker, Müller u. Mehlverschleißer. 2., verb. u. bedeutend verm. Aufl. Wien 865. Gorischek. 8. (IV, 264 S.) 19 ngr.

Faulenzer, neuer. Prakt. Rechenhelfer f. Jedermann. B. Pfennig z. Pfennig b. z. 2 Mark steigend. M. Anh.: Reductions- u. Zinstabellen. 12. (IV, 200 u. 20 S.) Düsseldorf 896. A. Bagel. Kart. 1. 50

Faulenzer, neuester Münchener, nach Mark und Pfennigen. 16. (128 S.) München 876, Stahl. cart.

Faulenzer, neuester Münchener, nach Mark u. Pfennigen. 2. Aufl. 16. (128 S.) München 883. Stahl. cart. — 60

Faulenzer, der praktische. Tabellen zur Bestimmg. des Cubik-Inhaltes v. runden Hölzern von 60 cm bis 30 m Länge. Hrsg. zum Gebrauche f. Sägemüller, Holzhändler, Waldbesitzer, Forstleute, Handwerker &c. schmal 12. (36 S.) Zabern 893. H. Fuchs. — 25

—— für die neue deutsche Reichsmünze. Mark und Pfennig in Gulden und Kreuzer, Thaler und Silbergroschen, Francs und Centimes, sowie umgekehrt. Nebst Wurftab. der 20 Mark-Stücke. Auszug aus dem deutschen Münz-Gesetz und Werth der bekanntesten Gold- und Silbermünzen. Ster.-Ausg. 1.—60. Tausend. 16. (24 S.) Würzburg 873,74, Keller.

— für die neue deutsche Reichsmünze Mark u. Pfennig in Gulden u. Kreuzer, Thaler u. Silbergroschen, Francs u. Centimes sowie umgekehrt. Nebst Wurftabelle der 20 Mark-Stücke, Auszug aus dem deutschen Münzgesetz und Werth der bekanntesten Gold- u. Silbermünzen. 32. (24 S.) Stuttgart 875. W. Müller. — 80

—— für die neue deutsche Reichsmünze. Mark und Pfennig in Gulden und Kreuzer, Thaler und Silbergroschen, Francs und Centimes, sowie umgekehrt. Nebst Wurftabelle der 20 Mark-Stücke, Auszug aus dem deutschen Münz-Gesetz und Werth der bekanntesten Gold- und Silbermünzen. Ster.-Ausg. 130. Tausend. 16. (24 S.) [Würzburg 876.] München, Keller.

Faulenzer, Der richtige, oder Schnell-Rechner ... 3. Aufl. Lienz u. Bruneck 1876. V: *Mahl, Johann Georg.* (margr)

Faulenzer, Der sogenannte, s. a. Hausrechner.

Der sogenannte Faulenzer oder leichte und sehr richtige Berechnungen im Kauf und Verkauf so wie Wein-, Frucht- und Procentrechnungen. Für solche, die gar nicht rechnen können, als wie für Handels- und Geschäftsleute jeder Art. 3. Aufl. Konstanz: Bannhard 1844. -- 25*
1. Aufl. u.d.T.: Der sogenannte Faullenzer .... 1816.

Faulenzer, Vollständiger — zur Berechnung der Mehlpreise nach Muth und Centnern, nebst Reduktion der Centnerpreise auf Muthpreise für Bäcker und Müller. 8. (90 S) Wien. Gedruckt bei Leopold Grund. Bei J. F. Greß 1854.

Fauler, Dekan, Trauerrede auf d. Königin v. Würtemberg, Katharina Paulowna. 8. Ulm, Ebner. 3 gl.

Faulfriedl im Land der fleißigen Zwerge. Ein Märchen f. Kinder, die fleißig werden wollen. Von Th. K. Paderborn: Bonifacius-Dr. [1906]. (29 S.) 8° [J.] [07. 10759

FAULHABER, ALBERT FRIEDRICH.
Dissertatio inauguralis medica sistens theoriam solutionis chemicæ. Tubingæ, *s. d.* [1765]. pp. 36, 4to.

Faulhaber, B., Geschichte der Post in Frankfurt a/M., s.: Archiv f. Frankfurts Geschichte u. Kunst.

Faulhaber, Carl, s. Faulhaber, Karl

Disp. math. in qua selectiores duas ex Optica Controversias sistit *Christoph Erh. Faulhaberus*, Resp. Fratre J. *Mathaeo Faulhabero* Vitemb. 2 Bg. 1736 (Deutsch in den Auszügen aus den neuesten jurist. medicin. wissenschaftl. phys. mathem. Disputat. Leipzig 1736. 4. p. 85)

Faulhaber, Constantin, s. Faulhaber, Konstantin

Faulhaber, Emanuel, Anleitung zum schnellen u. gründlichen Erlernen der französ. Conjugation, größtentheils nach neuen pract. Gesichtspunkten bearb. gr. 8. (32 S.) Dresden 847, Adler & Dietze. n. 1/6 ß

Faulhaber, Franz (geb. Krappitz in Schles. 27. 11. 1851): Ueber Meningitis cerebro-spinalis. Berlin (1875). (32 S.) 8°
Berlin, Med. Diss. v. 14. Aug. 1875

Faulhaber, Geo Ph., Index ad Hofackeri principia juris, s. K. C. *Hofacker*.

Faulhaber, H., Leitfaden f. den Unterricht in der Geschichte v. Brasilien. Für die deutschen Schulen Brasiliens zusammengestellt. gr. 8. (IV, 255 S.) Blumenau 903. (Leipzig, L. Naumann.) n. 2. 80

Faulhaber, Herm., Bibelkunde. Zum Religionsunter- u. f. Bibelleser überhaupt. 1. Thl. Altes Testament. 8. (146 S.) Eßlingen 876. Weismann. n. 1. 50

Faulhaber, Herm., Bibelkunde. Zum Religionsunterricht und für Bibelleser überhaupt. 2. (Schluß-)Thl.: Neues Testament. 8. (VI, 298 S.) [Eßlingen 880, Weismann.] Stuttgart, Kitzinger. *

—— dass. — Neue wohlf. (Titel-)Ausg. 2 Thle. 8. Stuttgart 884, Kitzinger. *ℳ 3,70.; geb. in 1 Bd. *

Inhalt:
Thl. 1. Altes Testament. (146 S.) *ℳ 1,20.
„ 2. Neues Testament. (VI, 298 S.) *ℳ 2,50.

Faulhaber, Herm., drei sociale Fragen, unser Landvolk betr: Landesversorgungsämter, Armenbeschäftgg., Krankenpflege auf dem Lande, aus dem Leben beantwortet. gr. 8. (42 S. m. Abbildgn.) Schw. Hall 893. Buchh. f. Innere Mission. — 60

Drei sociale Fragen unser Landvolk betreffend: Landesversorgungsämter, Armenbeschäftigung, Krankenpflege auf d. Lande. aus d. Leben beantwortet von Hermann Faulhaber, Pfarrer. (Ausg. B. 6. Aufl.) Schw. Hall: Buchh. f. Inn. Miss. 1895. (42 S.) 8° [F. u. Aot.] 105. 1336 8

Faulhaber, Hermann, s.: Herr, der, behüte Dich!

Faulhaber, Herm., 32 Konfirmationsdenksprüche. Mit farb. Vignetten u. Randzeichngn. v. M. E. Beck. 2 Sammlgn. qu. 16. (à 32 Bl.) Schw. Hall (899). Stuttgart, Holland & Josenhans. In Umschlag m. Goldschn. à n. — 50

— Leitfaden zum Religions-Unterricht in der Bibelkunde. 1. Thl. Altes Testament. 8. (52 S.) Ebend. 876. n. — 30

Das zukünftige Reich Christi auf Erden, s. menschlich-geschichtl. Denkbarkeit u. Vorstellbarkeit. Von Hermann Faulhaber, Pfarrer. 2. Aufl. *Schw. Hall: Buchh. f. Innere Mission 1894.* (187 S.) 8° [F.] [illegible] 10

— was ist es m. dem tausendjährigen Reich? gr. 8. (44 S.) Ebd. 893. n. — 60

— d. gold. Zeitalter d. Zukunft. E. Erzählg. a. d. J. 2000—2030. M. 24 Bild. v. Osk. Herrfurth. 8. (727 S. m. Musikbeilage 8 S. in gr. 4.) Schw. Hall 896. Buchh. f. Innere Mission. 6. —; geb. in Leinw. 6. —

— dasselbe. 2. Aufl. (Volksausg.) 8. (727 S. m. Musikbeil. 8 S. in gr. 4.) Ebd. 896. Geb. in Leinw. 4. —

Faulhaber, Johann

* Ansa inauditae et mirabilis novae artis, quam spiritus Dei arcanis aliquot propheticis et biblicis numeris ad ultima haec tempora obsignare ac operire voluit, qua, ordo semper a Deo observatus, dum numeris, ad praecipuas universaliores generalium mutationum prophetias, pyramidalibus usus erat certum cum destinaret tempus, innuitur, viris omnium facultatum doctis, stimuli et admonitionis loco existens; ut juxta expressum Dei per arduos tales numeros exquisitius investigent, sedulo operam dantes, quo verus ex divinae Majestatis edicto intellectus, tandem lucem aspicere queat, Demonstrationibus publicata certissimis hactenus nec lingua nec idiomate ullo visis, Inventore et Auctore *Johanne Faulhabero*, Arithmetico et Logista ordinario, nunc ob inaestimabilem subtus latitantem sapientiam, ab ardente Matheseos Amatore, nec non eximii hujus inventi stupendo admiratore, e germanico Norimbergae apud Abraham Wagenmannum impresso exemplari Latine versa, Missa Francofurtum anno Judicium.

Johann Faulhaber's Arithmetischer Tausendkünstler. Ulm. 8. 1722.

Faulhaber, Johannes: Zur Casuistik der traumatischen Diaphragmal-Hernien nebst einem neuen Falle. *München 1897: Kastner & Lossen.* (48 S.) 8°
München, Med. Diss. v. 1897

Faulhaber, Karl

Faulhaber, Carl, d. Fabrik-Lehrvertrag. Musterformular des Verbandes mitteldeutscher Handelskammern. Mit e. Beilage: Die rechtl. Grundlagen des Fabrik-Lehrverhältnisses. (20 S. m. 2 Formularen.) gr. 8. Leipzig 909. B. G. Teubner. — 30

[F.] Faulhaber, Carl [aus Breslau]: Die ehemalige schlesische Goldproduktion m. bes. Berücks. d. Reichensteiner Bergreviers ... Breslau, W. Koebner, 1896; 2 Bl., 49 S., 1 Bl. 8.
Breslau, Phil. Fak., Inaug.-Diss. v. 12. Aug. 1896

Faulhaber, Carl, d. ehemal. schles. Goldproduktion m. besond. Berücksicht. d. Reichensteiner Bergreviers. Diss. gr. 8. (49 S.) Breslau 896. M. & H. Marcus. n. 1.60

Faulhaber, Carl, über Handel u. Gewerbe der beiden Städte Brandenburg im 14. u. 15. Jahrh. gr. 8. (62 S.) Brandenburg 901. M. Evenius. n. 1. —

Faulhaber, Carl, d. kaufmännische Lehrvertrag. Musterformulare. Mit e. Anh.: Die rechtl. Grundlagen des kaufmänn. Lehrverhältnisses. (Hrsg. vom Verband mitteldeutscher Handelskammern.) (20 S. m. 2 Formularen.) gr. 8. Leipzig 905. B. G. Teubner. n. — 30

Faulhaber, Konstantin

Faulhaber, Constant., Opfer der Andacht. Ein vollständiges kathol. Gebet- u. Erbauungsbuch f. Kirche u. Haus. gr. 12. (XII u. 492 S. m. 1 Stahlst.) Würzburg 849, Stahel'sche B. 1 1 *ngr* fein Pap. 21 *ngr*

Faulhaber, Const., Opfer der Andacht. Ein vollständiges katholisches Gebet- u. Erbauungsbuch für Kirche u. Haus. Neu hersg. u. verm. von F. X. Himmelstein. 3. Aufl. Mit 3 Stahlst. Würzburg 865. Stahel. 32. (IV, 608 S.) n. 22 *ngr*; geb. n. 1 *ℛ* 10 *ngr*; Lederbd. n. 2 *ℛ*

Faulhaber, Melchior [aus Würzburg]: Die anorganischen Bestandteile des Pankreas ... Würzburg, Becker's Univ.-Buchdr., 1896; 35 S. 8.
Würzburg, Med. Fak., Inaug.-Diss. v. 1896

Faulhaber, M[elchior], Dr., Spezialarzt f. innere Krankheiten in Würzburg: Aus d. med. Poliklinik u. ambulanten Kinderklinik d. Kgl. Univ. Würzburg. Vorstand: Prof. Dr. Matterstock. Die Röntgenuntersuchung des Magens. Mit 73 Abb. im Text u. 3 Taf. Leipzig: O. Nemnich 1908. (VIII, 173 S.) 4°(8°)
Würzburg, Med. Fak., Hab.-Schr. v. 1908

Faulhaber, *Michael* [Präfekt im bischöfl. Knabensem. zu Würzburg]: Die griechischen Apologeten der klassischen Väterzeit ... 1. Buch. Eusebius v. Cäsarea ... [Eine m. d. Preise gekr. Studie.] Würzburg, A. Göbel, 1895; XI, 134 S. 8.
Würzburg, Theol. Fak., Inaug.-Diss. v. 1895

Faulhaber, Mich., s.: Hesychii Hierosolymitani interpretatio Isaiae Prophetae.

— Hohelied-, Proverbien- u. Prediger-Catenen, s.a. Studien, theolog., der Leo-Gesellschaft.

Hohelied-, Proverbien- und Prediger-Catenen. Untersucht von Dr. Michael Faulhaber, Privatd. in Würzburg. *Wien: Mayer & Co. 1902.* (XV, 176 S.) 8°
Studien, Theologische, d. Leo-Gesellschaft. 4. [illegible]

— die Propheten-Catenen nach römischen Handschriften, s.a. Studien, biblische. IV. 2/3

Die Propheten-Catenen nach Römischen Handschriften. Von Dr. M. Faulhaber, Kaplan d. Anima ... *Freiburg i. Br.: Herder 1899.* (xv, 218 S., 1 Bl.) 8.
= Studien, Biblische. Bd iv. H. 2. 3.

Faulhaber, M., die Vesperpsalmen der Sonn- u. Feiertage, weiteren Kreisen erklärt. (VII, 182 S.) Lex.-8. Strassburg 906. F. X. Le Roux & Co. n. 2.—

Faulhaber, P. Konstantin

Grundoperationen der Mathematik. Von Prof. P. Constantin Faulhaber. — 1850. Ebd. — 2.4—40.
Progr. Münnerstadt.

Faulhaber, Paul, Abschiedsworte. 2 Predigten geh. in Eßlingen. gr. 8. (22 S.) Stuttgart 874. Lindemann. n.n. — 35

Faulhaber, Paul, s.a. **Erzählungen u. Bilder, ausgew. biblische.**

Faulhaber P, ausgewählte biblische Erzählungen und Bilder aus dem Alten und Neuen Testament. (136 S) 4° Stuttgart 1896

— **unsere Freudigkeit zum Predigeramt.** Antrittspredigt geh. am 15. März 1874. gr. 8. (11 S.) Ebend. 874. n.n. — 25

[Faulhaber, W. F., Ratschreiber in Isny:] Vorschläge, wie der Fruchttheurung im schwäbischen Kraise abzuhelfen sein möchte. [Isny] 1790. (2") 4°.

Faulhaber's illustriertes Familienblatt

— s.a. **Familien-Bibliothek, illustr.**

Faulhaber's illustr. Familienblatt. Oktbr. 1898—Septbr. 1899. 12 Hfte. (à ca. 20 S. m. Taf.) gr. 4. Schwäb. Hall, Buchh. f. inn. Mission. à Hft. — 20

Faulhaber's illustr. Familienblatt, Fortsetzg., s.: Familienblatt, illustriertes deutsches.

Fäulhammer: Die Beziehungen Ludwigs des Deutschen zum gross-mährischen Reiche. 52 S. 8°—Czernowitz OR. Progr. 1868

Fäulhammer, Adb., Franz Grillparzer. Eine biograph. Studie. gr. 8. (VI, 244 S.) Graz 884. Leuschner & Lubensky. n. 3. 60

Fäulhammer, *Adalbert* Politische Meinungen und Stimmungen in Wien in den Jahren 1793 und 1794. 8 (S. 3—32). **Progr.** K. k. Staats-G. *Salzburg* 1893.

Fäulhammer, Adalbert Grillparzers Selbstbiographie. 41, 31 SS. **Progr.** G. *Troppau* 1878. 1879

Faulheit (Die). Flugblatt. s. l. s. a.

Faulhorn, das, im Grindelwald. Ein Topographie- u. Panorama-Gemälde, entworfen von mehreren Alpen-Freunden u. herausg. von J. J. Schweizer. Mit e. Panorama nach Frz. Schmid. gr. 8. Bern 832. Jenni. 2/3 *n*ß

[Ant. u. F.] Six Pieces for the Organ. Comp. by **William Faulkes.** '(Organist of S. Margaret's Church, Anfield, Liverpool.)' *Liverpool: Publ. by the Author; [Dr. v.] O. Brandstetter, Leipzig (1897).* (45 S.) 1 Bd quer-4.

Sonata in D minor by **William Faulkes.** *Liverpool: Publ. by the Author; [Dr. v.] O. Brandstetter, Leipzig [1896?].* (23 S.) 1 Bd quer-4.
— **Faulkes, W.**: A Series of Organ Pieces. No 7.

Faull, Rudolf: Ueber den Begriff und die praktische Bedeutung des Zwischenstreites nach der Civilprozess-Ordnung ... Schwerin, Druck d. Bärensprungschen Hofbuchdr., 1893; 94 S. 8.
Rostock, Jur. Fak., Inaug.-Diss. v. [18. Sept.] 1893

Faullenzer, s. a. Faulenzer

— Ein Rechnungsmeister u. Rathgeber für Jedermann. Worin 1 Stück bis zu 1000 mit 1 ₰ angefangen, steigend bis 1 Fl. richtig berechnet ist ꝛc. 24. Aibling 846. (Passau, Pustet.) 4 *n*ℊ

— **für Rechnungsmeister u. Rathgeber f. Jedermann.** Worin 1 Stück bis zu 1000 mit 1 Pfennig angef., steigend bis 1 fl. richtig berechnet ist ꝛc. 16. (19 Bl. ohne Pag.) Aibling 846. (Passau, Pustet'sche Buchh.)

Faullenzer, der, od. gemeinfaßliche Reduktionstabelle der Gulden u. Kreuzer in neue Franken u. Rappen u. umgekehrt. Der Reichsgulden zu 2 Fr. 10 Rp. gerechnet. 8. (12 S.) Schaffhausen 852, Brodtmann. n. 4 *n*ℊ

Faullenzer, großer, für Baden u. andere Länder, von M. N. Dieser enthält alle vorkommen könnende Rechnungsfälle genau berechnet; sowie auch die Reducirung aller Maaße, Gewichte ꝛc. Eine genaue Uebersichtstabelle ist dem Werkchen vorangebr. gr. 12. Mannheim 842. (Bensheimer.) n. 1/4 *n*ß

— **der kleine,** oder der fertige Rechenmeister. Nebst Zinsen-Tab. u. 1 Vergleichs-Berechn. des Oldenb. Courants gegen Gold u. des Geldes gegen Oldenb. Courant. Mit e. Anhang von Holz-Tab. 8. Bremen 845, Kaiser. n. 6 1/4 *n*ℊ

Faullenzer, der sogenannte, s.a. **Hausrechner.**

Der sogenannte Faullenzer, oder leichte und sehr richtige Berechnungen im Kauf und Verkauf, so wie Wein- Frucht- und Prozent-Rechnungen. Konstanz: Bannhard 1816. -- 25°
3. Aufl. u.d.T.: Der sogenannte Faulenzer .... 1844.

Fauller, Chr., Gesetze, Verordnn. u. Vorschriften für d. Polizei-Verwaltung im Kaiserth. Oesterreich. Erschienen in d. J. 1740 bis Ende 1825, u. in alphabet.-chronolog. Ordnung zusammengestellt, mit vorzügl. Rücksicht auf Nieder-Oesterreich. 4 Bde. gr. 8. Wien 827. (Gerold). 8 *n*ß Hbg. Pr. 4 *n*ß

Faullimmel, Emil [pr. Arzt in Bischweiler i/E.]: Ueber die Enterolithen und deren Behandlung. ... Bischweiler, Buchdr. v. F. Posth, 1890; 46 S. 8°
Strassburg, Med. Fak., Inaug.-Diss. v. 1890

Faulmann, Karl, Anleitung zur fonetischen Stenografie. Vorzügl. zum Selbstunterrichte bearb. 2. umgearb. und 3. Aufl. gr. 8. (24 S. mit 9 stenogr. Taf.) Wien 885,87, Bermann und Altmann. *

Faulmann, Karl. Anleitung zur phonetischen Stenographie. Vorzüglich zum Selbstunterrichte geeignet. 5. Aufl. (11.—12. Taus.) gr. 8. (32 S. m. Bildnis.) Wien 893. Bermann & Altmann. n. — 90

Faulmann, Karl, Anleitung z. phonet. Stenographie (Vollschrift u. gekürzte Schrift). Vorzügl. z. Selbstunterr. geeignet. 6. Aufl. (13.—14. Taus) M. Portr. d. Verf. u. viel. i. d. Text gedr. Schriftzeichen, Beispielen u. Uebgn. gr. 8. (32 S.) Wien 896. [Bermann & Altmann.] A. Pichler's Wwo. & Sohn. n. — 90

FAULMANN, Karl
Anleitung zur phonetischen Stenographie (Vollschrift und gekürzte Schrift). Vorzüglich zum Selbstunterrichte geeignet. Von Karl Faulmann. 7. Auflage. Mit Porträt des Verfassers und vielen in den Text gedruckten Schriftzeichen, Beispielen und Uebungen. Wien. 1899. Bermann & Altmann. Gr.-8°. 32 S. fl. —.50

Faulmann, Karl, stenografische Anthologie. Lehrbuch zur Einübung der stenografischen Schrift für Mittelschulen. 1. Aufl. 1873, 2. unveränd. Aufl. 1874, und 3. Aufl. Lex.-8. (71 S.) Wien 875, (Bermann und Altmann.) *

Faulmann, Carl, stenografische Anthologie. Lesebuch zur Einübung der stenograf. Schrift für Mittelschulen. 4. Aufl. gr. 8. (IV, 72 S.) Wien 878, Bermann und Altmann. *

Faulmann Karl, Stenographische Anthologie. Lesebuch zur Einübung der stenographischen Schrift für Mittelschulen. 5. unveränderte, somit nach Ministerial-Erlass vom 6. Mai 1878, Z. 6675 *) zum Lehrgebrauche an Mittelschulen mit deutscher Unterrichtssprache allgemein zulässige Auflage. Wien 1881. Bermann und Altmann. Preis 1 fl.

— stenographische Anthologie. Lesebuch zur Einübung der stenograph. Schrift f. Mittelschulen. 6., unveränd. Aufl. gr. 8. (IV, 72 S.) Ebend. 886. n. 2. —

Faulmann, K.: Die Aufgabe der Schrift erörtert an der historischen Entwickelung der Buchstabenschrift und der Stenographie. 40 S. 8⁰ u. VIII. Tab. – Wien, C.-OR. R., Progr. 1872.

— über die jetzige Bewegung auf stenographischem Gebiete. Vortrag. gr. 8. (16 S.) Ebend. 886. n. — 25

— das Buch der Schrift, enthaltend die Schriften u. Alphabete aller Zeiten u. aller Völker des gesammten Erdkreises. Zusammengestellt u. erläutert. Lex.-8. (XII, 272 S.) Wien 878. k. k. Hof- u. Staatsdruckerei. n. 12. —

—— das Buch der Schrift, enth. die Schriftzeichen und Alphabete aller Zeiten und Völker des Erdkreises. 2. verm. und verb. Aufl. hoch 4. (XII, 286 S.) Wien 880, Hof- und Staatsdruckerei. *

— s.: Classiker, deutsche, in stenograf. Correspondenzschrift.

Faulmann, Karl, Entwickelungsgeschichte des Gabelsberger'schen Systems der Stenografie. Eine Festgabe zur Feier des 50jährigen Bestehens der Gabelsberger'schen Stenografie. Mit 24 (lith.) Taff. Wien 868. Klemm in Komm. gr. 8. (III, 119 S.) 1 ₰

Faulmann, Karl, Entwurf einer radicalen Reform der Gabelsbergerschen Stenographie nebst einer Kritik der Gabelsberger'schen Schriftzeichen. gr. 8. (IV und 36 S.) Wien 867, (Rospini.) **
Aus: Oesterreichische Blätter für Stenographie, besonders abgedruckt.

Faulmann, Prof. Karl, Die Erfindung der Buchdruckerkunst nach den neuesten Forschungen. Dem deutschen Volke dargestellt. Mit 36 in den Text gedruckten Abbildungen und einer Stammtafel der Familie Gänsfleisch-Gutenberg. 8. (VIII, 156 S.) 2.20
Dasselbe. Eleg. geb. (Nur fest) 2.75
Wien: Hartleben 1890.

Goethe's Faust in stenographischer Correspondenzschrift nach Gabelsberger von Karl Faulmann. 1. Lief. kl. 8. (S. 1—48) geh. 50 kr. Baar mit 30%. Wien: Bermann & Altmann 1882.

Faulmann, Karl, stenographisches Fremdwörterbuch nach Gabelsberger's System. 2 Thle. Wien 862, 64. Rospini in Comm. 16. (IV, 102 Sp.; 166 Sp.) Jeder Thl. n. 20 ngr.
Inhalt: 1. Thl.: Zusammensetzung mit Vorwörtern. — 2. Thl.: Einfache u. zusammengesetzte Wörter.

— — Stenographisches Fremdwörterbuch nach Gabelsberger's System bearbeitet. 2 Theile in 1 Band. 12. (100 u. 166 S.) Ebds. in Comm. 1868. 1 fl.

—— illustrirte Geschichte der Buchdruckerkunst, ihrer Erfindung durch Johann Gutenberg und ihrer technischen Entwicklung bis zur Gegenwart. Mit 14 Taf. in Farben- und Tondr., 12 Beilagen und 300 in den Text gedr. Illustr., Schriftzeichen und Schriftproben. 25 Lfgn. gr. 8. (VIII, 806 S.) Wien 881,82, Hartleben's Verlag. à Lfg. compl. ℳ 13,50.; geb. *

—— illustrirte Geschichte der Schrift. Populär-wissenschaftl. Darstellung der Entstehung der Schrift, der Sprache und der Zahlen, sowie der Schriftsysteme aller Völker der Erde. Mit 15 Taf. in Farben- und Tondr. und vielen in den Text gedr. Schriftzeichen, Schriftproben und Inschriften. 20 Lfgn. gr. 8. (XVI, 632 S.) Wien 879,80, Hartleben's Verlag. à Lfg. * 60 Pf.; * ℳ 10,80.; geb. *

—— kurzgefasste Geschichte der Buchstabenschrift und Stenografie. gr. 8. (39 S. mit 8 lithogr. Taf.) Wien 873, Bermann und Altmann. *

Faulmann, Carl. Geschichte und Litteratur der Stenographie. Wien 1895. H: *Fischer, Max.* (Berl)

— Geschichte u. Litteratur der Stenographie. gr. 8. (VIII, 178 S.) Ebd. 895. n. 6. —; geb. n. 7. —

— historische Grammatik der Stenographie. Uebersichtliche Darstellg. der Systeme der Stenographie von der ältesten Zeit bis auf die Gegenwart, auf Grundlage von Orig.-Studien verf. Mit vielen in den Text gedr. Alphabeten u. Schriftproben. 16 Lfgn. gr. 8. (VIII, 376 S.) Ebd. 887. à — 50 (cplt.: n. 8. —; geb. n. 9. 15)

Faulmann, Karl, Handbuch der Buchdruckerkunst für Schriftsetzer und Korrektoren. Mit vielen Mustern und Abbild. 8. (VIII, 304 S.) Ebendas. 884. geb.

— die Initiale. Ein Beitrag zur Geschichte der Bücher-Ornamentik. Mit 156 Initial-Proben. Lex.-8. (48 S.) Wien 886. Graeser. n. 2. —

— Die Integrität der Gabelsberger'schen Stenographie als Schuldisciplin. 8⁰. (16 S.) Ebd. fl. —.30. 1867.

—— s. Kühnelt's, A. P., stenograph. Faulenzer.

—— illustrirte Cultur-Geschichte für Leser aller Stände. Mit 14 Taf. in Farben- und Tondr., 4 Facs.-Beilagen und 279 in den Text gedr. Illustr. 20 Lfgn. gr. 8. (VIII, 656 S.) Wien 880,81, Hartleben's Verlag. à Lfg. 60 Pf.; compl. geb. *

Faulmann, Karl. Lehrbuch der Gabelsberger-schen Stenographie, für Mittelschulen bearbeitet. Wien 1893. Bermann u. Altmann. (Min.-Erl. v. 22. April 1893, Z. 8112) —.60

Faulmann, Carl, Gabelsberger's stenographisches Lehrgebäude. 2., verb. Aufl. 1 Bog. in Imp.-Fol. Wien 860, (Rospini.) *

— Gabelsberger's stenographisches Lehrgebäude. Uebersichtliche Darstellung der Regeln u. Schreibweisen des Gabelsberger'schen Systems nach den Dresdener Beschlüssen. 4., umgearb. Aufl. Wien 866. Literar.-artist. Ausalt. (1 Tabelle in Fol.) n. 10 ngr.

—— Gabelsberger's stenographisches Lehrgebäude. Für Schulen bearb. 5.—8. Aufl. 1868—71. à * 50 Pf., 9. Aufl. 1872. 75 Pf., und 10.—12. (Ster.-)Aufl. 8. (32 S.) Wien 873—75, Bermann und Altmann. *

— Gabelsberger's stenographisches Lehrgebäude. Für Schulen bearb. 9. Aufl. 8. (32 S.) Wien 872. Bermann & Altmann. — 75

—— Gabelsberger's stenographisches Lehrgebäude. Für Schulen bearb. 13.—19. [Ster.-]Aufl. 8. (32 S.) Wien 876—80, Bermann und Altmann. *

—— Gabelsberger's stenographisches Lehrgebäude. Für Schulen bearb. 20.—27. [Ster.-]Aufl. 8. (31 S.) Wien 880—84, Bermann und Altmann. *

—— Gabelsberger's stenographisches Lehrgebäude. Für Schulen bearb. 28.—30. [Ster.-]Aufl. 8. (31 S.) Ebendas. 885—87. *

— Gabelsberger's stenographisches Lehrgebäude. 31. (Ster.-)Aufl. 12. (31 S.) Wien 893. Bermann & Altmann. n. — 60

— Gabelsberger's stenogr. Lehrgebäude. 33. (Ster.-) Aufl. 8. (31 S.) Ebd. 896. n. — 60

Faulmann, Karl, Gabelsbergers stenographisches Lehrgebäude. 35. (Ster.-)Aufl. 8. (31 S.) Wien 899. A. Pichler's Wwe. & Sohn. n. — 50

Faulmann, Karl, Lesebuch zur Einübung der Gabelsberger'schen Stenographie für Mittel- und Handelsschulen. Wien 1893. Bermann und Altmann. (Min.-Erl. v. 10 Juli 1893, Z. 15075 und v. 15. Sept. 1893, Z. 19009.) Geh. 1.—

— Lesebuch der fonetischen Stenografie. 1. u. 2. Thl. gr. 8. Wien, Bermann & Altmann. à n. — 90
1. Stenographische Vollschrift. (IV, 32 S.) 885.
2. Stenographische Kurzschrift. (IV, 32 S.) 886.

— Lesebuch zur fonetischen Stenografie. 1. Thl.: Stenografische Vollschrift. 3. unveränd. Aufl. gr. 8. (IV, 32 S.) Ebd. 891. n. — 90

—— stenographisches Lesebuch als Anhang zum Tableau: Gabelsberger's stenograph. Lehrgebäude. 8. (VIII und 80 S.) Wien 860, Rospini. *

—— die Phonographie in ihrem Verhältniss zur Kurrentschrift und zur Stenographie. Drei populärwissenschaftl. Abhandlungen. Im Anhang: Urtheile der Presse und aus dem Publikum über die Phonographie [Lautgeschwindschrift]. gr. 8. (VIII, 48 S. mit vielen in den Text gedr. Zeichen und Schriftproben.) Wien 878, Bermann und Altmann. *

Faulmann, Karl [Hrsg.], s. Reform-Zeitung, Stenographische

— im Reiche des Geistes. Illustr. Geschichte der Wissenschaften, anschaulich dargestellt. Mit 13 Taf., 30 Beilagen u. 220 Text-Abbildgn. 30 Lfgn. gr. 8. (XVI, 941 S.) Wien 893. 894. A. Hartleben. à n. — 50 (kplt. geb.: n. 17. 50)

Faulmann, Prof. Karl, Im Reiche des Geistes. Illustrirte Geschichte der Wissenschaften. Mit 13 Tafeln, 30 Beilagen und 220 Text-Abbildungen. In zwei Halbbänden. Zweiter Halbband. Lex.-8. (S. 481 941. Vorrede und Register XVI S.) 4.50
Dasselbe complet in einem Bande mit 13 Tafeln, 30 Beilagen und 220 Text-Abbildungen Lex.-8. (XVI, 941 S.) In Original-Prachtband geb. (mit Carton) 10.50
Wien: Hartleben 1894.

Faulmann, Karl, Revision des Gabelsbergerschen Sistems der Stenographie u. der Dresdener Beschlüsse. Wien 861. (Rospini.) 8. (31 S.) n. 8 ngr.

— üb. die Schreibflüchtigkeit. Untersuchungen üb. die Schreibflüchtigkeit der stenograph. Systeme v. Gabelsberger, Stolze u. Faulmann u. deren Verhältnis zur Kurrentschrift. [Aus: „Deutsche Stenographen-Zeitg."] gr. 8. (19 S.) Ebd. 888. n. — 40

—— die Schule der stenographischen Praxis. Anleitung zur Anwendung der Satzkürzung in der Praxis. 2. Aufl. gr. 8. (VIII, 156 S.) Wien 875, Bermann und Altmann. *

Faulmann, Carl, die Schule der stenografischen Praxis. Anleitung zur Anwendung der Satzkürzung in der Praxis. 2. Bd.: Reden, Aufsätze etc. in stenograf. Schrift mit gegenüberstehender Uebersetzung. (Sep.-Ausg. des „Kammerstenograf". Jahrg. 1875.) gr. 8. (188 S.) Ebendas. 876. *

—— die Schule der stenographischen Praxis. Anleitung zur Anwendung der Satzkürzung in der Praxis. 3. Aufl. gr. 8. (VIII, 156 S.) Ebendas. 885. *
Vgl.: Kirchhammer, P., der Reichenberger Feldzug gegen die Faulmann'sche Stenographie. — Niederlage, eine, der Faulmann'schen Stenographie.

— phonographische Selbstunterrichts-Briefe. Praktische, auf das phonet. System d. Verf. angewandte Methode, die Stenographie brieflich u. ohne Lehrer in 5 Monaten angenehm, leicht u. gründlich zu erlernen. 10 Briefe. Neue Ausg. gr. 8. (168 S.) Ebend. 884. à — 50

— — Phonographische Selbstunterrichtsbriefe. Praktische, auf das phonetische System des Verfassers angewandte Methode, die Stenographie brieflich und ohne Lehrer in 5 Monaten angenehm, leicht und gründlich zu erlernen. Neue Ausgabe. (Vollständig in 10 Briefen.) gr. 8°. 10. Brief. (S. 161—174.) (Schluss.) Ebd. n. —.25. 1886.

— System der deutschen Stenografie auf fonetischer Grundlage [Fonografie] in 8 Lectionen. Mit einer lith. u. 16 autogr. Taf. gr. 8. (XVI, 47 S.) Ebend. 880. n. 2. —

— über den schnellschriftlichen Unterricht an Mittelschulen. Mit 4 autograph. Taf. gr. 8. (24 S.) Ebend. 878. n. — 80

— stenografische Unterrichtsbriefe. Allgemein verständlicher Unterricht für das Selbststudium der Stenografie nach Gabelsberger's System. 24 Lfgn. gr. 8. (IV, 384 S. m. 2 Steintaf. u. lith. Portr. Gabelsberger's.) Wien 877. Hartleben. à — 50; cplt., nebst 24 stenogr. Federn in Carton n. 10. —

— stenografische Unterrichtsbriefe. Allgemein verständl. Unterricht in 48 Lectionen f. d. Selbststudium der Stenografie nach Gabelsberger's System. Wohlf. Volks-Ausg. 12 Lfgn. gr. 8. (IV, 384 S. m. 2 Steintaf. u. lith. Portr. Gabelsberger's.) Wien 883. Hartleben. à — 50

— stenografische Unterrichtsbriefe. Allgemein verständl. Unterricht (in 48 Lektionen) f. das Selbststudium der Stenografie nach Gabelsbergers System.
3. wohlf. Volks-Ausg. (In 12 Lfgn.) 1.—8. Lfg. Lex.-8. (S. 1—256 m. 1 Linienblatt.) Wien 894. A. Hartleben. à n. — 50

— stenograf. Unterrichtsbriefe. Allgem. verständl. Unterr. in 48 Lektionen f. d. Selbststudium d. Stenografie n. Gabelsbergers System. (3.), wohlf. Volks-Ausg. 9.—12. (Schluss-) Lfg. Lex.-8. (S. 257—384 m. Bildn.) Wien 895. A. Hartleben. à n. — 50; Sammelmappe dazu n.n. 1. —

—— neue Untersuchungen über die Entstehung der Buchstabenschrift und die Person des Erfinders. gr. 8. (VIII, 62 S.) Wien 876, Bermann und Altmann. *

Faulmann, Karl. Graf Moltke's Urtheil üb. Stenographie. Mit sachlichen Bemerkgn. gr. 8. (24 S.) Wien 890, Bermann u. Altmann. * — 60

Faulmann, Karl, etymologisches Wörterbuch der deutschen Sprache nach eigenen neuen Forschungen. 10 Hfte. gr. 8. (VIII, 421 S.) Halle a/S. 892. 893. E. Karras' Verl. à n. 1. 20 (kplt. geb. in Halbfrz.: n. 14. —)

Faulmann, Karl [Hrsg.], s. Zeitschrift für Faulmann'sche Stenographie

Faulmann, Philipp Jacob (Merseburg), De furto in necessitate licito. Diss. moralis. Präs. Georg Ehrenfried Behrnauer (Loeb./Laus.). Lpz. (Joh. Heinr. Richter) 22. IV. 1702. 12 Bl. (5.—) 8604

Faulmüller, Georg, a. Augsburg: Der attische Demos im Lichte der aristophanischen Komödie. München 1906: F. Straub. (67 S.) 8°
Erlangen, Phil. Fak., Ref. Roemer, Diss. v. 12. Sept. 1906
[Geb. 23. Dez. 80 Augsburg; Wohnort: Augsburg; Staatsangeh.: Bayern; Vorbildung: St. Anna-Gymn. Augsburg Reife 99; Studium: Erlangen 3, Berlin 1, München 2, Erlangen 1, München 1 S.; Rig. 26. Jan. 05.]

Der attische Demos im Lichte der Aristophanischen Komödie. — Von Georg Faulmüller, G.-A. — 1906, München, F. Straub. — P. 3—62.
Progr. München, K. Ludwigsgymnasium

Faulmueller, Paul, a. Augsburg: Über die rednerische Verwendung des Witzes und der Satire bei Cicero. Eine aesthetisch-kritische Studie. Grünstadt 1906: E. Sommer. (80 S.) 8°
Erlangen, Phil. Fak., Ref. Heerdegen, Diss. v. 16. Juli 1906
[Geb. 25. Febr. 71 Augsburg; Wohnort: Grünstadt; Staatsangeh.: Bayern; Vorbildung: St. Anna-Gymn. Augsburg Reife Juli 90; Studium: Erlangen 3, Greifswald 4. Erlangen 5 S.; Rig. 26. Jan. 05.]

Über die rednerische Verwendung des Witzes und der Satire bei Cicero. Eine ästhetisch-kritische Studie. — Von Paul Faulmüller, G.-L. — 1906, Grünstadt, E. Sommer. — P. 3—79.
Progr. Grünstadt, Progymn.

Fäulniß, über d., lebender u. todter thier. Körper, üb. Faulkrankheiten etc. 8. Hildburgh. 795. Hanisch. (Lpz., Taubert). 14 gr

Fäulniß in d. Strafrechtspflege. B. e. d. Behörden wohlbekannten Unbekannten. M. oberstaatsanwaltl. Approbation. 12. (20 S.) Berlin-Charlottenburg (Kantstr. 117) 896. H. Rousseau. n. — 40

Faulpelz, der, in tausend Aengsten. Eine lustige Geschichte für die Kinderwelt. Illustrirt von W. v. Breitschwert. gr. 4. (32 S. mit 16 color. Bildern in eingedr. Holzschn.) Berlin 869, Hofmann und Comp. cart. *

Faulpelz, kleiner, im Rechnen. 32. (48 S.) Aschersleben 879. Schlegel. geb. n. — 50

FAULSTICH.
Der Stein der Weisen. Programm. Berlin, 1844. 12mo.

Faulstich, D., das beste u. wohlfeilste Straßen-Erleuchtungsmittel neuerer Zeit. 8. Berl. 814. Salfeld. 8 gr

Faulstich, Ernst: Zur Geschichte Stralsunds in der Zeit der Grafenfehde. *Stralsund 1902: k. Regierungs-Buchdr.* (S. 3—48.) 4°
Stralsund, G, OP 1902 (165)

*Faulstich, Ernst: Schülerarbeiten aus dem XVII. u. XVIII. Jahrhundert. Mitgeteilt und besprochen von E. F. S. 141—172. 8.
In: Festschrift zur Feier des 350jährigen Bestehens. Gymn.
Progr. *Stralsund* 1910.

Chronik der St. Johannis-Loge „Euthanasia zur Unsterblichkeit" zu Beeskow 1816—1886. Von Otto Faulstich. Berlin 1888: (Mittler & Sohn). 36 S. 8°.

Faulwasser, Eduard (Hrsg.), s.a. A r z n e i m i t t e l l e h r e , Deutsche homöopathische .

Faulwasser, E. u. R. **Windelband**, deutsche homöopathische Arzneimittellehre. Im Auftrage des homöopath. Central-Ver. Deutschl. hrsg. 1. u. 2. Lfg. gr. 8. (S. 1—488.) Berlin 900. 902. B. Behr's Verl. à n.n. 3. —

Faulwasser, E., u. R. Windelband, deutsche homöopathische Arzneimittellehre. Im Auftrage des homöopath. Central-Vereins Deutschlands hrsg. 3. Lfg. (1. Bd. VIII u. S. 489—691.) gr. 8. Berlin 903. B. Behr's Verl. n.n. 3. —

Faulwasser, E., u. R. Windelband, deutsche homöopath. Arzneimittellehre. Im Auftrage des homöopath. Zentral-Vereins Deutschlands hrsg. 4. Lfg. (2. Bd. S. 1—191.) Lex. 8. Berlin 906. B. Behr's Verl. nn 3. —

Faulwasser, (Andr.) Eduard (geb. Bernburg 24. 4. 1827): De tuberculosi cerebri ejusque tunicarum. Berolini (1849). (32 S.) 8°
Berlin, Med. Diss. v. 25. Aug. 1849

Faulwasser, Erdmannus (geb. Bernburg Aug. 1829): De peritonitide acuta. Berolini (1852). (33 S.) 8°
Berlin, Med. Diss. v. 1. Okt. 1852

Faulwasser, Jul. Der große Brand u. der Wiederaufbau v. Hamburg. Ein Denkmal zu den 50jähr. Erinnerungstagen d. 5. bis 8. Mai 1842. Mit 4 Plänen u. zahlreichen Abbildgn. gr. 8. (VIII, 140 S.) Hamb. 892, Meißner's Verlag. * 3 —; geb. ** 4 —

Faulwasser, J., illustr. Führer durch das Gebäude d. Restaurants „Zum Wurstglöckchen" (aus: „Ausstellgs.-Zeitg. der Hamburg. Gewerbe- u. Industrie-Ausstellg. v. 1889"). Mit Illustr. v. H. de Bruycker, W. Weimar, Carl Wolbrandt, John Tecle. gr. 8. (48 S.) Hamburg 889. (Boysen & Maasch.) n. — 50

Faulwasser, Jul., Inhaltsverzeichnis u. Sachregister d. deutschen Bauzeitung 1867 bis 1908, soweit sie sich auf die Verhandlungen d. Architekten- u. Ingenieur-Vereins in Hamburg u. auf Hamburg u. seine Umgebg. bezieht. Hrsg. bei Gelegenheit d. 50jähr. Bestehens d. Architekten- u. Ingen.-Vereins. (III, 19 S.) 32×22 cm. Hamburg 909. Boysen u. Maasch. 2. —

Faulwasser, Jul., Hamburger Landsitze u. Landschaften, s.: Steiner, Agnes.

— die St. Jacobi-Kirche in Hamburg. Hrsg. m. Unterstützg. des Kirchenrates der evangelisch-luther. Kirche vom Verein f. hamburg. Geschichte. 4. (VII, 125 S. m. 28 Abbildgn. u. 21 Lichtdr.-Taf.) Hamburg 894. G. W. Seitz Nachf., Besthorn Gebr. n. 12. —; geb. n. 15. —

Faulwasser, Jul., d. St. Katharinenkirche in Hamburg. M. 60 Text-Ill. u. 20 Lichtdr.-Taf. Hrsg. m. Unterstützg. d. Kirchenrates d. evang.-luther. Kirche im Hamburg. Staate v. Verein f. Hamburg. Geschichte. gr. 4. (VII, 170 S.) Hamburg 896. G. W. Seitz Nachf. n. 12. —; geb. n. 15. —

— die St. Michaelis-Kirche in Hamburg. Hrsg. m. Unterstützg. des Kirchenrates der evangelisch-luth. Kirche vom Verein f. hamburg. Geschichte. gr. 4. (VIII, 184 S. m. 83 Abbildgn. u. 20 Lichtdr.-Taf.) Hamburg 901. G. W. Seitz Nachf. n. 12. —; geb. in Leinw. n. 15. —

Faulwetter, Karl Alexander

FAULWETTER, C. ALEX.
Kurze Geschichte der Elektricitätslehre. Nürnberg, 1793. 5 parts. 8vo.

Faulwetter, Karl Alex., († d. 15. Mai 1801.) kurze Grundsätze d. Lehre von d. Elektricität. 5 Thle, mit Kpf. 8. Nürnb. 790 —94. Schmidmer. 4 ℛ 8 gr

— Gutachten üb. eine vorgebl. Exhaeredationem bona mente factam. 8. Nürnb. 782.

Faulwetter, Carl Alexander (Nürnberg), De liberis ab utroque parente et de nepotibus ab avo et paterno et materno simul educandis ad capita quaedam reformationis Noricae. Diss. jur. Altdorf (Meyer) 10. X. 1769. 24 S. (4.80) 8605

— s. Philosophie d. Natur.

Faumont, J. M. D., Schrift von d. Freiheit d. Handels. 8. Prag 782. Schönfeld. 6 gr

FAUMONT: Merkw. Schriften v. d. Freiheit d. Handels. *Prag* u. *Wien.* 782. 8.

Faun, der. Humoristische Wochenschrift für die vornehme Welt. Red.: G. Kirsch. 1. Jahrg. April—Dezbr. 1906. 39 Nrn. (à ca. 18 S. m. z. Tl. farb. Abbildgn.) 8. Berlin, Moderner Verlag f. freie Literatur. à Nr. — 20
Erscheint nicht mehr.

Faun, Norb., „Igitt-igitt". Nichts f. Jungfrauen, Mucker u. Ducker. (146 S.) 8. Rostock (907). Eichemeyer & Fett. 1.50

Fauna arctica. Eine Zusammenstellg. der arkt. Tierformen mit besond. Berücksicht. des Spitzbergen-Gebietes auf Grund d. Ergebnisse d. deutschen Expedition in das nördl. Eismeer im J. 1898. Unter Mitwirkg. zahlr. Fachgenossen hrsg. v. Fritz Römer u. Fritz Schaudinn. I. u. II. Bd. Imp.-4. Jena, G. Fischer. n.n. 118. —
I. (540 S. m. 49 Abb., 10 Taf., 2 geogr. Karten, 1 Kartenskizze u. 10 Bl. Erklärgn.) 900. n.n. 58. —
II. (III, 560 S. m. 13 Fig., 6 Taf., 2 Kartenskizzen u. 6 Bl. Erklärgn.) 901. 902. n.n. 60. —

Fauna arctica. Eine Zusammenstellg. der arkt. Tierformen m. besond. Berücksicht. des Spitzbergen-Gebietes auf Grund der Ergebnisse der deutschen Expedition in das nördl. Eismeer im J. 1898. Unter Mitwirkg. zahlreicher Fachgenossen hrsg. von Fritz Römer u. Fritz Schaudinn. III. u. IV. Bd. à 3 Lfgn. Imp.-4. Jena, G. Fischer. n.n. 136. —
III. (III, 554 S. m. 233 Fig., 17 Taf. u. 17 Bl. Erklärgn.) 903. 904. n.n. 76. —
IV. (III, 514 S. m. 148 Fig., 4 Taf., 1 Karte u. 4 Bl. Erklärgn. 905. 906. n.n. 60. —
Bd. I u. II. Ebd. 900. 902. n.n. 118. —.

Fauna, arctica. Eine Zusammenstellg. d. arkt..Tierformen m. besond. Berücksicht. d. Spitzbergen-Gebietes auf Grund d. Ergebnisse d. deutschen Expedition in das nördl. Eismeer im J. 1898. Unter Mitwirkg. zahlreicher Fachgenossen hrsg. v. Fritz Römer u. Fritz Schaudinn. Nach ihrem Tode fortges. v. Aug. Brauer. V. Bd. 1. Lfg. (III, 447 S. m. 76 Abb., 2 Bildnissen, 5 Taf. u. 1 Kartenskizze.) 36×27,5 cm. Jena 910. G. Fischer. nn 45. —
Bd. I—IV. Ebd. 900—906. 254.—.

Fauna, die, d. Balatonsees v. Karl Brancsik, Eug. v. Daday, Raoul Francé, Alex. Lovassy, Ludw. v. Méhely, Stef. v. Rátz, Karl Szigethy u. Eug. Vángel, hrsg. v. Géza Entz, s.: Resultate d. wissenschaftl. Erforschg. d. Balatonsees.

Fauna Boica s.a. Jak. Er. v. Reider.

Fauna Boica, od. gemeinnützige Naturgeschichte d. Thiere Bayerns; bearb. u. hrsg. v. Jak. Ernst v. Reider u. Carl Wilh. Hahn. 1—29. Lfg. (à 12 ill. Stnt. u. 1½—5 B. Text.) gr. 8. Nürnberg 830—34, Geh. à Lfg.
Mit besondern Titeln sind bereits vollständig erschienen:
Bayern's Säugethiere, mit 60 ill. Taf. 8 Thlr. 18 Gr.
— Fische, mit 30 ill. Taf. 2 Thlr. 6 Gr.
— Amphibien, mit 24 ill. Taf. 1 Thlr. 12 Gr.
Deutschland's Vögel, mit 180 ill. Taf. 11 Thlr. 6 Gr.

— chilensis. Abhandlungen nach den Sammlgn. von L. Plate, s.a. Jahrbücher, zoologische.

Fauna Chilensis. Abhandlgn z. Kenntniss d. Zoologie Chiles nach d. Sammlgn v. Dr. L(udw.) Plate. H. 1. *Jena: G. Fischer 1897.* 8.
= Jahrbücher, Zoologische. Suppl. IV. H. 1. [98. 6]

Fauna u. Flora von Baden in Niederösterreich. 8. Wien 805. Geistinger. 4 fl

Fauna u. Flora des Golfes von Neapel u. der angrenzenden Meeres-Abschnitte, hrsg. von der zoolog. Station zu Neapel. I. Monographie. Imp.-4. Leipzig 880. Engelmann. n. 75. —
Die Ctenophoren des Golfes von Neapel u. der angrenzenden Meeres-Abschnitte. Eine Monographie von Carl Chun. Mit 18 Taf. in Lith. u. 22 (eingedr.) Holzschn. (XVIII, 313 S. m. 18 Bl. Taf.-Erklärungen.)

Fauna u. Flora d. Golfes v. Neapel u. der angrenzenden Meeres-Abschnitte, hrsg. v. der zoolog. Station zu Neapel. 2—12. Monographie. Imp.-4. Leipzig 883. Engelmann. n. 468. —
2. Le specie del genere fierasfer nel golfo di Napoli e regioni limitrofe. Del Carlo Emery. Con 9 tav. lit. e 10 incisioni in legno. (VII, 76 S. m. 9 Bl. Taf.-Erklärgn.) 880. n. 25. —
3. Pantopoda v. Ant. Dohrn. Mit 18 Taf. in Lith. (VIII, 252 S. m. 18 Bl. Taf.-Erklärgn.) 881. n. 60. —
4. Corallina v. Graf zu Solms-Laubach. Mit 3 Taf. in Lith. (VII, 64 S. m. 3 Bl. Taf.-Erklärgn.) 881. n. 12. —
5. I Chetognati. Anatomia e sistematica con aggiunte embriologiche. Memoria dell Battista Grassi. Con 13 tav. lit. e 1 incisione in zinco. (VII, 126 S.) 883. n. 25. —
6. Die Caprelliden v. P. Mayer. Mit 10 Taf. in Lith. u. 39 (eingedr.) Zinkogr. (X, 201 S. m. 1 Bl. Taf.-Erklärgn.) 883. n. 30. —
7. Le Cystoseirae del golfo di Napoli. Memoria di R. Valiante. Con 15 tavole lit. (V, 30 S.) 883. n. 30 —
8. Die Bangiaceen v. G. Berthold. Mit 1 Taf. in Lith. (IX, 28 S.) 883. n. 6. —
9. Le Attinie. Monografia del Angelo Andres. Vol. I., contenente bibliografia, introduzione e specigrafia, con 13 tavole cromolit. e 78 zincografie. (XI, 459 S.) 884. n. 80. —
10. Die Arten der Gattung Doliolum. Eine Monographie v. Basilius Uljanin. Mit 12 zum Theil farb. Taf. in Lith., 10 Zinkogr. u. 1 Holzschn. (VIII, 140 S. m. 12 Bl. Erklärgn.) 884. n. 40. —
11. Die Polycladen [Seeplanarien]. Eine Monographie v. Arnold Lang. Mit 39 Taf. in Lith. u. 54 Fig. im Text. (IX, 688 S. m. 39 Bl. Erklärgn.) 884. n. 120. —
12. Die Cryptonemiaceen. Eine Monographie v. G. Berthold. Mit 8 zum Theil farb. Taf. in Lith. (VI, 27 S.) 884. n. 40. —

Fauna u. Flora d. Golfes v. Neapel etc. 13. Monographie. Imp.-4. Berlin 885. Friedländer & Sohn. n. 40.—
Die koloniebildenden Radiolarien [Sphaerozoeen] v. Karl Brandt. Mit 8 Taf. in Lith. u. 1 Karte im Text. (VIII, 276 S. m. 8 Bl. Erklärgn.)

Fauna u. Flora d. Golfes v. Neapel u. der angrenzenden Meeresabschnitte, hrsg. v. der Zoolog. Station zu Neapel. 14.—17. Monographie. Imp.-4. Berlin, Friedländer & Sohn. n. 224. — (1—17.: n. 807. —)
14. Le genre Polygordius. Par J. Fraipont. (XIV, 125 S. m. 1 Holzschn., 16 Steintaf. u. 16 Bl. Erklärgn.) 887. n. 40. —
15. Die Gorgoniden. 1. Thl. e. Monographie der Anthozoa alcyonaria v. G. v. Koch. (X, 99 S. m. 14 Holzschn., 25 Zinkogr., 10 Steintaf. u. 10 Bl. Erklärgn. 887. n. 40. —
16. Die Capitelliden, nebst Untersuchgn. zur vergleich. Anatomie u. Physiologie von H. Eisig. 2 Stücke. (XXVI, 906 S. m. 20 eingedr. Fig., 37 Steintaf. u. 37 Bl. Erklärgn.) 887. n. 120. —
17. Die Caprelliden d. Golfs v. Neapel u. der angrenzenden Meeresabschnitte. Nachtrag zur Monographie derselben v. Paul Mayer. (VIII, 157 S. m. 7 lith. Taf. u. 7 Blatt Erklärgn.) n. 24. — (Hauptwerk u. Nachtrag: n. 64. —)

Fauna u. Flora des Golfes v. Neapel u. der angrenzenden Meeres-Abschnitte. Hrsg. v. der zoolog. Station zu Neapel. 18.—21. Monographie. Imp.-4. Berlin, R. Friedländer & Sohn. n. 550. —
18. Enteropneusten v. J. W. Spengel. Mit 37 (z. Tl. farb.) Taf. in Lith. u. Lichtdr. (XII, 757 S. m. 5 Erläuterungstaf. u. 36 Bl. Erklärgn.) 893. n. 150. —
19. Systematik u. Faunistik der pelagischen Copepoden v. Wilh. Giesbrecht. 2 Bde. Mit 54 lith. Taf. (IX, 831 S.) 893. n. 150. —
20. Gammarini del Golfo di Napoli. Monographia di Antonio della Valle. Con un atlante di 61 tavole in litografia. (XI, 948 S.) 893. n. 150. —
21. Die Ostracoden des Golfes v. Neapel u. der angrenzenden Meeres-Abschnitte v. G. W. Müller. (VIII, 466 S. m. 40 lith. Taf. u. 40 Bl. Erklärgn.) 894. n. 100. —

— u. **Flora** d. Golfes v. Neapel u. d. angrenz. Meeres-Abschnitte. Hrsg. v. d. zoolog. Station zu Neapel. 22.–24. Monographie. gr. 4. Berlin, R. Friedländer & Sohn. Einzelpr. n. 340. —
22. (XV. Jahrg.) Die Nemertinen d. Golfes v. Neapel u. d. angrenzenden Meeres-Abschnitte v. Otto Bürger. (XVI, 743 S. m. 31 Taf u. 31 Bl. Erklärgn.) 895. Einzelpr. n. 120. —
23. (XVI. Jahrg.) J cefalopodi vivente nel Golfo di Napoli. (Sistematica.) Monografia di Gius. Jatta. Con 64 Zincotip- nel Testo ed un Atlante di 31 Tavole. (XI, 268 S. m. 31 Bl. Erklärgn.) 896. Einzelpr. n. 120. —
24. (XVII. Jahrg.) Die Seesterne des Mittelmeeres v. Hub. Ludwig. (X, 491 S. m. 12 Fig., 12 Farbdr. u. 13 Bl. Erklärgn.) 897. Einzelpr. n. 100. —
Subskr.-Pr. à Jahrg. b. Abnahme von 5 Jahrgg n.n. 50. —

— u. **Flora** des Golfes v. Neapel u. der angrenzenden Meeres-Abschnitte. Hrsg. v. der zoolog. Station zu Neapel. 25.—27. Monographie. Imp.-4. Berlin, R. Friedländer & Sohn. n 820. —
25. Die Asterocheriden. Von Wilh. Giesbrecht. Mit 11 Taf. (IV, 217 S.) 899. n. 80. —
26. Die Rhodomelaceen des Golfes von Neapel u. der angrenzenden Meeres-Abschnitte. Von P. Falkenberg. (XVI, 754 S. m. 10 Fig., 24 Taf. u. 24 Bl. Erklärgn.) 901. n. 120. —
27. Die Mytiliden des Golfes v. Neapel u. der angrenzenden Meeres-Abschnitte. Von Thdr. List. 1. Thl. M. 17 Textfig. u. 22 Taf. (X, 312 S. m. 22 Bl. Erklärgn.) 902. n. 120. —
Subskr.-Preis à Jahrg. — bei Verpflichtung zur Abnahme von 5 Jahrggn. — n.n. 50. —.

— u. **Flora** des Golfes v. Neapel u. der angrenzenden Meeres-Abschnitte. Hrsg. v. der zoolog. Station zu Neapel. 28. Monographie. 4. Berlin, R. Friedländer & Sohn. 70. —; f. den XXI. Jhrg. n.n. 50. —
Ichthyotomus sanguinarius, e. auf Aalen schmarotzende Annelide. Von Hugo Eisig. Mit 34 Fig. im Text u. 10 Taf. (XI, 300 S. m. 10 Bl. Erklärgn.) 906.

— — dasselbe. 29. Monographie. 4. Ebd. 906. n. 40. —
Rhizocephala. By Geoffrey B. A. Smith. With 24 textfig. and 8 plates. (VIII, 123 S. m. 8 Bl. Erklärgn.) 906.

Fauna u. Flora d. Golfes v. Neapel u. der angrenzenden Meeres-Abschnitte. Hrsg. v. der zoolog. Station zu Neapel. 30—33. Monographie. 33,5×27,5 cm. Berlin, R. Friedländer & Sohn. 280.—; f. den 22—24. Jahrg. à nn 50. —
Giesbrecht, W., Stomatopoden. 1. Thl. (VII, 239 S. m. 12 Fig., 11 (1 farb.) Taf. u. 11 Bl. Erklärgn.) 910. (Nr. 33.) 60. —
Pierantoni, Umberto, Protodrilus. Monografia. Con 18 figure nel testo e 11 tavole. (VII, 226 S. m. 11 Bl. Erklärgn.) 908. (Nr. 31.) 60. —
Solys-Longchamps, Marc de, Phoronis. Avec 1 fig. dans le texte et 12 planches. (X, 280 S. m. 12 Bl. Erklärgn.) 907. (Nr. 30.) 70. —
Wilhelmi, J., Tricladen. Mit 80 Fig. im Text u. 16 Taf. (XII, 408 S. m. 15 Bl. Erklärgn.) 909. (Nr. 32.) 90. —

Fauna helvetica, od. Verzeichniß aller bis jetzt in d. Schweiz entdeckten Thiere. Auf Veranstaltung d. allgem. schweiz. Gesellsch. f. d. Naturwissensch. entworfen. 1—3. Thl. 1—4. Lfg. gr. 4. Solothurn 837—40, Jent u. Gaßmann. *
Thl. 1. Schinz, H. R., Verzeichniß d. in d. Schweiz vorkomm. Wirbelthiere. M. 1 ill. Stnt. * 1 Thlr. 16 Gr.
„ 2. Charpentier, J. de, Catalogue des mollusques terrestres et fluviatiles de la Suisse. Av. 2 plchs. * 1 Thlr. 4 Gr.
Beide Bde. zusamm. genomm. nur * 2 Thlr. 8 Gr.
„ 3. Lfg. 1—4. Herr, O., die Käfer d. Schweiz, m. besond. Berücksichtigung ihrer geograph. Verbreitung. 1. Thl. 1—3. Lfg. u. 2. Thl. 1. Lfg. * 3 Thl. 2 Gr.

— regni **Hungariae**. Animalium Hungariae hucusque cognitorum enumeratio systematica. III. Arthropoda. In memoriam regni Hungariae mille abhinc annis constituti ed. regia societatis scientiarum naturalium hungarica. (In latein. u. ungar. Sprache.) gr. 8. (III, 214 S., S. 7—113, 5—82, 5—76, 5—72, 5—10, 12, 2, 2, 4, 33 u. 10 S.) Budapest 900. (F. Kilián's Nachf.) n.n. 35. —
1 u. II erscheinen später.

Fauna Insect. Europae, Cur. E. F. Germar; s. Ahrens.

Fauna Insectorum Fridrichsdalina, sive methodica descriptio Insectorum agri Fridrichsdalensis . . . Hafniae et Lipsiae 1764. V: *Müller, Otho Frdr.* (EBHN) (Barbier)

— Insectorum Friedrichsdalina, sive methodica descript. insectorum agri Friedrichsdaliensis. 8. Kopenh. u. Lpz. 764. (Brockhaus). 12 gr.

— insectorum Helvetiae. Diptera. Die Familien der Fliegen u. die Genera u. Species der Waffenfliegen, Bremsen, Schwebfliegen u. Raubfliegen. Analytisch zusammengestellt v. Gust. Schoch. (27 S.) gr. 8. Schaffhausen 890. (Bern, Raillard & Schiller.) — 75

— dasselbe. Hymenoptera. Apidae v. E. Frey-Gessner. Vol. I. Gesellig leb. Bienen, Urbienen u. Schenkelsammler. (VIII, 392 S.) gr. 8. Ebd. 899—907. 12. —
Bisher unter den einzelnen Bearbeitern aufgenommen.

Fauna, Kleine, und Flora

— — v. Baden in Niederösterreich. 8. Wien, Geistinger. 805.

Fauna, kl., u. Flora d. südwestl. Gegend um Wien &c. 12. Wien, Degen. 802.

— die, der deutschen **Kolonien**. Hrsg. m. Unterstützg. des Reichs-Kolonialamts v. zoolog. Museum in Berlin. I. Reihe, 1. u. 2. Heft; II. Reihe, 1. Heft; III. Reihe, 1. u. 2. Heft u. IV. Reihe, 1. Heft. gr. 8. Berlin, R. Friedländer & Sohn. 13. —
I, 1. Kamerun. 1. Heft. Die Schlangen Kameruns. Von Sternfeld. Mit 1 Karte u. 34 Fig. im Text. (IV, 28 S.) 909. 1. —
I, 2. Dasselbe. 2. Heft. Die Reptilien (ausser den Schlangen) u. Amphibien. Von Fritz Nieden. (IV, 74 S. m. 155 Abbildgn. u. 1 Karte.) 910. 3. —
II, 1. Togo. 1. Heft. Die Schlangen Togos. Von Sternfeld. Mit 1 Karte u. 42 Fig. im Text. (IV, 29 S.) 909. 1.-
III, 1. Deutsch-Ostafrika. 1. Heft. Die jagdbaren Vögel. Von Ant. Reichenow. Zeichnungen v. Geo. Krause: Mit 94 Fig. im Text. (IV, 109 S.) 909. 4.-

— Prussica, s. Lorek, C. G.

Fauna der Schweiz. Druckblätter. 8. und 4., in Mappe.
Druckblätter. fol.. in Mappe.

— die, **Südwest-Australiens**. Ergebnisse der Hamburger südwest-austral. Forschungsreise 1905, hrsg. v. W. Michaelsen u. R. Hartmeyer. I. Bd. 1—13. Lfg. u. II. Bd. 1—25. Lfg., u. III. Bd. 1—5. Lfg. Lex. 8. Jena, G. Fischer. 76. —
Alfken, J. D., Apidae. Forel, A., Formicidae. (S. 259—310.) 907. (I, 6. 7.) 2. 50
Burr, Malcolm, B. A., Dermaptera. With 1 plate. — Richters, Ferd., Rotatoria, Tardigrada u. andere Moosbewohner. Mit 3 Abb. im Text. — Kraepelin, K., Scorpiones. Mit Taf. XII 1. — Kraepelin, K., Scolopendridae. Mit Taf. XII 2. (S. 67—128.) 908. (II, 5—8.) 5. —
Enderlein, Günth., Copeognatha. Mit 6 Abbildgn. im Text. — Koehler, R., Ophiuroidea. Avec 10 fig. dans le texte. — Weele, H. W. van der, Panorpata u. Planipennia. Mit 1 Abbildg. im Text. (S. 231—258.) 907. (I, 3—5.) 1. 50
Kükenthal, W., Alcyonaria. 1. Tl. — Broch, Hjalmar, Pennatulida. — Ritter-Záhony, R. v., Chaetognatha. — Loman, J. C. C., Opiliones. — Weltner, W., Spongillidae. (144 S. m. 84 Abbildgn. u. 5 Taf.) 910. (III, 1—5.) 10. —
Lea, Arth. M., Curculionidae. — Duncker, Geo., Pisces. 1. Tl.: Syngnathidae. — Werner, Frz., Reptilia exkl. Geckonidae u. Scincidae. — Silvestri, F., Isoptera. — Bouvier, E.-L., Onychophora. — Meyer, Wern. Th., Cephalopoda. — Jacobi, Arnold, Homoptera. — Hentschel, Ernst, Tetraxonida 1. Tl. — Weiss, Annie, Turbellaria, Rhabdocoelida u. Tricladida paludicola. — Tullgren, Alb., Chelonethi. (S. 215—415 m. 68 Abbildgn. u. 10 Taf.) 909. (II, 14—23.) 20. —
Michaelsen, W., Oligochaeta. Mit 2 lith. Taf. 1 Kartenskizze u. 34 Abb. im Text. (S. 117—232.) 907. (I, 2.) 5. —

— u. Hartmeyer, Reisebericht. Mit 49 Abb. im Text u. 1 Karte. (VIII, 116 S.) 907. (I, 1.) 4. —
Régimbart, M., Dyticidae, Gyrinidae et Hydrophilidae. — Szépligeti, Gy., Braconidae u. Ichneumonidae. Mit 1 Taf. u. 2 Abbildgn. im Text. — Gebien, Hans, Tenebrionidae. Mit 1 Taf. u. 4 Abbildgn. im Text. — Borchmann, F., Alleculidae. Mit 1 Taf. u. 4 Abbildgn. im Text. — Simon, Eugène, Araneae. 1re partie. Mit 14 Fig. im Text u. 1 eingedr. Kartenskizze. — Schulz. W. A., Fossores. Mit 3 Abb. im Text. (III u. S. 311—488.) 908. (I, 8—13.) 6. 50
Ris, F., Odonata. — Werner, Frz., Reptilia (Geckonidae u. Scincidae). (III u. S. 415—493 m. 34 Abbildgn.) 910. (II, 24. 25.) 3. 50
Shelford, R., M. A., Blattidae. With plate XIII. — Lohmann, H., Copelata u. Taliacea. Mit 1 Abbildg. im Text. — Lohmann, H., Marine Hydrachnidae u. Halacaridae. Mit 2 Abbildgn. im Text. — Simon, Eug., Araneae, 2me partie. Avec 14 fig. dans le texte. — Pic, M., Ptinidae. (S. 127—215.) 908. (II, 9—13.) 6. —
Weise, J., Chrysomelidae u. Coccinellidae. — Bernhauer. Max, Staphylinidae. — Ulmer, Geo., Trichopteridae u. Ephemeridae. Mit 44 Abbildgn. im Text. — Silvestri, F., Thysanura. Con tab. I—X. (68 S.) 908. (II, 1—4.) 12. —

Fauna v. Thüringen u. d. angrenz. Provinzen, s.a. Koch, Karl.

Fauna von Thüringen u. d. angrenz. Provinzen. I. u. IV. gr. 8. Jena, Mauke. Thlr. •
1. Säugethiere. Hrsg. v. Karl Koch, u. die nach d. Natur gefertigten Origzeichn. v. Ernst Schenk. Hft. 1. u. 2. M. 8 col. Kpfrt. (1¼ B.) 841. à • 8 Gr.
IV. Schmetterlinge. Hrsg. v. Theod. Thon u. Joh. Wilh. Krause, u. die nach d. Natur gefert. Origzeichnn. v. Ernst Schenk. Hft. 1., 3. u. 8. M. 2 schw. u. 16 col. Kpfrt. (3¼ B.) 834—40. à • 8 Gr.

— über Würtembergs. (Aus d. Correſpondenzbl. d. landwirthſchaftl. Vereins abgedr.) gr. 8. Stuttg. 830. (v. Cotta). 4 gr.

Faunen, über, Satyren ꝛc. 8. Berl. 790. Unger. 8 gr.

Faunenhöhle, die, eine poet. Phantaſie. 8. Hamb. Bode. 773.

Fauner, Cl., Zeus u. Maier, s.: Goss, Ant.

Fauner, Ferd., die Arbeiter-Verſicherungs-Geſetze kurzgefaßte prakt. Darſtellg. der Geſetze üb. Kranken-, Unfall- u. Invaliden-Verſicherg. (ohne See-Unfallverſicherg.) 8. (IV, 83 S.) Ansbach 901. C. Brügel & Sohn. Geb. in Leinw. n. 1. 20

Fauner, Jos. Maria, s.: Zur Frage der Revision des bayerischen Gehaltsregulativs.

Faunula Indica, i. e. Catalog. animalium Indiae orientalis, quae hactenus naturae curiosis innotuerunt, concinnatus a Jo. Latham. Secundis curis editus, corr. et auct. a J. R. Forster. Fol. Halle 795. Gebauer. 21 gr.

Faunus. Zeitſchrift für Zoologie und vergleich. Anatomie. Herausg. von Jh. Giſtl. 1r u. 2r Bd. à 3 Hfte. (Nebſt dem Anhange: Gallerie merkwürd. Naturforſcher, Nr. 1. u. 2., u. d. Intelligenzblatte Acis, Nr. 1.—5.) Mit Bildniſſen. gr. 8. München 832—36. Jaquet. 3 Rthlr.

—— Zeitschrift f. Zoologie u. vergleich. Anatomie. Hrsg. v. Johs. Gistl. Neue Folge. 1. Bd. 1. u. 2. Hft. Mit d. Intelligenzbl. „Acis", der Gallerie denkwürd. Naturforscher, 1 Tfl.- u. 2 Textbild. gr. 8. (9 B.) München 837, Fleischmann.

Faupel, H., die jod- u. bromhaltigen Kochsalzwasser-Quellen in Königsdorff-Jastrzemb u. ihre Wirkungen. Nach eigenen Erfahrungen mitgetheilt. Breslau 867. (Kern.) gr. 8. (90 S.) n. 16 ngr

Faupel, Philipp Wilhelm (Saxo-Eichsfeldiacus), Ad diversas jurium partes adnotamenta miscellanea. Präs. Christoph Friedrich Harpprecht. Tübing. (Jo Heinr. Phil. Schramm) 15. II. 1745. 24 S. (4.50) 8606

(Fauques, M. A. de.) Die Geſchichte der Marquiſinn von Pompadour. Aus dem Engliſchen. Mit Titelvignette. London 1759. 8°.

v. Faurar, Auguſte, ſ. H. Chauſſier, Gedanken.

Faure, Alexander

Faure, A., das Deutſchtum in Süd-Rußland u. an der Wolga, s.a. Flugſchriften des alldeutſchen Verbandes. 26. Hft.

Das Deutschtum in Süd-Rußland und an der Wolga. Von Lic. A[lexander] Faure. Hrsg. v. Alldeutschen Verbande. München: J. F. Lehmann 1907. (16 S.) 8° [F.]
— Flugschriften d. Alldeutschen Verbandes. H. 26. 07. 7617

Faure, Alexander, Pastor: Die Widerlegung der Haeretiker im 1. Buch des Praedestinatus. *Göttingen 1903: Dieterich* (50 S.) 8° ¶(Teil d. eingereichten Arbeit.)
Göttingen, Theol. Diss. v. [24. Juni] 1903

Faure, Alex., die Widerlegung der Haeretiker im I. Buch des Praedestinatus. Diss. (50 S.) gr. 8. Göttingen 903. (Vandenhoeck & Ruprecht.) n. 1. 20

Fauro, E., oeuvres poétiques. Précédés d'une introduction et d'une notice biographique et littéraire par J. E. Pétrequin. gr. 8. (257 S.) Genf 874. Georg. n. 4. —

Institut internat. de statist. Rapport sur la Contribution que peut apporter la Statistique financière à l'étude des Phénomènes sociaux, politiques, économiques et juridiques présenté par Fernand **Faure**. Berlin 1903: J. Sittenfeld. (45 S.) 8° 03. 3603 9

Faure, H., s. a. Meylan-Faure, H.

Faure, H., die wahre Andacht zum hl. Joſeph od. fromme Leſungen u. Gebete zu Ehren des hl. Nährvaters Jeſu. Autoriſ. Überſetzg. 3. Aufl. (511 S. m. 1 Farbdr.) 16. Steyl 905. Miſſionsdruckerei. Geb. in Leinw. n. 1. 30

Faure, H., die Tröſtungen des Fegfeuers. Den Weinenden zum Troſt geſchildert nach den hl. Kirchenlehrern u. den Offenbargn. der Heiligen. Nach der 4., v. mehreren Biſchöfen empfohlenen Aufl. überſ. v. A. M. J. Waltner. 12. (XXVIII, 423 S.) Mainz 893. F. Kirchheim 2. 50

Faure, H., Mariſt, die Tröſtungen des Fegfeuers. Nach den Schriften der Kirchenlehrer u. den Offenbargn. der Heiligen. Autoriſ. Überſetzg. gr. 16. (390 S. m. 1 Farbdr.) Steyl 900. Miſſionsdruckerei. Geb. in Leinw. n. 1. 50

Faure, J. L., die chirurg. Krankheiten der Haut u. des Unterhautzellgewebes. Übers. v. W. Goebel. (VIII, 153 S. m. 8 Abb.) Lex. 8. Stuttgart 908. F. Enke. 5. —

Faure, Joh., pharmacologische Studien über schwefelsaures Methylstrychnin. Inaugural-Dissertation. gr. 8. (75 S. m. 1 Steintaf.) Dorpat 880. (Karow.) n. 1. 50

Fauré, Joh. Andr., Leben des heiligen Ludwig Bertrand aus dem Prediger-Orden. Selig geſprochen von Sr. Heil. Papſt Paul V. am 29. Juli 1608, kanoniſirt von Papſt Clemens X. am 12. April 1671. Aus dem Franz. 12. (240 S.) Dülmen 881. Laumann. n. — 75

Faure, U.-Théophile [du Locle, ancien médecin-chirurgien de l'Hôpital de La Chaux-de-Fonds]: Du décollement prématuré du placenta de son insertion normale pendant la grossesse et pendant l'accouchement. La Chaux-de-Fonds (1899). 63 S. 8°.
Zürich. Med. Diss. 1899/1900.

Fauriel, C., Histoire de la poésie Provençale, cours fait à la faculté des lettres de Paris. 3 vols. gr. 8. (1: XVI u. 550 S. 2: IV u. 518 S. 3: IV u. 454 S.) Paris 847. Leipzig, W. Engelmann. n. 5 Rthlr.

Fauriel, C., Histoire de la poésie provençale, cours fait à la faculté des lettres de Paris. 3 Vols. gr. 8. (XV und 1522 S.) Paris 848. Leipzig, W. Engelmann. •

Fauriel, C., neugriech. Volkslieder, s.a. Volkslieder.

Neugriechische Volkslieder. Gesam. u. hrgg. v. C. Fauriel. Übers. v. Wilhelm Müller (a. u. d. T.: Τραγούδια Ρωμαικά etc.) Th. 1. Geschichtliche Lieder. Th. 2. Romantische und häusliche Lieder nebst Anhang. Leipzig. 1825. 8°.

Fauriel, J., f. J. J. Baggesen, Parthenais.

Fauro, F., Beobachtungen der totalen Sonnenfinsterniss am 18. Aug. 1868 angestellt von den Vätern der Gesellschaft Jesu zu Manila auf den Philippinen. Brief an A. Secchi. 4. (15 S. nebst 1 lithogr. und color. Taf.) Halle 869, Schmidt's Verlag. *

Faus, Magn., philolog. Versuch über Joh. Einckels deutsche Universalchronik aus d. 13ten Jahrh. 8. Neresheim 793.

Fausel, Adf., ein Ritt ins Franzosenland. Bilder aus dem Kleinleben im Felde 1870/71. 1. u. 2. Aufl. (Je 160 S. m. 3 Bildnissen.) 8. Stuttgart 909. Deutsche Verlagsanstalt. 2.50; geb. 3.50

Fausel, Max [app. Arzt aus Tübingen]: Ein Fall von Sarkom der Nierenkapsel ... [Sep.-Abdr.] Rudolstadt, Druck d. fürstl. priv. Hofbuchdr. F. Mitzlaff, *1893*; 13 S., 1 Taf. 8.
Tübingen, Med. Fak., Inaug.-Diss. v. 1893

FAUSER, ANTON: Rede bey Gelegenheit der Feyerlichkeit mit welcher der Wohlehrw. R. J. Ant. Schmidt a Buda Priester aus dem Orden der Franziskaner nach Verlauf von 50 Jahren am 26. April im J. 1829 sein erstes heil. Messopfer feyerlich erneuerte. Ofen 1829: Mit kön. Universitäts-Schriften. 26 S. - 8°

Fauser, August

Fauser, A., über die Bedeutung der neueren Entwickelung der Psychiatrie f. die gerichtliche Medizin, s.a. **Grenzfragen, juristisch-psychiatrische. II. 1. 2.**

Gaupp in Heidelberg. Über d. Bedeutung d. neueren Entwickelung d. Psychiatrie f. d. gerichtl. Medizin. Von San.R. Dr. A[ug.] Fauser in Stuttgart. Über d. Zurechnungsfähigkeit d. Hysterischen. Von San.R. Dr. [Hermann] Wildermuth in Stuttgart. Statist. Erhebungen über d. forens. Beziehungen d. württemb. Irrenanstaltspfleglinge. Von Dr. [Julius] Daiber in Winnenthal. *Halle a. d. S.: C. Marhold 1904.* (110 S.) 8°
— Grenzfragen, Juristisch-psychiatrische. Bd 2, H. 1. 2. [illegible]

Fauser, A., Bildung u. Kirche. Vom Standpunkt des Laien aus beleuchtet. gr. 8. (24 S.) Stuttgart 898. F. Frommann. n. — 60

Fauser, Carl Grundzüge der freien geometrischen Perspektive. 4 (S. 3—48). **Progr.** Rg. *Stuttgart* 1886 (549).

Fauser O.: Meliorationen. 2 Bd. Berl. u. Leipz.
(1. Allgemeines. Entwässerung. 1913. 115 S. 1 gr. Tvl. — 2. Bewässerung, Ödlandkultur, Feldbereinigung. 1914. 144 S. Fig.).
(Sammlung Göschen. 691–692).

Fauser, Wilhelm: **Telegraphie** in alter und neuer Zeit. *Stettin (1902): Herrcke & Lebeling.* (S. 3—14.) 4°
Stettin, König-Wilhelms-G, OP 1902 (163)

Fauss, Georg. Über die Dauer der Ausscheidung von Bakterien bei Mastitis acuta parenchymatosa und über den Einfluss des Melkens auf den Verlauf der parenchymatösen Euterentzündung. Diss. Vet.-Med. Bern. [Mit Figuren.] Sonderabdruck aus «Monatshefte für praktische Tierheilkunde». Band 20. *Kopftitel:* Aus dem Institut für Seuchenlehre der Kgl. Tierärztlichen Hochschule zu Stuttgart.... IV+48 S. 8. Stuttgart, Union Deutsche Verlagsgesellschaft, 1909.

Fausse-Dévote, la, p. C. F. Gellert. Comédie traduite de l'Allemand. 8. Berlin. 756. •

Faussek, Vict., üb. den sogenannten „weissen Körper", sowie üb. die embryonale Entwicklung desselben, der Cerebralganglien u. des Knorpels bei Cephalopoden, s.: Mémoires de l'académie impériale des sciences de St.-Pétersbourg.

Faust, s.a. Faustbuch.

– s.a. Fausts...

– s.a. Faustus

Faust.

Historia | von D. Johañ | Fausten, dem weitbeschreyten | Zauberer vnnd Schwartzkünstler, | Wie er sich gegen dem Teuffel auff eine be | nanndte zeit verschrieben, Was er hierzwischen für | seltzsame Abentheuwer gesehen, selbs angerich- | tet vnd getrieben, biss er endtlich sei- | nen wolverdienten Lohn | empfangen. | Mehrertheils auß seinen eygenen hin- | derlassenen Schrifften, allen hochtragenden, | fürwitzigen vnd Gottlosen Menschen zum schrecklichen | Beyspiel, abschewlichen Exempel, vnd treuw- | hertziger Warnung zusammen gezo- | gen vnd in den Druck ver | fertiget . . .

1726, Nürnberg, In Wolfgang Moritz Endterischen Buchladen zu finden, 8°. 2½ Bogen Vorrede u. Inhaltsverzeichnis u. 635 S. (letzte Seite hat falsche Seitenzahl 537) u. 27 S. Register.

Veränderter Titel, sonst gleichlautend mit der ersten Pfitzerschen Ausgabe von 1674.
Engel 225.

o. J., Frankfurt und Leipzig. „Des durch die ganze Welt beruffenen Erz-Schwarz-Künstlers und Zauberers Dr. Johann Fausts, Mit dem Teufel aufgerichteten Bündniss, abentheuerlicher Lebens-Wandel, und mit Schrecken genommenen Ende. Aufs neue übersehen, in eine beliebte Kürze zusammengezogen, und allen vorsetzlichen Sündern zu einer herzlichen Vermahnung und Warnung zum Druck befördert von einem Christlich Meynenden." 48 S. Grober Titelholzschnitt, mit Faust's Bildnis.

Nach Engel in sehr vielen Ausgaben mit und ohne Jahreszahlen auf Jahrmärkten feilgeboten und scheint zuerst um 1712 aufgetaucht zu sein. Wesentlich Wiederholung Widmanns ohne Betrachtung.
Engel 226.

o. J., Frankfurt und Leipzig, 8°. 48 S. Titelholzschnitt. Mit Fausts Bildnis.

Dem Inhalte nach mit der vorigen Nummer (Engel 226) gleichlautend, Druck und Papier jüngeren Datums. „Von einem Christlich Meynenden".
Engel 227.

1728, Frankfurt u. Leipzig, o. Dr., 8°. 48 S.

Abgedruckt in Scheible's Kloster, Bd. II, S. 76—104. „Von einem Christlich Meynenden."
Engel 228.
Berlin.

1733, Leipzig, o. Dr., 8°. 104 S. „Gespräche im Reiche deren Todten zwischen dem ehemaligen Frantzoischen General-Feldt-Marschall Herzog Frantz Heinrich von Luxenburg u. Doct. Johann Faust zweyer Weltbekannten Ertz-Zauberer und Schwartz-Künstler . . ."

Abdruck in Scheible's Kloster, Bd. V, S. 574—637.
Engel 230.

1741*, Frankfurt u. Leipzig, 8°. 46 S.
Grisebach, Nr. 1099.

1782*, Riga, 2. Aufl.
Reichards Bibl. der Romane, Bd. 1, S. 81—96.

1797, o. O. u. Dr., 8°. 48 S. Roher Titelholzschnitt und Faust's Bildnis in Regenmantel und Radkragen nach dem bekannten Bilde von Rembrandt.

Nach Engel: „Seltene, bisher noch nirgends erwähnte Ausgabe, im Besitze des Majors Bode in Sorau. Ausgaben 1712, 1717, 1726, 1727, 1740, außer Frankfurt und Leipzig, auch Braunschweig und Leipzig, Cöln a. Rh. u. Nürnberg, mit und ohne Jahreszahlen, werden von Ebert, Grohmann, Görres, Sommer, Meyer u. a. hie und da in den Faustschriften genannt." Engel S. 230.
Kühne, Programm 1860, gibt Frankfurt u. Leipzig (1712), 1726, 1728 u. Braunschweig u. Leipzig 1740 an[1].
Engel 229.

Faust, oder die höllische Jubelfeyer. O. O. [ca. 1800]. V: *Benkowitz*, *Carl Friedrich.* (MGT)

— Tragödie v. J. W. v. Göthe. 12. Tübing. Cotta. 808.

Faust, eine romant. Oper in 2 Aufz. v. Bernard. 8. Wien, Wallishäuser. 814.

— Trauerspiel in 5 Akten, v. A. Klingemann. 8. Leipz. u. Altenb. Brockhaus. 815. •

Faust, eine Tragödie v. Göthe. N. A. 12. Stuttg. Cotta. 816.

Faust. Eine Tragödie . . . Leipz. 1835. V: *Braun Ritter von Braunthal, Carl Johann.* (BrVV) (EE)

Faust. Eine Tragödie von B. v. B. gr. 8. Leipzig 835. Brockhaus. 3/4 ℛ

Faust. Poligrafisch-illustrirte Zeitschrift für Kunst, Wissenschaft, Industrie und Unterhaltung, begleitet von Kunst-Beilagen aus mehr als 30 Druckfächern. 1. Jahrg. 1854. Red.: Herm. Meynert. — 2. Jahrg. 1855. Red.: Leop. Korndeich. — 3. u. 4. Jahrg. 1856 u. 57. Red.: M. Auer. à 24 Nrn. (à 2 Bgn. m. Holzschn. im Text u. 3 Kunstbeilagen.) Wien, Auer. Imp.-4. Jeder Jahrg. n. 10 ℛ

— — 5 Jahrg. 1858. 24 Nrn. (à 1 Bgn. m. Holzschn. im Text u. 3 Kunstbeilagen.) Mit Beilage: Poetisches Damen-Album. (24 Bgn. in 16.) Leipzig, Friedlein. Imp.-4. n. 8 ℛ

Faust. Polygraphisch-illustrirte Zeitschrift für Kunst, Wissenschaft, Industrie u. geselliges Leben, begleitet von Kunst-Beilagen aus allen Druckfächern. 6–8. Jahrg. 1859–61. à 24 Nrn. (à 1 Bgn. m. 3 Kunstbeilagen.) Leipzig, Werl. (Wien, Geitler.) Imp. 4. Jeder Jahrg. n. 8 ℛ

Faust. Translat. by Beresford, s.a. Goethe.

—— Translated from the german by v. Beresford. 8. (V und 227 S.) Göttingen (861)62, Wigand. *

Faust. Der Tragödie dritter Theil in drei Acten. Tübingen 1862. V: *Vischer, Frdr. Theod.* (Tübz 9, 14)

Faust. Der Tragödie dritter Theil in 3 Acten. Treu im Geiste des zweiten Theils des Göthe'schen Faust gedichtet von Deutobold Symbolizetti Allegoriowitsch Mystifizinsky. Tübingen 862. Laupp. 16. (131 S.) n. 18 ngr

Faust, eine tragi-komische Fastnachts-Posse von einem Melancholicus . . . Berlin 1865. V: *Dammas, Karl Helmuth.* (Brü I[4], 460) (Zeitschr. f. Büch. 1923, S. 84)

Faust, eine tragi-komische Fastnachts-Posse [frei nach Herrn v. Goethe] von e. Melancholicus. [Den Bühnen gegenüber Mscr.] Berlin 865. Janke. gr. 8. (62 S.) n. 10 ngr

Faust. Tragödie von J. W. v. Goethe's Nachfolger & Co., Buchhändler in Frankfurt a/M. Als Mscr. gedr. 8. (24 S.) Frankfurt a/M. 878. Verl. des Buchhandlungsgehilfen-Vereins „Novität". — 75

Faust. Der Tragödie 3. Theil. Treu im Geiste des 2. Theils des Götheschen Faust gedichtet von Deutobold Symbolizetti Allegoriowitsch Mystifizinsky. 2. umgearb. und verm. und 3. Aufl. 8. (224 S.) Tübingen 886, Laupp'sche Buchh. * geb. *

Faust. Der Tragödie 3. Thl. Treu im Geiste d. 2. Theils d. Goethe'schen Faust gedichtet v. Deutobold Symbolizetti Allegoriowitsch Mystifizinsky. 4. Aufl. [Neudruck der 2., umgearb. u. verm. Aufl.] 8. (224 S.) Tübingen 889. Laupp. n. 3. —; geb. n. 4. —

Faust. Der Tragödie dritter und unwiderruflich letzter Teil. Berlin 1893. V: *Böhm, Martin.* (Brü I[4], 284) (Zeitschr. f. Büch. 1923, S. 84)

Faust. Der Tragödie 3. Thl. Treu im Geiste des 2. Thls. des Goetheschen Faust gedichtet v. Deutobold Symbolizetti Allegoriowitsch Mystifizinsky (Frdr. Thdr. Vischer). 5. Aufl. (Neudr. der 2. umgearb. u. verm. Aufl.) 8. (224 S.) Tübingen 901. H. Laupp. Geb. in Leinw. n. 4. —

Faust. Das Volksbuch nebst e. Einl. über d. Ursprung d. Faustsage. Von Karl Simrock. 3. Aufl. Mit 7 Bild. von Ant. Burger. *Basel: B. Schwabe 1903.* (VIII, 168 S.) 8° [F.]
— Faust. Das Volksbuch u. d. Puppenspiel. Bd 1. (03. 1949) 11

Faust. Das Volksbuch u. das Puppenspiel nebst e. Einl. über d. Ursprung d. Faustsage. Von Karl Simrock. 3. Aufl. (Bd 1. 2.) *Basel: B. Schwabe 1903.* 2 Bde 8° [F.]
(1.) Faust. Das Volksbuch, nebst e. Einleitung.
(2.) Doktor Johannes Faust. Puppenspiel. (03. 1949) 11

Faust. Der Tragödie 3. Tl. Treu im Geiste des 2. Thls. des Goetheschen Faust gedichtet v. Deutobold Symbolizetti Allegoriowitsch Mystifizinsky. 6. Aufl. (Festausgabe zur Erinnerg. an des Dichters [Frdr. Thdr. Vischer] Geburtstag, den 30. VI. 1807.) (224 S.) 8. Tübingen 907. H. Laupp. 2. —; geb. 3. —

— du Docteur, les Aventures et sa descente aux enfers, p. F. M. de Klinger, trad. allem. av. fig. 8. ibid. 798.

Faust, der zu spät bekehrte Demokrat. Furchtbare Tragödie in 6 langen Abtheilungen, der Kürze wegen in 3 Akte zusammengezogen. Berlin 1853. V: *Kalisch, David.* (StadtBiblBerlin IX, S. 96) (GGr IV[3], III, 796, 113) (Zeitschr. f. Büch. 1923, S. 84)

Faust der zu spät bekehrte Demokrat. Furchtbare Tragödie in 6 langen Abtheilungen, der Kürze wegen in 3 Akte zusammengezogen. Frei nach Sr. Exc. Hrn. Wolfgang v. Göthe, von D. K. Berlin 853. Lassar. 4. (24 S. mit 1 col. Holzschn.) 6 ngr

Faust, Dr., s.a. Schelble, J., das Kloster, II. Bd.

Faust, Doctor, od. die Fahrt zur Hölle, s.: Volksbibliothek, deutsche.

— Doktor,. Volksschausp. in 5 Aufz. von Soden, m. K. 8. Hamb. Vollmer.

Faust, Doktor,. Trauersp. v. Göthe. 8. Lpz. Göschen. 790.

— Doktor,. Volksschausp. in 5 A. v. Julius v. Soden, m. 1 K. gr. 8. Augsb. (Liebeskind in Lpz.) 797.

— Doktor,. Schausp. v. Soden, m. 1 K. gr. 8. Augsb. Späth. 797.

Faust, Doktor, oder der große Negromantist. Schauspiel. Berlin ca. 1845. V: *Below, von.* (Catalog of English and Foreign Books. Charles Meuel & Co. London. Nr. 6. 1910. Sub 398.

Faust, Der travestirte Doktor. Ein grosses Trauerspiel in 2 kleinen Akten, nebst Prolog. Berlin 1806. V: *Mahlmann, Siegfried August.* (GGr IV[3], III, 790, 16) (Zeitschr. f. Büch. 1923, S. 84)

— Doctor, der travestirte. Trspl. in 2 A. 8. Berl. 809. Litfas. 8 gr

— u. kein Ende! Briefe e. Katholiken an seinen Freund. Hrsg. v. Egon Ipse. 8. (64 S.) Crefeld 883. (Klein.) n.n. — 50

Faust und Gretchen. Erotischer Zwischenakt zu — —. Budapest 1900. [Innentitel: Zwischenszene bei Faust und Gretchen, Berlin 1900.] 8°. 31 S.

— — Dasselbe. Berlin 1901.
Verb. d. Ldg. Leipzig 6 A. 324/05.

Faust und Hamlet. Blätter an Varnhagen von Ense zu seinem 70. Geburtstage. Berlin 1855. V: *Levinstein, Sal.* (Engel, Bibl. Faustiana. 2. Aufl. Oldenb. 1885.) (Ky)

Faust und Hamlet. Blätter an Varnhagen v. Ense zu seinem 70. Geburtstage (von Sal. Levinstein). gr. 8. (16 S.) Berlin 855, Stargardt. *

Faust, J. Eine dramatische Phantasie. Nach einer Sage des sechzehnten Jahrhunderts. Berlin 1804. V: *Schink, Joh. Friedrich.* (GGr)

Faust, Der, des XIX. Jahrhunderts oder die Geheimnisse der Hölle, ein phantastisch-philosophisch-satirischer Roman. Havre 1852—1856. V: *Friederich, Johann Conrad.* (Ebrard, Friedr. Clemens & Louis Liebmann: Joh. Konrad Friederich. Frankfurt a. M. 1918. S. 322/4)

Faust, Johann. Ein allegorisches Drama von fünf Aufzügen. München 1775. V: *Weidmann, Paul.* (Engel, Bibl. Faustiana. 2. Aufl. Oldenb. 1885.) (Heuer, Otto, Faust-Ausstellung in Frankf. a. M. Frankf. a. M. 1893.) (Arch. f. d. Alt. III, 203.)

Faust, Johann, dramat. Phantasie, nach e. Sage d. 16ten Jahrh., v. J. Fr. Schink. 2 Thle. 8. Berlin, Sander. 804. Rthlr. Schreibp.

Dr. Johann Faust (= Das Kloster v. Scheible. Bd. 2. 3. 5. 11.) Stuttg. 1846—49.
2. Dr. Johann Faust. 1) Faust und seine Vorgänger (Theophilus, Gerbert, Virgil etc.). Zur Geschichte, Sage und Litteratur. 2) Gg. Rudf. Widmanns Hauptwerk über Faust. Vollständig und wortgetreu. 3) Faust's Höllenzwang. Jesuitarum libellus oder der gewaltige Meergeist. Miracul-, Kunst- und Wunderbuch. Schlüssel zum Höllenzwang. 4) Wortgetreuer Abdruck der ersten Auflage des ersten Buches über Faust. von 1587. Mit Abbild. 1846.
3. Christoph Wagner. Faust's Famulus; Don Juan Tenorio von Sevilla; die Schwarzkünstler verschiedener Nationen und die Beschwörer von Hölle und Himmel. Mit Abbild. 1846.
5. (Düntzer, Heinr.:) Die Sage vom Faust bis zum Erscheinen des ersten Volksbuches, mit Litteratur und Vergleichung aller folgenden; Faust auf der Volksbühne, in den Puppen- und Marionettenspielen; Zauber-Bibliothek des Magiers; Höllenzwang. Drei- und vierfacher Höllenzwang. Der grosse Meergeist. Wunderbuch. Der schwarze Rabe. Geister-Commando. Praxis magica. Schatzheber u.s.w. Mit 8 lithogr. Blättern und mit vielen Holzschnitten. 1847.
11. Die Geschichte von Faust in Reimen, nach dem einzigen bekannten Exemplar von 1587; die deutschen Volksbücher von Faust und Wagner, und die Historien von den Zauberern Baco, Zyto, Bruder Rausch und vielen Andern. 1849.

Faust, Johann. Ein allegorisches Drama in fünf Aufzügen . . . muthmasslich nach G. E. Lessings verlorenem Manuscript. Hsg. von Carl Engel. Oldenburg 1877. 2. Aufl. 1882. V: *Weidmann, Paul.* (Jahrb. d. Grillparzer-Ges. XIII, 56 ff.)

Faust, Johann. Ein allegorisches Drama in 5 Aufzügen. [Gedruckt 1875, ohne Angabe des Verfassers.] Muthmaßlich nach G. E. Lessing's verlorenem Mscr. Hrsg. von Carl Engel. gr. 8. (XXXII, V, 73 S.) Oldenburg 877. Schulze. n. 2. —

Faust, Johann. Ein allegor. Drama, gedruckt 1775, ohne Angabe des Verf., und ein nürnberger Textbuch desselben Dramas, gedruckt 1777. Hrsg. von Karl Engel. 2. durch das nürnberger Textbuch verm. Aufl. gr. 8. (XI, 79 S.) Oldenburg 882, Schulze'sche Hofbuchh. *

Doctor Johannes Faust. Puppenspiel in vier Aufzügen. Hergestellt von K. Simrock. Frankf. a. M. 1846. 8o.

Faust, des Erzschwarzkünstlers Dr. Johannes, ärgerliches Leben u. schreckliches Ende. Eine höchst wunderbare u. schauerliche Historie. Mit schönen Figuren. Auf's Neu erzählt f. Jung u. Alt v. Ottmar H. F. Schönhuth. 12. (6½ B.) Reutlingen 841, Fleischhauer u. Spohn.

Faust, Dr. Johannes, der Schwarzkünstler. Sein Leben, seine Thaten und seine Höllenfahrt. Dem Volke erzählt. Styrum [1888.] 8.
Ist: Neue deut. Volksbücher. Nr. 30. . . . . (D.)

— v. Mainz; ein Gemälde aus d. 15ten Jahrh., v. Komareck 8. Lpz. Kohler. 794. •

— — der grosse Mann, oder seine Wanderungen durch die Welt mit dem Teufel bis in die Hölle. 2 Thle. Mit 2 Titelkpfrn. u. 2 Titelvign. Wien und Prag bey Franz Haas, o. J. (1798). 8°. (18 Mk. Auct. Deneke no. 536.)
2 Bll., 258 S., 3 Bll. Inh. (Th. 2 beginnt S. 133). Es giebt auch Expll. mit neu gedr. Titelbl. u. der veränd. Adresse „Wien, in der C. Haas'schen Buchhandlung", o. J. Mit nur 1 Titelkpf. (F. Weber sc.). Engel, no. 1376, wo auch d. folgende Druck.

— — Dasselbe. Späterer Abdruck. 8°.

Faust, der große Mann u. dessen Wanderungen 2c. 2 Thle. 8 Wien 799. K. Haas. 20 gl

Faust, der große Mann, oder seine Wanderungen durch die Welt mit dem Teufel bis in die Hölle. 2 Thle. Mit 2 Titelkpfrn. 8. Wien 835. Haas. 5/6 ß

— der militairische. Eine Höllenparodie vom Famulus Wagner. Illustr. v. O. 1. u. 2. Aufl. gr. 8. (44 S.) Berlin 892. Berliner lithogr. Institut. Kart. n. 1.50

— der militärische. Eine Höllenparodie vom Famulus Wagner. Illustriert v. O. 3. Aufl. (44 S.) gr. 8. Berlin (908). Gea. Geb. in Leinw. 1.50

Faust, Der, der Morgenlaender oder Wanderungen Ben Hafis . . . Bagdad [Leipz.] 1797. V: *Klinger, Friedrich Maximilian von.* (MGT) (GGr) »1798« (EE)

— der Morgenländer, od. Wanderungen Ben Hafi's, Erzählers d. Reis. vor d. Sündfluth, v. F. M. v. Klinger. 8. Bagdad. (Hartknoch.) 797.

Faust, der umgekehrte, oder Frosch's Jugendjahre. 1s Bdchn. von Wilh. Seybold. 8. Heidelberg, Oswald. 816.

Faust der Zweite nicht Doctor, nicht Schwarzkünstler, eine Geschichte. Stettin 1782—83. V: *Albrecht, Joh. Frdr. Ernst.* (Ky) (MGT)

Faust der Zweite, nicht Doctor, nicht Schwarzkünstler, (v. Jh Fr. E. Albrecht), 2 Bde. 8. Stettin 782 u. 783. Nicolai in Berl. 2 ß 8 gl

FAUST, Dr. (ps.), Bibliothek f. Lebemänner. 5 Bde. (Was uns Frau Venus erzählt. — Aus Amors Tagebuch. — Compass f. Liebende. — Allerlei Liebe. — Aus d. Memoiren e. Gigerls.) Budapest, Gustav Grimm, 1891. 8°. (Mk. 21—.) (5 Mk. J. Windprecht, Augsb., 1895.)

— — Heikle Geschichten. Budapest, Markus, 1895.
Verboten v. L.-G. Lemberg, 17. X. 1896. § 516.

Faust, idées sur l'éducation physiq. des enfans. 4. Flensb. et Paris, Treuttler et W. 792.

— — Launen der Liebe. Pikantes und Heiteres. Ebd. 1895.
Verboten v. L.-G. Lemberg, 17. X. 1896. § 516.

— — Allerlei Liebe. Aus dem Reiche der Pikanterie. Ebd. 1893. 8°. (Kr. 3—.) (1 Kr. 50 H. Halm & Goldmann, 1904.)

— — Liebesfreuden, Liebesschmerzen. Neue Erzählungen. Ebd. 1897. Kl. 4⁰. Color. Umschl. (Kr. 3—.) (1 Kr. 50 H. die Vorigen.)

Faust, Studien zu Euripides. Pr. 1881. 31 S. 4⁰.

FAUST, Dr. (pf.). Aus Amors Tagebuch. Budapest, Samuel Marcus (um 1894). 8⁰.
Verb. d. Ldg. Aachen I. M. 54/95.

— — Aus Amors Tagebuch. Eine Sammlung Erzählungen. Ebd. 1896. 8⁰. (Kr. 3—.) (1 Mk. 20 Pfg. M. Gräper, Barmen, 1897.)

— — Was uns Frau Venus erzählt. Ebd. 1896. 8⁰. (Kr. 3—.) (1 Kr. 50 H. die Vorigen.)

Faust, A., die *Geheimnisse des Königsschlosses*, oder: Enthüllungen über Leben u. Tod König Ludwig des Zweiten von Bayern. Histor.-romant. Erzählung. Berlin, Julius Weinberg's Verlag, 1886. Gr. 8⁰. Blauer Srsb. *) m. Press. u. Goldtit. auf Deckel.
Colportage-Roman. in ca. 40 Lfrgn., gleich nach Erscheinen in München verboten. 686 S. m. Umschl.-Portr.

Faust, A., Zahlenverhältnisse in den mittleren Winkelgeschwindigkeiten um e. Centralkörper sich bewegender Himmelskörper. gr. 8. (20 S.) Halle 889. Schmidt. n. — 40

Faust, Adf., zur indogermanischen Augmentbildung. Inaugural-Dissertation. gr. 8. (42 S.) Strassburg 877. Trübner. n. 1. —

Faust, Adolf: Einige deutsche und griechische Sagen im Lichte ihrer ursprünglichen Bedeutung. *Mülhausen i. E. 1898: Wenz & Peters.* (47 S.) 4⁰ [J.]
Mülhausen i. E., G. MP 1898 (538)

— homerische Studien. gr. 8. (41 S.) Straßburg 881. Trübner in Comm. n. 1. —

Faust, Albert Bernhard

Faust, Alb. B., Ph. D., Charles Sealsfield (Carl Postl), d. Dichter beider Hemisphären. S. Leben u. s. Werke. M. d. Bildn. d. Dichters u. d. Ansichten s. Geburts- u. Wohnhauses. gr. 8. (VII, 295 S.) Weimar 897. E. Felber. n. 6. —

FAUST, AUGUST. Untersuchungen über einige Derivate der Phtalsäure und des Naphtalin's. (Jena) Göttingen, 1871.

Faust, Bernhard Christoph

— öffentl. Anstalten, d. Blattern durch d. Einimpfung d. Kuhpocken auszurotten. 8. Bückeburg 804. (Hannov., Hahn). 5 ℛ

[Teils.] Bernhard Christoph) Faust und (Philipp) Hunold Über die Anwendung und den Nutzen des Oels und der Wärme bei chirurgischen Operationen. Nebst 3 Abh.: Ueber die Heiligkeit der Feld- Lasarethe; Beschreibung einer Beinbruch- Maschine; und wie das Lebendig- begraben- werden auf Wahlplätzen zu verhüten von Faust. Leipzig: Kummer 1806. 230 S. 8⁰

[Zwischent.:] Hunold, Philipp: Der Nutzen des Faust'schen Mittels.

Faust, **Bh. Cph., avis au public pour prévenir et détruire l'épizootie, ou la peste de bêtes. Fol. Leipz. 799. Kummer. 6 ℛ**

(B[ernhard] C[hristoph]) Faust's Beinbruch- Maschine zum Gebrauch der Feld- Lazarethe. Dat. Bückeburg im Jun. 1815. 23 S. 8⁰ [Kopft.]

Faust, Bernh. Chrstph., Beytrag zum Bauwesen. 4. (2 B.) Bückeburg 830. (Hannover, Hahn.)

— anatom. Beschreib. zweier Mißgeburten ꝛc. 8. Gotha 780. Ettinger. 4 ℛ

.aust, Bernhard Christoph.
Libellus, sanitatis tuendae elementa complectens . . . Lipsiae 1796. Ü: *Meiner, Conrad.* (MGT)

— Libellus sanitatis tuendae elementa complectens, in us. scholar. 8. Leipz. 796. Kummer. 3 ℛ

— Entwurf zu e. Gesundheits-Katechismus. 8. Bückeburg 792. verb. 792. Noch mehr verb. 794.

Faust, Bh. C., üb. d. heiligen Frieden. 1ste Abthl. üb. die Gränzen Frankreichs. gr. 8. (Hannov. Gebr. Hahn.) 814.

— Gedanken üb. Hebammen u. Hebammenanstalten auf d. Lande, s. Gedanken.

— Gesundheits-Katechismus, mit 4 Holzschnitten. 8. Bückeb. u. Leipz. 794. 2e u. 3e A. 794. 4e A. 795. 9e A. 802. Kummer. 2 ℛ

— — derselb. ins Lat. in. übers. v. Meiner. 8. Ebend. 795.

Gesundheits-Katechismus zum Gebr. in den Schulen... Von Bernhard Christoph Faust. 6., u. verb. Aufl. Leipzig: Kummer 1797. 112 S. 8⁰

— Derselbe, unter Leitung d. Dr. Bernigau, verm. u. verb. herausg. v. J. G. Reinhardt. Mit 1 Holzschnitt. 8. Leipz. 826.

Faust, (Bernhard Christoph): Der Gesundheits-Katechismus. Hrsg. und verm. von (Christian Ferdinand) Bernigau und Justus Gottfried Reinhardt. 11. Aufl. 168 S., gbd., Abb.

Leipzig: Kummer 1830

JB 2.965

Faust's, Bernh. Chrph., Gesundheits-Katechismus zum Gebrauche in den Schulen u. beim häuslichen Unterrichte. Hrsg. von S. Wolffberg. 1. u. 2. Aufl. 12. (60 S.) Bonn 881. Strauß. cart. n. — 50

— Gesundheits-Katechismus in zusammenhängender Rede u. in Fragen ꝛc. 8. Hannov. 794. (Hahn). 6 ℛ

— Gesundheitsregeln für junge Leute, nebst d. Gesch. d. Blatternpest ꝛc. 8. Nürnb. 795. ... (vergl. Gesundheitsregeln).

— an den Congreß zu Rastadt, d. Kuhpocken auszurotten, deutsch u. französ. Fol. Leipz. 798. 6e A. 800. Kummer. 3 ℛ

F a u s t (B. C.): „Kornvereine, Kornhäuser, Kornpapiere in jeder ansehnlichen Stadt des deutschen Vaterlandes. Ein Schreiben an Herrn Baumeister Geinitz in Altenburg", Bückeburg und Hannover 1824 (Hahn). — Vorh.: Com. Bibl. Hamburg.

vgl.: F a u s t , D.

— Noth- u. Hülfstafel zu Verhütung d. Rindviehpest. 1 Fol.-B. Bückeburg 797, 7e Aufl. Ebd. 811. (Kummer in Lpz.) 4 ℛ

Faust, [Bernhard Christoph]: Noth- und Hülfs-Tafel zur Verhütung und Ausrottung der Rindvieh-Pest, oder Viehseuche. 8. Aufl. Leipzig 1813. 1 Bl. 42 × 46 cm

— die Perioden des menschl. Lebens. 8. Berl. 794. (Reimer). 12 ℛ

— d. Perioden d. menschl. Lebens. 8. Berl. Unger. 794.

— die Perioden des menschl. Lebens, ist jetzt Verlag d. Realschulbuchh. in Berl.

— Plan zu einer Rindviehassekuranz. Ebd. 799.

Faust, Bernhard Christoph: Guter Rath an Bürger und Landleute über Verhütung der Viehseuche oder der Rindviehpest. 2. Aufl. Bückeburg 1813. 14 S.

— guter Rath an Frauen über die beste Art des Gebährens u. über den besten Gebrauch der Geburtsbetten ꝛc. 8. Bückeburg 807. Verbess. Aufl. unt. d. T.: guter Rath an Frauen über d. Gebähren; nebst Beschreib. u. Abbild. d. Geburtsbettes u. d. Wiege f. Säuglinge ꝛc. Mit 5 Kpf. 8. Ebd. 811. (Hahn in Hannov.) 1 ₰ 20 gGr

Bernh. Chph. Faust guter Rath an Frauen etc. Nebst einem Schreiben von (Carl Aug.) Böttiger über das Gebären der Alten u. den Fragmenten eines chinesischen Hebammenkatechismus. Hannov. 1811. 8. (Diss. historica Böttigeri archaeologi Dresdani redit in B. *Kleine Schriften gesammelt von Jul. Sillig*, 3. *Bd.* S. 3 *sq.*, cum novis annotationibus.)

Faust, Bh. Chr., Über die Rindviehpest (Viehseuche, Löserdürre) etc. 8. Leipzig 797. Kummer. M. —.75

Faust, B. An Soldaten üb. Heilung d. Wunden. 3. Aufl. (O. J.) 12.

Faust, B. C., An Soldaten über Heilung der Wunden, 4. verb. u. verm. Aufl., Bückeburg 1817, 16 S., kl.-8°.

— Untersuchung d. Werthes d. Trennung d. Schoosbeine bei schweren Geburten. 8. Gotha 780. Ettinger. 4 gGr

— Versuch über d. Pflicht, jeden Blatterkranken von den Gesunden abzusondern. 8. Bückeb. 794. (Kummer in Leipz.) 2 gGr

Faust B. C.: Über einige Versuche z. weiteren Untersuchung d. Wirkungen u. z. Beweise d. Unschädlichkeit d. Kuhpocken-Materie. Hann. 1802. 61 S. P. Hahn
(An den Herrn Dr. E. Jenner).

Wie der Geschlechtstrieb der Menschen in Ordnung zu bringen und wie die Menschen besser und glücklicher zu machen. Von Bernh[ard] Christ[oph] Faust. Mit e. Vorr. von J[oachim] H[einrich] Campe. Braunschweig: Schulbuchh. 1791. XXVIII, 226 S. 8°

— Zuruf an d. Menschen, d. Blattern durch Einimpfung d. Kuhpocken auszurotten ꝛc. 8. Leipz. 805. Kummer. 1 gGr

Faust, C., s. F a u s t, Bernhard Christoph

Faust, Carl, s. F a u s t, Karl

Faust, (Hofr. D.,) Kornvereine, Kornhäuser, Kornpapiere in jeder ansehnlichen Stadt d. deutsch. Vaterlandes. Ein Schreiben an Hrn. Baumeister Geinitz in Altenburg. gr. 12. Hannover 825, Hahn.
vgl.: F a u s t, Bernhard Christoph

Faust, Eduard Karl Richard [Oberlehrer am Realgymnasium zu Dresden-Neustadt]: Richard Brome. Ein Beitrag zur Geschichte der englischen Litteratur.... Halle a. S., *Lehmann'sche Buchdr. Dresden-N.*, 1887; 100 S. + 1 Bl. 8°.
Halle, Phil. Fak., Inaug.-Diss. v. [14. Febr.] 1887.

Faust, Eduard Karl Richard, Richard Brome. Ein Beitrag zur Geschichte der englischen Litteratur. Diss. Halle 1887, Lippertsche Buchh. 8°. 100 S.

Faust, Edwin Stanton ['(A. B. Johns Hopkins Univ., 1890)' aus Baltimore, Md. U. S. A.]: Ueber einige Derivate des R-Cocains ... München, Druck v. V. Höfling, 1894; 49 S. 8.
München, Phil. Fak., Inaug.-Diss. v. 1894

Faust, Edwin Stanton, d. tierisch. Gifte. s.a. **Wissenschaft, die.**

Die tierischen Gifte. Von Edwin Stanton **Faust**, Privatd., Straßburg. Braunschweig: F. Vieweg & Sohn 1906. (XVI, 248 S.) 8°
— **Wissenschaft,** Die. H. 9. [ ]

Faust, Edwin S., Dr. phil., aus Baltimore, Md. U. S. A.: Ueber das Glutolin, ein Albuminoid des Blutserums. *Leipzig 1898: J. B. Hirschfeld.* (16 S.) 8°
Strassburg, Med. Diss. v. 1898

Faust, Fr., Abhandl. über d. in Deutschland zum Theil bekannten u. vorhandenen Buchdrucker-Walzen, u. wie sie auf vielerlei Arten Jeder zu fertigen im Stande ist. Mit 1 Steindr. 8. Neuwied 822. Lichtfers u. F. (Guilhaumann in Frkf. a. M.) 12 gGr

Faust, Fr., Hauptmann Rechnungsführer unter demselben Regimente. Geschichte des k. k. Infanterie-Regiments von Pluschau nun Prinz Leopold beider Sicilien (Nr. 22). 8. Wien 1841.

Faust, Franciscus [Buerstadtiensis]: De Vellei Paterculi rerum scriptoris fide ... Gissae, *typ. C. F. Winteri, Darmstadti*, 1891; 2 Bl., 70 S. 8.
Giessen, Phil. Fak., Inaug.-Diss. v. 1891

Faust, J., neue Curculioniden Madagaskars, s.: Abhandlungen u. Berichte des königl. zoolog. etc. Museums zu Dresden.

Faust, J. F., Chronik v. d. Stadt und d. Herr. z. Limpurg a. d. Lahn. 8. Wetzlar 770.

Faust, J. G. Geforderter Beweis, dass das Recht der Nachsteuer ein Regale sei. 4°. Frankfurt 1756.

— **Johann Gottlob** (Doehlen/Dresden), Nonnulla enteroraphiam spectantia. Dissert. med. Lpz. (Ernst Stange) 4. V. 1849. 20 S. mit Biogr. (M.: Schneider.) (4.—) 8608

Faust, Joh. Heinr., das, was wir lieben im Rahmen des Sprüchwortes. Humor, Witz u. Satire über die Töchter Eva's. Frauen u. Jungfrauen gewidmet u. den Männern empfohlen. 12. (80 S.) Köln 882. Heyn. n. 1. 20

FAUST, JOHANN MICHAEL.
Compendium alchymisticum novum, sive Pandora explicata et figuris illustrata; das ist die edelste Gabe Gottes, oder ein güldener Schatz, mit welchem die alten und neuen Philosophi, die unvollkommene Metall, durch Gewalt des Feuers vebessert und allerhand schädliche und unheylsame Kranckheiten innerlich und äusserlich durch deren Würckung vertrieben haben. Diese Edition wird annoch nebst vielen Kupffern und über 800 philosophischen Anmerckungen, ein vollkommenes Lexicon alchymisticum novum und ein vollständiges Register rerum et verborum beygefüget. Franckfurt und Leipzig, 1706. pp. [xxvi]-1071-[cxcii]-104-236, 12mo. Ill.
The Lexicon alchymisticum fills 104 pages, and forms a pretty full glossary.

Faust, I. Mich., Compend. Alchymist. n. oder pandora expl. etc. 8. c. fig. 727.

— Pandora, oder von Verbesserung der Metalle. m. K. 8. Hamb. 727.

— Philaletha illustr. 8. Francf. Andreae. 728.

Faust, Johannes, appr. Arzt, a. Sülfeld (Holstein): Aus der Königl. Frauenklinik zu Kiel. Die instrumentelle Beckenmessung seit dem Jahre 1886 und eine Vereinfachung der v. Bylicki'schen Beckenmeßmethode. Leipzig 1906: Breitkopf & Härtel. (23 S.) 8°
Kiel, Med. Fak., Ref. Werth, Diss. v. 25. Juni 1906
[Geb. 5. Mai 81 Sülfeld, Holstein; Wohnort: Reinfeld; Staatsangeh.: Preußen; Vorbildung: Gymn. Wandsbek Reife O. 01; Studium: Tübingen 2, Kiel 7 S.; Coll. 23. Mai 06; Approb. 15. Febr. 06.]

Faust, Jos., Alexius, der verborgene Edelstein, s.: Wiseman, Nik., Cardinal.

Faust, Jos., Elimar, s.: **Theaterbibliothek.**

Faust, Joseph, Kommerzienrat Knoll od. Der bekehrte Turnerfeind, Schauspiel in 4 Akt., Soffenheim b. Höchst a. M., 68 S., 8°.

— d. Lehrer v. Weinsdorf. E. lehrreiche Erzählg. gr. 8. (60 S.) Bamberg 896. Handelsdruckerei. n. — 60

— „Menschenopfer unerhört". Bedenken geg. d. Religions-Unterricht, s.: Studien, kleine.

— Syra od. die christl. Sklavin, s. a. Theater-Bibliothek f. Vereine.

Syra oder Die christliche Sklavin nach Kardinal Wiseman's 'Fabiola' von Dr. Joseph **Faust**. Pfarrer in Weilbach. (2., vollst. umgearb. Aufl.) *Trier: Paulinus-Dr. 1898.* (58 S.) 8° [F.]
— Theater-Bibliothek. Bdch. 11. (00. 19·)

— Technik d. Bauwesens, s.: Buch, das, d. Erfindungen.

Faust, Jos., s.: Theater-Bibliothek.

Faust, Jos. Weihnachtsfest e. armen Waisenkindes, s. Theater, kleines.

Faust, Josef: Weihnachtsspiel f. Kinder. Die Verkündigg., Heimsuchg. u. Geburt Jesu, s.: Theater, kleines.

Faust, Karl

Geben ist seliger als nehmen. Ein kleiner Baustein zu dem grossen Werke, bei der Festloge am 9. Nov. 1870 dargebracht und meinen lieben Br∴ gewidmet von Carl **Faust**. Frankfurt a. M. 1870: Mahlau & Waldschmidt. 7 S. 8⁰ [Umschlagtit.]
Gedicht.

Faust, Kuno, e. Bauernphilosoph (Konr. Deubler). Dem Volke zu Ehren dargestellt. gr. 8. (52 S.) München 893. Bamberg, Handelsdruckerei. n. — 45

Faust, Kuno: Ehrensäulen u. Schandpfähle, s.: Volksschriften zur Umwälzung der Geister.

Faust, Kuno: Die Herrschaft der Toten, s.: Volksschriften zur Umwälzung der Geister.

Faust, Kuno, Jugendbuchkerei, s.: Studien, kleine.

Faust, Kuno: Die neue Weltanschauung. Zukunftsgedanken, s.: Volksschriften zur Umwälzung der Geister.

Faust, L. Geschichte u. Zeitbüchlein der weltberühmten Stadt Meissen. Dresden 1588.

Faust, Leop., prakt. Ergebnisse der Heizung meines Wintergartens durch Wassercirculation. Als Anleitung, große Räume mit dem geringsten Aufwand von Brennmaterial zu heizen. Mit metallograph. Abbild. des Heiz-Apparats, Grundriß u. Ansicht des Faust'schen Wintergartens. gr. 8. Berlin 833. Lüderitz'sche Buchh., jetzt Schröder. 1/3 ₰

Faust, Marie, der Liebesbote. Sammlung ausgewählter Liebesbriefe f. alle Verhältnisse passend. Als Anhang: Stammbuch-Aufsätze u. Blumensprache. 16. (VIII u. 97 S.) Jülich 852, Schirmer. 4 ₰

Faust, [Max], Kreisbauinsp.: Beschreibung der Um- und Erweiterungsbauten der Anstalt. Siegburg (1910): Daemisch. S. 1—9. 4°
Siegburg, k. G m. R i. E. P 1910 (637) [S 10. 102

Faust, Mich., der Weinbau im Rheingau. Anleitung zur rationellen Behandlg. d. Weinstocks. 8. (24 S.) Rüdesheim 874. (Wiesbaden, Rodrian.) n. — 50

Faust, Otto, a. Göttingen: Beitrag zur Elektrochemie des Eisens. Das physikal. u. chem. Verhalten d. negativen (Eisen-) Elektrode im alkalischen Sammler. Göttingen 1908: Dieterich. (42 S.) 8°
Göttingen, Phil. Fak., Ref. Tammann, Diss. v. 11. Aug. 1908
[Geb. 24. Jan. 84 Frankfurt a. M.; Wohnort: Göttingen; Staatsangeh.: Preußen; Vorbildung: Gymn. Göttingen Reife O. 02; Studium: Lausanne 1, Göttingen 6, Berlin 1, Göttingen 4 S.; Rig. 24. Juni 08.]

Faust, Peter Paul

'Jett Klein's'. Humorist. Erzaehlungen aus d. köln. Leben. Von P[eter] P[aul] **Faust**. *Köln: A. Stauff [1900].* (47 S.) 8° [Umschlagt. F.] (00. 1690 5

Faust, Paul. Köln in frohen u. ernsten Stunden. 1. Bd. 8. (III. 156 S.) Köln 889, (J. G. Schmitz). * 1 —

Faust, P. P., Müller u. Müller. Posse m. Gesang in 3 Acten. Musik von Jos. Schneider. 8. (44 S.) Köln 878. Kreuder. n. — 50

Faust, Phil. Adolf Studien zu Euripides. 31 S. **Progr.** *Altkirch* 1881.

(F) **Faust**, R., Rudolf von Habsburg. 2. Aufl. [Ambros' Bücherei. 4.] 8°. (95 S.) geb. K —.80
Wien: Pichler 1906.

Faust, R., was ist das Radium? Die Zusammensetzg. der Metalle, berechnet u. dargelegt. (15 S.) gr. 8. Dresden 907. W. Ulrich. 1. —

Faust, Raim, Anleitung zur Verwaltung v. Spar- u. Darlehnskassen-Vereinen. (XVI, 423 S. m. 6 Tab.) gr. 8. Trier 910. Paulinus-Druckerei. Geb. in Halbfrz. nn 7. 50

Die wirtschaftlichen Kämpfe des deutschen Bauernstandes in den letzten 50 Jahren. Denkschrift zum 25jähr. Jubiläum des Trierischen Bauernvereins. 1884—1909. Von R[aimund] Faust. — Trier 1909: Paulinus-Dr. V, 127 S. 8° 1. 38 A.

--- Ders.: Weinzollpolitik und Weingesetzgebung. Trier: Paulinus-Dr. o.J. 64 S. -- 121*

Faust, Richard [Oberl. Dr.]: **Das erste englische Lustspiel in seiner Abhängigkeit vom *Moral-Play* und von der römischen Komödie.** Dresden, Druck v. C. Heinrich (1889); S. 3—22; 4°
Dresden, neust. RG. OP 1889 (527)

Faust, Rich., Hans Fraungruber, Juliane Meyer u. Helene Stökl, Theaterstücke, s.: Bücherei f. d. Jugend. 4.

Faust, Rudolfus, Luebbenensis: De Lucani orationibus pars I Pharsaliae librorum I. II. III. orationes continens. Regimonti 1908: Hartung. (68 S.) 8° ¶ (Soll vollst. erscheinen.)
Königsberg, Phil. Fak., Ref. Wünsch, Diss. v. 1. Mai 1908
[Geb. 14. Sept. 82 Lübben, Lausitz; Wohnort: Königsberg i. Pr.; Staatsangeh.: Preußen; Vorbildung: Friedrich-Wilhelms-Gymn. Posen Reife O. 02; Studium: Göttingen 1, Königsberg 10 S.; Rig. 20. Dez. 07.]

Faust, Wilhelm, pract. Arzt aus Bad Kösen: Über die **Luxatio** humeri infraclavicularis. *Leipzig 1900: Breitkopf & Härtel.* (22 S.) 8°
Leipzig, Med. Diss. v. 20. März 1900

Faust, Wilhelm [pr. Arzt in München]: Umfangreiches Magengeschwür mit abgesackter Peritonitis und Perforation in die Lunge. . . . München, Buchdr. v. M. Ernst, 1891; 38 S. 8°
München, Med. Fak., Inaug.-Diss. v. 1891

Faust, Wilhelm, aus Magdeburg: Der Streit des Erzbischofs Günther II. mit der Stadt Magdeburg. 1429—1435. *Halle a. S. 1900: E. Karras.* (58 S.) 8°
Halle, Phil. Diss. v. 1900

Faust-Album. Dichtungen in Bildern u. Worten. 18 Lichtdr. nach Gemälden v. H. Faust, m. Text v. M. Greif u. O. Eisenmann. gr. Fol. (18 Bl. Text.) Lübeck 890. Nöhring. geb. n. 25. —

Faustball. Leipzig 1896. 14 S. (Spielregeln d. technischen Ausschusses. 1.)
— — 2. Aufl. 1898.

Faustball. Raffball. 3. Aufl. Leipzig 1902. 24 S. (Spielregeln d. technischen Ausschusses. 1.)
— — 4. Aufl. 1905. 25 S.
— — 5. Aufl. 1906. 25 S.

Faustball. Raffball. 6. Aufl. Leipzig & Berlin: B. G. Teubner 1907. (25 S.) 8° [F.]
— **Spielregeln** d. technischen Ausschusses. H. 1. [07. 3617

— — 7. Aufl. 1908. 36 S.
— — 8. Aufl. 1910. 36 S.

Faust- und Schleuderball, Leipzig, 31 S., 16°.

Faustbuch, das alte, hrsg. v. Aug. Holder, s.a. Volksmund, der.

Das alte Faustbuch [**Faust**]. Auf Grund d. Ausgaben von 1587, 1599 u. 1674 u. and. Quellen jener Zeit in neuer (sachl.) Anordnung d. Sagen bearb. u. hrsg. von August Holder. Leipzig: Deutsche Verlagsactiengesellsch. 1907. (160 S.) 8° [F.]
— **Volksmund**, Der. Bd 11. [07. 6499

Faust-Buch, das älteste, s.a. Drucke, deutsche, älterer Zeit in Nachbildungen.

Faustbuch, das älteste. Wortgetreuer Abdr. der editio princeps des Spies'schen Faustbuches vom J. 1587. Nebst den Varianten des Unicums vom J. 1590. Mit Einleitung und Anmerkungen von Aug. Kühne. gr. 8. (XX, 256 S.) Zerbst 868, Luppe. *

Das älteste Faust-Buch. Historia von D. Johann Fausten, dem weitbeschreiten Zauberer und Schwarzkünstler. Nachbildung der zu Frankfurt am Main 1587 durch Johann Spies gedruckten ersten Ausgabe. Mit einer Einleitung von Wilhelm Scherer. Berlin 1884. 8°.

Faustbuch, das, d. christlich Meynenden, s.: Litteraturdenkmale, deutsche, d. 18. u. 19. Jahrh.

Faustbücherei. Neudrucke z. Geschichte d. Faustsage, hrsg. v. Alex. Tille. I. 1. Hft. gr. 8. Weimar 898. E. Felber. Subskr.-Pr. n. 5. —
D. Faustsplitter i. d. Litteratur d. 16.—18. Jahrh., nach d. ältesten Quellen hrsg. von Alex. Tille. (In ca. 5 Hftn.) 1. Hft. (V—XIX u. S. 1—192.)

Faustbücherei. Neudrucke zur Geschichte der Faustsage, hrsg. v. Alex. Tille. I. 2.—6. Hft. gr. 8. Berlin, E. Felber. Subskr.-Pr. à n. 5. —; (kplt. n. 35. —)
Die Faustsplitter in der Literatur des 16. bis 18. Jahrh. nach den ältesten Quellen hrsg. Von Alex. Tille. 2.–6. Hft. (XLVIII u. S. 193—1152.) 899. 900.

[illegible], [illegible], ECHO [illegible]. // Betender // Wieder-Hall // Aus der gewöhnlichen // Episteln und Evangelien // Vor-Schall // Bestehend // In // Sonn- Fest- und Apostel-Täglichen // Text-mäßigen // Schluß-Gebeten // Kurtzen // Vesper-Arien // Und andächtigen // Hertzens-Seufftzern // Aufgefasset und zur Stimme gebracht // von // AEGIDIO Fäustel // Der Kirchen Augspurgischer Confession // zu Rewitz in Groß-Pohlen Pastore, wie auch // der Schule daselbst Inspectore. // Breslau // Verlegts Joh. Georg Steck's sel. Wittwe und Erben. // Anno 1708. – 4 Blatt (nicht paginiert: Titelkupfer, Titelblatt und Vorrede.- 504 Seiten.

B. S. T. 8°. 37.

Fäustel, Aug., betend. Wiederhall a. d. Evang. u. Epist. 8. Bresl. 725.

Fäustel, Samuel Gottfried

De Ulceribus et praecipue chronicis. Helmstadii (1790:) Leuckart. XXIV S. 8°

Helmstedt, Med. Diss. v. 23. Dez. 1790
2. Ex.: Mx 297 (14)

Fausten, Alfons, a. Burgwaldniel: Versuche zur Bestimmung einer allgemeinen Formel zum Berechnen der Ausflußgeschwindigkeit beim Fließen des Wassers durch Röhren. Berlin: R. Trenkel 1906. (49 S.) 8°
Bonn, Phil. Fak., Ref. Kayser, Diss. v. 8. März 1906
[Geb. 9. Jan. 80 Burgwaldniel, Rhld.; Wohnort: Viersen; Staatsangeh.: Preußen; Vorbildung: Gymn. M.-Gladbach Reife O. 01; Studium: Bonn 2, Darmstadt T.H. 2, Bonn 5 S.; Rig. 18. Juli 05.]

Faust-Farbendruck-Wandkalender, 1882, 80 kr.
Prag: Ignaz Fuchs 1881.

FAUSTI, Joh. Fridr., Heyl. Tugend- und verfluchte Laster-Tempel. Leipzig b. Chrn. Kirchnern. 8°.
H. M. V. 1671. C 4a s. l. f. n. p.

Faustin, s.: **Klostermann, C.**

FAUSTIN oder das philosophische Jahrhundert. Titel-Vignette. 1780, o. O. 8°. 381 S. (S. 1—6 mit röm. Ziffern) u. 3 S. Inhalt.
[E. II, 239.]
Hayn II/240. Goedeke V/506. Sehr seltener erster Druck. Bei Hayn ungenau zitiert. Über den Inhalt des höchst kuriosen Buches s. auch Ebeling, Gesch. d. kom. Literatur III/593 ff.

Faustin, oder das philosophische Jahrhundert. Zürich 1783. V: *Pezzl, Joh.* (KY) (MGT) (TH) »2. Theil. 1784. V: *Winkopp, Peter Adolph.*« (MGT)

FAUSTIN oder das philosophische Jahrhundert. Vign. (Faun u. Perücke m. Narrenkappe). O.O. (Zürich, Orell) 1783. 8°. 288 S. Neue Orig.-Edition.

Faustin oder das aufgeklärte philosophische Jahrhundert. O. O. 1784. V: *Pezzl, Johann.* (GGr V/506, Nr. 711) (BiblPort). S. a. II, 3031.

Faustin, oder d. philosoph. Jahrhundert, (v. Jh. Pezzl). 8. Zürich 788. Orell. 8 gr. Mit Kpf. 16 gr. (Frtf. u. M., Gebhardt u. K.) 10 gr.

Faustin, Der dramatische, für Hamburg . . . Freystadt 1784—85. V (St. 2—9): *Seyfried, Heinr. Wilh.* (Arch. f. Litt. VIII, 211.)

Faustin, Der dramatische, für Hamburg. [Hamburg 1784/5.] V: *Seyfried, Heinrich Wilh.* (KY 5/239) (Theaterkalender 1785. Gotha. S. 166) (Priewe 107/115) (BiblPort) »1784«.

Fausting, s. Florent.

Faustin's Briefe, (v. K. v. Güntherod). 8. (Salzb.) 785. Mayr. 16 gr.

Faustins Halbbruder, od. Ludwig Schoblinger; e. wahre Gesch. aus d. neuesten Zeit, v. zwey Freunden. 2 Thle. 8. Freyberg, Craz u. G. 802.

— Reisen im philos. Jahrh. 8. Lpz. Weygand. 785.

Faustin's d. Jüngern, Reisen u. Thaten im schwindelnden Jahrzehend d. Freiheit, am Ende d. philosoph. Jahrh., (v. P. A. Winkopp?). 8. Leipz. 799. Weygand. 1 rß

Faustinus Lux, Emanuel Schall, s. Schall.

Faust-Kalender für Damen. Ein Notiz- und Tagebuch für das J. 1859. Nebst einer leicht faßl. Anleitung zur Rechnung mit dem neuen Gelde. 16. (XIV und 196 S.) Wien 859, Tendler und Comp. *
Die Fortsetzung erschien unter dem Titel: Notizkalender für Damen, s. diesen.

Faust-Kalender, Illustrirter — für das Jahr 1856. Jahrbuch zur Belehrung und Unterhaltung für alle Stände. Mit einem prachtvollen Titelbilde, bei 50 in Stahl gestochenen Evangelien und vielen in den Text eingedruckten Holzschnitten. Wien. Druck und Verlag von M. Auer. (216 S. 12 Bl. 4.)

Faust-Kalender illustrirter, für das J. 1857. Jahrbuch zur Belehrung und Unterhaltung für alle Stände. Lex.-8. (242 S. mit 1 lithogr. Titelbilde, bei 50 in Stahl gest. Heiligen-Bildern und vielen in den Text eingedr. Holzschn. und 1 Tab. in qu. Fol.) Wien 856, Auer.

Faust-Kalender, illustrirter, für die Jahre 1858 – 65. Jahrbuch zur Belehrung u. Unterhaltung für alle Stände. 2–10. Jahrg. Mit je 3 Stahlst. u. vielen in den Text gedr. Holzschn. Wien, Geitler. 4. Jeder Jahrg. n. 20 ngr.; cart. n. 25 ngr.

—— dass. — für die J. 1864—66. Jahrbuch zur Belehrung und Unterhaltung für alle Stände. 9.—11. Jahrg. hoch 4. (9. Jahrg. 252 S. mit 1 Titelbilde in Holzschn. und Tondr., 1 Orientirungsplan von Wien aller 9 Bezirke in Holzschn. und gr. Fol. und in den Text gedr. Holzschn., 10. Jahrg. 260 S. mit 1 Tab. in Imp.-Fol., 3 Stahlst. und vielen in den Text gedr. Holzschn., 11. Jahrg. 263 S. mit Lithogr. und in den Text gedr. Holzschn.) Wien, Geitler. à Jahrg. * cart. à Jahrg. *

—— dass. — für 1867 und 1868. 12. und 13. Jahrg. hoch 4. (263 S. mit in den Text gedr. Holzschn., 239 S. mit in den Text gedr. Holzschn.) Ebendas. à Jahrg. * cart. à Jahrg. *

(S.) Faust-Kalender, illustrirter, für das Jahr 1869. Jahrbuch zur Belehrung und Unterhaltung für alle Stände. 14. Jahrgang. Mit dem Portrait des Dr. v. Mühlfeld als Titelbild und in den Text gedruckten Holzschnitten. Hoch 4. (238 S.) Wien, Geitler. 80 kr.

Faust-Kalender, illustrirter, für die J. 1876—1879. Jahrbuch zur Belehrung und Unterhaltung für alle Stände. 21.—24. Jahrg. Lex.-8. (192; 217; 198; 199 S. mit eingedr. Holzschn. und 1 Stahlst.) Wien, Perles. cart. à Jahrg. * geb. à Jahrg. *

—— dass. — für das J. 1880. Redig. von F. B. v. Geitler. 25. Jahrg. Lex.-8. (185 S. mit eingedr. Holzschn. und 1 Stahlst.) Ebendas. cart. * ℳ 1,60.; geb. *

Faust-Kalender, illustrirter, für die J. 1881—1885. Jahrbuch für Unterhaltung und Belehrung für alle Stände. 26.—30. Jahrg. gr. 8. (181; 180; 184; 184; IV, 165 S. mit eingedr. Holzschn. und je 1 Stahlst.) Wien, Perles. à Jahrg. * ℳ 1,60.; geb. *

Faust-Kalender, illustrirter, für die Jahre 1886—1889. Jahrbuch zur Unterhaltung und Belehrung aller Stände. 31.—34. Jahrg. gr. 8. (170; 176; 179; 180 S. mit Illustr. und je 1 Stahlst.) Wien, Perles. à Jahrg. * ℳ 1.60.; geb. *

Faust-Kalender f. d. J. 1890—1893. 35.—38. Jahrg. Jahrbuch zur Unterhaltg. u. Belehrg. aller Stände. gr. 8. (IV, 182; IV, 190; IV, 190; IV, 187 S.) Wien, Perles. à Jahrg. * 1 60 geb. à Jahrg. * 2 40

Faust-Kalender f. d. Jahr 1894. XXXIX. Jahrgang. Jahrbuch zur Belehrung und Unterhaltung für alle Stände. Gr.-8. (196 S.) —.80
Derselbe elegant geb. Wien: Perles 1.20

Faust-Kalender f. d. J. 1895. 40. Jahrg. Jahrbuch zur Unterhaltg. u. Belehrg. aller Stände. gr. 8. (IV, 194 S.) Wien, M. Perles. n. 1. 60; geb. n. 2. 40

Faustkalender für das Jahr 1896. XLI. Jahrgang. Jahrbuch zur Unterhaltung u. Belehrung aller Stände. Lex.-8. (200 S.) —.80, elegant gebunden Wien: Moritz Perles 1895. 1.20

Faustkalender für das Jahr 1897. XLII. Jahrgang. Jahrbuch zur Unterhaltung und Belehrung aller Stände. Lex.-8. (208 S.) —.80, elegant gebunden Wien: Perles 1896. 1.20

Faust-Kalender f. d. Jahr 1898. XLIII. Jahrg. Jahrbuch zur Belehrung und Unterhaltung für alle Stände. Gr.-8. (112 S.) —.80
Derselbe elegant gebunden 1.20
Wien: Perles 1897.

Faust-Kalender f. d. J. 1899. 44. Jahrg. Jahrbuch zur Unterhaltg. u. Belehrg. all. Stände. gr. 8. (IV, 199 S. m. Abb.) Wien, M. Perles. n. 1. 60; geb. n. 2. 40

(F) Faust-Kalender für das Jahr 1900. Jahrbuch zur Unterhaltung und Belehrung aller Stände. XLV. Jahrgang. Wien. Perles. Gr.-8°. 212 S. fl. —.60, geb. fl. 1.20

Faust-Kalender, f. d. J. 1901. 46. Jahrg. Jahrbuch zur Unterhaltg. u. Belehrg. aller Stände. gr. 8. (IV, 203 S. m. Abbildgn.) Wien, M. Perles. n. 1. 60; geb. n. 2.40
Erscheint nicht mehr.

FÄUSTLE, Nepomuk (Augsburg): Besteht heutzutage noch ein praktisches Bedürfniss, die Fortdauer der Fidejussio neben dem Constitutum debiti alieni anzuerkennen.- München, Augsburg: Geiger 1850. 24 S.
29.6.1850 – Urk (Titel: Est ne hodie re vera necessarium, discrimen fidejussionis et constituti debiti alieni agnoscere?); F 49
Diss. Ingolst.-Landsh.-Mchn.

Fäustle, Pt., († d. 26. April 1806.) gemeinnützl. Erbauungsreden bei verschied. Anlässen u. Gelegenheiten. 8. Kempt. 795. Kösel. 1 ₰ 825. Hbg. Pr. 7 ℛ

Fäustle, Pt., Sonntägl. Predigten. 4 Bdchen, nach sm. Tode fortges. v. Jak. Lang. 8. Augsb. 804. Veith. (Kranzfelder). 3 ₰

Fäustle, Ph., Denk- und Zifferrechnungs-Beispiele rc., s. Hindelang, Fr. J.

Fäustle, Phil., Handbuch für deutsche Schüler, oder: Das Nothwendigste aus der Sprache, dem Aufsatze, dem Rechnen, den gemeinnütz. Gegenständen und der Geschichte. 1. und 2. Bdchn. 12. Kempten, Kösel'sche Buchh.
Bdchn. 1. Die Sprache, der Aufsatz und das Rechnen. (176 S.) 848.
" 2. Die gemeinnütz. Gegenstände und die Geschichte. (127 S.) 849.

Fäustle, Phil., Handbuch für deutsche Schüler, oder: Das Nothwendigste aus der Sprache, dem Aufsatze, dem Rechnen, den gemeinnützigen Gegenständen u. der Geschichte. 2 Bdchn. 2. verb. Aufl. Kempten 853. Kösel. 12. (175; 131 S.) 7 ngr.

Fäustle, Phil., Handbuch für deutsche Schüler, oder das Nothwendigste aus der Sprache, dem Rechtschreiben, dem Aufsatze, den gemeinnützigen Gegenständen u. der Geschichte. 1. Bdchn., die Sprache, das Rechtschreiben u. den Aufsatz enthltd. 3., ganz umgearb. u. mit Aufgaben versehene Aufl. Kempten 867. Kösel. 12. (196 S.) n. 5 ngr.

Fäustle, Phpp., Handbuch f. deutsche Schüler, od. das Nothwendigste aus der Sprache, dem Rechtschreiben, dem Aufsatze, den gemeinnütz. Gegenständen u. der Geschichte. 2. Bdchn. Die gemeinnütz. Gegenstände u. die Geschichte, enth. 4. verb. Aufl. 8. (41 S.) Kempten 873. Kösel. n. — 50

— Rechnungs-Beispiele für Sonntags- oder Fortbildungs-Schulen. München 866. Central-Schulbücher-Verlag. 8. (47 S.) n. 3 ngr.; Auflösungen dazu (11 S.) n. 1 ngr.

Faustmann, Dominikus Josef

Faustmann, Dominikus, Aloysius-Büchlein. Gebete u. Betrachtgn. f. die 6 Sonntage zu Ehren d. hl. Aloysius, nebst e. Anh. verschiedener Gebete u. Lieder. 8. (IV, 144 S. m. 1 Stahlst.) Würzburg 886. Bucher. n. – 40

Faustmann, Domin., Aloysius-Büchlein. Gebete u. Betrachtgn. f. d. 6 Sonntage z. Ehren d. hl. Aloysius, nebst e. Anh. verschied. Gebete u. Lieder. Neueste Aufl. 16. (VII, 190 S. m. 1 Stahlst.) Würzburg 897. F. X. Bucher. n. — 40

— Armenseelen-Büchlein. 16. (IV, 131 S.) Ebend. 887. n. — 40

Faustmann, D. J., kleines Gewitterbüchlein, enth. e. Anzahl v. Gebeten während e. Gewitters. 16. (22 S.) Würzburg 890. Bucher. — 15

Faustmann, Dominik Jos., kleines Gewitter-Büchlein, enth. den Wettersegen u. e. Anzahl v. Gebeten während e. Gewitters. 2. Aufl., bearb. v. Ludw. Heumann. gr. 16. (32 S.) Würzburg (902). F. X. Bucher. Kart. n. — 20

— Handbüchlein f. Ministranten als Anweisung f. den Altardienst. 16. (35 S.) Ebend. 884. n. — 10

— Handbüchlein f. Ministranten als Anweisung f. den Altardienst. Neue, erweit. Aufl. gr. 16. (36 S.) Ebd. 899. n. — 10

Faustmann, Domin. J., Handbüchlein f. den allgemeinen frommen Verein der christlichen Familien zu Ehren der hl. Familie v. Nazareth sammt Aufnahmeschein, Statuten, Vereinsgebeten, Ablässen u. Privilegien d. Vereins, nebst Betrachtgn. üb. das Leben der hl. Familie. 16. (35 S. m. 1 Stahlst.) Würzburg 893. F. X. Bucher. — 12

— immerwährender Heils-Kalender od. kurze Sprüche, aus den vier Büchern der Nachfolge Christi d. gottsel. Thomas v. Kempen entnommen u. auf alle Tage des Jahres vertheilt. Aus dem Lat. übers. 16. (68 S.) Ebend. 884. n. — 40

— Herz-Jesu-Büchlein od. Betrachtungen u. Gebete zur Verehrung d. heiligsten Herzens Jesu. 16. (214 S. m. 1 Stahlst.) Ebend. 885. n. — 50

Faustmann, Domink. Jos., Jesus, Maria u. Joseph. Ein kathol. Gebet- u. Erbauungsbuch m. sieben Meßandachten, Morgen-, Untertags- u. Abendandachten, Beicht-, Kommunion- u. Ablaßgebeten, Vesperandachten, Gebeten u. Litaneien auf alle Tage e. Woche, Andachten f. die Hauptfestzeiten des Kirchenjahres, Andachten zur hl. Mutter Gottes u. zu den Heiligen Gottes, Andachten f. Kranke u. Sterbende u. f. die Verstorbenen. Neu hrsg. 4. Aufl. (XII, 499 S. m. Titelbild.) 16. Würzburg (906). F. X. Bucher. Geb. in Leinw. n. 1. 20

— Charwochenbuch. 16. (IV, 143 S. m. 1 Stahlst.) Ebend. 886. n. — 40

— der Marien-Monat. Kurze Betrachtgn. f. d. Monat Mai, nebst e. Anh. verschiedener Gebete. 16. (XI, 248 S. m. 1 Stahlst.) Ebd. 888. n. — 50

— f.: Mohler, Mich., der Lebensbaum u. seine dürren Äste ꝛc.

— Nazareth. Andachtsbuch f. christl. Mütter, die sich e. glückl. Geburt erbitten wollen. 4., umgearb. Aufl. 16. (XI, 167 S. m. 1 Stahlst.) Ebd. 889. — 75

— Nazareth. Considérations et pratiques pieuses à l'usage des mères chrétiennes pour l'époque de la naissance de leurs enfants. gr. 16. (VIII, 207 S. m. Titelbild.) Ebd. (900). Geb. in Leinw. n. 1. —

— Nazareth. Andachtsbuch f. christl. Mütter, die sich e. glückl. Geburt erbitten wollen. Neueste Aufl. (XII, 190 S. m. Titelbild.) 16. Ebd. (906). Geb. in Leinw. n. 1. —

— das Offizium f. die Abgestorbenen, m. kurzen Erklärungen. Neueste Aufl. 16. (138 S.) Würzburg 895. F. X. Bucher. n. — 60

Faustmann, Domin. J., die Priesterweihe. [Aus: „Unterricht üb. die hl. Weihen".] 16. (24 S.) Würzburg 894. F. X. Bucher. — 12

— Rorate. Anleitung, die hl. Advents- u. Weihnachtszeit auf gottgefäll. u. verdienstl. Weise zuzubringen. 16. (VII, 232 S. m. 1 Stahlst.) Ebd. 889. n. — 50

— der Rosenkranzmonat. Ein Büchlein zur Belehrg. üb. den heil. Rosenkranz, nebst verschiedenen Gebeten u. Andachtsübgn. 32. (VII, 236 S.) Ebd. 888. n. — 50; geb. n. — 75

— St. Josephsbüchlein, enth. Gebete u. Andachtsübgn. zur Verehrg. d. heil. Joseph. 16. (VIII, 198 S. m. 1 Stahlst.) Ebd. 888. n. — 50

— kleine Tagzeiten nebst 9tägiger Andacht u. verschiedenen Gebeten zu der hl. Jungfrau u. Erzpatronin Thekla, e. besond. Sterbpatronin, deren Fest jährlich am 23. Septbr. gefeiert wird. 16. (III, 99 S.) Ebd. 892. n. — 40

Faustmann, Domin., die kleinen marian. Tagzeiten. Neueste Aufl. 16. (VII, 231 S.) Würzburg 895. F. X. Bucher. n. — 80

— Unterricht üb. die hl. Weihen der Geistlichen. 16. (III, 71 S.) Ebd. 895. n. — 40

Faustmann, G., allgemein nützlicher Vorschlag, wie der drückenden Armuth, besonders der der Kranken, sicher und ohne Kosten abgeholfen werden kann; nebst einem Anhange, wie man sich gegen die asiat. Cholera bei ihrem Erscheinen am besten schützt, ohne eine Störung im gewöhnlichen Leben eintreten zu lassen, so wie anderweitig nützliche Vorschläge. gr. 8. Heidelberg 832. (Darmstadt, Heyer.) 1/3 ℛ

Faustmann, Jos., s. Poiräus, Frz., Maria, die sicherste Schutzwehr ihrer Pflegekinder im Tode.

Faustmann, R., Religionsstunde aus dem Volksmunde. Brosamen zur Katechese. (VII, 56 S.) 8. Mainz 906. Druckerei Lehrlingshaus. n. — 60

Faustmann, Theodor (Bensheim)
Ueber die allmählige Vervollkommnung der Dammschutzmethoden bis auf unsere Zeit.
Giessen: Merck 1851. 22 S. u. 1 Tab., 2 Bl. Thesen.
Diss. med. 11.7.1851. vorh. 4. 11. △.

Faustmann, Vincenz Didaktische Bemerkungen zur elementaren Mechanik. 8 (S. 3–39). Progr. K. k. Ober-G. Czernowitz 1892.

Faustmann V.: Die Erklärungen der Farbenzerstreuung des Lichtes aus der Undulationstheorie. 37. Czernowitz R. 78. Progr

Fausto, Don, e la sua biblioteca. Comedia in due atti. Vienna 1828. V: *Castelbarco, Ces. di.* (EB)

Faustrecht, das, in Thüringen. Schausp. v. Hensler. 3 Thle. 8. Wien, Camesina. (Wallishausser.) 797.

Fausts . . .

D. Faust's Geren- (oder Höllen-) Zwang. Passau 605. 12. Ebend. 802. 823. 8.

Faust's, großer u. gewaltiger Höllen-Zwang. Mächtige Beschwörgn. der höll. Geister, besonders des Aziel, daß dieser Schätze u. Güter v. allerhand Arten gehorsamvoll, ohne allen Aufruhr, Schreckfetzg. u. Schaden vor den gestellten Kreis seiner Beschwörer bringen u. zurücklassen müsse. Nach e. alten seltenen Handschrift des Jesuiten-Colleg in Prag. 8. (30 S.) Leipzig (902). A. F. Schlöffel. n. 1. 20

Faust's, (D.,) Höllenzwang, wodurch er Geister u. Teufel beschworen ꝛc., ingleichen der Schwarzkünstler, Schatzgräber, Geisterseher, Wahrsager ꝛc. 2s H. — A. u. d. T.: Remedia sympathetica. Mit 1 Kupf. 8. Leipzig 824, Central-Compt.

Faust's, Doctor, Höllenzwang, wodurch er Teufel u. Geister beschworen und bezwungen, ihm zu bringen, was er gewollt, oder zu thun, was er verlangt hat. Ingleichen die Geheimnisse der Schwarzkünstler, Schatzgräber, Geisterseher, Wahrsager, Wundermänner, Teufelsbanner, Zeichendeuter und andrer Unholden. m. K. 8. Lpz. Joachim. 802.

Faust's, des berühmten Schwarzkünstlers u. Teufelbanners, Kreuz u. Querfahrten, s.a. Volksbibliothek aus alter u. neuer Zeit.

Fausts Leben dramatisirt vom Mahler Müller, 1r Theil, gr. 8. Manheim, 778. Schwan. 15 sgl.

Fausts Leben, Thaten u. Höllenfahrt, in 5 Büchern, (von F. M. Klinger). 8. Petersb. u. Leipz. 791. (Braun in Karlsr.) 16 gr

— Leben, Thaten und Höllenfarth in fünf Büchern, (von Klinger) zweyte Aufl. mit Kupf. 8. Leipzig, 794. Jacobaer. Schreib-Pap. 1 Rthl. 20 sgl. Dasselbe Buch Druck-Pap. mit 1 Kupf. 1 Rthl.

Fausts Leben, Thaten u. Höllenfahrt, v. F. M. v. Klinger, neue Aufl. m. 7 K. 8. Lpz. Jacobäer. 799.

Faust's Leben, Thaten u. Höllenfahrt. In 5 Büchern. (Von Frdr. Max. Klinger.) (Roman.) (V, 412 S.) 8. Leipzig 910. Insel-Verlag. 5.—; geb. in Halbperg. 7.—

Fausts, Doctor, Leibgürtel. Posse in 1 Akt, nach Rousseau (von Moline). 8. Gotha 781. Ettinger. 4 gr

Faust's, Joh., Magia naturalis, u. Bücherschatz, s.: Bibliothek der Zauber-, Geheimniß- u. Offenbarungsbücher. 1—5. 13 u. 14. Abthlg.

Faust's, Doctor, Mantel, ein Zauberspiel mit Gesang in 2 Akten von A. Bäuerle. 8. Wien, Haas. 820.

Faust's Versöhnung mit dem Leben, (v. E. v. Groote). 8. Köln 816. Bachem. 1 gr

Faust's, Dr. Johann, Zauber- u. Hexen-Küche od. faßl. Anleitung z. Ausführung leicht. u. interessanter Zauberkünste. 16. (9½ B. u. 1 Stnt.) Leipzig 844, Naumburg. *—

Faust-Scene. (Aufgeführt am Juristen-Kommers in Worb. 26. Januar 1901.) 8 S. 8. (Bern, Harald Jensen.)

Faustspiel, das niederländische, des 17. Jahrh. (De Hellevaart van Joan Faustus). Hrsg. v. E. F. Kossmann. Mit e. Beilage üb. die Haager Bühne 1660—1720. (VIII, 175 S.) Lex. 8. Haag 910. M. Nijhoff. nn 4.—

Die **Faustsplitter** in der Litteratur des sechzehnten bis achtzehnten Jahrhunderts nach d. ältesten Quellen hrsg. v. Alexander Tille. [Th. 1.] *Weimar: E. Felber 1898.* 8.
= Faustbücherei. [Th.] 1.

Faustula, Liebeszauber (Zauber u. Liebe.) Ein Lehrbuch der Geheimkünste, Liebe zu erwecken, dauernd zu erhalten u. zu vernichten. Für beide Geschlechter bearb. (80 S.) 8. Stuttgart (910). (W. Digel). 1.50

Faustulus

— das Gedächtnis, s.: Sammlung v. Abhandlgn. aus d. Gebiete d. pädagog. Psychologie.

— Martin Luthers Leben. D. deutschen Volke erz. M. 25 Orig.-Abb. v. Ed. Kaempffer. gr. 8. (VII, 228 S.) Ebd. 897. n. 5.—; geb. in Leinw. n. 6.—

— Leitfaden d. evang. Religionslehre. Z. Gebr. an höh. Schulen n. d. neuesten Lehrplänen bearb. i. engsten Anschluß an des Verf. Handbuch. (Christlieb.) gr 8. (III, 87 S.) Leipzig 895. G. Freytag. Geb. in Leinw. n. 1.—

Faustulus, s.a. Zauber u. Liebe.

FAUSTULUS (ps.), Zauber und Liebe. Ein Lehrbuch der geheimen Künste, Liebe einzuflössen, zu erhalten oder zu vernichten, nebst fasslicher Darstellung der Lehre von den Geistern und geheimen Wunderkräften aller Art, sowie ihrem Hereingreifen in die Welt der Liebenden. Nach alten Quellen bearbeitet von —. Leipzig 1899. 8°. (1 Mk. 75 Pfg. R. Kaufmann, Stuttg., 1902.)

Faustus, Doctor; Tragödie v. Chr. Marlowe, aus d. Engl. von W. Müller. Mit Faust's Bildniß. 8. Berlin, Maurer'sche Buchh. 818.

Faustus v. Byzanz, d., Geschichte Armeniens. Aus dem Armen. übers. u. m. einer Abhandlung über die Geographie Armeniens eingeleitet v. M. Lauer. gr. 8. (IX, 218 S.) Köln 879. Du Mont-Schauberg. n. 4.—

Faustus, Heinr., aus dem Leben e. Arztes. I. Vertreterfreuden. II. Der Landarzt. III. Allgemeine Betrachtgn. üb. Ethik im Stande u. Handeln des Arztes. (23 S.) gr. 8. München 903. Seitz & Schauer. n. —60

(B) **Faustus,** Heinr., aus d. Leben e. Arztes. 903. (KBl. 33.) Jetzt: München, Verlag d. ärztl. Rundschau.

Faustus Reiensis

Faustus, s.a. Fausti Reiensis sermones.

Fausti Regiensis Galliarum Episcopi fides in exponenda gratia Christi illustrata a Joanne Heller. Monachii 854. (Passau, Elsässer u. Waldbauer.) gr. 8. (95 S.) 10 ngr

Faustus. Fausti Reiensis praeter sermones pseudo-Eusebianos opera, s.: Corpus scriptorum ecclesiasticorum latinorum.

Faut, A. S.

Faut, zur Behandlung u. Erklärung des württembergischen Konfirmationsbüchleins. (VIII, 84 S.) gr. 8. Tübingen 904. J. C. B. Mohr. n. —60

Faut, A. S., zur Behandlung u. Erklärung des württembergischen Konfirmationsbüchleins. Neue Ausg. (VI, 76 S.) kl. 8. Tübingen 910. J. C. B. Mohr. Geb. 1.—

— s.: Glaube, unser.

— Präparationen zum Unterricht in der Bibelkunde. A u. B. gr. 8. Ebd. 909. 2.50; geb. 3.50
A. Altes Testament. (VIII, 83 S.) 1.50; geb. 2.—
B. Neues Testament. (IV, 64 S.) 1.—; geb. 1.50

Faut, Gertr., drei Bilder v. Vater Werner f. die Jugend. (12 S. m. Abbildgn.) 8. Stuttgart 909. Verlag der ev. Gesellschaft. —10

Faut, S., die Christologie seit Schleiermacher, ihre Geschichte u. ihre Begründung. (VIII, 102 S.) gr. 8. Tübingen 907. J. C. B. Mohr. 2.80

Faute, une seule, ou les mémoires d'une demoiselle de qualité. II P. 8. Leips. Hinrichs. 788. 0thlr.

Faute, une seule, ou mémoires d'une demoiselle de qualité. II Vol. 8. Strasb. Academ. 790.

Fauth, Adph., der Agitator. Für's Volk erzählt. (52 S.) Barmen 894. Wupperthaler Traktat-Gesellschaft. n. —15

Fauth, Adolf, aus Gersweiler a. d. Saar: **Beiträge zur Anatomie und Biologie der Früchte und Samen einiger einheimischer Wasser- und Sumpfpflanzen.** *Jena: G. Fischer 1903.* (47 S.) 8°
Erlangen, Phil. Diss. v. 25. Nov. 1902

— durch Nacht zum Licht. Eine Erzählg. aus gemischter Ehe. 8. (74 S.) Berlin (901). Buchh. der Berliner Stadtmission. Geb. n. 1. —

Fauth, Adf., im Ehestande, s.a. Sammlung kleiner Volksschriften.

[F.] Im Ehestande. E. freundl. Ratgeber f. junge Eheleute dargeboten v. Adolf **Fauth**, Pfarrer in Gersweiler ... 3. verb. Aufl. *Barmen: D. B. Wiemann [1896].* (46 S., 1 Bl.) 1 Bd 8.
= Sammlung kleiner Volksschriften. No 1. [illegible]

Fauth, Adolph: Elisabeth, s.a. Sammlung kleiner Volksschriften.

Fauth, Adf., Elisabeth. Eine Geschichte aus gemischter Ehe. 16. (48 S.) Leipzig 882. Drescher. n. — 40; cart. n. — 50

Fauth, Adolph: Drei Feinde unserer Kinderwelt, s.a. Sammlung kleiner Volksschriften.

Fauth, Adf., giftige Früchte. Eine Erzählg. aus dem Volksleben. 8. (16 S.) Barmen 886. (Wiemann.) — 15

—— das Gedächtnis. Studie zu einer Pädagogik auf dem Standpunkte der heutigen Physiologie und Psychologie. gr. 8. (XV, 352 S.) Gütersloh 888, Bertelsmann. *

— biblischer Glaubensgrund, s.: Schaittberger, Jos.

— gestörtes Glück. Eine Erzählg. aus gemischter Ehe. (40 S.) kl. 8. Barmen (906). Wuppertaler Traktat-Gesellschaft. n.n. — 15

Fauth, Adolph: Gretchen, s.a. Sammlung kleiner Volksschriften.

— Gretchen. Eine Geschichte aus dem Dienstbotenleben. 2. Aufl. von: „das gute Gretchen". 16. (106 S.) Ebend. 882. n. — 60; cart. n. — 70

— das gute Gretchen. Eine Geschichte aus dem Dienstbotenleben. Für's Volk erzählt. 16. (106 S.) Saarbrücken 880. Klingebeil. cart. n. 1. —

Fauth, A., aus dem Handwerksburschen-Leben, s. Groschen-Bibliothek für's deutsche Volk.

— s.: Hausfreund, kleiner homöopathischer.

— der Hirt v. Ludolfingen, s.: Familien-Bibliothek für's deutsche Volk.

—— Hüte dich vor der Mischehe! Ein Wort der Warnung und Mahnung an die Evangel. Christenheit Deutschlands. Eine Preisschrift, gekrönt und hrsg. vom Evangel. Preßverein in Schlesien. 12. (28 S.) Breslau 884, (Dülfer's Verlag.) *

— hüte dich vor der Mischehe! Ein Wort der Warng. u. Mahng. an die Evangel. Christenheit Deutschlands. Eine Preisschrift, gekrönt u. hrsg. vom Evangel. Preßverein in Schlesien. 2. Aufl. 12. (28 S.) Breslau 885. (Dülfer.) n. — 10

— hüte dich vor der Mischehe! Ein Wort der Warng. u. Mahnung an die evangel. Christenheit Deutschlands. Eine Preisschrift, gekrönt u. hrsg. vom Ev. Preßverein in Schlesien. 3. Aufl. 16. (28 S.) Leipzig 888. (Böhme Nachf.) n. — 10

Fauth, Adf., drei Kapitel vom Heiraten, s.a. Sammlung kleiner Volksschriften. Nr. 28.

Drei Kapitel vom Heiraten. Unserem Volke zu Nutz u. Frommen dargeboten von Adolf **Fauth**. *Barmen: D. B. Wiemann [1899].* (15 S.) 8° [F.]
= Sammlung kleiner Volksschriften. No 28. [illegible]

— Die christliche Kinder-Erziehung. Ein Merkbüchlein f. Eltern u. Erzieher. (45 S.) kl. 8. Konstanz (903). Christl. Buch- u. Kunstverlag C. Hirsch. — 30

— die Konkurrenten. Erzählung aus dem Volksleben. 8. (56 S.) Hamburg 887. Evang. Buchhandlg. n. — 15

Fauth, Adolph: Der Kostgänger, s.: Familien-Bibliothek für's deutsche Volk.

Fauth, Adolph: Der Nothelfer, s.: Familien-Bibliothek für's deutsche Volk.

— ein moderner Reformator der Volksschule. [Wider den Kritiker d. Lehrplans f. die Stadtschule in St. Johann. St. Johanner Zeitung Nr. 160, 161 u. 162.] 8. (24 S.) Neunkirchen 876. (Barmen, Klein.) n. — 20

— unter der Schreckensherrschaft der Jakobiner. Blätter aus der Leidensgeschichte des Fürstenth. Nassau-Saarbrücken während der französ. Revolution. 12. (75 S.) Herborn 893. Buchh. d. Nass. Colportagevereins. n — 35; geb. n. — 75

Die zertanzten Schuhe. Ein Märchenspiel von Toni Rothmund. Musik von A. **Fauth**. [Textbuch.] [Magdeburg: Heinrichshofen um 1905]. 24 S. 8° [illegible]

— in der Schule des Lebens. Eine Erzählung fürs Volk. 12. (144 S.) Herborn 890. Buchhandlg. d. Nass. Colportagevereins. n. — 60; cart. n. — 80; geb. n. 1. —

— in d. Schule des Lebens. E. Erzählung fürs Volk. 2. Aufl. 12. (128 S.) Herborn 897. Buchh. d. Nass. Colportagevereins. n. — 60; in Bibliotheksbd. n. — 90; geb. in Leinw. n. 1. —

Fauth, Adolph: Die Schule zu Schwarzbach od.: Was d. Simultanschule zu bedeuten hat, s. Sammlung kleiner Volksschriften.

[F.] Der Sonntag ein Segenstag ... v. Adolf **Fauth**. *Barmen: D. B. Wiemann [1898].* (24 S.) 1 Bd 8.
= Sammlung kleiner Volksschriften. No 27. [illegible]

—— Die Sozialdemokraten, was sie wollen u. was sie sind. Ein Wort der Belehrg. u. ernsten Mahng. an die deutschen Arbeiter. 1.—3. Aufl. 12. (32 S.) Ebd. 890,91. * — 10

— die Sozialdemokraten, was sie wollen u. wie sie sind. Ein Wort der Belehrg. u. ernsten Mahng. an die deutschen Arbeiter. 4. Aufl. (16. bis 20. Taus.) 12. (32 S.) Ebd. 894. n. — 10

— s.: Volksschriften, homöopath.

Fauth, Adolph: Der Weg zum Glück, s.a. Sammlung kleiner Volksschriften.

— der Weg zum Glück. Alten u. jungen Eheleuten dargeboten. [Erweiterte Ausg. des Büchleins „Im Ehestande".] 8. (III, 90 u. Familienchronik 8 S.) Barmen 888. Wiemann. n. — 60

— wie e. Hausfrau gut u. billig kochen kann, s.: Sammlung kleiner Volksschriften.

— die Zwillinge. Eine Erzählung aus dem Handwerkerleben. Hrsg. vom Komitee des Rheinisch-Westfäl. Jünglingsbundes. gr. 8. (81 S.) Elberfeld 882. (Buchh. der Evangel. Gesellschaft.) n. — 60

Fauth, Frz. Chr., s. a.: Christlieb, F.

Fauth, [Franz], Prof. Dr., Dir. i. V.: [Der Abschied des Direktors Hermann Petri.] *Höxter 1901: C. D. Flotho.* (S. 18—19.) 4°
Höxter a. d. W., König Wilhelms-G, OP 1901 (380)

Fauth, [Franz], Dir.: [Ansprache an die Abiturienten, gehalten am 1. März 1902.] *Höxter 1902: C. D. Flotho.* (S. 14—15.) 4°
Höxter a. d. Weser, König Wilhelms-G, OP 1902 (390)

Fauth, Frz. Systematische Darstellung der christlichen Glaubens- und Sittenlehre für den evangelischen Religionsunterricht auf höheren Lehranstalten. 18 S. **Progr.** *Hörter* 1881.

Das Gedächtnis. Von Franz **Fauth**, Prof. . . . in Höxter. *Berlin: Reuther & Reichard 1898.* (2 Bl., 88 S.) 8.
= **Sammlung** v. Abhandlungen a. d. Gebiete d. paedagog. Psychologie u. Physiologie. Bd 1. H. 5. [98. 1783

Fauth, F., das Gedächtnis. Studie zu e. Pädagogik auf dem Standpunkte der heutigen Physiologie u. Psychologie. gr. 8. (XV, 352 S.) Gütersloh 888. Bertelsmann. n. 4. 80

Fauth, F. Chr., Gedanken zur Schulreform. In Anschluss an die Schrift v. F. Paulsen: „Über die gegenwärt. Lage des höheren Schulwesens in Preussen". Mit e. Anh.: Zur Reform des Alumnats- u. Pensionatswesens. [Aus: „Blätter f. höheres Schulwesen".] hoch 4. (29 S.) Grünberg 893. H. Söderström. n. 1. —

— Handbuch der evangelischen Religionslehre, s.a. Christlieb, F.

Handbuch der evangelischen Religionslehre. Zum Gebr. an höheren Schulen nach d. neuesten Lehrplänen bearb. von Dr. F. Christlieb. (Prof. Dr. F[ranz] Chr. **Fauth**.) 2. verb. Aufl. H. 1—4. Leipzig: G. Freytag 1894. 4 Bde 8° [F.]
2. Mit 1 Karte u. 15 Textabb. [95. 9494

— Frz. Rinneberg u. Matthias Evers, Handbuch der evangelischen Religionslehre. Zum Gebrauche an höheren Schulen nach den neuesten Lehrplänen bearb. 1. Bd. (Sexta, Quinta, Quarta.) (Dient zugleich als Vorstufe zu Fauth-Christlieb.) (299 S.) gr. 8. Leipzig 905. G. Freytag. Geb. n. 2. 80

— s.: Hilfsmittel z. evang. Religionsunterricht.

— Hülfsmittel zum evangelischen Religionsunterricht, s.: Evers, M.

Dr. Martin Luthers Leben, dem deutschen Volke erz. v. Franz **Fauth**. M. 25 Orig.-Abb. v. Eduard Kaempffer. *Leipzig: G. Freytag 1897.* (4 Bl., 228 S.) 1 Bd 8. [97. 3:38

Fauth, Frz. Die Prinzipien des Sprachunterrichts auf den höheren Schulen vom Standpunkt der allgemeinen Sprachwissenschaft. 29 S. **Progr.** G. *Düsseldorf* 1877.

— Israels Prophetentum, s.: Evers, M.

— Israels Prophetentum, s.: Hilfsmittel zum evang. Religionsunterricht. 6. Heft.

Fauth, Franz [Prof. Dr.]: Zum alttestamentlichen Religionsunterricht. Höxter, Druck v. C. D. Flotho, 1891; S. 3—5; 4°
Höxter a. d. W., König Wilhelms-G, OP 1891 (348)

Fauth, F., die wichtigsten Schulfragen auf dem Boden der Psychologie erörtert. 8. (VIII, 175 S.) Gütersloh 878, Bertelsmann. *

— der fremdsprachliche Unterricht auf unseren höheren Schulen, s.a. Sammlung v. Abhandlungen aus dem Gebiete der pädagogischen Psychologie u. Physiologie. VIII. 3.

Der fremdsprachliche Unterricht auf unseren höheren Schulen vom Standpunkt der Physiologie und Psychologie beleuchtet von Prof. Dr. F[ranz] **Fauth**. Berlin: Reuther & Reichard 1905. (34 S.) 8°
= **Sammlung** von Abhandlungen aus d. Geb. d. pädag. Psychologie u. Physiologie. Bd 8, H. 3. [05. 3368 B

— s.a. Wie erzieht u. bildet das Gymnasium unsere Söhne?

Wie erzieht und bildet das Gymnasium unsere Söhne? (Hrsg.: F[ranz] Fauth, Dir. zu Höxter.) *Berlin: Reuther & Reichard 1902.* (94 S.) 8° [F.] [02. 8483 II

— s.: Zeitschrift f. den evangel. Religionsunterricht.

Fauth, J. Sm. Ph., zwei Reden beim Abzuge d. Waisenkinder vom Kloster St. Augustini in Magdeburg rc., am 16. Nov. 1808 u. Neujahrstage 1809. gr. 8. Magdeb. 809. Creutz. 3 ℳ

Fauth, Karl: Drei Fälle von Laryngitis crouposa bei Erwachsenen. *München 1898: Kastner & Lossen.* (29 S.) 8°
München, Med. Diss. v. 1898

Fauth, Phil., astronom. Beobachtgn. u. Resultate a. d. J. 1890 u. 1891, erhalten auf s. Privatsternwarte in Kaiserslautern. I. gr. 4. (VII, 72 S. m. 9 Taf.) Kaiserslautern (893). A. Gotthold. n. 15. —
Ohne Jahreszahl, das Vorwort ist von 1893 datiert.

— dasselbe. II. gr. 4. Kaiserslautern 895. (Leipzig, J. A. Barth.) In Mappe n. 15. —
1893 u. 1894. Neue Beiträge z. Begründg. e. mod. Selenographie u. Selenologie. M. e. Atlas, enth. 27 topograph. Spezialkarten d. Mondes in Lichtdr. (X, 68 S.)

Beobachtungen der Planeten Jupiter und Mars aus den Oppositionen v. 1896/1897 auf d. Privatsternwarte zu Landstuhl. Hrsg. auf Kosten d. Kgl. Preuss. Akad. d. Wiss. v. Phil. **Fauth**. M. 147 Abb. u. 5 Kt. *Kaiserslautern: Buchdr. H. Kohl 1898.* (14 S., 10 Taf.) 1 Bd 4.
— [**Fauth**, Ph.: Astronom. Beobachtungen. II.] III. [98. 7306

Fauth, Ph., s.: Heimatkunde, pfälzische.

Fauth, Phil., was wir vom Monde wissen, s.a. Einzeldarstellungen aus den Naturwissenschaften. I.

Was wir vom Monde wissen. Entwickelung u. heutiger Stand d. Mondforschung. Ein Rückblick nach 20 Jahren selenogr. Arbeit z. Klärung neuer Probleme von Phil. **Fauth**. Mit 65 Abb. Berlin & Leipzig: H. Hillger 1906. (160 S.) 8° [F.]
— **Einzeldarstellungen** aus d. Naturwissenschaften. 1. [07. 15790

Fauvel, Alb., Staphylinides de Java, recueillis par M. le K. Kraepelin et M. le Koningsberger en 1904. (S. 75—86.) Lex.-8. Hamburg 905. (L. Gräfe & Sillem.) n. — 50
Sonderabdruck aus: „Mitteilgn. a. dem naturhistor. Museum in Hamburg."

Fauvet, Charles [aus München]: Beitrag zur Kenntnis der Alkaloide der Pereirorinde . . . Berlin, C. Vogt's Buchdr., *1894;* 41 S., 1 Bl. 8.
Berlin, Phil. Fak., Inaug.-Diss. v. 5. März 1894

Fauvety, C., der freie Handel, in staatswirthschaftl. u. industrieller Beziehung. 12. (45 S.) Leipzig 847, Weller. ¼ ℛ

Fauvin, Léon, biblische Geschichte [m. französ., ungar. u. deutschem Text]. Mit krit., histor. u. literar. Anmerkgn. versehen. br. 8. (XI, 542 S. m. 1 chromolith. Karte.) Wien 872. Sartori. In Comm. n. 6. —

Entsagung. Erzählungen von Prof. O[norato] Fava. In autor. deutscher Bearb. von P. A. Eugen Andrae. Stuttgart, Berlin, Leipzig: Union [1905]. (223 S.) 8° [F.] [05. 10017

Favard, de Langlade, s.a. Langlade.

Favard de Langlade, M., Handbuch über d. Eröffnung u. Theilung d. Erbschaften. 1r Thl. 8. Düsseld. 813. Gondon. 2 ℛ

Favarger, A., die Elektrizität u. ihre Verwerthung zur Zeitmessung. Autoris. Uebersetzg. (nach der 2. durchgeseh. u. verm. französ. Aufl.) v. M. Loeske. gr. 8. (243 S. m. 139 Fig.) Bautzen 894. E. Hübner. n. 7. —; geb. n.n. 7. 80

Favarger, A., d. Elektrizität u. ihre Verwerthg. z. Zeitmessg. Autor. Uebersetzg. (nach d. 2., durchgeseh. u. verm. franz. Aufl.) v. M. Loeske. 2. (Titel-) Aufl. gr. 8. (243 S. m. 139 Fig.) Bautzen (894) 896. E. Hübner. n. 7. —; geb. n.n. 7. 80

Favarger, Ern. Adolph. (geb. Neufchâtel 13. 4. 1803): De broncho-tomia. Berolini (1854). (31 S.) 8°
Berlin. Med. Diss. v. 26. Aug. 1854

Favarger, Heinr., Vortrag über chronische Tabakvergiftung. gr. 8. (30 S.) Wien 887, Gerold's Sohn. *
Aus: Wiener medicinische Wochenschrift, besonders abgedruckt.

Favarger, Lily

Favarger, L., u. Karl Rechinger, die Vegetationsverhältnisse v. Aussee in Obersteiermark, s. Abhandlungen der k. k. zool.-botan. Gesellschaft in Wien. III. 2.

Favarger, [Frl.] L[ily], und Rechinger, Carl. Die Vegetationsverhältnisse von Aussee in Obersteiermark. Von L. F' und D^r. K' R'. Mit 1 Karte in Farbendruck und 3 Abbildungen im Texte. 35 S. gr.-8. Wien, Alfred Hölder, 1905. [M. 4. 20]
Abhandlungen der k. k. zool(ogisch)- botan(ischen) Gesellschaft in Wien. Band 3, Heft 2: Vorarbeiten zu einer pflanzengeographischen Karte Österreichs. III. Ausgegeben am 1. Oktober 1905.

Favaro, A. Beiträge zur Geschichte der Planimeter. Wien 1873. 4.

Favaro, A. Justus Bellavitis. Dresden 1881.

Favaro, A. Copernicus und die Entwicklung seines Systemes in Italien. Dresden 1876.

Favaro, A. Die Lehre S. Günther's von den Hyperbelfunctionen. 4.

Favaro, A., die Hochschule Padua zur Zeit des Copernicus, s.: Mitteilungen des Coppernicus-Vereins f. Wissenschaft u. Kunst zu Thorn.

Favaro, Gius., s.: Bronn's, H. G., Klassen u. Ordnungen des Tier-Reichs.

Favart, Charles Simon

Favart, M., l'Amitié à l'épreuve Coméd. 8. Berl., Rottmann. 6 gr.

Favart, C. S. Die Freundschaft auf der Probe. Ein Singspiel in zwei Aufz. Frankf. a. M. 1772. Ü: *Faber, Joh. Heinr.* (ML) (Ky)

— die Freundschaft auf der Probe. Singspl. in 2 A. Aus d. Französ. (v. J. H. Faber). 8. Frankf. 772. Andreä. 6 gr.

— les Moisonneurs. Comédie en 3 Actes et en vers. 8. Erlang. 769. (Heyder). 4 gr.

— Peter u. Hännchen, od. die Bezauberten. Operette. 8. Frankf. 772. Eßlinger. (Schäfer). 4 gr.

— s. a. Rosenfest, das.

Favart, Charles Simon. Das Rosenfest. Eine Operette in drei Aufzügen. A. d. Franz. nach la Rosière de Salenci. Weimar 1771. Ü: *Heermann, Gottlob Ephr.* (MGT) (MD) »Weimar 1774« (Ky)

Favart, C. S. Das Rosenmädchen oder das Fest der weiblichen Tugend; Ein Singspiel a. d. Franz. Frankf. a. M. 1772. Ü: *Faber, Johann Heinrich.* (ML) 1776 (Ky)

— das Rosenmädchen; aus d. Französ. (v. J. H. Faber). 8. Frkf. 776. Andreä. 5 gr.

— la Rosière de Salenci. Coméd. 8. Erl 770. (Heyder). 6 gr.

— die Schnitter; e. Lstspl., aus d. Französ. (v. J. H. Faber) 8. Frankf. 769. Andreä. 6 gr.

Favart, C. S. Der Schnitter; ein Lustspiel a. d. Franz. Mainz 1769. Ü: *Faber, Johann Heinrich.* (ML) (GGr) (Ky)

Favart, C. S. Der Schnitter; ein Singspiel in drei Aufz. A. d. Franz. Frankfurt 1792. Ü: *Faber, Johann Heinrich.* (Ky)

— der Schnitter; e. Singspl. in 3 Aufz. Aus d. Französ. (v. J. H. Faber). 8. Frankf. 792. Andreä. 6 gr.

Favart, M., Soliman second. Comédie en trois actes et en vers. 8, Wien 767. Trattner. 3 gr.

Favart, C. S. Soliman der Zweyte; oder die drey Sultaninnen; ein Lustspiel in drey Handlungen; a. d. Franz. übers. 1765. Münster 1777. Ü: *Raspe, Rudolph Erich.* (ML) (Ky) (Stri)

— Solimann d. Zweite; oder die Sultaninnen; ein Lstspl. in 3 Aufz. Aus d. Französ. (v. R. E. Raspe). 8. Münster ... Verbess. Aufl. 777. Coppenrath. 4 gr. s. auch F. X. Huber; auch Solimann.

Favart, C. S. Die Fee Urgelle oder was den Damen gefällt, ein Singspiel in vier Aufzügen ... Frankf. 1772. Ü: *Faber, Joh. Heinrich.* (Minor, Weisse. Innsbr. 1880, S. 186.) (GGr) (Ky) (ML)

— Urgelle, die Fee, oder was d. Damen gefällt; ein Singspl. in 4 Aufz. Aus d. Französ. (v. J. H. Faber). 8. Frankf. 772. Andreä. 6 gr.

Favart, M., s. F a v a r t, Charles Simon

Favart, Marie Justine Benoite. Die Bezauberten. Singspiel in einem Acte a. d. Franz. Frankf. 1772. Berl. 1777. Ü: *André, Joh.* (Ky) (GGr)

Favé, neues System für die Feld-Artillerie von Louis-Napoléon Bonaparte (jetzigem Kaiser der Franzosen). Resultate der im Jahre 1850 gemachten Versuche; Angabe und Prüfung aller Einwürfe. Veröffentlicht von etc. Mit Autorisazion des Kriegsministeriums herausg. Deutsch von einem Artillerie-Offizier. Pesth 853. Geibel. 8. (5 Bl., 133 S.) n. 22 1/2 ngr.

— neues System der französischen Feldartillerie, vom Kaiser Napoleon III. 1. u. 2. Aufl. Magdeburg 853. Baensch. (Leipzig, Gräbner.) gr. 8. (IV, 67 S.) n. 15 ngr.

Faverie, Schalck de la, Gerettet, s.: Bibliothek, naturalistische.

Favetti Elisa und Fonzari Lodovica, Letture italiane per la II classe delle scuole cittadine. Wien 1907. Schulbücherverlag. Geb. K 1.50.

Favetti Elisa e Fonzari Lodovica, Letture italiane per la III classe delle scuole cittadine. Wien 1907. Schulbücherverlag. Geb. K 1.50.

Favier

§ **STAATS**-Papiere, Geheime, im Königl. Pallast der Thuillerien (sic!) gefunden. Aus d. Französ. (des *Favier*). 4 Bde. Hamburg 1793—94. 8°.

Favolo d'Esopo Frigio con un vocabulario ital.-tedesco. 8. Nürnb. Grattenauer. 801.

Favonius Eulogius

Favonii Eulogii, disputatio de somnio Scipionis. Ed. Alfr. Holder. 8. (X, 48 S.) Leipzig 901. B. G. Teubner. n. 1.40

Favor causae in Sachen Nassau-Sarbrückischen Consistorii zu Idstein c. Solms-Braunfels . . . das Kloster Walsdorf betr. Wetzlar [1754]. V: *König von Königsthal, Gustav Georg.* (Ml.) (Will) (Holz)

Favoride, der, Gesch. an d. Herrn v. Voltaire. 8. Berlin. (Hermann in Frankf., a. Krieger in Marburg.)

Favorite, Schloss, bei Baden-Baden. E. Führer durch d. Schloss u. s. nächste Umgebg. (Von C. E. L.) 12. (III, 54 S. m. Titelbild.) Rastatt 896. E. Greiser. — 60

Favorite, Das Grossherzogliche Schloss, bei Rastatt. Rastatt 1856. V: *Beust, Carl Freih. von.* (EngG) (Ky)

Favorite, das großherzogliche Schloß, bei Rastatt. (Von C. v. Beust.) Rastatt 856. Hanemann. gr. 8. (2 Bl., 41 S.) 6 ngr

Favoriten, die, Katharinas II. (In russ. Sprache.) (47 S.) 8. Berlin (905). H. Steinitz. n. 1.50

Favorit-Handarbeits-Album. III. Ausg. (64 S. m. Abbildgn.) 31,5×23,5 cm. Dresden (910). Internationale Schnittmanufaktur. — 60

Favorit-Handarbeits-Muster zum Schmucke f. Haus u. Kleid. 1. Bd. (64 S. m. Abb.) Lex. 8. Ebd. (907.) 1. —

Favoritin, die s. a. W. Hagemann.

Favoritin, die; od. der Triumph d. Reue. Trauersp. in 5 A. 8. Bresl. W. G. Korn. 801.

Favoritin, die (Leonore). Große Oper in 4 Acten. Nach dem Französ. des Alfons Royer. Musik von Gaët. Donizetti. Für das k. k. Hofoperntheater in Wien eingerichtet. (Textbuch.) 8. (56 S.) Wien 882, Künast. **

Favorit-Masken-Album f. Damen-, Herren- u. Kinder-Masken. (7 u. 40 S. m. Abb.) Lex. 8. Ebd. (906.) 1.—; Einzelblattausg. (7 S. u. 40 Bl.) In Mappe 2. —

Favorit-Moden-Album. Ausg. Nr. 22. Herbst u. Winter 1910—11. (VIII, 72 S. m. Abb.) 36,5×27 cm. Ebd. — 60

Favorit-Moden-Album, grosses, u. reichhaltiges Schnittmusterbuch. 14. Ausg. Herbst u. Winter 1906. (VIII, 72 S. m. Abbildgn.) gr. 4. Dresden, Internationale Schnittmanufaktur. n. — 60

Favorit-Muster-Buch zur Selbstverfertigung v. allerlei Spielsachen f. die Kinderwelt nebst Anleitungen in der Kunst, zu spielen. Für kleine Leute zur grossen Freude. (64 S. m. Abb.) Lex. 8. Ebd. (907.) 1. —

[Russ.] **Favority** Ekateriny II. Berlin: G. Stejnic (1905). (47 S.) 8°
[Auf d. Umschl.:] Die Favoriten Katharina II.
(Sobranie lučšich russkich proizvedenij. Č. 112.) [illegible]

de **Favrat,** Mémoires p. s. à l'histoire de Pologne 1794—1796. 8. Berlin 1799. 3,00.

Favrat, de, Théatre. 3 Vol. in 18. Paris, Didot. Leipz., Barth.
(Papier fin, 1 Rthlr. 12 Gr. pap. vélin 3 Rthlr. format in 12. pap. velin, 4 Rthlr.)

Favrat, Aug., über die Anwendung d. Antifebrins in refracto dosi beim Typhus abdominalis u. beim Fieber der Phthisiker. [Aus: „Archiv f. klin. Medicin".] Inaug.-Diss. gr. 8. (38 S.) Leipzig 890. (Bern, Huber & Co.) n. — 60

Favrat, François Andr.

v. Favrat, Frz. Andr., († d. 5. Sept. 1804.) Beitrr. zur Gesch. d. poln. Feldzüge von 1794—96, als Antwort auf Schwerin's Beschuldigung. Mit 1 Karte. gr. 8. Berl. 799. (Reimer; auch Dyck in Leipz.) 1 ℛ
vgl.: Favrat, J. D. B.

* **Favrat, Franç. Andr. von,** Beiträge z. Geschichte d. poln. Feldzüge von 1794—96, ist jetzt Verlag d. Dykschen Buchh. in Leipz. u. Petersen in Altenb.

Favrat, Friedr. v., die Cholera. Heilung derselben unter Anwendung von einfachen Volksheilmitteln. Ein Noth- und Hülfsbuch für Jedermann. Nach Erfahrungen und Studien. gr. 8. (30 S.) Wiesbaden 884, (Bischkopff.) *

— Elpoal-i-Sola. Organon aller geoffenbarten Religionen. qu. 8. (XII, 129 S.) Wiesbaden 883. (Roth.) 2.80; geb. n. 3.80

Favrat, J. D. B., Beytr. z. Geschichte d. pohln. Feldzüge v. 1794—96. als Antw. a. Schwerins Beschuldig. m. Kart. gr. 8. Berl. Himburg. 799.
vgl.: Favrat, François Andr.

Favrat, L., s. **Armaillie et Vignolans.**

Favrat, L., s. a. *Aurea* catena.

Favrat, L., aurea catena Homeri. 8. Frcf. Eslinger. 762.

Favrat, L. Botanische Notizen. Siehe: „Itinerarium des S. A. C. für 1880/81. 1880.

Favrat, Ludw., Würzburg. Theses inauguales ex materia medica et chymia. 1550
Basel: Med. Diss. 1757 .

Favre. Leben des Marschalls Ludwig Franz Armand du Plessis, Herzog von Richelieu. A. d. Französ. 3 Bde. 8. Strasburg 1791—93. — 3 Bde. 8. Hamburg 1791. — 3 Bde. 8. Hof 1796.

Favre, A. Bemerkungen über die geologischen Karten von England. (Aus den Mittheilungen von Freunden der Naturwissenschaften.) Wien 1847. 8.

Favre, Alex. 52 Osteotomien u. 24 forcirte Aufrichtungen. Ein Beitrag zur Therapie der Pedes equino-vari. Diss. gr. 8. (110 S. m. 4 Taf.) Bern 890, (Körber). * 2 —

Favre, Alex., rapport sur le groupe 13 de l'exposition nationale suisse à Zurich 1883: Horlogerie. gr. 8. (70 S.) Zürich 884. Orell Füssli & Co. Verl. n. 1. —

— rapport au sujet de l'adoption d'une brique normale suisse. gr. 4. (11 S.) Lausanne 883. (Zürich, Schmidt.) n. — 50

Favre, Alphonse

Favre, Alf. Carte géologique des parties de la Savoie, du Piemont et de la Suisse voisines du Mont Blanc. Winterthur. 1862. Fol.

Favre, Alphonse, Considérations géologiques sur le mont Salève et sur les terrains des environs de Genève. gr. in-4. (Mit 2 col. Steintaf.) Genève 843. (Soleure, Jent & Gassmann.) geb. 1 ℛ 6 ngl

—— **Observations sur les Diceras.** gr. in-4. (4 B. u. 5 Stnt.) Genève 843. (Soleure, Jent u. Gassmann.) * 1

Favre, prof. Alph., 4me rapport sur l'étude et la conservation des blocs erratiques en Suisse. 26 pp. in-8. Frauenfeld, J. Huber. 1872.

Favre, Alph., Texte explicatif de la carte du phénomène erratique et des anciens glaciers du versant nord les alpes suisses et de la chaîne du Mont-Blanc, s. a. Matériaux pour la carte géologique de la Suisse. 28. livr.

Favre, Alph(onse). Texte explicatif de la Carte du phénomène erratique et des anciens glaciers du versant nord des Alpes suisses et de la chaîne du Mont-Blanc par Alph. F'. Précédé d'une Introduction par Ernest Favre et suivi d'une Biographie de Léon Du Pasquier par Maurice de Tribolet, avec les Portraits [hors texte] de Alph. F' et de L' Du P'. Matér. Carte Géol. Suisse [= Beitr. Geol. Karte Schweiz]. 28me Livraison. 4. Berne 1898.

Favre, Ant[onin]. Les médecins juifs à Fribourg dans les siècles passés. [E.] 8. [Fribourg 1900.]

Favre, Camille

Carte du théâtre de la guerre sudafricaine par le Col. Camille Favre Échelle 1:1.600.000. Winterthur: (Georg & Cie) 1902: Lith. J. Schlumpf. (1 Kartenbl. 65×58 cm.) gr.2° [kol.]

Favre, Camille, Rückblick auf den südafrikanischen Krieg. (Aus dem Franz. übers. v. F. L.) (III, 76 S.) gr. 8. Frauenfeld 904. Huber & Co n. 1. 20
Sonderabdruck aus: „Schweiz. Monatsschr. f. Offiziere aller Waffen".

Favre, Camille François. Contribution à l'étude du traitement chirurgical de la hernie accidentelle. Thèse Méd. Vét. Berne. [Avec 3 planches.] 19 p. 8. Zurich, Orell Füssli, 1910.

Favre, Carl, s. Favre, Karl

Favre, Charles: Essai sur la métaphysique et la morale de Maine de Biran . . . Antibes, J. Marchand, imprimeur-libraire, 1880; 96 S. 8°
Leipzig, Phil. Fak., Inaug.-Diss. v. 8. Febr. 1880

Favre, Charles. Über diastolische, accidentelle Herzgeräusche. Diss. Med. Univ. Zürich. 45 S. 8. Freiburg, Gebrüder Fragnière, 1907.

Favre, E. L'Autriche et ses institutions militaires. Paris 1866. 8°.

Favre, E., voir: *Matériaux.*

Favre, E. Rapport sur l'industrie de l'horlogerie à l'exposition de Philadelphie. Winterthur 1879.

Favre, Edouard. La confédération des huit cantons. Etude historique sur la Suisse au XIVe siècle. In-8°, 122 p. (1879). Bâle, Genève et Lyon, H. Georg.

Favre, Edouard, la confédération des huit cantons. Etude historique sur la Suisse au XIVe siècle. gr. 8. (XI, 122 S.) Leipzig 879. Voit & Co. n. 3. —

Favre, Edouard s. Gardy, Frédéric, et Favre, Edouard.

Favre, Edouard. Georges de Wyss à Genève 1835—1837, traduit de l'allemand. In-12°. 63 p. Genève et Bâle, Georg & Co. 1895. 1 50

Favre, E[mile]. De la création d'écoles correctionnelles pour garçons et filles avec subventions de la Confédération. Rapport présenté à la réunion de la Société suisse des prisons et du patronage à Coire, le 2 Octobre 1906. Tirage à part [des] Actes de la Société Suisse pour la réforme pénitentiaire et le patronage des détenus libérés. 24e Session. p. 47—66. 8. [Aarau, H. R. Sauerländer & Co., 1907.]

Favre, Emile, faune des coléoptères du Valais et des régions limitrophes, avec la collaboration du Ed. Bugnion. [Aus: „Neue Denkschr. d. allg. schweiz. Gesellsch. f. die ges. Naturwiss."] gr. 4. (XLIV, 448 S.) Zürich 890. Basel, Georg & Co. n.n. 20.

Favre, Emile, Faune des macro-lépidoptères du Valais et des régions limitrophes. Avec la collaboration d'Arnold Wullschlegel. gr. 8. (XVI, 318 S.) Schaffhausen 899. (Bern, H. Körber.) n. 5. 40

(Favre, E[mile].) Supplément à la Faune des Macrolépidoptères du Valais. 39 p. 8.
Beilage zu: Mitteilungen der Schweizerischen entomologischen Gesellschaft.... Vol. 11. Heft 1.... Schaffhausen (Buchdr. Bolli & Böcherer); Bern, Komm. Hans Koerber, 1903.
vgl.: F', E'. Faune des macro-lép' du V'.... Schaffhouse 1899.

Favre, Emile, Faune des macrolepidoptères du Valais et des régions limitrophes. Suppl. (39 S.) gr. 8. Bern (904). (H. Körber.) n. — 80
Hauptwerk Ebd. 899. erm. Pr. n. 4. —.

Favre, Ernest

Favre, E., et H. Schardt, les Alpes du Canton de Vaud et du Chablais, s.: Beiträge zur geolog. Karte der Schweiz.

Favre, Ernest, Description des fossiles des couches Tithoniques des Alpes Fribourgeoises. gr. 4. (75 S. mit 5 Stnt.) Genève 880. (Basel, Georg. — Berlin, Friedländer und Sohn.) **
Aus: Abhandlungen der schweizerischen paläontologischen Gesellschaft, besonders abgedruckt.

Favre, Ernest, description des fossiles du terrain jurassique de la Montagne des Voirons [Savoie]. [Aus: „Mém. de la soc. paléontolog. suisse".] gr. 4. (78 S. m. 7 Steintaf.) Genève 875. (Basel, Georg. — Berlin, Friedländer & Sohn.) n.n. 9. 60

Favre, Ernest, description des fossiles du terrain Oxfordien des alpes Fribourgeoises. [Aus: „Mémoires de la société paléontologique suisse".] gr. 4. (75 S. m. 7 Steintaf.) Genève 876. (Basel, Georg. — Berlin, Friedländer & Sohn.) n.n. 9. 60

Favre, Ernest, & Schardt, Hans. Description géologique des Préalpes du Canton de Vaud et du Chablais jusqu'à la Dranse et de la chaîne des Dents du Midi formant la partie nord-ouest de la feuille 17 (de la carte fédérale). [2 Tomes.] Matér. Carte Géol. Suisse [= Beitr. Geol. Karte Schweiz]. 22e Livraison, [Partie] 1. 4. Berne 1887.
[Tome 1. Texte.] Avec une carte géologique, trois tableaux dans le texte et un atlas de dix-huit planches. — [Tome 2.] Atlas.
Territoires des Cantons de Berne, Vaud, Fribourg, Valais et du Chablais contenus dans la feuille 17, par G[ottfried] Ischer, E[ugène] Renevier, E. F' & Dr H. Sch'. [1re Partie, seule parue.]

Favre, Ernest s. Espine, Adolphe d', et Favre, Ernest.

Favre, Ernest. Étude stratigraphique de la partie Sud-Ouest de la Crimée, par E' F', suivie de la description de quelques échinides de cette région, par M. Perceval de Loriol. [Avec 4 planches.] 4. Genève, Bâle, Lyon 1877.

Favre, Ernest, Etudes sur la géologie des Alpes. I. Le Massif du Moleson et les montagnes environnantes dans le canton de Fribourg. 48 pp. Avec 2 planches. in-8. Bâle et Genève, H. Georg. 1871. 1.50
Tiré des Archives des sciences de la Bibliothèque universelle, Octobre 1870.

Favre, E. Fossiles des couches tithoniques des Alpes fribourgeoises. In-4°, 74 p. av. 5 planches. Bâle et Genève. H. Georg. 1880. 12 —
*** Extrait des „Mémoires de la Société paléontologique suisse", vol. VI.

—— Recherches géologiques dans la partie centrale de la chaîne du Caucase. Accompagnées d'une carte (chromolithogr., in gr. Fol.) et de coupes géologiques (lithogr., in qu. gr. Fol.), et de gravures sur bois intercalées dans le texte. gr. 4. (VIII, 118 S.) Basel 874, Georg. cart. **

— recherches géologiques dans la partie centrale de la chaine du Caucase. Accompagnées d'une (chromolith.) carte (in gr. Fol.) et de (lith.) coupes géologiques (in qu. gr. Fol.), et de gravures sur bois intercalées dans le texte. gr. 4. (VIII, 118 S.) Ebend. 875. n.n. 10. —

Favre, Ernest, Revue géologique suisse pour l'année 1872. 74 pp. in-8. avec 2 planches. Genève et Bâle, H. Georg. 1873. 2. —

— dasselbe pour l'année 1873. IV. [Aus: „Archives des sciences de la bibliothèque universelle."] gr. 8. (66 S. m. e. Steintaf.) Ebend. 874. n. 1. 50

Favre, E., Revue géologique suisse pour l'année 1874 (V. année) 62 pp. in-8. Genève et Bâle, H. Georg. 1875. 1. 50
** Tirage à part des Archives des Sciences.

Favre, Ernest, revue géologique suisse pour l'année 1875. VI. [Aus: „Archives des sciences de la bibliothèque universelle".] gr. 8. (56 S.) Basel 876. Georg. n. 1. 50

— le même pour l'année 1876. VII. gr. 8. (66 S.) Ebend. 877. n. 1. 50

— le même pour l'année 1877. VIII. gr. 8. (84 S.) Ebend. 878. n. 1. 50

— le même pour l'année 1878. IX. gr. 8. (94 S.) Ebend. 879. n. 1. 50

—— Revue géologique suisse pour l'année 1879—1883. Tomes X—XIV. gr. 8. (156; 135; 139; 108; 200 S.) Genève. (Basel, Georg.) Jahrg. 1879 * Jahrg. 1880—1883 à *
Aus: Archives des sciences de la Bibliothèque universelle, besonders abgedruckt.

Revue géologique suisse pour l'année 1884, par *Ernest Favre*. XV. In-8°. Genève et Bâle, H. Georg. 1885. 2 50

Favre, Ernest. Revue géologique suisse pour l'année 1885. XVI. Gr. in-8°, p. 200—345. Genève, Bâle, Lyon, H. Georg. 1886. 2 50

Favre, Ernest et Hans Schardt. Revue géologique suisse pour l'année 1886, XVII° année. In-8°, p. 63—195. Bâle, Genève, Lyon, H. Georg. 1887. 2 50

Favre, Ernest et Hans Schardt. Revue géologique suisse pour l'année 1887. XVIII. In-8°, p. 201—372. Genève, Bâle, Lyon, H. Georg. 2 — 1888.

Favre, E., et H. Schardt. Revue géologique suisse pour l'année 1889. XX. In-8°. 90 p. Genève, Bâle, Lyon, H. Georg. 1890. 2 50
** Extrait des „Archives des sciences phys. et natur. Tome XXIII, mars à mai 1890."

Favre,
E., et H. Schardt. Revue géologique suisse pour l'année 1890. XXI. In-8°. 106 p. Genève, Bâle, Lyon, H. Georg. 1891. 2 50
** Extrait des „Archives des sciences physiques et naturelles. 1891 Nos. 3 à 5."

Favre, E., et H. Schardt. Revue géologique suisse pour l'année 1891. XXII. In-8°. 98 p. Genève, Bâle, Lyon, H. Georg. 1892. 2 50

Favre, E. et H. Schardt. Revue géologique suisse pour l'année 1893. In-8°. Genève et Bâle, Georg & Co. 1894. 2 50
** Tiré des Archives des sciences de la bibliothèque universelle.

Favre, E. et H. Schardt. Revue géologique suisse pour l'année 1894. In-8°. XXV, 79 p. Genève et Bâle, Georg & Co. 1895. 2 50
** Tiré des Archives des sciences physiques et naturelles.

— la zone à Ammonites acanthicus dans les Alpes de la Suisse et de la Savoie. Avec 9 planches (lith.). [Aus: „Mem. de la soc. paléontol. suisse".] gr. 4. (113 S.) Genève 877. (Basel, Georg. — Berlin, Friedländer & Sohn.) n.n. 12. 80

Favre, Eugène

—— et Strebinger, Clef ou traduction allemande du cours de thèmes allemands. 8. (216 S.) Genf 873, Müller-Darier. geb. **

— et Strehbinger, clef ou traduction allemande du cours de thèmes allemands. 8. (216 S.) Ebend. 874. geb. n.n. 4. 20

— et S. Strebinger, Cours de thèmes allemands gradués et accompagnés de notes, ou choix de morceaux destinés à être traduits de français en allemand. 8. (270 S.) Ebd. 850

—— et S. Strebinger, Cours de thèmes allemands gradués et accompagnés de notes, ou choix de morceaux destinés à être traduits de français en allemand. 2. Édition, revue et augmentée. 8. (268 S.) Genève 852, Kessmann.

— et S. Strebinger, cours de thèmes allemands gradués et accompagnés de notes, ou choix de morceaux destinés à être traduits de français en allemand. 3. édit. etc. Ebend. 856. 8. (254 S.) 22½ ngl

—— et S. Strebinger, cours de thèmes allemands gradués et accompagnés de notes ou choix de morceaux destinés à être traduits du français en allemand. 5. Édition. 8. (260 S.) Genf 860, [Müller-Darier.]

Favre, Eugène, premières leçons d'allemand ou grammaire élémentaire et pratique de la langue allemande. 1. partie. 13. éd. 8. (VIII, 215 S.) Genf 873. Müller-Darier. n. 1. 80

Favre, Eugène, premières leçons d'allemand ou grammaire élémentaire et pratique de la langue allemande. Ouvrage accompagné de deux vocabulaires et d'une table alphabétique des matières. 2 vol. 8. Coppet près Genève 877, Müller-Darier. [Vol. I. 14e édit. (VIII, S. 1—190, XXXVIII.) * ℳ 2.; Vol. II. 11e édit. (S. 191—407.) * ℳ 1,60.] *

Favre, Eugène, premières leçons de langue allemande ou introduction pratique et graduée à l'étude de la grammaire, d'après la nouvelle méthode du Dr. Ahn. 12. Genève 844, Kessmann. ¼ ℳ

Favre, Eugène, premières leçons de langue allemande ou introduction pratique et graduée à l'étude de la grammaire. II. édition, revue et augm. 8. (134 S.) Genève 847, Kessmann. — 3. édition entièrement revue et augmentée. gr. 8. (157 S. mit 1 lith. Taf. in 4.) Ebd. 850. 9 ngl

Favre, Eug., premières leçons de langue allemande ou introduction pratique et graduée à l'étude de la grammaire. 3. Édit. entièrement revue et augmentée. gr. 8. (157 S. und 1 Stnt. in 4.) Genève 851, Kessmann.

Favre, Eug., premières leçons de langue allemande ou introduction pratique et graduée à l'étude de la grammaire. 4. Édition, revue et augmentée. gr. 8. (VIII und 150 S. mit 1 Stnt. in qu. 4.) Genève 853, Kessmann.

Favre, Eug., premières leçons de langue allemande ou introduction pratique et graduée à l'étude de la grammaire. 8. Édition 1857. und 9. Édition. gr. 8. (VIII und 147 S. mit 1 Stnt. in qu. 4.) Genf 861, [Müller-Darier.]

—— Lectures allemandes ou choix de versions faciles et graduées à l'usage des collèges et des gymnases de la Suisse française. 1. Édit. (218 S.) 847. und 2. Édit. revue et augmentée. gr. 8. (256 S.) Genève 850, Kessmann.

—— Lectures allemandes ou choix de versions faciles et graduées à l'usage des collèges et des gymnases de la Suisse française. 4. Édition, revue et augmentée. gr. 8. (216 S.) Genève 854, Kessmann.

Favre, Eug., lectures allemandes ou choix de versions faciles et graduées à l'usage des gymnases et des écoles industrielles. — Deutsche Lesestücke stufenweise geordnet u. zum Uebersetzen ins Französische für Gymnasial- u. Realschüler bearb. — 7. verb. Aufl. Genf 862. Müller-Darier. 8. (222 S.) 20 ngr.

— lectures allemandes. Deutsche Lesestücke. 12. verm. Aufl. gr. 8. (VIII, 288 S.) Ebend. 874. n. 2. 70; geb. n.n. 3. 15

—— deutsche Lesestücke stufenweise geordnet und zum Uebersetzen ins Französ. für Gymnasial- und Realschüler bearb. 10., mit einem Wörterverzeichniß verm. Aufl. 1869, und 11. Aufl. gr. 8. (IV, 269 S.) Genf 872, Müller-Darier. *

Favre, E., deutsche Lesestücke. 12. Aufl. gr. 8. Rolle, Müller-Darier. 1874. 3. 50

— et G. Fréd. Reiss, manuel classique de la conversation Française et Allemande — Handbuch der französischen u. deutschen Umgangssprache. 12. (366 S.) Ebd. 852. 1/2 ₰

— et G. F. Reiss, manuel classique de la conversation française et allemande. 2. édit. revue et corrigée. — Handbuch der französischen und deutschen Umgangssprache. 2. verb. Aufl. Ebend. 854. 8. (321 S.) 12 ngr

— et F. Deppe, manuel classique de la conversation française et allemande. 3. édition revue et corrigée. — Handbuch der französischen u. deutschen Umgangssprache. 3. verb. Aufl. Ebend. 861. 8. (312 S.) 20 ngr.

Favre, Eugène, et F. Deppe : M a n u e l classique de la conversation française et allemande. 4e édit. 16. (324 S.) Ebendas. 875.

Favre, François: Die Ammoniten der unteren Kreide Patagoniens. Stuttgart: Schweizerbart 1908. S. 601—647. 8° (Aus: Neues Jahrbuch f. Mineral. Beil.-Bd 25.)
Freiburg i. B., Phil. Diss. v. 1908, Ref. Deecke
[Geb. 27. Juni 83 Genf; Wohnort: Genf; Staatsangeh.: Schweiz; Vorbildung: Collège de Genève Reife Juli 03; Studium: Genf 5, Freiburg i. B. 7 S.; Rig. 14. Juni 07.] [U 09. 990

Favre, Georg [aus Posen]: Ueber Höhlenbildung im Rückenmark ... Berlin, C. Vogt's Buchdr., 1894; 45 S., 1 Bl. 8.
Berlin, Med. Fak., Inaug.-Diss. v. 12. Apr. 1894

Favre, Hermann, prakt. Arzt: Ein Beitrag zur Kenntnis und forensischen Würdigung der Geburtsverletzungen des kindlichen Kopfes. Königsberg i. Pr. 1906: O. Kümmel. (24 S.) 8°
Königsberg, Med. Fak., Ref. Winter, Diss. v. 22. Okt. 1906
[Geb. 16. Sept. 82 Königsberg i. Pr.; Wohnort: Gilgenburg O.-Pr.; Staatsangeh.: Preußen; Vorbildung: Friedrichs-Kollegium Königsberg Reife O. 01; Studium: Königsberg 9 S.; Coll. 22. Okt. 06; Approb. 27. Juli 06.]

Favre, J. Il y a cinquante ans. Quelques pages dédiées à la jeunesse de l'Eglise évangélique libre du Canton de Vaud. Avec gravures. In-12°. 160 p. Lausanne, Georges Bridel & Cie. 1 — 1897.

Favre, Jean François Nicolas, Pruntrut. Dissertatio medica inauguralis de Thee Helvetico, Vom Schweitzer-Thee. 1355
Basel: Med. Diss. 1715.

Favre, Julien, licencié en théologie, professeur à l'Ecole normale du Canton de Fribourg (Suisse): Lacordaire orateur, sa formation et la chronologie de ses œuvres. [Avec une héliogravure.] Fribourg 1906. XXXII + 600 S. 8°.
Freiburg i. Schw. Phil. Diss. 1905/1906.

Favre, Karl

Favre, Carl (Neuburg/Schweiz) De chlorosi. Diss. med. Bln. (Natorff) 4. IX. 1837. 32 S. mit Biogr. (M.: A. Favarger) (4.20) 8611
Oppon.: J. Borrel, F. Gallot, C. Neubourg. — Gew.: Aug. Carl Franz v. Perrot, Jacob Borel.

Favre, L., le bel age du bronze locustre en Suisse, s.: Desor, E.,

— les champignons comestibles et les espèces vénéneuses avec lesquelles ils pouvraient être confondus. 2. éd. gr. 4. (105 S. m. 40 Chromolith.) Neuchatel 874. Sandoz. geb. n.n. 12. —

Favre, L. Schreiben an den schweiz. Bundesrath. Lausanne 1879. Auch franz.

Favre, Louis s. Morthier, Paul. et Favre, Louis — Weber, Robert, & Favre, Louis.

Favre, Will., e. Studie üb. die deutsche Armee. Bei Gelegenheit der Herbstmanöver der 29. (bad.) Division. Rapport an das eidgenöss. Militärdepartement. Mit e. Beilage. gr. 8. (47 S. m. 1 Steintaf. in qu. 4.) Basel 874. Schwabe. n. — 80

Favreau, E. A., vollständ. Fremdwörterbuch. 1e—4e Lfrg. gr. 8. Berl. 837. Schumann's Verlagsbuchh. (à 1/6 ₰) 2/3 ₰

— vollständ. Fremdwörterbuch, ein Handbuch für Jedermann. 2 Bde. A — Z. gr. 8. Berlin 838, 40. Eichler. 3 ₰, geb. n. 4 ₰ mehr.

Favreau, E. A., vollständ. Fremdwörterbuch. (2. Tit.-Ausg.) 2 Abthlgn. oder 12 Lfgn. gr. 8. (946 S.) Berlin 848, E. Heymann. (à Lfg. 1/4 ₰) 3 ₰ — vollständ. Fremd- u. Sachwörterbuch. Ein Handbuch für Jedermann zur Erklärung u. Erleichterung d. Verstehens aller in den Wissenschaften, Künsten u. Gewerben, in Zeitungen, gerichtl. Verhandlgn. rc. mehr od. minder gebräuchl. Schriftkürzungen u. fremden Ausdrücke, m. Bezeichnung der Ableitung, der Aussprache u. der Betonung derselben. Neue verm. u. verb. Ausg. 30 Lfgn. gr. 8. (487 S.) Ebd. 850. 51. (à n. 2 ngr) n. 2 ₰ — vollständ. Fremd- u. Sach-Wörterbuch. Ein Handbuch rc. 3. Aufl. verm. u. verb. v. E. G. v. Hieronymi. 1. Thl. A — L. gr. 8. (180 S.) Ebd. 852. 1 ₰

Favreau, E. A., vollständiges Fremd- u. Sach-Wörterbuch. Ein Handbuch für Jedermann zur Erklärung u. Erleichterung des Verstehens aller in den Wissenschaften, Künsten u. Gewerben, in Zeitungen rc. mehr oder minder gebräuchlichen Schriftkürzungen u. fremden Ausdrücke, mit Bezeichnung der Ableitung, der Aussprache u. Betonung derselben. 3. Aufl. verm. u. verb. von E. G. v. Hieronymi. 2. Thl. Berlin 853. E. Heymann. gr. 8. (VIII, 489 S.) 1 ₰

Favreau, Frédéric Pierre, Mittheilungen aus der Magdeburger Wallonischen reform. Gemeinde. Magdeburg 856. (Creutz.) 8. (19 S.) 3 ngr

Favreau, Paul, Referendar aus Magdeburg: Über die Confusio von Bürgschaft und Hauptschuld nach gemeinem Recht und bürgerlichem Gesetzbuch. (*Magdeburg 1898: E. Baensch jun.*) (29 S.) 8°
Erlangen, Jur. Diss. v. 20. Okt. 1898

Favrin, Benj., Praxis solemnium functionum episcoporum cum appendicibus pro abbatibus mitratis et protonotariis apostolicis juxta ritum romanum. (X, 144 S.) Lex.-8. Regensburg 906. F. Pustet. n. 2. 80; geb. in Halbfrz. n. 3. 60

Favrot, Alex., étude sur Casimir Delavigne. Thèse. gr. 8. (89 S.) Bern 894. (H. Koerber.) n. 1. 60

Fawanka, Carl De summo bono quae fuerit Stoicorum sententia. 4 (14 S.). Progr. Rg. *Osterode in Ostpr.* 1889 (21).

Fawcet, E., gentleman of leisure, s.: Asher's continental library.

Fawcet, Benj., Beobacht. über d. Nat. rc. d. Melancholie. 8. Lpz. Weidmann. 785.

Fawcett, Benj., über Melancholie u. ihre Heilung, vornehml. über d. sogenannte religiöse Melancholie. Aus d. Engl. v. Joach. Fr. Lehzen. 8. Leipz. 785. Weidmann. 8 gl

Fawcott, Bonj., Obs. on tho naturo, causos and curo of molancholy; especially of that which is commonly callod religious melancholy. 77 pp. Lond. 12°. Deutsch von Pastor J. Fr. *Lehzen.* Lpz. 1785. Lpz. 1799. 8°. A. D. B., LXIX, 382. Comm. Lps. XXVIII, 699. *Tode*, Bibl. X, 331. (Mehr für Prediger geschrieben. *F.* war Prediger.)
1780

Fawcett, Henry, Freihandel u. Zollschutz. Eine Untersuchung der Ursachen, welche die allgemeine Annahme des Freihandels nach dessen Einführung in England verzögert haben. Autoris. deutsche Ausg. Aus dem Engl. v. A. Passow. gr. 8. (XIII, 181 S.) Leipzig 878. Brockhaus. n. 3. 50

Fawcett, Mrs. Henry, somo eminont women of our times. Floronco Nightingalo; Elisaboth Fry, s.: Schulbibliothek, französische u. englische.

Fawcett, Jh., Predigten; aus d. Engl. v. F. D. E. Schleiermacher. Mit e. Vorrede v. F. S. G. Sack. 2 Bde. gr. 8. Berl. 798. Mylius. 1 ₰ 20 gr

— **Unsittlichkeit, eine Folge d. Unverstandes, herausg. v. F. S. G. Sack. gr. 8. Berl. 798. Mylius. 3 gr**

Fawcett, M. G., Volkswirtschaftslehre f. Anfänger. Nach d. 6. Aufl. d. engl. Originals f. Deutsche bearb. Autoris. Ausg. 8. (VIII, 257 S.) Berlin 888. Cronbach. n. 3. —; geb. n. 3. 75

Fawcett, Omar, B. A., English as it is spoken, s.: Crump, William Hauby.

Fawer, Emil. Jugendkriminalität und Strafrechtsreform. Vom Standpunkte der Erziehung u(nd) des Kinderschutzes, von E' F', Lehrer in Biel. 141 S. 8. Nidau, Selbstverlag; Buchdr. W. Trösch, Olten, 1910. [fr. 1. 30]

Fawkes, F. A., d. Kaiser v. Europa, s.: Suttner, Bertha v.

Fawratt, J., Predigten, a. d. Engl. v. Schleyermacher. 2 Bde. gr. 8. Berl. Mylius. 798.

Fawsitt, Charles Edward, B. Sc. aus Glasgow, Schottl.: **Die Zersetzung des Harnstoffs.** Mit 6 Fig. im Text. *Leipzig: W. Engelmann 1902.* (31 S.) 8° ¶(Aus: Zeitschr. f. physikal. Chemie, Bd 41, H. 5.)
Leipzig, Phil. Diss. v. [27. Sept.] 1902

FAX mit der wächsernen Nase. Oder einige abentheuerliche (ziemlich zahme) Liebesbegebenheiten. (Auch m. d. Tit.: Sammlung wahrer Geschichten, welche auch als Romane gelesen werden können.) Leipzig, bey Joh. Glo. Heinr. Richter. 1805. 8°. (1 Mk. 50 Pfg., geles. Expl., Kühl, Berlin, c. 1883; jetzt theurer!)
3 Bll. u. 262 SS.

FAX, Friedr. B., Cölibat und Volksgewissen! Ein Protest wider Rom. Leipzig, Carl Minde, o. J. 8°. (60 Heller, Halm & Goldmann.)
Verboten v. L.-G. Wien, 1. VI. 1901. §§ 303, 516.

Faxen un Schwänke, Kölsche. Allen Freunden rhein. Humors gewidmet, auch f. Puppen-, Kinder- u. Liebhabertheater eingerichtet. 3 Hftchen. 32. (à 31 S.) Köln (886). A. Ahn. à — 20

1. De Voore sin doch gar zo domm! Schwank in 3 Akten.
2. Mehlwurm om Fastelovend. Schwank in 3 Akten.
3. Dem Grietchen sing Hubalt. Tragisch-kom. Geschichte in 3 Akten.

Faxen aus Sachsen. 1. Hft. Mit color. Titelbild. 8. Leipzig 846, Engl. Kunstanst. v. A. H. Payne. n. 1/6 ₰

Faxen aus Sachsen. 2. Hft. Mit color. Titelbild. 8. (36 S.) Leipzig 847, Engl. Kunst-Anstalt v. A. H. Payne. n. 1/6 ₰ (1 u. 2 n. 1/3 ₰)

Faxenfriede uffen Dichterferde. Bohetische Stimmungsbilder, zum Museum gewunden v. Aug. Bäbchen. 8. (76 S.) Leipzig 887. Reinboth. n. 1. —

Faxiolus, Ioannes & Bartolus de Saxoferrato. De summaria cognitione commentarii. Erlangen 1843. H: *Briegleb, Hans Carl Bernhard.* (BrMm)

Faxioli, Joannis, et Bartoli de Saxoferrato de summaria cognitione commentarii. Edid. Prof. Dr. Briegleb. 8maj. Erlang. 843, Blaesing. 3/8 ₰

Fay, Amy, Musikstudien in Deutschland. Aus Briefen in die Heimath. Mit Erlaubniß der Verf. in's Deutsche übertragen. 8. (VIII, 206 S.) Berlin 882. Oppenheim. n. 2. 50; geb. n. 3. 50

Fay, Andr., originelle Fabeln u. Aphorismen. Aus d. Ungar. übersetzt v. L. Petz. Mit 1 Kpf. u. 1 Vign. 8. Raab 825. (Tendler in Wien). 18 gr

Fay, C. F.

Fay, Bilder aus d. alten Frankfurt a/M. Nach d. Natur. 1.—4. Hft. Fol. (à 12 Lichtdr.) Frankfurt a/M. 896 u. 898. (J. Alt) à n.n. 10. —

Fay, Bilder aus dem alten Frankfurt am Main. Nach der Natur. 5.—16. Hft. (144 Lichtdr.-Taf. m. 25 S. Text.) gr. 4. Frankfurt a/M. (Gr. Pfingstweidstr. 11), (898—906). C. F. Fay. à Hft. n. 8. —

Fay, Car. de Chr. du

— **Anmerk. üb. versch. m. d. Magnet angestellte Versuche. 8. nl. K. Erf. Ettinger. 748.**

Fay, Car. de Chr. du, Versuch v. d. Electricität d. Körper rc. 8. Frkf. Ettinger. 744.

Fay, Charles, Tagebuch e. Officiers der Rhein-Armee. Mit e. Karte vom Kriegstheater bei Metz. Aus dem Franz. nach der 3. Ausg. v. Osk. Schmidt. Deutsche Orig.-Ausg. gr. 8. (VIII, 270 S. m. e. lith. Karte in gr. Fol.) Posen 871. Merzbach. 4. —

— dasselbe. In poln. Sprache. gr. 8. (VIII, 282 S.) Ebend. 871. 4. 50

Fay, F. R. Herders Ansicht von der Auferstehung als Glauben, Geschichte und Lehre. S. 17—22. Progr. G. *Crefeld 1883.

Fay, F. R., der Beruf der Jünger des Herrn. Synodalpredigt gehalten den 16. Novbr. 1858 zu Zürich. Lex.-8. (14 S.) Zürich 859, Höhr. *

Fay, F. R., der Brief Pauli an die Römer, s. Bibelwerk.

Fay, F. R., der Brief Pauli an die Römer, s.: Lange, J. P.

Fay, F. R., Königin Christine von Schweden, die Tochter Gustav Adolf's. 12. (40 S.) Barmen 889. Klein. n. — 4

— dasselbe, s.: Für die Feste u. Freunde d. Gustav-Adol Vereins.

—— das Buch Josua, s. Bibelwerk, theologisch-homiletisches.

—— protestantische Lieder, s. a. Lieder, protestantische.

Fay, F. R., protestantische Lieder. Gesammelt u. herausg. Bielefeld 857. Velhagen u. Klasing. 16. (1 Bl., 46 S.) 4 gr

Fay, F. R., welche Aufgaben erwachsen der evangelischen Kirche Deutschlands aus der altkatholischen Bewegung? Vortrag, gehalten auf der niederrhein. Pastoralconferenz zu Düsseldorf am 25. April 1872. 1. und 2. Aufl. gr. 8. (40 S.) Barmen 872, Klein. *

Fay, Geo. du, Anfangsgr. d. Wundarzneykunst. 8. Straßb. König. 754.

Fay, H. Die Kirche eine Heilsanstalt für Alle. Predigt zum Schlusse des Kirchenjahres, 22. Nov. 1891 über 1. Tim. 2, 4. mit besonderer Berücksichtigung der letzten zürcher. Kirchensynode. In-8°. 10 S. Zürich, Fr. Schulthess. 1891. — 45

Fay, H., Siehe auf das Amt! Synodalpredigt, gehalten den 26. Novb. 1876. Zürich, F. Schulthess. 8. 1877. —. 50

Fay, J. Kaspar, s. Du Fay de Lavallaz, Jean Gaspar

[Fay, Johann Ludwig]. Sendschreiben an Bürgermeister [Conrad Melchior] Hirzel in Zürich. Eine Beleuchtung seiner Rede, gehalten vor dem Gr. Rathe zu Gunsten des Dr. [David Friedrich] Strauss. Von einem Geistlichen der östlichen Schweiz. 8. St. Gallen 1839.

Fay, Irving *Wetherbee* [aus Massachusetts '(Amerika)']: Ueber Idonsäure, Idose, Idit und Idozuckersäure ... Berlin, Buchdr. v. G. Schade, *1896;* 30 S., 1 Bl. 8.
Berlin, Phil. Fak., Inaug.-Diss. v. 8. Juli 1896

Fay, R., Athletik-Hantel-System, m. Abb., 3.–4. Aufl., Leipzig o. J., 1905 u. 1906, 8°. 3 Bde.

Fay, R., Hantel-System. Eine Methode zur harmon. Ausbildg. der Körpermuskulatur nach schönheitl. Prinzipien als Quelle wahrer Jugend u. Lebensfreude. Mit 2 Uebungstaf., div. Tabellen u. Skizzen. 3. Aufl. 20,000 bezw. 20–30,000. (à 31 S.) gr. 8. Leipzig 906. [O. Maier.] Grethlein & Co. n. — 75

— Mensch, bewege dich. (66 S. m. Abbildgn.) 8. Leipzig (906). Grethlein & Co. n. — 70

Fay, R[udolf]. und Hirzel, H[einrich]. Worte des Andenkens an den seligen Herrn [Johann] Heinrich Gutmann (1776–1854), Pfarrer in Meilen. ([Mit bibliographischen] Anmerkungen.) 8. Zürich 1854.

Fay, Th. S., die Gräfin. Aus d. Engl. von F. Elbrecht. 3 Thle. 8. Berlin 841, Jonas Verlagsbuchh. 3½ ₰

Fay, Thdr. S., great outline of geography for high schools and families. Berlin 867. Stilke & van Muyden. 8. (VIII, 238 S. u. 8 lith. Karten in Fol.) n. 4 ₰

Fay, Thdr. S., die Sklavenmacht. Blicke in die Geschichte der Vereinigten Staaten von Amerika. Zur Erklärung der Rebellion von 1860—65. gr. 8. (159 S. mit eingedr. Holzschn.) Berlin 865, Stilke und van Muyden.

[Fay, Theodor Sedgwick.] Ein Sterbebette in Bern während der Ruhrzeit 1855. [Ueber die letzten Tage Frau Fay. SA.] 8. (Bern [1856].)

Fay, Wilh. du, s. Haberl, F. X., Bausteine für Musikgeschichte.

Fay de Lavallaz, Jean Gaspar du, s. Du Fay

Fayans, Mauritius *(geb. Sieradz in Pol. 19. 11. 1835)*: Quatenus chloroformium in parturientibus adhibere liceat. Vratislaviae (1858). (22 S.) 8°
Breslau, Med. Diss. v. 25. Aug. 1858

Bestattungsanlagen. Von Dr. techn. Stefan **Fayans,** Ing.-Architekt. Mit 382 Abb. u. 6 Taf. Stuttgart: A. Kröner 1907. (VIII, 343 S.) 4°(8°)
— **Handbuch** d. Architektur. T. 4, Halbbd 8, H. 3. [07. 9355 9

Fayans, Stef., die Entwicklung der modernen Friedhofsanlagen u. der verschiedenen Bestattungsarten vom Standpunkte der Technik u. Hygiene. Nebst Anh.: Idealprojekt e. Zentralfriedhofsanlage f. die Stadt Warschau. (V, 44 S. m. 12 Lichtdr.-Taf.) Fol. Wien 905. A. Schroll & Co. Kart. n. 15.—

Faye, Andr.

Faye, A., Geschichte v. Norwegen, s.a. Hausbibliothek, historische, 18. Bd.

Faye, Andr., Geschichte von Norwegen. Bis auf die neueste Zeit fortgeführt. Neue (Titel-)Ausg. gr. 8. (VIII und 304 S. mit 1 Stahlst.) Leipzig (851)65, Senf.

Faye, Georges de la

s.: La Faye, Georges de

Faye, H., s. v. Humboldt, Al., Cosmos.

Faye, H., sur une méthode nouvelle proposée par M. de Littrow, pour déterminer en mer l'heure et la longitude. gr. 8. (15 S.) Wien 864, (Gerold's Sohn.)
Aus: Comptes rendus des séances de l'académie des sciences, besonders abgedruckt.

Fayel. Trauersp. von d'Arnaud. 8. Lpz. Schwickert. 771.

— — dass. 8. Ebend. Gbilen. 775.

— — dass. 8. Wien, Kurzbock. (a. Stage in Augsb.) 777.

Fayence-Dekoration. Japanische Originalentwürfe. (80 Bl) 4° In 2 Mappen.

Fayer, G. Rede, gehalten an der Schlachtfeier zu Näfels den 1. April 1875. (8.) 8. Glarus 1875.

Fayères, Comte des, Schloss Engelhaus, seine Ruinen u. Legenden. Freie Uebersetzung aus dem Franz. 8. (IV, 92 S. m. eingedr. Holzschn.) München 879. Rieger. n. 2. —

Fayet, Jorge, appr. Arzt: Aus d. pathol. Inst. zu Giessen. Über Kugelthromben des Herzens. Mit 1 Taf. Giessen 1910: v. Münchow. 45 S. 8°
Gießen, Med. Diss. v. 5. Juli 1910, Ref. Bostroem
[Geb. 23. Febr. 82 Gießen; Wohnort: Gießen; Staatsangeh.: Hessen; Vorbildung: Gymn. Büdingen Reife O. 04; Studium: Gießen 3, Würzburg 1, Gießen 6 S.; Coll. 27. April 09; Approb. 25. Mai 10.] [U 10. 1136

la Fayette, s.a. *Lafayette.*

Fayette, la, Fräulein von, od. das Zeitalter Ludwig des dreizehnten. Nach d. Franz. d. Frau v. Genlis, bearbeit. v. Theod. Heil. 2 Bde. mit 1 K. 8 Leipz. Hinrichs. 814. Velinp.

Fayette, Fräulein von la, oder das Zeitalter Ludwig XIII. Nach dem Franz. d. Gräfin von Genlis bearb. von Th. Hell. 2 Bde. mit Kupf. Neue wohlf. Ausgabe. 8. Leipzig, Hinrichs. 818.

Fayette, la, als Staatsmann, als Krieger und als Mensch, n. d. Franz. 8. Magdeb. Creutz. 794.

Fayette, Gräfin la, verschied. Werke. 2 Thle. a. d. Franz. 8. Bavr. Lübeck. 780.

Fayette County Zeitung: 1876–1880
Democratic weekly. Circulation: 1880, 520. Edited & published by Charles P. B. Medlenka, 1876–78; by E. Giese, 1879–80.
La Grange, TX

Fayfar, Dr. Math., Maria Canonicus. Aus d. Pantheon d. souver. Johanniter Ritter-Ordens. Die Ritter d. Landeshauptstadt Prag. Rudolf Reichsgraf Colloredo-Wallsee u. Franz Xaver Reichsgraf Khevenhüller-Metsch etc. etc. Ein Beitrag zur Geschichte Böhmens und Oesterreichs. 12. (191 S.) Nikolsburg, Selbstverlag. *Nafe's Buchh. 2 fl. 20 kr. 1883.

Faymonville, Karl, der Dom zu Aachen u. seine liturg. Ausstattung vom 9. bis zum 20. Jahrh. Kunstgeschichtliche Studie m. 188 Abbildgn. u. 5 Taf. (VIII, 450 S.) Lex. 8. München 904. F. Bruckmann. 26.—; geb. in Halbfr. 28. 50

Faymonville, Karl, zur Kritik der Restauration des Aachener Münsters. Beschreibende Darstellg. der ältesten Abbildgn. seines Innern. (32 S. m. 3 Abbildgn. u. 3 Taf.) Lex.-8. Aachen 904. Selbstverlag. n. 1. 60

Faymonville, Karl, aus Aachen: **Die Purpurfärberei der verschiedenen Kulturvölker des klassischen Altertums und der frühchristlichen Zeit.** Beschreibung u. Abbildung d. verschied. Arten, scalae, d. Purpurs, desgl. von heute noch erhaltenen gemusterten Purpurgeweben im Abendlande. *Heidelberg 1900: Ph. Wiese.* (75 S. — Ohne Taf.) 8°
Heidelberg, Phil. Diss. v. 1900

Fayod, Francis, Rapport au sujet de l'adoption d'une brique normale suisse. gr. 4. (11 S.) Lausanne 883. (Zürich, Schmidt.) *

Fayod, Henr. Frid. (Car. Georg.) (geb. Bex in d. Schweiz 15. 3. 1820): De oophoritide. Berolini (1841). (43 S.) 8°
Berlin, Med. Diss. v. 7. Juli 1841

Fayod, Jean François: De constituendis pignoribus et hypothecis. 15 S.– Basel, Jur.Diss.v. 31.März 1722.

Fayrer, J., Geschichte der Epidemiologie der Cholera, s.: Tagesfragen, hygienische.

Johann Anton Fayst's Arithmetisches Pflanzgärtlein. 8. 1706.

Fazy. James Fazy. Sein Leben und Treiben. Zürich 1865 s.a. S[aussure], Th[éodore] de).

Fazy, James. Sein Leben u. Treiben. [Abdr. aus dem Feuilleton der Neuen Zürcher-Zeitung.] Zürich 865. Orell, Füßli & Co. gr. 8. (IV, 116 S.) n. 12 ngr.

Fazy, G. La centralisation et l'unification du droit en Suisse. In-8°. 98 p. Genève, Bâle, Lyon, H. Georg. 1890. 2 —

Fazy, George, le duel. Dissertation presentée à la faculté de droit de l'académie de Genève. 127 pp. in-8. Genève et Bâle, H. Georg. 2. — 1871.

Fazy, H. L'alliance de 1584 entre Berne, Zurich et Genève. Notice historique. In-8°. 127 p. Genève, Bâle, Lyon, H. Georg. 1891. 3 —

Fazy, H. Les constitutions de la république de Genève. Étude historique. In-8°. III, 335 p. Genève, Bâle, Lyon, H. Georg. 1890. 3 50

Fazy, H. La guerre du pays de Gex et l'occupation genevoise (1589—1601). Avec 1 carte et 3 planches. In-8°. 416 p. Genève, Georg & Co. 1897. 6 —
*** Publication de l'Institut national genevois.

Fazy, H., voir: *Roset, M.*

(Fazy, Henri.) Philippe Camperio ‹1810–1882›. Notice biographique. 8. Genève & Bâle 1883.

Fazy, Henri. James Fazy (1794–1878), sa vie et son œuvre. Avec portrait. 8. Genève & Bâle 1887.

Fazy, Henri. Genève sous la domination romaine. Notice archéologique. [Avec 6 planches.] E. 4. Genève et Bâle 1868.

Fazy, H(enri). Note sur les antiquités romaines découvertes sur les Tranchées. [2 parties.] 8. 1859[–1860].
[1re partie. Avec 2 planches.] E. Genève.
[2de partie. Avec 2 planches] E. [Genève. Paris.]

Fazy, Henri. Procédures et documents [genevois] du XVIe siècle ‹1546–1547› publiés par H F.... ([1.] Procès de Jacques Gruet ‹1547›. — [2.] Procès et démêlés à propos de la compétence disciplinaire du Consistoire ‹1546–1547›.) 4. 1886.
Ed. B (E.) Genève (& Bâle).

Fazy, Henri. Procédures et documents du XVIme siècle (1546—1547). In-4°, 216 p. Bâle, Genève, Lyon, H. Georg. 1886. 7 —

Fazy. Henri. Procès de Jérôme Bolsec (publié d'après les documents originaux). E. 4. Genève et Bâle 1868.

Fazy, Henri. Procès de Valentin Gentilis et de Nicolas Gallo (1558), publié d'après les documents originaux. In-4°, 102 p. Genève et Bâle, Georg. 1878.
*** Extrait du T. XIV des Mémoires de l'Institut national genevois.

Fazy, Henri, s. Roset, Michel: Les chroniques de Genève

Fazy, Henri. La Saint-Barthélemy et Genève. Etude historique, avec documents. In-4°, 131 p. Genève et Bâle, Georg. 1879. 5 —

Fazy, Henri. Les Suisses et la neutralité de la Savoie 1703 — 1704. In-8° de 349 p. Genève et Bâle, Georg & Co. 1894. 5 —
pour l'Étranger 6 —
*** Publication de l'Institut national genevois

Fazy, Henri, Verfassung u. Verwaltungsorganisation der Städte der Schweiz. s.: Escher. C.

Fazy, James, de l'intelligence collective de sociétés. Cours de législation constitutionelle. gr. 8. (448 S.) Basel 874. Georg. n. 5. —

Fazy, James s. Siegfried, Hermann, und Fazy, James.

Fazy, Jean-Jacob s. Fazy, James.

Fazy, P., Choix de Prose et de Poésie, s. Choix.

Fazy, Rob. De la révision en matière pénale. In-8°. VI, 256 p. Bâle et Genève, Georg & Co. 4 — 1899.

Fazy-Pasteur. [Marc-Antoine]. Ueber die jüngsten Ereignisse im Kanton Neuenburg. Den 19. November 1831. Aus dem Französischen. S. Burgdorf.

(Fazy-Pasteur. [Marc-Antoine].) Ist die Schweiz zum Kriege gerüstet? Rechtfertigende Bemerkungen über die Knutwyler-Versammlung. Uebersetzt und gedruckt auf Anordnung und Kosten des Schutz-Vereins des Amtsbezirks Burgdorf.... 8. (Burgdorf [1832].)

FCTA Solidarité
v. La Solidarité (Ne II).

**Fe, la, ó sea máximas y oraciones. Devocionario escrito y apropiado á las necesidades de la época actual por un padre de la compañía de Jesús. 16. (XIV, 583 S. m. 1 Stahlst.) Freiburg i/B. (900). Herder.
Geb. in Leinw. n. 1.70**

Fea, C. nuova Descrizione di Roma antica e moderna e de' suoi contorni, sue rarità specialmente dopo le nuove scoperte cogli scavi arricchita delle vedute più interessanti. Publicata da Aug. Bonolli. 3 Tomi in-12. Roma. 820.

Fearnley, C., Catalog v. 3949 Sternen etc., s.: Catalog der astronomischen Gesellschaft.

Fearnley, C., und Geelmuyden, H., Zonen-Beobachtungen der Sterne zwischen 64° 15' und 70° 10' nördlicher Deklination, auf der Universitäts-Sternwarte in Christiania angestellt. Christiania 1888.

Fearnside, William Gray

Fearnside, Will. Gray, s. Geschichte u. Topographie der Rheinufer.

Fearnside, W. G., London rc., s. London.

Fearnside, Will. Gray, s. Tombleson's Ansichten an d. Ufern d. Themse.

Fearon, Henry. **Abhandlung vom Krebse, nebst einer neuen Methode zu operiren . . . A. d. Engl. . . . Duisburg 1790.**
Ü: *Spohr, Carl Heinrich.* (MGT) (Ky)

Fearon, Hnr., Abhandl. vom Krebse, nebst e. neuen Methode zu operiren; aus d. Engl. (v. K. H. Spohr). 8. Duisb. 790. Bädecker. 5 gr

Fearon, Henry: Abhandlung vom Krebse nebst einer neuen Methode zu operiren, insonderheit bey Krebsen an den Brüsten und Hoden. (A Treatise of cancers with a new and successful method of operating in cancers of the breast and testis... Dt.) Übers.und mit Anmerkungen versehen. 102 S., gbd.

Duisburg: Helwing 1790

Fearon, Henry Bradsher. Skizzen v A . . . nach d Eng. Jena. 1818.

Fearon, Badshaw, H., Skizzen von Amerika, entworfen auf einer Reise durch d. vereinigten Staaten in d. J. 1817 u. 18. Nach d. Engl. gr. 8. Jena 819. Braun. 1 ₰ 12 gr (Aus d. ethnogr. Archiv besond. abgedr.)

Féaux, Dr., Die klimatischen Verhältnisse der Provinz Westfalen. (Progr.-Abh.) Arnsberg 1870.

Féaux, Bernhard

Féaux: Die Berührungskugeln dreier Ebenen. (Französisch.) 16 S. mit 2 Figurent.– Paderborn, Progr. 1857.

Féaux, B., Buchstabenrechnung u. Algebra nebst Uebungs-Aufgaben. 2. Aufl. 859. (VIII, 214 S.) — 3. verm. Aufl. Paderborn 863. Schöningh. gr. 8. (VI, 221 S.) n. 17½ ngr

Féaux, B., Buchstabenrechnung u. Algebra nebst Uebungs-Aufgaben. 4. Aufl. 866. — 5. Aufl. Paderborn 869. Schöningh. gr. 8. (218 S.) n. 17½ ngr

Féaux, B., Buchstabenrechnung u. Algebra nebst Uebungs-Aufgaben. 6. Aufl. gr. 8. (219 S.) Paderborn 873. Schöningh. n. 2. —

Féaux, B., Buchstabenrechnung u. Algebra, nebst Uebungsaufgaben. 7., verb. Aufl. gr. 8. (VI, 220 S.) Paderborn 878. F. Schöningh. n. 2. —

Féaux, B., Buchstabenrechnung u. Algebra, nebst Übungs-Aufgaben. 8., verm. Aufl., besorgt durch A. Luke. gr. 8. (VI, 363 S.) Paderborn 887. F. Schöningh. n. 2. 40

Féaux, B., Buchstabenrechnung u. Algebra, nebst Übungs-Aufgaben. 9., m. Berücksicht. der neuen Lehrpläne verb. Aufl., besorgt durch Fr. Busch. gr. 8. (VIII, 316 S.) Paderborn 894. F. Schöningh. n. 2. 40

Buchstabenrechnung und Algebra verbunden mit Aufgabensammlung. Von Dr. B[ernhard] **Féaux**, weil. Prof. zu Arnsberg. 10., verb. u. verm. Aufl. besorgt durch Fr[iedrich] Busch, Prof. zu Arnsberg. *Paderborn: F. Schöningh 1903.* (VI, 344 S.) 8° [F.]

Féaux, B., Buchstabenrechnung u. Algebra, verbunden m. Aufgabensammlung. 11., verb. u. verm. Aufl., besorgt durch Fr. Busch. (VI, 360 S. m. 5 Fig.) 8. Paderborn 908. F. Schöningh. 2. 80

Féaux: Ueber Dreieckszeichnungen. 20 S. 2 Fgt. –Paderborn, Progr. 1862

Féaux, B. Die symbolischen Functionen in den bestimmten Integralen. 12 S. Bedburg, Progr. 1848

— Lehrbuch der ebenen Planimetrie. 8., den Lehrplänen v. 1892 entsprechend verb. Aufl., besorgt durch Fr. Busch. gr. 8. (VIII, 216 S. m. 215 Fig.) Ebd. 894. n. 2. 50

— Lehrbuch der elementaren Planimetrie. Ebend. 857. gr. 8. (VI, 190 S. m. Holzschn. im Text.) n. 22½ ngr

Lehrbuch der elementaren Planimetrie. 2. Aufl. Ebend. 860. gr. 8. (VI, 190 S. m. Holzschn.) n. 22½ ngr

— Lehrbuch der elementaren Planimetrie. 3. Aufl. 865. — 4. verb. Aufl. Ebend. 869. gr. 8. (192 S. m. Holzschn.) n. 22½ ngr

Féaux, B., Lehrbuch der elementaren Planimetrie. 5. verb. Aufl. gr. 8. (192 S.) Paderborn 874. Schöningh. n. 2. 40

— Lehrbuch der elementaren Planimetrie. 6., verb. Aufl., besorgt durch A. Luke. gr. 8. (IV, 199 S. m. eingedr. Holzschn.) Ebend. 882. n. 2. 50

— Lehrbuch der elementaren Planimetrie. 7. Aufl., besorgt v. A. Baltenhold. gr. 8. (VIII, 193 S. m. eingedr. Fig.) Ebd. 888 n. 2. 50

Lehrbuch der elementaren Planimetrie von Prof. Dr. B[ernhard] **Féaux**. 9., verb. Aufl. besorgt durch Fr[iedrich] Busch, Prof. zu Arnsberg. Mit 213 Fig. Paderborn: F. Schöningh 1904. (VIII, 210 S.) 8° [F.]

— Lehrbuch der elementaren Planimetrie. 10., verb. Aufl., besorgt durch Fr. Busch. (VIII, 216 S. m. 212 Fig.) 8. Ebd. 908. 2. 50

— und v. Winckler, das alte und das neue Maß. Ein Hülfsbuch für Jedermann. 1. und 2. Aufl. gr. 8. (IV, 80 S.) Arnsberg 870,71, Grote. *

— u. v. Winckler, das alte u. das neue Maaß u. Gewicht. Ein Hülfsbuch f. Jedermann. 3. Aufl. gr 8. (IV, 100 S.) Arnsberg 872. Grote. — 75

Féaux: Die merkwürdigen Punkte des Dreiecks und die durch sie bestimmten Linien. 21 S. Figurt. – Progr. Bedburg 1853.

Rechenbuch nebst einer Anleitung für den vorbereitenden Unterricht in der Geometrie für höhere Lehranstalten. Von Prof. Dr. B[ernhard] **Féaux**. 10., auf Grund der neuen Lehrpläne verb. u. erw. Aufl. besorgt durch Fr[iedrich] Busch, Prof. zu Arnsberg. Mit 12 Fig. *Paderborn: F. Schöningh 1902.* (IV, 232 S.) 8° [F.]

— Rechenbuch und geometrische Anschauungslehre, zunächst für die drei unteren Gymnasialklassen. gr. 8. (IV und 164 S. mit eingedr. Holzschn.) Paderborn 857, Schöningh. *

— Rechenbuch und geometrische Anschauungslehre zunächst für die 3 untern Gymnasialklassen. 2. Aufl. 1862. und 3., verb. Aufl. gr. 8. (IV und 203 S.) Paderborn 868, Schöningh. *

— Rechenbuch u. geometrische Anschauungslehre, zunächst f. die 3 untern Gymnasialklassen. 5. verb. Aufl. gr. 8. (207 S. m. eingedr. Holzschn.) Ebend. 876. n. 1. 20

— Rechenbuch u. geometrische Anschauungslehre zunächst für die drei untern Gymnasialklassen. 6., verb. Aufl. gr. 8. (212 S.) Ebend. 879. n. 1. 20

Féaux, B., Rechenbuch u. geometrische Anschauungslehre zunächst f. die 3 untern Gymnasialklassen. 7. verb. Aufl., besorgt durch A. Luke. gr. 8. (IV, 220 S. m. Fig.) Paderborn 884. F. Schöningh. n. 1. 20

— Rechenbuch u. geometrische Anschauungslehre zunächst f. die drei unteren Gymnasialklassen. 8., verb. Aufl., besorgt durch Fr. Busch. gr. 8. (V, 223 S. m. Fig.) Ebd. 887. n. 1. 20

— Rechenbuch u. geometrische Anschauungslehre zunächst f. die drei unteren Gymnasialklassen. 9., verb. Aufl., besorgt durch Fr. Busch. gr. 8. (IV, 213 S. m. Fig.) Ebd. 892. n. 1. 20

— Rechenbuch für die mittleren u. oberen Klassen der Volksschulen. Mit Zugrundelegung des decimalen Maßes u. Gewichtes. 4 Hefte. Ebend. 870. 8. n. 9½ ngr
1. (62 S.) n. 2½ ngr — 2. (52 S.) n. 2 ngr — 3. (79 S.) n. 3 ngr — 4. (41 S.) n. 2 ngr

— Rechenbuch f. die mittleren u. oberen Klassen der Volksschulen. Mit Zugrundelegg. d. decimalen Maßes, Gewichtes u. Münzsystems. 1—4. Hft. 8. Ebend. 874. 75. à n. — 30

1. Die 4 Species an mehrfach benannten Zahlen. 8. Aufl. (63 S.)
2. Theilbarkeit der Zahlenbrüche u. Dezimalbrüche. 3. Aufl. (60 S.)
3. Regel de tri u. die hauptsächlichsten Rechngn. d. bürgerl. Lebens. 8. Aufl. (71 S.)
4. Enth. die Auflösgn. zu den Aufgaben in den 3 ersten Heften. (44 S.)

—— Rechenbuch nach metrischem Systeme und geometrische Anschauungslehre zunächst für die drei untern Gymnasialklassen. 4. verb. Aufl. gr. 8. (IV, 204 S. mit eingedr. geometr. Fig.) Paderborn 872, Schöningh. *

— Rechenfibel, s.a. Rechenfibel.

Féaux, Bernh. Recherches d'analyse. 20 S. Progr. *Arnsberg* 1876.

— Sammlung von Rechnungs-Aufgaben aus Arithmetik u. Algebra, Planimetrie, Trigonometrie u. Stereometrie mit Angabe der Resultate. Für höhere Unterrichts-Anstalten u. den Privatgebrauch. Essen 867. Bädeker. gr. 8. (VI, 161 S.) n. 24 *ngr.*

—— ebene Trigonometrie und elementare Stereometrie. gr. 8. (VII und 159 S. mit eingedr. Holzschn.) Paderborn 857, Schöningh. * —

—— ebene Trigonometrie und elementare Stereometrie. 2. Aufl. gr. 8. (VII und 96 S. mit eingedr. Holzschn.) Paderborn 864, Schöningh. *

—— ebene Trigonometrie und elementare Stereometrie. 3. verb. Aufl. gr. 8. (104 S. mit in den Text gedr. Fig.) Paderborn 872, Schöningh. *

— ebene Trigonometrie u. elementare Stereometrie. 4. Aufl. gr. 8. (IV, 98 S. m. eingedr. Holzschn.) Ebend. 876. n. 1. 20

— ebene Trigonometrie u. elementare Stereometrie. 5. verb. Aufl., besorgt durch A. Luke. gr. 8. (VI, 143 S. m. Fig.) Ebend. 884. n. 1. 35

— ebene Trigonometrie u. elementare Stereometrie. 6., verb. Aufl., besorgt durch Fr. Busch. gr. 8. (VI, 157 S. m. 51 Fig.) Ebd. 891. n. 1. 35

Féaux, B., Ebene Trigonometrie u. element. Stereometrie. 7., d. Lehrplänen v. 1892 entsprech. verb. Aufl., besorgt durch Frdr. Busch. gr. 8. (VI, 187 S. m. 65 Fig.) Paderborn 898. F. Schöningh. n. 1. 50

Féaux, B., ebene Trigonometrie u. elementare Stereometrie. 8. verb. u. erweit. Aufl. besorgt durch Fr. Busch. (VI, 188 S. m. 58 Fig.) 8. Paderborn 906. F. Schöningh. n. 1. 50

— geometrisches Uebungsbuch enth. Aufgaben u. Lehrsätze aus der Planimetrie, Trigonometrie u. Stereometrie nebst einer Anleitung zur Lösung planimetrischer Aufgaben. Paderborn 863. Padorff. gr. 8. (IV, 92 S. u. 3 lith. Taf. in 4.) n. 10 *ngr.*

— mathematisch physikalisches Vademecum für Studirende, Techniker u. Dilettanten. Paderborn 861. Schöningh. 16. (VI, 111 S.) n. 10 *ngr.*

—— Vorschule der Physik zum Gebrauche an Gymnasien und Realschulen. gr. 8. (XVI und 472 S. mit einem Atlas der physikal. Fig.: 10 Holzschnt. in gr. 4.) Paderborn 861, Schöningh. *

Féaux, J. B., vollständ. Theorie des ebenen Dreieckes. Auf eigenthümliche Weise dargestellt. gr. 8. (Mit 1 lith. Taf.) Münster 846, Coppenrath'sche Buchh. 1/6 ℛ︀

Feaux-Dorn, E. du (E. Dorn), die Strandhexe v. Domesnäs u. Anderes. 8. (V, 220 S. m. Bildnis.) Riga 902. Jonck & Poliewsky. n. 3. 20; geb. n. 4. 30

Féaux de Lacroix, Karl

Féaux de Lacroix, Karl, über den Anteil des Sauerlandes an den grossgeschichtlichen Bewegungen des späteren Mittelalters. (Vortrag.) (71 S.) gr. 8. Arnsberg 904. F. W. Becker. n. 1. 50

Féaux de Lacroix, Karl. Arnsberg. Ein Führer durch Stadt u. Umgebg. Mit 1 Ansicht u. 1 Karte. 8. (IV, 76 S.) Arnsberg 890, Stein. cart. * 1 —

Féaux de Lacroix, C., Arnsberg. Kleiner Führer durch Stadt u. nächste Umgeg. 12. (30 S. m. 1 Ansicht u. 1 Karte.) Arnsberg 897. H. R. Stein. n. — 50

Féaux de Lacroix, die Bau- u. Kunstdenkmäler v. Westfalen, s.: Ludorff, A.

[F.] Geschichte Arnsbergs. Von Karl Féaux de Lacroix, Gymn.-Oberl. M. e. alten Ans. v. Stadt u. Schloss Arnsberg nebst Abtei Wedinghausen. *Arnsberg: H. R. Stein 1895.* (VIII, 600 S., 1 Taf.) 1 Bd 8. [94. 146

Féaux de Lacroix, *Karl* Die Gründung des Arnsberger Gymnasiums. 8 (S. 31—39).
In: Festschrift z. Erinnerung a. d. 250j. Jubelfeier d. G. Laurentianum *Arnsberg* 1893.
Nicht im Tauschverkehr.
Progr.

Féaux de Lacroix, Karl: Die Heidenfahrt des Grafen Wilhelm von Arnsberg und die Gründung von Arensburg auf Ösel, der letzten deutschen Kolonie am baltischen Meere (1337). (Umschlagtitel: . . . Gründung der Stadt Arensburg auf Ösel.) S. III bis XXVI. 4. Kgl. Laurentianum *Arnsberg* 1904 (402).
Progr.

Féaux de Lacroix, *Karl* Uralte Zeremonie des sog. Grafenbegängnisses in Arnsberg. 8 (S. 40—45).
In: Festschrift z. Erinnerung a. d. 250j. Jubelfeier des G. Laurentianum *Arnsberg* 1893.
Nicht im Tauschverkehr.
Progr.

le Febre, s.a. *Lefebre*.

— s. auch Fevre, le.

Febre, le, sichre und kurze Heilart der Augenentzündungen. 8. Frkf. (Feind in Leipz.) 803.

Febre. de. nosocomica. 4. Lips. Weidmann. 789.

Febre, le, traité de la Coëffure des Dames. 8. Dresde, Walther. 770

Febrium intermittentium de natur. et curatione. 8. Lips. Weidmann. 759.

Febronius, Justinus

— Briefw. zwischen weil. S. Durchl. d. Hrn. Kurf. v. Trier Clemens Wenceslaus u. d. Hrn. Weihbischof Nikl. v. Hontheim üb. d. Werk. *Fb.*, Andreä. 813. 8. (8 Gr.)

— Buch von d. Zustand d. Kirche u. d. rechtmäß. Gewalt d. röm. Papstes rc. Aus d. Latein. in e. Ausz. übers. 2 Thle. 8. Wardingen 764 u. 70. (Andreä in Frankf.) 1 ℛ︀ 20 gr. Dass., mit Jahrz. 787. (Leipz., W. Vogel). 1 ℛ︀ 20 gr.

Febronius, Justinus, Commentarius in suam retractationem Pio VI. P. M. Kalendis Nov. An. 1778 submissam. Francofurti 1781. V: *Hontheim, Johannes Nicolaus ab.* (AarKsuppl.)

Febronius, Just., (Jh. Nicol. Hontheim), Commentarii in suam retractionem Pio VI. 1778 submiss. 4. Frkf. 781. (Schäfer). 1 ℛ︀ 8 gr. Schrbp. 1 ℛ︀ 16 gr.

Febronius, J. Erklärung über seinen Widerruf . . . a. d. Lat. Augsb. 1781. Ü: *Stribel, Anton.* (ML)

— Erklärung über seinen Widerruf, der an Papst Pius VI. im J. 1778 eingeschickt worden; aus d. Latein. v. A. Stribel. 8. Augsb. 781.

Febronius, Justinus, abbreviatus et emendatus. Coloniae et Francof. 1777. V: *Hontheim, Johann Nicol. v.* (WR)

Febronius abbrev. et emend., i. e. de statu ecclesiae tractatus ex sacra scriptura traditione et melioris notae catholicis scriptoribus adornatus ab autore ipso in hoc compendium redactus. *Colon.* et *Francof.* ap. eund. — (W. Vogel, *Lpz.*) 777. 4. (1 Thl. 6 Gr.)

Febronius, Justinus, abbreviatus cum notis adversus Neotericos. Theol. et Canonistas. Francof. 1784. V: *Hontheim, Joh. Nic. de.* (KY 2/94 › Augsb. 1784—1785 ‹) (Bonifacius-Druckerei 46/326) (stoll 86/394) (BiblPort) S. a. II, 3046.

— — id. 8. Kempten, Dannheimer. 784.

Febronius abbreviat. c. not. adv. neotoricos theol. et canonist. etc. V Tom. 8. Frcf. (Stage, Augsb.) 785.

— — id. V Tom. 8. mai. Augsb. Wolf. 785.

— de statu ecclesiae et legitima potestate Romani pontificis liber singular. et I ad reuniendos dissidentes in religione Christianos compositus. III Tom. et Tom. IV. p. 1 et 2. 4. Bulloni et Frankf. 765—74. Ed. III. 789. (Schäfer). 9 Thlr. 8 Gr. — abbreviat. et emendat. 4. ibid. 777. 1 Thlr. 8 Gr. (W. Vogel in Leipz.) 1 Thlr. 6 Gr.

Febronius, Just.: De statu eccles. et legitima potestate rom pontificis liber singularis, ad reuniendos dissidentes in religione Christian. compositus. IV. Tom. (Tom. I. ed. III.) *Frcf.* (*Bullioni.* 763.) Esslinger. T. I. II. 770. T. III. 772. T. IV, 1. 773. 2. 774. 4. (9 Thl. 8 Gr.)

Febronius, des Justinus, Enkel über die Frage: „Was ist katholisch" oder „was gehört zur kathol. Religion," und „was nicht?" (Herausgeg. von Pfarrer Licht in Elberfeld.) gr. 8. Altenburg 845, Helbig. n. 8 ngr.

Februar, der 23. u. 24., 1848 in Paris od. die dritte französ. Revolution. Für's Volk erzählt nach Berichten von Augenzeugen. 8. (14 S.) Blaubeuren 848, Mangold. 1/12 Thlr.

Februar, der neun u. zwanzigste. Trauerspiel in 1 Akt, v. Ad. Müllner, s. Spiele f. die Bühne. 1ste Lief.

Februar, Der 16., 1824 in München, ein National-Fest bei Gelegenheit der Feier der 25jährigen Regierung des Königs von Baiern. Ludwigsburg 1824. V: *Cobres, Alois.* (Bücher-Samml. d. hist. Ver. v. u. f. Oberbayern. München 1867.)

Februar, Der siebenzehnte, 1807 in Dorpat. Feyer des Siegs bey Preussisch Eylau . . . Dorpat 1807. V: *Meyer, C. P., P. Rambach & Dan. Gg Balk.* (Erman & Horn, Bibliogr. d. dtsch. Universitäten. 2. Leipzig u. Berlin 1904.)

— der vier u. zwanzigste. Tragödie in Akt, v. F. L. Z. Werner. 8. Altenb. Brockhaus. 815.

Februar, der 24ste, Tragödie in 1 Akt von F. L. Z. Werner. 2te Ausg. 8. Leipzig, Brockhaus. 819.

Februar-Revolution, die, in Paris, s.a. Volks-Bibliothek, wohlfeilste.

Februar-Revolution (Die) in Paris, oder Charakterzüge und Begebenheiten aus den denkwürdigen Tagen vom 22.—24. Febr. des Jahres 1848. Von einem Augenzeugen, einem exilirten Deutschen. 16°. Hamburg, Berendsohn, 1848. (Volksbibliothek, wohlfeilste, Bd. 38.)

Februartage, die, von Paris in ihrer Entstehung, ihrem Verlaufe u. ihren nächsten Folgen übersichtlich dargestellt. 2. Aufl. gr. 8. (60 S.) Braunschweig 848, J. H. Meyer. 1/4 Thlr.

Febure, s.a. *Lefebure*.

— n. Abhandl. v. Messen m. d. Wasserwage, a. d. Franz. v. Hollenborf. gr. 4. Berl. 753.

Febure, le, Kunst, Festungen anzugreifen und zu vertheidigen, a. d. Franz. m. K. gr. 4. Bresl. Gebr. 792.

— — dasselbe m. K. gr. 4. Bresl. G. Korn.

Febure, le, le roi voyageur incognito. 8. Frcf. Esslinger. 799.

— n. Traité du Nivellement, av. fig. gr. 4. Berl. 753.

— Versuch über die Minen. gr. 4. Bresl. Gebr. 792.

— — dasselbe m. K. gr. 8. Wien, Tendler. 788.

Fêbure de Saint-Ildefont, Guillaume René le, s.a. Lefêbure

— sichere, leichte und auf Erfahrung gegründete Art sich selbst ohne große Kosten u. ohne Hülfe eines Arztes v. d. verschiedenen Arten der Gonorrhoe oder Tripper zu heilen, für das männl. u. weibl. Geschlecht ꝛc. a. d. Frz. von G. v. E—r. 8. Jena. Melchior (Gabler) 789.

— v. Augenentzündungen ꝛc. gr. 8. Frankf. Eßlinger. 802.

Febure, Le, Heilart aller Augenentzündungen. 3te Aufl. 8. (Leipzig, Schmidt in Comm.) 818.

Febure, W. le, sichre Heilart aller Augenentzündungen. 8. Frankf. Eichenberg. 803. Rthlr.

— — dasselbe. 8. Lpz. Linke. 800.

— dasselbe. Leipzig, Linke; ist jetzt Märkers Verlag. (à 2 gr.)

Febüre, W. le, sichere u. kurze Heilart aller Augenentzündungen, sowohl d. frisch entstandenen, als eingewurzelten ꝛc. Mit ein. Darstellung d. Eigenschaften u. des Gebr. d. Augensalbe. 8. Eßlingen, Firdorff u. K. 812. Rthlr.

Febure, G. le, histoire anatomique physiolog. et optiq. de l'oeil. 8. Strasb. König. 803.

Febüre, W. R. le, Mittel, den verborg. u. eiternden Krebs a. d. Grunde zu heilen, a. d. Franz. 8. Strasb. Stein. 776.

— rech. et découv. sur le fluide nerveux et l'Esprit vital. 8. Frcf. Esslinger. 800.

— République fondée sur la nature etc. 2 Part. 8. Francf. Eichenberg. 798.

— — le même. 8. Frcf. Esslinger. 790.

— über d. schwarzen Staar ꝛc. m. K. gr. 8. Lpz. Wolf. 801.

— Untersuchung u. Entdeckung über die Natur u. Wirkungsart des Nervenfluidums, des Lebensgeistes, oder Lebensprincips, nach neuen u. genauen Versuchen. 8. Lpz. Joachim.

— Wegweiser f. Personen, welche mit Brüchen behaftet sind. gr. 8. Frkf. Eichenberg. 800.

— — derselbe. 8. Frkf. (Linke, Lpz.)

Febus, (Pseud.), System der Tonlehre. gr. 16. (VI u. 123 S.) Wien 850. Wallishauser. 12 ngr

Fèbvre, Frédéric, d. Liebespfand u. Anderes, s.: Sammlung mod. Belletristik in- u. ausländ. Autoren.

Fèbvre, S., unsere Pflichten gegen den göttlichen Heiland im allerheiligsten Altarssakrament. Bearb. u. verm. nach der französ. Ausg. 12. (XVI, 492 S. m. Titelbild.) Regensburg 899. F. Pustet. 1.50; geb. in Leinw. n. 2.—; in Ldr. m. Goldschn. n. 2.50

Fech, Johann Wilhelm (Kassel), De comitiis et ordinibus Hassiae praesertim Cassellanae provincialibus. Disp. jur. Präs. Johann Georg Estor. Marburg (Müller) 25. II. 1745. 72 S., tlws. dtsch. (6.—) 8615

Fechenbach, Frdr. Carl, Deutschland u. Frankreich oder: eine deutsche Antwort auf die französ. Herausforderungen. München 870. Fritsch. gr. 8. (60 S.) n. 6 ngr

Fechenbach, Frdr. Carl Reichs-Frhr. v., ultramontan-pseudopatriotisches Doppelspiel u. Alles, was damit zusammenhängt. Fortsetzung der Broschüre: Analyse der sogen. bayerisch-patriot. Partei. gr. 8. (VII, 176 S.) München 870. Fritsch. n. 2. 20

Fechenbach - Laudenbach, Friedrich Karl

Fechenbach-Laudenbach, Reichsfrhr. v., d. Bedeutg. d. heut. Socialdemokratie f. Staat u. Gesellschaft, od.: Was will, kann u. soll man? gr. 8. (III, 152 S.) Frankfurt a/M. 895. A. Foesser Nachf. n. 2. —

Fechenbach-Laudenbach, Frdr. Karl Reichsfrhr. v., ein Beitrag zur Lohn- u. Arbeiterfrage. gr. 8. (36 S.) Berlin 882. Puttkammer & Mühlbrecht. n. — 80

Fechenbach-Laudenbach, Reichsfrhr v., Fürst Bismarck u. die „deutsch"-conservative Partei od. e. politische Abrechnung. gr. 8. (VIII, 332 S.) Frankfurt a/M. 887. Foesser Nachf. n. 3. 50

— Denkschrift üb. die Arbeiterfrage, erstattet der sozial-polit. Conferenz f. den Mittelrhein. gr. 8. (102 S.) Ebd. 888. n. 1. 60

Fechenbach-Laudenbach, Reichsfrhr. v. Die kaiserl. Erlasse vom 4. Febr. 1890. Ihre Bedeutg. f. die Entwickelg. der staatl., wirthschaftl. u. gesellschaftl. Verhältnisse unter nachträgl. Berücksicht. der Entlassg. d. Fürsten Bismarck. 1. u. 2. Aufl. [1.—7. Tausend.] gr. 8. (XII, 151 S.) Frankf. a. M. 890, Foesser Nachf. * 1 80

— dasselbe, s.a. Broschuren, Frankfurter zeitgemäße.

— „Gouvernemental" u. „Conservativ" od. die Partei „Bismarck sans phraso". 2, durch e. Vorwort verm. Aufl. gr. 8. (39 S.) Osnabrück 885. Wehberg. n. — 50

— „der Kaiser ruft!" 1.—5. Aufl. gr. 8. (46 S.) Leipzig 896. F. Luckhardt. n. — 50

Fechenbach Laudenbach, Frhr. v., noch einmal: „Die Partei Bismarck sans phraso". Beleuchtung u. Würdigg. meiner gegnerischen Kritiker u. ihrer Kritiken, nebst Vergleich der Declaranten der 1850er m. denjenigen der 1870er Jahre. gr. 8. (66 S.) Augsburg 885. Literar. Institut v. Dr. M. Huttler. n.n. 1. —

— Papst, Centrum u. Bismarck od. die Kernpunkte der Situation. [Aus: „Germania".] gr. 8. (14 S.) Berlin 887. Germania. — 1/

Fechenbach zu Laudenbach, Reichsfrhr. v., s.: Peinlich, Fürchtegott.

— Referat über die Arbeiterfrage, im Anschluß an di „Denkschrift" erstattet der sozial-polit. Conferenz f. de Mittelrhein. gr. 8. (62 S.) Frankfurt a/M. 888. Foesser Nachf. n. — 60; Volksausg. n. — 35

Soll man die Socialdemokratie zur akuten Revolution, zu Straßenkämpfen, zwingen? Von Reichsfrh. [Friedrich Karl] v. Fechenbach-Laudenbach. Berlin & Leipzig: Luckhardt 1896. 112 S. 8° [09. 3083 II

— der „fünfte" Stand u. die Regierungen. gr. 8. (XVI, 237 S.) Berlin 884. Puttkammer & Mühlbrecht. n. 2. —

Fechheimer, S., Donatello u. die Reliefkunst, s.a. Zur Kunstgeschichte des Auslandes. 17. Hft.

Donatello und die Reliefkunst. Eine kunstwiss. Studie von S. Fechheimer. Mit 16 Lichtdrucktaf. *Straßburg: J. H. E. Heitz 1904.* (96 S.) 4°(8°)
— Kunstgeschichte, Zur, des Auslandes. H. 17. [04. 1466

Fechheimer, Samuel S(igismund): Ueber die Bedeutung Ruskins für das Leben und die Erziehung in England. *Jena 1898: G. Neuenhahn.* (63 S.) 8°
Jena, Phil. Diss. v. [11. Dez.] 1897

Fechner, Past. A. W., zur Erinnerung an ihn, s.: Zwetajew, D.

Fechner, Leben des Erzbischofs Wichmann von Magdeburg; zur Reichs- und Territorialgeschichte d. Zeit Friedrich's I. Erfurt 31 S. 1864.
Schul-/Univ.-Schrift

FECHNER, Rede über die Weiber in Städten. O. O. 1782. 8°. Selten! (30 xr. Taussig.)

Fechner Der beste Staat des Aristoteles. 29 S.
Brandenburg, Progr. 1849

Fechner, A. W., Chronik der ev. Gemeinden in Moskau. Bd. 2. Moskau 1862

Fechner, A. W., Chronik der evangelischen Gemeinden in Moskau. Zum 300jähr. Jubiläum der evangelisch-luther. St. Michaelis-Gemeinde zusammengestellt. 2 Bde. gr. 8. (XII, 517 u. IV, 750 S. m. 1 lith. Plane in qu. gr. 4.) Moskau 876. Deubner. n. 15. —

Fechner, A., Die evang.-luth. Gemeinden in Rußland 1, 2. St. Petersburg 1909

Fechner, A. W., die Leiden des Pastors Seider. Von ihm selbst geschrieben. Nebst andern Seider betr. Mittheilungen. gr. 8. (VII, 128 S.) Leipzig 881. (Moskau, Deubner.) *

Fechner, Anna

Briefe einer Grossmutter an ihre Enkelin über das Leben einer Landwirtin von Anna vom Lande [d. i. Anna Fechner]. *Berlin-Schöneberg: F. Telge 1898.* (142 S.) 8° [F.] [98. 843

Fechner, Anna (Anna vom Lande), Leute vom Gutshofe. Lebensbilder. (284 S.) 8. Berlin 910. Deutsche Landbuchh. 3.—; geb. n 4. —

— s.: Nüsse, kleine.

Fechner, Augusta, Waldhof. Eine Erzählg. 8. (III, 236 S.) Halle 885. Kaemmerer & Co. n. 3. —; geb. n. 4. —

Fechner, Augusta, Waldhof. Eine Erzählg. 2. (Titel-)Aufl. 8. (III, 236 S.) Halle 894. C. A. Kaemmerer & Co. n. 3. —; geb. n. 4. —

Fechner Bruno: Studien zur Entwicklungsgeschichte des historischen Dramas in Frankreich von der Klassikerzeit bis zum Ende der Romantik. II. 1910 PN 3042 Diss. Innsbruck, Univ. 2339

Fechner, C., s. Fechner, Karl

Fechner, C. A., s. Fechner, Karl A.

Fechner, Chr. Gf., († d. 25. Juni 1795.) Beitrr. zur Unterhaltung f. Freunde d. Religion u. des Vaterlandes. 3 Stücke. 8. Parchwitz 793—95. Verfass. 18 gl.

— s.a. Geschichte d. Stadt Bunzlau.

(Fechner, Chr. G.) Geschichte der Stadt Bunzlau. 2 Th. 8. Bunzlau 1787.

Fechner, Georg

Fechner, G., die Pauken u. Trommeln, s.a. Schauplatz der Künste etc.

Fechner, Georg. Die Pauken und Trommeln .... mit Gewandtheit, Feinheit und Präcision schlagen zu lernen. Weimar 1862.

Fechner, Gustav Theodor [wirkl. Name], s.a. M i s e s [Pseud.]

— zur experimentalen Aesthetik. 1. Thl. (Aus „Abhandlgn. der mathemat.-phys. Classe der königl. Ges. d. Wiss."] hoch 4. (81 S.) Leipzig 871. Hirzel. n. 2.—

Fechner, Gust. Thdr., über die physikalische und philosophische Atomenlehre. gr. 8. (XVI und 210 S.) Leipzig 855, Mendelssohn.

Fechner, Gust. Thdr., über die physikalische und philosophische Atomenlehre. 2., verm. Aufl. gr. 8. (XXIII und 260 S.) Leipzig 864, Mendelssohn. *

— über den Ausgangswerth der kleinsten Abweichungssumme, dessen Bestimmg., Verwendg. u. Verallgemeinerg. [Aus „Abhandlgn. der k. sächs. Gesellsch. der Wiss."] hoch 4. (76 S.) Ebend. 874. n. 2. —

Fechner, Gust. Theod. Eine Auswahl aus seinen Schriften, s.: Bücher der Weisheit u. Schönheit.

Fechner, G. Th., Einige Bemerkungen gegen die Abhandlung Prof. Osann's „Ueber Ergänzungsfarben" in der Würzburger naturw. Zeitschr., Bd. I, S. 61 ff. (Ber. der Kön. Sächs. Ges. der W., math.-phys. Kl. 1860.)

— Beobachtungen, welche zu beweisen scheinen, dass durch die Uebung der Glieder der einen Seite die der andern zugleich mit geübt werden. (Zusatz zur vorhergehenden Abhandlung.) (Aus: Ber. der Kön. Sächs. Ges. der Wissensch., math.-phys. Kl., Sitz am 20. März 1858.)

— Bericht üb. das auf der Dresdner Holbein-Ausstellung ausgelegte Album. Mit einigen persönl. Nebenbemerkgn. gr. 8. (45 S.) Leipzig 872. Breitkopf & Haertel. 1. —

Fechner, Gustav Theodor, s. B i o t , J. B.: Lehrbuch.

— u. W. Preyer, wissenschaftliche Briefe. Nebst e. Briefwechsel zwischen K. v. Vierordt u. Fechner, sowie 9 Beilagen. Hrsg. v. W. Preyer. Mit dem Bildnis Fechner's (in Heliograv.) u. 4 Holzschn. gr. 8. (VII, 232 S.) Hamburg 890. Voss. n. 7. —

(Fechner, Gust. Theod.) † (D. Mises,) das Brom, s. Brom.

Mises (Gst. Thdr. Fechner): das Büchl. v. Leben nach d. Tode. *Dresd.*, Grimmer. B. 836. gr 12° 6 gl Dazu als Gegenschr.: d. Büchl. v. d. Auferstehung; v. *Nicodemus. Dresd.*, Grimmer. B. 836. 8° 8 gl

Fechner, Gust. Thdr., das Büchlein vom Leben nach dem Tode. 2. Aufl. Leipzig 866. Voss. 8. (VIII, 85 S.) 15 ngr.

Fechner, Gust. Thdr., das Büchlein vom Leben nach dem Tode. 3. Aufl. 8. (XI, 78 S.) Hamburg 887, Voss. * geb. *

Fechner, Gust. Thdr., das Büchlein vom Leben nach dem Tode. 4. Aufl. 8. (XI, 86 S.) Hamburg 900. L. Voß. n. 1. 50; geb. n. 2. 50

Das Büchlein vom Leben nach dem Tode von Gustav Theodor Fechner. 5. Aufl. Hamburg & Leipzig: Voss 1903. X, 86 S. 8° [illegible]

Fechner, Gust. Thdr., das Büchlein vom Leben nach dem Tode. 6. Aufl. (XI, 86 S.) 8. Hamburg 906. L. Voß. n. 1. —; kart. n. 2. —
5. Aufl. (XI, 86 S.) 903. n. 1. 50; geb. n. 2. 50.

— Ueber die ungleiche Deutlichkeit des Gehörs auf linkem und rechtem Ohre. (Ber. der Kön. Sächs. Ges. der Wissensch., math.-phys. Kl. Oeffentl. Sitzung am 1. Juli 1860.)

— zur Deutungsfrage u. Geschichte der Holbein'schen Madonna. [Abdr. aus dem Archiv für die zeichnenden Künste.] Leipzig 866. R. Weigel. gr. 8. (45 S.) n. 15 ngr.

Fechner, Gust. Thdr., üb. die Aechtheitsfrage der Holbein'schen Madonna. Discussion u. Acten. gr. 8. (XII, 167 S.) Leipzig 871. Breitkopf & Haertel. 2. 50

Fechner, Gust. Thdr., Elementar-Lehrbuch des Elektromagnetismus, nebst Beschreib. d. hauptsächl. elektromagnet. Apparate. Mit 4 Kpft. gr. 8. Leipz. 830. Voß. 1 th 12 gl

Fechner, Gust. Thdr., Elemente der Psychophysik. 2 Thle. gr. 8. Leipzig 860, Breitkopf und Härtel. [1. Thl. (XIV und 336 S.) 1 Thlr. 24 Ngr., 2. (XII und 572 S.) 2 Thlr. 21 Ngr.]

Fechner, Gust. Thdr. Elemente der Psychophysik. 2. unveränd. Aufl., m. Hinweisen auf d. Verf. spätere Arbeiten u. e. chronologisch geordneten Verzeichniss seiner sämmtl. Schriften. 2 Thle. gr. 8. (XVI, 346; XII, 571 S.) Lpz. 889, Breitkopf u. Härtel. * 16 —; geb. * 19 —; Verzeichn. d. Schr. sp. (10 S.) ** — 25

— Elemente der Psychophysik. 3. unveränd. Aufl. Mit Hinweisen auf des Verf. spätere Arbeiten u. e. chronologisch geordneten Verzeichnis seiner sämtl. Schriften. 2 Tle. (XVI, 341 u. XII, 562 S.) gr. 8. Leipzig 907. Breitkopf & Härtel. 15.—; geb. in Halbfrz. n 18. —

Fechner, Gust. Thdr., Erinnerungen an die letzten Tage der Odlehre und ihres Urhebers. 8. (55 S.) Leipzig 876, Breitkopf und Härtel.

— Ueber den seitlichen Fenster- und Kerzenversuch. (Abdr. aus den Ber. der math.-phys. Kl. der Kön. Sächs. Ges. der Wissensch., 1861.)

Fechner, Gust. Thdr., über die Frage des Weber'schen Gesetzes und Periodicitätsgesetzes im Gebiete des Zeitsinnes. Lex.-8. (108 S.) Leipzig 884, Hirzel. •

— Ueber die Frage des psycho-physischen Grundgesetzes mit Rücksicht auf Aubert's Versuche. (Abdr. aus den Ber. der math.-phys. Kl. der Kön. Sächs. Ges. der Wissensch., 1861.)

— Ueber den Gang der Muskelübung. (Aus: Ber. der Kön. Sächs. Ges. der Wissensch., mathem.-phys. Kl. 1857, Heft II.)

—— über ein wichtiges psychophysisches Gesetz und dessen Beziehung zur Schätzung der Sterngrössen. gr. Lex.-8. (78 S.) Leipzig 858, Hirzel. *
Aus: Abhandlungen der mathemat.-phys. Classe der k. sächs. Gesellschaft der Wissenschaften, besonders abgedruckt.

Fechner, Gust. Thdr., üb. das höchste Gut. gr. 8. Leipzig 846, Breitkopf u. Härtel. 1/2 th

Fechner, Gust. Theod., † (Dr. Mises,) das Haus-Lexikon, s. Haus-Lexikon.

—— einige Ideen zur Schöpfungs- und Entwicklungsgeschichte der Organismen. gr. 8. (VI, 108 S.) Leipzig 873, Breitkopf und Härtel.

— Katechismus oder Examinatorium über d. Physiologie d. Menschen. 8. Leipz. 823. Baumgärtner. 16 gl

— Katechismus d. Logik oder Denklehre, bestimmt zum Selbst- u. Schulunterricht, mit erläuternden Beispielen. 8. Leipzig 823. Baumgärtner.

Fechner, Gust. Thdr., Kollektivmasslehre. Im Auftr. d. kgl. sächs. Gesellschaft d. Wissenschaften hrsg. v. Gottl. Frdr. Lipps. gr. 8. (X, 483 S.) Leipzig 897. W. Engelmann. n. 14. —; geb. n n. 16. 20

— Ueber die Contrast-Empfindung. (Ber. der Kön. Sächs. Ges. der Wissensch., math.-phys. Kl. Oeffentl. Sitzung am 1. Juli 1860.)

Fechner, G. Th., Ueber die Korrektionen bezüglich der Genauigkeitsbestimmung der Beobachtungen, der Bestimmung der Schwankungen meteorologischer Einzelwerthe um ihren Mittelwerth, und der psychophysischen Maassbestimmungen nach der Methode der mittleren Fehler. (Mathem.-Phys. Klasse 1861.)

—— s. Kunze, J. C.

—— Lehrbuch d. Galvanismus u. d. Elektrochemie, s.a. Biot, J. B., Lehrbuch rc., 3. Bd.

Lehrbuch des Galvanismus und der Elektrochemie. Nach den Originalquellen bearb. von Gustav Theodor Fechner. Leipzig: Voß 1829. XVI,564 S. 8°
(= Biot, Jean Baptiste: Lehrbuch der Experimental-Physik oder Erfahrungs-Naturlehre. Bd 3.)

Fechner, Gustav Theodor, De magnetismo variabili qui chalybi actione galvanica inducitur. Lpz. (Staritz) o. J. 19 S. (3.20)

—— Massbestimmungen üb. d. galvan. Kette. M. 1 lith. Taf. gr. 4. (34 B.) Leipzig 831, Brockhaus.

Fechner, Gustav Theodor: Über die psychischen Massprincipien und das Weber'sche Gesetz, s. Studien, philosophische.

— über die Methode der richtigen u. falschen Fälle in Anwendung auf die Massbestimmungen der Feinheit od. extensiven Empfindlichkeit d. Raumsinnes. Lex.-8. (204 S.) Ebend. 884. n. 7. —

— — u. Carl Wilhelm Herrmann Brandes, De variis intensitatem vis galvanicae metiendi methodis. Diss. philos. Lpz. (Breitkopf & Haertel) 14. XII. 1835. 33 S. (4.50)

— — De nova methodo magnetismum explorandi, qui per actionem galvanicam in ferro ductili excitatur. Dissertatio. Lpz. (Breitkopf & Haertel) 16. XII. 1835. 25 S. (4.—)

Mises (d. i. Gst. Thdr. Fechner's) vier Paradoxa. *Lpz.*, Voss. 846. 12° 12 gl

—— die drei Motive und Gründe des Glaubens. 8. (VII und 256 S.) Leipzig 863, Breitkopf und Härtel.

Die drei Motive und Gründe des Glaubens. Von Gustav Theodor Fechner. 2. Aufl. Leipzig: Breitkopf & Härtel 1910. V, 109 S. 8°

— Nachtrag zu der Abhandlung: Ueber ein psycho-physisches Grundgesetz und dessen Beziehung zur Schätzung der Sterngrössen, in den Abhandl. der mathem.-phys. Klasse, Bd. IV. (Berichte der Kön. Sächs. Ges. der Wissensch., mathem.-phys. Kl., Sitzung am 12. Febr. 1859.)

Fechner, Gust. Thdr., Nanna oder über das Seelenleben der Pflanzen. 8. (XII u. 399 S.) Leipzig 848, Voß. n. 1 ₰ 22 ngl

— Nanna od. Über das Seelenleben der Pflanzen. 2. Aufl. Mit e. Einleitg. v. Kurd Laßwitz. 8. (XIX, 301 S.) Ebd. 899. Geb. in Leinw. n. 6. —

— Nanna od. über das Seelenleben der Pflanzen. 3. Aufl. Mit e. Einleitg. v. Kurd Laßwitz. (XIX, 303 S.) gr. 8. Ebd. 903. Geb. in Leinw. n. 6. —

— Nanna od. Über das Seelenleben der Pflanzen. 4. Aufl. Mit e. Einleitg. v. Kurd Laßwitz. (XVI, 303 S.) 8. Hamburg 909. L. Voß. Geb. in Leinw. 5. —

Fechner (G. T.). Pflanzenanalysen. Leipzig, 1829. 8°.

— — (Gross-Saehrchen/Laus.) u. Moritz Wilhelm Drobisch, Praemissae ad theorium organismis generalem. Spec. I. Lpz. (Staritz) 6. IX. 1823. 24 S. (3.50)

Fechner, Gust. Thdr., in Sachen der Psychophysik. gr. 8. (VIII, 220 S.) Leipzig 877. Breitkopf & Härtel. n. 5.—

—— die historischen Quellen und Verhandlungen über die Holbein'sche Madonna. Monographisch zusammengestellt und discutirt. gr. 8. (74 S.) Leipzig 866, R. Weigel. *
Aus: Archiv für die zeichnenden Künste, besonders abgedruckt.

— Repertorium d. organ. Chemie rc., s.a. L. J. Thenard, Lehrbuch d. Chemie. 4r—6r Bd.

Repertorium der organischen Chemie. Leipzig, 1826–28. 2 vols., 8vo.

Fechner, Gust. Thdr., s.a. Repertorium der neuesten Entdeckungen.

Fechner, Gust. Thdr., Repertorium d. neuesten Entdeckungen in d. organ. Chemie. 2 Bde. gr. 8. Leipz. 830, 33. Voß. 6 ₰ 21 gl (1r Bd. A. u. d. T.: Thenard, Lehrbuch d. theoret. u. prakt. Chemie. 7r Bd. 2e Abthl. 3 ₰)

— Repertorium d. neuesten Entdeckungen in d. unorganischen Chemie. 3 Bde. gr. 8. Leipz. 830—33. Voß. 9 ₰ 14 gl (1r Bd. A. u. d. T.: Thenard, Lehrb. d. theoret. u. prakt. Chemie. 7r Bd. 1e Abtheil. oder 1r Suppl. Bd. 1e Abthl. 4 ₰)

Fechner, Gust. Theod., † (D. Mises,) Repertorium d. Experimentalphysik, enthalt. e. vollständ. Zusammenstellung d. neuern Fortschritte dieser Wissenschaft. Als Supplem. zu neuern Lehr- u. Wörterbüchern d. Physik. 3 Bde. gr. 8. Leipzig, Voß. [1. (32 B. u. 3 Kpfrt. in gr. 4.) 832. 3 Thlr., 2. (32 B., 7 Kpfrt. in gr. 4. u. 2 Tab. qu. Fol.) 832. 3 Thlr. 8 Gr., 3. (16½ B.) 832. 1 Thlr. 8 Gr.] Thlr.

—— Resultate der bis jetzt unternomm. Pflanzenanalysen, nebst ausführl. chem.-physikal. Beschreibung d. Holzes, d. Kohle, d. Pflanzensäfte u. einiger and. wicht. Pflanzenkörper. gr. 8. (22½ B. u. 3¼ B. Tabn.) Leipzig 829, Voß.
Vgl. Mises.

— Revision der Hauptpunkte der Psychophysik. gr. 8. (XII, 427 S.) Leipzig 882. Breitkopf & Härtel. n. 8. 50

Fechner, G(ustav) Th(eodor) (Übers.):

s.: Rostan, Léon: Untersuchungen über die Erweichung des Gehirns... (Recherches sur une maladie peu connue, qui a reçu le nom de ramolissement du cerveau. Seconde édition. Dt.) Leipzig: 1824

JB 4.516

— Professor Schleiden und der Mond. Leipzig 856. Gumprecht. 8. (XVII, 427 S.) n. 2 ₰

— über die Seelenfrage. Ein Gang durch die sichtbare Welt, um die unsichtbare zu finden. Leipzig 861. Amelang. gr. 8. (VII, 229 S.) n. 1 ₰

— Über die Seelenfrage. Ein Gang durch die sichtbare Welt, um die unsichtbare zu finden. 2. Aufl., besorgt v. Eduard Spranger. Mit e. Geleitwort v. Frdr. Paulsen. (XVI, 239 S.) 8. Ebd. 907. 2.—; geb. 2. 80

* MISES, Dr. (d. i. *Gust. Theod. Fechner*), Stapelia mixta. Leipzig 1824. Bei Leopold Voss. 8°. (In Berlin: Yz 6931.) VIII u. 205 S. u. 2 S. Anzeigen. Mit Figuren im Text. (10 Mk., unbeschn. Expl., Max Jaeckel, Potsdam, 1908; 10 Mk., sehr schönes unbeschn. Expl., Leo Liepmannssohn, 1907.)

— die Tagesansicht gegenüber der Nachtansicht. gr. 8. (VI, 274 S.) Ebend. 879. n. 5. 50

Die Tagesansicht gegenüber der Nachtansicht. Von Gustav Theodor Fechner. 2. Aufl. Leipzig: Breitkopf & Härtel 1904. (VI, 247 S.) 8° [F.]
(03. 737 6

— über einige Verhältnisse des binocularen Sehens. (Aus den Abhdlgn. der k. Sächs. Ges. des Wiss.) Leipzig 860. Hirzel. Lex.-8. (228 S.) n. 1 ₰ 26 ngr.

— Versuch einer Theorie des Galvanismus. (Annal. der Physik und Chemie. Band XXXXIV. 1838. No. 5.)

—— Vorschule der Aesthetik. 2 Thle. gr. 8. Ebendas. 876. [1. Thl. (VIII, 264 S.) ℳ 5,50.; 2. Thl. (IV, 319 S.) ℳ 6,50.]

— Vorschule d. Aesthetik. 2 Thle. 2. Aufl. gr. 8. (VIII, 264 S.) Leipzig, Breitkopf & Härtel. n. 11. 50
1. (VIII, 264 S.) 897. n. 5. 50 — 2. (IV, 319 S.) 898. n. 6. —

Fechner, Gustav Theodor: In Sachen des Zeitsinnes und der Methode der richtigen und falschen Fälle, gegen Estel und Lorenz, s. Studien, philosophische.

— Zend-Avesta od. üb. die Dinge des Himmels u. des Jenseits. Vom Standpunkt der Naturbetrachtung. 3 Thle. 8. 1 u. 2. Thl. Ueber die Dinge des Himmels. (1: XXX u. 479 S. 2: 391 S.) 3. Ueber die Dinge des Jenseits. (VI u. 399 S.) Ebd. 851. n. 6 ₰

— Zend-Avesta od. üb. die Dinge des Himmels u. des Jenseits. Vom Standpunkt der Naturbetrachtg. 2. Aufl. Besorgt v. Kurd Laßwitz. 2 Bde. gr. 8. Ebd. 901. n. 13. —; geb. in Leinw. n. 16. —
1. (XXII, 360 S.) n. 6. —; geb. n. 7. 50
2. (IV, 439 S.) n. 7. —; geb. n. 8. 50

— Zend-Avesta od. üb. die Dinge des Himmels u. des Jenseits. Vom Standpunkt der Naturbetrachtg. 3. Aufl. Besorgt v. Kurd Laßwitz. 1. Bd. (XXII, 360 S.) gr. 8. Hamburg 906. L. Voß. n. 5. —; geb. in Leinw. n. 6. 50

— Zend-Avesta od. üb. die Dinge des Himmels u. des Jenseits. Vom Standpunkt der Naturbetrachtg. 3. Aufl. Besorgt v. Kurd Laßwitz. 2. (Schluß-)Bd. (IV, 439 S.) gr. 8. Ebd. 906. 5.—; geb. in Leinw. 6. 50

(——) pharmaceut. Centralblatt, 1—5. Jahrg., s. Centralblatt.

Fechner, H., s.a. Fechner, Heinrich

Fechner, H. Gelehrsamkeit oder Bildung? Versuch einer Lösung der Gymnasiums- und Realschulfrage. Breslau 1879.

Fechner, H., Gef. z. Verhütg. v. Hochwassergefahren, s.: Hermes, J.

Fechner, H., Turngeräthe-Fabrik: Preisbuch. Leipzig-Anger (1899?)

Fechner, H., Wirtschaftsgeschichte der preussischen Prov. Schlesien in der Zeit ihrer provinziellen Selbständigkeit 1741—1806. Nach den Akten des Geheimen Staatsarchivs u. des Handelsministeriums in Berlin, des Staatsarchivs u. des Oberbergamtsarchivs zu Breslau dargestellt. (X, 737 S.) Lex.-8. Breslau '07, S. Schottlaender's schles. Verlagsanstalt. 30. —

Fechner, Hans

— u. Carl Paeske, Fischkalender. 1. Tl.: Fische unserer Flüsse u. Seen, s.: Natur, die deutsche.

– Gesetz zur Verhütung von Hochwassergefahren, s. Hermes, Just.

Fechner, Hanns, s.: Natur, die, deutsche, in Monatsbildern.

— s.: Vogelkalender.

Fechner, Heinr. (Hrsg.), s. ABC-Bücher des 15., 16. u. 17. Jahrh.

Fechner, Heinr., Anleitg. z. Erteilg. d. ersten Leseunterrichts n. d. Normalwörtermethode m. Vorkursus (d. komb. Schreiblese- u. Normalwörtermethode). Begleitwort z. d. „Neuen Fibel" (Ausg. A u. B) u. d. „Ersten Lesebuche". gr. 8. (IV, 76 S.) Berlin 896. Wiegandt & Grieben. n. 1. —

Fechner, Heinr., Anleitung zur Erteilung des ersten Leseunterrichts nach der Normalwörtermethode m. Vorkursus (der komb. Schreiblese- u. Normalwörtermethode) auf phonet. Grundlage. Begleitwort zu der „Neuen Fibel" (Ausg. A u. B) u. dem „Ersten Lesebuche". 2. Aufl. gr. 8. (IV, 76 S.) Berlin 902. Wiegandt & Grieben. n. 1. —

— sachliche u. sprachliche Anmerkungen zu dem deutschen Lesebuche, s.: Engelien, Aug.

— Aufgaben f. den Unterricht in der Buchstabenrechnung (Algebra). 4. gänzl. umgearb. u. stark verm. Aufl. gr. 8. (VIII, 222 S.) Berlin 902. W. Schultze. n. 2. 15; Resultate. (35 S.) n. 1. 25

— Aufgaben f. den Unterricht in der Buchstabenrechnung. (Algebra). 5. verm. Aufl. (IV, 266 S.) 8. Berlin 905. W. Schultze. n. 2. 50; geb. n. 2. 90

Fechner, Heinr., Aufgaben für den ersten Unterricht in der Buchstabenrechnung u. Algebra. gr. 8. (IV, 68 S.) Berlin 878. W. Schultze. n. — 75

— dasselbe. Resultate. gr. 8. (24 S.) Ebend. 878. n. — 75

Fechner, Heinr., Aufgaben für den ersten Unterricht in der Buchstabenrechnung und Algebra. 2. stark verm. Aufl. gr. 8. (VI, 120 S.) Berlin 888, W. Schultze. *

— Aufgaben f. d. ersten Unterr. in d. Buchstabenrechnung (Algebra). 3., verm. u. verb. Aufl. gr. 8. (IV, 124 S.) Berlin 896. Wilh. Schultze's Verl. n. 1. 20

— dasselbe. Resultate. 3. Aufl. gr. 8. (25 S) Ebd. 896. n. — 75

Fechner, Heinrich, a. Zabrze O.-S., Referendar bei der Kgl. Staatsanwaltschaft in Breslau: Die Bedeutung der Inventarerrichtung für die Schuldenhaftung des Erben. Breslau 1906: F. W. Jungfer. (70 S.) 8° [F.]
Erlangen, Jur. Fak., Ref. Binder, Diss. v. 15. Juni 1906
[Geb. 22. Juli 82 Alt-Zabrze; Wohnort: Breslau; Staatsangeh.: Preußen; Vorbildung: Gymn. Gleiwitz Reife O. 01; Studium: Berlin 6 S.; Rig. 7. Mai 06.]

Fechner, Heinr., Begleitwort zur deutschen Fibel u. zu dem ersten Lesebuche. gr. 8. (36 S.) Berlin 873. Wiegandt & Grieben. n. — 60

Fechner, Heinrich: Bilder aus der Mark Brandenburg, s.: Engelien, August

Fechner, Heinrich: Bilder aus Elsaß-Lothringen, s.: Engelien, August

Fechner, Heinrich: Bilder aus dem Leben Mart. Luthers, s.: Engelien, August

Fechner, Heinrich, a. Berlin: Giuliano Cesarini. (1398—1444.) Bis zu seiner Ankunft in Basel am 9. September 1431 Marburg 1907: (E. Ebering, Berlin). (113 S.) 8°
Marburg, Phil. Fak., Ref. v. d. Ropp, Diss. v. 28. Juli 1907
[Geb. 10 Febr. 79 Berlin; Wohnort: Berlin; Staatsangeh.: Preußen; Vorbildung: Friedrich-Wilhelms-Gymn. Berlin, Gymn. Treptow Reife M. 00; Studium: Berlin 1, Marburg 1, Berlin 4, Marburg 6 S.; Rig. 19. Dez. 06.]

Fechner, Heinr., deutsche Fibel nach der analytisch-synthetischen Lesemethode. Ausg. A. 1. Aufl. 1873, und 2. Aufl. gr. 8. (72 S.) Berlin 874, Wiegandt und Grieben. *

—— deutsche Fibel, nach der analytisch-synthet. Lesemethode bearb. Ausg. A. 3.—10. Aufl. gr. 8. (IV, 72 S., wovon 32 lithogr.) Berlin 877—79, Wiegandt und Grieben. *

Fechner, Heinr., deutsche Fibel nach der analytisch-synthetischen Lesemethode. Ausg. A. 11.—20. Aufl. Mit der für die preuß. Schulen verordneten Rechtschreibung. gr. 8. (IV, 72 S., wovon 32 lithogr.) Berlin 880—84, Wiegandt und Grieben. * cart. *

—— deutsche Fibel nach der analytisch-synthetischen Lesemethode. Ausg. A. 21.—41. Aufl. gr. 8. (IV, 70 S., wovon 32 lithogr.) Berlin 884—88, Wiegandt und Grieben. *

— deutsche Fibel nach der analytisch-synthetischen Lesemethode. Ausg. A. 41. Aufl. gr. 8. (IV, 70 S., wovon 32 lithogr.) Berlin 888. Wiegandt & Grieben. n. —40

— deutsche Fibel, nach der analytisch-synthetischen Lesemethode bearb. Mit e. Titelbilde v. Osk. Pletsch. Ausg. A. 96. Aufl. Nach der neuen amtl. Rechtschreibg. (76 S. m. Abbildgn.) 8. Ebd. 905. Geb. n.n. —55

— dasselbe. 95. Aufl. (Für die Prov. Hannover.) (76 S. m. Abbildgn.) 8. Ebd. 905. Geb. n.n. —55

— Fibel nach der analytisch-synthetischen Lesemethode. Ausg. C. In 2 Thln. gr. 8. Berlin 879. Wiegandt & Grieben. n. —70
1. Fibel. (VI, 72 S., wovon 32 lith.) n. —40
2. Lesebüchlein. (IV, 72 S.) n. —30

—— Fibel nach der analytisch-synthetischen Lesemethode. Ausg. C. 2 Thle. gr. 8. Ebendas. 880—82. *
Inhalt:
Thl. 1. Fibel. 2.—4. Aufl. (VI, 72 S.) * 40 Pf.
" 2. Lesebüchlein. 2. und 3. Aufl. (IV, 72 S.) * 30 Pf.

—— Fibel nach der analytisch-synthetischen Lesemethode. Ausg. C. 2 Thle. gr. 8. Ebendas. 884—87. *
Inhalt:
Thl. 1. Fibel. 5. und 6. Aufl. (VI, 72 S.) * 40 Pf.
" 2. Lesebüchlein. 4. und 5. Aufl. (IV, 72 S.) * 30 Pf.

— Fibel nach der analytisch-synthetischen Lesemethode. Ausg. C. In 2 Tln. Nach der neuen amtl. Rechtschreibg. Mit e. Orig.-Titelbilde v. Osk. Pletsch. gr. 8. Berlin (903). Wiegandt & Grieben. n. —70; geb. n.n. 1.—
I. 13. Aufl. (VIII, 72 S. m. Abb.) n. —40; geb. n.n. —55
II. (Lesebüchlein.) 10. Aufl. (III, 72 S.) n. —30; geb. n.n. —45

— dasselbe. 63. Aufl. (Für die Prov. Hannover.) Nach der neuen amtl. Rechtschreibg. (III, 76 S. m. Abbildgn.) gr. 8. Ebd. (903). n. —40; geb. n.n. —55

— neue Fibel. Nach den Grundsätzen der reinen Schreiblese- u. der Normalwörtermethode bearb. Ausg. A. gr. 8. (IV, 72 S., wovon 32 lithogr.) Ebd. 887. n. —40

— Neue Fibel. Nach d. Grundsätzen d. reinen Schreiblese- u. d. Normalwörtermethode (Normalwörtermethode m. Vorkursus) bearb. Ausg. A. 4. Aufl. M. e. Orig.-Titelbilde v. B. Paul Mohn. 8. (IV, 72 S. m. Abb.) Berlin 896. Wiegandt & Grieben. n. —40; Einbd. n.n.n. —13

— dasselbe. Ausg. B. 3. Aufl. 8. (VIII, 92 S. m. Bild.) Ebd. 897. n. —45; Einbd. n.n.n. —13

— neue Fibel. Nach den Grundsätzen der reinen Schreiblese- u. Normalwörter-Methode (Normalwörter-Methode m. Vorkursus) bearb. Mit e. Orig.-Titelbilde v. B. Paul Mohn. Ausg. A. (IV, 72 S. m. Abbildgn.) gr. 8. Ebd. (903). n. —40; geb. n.n. —55

— dasselbe. Ausg. B. Nach der neuen amtl. Rechtschreibg. (92 S. m. Abbildgn.) gr. 8. Ebd. (903). n.n. —45; geb. n.n. —60

Fechner, Heinr., Fibel nach der reinen Schreiblesemethode. Auf phonet. Grundlage bearb. (Fibel H.) (IV, 84 S. m. Abbildgn.) gr. 8. Berlin (907). Wiegandt & Grieben. Kart. nn —60

— Geschichte d. deutschen Unterrichts in der Volksschule, s.: Engelien, A.

— Geschichte d. Volksschullesebuches, s.: Kehr, C., Geschichte der Methodik d. deutschen Volksschulunterrichtes.

Fechner, Heinr., Grundriß der Geschichte der wichtigsten Leselehrarten. Auf Grundlage der Schrift: „Die Methoden d. ersten Leseunterrichts" bearb. Mit 63 Abbildgn. gr. 8. (VIII, 72 S.) Berlin 884. Wiegandt & Grieben. n. 1.20

— Grundriß der Geschichte der wichtigsten Leselehrarten. Auf Grundlage der Schrift: „Die Methoden des ersten Leseunterrichts" bearb. 2. verm. u. verb. Aufl. gr. 8. (VII, 95 S. m. Abb.) Berlin 900. Wiegandt & Grieben. n. 1.50

— Hand-Fibel nach der analytisch-synthetischen Lesemethode. Ausg. f. Berliner Schulen. Nach der neuen amtl. Rechtschreibg. Mit e. Orig.-Titelbilde v. Osk. Pletsch. (IV, 92 S. m. Abbildgn.) gr. 8. Ebd. (903). Geb. n.n. —50

— neue Hand-Fibel. Nach den Grundsätzen der reinen Schreiblese- u. der Normalwörter-Methode bearb. Ausg. f. Berliner Schulen. Nach der neuen amtl. Rechtschreibg. (92 S. m. Abbildgn.) gr. 8. Ebd. (903). Geb. n n. —50

Fechner, Heinrich: Deutsches Lesebuch, s.: Engelien, August

Fechner, Heinr., deutsches Lesebuch für Mittelschulen, s. Engelien, A.

—— erstes Lesebuch. Im Anschluß an die deutsche Fibel bearb. 1. Aufl. (IV, 116 S.) 1873, und 2. verm. Aufl. gr. 8. (120 S.) Berlin 875, Wiegandt und Grieben. *

—— erstes Lesebuch. Im Anschluß an die deutsche Fibel bearb. 2.—9. verm. Aufl. gr. 8. (120 S.) Berlin 875—79, Wiegandt und Grieben. *

—— erstes Lesebuch. Im Anschluß an die deutsche Fibel bearb. 10.—21. Aufl. Mit der für die preuß. Schulen verordneten Rechtschreibung. gr. 8. (120 S.) Berlin 880—84, Wiegandt und Grieben. * 50 Pf.; cart. *

—— erstes Lesebuch. Im Anschluß an die deutsche Fibel bearb. 22.—37. Aufl. gr. 8. (120 S.) Berlin 885—88, Wiegandt und Grieben. *

— erstes Lesebuch. Neubearbeitung. Mit e. Titelbilde v. B. Paul Mohn. gr. 8. (IV, 116 S.) Berlin 903. Wiegandt & Grieben. Geb. n.n. —70

— erstes Lesebuch. 77. Aufl. Nach der neuen amtl. Rechtschreibg. (120 S.) gr. 8. Ebd. (905). Geb. n.n. —70

— dasselbe. Neubearbeitung. Mit e. Titelbilde v. B. Paul Mohn. 6. Aufl. (IV, 116 S.) gr. 8. Ebd. (905). Geb. n.n. —70

Fechner, Heinr., die analytisch-synthetische Lesemethode. Ein Begleitwort zur Fibel. Ausg. C. gr. 8. (VI, 138 S.) Berlin 879. Wiegandt & Grieben. n. 2.—

— der erste Leseunterricht. 2., stark verm. Aufl. des „Begleitwortes zu der Fibel u. dem Ersten Lesebuche". gr. 8. (III, 168 S.) Ebend. 878. n. 2.75

— dasselbe, nach der analytisch-synthetischen Lesemethode. [Normalwörtermethode.] Ein Begleitwort zu der „Deutschen Fibel", Ausg. A., der „Deutschen Schreib-Lese-Fibel", Ausg. B., u. dem „Ersten Lesebuche". 3. Aufl. gr. 8. (III, 88 S.) Ebend. 882. n. 1.20

— der erste Leseunterricht nach der analytisch-synthetischen Lesemethode [Normalwörtermethode]. Begleitwort zu der „Deutschen Fibel", Ausg. A., der „Deutschen Schreib-Lese-Fibel", Ausg. B., u. dem „Ersten Lesebuche". 4. Aufl. gr. 8. (VIII, 166 S.) Ebd. 887. n. 2.50

[F.] Der erste Leseunterricht nach der analytisch-synthetischen Lesemethode '(Normalwörtermethode)'. Begleitwort zu der 'Deutschen Fibel', Ausg. A., der 'Deutsch. Schreib-Lese-Fibel', Ausg. B. u. d. 'Ersten Lesebuche' v. Prof. Heinrich **Fechner**, Oberl. . . . zu Berlin. 5. stark verm. Aufl. *Berlin: Wiegandt & Grieben 1896.* (VIII, 194 S.) 1 Bd 8. [of 1905

—— die Methoden des ersten Leseunterrichts. Eine quellenmäßige Darstellung ihrer Entwickelung. 2. völlig umgearb. und stark verm. Aufl. der Schrift „Der erste Leseunterricht". gr. 8. (VIII, 304, 256 S. und vielen Abbild. auf 8 Taf.) Berlin 882, Wiegandt und Grieben. *

—— Rechenhefte für die Hand der Schüler. Nr. 1. und 2. 8. Berlin 873, Wiegandt und Grieben. [Nr. 1. (IV, 28 S.) * 40 Pf.; Nr. 2. (34 S.) * 50 Pf.] *

—— Rechenhefte für die Hand der Schüler. Nr. 1 und 2. gr. 8. Ebendas. [Nr. 1. Die Zahlenkreise 1—10, 1—20 und 1—100. 2. verm. Aufl. (30 S.) 877. * 40 Pf.; Nr. 2. (40 S.) 878. * 50 Pf.] *

Fechner, Heinr., Rechenhefte für die Hand der Schüler. 2 Hefte. gr. 8. Ebendas. [1. Heft. 3. Aufl. (30 S.) 879. * 40 Pf.; 2. Heft. 2. und 3. Aufl. (40 S.) 880,81. * 50 Pf.] *

—— Rechenhefte für die Hand der Schüler. 1. Heft. 4.—6. Aufl. gr. 8. (30 S.) Ebendas. 887. *

—— deutsche Schreib-Lese-Fibel nach der analytisch-synthet. Lesemethode. Fibel und erstes Lesebuch. Ausg. B. in einem Theile. 1. Aufl. 1874, und 2. Aufl. gr. 8. (IV, 152 S., wovon 32 lithogr.) Berlin 875, Wiegandt und Grieben. *

—— deutsche Schreib-Lese-Fibel nach der analytisch-synthetischen Lesemethode. Fibel und erstes Lesebuch. Ausg. B. 3.—10. Aufl. gr. 8. (IV, 152 S., wovon 32 lithogr.) Ebendas. 877—79. *

—— deutsche Schreib-Lese-Fibel nach der analytisch-synthetischen Lesemethode. Fibel und erstes Lesebuch. Ausg. B. 11.—29. Aufl. Mit der für die preuß. Schulen verordneten Rechtschreibung. gr. 8. (IV, 152 S., wovon 32 lithogr., mit neuen Abbild.) Ebendas. 880—84. * 60 Pf.; cart. *

—— deutsche Schreib-Lese-Fibel nach der analytisch-synthetischen Lesemethode. Fibel und erstes Lesebuch. Ausg. B. 30.—42. Aufl. gr. 8. (IV, 152 S., wovon 32 lithogr., mit neuen Abbild.) Ebendas. 885—88. *

Fechner, Heinr., deutsche Schreib-Lese-Fibel nach der analytisch-synthetischen Lesemethode. Fibel u. erstes Lesebuch. Mit e. Titelbilde v. Osk. Pletsch. Ausg. B. 65. Aufl. Nach der neuen amtl. Rechtschreibung. (152 S. m. Abbildgn.) 8. Berlin (905). Wiegandt & Grieben. Geb. n.n. — 75

— dasselbe. 56. Aufl. (Für die Prov. Hannover.) Nach der neuen amtl. Rechtschreibung. (III, 152 S. m. Abbildgn.) gr. 8. Ebd. 903. n. — 60; geb. n.n. — 75

Fechner, Heinr., Schreiblese-Fibel, nach der Normalwörtermethode auf phonet. Grundlage bearb. Mit Bildern v. B. Paul Mohn. Fibel D. Neubearbeitung d. „Deutschen Fibel" (Ausg. A) u. der „Fibel" (Ausg. C I). gr. 8. (IV, 76 S.) Berlin 903. Wiegandt & Grieben. Geb. n.n. — 60

— dasselbe. Fibel E. Neubearbeitung der „Deutschen Schreiblese-Fibel" (Ausg. B). gr. 8. (IV, 92 S.) Ebd. 903. Geb. n.n. — 65

— dasselbe. Fibel F. Neubearbeitung der „Neuen Fibel" (Ausg. A). gr. 8. (IV, 76 S.) Ebd. 903. Geb. n.n. — 60

— dasselbe. Fibel G. Neubearbeitung der „Neuen Fibel" (Ausg. B). gr. 8. (IV, 92 S.) Ebd. 903. Geb. n.n. — 65

— Schreiblese-Fibel nach der Normalwörtermethode m. Vorkursus auf phonetischer Grundlage. Fibel F. Neubearbeitung der „Neuen Fibel" (Ausg. A.). Mit Bildern v. B. Paul Mohn. Mit amtl. Rechtschreibung. 5. Aufl. (IV, 76 S.) gr. 8. Berlin 905. Wiegandt & Grieben. Geb. n.n. — 60

— dasselbe. Fibel G. Neubearbeitung der „Neuen Fibel" (Ausg. B.). Mit Bildern v. B. Paul Mohn. Mit amtl. Rechtschreibg. 5. Aufl. (IV, 92 S.) gr. 8. Ebd. 905. Geb. n.n. — 65

— der Schreibleseunterricht nach der Normalwörtermethode. Begleitwort zu der „Schreiblese-Fibel (Ausg. D u. E) nach der Normalwörtermethode auf phonet. Grundlage" (Neubearbeitg. d. „Deutschen Fibel" [Ausg. A] u. der „Fibel" [Ausg. C I], sowie zu der „Schreiblese-Fibel (Ausg. F u. G) nach der Normalwörtermethode m. Vorkursus auf phonet. Grundlage" (Neubearbeitg. der „Neuen Fibel" [Ausg. A u. B]). gr. 8. (VIII, 128 S.) Ebd. 903. n. 1. 80

— Der Schreibleseunterricht nach der Normalwörtermethode. Begleitwort zu der „Schreiblese-Fibel (Ausg. D u. E) nach der Normalwörtermethode auf phonet. Grundlage" (Neubearbeitg. der „Deutschen Fibel" [Ausg. A] u. der „Fibel" [Ausg. C I]), sowie zu der „Schreiblese-Fibel Ausg. F u. G u. der „Berliner Fibel") nach der Normalwörtermethode m. Vorkursus auf phonet. Grundlage" (Neubearbeitg. der „Neuen Fibel" [Ausg. A u. B]). 2. verb. Aufl. (VIII, 131 S.) gr. 8. Berlin 907. Wiegandt & Grieben. 2. —; geb. 2. 60

—— erstes Schulbuch für Kinder. Auf Grundlage der „Deutschen Fibel" und des „Ersten Lesebuches" nach der reinen Schreiblesemethode bearb. von Wilh. Ludwig. gr. 8. (IV, 124 S., wovon 32 lithogr.) Ebendas. 878.

Fechner, Heinrich: Übungsstoff f. den Unterricht in der deutschen Rechtschreibung, s.: Engelien, August.

— tabellar. Verzeichniß der gebräuchlichsten Wörter v. schwank. Orthographie, s.a. Rückheim, Johs., Hilfs- u. Übungsbuch.

—— und H. Harz, tabellarisches Verzeichnis der gebräuchlichsten Wörter von schwankender Orthographie in der durch den Erlaß des königl. preuß. Unterrichts-Ministeriums vom 21. Jan. 1880 festgestellten Schreibung. 1.—3. Aufl. qu. gr. Fol. [Berlin 880.] Brandenburg a. H., Keller. * aufgezogen *

— u. H. Harz, tabellarisches Verzeichnis der gebräuchlichsten Wörter von schwankender Orthographie in der durch den Erlaß des königl. preuß. Unterrichts-Ministeriums vom 21. Jan. 1880 festgestellten Schreibung. 3. Aufl. qu. gr. Fol. Berlin 880. Keller. n. — 10; aufgezogen n. — 35

Fechner, Herm., die handelspolitischen Beziehungen Preußens zu Oesterreich während der provinziellen Selbständigkeit Schlesiens 1741—1806. Nach den Acten des Geheimen Staatsarchivs zu Berlin und des Staatsarchivs zu Breslau dargestellt. Mit 2 statist. Beilagen, Verzeichniß der Cabinets-Ordres und Register. gr. 8. (XX, 577 S.) Berlin 886, G. Reimer. *

Fechner, Herm.: De causa, quam Junianam dicunt, disputatio. 24 S. – Breslau Elis., Progr. 1858.

Fechner, Herm., Gelehrsamkeit oder Bildung? Versuch einer Lösung der Gymnasiums- u. Realschulfrage. gr. 8. (80 S.) Breslau 879. Koebner. 1. 50

Fechner, Herm., Geschichte des schlesischen Berg- u. Hüttenwesens in der Zeit Friedrich's des Grossen, Friedrich Wilhelm's II. u. Friedrich Wilhelm's III. 1741—1806. Nach den Acten des geheimen Staatsarchivs, des Handelsministeriums, des Staatsarchivs u. des Oberbergamtes zu Breslau bearb. Mit Plänen u. Skizzen v. Grubenrissen. (756 S.) Fol. Berlin 903. W. Ernst & Sohn. Kart. n. 75. —
Sonderabdruck aus: „Ztschr. f. d. Berg-, Hütten- u. Salinenwesen im preuss. Staate".

Fechner, Herm., Grundriß der Weltgeschichte f. die oberen Klassen preußischer höherer Lehranstalten. 3 Tle. gr. 8. Berlin 893. Besser. Geb. in Leinw. n. 5. —
1. Altertum. (—476.) (Lehraufgabe der Obersecunda.) (VII, 141 S.) n. 1.50
2. Mittelalter u. erste Periode der Neuzeit. 476—1618. (Lehraufgabe der Unterprima.) (VI, 156 S.) n. 1.50
3. Zweite u. dritte Periode der Neuzeit nebst Anh. bis zur Gegenwart. 1618—1888. (Lehraufgabe der Oberprima.) (IV, 183 S.) n. 2. —

Fechner, Herm., der deutsch-französische Krieg von 1870. Mit Illustr. (Holzschn.) von W. Camphausen, W. Diez, J. Ehrentraut 2c. u. mit Portraits, Karten u. Plänen. (In 12 Liefgn.) 1. Liefg. Berlin 870. Grote. Lex.-8. (S. 1—48 u. 2 Holzschn.) 5 ngr.

Fechner, Herm., der deutsch-französische Krieg v. 1870. Mit Illustr. v. W. Camphausen, W. Diez, J. Ehrentraut 2c. m. Portr., Karten u. Plänen. 2—11. Lfg. Lex.-8. (III u. S. 48—618 m. 17 Holzschntaf. u. 4 chromolith. Plän.) Berlin 871. Grote's Verl. à — 50; cplt. n. 10. —; geb. n. 12. —

Fechner, Herm., der deutsch-französische Krieg von 1870/71. Mit Illustr. von W. Camphausen, W. Diez, J. Ehrentraut 2c. mit Portr., Karten und Plänen. 11 Lfgn. Lex.-8. (III, 618 S. mit eingedr. Holzschn., 19 Holzschntaf., 1 chromolithogr. Plan und 3 chromolithogr. Karten in qu. Fol.) Berlin 871, Grote'sche Verlagsh. à Lfg. * 50 Pf. * geb. *
—— dass. — Mit Illustr. von Wilh. Camphausen, Wilh. Diez, A. v. Werner 2c., mit Portr. und m. Spezialkarten der Schlachten von Weißenburg, Wörth, Speichern, der Schlachten um Metz, von Sedan und Montbéliard und der Kämpfe an der Loire (auf 4 chromolithogr. Taf. in Lex.-8. und qu. Fol.). 2. und 3. verm. und verb. Aufl. Lex.-8. (748 S. mit eingedr. Holzschn. und 19 Holzschntaf.) Ebendas. 872. * ℳ 10.; geb. *

Fechner, H., der deutsch-französische Krieg 1870/71. Mit Karten, Portraits u. mit Illustr. v. W. Camphausen, W. Diez, A. v. Werner, H. Lüders u. A. 4., neu bearb. Aufl. 7 Abtlgn. Lex.-8. (VII, 1068 S.) Berlin 890. Grote. n. 13. —; geb. n. 16. —

Fechner, [Herm.], Ueber Friedrichs des Grossen Theorie der auswärtigen Politik. Breslau 1876. 4° 8°.
Breslau, Johannes-G., P 1876.

Fechner, Herm., Udalrich II. von Aquileja u. Otto von Reitenbuch. XII. Jahrhundert. (Aus dem Archiv für Kunde österreich. Geschichtsquellen abgedr.) Wien 859. Gerold in Comm. gr. 8. (58 S.) n. 7 ngr.

—— Ursprung d. Philosophie Friedrich's d. Gr., s. Taschenbuch, histor.

Fechner, Herm., Wirtschaftsgeschichte der preußischen Prov. Schlesien in der Zeit ihrer provinziellen Selbständigkeit 1741—1806. Nach den Akten des Geheimen Staatsarchivs u. des Handelsministeriums in Berlin, des Staatsarchivs u. des Oberbergamtsarchivs zu Breslau dargestellt. (X, 737 S.) Lex. 8. Breslau 907. Berlin, S. Schottlaender's schles. Verlags-Anstalt. 30. —

Fechner, Herm. Adph., Jakob Böhme. Sein Leben und seine Schriften, mit Benutzung handschriftlicher Quellen dargestellt. Ein Beitrag zur Geschichte der neuern Philosophie. Preisschrift. (Abdr. aus d. Neuen Laus. Magazin.) Görlitz 857. (Heyn.) 8. (1 Bl., 247 S.) n. 25 ngr

Fechner, Hermann Adolph *(geb. Görlitz 6. 8. 1834)*: Ueber den Gerechtigkeitsbegriff des Aristoteles. Leipzig (1855). (122 S.) 8° *[Buchausg. 1855 bei Matthes in Leipzig]*
Breslau, Phil. Diss. v. 19. Nov. 1855

Fechner, J., Quantum Herodoti religio ac pietas valuerit in historia scribenda. Pr. 1861. 36 S. 4°. 6.—

Fechner, J., die sittlich-religiöse Weltanschauung des Sophokles. Bromberg 859. Aronsohn. gr. 8. (58 S.) n. 10 ngr.

Fechner, Johann Gottfried Ubald

— s. Brugnone: Pferdezucht.

— s. Kinderzeitung, Prager.

Fechner, J(ohann) G(ottfried Ubald): Über die gegenwärtige Lage der Thierarzneykunde, vorzüglich in Rücksicht auf Oesterreich. 60 S., gbd.

Leipzig: Rabenhorst 1796

JB 6.705

— s. Panzani, J.: Beschreib.

Fechner, (Johann Gottfried Ubald) (Hrsg.):

s.: Pessina (von Czechorod), I(gnaz) J(oseph): Über die Erkenntnis des Pferdealters aus den Zähnen. Textband. Wien: 1810

JB 5.954/Textbd

Fechner, Johannes

D.Kaspar Gottlieb Lindners ...Deutsche Übersetzungen der unvergleichlichen lateinischen Gedichte M.Johann Fechners vom Schlesischen Riesengebirge, vom Zotenberge, vom Lehner- Spitz- und Graetzberge, und von der Boberquelle und dem Boberflusse. Mit Historischen Anmerkungen ... Hirschberg, Gedruckt und verlegt von Dietrich Krahnen. Leipzig, zu finden bey Bernh. Christ. Breitkopffen. 1737.

Fechner, Karl

[Kopft.:] [F.] Beantwortung der Fragen: 1. Wird dem Kommunalbeamten bei d. Pensionirung die zurückgelegte Militärdienstzeit mit angerechnet? 2. Kann die Militär-Invaliden-Pension neben der Civilpension bezogen werden? (Vf.: [C.] **Fechner**, Landesdirektionsassist.) *(Steglitz 1893.)* (5 S.) 1 Bd 8. [96. 8333

[F.] Die Belassung der Militär-Invaliden-Pension in allen Lebenslagen, also auch neben der vollen Civildienstpension. Denkschr. z. 25j. Jub. d. Dtsch. Reiches v. C. **Fechner** ... *Berlin: Selbstv.; (Dr.: Dtsch. Verlag) 1895.* (22 S.) 1 Bd 8. [96. 7037

Fechner's, Karl, Besoldungs-Taschen-Lexikon f. preußische Beamte, f. Geistliche, Lehrer u. Lehrerinnen. Nach Maßgabe der Besoldungsordng. u. der Besoldungsgesetze vom 26. V. 1909 (preuß. G.-S. S. 85 ff.) (108, 50 u. 8 S.) 11. 8. Wilmersdorf-Berlin (909). K. Fechner. Geb. in Leinw. 2. —

Fechner, d. handelspolit. Beziehungen Preussens zu Oesterreich 1741—1806. Berlin 886.

— u. Rich. **Wernicke,** Buchführungsheft f. einfache Geschäftsbetriebe. (15 S.) Lex. 8. Nebst: Übungsheft. (4 S.) 8. Berlin (910). F. Ashelm. — 25

Fechner, K., s.: Buchführungsheft f. einfache Haushaltungen.

— Formular-Mappe f. gewerbliche Fortbildungsschulen (Klasse m. Schülern ohne erlernten Beruf). 36 × 24 cm. Ebd. (903.) nn — 65

Fechner, C., d. Gehaltsaufbesserung d. Reichs- u. Staatsbeamten. gr. 8 (56 S.) Steglitz-Berlin (Kuhligshof 4, 1) 896. Selbstverl. — 75

Fechner, K., **Gesetz** über die Pensionierung der Offiziere einschließl. Sanitätsoffiziere des Reichsheeres, der kaiserl. Marine u. der kaiserl. Schutztruppen vom 31. V. 1906 (R.G.Bl. S. 565) u. Gesetz üb. die Versorgung der Personen der Unterklassen des Reichsheeres, der kaiserl. Marine u. der kaiserl. Schutztruppen vom 31. V. 1906 (R.G.Bl. S. 595), nebst Begründgn. der Regierungsvorlagen u. den Ausführungs-Bestimmgn. (VI, 156 S.) kl. 8. Berlin 906. (R. Siegismund.) Geb. in Leinw. n. 1. —

— **Gesetz** üb. die Pensionierung der Offiziere einschließlich Sanitätsoffiziere des Reichsheeres, der kaiserl. Marine u. der kaiserl. Schutztruppen vom 31. V. 1906 (R.G.Bl. S. 565) u. Gesetz üb. die Versorggn. der Personen der Unterklassen des Reichsheeres, der kaiserl. Marine u. der kaiserl. Schutztruppen vom 31. V. 1906 (R.G.Bl. S. 595) nebst Begründgn. der Regierungsvorlagen u. den Ausführungs-Bestimmgn. (VI, 156 S.) kl. 8. Wilmersdorf-Berlin 909. K. Fechner. Geb. in Leinw. 1. 50

Fechner, Karl, **Gesetz** üb. die Sicherung der Bauforderungen. (Nach den Beschlüssen des Reichstags in 3. Beratg.) (VI, 23 S.) kl. 8. Wilmersdorf-Berlin (909.) K. Fechner. 1. —

Fechner, [Karl]. Gesetz betreffend die Verfassung u. Verwaltung der Städte u. Flecken der Provinz Schleswig-Holstein. Wilmersdorf b. Berlin 1909. 8°.
(Fechners Gesetzgebungs-Bibliothek. 8.)

[Karl] Fechner. Bürgerliches Gesetzbuch und Handelsgesetzbuch. 5. Aufl. *Steglitz-Berlin: Selbstverl. 1902.* (470, 277, 38 S.) 8° [J.]
— **Fechner**: Gesetzgebungs-Bibliothek. Bd 3. [03. 4003]

Fechner's, K., Gesetzgebungs-Bibliothek. 4 Bde. 12. Steglitz-Berlin, K. Fechner. Geb. in Leinw. n. 9. —; in Pappkarton n. 10. —; Einzelpr. n. 10. 50

1. Fechner's lexikalisches Taschenbuch auf dem Gebiete der Gesetzgebung u. des allgemeinen Wissens. Hand- u. Nachschlagebuch f. Jedermann. 7. Aufl. 16.—19. Taus. (576, 60, 48, 25, 31, 70, 27, 62 u. 24 S. m. 2 farb. Taf.) 902. n. 4. —
2. Die Reichsjustizgesetze in der Fassung der auf Grund des Gesetzes vom 17. V. 1898 erfolgten Bekanntmachung vom 20. V. 1898 — bezw. auch zuf. Art. 13 des Einf.-Ges. z. Hand.-G.-B. — (R.-G.-Bl. 1898, S. 342 u. S. 369). 4. Aufl. (447, 26, 84 u. IV, 378 S.) 902. n. 3. —
3. Fechner, Bürgerliches Gesetzbuch u. Handelsgesetzbuch. 4. Aufl. (470, 280 u. 38 S.) 902. n. 2. —
4. Ottermann u. Fechner, Leitfaden zur Vorbereitung f. die Prüfungen auf dem Gebiete der Gesetzgebung u. des allgemeinen Wissens. Führer durch die Gesetzgebg. u. Staatseinrichtg. f. Jedermann. (IV, 159 S.) 901. n. 1. —; geb. n. 1. 50

(Karl) **Fechner's** Gesetzgebungs-Bibliothek. 8. Aufl. Bd 1–4 [&] Erg.Bd [zu Bd 1]. Steglitz-Berlin: Selbstverl. 19(01)03-04. 5 Bde 8° [J.]
1 — Fechner's Lexikal. Taschenbuch. (Mit 7 Sondert.)
2 — Reichsjustizgesetze, Die, u. d. Preuß. Ausführungsgesetze.
3 — Gesetzbuch, Bürgerliches, u. Handelsgesetzbuch.
4. Verschiedene Gesetze etc. Erg.Bd (v. 15. Febr. 1902 bis 15. Juni 1903). [07. 5365]

— **Gesetzgebungs-Bibliothek.** 1.—6. Bd. kl. 8. Ebd. In 7 Leinw.-Bdn. n. 24. —

1. Lexikalisches Taschenbuch auf dem Gebiete der Gesetzgebung u. des allgemeinen Wissens. (Gesetzgebungs-Lexikon. — Lexikon der Gesetze, Verordngn., Entscheidgn. usw. — Lexikon der Berufswahlen.) Hand- u. Nachschlagebuch f. jedermann. XI. Aufl. (22.—25. Taus.) (IV, 822, 206, 25 u. 8 S.) 906. n. 6. —
2. Die Reichsjustizgesetze in der Fassung der auf Grund des Gesetzes vom 17. V. 1898 erfolgten Bekanntmachung vom 20. V. 1898 — bezw. auch zuf. Art. 13 des Einf.-Ges. z. Hand.-Ges.-B. — (R. G. Bl. 1898 S. 342 u. S. 369) u. die preußischen Ausführungsgesetze zum bürgerlichen Gesetzbuche, seinen Nebengesetzen u. zu den Reichsjustizgesetzen. (500, 26 u. IV, 378 S.) 906. n. 4. —
3. Bürgerliches Gesetzbuch, Handelsgesetzbuch, Wechselordnung u. preußisches Ausführungsgesetz zum bürgerlichen Gesetzbuch. (470, 277, 38 u. 84 S.) 906. n. 3. —
4. Verschiedene Gesetze etc. (VII, 674, 103, 32, 70, 27, 27, 62 u. 16 S.) 906. n. 4. —
5. Preußische Verwaltungsgesetze. (IV, 436 S.) (906.) n. 4. —
6. I. Steuergesetze. (IV, 216 S.) 906. n. 1. 50
II. Dasselbe. (IV, S. 217—614 u. XII S.) 906. n. 2. 50

[Karl] Fechner's **Gesetzgebungs-Bibliothek.** Wilmersdorf-Berlin. 8°

Bd. 1, 1. Fechner's Lexikalisches Taschenbuch auf dem Gebiete der Gesetzgebung und des allgemeinen Wissens. ⟨Gesetzgebungs-Lexikon. — Lexikon der Gesetze, Verordnungen, Entscheidungen usw. — Lexikon der Berufswahlen.⟩ Hand- und Nachschlagebuch für Jedermann. 12. Aufl. ⟨1794—1906.⟩ 1910.

Bd. 1, 2. —— [Ergänzung] v. 2. Jan. 1906 — 15. Okt. 1909. 1910.

Bd. 1, 3. —— [Ergänzung] v. 16. Okt. 1909 — 31. März 1912. 1912.

Bd. 1, 4. Fortsetzung zu Bd. 1, 1. 1, 2. 1, 3 ⟨1.4.12. — 31.3.15⟩ enthaltend die Kriegs- und viele andere Gesetze aus den Jahren 1912 bis 1915. 1915.

Bd. 2. Die Reichsjustizgesetze . . . und die preußischen Ausführungsgesetze zum Bürgerlichen Gesetzbuche, seinen Nebengesetzen u. zu den Reichsjustizgesetzen. o. J. [vor 1909].

Bd. 2, 2. Die Reichsjustizgesetze (Zivilprozeßordnung, Gerichtsverfassungsgesetz . . . [usw.] mit den Änderungen v. 1. 6. 1909). o. J. [nach 1909].
—— Forts. Preußische Gesetze. 1911.

Bd. 3. Bürgerliches Gesetzbuch für das Deutsche Reich nebst dem Einführungsgesetz . . . v. 18. August 1896. Textausg. m. Einl. u. Sachregister. Hrgg. v. Karl Pannier. 8. Aufl. Leipzig. (1909.)
Angeb.:
Handelsgesetzbuch für das Deutsche Reich vom 10. Mai 1897 . . . Textausg. m. kurzen Anmerkungen u. Sachregister. Hrgg. v. Karl Pannier. 12. Aufl. ebd. (1909.)

Bd. 4. Verschiedene Gesetze (Strafgesetzbuch für das Deutsche Reich v. 15. Mai 1871. — Strafprozeßordnung für das Deutsche Reich v. 1. Febr. 1877 . . . [usw.]). o. J. [ca. 1910.]
Anhang: Versicherungs-Gesetz für Angestellte vom 20. Dez. 1911. 1912.

Bd. 5. Fechner: Preußische Verwaltungsgesetze. 1909.

Bd. 6, 1. Fechner: Reichssteuergesetze. o. J. [ca. 1910].

Bd. 6, 2. Fechner: Steuergesetze [mit den Änderungen v. 3. Juli 1913.] 1914.

Bd. 6, Anhang. Ausführungsbestimmungen zu den Steuergesetzen. 1909.

Bd. 6, [Anhang 2]. Ausführungsbestimmungen zum Landesstempelsteuergesetz. 1910.

Bd. 7. Sozialpolitische Gesetze.
T. 1. Gewerbeordnung, Invalidenversicherungsgesetz, Die deutsche Krankenversicherung. (Leipzig.) o. J. [Umschlagt.]
T. 2. Unfallversicherungsgesetze. (ebd.) o. J. [Umschlagt.]

Bd. 7, Anhang. Verordnung über Geschäftsgang und Verfahren des Reichsversicherungsamts vom 24. Dez. 1911. 1912.

Bd. 8. Fechner: Die Beamtengesetzgebung. o. J. [um 1910]. [Umschlagt.]

Bd. 8, 2. Fortsetzung zu Bd. 8. Ergänzung bis 30. März 1911. 1911.

Bd. 8, 2, Forts. Fortsetzung zu Bd. 8, 2. Ergänzung v. 1. April — 31. Dez. 1911. 1912.

Bd. 9. Fechner: Ergänzungsband. (Schulgesetz, Jagdordnung . . . [usw.] o. J. [Umschlagt.]

Bd. 9, 2. Fortsetzung zu Bd. 9. Ergänzung bis 30. März 1911. 1911.

Bd. 9, 2, Forts. Fortsetzung zu Bd. 9, 2. Ergänzung vom 1. April bis 31. Dez. 1911. 1912.
Weitere Forts. zu Bd. 9, 2. 1914.

In derselben Reihe sind ohne Bandzählung erschienen:
Fechner's Lexikalisches Taschenbuch auf dem Gebiete der Gesetzgebung und des allgemeinen Wissens. 14. Aufl. 1921.

Führer durch die Gesetzgebung und Staatseinrichtung für Jedermann v. Fechner [und] Ottermann. 4. Aufl. 1909.

Fechner: Die Hinterbliebenenfürsorge in Kriegs- und Friedenszeiten. Bd. [1.] 2. 1914—15.
[1.] 1914.
2. ⟨August 1914 — Sept. 1915.⟩ 1915.

Fechner, K., Handbuch z. Vorbereitung f. d. Prüfg. zum Subaltern-(Bureau-)Dienst d. allgem. Verwaltg. u. z. prakt. Gebrauch f. Beamte. 12. (IV, 257 S.) Steglitz-Berlin (Kielerstr. 7, I) 898. Selbstverlag. Kart. n. 2. —

Fechner, Hochwassergefahren, s. Taschen-Gesetzsammlung.

Fechner, die Reichsjustizgesetze in der Fassung der auf Grund des Ges. v. 17. V. 1898 erfolgten Bekanntmachung v. 20. V. 1898 bezw. auch zuf. Art. 13 des Einführungsgesetzes z. Handelsgesetzbuch. (Reichsgesetzblatt 1898, S. 342 u. S. 369.) Leipzig 899.

— Städte-Ordnung u. Landgemeindeordnung f. die Prov. Hannover. (50 S.) kl. 8. Ebd (909). — 60

— Stempelsteuergesetz vom 31. VII. 1895. In der Fassg. der Bekanntmachg. vom 30. VI. 1909. (Pr. G. S. S. 535.) (124 S.) kl. 8. Ebd. (909). Geb. in Leinw. 1. —

— Lexikal. Taschenbuch f. Beamte. Hand- u. Nachschlagebuch f. Jedermann. 2. Aufl. 12. (VI, 257 S.) Steglitz-Berlin 898. (Neustettin, F. A. Eckstein.) Geb. in Leinw. n.n. 1. 75

Fechner's lexikal. Taschenbuch auf d. Gebiete d. Gesetzgebung u. d. allgem. Wissens. Hand- u. Nachschlagebuch f. Jedermann. 3. Aufl. 12. (XVI, 676 S. m. 3 [2 farb.] Taf. u. 1 Karte.) Steglitz-Berlin 898. (Leipzig, J. Werner.) Geb. in Leinw. n. 3. —

Fechner's lexikal. Taschenbuch auf d. Gebiete d. Gesetzgebung u. d. allgem. Wissens. Hand- u. Nachschlagebuch f. Jedermann. 1. u. 2. Anlagebd. 12. Ebd. 898. Geb. in Leinw. à n. — 60

1. Bürgerl. Gesetzbuch. (470 S.) — 2. Handelsgesetzbuch. (280 S.)

Fechner's lexikalisches Taschenbuch auf dem Gebiete der Gesetzgebung u. des allgemeinen Wissens. Hand- u. Nachschlagebuch f. Jedermann. 4. Aufl. 12. (X S., S. 1—676, Sp. 677—840 u. S. 841—1015 m. Abbildgn., 1 Karte u. 3 [2 farb.] Taf.) Steglitz-Berlin 900. (Leipzig, J. Werner.) Geb. in Leinw. n. 4. —

— dasselbe. 3. u. 4. Anlagebd. 12. Ebd. 899. Geb. in Leinw. n.n. 2. 25

3. Die Reichsjustizgesetze in der Fassung der auf Grund des Gesetzes vom 17. V. 1898 erfolgten Bekanntmachung vom 20. V. 1898 — bezw. auch zuf. Art. 13 des Einf.-Ges. z. Hand.-G.-B. — (R.-G.-Bl. 1898, S. 342 u. S. 369.) (448 S.) n. 1. 50
4. Preußisches Ausführungsgesetz zum bürgerl. Gesetzbuche. (VI, 84 S.) n.n. — 75

1. u. 2. Ebd. 898. n.n. 1. 20. Vergl.: Fechner, K.

(Karl) Fechner's Lexikalisches Taschenbuch auf dem Gebiete der Gesetzgebung u. d. allgem. Wissens. Hand- u. Nachschlagebuch f. Jedermann. 7. Aufl. *Steglitz-Berlin: Selbstverl. 1902.* (Getr. Pag.) 8° [F.]

[Sondert. 1.] Bestimmungen über Reisekosten. Tagegelder u. Umzugskosten.
[2.] Bestimmungen f. Militäranwärter.
[3.] Prüfungs-Ordnungen.
[4.] Provinzialordnung f. d. Prov. Ost- u. Westpreussen, Brandenburg, Pommern, Schlesien u. Sachsen.
[5.] Gesetz über d. priv. Versicherungsunternehmungen.
[6.] Gesetz über d. Verlagsrecht. Gesetz betr. d. Urheberrecht.
[7.] Eisenbahn-Verkehrsordnung.

— Fechner: Gesetzgebungs-Bibliothek. Bd 1. [09. 4000]

(Karl) Fechner's Lexikalisches Taschenbuch auf dem Gebiete der Gesetzgebung u. d. allgem. Wissens. Hand- u. Nachschlagebuch f. Jedermann. 8. Aufl. Steglitz-Berlin: Selbstverl. 19(01)03/4. (Getr. Pag.) 8° [F.]

[Sondert. 1.] Bestimmungen über Reisekosten, Tagegelder u. Umzugskosten. 1902.
[2.] Bestimmungen f. Militäranwärter. 1902 (1903/4).
[3.] Prüfungs-Ordnungen. 1903/4.
[4.] Provinzialordnung f. d. Prov. Ost- u. Westpreussen, Brandenburg, Pommern, Schlesien u. Sachsen. 1902 (1903/4).
[5.] Gesetz über d. priv. Versicherungsunternehmungen. 1902 (1903/4).
[6.] 1. Gesetz über d. Verlagsrecht. 2. Gesetz betr. d. Urheberrecht. 1902 (1903/4.)
[7.] Eisenbahn-Verkehrsordnung. 1901 (1903/4).
[8.] Verschiedenes.

— Fechner: Gesetzgebungs-Bibliothek. Bd 1. [07. 5364]

(Karl) Fechner's Lexikalisches Taschenbuch auf dem Gebiete der Gesetzgebung und des allgemeinen Wissens. ⟨Gesetzgebungs-Lexikon. Lexikon d. Gesetze, Verordnungen, Entscheidungen usw. Lexikon d. Berufswahlen.⟩ Hand- u. Nachschlagebuch für jedermann. 11. Aufl. Steglitz-Berlin: Selbstverl. 1906. (Getr. Pag.) 8° [F.]

— Fechner: Gesetzgebungs-Bibliothek. Bd 1. [07. 5367]

Münchener Volks- und Fortbildungsschulen. Bericht über d. Stand d. Münchener Schulwesens im J. 1908 ... erstattet von Fortbildungsschuldir. K(arl) Fechner u. Rektor O(tto) Schmidt in Berlin. Leipzig: Quelle & Meyer 1909. VIII, 210 S. 8° [09. 16896]

Fechner, Karl A.

Fechner, K. A., allgemeine Botanik für Schüler in höhern Bürgerschulen, Realschulen u. Gymnasien. 8. Görlitz 841, Heyn'sche Buchh. n. 1/4 ß

Fechner, C. A., Zur Erklärung volksthümlicher deutscher Pflanzennamen. Görlitz 1871. 4.
Progr. d. Realsch. Görlitz.

Fechner, C. A., Flora der Oberlausitz oder Beschreibung der in der Oberlausitz wildwachsenden und häufig cultivirten offenblüthigen Pflanzen. gr. 16. (LVI und 198 S.) Görlitz 849, Heyn'sche Buchh. *

Fechner, C. A., Hülfsbuch für den ersten Unterricht in der Pflanzenkunde in Real- und höheren Bürgerschulen. (In 2 Cursen.) 1. Cursus: Artenbeschreibung. 8. (54 S.) Görlitz 860, [Remer.] 5 Ngr.; geb. *

Fechner, C. A., Hülfsbuch für den ersten Unterricht in der Pflanzenkunde in Real- und höheren Bürgerschulen. 2. (Schluß-) Cursus. Vergleichung der Arten: Gattungen. Terminologie. System Linné's. 8. (IV und 48 S.) Görlitz 862, Remer. geb. *

1. Cursus. Ebendas. 1860. 5 Ngr.

— Versuch einer Naturgeschichte der Umgegend v. Görlitz. 1., mineralog. Thl. gr. 4. Görlitz 841. (Heyn'sche B.) n. 1/3 ß

Fechner, Karl Frdr., einträgliche Geflügelzucht. Ein kleines Lehrbuch f. jeden Nutzgeflügelzüchter u. Geflügelfreund. (45 S.) 8. Berlin 908. P. Parey. p — 60

Einträgliche Hühnerzucht. Ein kleines Lehrbüchlein f. jeden Nutzgeflügelzüchter u. Geflügelfreund. Von Karl Friedrich Fechner, Landwirtschaftslehrer. Dahme ⟨Mark⟩: Selbstverl. (1907). (53 S.) 8° [F.] [07. 11070]

Fechner, Karl Frdr., kleine Viehzucht. Anleitung zu e. im kleinen Maßstabe betriebenen Groß- u. Kleintierzucht. Mit 5 Vollbildern v. W. Brandes u. 2 Vollbildern v. Bade. (V, 137 S.) gr. 8. Berlin (904). W. Werner. Geb. in Leinw. n. 2. 50

Fechner, Clara, geb. Volkmann, s.: Aunt, the black. — Tante, die schwarze.

Fechner, Otto: Ueber die Beziehung von Hirntumoren und Augenerkrankungen. Halle 1874: Lipke. 33 S. 8°
Halle-Wittenberg, Med. Diss. v. 22. Juli 1874
Geb. Meseritz (Posen) 12. 6. 1849. V.

Fechner, Paul, a. Bremen: Beiträge zur Kenntnis der Kiemenspaltenbildung der Ascidien. Mit zwei Tafeln und zwei Textfiguren. Leipzig 1907: W. Engelmann. (38 S., 2 Taf.) 8° ¶(Aus: Zeitschrift f. wissenschaftliche Zoologie Bd 86 H. 4.)
Rostock, Phil. Fak., Ref. Will, Diss. v. 26. Okt. 1906
[Geb. 5. Juli 81 Bremen; Wohnort: Rostock; Staatsangeh.: Bremen; Vorbildung: Realgymn. Vegesack b. Bremen Prima-Reife M. 00; Studium: Berlin 2, Heidelberg 4, Rostock 5 S.; Rig. 23. Okt. 06.]

Fechner, Paul, Referendar in Brandenburg a. H.: Das Buchpfandrecht am Schiff. Borna-Leipzig 1906: R. Noske. (VI, 69 S.) 8° [F.]
Breslau, Jur. Fak., Ref. Fischer-Beyerle, Diss. v. 15. Juni 1906
[Geb. 30. Jan. 81 Grünberg i. Schles.; Wohnort: Brandenburg; Staatsangeh.: Preußen; Vorbildung: Gymn. Glogau Reife O. 01; Studium: Breslau 6 S.; Rig. 23. Juli 04.]

Fechner, Wilh., die Anwendung der Elektrizität in der Medizin bei Nervenleiden, Gehirn- u. Rückenmarks-Krankheiten. Populäre Darstellg. m. Holzschn. 2. Aufl. gr. 8. (52 S.) Berlin 885. Steinitz. n. 1. 50

Die Braunkohlenindustrie von Senftenberg. Im Auftr. d. Ver. d. Niederlaus. Braunkohlenwerke verf. von Handelskammersekr. [Wilhelm] Fechner. Cottbus. (Cottbus [1906]: A. Heine.) (121 S.) 8° [F.] [06. 5378]

Fechner, Wilh.: Festschrift der Handelskammer für die westliche Niederlausitz in Cottbus aus Anlaß ihres 50 jährigen Bestehens. 1852—1902. Im Auftr. der Kammer verf. [Mit 1 Kt.] (Cottbus 1902: Heine.) VI,133 S. 4°

—— die habituelle Stuhlverstopfung, ihr Wesen und ihre Behandlung mit besond. Berücksicht. der Hämorrhoidalleiden. Gemeinverständlich dargestellt. 1.—3. Tausend. gr. 8. (56 S.) Ebendas. 886—88. *

Fechner, Wilh. Die habituelle Stuhlverstopfung, ihr Wesen u. ihre Behandlg. m. besond. Berücksicht. der Hämorrhoidalleiden. Gemeinverständlich dargestellt. 4. Taus. gr. 8. (56 S.) Berl. 890. Steinitz Verlag. * 1 50

Fechner, Wilh., die habituelle Stuhlverstopfung. Ihr Wesen u. ihre Behandlg. Mit besond. Berücksicht. der Hämorrhoidalleiden. Gemeinverständl. dargestellt. 5. Taus. gr. 8. (56 S.) Berlin 894. H. Steinitz' Verl. n. 1.50

Fechner, Wilh., d. habituelle Stuhlverstopfung. Ihr Wesen u. ihre Behandlg. M. bes. Berücksicht. d. Hämorrhoidalleiden. Gemeinverständl. dargest. 6. u. 7. Taus. gr. 8. (56 S.) Berlin 897. H. Steinitz. n. 1. 50

Fechner, Wilh., die habituelle Stuhlverstopfung. Ihr Wesen u. ihre Behandlg. Mit besond. Berücksicht. der Hämorrhoidalleiden. Gemeinverständl. dargestellt. 8. u. 9. Taus. (5. Aufl.) gr. 8. (56 S.) Berlin 901. H. Steinitz. n. 1. 50

Fecht, (Abgeordneter), Bericht der Studien- u. Schulkommission, und zwar über das Volksschulwesen. 8. Karlsruhe 833. Groos. $^1/_6$ Thlr.

Fecht, das Gesetz f. Elsaß-Lothringen, betr. Wasserbenutzung u. Wasserschutz, vom 2. Juli 1891, s.: Jacob.

Fecht, A., einfache landwirtschaftl. Buchführung f. mittlere u. kleine Güter, an e. Jahresrechnung erläutert. 4 Hfte. Fol. Stuttgart 901. E. Ulmer. In Mappe n. 3. 20; ohne das 1. Hft. n. 2. 40
1. Anleitung zur einfachen landwirtschaftl. Buchführung. (48 S.) — 2. Vermögensaufnahme. (20 S.) — 3. Naturalienrechnung. (42 S.) — 4. Kassenbuch. (34 S.)

Fecht, A., Hülfsbücher f. den Unterricht in den Handelswissenschaften, s.: Günther, H.

Fecht, Alfr., Beispiel zur Berechnung d. steuerpflichtigen Einkommens aus e. landwirtschaftlichen Betriebe nach dem preußischen Einkommensteuergesetz vom 24. Juni 1891. Fol. (16 S.) Kreuznach 892. R. Voigtländer's Buchdr. n. — 60

— u. J. Thudium, Buchführg. f. ländliche Fortbildungsschulen. (16 S.) Lex.-8. Ebd. 906. n. — 20

Fecht, Alfr., Buchführung für württembergische Landwirte unter Berücksicht. der Anforderungen des württembergischen Einkommensteuergesetzes vom 8. VIII. 1903. Ausg. C. 2 Tle. Lex.-8. Stuttgart 904. E. Ulmer. n. — 80
1. Anleitung, nebst durchgeführtem Beispiel. (18 S.) n. — 20
2. (Formulare.) (74 S.) n. — 60

— landwirtschaftliche Buchführung unter Berücksicht. der Anforderungen des württ. Einkommensteuergesetzes vom 8. VIII. 1903. Eine Anleitg. f. Buchführungskurse u. zum Selbstgebrauch. (64 S.) Lex.-8. Ebd. 904. n. — 50

Fecht, Alfr., Mannheim. I. Topographie u. Statistik. — II. Geschichte der Stadt in übersichtlicher Darstellung. Mannheim 861. Wittwer. 12. (66 S. u. 1 lith. Plan; 103 S.) 1.: n. 6 ngr; 2.: n. 4 ngr

Fecht, C., Quaestiones choricae Euripideae. Diss. 1878. 49 S. 1.50

Fecht, C. G., der südwestliche Schwarzwald und das anstoßende Rheingebiet. Zustände von Land und Volk aus älterer und neuerer Zeit. 1. Abthl.: Allgemeine Geschichte. gr. 8. (XII und 202 S. mit 1 lithogr. Karte, 9 Chromolithogr. [Originalansichten] in qu. gr. 8.) Lörrach 858, Gutsch. Thlr. *

Fecht, C. G., der südwestliche Schwarzwald und das anstoßende Rheingebiet ꝛc. 2. Abthl.: Statistik, Handel und Gewerbe, Specialgeschichte. 1—8. Lfg. gr. 8. (1. Bd.: Die großherzogl. bad. Amtsbezirke Waldshut, Säckingen, Lörrach, Schopfheim. XXII und 562 S. mit 12 Chromolithogr. und 1 chromolithogr. Panorama in qu. Imp.-Fol.) Ebendas. 859.

Fecht, Christian Ludwig

Christian Ludwig Fecht. Die alten Sprachen sind für den Jüngling ein besseres Bildungsmittel, als die neueren. Lahr, P 1806

vgl.: Fecht, L. F.

Christian Ludwig Fecht. Uber die Behandlung des Ehrtriebs in öffentlichen Schulanstalten. Lahr, P 1822

Fecht, C. L., über Belohnung u. Strafen in pädagog. Hinsicht, 8. Heidelb. Mohr. 809.

Fecht, Chr. L., über Belohnungen u. Strafen in pädagog. Hinsicht. 8. Heidelb. 810. Mohr. 10 gr

Fecht, Chr. L., die Charakteristik und Naturherrlichkeit von Lahr und Umgebung. 2. sehr veränd. u. verm. Aufl. Lahr 855. Geiger. gr. 16. (63 S. u. 1 Lithogr.) 7½ ngr

Derselbe. Eine kleine Chronik des Paedagogiums, vom Direktor der Anstalt. 5 S. vor dem Lektionsverzeichnis. Kl. Oktav. Lahr, P 1829

Fecht, Chr. L., über die Fortdauer des menschl. Geistes, in Briefen. Ein Weihgeschenk frommer Frauen u. Jungfrauen an denkende Männer. gr. 8. Freiburg im Br. 844. (Lippe u. Wirth.) n. $^2/_3$ Thlr.

Fecht, (Ch. L.,) der Fußwanderer, oder: wie man reisen soll; in einer Fußwanderung aus d. Breisgau bis Zug veranschaulicht. gr. 12. Heidelberg 824, Groos.

Christian Ludwig Fecht. Einige Gedanken, den Knaben in öffentlichen Lehranstalten Wahrheitssinn einzuflössen. Lahr, P 1812

Fecht, Chr. L., der christliche Geistliche für alle, besonders für die jetzige Zeit, an jüngere, aber auch ältere Geistliche und Laien der evangel. und kathol. Welt, an die hohe deutsche Reichsversammlung und an die Synoden. gr. 8. (VI und 234 S.) Lahr 849, (Geiger.) *

— sieben Morgen-Strahlen. Predigten. Karlsruhe 853. (Heidelberg, Emmerling.) 8. (V, 55 S.) 6 ngr

—— sieben Morgen-Strahlen. Predigten. 8. (V und 55 S.) Karlsruhe 853, Groos.

— die Naturherrlichkeit von Lahr u. Umgebung. kl. 8. Lahr 846, (Geiger. n. 4 ngr

Fecht, Christian Ludwig: Ludwig Older und Luise Feld, oder: Briefe üb. Töchterbildung und Töchterschulen. Ein Weihgeschenk für deutsche Töchter. — Heidelberg: Osswald 1831. VIII, 141 S. 8°

Derselbe. Das religiöse Princip das sicherste Erziehungsprincip. S. 3—14 des Progr. Lahr, P 1825

Fecht, F. H., s.: Besuchungen, 15, d. allerheil. Sakramentes f. Kommunikantenkinder.

Fecht, Franz X.

Fecht, F. X., das Himmelsbrod od. Belehrgn. üb. die hl. Communion f. das christl. Volk. Hrsg. v. der St. Josef-Bücher-Bruderschaft in Klagenfurt. 16. (XV, 496 S. m. Titelbild.) Klagenfurt 899. (A. Raunecker.)
Geb. in Leinw. n.n. 1. —

— dasselbe. 2., verm. u. verb. Aufl. gr. 16. (XVI, 751 S. m. Titelbild.) Donauwörth 901. L. Auer.
Geb. in Leinw. n 1. 80

Fecht, Fr. X., das Himmelsbrod od. Belehrgn. üb. die hl. Kommunion f. das christl. Volk. 4. Aufl. (XV, 751 S. m. Titelbild.) 16. Donauwörth 907. L. Auer.
Geb. in Leinw. 1.80

— Kinder-Walser od. 15 Besuchgn. des allerheiligsten Sakramentes zum Gebrauche f. Kinder bei der monatl. „Ewigen Anbetg." u. zum Privatgebrauch. Mit e. Meß-Andacht. 3. Aufl. 20.—30. Taus. gr. 16. (128 S.) Schaan 899. Verlag des Emmanuel. Geb. n. — 40

— Kinder-Walser od. 15 Besuchgn. des allerheiligsten Sakramentes zum Gebrauche f. Kinder bei der monatl. „Ewigen Anbetg." u. zum Privatgebrauch. Mit e. Meß-Andacht. 4. Aufl. 30—40. Taus. (128 S.) 16. Buchs (903). Verlag des Emmanuel. Geb. — 40

Fecht, Fr. X., der weiße Sonntag, oder leichtverständl. Belehrungen und Gebete zur Vorbereitung auf die heil. Communion für Erstkommunikanten und die gesamte Jugend, welche würdig und mit Nutzen kommunizieren will. 3. durchges. und verm., 4. und 5. Aufl. (VIII, 436 S. mit 1 Chromolithogr.) 886,87; 6. aufs neue umgarb. Aufl. 16. (XVI, 464 S. mit 1 Chromolithogr.) Donauwörth 888, Auer. *
geb. von * 80 Pf. bis *

Fecht, Fr. X., der weiße Sonntag. Belehrungen u. Gebete für Erstkommunikanten u. die gesamte Jugend, welche würdig u. m. Nutzen kommunizieren will. Mit e. Beigabe: Unterricht u. Gebete f. Firmlinge u. Gefirmte. 6.—9., verm. Aufl. 16. (XVI, 468 S. m. 1 Farbendr.) Donauwörth 889. Auer. n. — 60; geb. in Halbleinw. n. — 80; in Leinw. m. Goldschn. n. 2. —; in Ldr. n. 2. 30; m. Goldschn. n. 2. 50

Fecht, F. X. Der weiße Sonntag. Belehrgn. u. Gebete f. Erstkommunikanten rc. 8.—15. Aufl. 16. (XVI, 468 S. m. 1 Farbendr.) Donauwörth 889—92, Auer. geb. in Leinw. * — 80
geb. m. Goldschn. * 1 60; in Chagrin-Ldr. m. Goldschn. * 2 50

Fecht, F. X., der weiße Sonntag. Belehrungen u. Gebete f. Erstkommunikanten u. die gesamte Jugend, welche würdig u. m. Nutzen kommunizieren will. Mit e. Beigabe: Unterricht u. Gebete f. Firmlinge u. Gefirmte. 25. Aufl. 16. (XVI, 496 S. m. 1 Farbendr.) Donauwörth 891. L. Auer. n. — 60; geb. in Leinw. n. — 80; in Leinw. m. Goldschn. n. 1. 60; in Ldr. m. Goldschn. n. 2. 50; in Ldr. m. Goldschn. u. Schließe n. 3. —; in ff. Ldr. n. 4. —

Fecht, F. X., d. weiße Sonntag. Belehrgn. u. Gebete f. Erstkommunikanten u. d. ges. Jugend, welche würdig u. m. Nutzen kommunizieren will. M. e. Beigabe: Unterr. u. Gebete f. Firmlinge u. Gefirmte. 38. u. 39. Aufl. 16. (XVI, 480 S. m. 1 Farbdr.) Donauwörth 897. L. Auer. n. — 60; geb. in Leinw. n. — 80; m. Goldschn. n. 1. 60; in Chagrin-Ldr. m. Goldschn. n. 2. 50; u. m. Schließe n.n. 3. —; in ff. Ldr. m. Schließe n. 5. —

— der weiße Sonntag. Belehrungen u. Gebete f. Erstkommunikanten u. die gesamte Jugend, welche würdig u. m. Nutzen kommunizieren will. Mit e. Beigabe: Unterricht u. Gebete f. Firmlinge u. Gefirmte. 50.—76. Aufl. 16. (à XVI, 480 S. m. 1 Farbdr.) Donauwörth (899—902). L. Auer. Geb. in Leinw. von n. — 80 bis n. 5. —

Fecht, F. X., der weiße Sonntag. Belehrungen u. Gebete für Erstkommunikanten u. die gesamte Jugend, welche würdig u. m. Nutzen kommunizieren will. Mit e. Beigabe: Unterricht u. Gebete für Firmlinge u. Gefirmte. 88.—125. Aufl. (Je XVI, 480 S. m. farb. Titelbild.) 16. Donauwörth (903—906.) L. Auer. Geb. in Leinw. n. — 80; m. Goldschn. n. 1. 80 u. wattiert n. 3. —

— Der weiße Sonntag. Belehrungen u. Gebete f. Erstkommunikanten u. die gesamte Jugend, welche würdig u. m. Nutzen kommunizieren will. Mit e. Beigabe: Unterricht u. Gebete f. Firmlinge u. Gefirmte. 162. Aufl. (XVI, 456 S. m. 1 Farbdr.) 16. Donauwörth (910). L. Auer. Geb. in Leinw. — 80

— aus dem Weihbuch der Kirche od. Belehrgn. üb. die wichtigsten kirchl. Segngn. u. Weihgn. f. das christl. Volk. Hrsg. v. der St. Josef-Bücher-Bruderschaft in Klagenfurt. (XVI, 464 S. m. Titelbild.) 12. Klagenfurt 901. Buch- u. Kunsth. des St. Josef-Vereines.
Geb. in Ldr. m. Goldschn. n.n. 1. 70

— aus dem Weihbuch der Kirche, od.: Belehrungen üb. die wichtigsten kirchl. Segngn. u. Weihgn. f. das christl. Volk. 2., verm. u. verb. Aufl. 12. (XVI, 624 S. m. Titelbild.) Ebd. 903. Geb. in Leinw. n. 1. 60

Fecht, Frid. Guil. Aug(ustus) (geb. Berlin 31. 3. 1821): De Graeci aoristi significatione. Berolini (1844). (28 S.) 8°
Berlin, Phil. Diss. v. 30. März 1844

Fecht, G., Bilder aus der badischen Revolution. (Gedichte.) gr. 8. (30 S.) Lahr 850, Geiger. n. 7 ngl

Fecht, Gu. Wh., († d. 12. April 1832.) Predigten u. deren geschichtl. Veranlassung. Mit d. Verf. Bildn. 8. Karlsr. 824. Braun. 18 gl.

Gustav Fecht. Kurze Geschichte des Paedagogiums zu Lörrach. 20 S. Lörrach, P 1855

Fecht, H., üb. die Anlage u. den Betrieb v. Stauweihern in den Vogesen, insbesondere üb. den Bau der Stauweiher im oberen Fechtthale. Im Auftrage des Ministeriums f. Elsass-Lothringen, Abtheilg. f. Finanzen, Landwirthschaft u. Domänen bearb. [Aus. „Zeitschrift f. Bauwesen".] Fol. (25 S. m. 5 Kpfrtaf.) Berlin 893. W. Ernst & Sohn. n. 7. —

Fecht, H., üb. die Anlage v. Stauweihern in den Vogesen, insbesondere üb. den Bau d. Stauweihers im Alfeld. [Aus: „Ztschr. f. Bauwesen".] Imp.-4. (20 S. mit 2 Kupfertaf.) Berlin 889. Ernst & Korn. n. 5. —

— der Strassburger Ill-Hochwassercanal. Im Auftrage des Ministeriums f. Elsass-Lothringen, Abtheilg. f. Finanzen, Landwirthschaft u. Domänen bearb. [Aus: „Zeitschr. f. Bauwesen".] Imp.-4. (8 S. m. 2 Kpfrtaf.) Ebd. 894. n. 3. —

Fecht, H., das Meliorationswesen in Elsass-Lothringen. Imp.-4. (30 S.) Berlin 899. W. Ernst & Sohn. n. 3. —
Sonderabdruck aus: „Zeitschr. f. Bauwesen".

Fecht, H. A., das Executions-Verfahren in Württemberg. Eine umfassende Anleitung zu Behandlung des Schuldklagewesens und zu Vollziehung rechtskräftiger Erkenntnisse nach den bestehenden Gesetzen, Verordnungen und Verfügungen, mit einem Anhange, enth. das Executions-Gesetz vom 15. April 1825, das Gesetz vom 13. Nov. 1855 und die Justiz-Ministerial-Verfügung vom 22. Decbr. 1855. Mit ausführl. alphabet. Sachregister. Zunächst für Ortsbehörden hrsg. gr. 8. (VII und 167 S.) Stuttgart 856, Metzler'sche Buchh. *

Fecht, H. A., das Executions-Verfahren in Württemberg. Mit ausführlichem alphabetischem Sachregister u. Abdrücken der einschlagenden Gesetze. 2., verm. u. verb. Aufl. Stuttgart 869. Metzler. gr. 8. (VII, 196 S.) n. 16 ngr.

—— die Gerichts-Gesetze des Königr. Württemberg erläutert. 4 Abthlgn. gr. 8. Stuttgart, Koch. *

Inhalt:

Abthl. 1. Die Amortisations-Gesetze. (80 S.) 868. *ℳ 1,20.

„ 2. Das Gesetz über die Gerichtsverfassung. 2 Hefte. 1. Heft. (S. 1—84.) *ℳ 1,20.; 2. Heft. (S. 85—140.) * 80 Pf. 868. *ℳ 2.

„ 3. Die Civilprozeßordnung. 3 Bde. 1. Bd. in 2 Heften. (426 S.) 869. *ℳ 5,40.; 2. Bd. (636 S.) 869. *ℳ 8.; 3. Bd. 1. Heft. (S. 1—288.) 870. *ℳ 3,60.; 2. Heft. (S. 289—440.) 871. *ℳ 2,40. — *ℳ 19,40.

-- die Gerichts-Verfassungen der deutschen Staaten. (In 2 Abthlgn.) Erlangen 868. Enke. gr. 8.
1. Abth.: Oesterreich, Preußen, Bayern, Sachsen. (S. 1—320.) n. 1 ₰ 10 ngr.
2. Abth. 1. Heft: Württemberg, Baden, Hessen. (S 321—440.) n. 16 ngr.

—— die ehegerichtlichen Geschäfte der gemeinschaftlichen Oberamtsgerichte und Unterämter in Württemberg, mit umfassendem alphabet. Sachregister. gr. 8. (IV und 82 S.) Stuttgart 859, Nitzschke. *

— Gesetz betr. die Aenderung d. Landesstrafrechts u. der Strafproceß-Ordnung bei Einführung d. Reichsstrafgesetzbuchs f. das deutsche Reich in Württemberg vom 26. Dezbr. 1871 erläut. Mit e. Anh., enth. das württemberg. Polizeistrafgesetz, die zu beiden Gesetzen gehör. württemberg. Verordngn. u. Verfüggn., das bayer. Einführungsgesetz ꝛc. gr. 8. (IV, 271 S.) Stuttgart 872. Nitzschke. n. 3. —

-- Gesetz vom 23. Juni 1853, betreffend die Beseitigung der bei Liegenschafts-Veräußerungen und insbesondere bei der Zerstücklung von Bauerngütern vorkommenden Mißbräuche, mit umfassenden Erläuterungen und Formularien, sowie einer Anweisung zum Verfahren der Gemeinderäthe bei Ertheilung des gerichtlichen Erkenntnisses über Kauf- und Tauschverträge von Liegenschaften. Handausgabe mit ausführlichem alphabetischen Sachregister. 3. verb. Aufl. Stuttgart 858. Metzler. 8. (IV, 94 S.) n. 9 ngr.

Fecht, H. A., die Gesetze vom 26. Dezbr. 1861 betr. I. die Gewährleistung bei einigen Arten von Hausthieren; II. das abgekürzte Verfahren bei Streitigkeiten über Gewährleistung für die Mängel gewisser Arten von Hausthieren. Mit einem Anh. gr. 8. (74 S.) Stuttgart 862, Nitzschke. *

Fecht, H. A., die Güterbücher. Sammlung der hierüber besteh. Gesetze, Verordngn., Verfüggn. u. s. w. 8. (VI, 256 S.) Stuttgart 874. Kohlhammer. cart. n. 2. 40

—— das allgemeine deutsche Handelsgesetzbuch (mit Ausschluß des 5. Buchs vom Seehandel) und die Gesetze betr. 1. die Einführung des Handelsgesetzbuchs in Württemberg, 2. die Errichtung von Handelsgerichten und das Verfahren vor denselben in Württemberg mit besond. Rücksicht auf den Handels- und Gewerbestand erläutert. Mit einem Anh. enth. die Einführungsgesetze von Preußen, Bayern, Sachsen ꝛc. und einem umfassenden alphabet. Sach-Register. 2 Hälften. gr. 8. Stuttgart 865, Nitzschke. [1. Hälfte. (S. 1—256.) * 21 Ngr., 2. Hälfte. (VIII und S. 257—617.) * 1 Thlr.] *

Fecht, H. A., s. Knapp, H., Gesetze und Verordnungen über das in Württemberg geltende Pfandrecht, Mahn- und Zwangsvollstreckungs-Verfahren.

Fecht, H. A., das Concurs-Verfahren in Württemberg. Bearbeitet in Zusätzen zu Dr. H. v. Bayer's Theorie des Concursprocesses nach gemeinem Rechte. Stuttgart 860. Nitzschke. gr. 8. (VI, 208 S.) n. 28 ngr.

Fecht, Heinr. v. d., Strandgut. (Dramatisches Gedicht.) (64 S.) kl. 8. Leipzig-Schl. (910). L. Hirsch. (Nur direkt.) — 75

Fecht, Hermann, aus Straßburg i. E.: Über die Konstitution des Apomorphins. *Karlsruhe 1903: Ch. F. Müller.* (23 S.) 8°
Berlin, Phil. Diss. v. 2. Mai 1903

Fecht, J., de canonica apocalypseos auctoritate. Rost. 1691; rec. 1711. 4.

— Compend., univ. theologiam thet. et polem. compl. ed. Hoxa. 8. Servestae, Koppe. 744.

Fecht, J.: De descensu Christi ad inferos. – Rost. 1704.

Fecht, J., examen conciliationis inter Lutheranos et Pontificios in articulo de cultu imaginum et reliquiarum. Rost. 1713. 4.

Fecht, J.: De excommunicatione ecclesiastica. – Rost. 1712.

Fecht, J., de forma catecheseos Paulina. Rost. 1712. 4.

Fecht, J., de fuga ministerii ecclesiastici. Rost. 1707. 4.

— historia colloquii Emmendingens. int. Pontif. et Luther. 8. Rost. 700.

— historia n. theologiae indifferentist. 8. ibid. 727.

— instructio pastoralis ed. a. G. F. Fecht. 8. ibid. 746.

Fecht, J., de massa, ex qua Chr. natus, praeservata. Rost. 1707; rec. Viteb. 1716. 4.

— Nachr. v. Kirchenbann. 8. Rost. Rußworm. 712.

— Noctes christ. 8. Rost. 721.

— de vera rerum sacrar. notitia etc. 4. Rost. Russworm. 728.

Fecht, J., de origine et superstitione missarum in honorem Sanctorum. Rost. 1707. 4.

— de orig. et superstit. Missarum etc. 8. ibid. 725.

Fecht, J., de Petro gladio accincto. Rost. 1706. 4.

— Philocalia sacra. 8. Rost. 729.

Fecht, J., de pietate Cornelii, antequam ad eum mitteretur Petrus. Rost. 1701. 4.

Fecht, J., de precibus contra alios institutis. Rost. 1708. 4.

Fecht, J., quaeritur, an moribundis committi queat, ut pridem defunctis amicorum superstitum nomine salutem nuntient? Rostoch. et Lips. 706. 719. 4.

Fecht, J., de sabbato ejusque libertate in N. T. doctrina. Rost. 1703. 4.

— Schediasmata sacra. 8. Lips. 735.

— scrutinium proflig. ex eccles. haeretificationis etc. 4. Rost. 714.

— de statu damnatorum. 8. Rost. Russworm. 727.

Fecht, I., Sylloge controversiar. ex univ. theologia. c. Rollii. 8. Giess. Krieger. 768.

Fecht, J., de externa nominis Jesu per genuflexionem veneratione. Rost. 1760. 4.

Fecht, J., de admiranda in Christo docendi virtute. Rost. 1711. 4.

Fecht, J. F.: Pastoral-Anweis. f. d. evangel.-luther. Landes-Geistl. zu e. klugen u. treuen Führung ihres Amtes, aus d. gesammt., sie betreff. landesherrl. Verordnn. ausgezogen, system. u. alphabet. geordn. u. mit prakt. Anmerkk. begl. *Karlsruhe*, Müller. 807. gr. 8. (1 Thl. 12 Gr.)

Fecht, Jo.: De excommunicatione ecclesiastica ejusque indole et aequitate. *Rostoch* et *Lips.* 712. 4.

Fecht, Karl Gustav

Fecht, K. G., das Kloster Allerheiligen. gr. 8. (69 S. m. 8 Steintaf.) Karlsruhe 872. (Trube.) n. 1. 70

Fecht, K. G., das Kloster Allerheiligen. 2. Aufl. 8. (107 S. m. 4 Abbildgn.) Karlsruhe 890. Macklot. 1. 50

Fecht, Karl Gust., Geschichte der Stadt Durlach. Heidelberg 869. Emmerling. gr. 8. (XI, 692 S. u. 1 Lithogr.) n. 2 ₰

— Geschichte der Haupt- und Residenzstadt Karlsruhe. 10 Lfgn. gr. 8. (XX, 604 S. m. 1 Steintaf.) Ebd. 887. 888. n. 5. —

Fecht, Kuno Zur Kritik des Euripides. 32 S. G. *Freiburg i. Br.* 1884. Progr.

Fecht, Kuno, Präparation zu Thukydides. I. Buch. (IV, 85 S.) 8. Gotha 904. F. A. Perthes. n. — 80

— dasselbe. Buch VI. (IV, 65 S.) 8. Ebd. 902. n. — 60

— dasselbe. Buch VII. 2 Hälften. 8. Ebd. 903. à n. — 50
1. Kapitel 1—43. (IV, 36 S.) — 2. Kapitel 44—87. (40 S.)

Fecht, Kuno, griechische Schreibvorlagen. 4. (24 S.) Freiburg i/B. 889. Fehsenfeld. Verlag. n. — 30

Fecht, Kuno, griechische Schreibvorlagen. 5. Aufl. 4. (24 S.) Freiburg i/B. 897. F. E. Fehsenfeld. n. — 30

—— Griechisches Übungsbuch für Obertertia. 8. (VIII, 200 S.) Freib. i. Br. 891, Herder. * 1 60; geb. * * 1 85

Fecht, Kuno, griechisches Übungsbuch f. Obertertia. 2., unter Mitwirkg. v. J. Sitzler bearb. Aufl. gr. 8. (VIII, 174 S.) Freiburg i/B. 900. Herder. n. 1. 60; Einbd. in Halbleinw. n.n.u. — 25

— — dasselbe f. Ober-Tertia. 3., verb. Aufl. (VIII, 175 S.) gr. 8. Ebd. 909. 2.20; geb 2. 60

— u. Jak. Sitzler, griechisches Uebungsbuch f. Sekunda. (VIII, 234 S.) 8. Freiburg i/B. 904. Herder. n. 2. 20; geb. in Halbleinwand n. 2. 60

Fecht, Kuno, griechisches Übungsbuch für Untertertia. 8. (IV, 120 S.) Freiburg i. Br. 884, Herder'sche Verlagsh. *

Fecht, Kuno, griechisches Übungsbuch für Untertertia. 2. gänzumgearb. Aufl. 8. (IV, 165 S.) Freiburg i. Br. 887, Herder'sche Verlagsh. *

—— dass. — für Untertertia. Alphabet. Wörterverzeichnis. gr. 8. (S. 168—209.) Ebd. 887. * — 30

Fecht, Kuno, griechisches Übungsbuch f. Untertertia. 3., m. Rücksicht auf die neuen preuß. Lehrpläne bearb. Aufl. gr. 8. (VIII, 169 S.) Freiburg i/B. 893. Herder. n. 1. 25; geb. n.n. 1. 50

— u. J. Sitzler, griechisches Übungsbuch f. Untertertia. 4., verb. Aufl. gr. 8. (XI, 194 S.) Ebd. 902. n. 1. 60; Einbd. in Halbleinw. n.n.n. — 25

Fecht, Kuno, u. Jak. Sitzler, griechisches Übungsbuch f. Untertertia. 5., verb. Aufl. (XI, 178 S.) gr. 8. Freiburg i/B. 907. Herder. 1.80; geb. 2. 20

Fecht, L. F. Die Erlernung der alten Sprachen ist für den Jüngling ein besseres Bildungsmittel als die der neueren Sprachen. Lahr, Pädagog., 1806. Progr.
vgl.: F e c h t , Christian Ludwig

Fecht, Ottmar: Die Gewerbe der Stadt Zürich im Mittelalter. Lahr 1909: Schauenburg. 87 S. 8°
Freiburg i. B., Phil. Diss. v. 1909, Ref. v. Below
[Geb. 15. Jan. 87 Trochtelfingen b. Sigmaringen; Wohnort: Freiburg i. B.; Staatsangeh.: Preußen; Vorbildung: Gymn. Freiburg i. B. Reife Juli 05; Studium: Freiburg i. B. 2, Paris 1, Freiburg i. B. 2, Heidelberg 1, Freiburg i. B. 2 S.; Rig. 9. Juni 09.] [U 10. 1045

Fechtart, Die geschlossene und zerstreute. (Das Exerciren und Plänkeln) der Infanterie. Stuttgart 1868. V: *Arand v. Ackerfeld.* (KA)

Fechtart, die geschlossene und zerstreute, [das Exerziren und Plänkeln] der Infanterie. Im Auszug bearb. nach dem k. preuß. Reglement. 3 Abthlgn. 8. Stuttgart, Lindemann. *
Inhalt:
Abthl. 1. Soldatenschule. Trupp. Compagnie. (S. 1—92.) 868. * ℳ 1,50.
" 2. Bataillonsschule incl. Compagnie-Colonnen und Parade. (S. 93—164.) 869. * ℳ 1,10.
" 3. Brigadeschule, unter Beiziehung von Artillerie und Cavallerie als Hilfswaffen. (S. 165—185.) 869. * 40 Pf.

Fechtart, die zerstreute, der k. k. Cavallerie. Dargestellt nach den allerhöchsten Bestimmungen von einem k. k. Officier. Mit 1 Notenblatte der Trompeter-Signale (in 4.) 16. (48 S.) Wien 861, Pichler's Wwe. und Sohn. (Leipzig, Liebeskind.) *

Fechtart, die zerstreute. Für Unteroffiziere bearb. v. H. W. N. 16. (27 S.) Wien 872. lit.-artist. Anstalt. n. — 50

Der Geöffnete Fecht-Boden / Auf welchen Durch Kurtz gefaste Regeln gute Anleitung zum rechten Fundament der Fecht-Kunst gegeben / und gewiesen wird ... Hamburg. Bey Benjamin Schillern 1706.
Mit d. Tit. 53 S., 10 Taf. in Kupferst., 1 Bl. 8°.

* Der geöffnete Fechtboden, auf welchem durch kurzgefaßte Regeln gute Anleitung zum rechten Fundament der Fechtkunst gegeben und gewiesen wird, worinnen die Hauptlektiones bestehen und wie sie nach heutiger Manier ausgeübt, auch vorteilhaftig mit guter Adresse können angebracht werden, m. Abb. v. Gr. C. (Taf. C u. D fehlen), Hamburg 1715, 54 S., 10 Taf., 16°.

[**Fechtbodenreglement** der Universität Bonn.] (Bonn, Druck v. C. Georgi) [1856]. *Anf.:* Auf den Grund der Genehmigung des ... Ministeriums d. geistlichen ... Angelegenheiten in dem Rescripte vom 7 d. Mts ... wird hiermit für d. akad. Fechtboden d. Königl. rheinischen Friedrich-Wilhelms-Universität folgendes Reglement erlassen. *Ende:* Bonn, d. 8 April 1856. Königl. Curatorium *etc.* 7 S. 8.

Fechtbuch. Die Ritterliche / Mannliche Kunst vnd Handarbeyt Fechtens / vnd Kempffens. Auß warem vrsprünglichen Grund der Alten / Mit sampt heymlichen Geschwindigkeyten / In leibsnöten sich des Feindes tröstlich zu erwehren / vnnd Ritterlich obzusigen ... Klärlich beschrieben vnnd fürgemalt. Zu Franckfort am Meyn / Bey Chr. Egen. Erben (1558).
Tit., 47 Bl. m. 41 Holzschn. 8°.
1. Druck 1531.
Gelli S. 250; Graesse II, 560.

Fechten, dargestellt in Bildern. o. O. 1738. 4°.

Fechter, der, vom Geist. Mitteilungen d. Vereins zur Sorge f. d. in Not Hinterlassenen uns. geist. Streiter. Hrsg. v. Kapitel d. Fechter v. Geist. Jahrg. 1897. 3 Nrn. (48 S.) Leipzig. A. Foerster. n. 2. —

— dasselbe. 2. Jahrg. 1898. 12 Nrn. (à ca. 12 S.) gr. 8. Ebd. n. 2. —

Fechter, der, vom Geist. Mitteilungen des Vereins zur Sorge f. die in Not Hinterlassenen unserer geistigen Streiter. Hrsg. vom Kapitel der Fechter vom Geist. 3. Jahrg. 1899. 12 Nrn. gr. 8. (à ca. 12 S.) Leipzig, A. Foerster. n. 2. —
Erscheint nicht mehr.

Fechter, Der, von Ravenna. Trauerspiel in fünf Akten. [Wien 1854.] V: *Münch von Bellinghausen, Eligius Franz Joseph Freih. v.* (EB)

Fechter von Ravenna, der —. Trauerspiel in fünf Akten. 8. (Falz. 96 S.) Wien. Druck von U. Klopf sen. und Alex. Eurich. 1855.

Fechter, der, von Ravenna. Großes historisches Trauerspiel in 5 Akten. Freie Uebersetzung aus dem Deutschen eines unbekannten Verfassers. Erlangen 856. Bläsing. 8. (VIII, 64 S.) n. 9 ₰

Fechter, Albert: Beitrag zur Lehre von der Actinomykose. Halle a. S. 1883: Plötz. 33 S. 8°
Halle-Wittenberg, Med. Diss. v. 16. Juli 1883
Geb. Haigerloch (Hohenzollern) 14. 1. 1858. V.

Fechter, Daniel Albert

Fechter, D. A., die Amerbachische Abschrift des Vellejus Paterculus u. ihr Verhältniss zum Murbacher Codex u. zur Editio princeps. Eine Untersuchung. gr. 8. (4 3/8 B.) Basel 844, Neukirch. *

[Fechter, Daniel Albert.] Das alte Basel, dargestellt nach seiner allmähligen Erweiterung bis zum Erdbeben 1356. [Mit Vignetten und 1 Plan.] (Njbl. Basel 1852.) 4. [Basel.]

Fechter, D[aniel] A[lbert]. Basel im Kriege gegen die Armagnaken. Ein in der historischen Gesellschaft von Basel im Januar 1861 gehaltener Vortrag. [A.] 8. [Basel 1862.]

[Fechter, Daniel Albert.] Vier Berichte über die Schlacht bei St. Jakob, aus den ersten Wochen nach der Schlacht. Mitgetheilt vom Herausgeber [des Basler Taschenbuches]. ⟨Vortrag, gehalten vor der schweizerischen geschichtforschenden Gesellschaft in Freiburg. 16. September 1863.⟩ [A.] 8. [Basel 1864.]

Fechter, D[aniel] A[lbert]. Ein renitenter Bischof des XVII. Jahrhunderts (Lazaro II Caratino, B. von Como). Vorgetragen in der historischen Gesellschaft [zu Basel] den 27. Februar 1873. [SA.] 8. [Basel 1875.]

Fechter, D[aniel] A[lbert]. Achtzehn ungedruckte Briefe von Ulrich Zwingli und Albertus Burerius an B(eatus) Rhenanus. Mitgetheilt von Dr. D. A. Fechter.... [SA.] 8. [Zürich 1855.]

[Fechter, Daniel Albert.] Bischof Burchard von Hasenburg (1072–1106) und das Kloster St. Alban (in Basel. [Mit 1 Vignette und 1 Tafel.] Njbl. Basel 1851). 4. [Basel.]

Fechter, D[aniel] A[lbert]. Die politische Emancipation der Handwerker Basels und der Eintritt ihrer Zünfte in den Rath. ⟨Vorgetragen in der historischen Gesellschaft zu Basel den 22. Februar 1855.⟩ [SA.] 8. [Zürich 1856.]

Fechter, D. A.: Geschichte des Schulwesens in Basel bis zum Jahre 1589. Basel 1837. 103 S.

Fechter, D. A.: Geschichte des Schulwesens in Basel vom Jahre 1589–1733. Basel 1839. 62 S.

Fechter, D[aniel] A[lbert]. Das Münster zu Basel. Hrg. unter Mitwirkung der antiquarischen Gesellschaft zu Basel. [Mit 1 Vignette und 1 Tafel. SA.] 4. [Basel] 1850.

Fechter, D. A., Thomas Platter und Felix Platter, zwei Autobiographieen. Ein Beitrag zur Sittengeschichte des 16. Jahrh. gr. 8. Basel 840. (Schneider.) n. 5/6 ℳ

[Fechter, Daniel Albert.] Die Rauraker und die Römer. Augusta Rauracorum und Basilia. ([Mit] Nachweisungen. [1 Vignette. 1 Abbildung und 1 Tafel]. Njbl. Basel 1845.) 4. [Basel.]

Fechter, Daniel Albert s. Sammlung. Amtliche S' der ältern Eidgenössischen Abschiede. Lucern....

[Fechter, Daniel Albert.] Basels Schulwesen im Mittelalter. Gründung der Universität. Anfänge der Buchdruckerkunst. [Mit 1 Vignette und 1 Tafel.] (Njbl. Basel 1863.) 4. [Basel.]

Fechter u. Schäublin, Das Waisenhaus in Basel, seine Gründung, seine Entwickelung und sein gegenwärtiger Bestand. Denkschrift. 4°. Basel 1871.

Fechter Karl: Die Einführung der Jugendspiele an der k. k. St. U. R. im II. Bezirke in Wien. 3. u.
Progr.

Der Görlitzer Spielcurs. 5. Wien II. UR. (XX. Franz Jos. R.) 92.
Progr.

Fechter, K., & M. Guttmann: Turn- und Spielbetrieb an der K. K. Staats-Unterrealschule im 2. Bezirke Wiens. Aus: Zeitschr. f. d. Realschulwesen. Jg 16. 1891. H. 3. S. 129—134.

Fechter, Paul, a. Elbing: Die Grundlagen der Realdialektik. Ein Beitrag zur Kenntnis der Bahnsen'schen Willensmetaphysik. München u. Leipzig: G. Müller 1906. (77 S.) 8°
Erlangen, Phil. Fak., Ref. Falckenberg, Diss. v. 25. Juli 1906
[Geb. 14. Sept. 80 Elbing; Wohnort: Elbing; Staatsangeh.: Preußen; Vorbildung: Gymn. Elbing Reife O. 99; Studium: Dresden T.H. 1, Charlottenburg T.H. 2, Berlin 8 S.; Rig. 26. Juni 05.]

Fechter, W., das Loos der Schreiber, deren Berufsthätigkeit u. Aussichten. 12. (62 S.) Cassel 851, Hotop. 1/6 ℳ

Fechter, Wenzel, Grundideen d. Obstbaumzucht, nebst Anleit. Zwetschgen, Pfirsiche, Wein z. treiben, Orangerie- u. Feigenbäume z. erziehen, Ananas z. treiben, Melonen im Freien z. cultiviren etc. Mit e. neuen Plan z. e. Obstgartenanlage etc. Bearb. v. Wenz. Eichhorn. Mit 9 lith. Bl. 8. Leipzig, 1841. Fr. Fleischer. (— 20) — 8

Fechtl, Leo, die Arznei od. drei Weihnachtsabende, s.: Gesellschaftsstücke, ausgewählte.

Fechtkunst, Die, auf Stoss und Hieb . . . für Officiere . . . Braunschw. 1802. Hann. 1809. V: *Venturini, Johann Georg Julius.* (MGT)

Fechtkunst, Die, auf Universitäten . . . Köthen 1802. V: *Venturini, Joh. Georg Julius.* (Ky) (MGT)

Die Fechtkunst auf Universitäten zum Vergnügen und zur Privatübung. m. Abb., Köthen 1802, 63 S., 3 Taf., 8°. Auc.

Fechtner, E. [cand. med. aus Pyritz in Pommern]: Perinaeoplastik nach Perinaeal-Rupturen .... Würzburg, Druck d. Bonitas-Bauer'schen Buchdr., 1887; 20 S. 8°.
Würzburg, Med. Fak., Inaug.-Diss. v. 1887.

Fechtner, E., Perinaeoplastik nach Perinaeal-Rupturen. Diss. Würzburg 1887, Stahelsche Univ.-Buchh. 8°. 20 S.

Fechtner, Eduard

Fechtner, Ed., John Locke's „Gedanken üb. Erziehung" dargestellt u. gewürdigt. gr. 8. (43 S.) Wien 894. A. Hölder. n. 1. —

Fechtner, Ed., John Lockes „Gedanken üb. Erziehung", dargestellt u. gewürdigt. 2. umgearb. u. ergänzte Aufl. (64 S.) gr. 8. Wien 908. A. Hölder. 1. 30

Fechtner Eduard: John Lockes ethische Lehren.
1880 PN 181 Diss. Wien, Univ. 13

Fechtner, Ed., John Locke, e. Bild aus d. geist. Kämpfen Englands im 17. Jahrh. gr. 8. (XI, 298 S.) Stuttgart 898. F. Frommann. n. 6. —

Fechtner, Ed., die praktische Philosophie u. ihre Bedeutung f. die Rechtsstudien. Ein Beitrag zur Reform unserer Universitäten. gr. 8. (87 S.) Wien 888. Hölder. n. 1. 60

Fechtner, Max, Referendar: Die Ehre im bürgerlichen Recht. Greifswald 1900: J. Abel. (48 S.) 8° [F.]
Marburg, Jur. Fak., Ref. André, Diss. v. 17. Juni 1906
[Geb. 20. Febr. 81 Kolberg; Wohnort: Stettin; Staatsangeh.: Preußen; Vorbildung: Domgymn. Kolberg Reife O. 00; Studium: Marburg 1, München 2, Berlin 1, Marburg 2 S.; Rig. 25. Mai 03.]

Fechtordnung für die Universität Gießen. Vom Engeren Senat erlassen am 8. Februar 1895, abgeändert am 4. März 1909. [Gießen] (1909): [v. Münchow]. 2 Bl. 8° [Kopft.]
[U 09. 1069

Fechtordnung für den Universitäts-Fechtboden zu Greifswald. (Greifswald [1906]: H. Adler.) (2 Bl.) 8° [Kopft.] [F.]
(Nicht für den Austausch)

Fechtrup, Bernh., der heil. Cyprian. Sein Leben u. seine Lehre. I. Cyprians Leben. gr. 8. (VIII, 264 S.) Münster 878. Theissing. n. 5. —

Fechtschul-Zeitung, deutsche. Organ der deutschen General-fechtschule u. der selbständ. Verbände Leipzig u. Chemnitz. Red.: J. C. Schmitt. Jahrg. 1891. 1892. à 24 Nrn. (½ Bog.) gr. 4. Lahr, Verlag der General-Fechtschule. à Jahrg. n.n. 2. 40

Fecht-Unterricht mit dem Feuer-Gewehre, eigentlich Bajonetfechten. (Von Frz. Müller.) 2. Aufl. 8. (Mit 6 Steintaf.) Prag 841, Haase Söhne. ¼ ℛ

Über die Fechtweise und die Gefechts-Ausbildung des Infanterie-Bataillons. Unter Berücksichtigung des franz. und österr. Exercir-Reglements. Hannover 1880. 8°.

Die Fechtweise in der Komp. u. i. Batl. übs. v. Schempp. Hannover 1888.

Fechtweise, die neue, der französischen Infanterie. Nach dem französ. Infanterie-Exerzier-Reglement v. 29. Juli 1884 u. der Instruction pour le combat vom J. 1887 bearb. v. e. deutschen Infanterie-Offizier. Mit zahlreichen Skizzen auf 6 Taf. gr. 8. (III, 58 S.) Darmstadt 887. Zernin. n. 1. 80

Fechtzeitung, sächsische. Eigenthum d. Wohlthätigkeits-Vereines „Sächsische Fechtschule". Unterhaltungsblatt u. Organ sämmtl. 62 Verbände d. Königr. Sachsen. 3. Jahrg. 1886. 21 Nrn. (B.) gr. 4. Dresden, Anth. Schönfeld. n. 2. —

Fechtzeitung, sächsische. Eigenthum des Wohlthätigkeits-Vereins „Sächsische Fechtschule". Unterhaltungsblatt u. Organ sämmtl. 59 Verbände d. Königr. Sachsen. Red.: C. Moser. 4.—7. Jahrg. 1887—1890. à 24 Nrn. (B.) gr. 4. Dresden, Expedition, Ziegelstr. 51. à Jahrg. n. 2.—

Fechtzeitung, sächsische. Eigenthum d. Wohlthätigkeits-Vereins „Sächsische Fechtschule". Unterhaltungsblatt u. Organ v. 87 Verbänden u. 14 Direktorialfilialen. Red.: Curt Moser. 8.—11. Jahrg. 1891—1894. à 24 Nrn. (Bog.) gr. 4. Dresden, Exped., Röhrhofsgasse 10. à Jahrg. n. 2. —

Fechtzeitung, sächsische. Eigenthum d. Wohlthätigkeits-Vereins „Sächsische Fechtschule". Unterhaltungsblatt u. Organ v. 97 Verbänden u. 9 Direktorialfilialen. Red.: Curt Moser. 12.—15. Jahrg. 1895—1898. à 24 Nrn. (Bog.) gr. 4. Dresden (Röhrhofsgasse 10), Exped. à Jahrg. n. 2. —
Redakteur d. 15. Jahrg. war A. Wuttke. — Kann auch viertel-jährlich bezogen werden.

Fechtzeitung, sächsische. Eigenthum des Wohlthätigkeits-Vereins „Sächsische Fechtschule". Unterhaltungsblatt u. Organ v. 100 Verbänden u. 9 Direktorialfilialen. Red.: A. Wuttke. 16. Jahrg. 1899. 24 Nrn. gr. 4. (à ca. 8 S.) Dresden (Röhrhofsgasse 10), Expedition. n. 2.—

Fecke, Ant., das bittere Leiden unseres Herrn Jesu Christi, s.: Thomas v. Jesu.

Fecondine, pulverisirter natürlicher Dünger. Freiburg 866. Amriswèil, Häberlin. 8. (13 S.) 3 ngr

Fedčenko

Fedtschenko, Boris, u. Alex. Fleroff, Russlands Vegetationsbilder. I. Serie. 1—3. Heft. (Russisch und deutsch.) Lex. 8. St. Petersburg. (Leipzig, Th. O. Weigel.) à Hft. nn 5.—; f. die Serie v. 4 Heften nn 12. 50
I. 1. 2. Vegetationsbilder a. Mittel-Russland. Von A. Fleroff. (13 u. 15 S. m. 12 Taf.) 907.
3. Vegetationsbilder aus dem Amurgebiete. Von B. Fedtschenko. (6 Lichtdr.-Taf. m. 9 S. russ. u. 9 S. deutschem Text. 908.

Eremurus. Krit. Uebersicht d. Gattung. Von Olga Fedtschenko [**Fedčenko**]. Mit 24 Taf. S.-Peterburg: Akad. nauk 1909. 210 S. 4°
(Mémoires de l'Académie Imp. d. sciences de St.-Pétersbourg. Sér. 8. Cl. phys.-math. Vol. 23, Nr 8.) [10. 10255 4

Fedtschenko, Olga, Eremurus. Kritische Uebersicht der Gattg. (210 S. m. 24 Taf.) 33,5×25 cm. St.-Pétersbourg 909. (Leipzig, Voss' Sort.) 7. —
Sonderabdruck aus „Mémoires de l'acad. imp. des sciences de St.-Pétersbourg".

Fedde, C. A. L., s. F e d e r , Karl August Ludwig

Fedde, Friedrich, Z. Andenken an Franz Passow, d. Vorkämpfer d. dtsch. Turnens in d. Breslauer Turnfehde (Jbuch d. Dtsch. Turnkunst, N. F., Bd. 5), Leipzig 1884, 16 S., 8°.

Fedde, Friedrich *Karl Georg* [aus Breslau]: Arbeit aus d. Botan. Garten d. Univ. Breslau. Beiträge zur vergleichenden Anatomie der Solanaceae ... Breslau, A. Schreiber, Buchdr., *1896*; 2 Bl., 48 S., 2 Bl., 1 Taf. 8.
Breslau, Phil. Fak., Inaug.-Diss. v. 7. Dez. 1896

Fedde, F.: Der Fünfkampf der Hellenen. Breslau 1888. 40 S. Breslau, Gymn. zu St. Elisabeth. P 1888.

Fedde, Fr., über den Fünfkampf der Hellenen, insbes. d. demselben eigentümlichen Übungsarten des Dreisprunges, Diskus- und Speerwerfens, und die Fünfkampfordnung, n. e. Anh.: Der Fünfkampf in neuer Gestalt, Leipzig 1889, 114 S., 8°. Fock.

— über den **Fünfkampf** der Hellenen, insbesondere d. demselben eigentüml. Übungsarten d. Dreisprunges, Diskos- u. Speerwerfens u. die Fünfkampfordnung. Nebst e. Anh.: Der Fünfkampf in neuer Gestalt. [Aus: „Jahrbb. d. deutschen Turnkunst".] gr. 8. (VI, 114 S.) Leipzig 889. Strauch. n. 1. 20

Fedde, Frdr., s.: Just's botanischer Jahresbericht.

— Papaveraceae-Hypecoideae et Papaveraceae-Papaveroideae, s.a. Pflanzenreich, das. 40. Hft.

Papaveraceae-Hypecoideae et Papaveraceae-Papaveroideae mit 532 Einzelbild. in 43 Fig. von Friedrich **Fedde**. Leipzig: W. Engelmann 1909. 430 S. 4°(8°)
(Das Pflanzenreich. H. 40 (IV. 104.)) [10. 432

Fedde. (Joh. Guil.) Frid. (geb. Oldenburg im Grossh. Oldenb. 25. 3. 1837):
De Perseo et Andromeda. Berolini (1860). (80 S.) 8°
Berlin, Phil. Diss. v. 14. Juli 1860

Fedde, Frdr., Repetitorium der Botanik, s.a. **Repetitorium der medicin. Hilfswissenschaften. 3. Tl.**

Repetitorium der Botanik für Studierende der Medicin, Pharmacie, Tierarzneikunde, Chemie, Naturwissenschaften etc. 2. Aufl. von Dr. phil. Friedrich **Fedde**. *Breslau: Preuss & Jünger 1899.* (VIII, 120 S.) 8°
= Repetitorium d. medicin. Hilfswissenschaften. T. 3. [99. 10096

— s.: **Repertorium novarum specierum regni vegetabilis.**

Fedde, Fr., über eine noch nicht edirte Sammlung Aesopischer Fabeln nach einer Wiener Handschrift. gr. 4. (26 S.) Breslau 877. Maruschke & Berendt. n. 1. 50

Fedde, das internationale Wett-Turnen zu Vicenza. [Aus: „Deutsche Turn-Zeitung".] gr. 8. (30 S.) Leipzig 878. Strauch. n. — 30

Fedde, F., Ueber Wortzusammensetzung im Homer. I. Ableitung, Abwandlung und Zusammensetzung. Pr. 1871. 41 S. 4°. 2.—

Fedde, Joh. Wilhelm Friedrich, s. F e d d e , Friedrich

Fedde Konrad, a. Breslau: Beiträge zur Siedlungskunde im ehemaligen Fürstentum Brieg. Breslau 1908: R. Nischkowsky. (40 S.) 8° [J.] ¶ (Erscheint vollst. in: Darstellungen u. Quellen z. schles. Geschichte.)
Breslau, Phil. Fak., Ref. Passarge, Diss. v. 28. März 1908
[Geb. 23. Juni 82 Breslau; Wohnort: Breslau; Staatsangeh.: Preußen; Vorbildung: Elisabeth-Gymn. Breslau Reife M. 02; Studium: Breslau 11 S.; Rig. 19. Juni 07.]

Fedderer, Weltkunde, s.: Hüttmann.

Fedbeler, A., praktische Aufgaben f. das Rechnen f. Barbiere u. Friseure, s.: Gewerbetreibende, der rechnende. 14. Hft.

Fedden, Albrecht, Referendar: Der Übergang der Gefahr beim Kauf nach dem Bürgerlichen Gesetzbuche. Borna-Leipzig 1909: Noske. VIII, 43 S. 8°
Leipzig, Jur. Diss. v. 14. Jan. 1909
[Geb. 18. Mai 81 Hagen, Kr. Geestemünde; Wohnort: Osnabrück; Staatsangeh.: Preußen; Vorbildung: Kaiser-Wilhelms-Gymn. Hannover Reife O. 00; Studium: Heidelberg 1, Lausanne 1, Göttingen 9 S.; Rig. 2. Mai 05.] [U 09. 2496

FEDDERSEN: Die Kiefer und der Maikäfer im Forstmeisterbezirk Marienwerder-Osche. Denkschrift. - o. O. 1890. 60 S. - Hierzu Nachtr.: Marienwerder 1893. 7 S.

Feddersen, Aug., Lebensbilder. Erzählungen für die reifere Jugend. Liegnitz (854). Kuhlmey'sche Buchhdlg. 8. (183 S.) n. 15 ngr

Feddersen, Berend

Chronik der Familie des Herrn Berend **Feddersen,** Wirklicher Justizrat, in Mögeltondern (v. Berend Feddersen, Regierungs- und Baurat z. D. Berlin. 1910.) Fol.

Einige Gedanken über das Jus publicum in Beziehung auf das Herzogthum Schleswig in drey Briefen an den Herrn Professor Tönsen zu Kiel von dem Hardesvogten **Feddersen.** Tondern. 1819. 8°

⊙ Sendschreiben an den Consistorialrath Boysen. Ueber den einzigen und allein wahren Stand-Punct, den er zur Beurtheilung der von dem Archidiacono Harms aufgestellten 95 Thesen hätte nehmen müssen. Dem Publico zur Aufklärung, und zur Verehrung gegen den besagten, sehr unrecht behandelten Prediger Harms [v. Berend **Feddersen**]. Tondern. 1818. 8°.

Stammtafel von dem Deichvogt Berend **Feddersen** in Hoyer, aufgestellt v. Berend Feddersen, Regierungs- und Baurat z. D. in Berlin unter Mitwirkung v. . . . [Nebst] Geleitwort. Berlin. 1910. Fol. Schreibmaschinenschrift.

Bl. 1. Stammtafel von dem Deichvogt Berend **Feddersen** in Hoyer nach seinem Sohn Christian Sibbert.
Bl. 2. Stammtafel von dem Deichvogt Berend **Feddersen** in Hoyer nach seinem Sohn Berend.
Entworfen vom Regierungs- und Baurat Berend Feddersen, Berlin im Dezember 1910; gez. v. Ingenieur Berend Feddersen. Charlottenburg. 1910. 2 Bl. Groß-Fol. 89,75 cm. Lithogr. Druck.

Wie befördern wir die wahre Wohlfahrt unserer ärmeren Classen? Ein ernstes, aber wohlgemeintes Wort an die Bürger und Einwohner der Stadt Schleswig von Berend **Feddersen.** Schleswig. 1845. 8°.

Feddersen, Berend Wilhelm

Feddersen, B. W., Beiträge zur Kenntniss des elektrischen Funkens. Inauguraldissertation. gr. 8. (86 S. mit 2 Stnt. in gr. 8. und 4.) Kiel 857, [Homann.] *

Feddersen, W., Entladung der Leidener Flasche, intermittierende, kontinuierliche, oszillator. Entladung u. dabei gelt. Gesetze, s.a. **Ostwald's, Wilh.,** Klassiker der exakten Wissenschaften.

(Ostwald's Klassiker der exakten Wissenschaften. Nr. 166.)
Entladung der Leidener Flasche, intermittierende kontinuierliche, oszillatorische Entladung und dabei geltende Gesetze. Abhandlungen v. [Berend] W[ilhelm] **Feddersen.** ⟨1857—1866.⟩ Hrgg. v. Th. Des Coudres. Mit 1 Bildnis des Verfassers u. 3 lithogr. Taf. Leipzig. 1908. 8°

— Die oscillatorische elektrische Entladung und ihre Grenze. Vorgelegt von W. G. Hankel. 8°. 6 S. Leipzig, S. Hirzel. 1861.
(Ibid. XIII. Band p. 13—19.

Feddersen, W., Ueber die elektrische Flaschen-Entladung. II. (Aus Poggend. Annal. Bd. CXVI.)

Feddersen, B. W., s.: Poggendorff's, J. C., biograph.-literar. Handwörterbuch z. Geschichte d. exacten Wissenschaften.

Feddersen, Ueber eine eigenthümliche Stromleitung bei Entladung der Leidner Batterie. Vorgelegt von W. G. Hankel. 8°. 5 S. Leipzig, S. Hirzel. 1861.
(Berichte über die Verhandlungen der königl. sächsischen Gesellschaft der Wissenschaften zu Leipzig. Mathematisch-physische Classe. XIII. Band. p. 114—119.)

— Ueber die Theorie der Strom-Verzweigung bei der oscillatorischen elektrischen Entladung und die aequivalente Länge des Herrn Knochenhauer. (Abdr. aus den Berichten der mathem.-phys. Classe der Königl. Sächs. Gesellsch. der Wissensch. Sitzung vom 1. Juli 1866.)

— Ueber elektrische Wellenbewegung. (Berichte der mathem.-physik. Classe der Königl. Sächs. Gesellsch. der Wissensch. 1859.)

Feddersen, Chrn., Bilder aus dem Jugendleben eines nordfriesischen Knaben. 8. (VI und 274 S.) Kellinghusen 853. (Liegnitz, Kuhlmey's Verlag.)

Historische Blätter zur Förderung der Humanität und des Christenthums v. Christian **Feddersen.** Kellinghusen. 1858. 8°.

Des ewigen, seligen Lebens Burgschaft und Gestaltung. Eine Rede für denkende Christen v. Christian **Feddersen.** Liegnitz. 1854. 8°.

Poetische Versuche der drei Gebrüder Christian, Hans Peter und Friedrich **Feddersen.** Tondern. 1817. 8°.

FEDDERSEN, CHR., Wanderung eines Lehrers mit seinen Schülern durch das heilige Land, zur Belehrung für Schule und Haus. Flensburg. 1838.

Wanderung eines Lehrers mit seinen Schülern durch das heilige Land, zur Belehrung und Erbauung für Schule und Haus v. Christian **Feddersen.** 2. Aufl. Altona. 1862. 8°

Ein mahnendes, bittendes und ermunterndes Wort. im Namen der Humanität und des Christenthums an alle Kämpfer für Schleswig-Holstein v. Christian **Feddersen.** 2. Aufl. Flensburg. 1849. 8°.

Fünf Worte an die Nordfriesen, von ihrem Bruder Christian **Feddersen** aus Stedesand. Flensburg. 1845. 8°

Feddersen, Dan., Zionslieder. gr. 16. (V und 880 S.) Hamburg 864, J. G. Oncken. geb. mit Goldschn.

Feddersen, Dan., Zionslieder. gr. 16. (380 S.) Hamburg 873. Koch. geb. m. Goldschn. n. 1. 80

Feddersen, Ernst, Hilligenlei u. Heiliges Land. 5 Vorträge üb. modernes u. altes Christentum. (X, 136 S.) 8. Elmshorn 907. J. M. Groth. 1.80; geb. 2.50

Feddersen, Ernst, Jesus u. die socialen Dinge. Eine geschichtl. Untersuchg. zur Orientierg. in der Gegenwart. gr. 8. (VIII, 180 S.) Meldorf 902. M. Hanson. n. 2. 50; geb. n. 3. 20

Feddersen, Friedrich

—— und Klindt, freimüth. Bemerkungen üb. einige Gegenstände d. Volksschulwesens, veranlaßt durch e. Reise durch Hannover, Braunschweig u. d. Preuß. Sachsen. gr. 8. (13 B.) Altona 831, (Hammerich.)

Feddersen, Friedr., Beschreibung der Landschaft Eiderstedt. Mit einer geschichtlichen Einleitung und statistischen Nachrichten. Altona (854). Schlüter in Comm. 8. (VII, 301 S.) n. 1 ₰ 10 ngr

— s. Chr. Feddersen.

Feddersen, Friedr., Gedächtnißübungen, od. Auswahl v. Liederversen u. Bibelsprüchen f. d. Schuljugend. 8. (6 B.) Schleswig 838, (Koch.)

Feddersen, Friedr., Gedächtniß-Uebungen, oder Auswahl von Liederversen und Bibelsprüchen für die Schuljugend. 2. Aufl. 8. (VIII und 88 S.) Schleswig 849, (Bruhn.) *

Feddersen, (Friedr.,) Katechismus d. christl. Pflichten- u. Glaubenslehre für d. Jugend-Unterricht. 8. Husum 821. (Hamburg, Herold.)

– das Leben Jesu für Kinder, s. Feddersen, Jakob Friedrich

—— Nachrichten von den Pröpsten und Predigern in Eiderstedt, s. Voß, M. D.

Rede bei der Einweihung des neuen Kirchhofs der Gardinger Gemeine am 9. Juli 1843 v. Friedrich **Feddersen.** Tönningen. 1843. 8°

—— offenes Sendschreiben an den Hrn. Langfeldt, Mitredacteur des schleswig-holstein. Schulblatts. gr. 8. (15 S.) Oldesloe 847. (Altona, Schlüter.)

— Dänemarks und Nordamerikas Streit über den Sundzoll, s.a. Dirckinck-Holmfeld.

Feddersen, Friedr., Dänemarks und Nordamerikas Streit über den Sundzoll. Frei nach dem Dän. von C. Dirckinck-Holmfeld. 8. (55 S.) Kopenhagen 856. (Hamburg, Perthes-Besser und Mauke.) Thlr. *

Feddersen, Friedrich: Poetische Versuche, s. Feddersen, Christian

Feddersen, Friedrich [Bearb.], s. Voss, Markus Detlef: Nachrichten von den Pröpsten . . .

Feddersen, Friedrich August

Feddersen, F. A., vom heiligen Buch. Alttestamentliche Dichtungen. gr. 8. (97 S.) Deezbüll 877, (Mose.) *

Feddersen, F. A., Christlich-sozial. Moderne Psalmen. 8. (29 S.) Berlin 895. [Bibliograph. Bureau.] A Deubner. n. —50

Erzählungen eines Dorfpredigers. Bilder u. Skizzen vom Lande von F[riedr.] A[ug.] **Feddersen.** *Hanau: Clauss & Feddersen 1900.* (150 S.) 8° [F.]

Erzählungen eines Dorfpredigers v. Friedrich August **Feddersen.** Bd. 2. Hanau. 1903. 8°.
Auf dem Umschlag ist dem Titel hinzugefügt: Bilder und Skizzen vom Lande.

Feddersen, F. A., die kirchlichen Gefahren der Orthodoxie. Eine kirchlich-kritische Darstellung. Flensburg 870. Exped. d. Flensb. norddeutschen Zeitung. 8. (20 S.) n. 3 ngr

[F.] Das Glück des Dorfes. E. Zukunftstraum v. F[riedr.] A[ug.] **Feddersen** ... *Berlin: A. Deubner 1896.* (20 S.) 1 Bl 8.

Rüm Hart. Gedichte eines Nordfriesen v. Friedrich August **Feddersen.** Berlin u. Rostock 1887. 8°

Feddersen, F. A., Rüm Hart. Gedichte eines Nordfriesen. 8. (147 S.) Rostock 887, Verlag der Album-Stiftung (C. Hinstorff's Verlag.) *

Feddersen, F. A., „Ich habs gewagt!" Zeit- u. Streitgedichte. 16. (77 S.) Danzig 891. L. Hinstorff. n. 1. 50; geb. in Leinw. m. Goldschn. n. 2. —

Jesus. Eine dramatische Dichtung v. Friedrich August **Feddersen.** Hanau. 1906 (1905). 8°.

Hie Stauf! — Hie Welf!
Hie Papst! — Hie Kaiser!
Deutsche Kaiserlieder v. Friedrich August **Feddersen.** Deezbüll. 1878. 8°.

— deutsche Kaiserlieder. gr. 8. (VIII, 837 S.) Ebend. 878. 8. —

Feddersen, F. A., 1870—1880. Kornblume u. Eichenblatt. Ein Kaiser-Gedenkkranz. 8. (V, 66 S.) Hamburg 880. J. F. Richter. n. 1. —

— Lieder e. Christlich-Sozialen. gr. 8. (48 S.) Leipzig 896. R. Werther. n. —60

Feddersen, F. A., 1483—1883. Lutherlieder. Eine Jubiläumsgabe. 8. (32 S. m. Holzschn.-Portr.) Garding 883. Lühr & Dircks. n. — 60

Feddersen, F. A., Mutterlieder. 16. (31 S.) Danzig 889. Hinstorff's Verl. geb. m. Goldschn. n. 2. —

Nibelungenkranz. Balladen und Dichtungen v. Friedrich August **Feddersen.** Hamburg. 1876. 8°.

Odysseus-Lieder und Sagen v. Friedrich August **Feddersen.** Deezbüll. 1877. 8°.

Feddersen, F. A., Schleswig-Holstein. Lyrisch-dramatisches Gedicht. Kiel 864. Schröder & Co. 12. (46 S.) n. 7 ngr

Feddersen, F. A., s. Weg, der, der aus dem Kampf der Kirchen führt.

Feddersen, H., die Liegnitzer Schützen-Gilde. Ihre Stiftung, Geschichte, Gerechtsame rc. Mit e. Einleitung: Die Schützen-Gilden überhaupt. 1. u. 2. Aufl. Liegnitz 868. Kuhlmey. 8. (16 S.) 2 ngr

Feddersen, H. C.

Kurze Darstellung der praktischen Landwirthschaft wie sie in d. Provinz Schleswig-Holstein betrieben wird. Ein Handbuch f. junge angehende Landwirthe von H. C. **Feddersen.** *Apenrade 1901: Apenrader Zeitung.* (81 S.) 8° [F.]

Erinnerungen eines 84ers [d. i.: **H. C. Feddersen**] aus dem Feldzuge 1870—71. [Rothenkrug. Selbstverlag.] Apenrade. 1900. 8°.

Ausstellung des Vereins für Kunst und Kunst-Gewerbe, **Hans Peter Feddersen,** im Kunstgewerbe-Museum der Stadt Flensburg. (Flensburg. 1906.) 8°

Feddersen, Hans Pet., nordfriesische Landschaft, s.a. Blätter, bunte, aus aller Welt.

Hans Peter Feddersen: Nordfriesische Landschaft. Dresden. [1910.] 1 Bl. Fol. Dreifarbendruck.

Protokoll der Versammlung des Wagrischen landwirthschaftlichen Vereins zu Lensahn am 5. Nov. 1898. **Feddersen,** Sekr. d. Ver. *Kiel 1898: Schmidt & Klaunig.* (78 S.) 8° [Umschlagt. F.]

Tagebuch eines dänischen Soldaten von 1812 und 1813, oder das merkwürdigste Jahr meines Lebens v. H[ans] P[eter] **Feddersen.** Tondern. 1817. 8°
—— (1909.) Fol.

Feddersen. Hs. Pt., poet. Versuche, s. Chr. Feddersen.

Feddersen, *Harald:* **Über den pseudoplatonischen Dialog Axiochus. Cuxhaven, gedr. bei G. Rauschenplat & Sohn, 1895; 1 Bl., 31 S. 4.**
Cuxhaven, staatl. R m. Latein-Abtlgn, P 1895 (755)

Feddersen, H., üb. d. pseudo-platon. Dialog Axiochus. Progr. gr. 4. (31 S.) Cuxhaven 895. (Hamburg, Herold's Verl.) n.n. 2. —

Feddersen, Herm., s. Besser's, A., Handel im Kleinen.

Feddersen, J., das Schwurgericht. Unter Berücksicht. der Rechtsprechg. des Reichsgerichts f. die Praxis dargestellt. Nebst e. Anh.: Instruktion f. den Dienst als Gerichtsschreiber in Schwurgerichtssitzgn. (VIII, 244 S.) 8. Berlin 907. O. Liebmann. 5.—; geb. 6. —

Feddersen, Jakob Friedrich

Feddersen, Jak. Fr., († d. 31. Dec. 1788.) Abschieds- u. Antrittspredigt. gr. 8. Halle 777. Schwetschke u. S. 3 ggr

— Braunschweig. Abschieds- u. Altonaer Antrittspredigt. gr. 8. Altona 788.

— Andachten im Leiden u. auf d. Sterbebette. 8. Magdeb. 772. (Lauffer in Leipz.) 12 ggr

Feddersen, Jakob Friedrich s. Andächtige.

— Beispiele d. Weisheit u. Tugend aus d. Geschichte. 2 Thle. 8. Halle 777—80. 1e Samml. 2e A. 781. 3e A. 788. Schwetschke u. S. 12 ggr

FEDDERSEN Ja[kob] Friedr[ich]. Beispiele der Weisheit u. Tugend aus d. Geschichte mit Erinnerung für Kinder. von –. Schönfeld, Prag 1781/82.

Feddersen, Jakob Friedrich s. B e m ü h u n g e n , gesellschaftl., d. Welt d. christl. Religion anzupreisen.

— Beredsamkeit u. Dichtkunst sind d. vertrautesten Freundinnen d. Gottesgelahrtheit; e. Abhandl. 8. Jena 758.

— d. Beredtsamkeit, als d. prächtige Heroldin d. Schönen u. Nutzbaren in den Wissenschaften. Eine Rede. 4. Jena 756.

— Betrachtt. u. Gebete üb. Arndts wahres Christenthum. 3 Thle. gr. 8. Frankf. 777—79. 2e A. 780—98. Brönner. 2 Rthlr 6 gr

— d. öffentl. Erneuerung d. Taufbundes, als eine segensreiche Handlung für d. ganze zukünftige Leben. 8. Bernb. 768.

— lehrreiche Erzählungen für Kinder, aus d. bibl. Gesch. 8. Halle 776. 2e A. 779. 3e A. 782. 4e A. 789. 5e A. 825. Schwetschke u. S. 8 gr

— Gedächtnißpredigt auf Carl Herzog zu Braunschweig. gr. 8. Brschw. Schulbuchhdl. 780.

— Gedächtnißpredigt auf Ludwig Ernst, Herzog zu Braunschweig. Fol. Braunschw. 788. Schulbuchh. 4 gr

— Gedächtnißpredigt des Menschenfreundes M. J. L. v. Braunschw. gr. 8. Quedlinb. Ernst. 785.

— Gedächtnißreden auf d. Fürsten Karl, Herzog zu Braunschweig, d. 9. April 1780 gehalten. gr. 8. Braunschw. 780. Schulbuchh. 4 gr

— Gelegenheits-Predigten. 8. Marb. Krieger. 784.

— d. Gemüthsruhe auf d. Sterbebette, als d. würdigste Lob, welches dem aufgelösten Christen in d. Gruft nachschallet, in d. Beispiele des d. 28. Febr. 1755 zu Jena verstorb. G. E. Lüders. 4. Jena 757.

— Glückseligkeit und Würden d. Christen. 8. Flensburg, Christiani. 766.

Feddersen, Jak. Fr./ Louisens Größe. Trspl. 8. Flensburg 765.

Feddersen, Iac. Fr., Histoires instruct. de la Bible etc. 8. Dess. ch. l. Sav. 782. Rthlr.

— Jesus Sirach s.a. Sirach.

— Jes. Sirach f. Kinder, neu übers. m. ill. K. 8. Nürnb. Schneider u. W. 786.

— Confirmationsreden. gr. 8. Braunschw. 787. Schulbuchh. 3 gr

— Leben u. Charakter Chr. Fr. Sturms. s.a. Sturm.

— Leben u. Charakter Chr. Fr. Sturms. 8. Hamb. 786. (Campe). 6 gr

Feddersen, Jak. Fr., Leben Jesu f. Kinder. 8. Halle 775. 7e A. 827. Schwetschke u. S. 6 gr

Das Leben Jesu für Kinder v. Jakob Friedrich Feddersen. 4. Aufl. Halle. 1781. 8°

— Leben Jesu f. Kinder. 8. Halle, Hemmerde (auch Haas, Cöln.) 787.

Feddersen, J. F., Leben Jesu für Kinder. 6te Ausg. 8. Halle, Hemmerde und S. 817.

— d. Leben Jesu f. Kinder. 7e Aufl. 8. Halle 827, Hemmerde u. S.

— Leben Jesu für Kinder, für kathol. Kinder u. Schulen eingerichtet v. P. W. Hüffer. 8. Münster 790. Aschendorf. 6 gr

— — dasselbe. 8. Wien. Mößle. 795.

— Heinr. Sanders gutes Leben u. Ende. 4. Halle 784. Gebauer. 6 gr

— d. Lebenswandel Jesu ist das schönste Muster d. Sittenlehre. 8. Flensb. Christiani. 762.

— d. Lebenswandel Jesu ist d. schönste Muster d. Sittenlehre. 8. Flensb. 762. (Hammerich in Alt.) 4 gr

FEDDERSEN, J. Fr., Lehren der Weisheit für die Frauenzimmer. Flensburg 1760. 8°. XVI, 160 S. (1 Mk. 50 Pfg. Kössling, Lpz., c. 1875.)

— Lehren der Weisheit für Frauenzimmer. 8. Flensburg, Christiani. 760.

— Lehren d. Weisheit für Frauenzimmer. 8. Flensb. 760. (Hammerich in Altona). 6 gr

— bibl. Lesebuch f. Kinder von reifem Alter. 8. Leipz. 782. Breitkopf u. H. 9 gr

Feddersen, Jak. Fr., d. Gottorp'sche Lustgarten, besungen. gr. 8. Kopenhagen, 1758. — 6

Feddersen, Jak. Frdr. Maximilian Julius Leopold, Herzog zu Braunschweig 8. Berlin 1785.

— Maximil. Jul. Leopold, Herzog zu Braunschweig. 8. Halle 785. Gebauer. 4 gr

— Nachr. von d. Zustand d. luther. Gemeinde im Anhalt-Bernburgischen. 8. Bernb. 768.

Nachrichten von dem Leben und Ende gutgesinnter Menschen mit praktischen Anmerkungen v. Jakob Friederich Feddersen. 1.—5. Sammlung. Halle. 1776—85. 6. Sammlung hrgg. v. Friedrich Wilhelm Wolfrath. ebd. 1790. Fortges. u. d. T.: Wolfrath, Friedrich Wilhelm: Charakteristik edler und merkwürdiger Menschen.

— Nachrichten von dem Leben u. Ende gutgesinnter Menschen. 6 Sammll. (6e Samml. v. F. W. Wolfrath.) gr. 8. Stettin u. Halle 776—90. Gebauer. 6 Rthlr Aus d. 6n Samml. apart: Feddersens Leben u. Charakter, v. F. W. Wolfrath. gr. 8. 790. 6 gr

— Predigten b. Veränd. s. Amts 2c. 8. Flensb. Christiani. 767.

— Predigten bei Veränderung seines Amts gehalten. 8. Flensb. 767. (Hammerich in Altona). 8 gr

Feddersen, Jakob Friedrich s. R a u t e n b e r g , E. Gf.: Einleitung.

— Rede zum Gedächtnisz des heldenmüthigen Menschenfreundes Maximilian Julius Leopold. Hamburg. 1785. (jf. B. D. II. 502).

Dreymal drey Reden über die Uebereinstimmung der Freymaurerey mit der Religion. Gehalten in [der Loge zur] g[ekrönten] S[äule in Braunschweig von Jak. Friedr. Feddersen]. Samml. 1—3. Bremen: Cramer 1778—81. 8° [Kupfertit.]

1. XVI, 63 S. 1778. [Dasselbe.] 2. verb. Aufl. 1779. XVI, 64 S. 8°; 2. 97 S. 1779; 3. XVI, 127 S. 1781.

Auszug in: Almanach od. Taschen-Buch f. Frmr. 4 (1779) Bl. 91—93.

Kl. 1007, Tt. 1867. Beigefügt noch einige andere Reden, im Ganzen 13.

— Reden b. d. Confirmation d. 3 Prinz. v. Brschweig. gr. 8. Braunschw. Schulbuchhdl. 787.

— vermischte Schriften. 1e Samml. 8. Frankf. u. Leipz. (Gieß.) 784. (Krieger). 16 gr

— christl. Sittenbuch für den Bürger u. Landmann. 8. Hamb. 782. 2e A. 784. 3e A. 790. (Campe). 8 *K*

— kl. bibl. Sittenbuch für Kinder von reiferm Alter, darin Salomons Bücher zu ihrer Erbauung angewandt sind. 8. Altona 789. (Coppenrath in Münster). 6 *K*

— über den Trost eines rechtschaffenen Predigers. 4. Halle 775. (Hahn in Hannov). 2 *K*

Feddersen, J. F. Unterhaltungen mit Gott. 6. Aufl. Hannover 1816. H: *Witschel, Johann Heinrich Wilhelm.* (winer)

— Unterhaltungen mit Gott, bei besondern Fällen u. Zeiten. gr. 8. Halle 774. 2e A. 777. 3e A. 781. 4e A. 789. 6e rechtmäß. u. mit e. Anh. v. J. H. W. Witschel verm. Aufl. 816. (A. u. d. T.: Sturm, Unterhaltungen mit Gott in den Morgenstunden. 3r Thl.) gr. 8. Hannov., Hahn. 18 *K*

— Unterhaltungen m. Gott bey besondern Fällen rc. gr. 8. Ebend. (a. Weber in Preßburg) 789.

Feddersen, Jakob Friedrich s. V i e w e g , G.: Sitten-Katechismus.

— christl. Vorschriften bei den Freuden u. Widerwärtigkeiten dieses Lebens. 8. Hamb. 780. 2e verm. A. 781. N. A. 790. (Campe). 8 *K*

— Würden u. Glückseligkeiten d. Christen, in verm. Betracht. 8. Flensb. 766. 2e A. 781. Korte-Jessen. 16 *K*

Feddersen, Ingwer Meinhard (geb. Olderup in Schleswig 18. 10. 1857): Beitrag zur Atropinvergiftung. Aus dem Laboratorium der pharmakologischen Sammlung in Kiel. Berlin (1884). (42 S.) 8°
Berlin, Med. Diss. v. 14. Okt. 1884

Ischias nach praktischen Erfahrungen. Von Dr. [Ingwer Meinhard] **Feddersen,** Wiesbaden. *Berlin: A. Hirschwald 1903.* (32 S.) 8° [illegible]

Feddersen, Karl Johann Harald, s. F e d d e r s e n , Harald

Feddersen, Mart. (Red.), s. A b h a n d l u n g e n , Kritische, über die Werke der Plastik u. Malerei d. VI. Internat. Kunstausstellung zu München.

Feddersen, Mart., die Entartung der Münchener Kunst. 1. u. 2. Aufl. gr. 8. (38 S.) München 894. O. Th. Scholl. 1. —

Feddersen, Mart., Kritiken. Die Hamburger Gemälde-Sammlg. Die Ausstellg. d. Hamburger Kunstvereins 1884. Einige Kunstwerke. gr. 8. (68 S.) Altona 885. (Hamburg, Boysen.) n. 1. —

Feddersen, Mart., was ist die Aufgabe der bildenden Kunst? 8. (29 S.) Dresden 880. Gilbers' Verl. in Comm. n. 1. 20

Feddersen, Otto Marius, Hamburgensis: De Xenophontis Apologia Socratis et Isocratis Antidosi quaestiones duae Socratis litem attinentes. Jena 1907: G. Neuenhahn. (61 S.) 8°
Jena, Phil. Fak., Ref. Hirzel, Diss. v. 14. Okt. 1907
[Geb. 9. Jan. 81 Hamburg; Wohnort: Hamburg; Staatsangeh.: Hamburg; Vorbildung: Gymn. d. Johanneums Hamburg, Wandsbek Reife O. 01; Studium: Jena 2, München 2, Berlin 1, Jena 9 S.; Rig. 29. Juni 07.]

Feddersen, Peter

Feddersen, P., s. Carlyle, Th., die französ. Revolution.

Feddersen, P., Geschichte der schweizerischen Regeneration von 1830 bis 1848. Nach den besten Quellen bearb. 10 Lfgn. gr. 8. (XII und 654 S.) Zürich 866, Verlags-Magazin. à Lfg. 7½ Ngr. geb. *

—— Polens Untergang und seine Kämpfe um Wiedergeburt. 3 Vorträge gehalten in der Aula im Museum zu Basel. gr. 8. (74 S.) Basel 863, Krüsi's Verlagsh.

Feddersen, Stuhr Pt., s. Stuhr.

Feddersen, Th., Geneal. Darstellung sämmtlicher Nachkommen männlicher und weiblicher Linie des Peter Feddersen, Advocaten zu Altona und dessen Gemahlin Anna Christ. Köppen. Schwerin 1883. fol.

FEDDERSEN, TIMOTH. HILAR. CHR., Nonnulla de pollutionibus. Diss. inaug. Kiliae. 1831. 4. P.

Feddersen, W., s. F e d d e r s e n , Berend Wilhelm

Feder, die. Organ f. alle deutschen Schriftsteller u. Journalisten. Red. u. Hrsg.: Max Hirschfeld. 1. Jahrg. April—Dezbr. 1898. 9 Nrn. (Bog.) hoch 4. Berlin (N.W., Jonasstr. 8), Expedition. n. 2. 25
Kann auch vierteljährlich bezogen werden.

Feder, die. Organ f. die deutschen Schriftsteller u. Journalisten. Red. u. Hrsg.: Max Hirschfeld. 2. Jahrg. 1899. 12 Nrn. hoch 4. (S. 77—180.) Berlin, Feder-Verlag. à Nr. — 10

— dasselbe. Halbmonatsschrift f. die deutschen Schriftsteller u. Journalisten. Red.: Max Hirschfeld. 3.—5. Jahrg. 1900—1902. à 24 Nrn. hoch 4. (S. 181—710.) Ebd. à Jahrg. n.n. 6. —

Feder, die. Halbmonatsschrift f. die deutschen Schriftsteller u. Journalisten. Red.: Max Hirschfeld. 6.—9. Jahrg. 1903—1906. à 24 Nrn. (à ca. 10 S.) Lex.-8. Berlin. Feder-Verlag. à Jhrg. n.n. 6. —

Feder, die. Halbmonatsschrift f. die deutschen Schriftsteller u. Journalisten. Red.: Max Hirschfeld. 10—13. Jahrg. 1907—1910. à 24 Nrn. (S. 1663—2816.) Lex. 8. Berlin, Feder-Verlag. à Jhrg. 6. —; erm. Pr. 1907. Geb. 2. —; 1908. 09. Geb. à 3. —

v. Feder, Herr, u. das geschmähte Baden. Abfertigung der Broschüre: „Der Prager Friede als Grundlage der Neugestaltung Deutschlands." Freiburg im Br. 867. Wagner. gr. 8. (38 S.) n. 6 *ngr.*

Feder, die geölte. Mit Bewilligg. d. Verf. aus dem Engl. übertr. v. A. M. 8. (32 S.) Osnabrück 871. (Barmen, Klein.) n. — 50

Feder u. Schwert, v. Küstner, s. Kleinigkeiten, dramat.

Feder oder Schwert? [Als Mscr. gedr.] Mainz 861. Kirchheim. gr. 8. (15 S.) n. 4 *ngr.*

F e d e r , Albert. [1.] Über Condensationsprodukte von Barbitursäure mit Aldehyden; [2.] Über amidierte Phenylhydrazone. Diss. Phil. Basel. 55 S. 8. Basel, Emil Birkhäuser, 1903.

Feder, Alfred, Einj.-Freiw. Arzt in Breslau: Aus d. Kgl. Universitäts-Kinder-Klinik zu Breslau. Die Tuberkulose der platten Schädelknochen mit besonderer Berücksichtigung des Kindesalters. *Breslau 1899: A. Kosinsky.* (27 S.) 8°
Breslau, Med. Diss. v. 2. Aug. 1899*)

Feder, Alfr. Leonh., S. J., Justins des Märtyrers Lehre v. Jesus Christus, dem Messias u. dem menschgewordenen Sohne Gottes. Eine dogmengeschichtl. Monographie. (XIV, 303 S.) gr. 8. Freiburg i/B. 906. Herder. n. 8. —

Feder, Alfr. Leonh., S. J., Studien zu Hilarius v. Poitiers, s.a. S i t z u n g s b e r i c h t e der kais. Akademie der Wissenschaften in Wien. Philos.-histor. Kl. 162, IV.

Studien zu Hilarius von Poitiers. Von Alfred Leonhard **Feder,** S. J. 1. Wien: Hölder in Komm. 1910. 8°
(Sitzungsberichte d. Kais. Akademie d. Wiss. in Wien. Philos.-hist. Klasse. Bd 162, Abh. 4.) [illegible] 3

Feder Alfred Leonhard, Dr. S. J.: Studien zu Hilarius von Poitiers. 1. Die sogenannten *„Fragmenta historica"* und der sogenannte *„Liber I ad Constantium imperatorem"* nach ihrer Überlieferung, inhaltlichen Bedeutung und Entstehung (mit 2 Taf.) S. 162 4 . . . . „ 4.90
— — 2. Teil: Bischofsnamen und Bischofssitze bei Hilarius von Poitiers. Kritische Untersuchungen zur kirchlichen Prosopographie und Topographie des IV. Jahrhunderts. S. 166 5 . . . . „ 3.55
— — 3. Teil: Überlieferungsgeschichte und Echtheitskritik des sogenannten *„Liber II ad Constantium"*, des *„Tractatus mysteriorum"*, der *„Epistula ad Abram filiam"*, der Hymnen. Kleinere Fragmente und Sparia. (Nebst einem Anhang: Varia über die Fassung der Bibelstellen.) S. 169 5 . . . . „ 3.75
Separatabdruck

Feder, C. A. L., s. F e d e r , Karl August Ludwig

Feder, Eph. Fr., († d. 20. Nov. 1807.), s. Rousseau, über Erziehung.

Feder, E. B., Israelitischer Ehrentempel. 4 Lfrgg. 8. Dinkelsbühl 840. Walther'sche Buchh. 1⅓ ₰

Feder, Erich, a. Eupen (Rheinl.): Beiträge zur Kenntnis der Basicität der Alkaloide, geprüft an ihrer Wirkung auf gewisse Oxydationsvorgänge. Straßburg i. E. 1904: C. Müh & Cie. (107 S.) 8°
Straßburg, Math.-naturwiss. Fak., Ref. Schaer, Diss. v. 1904
[Geb. 11. Juni 70 Eupen, Rheinl.; Wohnort: Straßburg i. E.; Staatsangeh.: Preußen; Vorbildung: Realprogymn. Eupen bis Obersekunda; Studium: Bonn, Straßburg 3 S.; Rig. 7. Nov. 04.]

Feder, Ernst: Verantwortlichkeit für fremdes Verschulden nach dem Bürgerlichen Gesetzbuche. Mit einem Vorworte von Dr. Theodor Kipp, o. ö. Prof. an d. Univ. Berlin. *Berlin: O. Liebmann 1902.* (XI, 126 S.) 8° [J.] ¶ Von d. Fried.-Wilh.-Univ. zu Berlin mit d. Kgl. Preise ausgezeichnet.
Rostock, Jur. Diss. v. [25. März] 1903
[Nicht für den Austausch]

Feder, Ernst. Das Verwandtschaftsrecht einschl. d. Rechtes d. unehel. Kinder. Berlin u. Leipzig [1905]. 8°.
(Populäre Rechtskatechismen, hrsg. von Marie Raschke. [5].)

Feder, Ernst, das Verwandtschaftsrecht einschließlich des Rechtes der unehelichen Kinder. (Populäre Rechtskatechismen. Hrsg. v. Marie Raschke.) (93 S.) 8. Berlin (905). Verlag der Frauen-Rundschau. n. — 75

Ⓑ **Feder,** Ernst, **Verwandtschaftsrecht.** 905. (ABL 33.) Jetzt: Halle, A. H. Müller. Erh. Pr. 1. —

Feder, G. H., s. F e d e r , Johann Georg Heinrich

Feder, Gfr., Dissert. inaug. de investitura eventuali secundum jus feudale Longobard., quod in Germania obtinet, juraque quaedam Germ. particularia. 8 maj. Kempten 833. Dannheimer. ⅓ ₰

Feder, H., Pr. de simplici animae natura et palmari quo ea demonstrari solet argumento. Coburg. 4°.
1765

v. Feder, Heinr., offener Brief an den geheimen Verf. der Schmähschrift „Herr v. Feder u. das geschmähte Baden." Mannheim 867. Schneider. gr. 8. (15 S.) 2 ngr.

Feder, Heinr. v., Einzelnrichter oder Collegialgerichte erster Instanz? Erfahrungen über den praktischen Werth der neueren badischen Prozeßgesetzgebung u. Rechtsorganisation. Lahr 861. Geiger. gr. 8. (IV, 82 S.) n. 15 ngr.

— der Prager Friede als Grundlage der Neugestaltung Deutschlands. Ein Beitrag zur Berichtigung der Urtheile über die deutschen, insbes. die süddeutschen politischen Verhältnisse. Ebend. 867. gr. 8. (VIII, 77 S.) 12 ngr.

Feder, Heinr. v., Geschichte der Stadt Mannheim, s. a. Oeser, Max.

Feder, Heinr. v., **Geschichte der Stadt Mannheim, nach den Quellen bearb. 1. Abth. Geschichte der Stadt Mannheim im 17. Jahrh. 1—8. Lfg. gr. 8. (1. Bd. XIII, 476 S. m. 3. lith. Plänen in qu. gr. Fol. u. 2. Bd. S. 1—160.) Mannheim 875. 76. Bensheimer. à n. 1. —; Ausg. auf feinerem Pap. à n. 1. 50**

Feder, Heinr. v., **Geschichte der Stadt Mannheim, nach den Quellen bearb. 9—11. (Schluß-)Lfg. [3. Abth. Geschichte der Stadt Mannheim in der ersten Hälfte des 19. Jahrh. 3—5. Lfg.] gr. 8. (2. Bd. VIII u. S. 161 —393.) Mannheim 877. Bensheimer's Verl. à n. 1. —; feinere Ausg. à n. 1. 50**

— Grundzüge einer volksthümlich deutschen Gerichts-Verfassung. Ein Beitrag zur Kritik der neueren Gerichtsverfassungs-Gesetze u. Entwürfe. Offenburg 862. Braun. gr. 8. (VIII, 128 S.) 21 ngr.

Feder, Heinr. v., Mannheim im Jahre 1880. Zur Erinnerung an die gewerbl. und landwirthschaftl. Ausstellung des Pfalzgaues unter dem Protektorate Sr. Kgl. Hoheit des Großherzogs Friedrich v. Baden. gr. 8. (II, 46 S.) Mannheim 880, Bensheimer's Verlag. *

—— die politische Reform in Baden. gr. 8. (III und 107 S.) Mannheim 865, Schneider. *

Feder, Heinr. v., die Revolution und die Partei des gesetzl. Fortschrittes in Baden. Ein Selbstbekenntniß. 8. (10 S.) Karlsruhe 850, Braun'sche Hofbuchh.

—— das Staatsverbrechen des Hochverraths nach Rechtsbegriffen der Vorzeit und der Gegenwart. Ein Handbüchlein für den deutschen Bürger und Rechtsgelehrten, insbesondere auch für Geschworne. gr. 16. (152 S.) Stuttgart 850, Scheible.

Feder, J. G. H.

— Unterricht über Holzsparung bei Zimmeröfen u. Küchenheerd-Feuerungen, nebst Umrissen e. Musteröfen. 8. Stuttg. 814.

Feder, Johann Georg Heinrich

— Abhandl. über d. allgem. Grundsätze d. prakt. Philosophie. gr. 8. Lemgo 792. Meyer. 3 ℛ

***Feder*, Jh. Geo. Hnr., († d. 22. Mai 1821.) Aphorismi paedagogici, in usum collegii disputatorii. 8. Götting. 776. Dieterich. 1 ℛ**

— — (Prorector) cum senatu anniversaria inaugurationis sacra LVII, simulque successorem in magistratu academico Jo. Fried. Schleusner. — De bellis internecinis, eorumque caussis et eventis. Götting. (J. Chr. Dieterich) Sept. 1794. 10 S. (2.—) 8630
(Auct. Chr. Glob. Heyne?)

J. G. H. Feder's u. Cp. Meiners's philosoph. Bibliothek. *Gött.*, **Dieterich. 788-91. 4 Bde. 8° 1 ₰ 16 gl**

– s. B l i c k e über d. Grab.

— Camillus, Bild, eines im Glück und Unglück großen Mannes. 8. Hannov. Hahn. 809.

— — (Prorector) cum senatu successorem in magistratu academico Theophil Jacob Planck. — Longinquarum in barbaros expeditionum, et barbarorum in Europam incursionis, consilia nostris aetatibus pariter sublata. Götting. (J. Chr. Dieterich) 2. VII. 1788. 8 S. (2.—) 8629
(Auct. Chr. Glob. Heyne?)

— Emil, od. üb. d. Erziehung. 8. Münst. Theißing. 798.

— d. neue Emil, oder von d. Erziehung nach bewährten Grundsätzen. 2 Thle. 8. Erlang. 768, 74. (1r Thl. 2e A. 771. 3e A. 774.) N. verb. A. 8. Münster 790. Theyssing. 1 ₰

— über d. Errichtung d. k. Georgianums u. dessen gegenwärt. Zustand. 8. Hannov. 802.

F e d e r , J. G. H.: „Formulare zu Haushaltungs-, Landwirthschafts- und Handlungsrechnungen" Stuttgart 1820 (Cotta). (= Sonderausgabe des Anhangs zu Nr. 12448).

F e d e r , J. G. H.: „Formulare zu Haushaltungs-, Landwirthschafts- und Handlungs-Rechnungen; nebst Hülfstafeln zu Zeit- und Zinsberechnungen", Stuttgart und Tübingen 1820 (Cotta).

J. G. H. Feder üb. d. moral. Gefühl, (a. d. deutschen Mus.) *Kopenh.*, Faber u. Nitschke. 792. 8° 10 gl

— über d. moral. Gefühl zc. 8. Kopenh. 792. Schubothe. 10 gl

— Grundlehren zur Kenntniß d. menschl. Willens, s.a. Lehrb. d. prakt. Philosophie.

Feder, J. G. H., Grundlehren z. Kenntniß des menschl. Willens u. der natürl. Gesetze des Rechtsverhaltens. Gött. 8°. 1782.

Feder, Go. H., Grundlehren z. Kenntn. des menschl. Willens u. der natürl. Gesetze des Rechtverhaltens. 2. Aufl. Gött. 1785. 206 S.

— Grundlehr. z. Kenntn. d. menschl. Willens. 8. Gött. Dieterich. 789. 3. Aufl.

J. G. H. Feder's Grundr. d. philos. Wissenschaften, nebst d. nöth. Gesch. *Cob.*, Ahl. 767. 8° 10 gl

— Grundriß d. philosoph. Wissenschaften nebst d. nöthigen Geschichte. 8. Coburg 769. (Riemann). 10 gl

— üb. d. allgemeinst. Grundsätze d. prakt. Philosophie. gr. 8. Lemgo, Meyer. 792.

— Grundsätze d. Logik u. Metaphysik, s.a. Logik u. Metaphysik.

— Grunds. d. Logik u. Metaphysik. 8. Götting. Dieterich. 794.

Feder, J. G. H.: „Handbuch über das Staats-Rechnungs- und Kassen-Wesen, nebst einem Anhange über Haushaltungs-, Landwirthschafts- und kaufmännische Rechnungen, sammt Hülfstabellen zu Zeit- und Zinsberechnungen", Stuttgart 1820 (Cotta). — Vorh.: Com. Bibl. Hamburg, Büch. der Industrie- und Handelskammer Leipzig.

— **Jo. Georg Heinrich** (Schornweissac/Bayreuth, Homo natura non ferus. Diss. philos. Part. I. Erlangen (Wolfg. Walther) Sept. 1765. 16 Seiten. (3.50) 8626

— — u. (Resp.) **Alb. Christian Heinr. Scheidemantel** (Sommersdorf/Frk.), Dasselbe. Sect. II. Sept. 1765. (S. 17—40.) (4.—) 8627

Widm. a. d. Respond. v.: Friedr. Christian Rudel (Wansbeck/Holstein), v. Kettenburg, L. Frh. v. Woellwarth.

Feder, Jh. Geo. Hnr., institut. logicae et metaphysicae. 8. Götting. 777, 81, 87. Ed. IV. 797. Dieterich. 16 gl

— Lehrbuch d. prakt. Philosophie. 8. Götting. 770, 71, 73. 4e A. 778. 5e A. u. d. T.: Grundlehren zur Kenntniß d. menschl. Willens. 8. Ebd. 783. 2e A. 785. 3e A. 789. Dieterich. 16 gl

Feder, J. G. H.: „Practisches Lehrbuch über Etats und Rechnungen", Tübingen 1819 (Laupp).

— **Lettres choisies de Leibnitz, s. *Commercii*.**

— lettres choisies de Leibnitz, voy. Lettres.

— Logik u. Metaphysik im Grundrisse. 8. Götting. 769, 71, 72, 74, 77. 6e A. 786. 7e A. 790. Dieterich. 20 gl 8e A. unt. d. T.: Grundsätze d. Logik u. Metaphysik. 8. Ebd. 794. 1 ℔

— über Raum u. Causualität, zur Prüfung d. Kantschen Philosophie. 8. Götting. 787. Dieterich. 12 gl

— — De sensu interno. Exercit. philos. I. Gött. (Vict. Bossiegel) 30. IV. 1768. 35 S. (4.50) 8628

— Sophie, Kurfürstin von Hannover, im Umriß. 8. Hannov. 810. Hahn. 20 gl

— üb. d. Unterricht verschiedn. Religionsgenoss. gr. 8. Ebendas. 786.

— Untersuchung über den menschl. Willen. 4 Thle. gr. 8. Lemgo 779—93. (1r—3r Thl. 2e A. 785, 86, 92.) Meyer. 4 ℔ 16 gl

Feder, Johann Georg Heinrich: Untersuchungen über den menschlichen Willen, dessen Naturtriebe, Veränderungen, Verhältniß zur Tugend und Glückseligkeit und die Grundregeln, die menschlichen Gemüther zu erkennen und zu regieren. Neueste Aufl. Th.1 - 2, gbd.

Linz: v. Trattnern 1785 - 1786

JB 5.600

— s.a. Vademecum, moralisches.

(J. G. H. Feder's) moral. Vademecum f. Soldaten. *Gött.*, Vandenhöck u. Ruprecht. 794. 8° 5 gl

Feder, Joh. Michael

— d. allergemeinsten Aeußerungen d. Nächstenliebe, in e. Curse von Fastenpredigten. 8. Würzb. 793. Stabel. 10 gl

Feder, Joh. Michael, s. Bausset: Leben Bossuet u. dess. Leben Fenelons.

Feder, Joh. Michael, s. Bibel v. Braun.

Feder, Joh. Michael, s. Blanchard, A.: Versuch.

Feder, Joann. Mich., Canticum prophetae Hubacuc ex Hebraeo Latinum fecit. Würzburg, 1777, 4°.

Feder, Joh. Michael, s. Chrysostomus, J.: Reden.

Feder, Joh. Michael, s. Cicero Cato - de officiis.

Feder, Joh. Michael, s. Cornelius Repos: Biographien.

Feder, Joh. Michael, s. Cyrillus.

— **Michael**, De dignitate, quae in munere pastorali inest. Bamberg u. Würzburg (Goebhardt) 1803. 44 S. (4.80) 8631

— de dignitate in munere pastorali. 8. maj. Bamb. Göbhard. 804.

— oratio de dignitate in munere pastorali. 8 maj. Bamb. 804. (Wesché in Frankf.) 3 gl

— Erklärung der in mehrern Katechismen angeführten Bibeltexte. gr. 8. Würzb. 796. Rienner. 3 gl

— Jesu Erklärungen gegen gewisse Laster, n. Anhang. 8. Bamb. Göbhard.

— Jesu Erklärungen gegen gewisse Laster, nebst Anh. 8. Bamb. (Wesché in Frankf.) 6 gl

Feder, Joann. Mich., Expositio psalmi 109. Würzburg, 1776.
Hurter. l. c. III. 831: Exhibet omnem consonantium et vocalium varietatem, quae in v. 3. apud veteres translatores occurrit.

— Fastenpredigten. 2 Thle. gr. 8. Weimar 795 u. 96. Industr.-Compt. 12 gl

— neue Fest- und Fastenpredigten. 8. Bamberg, Göbhard, 799.

— neue Fest- u. Fastenpredigten. 8. Bamb. 799. (Wesché in Frankf.) 8 gl

— zehn Festpredigten. 8. Würzb. 794. Sartorius. 6 gl

— zehn Festpredigt. 8. Würzb. Sartorius. (a. Dalsenberger in Augsb.) 795.

Feder, Joh. Michael, s. Gerard, A.: Vorlesungen.

Feder, Joh. Michael, s. Geschichte d. Katechismuswesens.

Feder, Joh. Michael, s. L i l l e , de: Unglück und Mitleid.

— Magazin zur Beförd. d. Schulwesens im kathol. Deutschland, s.a. Magazin.

— Magazin z. Beförd. d. Schulwes. im kathol. Deutschl. 3 Bde. gr. 8. Würzb. Rienner.

Feder, Mich., Magazin zur Beförderung des Schulwesens ꝛc. 3 Bde. gr. 8. Hat Göbhardt in Bamberg.

Magazin zur Beförderung des Schulwesens im katholischen Deutschland. Herausg. von M. Feder. Bd. 1. 2. Wirzburg 1791—93. 8. . . . . (D.)

— Magazin f. kathol. Geistl. 5 Stck. gr. 8. Nürnb. Grattenauer. (1 Stück 8 gr.)

Praktisch-theologisches Magazin für katholische Geistliche. Herausgegeben von Johann Michael Feder. Nürnberg und Würzburg, 1798—1800 8°. Bd. 1, 1.—3. Stück.

— prakt.-theolog. Magazin für kathol. Geistliche. 3 Stücke. gr. 8. Nürnb. 798, 800. (Eichhorn). 1 rß

Feder, Joann. Mich., De nexu studii exegetici cum publica religionis doctrina dissertatio. Würzburg, Rienner, 1785. 8°, 32 S.
Handelt von der Notwendigkeit biblischer Studien für Religionslehrer (Katecheten) und Prediger. Vgl. Litteratur des kathol. Deutschl. Bd. VII (1786), S. 218—227.

— Predigt auf d. Rosenkranzfest. 8. Würzb. 789. (Wesché in Frankf.) 2 gr

— Predigten auf alle Festtage d. Jahres. 2 Thle. gr. 8. Bamb. 819. (Wesché in Frankf.) 2 rß 16 gr

— Predigten auf alle Sonntage d. Jahres. 2 Thle. gr. 8. Würzb. 815, 16. 2e A. 819. (Wesché in Frkf.) 2 rß 16 gr

Feder, Joh. Michael s.a. P s a l m , d. 67ste.

Feder, Joh. Mich., Der 67. (nach hebr. Zählart der 68.) Psalm aus dem Hebräischen neu übersetzt. Würzburg, Nitribitt, 1786. 8°, 25 S.
Recens. Litteratur des kath. Deutschl., Bd. VII (1786), S. 141—143.

Feder, Jh. Mch., Samml. prosaischer Aufsätze, als ein Musterbuch in kathol. Gymnasien. 2 Thle. gr. 8. Weimar 798. Industr.-Compt. 1 rß 12 gr

— Samml. classischer, d. Moral angehörenden Bibeltexte. 1s Hft. 8. Würzb. 796. Köl. 4 gr

Feder, Joh. Michael, s. S a m m l u n g auserles. Fabeln.

— sämmtl. Sonntags-, Fest-, Fasten- u. Gelegenheits-Predigten. 6 Bde. gr. 8. Grätz 820. Ferstl. 2 rß 12 gr

Feder, Joh. Michael, s. T h e o d o r e t i B.: 10 Reden.

Feder, Joh. Michael, s. V i n c e n z v. Lerin.

Feder, Jos. Über die tirolischen Kriegslieder der Jahre 1796 und 1797. 48 S. 8. Progr. G. *Teschen* 1882.

Feder, Julius [aus Eupen]: Die Configuration '$(12_6, 16_3)$' und die zugehörige Gruppe von 2304 Collineationen und Correlationen ... Leipzig, Druck v. B. G. Teubner, 1896; 1 Bl., 35 S., 1 Bl. 8.
Strassburg, Math.-naturw. Fak., Inaug.-Diss. v. 1896

Feder, Carl August (Dessau), De adquirendo per occupationem rerum dominio observat. jur. Romani et Saxonici. Präs. August Cornelius Stockmann. Lpz. (Richter) 19. VIII. 1806. 52 Seiten. (4.80) 8623
Gew.: Carl Isaac Feder. — Widm. v. Präs.

— — De probatione illationis dotis. Diss. jur. civil. Lpz. (Dürr) 25. VII. 1809. 30 S. (4.50) 8624

Feder, Karl August Ludwig

Fedde, C. A. L., In Agamemnonis Aeschylci carmen epodicum primum comment. Hab. 1819. 86 S. 1.50

Feder, Karl Aug. Ldw., in Agamemnonis Aeschylei carmen epodicum primum commentatio. 8maj. Heidelb. 820. Groos. 16 gr Velinp. 1 rß 4 gr

Feder, Joh. Georg Heinr.: J. G. H. Feder's Leben, Natur und Grundsätze. Zur Belehrung und Ermunterung seiner lieben Nachkommen, auch Anderer, die Nutzbares daraus aufzunehmen geneigt sind. Angehängt ist desselben Otium senile. [Hrsg. von K. Aug. L. Feder.] Leipzig: Schwickert [usw.] 1825. XVI, 466 S. 8°
Kap. 11, S. 141—164, handelt von Verfs Teilnahme an der Verbindung der Frmr u. Illuminaten.

— Leben, Natur u. Grundsätze. Zur Belehrung u. Ermunterung seiner lieben Nachkommen, auch Anderer, die Nutzbares daraus aufzunehmen geneigt sind. (Herausg. v. K. A. L. Feder.) gr. 8. Leipz. 825. Schwickert; (a. Leske in Darmst.) 2 rß

— **Carl August Ludw.**, Observationum criticarum in auctores veteres Graecos atque Latinos specimen quadruplex, in academia Georgia Augusta. Heidelberg (Mohr & Winter) u. London (Longman, Hurst etc.) 1818. 128 S. (6.—) 8625
Gew.: Johann Georg Heinrich Feder.

Feder, Klaere Schubert - , s. S c h u b e r t - F e d e r , Klaere

Feder, Lukas, Schönheit Tod. Ein Spiel in Versen nach e. sehr alten Volksmärchen. (51 S.) kl. 8. Dresden 908. E. Pierson. 1,50; geb. n 2.50

Feder, Michael, s. F e d e r , Johann Michael

Feder, Otto: Beiträge zur Kenntnis von Farbstoffen der Rosindulinreihe. *Heidelberg 1898: J. Hörning.* (45 S.) 8°
Freiburg i. B., Phil. Diss. v. 1898

Feder, Paul, appr. Zahnarzt u. 1. Assist. am zahnärztl. Inst. d. Univ. Jena: **Ueber den gegenwärtigen Standpunkt unserer Kenntnisse von der Desinfektion der Mundhöhle.** *Jena 1900: B. Vopelius.* (101 S.) 8°
Jena, Med. Diss. v. (11. Sept.) 1900

Feder Richard: Studien zur hebräischen „Machberoth Ithiel" genannten Uebersetzung der Haririschen Makamen von Juda ben Salomo Charizi.
II. 1902 PN 1496 Diss. Wien, Univ. 2878

Feder, Thdr., s.: A d r e s s b u c h der Wollen-Industrie Europas.

Fédération typographique internationale
v. Der internationale Buchdruckerverband — Fédération typographique internationale.

Federau, Fr. Von der Entstehung und Vergrösserung der engl. Nationalschuld. 4°. Lübeck 1821.

— s. Jh. R i c h a r d s o n , über Sprache.

Federau, Fr., vom Wohlwollen, histor. u. politisch; in Briefen. 8. Leipz. 781. Weygand. 6 gr

Federer, Prof. Rect., das kathol. Schulwesen im Kanton St. Gallen. Eine Rechtfertigung gegen die Angriffe auf die kathol. Schulorganisation ꝛc. 8. St. Gallen ... (Scheitlin u. Zollikofer.) 1/6 rß

Federer, A., Atlas der Pflanzenwelt, s.: H a l l e r , Ernst.

Federer A, Rokoko-Initialen. (8 T) qu4° Stuttgart

Federer, Heinr., der hl. Franz v. Assisi, s.: Kunz, Fritz.

Federer, J. A.

Federer, der jugendliche Sänger. Ein Kranz gemüthlicher Lieder. St. Gallen 861. Huber & Co. 8. (32 S.) 3 ngr.

Federer, der jugendliche Sänger. Ein Kranz gemüthlicher Lieder. 2. vollständig umgearb. Aufl. St. Gallen 867. Huber & Co. 8. (32 S.) 3 ngr.

Federer, J. A., 65 ein- u. zweistimmige Schul-Lieder. Method. geordnet. 2. verb. u. verm. Aufl. der 58 Schullieder. 8. St. Gallen 845, Huber u. Comp. n. 1/12 ℔

Federer, J. A., 66 ein- u. zweistimmige Schul-Lieder. Methodisch geordnet u. hrsg. 3. verb. u. verm. Aufl. der 58 Schullieder. 8. (36 S.) St. Gallen 848, Huber & Co. 3 ngl.

Federer, Max, a. Kohljanowitz (Böhmen): [1.] Ueber α-α₁-Diamino-azelainsäure, α-β-Diamino-buttersäure und α-Oxy-β-amino-buttersäure. [2.] Ueber eine neue Methode der Spaltung von Racemkörpern. (Berlin 1906: L. Schumacher.) (20 S.) 8°

Berlin, Phil. Fak., Ref. Gabriel, Diss. v. 3. März 1906

[Geb. 8. Juli 82 Kohljanowitz; Wohnort: Kohljanowitz; Staatsangeh.: Österreich; Vorbildung: Staatsgymn. Prag-Altstadt Reife Juli 00; Studium: Prag 2, Straßburg 1, Berlin 6 S.; Rig. 15. Febr. 06.]

Federer, X., die Vertheilung der Aerzte im Großherzogthum Baden, nebst einem Vorschlag zu einer zweckmäßigern. 8. Freiburg 844. (Lippe u. Comp.) n. 1/6 ℔

Federfechter, d. jurist., e. Quatemberschr. 24 Stck. 8. Leipzig, Jacobäer. 750—56.

Federfechter, Der juristische, eine Quatemberschrift. Leipzig 1751—56. H: *Klingner, Johann Gottlob.* (ML) (Ky)

Federhelden, Die jüdischen. S. l. [Juli 1848.] V: *Brunner, Sebastian.* (Jos. Scheicher: Sebastian Brunner. Ein Lebensbild. Wien 1885. S. 320) (Der österreichische Parnass verspottet in Wort und Bild. Mit einer Einleitung von Richard Maria Werner. Wiener Bibliophilen-Gesellschaft S. 16.)

Federhofer, Karl

— Über die Berechnung der Spannungsverteilung in flachen Kugelschalen (mit 4 Textfiguren). S. 121. Ha. 1913 . . . . — 90
Separatabdruck

Federhofer, Karl, zur Festigkeit radial belasteter Kreisbogen. (28 S. m. 8 Fig.) gr. 8. Wien 909. A. Hölder. 1.—
Sonderabdruck aus „Sitzungsber. d. k. Akad. d. Wiss."

Federica et Adolfo. Drama serio in 2 Atti. 8. Wien 812. Wallishausser. 6 gl.

Federich, der. Eine seltsame Historie, erzählt vom Pater Profundus. 2 Thle. 8. (101 u. 124 S.) Leipzig 879. Thomas. à n. 1. 50

Federich, Geo., Sangesblüten. Eine Sammlung dreistimm. Gesänge für höhere Knaben- und Mädchenschulen und für die Oberklassen der Volksschulen. gr. 8. (56 S.) Berlin 884, Th. Ch. F. Enslin.

Federich, Geo., Sangesblüten. Eine Sammlg. dreistimm. Gesänge f. höhere Knaben- u. Mädchenschulen u. f. die Oberklassen der Volksschulen. gr. 8. (56 S.) Leipzig 884. R. Winkler. n. — 50

Federich, G., Sangesblüten. Eine Sammlg. dreistimm. Gesänge f. höhere Knaben- u. Mädchenschulen u. f. die Oberklassen der Volksschulen. 2 Hfte. 2. Aufl. gr. 8. (55 u. 64 S.) Leipzig 887. R. Winkler. à n. — 50

Federich, Geo., Sangesblüten. Eine Sammlg. 3 stimm. Gesänge f. höhere Knaben- u. Mädchenschulen u. f. die Oberklassen der Volksschulen. 1. u. 2. Hft. gr. 8. Leipzig, R. Winkler. à n. — 50
1. 63 dreistimm. Lieder. 3. Aufl. (56 S.) 891.
2. 68 dreistimm. Lieder. 3. Aufl. (64 S.) 893.

Federich, Geo., Sangesblüten. Eine Sammlg. 3 stimm. Gesänge f. höhere Knaben- u. Mädchenschulen u. f. die Oberklassen der Volksschulen. 2 Hfte. 4. Aufl. gr. 8. Leipzig, R. Winkler. à n. — 50
1. 66 3stimmige Lieder. (56 S.) 898.
2. 50 3stimmige Lieder. (64 S.) 900.

— Sangesgrüße. Eine Sammlg. drei- u. vierstimm. Gesänge f. nichtgemischten Chor. Zum Gebrauch an Fortbildungsschulen u. höheren Mädchenschulen. gr. 8. (VIII, 112 S.) Ebd. 888. n. 1.—

Federici, Camillo

— der Bildhauer u. die Blinde.; Schspl., und: die Lüge besteht nicht, oder die Liebeshändel des Don Pedro, Königs v. Navarra. Schspl. 8. Dresd. 821. Arnold. 1 ℔

— Commedie, s. Scelta dei migliori autori italiani.

Federici, Camillo, non contar gli anni a una donna. Commed. in 5 atti, con note di G. B. Ghezzi. 8. (5¼ B.) Lipsia 841, Barth.

—— il pericolo o sia Enrico IV. al passo della marna. Commed. in 4 atti, con note di G. B. Ghezzi. 8. (3¾ B.) Lipsia 841, Barth.

Federici, C., Scelta delle commedie, f. Deutschland bearbeitet. 8. Wien 803. Schalbacher. (Rohrmann u. S.) 16 gl.

Federici, (C.,) Scelta delle commedie. Mit Noten u. Bezeichnung d. richtigen Prosodie, f. Anfänger in d. italien. Sprache. 8. Wien 827. Armbruster.

—— lo stultore ed il cieco. Commed. in 4 atti, con note di G. B. Ghezzi. 8. (4¾ B.) Lipsia 841, Barth.
Vgl. Scelta.

Federici, Vincenzo, s.: Regesta chartarum Italiae.

Federigo, über moderne Malerei. gr. 8. (3 B.) Göttingen 838, (Vandenhoeck u. Ruprecht.)

Federkampf, polemisch-religiöser, Licht u. Wahrheit verbreitender, entstanden zwischen dem römisch-kathol. Chorherrn Geiger u. dem reformirten Handels-Commis Fuchs, bei Anlaß des Uebertritts C. L. v. Haller zur röm. Kirche. gr. 8. Leipzig 823. (Literatur-Compt. in Ronneburg.)

Federkampf, Polemisch-religiöser Licht und Wahrheit verbreitender, entstanden zwischen dem . . . Chorherrn Geiger und . . . Emanuel Friedrich Fuchs . . . 2. Aufl. Reutlingen 1824. V: *Fuchs, Emanuel Friedrich.* (AarK)

Federkiel, Hilerius Jocosus [Pseud.], s.a. Basse, Gottfried

Federkiel, Jokos., Briefsteller, s.a. Briefsteller, Krähwinkler.

Federkiel, Jokos., (Gottfr. Basse), Dummlinger u. Krähwinkler Briefsteller, enthalt. merkwürd. Liebesbriefe u. andere lächerl. Aufsätze. 8. Quedlinb. 812, Basse. 12 gl.

— d. Buch zum Lachen, oder Witze, Einfälle u. Lächerlichkeiten der neuesten Zeit. 8. Quedlinb. 830. Basse. 1 ℔ 4 gl.

Federkrieg: Über den politischen Federkrieg in einigen Kantonen v. Aarauer Zeitung.

Federl, August, Rechtsprakt.: Gefahrübergang beim Versendungskauf. Ein Beitr. z. Lehre von d. Gefahr. Diessen vor München 1909: Huber. 119 S. 8°
München, Jur. Diss. v. 3. Mai 1909, Ref. v. Seuffert
[Geb. 14. Mai 85 Reit im Winkel; Wohnort: München; Staatsangeh.: Bayern; Vorbildung: Wilhelms-Gymn. München Reife Juli 03; Studium: München 8 S.; Rig. 3. Mai 09.] [U 09. 3248

Federle, Karl, Kurzer Lehrgang der Stenographie „Gabelsberger". Unterrichtsstoff, Merksätze, Lese- u. Uebertragungs-Aufgaben, Diktatstoff. 2. Aufl. (48 S.) gr. 8. Ludwigshafen a. Rh. 906. (Osterwieck, A. W. Zickfeldt.) n. — 70

— der **Maschinenschreiber.** Methodisch geordnete Uebgn. für das Schreiben auf der Schreibmaschine (Universaltastatur) zur Selbsterlernung des Maschinenschreibens sowie zum Gebrauch beim Unterricht (Orig.-Methode Federle). Mit e. Anh.: Die ersten Uebgn. auf der „Ideal-Hammond". (Dr. Ludw. Huberti's moderne kaufmänn. Bibliothek.) (VIII, 66 S.) gr. 8. Leipzig (903). Verlag d. mod. kaufmänn. Bibliothek. Geb. in Leinw. n. 2. 75

Federlein, Siegmund, Med.-Prakt.: 20 Fälle von Hydramnion aus der Münchner Frauenklinik. o. O. [1908]. 28 S. 8°
München, Med. Diss. v. 28. Mai 1900, Ref. Döderlein
[Geb. 19. März 83 Scheinfeld; Wohnort: Scheinfeld; Staatsangeh.: Bayern; Vorbildung: Gymn. Fürth Reife Juli 02; Studium: Würzburg 5, Erlangen 1, München 4 S.; Coll. 28. Mai 09; Approb. 14. Mai 09.] [U 09. 3306

Federley, Harry, über den Albinismus bei den Lepidopteren. (27 S. m. 1 Taf.) gr. 8. Helsingfors 908. (Berlin, R. Friedländer & Sohn.) nn 1. 80
Sonderabdr. aus „Acta soc. pro fauna et flora fennica".

Einige Libellulidenwanderungen über die zoologische Station bei Tvärminne. Von Harry **Federley**. Mit 1 Kt. u. 1 Taf. Helsingfors 1908: Simelii arfv. 37 S. 8°
(Acta Societatis pro fauna et flora Fennica. 31, 7.) 09. 11873 4

Federley, Harry, Lepidopterologische Temperatur-Experimente m. besond. Berücksicht. d. Flügelschuppen. (Festschrift f. Palmén. Nr. 16.) (119 S. m. 7 Abbildgn. u. 3 Taf.) Lex.-8. Helsingfors 905. (Berlin, R. Friedländer & Sohn. — W. Junk.) n.n. 6. —

Federlin, Friedrich

Federlin, s.: Heil, das christliche.

Federlin, Frdr., Kaspar Klee, s.: **Lebensbilder,** evangelische, aus dem Elsaß. Nr. 10.

Federlin, Ludwig: Ein F a l l von Endothelioma ovarii (Hämangiosarkom) mit Metastasen in Lymphdrüsen und Uterus. Leipzig: Thieme 1903. 18 S. 8°
Straßburg, Med. Diss. v. 1903

Federlin, Wilhelm: Die Reaktion zwischen Kaliumpersulfat, Jodwasserstoff und phosphoriger Säure. Ein Modell f. Übertragungskatalyse. Mit 36 Fig. im Text. *Leipzig: W. Engelmann 1902.* (40 S.) 8° ¶(Aus: Zeitschr. f. physikal. Chemie, Bd 41, H. 5.)
Leipzig, Phil. Diss. v. [27. Sept.] 1902

Federmann, Adolf, Volontärassist. am Kgl. pathol. Inst. zu Göttingen: Ueber das Verhalten des elastischen Gewebes im Hoden bei Tuberculose und Syphilis. *Göttingen 1900: Dieterich.* (29 S.) 8°
Göttingen, Med. Diss. v. [21. Dez.] 1900

Federmann, Adf., über das Verhalten des elastischen Gewebes im Hoden bei Tuberculose u. Syphilis. Diss. gr. 8. (29 S.) Göttingen 900. (Vandenhoeck & Ruprecht.) n. — 60

Quellen und Beiträge zur Geschichte der evangelisch-lutherischen Stadtgemeinde Tilsit von ihren Anfängen bis zur Gegenwart von Georg **Federmann**, Pfarrer. Tilsit 1906: O. v. Mauderode. (102 S.) 8° [F.] [06. 19310

Federmann, Hertha, Gedichte. (Einbandzeichnung v. Margar. Federmann.) (58 S.) gr. 8. Königsberg 909. Deutschherren-Verlag. 3. —; kart. 4. —; geb. in Perg. 6. —

— Der Schatzbehalter. Ein Brevier zeitgenöss. Lyrik. Ausgewählt v. F. (Den Titel zeichnete Margar. Federmann.) (IV, 104 S.) 8. Ebd. 909. Geb. in Pappbd. 1. 50; in Ldr. 3. —

Federmann Karl: Klingers „Giafar" und sein Verhältnis zur gleichnamigen Novelle von A. G. Meissner. II. 1905 PN 1907 Diss. Wien, Univ. 160

Federmann, N.

Federmanns, N., und H. Stades Reisen in Südafrika 1529—1555. Hrsg. von Karl Klüpfel, s. **Bibliothek des litterarischen Vereins in Stuttgart.** 47. Bd.

Federmann's, N., u. H. Stade's Reisen in Südamerika, s.: **Bibliothek d. litterar. Vereins in Stuttgart.** 47.

Federmann, Pet., Schriften-Vorlagen in verschiedenen Stilen zum practischen Gebrauche für Maler, Steinhauer, Architecten etc., sowie für Zeichnen-Schulen. 6 Hfte. qu. Fol. (à 6 Steintaf.) Karlsruhe 878. Veith. à n. 3. 50

Federmesser. Das Castelreaghsche F' und [Friedrich] Stähli, der zweite Berner Rathsschreiber. Eine Teufelei als Beitrag zur Geschichte politischer Selbstmörder, begleitet mit einigen Betrachtungen über die Naturgeschichte des Justemilien. Mit einer Handzeichnung [Tafel], Stähli's letzten Traum vorstellend. 8. *o. O.* 1836.

Federn, deutsche, in Oesterreichs Doppeladler. Vom Verf. der „Despoten als Revolutionäre." gr. 8. (28 S.) Berlin 860, Haude und Spener'sche Buchh. *

Federn, *Karl

Federn, Karl, Dante, s.a. **Dichter u. Darsteller. III.**

Dante von Karl **Federn**. *Leipzig, Berlin & Wien: E. A. Seemann 1899.* (235 S.) 4°
— **Dichter** u. **Darsteller.** 3. [00. 9339

Federn, Karl, Dante, s.a. **Literatur,** die, 27. Bd.

Dante von Karl **Federn.** Mit 10 Vollbild. Berlin: Marquardt & Co. [1907]. (71 S.) 8°
— **Literatur,** Die. Bd 27. [07. 18088

— **Essays zur amerikan. Litteratur,** s.a. **Bibliothek der Gesamtlitteratur.**

Essays zur Amerikanischen Litteratur von Dr. Karl **Federn**. *Halle a. d. S.: O. Hendel (1899).* (IV, 159 S.) 8° [F.]
— Bibliothek d. Gesamtlitteratur d. In- u. Auslandes. No 1246—1248. [99. 10716

Federn, Karl, Essays zur vergleichenden Literaturgeschichte. (IV, 188 S.) 8. München 904. G. Müller. n. 3. —; geb. n. 4. —

— neun **Essays.** 8. (V, 248 S.) Berlin 900. Gebr. Paetel. n. 3. —; geb. in Halbleinw. n. 4. —

— die **Flamme des Lebens.** Roman. (259 S.) 8. Berlin 907. S. Fischer, Verl. n. 3. —; geb. n. 4. —

Die Flamme des Lebens. Roman von Karl **Federn**. 2. Aufl. Berlin: S. Fischer 1907. (259 S.) 8° [F.] [07. 9356 II

— **König Philipps Frauen.** Tragödie. 8. (164 S.) Ebd. 894. n. 2. 40

— **König Philipps Frauen.** Tragödie. 8. (164 S.) Stuttgart (901). P. Neff Verl. n. 2. 40

— **Frauenrecht u. Logik.** (16 S.) 8. Schmargendorf-Berlin 904. Verlag Renaissance. n. — 20

Federn, Karl, Gedichte. 12. (VI, 103 S.) Stuttgart 895. P. Neff. n. 2. —

— Gedichte. 12. (VI, 103 S.) Stuttgart (901). P. Neff Verl. n. 2. —

— Jahre der Jugend. Roman. (396 S.) 8. Berlin 904. Gebr. Paetel. n. 5. —; geb. in Leinw. n. 6. —

— zwei Novellen. 8. (287 S.) Berlin 899. Gebr. Paetel. n. 4. —; geb. in Leinw. n. 5. —

— Rosa Maria. Roman. 8. (226 S.) Berlin 901. Gebr. Paetel. n. 3. 50; geb. in Leinw. n. 4. 50

— die Wahrheit üb. den Prozess gegen die Gräfin Linda Bonmartini-Murri. (III, 191 S.) gr. 8. München 907. G. Müller. n. 2. 50

— Die Wahrheit üb. den Prozess gegen die Gräfin Linda Bonmartini-Murri. Mit Portr. Linda Murris. 2. Aufl. (III, 191 S.) gr. 8. München 907. G. Müller. 2. 50

Federn, S., die Bedeutung des Blutdruckes f. die Pathologie, s.a. Klinik. Wiener. 1903. IX.

Die Bedeutung des Blutdruckes für die Pathologie. Vortrag geh. in d. k. k. Ges. d. Ärzte in Wien 1903 von Dr. S. Federn in Wien. *Berlin & Wien: Urban & Schwarzenberg 1903.* (S. 260–280.) 8°
— Klinik, Wiener. 1903, H. 9. (o). 11776

Federn, S., Blutdruck u. Darmatonie. Ein Beitrag zur Pathologie u. Therapie vornehmlich der Neurasthenie u. Circulations-Störgn. gr. 8. (IV, 93 S.) Wien 894. F. Deuticke. n. 2. —

— üb. partielle Darmatonie u. ihre Beziehung zu Morbus Basedowii u. anderen Krankheiten, s.: Klinik, Wiener.

Federn, S., Hämorrhoidalzustände u. Krankheitsdisposition, s.a. Klinik, Wiener. 1899. Hft. 6.

Hämorrhoidalzustände und Krankheitsdisposition. Von Dr. S. Federn in Wien. *Berlin [&] Wien: Urban & Schwarzenberg 1899.* (175–190 S.) 1 Bd 8.
— Klinik, Wiener. Jg. 25. H. 6. 99. 6114

Federn, S., Untersuchungen über die Bedeutung der Silberzeichnungen an den Capillaren der Blutgefässe. Lex.-8. (8 S. mit 1 Stnt. in 4.) Wien 866, (Gerold's Sohn.) **
Aus: Sitzungsberichte der k. Akademie der Wissenschaften, besonders abgedruckt.

— Ursache, Diagnose u. Behandlung der Arteriosklerose, s.a. Klinik. Wiener. 1905. VII.

Ursache, Diagnose und Behandlung der Arteriosklerose und ihrer Folgen. Vortrag geh. im Wiener med. Doktorkollegium 1905 von Dr. S. Federn, Wien. Berlin: Urban & Schwarzenberg 1905. (S. 194–228.) 8°
— Klinik, Wiener. 1905, H. 7. (o). 8996

Federn, W., s. Volkswirt, der österreichische.

Federow, E. S., neue Apparate zur Untersuchung geometrischer u. optischer Krystalle, s.: Mémoires de l'académie impériale des sciences de St.-Pétersbourg.

Federproben, eine Sammlung kleiner Erzählungen und Novellen von J. W. Lembert. 8. Wien, Tendler und von Manstein. 821.

Federreuther, A. P., de diebus aegyptiacis. Altorf. 1737. 4.

Federschmidt, Hermann, appr. Arzt: Zur Ätiologie der traumatischen Meningitis. Nürnberg 1908: Stich. 41 S. 8°
Erlangen, Med. Diss. v. 19. Mai 1908, Ref. Graser
[Geb. 22. Mai 81 Bechhofen; Wohnort: Dinkelsbühl; Staatsangeh.: Bayern; Vorbildung: Gymn. Erlangen Reife 01; Studium: Erlangen 4, München 2, Kiel 1, Erlangen 3 S.; Coll. 19. Juli 07; Approb. 9. März 08.] [U 09. 768

Federschmidt, Herm., Henry Dunant, der Begründer des roten Kreuzes u. Urheber der Genfer Konvention. (31 S. m. 1 Bildnis u. 1 Taf.) 8. Heidelberg 911. Hörning. — 80

Federschmücker, der, oder Anweis., alle Arten Hutfedern zu appretiren, zu färben u. zu waschen. Nach dem Französ. des Le Normand u. A. 8. Quedlinb. 832. Basse. 8 Gr.

Federspiel

— das, od. geflügeltes ABC. In 25 (color.) Bildern (in Holzschn.) u. Versen. 8. (20 S.) Schaffhausen 850, Schalch. 3½ ngr.

—— das, altes ABC mit Flügeln. 8. (26 ill. Stnt. mit Text.) Chur 849, Grubenmann'sche Buchh.

Federspiel, das, A. B. C. mit Flügeln. Aus des Knaben Wunderhorn. 8. (56 S. mit eingedr. Holzschn. von J. B. Sonderland.) Düsseldorf 849, Schulgen. *

Federspiel, Erwin, wie es im Congostaat zugeht. Skizzen. (84 S.) gr. 8. Zürich 909. Art. Institut Orell Füssli. — 80.

Federstreiche, oder Lebenslauf des Ex-Kaisers in 3 Büchern Epigrammen. O. O. 1814. 8°. Rar!
(Max Perl's Berliner Octob.-Auct. 1907, no. 1057, Beibd. 5.)

Federstriche, oder Lebenslauf des Exkaisers d. Franzosen, in 3 Büchern Epigramme. 8. Leipz. 814. Brockhaus. 9 Gr.

Federviehzucht, v. d., 1s, 2s. s. Anweis. f. Frauenz. 10s, 11s.

Federwildjagd, Die, mit dem Vorstehunde von L. Z. Hannover. 1846. V: *Ziegler, L.* (Mitth. Alexander E. Seeligmüller-Riga-Sassenhof.)

Federwild-Jagd, die, mit dem Vorstehehunde, die Naturgeschichte des Federwildes, die Dressur des Vorstehehundes nach engl.-deutsch. Grundsätzen, u. die Krankheiten d. Hunde, nebst Skizzen aus dem Jäger- und Hundeleben. Zur Belehrung und Unterhaltung f. angehende Jäger v. L. Z. Mit 15 (eingedr.) Original-Holzschn. gr. 8. Hannover 846, Schlüter. n. 1⅙ ₰ geb. n. 1⅓ ₰

Feder-Zeichnen. 3—7. Heft. 23×31 cm. Ravensburg, O. Maier. à 1. —
Baurnfeind, Lena, Skizzen aus dem Gebirge. (Hft. 5)
Dürck, Elsb., u. Leonh. Schöner, Vorlagen. (8 Bl. m. 1 Bl. Text in 8.) 909. (Hft. 6)
Gebhardt, R., architektonische Skizzen. (8 Bl.) (Hft. 7)
John, E., Baum-Studien. (Hft. 3. 4)
Hft. 1 u. 2, s.: Walter, Karl.

Federzeichnungen, v. Ernst Scherzer, (A. G. Eberhardt.) 1r Thl. 8. Halle, Renger. 805.

Federzeichnungen, ernste, v. .... r. 12. (79 S.) Moskau 886. (Deubner.) n. 1. —

Federzeichnungen aus der Umgebung von Stuttgart. Von einem Norddeutschen. 2. verm. Aufl. 8. (48 S.) Stuttgart 885, (Metzler's Sortiment.) *

Federzeichnungen, 20, altdeutscher Meister aus dem Besitz des kgl. Kupferstichkabinetts zu Berlin, ausgewählt v. Jaro Springer. s.a. Hausschatz deutscher Kunst der Vergangenheit. 13. Hft.

Federzeichnungen. Zwanzig F altdeutscher Meister aus dem Besitz des Kgl. Kupferstichkabinetts zu Berlin, ausgewählt und eingeleitet von Jaro Springer. Hrg. vom Jugendschriften-Ausschuss des Allgemeinen Lehrervereins Düsseldorf. [4 S. + 18 Tafeln.] fol. Berlin, Fischer & Franke, [1909]. [Subscr. M. —. 80, Einzelpreis 1. 20]
(Hausschatz deutscher Kunst der Vergangenheit. [Heft] 13.) — *Darin Tafel 14, 16, 17 von* Urs Graf, Jost Amman, Tobias Stimmer.

Fedor u. Marie, od. Treue bis zum Tode, v. A. Lafontaine. 8. Berlin, Sander. 805.

Fédor der Mensch unter den Bürgern . . . Leipzig 1805. V: *Clodius, Christian August Heinrich.* (MGT) (Ky) (GGr)

— od. d. Mensch unter den Bürgern. 2 Thle. 8. Leipzig, Fleischer d. J. 804—805. (1r 2 Rthlr. 2r 2 Rthlr. 12 gr.)

Fedor, od. der Mensch unter den Bürgern, (v. C. A. H. Clodius). 2 Thle. 2e A. 8. Leipz. 815. Er. Fleischer. 3 ℔

Fedorenko, Ivan, Positions moyennes pour l'époque de 1790,0 des étoiles circompolaires, dont les observations ont été publiées par Jérôme Lalande dans les mémoires de l'académie de Paris de 1789 et 1790. Imp.-4. (LXXIX und 156 S.) St.-Pétersbourg 854. (Leipsic, Voss.) **

Fedoroff, D., u. A. Ramsauer. Führer für Luzorn, den Vierwaldstättersee, die Gotthardbahn u. das Berner Oberland. Mit zahlr. Illustr., Karten u. 1 farb. Stadtplan. In-8°. VIII, 304 S. Luzorn, Offiizielles Verkehrsbureau. *1897.* 2 —
, In russischer Sprache.

E. Fiodoroff [**Fedorov**]. Die Vorbereitung der finnländischen Revolution. 1889–1905. Uebersetzung. St. Petersburg 1910: Buchdr. 'Russo-franç.' 81 S. 8° [10. 11278 2

Fedorow, Adf., Lebenshunger. Modernes Drama in 8 Akten. 8. (VII, 112 S.) Dresden-Blasewitz 900. H. Minden. n. 2.—; geb. in Leinw. n.n. 3.—

Fedorow, E. v., Stereographisches Netz z. Feldspathbestimmung. Lith. qu. 4. Leipzig 897. W. Engelmann. 50 Stück m. 1 Bl. Gebrauchsanweisg n. 1. 50

Fedorow, E. v., reguläre Plan- u. Raumtheilung. gr. 4. (124 S. m. 13 Taf.] München 899. (G. Franz' Verl.) n. 6. —
Sonderabdruck aus: „Abhandlgn. d. k. bayer. Akad. d. Wiss."

Fedorow, E. v., Syngonielehre. (88 S. m. Fig. u. 1 Taf.) Lex.-8. München 906. (G. Franz' Verl.) n. 2. 60
Sonderabdruck aus: „Abhandlgn. d. bayer. Akad. d. Wiss."

Fedorow, W., vorläufige Berichte üb. die von ihm in d. Jahren 1832—1837 auf allerh. Befehl in West-Sibirien ausgeführten astronom.-geograph. Arbeiten. In Auftr. d. k. Acad. d. Wissensch. hrsg. v. F. G. W. Struve. gr. 8. (12 B., 1 Karte u. Abbild. d. Grabmals d. Kusu-Kerpesch.) St. Petersburg 838. (Leipzig, Voss.) *

Fedorowicz. Wladislaw v., Aphorismen. 12. (VII, 167 S.) Wien 894. W. Braumüller. n. 2. —

Fedorowicz, Wladislaw v., Stalldüngerbehandlg. Praktische Instruktion f. meine Wirtschaftsbeamten. (26 S.) kl. 8. Wien 905. (W. Braumüller.) Kart. n. — 80

Fedorowicz, Wladislaw, einige Worte zur Schulreformfrage. (19 S.) Lex. 8. Wien 908. (Gerold & Co.) — 80

Fedorowitsch, Marko, s. Robert, Cypr., die Slawen der Türkei.

Fedotoff, Nicol. Rob. (Dresden), De oleo jecoris aselli. Diss. med. Lpz. (Joh. Heinr. Nagel) 23. XII. 1842. 40 S. (4.—) 8632

Fedtke, B., Heimatkunde des Kreises Wreschen. Unter Benutzg. amtl. Quellen bearb. gr. 8. (22 S.) Lissa 900. F. Ebbecke. n. — 20; m. farb. Karte n. — 60

Fedtke, Bernhard

— u. Ant. Nowicki, Kirchenlieder für katholische Schulen. (IV, 75 S.) 8. Wreschen 906. W. Schenke. Kart. n.n. — 50

Fedtke, Bernh., Zeichnende Raumlehre, s.: Kraußbauer, Tdr.

Fedtschenko, s. Fedčenko

Fee, die dankbare; e. Kinderpantomime. 8. Wien 770. Trattner 2 g/

Fee Megäre, oder das Zauberschloß. Ein lustiges und kurzweiliges Feenmärchen, wobei Niemand einschläft. 8. Aufl. 8. (180 S.) Neuhaus 865, Landfraß und Sohn. *

Fee, die, vom Rosenberg, s.: Edelweiß.

Fee, die wohlthätige, od. die sinnreiche Mutter. Geschichte f. gute Kinder, aus d. Franz. d. Frau v. Renneville, m. K. 8. Wien, Haas. 815.

Fee, die wohlthätige, oder die sinnreiche Mutter. Aus dem Franz. d. Mdme. Renneville. 8. Prag und Wien, Haas. 816.

Fee, Mr., mémoires lichneographiques, s. Acta nova phys.-med. Acad. Caes. Leopold. Carol. XVIII. Supplem. I.

Fee, Prof., Stuttgart im Herbst 1834. Aus d. Franz. übersetzt. 2e Aufl. gr. 16. Stuttgart 837. Beker. 3/8 ℔

Fée, A. L. A., Entretiens sur la Zoologie. Oiseaux, s. Maitre Pierre No. 30.

FÉE (A. L. A.). Genera filicum. Stuttg. 1844–73. 4°. Atlas, fol.

Drei Jahrhunderte der Fechtkunst in Steiermark. Monographie von J. U. Dr. J(osef) **Feeder.** Mit 8 Kunstbeil. Graz: Leuschner & Lubensky in Komm. 1905. (IV, 49 S.) quer-8° [F.] [05. 3036

Feeg, Max., s. Handbuch d. gem. baier. Privatrechts.

Feeg, Max., s.a. Sammlung v. 370 latein. Rechtsregeln.

Feeg, Max.: Sammlung von 370 lateinischen Rechtsregeln mit deutscher Uebersetzung und Erl. Nebst Anh. von 20 Rechtsregeln u. Reg. Augsburg 1823.

Feeg, Otto, moderne Flugtechnik, s.a. Broschüren, Frankfurter zeitgemäße.

Moderne Flugtechnik. Von Oberingenieur Otto **Feeg.** Hamm (Westf.): Breer & Thiemann 1910. 30 S. 8° [Umschlagt.]
(Frankfurter Zeitgemässe Broschuren. Bd 30, H. 3.) [10. 16279

— Die Pumpen, s.a. Bibliothek der gesamten Technik.

Die Pumpen, ihr Bau, ihre Aufstellung u. ihr Betrieb. Von Otto **Feeg.** Mit 189 Fig. Hannover: Jänecke 1909. 325 S. 8°
(Bibliothek d. gesamten Technik. Bd 107.) [09. 10988 7

Feeg, Otto, die mod. Verkehrsmittel zu Wasser u. zu Land, s.a. Broschüren, Frankfurter zeitgemäße. XXI. 10.

Die modernen Verkehrsmittel zu Wasser und zu Land. (Seedampfer, Eisenbahn, Fahrrad u. Automobil.) Von Otto **Feeg.** Ing. *Hamm i. W.: Breer & Thiemann 1902.* (32 S.) 8° [F.]
= Broschüren. Frankfurter zeitgemässe. N. F. Bd 21, H. 10.

Feege, Ladislaus [aus Culm (Westpreussen)]: Zwei Fälle von Medianusverletzung mit besonderer Berücksichtigung der Nervennaht .... Würzburg, Paul Scheiner's Buchdr., 1887; 10 S. 8°
Würzburg, Med. Fak., Inaug.-Diss. v. 1887

Feeling, Lord, Scenen aus Castilien u. Andalusien, s. Sagen, Mährchen, Kriegsscenen rc. 3s u. 4s Bdchn.

Feenbuch, das, od. Feenmährchen, von Perrault, Made. Leprince de Beaumont, Fénelon u. Made. d'Aulnoy. Mit vielen Holzschn. A. d. Franz. v. L. v. Alvensleben. 1—4. Hft. 8. (23⅜ B.) Leipzig 837, Baumgärtners Buchh. Thlr.

Feenders, Hermann, approb. Arzt aus Weener: Ueber die **Erfolge** von 81 Totalextirpationen des Uterus wegen maligner Tumoren. *Tübingen: F. Pietzcker 1900.* (39 S.) 8°
Tübingen, Med. Diss. v. 1900

Feenders, Hugo, a. Weener: Die Resorptionskuren bei Pleuritis exsudativa. Göttingen 1907: W. F. Kaestner. (26 S.) 8°

Göttingen, Med. Fak., Ref. His, Diss. v. 1. Febr. 1908

[Geb. 27. Mai 77 Weener (Ostfriesland); Wohnort: Weener; Staatsangeh.: Preußen; Vorbildung: Realgymn. Leer Reife O. 00; Studium: Göttingen 1, Marburg 4, Kiel 2, München 1, Göttingen 2 S.; Coll. 16. Mai 07; Approb. 20. Febr. 08.]

Feeney, Bernard, Manuel of sacred rhetoric; or, how to prepare a sermon. 8. (X, 336 S.) Freiburg i/B. 901. Herder. Geb. in Leinw. n. 5. 50

Feen-Insel, die entdeckte. 8. Bresl. 769. (Korn d. ält.). 6 gr.

Feeneinsel, d. entdeckte. 8. Breslau, Mayer. 769.

FEEN- Geister- Geheimniss- und Zauberjournal, hrsg. von Adam Friedr. Geisler d. jüng. 2 Thle. Leipzig 1789—90. 8°. (In Carlsruhe, Hof- u. Landesbibl.: Zb 26.) Sehr selten! (6 Mk. Völcker, Frankf. a. M., 1909.)

Feenmährchen

— v. A. Grafen v. Hamilton. 8. Weimar, L. Ind. Compt. 790.

Feenmährchen. 8. Braunschw. 801. Culemann. 1 ß 12 gr.

Feenmährchen. Für Freunde angenehmer Unterhaltung. 8. Leipz. Sommer. 812.

Feen- u. Geister-Märchen, auserlesene. 1—3. Hft. gr. 16. (48 S.) Erfurt 875. Körner. à — 10

Feen-Mährchen, echte u. wahrhafte, s. a. Bibliothek des Frohsinns, IX. Serie, 1., 2. Bdchn.

Feen-Mährchen, echte und wahrhafte. 2 Thle. Mit 2 Kpfrn. 16. Stuttgart 839. Köhler. ⅓ ß — dies., mit den Arab. Mährchen in 1 Bde. Ebd. ... 1⅝ ß

Feen- u. Geister-Mährchen. 2 Thle. 8. Lpz. Müller. 768.

Feenmährchen, einige, für Kinder, 8. Berlin, 780. Mylius. 10 sgl.

— für Kinder u. junge Leute. Mit 8 Kpf. 2e Aufl. gr. 8. Wien, (Haas). 1 ß 8 gr.

Feenmährchen, neue, für Kinder u. junge Leute. 2e Ausg. Mit 8 illum. Kupf. gr. 8. 820. (Wien, Haas.)

— sämmtliche, v. Ch. Perrault, Frau v. Lintot u. J. J. Rousseau. 8. Weimar, L. Ind. Compt. 790.

— sämmtliche, von Perrault, Frau v. Lintot u. Rousseau. 8. Weimar 798. Lit. Indust.-Compt. 8 gr.

— z. Unterhaltung d. Freunde u. Freundinnen d. Feenwelt. 8. Lpz. Sommer. 801.

— zur Unterhaltung der Freunde u. Freundinnen der Feenwelt, 8. Leipz. 801, u. 812. (W. Rauck). 1 ß 12 gr.

Feen-Saal. Eine Sammlung der schönsten Mährchen. gr. 12. Brandenburg 840. Müller. ⅔ ß

Feenschloß, das, oder die bezauberten Katzen. Volkssage. 8. Wien, Grund. (Haas in Comm.) 819.

Feenschloß, das, oder die bezauberten Katzen, von C* M* 8. Wien, Wimmer. 819.

Feenstra, Rudolf [aus Amsterdam, Holland]: Ueber Pyridinmetallsalze. Zürich 1904. 62 S. 8°. [2. VII. 04.]

Zürich. Phil. Diss. II. S. 1903/1904.

Feenstra, Rudolf. Über Pyridinmetallsalze. Diss. Phil. [II.] Univ. Zürich. [Mit Figuren.] 62 S. 8. Zürich, Jean Frank, 1904.

Feer, Adolf [aus Aarau (Schweiz)]: Ueber einige Derivate des Carbostyrils und des 1-Oxypyridins. Ueber Methylhydrochinolin .... München, Akad. Buchdr. v. F. Straub, 1886; 33 S. 8°.

München, Phil. Fak., Inaug.-Diss. v. 1886.

Feer, Emil

Feer, E., ätiologische u. klinische Beiträge zur Diphtherie, s.: Mitteilungen aus Kliniken u. medicinischen Instituten der Schweiz.

Feer, E., der Einfluß der Blutsverwandtschaft der Eltern auf die Kinder. (III, 32 S.) Lex. 8. Berlin 907. S. Karger. 1. —

Sonderabdruck aus „Jahrb. f. Kinderheilkde."

— Die Ernährungsstörungen im Säuglingsalter u. ihre Behandlung, s.: Klinik, medizinische. 5. Jhrg. 1. Beiheft.

Die Ernährungsstörungen im Säuglingsalter und ihre Behandlung. Von Prof. E[mil] Feer. Berlin & Wien: Urban & Schwarzenberg 1909. 28 S. 8° [Umschlagt.]

(Beihefte z. Medizinischen Klinik. Jg. 5. H. 1.)

Feer, Emil. Die Macht der Vererbung. Akademischer Vortrag gehalten in ... [Basel] am 31. Januar 1905. [Sep.-Abdr. aus den «Basler Nachrichten» Jahrg. 61, Nr. 55—61.] 32 S. 8. Basel, Helbing & Lichtenhahn, 1905. [fr. —. 60]

Feer, G[ustav], und Müller, J[ohann]. Zwei Reden. gesprochen am Jahrestage des Treffens bei Gislikon, den 23. November (1848): 1. auf dem Kirchhofe zu Kirchberg von G. F', Feldprediger des Bataillons Nro. 15 und 2. auf dem Friedhofe zu Aarau von J. M', Feldprediger des Bataillons Nro. 42, bei Enthüllung der den dort beerdigten, im Sonderbundsfeldzuge gefallenen Wehrmännern, gesetzten Denkmäler. 8. Aarau 1848.

Feer, James. Grundzüge des philosophischen Monismus. Einleitung. 58 S. 8. (Aarau, H. R. Sauerländer & Co., 1906.) [fr. 2. —]

Feer, Max (Red.), s. Centralblatt für Jagd- und Hundeliebhaber.

Feer, R., über d. Bisthum Basel in Beziehung auf d. Kanton Aargau. gr. 12. (3½ B.) Aarau 828, [Sauerländer, Vrlsh.]

Feer, R. J., Dissert. inaugural. jurid. de reo indiciis convicto condemnando etc. 4. Heidelb. Mohr et Winter. 810.

Feer, Rud., Rekurs-Schrift für die Herren Dekan Groth, Pfarrer Keust, Beutler, Häselin, Bauer, Waldesbühl, Fischer ꝛc. an das hohe Obergericht des Kantons Aargau. gr. 8. Aarau 835. (Schaffhausen, Hurter.) ½ ß

Feer - Herzog, C.

Ansprache über die Bundesrevision, geh. bei der Beeidigung des Aarg. Grossen Rathes den 4. April 1872 durch dessen Präsidenten Feer-Herzog. 8 Stn. 8. Aargau.

Feer-Herzog, die aargauische Bank, ihre Einrichtungen und Leistungen, mit besonderer Bezugnahme auf die Agitationen zu Gunsten des Bodenkredites. 8. (IV, 71 S.) Aarau 868, (Sauerländer's Verlag.)

Feer-Herzog, C., Bericht an den schweizerischen Handels- u. Industrieverein über den gegenwärtigen Stand der Münzfrage. Juli 1878. Veröffentlicht auf Veranstaltung des Vereins. gr. 8. (35 S.) Zürich 878. Orell, Füßli & Co. n. 1. —

Feer-Herzog, C., et **Lardy,** la conférence monétaire américaine, tenue à Paris du 10 au 29 août 1878. Rapport au conseil fédéral suisse. gr. 8. (71 S.) Bern 878. (Wyss.) n. 1. —

Feer-Herzog, Gold od. Silber? Erörterung e. Tagesfrage. Veröffentlicht durch Veranstaltg. d. schweizer. Handels- u. Industrievereins. gr. 8. (28 S.) Aarau 874. Sauerländer. n. — 50

—— Or ou argent? Étude sur une question à l'ordre du jour. Publié par les soins de la société suisse du commerce et de l'industrie. [Traduit de l'allemand.] gr. 8. (26 S.) Aarau 874, Sauerländer's Verlag. *

— rapport à l'union suisse du commerce et de l'industrie sur l'état actuel de la question monétaire. Juillet 1878. Publié par les soins de l'union. gr. 8. (38 S.) Zürich 878. Orell, Füssli & Co. n. 1. —

Feer-Herzog, die aargauische Südbahn, s. Südbahn.

Feer-Sieber, E., Zusammenstellung der auf die Seidenindustrie bezüglichen Ansätze u. übrigen Bestimmungen der internationalen Zolltarife. Juli 1893. Nach zuverläss. Quellen bearb. u. übersichtlich geordnet. hoch 4. (V, 81 S.) Zürich 893. (Ulrich & Co.) n. 2. 40

Feerei, übers. 8. Berl. 791. Unger. 3 gl.

Feerey, üb. 8. Berlin, Unger. 791.

Fées, les, à la mode, ou le nouveau gentilhomme bourgeois. IV Vol. 12. Mayence, Kupferberg.

[Gedicht.] Zur Erinnerung an das in der □ Reuchlin, Or.·. Pforzheim, am 3. Nov. 1895 gefeierte Winter-Johannisfest. [Unterz.:] Ph[il.] **Fees.** Pforzheim [1895]: Bode. 2 Bl. 4⁰ [Kopftit.]
Gedicht von 52 Strophen: „Da für heute, liebe Brüder . . .“

Thumm, Wilh.: [Lied.] Dem Jubilar Br.·. Thumm. 17. Dez. 1893. [Unterz.:] Ph[il.] **Fees.** [Pforzheim 1893: Bode.] 2 Bl. 8⁰ [Kopftit.]
Ohne Noten: „Was er dachte, schaffte, strebte . . .“

Fees, Theodor

Fees, Th., Hypsometrische Schulhandkarte von Ober-Oesterreich und Salzburg, entworfen und gezeichnet unter Mitwirkung von H. Commenda. 1 : 800.000. Quer-4. Chromo-Lithographie —.10
Wien: Hölzel 1894.

Fees, Theodor, und Commenda, H., Schulhandkarte von Oberösterreich und Salzburg. Maßstab 1 : 800.000. (Min.-Erl. v. 3. Juni 1893, Z. 9349) —.10

Fees, Theodor, Schulwandkarte von Afrika. Maßstab 1 : 6,000.000. Wien. Ed. Hölzel. (Min.-Erl. v. 20. Mai 1893, Z. 9728.) Auf Leinwand gespannt, in Mappe 8.50, auf Leinwand gespannt, mit Stäben 10.—

Fees, Theodor, Schulwandkarte von Afrika. Maßstab: 1 : 6,000.000. Wien. Ed. Hölzel. (Min.-Erl. v. 16. November 1893 Z. 23101.) Auf Leinwand in Mappe 8.50, mit Stäben 10.

Fees, Theodor, Schulwandkarte von Ober-Oesterreich und Salzburg. Unter Mitwirkg. von H. Commenda entworfen und gezeichnet. 1 : 200,000. 4 Bl. Gesammtgr.: 152 × 126 *cm* Chromolithogr. 4.—
auf Leinwand in Mappe 6.50
„ „ mit Stäben 7.50
Wien: Hölzel 1889.

Feesche, M., Erntesegen. Gedichte. 1. u. 2. Aufl. (V, 159 S.) kl. 8. Hannover 905. 906. H. Feesche. Geb. in Leinw. n. 2.50

Feesche, M., Erntesegen. Gedichte. 5—7. Tauf. (III, 159 S.) kl. 8. Hannover 909. H. Feesche. Geb. in Leinw. 2.50

Von blühenden Hecken. Gedichte von M. **Feesche.** Hannover: H. Feesche 1910. 168 S. 8⁰ [11. 10031 7]

Von Wanderwegen. Gedichte von M. **Feesche.** Hannover: H. Feesche 1908. (160 S.) 8⁰ [J.] [08. 4304 7]

Von Wanderwegen. Gedichte von M. **Feesche.** Hannover: Feesche 1910. 160 S. 8⁰ [10. 16018 7]

Feeser, Gemeindepolitik u. Bodenreform, s.: Zeitfragen, soziale.

[Lieder] S. l. Br. H[einr.] Kraft zum Abschied gewidmet in Treuen Br. G. **Feeser.** Strassburg [1908]: Dumont-Schauberg. 5 S. 8⁰.
2 Lieder ohne Noten.

Feeser, Karl Wilhelm: Gemeindepolitik und Bodenreform. Berlin: Bodenreform 1910. 22 S. 8⁰ (Soziale Zeitfragen, H. 43.)

Feeser, Nikolaus

Friedrich der Siegreiche, Kurfürst von der Pfalz, 1449 - 1476. Zum 700jährigen Regierungsjubilaeum des Hauses Wittelsbach. — Von Dr. Nicolaus **Feeser**, G. P. — 1880. Neuburg, ibid. — S. 1—148⁰.
Progr. Neuburg a. d. D. K. Gymn.

Feez, Predigt, geh. am 2. Adventsonntage [den 5. Dezbr. 1880] in der evangel. Hauptkirche zu München. gr. 8. (16 S.) München 881. Kaiser. n. — 20

Feez, Rede am Grabe des Hrn. Ed. Brummer, Schauspieler, geh. am 13. Novbr. 1888. 2. Aufl. gr. 8. (8 S.) München 888. (Th. Ackermann's Verl.) n.n. — 15

Fegebeutel, Ad.

—— und Alb. Steinberg, Erfahrungen und Mittheilungen auf dem Gebiete des rationellen Pflanzenbau's in Folge der Anbauversuche in den ökonom. Versuchsgärten zu Hohenstein und Stüblau (Prov. Westpreußen.) Jahrg. 1859. 1. Bericht. Lex.-8. (VIII und 118 S. mit vielen in den Text gedr. Holzschn.) Danzig 860, Kafemann. *

Fegebeutel, Ad., Erfahrungen und Mittheilungen aus dem Gebiete des rationellen Pflanzenbau's in Folge der Anbauversuche in den ökonomischen Versuchsgärten zu Hohenstein und Stüblau [Prov. Westpreußen.]. Jahrg. 1860—1861. 2. Bericht. Danzig 863. Kafemann. gr. 8. (IX, 136 S. u. 1 Tab. in Fol.) 18 ngr.

Fegebeutel, Ad., die Kanalwasser [Sewage-] Bewässerung oder die flüssige Düngung der Felder im Gefolge der Kanalisation der Städte in England. Reise-Bericht. Im Hinblick auf deutsche Verhältnisse bearb. Mit 7 (lith.) Taff., Plänen u. Zeichnungen (in 8. u. 4.). Danzig 870. Kafemann. gr. 8. (IV, 113 S.) n. 1 ₰

Fegebeutel, Ad., die Canalwasser- [Sewage] Bewässerung in Deutschland. Vorschläge zum rationellen Grossbetrieb. Nach 4jähr. Erfahrgn. u. Beobachtgn. auf d. Canalwasser-Berieselungs-Station zu Schwintsch bei Danzig. gr. 8. (55 S.) Danzig 874. Kafemann. n. 2. —

— Ventilations-Drainage gegen den Hausschwamm. Danzig 860. (Devrient Nachfolger.) gr. 8. (16 S. u. 1 lith. Taf. in Fol.) n. 3 ₰

Fegebeutels, Ad., Ventilations-Drainage gegen den Hausschwamm. gr. 8. (16 S. mit 1 Chromolithogr. in qu. Fol.) Danzig 860, (Doubberck.) **

Fegefeuer, s.a. F e g f e u e r

Fegefeuer, Das, oder Blätter zur Kritik der neuesten Uebersetzungen griechischer und römischer Schriftsteller ... Bern 1819. H: *Jahn, J. F. Christian L.* (MGT) (Ky)

Fegefeuer der Chymisten ... Amsterdam 1701. V: *Soeldner.* (wr)

Fegelein, Georg Michael

— Dissert. inaug. de epistaxi. 4. Würzb. 801.

Fegelein, Geo. Mch., († d. 2. Jan. 1814.) Versuch einer Nosologie u. Therapie d. Entzündungen im Allgemeinen. 8. Bamb. 804. (Wesché in Frkf.) 1 Rthlr

Feger, Joseph, s.a. F e g e r , Plazidus

Feger, Jos., Cölestine od. die Lebensweihe der Jungfrau. Mit einem Stahlst. 8. (324 S.) Regensburg 850, Manz. 2/3 Rthlr

Feger, Jos., culta deo et hominibus placens conversatio in usum cleri junioris adumbrata. Viennae 850. Mayer u. Co. gr. 8. (352 S.) 1 Rthlr

Feger, Josephus — Culta deo et hominibus placens conversatio in usum Cleri junioris adumbrata per Josephum Feger. Cum adprobatione ordinarii. Viennae, 1856. Typis Antonii Schweiger. Apud Mayer et Comp. (X. 352 S. 8.)

Feger, Jos., d. Geist unserer Zeit u. d. wahren Christenthums, gr. 8. Preßburg 840, Landes sel. Wwe. 1 Rthlr 6 ngl

FEGER, JOSEPH: Gott mein Antheil in Ewigkeit. Eine neue Ausgabe der vom seligen Petrus Forerius für die regulirten Chorfrauen »la Congregation de Notre Dame« verfaßten Andächtigen Übungen zur Benützung auch für andere gottgeweihte Ordensfrauen frei bearbeitet von J(oseph) F(eger). Wien 1858: Anton Schweiger. 302 S. - 190 mm

FEGER, JOSEPH: Jesus Christus im Leiden und in der Auferstehung unser Vorbild. Eine dogmatisch-moralische Betrachtung. Preßburg 1845: Joseph Landes. 16 S. - 8°

Feger, Jos., Mane nobiscum (Luc. 24. 29.) seu preces selectae ad fovendam pietatem cleri junioris. 16. (245 S. und 1 Stahlst.) Posonii 850, Wigand. Thlr.

FEGER, JOSEPH: Der katholische Pilger in Rom. Regensburg 1855: Manz. VIII, 184 S. - 8°

FEGER, JOSEPH: Theophilus oder des Jünglings erste Lebensweihe. Mit 1 Titelstahlstich. Regensburg 1848: Manz. 499 S. - 8°

F(EGER), J(OSEPH): Einige Weitzen-Aehren vom Acker des Herrn. Den gottgeweihten Jungfrauen als Weihnachts-Gabe gewidmet von J. F(eger). Preßburg 1851: Schnellpressendruck der vormals Schmid'schen Buchdruckerei. 20 S. - 198 mm

Feger, Plazidus, s.a. F e g e r , Joseph

Feger, Placidus J., fasciculus florum majalium sive breves meditationes quas immaculatae virgini Mariae sacrat autor. Regensburg 866. Manz. 16. (140 S. u. 1 Stahlst.) 12 ngr.

FEGER, PLAZIDUS: Die Geheimnisse des heiligen Rosenkranzes. Regensburg 1864: G. J. Manz. 196 S. - 8°
- Vgl. Die Geheimnisse des heiligen Rosenkranzes. J. 1859. T. 2131.

FEGER, PLAZIDUS: Handbüchlein der Rosenkranz-Erzbruderschaft. Linz 1862: Feichtinger. 127 S. - 8°

FEGER, PLACIDUS: Einige Weizen-Aehren vom Acker des Herrn. Wels 1879: Birlbauer. 29 S. - kl. 8°

Fegerl Joh.: Ableitung der Schwingungsdauer des mathematischen Pendels. (9). Mähr. Ostrau R. 94.
Progr.

Fegerl Johann: Über die unendlich oft iterierten Functionen. 2. Mähr. Ostrau R. 93.
Progr.

Fegerl, Joh., d. physikalischen Kenntnisse d. Alten. Entnommen d. wichtigsten Stellen d. Autoren. Progr. gr. 8. (36 S.) Mähr. Neustadt 896. (Berlin, R. Friedländer & Sohn.) n. 1.60

— dasselbe. Fortsetzg. Progr. gr. 8. (30 S.) Mähr. Neustadt 897. (Kromsier, H. Gusek.) n. 1.—

Fegerl, Joh., Die physikalischen Kenntnisse der Alten, entnommen den wichtigsten Stellen der Autoren. (Separat-Abdruck aus dem X. Jahresberichte des Landes-Unter- und Communal-Obergymnasiums in Mähr.-Neustadt.) Gr.-8. (30 S.) —.60

Fegers, Jos., Nansens Nordpol-Expedition, s.: Projektions-Vorträge. 52. Heft.

Fegfeuer, s.a. F e g e f e u e r

Fegfeuer, d., oder Blätter zur Kritik d. neuesten Uebersetzungen d. griech. u. röm. Schriftsteller. 16 Heft. Bemerkk. über Tacitus Agricola, deutsch, nebst Rechtfertigungen v. L. Döderlein. gr. 8. Bern 819. (Leipz., Knobloch). 18 gl

Fegfeuer, das, von d. lieblichen Seite betrachtet. Ein Büchl. f. Fromme. Von e. Priester. gr. 12. (2½ B.) Nördlingen 810, Beck'sche Buchh.

Fegfeuer-Gespräche. Von Lukianos Dendrosthenes. 1.—5. Aufl. gr. 8. (V, 95 S.) Freiburg i. Br. 872, Herder'sche Verlagsh.

Fegfeuer-Gespräche. Neue Folge. Von Lukianos Dendrosthenes. 1. und 2. Aufl. gr. 8. (XI, 159 S.) Freiburg i. Br. 876, Herder'sche Verlagsh. *

Fegl official di Cantun Grischun
v. Amtsblatt des Kantons Graubünden.

Fehde, die, unterhalt. Gesellschaftsspiel f. 2 bis 10 Personen. — Le Combat. Jeu de société très amusant pour 2 à 10 personnes. 32. (32 ill. Karten u. 1 Bl. deutscher u. franz. Text.) Wien 840. Bermann u. Sohn. In Etui 13 gl

Fehde, Götzen's von Berlichingen, mit der Reichsstadt Nürnberg ... O. O. 1777. H: *Holzschuher, Christoph Sigmund.* (ML)

Fehde, dem Unmuth und der Langenweile. Mit K. 12. Wien, Tendler und v. M. 818.

Fehde, die erklärte; od. List gegen List. Wien, Pichler. 803.

Fehde. Die fünfzehnjährige F' der Revolution gegen die katholische Schweiz <1830–1845>. In staats- und kirchenrechtlicher Beziehung dargestellt durch einen Luzerner. 8. Luzern 1846.

Fehde jedem Pöbelsinne! durch ein Bündniß mit dem guten Ton. In reichhaltigen Mustern, Gesprächen u. Unterhaltungen f. alle Verhältnisse des gesell. Umgangs. 12. (7½ B.) Preßburg 845, Schaiba.

Fehde, Die, der Kuratgeistlichkeit des Neisser Archipresbyterates wider ... Handel ... Erfurt 1841. V: *Baron, Rich.* & *R. Frosch.* (Nent)

Fehde, die, der Kuratgeistlichkeit d. neisser Archipresbyterats wider d. Superint. Handel u. die gesammte evangel. Kirche. Zwei Vorträge, gehalt. in d. Synodal-Konferenz zu Brieg. Mit e. Vorw. d. evangel. Pfarrgeistlichkeit in d. Diöcese Brieg. Lex.-8. (7½ B.) Erfurt 841, Hennings u. Hopf.

Fehde, eine literarische, zwischen Alt- u. Neukatholiken. Hrsg. von einem kathol. Laien. Mit einem Anh.: Aus briefl. Mittheilungen von Prof. Dr. Friedrich in München. gr. 8. (72 S.) Heidelberg 877. Weiß. n. — 80

— die offene,. Lustsp. v. Huber. gr. 8. Mannh. Schwan. 788.

Fehde, Die offene, ein Lustspiel a. d. Franz. Berlin 1789. Ü: *Unger, Friderike Helene geb. von Rothenburg.* (Ky) (MGT) (Schl)

(Fehde der Stadt Zürich [mit] Oestreich.) Njbl. *s.* [Hirzel, Salomon *III*].

Fehde, Hanns

Fehde, H

Die Frau des Predigers. Roman. Berlin 1877.

s.a. Roman-Zeitung, Deutsche. Bd 2.3.

Fehde, Hanns, die Frau des Predigers. Roman. 2 Bde. 8. (296 u. 291 S.) Berlin 877. Janke. 9.—

Fehde, Paul [App. Arzt aus Hannover]: Über Combination von Lungentuberkulose mit Brusthöhlengeschwülsten ... Berlin, Druck v. H. S. Hermann, *1894*; 31 S. 8.
Leipzig, Med. Fak., Inaug.-Diss. v. [12. Juli] 1894
(Nicht f. d. Austausch)

Fehdeburg, die, herausg. v. Fr. Laun, (F. A. Schulz.) 8. Lpz. Tauchnitz. 810.

Fehdeburg, die, Roman von Fr. Laun. (F. A. Schulz) 2r Bd. 8. Leipz. Tauchnitz. 811.

(Sozialdemokrat. Parteitag Magdeburg 1910.) Von **Fehden** und Kämpfen. Bilder aus d. Geschichte d. Arbeiterbewegung Magdeburgs. Hrsg. v. Parteitags-Komitee. Magdeburg: Pfannkuch 1910. 105 S. 8° [illegible] 11

FEHER, Julius: De processionibus divinis. — (1882) 146 S. 4° (Handschr.)
Diss. Wien, Univ. Diss. 394

Fehlau, Carl Friedrich (Königsberg/Neumark), Cogitata quaedam de peripneumoniae curatione veteri et nova. Diss. med. Jena (Goepferdt) 25. I. 1806. 24 S. (4.50) 8634
Gew.: D. Goercke, Friedrich Moennich.

Fehland, H., die Fabrikation des Eisen- und Stahldrahtes, s.a. **Schauplatz,** neuer, der Künste und Handwerke.

Fehland H, die Fabrikation des Eisen- und Stahldrahtes, sowie die der Drahtstifte. Mit Atlas. (Schauplatz der Künste u Handwerke 252) Weimar 1886

Fehland, H., die Fabrikation d. Eisen- u. Stahldrahtes, gewalzt u. gezogen, sowie die der Drahtstifte. Praktisches Handbuch zum Selbststudium f. angeh. Techniker u. zur Vorbereitg. f. Ingenieure zur Uebernahme d. Betriebes in Drahtwerken. Mit e. Atlas, enth. 23 Foliotaf. Abbildgn., meist Werkzeichngn. gr. 8. (X, 122 S.) Weimar 886. B. F. Voigt. 7.50

Fehland's Ingenieur-Kalender, 1889. Für Maschinen- und Hütten-Ingenieure hrsg. von Th. Beckert und A. Polster. 11. Jahrg. 2 Thle. 16. (VI, 189; 112 S.) Berlin, Springer. geb. *
Ausg. in Brieftaschenform *
Vorhergehende Jahrgänge, s. **Ingenieur-Kalender.**

Fehland's Ingenieur-Kalender 1890—1893. Für Maschinen- u. Hütten-Ingenieure hrsg. v. Th. Beckert u. A. Polster. 12.—15. Jahrg. à Jahrg. 2 Thle. gr. 16. (VI, 198, 104 S.; VI, 211 S., Schreibkal. 130 S. m. Abbildgn.; VIII, 219 S., Schreibkal. u. 143 S. m. Abbildgn.; VIII, 219 S., Schreibkal. u. 159 S. m. Abbildgn.) Berl., Springer. geb. in Ldr. u. geh. à Jahrg. * 3 —
Ausg. in Brieftaschenform à Jahrg. * 4 —

Fehland's Ingenieur-Kalender 1895. Für Maschinen- u. Hütten-Ingenieure, hrsg. v. Th. Beckert u. A. Polster. 17. Jahrg. 2 Thle. gr. 16. (VI, 222 S., Schreibkalender u. 165 S. m. Abbildgn.) Berlin, J. Springer. Geb. in Ldr. u. geh. n. 3.—;
Ausg. in Brieftaschenform n. 4. —

Fehland's Ingenieur-Kalender 1899. Für Maschinen- u. Hütten-Ingenieure hrsg. v. Th. Beckert u. A. Pohlhausen. 21. Jahrg. 2 Thle. gr. 16. (VI, 164 S., Schreibkal. u. 212 S. m. Abb.) Berlin, J. Springer. Geb. in Ldr. u. geh. n. 3.—;
Ausg. in Brieftaschenform n. 4. —

Fehland's Ingenieur-Kalender 1903. Für Maschinen- u. Hütten-Ingenieure hrsg. v. Th. Beckert u. A. Pohlhausen. 25. Jahrg. 2 Thle. gr. 16. (VI, 168 S., Schreibkalender u. 250 S. m. Abbildgn. u. 1 Karte.) Berlin, J. Springer. Geb. in Ldr. u. geh. n. 3.—;
Ausg. in Brieftaschenform n. 4. —

Fehland's Ingenieur-Kalender 1907. Für Maschinen- u. Hütten-Ingenieure hrsg. v. Fr. Freytag. 29. Jahrg. 2 Tle. (VIII, 220 S., Schreibkalender u. 319 S. m. Abbildgn.) kl. 8. Berlin, J. Springer. Geb. in Ldr. u. geh. n. 3.—; Ausg. in Brieftaschenform n. 4. —

Fehland's Ingenieur-Kalender für Maschinen- und Hütten-Ingenieure. 2 T. Jg. 30 (1908). Berlin, 1908.

Fehland's Ingenieur-Kalender 1911. Für Maschinen- u. Hütten-Ingenieure hrsg. v. Fr. Freytag. 2 Tle. 33. Jahrg. (VI, 216 S., Schreibkalender u. 410 S. m. Abb.) kl. 8. Berlin, J. Springer.
Geb. in Ldr. u. geh. 3.—; Ausg. in Brieftaschenform 4. —

Fehland, H., s.: **Kalender,** technischer, für Maschinen- u. Hütten-Ingenieure.

Fehlandt, H., Fibel, s.: **Kreutzer, Fr.**

Fehlau, Mart., Georg Petermann d. Zigeunerhauptmann, s.: Indianer- u. Volksbibliothek.

Fehlauer, Frdr., die engl. Übersetzgn. v. Boethius' „De consolatione philosophiae", s.a. **Normannia.** 2. Bd.

Fehlauer, Friedrich: Die englischen Übersetzungen von Boethius 'De Consolatione Philosophiae'. 1. Die alt- und mittelenglischen Übersetzungen. Königsberg i. P. 1908: Hartung. 61 S. 8° ¶ (Ersch. vollst. als: Normannia. Bd 2.)
Königsberg, Phil. Diss. v. 10. Okt. 1908, Ref. Kaluza
[Geb. 17. Nov. 85 Scharnau; Wohnort: Königsberg i. P.; Staatsangeh.: Preußen; Vorbildung: Realgymn. Bromberg Reife O. 04; Studium: Königsberg 8 S.; Rig. 22. Juli 08.] [U 09. 2394

Fehlauer, Karl

Fehlauer, unser Gesundheitsbuch. Praktischer Ratgeber zur Erhaltg. u. Wiederherstellg. der Gesundheit. I. Tl. gr. 8. Berlin 905. G. Eichler. n. 1.—; geb. n. 1.60
Die Gesundheitsküche. Auswahl u. Zubereitg. einfacher, nahrhafter u. wohlschmeck. Speisen. Mit e. Einleitg: Die Nahrg. des Menschen. — Die Reform der Mehl- u. Brotbereitg. (90 S.)

Fehlauer, unser Gesundheitsbuch. Jetzt: Berlin-Zehlendorf, Verlag unser Hausarzt.

Fehlauer, C. H., s.: Hausarzt, unser.

— der Keuchhusten, s.a. **Möller's** Bibliothek f. Gesundheitspflege usw.

Der Keuchhusten. Wesen, Verhütung u. Heilung. Von Dr. med. [Karl] **Fehlauer.** *Berlin: W. Möller [1902].* (12 S.) 8° [F.]
— Bibliothek, **Möller's,** f. Gesundheitspflege, Erziehung u. Volksaufklärung. H. 3. [illegible]

— die Pockenimpfung u. der Impfzwang. gr. 8. (11 S. m. 1 Abbildgn.) Ebd. 898. n. —10
2 Sonderabdrucke aus: „Unser Hausarzt".

— s.a. **Ratgeber** f. den Sommer u. die Sommerfrische.

— Ratgeber f. d. Sommer u. d. Sommerfrische. (Sonder-Heft d. Zeitschrift „Unser Hausarzt".) (S. 137—160.) 8. Berlin-Zehlendorf (907). Verlag der Zeitschrift „Unser Hausarzt". —35

Fehlbarkeit, solothurnische, üb. römische Unfehlbarkeit vom Eremiten im Hinterland. gr. 8. (31 S.) Luzern 871. Räber. n. — 40

Fehlbaum, A., Spiel- und Turnplatz der Friedbühl-Schule in Bern, Bern, 1 Bl.

Fehleisen (H.), die Aetiologie des Erysipels. Lex.-8. (38 S. mit 1 lithogr. Taf.) [Berlin 883.] Kassel, Fischer. *

Fehleisen, die Aetiologie d. Erysipels. Mit 1 (lith.) Taf. Lex.-8. (38 S.) Berlin 883. Leipzig, G. Thieme. n. 1. 20

Fehleisen, Egmont

— Gulliver's merkwürdige Abenteuer im Lande der Zwerge u. Riesen. Nach Swift f. die Jugend erzählt. Ster.-Ausg. gr. 8. (93 S. m. Bildern.) Ebd. 888. cart. — 75

— auf's Riff geworfen od. der Schiffbruch der Antilope unter Kapitain Wilson, s.: Volksbücher, neue.

Heitere Bilder | aus dem | Soldatenleben | im Krieg und Frieden. | Erstes Bändchen: | In der Garnison. (Zweites Bändchen: | Im Manöver. – Drittes Bändchen: | Im Felde.) | Von | Egmont Fehleisen. | Inhaber des eisernen Kreuzes II. Cl. Reutlingen. | Druck und Verlag von Enßlin & Laiblin. (= *Neue Volksbücher*, 174–176).

o. J. (1882), 64 + 64 + 64 S., 165 × 105. Auf dem U. jeweils Fig. mit Unterschrift.

LBS d. D. oct K 3205 (1–3.)

Fehleisen, Egmont, heitere Bilder aus dem Soldatenleben im Krieg und Frieden. 2. und 3. Bdchn. 8. (à Bdchn. 64 S.) Reutlingen 882, Enßlin und Laiblin's Verlagsh. à Bdchn. 25 Pf. *

Inhalt:
Bdchn. 2. Im Manöver.
" 3. Im Felde.
1. Bdchn., s. Volksbücher, neue.

Fehleisen, Egmont, Ferdinand Cortez od. die Eroberung v. Mexiko. Für die Jugend erzählt. Neue Ster.-Ausg. 12. (96 S. m. 4 Farbdr.-Bildern.) Reutlingen 891. Enßlin & Laiblin. Geb. — 75

— neueste Erntefestreden u. -Gedichte. Mit e. Anh. v. Ernteliedern. 16. (64 S.) Reutlingen 893. Enßlin & Laiblin. — 80

Der | gewandte Festredner. | Eine Sammlung | neuester und originaler | Gelegenheitsreden & -Gedichte | für alle Feste und Fälle | von Egmont Fehleisen. | Stereotyp-Ausgabe. | Reutlingen. | Druck und Verlag von Enßlin und Laiblin. (= *Neue Volksbücher*, 743).

o. J. (1891), 176 S., 173 × 113, kol. U.-Fig.: *Festredner auf Tribüne*, 157 × 105.

LBS d. D. oct K 3289.

Fehleisen, E., die Geschichte v. edlen Kaiser Joseph II., s.a. Volksbücher, neue.

Die Geschichte | vom edlen | Kaiser Joseph II., | dem Liebling und dem Stolze des | östreichischen Volkes. | Für das Volk geschrieben | von | Egmont Fehleisen. | Reutlingen. | Druck und Verlag von Enßlin & Laiblin. (= *Neue Volksbücher*, 179).

o. J. (1882), 64 S., 164 × 108, U.-Fig.: »*Sind 500 Gulden für Sie und Ihre Tochter zu wenig, ei so lassen Sie das Mädchen dienen!*« ..., 60 × 80.

LBS d. D. oct K 3462.

Fehleisen, Egmont, die Geschichte vom Reineke Fuchs. Nach Göthe's Gedicht und der Rostocker Ausg. vom J. 1662 für die Jugend erzählt. Neue Ster.-Ausg. 8. (112 S. mit 4 Chromolithogr.) Reutlingen 887, Enßlin und Laiblin. cart.

Fehleisen, Egm., großes, vollst. Glückwunschbuch f. alle Stände u. Verhältnisse. E. reiche u. gedieg. Sammlg. d. besten Gratulationen z. Geburts- u. Namenstagen, z. Sylvester, Neujahr u. Weihnachten, z. Verlobungs-, Polterabend-, grünen, silb., gold. u. diamant. Hochzeits-Feiern, Entbindgn., Taufen, Konfirmationen, Jubiläen, Beförđergn., Einweihgn., Genesg., z. Abschied, z. Wiederkehr, z. patriot. u. Vereinsfesten ꝛc. Ster.-Ausg. 12. (256 S.) Reutlingen 896. Enßlin & Laiblin. Kart 1. 50

— vollständiger Haus- u. Geschäfts-Briefsteller. Ster.-Ausg. 12. (160 S.) Ebd. 891. — 60

Fehleisen, Egmont, der rote Heiner. Eine Feldzugs-Erinnerg. Ster.-Ausg. 8. (29 S.) Reutlingen 884. Enßlin & Laiblin. — 12

– Andreas Hofer, der heldenmüt. Anführer der Tyroler im Befreiungskriege von 1809. Eine treue Schilderung seines Lebens, Wirkens u. seines Heldentodes zu Mantua am 20. Febr. 1810. Für das Volk erzählt. 8. (48 S.) Ebend. 882. — 15

[F.] Der Deutsch-Französische Krieg 1870—71 in Wort und Bild. Nach d. besten Quellen bearb. v. Egmont Fehleisen, Inhaber d. eis. Kreuzes. Bd (1.) 2. (In 36 Heften.) *Reutlingen: Ensslin & Laiblin [1893—95].* 2 Bde 2.(4.)
1. [1893.94.] (594 S., 17 Taf., 1 Kt.) 2. [1894.95.] (576 S., 18 Taf.) [94. 83.]

— Generalfeldmarschall Graf Moltke, Deutschlands Schwert u. Schild. Sein Leben, seine Thaten u. sein Tod, f. das Volk geschildert. 12. (16 S.) Ebd. 891. n. — 10

Fehleisen, Johannes Oekolampadius. Sein Leben u. Wirken. Festschrift zur Erinnerg. an seinen 400jähr. Geburtstag, verf. im Auftrage d. Oekolampadius-Vereins. gr. 8. (20 S.) Weinsberg 882. (Heilbronn, Scheurlen's Verl.) n. — 40

— Perlen deutscher Dichtung. Ausgewählt v. E. F. 16. (224 S.) Ebd. 887. geb. m. Goldschn. 2. 40

— Franz Pizarro oder die Eroberung v. Peru. Nach „Campe's Entdeckg. v. Amerika" f. die Jugend erzählt. 12. (95 S. mit 4 Buntdr.-Illustr.) Ebd. 890. geb. n. — 75

Fehleisen, Egmont, Rechte und Pflichten, wie sie sich durch die Invaliditäts- u. Altersversicherung für jeden Reichsbürger ergeben. Für das Volk erläutert. 12°. Reutlingen, Enslin u. Laiblin, 1891.

— Rübezahl, der Herrscher d. Riesengebirges. Für die Jugend bearb. Ster.-Ausg. 8. (96 S. m. Bildern.) Ebd. 888. cart. — 75

— Michiel de Ruyter, Hollands größter Admiral. Ein Heldenleben, f. die Jugend geschildert. Ster.-Ausg. 8. (112 S. m. 4 Buntbildern.) Reutlingen 892. Enßlin & Laiblin. Geb. 1. 20

Fehleisen, Egmont, s. Seeheld Duquesne.

—— Peter Simpel oder Lebensschicksale eines Seekadetten. Eine Erzählung, nach Marryat für die Jugend bearb. 8. (112 S. mit 4 Bildern in Farbendr.) Ebendas. 883. cart. Ohne Bilder

— Peter Simpel od. Lebensschicksale e. Seekadetten. Eine Erzählg. nach Marryat f. die reifere Jugend bearb. 8. (112 S.) Ebend. 884. — 40; m. 4 Bildern in Farbendr. 1. 20

Fehleisen, Egmont, klassisches Vergißmeinnicht. Neue Aufl. 32. (384 S.) Reutlingen 883, Enßlin und Laiblin's Verlagsh. geb.
geb. mit Goldschn.

Fehleisen, Egmont, Klassisches Vergißmeinnicht. 55. Aufl. (384 S. m. farb. Vollbildern.) 16. Reutlingen (905). Enßlin & Laiblin. Geb. in Leinw. n. — 75; in imitiertes Leder m. Goldschn.. gepolstert n. 1. 80; in farb. Leder, gepolstert n. 2. 50

Fehleisen, Egmont, klassisches Vergißmeinnicht. 56. Aufl. (384 S. m. farb. Vollbild.) 10,2×7,4 cm. Reutlingen (909). Enßlin & Laiblin. Geb. in Leinw. m. Goldschn. 1.10 u. 1.20; in Kunstleinw. m. Goldschn., gepolstert 1. 50

Fehleisen, Egmont, s. Volksbücher, neue.

— was sollen wir spielen? Eine Sammlg. der schönsten u. unterhaltendsten Spiele im Zimmer f. alt u. jung. 16. (64 S.) Ebd. 893. — 30

— Wonnadonga, der Schrecken der Apachen. Eine Indianergeschichte, f. die Jugend bearb. Mit (4) Farbdr.-Illustr. gr. 8. (224 S.) Ebend. 883. cart. 3. —

Fehleisen, Egm., aus großer Zeit! Patriotisches Ehren- u. Gedenkbuch aus den Kriegsj. 1870—71. Selbsterlebnisse v. Mitkämpfern aus beiden Feldlagern, ferner v. Feldpredigern, Felddiakonen, Feldpostbeamten, hervorrag. Heldenthaten u. s. w. in Wort u. Bild. (2. Bd. v.: F., der Krieg 1870/71.) Imp.-4. (576 S. m. 18 z. Tl. farb. Taf.) Reutlingen (900). Enßlin & Laiblin. 9. —
Erschien auch in 18 Hftn. à — 50.

Fehleisen, Friedr., ein Fall von Aphasie. Inaugural-Dissertation. gr. 8. (25 S.) Tübingen 877, (Fues'sche Sortimentsh.)

Fehleisen, Friedrich Wilhelm (Reutlingen), Observationes de herniis et fissuris diaphragmatis deque caussa hactenus praetervisa mortis repentinae in equis. Diss. med. Präs. J. D. Hofacker. Tübing. (L. F. Fues) März 1828. 26 S. (4.50)

Fehleisen, G., die Limpurg bei Hall, m. e. Plan u. Bild. (11 S.) 8. Schw. Hall (905). W. German's Verl. n. — 20

Fehleisen, Georg

[Umschlagt.:] [F.] Fehleisen [Prof. Dr.]: Zur Odyssee. (Kopft.: Zur Nekyia.) Schwäb. Hall, Buchdr. v. E. Schwend, 1894; 1 Bl., 1—14 S. 4.
Schwäb. Hall, k. G. P 1894 (580)

Fehleisen, G., Präparation z. Homers Odyssee. 1. u. 2. Hft. gr. 8. Leipzig, B. G. Teubner. n. — 90
1. I. u. II. Buch. (16 S.) 897. n. — 30
2. V.—VIII. Buch. (39 S.) 898. n. — 60

Fehleisen, G., Präparation zu Homers Odyssee. 1. 1. B. u. 2.—5. Hft. gr. 8. Leipzig, B. G. Teubner. n. 2. 70
1. Buch I u. II. 2. Aufl. (18 S.) 901. — 30
1. B. Buch III u. IV. (24 S.) 901. n. — 40
2. Buch V—VIII. 2. Aufl. (40 S.) 901. n. — 60
3. Buch IX—XII. 2. Aufl. (40 S.) 902. n. — 60
4. Buch XIII—XVIII. (21 S.) 900. n. — 40
5. Buch XIX—XXIII. (21 S.) 900. n. — 40

— Präparation zu Homers Odyssee. 1.—4 Heft. 8. Leipzig, B. G. Teubner. n. 1. 90
1. Buch I u. II. 3. Aufl. (18 S.) 905. n. - 30
2. Buch V—VIII. 3. Aufl. (40 S.) 905. n. — 60
3. Buch IX—XII. 3. Aufl. (40 S.) 906. n. — 60
4. Buch XIII—XVIII. 2. Aufl. (22 S.) 905. n. — 40

Fehleisen, G., Präparation zu Homers Odyssee. 1., 2. u. 4. Heft. 8. Leipzig, B. G. Teubner. 1. 80
1. Buch I u. II. 4. Aufl. (18 S.) 909. — 30.
2. Buch V—VIII. 4. Aufl. (40 S.) 909. — 60.
4. Buch XIII—XVIII. 3. Aufl. (22 S.) 908. — 40.

Fehleisen, Geo., zur Rettung d. Tacitus. [Aus; „Correspondenzbl. f. d. württ. Gelehrten- u. Realschulen".] gr. 8. (15 S.) Tübingen 881. Fues. n. — 40

— Sammlung der wichtigsten Bestimmungen f. die Gelehrten- u. Realschulen Württembergs. gr. 8. (III, 233 S.) Stuttgart 899. 900. W. Kohlhammer. n. 3.50
Erschien auch in 7 Lfgn. à n. — 50.

— s.: Taschenbuch f. die Lehrer an den Gelehrten- u. Realschulen Württembergs.

Fehler, der, in Formalibus. Lustsp. v. Seidel. 8. Lpz. Fleischer. 789.

Fehler, über d. gemeinschaftlichen, vieler Festungen, nebst e. Vorschlägen, denselben abzuhelfen; von e. Preuß. Officier. Mit 1 Kpf. 8. Bresl. 810. W. G. Korn. 12 gr

Fehler u. Irrgänge. Zeitgemässe Betrachtungen über das *deutsche Reich*, was es war u. was man daraus gemacht hat. *Von einem unbekehrten Bajuwaren.* („Aus dem Chiemgau.") (Sep.-Abdr. aus dem „Bayer. Vaterland".) München 1880. 8°. 23 S. Cart. *)
Dummes Zeug!
— Dasselbe. 2. Aufl. Ibid. 1881. 8°. 23 S. Cart. *)

— —, Die, der Menschen nebst deren Verbesserung, in (37) saubern Kupfern (D. C. C. Fleischmann jun. sc.) u. moralischen Versen vorgestellt. Nürnberg, zu finden in Georg Peter Monaths Buchladen, 1751. Fol. Rar! (Bibl. Lipperheide, Berlin, Kunstgewerbe-Museum, no. 1956.) (25 Mk., unbeschn., uncolor. Expl., M. Edelmann, Nürnb., 1903.)
Titel m. Signet in Holzschn., 1 Bl.; mit dem Titelkpfr. 37 bez. Taf. in Kpfst. Der Name des Stechers, *D. C. C. Fleischmann junior*, findet sich auf Tafel 16. Derselbe Name in verkürzter Form begegnet auch auf Tafel 9. 10. 14. — Selten, besonders cplt.!

— die, u. Mißbräuche b. d. vornehmst. Hauptreligion. d. Welt. 8. Frankf. 729.

Fehler, Die nachgeahmten. Ein Lustspiel in einem Aufzuge. 1781. V: *Friedrich Georg August Prinz von Hessen.* (Hessische Biographien. Hgbn. von Herman Haupt. Darmstadt 1918. I, 492—493)

§ FEHLER, Die offenbahren, der heutigen verderbten Welt an Universitäten, Gymnasiis, geistlichem, weltlichem und Hauss-Stande bemercket, nebst e. Anweisung selbige zu verbessern. Betrachtung 1—7 (soviel ersch.?). O. O. 1703. 8°. Rar!

Fehler, die organischen, in der Staatsverwaltung Bayerns. Von der Redaktion des Nürnberger Anzeigers. Nürnberg 1868. 8°. 36 S. Beiband.

Fehler, Die politischen, des päbstlichen Hofes, welche die Reformation Lutheri sollen befördert haben . . . Leipz. u. Wolffenb. 1718. V: *Treuer, Gottlieb Samuel.* (BrMm) (Myl)

Fehler, über die vorzüglichsten, in Behandlung der Schwangern, Wöchnerinnen und Säugenden, so wie in Behandlung der Kinder im ersten Lebensjahre. 8. Berlin, Maurersche Buchhdl. 818.

Fehler, ein, beim Ziehungs-Modus der Schiller-Lotterie, den die Wiener und Leipziger Lotterie-Directionen bei Begutachtung desselben übersehen haben, nachgewiesen von E. A. Danzig 861. Bertling. 8. (12 S.) 2½ ngr.

Fehler, F., der Rechenunterricht in der Volksschule. Vortrag, gehalten auf der General-Versammlung der Schwarzburg-Rudolstädtischen Lehrer zu Blankenburg am 6. Juli 1888. gr. 8. (16 S.) Breslau 888, Woywod. *

Fehlerbuch, photographisches, s.: Miniatur-Bibliothek.

Fehlern, von den, u. Hindernissen des Weinbaues in Sachsen. gr. 8. Dresd. 819. Walther. 8 gr

Von den Fehlern und Hindernissen des Weinbaus in Sachsen. Dresden 1820. -- [Zit. nach Angaben der DSB: 1: Kriegsverlust]
BJ: Von den Fehlern und Mängeln des Weinbaues in Sachsen (v. F.A. Röber). Dresden 1820. Röber, F.A.: Von den Fehlern und Hindernissen des Weinbaues in Sachsen. Dresden 1819. -- Bibliotheca oenologica: Von den Fehlern und Mängeln des Weinbaues ... . -- Dochnahl: Von d. Fehlern u. Mängeln d. Weinbaues in Sachsen (v. F.A. Röber). Dresden: Kuntze 1820. -- Gatterer: Von den Fehlern und Mängeln des Weinbaus ... . -- Heinsius und Kayser: 1819. -- Simon: Bibliotheca vinaria: Röber, F.A.: Von d. Fehlern u. Mängeln des Weinbaues in Sachsen. Dresden 1820. -- Thienemann: Röber, F.A.: Von den Fehlern und Hindernissen des Weinbaues in Sachsen. Dresden 1819. -- Weber: Von den Fehlern und Mängeln des Weinbaues in Sachsen. Dresden: Walther 1820.

Fehlhaber, Franz, aus Lüneburg: **Ueber Homologe der Hippursäure und des Hippuroflavins.** *Kiel 1899: P. Peters.* (37 S.) 8°
Kiel, Phil. Diss. v. [5. Aug.] 1899

Fehlhammer, Jac., das Karbolineum im Dienste des Weinbaues. Als Beitrag zur Lösg. der deutschen Weinbaukrisis bearb. (19 S. m. Abb.) 8. Neustadt a/H. (909). D. Meininger. — 50

Heinrich Theodor Behn, Bürgermeister der freien und Hansestadt Lübeck. Von E[mil] F[erdinand] **Fehling.** Mit 1 Bildnis Behns u. 1 Karte: Lübecks Eisenbahnen 1846. Leipzig: Duncker & Humblot 1906. (VI, 219 S.) 8° [F.] [06. 7000]

— Lübeckische Stadtgüter. I. u. II. Lex.-8. Lübeck, Lübcke & Nöhring. Geb. in Leinw. à n. 6. —
I. Mitzerau. Behlendorf. Albsfelde. (III, 192 S.) 904.
II. Crummesse. Niemark. Moisling. Roggenhorst. Klein-Steinrade. Karlshof. (210 S. m. 4 Taf.) 905.

Fehling, Ferdinand, Dr. phil.: Frankreich und Brandenburg in den Jahren 1679 bis 1684. Beiträge zur Geschichte der Allianzverträge des Grossen Kurfürsten mit Ludwig XIV. Abschnitt I bis III. Leipzig: Duncker & Humblot 1906. (133 S.) 8° [F.] ¶[Erschien vollst. im gleichen Verlage.]
Mit: Einladung zur .. Probe-Vorlesung .. d. 5. Mai 1906 .. Thema: Bismarck und die preussische Politik während des Krimkriegs. Heidelberg: J. Hörning. (1 Bl.) 8°
Heidelberg, Phil. Fak., Hab.-Schrift v. 1906

Frankreich und Brandenburg in den Jahren 1679 bis 1684. Beiträge z. Geschichte d. Allianzverträge d. Großen Kurfürsten mit Ludwig XIV. Von Ferdinand **Fehling,** Privatd. Leipzig: Duncker & Humblot 1906. (XIV, 329 S.) 8° [F.] [06. 13156]

Fehling, Ferd., Kaiser Friedrich II. u. die römischen Cardinäle in den J. 1227—1239, s.a. Studien, historische. 21 Hft.

Fehling, Ferdinand, aus Lübeck: **Kaiser Friedrich II. und die römischen Cardinäle in den Jahren 1227 bis 1239.** Hälfte 1: Friedrich II. und die Cardinäle 1227 bis 1233. *Berlin (1900): E. Ebering.* (40 S.) 8° ¶[Erschien vollst. 1901 als: Hist. Studien, H. 21.]
Berlin, Phil. Diss. v. 15. Dez. 1900

Fehling, Prof. Dr., s. Jahreshefte des Vereins f. vaterländ. Naturkunde in Württemberg.

Fehling, Ferd., die europäische Politik des Grossen Kurfürsten 1667—1688. Ein Versuch. (32 S.) gr. 8. Leipzig 910. Quelle & Meyer. 1. —

Fehling, Hermann

Fehling, H. v., chemische Analyse der Thermen von Wildbad, Teinach und Liebenzell. gr. 8. (39 S.) Stuttgart 867, J. Weise. *

Fehling, Prof. Dr. H., Die Bestimmung der Frau, ihre Stellung zu Familie und Beruf. Rectoratsrede, geh. am Jahresfeste der Universität Basel den 12. Nov. 1891. 1. u. 2. unveränd. Aufl. gr. 8°. Stuttgart, F. Enke, 1892.

Fehling, Herm., das Dasein vor der Geburt. Akadem. Antrittsvorlesung, gehalten zu Basel den 10. Juni 1887. gr. 8. (24 S.) Stuttgart 887, Enke. *

Die operative Geburtshilfe der Praxis und Klinik. In 20 Vorträgen von Dr. Hermann **Fehling,** Prof. Mit 77 Abb. Wiesbaden: Bergmann 1908. VIII, 190 S. 8° [11. 2067] 11

Fehling, Herm. v., s.: Handwörterbuch der Chemie.

—— s. Handwörterbuch der reinen und angewandten Chemie.

Fehling, Herm. v., s.: Handwörterbuch, neues, d. Chemie.

Fehling, H., üb. neuere Kaiserschnitt-Methoden, s.: Sammlung klinischer Vorträge.

—— ausführliches Lehrbuch der Chemie, s. Kolbe, H.

— Lehrbuch der Frauenkrankheiten. (Bibliothek des Arztes.) Lex.-8. (XII, 640 S. m. 240 Abbildgn.) Ebd. 893. n. 18. —

Fehling, Herm., Lehrbuch der Frauenkrankheiten. 2. neu bearb. Aufl. gr. 8. (XVI, 464 S. m. 223 Abbildgn.) Stuttgart 900. F. Enke. n. 11. —; geb. in Leinw. n. 12.20

Fehling, Herm., Lehrbuch der Frauenkrankheiten. 3. völlig neu bearb. Aufl. (XII, 396 S. m 229 Abbildgn.) Lex.-8. Stuttgart 906. F. Enke. n. 9. —; geb. in Leinw. n. 10. —

— Lehrbuch der Geburtshülfe f. Hebammen, auf Grund der 14. Aufl. v. Fr. K. Nägele's Lehrbuch völlig neu bearb. Mit 18 Holzschn. u. 4 farb. Taf. gr. 8. (VIII, 182 S.) Tübingen 883. Laupp. n. 4. —

— Lehrbuch der Geburtshilfe f. Hebammen, auf Grund der 14. Aufl. v. Fr. K. Nägele's Lehrbuch völlig neu bearb. Mit 20 Holzschn. u. 4 farb. Taf. 2., umgearb. Aufl. gr. 8. (VIII, 185 S.) Tübingen 889. Laupp. n. 4. —

Fehling, Herm., Lehrb. d. Geburtshilfe f. Hebammen, auf Grund d. 14. Aufl. v. Fr. K. Nägeli's Lehrbuch völlig neu bearb. 3., umgearb. Aufl. v. G. Walcher. gr. 8. (VIII, 207 S. m. 29 Abb.) Tübingen 895. H. Laupp. n. 3. 60; geb. n. 4. 20

— Lehrbuch der Geburtshilfe f. Hebammen, auf Grund der 14. Aufl. von Fr. K. Nägele's Lehrbuch völlig neu bearb. 4. umgearb. Aufl. v. G. Walcher. (VII, 191 S. m. 37 Abbildgn.) gr. 8. Tübingen 907. H. Laupp. n. 3. —; geb. n. 4. —

— die Pathogenese u. Behandlung der Eklampsie im Lichte der heutigen Anschauungen, s.: Sammlung klin. Vorträge.

Fehling, Hermann [Bearb.], s. Payen, A.: Gewerbschemie . . .

— die Physiologie u. Pathologie des Wochenbetts. gr. 8. (VIII, 273 S. m. 60 Holzschn.) Stuttgart 890. Enke. n. 6. —

— d. Physiologie u. Pathologie d. Wochenbetts. F. Studir. u. Ärzte dargest. 2., völlig umgearb. Aufl. gr. 8. (VIII, 272 S. m. 52 Holzschn.) Stuttgart 897. F. Enke. n. 6. —

— über den gegenwärtigen Stand der Leitung der physiolog. u. patholog. Nachgeburtszeit, s.: Sammlung klinischer Vorträge.

Fehling, Herm., chemische Untersuchung der Soolen, des Stein- und Kochsalzes, sowie der Mutterlaugen der königl. württemb. Salinen. Mit besond. Berücksicht. der concentrirten Mutterlaugen. gr. 8. (130 S.) Stuttgart 847, Ebner und Seubert.

— üb. Uterusruptur, s.: Sammlung klinischer Vorträge.

— s.: Verhandlungen d. deutsch. Gesellsch. f. Gynäkologie.

— Wundinfektion u. Wundbehandlung im Wandel d. Zeiten u. Anschauungen. Rede, geh. am Stiftungsfest der Kaiser Wilhelms-Universität Strassburg am 1. V. 1908. (Rektoratsreden der Universität Strassburg 1908.) (32 S.) gr. 8. Strassburg 908. J. H. E. Heitz. 1.20

Fehling, Hermann [Hrsg.], s. Zeitung, Strassburger medizinische.

Fehlinger, Hans, s.: Wissen, unser.

Fehlmann, Heinrich. Das Fertigungswesen nach den aargauischen Rechtsquellen historisch-dogmatisch bearbeitet ... Diss. Jur. Bern. IV + II + 179 S. 8. Aarau, Emil Wirz, 1903. [fr. 2.80]

Fehlner, Alb., Auf, Gabelsbergerianer! Schützt das Werk Eures Meisters! Ein Hilferuf an alle Anhänger der bisher. Form d. Gabelsberger'schen Stenographiesystems. Mit 8 Seiten vergleich. stenogr. Beispiele. gr. 8. (21 S.) München 902. Piloty & Loehle. — 20

Nekrolog auf den K. Rektor und Gymnasialprofessor a. D. Johann Baptist Ferber. — Von Albert Fehlner, G.-R. — Jahresbericht p. 42.
Progr. Lohr, K. Gymn.

— praktische Winke f. Lehrer der Gabelsberger'schen Stenographie. Nebst e. Anh., enth. die f. die stenograph. Lehramtsprüfg. in den Königreichen Bayern u. Sachsen, sowie im österreich. Kaiserstaate bestehend. Verordngn. u. einige daran geknüpfte Bemerkgn. gr. 8. (57 S.) München 901. M. Kellerer. n. 1.—

FEHLNER, Markus (Tannstein): De tumore lymphatico.- Landishuti 1822. 4.9.1818 - Pe 566; F 58
Diss. Ingolst.-Landsh.-Mchn.

Fehlschlag, Hans, nach Feierabend. Verse. gr. 8. (89 S.) Leipzig (902). H. Seemann Nachf. n. 2.50

Von Fehlsprüchen der Geschworenen. Von e. Richter. Hannover 886.

Fehltritt aus Schwärmerey. Ein Lustspiel in einem Aufzuge. Grätz 1797. Braunschw. 1797. V: *Schröder, Fch. Ludwig.* (schaper 59/684) (BiblPort)

Fehltritt aus Schwärmerey. Lustsp. 8. Brschw. Schröder. 797.

Fehmarn. (1 : 128000.) Kiel. o. J. Lithogr. 1 Bl. 4°, 15,6.20 cm. Aufgez. a. Carton.

Fehmarn - Sund [Schlagwort]

Fehmarn-Sund, s.: Seekarten.

Fehmel, Amandus Gotthold (Brandenburg), De catacumbis Romanis. Diss. posterior, part. criticam contin. sententiis Aringhii, Bosii, Mabillonii, Fabretti & Ciampini modeste opposita. Leipzig (Brandenburger) 14. II. 1713. 46 S. (6.—) 8636
Gew.: Wolffgang David Fehmel (Leipniz; Vater).

— Johann Salomo (Eisfeld/Frk.), De antistite sacra haud *ΝΕΟΦΥΤΩ* I. Tim. III, 6 disserit, simulque viris Joh. Gottlieb Franck, Carl Wilhelm Ludw. Jacobi, Joh. Friedr. Linck et Joh. Christian Heyne summos in philos. honores nomine societatis sub praesidio Jo. Christian Hebenstreit gratul. Lpz. (Stopffel) 22. II. 1748. 8 S. (4.—) 8637

Fehmer, G.: Theateti Platonici enarratio. 35 S.– Zeitz, Progr. 1855.

Fehmer, G., Festrede bei d. Huldigungsfeier am 15. Oct. 1840 im Gymnasium zu Zeitz gesprochen. gr. 4. (2 B.) Zeitz 840, Webel.

Fehmer, G. Ueber die Persönlichkeit Friedr. Wilh. IV. an sich u. in ihrer Beziehung zu der jetzigen politischen Entwickelungsstufe Preußens. 14 S.
Progr. Zeitz 1840

Fehmer, G. Plato's Protagoras, nach seinem innern Zusammenhange entwickelt. 20 S.
Progr. Zeitz 1839

Fehmer Rede zur Feier des 300jährigen Todestages Dr. Martin Luthers. 10 S.
Zeitz, Progr. 1847

Fehmer, G. Ueber Zweck und Methode des deutschen Unterrichts. 18 S.
Progr. Zeitz 1833

Fehn, August

Fehn, A., die Fechtkunst mit Stoß- und Hiebwaffen. Mit 34 Abbildungen. gr. 8. (IV und 179 S. mit 7 Stnt. in gr. 4.) Hannover 851, Rümpler. •

Fehn, A., die Fechtkunst mit Stoß- und Hiebwaffen. Mit 34 Abbildgn. (auf 7 lith. Taf. in 4.). 2. Aufl. Hannover 856. Meyer. gr. 8. (2 Bl., 179 S.) 1 ß

Fehn, A., Fechtschule, zum militärischen wie akademischen Gebrauche, m. Originalzeichn. v. Ferdinand Liebsch. Lfg. 1, 3. umgearb. Aufl., Heidelberg 1870, 32 S., 8°.

Fehn, A., deutsche Hieb-Fechtschule mit dem Rappier. 8. (VII und 50 S. mit 1 Stnt. in gr. Fol.) Heidelberg 858, C. Winter's Universitäts-Buchh.

Fehn, Aug., die Schule des Manschettfechtens mit Zeichnungen (8 Steintaf.). 8. (27 S.) Heidelberg 878. (Koester.) n. 2.—

Fohn, Hans, aus Nürnberg: Ueber heterobicyclische Verbindungen und Hydrazone von Dithiokohlensäureestern. *Erlangen 1904: E. Th. Jacob.* (46 S.) 8°
Erlangen, Phil. Diss. v. 16. Dez. 1903

Fehn, W.: Entwurf einer Instruction für deutsche Hiebfechtschule. Straßburg um 1885. 44 S. 4°

Fehr, W., das kommentmässige Fechten m. dem deutschen Haurappier. Rechts u. links. Der deutschen studir. Jugend gewidmet. Mit 24 Bildern, nach Photographien gezeichnet. gr. 8. (28 S.) Strassburg 885. Schultz & Co. Verl. n. 2. —

—— die Fechtkunst mit dem krummen Säbel. Prakt. Anleitung zum Militär-Fechten [Hieb und Stich] und zum deutschen kommentmäßigen Studentenfechten. gr. 8. (26 S. mit 22 Bildern nach Photographien.) Ebendas. 885. *

Fehr. Abhdl. v. Mohnsafte. Cassel. 8°. A.D.B. Anh. XXV—XXXVI, p. 474.

1778

Fehr, ..., s. Anleit. zur Kenntniß etc. d. Eidgenöss. Infanterie-Gewehrs.

Fehr. Anleitung zum Gebrauche der Fehrischen Tönchen.

(Fehr,) das Eidsgenössische Infanterie-Gewehr, s. Anleitung z. Kenntniß etc. d. Eidsgen. Infanterie-Gewehrs etc.

Fehr, Thurgauisches Landrecht, s. Beiträge, Thurgauische, zur vaterländischen Geschichte.

Fehr, A., s. Fehr, J. A.

Fehr, Adolf. Beobachtungen und Erlebnisse bei der Belagerung von Strassburg. 8. *o. O. u. J.* [1870 71].

Fehr, Adph., über die amyloide Degeneration insbesondere der Nieren. Inauguraldissert. Bern 866. (Stuttgart, Scheitlin.) gr. 8. (VIII, 164 S.) n. 24 ngr.

Fehr, Anton Werner, Referendar aus Köln a. Rh.: Über Hingabe an Erfüllungsstatt. *Borna-Leipzig 1902: R. Noske.* (VIII, 45 S.) 8°

Leipzig, Jur. Diss. v. 1902

Fehr, Bernhard: Die formelhaften Elemente in den alten englischen Balladen. I. Teil: Wortformeln. Zossen b. Berlin 1900. XX, 89 S. 34 Tab. 8°.

Basel. Phil. Diss. 1899/1900.

Fehr, Bernh., die formelhaften Elemente in den alten englischen Balladen. 1. Tl.: Wortformeln. Diss. gr. 8. (XX, 89 S. m. 34 Tab.) Zossen 900. (Leipzig, Buchh. G. Fock.) n. 3. —

Fehr, Bernh., die Sprache des Handels in Altengland. Wirtschafts- u. kulturgeschichtl. Beiträge zur engl. Wortforschg. Progr. (IV, VIII, 88 S.) gr. 8. St. Gallen 909. (Fehr). 3.50

Fehr, Bernhard. Die Sprache des Handels in Altengland. Wirtschafts- und kulturgeschichtliche Beiträge zur englischen Wortforschung. Wissenschaftliche Beilage zum 10. Jahresbericht der städtischen Handelsakademie ⟨Handelshochschule⟩ St. Gallen (*Umschlag:* Habilitationsschr. Phil. ⟨I.⟩ Univ. Zürich). IV + VIII + 88 S. 8. St. Gallen, Honegger, 1909.

F[ehr], C. Aus Transvaal. 8. Zürich 1891.

Fehr, Carl, s. Fehr, Karl

Fehr, Chr. Al., († d. 1. Febr. 1824.) neueste Geschichte d. Libauischen St. Annen- oder lettischen Kirche. Ein Nachtrag zu Lesch Kirchengesch. 2r Thl. etc. 8. Mitau 821.

Fehr, D[aniel]. Über die Ausführung der technischen Arbeiten bei Güterzusammenlegungen und Feldbereinigungen. Mit [Figuren,] 5 Plan- und 13 Berechnungs-Beilagen. (Neue Aufl.) VI + 99 S. gr.-8. Bern, K. J. Wyss, 1910. [fr. 3. —]

[Fehr, Daniel.] ... das Leben des Architekturmalers Wilhelm Meier (*d. i.* Meyer. 1806–1848). [Mit 2 Tafeln.] Njbl. Künstlerges. Zürich 1855. 4. [Zürich.]

Fehr, D., das Wiederaufblühen der bildenden Kunst in Zürich in der zweiten Hälfte des 18. Jahrhunderts. Ein Vortrag, gehalt. bei der Versammlung Schweizer. Künstler u. Kunstfreunde den 10. Juni in Zürich. 8. (30 S.) Zürich 851, Meyer & Zeller. n. 6 ngr

Fehr, Emil

Fehr, Emil, die Grundzüge des zürcherischen Quartierplanverfahrens, s.a. Beiträge zur schweizer. Verwaltungskde.

Fehr, Emil. Die Grundzüge des zürcherischen Quartierplanverfahrens. (Separat-Abdruck aus dem Schweizerischen Zentralblatte für Staats- und Gemeinde-Verwaltung. Jahrg. 11, 1910, Nr. 14, 15 und 16....) II + 51 S. 8. Zürich, Orell Füssli, 1910. [fr. 1. —, cart. 1.30]

Beiträge zur schweizerischen Verwaltungskunde. Heft 3.

Fehr, Emil, das Schiedsgericht in der schweizerischen Zivil-Prozessgesetzgebung. Diss. (VIII, 91 S.) gr. 8. Zürich 903. Gebr. Leemann & Co. n. 2. —

Fehr, Emil, studia in oracula Sibyllina. Diss. gr. 8. (119 S.) Upsala 893. (Akadem. Buchh.) n. 2.40

Fehr, Eugen [aus Heidelberg]: Inwiefern disponieren Formveränderungen der Harnwege zu Concrementbildung ... Würzburg, P. Scheiner's Buchdr., 1896; 39 S. 8.

Würzburg, Med. Fak., Inaug.-Diss. v. 1896

Fehr, Gerd v. Karlusch. Roman. gr. 8. (535 S.) Danzig 890, Hinstorff. * 6 —; geb. * 7 —

Fehr, Günth., Wiener Buben im Böhmerwald. (153 S.) 8. Wien 908. R. Coën. 2.50

Fehr, Hans, die Entstehung der Landeshoheit im Breisgau. (VI, 186 S.) gr. 8. Leipzig 904. Duncker & Humblot. n. 4. —

Fehr, Hans, Hammurapi u. das salische Recht. Eine Rechtsvergleichg. (IX, 143 S.) gr. 8. Bonn 910. A. Marcus u. E. Weber. 2.80

Fehr. Hans. Staat u. Kirche im Kanton St. Gallen. Inaugural-Dissertation zur Erlangung der juristischen Doktorwürde einer hohen juristischen Fakultät der Hochschule zu Bern eingereicht. 8°. VIII, 480 S. Selbstverlag des Verfassers. Zu beziehen durch die Fehr'sche Buchhandlg. St. Gallen. 1900. 5 –

Fehr, Hans. Der Zweikampf, von Dr. H' F" [von St. Gallen], Professor des deutschen Rechts zu Jena. Antrittsrede. [Mit 2 Tafeln.] IV + 64 S. 8. Berlin, Karl Curtius, 1908. [M. 2. —]

Fehr, Heinrich Ferdinand (St. Gallen), De causis summariis. Diss. jur. Präs. Julius Friedrich Malblanc. Tübing. (Reis & Schmid) Sept. 1804. 28 S. (4.50) 8638

Fehr, H[enri]. Elementare Mathematik. Allgemeine Uebersicht über die verschiedenen Gebiete, nebst kurzen Notizen über die historische Entwicklung der Mathematik. 2. Aufl. [Mit Figuren.] *lithogr.* 106 S. kl.-4. Genf, (Lith. A. Lamy,) Im Verkauf bei allen Buchhändlern, 1904. [fr. 3.75]

Fehr, Henri (Hrsg.), s. Unterricht, Der mathematische, in der Schweiz.

Fehr, J. A.

Fehr, drei Christenfrauen auf Nias, s.a. **Missions-Traktate, rhein.**

Fehr, Miss., Drei Christenfrauen auf Nias. (Aus: „Kl. Missionsfreund.") »Missions-Traktate, Rhein.« (23 S.) Barmen 1891. Compt. d. Missionsh.

Ein Häuptling von Nias. Von Miss. [A.] Fehr in Ombolata. *Barmen: Missionshaus 1902.* (16 S.) 8° [Umschlagt. F.]
— Missions-Schriften, Rheinische. No 117.

Fehr, J. A., s.. Missions-Traktate, rheinische.

Der Niasser im Leben und Sterben. Von A. Fehr, Missionar. *Barmen: Missionshaus 1901.* (57 S.) 8° [F.]
— Missions-Schriften, Rheinische. No 115.

Salira und Sira'isa oder die mich frühe suchen, finden mich. Von J. A. Fehr, Rhein. Missionar. *Barmen: Missionshaus 1901.* (20 S.) 8° [F.]
— Missionsschriften, Rheinische. No 112.

Fehr, J. G., Fibel f. d. gemeinschaftl. Laut-Lese-Unterr. in d. Elementarschulen Deutschlands. Der prakt. Lautir- u. Lese-Fibel 2., umgearb. Aufl. 8. (2 B. Nördlingen 843, Beck'sche Buchh.)

— Wandfibel hierzu. Fol. Ebend. 843. 1¼ ngl

— Grundriß der 2. Aufl. der obigen Fibel, nebst einigen Winken für Lehrer, welche sie in ihren Schulen benutzen wollen. 8. Ebend. 843. 1¼ ngl

Fehr, J. G., Fibel f. d. gemeinschaftl. Laut- u. Leseunterricht in den Elementarschulen Deutschlands. 3. verb. Aufl. 8. (32 S.) Nördlingen 847, Beck in Comm. 2 ngl

Fehr, J. G., prakt. Lautir- u. Lesefibel zum Gebr. bei allen Leseunterrichtsmethoden. 8. (2½ B.) Nürnberg 840, (Felßecker'sche Buchh.) *

Fehr, J. G., alphabetisches Verzeichniß aller in Boisduval's System der europäischen Schmetterlinge (Genera et Index Methodicus Europaeorum Lepidopterorum) vorkommenden Gattungsnamen mit ihren Synonymen. gr. 8. Erlangen 842. (Ferd. Enke.) n. ⅓ ₰

Fehr, J. H., die Artikel des täglichen Bedarfs für Gewerbe, Haus- u. Landwirthschaft. Anleitung zur Kenntniß u. zur Fabrikation derselben nach eigenen, in langjähriger Praxis erprobten Vorschriften. Für Droguen-, Parfümerie-, Material- u. Farbewaaren-Handlungen, sowie ähnl. Geschäftszweige. 8. (VIII, 315 S.) Leipzig 878. Theile. n. 5. —

Fehr, J. H., rationelle Methode der Likörfabrikat. auf kaltem Wege. Vollständ. Lehrb. d. Likör- u. Essenzen-Fabrikation n. d. Anfordergn. d. Neuzeit. Umfassend d. deutsch. Liköre, d. Verschnitte d. direkt durch Destillation erzeugten Spirituosen (Rum, Arrak, Kognak usw.) sowie d. Nachbildgn. d. renommiertesten deutschen, französ. u. holländ. Likör-Spezialitäten n. d. Orig.-Vorschriften d. Verf. Durchgesehen u. hrsg. v. Hch. Norrenberg. (XVI, 143 S.) gr. 8. Berlin 907. A. L. Herrmann. 2.50; geb. 3. —

Fehr, J. J., Kölner Geographiebüchlein. Für die Mittelstufe der Volksschule bearbeitet. 1. u. 2. Tl. 8. Köln 882. Warnitz & Co. à n.n. — 30
1. Die Stadt Köln u. ihre nächste Umgebung in Geographie, Geschichte u. Sage. Der Landkreis Köln. (32 S.)
2. Der Reg.-Bez. Köln. Die Rheinprovinz. (24 S.)

Fehr, I. M., de Scorzonera s. anchora sacra. 8. Bresl.

Fehr, Jakob: Einen **Fall** von **„carcinomatöser Dünndarmscheidenfistel".** *München 1898: Kastner & Lossen.* (25 S.) 8°
München, Med. Diss. v. 1898

Joh. Fehr & Fils, Schaffhouse-Hohlenbaum. Fabrication d'échelles.... Prospectus [illustré]. 1903. IV+24 p. 8. Schaffhausen, H. Meier & Co.

Joh. Fehr & Sohn, Schaffhausen-Hohlenbaum. Fabrikation von Leitern..., speziell Mechanische Leitern, Turmwagen, Leitern- und Gerätewagen. Prospectus 1903. [Illustriert.] II + 24 S. 8. Schaffhausen, H. Meier & Co.

Fehr, Johann Heinrich, s.a. F e h r s , Johann Hinrich

Fehr, Joh. Heinr., Flaach, Tigurinus. Dissertatio inauguralis medico-chirurgica de calculo vesicae eiusque per sectionem auferendi methodo novissima, praestantissima et facillima.
Basel; med. Diss. 1716

Fehr, Jh. Ksp., die Insel Sicilien mit ihren umliegenden Eilanden. 16 Hft. gr. 8. St. Gallen 835. (Huber u. Comp.; auch Scheitlin u. Zollikofer.) Jetzt nur 1 ₰

Fehr, Jh. Ksp., die Insel Sicilien rc. 3 Hefte. gr. 8. St. Gallen 835. (Huber u. Co.)

[Fehr, Johannes.] (Die Verschüttung des Lowerzer-Thales und der Dörfer Goldau, Busingen und Röthen. [Mit 1 Karte.]) Njbl. SchwGarten Zürich 1807. 4. [Zürich.]

Fehr, Josef

Fehr, Jos., der Aberglaube und die katholische Kirche des Mittelalters. Ein Beitrag zur Kultur- und Sittengeschichte. Stuttgart 857. Scheitlin. 8. (IV, 164 S.) 21 ngl

Fehr, Jos., über die Entwickelung und den Einfluß der politischen Theorien. Ein Beitrag zur Würdigung der innern Entfaltung des europ. Staatenlebens. gr. 8. (VII und 440 S.) Innsbruck 855, Wagner'sche Buchh. *

Fehr, Dr. Joseph, Privatdocent der Geschichte an der Universität Tübingen, Ueber die Entwicklung des deutschen Nationalbewußtseins und der deutschen Nationaleinheit. Erstes Heftchen. Tübingen, Zu Guttenberg, 1848. II, 30 S. 8°.

Fehr, J., Prinz Eugen 1663—1736, s.a. **Broschüren, Frankfurter, zeitgemäße. XIX. 11.**

Prinz Eugen, Feldherr und Staatsmann, 1663–1736. Von Professor Dr. J[osef] Fehr. *Frankfurt a. M.: P. Kreuer 1899.* (S. 323–362.) 8° [F.]
— Broschüren, Frankfurter zeitgemässe. N. F. Bd. 19, H. 11.

FEHR, JOSEF: Fünfkirchen, Bisthum in Ungarn. In: Kirchen-Lexicon. 1850. Bd. 4, S. 254.

Fehr, Jos., allgemeine Geschichte des 19. Jahrh., s. Cantu's, C., allgemeine Weltgeschichte.

—— Geschichte der europäischen Revolutionen seit der Reformation. 2 Bde. gr. 8. Tübingen, Laupp'sche Buchh. [1. (XII und 378 S.) 850. 1 Thlr. 18 Ngr., 2. (IV und 584 S.) 851. 2 Thlr. 8 Ngr.]

Fehr, Jos., der Gottesfriede und die katholische Kirche des Mittelalters. Augsburg 861. Doll. gr. 8. (2 Bl., 128 S.) 15 ngr

— Handbuch der Universalgeschichte. Vom Standpunkte des Christenthums und der Kultur. 1—11. Liefg. Stuttgart 858. Scheitlin. gr. 8. (1. Bd.: X, 632 S.) Jede Liefg. n. 10 ngl
1. Bd.: Einleitung und Geschichte der Kirche und der Staaten im Mittelalter bis zum Tode Carls des Großen.

—— **Handbuch der christlichen Universalgeschichte.** Vom Standpunkte der Religion und Kultur. 1—11. Lfg. oder 1. Bd.: Einleitung und Geschichte der Kirche und Staaten im Mittelalter bis zum Tode Carls des Großen. gr. 8. (X und 832 S.) Stuttgart 857. 58, Gebr. Scheitlin. Thlr.

Fehr, Jos., Die Heilsarmee, ein neuer Auswuchs des Protestantismus. Frankf. a. M., Fösser Nachf., 1891, gr. 8°, 80 S., 1 Mk. (Zeitgemäße Broich. Bd. 12, Heft 9 u. 10.)

Fehr, Jos., s. H e n r i o n , Baron, allgem. Geschichte d. Mönchsorden.

Fehr, Jos., s. K r e u z w e g , der heilige.

Fehr, J., das religiöse Schauspiel des Mittelalters, s.: Broschüren, Frankfurter zeitgemäße.

Fehr, Jos., Staat u. Kirche im fränkischen Reiche bis auf Karl den Großen. Wien 869. Braumüller. gr. 8. (VIII, 598 S.) n. 3 *ℳ* 10 *ngr.*

Fehr, J., Johann Tserclaes Graf v. Tilly (1559—1632), s.: Broschüren, Frankfurter zeitgem.

Fehr, Josef C.

Fehr, Jos. C., Beschreib. der im Frühjahr 1806 herrschend gewesenen Brustseuche d. Pferde. gr. 8. Götting. 806. Röwer. 8 gl.

— etwas über d. Hundswuth. 8. Münster 784. Coppenrath. 4 gl.

Fehr, Jos. C., s. H e b a m m e n k a t e c h i m u s.

Fehr, Jos., Ausführl. Nachr. v. e. tödtl. Krankh. nach dem tollen Hundsbisse, nebst einer Uebers. der Zufälle der Wuth bey Hunden u. Menschen, ihrer Heilart u. der darin gehörigen Polizeianstalten. Gött. 8°. Auch in: A. D. B. XCVIII, p. 96. CIX, p. 89. *Arnemann*, Bibl. 1, p. 330. A. L. Z. 1793, n. 224.

1790

— ausführl. Nachr. v. e. tödtl. Krankh. nach d. tollen Hundsbisse. 8. Münst. Theissing. 791.

— — Ausführliche Nachricht von einer Übersicht der Zufälle der Wut bei Hunden und Menschen, ihrer Heilart und der dahin gehörigen Polizeianstalten. 8. Münster 790. Theissing. M. 1.—

Fehr, Jos. C., s. W i e t e n s o h n ' s Abhandl.

Fehr, Josef Inn.

— Gesetze u. Andachtsübungen zur Förderung d. Verehrung u. Nachahmung d. göttlichreinen rc. Herzens Jesu. 8. ...813.

Fehr, Jos. Inn., das Priester- u. Pfarramtsjubiläum in d. Stadt Ravensberg, gefeiert d. 5. April 1812. 8. Ravensb. (812.) (Grabmann).

Fehr, Karl

Fehr, Carl (Birstein)
Ueber die Exstirpation sämmtlicher Speicheldrüsen beim Hunde.
Giessen: Brühl 1862. 15 S.
Diss. med. 2.2.1862. vorh. 26. 7.

Fehr, L., siehe: *Kerfstedt, Amanda.*

Fehr, L., siehe: *Levetzow, C. v.*

Fehr, M., ein Bild der Lyssa. gr. 8. (96 S.) Heidelberg 877, C. Winter's Universitäts-Buchh. *

Fehr, M., die Ovariotomie. Geschichtlich und kritisch bearb. gr. 8. (83 S. mit 1 Stnt.) Heidelberg 864, E. Mohr. *

Fehr, Maria, s.a. Schatzkästlein, geistliches.

Geistliches Schatzkästlein oder Lehren d. Meister d. inneren Lebens. Autor. Übers. aus d. Franz. von Maria Fehr. *Paderborn: F. Schöningh 1901.* (XXIV, 493 S.) 8° [F.] (geb.) 3 76

FEHR, Martin Nicolaus.
Beiträge zur Lehre vom römischen Pfandrecht in der klassischen Zeit. Inaugural-Dissertation von Martin Fehr. Upsala 1910. 8:o. x + 140 s. (Ur: Upps. univ. årsskr., 1910.)
Diss. Uppsal. jur.

Fehr, Mart., Beiträge zur Lehre v. röm. Pfandrecht in d. klass. Zeit. Diss. (Uppsala universitets årsskrift 1910. Juridik I. (X, 140 S.) gr. 8. Upsala 910. (Akademische Buchh.) nn 3. 40

Fehr, Oscar: Ein Angiom der Conjunctiva bulbi. (Aus der Augenheilanstalt des Herrn Geh. Med.-R. Prof. Dr. Hirschberg.) M. 1 Taf. *Leipzig: W. Engelmann 1897.* (26 S. mit Taf.) 8° ¶(Aus: v. Graefe's Archiv für Ophthalmologie, Bd 44 Abth. 3.)
Heidelberg, Med. Diss. v. [23. Juli] 1897

Fehr, Ph. J., zur Restauration d. Domes zu Worms. gr. 8. (57 S.) Worms 886. (Kräuter.) n. 1.—

Burschenlied. Gedicht von Johanna Ambrosius. Für Männerchor komp. von Robert Fehr, Sem.-Musikl. in Angerburg. Op. 41. Part. u. 4 Stimmen. *Königsberg i. Pr.: A. G. Harpf [1901].* (Getr. Pag.) 4° (8°) [illegible] 10

Liederkursus für die Unterklasse der Volksschule von Robert Fehr, Sem.-Musiklehrer in Angerburg. 2. durchges. u. erw. Aufl. *Breslau: F. Hirt 1900.* (68 S.) 8° [F.] [illegible] 2

Spielmannslied. Gedicht von Geibel. Für Männerchor komp. ... von Robert Fehr, Sem.-Musikl. Op. 42. Partitur u. 4 Stimmen. *Königsberg i. Pr.: A. G. Harpf [1901].* (Getr. Pag.) 4° (8°) [illegible] 10

Fehr, S., 12 dreistimmige Gesänge für Gymnasien u. Schulen. 8. Rottenburg 845, Gack. 1/8 *ℳ*

Fehr, Salomon. Etwas über den Krieg gegen den allgemeinen Willen im Kanton Thurgau, und Beantwortung der Proclamation der Regierung vom 18ten April 1814. Von Salamon F', Jünger.... 8. *o. O.* 1814.

Fehr, Sam. Benj., s. a. F e h r e , Sam. Benj.

Fehr, Sam. Benj., Abh. v. d. bevorsteh. merkwürd. Bekehrung d. Juden, mit Crusius Vorrede. 8. Schneeberg. (Academ. Buchh. in Jena.) 766.

— Anleit. z. recht. Verstand u. Gebrauch d. Offenbarung Johannis. 4. Altenb. (Academ. Buchh. in Jena.) 760.

— Anm. üb. Hauens Kirchengesch. N. T. u. d. Offenb. Johannis. 2 Thle. gr. 8. Leipzig, Kummer. 768—70.

— Entdeck. d. Zeitpunkts, in welch. wir in d. Offenb. leb. 4. Frankf. u. Leipz. Metzler. 757.

Fehrbellin, s.: Geologische Karten. Preussen. 69.

Fehre, Bernhard, aus Memel: Decapitation des Foetus. *Halle a. S. 1898: C. A. Kaemmerer & Co.* (44 S.) 8°
Halle, Med. Diss. v. 14. Dez. 1898

Fehre, Carl Fürchtegott Immanuel, s. F e h r e , Karl Fürchtegott Immanuel

— Christian August (Burgstad/Misn.), Spec. contin. caput jur. controv. de clausula testamentaria ne a testatoris voluntate recedant heredes. Präs. Christian Heinr. Breuning. Lpz. (Langenheim) 5. XII. 1764. 8 S. (3.50) 8641

Fehre, Christian August, s.a. G e s c h e n k e für meine Freunde.

GESCHENKE für meine Freunde und Freundinnen. (Gedichte von *Chrn. Aug. Fehre.*) Leipzig 1765. 8°. 5 Bogen. (3 Mk. L. Rosenthal, 1907.)
Meist Schäferpoesieen im Geschmack jener Zeit. — Anon.-Lex. II. p. 187 (nach Kayser u. Meusel).

Fehre, Christian August, s. S i n n g e d i c h t e u. Lieder an d. böhm. Grenze.

(Fehre, Eduard): Geschichte der Fraternitas Rigensis. — St. Petersburg 1898. VIII, 225 S. [Als Ms. gedr.]

Fehre, Frdr. Aug., Schreib- und Lesestoff, besonders als Mittel zur Regelung des häuslichen Fleißes für Schüler des ersten Schuljahres. 2. Aufl. 859. (64 S.) — 3., verm. u. verb. Aufl. Erfurt 863. Neumann. gr. 8. (72 S.) u. 6 ngr.

Fehre, Hans, seemänn. Handarbeiten. 2. Aufl. (29 S. m. Abb.) gr. 8. Hamburg 910. Green & Krause. 1. 40

Fehre, Karl Fürchtegott Immanuel

Fehre, Carl Fürchtegott Immanuel (Strehla), De hydatide seu echinococco glandulae lacrymalis et orbitae. Dissert. ophthalm. Präs. Justus Radius. Lpz. (A. Edelmann) 21. VIII. 1860. 20 S. mit Biogr. (M.: E. Geudtner.) (4.—) 8639
Oppon.: Thomas, Würdig, Eichhorn.

Fehre, Katharine, s.a. neuestes Koch- u. Wirthschaftsb., Livländ.

Fehre, (Catharine,) neuestes Koch- u. Wirthschaftsbuch, gr. 8. Riga 824, Hartmann.

Fehre, Paul, aus Woronesh i. Russl.: **Beitrag zur Lehre über die Tabes bei den Weibern.** *Berlin 1901: L. Schumacher.* (30 S.) 8°
Berlin, Med. Diss. v. 5. Juli 1901

Fehre, Sam. Benj., s.a. F e h r , Sam. Benj.

Fehre, Sam. Benj., († d. 28. Oct. 1772.) Abhandl. von d. bevorstehenden merkwürd. Bekehrung d. Juden, mit Chr. Aug. Crusii Vorrede. 8. Schneeb. 753. 2e Aufl. Altenb. 765. (Hennings in Neisse). 8 ℊ

— Anleit. zum rechten Verstand u. Gebrauch d. Offenbarung Johannis. 4. Altenb. 760. (Hennings in Neisse). 1 ℛ 20 ℊ

— bescheid. Anmerkk. über Ph. Fr. Hane's Kirchengeschichte N. Test., nebst d. Offenb. Johannis. 2 Thle. gr. 8. Leipz. 768—70. Kummer. 12 ℊ

— Anmerkk. über Joach. Lehfeld's Traktat: d. Herrlichkeit d. Kirche Christi in d. letzten Zeit aus d. Vorbilde d. neuen Tempels u. Jerusalems. 8. Altenb. 752.

— Entdeckung des Zeitpunktes, in welchem wir in d. Offenbarung leben. 4. Frankf. u. Leipz. 757. Metzler in Stuttg. 3 ℊ

— e. Lieder über d. wichtigsten Materien aus d. Offenbarung Johannis. 8. Altenb. 753.

— s. R. H. S c h w a r z e , Nachricht.

— bescheidene Untersuchung, was unter denen zweien Thieren in d. Offenb. Johannis eigentl. zu verstehen sei; in 10 kurzen Sätzen. 8. Chemnitz 754.

Fehre, Theophilus: De cautionibus in detentorem scriptis, quas „Papiere auf den Inhaber" vocamus, earumque historia ac natura. Halis Saxonum (1860): Orphanotropheum. 51 S. 8°
Halle-Wittenberg, Jur. Diss. v. 17. Nov. 1860
Geb. [Mühlhausen (Thür.) 22. 12. 1836]

F e h r e - H ä n s i , Bericht über das Eidgenössische Turnfest in Chaux-de-Fonds 4.—8. 8. 1900, 23 S., 8°.

Fehrecke, Bernh., s.: Stenotachygraphen-Kalender.

F e h r e n b a c h , L., Allerlei, s. B r a u n , Heinr.

Siefert, Christian: Ansprache [von S. **Fehrenbach**] und Trauerrede [von Käser] am offenen Grabe unsers geliebten Br.·. Christian Siefert den 23. Aug. 1877. Or.·. Lahr. Lahr 1877: Schauenburg. 8 S. 8° [Umschlagtit.]
Tt. 2102. Beigefügt ein Gedicht von L. A u e r b a c h : „An Chr. Siefert's Grab".

A n t w o r t auf den Schwabengruss der fünf Brüder aus dem Or. Stuttgart. Von S. **Fehrenbach.** [Freiburg i. Br. 1876: Poppen & S.] 2 Bl. 8° [Umschlagtit.]
Gedicht: „Ihr dunderschiess'ge Schwobe ihr!"

Stiftungsfest der Loge Harmonie Or. Chemnitz den 25. Mai 1876. Fest-Cantate von S. Fehrenbach u. G. Schell. 1 Bl. 8°. [Kopftit.]
„Seid uns gegrüsst geweihte Friedenshallen" . . .

Festcantate [für Soli und Chor]. [Text von S. **Fehrenbach.**] o. O. u. J. 4°. [Lith.]

[1.] Chor. I. Stimme. 4 S.
[2.] Solo Meister I. (Bass). 2 S.
Die anderen Stimmen fehlen.
Mit Noten: „Seid uns gegrüsst geweihte Friedenshallen" . . .
Vgl. W. 40368.

Fehrenbach, S., Cantate für Soli und Chor mit Piano- und Harmonium-Begleitung zur Eröffnung von Logen-Festarbeiten. Freiburg i/B. (1874). Quer-Fol. 20 S. u. 8 Musikbeilagen.
Componirt von G. Schell. · Mit Partitur, Harmonium, Soli und zugehörigen Chorstimmen.

Rée: [Rede am Grabe des Br. Rée von S. **Fehrenbach.** Freiburg i. B. 1869.] 1 Bl. 4°
Aus: °Freiburger Ztg. [1869] Nr 194.

Fehrenbach, Sal., Erstlinge in der Dichtkunst. gr. 12. Villingen im Schwarzwalde 842, Förderer. ½ ℛ

Fehrentheil, Hans v., Deutschlands Polenpolitik. (31 S.) 8. Leipzig 907. Modernes Verlagsbureau. — 50

F e h r e n t h e i l und Gruppenberg, Ed. Sigism. v., Ahnentafeln des gesammten jetzt lebenden stiftsfähigen Adels Deutschlands. Hrsg. im Vereine mit mehreren Freunden der Genealogie. 1. Bd. 1.—4. Lfg. Imp.-Fol. (à Lfg. 10 Taf.) Regensburg 864—68, Manz. à Lfg. * 1 Thlr. 6 Ngr. *

Fehrentheil u. Gruppenberg, E. v., Familientafeln der Häuser von Mansfelt und von Verdugo nebst Ahnentafeln der Gräfin Maria Francisca von Sobeck und Kornitz, geb. Gräfin Verdugo, und der Dorothea de Verdugo, geb. Reichsgräfin von Mansfelt. Publications de la section histor. de l'Inst. royal grand-ducal de Luxemb. 1872.

Fehrer, Gustav: Die befreite Vormundschaft nach dem bürgerlichen Gesetzbuch für das deutsche Reich unter besonderer Berücksichtigung des geschichtlichen Entwickelungsganges und der einschlägigen landesgesetzlichen Vorschriften. Würzburg 1910: Staudenraus. 195 S. 8°
Würzburg, Jur. Diss. v. 7. Mai 1910, Ref. Mayer
[Geb. 17. Jan. 87 Darmstadt; Wohnort: Darmstadt; Staatsangeh.: Hessen; Vorbildung: Gymn. Darmstadt Reife O. 05; Studium: Gießen 6, Berlin 1 S.; Rig. 12. Jan. 10.] [U 10. 4290

Fehrer, J. F., utrum Cyprianus sit auctor doctrinae de unica Christi religione et ecclesia salvifica. Erf. 1792. 4.

Fehres, Otto (geb. Illingen im Rheinl. [13. 10.] 1844): Ueber Rachitis. Berlin (1867). (32 S.) 8°
Berlin, Med. Diss. v. 26. Juli 1867

Fehres, R., Rechnungsbuch f. den deutschen Landwirt, Handel- u. Gewerbtreibenden, in Anschluß an das preußische Einkommensteuergesetz. gr. 4. (72 S.) Grumbach 892. (Meisenheim, J. Feickert.) n. 1. -

Fehres, Wilhelm, appr. Arzt a. Grumbach: **Aus der chirurgischen Klinik zu Rostock. Ueber einige Fälle von Gelenkerkrankungen bei Syringomyelie unter besonderer Berücksichtigung der Unfallfrage.** Rostock 1905: C. Hinstorff. (31 S.) 8°
Rostock, Med. Fak., Ref. Müller, Diss. v. 5. Nov. 1906
[Geb. 14. März 76 Saarlouis; Wohnort: Grumbach, Reg.-Bez. Trier; Staatsangeh.: Preußen; Vorbildung: Gymn. Zweibrücken Reife M. 97; Studium: München 4, Jena 3, Kiel 2, Berlin 1, Rostock 2 S.; Coll. 5. Mai 05; Approb. 19. Okt. 06.]

Fehringer, A.

— Geschlechts-Angelegenheiten. Ratgeber f. Männer u. Frauen vor u. nach d. Vermählg. Geschlechtskrankheiten, Fehler d. monatl. Reinigg., d. Beischlaf, körperl. Übel, welche d. Begattg. im Wege stehen, u. d. Kunst, gesunde u. wohlgestaltete Kinder zu erzeugen. (87 S.) 8. Leipzig (907). M. Spohr. 1. 20

— Hautkrankheiten. — Krankheiten älterer Kinder. — Krankheiten d. Säuglinge. — Magenkrankheiten, m. Anh. Heilkunst d. Prießnitz Gräfenberg gegen Unterleibsbeschwerden. — Nervenkrankheiten u. Hämorrhoiden, m. Anh.: Nasenbluten, Bluthusten u. Blutbrechen. — Rheumatismus u. Gichtleiden. — Unterleibsleiden, s.: Hausbibliothek, medizinische.

Fehringer, A.: Was muß man v. Ehegeheimnissen u. Säuglingspflege wissen?, s.: Hausbibliothek, medizinische.

Fehringer, Ed., Hilfsbüchlein f. d. kathol. Religionsunterricht. 5. Aufl. (32 S.) 16. Freiburg i. B. 909. Caritas-Verl. — 10

Fehringer, Mich. v., topographisches Post-Lexicon d. Königr. Böhmen. Im Auftrage d. k. k. Handelsministeriums bearb. gr. 8. (XX, 781 S.) Wien 877. k. k. Hof- u. Staatsdruckerei. cart. n. 4. 50

— dasselbe, des Königr. Dalmatien. Im Auftrage d. k. k. Handelsministeriums bearb. gr. 8. (IV, 228 S.) Ebend. 878. cart. n. 2. 80

— dasselbe, der Markgrafsch. Mähren u. d. Herzogth. Ober- u. Nieder-Schlesien. Im Auftrage d. k. k. Handelsministeriums bearb. gr. 8. (XII, 266 S.) Ebend. 879. geb. n. 8. —

Fehringer O.: P. Leonhard Gatscher †. 3. Seitenstetten 86. Progr.

Fehringer Otto: P. Dr. Robert Weißenhofer. †. 6. Seitenstetten 00. Progr.

Fehrle, Lesebuch für den Unterricht in der Litteraturkunde zu dem Hülfsbuch von Bauer, s. Bauer.

Fehrle, Eug., die kultische Keuschheit im Altertum, s. a. Versuche u. Vorarbeiten, religionsgeschichtl.

Fehrle, Eugen: Die kultische Keuschheit im Altertum. T. 1. Naumburg a. S. 1908: Lippert & Co. (62 S.) 8° ¶ (Erscheint vollst. als: Religionsgeschichtl. Versuche u. Vorarbeiten Bd 6.)
Heidelberg, Phil. Fak., Ref. Dieterich, Diss. v. 16. Jan. 1908
[Geb. 7. Aug. 80 Stetten, Amt Engen; Wohnort: Aasen; Staatsangeh.: Baden; Vorbildung: Progymn. Donaueschingen, Gymn. Konstanz Reife M. 00; Studium: Heidelberg 14 S.; Rig. 29. Juli 07.]

Fehrlin, H. *Carl* [aus Schaffhausen]: Über eine Isomerieerscheinung beim Hydrazon der Orthonitrophenylglyoxylsäure. Nebst e. Anh.: Üb. d. Bidesyle ... Heidelberg, Univ.-Buchdr. v. J. Hörning, 1891; 45 S. 8.
Heidelberg, Naturw.-math. Fak., Inaug.-Diss. v. [10. Okt.] 1891

Fehrmann, Danziger Handelsgebräuche, s.: Zander.

Fehrmann, üb. Messgn. an Kraftfahrzeugen. Vortrag, geh. im Verein zur Beförderg. des Gewerbfleisses am 8. IV. 1907. (94 S. m. Fig.) Lex. 8. Berlin 907. L. Simion Nf. 3. —
Sonderabdr. aus „Verhandlgn. d. Vereins zur Beförderg. des Gewerbfleisses".

Fehrmann, A., die Offenbarung des Johannes. Ausgelegt. [Aus: „Jahresbericht d. Petrischule".] gr. 8. (IV, 155 S.) St. Petersburg 894. (Eggers & Co.) n.n. 3. —

Fehrmann, Alb., das Ammoniakwasser und seine Verarbeitung. Auf Grund selbständ. Erfahrungen und mit Berücksicht. der neuesten Verbesserungen bearb. gr. 8. (VIII, 147 S. mit 36 in den Text eingedr. Holzst.) Braunschweig 887, Vieweg und Sohn. *

Fehrmann, Arymund, u. Paul F. W. **Meynen,** Turnen u. Sport an deutschen Hochschulen. Ein Appell an Deutschlands Studenten u. die, die es einst werden. Unter Mitwirkg. d. hervorrag. Autoritäten d. Theorie u. Praxis gesunder Leibesübgn. hrsg. (VII, 256 S. m. Abb. u. 11 Taf.) gr. 8. Leipzig (910). K. G. Kummer. Geb. in Leinw. 3.—; in Ldr. 5. —

Fehrmann, Bruno (Zwickau), Behandlung der diphtheritischen Angina durch zerstäubte Milchsäure. Diss. med. Lpz., 24. VI. 1870. Dresden (C. Heinrich). 24 S. mit Biogr. (4.—) 8642
Oppon.: Reichel, Lobeck, Nippold.

Fehrmann, E. Gustav

Fehrmann, E. G., Album f. Baudecoration u. Zimmerschmuck. Sammlung figürl. u. ornamentaler Baudecorationen, sowie Motive f. Ornamente aus der Pflanzen- u. Thierwelt nach Naturabgüssen u. Zeichngn 1—10. Lfg. Fol. (à 6 Bl. in Lichtdr.) Dresden 874—76. Gilbers. à n. 5. —

Fehrmann, E. Gust., Album für Baudecoration u. Zimmerschmuck. Sammlung von figürl. u. ornamentalen Baudecorationen, sowie Motive für Ornamente aus der Pflanzen- u. Thierwelt nach Naturabgüssen u. Zeichnungen. 11—15. (Schluss-)Lfg. Fol. (à 6 Bl. in Lichtdr.) Dresden 877. 78. Gilbers' Verl. à n. 5. —
(cplt. in Mappe: n. 83. —)

Fehrmann, E. G., Album f. Baudecoration u. Zimmerschmuck. Sammlung v. figürl. u. ornamentalen Baudecorationen, sowie Motive f. Ornamente aus der Pflanzen- u. Thierwelt nach Naturabgüssen u. Zeichngn. 2. Abth.: Plafonds, Rosetten etc. 1—8. Lfg. Fol. (à 6 Lichtdr.-Taf.) Dresden 883. Gilbers' Verl. à n. 5. —

— die architektonischen Formen der Renaissance u. ihre Decoration. Photographische Aufnahmen der plast. Vorlagen für Architekten, polytechn. Lehranstalten, Baugewerk-, Kunst- u. Gewerbeschulen, für alle Gewerken, die mit der Architektur in Beziehung sind, sowie für den Zeichenunterricht überhaupt. Unter Mitwirkung von Karl Weissbach hrsg. 9 Liefergn. gr. Fol. (à 10 Lichtdrtaf.) Dresden 879—81. Gilbers' Verlag. à n. 10. —

Fehrmann, Friedr. Johs. Paul, über die Wellenbewegung einer tropfbaren Flüssigkeit. Inaugural-Dissertation. gr. 8. (44 S.) Göttingen 883, (Vandenhoeck und Ruprecht's Verlag.) *

Versuchs- u. Lehranstalt f. Brauerei in Berlin. Bericht über die Brauerei-Maschinen-Ausstellung in Berlin vom 10. bis 18. Oktober 1908. Erstattet von K[arl] Fehrmann. Berlin: Inst. f. Gärungsgewerbe (1908). 66 S. 4° [Umschlagt.]
Aus: Wochenschrift f. Brauerei. Jg. 1908, Nr 47–52.

Fehrmann, Paul. Liedli ab em Land. Gedichtet von J[oseph] Reinhart, für dreistimmigen Frauenchor komponiert von Paul Fehrmann. Op. 2. II + 14 S. 8. St. Gallen, Zweifel-Weber, 1901. fr. —.40

Fehrmann, Rud., der Bergsteiger in d. sächs. Schweiz. Führer durch d. Kletterfelsen d. Elbsandsteingebirges. Beschreibg. v. etwa 200 Gipfeln m. üb. 400 Aufstiegen. Mit 9 Übersichtskarten, zahlr. Grundplänen u. Anstiegsskizzen. (VIII, 286 S. m. 1 Taf.) kl. 8. Dresden (908). J. Siegel. Geb. 4. —

Fehrmann, Woldemar, von Moskau: Zur Kenntniss der Auramine. Zür. Zürcher u. Furrer Dr. 1887. 54 S., 1 Bl. 8°.
Zürich, Phil. Diss. [v. 22. April 1887].

Fehrnborg, O. J., De verbis Latinis in uo divisas desinentibus. Diss. 1889. 68 S.

Fehrs, C. A., einiges zum Verständniß der Verse 15—19, Cap. 16, des Evang. Matthäi. Kreuznach 858. Voigtländer. gr. 8. (16 S.) n. 3 ngr

Fehrs, Friedrich

Fehrs, Fr. Zur Behandlung der Lichtbrechung im Gymnasialunterricht. 8. 18—20. Progr. Wetzlar 1881.

Fehrs, Friedrich [Dir. Prof. Dr.]: Eröffnung der neuen Aula. Wetzlar, Druck v. F. Schnitzler, 1897; 10—17 S. 4. Wetzlar, k. G, OP 1897 (487)

Fehrs, F[riedrich], Dir. Prof. Dr.: Die hundertjährige Jubelfeier des Gymnasiums am 5., 6. und 7. Juli 1899. *Wetzlar 1900: F. Schnitzler.* (S. 1—19.) 4°
Wetzlar, k. G, OP 1900 (507)

Fehrs, Friedrich: Der Kettenbruch. 33 S. — Wetzlar, Progr. 1872.

Fehrs, F., naturwissenschaftliche Methode u. physikalischer Unterricht im Gymnasium. gr. 4. (36 S.) Kassel 883. Fischer. n. 1. —

Fehrs, F(riedrich), Dir. Dr.: Die Oberschule der Stadt Wetzlar. *Wetzlar 1899: F. Schnitzler.* (S. 3—20.) 8°
Wetzlar, k. G, Festschr. 1899 (1900 No 507)

(**Fehrs**, Friedrich, Dir. Dr.:) Verzeichnis der Lehrer (der Oberschule und) des Gymnasiums. (1799—1899.) *Wetzlar 1899: F. Schnitzler.* (S. 21—31.) 8°
Wetzlar, k. G, Festschr. 1899 (1900 No 507)

Zimmerspruch bei Errichtung der ersten Kaserne, erbaut aus Privatmitteln in Schleswig-Holstein, gesprochen von dem Zimmerer-Polier J. Fehrs am 23. Dec. 1869 in Kiel. Kiel. (1869.) 2 Bl. 8°

Fehrs, Johann Hinrich

Fehrs, Joh. Hinr., Ettgrön. Vertelln. 8. (VII, 201 S.) Garding (901). H. Lühr & Dircks. n. 1. 50; geb. in Leinw. n. 2. 50

— Gedichte. (Neue [Titel-]Ausg.) 8. (144 S.) Itzehoe (884). 899. Th. Brodersen. Geb. in Leinw. m. Goldschn. n. 3. —

(B) Fehrs, Joh. Hinr., Gedichte. 899. (KVL. 31.) Jetzt: Hannover, W. Otto. Erm. Pr. 2. —

Johann Hinrich Fehrs. Zwischen Hecken und Halmen. Gedichte in in hochdeutscher u. plattdeutscher Sprache. 2. verm. Aufl. *Garding: H. Lühr & Dircks [1902].* (203 S.) 8° [F.]

Fehrs, Joh. Hinr., Lütj Hinnerk. En plattdütsche Geschicht. 8. (98 S.) Itzehoe 878. Nusser. n. 1. 50

Fehrs, J. H., Lütj Hinnerk. En plattdütsche Geschicht. 2. (Titel-)Ausg. 8. (98 S.) Garding 889. Lühr & Dircks. n. 1. —; geb. n. 1. 80

— Lütj Hinnerk. En plattdütsche Geschicht. De Biller v. Jul. Nielsen. 3. Oplag. (91 S.) 8. Ebd. (905). n. — 60; geb. n. 1. —

— Ut Ilenbeck. Veer Geschichten. De Biller sünd v. H. Vogeler-Worpswede. Besorgt is disse Utgav v. den „Jugendschriften-Ausschuß des Kieler Lehrervereins". 8. (66 S.) Ebd. 901. Geb. n. — 50

— Ut Ilenbeck. Veer Geschichten. De Biller sünd v. H. Vogeler-Worpswede. Besorgt is disse Utgav v. den „Jugendschriften-Ausschuß des Kieler Lehrervereins." 6. bis 10. Dusend. (66 S.) 8. Ebd. 903. Geb. n. — 50

Ut Ilenbeck. Veer Geschichten von J[ohann] H[inrich] **Fehrs**. De Biller sünd von H. Vogeler-Worpswede. Besorgt is disse Utgav von d. 'Jugendschriften-Ausschuß d. Kieler Lehrerver.' 11.–15. Dus. Garding: H. Lühr & Dircks 1907. (66 S.) 8° [F.]

Fehr's, Joh. Heinrich, Krieg u. Hütte. Ein erzähl. Gedicht. gr. 16. (64 S.) Hamburg 872. Hoffmann & Campe's Verl. n. 1. 50

— allerhand Slag Lüd. Geschichten för den Winterabend. 1. u. 2. Bd. 8. (VII, 203; VI, 176 S.) Ebd. 887. 889. à n. 2. —; geb. n. 3. —

Fehrs, Joh. Hinrich. Allerhand Slag Lüd. Geschichten för den Winterabend. II. Bd. 8. (VIII, 176 S.) Garding 891, Lühr u. Dircks. * 2 —; geb. * 3 —

Allerhand Slag Lüd. Geschichten för d. Winterabend von Johann Hinrich **Fehrs**. 2. Oplag. 1. 2. Garding: H. Lühr & Dircks 1895[–1908]. 2 Bde 8° [F.]

Allerhand Slag Lüd. Geschichten för den Winterabend von Johann Hinrich **Fehrs**. 3. Opl. 1. Garding: H. Lühr & Dircks [1905]. 8° [F.]

Maren. En Dörp-Roman ut de Tid von 1848–51. Von Johann Hinrich **Fehrs**. Garding: H. Lühr & Dircks [1907]. (472 S.) 8° [F.]

Maren. En Dörp-Roman ut de Tid von 1848–51. Von Johann Hinrich **Fehrs**. 3 Oplag. Garding: Lühr & Dircks [1909]. 472 S. 8°

Eigene Wege. Ein erzählendes Gedicht v. Johann Heinrich Fehrs. Hamburg. 1873. 8°.

Fehrs, Joh. Hinr., rein Gotts Wort. (20 S.) 8. Garding (904). H. Lühr & Dircks. n. — 20

— in der Wurfschaufel. Epische Gedichte. 8. (III, 136 S.) Hamburg 877. J. F. Richter. n. 2. —

Fehrs, Ludwig, cand. med. aus Wetzlar: **Untersuchungen über die Wirksamkeit von Pilokarpin und Atropin bei Applikation auf die äussere Haut in Salbenform und wässerigen Lösungen.** *München 1898: Kastner & Lossen.* (39 S.) 8°
München, Med. Diss. v. 1898

Fehse, Andreas, Tierarzt a. Vahldorf: Aus der Klinik für kleine Haustiere der Königl. Tierärztlichen Hochschule zu Berlin. Experimentelle Untersuchungen und klinische Erfahrungen über die Verwertbarkeit des Novocains in der Veterinär-Medizin. Berlin o. J.: O. u. E. Klett. (50 S.) 8°
Gießen, Veterinär-Med. Koll., Ref. Geppert, Diss. v. 25. Mai 1907
[Geb. 5. Apr. 80 Vahldorf, Kr. Neuhaldensleben; Wohnort: Berlin; Staatsangeh.: Preußen; Vorbildung: Gymn. Neuhaldensleben Reife O. 01; Studium: Tierärztl. Hochsch. Berlin 9 S.; Rig. 6. März 07.]

Fehse, Erich, a. Chemnitz i. S.: Sprichwort und Sentenz bei Eustache Deschamps und Dichtern seiner Zeit. (Erlangen: Junge & Sohn 1905.) (51 S.) 8° [Aus: Romanische Forschungen, Bd. 19, 1905.]
Berlin, Phil. Fak., Ref. Tobler, Brandl, Diss. v. 21. Jan. 1905
[Geb. 25. Febr. 81 Chemnitz; Heimatsort: Berlin; Staatsangeh.: Preußen; Vorbildung: Realgymn. Chemnitz Reife O. 00; Studium: Marburg 1, Berlin 7 S.; Rig. 21. Juli 04.]

Fehse, Herm. Henry Howard, Earl of Surrey.
Ein Beitrag zur Geschichte des Petrarchismus in England.
43 S. Progr. Rg. *Chemnitz* 1883

Fehse, Herm., engl. Lehrbuch. 1. u. 2. Tl. n. d. direkt. Methode f. höh. Schulen. 8. Leipzig, Renger. Geb. à 3. —
1. 4. verb. Aufl. Mit 1 Münztaf., 1 Karte v. Großbritannien, 1 Plan v. London u. 9 Skizzen im Text. (X, 316 S.) 907.
2. 2. verb. Aufl. Mit Karten, Plänen u. Illustr. im Text, 1 Karte v. England u. e. Notenbeigabe. (X, 296 S.) 918.

— Englisches Lehr- u. Lesebuch f. Oberklassen höh. Lehranst. E. Ergänzungsbuch z. jedem engl. Elementarbuche in 3 Klassenkursen. 2. Tl. z. Lehrbuch d. engl. Sprache n. d. direkten Methode. M. 9 Karten, Plänen u. Illustr. im Text. gr. 8. (XII, 331 S.) Ebd. 898. Geb. in Leinw. n. 3. — (Kplt.: n. 5. 50)

Fehse, Herm., englisches Lehrbuch nach der direkten Methode f. höhere Schulen. (1. Tl.) 3. verb. Aufl. Mit 1 Münztaf., 1 Karte v. Großbritannien, 1 Plan v. London u. 9 Skizzen im Text. gr. 8. (X, 306 S.) Leipzig 901. Renger. Geb. in Leinw. n. 3. —

— dasselbe. Verkürzte Ausg. Mit 1 Münztaf., 1 Karte v. Großbritannien, 1 Plan v. London u. 7 Skizzen im Text. gr. 8. (VIII, 206 S.) Ebd. 901. Geb. in Leinw. n. 2. —

Fehse, Herm., Lehrbuch der englischen Sprache nach der direkten Methode f. höhere Schulen. Mit 1 Karte v. Großbritannien, 1 Plan v. London u. 5 Skizzen im Text. gr. 8. (XII, 295 S.) Leipzig 894. Renger. Geb. in Leinw. n. 2. 50

Fehse, Herm., Lehrbuch d. engl. Sprache n. d. direkten Methode f. höh. Schulen. 2., verb. Aufl. M. 1 Karte v. Großbritannien, 1 Plan v. London u. 5 Skizzen im Text. gr. 8. (XII, 300 S.) Leipzig 896. Renger. Geb. in Leinw. n. 2. 50

Fehse, H. Estienne Jodelle's Lyrik. Diss. Leipzig 1880. 47 S.

Fehse, Herm., Estienne Jodelle's Lyrik. Inauguraldissertation. gr. 8. (47 S.) Oppeln 880. Franck. n. 1. —

Fehse, Herm., Uebersetzungsstücke (2. Reihe) zum englischen Lehrbuche, I. Tl. (47 S.) gr. 8. Leipzig 903. Renger. n. 1. 20; engl. Text dazu. (56 S.) 8. n.n. 1. 80

Fehse, Johann Heinrich

— d. leidende Jesus, in gebund. Rede, mit Betrachtt. 8. Hamb. 2e A. 766. ... 4 gr.

Fehse, Jh. Hnr., († d. 28. Juli 1777.) d. betende u. singende Communikant. 8. Hamb. 761. (Compt. f. Lit. in Leipz.) 8 gr.

Fehse, J. H., betend. u. singend. Communicant. 8. Hamburg. (Compt. f. Litt. in Leipz.) 780.

Fehse, Johann Heinrich [Hrsg.], s. Schwarze, Nikolaus Hermann: Gesammelte Nachrichten von der Stadt Kiel . . .

Fehse, Joh. Heinr., Die Seligkeit der Christen in der von Christo angefangenen Salbung, am Palmsonntage 1754 Oct. Hamburg.

Versuch einer Nachricht von den evangelischlutherischen Predigern in dem Nordertheil Dithmarschens von dem Anfange der Religionverbesserung an, bis auf diese Zeiten mit allem Fleisse zusammengetragen v. Johann Heinrich Fehse. (Das 1.–12. Stück.) Flensburg 1769(–1772). Anhang. ebd. 1773. 8°.

— Das Wesentliche seiner Amtspredigten über den sonn- und festtäglichen Episteln. Hamburg. U. A. [1757].

Fehse, Wilhelm, aus Magdeburg: Christof Wirsungs deutsche Celestinaübersetzungen. *Halle a. S. 1902: E. Karras.* (XI, 73 S.) 8°
Halle, Phil. Diss. v. 2. Juni 1902

Fehse, Wilhelm. Der Ursprung der Totentänze. Mit einem Anhang: Der vierzeilige oberdeutsche Totentanztext. Codex Palatinus Nr. 314 B. 79a–80b. ([Sep.-Ausg. der] Beilage zum Osterprogramm 1907 des Königl. Viktoria-Gymnasiums zu Burg b. M.) IV + 58 S. 8. Halle, Max Niemeyer, 1907. [M. 1. 60]

Fehsenfeld's Romansammlung. 1. Jahrg. In 24 Bdn. 8. Freiburg i/B. 900. F. E. Fehsenfeld. à n. — 50; geb. in Leinw. à n. — 75
1. 2. Sigrid Bang. Roman. Von Ernst Remin. 2 Bde. (293 S.)
3. 4. Um Seinetwillen. Roman. Von Mrs. Alexander. Autoris. Uebersetzung v. Gertrude Hildebrandt-Eggert. 2 Bde. (176 u. 148 S.)
5. Zwischen Himmel u. Hölle. Aus dem modernen Schriftstellerleben. Von Arth. Zapp. (160 S.)
6. 7. Corleone. Roman. Von F. Marion Crawford. Autoris. Uebersetzg. v. Gertrude Hildebrandt-Eggert. 2 Bde. (156 u. 177 S.)
8. Miteinander. Erzählung. Von Clara v. Sydow. (152 S.)
9. 10. P. P. C. Roman. Von B. M. Croker. Berechtigte Uebersetzg. v. Gertrude Hildebrandt-Eggert. 2 Bde. (à 156 S.)
11. Fräulein Eulalia's gräßliches Abenteuer. Von Curt Abel-Musgrawe. Mit autoris. Uebersetzg. d. engl. Werkes des Hal Godfrey. (142 S.)
12. 13. Pietro Ghisleri. Roman. Von F. Marion Crawford. Berecht. Uebersetzg. v. Gertrude Hildebrandt-Eggert. 2 Bde. (156 u. 146 S.)
14. Unschuldig verurteilt. Kriminal-Roman. Von Villi Meadows. (160 S.)
15. 16. Der Staatsminister. Von John A. Stuart. Autoris. Uebersetzg. v. Marie Walter. 2 Bde. (158 u. 155 S.)
17. Der rote Stern. Roman. Von M. J. Baly. (147 S.)
18. 19. Ihr Sorgenkind. Roman. Von M. E. Francis. Berechtigte Uebersetzg. v. Gertrude Hildebrandt-Eggert. 2 Bde. (152 u. 148 S.)
20. 21. Die Goldräuber. Aus dem Buschleben Australiens. Von Rob. Wild-Quetsner. 2 Bde. (142 u. 152 S.)
22. Marion Darche. Roman. Von F. Marion Crawford. Autoris. Uebersetzg. v. Gertrude Hildebrandt-Eggert. (160 S.)
23. 24. Am Marktplatz. Roman in Kleinstadtbildern. Von Herm. Heiberg. 2 Bde. (148 u. 144 S.) Eleg. geb. in Leinw. n. 2. 50
Erscheint nicht weiter.

Fehsenfeld, E., u. E. Schwehr, Radlers Wander-Lieder. 16. (56 S.) Freiburg i/Br. 890. Fehsenfeld Verl. — 50

Fehsenfeld, Georg, appr. Arzt a. Göttingen: Aus d. Kgl. mediz. Universitätspoliklinik zu Göttingen. Ein Fall von Epidermolysis bullosa congenita. Göttingen 1905: Dieterich. (40 S.) 8°

Göttingen, Med. Fak., Ref. Schreiber, Diss. v. 31. Mai 1905

[Geb. 31. Juli 81 Grand-Rapids, Michigan, U. S. A.; Wohnort: Göttingen; Staatsangeh.: Preußen; Vorbildung: Gymn. Göttingen Reife O. (?); Studium: Göttingen 5, Freiburg i. B. 2, Göttingen 3 S.; Coll. 25. Apr. 05; Approb. 15. März 05.]

Fehsenmeier, Aug., die landwirtschaftliche Geflügelhaltung, s.: Römer, L.

Fehsenmeier, August, s. Mittheilungen des Vereins badischer Thierärzte.

Fehser, J., und Fr. Stötzer, kurzer Abriß der Geographie und Geschichte der anhaltischen Herzogthümer. Ein Anhang zu Lebensbilder III. Lesebuch für Oberklassen deutscher Volksschulen von Berthelt, Jäkel, Petermann und Thomas. gr. 8. (16 S.) Leipzig 853, Klinkhardt.

Fehser, J. F., bescheidene Bemerkk. zu den Rückerinnerungen für d. Schullehrer d. Gommerschen Inspektion. 8. Zerbst 807. (Kummer). 2 gl

Feht, Walter, Festschrift zur Feier des 25jähr. Bestehens des Kaiserbergfestes, verb. m. d. Weihe d. Henninggedenksteins auf d. Kaiserberge zu Duisburg, 4. 8. 1907, Duisburg 1907, 63 S., kl.-8°.

Fehtzsch, Carl Adolph (Dresden), De luxatione patellae. Diss. med. Lpz. (E. Stange) 22. IX. 1848. 23 S. mit Biogr. (M.: J. R. Koehler.) (4.—) 8643
Gew.: Carl Gustav Helbig.

— **Leopold Carl** (Crimmitschau), De sanguinis motu per orbem meditationes nonnullae. Diss. med. Präs. Christian Friedrich Ludwig. Lpz. (Staritz) 22. IX. 1818. 32 S. (4.50) 8644
Gew.: Friedr. Ludw. Kreysig, Joh. Christian Aug. Clarus.